U0036807

深智數位
股份有限公司

深智數位
股份有限公司

前言
FOREWORD

　　本書主要講解嵌入式 Linux 中的驅動程式開發，也會涉及裸機開發的內容，相信大部分讀者和作者經歷一樣，以前從事過微控制器開發的工作，比如 51 或 STM32 等。微控制器開發很難接觸到更高層次的系統方面的知識，用到的系統都很簡單，比如 μC/OS、FreeRTOS 等，這些作業系統都使用一個 Kernel，如果需要網路、檔案系統、GUI 等就需要開發者自行移植。而移植又是非常痛苦的一件事情，而且移植完成以後的穩定性也無法保證。即使移植成功，後續的開發工作也比較繁瑣，因為不同的元件其 API 操作函式都不同，沒有一個統一的標準，使用起來學習成本比較高。這時候一個功能完整的作業系統就顯得尤為重要：具有統一的標準，提供完整的多工管理、儲存管理、裝置管理、檔案管理和網路等。Linux 就是這樣一個系統，這樣的系統還有很多，比如 Windows、macOS、UNIX 等。本書講解 Linux，而 Linux 開發可以分為底層驅動程式開發和應用程式開發，本書講解的是 Linux 驅動程式開發，主要針對使用過 STM32 的開發者。平心而論，如果此前只會 51 微控制器開發，筆者不建議直接上手 Linux 驅動程式開發，因為 51 微控制器和 Linux 驅動程式開發的差異太大。筆者建議在學習嵌入式 Linux 驅動程式開發之前一定要學習 STM32 這種 Cortex-M 核心的 MCU，因為 STM32 這樣的 MCU 其內部資源和可以執行 Linux 的 CPU 差不多，如果會 STM32，則上手 Linux 驅動程式開發就會容易很多。筆者就是此前做了 4 年 STM32 開發工作，然後轉做 Linux 驅動程式開發，整個過程比較順暢。

　　鑑於當前 STM32 非常流行，學習者多，如何幫助 STM32 學習者順利地轉入 Linux 驅動程式開發有以下幾點需要注意。

1) 選取合適的 CPU

　　理論上來講，如果 ST 公司有可以執行的 Linux 的晶片那再好不過了，因為大家對 STM32 很熟悉，但是在撰寫本書時，ST 公司尚沒有可以執行 Linux 的

CPU。Linux 驅動程式開發入門的 CPU 一定不能複雜，比如像三星的 Exynos 4412、Exynos 4418 等，這些 CPU 性能很強大，帶有 GPU，支援硬體影片解碼，可以執行 Android。但是正是它們的性能過於強大，功能過於繁雜，所以不適合 Linux 驅動程式開發入門。一款外接裝置和 STM32H7 這樣的 MCU 相似的 CPU 就非常適合 Linux 入門，三星的 S3C2440 就非常合適，但是 S3C2440 早已停產了，學了以後工作上又用不到，又得學習其他的 CPU，有點浪費時間。筆者花了不少時間終於找到了一款合適的 CPU，那就是 NXP 的 I.MX6ULL。I.MX6ULL 就是一款可以跑 Linux 的 STM32，外接裝置功能和 STM32 相似，如果此前學習過 STM32，那麼會非常容易上手 I.MX6ULL。而且 I.MX6ULL 可以正常出貨，這是一款工業級的 CPU，是三星 S3C2440、S3C6410 產品替代的絕佳之選，學習完 I.MX6ULL 以後，在工作中就可以直接使用了。本書選取正點原子的 I.MX6U-ALPHA 開發板，其他廠商的 I.MX6ULL 開發板也可以參考本書。

2) 開發環境講解

STM32 的開發都是在 Windows 系統下進行的，使用 MDK 或 IAR 這樣的整合 IDE，但是嵌入式 Linux 驅動程式開發需要的主機是 Linux 平台的，也就是必須先在自己的電腦上安裝 Linux 系統。Linux 系統發行版本有 Ubuntu、CentOS、Fdeora、Debian 等。本書使用 Ubuntu 作業系統。

3) 合理的裸機常式

學習嵌入式 Linux 驅動程式開發建議大家先學習裸機開發（如果學習過 STM32，則可以跳過裸機學習），Linux 驅動程式開發非常繁瑣。要想進行 Linux 驅動程式開發，必須要先移植 uboot，然後移植 Linux 系統和 root 檔案系統到開發平台上。而 uboot 又是一個超大的裸機綜合常式，因此如果沒有學習過裸機常式，那麼 uboot 移植會有困難，尤其是要修改 uboot 程式時。STM32 基本都是裸機開發，在整合 IDE 下撰寫程式，可以使用 ST 公司提供的函式庫。但是在 Ubuntu 下撰寫 I.MX6ULL 裸機常式就沒有這麼方便了，沒有 MDK 和 IAR 這樣的 IDE，所有的一切都需要自己架設，本書提供了詳細的講解。本書還提供了數十個裸機常式，由淺入深，涵蓋了大部分常用的功能，比如 I/O 輸入輸出、中斷、序列埠、計時器、DDR、LCD、I^2C 等。學習完裸機常式以後就對 I.MX6ULL 這顆 CPU 非常熟悉了，再去學習 Linux 驅動程式開發就很輕鬆了。

4) uboot、Linux 和 root 檔案系統移植

學習完裸機常式以後就是 Linux 驅動程式開發了,但是在進行 Linux 驅動程式開發之前要先在使用的開發板平台上移植好 uboot、Linux 和 root 檔案系統。這是 Linux 驅動程式開發的第一個攔路虎,因此本書和對應的影片會著重講解 uboot/Linux 和 root 檔案系統的移植。

5) 嵌入式 Linux 驅動程式開發

當我們把 uboot、Linux 核心和 root 檔案系統都在開發板上移植好以後,就可以開始 Linux 驅動程式開發了。Linux 驅動程式有 3 大類:字元裝置驅動程式、區塊裝置驅動程式和網路裝置驅動程式。對於這 3 大類內容,本書都有詳細的講解,並且配有數十個對應的教學常式,從最簡單的點燈到最後的網路裝置驅動程式。

本書一共分兩篇,每篇對應一個不同的階段。

第一篇:裸機開發(第 1~26 章)

從本篇正式開始開發板的學習,本篇透過數十個裸機常式來幫助大家了解 I.MX6ULL 這顆 CPU,為以後的 Linux 驅動程式開發做準備。透過本篇,大家可以掌握在 Ubuntu 下進行 ARM 開發的方法。

第二篇:系統移植(第 27~36 章)

本篇講解如何將 uboot、Linux 和 root 檔案系統移植到我們的開發板上,為後面的 Linux 驅動程式開發做準備。

透過上面兩篇的學習,大家能掌握嵌入式 Linux 驅動程式的開發流程,本書旨在引導大家入門 Linux 驅動程式開發,更加深入地研究就需要大家在實踐中不斷地總結經驗,並與理論結合,祝願大家學習順利。

繁體中文版出版說明

本書原作者為中國大陸人士,書中開發環境使用簡體中文版,為保持全文完整性,本書部分圖例保持原文簡體中文,另為保持讀者執行程式正確,本書所附之程式碼也保持原書作者使用之簡體中文,特此說明。

作者

目錄
CONTENTS

第一篇 裸機開發篇

第 1 章 開發環境架設

第 2 章 | Cortex-A7 MPCore 架構

第 3 章 | ARM 組合語言基礎

第 4 章 | 組合語言 LED 燈實驗

第 5 章 ｜ I.MX6U 啟動方式詳解

第 6 章 ｜ C 語言版 LED 燈實驗

第 7 章 ｜ 模仿 STM32 驅動程式開發格式實驗

第 8 章 ｜ 官方 SDK 移植實驗

第 9 章 │ BSP 專案管理實驗

第 10 章 │ 蜂鳴器實驗

第 11 章 │ 按鍵輸入實驗

第 12 章 ｜ 主頻和時鐘設定實驗

第 13 章 ｜ GPIO 中斷實驗

第 14 章 │ EPIT 計時器實驗

第 15 章 │ 計時器按鍵消抖實驗

第 16 章 ｜ 高精度延遲時間實驗

第 17 章 ｜ UART 序列埠通訊實驗

第 18 章 │ 序列埠格式化函式移植實驗

第 19 章 │ DDR3 實驗

第 20 章 ｜ RGB LCD 顯示實驗

第 21 章 ｜ RTC 即時時鐘實驗

第 22 章 | I²C 實驗

第 23 章 | SPI 實驗

第 24 章 | 多點電容觸控式螢幕實驗

第 25 章 | LCD 背光調節實驗

第 26 章 | ADC 實驗

第二篇　系統移植

第 27 章 ｜ U-Boot 使用實驗

第 28 章 ｜ U-Boot 頂層 Makefile 詳解

第 29 章 | U-Boot 啟動流程詳解

第 30 章 ｜ U-Boot 移植

第 31 章 │ U-Boot 圖形化設定及其原理

第 32 章 │ Linux 核心頂層 Makefile 詳解

第 33 章 | Linux 核心啟動流程

第 34 章 | Linux 核心移植

第 35 章 | root 檔案系統建構

第 36 章 | 系統燒錄

第一篇
裸機開發篇

本篇講解 ARM 的裸機開發,也就是不帶作業系統開發。為什麼我們要先學習裸機開發呢?

(1) 裸機開發是了解所使用 CPU 最直接、最簡單的方法,比如本書所使用的 I.MX6U,其跟 STM32 一樣,裸機開發是直接操作 CPU 的暫存器。Linux 驅動開發最終也是操作的暫存器,但是在操作暫存器之前要先撰寫一個符合 Linux 驅動的框架。舉例來說,同樣一個點燈驅動,裸機開發可能只需要十幾行程式,但是在 Linux 下的驅動就需要幾十行或上百行程式來完成。

(2) 大部分 Linux 驅動初學者都是從 STM32 轉過來的,但 Linux 驅動開發和 STM32 開發區別很大,比如 Linux 沒有 MDK、IAR 這樣的整合式開發環境,需要我們自己在 Ubuntu 下架設交叉編譯環境。直接上手 Linux 驅動開發可能會因為和 STM32 巨大的開發差異而讓初學者信心受挫。

(3) 裸機開發是連接 Cortex-M(如 STM32)微控制器和 Cortex-A(如 I.MX6U)處理器的橋樑,本書精心準備了十幾個裸機常式,幫助 STM32 開發者花費最少的精力轉換到 Linux 驅動開發,根據筆者 4 年的 STM32 開發板經驗,合理的安排各個裸機常式。使用 STM32 開發方式來學習 Cortex-A(I.MX6U),從而降低入門難度。透過這十幾個裸機常式也可以「反哺」STM32,從而掌握很多 MDK、IAR 這種整合式開發環境沒有告訴你的「好料」。

第 **1** 章

開發環境架設

進行裸機開發前要先架設好開發環境，這如同我們在開始學習 STM32 時需要安裝對應的軟體，比如 MDK、IAR、序列埠偵錯幫手等，安裝這些軟體就是架設 STM32 的開發環境。同樣的，要想在 Ubuntu 下進行 Cortex-A（I.MX6U）開發也需要安裝一些對應的軟體來架設開發環境。裸機開發中程式撰寫等工作需要在 Ubuntu 下進行，而查詢資料時我們會用到 Windows，本章我們就講解如何在 Ubuntu 和 Windows 中進行對應軟體的安裝和相關操作。

1.1 │ Ubuntu 和 Windows 檔案互傳

在開發的過程中，我們會頻繁的在 Windows 和 Ubuntu 下進行檔案傳輸，Windows 和 Ubuntu 下的檔案互傳需要使用 FTP 服務，設定方法如下。

1. 開啟 Ubuntu 下的 FTP 服務

開啟 Ubuntu 的終端視窗，然後執行以下命令來安裝 FTP 服務：

```
sudo apt-get install vsftpd
```

軟體自動安裝完成以後使用 VI 命令開啟 /etc/vsftpd.conf，命令如下：

```
sudo vi /etc/vsftpd.conf
```

開啟 vsftpd.conf 檔案以後找到以下兩行：

```
local_enable=YES
write_enable=YES
```

上面兩行命令前面沒有「#」，如有則將「#」刪除即可，完成以後如圖 1-1 所示。

```
27 # Uncomment this to allow local users to log in.
28 local_enable=YES
29 #
30 # Uncomment this to enable any form of FTP write command.
31 write_enable=YES
```

▲ 圖 1-1 vsftpd.conf 修改

修改完 vsftpd.conf 並儲存退出，使用以下命令重新啟動 FTP 服務。

```
sudo /etc/init.d/vsftpd restart
```

2. 安裝 Windows 下 FTP 使用者端軟體

Windows 下的 FTP 使用者端軟體我們使用 FileZilla，這個免費的 FTP 使用者端軟體，讀者可以在 FileZilla 官網下載。下載介面如圖 1-2 所示。

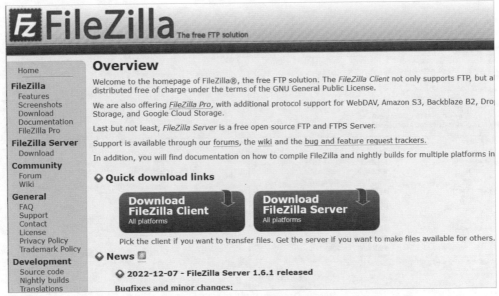

▲ 圖 1-2 FileZilla 軟體下載

按兩下安裝即可。安裝完成後找到安裝目錄，發送圖示捷徑到桌面，完成以後如圖 1-3 所示。

▲ 圖 1-3 FileZilla 圖示

開啟 FileZilla 軟體，介面如圖 1-4 所示。

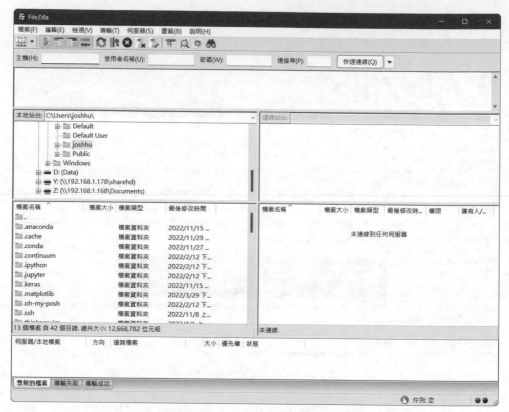

▲ 圖 1-4 FileZilla 軟體介面

3. FileZilla 軟體設定

通常 Ubuntu 作為 FTP 伺服器，而 FileZilla 作為 FTP 使用者端。我們使用時按以下操作將使用者端連接到伺服器上，點擊「檔案（F）」→「站台管理員」。開啟站台管理員如圖 1-5 所示。

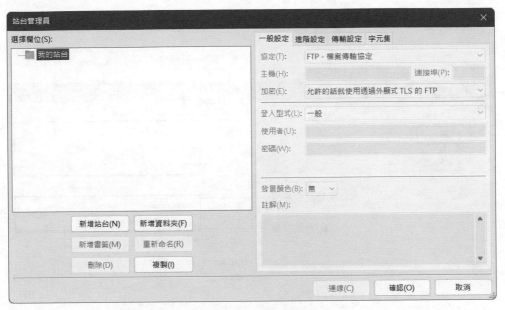

▲ 圖 1-5 站台管理員

　　點擊圖 1-5 中的「新站台（N）」來建立站台，建立後新建站台會在「我的站台」下出現，站台的名稱可以根據個人喜好進行修改，此處我將新的站台命名為「Ubuntu」，如圖 1-6 所示。

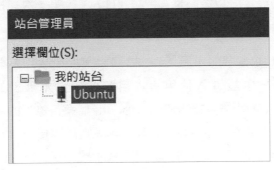

▲ 圖 1-6 新建站台

選中新建立的「Ubuntu」站台，對站台的「一般」進行設定，如圖 1-7 所示。

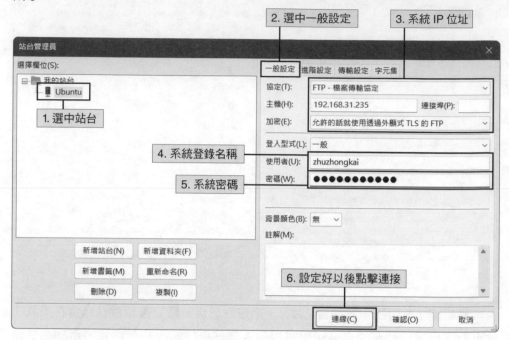

▲ 圖 1-7　站台設定

按照圖 1-7 中設定好以後點擊「連線（C）」，第一次連接時會彈出提示是否儲存密碼的對話方塊，點擊「確定」即可。

連接成功以後如圖 1-8 所示，左邊為 Windows 檔案目錄，右邊為 Ubuntu 檔案目錄，預設進入使用者根目錄下（比如筆者的電腦是 "/home/zuozhongkai"）。在連接後如果出現了 Ubuntu 檔案目錄下的中文目錄都是亂碼的情況，這是因為編碼方式沒有選對，我們可先斷開連接，點擊「伺服器（S）」→「斷開連接」，然後開啟站台管理員，選中要設定的站台「Ubuntu」，選擇「字元集」，設定如圖 1-9 所示。

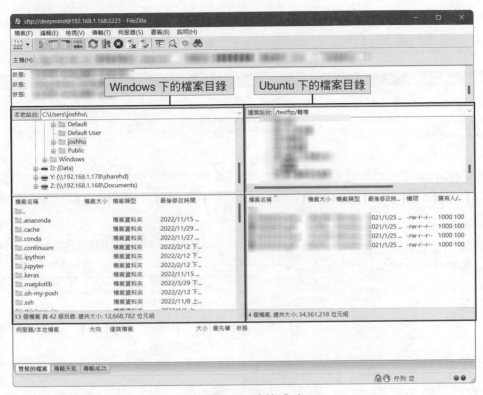

▲ 圖 1-8　連接成功

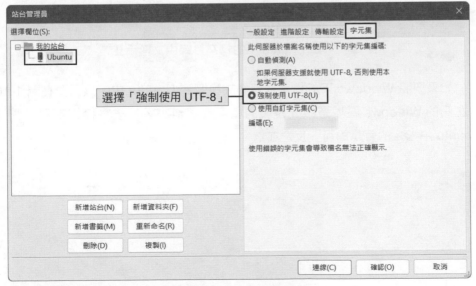

▲ 圖 1-9　設定字元集

按照圖 1-9 設定好字元集以後重新連接到 FTP 伺服器上，這時可以看到 Ubuntu 下的檔案目錄中文顯示已經正常了，如圖 1-10 所示。

▲ 圖 1-10 Ubuntu 下的檔案目錄中文顯示正常

如果要將 Windows 下的檔案或資料夾複製到 Ubuntu 中，只需要在圖 1-10 中左側的 Windows 區域選中要複製的檔案或資料夾，然後直接拖曳到右側的 Ubuntu 中指定的目錄即可，反之亦然。

1.2 │ Ubuntu 下 NFS 和 SSH 服務開啟

1.2.1 NFS 服務開啟

進行 Linux 驅動程式開發時需要 NFS 啟動，因此要先安裝並開啟 Ubuntu 中的 NFS 服務，使用以下命令安裝 NFS 服務。

```
sudo apt-get install nfs-kernel-serverrpcbind
```

安裝完成以後在使用者根目錄下建立一個名為 linux 的資料夾，並在 linux 資料夾中新建一個名為 nfs 的資料夾，如圖 1-11 所示。

```
(JoshDev)joshhu:linux/ $ cd ..
(JoshDev)joshhu:~/ $ ls
anaconda3   Documents   linix   Music     Public   snap       Videos          VMs
Desktop     Downloads   linux   Pictures  share    Templates  'VirtualBox VMs' workspace
(JoshDev)joshhu:~/ $ cd linux
(JoshDev)joshhu:linux/ $ ls
nfs
(JoshDev)joshhu:linux/ $ 
```

▲ 圖 1-11 建立 linux 工作目錄

圖 1-11 中建立的 nfs 資料夾供 nfs 伺服器使用，我們可以在開發板上透過網路檔案系統來存取 nfs 資料夾。首先要設定 nfs，使用以下命令開啟 nfs 設定檔 /etc/exports：

```
sudo vi /etc/exports
```

開啟 /etc/exports 以後在後面增加如下所示內容：

```
/home/zuozhongkai/linux/nfs *(rw,sync,no_root_squash)
```

增加完成以後的 /etc/exports 如圖 1-12 所示。

```
1 # /etc/exports: the access control list for filesystems which may be exported
2 #        to NFS clients.  See exports(5).
3 #
4 # Example for NFSv2 and NFSv3:
5 # /srv/homes        hostname1(rw,sync,no_subtree_check) hostname2(ro,sync,no_subtree_check)
6 #
7 # Example for NFSv4:
8 # /srv/nfs4         gss/krb5i(rw,sync,fsid=0,crossmnt,no_subtree_check)
9 # /srv/nfs4/homes   gss/krb5i(rw,sync,no_subtree_check)
10 #
11
12 /home/zuozhongkai/linux/nfs *(rw,sync,no_root_squash)
```

▲ 圖 1-12 修改檔案 /etc/exports

使用以下命令重新啟動 NFS 服務：

```
sudo /etc/init.d/nfs-kernel-server restart
```

1.2.2 SSH 服務開啟

開啟 Ubuntu 的 SSH 服務以後，我們就可以在 Windows 下使用終端軟體登入到 Ubuntu，比如使用 MobaXterm，Ubuntu 下使用以下命令開啟 SSH 服務。

```
sudo apt-get install openssh-server
```

上述命令安裝 ssh 服務，ssh 的設定檔為 /etc/ssh/sshd_config，使用預設設定即可。

1.3 | Ubuntu 交叉編譯工具鏈安裝

1.3.1 交叉編譯器安裝

ARM 裸機、Uboot 移植、Linux 移植這些都需要在 Ubuntu 下進行編譯，編譯就需要編譯器，我們在「Linux C 程式設計入門」裡面已經講解了如何在 Linux 環璋下進行 C 語言開發，裡面使用 GCC 編譯器進行程式編譯，但是 Ubuntu 附帶的 GCC 編譯器是針對 x86 架構的，而我們現在要編譯的是 ARM

架構的程式，所以我們需要一個在 x86 架構 PC 上執行的，可以編譯 ARM 架構程式的 GCC 編譯器，這個編譯器就叫做交叉編譯器，簡單而言交叉編譯器是：

（1）一個 GCC 編譯器。

（2）這個 GCC 編譯器是執行在 x86 架構 PC 上的。

（3）這個 GCC 編譯器是編譯 ARM 架構程式的，也就是編譯出來的可執行檔是在 ARM 晶片上執行的。

　　交叉編譯器中「交叉」的意思就是在一個架構上編譯另外一個架構的程式，相當於兩種架構「交叉」起來了。

　　交叉編譯器有很多種，我們使用 Linaro 出品的交叉編譯器，Linaro 是一間非營利性質的開放原始程式碼軟體工程公司。Linaro 開發了很多軟體，最著名的就是 Linaro GCC 編譯工具鏈（編譯器），關於 Linaro 詳細的介紹可到 Linaro 官網查閱。

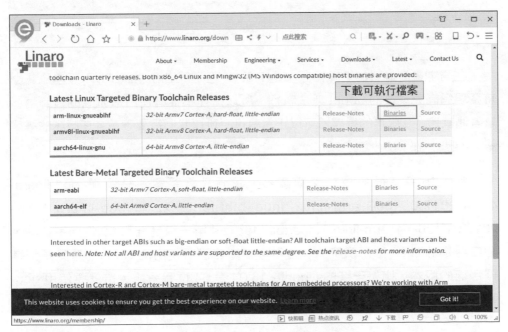

▲ 圖 1-13　Linaro 下載介面

如圖 1-13 所示有很多種 GCC 交叉編譯工具鏈，因為我們所使用的 I.MX6U-ALPHA 開發板是一個 Cortex-A7 核心的開發板，因此選擇 arm-linux-gnueabihf，點擊後面的「Binaries」進入可執行檔下載介面，如圖 1-14 所示。

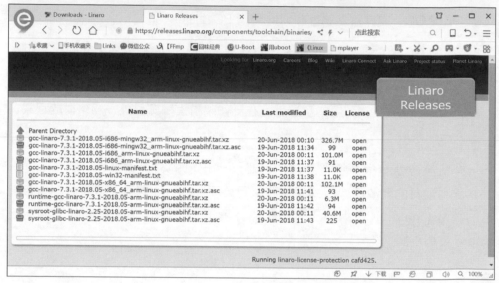

▲ 圖 1-14 Linaro 交叉編譯器下載

在寫本書時最新的編譯器版本是 7.3.1，但是筆者在測試 7.3.1 版本編譯器時發現編譯完成後的 uboot 無法執行。所以這裡不推薦使用最新版的編譯器。筆者測試過 4.9 版本的編譯器可以正常執行，所以我們需要下載 4.9 版本的編譯器，如圖 1-15 所示。

圖 1-15 中有很多種交叉編譯器，我們只需要關注這兩種 :gcc-linaro-4.9.4-2017.01-i686_arm-linux-gnueabihf.tar.tar.xz 和 gcc-linaro-4.9.4-2017.01-x86_64_arm-linux-gnueabihf.tar.xz，第一種是針對 32 位元系統的，第二種是針對 64 位元系統的。讀者可根據自己所使用的 Ubuntu 系統類型選擇合適的版本，比如安裝的 Ubuntu 16.04 是 64 位元系統，這就要使用 gcc-linaro-4.9.4-2017.01-x86_64_arm-linux-gnueabihf.tar.xz 這個版本。

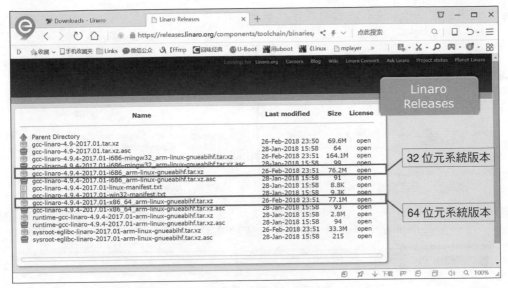

▲ 圖 1-15　4.9.4 版本編譯器下載

下載之後先將交叉編譯工具複製到 Ubuntu 中，1.2.1 小節中我們在當前使用者根目錄下建立了一個名為「linux」的資料夾，在這個 linux 資料夾中再建立一個名為「tool」的資料夾，用來存放一些開發工具。使用前面已經安裝好的 FileZilla 將交叉編譯器複製到 Ubuntu 中剛剛新建的「tool」資料夾中，操作如圖 1-16 所示。

▲ 圖 1-16　複製交叉編譯器

複製完成後 FileZilla 會有提示，如圖 1-17 所示。

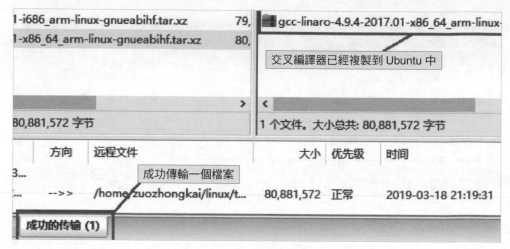

▲ 圖 1-17　交叉編譯器複製完成

在 Ubuntu 中建立目錄：/usr/local/arm，命令如下：

```
sudo mkdir /usr/local/arm
```

建立完成以後將剛剛拷貝的交叉編譯器複製到 /usr/local/arm 這個目錄中，在終端使用命令 cd 進入到存放有交叉編譯器的目錄，比如我前面將交叉編譯器複製到了目錄 /home/zuozhongkai/linux/tool 中，然後使用以下命令將交叉編譯器複製到 /usr/local/arm 中：

```
sudo cp gcc-linaro-4.9.4-2017.01-x86_64_arm-linux-gnueabihf.tar.xz /usr/local/arm/ -f
```

操作步驟如圖 1-18 所示。

```
zuozhongkai@ubuntu:~/linux/tool$ ls                                //查看交叉編譯工具鏈是否存在
gcc-linaro-4.9.4-2017.01-x86_64_arm-linux-gnueabihf.tar.xz
zuozhongkai@ubuntu:~/linux/tool$ sudo cp gcc-linaro-4.9.4-2017.01-x86_64_arm-linux-gnueabihf.tar.xz /usr/local/arm/ -f

zuozhongkai@ubuntu:~/linux/tool$
zuozhongkai@ubuntu:~/linux/tool$ cd /usr/local/arm/              //進入/usr/local/arm資料夾
zuozhongkai@ubuntu:/usr/local/arm$ ls                           //查看交叉編譯器工具鏈是否拷貝到了/usr/local/arm資料夾中
gcc-linaro-4.9.4-2017.01-x86_64_arm-linux-gnueabihf.tar.xz
zuozhongkai@ubuntu:/usr/local/arm$
```

▲ 圖 1-18　複製交叉編譯工具到 /usr/local/arm 目錄中

複製完成以後在 /usr/local/arm 目錄中對交叉編譯工具進行解壓，解壓命令如下：

```
sudo tar -vxf gcc-linaro-4.9.4-2017.01-x86_64_arm-linux-gnueabihf.tar.xz
```

解壓完成以後會生成一個名為「gcc-linaro-4.9.4-2017.01-x86_64_arm-linux-gnueabihf」的資料夾，這個資料夾中就是我們的交叉編譯工具鏈。

修改環境變數，使用 VI 開啟 /etc/profile 檔案，命令如下：

```
sudo vi /etc/profile
```

開啟 /etc/profile 以後，在最後面輸入以下內容：

```
export PATH=$PATH:/usr/local/arm/gcc-linaro-4.9.4-2017.01-x86_64_arm-linux-gnueabihf/bin
```

增加完成以後如圖 1-19 所示。儲存退出，重新啟動 Ubuntu 系統，交叉編譯工具鏈（編譯器）就安裝成功了。

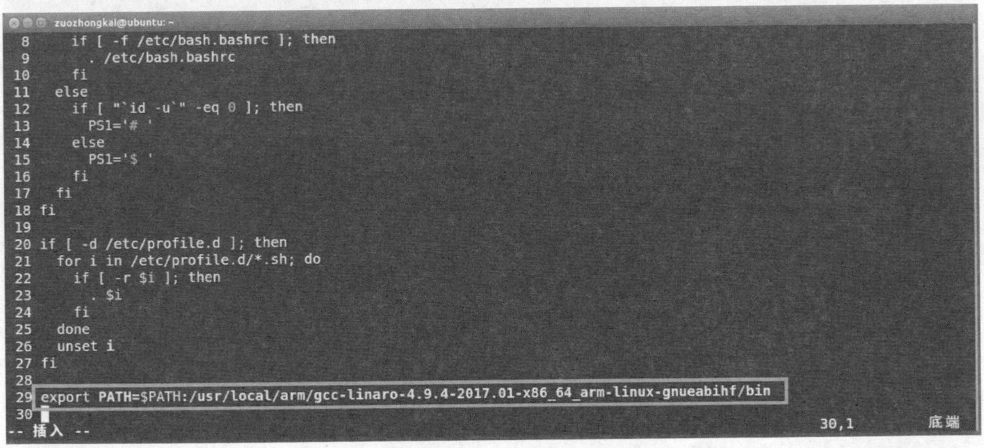

▲ 圖 1-19 增加環境變數

1.3.2　安裝相關函式庫

在使用交叉編譯器之前還需要安裝一些其他的函式庫，操作命令如下：

```
sudo apt-get install lsb-core lib32stdc++6
```

執行命令後等待這些函式庫安裝完成即可。

1.3.3　交叉編譯器驗證

首先查看一下交叉編譯工具的版本編號，輸入以下命令：

```
arm-linux-gnueabihf-gcc-v
```

如果交叉編譯器安裝正確的話就會顯示版本編號，如圖 1-20 所示。

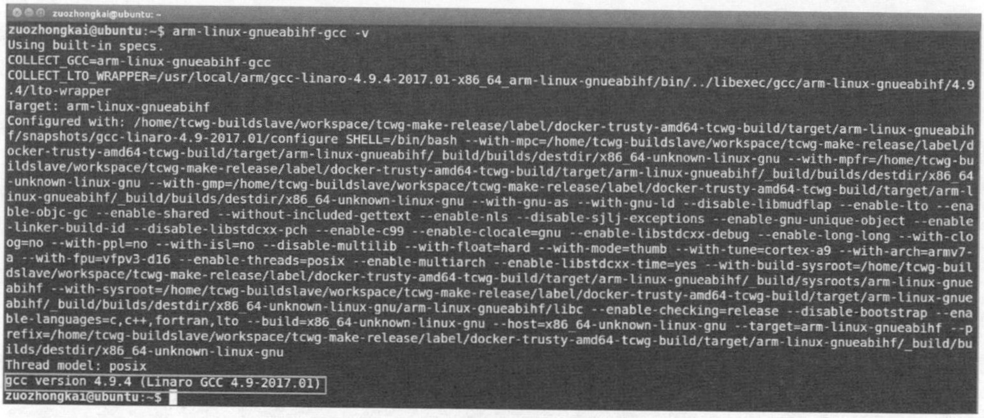

▲ 圖 1-20　交叉編譯器版本查詢

從圖 1-20 可以看出，當前交叉編譯器的版本編號為 4.9.4，說明交叉編譯工具鏈安裝成功。Linux C 程式設計入門中使用 Ubuntu 附帶的 GCC 編譯器，我們用的是命令「gcc」。要使用剛剛安裝的交叉編譯器，則需使用命令 arm-linux-gnueabihf-gcc，該命令的含義如下：

① arm 為編譯 arm 架構程式的編譯器。

② linux 表示執行在 Linux 環境下。

③ gnueabihf 表示嵌入式二進位介面。

④ gcc 表示是 gcc 工具。

最好的驗證方法就是直接編譯一個常式，下面我們就編譯第一個裸機常式「1_leds」，下載之後在前面建立的 linux 資料夾下建立 driver/board_driver 資料夾，用來存放裸機常式，如圖 1-21 所示。

```
zuozhongkai@ubuntu:~/linux/driver$ ls
board driver
```

▲ 圖 1-21　建立 board_driver 資料夾

將第一個裸機常式「1_leds」複製到 board_driver 中，然後執行 make 命令進行編譯，如圖 1-22 所示。

```
zuozhongkai@ubuntu:~/linux/driver/board_driver/1_leds$ ls       //檢查Makefile是否存在
imxdownload  led.bin  led.dis  led.elf  led.o  led.s  load.imx  Makefile  SI
zuozhongkai@ubuntu:~/linux/driver/board_driver/1_leds$ make     //使用make命令編譯專案
arm-linux-gnueabihf-gcc -g -c -o led.o led.s
arm-linux-gnueabihf-ld -Ttext 0X87800000 -g led.o -o led.elf
arm-linux-gnueabihf-objcopy -O binary -S led.elf led.bin
arm-linux-gnueabihf-objdump -D led.elf > led.dis
zuozhongkai@ubuntu:~/linux/driver/board_driver/1_leds$ ls       //檢查編譯結果
imxdownload  led.bin  led.dis  led.elf  led.o  led.s  load.imx  Makefile  SI
zuozhongkai@ubuntu:~/linux/driver/board_driver/1_leds$
```

▲ 圖 1-22　編譯過程

從圖 1-22 可以看到，常式「1_leds」編譯成功了，編譯生成了 led.o 和 led.bin 這兩個檔案，使用以下命令查看 led.o 檔案資訊。

```
file led.o
```

結果如圖 1-23 所示。

```
zuozhongkai@ubuntu:~/linux/driver/board_driver/1_leds$ file led.o
led.o: ELF 32-bit LSB relocatable, ARM, EABI5 version 1 (SYSV), not stripped
zuozhongkai@ubuntu:~/linux/driver/board driver/1 leds$
```

▲ 圖 1-23　led.o 檔案資訊

從圖 1-23 可以看到，led.o 是 32 位元 LSB 的 ELF 格式檔案，目的機架構為 ARM，說明我們的交叉編譯器工作正常。

1.4 | Visual Studio Code 軟體的安裝和使用

1.4.1 Visual Studio Code 軟體的安裝

VSCode 是微軟推出的一款免費編輯器，VSCode 有 Windows、Linux 和 macOS 三個版本，它是一個跨平台的編輯器，本書後面全部使用 VSCode 來撰寫以及查閱程式。VSCode 下載介面如圖 1-24 所示。

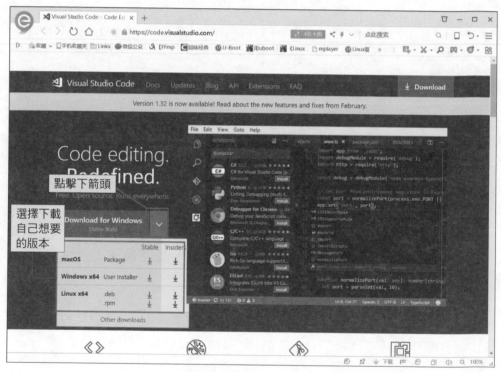

▲ 圖 1-24 VSCode 下載介面

在圖 1-24 中下載自己想要的版本，本書需要 Windows 和 Linux 這兩個版本。

1. Windows 版本安裝

Windows 版本的安裝與其他 Windows 軟體安裝一樣，按兩下 .exe 安裝套件，然後按照提示進行即可，安裝完成以後在桌面上就會有 VSCode 的圖示，如圖 1-25 所示。

▲ 圖 1-25 VSCode 圖示

按兩下 VSCode 開啟軟體，預設介面如圖 1-26 所示。

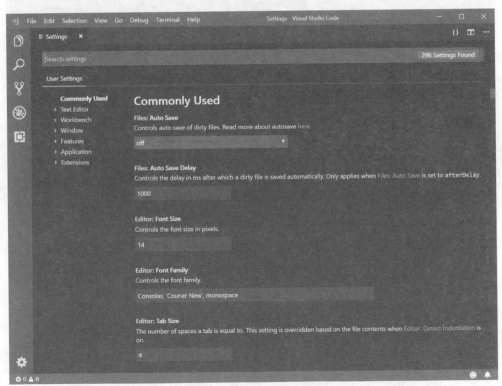

▲ 圖 1-26 VSCode 預設介面

2. Linux 版本安裝

　　為了方便在 Ubuntu 下閱讀程式，我們需要在 Ubuntu 下安裝 VSCode。Linux 下的 VSCode 安裝套件下載之後複製到 ubuntu 系統中，然後使用以下命令安裝。

```
sudo dpkg -icode_1.32.3-1552606978_amd64.deb
```

　　安裝過程如圖 1-27 所示。

```
joshhu@ubuntu: ~

joshhu@ubuntu: $ sudo dpkg -i code_1.80.0-1688479026_amd64.deb
[sudo] password for joshhu:
Selecting previously unselected package code.
(Reading database ... 176745 files and directories currently installed.)
Preparing to unpack code_1.80.0-1688479026_amd64.deb ...
Unpacking code (1.80.0-1688479026) ...
Setting up code (1.80.0-1688479026) ...
Processing triggers for mailcap (3.70+nmu1ubuntu1) ...
Processing triggers for gnome-menus (3.36.0-1ubuntu3) ...
Processing triggers for desktop-file-utils (0.26-1ubuntu3) ...
Processing triggers for shared-mime-info (2.1-2) ...
joshhu@ubuntu: $
```

▲ 圖 1-27　VSCode 安裝過程（圖中為較新版本）

　　安裝完成以後搜索 Visual Studio Code 可以找到軟體，如圖 1-28 所示。

▲ 圖 1-28　Visual Studio Code

我們可以將圖示增加到 Ubuntu 快捷列上，安裝的所有軟體圖示都在目錄 /usr/share/applications 中，如圖 1-29 所示。

在圖 1-29 中找到 Visual Studio Code 的圖示，然後按滑鼠右鍵，在彈出的快顯功能表中選擇「Add to Favorites」，如圖 1-30 所示。

▲ 圖 1-29 軟體圖示

▲ 圖 1-30 將圖示複製到桌面

按照圖 1-30 所示方法將 VSCode 圖示複製到桌面，Ubuntu 下的 VSCode 開啟以後如圖 1-31 所示。

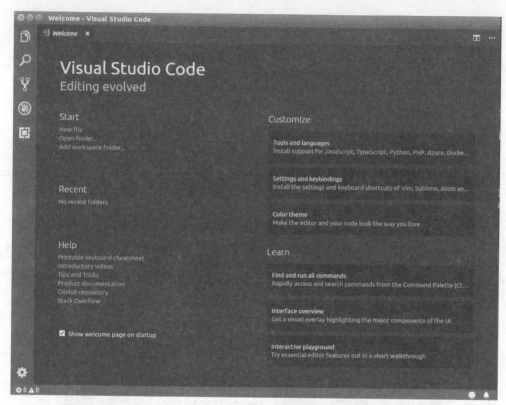

▲ 圖 1-31　Ubuntu 下的 VSCode

讀者可以看出在 Ubuntu 下的 VSCode 和 Windows 下的執行環境基本是一樣的，所以使用方法也相同。

1.4.2　Visual Studio Code 外掛程式的安裝

VSCode 支援多種語言，比如 C/C++、Python、C# 等，本書主要用來撰寫 C/C++ 程式所以需要安裝 C/C++ 的擴充套件，如圖 1-32 所示。

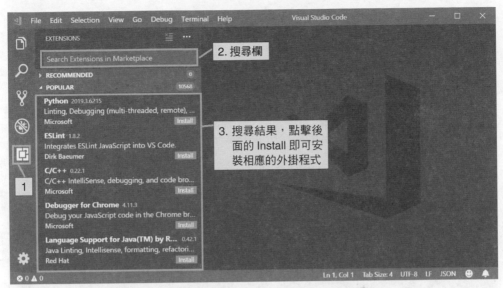

▲ 圖 1-32 VSCode 外掛程式安裝

我們需要安裝的外掛程式如下。

（1）C/C++，這個是必須安裝的。

（2）C/C++ Snippets，即 C/C++ 重用程式區塊。

（3）C/C++ Advanced Lint, 即 C/C++ 靜態檢測。

（1）Code Runner，即程式執行。

（5）Include AutoComplete，即自動標頭檔包含。

（6）Rainbow Brackets，彩虹大括號，有助閱讀程式。

（7）One Dark Pro，VSCode 的主題。

（8）GBKtoUTF8，將 GBK 轉為 UTF8。

（9）ARM，即支援 ARM 組合語言語法反白顯示。

（10）Chinese(Simplified)，即中文環境。

（11） vscode-icons，VSCode 圖示外掛程式，主要是資源管理器下各個資料夾的圖示。

（12） compareit，比較外掛程式，可以用於比較兩個檔案的差異。

（13） DeviceTree，裝置樹語法外掛程式。

（14） TabNine，一款 AI 自動補全外掛程式，強烈推薦。

如果要查看已經安裝好的外掛程式，可以按照圖 1-33 所示方法查看。

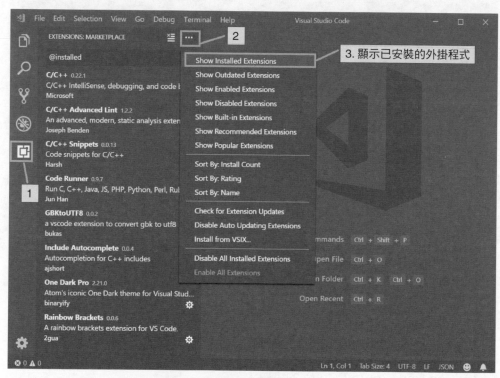

▲ 圖 1-33 顯示已安裝的外掛程式

安裝好外掛程式以後就可以進行程式編輯了，VSCode 介面可透過安裝的中文外掛程式變成中文環境，使用方法如圖 1-34 所示。

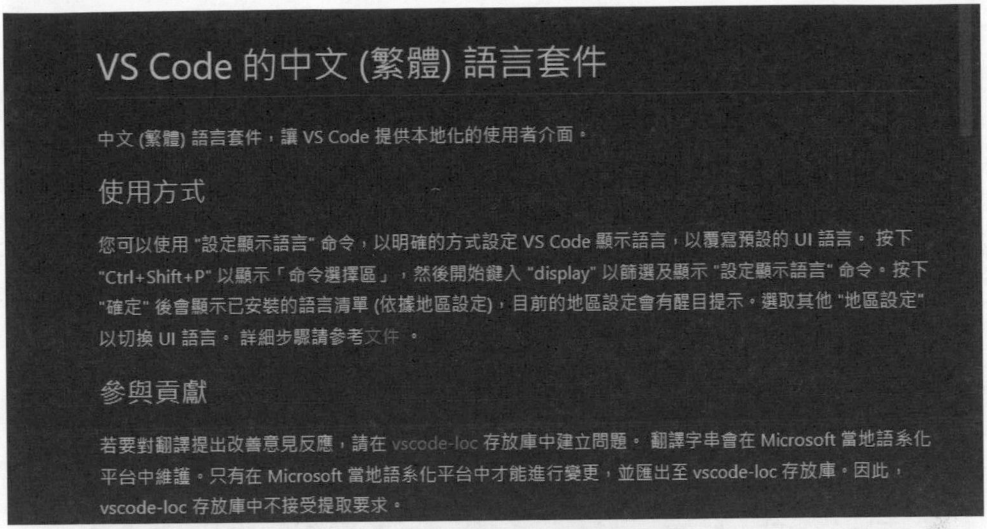

VS Code 的中文 (繁體) 語言套件
中文 (繁體) 語言套件，讓 VS Code 提供本地化的使用者介面。
使用方式
您可以使用 "設定顯示語言" 命令，以明確的方式設定 VS Code 顯示語言，以覆寫預設的 UI 語言。 按下 "Ctrl+Shift+P" 以顯示「命令選擇區」，然後開始鍵入 "display" 以篩選及顯示 "設定顯示語言" 命令。按下 "確定" 後會顯示已安裝的語言清單 (依據地區設定)，目前的地區設定會有醒目提示。選取其他 "地區設定" 以切換 UI 語言。 詳細步驟請參考文件 。
參與貢獻
若要對翻譯提出改善意見反應，請在 vscode-loc 存放庫中建立問題。 翻譯字串會在 Microsoft 當地語系化平台中維護。只有在 Microsoft 當地語系化平台中才能進行變更，並匯出至 vscode-loc 存放庫。因此，vscode-loc 存放庫中不接受提取要求。

▲ 圖 1-34 中文語言套件使用方法

根據圖 1-34 的提示，按下 Ctrl+Shift+P 開啟搜索框，在搜索框中輸入 config，然後選擇 Configure Display Language，如圖 1-35 所示。

EXTENSIONS: MARKET
>config
1. 輸入 config
chinese
Preferences: Configure Language Specific Settings...
recently used
Configure Display Language
other commands
Chinese (Simplifie
中文(简体)
Microsoft
Preferences: Configure User Snippets
2. 選擇設定顯示語言
Tasks: Configure Default Build Task

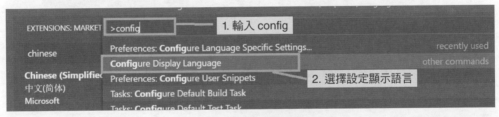

▲ 圖 1-35 設定語言

在開啟的 local.json 檔案中將 locale 修改為 zh-cn（繁體中文為 zh-tw），如圖 1-36 所示。

檔案(F) 編輯(E) 選取項目(S) 檢視(V) 移至(G) 執行(
限制模式適用於安全程式碼瀏覽。信任此視窗以啟用所有功能。
檔案總管
data.yaml
沒有開啟的資料夾
您尚未開啟資料夾。
開啟資料夾
開啟資料夾將關閉所有目前開啟的編輯器。要使其保持開啟狀態，請改用 新增資料夾。

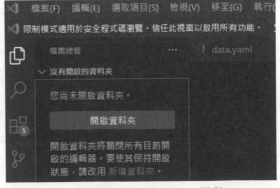

▲ 圖 1-36 修改 locale 變數

修改完成以後儲存 local.json，然後重新開啟 VSCode，測試 VSCode 就變成了中文，如圖 1-37 所示。

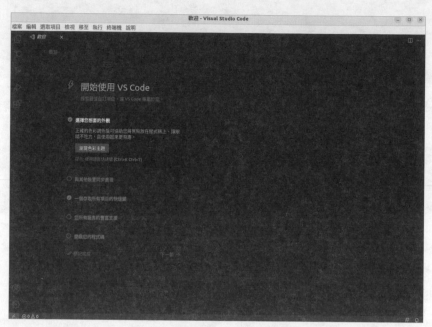

▲ 圖 1-37 中文環境

1.4.3 Visual Studio Code 新建專案

新建一個資料夾用於存放專案，比如新建的資料夾目錄為 E:\VSCode_Program\1_test，路徑中儘量不要有中文和空格。開啟 VSCode，然後在 VSCode 上點擊「檔案」→「開啟資料夾……」，選擇建立的「1_test」資料夾，開啟以後如圖 1-38 所示。

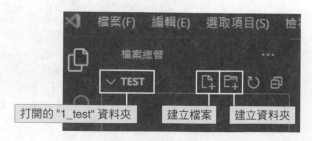

▲ 圖 1-38 開啟的資料夾

從圖 1-38 可以看出，此時的資料夾「1_test」是空的，點擊「檔案」→「將工作區另存為……」，開啟工作區命名對話方塊，輸入要儲存的工作區路徑和工作區名稱，如圖 1-39 所示。

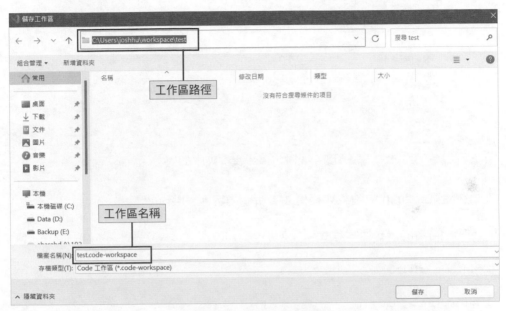

▲ 圖 1-39 工作區儲存設定

工作區儲存成功以後，點擊圖 1-38 中的「新建檔案」按鈕建立 main.c 和 main.h 這兩個檔案，建立成功以後 VSCode 如圖 1-40 所示。

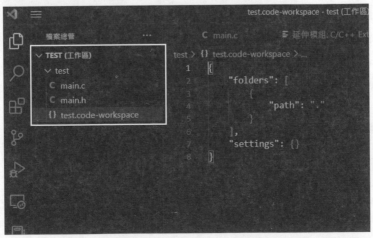

▲ 圖 1-40 新建檔案以後的 VSCode

從圖 1-40 可以看出，此時 TEST（工作區）下有 .vscode 資料夾、main.c 和 main.h，這些檔案和資料夾同樣會出現在 1_test 資料夾中，如圖 1-41 所示。

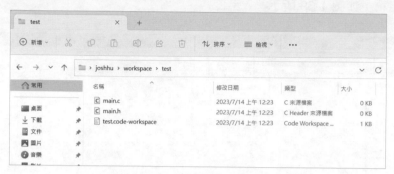

▲ 圖 1-41 1_test 資料夾中的內容

在檔案 main.h 中輸入如範例 1-1 所示內容。

▼ 範例 1-1 main.h 檔案程式

```
1 #include <stdio.h>
2
3 int add(int a, int b);
```

在檔案 main.c 中輸入如範例 1-2 所示內容。

▼ 範例 1-2 main.c 檔案程式

```
1 #include <main.h>
2
3 int add(int a, int b)
4 {
5     return (a + b);
6 }
7
8 int main(void)
9 {
10     int value = 0;
11
12     value = add(5, 6);
13     printf("5 + 6 = %d", value);
```

```
14    return 0;
15}
```

程式編輯完成以後 VSCode 介面如圖 1-42 所示。

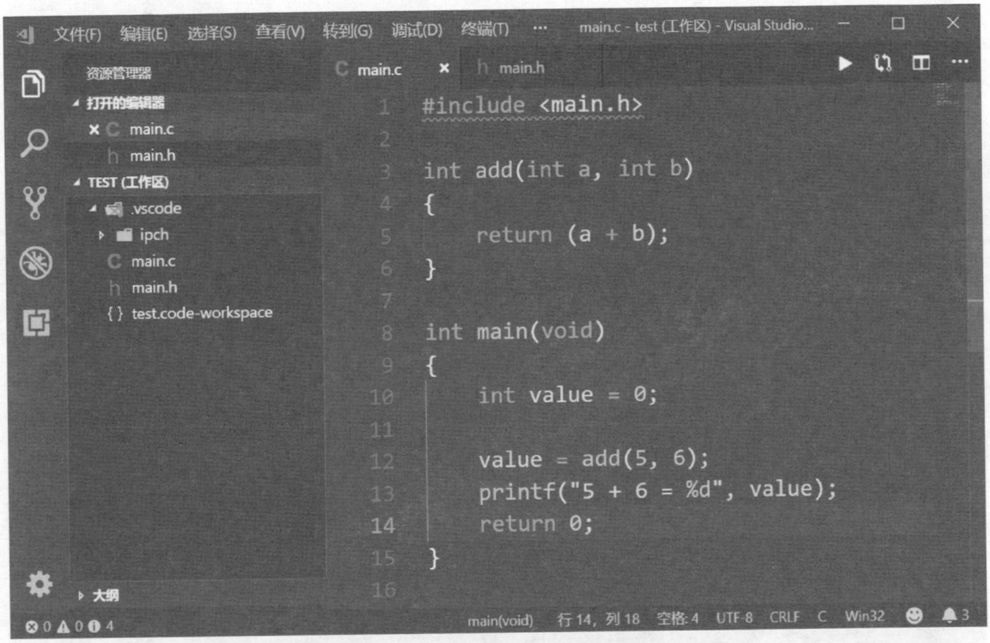

▲ 圖 1-42 程式編輯完成以後的介面

從圖 1-42 可以看出，VSCode 的編輯的程式閱讀起來很舒服。但是此時提示找不到「stdio.h」這個標頭檔案，如圖 1-43 所示錯誤訊息。

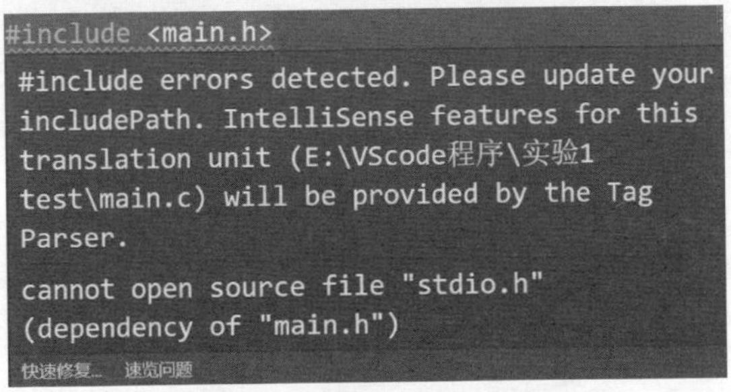

▲ 圖 1-43 標頭檔找不到

圖 1-43 中提示找不到 main.h，同樣的在 main.h 檔案中也會提示找不到 stdio.h。這是因為我們沒有增加標頭檔路徑。按下 Ctrl+Shift+P 開啟搜索框，然後輸入 Edit configurations，選擇 C/C++:Edit configurations⋯，如圖 1-44 所示。

▲ 圖 1-44　開啟 C/C++ 編輯設定檔

C/C++ 的設定檔名為 c_cpp_properties.json，此檔案預設內容如圖 1-45 所示。

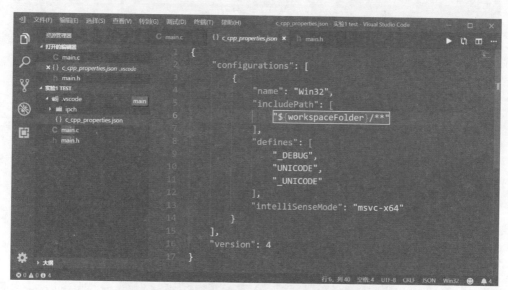

▲ 圖 1-45　檔案 c_cpp_properties.json 內容

c_cpp_properties.json 中的變數 includePath 用於指定專案中的標頭檔路徑，但 stdio.h 是 C 語言函式庫檔案，而 VSCode 只是編輯器沒有編譯器的功能，所以沒有 stdio.h。除非我們自行安裝一個編譯器，比如 CygWin，然後在 includePath 中增加編譯器的標頭檔。由於我們不會使用 VSCode 來編譯器，這裡讀者主要知道如何指定標頭檔路徑就可以了。

　　在 VSCode 上開啟一個新檔案會覆蓋掉以前的檔案,這是因為 VSCode 預設開啟了預覽模式,在預覽模式下點擊左側的檔案就會覆蓋掉當前開啟的檔案。如果不想覆蓋則按兩下開啟即可,或設定 VSCode 關閉預覽模式,設定如圖 1-46 所示。

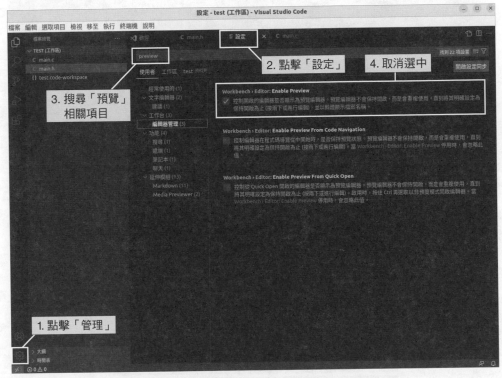

▲ 圖 1-46　取消預覽

　　我們在撰寫程式時在 VSCode 右下角會有如圖 1-47 所示的警告提示。

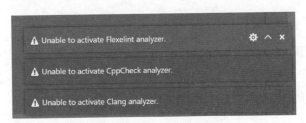

▲ 圖 1-47　警告提示

這是因為外掛程式 C/C++ Lint 開啟了相關功能,將其關閉就可以了,讀者也可以學習有關 VSCode 外掛程式設定方法,如圖 1-48 所示。

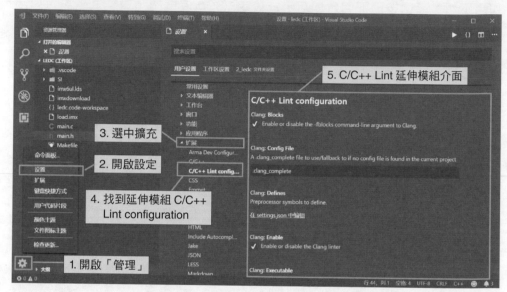

▲ 圖 1-48 C/C++ Lint 設定介面

在 C/C++ Lint 設定介面上找到如圖 1-49 所示的 3 個設定選項並取消其選取。

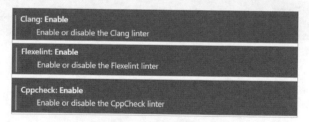

▲ 圖 1-49 C/C++ Lint 設定

按照圖 1-49 所示取消這 3 個有關 C/C++ Lint 的設定以後就不會出現圖 1-47 所示的錯誤訊息了。但是關閉 Cppcheck:Enable 以後 VSCode 就不能即時檢查錯誤了,讀者可根據實際情況選擇即可。

1.5 │ CH340 序列埠驅動程式安裝

我們一般在 Windows 下透過序列埠來偵錯程式，或使用序列埠作為終端，I.MX6U-ALPHA 開發板使用 CH340 晶片實現了 USB 轉序列埠功能。

先透過 USB 線將開發板的序列埠和電腦連接起來，連接方式如圖 1-50 所示。

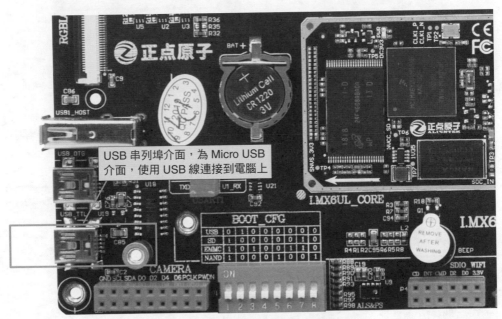

▲ 圖 1-50 開發板序列埠連接方式

CH340 是 需 要 安 裝 驅 動 程 式 的，下載之後按兩下 SETUP.EXE, 開 啟如圖 1-51 所示安裝介面。

點擊圖 1-51 中的「安裝」按鈕 開始安裝驅動程式，等待驅動程式安 裝完成，驅動程式安裝完成以後會有 如圖 1-52 所示的提示。

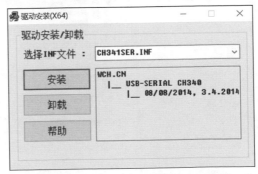

▲ 圖 1-51 CH340 驅動程式安裝

點擊圖 1-52 中的「確定」按鈕退出安裝，重新抽換一下序列埠線。在 Windows 上的「此電腦」圖示上按滑鼠右鍵，在彈出的快顯功能表中選擇「管理」，開啟「電腦管理」，如圖 1-53 所示。

▲ 圖 1-52 驅動程式安裝成功

▲ 圖 1-53 開啟 "電腦管理"

開啟「電腦管理」，點擊左側「電腦管理（本地）」中的「裝置管理員」，在右側選中「通訊埠（COM 和 LPT）」，如圖 1-54 所示。

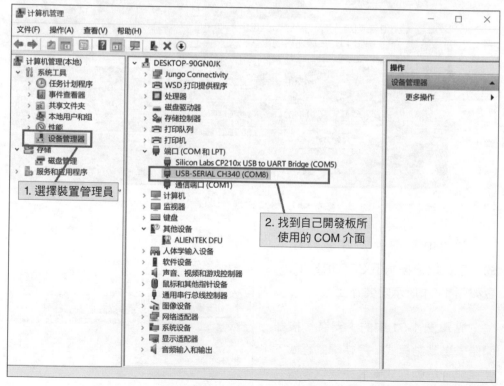

▲ 圖 1-54 裝置管理員

如果在「通訊埠（COM 和 LPT）」中找已顯示「USB-SERIAL CH340」字樣的通訊埠這就說明 CH340 驅動程式已安裝成功了，此時一定要用 USB 線將開發板的序列埠和電腦連接起來。

1.6 │ MobaXterm 軟體安裝和使用

1.6.1 MobaXterm 軟體安裝

MobaXterm 也是一個類似 SecureCRT 和 Putty 的終端軟體，SecureCRT 和 Putty 兩款軟體各有利弊。而 MobaXterm 卻結合兩者的優點，並且使用起來非常舒服。在這裡推薦大家使用此軟體作為終端偵錯軟體，MobaXterm 軟體在其官網下載即可，如圖 1-55 所示。

▲ 圖 1-55 MobaXterm 官網

點擊圖 1-55 中的 Download 按鈕即可開啟下載介面，如圖 1-56 所示。

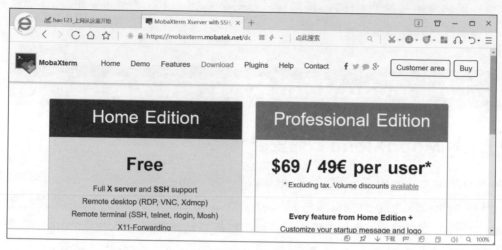

▲ 圖 1-56 下載介面

從圖 1-56 可以看出，一共有兩個版本，左側為免費的 Home Edition 版本，右側為付費的 Professional Edition 版本。讀者可以根據需求選擇對應版本，在這裡選擇 Home Edition 版本，點擊下方的 Download now，開啟下載介面，如圖 1-57 所示。

▲ 圖 1-57 下載介面

可以看出，當前的版本編號為 v12.3，點擊右側按鈕下載安裝套件。下載之後開啟此壓縮套件，然後按兩下 MobaXterm_installer_12.3.msi 進行安裝，安裝方法很簡單，根據提示一步一步進行即可。安裝完成以後會在桌面出現 MobaXterm 圖示，如圖 1-58 所示。

▲ 圖 1-58
MobaXterm
軟體圖示

1.6.2 MobaXterm 軟體使用

按兩下 MobaXterm 圖示，開啟軟體介面如圖 1-59 所示。

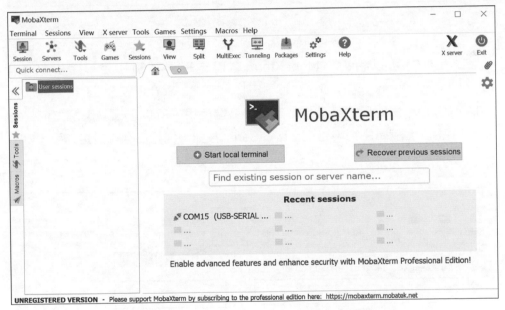

▲ 圖 1-59 MobaXterm 軟體主介面

點擊功能表列中的 Sessions → New session，開啟新建階段視窗，如圖 1-60 所示。

▲ 圖 1-60 新建階段

開啟以後的新建階段視窗如圖 1-61 所示。

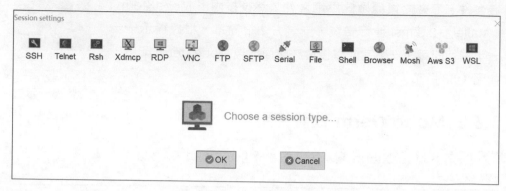

▲ 圖 1-61 新建階段視窗

從圖 1-61 可以看出，MobaXterm 軟體支援很多種協定，比如 SSH、Telnet、Rsh、Xdmcp、RDP、VNC、FTP、SFTP、Serial 等，因為我們使用 MobaXterm 主要目的就是作為序列埠終端使用，所以下面就講解如何建立 Serial 連接，也就是序列埠連接。點擊 Serial 按鈕，開啟序列埠設定介面，如圖 1-62 所示。

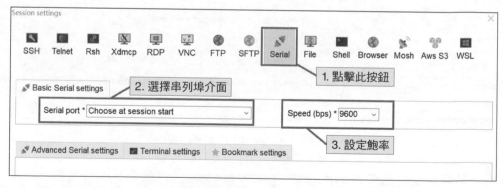

▲ 圖 1-62 設定序列埠

開啟序列埠設定視窗以後先選擇要設定的序列埠號，用序列埠線將開發板連接到電腦上，然後設定串列傳輸速率為 115200（或根據自己實際需要設定），完成以後如圖 1-63 所示。

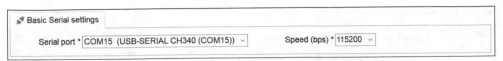

▲ 圖 1-63 設定序列埠及其串列傳輸速率

MobaXterm 軟體可以自動辨識序列埠，因此直接下拉選擇即可，串列傳輸速率也是同樣的設定方式。完成以後還要設定序列埠的其他功能，一共有 3 個設定標籤，如圖 1-64 所示。

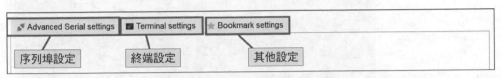

▲ 圖 1-64 序列埠其他設定選項

點擊 Advanced Serial settings 標籤，設定序列埠的其他功能，比如 Serial engine、Data bits、Stop bits、Parity 和 Flow control 等，按照圖 1-65 所示設定即可。

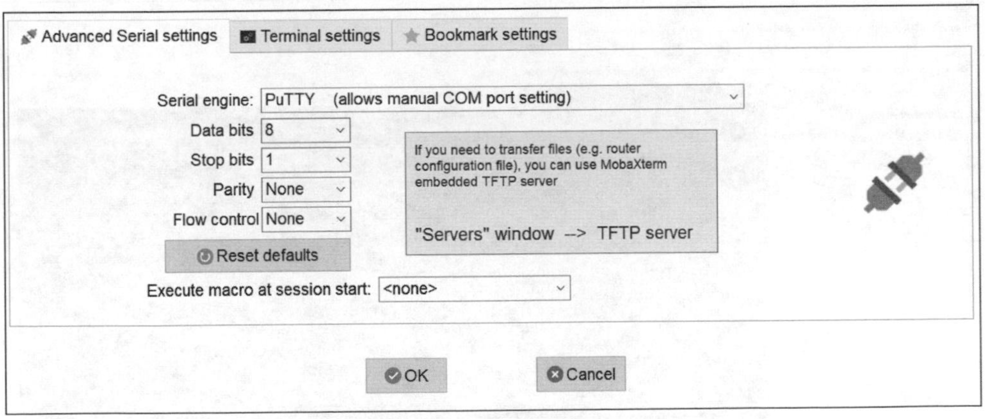

▲ 圖 1-65 序列埠設定

如果要設定終端相關的功能可點擊 Terminal settings 進行，比如終端字型以及字型大小等。設定完成後點擊 OK 按鈕即可。序列埠設定完成以後就會開啟對應的終端視窗，如圖 1-66 所示。

▲ 圖 1-66 成功建立的序列埠終端

如果開發板中燒錄了系統的話就會在終端中列印出系統啟動的 log 資訊，
如圖 1-67 所示。

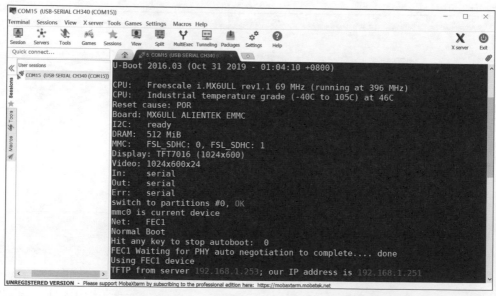

▲ 圖 1-67 MobaXterm 作為序列埠終端

第 **2** 章

Cortex-A7 MPCore 架構

　　I.MX6ULL 使用的是 Cortex-A7 架構，本章向大家介紹 Cortex-A7 架構的基礎。了解 Cortex-A7 架構有利於後面章節的學習，因為本書很多常式涉及到 Cortex-A7 架構方面的知識，比如處理器模型、Cortex-A7 暫存器組等。但是 Cortex-A7 架構內容很龐大，遠不是一章就能講完的，所以本章只是對 Cortex-A7 架構做基本的講解，為後續的實驗打基礎。

　　本章參考了 Cortex-A7 Technical ReferenceManua 和《ARM Cortex-A（armV7）程式設計手冊 V4.0》。這兩份文件都是 ARM 官方的文件，詳細的介紹了 Cortex-A7 架構和 ARMv7-A 指令集。這兩份文件路徑為「4、參考資料」。

2.1 │ Cortex-A7 MPCore 簡介

Cortex-A7 MPCore 處理器支援 1~4 核心，通常與 Cortex-A15 組成 big.LITTLE 架構，Cortex-A15 負責高性能運算，Cortex-A7 負責普通應用，因為 Cortex-A7 的耗電較少。Cortex-A7 本身性能比 Cortex-A8 性能要強大，而且更省電。ARM 官網對於 Cortex-A7 的說明如下：

「在 28nm 製程下，Cortex-A7 可以執行在 1.2~1.6GHz，並且單核心面積不大於 0.45mm² （含有浮點單元、NEON 和 32KB 的 L1 快取），在典型場景下功耗小於 100mW， 這使得它非常適合對功耗要求嚴格的行動裝置，這表示 Cortex-A7 在獲得與 Cortex-A9 相似性能的情況下，其功耗更低」。

Cortex-A7 MPCore 支援在一個處理器上選配 1~4 個核心，Cortex-A7 MPCore 多核心設定如圖 2-1 所示。

Cortex-A7 MPCore 的 L1 可選擇 8KB、16KB、32KB、64KB，L2 Cache 可以不配，也可以選擇 128KB、256KB、512KB、1024KB。I.MX6ULL 設定了 32KB 的 L1 指令 Cache 和 32KB 的 L1 資料 Cache， 以及 128KB 的 L2 Cache。Cortex-A7 MPCore 使用 ARMv7-A 架構，主要特性如下：

（1）SIMDv2 擴充整形和浮點向量操作。

（2）提供了與 ARM VFPv4 系統結構相容的高性能的單雙精度浮點指令，支援全功能的 IEEE754。

（3）支援大物理擴充（LPAE），最高可以存取 40 位元儲存位址，最高可以支援 1TB 的記憶體。

（4）支援硬體虛擬化。

（5）支援 Generic Interrupt Controller(GIC)V2.0。

（6）支援 NEON，可以加速多媒體和訊號處理演算法。

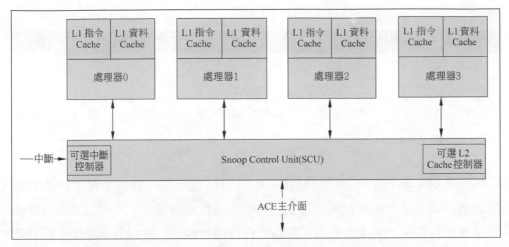

▲ 圖 2-1 多核心設定圖

2.2 | Cortex-A 處理器執行模型

ARM 處理器有 7 種執行模型：User、FIQ、IRQ、Supervisor（SVC）、Abort、Undef 和 System。其中，User 是非特權模式，其餘 6 種都是特權模式。而新的 Cortex-A 架構加入了 TrustZone 安全擴充，這就新加了一種執行模式 Monitor。新的處理器架構還支援虛擬化擴充，這又加入了另一種執行模式 Hyp。所以 Cortex-A7 處理器有 9 種執行模式，如表 2-1 所示。

▼ 表 2-1 9 種執行模式

模式	描述
User(USR)	使用者模式，非特權模式，大部分程式執行時期就處於此模式
FIQ	快速中斷模式，進入 FIQ 中斷異常
IRQ	一般中斷模式
Supervisor(SVC)	超級管理員模式，特權模式，供作業系統使用
Monitor(MON)	監視模式 *，這個模式用於安全擴充模式
Abort(ABT)	資料存取終止模式，用於虛擬儲存以及儲存保護

續表

模式	描述
Hyp(HYP)	超級監視模式 *，用於虛擬化擴充
Undef(UND)	未定義指令終止模式
System(SYS)	系統模式，用於執行特權等級的作業系統任務

註：* 表示為筆者翻譯。

在表 2-1 中，除了 User（USR）使用者模式以外，其他 8 種執行模式都是特權模式。這 8 個執行模式可以透過軟體進行任意切換，也可以透過中斷或異常來進行切換。大多數的程式都執行在使用者模式，使用者模式下不能存取系統中受限資源，要想存取受限資源就必須進行模式切換。但是使用者模式是不能直接進行切換的，當需要切換模式時，使用者可以利用應用程式產生異常（Exceptions，或稱例外，本書使用異常），在異常的處理過程中完成處理器模式切換。

當中斷或異常發生以後，處理器就會進入到對應的異常模式中，每一種模式都有一組暫存器供異常處理常式使用，這是為了保證在進入異常模式以後，使用者模式下的暫存器不會被破壞。

2.3 | Cortex-A 暫存器組

ARM 架構提供了 16 個 32 位元的通用暫存器（R0~R15）供軟體使用，前 15 個（R0~R14）可以用作通用的資料儲存，R15 是程式計數器 PC，用來儲存將要執行的指令。ARM 還提供了一個當前程式狀態暫存器 CPSR 和一個備份程式狀態暫存器 SPSR，SPSR 暫存器就是 CPSR 暫存器的備份。這 18 個暫存器如圖 2-2 所示。

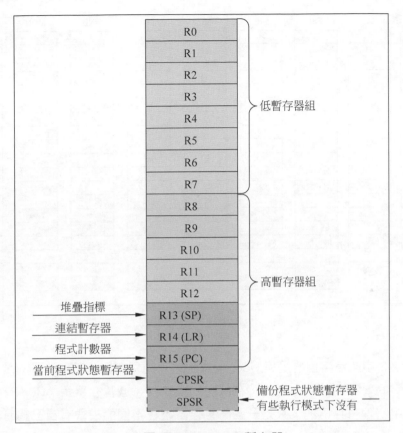

▲ 圖 2-2 Cortex-A 暫存器

　　在 2.2 節中 Cortex-A7 共有 9 種執行模式，每一種執行模式都有一組與之
對應的暫存器組。每一種模式可見的暫存器包括 15 個通用暫存器（R0~R14）、
一或兩個程式狀態暫存器和一個程式計數器 PC。各個模式對應的暫存器如圖 2-3
所示。

User	Sys	FIQ	IRQ	ABT	SVC	UND	MON	HYP
R0	R0	R0	R0	R0	R0	R0	R0	R0
R1	R1	R1	R1	R1	R1	R1	R1	R1
R2	R2	R2	R2	R2	R2	R2	R2	R2
R3	R3	R3	R3	R3	R3	R3	R3	R3
R4	R4	R4	R4	R4	R4	R4	R4	R4
R5	R5	R5	R5	R5	R5	R5	R5	R5
R6	R6	R6	R6	R6	R6	R6	R6	R6
R7	R7	R7	R7	R7	R7	R7	R7	R7
R8	R8	R8_fiq	R8	R8	R8	R8	R8	R8
R9	R9	R9_fiq	R9	R9	R9	R9	R9	R9
R10	R10	R10_fiq	R10	R10	R10	R10	R10	R10
R11	R11	R11_fiq	R11	R11	R11	R11	R11	R11
R12	R12	R12_fiq	R12	R12	R12	R12	R12	R12
R13(sp)	R13(sp)	SP_fiq	SP_irq	SP_abt	SP_svc	SP_und	SP_mon	SP_hyp
R14(lr)	R14(lr)	LR_fiq	LR_irq	LR_abt	LR_svc	LR_und	LR_mon	R14(lr)
R15(pc)	R15(pc)	R15(pc)	R15(pc)	R15(pc)	R15(pc)	R15(pc)	R15(pc)	R15(pc)
CPSR	CPSR	CPSR	CPSR	CPSR	CPSR	CPSR	CPSR	CPSR
		SPSR_fiq	SPSR_irq	SPSR_abt	SPSR_svc	SPSR_und	SPSR_mon	SPSR_hyp
								ELR_hyp

▲ 圖 2-3　9 種模式所對應的暫存器

　　圖 2-3 中淺色字型的是與 User 模式所共有的暫存器，其他背景的是各個模式所獨有的暫存器。可以看出，在所有的模式中，低暫存器組（R0~R7）是共用同一組物理暫存器的，只是一些高暫存器組在不同的模式有自己獨有的暫存器，比如 FIQ 模式下 R8~R14 是獨立的物理暫存器。假如某個程式在 FIQ 模式下存取 R13 暫存器，那它實際存取的是暫存器 R13_fiq，如果程式處於 SVC 模式下存取 R13 暫存器，那它實際存取的是暫存器 R13_svc。Cortex-A 核心暫存器組成如下：

（1）34 個通用暫存器，包括 R15 程式計數器（PC），這些暫存器都是 32 位元的。

（2）8 個狀態暫存器，包括 CPSR 和 SPSR。

（3）Hyp 模式下獨有一個 ELR_Hyp 暫存器。

2.3.1 通用暫存器

R0~R15 就是通用暫存器,通用暫存器可以分為以下 3 類:

(1)未備份暫存器,即 R0~R7。

(2)備份暫存器,即 R8~R14。

(3)程式計數器 PC,即 R15。

分別來看這 3 類暫存器。

1. 未備份暫存器

未備份暫存器指的是 R0~R7 這 8 個暫存器,因為在所有的處理器模式下,這 8 個暫存器都是同一個物理暫存器,在不同的模式下,這 8 個暫存器中的資料就會被破壞。所以這 8 個暫存器並沒有被用作特殊用途。

2. 備份暫存器

備份暫存器中的 R8~R12 共 5 個暫存器中有兩種物理暫存器,在快速中斷模式下(FIQ)它們對應著 Rx_irq(x=8~12) 物理暫存器,其他模式下對應著 Rx(8~12) 物理暫存器。FIQ 模式下中斷處理常式可以使用 R8~R12 暫存器,因為 FIQ 模式下的 R8~R12 是獨立的,因此中斷處理常式可以不用執行儲存和恢復中斷現場的指令,從而加速中斷的執行過程。

備份暫存器 R13 共有 8 個物理暫存器,其中一個是使用者模式(User)和系統模式(Sys)共用的,剩下的 7 個分別對應 7 種不同的模式。R13 可用來做為堆疊指標,所以也叫做 SP。每種模式都有其對應的 R13 物理暫存器,應用程式會初始化 R13,使其指向該模式專用的堆疊位址,即初始化 SP 指標。

備份暫存器 R14 一共有 7 個物理暫存器,其中一個是使用者模式(User)、系統模式(Sys)和超級監視模式(Hyp)所共有的,剩下的 6 個分別對應 6 種不同的模式。R14 也稱為連接暫存器(LR),LR 暫存器在 ARM 中主要有兩種用途。

（1）每種處理器模式使用 R14(LR) 來存放當前副程式的傳回位址，如果使用 BL 或 BLX 來呼叫子函式的話，R14(LR) 被設定成該子函式的傳回位址，在子函式中，將 R14(LR) 中的值賦給 R15(PC) 即可完成子函式傳回，比如在副程式中可以使用以下程式：

* MOV PC, LR@ 暫存器 LR 中的值賦值給 PC，實現跳躍或可以在子函式的入口處將 LR 存入堆疊。

* PUSH {LR}@ 將 LR 暫存器存入堆疊在子函式的最後面移出堆疊即可。

* POP {PC}@ 將上面存入堆疊的 LR 暫存器資料移出堆疊給 PC 暫存器，嚴格意義上來講 @ 是將 LR-4 賦給 PC，因為 3 級管線，這裡只是演示程式。

（2）當異常發生以後，該異常模式對應的 R14 暫存器被設定成該異常模式將要傳回的位址，R14 也可以當作普通暫存器使用。

3. 程式計數器

程式計數器 R15 也叫做 PC，R15 儲存著當前執行的指令位址值加 8B，這是因為 ARM 的管線機制導致的。ARM 處理器 3 級管線：取指→解碼→執行，這三級管線迴圈執行，比如當前正在執行第一行指令的同時也對第二行指令進行解碼，第三行指令也同時被取出存放在 R15（PC）中。我們喜歡以當前正在執行的指令作為參考點，也就是以第一行指令為參考點，那麼 R15（PC）中存放的就是第三行指令，即 R15（PC）總是指向當前正在執行的指令位址再加上兩行指令的位址。對於 32 位元的 ARM 處理器，每行指令是 4B。

R15（PC）值 = 當前執行的程式位置 + 8B

2.3.2 程式狀態暫存器

所有的處理器模式都共用一個 CPSR 物理暫存器，因此 CPSR 可以在任意模式下被存取。CPSR 是當前程式狀態暫存器，該暫存器包含了條件標識位元、中斷禁止位元、當前處理器模式標識等一些狀態位元以及一些控制位元。所有的處理器模式都共用一個 CPSR 必然會導致衝突,除了 User 和 Sys 這兩個模式以外,其他 7 個模式每個都配備了一個專用的物理狀態暫存器 SPSR(備份程式狀態暫存器)。當特定的異常中斷發生時,SPSR 暫存器用來儲存當前程式狀態暫存器(CPSR)的值,當異常退出後可以用 SPSR 中儲存的值來恢復 CPSR。

User 和 Sys 這兩個模式不是異常模式,所以並沒有配備 SPSR,因此不能在 User 和 Sys 模式下存取 SPSR。由於 SPSR 是 CPSR 的備份,因此 SPSR 和 CPSR 的暫存器結構相同,如圖 2-4 所示。

31	30	29	28	27	26		25	24	23		20	19		16	15		10	9	8	7	6	5	4		0
N	Z	C	V	Q	IT[1:0]			J		Reserved		GE[3:0]			IT[7:2]			E	A	I	F	T	M[4:0]		

▲ 圖 2-4 CPSR 暫存器

N:當兩個補數表示有號整數運算時,N=1 表示運算結果為負數,N=0 表示運算結果為正數。

Z:Z=1 表示運算結果為 0,Z=0 表示運算結果不為 0;對於 CMP 指令,Z=1 表示進行比較的兩個數大小相等。

C:在加法指令中,當結果產生進位,則 C=1,表示無號數運算發生上溢,其他情況下 C=0。在減法指令中,當運算中發生借位元時,則 C=0,表示無號數運算發生下溢,其他情況下 C=1。對於包含移位操作的非加 / 減法運算指令,C 中包含最後一次溢位的位元的數值,對於其他非加 / 減運算指令,C 位元的值通常不受影響。

V:對於加 / 減法運算指令,當運算元和運算結果為二進位的補數表示的有號數時,V=1 表示符號位元溢位,通常其他位元不影響 V 位元。

Q:僅 ARM v5TE_J 架構支援,表示飽和狀態,Q=1 表示累積飽和,Q=0 表示累積不飽和。

IT[1:0]:和 IT[7:2] 一起組成 IT[7:0],作為 IF-THEN 指令執行狀態。

J：僅 ARM_v5TE-J 架構支援，J=1 表示處於 Jazelle 狀態，此位元通常和 T 位元一起表示當前所使用的指令集，如表 2-2 所示。

▼ 表 2-2 指令類型

J	T	描述
0	0	ARM
0	1	Thumb
1	1	ThumbEE
1	0	Jazelle

GE[3:0]：SIMD 指令有效，大於或等於。

IT[7:2]：參考 IT[1:0]。

E：大小端控制位元，E=1 表示大端模式，E=0 表示小端模式。

A：禁止非同步中斷位元，A=1 表示禁止非同步中斷。

I：I=1 禁止 IRQ，I=0 啟動 IRQ。

F：F=1 禁止 FIQ，F=0 啟動 FIQ。

T：控制指令執行狀態，表明本指令是 ARM 指令還是 Thumb 指令，通常和 J 一起表明指令類型。

M[4:0]：處理器模式控制位元，含義如表 2-3 所示。

▼ 表 2-3 處理器模式位元

M[4:0]	處理器模式
10000	User 模式
10001	FIQ 模式
10010	IRQ 模式
10011	Supervisor(SVC) 模式
10110	Monitor(MON) 模式

續表

M[4:0]	處理器模式
10111	Abort(ABT) 模式
11010	Hyp(HYP) 模式
11011	Undef(UND) 模式
11111	System(SYS) 模式

## 第 3 章

ARM 組合語言基礎

　　我們在進行嵌入式 Linux 開發時要掌握基本的 ARM 組合語言命令，因為 Cortex-A 晶片一通電 SP 指標還沒初始化，C 語言環境還沒準備好，必須先用組合語言設定好 C 語言環境後才能執行 C 語言程式，比如初始化 DDR、設定 SP 指標等。所以 Cortex-A 和 STM32 一樣的，一開始是用組合語言，以 STM32F103 為例，開機檔案 startup_stm32f10x_hd.s 就是組合語言檔案，這個檔案 ST 公司已經寫好，所以大部分學習者都沒有深入地去研究。由於組合語言的知識很龐大，本章只講解最常用的一些指令，為後續學習作準備。

I.MX6U-ALPHA 使用的是 NXP 公司的 I.MX6ULL 晶片,這是一款 Cortex-A7 核心的晶片,所以主要講解 Cortex-A 的組合語言指令。為此我們需要參考 ARM ArchitectureReference Manual ARMv7-A and ARMv7-R edition 和《ARM Cortex-A(armV7)程式設計手冊 V4.0》,路徑為「4、參考資料」。第一份文件主要講解 ARMv7-A 和 ARMv7-R 指令集的開發,Cortex-A7 使用的是 ARMv7-A 指令集,第二份文件主要講解 Cortex-A(armV7)程式設計,這兩份文件是學習 Cortex-A 不可或缺的文件。在 ARM ArchitectureReference Manual ARMv7-A and ARMv7-R edition 的 A4 章詳細講解了 Cortex-A 的組合語言指令。

對於 Cortex-A 晶片來講,大部分晶片在通電以後 C 語言環境還沒準備好,所以第一行程式肯定是組合語言。C 語言環境就是保證 C 語言能夠正常執行。C 語言中的函式呼叫涉及到移出堆疊存入堆疊,移出堆疊存入堆疊就要對堆疊操作。堆疊其實就是一段記憶體,這段記憶體比較特殊,由 SP 指標存取,SP 指標指向堆疊頂。晶片一通電 SP 指標還沒有初始化 C 語言就沒法執行。對於有些晶片還需要初始化 DDR,因為晶片本身沒有 RAM,或內部 RAM 不開放給使用者使用,使用者程式需要在 DDR 中執行,因此一開始要用組合語言來初始化 DDR 控制器。

後面學習 Uboot 和 Linux 核心時組合語言是必須要會的。

3.1 GNU 組合語言語法

如果使用過 STM32 的話就會知道,MDK 和 IAR 下開機檔案 startup_stm32f10x_hd.s 中的組合語言語法是有所不同的,所以不能將 MDK 下的組合語言檔案直接複製到 IAR 下去編譯,這是因為 MDK 和 IAR 的編譯器不同,因此組合語言的語法就有一些區別。ARM 組合語言編譯使用的是 GCC 交叉編譯器,所以組合語言程式碼要符合 GNU 語法。

GNU 組合語言語法適用於所有的架構,並不是 ARM 獨享的,GNU 組合語言由一系列的敘述組成,每行一行敘述,每行敘述有 3 個可選部分,解釋如下:

label：instruction @ comment

label：即標誌，表示位址位置，有些指令前面可能會有標誌，這樣就可以透過這個標誌得到指令的位址，標誌也可以用來表示資料位址。注意 label 後面的「：」，任何以「：」結尾的識別字都會被辨識為一個標誌。

instruction：即指令，也就是組合語言指令或虛擬指令。

@ 符號：表示後面的是註釋，就跟 C 語言中的「/*」和「*/」一樣，其實在 GNU 組合語言檔案中我們也可以使用「/*」和「*/」來註釋。

comment：就是註釋內容。

程式如下所示：

```
add:
MOVS R0, #0x12@ 設定 R0=0x12
```

上面程式中「add:」就是標誌，「MOVS R0,#0x12」就是指令，最後的「@設定 R0=0x12」就是註釋。

注意：ARM 中的指令、虛擬指令、虛擬操作、暫存器名稱等可以全部使用大寫，也可以全部使用小寫，但是不能大小寫混用。

使用者可以使用 .section 虛擬操作來定義一個段，組合語言系統預先定義了部分名稱，解釋如下：

.text：表示程式碼部分。

.data：初始化的資料段。

.bss：未初始化的資料段。

.rodata：只讀取資料段。

我們當然可以使用 .section 來定義一個段，每個段以段名稱開始，以下一段名稱或檔案結尾結束，程式如下：

```
.section .testsection @ 定義一個 testsetcion 段
```

組合語言程式的預設入口標誌是 _start，不過我們也可以在連結腳本中使用 ENTRY 來指明其他的進入點，下面的程式就是使用 _start 作為入口標誌。

```
.global _start

_start:
ldr r0, =0x12@r0=0x12
```

上面程式中 .global 是虛擬操作，表示 _start 是一個全域標誌，類似 C 語言中的全域變數一樣，下面為常見的虛擬操作。

.byte：定義單位元組資料，比如 .byte 0x12。

.short：定義雙位元組資料，比如 .short 0x1234。

.long：定義一個 4 位元組資料，比如 .long 0x12345678。

.equ：設定陳述式，格式為 .equ 變數名稱，運算式如 .equ num, 0x12 表示 num=0x12。

.align：資料位元組對齊，如 .align 4 表示 4 位元組對齊。

.end：表示原始檔案結束。

.global：定義一個全域符號，格式為 .global symbol，比如 .global _start。

GNU 組合語言還有其他的虛擬操作，最常見的如上所示。如果想詳細地了解全部的虛擬操作，可以參考《ARM Cortex-A（armV7）程式設計手冊 V4.0》中的相關內容。

GNU 組合語言同樣也支援函式，函式格式如下所示：

```
函式名稱：
函式本體
傳回敘述
```

　　GNU 組合語言函式傳回敘述不是必需的，範例 3-1 中的程式就是用組合語言寫的 Cortex-A7 中斷服務函式。

▼ 範例 3-1 中斷服務函式

```
/* 未定義中斷 */
Undefined_Handler:
    ldr r0, =Undefined_Handler
    bx r0


/* SVC 中斷 */
SVC_Handler:
    ldr r0, =SVC_Handler
    bx r0


/* 預先存取終止中斷 */
PrefAbort_Handler:
    ldr r0, =PrefAbort_Handler
    bx r0
```

　　上述程式中定義了 3 個組合語言函式：Undefined_Handler、SVC_Handler 和 PrefAbort_Handler。以 Undefined_Handler 函式為例來看組合語言函式組成，「Undefined_Handler」就是函式名稱，「ldr r0, =Undefined_Handler」是函式本體，「bx r0」是函式傳回敘述，「bx」指令是傳回指令，函式傳回敘述不是必需的。

3.2 ｜ Cortex-A7 常用組合語言指令

　　本節我們將介紹一些常用的 Cortex-A7 組合語言指令，如果想系統地了解 Cortex-A7 的組合語言指令，請參考 *ARM ArchitectureReference Manual ARMv7-A and ARMv7-R edition*。

3.2.1 處理器內部資料傳輸指令

　　處理器內部進行資料傳遞，常見的操作有以下 3 種。

（1）將資料從一個暫存器傳遞到另外一個暫存器。

（2）將資料從一個暫存器傳遞到特殊暫存器，如 CPSR 和 SPSR 暫存器。

（3）將立即數傳遞到暫存器。

資料傳輸常用的指令有 3 個：MOV、MRS 和 MSR，這 3 個指令的用法如表 3-1 所示。

▼ 表 3-1 常用資料傳輸指令

指令	目的	來源	描述
MOV	R0	R1	將 R1 中的資料複製到 R0 中
MRS	R0	CPSR	將特殊暫存器 CPSR 中的資料複製到 R0 中
MSR	CPSR	R1	將 R1 中的資料複製到特殊暫存器 CPSR 中

詳細地介紹如何使用這 3 個指令。

1. MOV 指令

MOV 指令用於將資料從一個暫存器複製到另外一個暫存器，或將一個立即數傳遞到暫存器中，使用以下程式：

```
MOV R0，R1        @將暫存器 R1 中的資料傳遞給 R0，即 R0=R1
MOV R0，#0X12     @將立即數 0X12 傳遞給 R0 暫存器，即 R0=0X12
```

2. MRS 指令

MRS 指令用於將特殊暫存器（如 CPSR 和 SPSR）中的資料傳遞給通用暫存器，要讀取特殊暫存器的資料只能使用 MRS 指令，使用以下程式：

```
MRS R0, CPSR     @將特殊暫存器 CPSR 中的資料傳遞給 R0，即 R0=CPSR
```

3. MSR 指令

MSR 指令和 MRS 指令剛好相反，MSR 指令用來將普通暫存器的資料傳遞給特殊暫存器，也就是寫入特殊暫存器，寫入特殊暫存器只能使用 MSR，使用以下程式：

```
MSR CPSR, R0      @將 R0 中的資料複製到 CPSR 中,即 CPSR=R0
```

3.2.2 記憶體存取指令

ARM 不能直接存取記憶體,比如 RAM 中的資料。I.MX6ULL 中的暫存器就是 RAM 類型的,我們用組合語言來設定 I.MX6ULL 暫存器時需要借助記憶體存取指令,一般先將要設定的值寫入到 Rx(x=0~12) 暫存器中,然後借助記憶體存取指令將 Rx 中的資料寫入到 I.MX6UL 暫存器中。讀取 I.MX6UL 暫存器也是一樣的,只是過程相反。常用的記憶體存取指令有兩種 LDR 和 STR,用法如表 3-2 所示。

▼ 表 3-2 記憶體存取指令

指令	描述
LDR Rd, [Rn , #offset]	從記憶體 Rn+offset 的位置讀取資料存放到 Rd 中
STR Rd, [Rn, #offset]	將 Rd 中的資料寫入到記憶體中的 Rn+offset 位

下面分別來詳細地介紹如何使用這兩個指令。

1. LDR 指令

LDR 主要用於從記憶體載入資料到暫存器 Rx 中,LDR 也可以將一個立即數載入到暫存器 Rx 中,LDR 載入立即數時要使用「=」,而非「#」。在嵌入式開發中,LDR 最常用的就是讀取 CPU 的暫存器值,比如 I.MX6ULL 有個暫存器 GPIO1_GDIR,其位址為 0X0209C004,我們現在要讀取這個暫存器中的資料,如範例 3-2 所示。

▼ 範例 3-2 LDR 指令使用

```
1 LDR R0, =0X0209C004    @將暫存器位址 0X0209C004 載入到 R0 中,R0=0X0209C004
2 LDR R1, [R0]           @讀取位址 0X0209C004 中的資料到 R1 暫存器中
```

範例 3-2 中的程式就是讀取暫存器 GPIO1_GDIR 中的值,讀取到的暫存器值儲存在 R1 暫存器中,上面程式中 offset 是 0,沒有用到 offset。

2. STR 指令

LDR 是從記憶體讀取資料，STR 就是將資料寫入到記憶體中，同樣以 I.MX6ULL 暫存器 GPIO1_GDIR 為例，現在我們要設定暫存器 GPIO1_GDIR 的值為 0X20000002，如範例 3-3 所示。

▼ 範例 3-3 STR 指令使用

```
1 LDR R0, =0X0209C004      @ 將暫存器位址 0X0209C004 載入到 R0 中，即 R0=0X0209C004
2 LDR R1, =0X20000002      @R1 儲存要寫入到暫存器的值，即 R1=0X20000002
3 STR R1, [R0]             @ 將 R1 中的值寫入到 R0 中所儲存的位址中
```

LDR 指令和 STR 指令都是按照位元進行讀取和寫入的，也就是操作的 32 位元資料。如果要按照位元組、半位元組操作的話可以在 LDR 指令後面加上 B 或 H，比如逐位元組操作的指令就是 LDRB 和 STRB，按半位元組操作的指令就是 LDRH 和 STRH。

3.2.3 存入堆疊和移出堆疊指令

我們通常會在 A 函式中呼叫 B 函式，當 B 函式執行完以後再回到 A 函式繼續執行。要想在跳回 A 函式以後程式能夠接著正常執行，那就必須在跳到 B 函式之前將當前處理器狀態儲存起來（就是儲存 R0~R15 這些暫存器值），當 B 函式執行完成以後再用前面儲存的暫存器值恢復 R0~R15 即可。儲存 R0~R15 暫存器的操作就叫做現場保護，恢復 R0~R15 暫存器的操作就叫做恢復現場。在進行現場保護時需要進行存入堆疊操作，恢復現場就要進行移出堆疊操作。存入堆疊的指令為 PUSH，移出堆疊的指令為 POP，PUSH 和 POP 是一種多儲存和多載入指令，即可以一次操作多個暫存器資料，其利用當前的堆疊指標 SP 來生成位址，PUSH 和 POP 的用法如表 3-3 所示。

▼ 表 3-3 存入堆疊和移出堆疊指令

指令	描述
PUSH <reg list>	將暫存器列表存存入堆疊中
POP <reg list>	從堆疊中恢復暫存器列表

　　假如我們現在要將 R0~R3 和 R12 這 5 個暫存器存入堆疊，當前的 SP 指標指向 0X80000000，處理器的堆疊是向下增長的，使用的組合語言程式碼如下所示。

```
PUSH {R0~R3, R12}        @ 將 R0~R3 和 R12 存入堆疊
```

　　存入堆疊完成以後的堆疊如圖 3-1 所示。

　　圖 3-1 就是對 R0~R3,R12 進行存入堆疊以後的堆疊示意圖，此時的 SP 指向了 0X7FFFFFEC，假如我們現在要再將 LR 進行存入堆疊，組合語言程式碼如下所示。

```
PUSH {LR}                @ 將 LR 進行存入堆疊
```

　　對 LR 進行存入堆疊完成以後的堆疊模型如圖 3-2 所示。

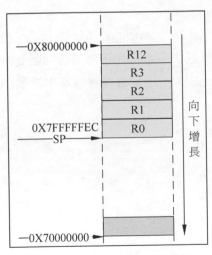

▲ 圖 3-1 存入堆疊以後的堆疊

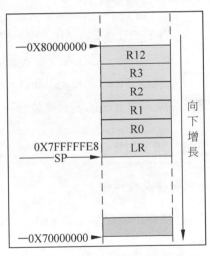

▲ 圖 3-2 LR 存入堆疊以後的堆疊

　　圖 3-2 就是分兩步對 R0~R3,R12 和 LR 進行存入堆疊以後的堆疊模型，如果要移出堆疊的話使用以下程式。

```
POP {LR}                 @ 先恢復 LR
POP {R0~R3,R12}          @ 在恢復 R0~R3,R12
```

移出堆疊就是從堆疊頂即 SP 當前執行的位置開始，位址依次減小來提取堆疊中的資料到要恢復的暫存器列表中。PUSH 和 POP 的另外一種寫法是 STMFD SP！和 LDMFD SP!，因此可以用範例 3-4 的組合語言程式碼進行修改。

▼ 範例 3-4 STMFD 和 LDMFD 指令

```
1 STMFD SP!,{R0~R3, R12}        @R0~R3,R12 存入堆疊
2 STMFD SP!,{LR}                @LR 存入堆疊
3
4 LDMFD SP!, {LR}               @先恢復 LR
5 LDMFD SP!, {R0~R3, R12}       @再恢復 R0~R3, R12
```

STMFD 可以分為兩部分：STM 和 FD，而 LDMFD 也可以分為 LDM 和 FD。前面我們講了 LDR 和 STR，這兩個是資料載入和儲存指令，但是每次只能讀寫記憶體中的資料。STM 和 LDM 就是多儲存和多載入，可以連續地讀寫記憶體中的多個連續資料。

根據 ATPCS 規則，ARM 使用的 FD（Full Descending, 滿遞減）類型的堆疊，SP 指向最後一個存入堆疊的數值，堆疊是由高位址向下增長的，因此最常用的指令就是 STMFD 和 LDMFD。STM 和 LDM 的指令暫存器清單中編號小的對應低位址，編號高的對應高位址。

3.2.4 跳躍指令

有多種跳躍操作：

（1）直接使用跳躍指令 B、BL、BX 等。

（2）直接向 PC 暫存器中寫入資料。

上述兩種方法都可以完成跳躍操作，但是一般常用的是 B、BL 或 BX，用法如表 3-4 所示。

▼ 表 3-4 跳躍指令

指令	描述
B <label>	跳躍到 label，如果跳躍範圍超過了 ±2KB，可以指定 B.W <label> 使用 32 位元版本的跳躍指令，這樣可以得到較大範圍的跳躍
BX <Rm>	間接跳躍，跳躍到存放於 Rm 中的位址處，並且切換指令集
BL <label>	跳躍到標誌位址，並將傳回位址儲存在 LR 中
BLX <Rm>	結合 BX 和 BL 的特點，跳躍到 Rm 指定的位址，並將傳回位址儲存在 LR 中，切換指令集

下面重點來看一下 B 和 BL 指令，因為要在組合語言中進行函式呼叫使用的就是 B 和 BL 指令。

1. B 指令

這是最簡單的跳躍指令，B 指令會將 PC 暫存器的值設定為跳躍目標位址，一旦執行 B 指令，ARM 處理器就會立即跳躍到指定的目標位址。如果要呼叫的函式不會再傳回到原來的執行處，那就可以用 B 指令，如範例 3-5 所示。

▼ 範例 3-5 B 指令範例

```
1 _start:
2
3 ldr sp,=0X80200000      @設定堆疊指標
4 b main                  @跳躍到 main 函式
```

上述程式就是典型的在組合語言中初始化 C 語言執行環境，然後跳躍到 C 語言檔案的 main 函式中執行，範例 3-5 中的程式只是初始化了 SP 指標，有些處理器還需要做其他的初始化，比如初始化 DDR 等。因為跳躍到 C 語言檔案以後再也不會回到組合語言了，所以在第 4 行使用了 B 指令來完成跳躍。

2. BL 指令

BL 指令相比 B 指令，在跳躍之前會在暫存器 LR（R14）中儲存當前 PC 暫存器值，這就可以透過將 LR 暫存器中的值重新載入到 PC 中來繼續從跳躍之前的程式處執行，這是副程式呼叫的常用的手段。比如 Cortex-A 處理器的 irq 中

斷服務函式都是用組合語言寫的，主要用組合語言來實現現場的保護和恢復、獲取中斷號等。但是具體的中斷處理過程都是 C 函式，所以就會存在從組合語言中呼叫 C 函式的問題。當 C 語言環境的中斷處理函式執行完成後需要傳回到 irq 組合語言中斷服務函式，繼續處理其他的工作。這個時候就不能直接使用 B 指令了，因為 B 指令一旦跳躍就再也不會回來了，這個時候要使用 BL 指令，具體操作如範例 3-6 所示。

▼ 範例 3-6 BL 指令範例

```
1 push {r0, r1}            @ 儲存 r0,r1
2 cps #0x13                @ 進入 SVC 模式，允許其他中斷再次進去
3
4 bl system_irqhandler     @ 載入 C 語言中斷處理函式到 r2 暫存器中
5
6 cps #0x12                @ 進入 IRQ 模式
7 pop {r0, r1}
8 str r0, [r1, #0X10]      @ 中斷執行完成，寫入 EOIR
```

上述程式中第 4 行就是執行 C 語言的中斷處理函式，當處理完成以後是需要傳回來繼續執行下面的程式，所以使用了 BL 指令。

3.2.5 算數運算指令

組合語言中也可以進行算數運算，比如加減乘除，常用的運算指令用法如表 3-5 所示。

▼ 表 3-5 常用運算指令

指令	計算公式	備註
ADD Rd, Rn, Rm	Rd = Rn + Rm	加法運算，指令為 ADD
ADD Rd, Rn, #immed	Rd = Rn + #immed	
ADC Rd, Rn, Rm	Rd = Rn + Rm+ 進位	帶進位的加法運算，指令為 ADC
ADC Rd, Rn, #immed	Rd = Rn + #immed+ 進位	
SUB Rd, Rn, Rm	Rd = Rn - Rm	減法
SUB Rd, #immed	Rd = Rd - #immed	
SUB Rd, Rn, #immed	Rd = Rn - #immed	

續表

指令	計算公式	備註
SBC Rd, Rn, #immed	Rd = Rn - #immed- 借位元	帶借位元的減法
SBC Rd, Rn ,Rm	Rd = Rn - Rm- 借位元	
MUL Rd, Rn, Rm	Rd = Rn * Rm	乘法 (32 位元)
UDIV Rd, Rn, Rm	Rd = Rn / Rm	無號除法
SDIV Rd, Rn, Rm	Rd = Rn / Rm	有號除法

在嵌入式開發中最常會用的就是加減指令，乘除基本用不到。

3.2.6 邏輯運算指令

我們用 C 語言進行 CPU 暫存器設定時常常需要用到邏輯運算子號，比如
「&」「|」等邏輯運算子。使用組合語言時也可以使用邏輯運算指令，常用的運
算指令用法如表 3-6 所示。

▼ 表 3-6 邏輯運算指令

指令	計算公式	備註
AND Rd, Rn	Rd = Rd &Rn	逐位元與
AND Rd, Rn, #immed	Rd = Rn &#immed	
AND Rd, Rn, Rm	Rd = Rn & Rm	
ORR Rd, Rn	Rd = Rd | Rn	逐位元或
ORR Rd, Rn, #immed	Rd = Rn | #immed	
ORR Rd, Rn, Rm	Rd = Rn | Rm	
BIC Rd, Rn	Rd = Rd & (~Rn)	位元清除
BIC Rd, Rn, #immed	Rd = Rn & (~#immed)	
BIC Rd, Rn, Rm	Rd = Rn & (~Rm)	
ORN Rd, Rn, #immed	Rd = Rn | (#immed)	逐位元或非
ORN Rd, Rn, Rm	Rd = Rn | (Rm) 逐	
EOR Rd, Rn	Rd = Rd ^ Rn	逐位元互斥
EOR Rd, Rn, #immed	Rd = Rn ^ #immed	
EOR Rd, Rn, Rm	Rd = Rn ^ Rm	

邏輯運算指令都很好理解,後面組合語言設定 I.MX6UL 的外接裝置暫存器時可能會用到。本節主要講解了一些最常用的指令,想詳細地學習 ARM 的所有指令請參考 ARM ArchitectureReference Manual ARMv7-A and ARMv7-R edition 和《ARM Cortex-A(armV7)程式設計手冊 V4.0》。

第 **4** 章

組合語言 LED 燈實驗

本章開始本書的第一個裸機常式——經典的 LED 燈實驗,這也是嵌入式 Linux 學習的第一步。本章使用組合語言來撰寫,讀者可透過本章了解如何使用組合語言來初始化 I.MX6ULL 外接裝置暫存器,了解 I.MX6ULL 最基本的 I/O 介面輸出功能。

4.1 | I.MX6U GPIO 詳解

4.1.1 STM32 GPIO 回顧

我們拿到一款全新的晶片,要做的第一件事情就是驅動程式它的 GPIO,控制其 GPIO 輸出高低電位。我們在學習 I.MX6ULL 的 GPIO 之前,先來回顧一下 STM32 的 GPIO 初始化(如果讀者沒有學過 STM32 可跳過本節內容),我們以最常見的 STM32F103 為例來看一下 STM32 的 GPIO 初始化,如範例 4-1 所示。

▼ 範例 4-1 STM32 GPIO 初始化

```
1 void LED_Init(void)
2 {
3   GPIO_InitTypeDefGPIO_InitStructure;
4
5   RCC_APB2PeriphClockCmd(RCC_APB2Periph_GPIOB, ENABLE);  /* 啟動時鐘 */
6
7   GPIO_InitStructure.GPIO_Pin = GPIO_Pin_5;              /* 通訊埠設定 */
8   GPIO_InitStructure.GPIO_Mode = GPIO_Mode_Out_PP;       /* 推拉輸出 */
9   GPIO_InitStructure.GPIO_Speed = GPIO_Speed_50MHz;      /* I/O 介面速度 */
10  GPIO_Init(GPIOB, &GPIO_InitStructure);                 /* 根據設定參數初始化 GPIOB.5 */
11
12  GPIO_SetBits(GPIOB,GPIO_Pin_5);                        /* PB.5 輸出高 */
13 }
```

上述程式就是使用函式庫函式來初始化 STM32 的 I/O 為輸出功能,可以看出上述初始化程式中重點要做的事情有以下 4 個。

(1)啟動指定 GPIO 的時鐘。

(2)初始化 GPIO,比如輸出功能、上拉、速度等等。

(3)STM32 有的 I/O 可以作為其他外接裝置接腳,也就是 I/O 重複使用,如果要將 I/O 作為其他外接裝置接腳使用的話就需要設定 I/O 的重複使用功能。

(4)最後設定 GPIO 輸出高電位或低電位。

　　STM32 的 GPIO 初始化就是以上四步，那麼會不會也適用於 I.MX6ULL 呢？ I.MX6ULL 的 GPIO 是不是也需要開啟對應的時鐘？是不是也可以設定重複使用功能？是不是也可以設定輸出或輸入、上下拉電阻、速度等這些參數？只有去看 I.MX6ULL 的資料手冊和參考手冊才能知道，I.MX6ULL 的資料手冊有三種，分別對應車規級、工業級和商用級。從我們寫程式的角度看，這三份資料手冊一模一樣，但是在做硬體選型時需要注意。我們使用商用級的手冊，商用級資料手冊路徑為「7、I.MX6UL 晶片資料→ 2、I.MX6ULL 晶片資料→ IMX6ULL 資料手冊（商用級）」。帶著上面四個疑問開啟這兩份手冊，然後就是「啃」手冊。

4.1.2 I.MX6ULL I/O 命名

　　STM32 中 的 I/O 都 是 PA0~15、PB0~15 這 樣 命 名 的，I.MX6ULL 的 I/O 是如何命名的呢？讀者可參閱 I.MX6ULL 參考手冊的第 32 章「Chapter 32:IOMUX Controller（IOMUXC）」，第 32 章的書籤如圖 4-1 所示。

　　從圖 4-1 可以看出，I.MX6ULL 的 I/O 分為兩類：SNVS 域和通用的，這兩類 I/O 本質上都是一樣的，我們就以下面的常用 I/O 為例，講解 I.MX6ULL 的 I/O 命名方式。

　　圖 4-1 中 的 形 如 IOMUXC_SW_MUX_CTL_PAD_GPIO1_IO00 的 就 是 GPIO 命名，命名形式就是 IOMUXC_SW_MUC_CTL_PAD_XX_XX，後面的 XX_XX 就是 GPIO 命名，比如 GPIO1_IO01、UART1_TX_DATA、JTAG_MOD 等。I.MX6ULL 的 GPIO 並不像 STM32 一樣以 PA0~15 這樣命名，是根據某個 I/O 所擁有的功能來命名的。比如我們一看到 GPIO1_IO01 就知道這個肯定能做為 GPIO，看到 UART1_TX_DATA 肯定就知道這個 I/O 能做為 UART1 的發送接腳。在參考手冊的第 32 章列出了 I.MX6ULL 的所有 I/O，你會發現似乎 GPIO 只有 GPIO1_IO00~GPIO1_IO09，難道 I.MX6ULL 的 GPIO 只有這 10 個？顯然不是的， 我們知道 STM32 的很多 I/O 是可以重複使用為其他功能的，那麼 I.MX6ULL 的其他 I/O 也是可以重複使用為 GPIO 功能。同樣的，GPIO1_IO00~GPIO_IO09 也可以重複使用為其他外接裝置接腳的。

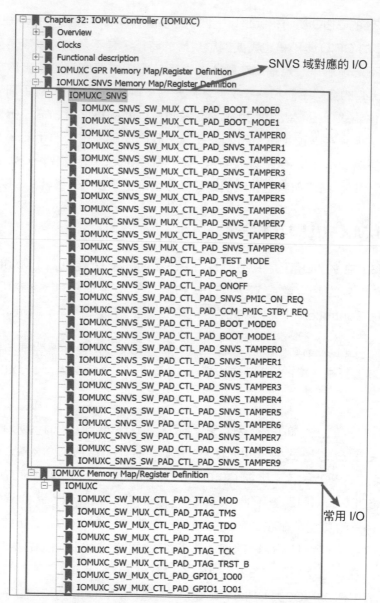

▲ 圖 4-1 I.MX6ULL GPIO 命名

4.1.3 I.MX6ULL I/O 重複使用

以 IOMUXC_SW_MUX_CTL_PAD_GPIO1_IO00 這個 I/O 為例，開啟參考手冊如圖 4-2 所示。

從圖 4-2 可以看到有個名為 IOMUXC_SW_MUX_CTL_PAD_GPIO1_IO00 的暫存器，這個暫存器是 32 位元的，但是只用到了最低 5 位元，其中 bit0~bit3 （MUX_MODE）就是設定 GPIO1_IO00 的重複使用功能的。GPIO1_IO00 一共可以重複使用為 9 種功能 I/O，分別對應 ALT0~ALT8，其中 ALT5 就是作為 GPIO1_IO00。GPIO1_IO00 還可以作為 I2C2_SCL、GPT1_CAPTURE1、ANATOP_OTG1_ID 等。這個就是 I.MX6ULL 的 I/O 重複使用，我們學習 STM32 時它的 GPIO 也是可以重複使用的。

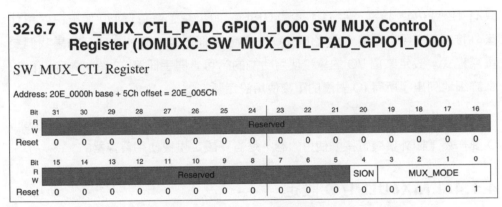

▲ 圖 4-2 GPIO1_IO00 重複使用

再來看 IOMUXC_SW_MUX_CTL_PAD_UART1_TX_DATA，這個 I/O 對應的重複使用如圖 4-3 所示。

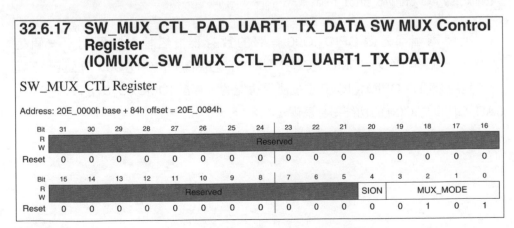

▲ 圖 4-3 UART1_TX_DATA IO 重複使用

同樣從圖 4-3 可以看出，UART1_TX_DATA 可以重複使用為 8 種不同功能的 I/O，分為 ALT0~ALT5 和 ALT8、ATL9，其中 ALT5 表示 UART1_TX_DATA 可以重複使用為 GPIO1_IO16。

由此可見，I.MX6ULL 的 GPIO 不止 GPIO1_IO00~GPIO1_IO09 這 10 個，其他的 I/O 都可以重複使用為 GPIO 來使用。I.MX6ULL 的 GPIO 一共有 5 組：GPIO1、GPIO2、GPIO3、GPIO4 和 GPIO5，其中 GPIO1 有 32 個 I/O，GPIO2 有 22 個 I/O，GPIO3 有 29 個 I/O、GPIO4 有 29 個 I/O，GPIO5 最少，只有 12 個 I/O，這樣一共有 124 個 GPIO。如果想了解每個 I/O 能重複使用什麼外接裝置，可以直接查閱《IMX6ULL 參考手冊》第 4 章的內容。如果我們要撰寫程式，設定某個 I/O 的重複使用功能的話可查閱手冊第 32 章的內容，第 32 章詳細地列出了所有 IO 對應的重複使用設定暫存器。

至此 I.MX6ULL 的 I/O 是有重複使用功能的，和 STM32 一樣，如果某個 I/O 要作為某個外接裝置接腳使用的話，是需要設定重複使用暫存器的。

4.1.4 I.MX6ULL I/O 設定

細心的讀者應該會發現在《I.MX6ULL 參考手冊》第 32 章中，每一個 I/O 會出現兩次，它們的名稱差別很小，比如 GPIO1_IO00 有以下兩個書籤：

```
IOMUXC_SW_MUX_CTL_PAD_GPIO1_IO00
IOMUXC_SW_PAD_CTL_PAD_GPIO1_IO00
```

上面兩個都是跟 GPIO_IO00 有關的暫存器，名稱上的區別，一個是 MUX，一個是 PAD。IOMUX_SW_MUX_CTL_PAD_GPIO1_IO00 前面已經講過，是用來設定 GPIO1_IO00 重複使用功能的，那麼 IOMUXC_SW_PAD_CTL_PAD_GPIO1_IO00 的功能是什麼呢？

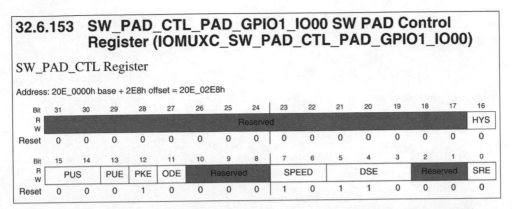

▲ 圖 4-4 IOMUXC_SW_PAD_CTL_PAD_GPIO1_IO00 暫存器（部分截圖）

　　如圖 4-4 所示，IOMUXC_SW_PAD_CTL_PAD_GPIO1_IO00 也是 1 個暫存器，暫存器位址為 0X020E02E8。這也是個 32 位元暫存器，但是只用到了其中的低 17 位元，為了更好的理解具體含義，我們先來看一下 GPIO 功能圖，如圖 4-5 所示。

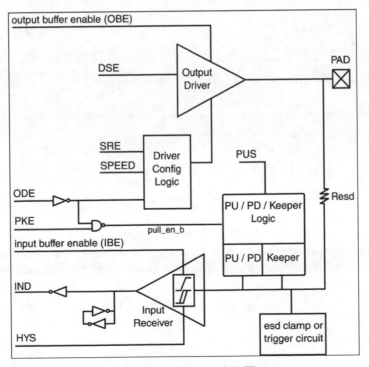

▲ 圖 4-5 GPIO 功能圖

對照圖 4-5，詳細講解暫存器 IOMUXC_SW_PAD_CTL_PAD_GPIO1_IO00 7 個位元的含義。

HYS：啟動遲滯比較器，當 I/O 作為輸入功能時有效，用於設定輸入接收器的施密特觸發器是否啟動。如果需要對輸入波形進行整形的話可以啟動此位元。此位元為 0 時禁止遲滯比較器，為 1 時啟動遲滯比較器。

PUS：用來設定上 / 下拉電阻的，一共有 4 種選項可以選擇，如表 4-1 所示。

▼ 表 4-1 上下拉設定

位元設定	含義	位元設定	含義
00	100kΩ 下拉電阻	10	100kΩ 上拉電阻
01	47kΩ 上拉電阻	11	22kΩ 上拉電阻

PUE：當 I/O 作為輸入時，這個位元用來設定 I/O 使用上 / 下拉電阻還是狀態保持器。當為 0 時使用狀態保持器，當為 1 時使用上 / 下拉電阻。狀態保持器在 I/O 作為輸入時才有用，顧名思義，就是當外部電路斷電以後此 I/O 介面可以保持住以前的狀態。

PKE：此位元用來啟動或禁止上 / 下拉 / 狀態保持器功能，為 0 時禁止上 / 下拉 / 狀態保持器，為 1 時啟動上 / 下拉 / 狀態保持器。

ODE：當 I/O 作為輸出時，此位元用來禁止或啟動開路輸出，此位元為 0 時禁止開路輸出，當此位元為 1 時就啟動開路輸出功能。

SPEED：當 I/O 用作輸出時，此位元用來設定 I/O 速度，設定如表 4-2 所示。

▼ 表 4-2 速度設定

位元設定	速度 /Mbps	位元設定	速度 /Mbps
00	低速 50	10	中速 100
01	中速 100	11	最大速度 200

DSE：當 I/O 用作輸出時用來設定 I/O 的驅動程式能力，總共有 8 個可選選項，如表 4-3 所示。

▼ 表 4-3 驅動程式能力設定

位元設定	速度
000	輸出驅動程式關閉
001	R0(3.3V 下 R0 是 260Ω，1.8V 下 R0 是 150Ω，接 DDR 時是 240Ω)
010	R0/R2
011	R0/R3
100	R0/R4
101	R0/R5
110	R0/R6
111	R0/R7

SRE：設定迴轉率，當此位元為 0 時是低迴轉率，當為 1 時是高迴轉率。這裡的迴轉率就是 I/O 電位跳變所需要的時間，比如從 0 到 1 需要多少時間，時間越小波形就越陡，說明迴轉率越高；反之，時間越多波形就越緩，迴轉率就越低。如果設計的產品要過 EMC 的話那就可以使用波形緩和的低迴轉率，如果當前所使用的 IO 做高速通訊的話就可以使用高迴轉率。

透過上面的介紹，可以看出暫存器 IOMUXC_SW_PAD_CTL_PAD_GPIO1_IO00 是用來設定 GPIO1_IO00 的，包括速度設定、驅動程式能力設定、迴轉率設定等。至此 I.MX6ULL 的 I/O 是可以設定速度的，而且比 STM32 的設定要更多。

4.1.5 I.MX6ULL GPIO 設定

IOMUXC_SW_MUX_CTL_PAD_XX_XX 和 IOMUXC_SW_PAD_CTL_PAD_XX_XX 這兩種暫存器都是設定 I/O 的，注意是 IO，不是 GPIO。GPIO 是一個 I/O 許多重複使用功能中的一種，比如 GPIO1_IO00 這個 I/O 介面可以重複使用為 I2C2_SCL、GPT1_CAPTURE1、ANATOP_OTG1_ID、ENET1_REF_CLK、MQS_RIGHT、GPIO1_IO00、ENET1_1588_EVENT0_IN、SRC_SYSTEM_RESET 和 WDOG3_WDOG_B 這 9 個功能。而 GPIO1_IO00 是其中的一種，我

們想要把 GPIO1_IO00 用作哪個外接裝置就重複使用為哪個外接裝置功能即可。
如果要用 GPIO1_IO00 來點燈或作為按鍵輸入，那就是使用其 GPIO（通用輸
入輸出）的功能。將其重複使用為 GPIO 以後還需要對其 GPIO 的功能進行設定，
關於 I.MX6ULL 的 GPIO 請參考《IMX6ULL 參考手冊》第 28 章的相關內容，
GPIO 結構如圖 4-6 所示。

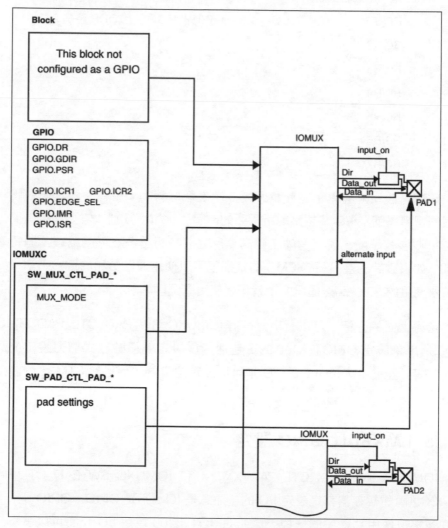

▲ 圖 4-6 GPIO 結構圖

在圖 4-6 中的 IOMUXC 方塊圖中就有 SW_MUX_CTL_PAD_* 和 SW_PAD_
CTL_PAD_* 兩種暫存器。這兩種暫存器是用來設定 I/O 的重複使用功能和 I/O
屬性設定。圖中的 GPIO 方塊圖就是當 I/O 用作 GPIO 時需要設定的暫存器，
一共有 8 個暫存器，其分別是 DR、GDIR、PSR、ICR1、ICR2、EDGE_SEL、
IMR 和 ISR。前面已經介紹了 I.MX6ULL 一共有 GPIO1~GPIO5 共 5 組 GPIO，
每組 GPIO 都有這 8 個暫存器。我們來看一下這 8 個暫存器都是什麼含義。

DR 暫存器，此暫存器是資料暫存器，結構如圖 4-7 所示。

▲ 圖 4-7 DR 暫存器結構

DR 暫存器是 32 位元的，一個 GPIO 組最多只有 32 個 I/O，因此 DR 暫存
器中的每個位元都對應一個 GPIO。當 GPIO 被設定為輸出功能以後，向指定的
位元寫入資料，那麼對應的 I/O 就會輸出對應的高低電位，比如要設定 GPIO1_
IO00 輸出高電位，那麼就應該設定 GPIO1.DR=1。當 GPIO 被設定為輸入模式
以後，此暫存器就儲存著對應 I/O 的電位值，每個位元對應一個 GPIO，比如當
GPIO1_IO00 這個接腳接地的話，那麼 GPIO1.DR 的位元 0 就是 0。

GDIR 暫存器是方向暫存器，用來設定某個 GPIO 的工作方向，即輸入 / 輸
出，GDIR 暫存器結構如圖 4-8 所示。

Bit	31	30	29	28	27	26	25	24	23	22	21	20	19	18	17	16	15	14	13	12	11	10	9	8	7	6	5	4	3	2	1	0
R W																GDIR																
Reset	0	0	0	0	0	0	0	0	0	0	0	0	0	0	0	0	0	0	0	0	0	0	0	0	0	0	0	0	0	0	0	0

▲ 圖 4-8 GDIR 暫存器結構

GDIR 暫存器也是 32 位元的，同樣每個 I/O 對應一個位元，如果要設定
GPIO 為輸入時就設定對應的位元為 0，如果要設定為輸出時就設定對應的位元
為 1。比如要設定 GPIO1_IO00 為輸入，那麼 GPIO1.GDIR=0。

PSR 暫存器是 GPIO 狀態暫存器，如圖 4-9 所示。

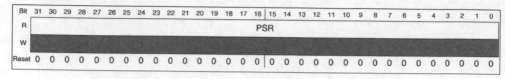

▲ 圖 4-9 PSR 暫存器結構

同樣的，PSR 暫存器也是一個 GPIO 對應一個位元，讀取對應的位元即可獲取對應的 GPIO 的狀態，也就是 GPIO 的高低電位值。功能和輸入狀態下的 DR 暫存器一樣。

ICR1 暫存器和 ICR2 暫存器，都是中斷控制暫存器，ICR1 用於設定低 16 個 GPIO，ICR2 用於設定高 16 個 GPIO，ICR1 暫存器如圖 4-10 所示。

Bit	31	30	29	28	27	26	25	24	23	22	21	20	19	18	17	16
R/W	ICR15		ICR14		ICR13		ICR12		ICR11		ICR10		ICR9		ICR8	
Reset	0	0	0	0	0	0	0	0	0	0	0	0	0	0	0	0

Bit	15	14	13	12	11	10	9	8	7	6	5	4	3	2	1	0
R/W	ICR7		ICR6		ICR5		ICR4		ICR3		ICR2		ICR1		ICR0	
Reset	0	0	0	0	0	0	0	0	0	0	0	0	0	0	0	0

▲ 圖 4-10 ICR1 暫存器結構

ICR1 用於 IO0~IO15 的設定，ICR2 用於 IO16~IO31 的設定。ICR1 暫存器中一個 GPIO 佔用兩個位元，這兩個位元用來設定中斷的觸發方式，和 STM32 的中斷很類似，可設定的選線如表 4-4 所示。

▼ 表 4-4 中斷觸發設定

位元設定	速度	位元設定	速度
00	低電位觸發	10	上昇緣觸發
01	高電位觸發	11	下降緣觸發

以 GPIO1_IO15 為例，如果要設定 GPIO1_IO15 為上昇緣觸發中斷，那麼 GPIO1.ICR1=2<<30，如果要設定 GPIO1 的 IO16~IO31 時就需要設定 ICR2 暫存器了。

IMR 暫存器，是中斷遮罩暫存器，如圖 4-11 所示。

▲ 圖 4-11 IMR 暫存器結構

IMR 暫存器也是一個 GPIO 對應一個位元，IMR 暫存器用來控制 GPIO 的中斷禁止和啟動，如果啟動某個 GPIO 的中斷，那麼設定對應的位元為 1；反之，如果要禁止中斷，設定對應的位元為 0。舉例來説，要啟動 GPIO1_IO00 的中斷，設定 GPIO1.MIR=1 即可。

ISR 暫存器，是中斷狀態暫存器，暫存器如圖 4-12 所示。

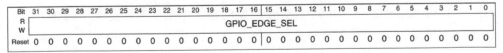

▲ 圖 4-12 ISR 暫存器結構

ISR 暫存器是 32 位元暫存器，一個 GPIO 對應一個位元，只要某個 GPIO 的中斷發生，那麼 ISR 中對應的位元就會被置 1。所以，可以透過讀取 ISR 暫存器來判斷 GPIO 中斷是否發生，相當於 ISR 中的這些位元就是中斷標識位元。當中斷處理完以後，必須清除中斷標識位元，向 ISR 中對應的位元寫入 1 即可。

EDGE_SEL 暫存器，是邊緣選擇暫存器，暫存器如圖 4-13 所示。

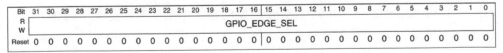

▲ 圖 4-13 EDGE_SEL 暫存器結構

EDGE_SEL 暫存器用來設定邊緣中斷，這個暫存器會覆蓋 ICR1 和 ICR2 的設定，同樣是一個 GPIO 對應一個位元。如果對應的位元被置 1，就相當於設定了對應的 GPIO 是上昇緣和下降緣（雙邊緣）觸發。舉例來説，設定 GPIO1.

EDGE_SEL=1，那麼就表示 GPIO1_IO01 是雙邊緣觸發中斷，無論 GFPIO1_CR1 的設定為多少，都是雙邊緣觸發。

I.MX6ULL 的 I/O 是需要設定和輸出的，是可以設定高低電位輸出的，也可以讀取 GPIO 對應的電位。

4.1.6 I.MX6ULL GPIO 時鐘啟動

I.MX6ULL 的 GPIO 是否需要啟動時鐘？ STM32 的每個外接裝置都有一個外接裝置時鐘，GPIO 也不例外。要使用某個外接裝置必須要先啟動對應的時鐘。I.MX6ULL 中每個外接裝置的時鐘都可以獨立地啟動或禁止，這樣可以關閉掉不使用的外接裝置時鐘，造成省電的目的。I.MX6ULL 的系統時鐘參考《I.MX6ULL 參考手冊》第 18 章的內容。CMM 有 CCM_CCGR0~CCM_CCGR6 這 7 個暫存器，這 7 個暫存器控制著 I.MX6ULL 的所有外接裝置時鐘開關，以 CCM_CCGR0 為例來看如何禁止或啟動一個外接裝置的時鐘，CCM_CCGR0 結構如圖 4-14 所示。

Bit	31	30	29	28	27	26	25	24	23	22	21	20	19	18	17	16
R W	CG15		CG14		CG13		CG12		CG11		CG10		CG9		CG8	
Reset	1	1	1	1	1	1	1	1	1	1	1	1	1	1	1	1

Bit	15	14	13	12	11	10	9	8	7	6	5	4	3	2	1	0
R W	CG7		CG6		CG5		CG4		CG3		CG2		CG1		CG0	
Reset	1	1	1	1	1	1	1	1	1	1	1	1	1	1	1	1

▲ 圖 4-14 CCM_CCGR0 暫存器結構

CCM_CCGR0 是 32 位元暫存器，其中每兩位元控制一個外接裝置時鐘，比如 bit[31:30] 控制著 GPIO2 的外接裝置時鐘，兩個位元就有 4 種操作方式，如表 4-5 所示。

▼ 表 4-5 外接裝置時鐘控制

位元設定	時鐘控制
00	所有模式下都關閉外接裝置時鐘
01	只有在執行模式下開啟外接裝置時鐘，等待模式和停止模式下均關閉外接裝置時鐘
10	未使用 (保留)
11	除了停止模式以外，其他所有模式下時鐘都開啟

　　根據表 4-5 中的位元設定，如果要開啟 GPIO2 的外接裝置時鐘，只需要設定 CCM_CCGR0 的 bit31 和 bit30 都為 1 即可，即 CCM_CCGR0=3 << 30。反之，如果要關閉 GPIO2 的外接裝置時鐘，那就設定 CCM_CCGR0 的 bit31 和 bit30 都為 0 即可。CCM_CCGR0~CCM_CCGR6 這 7 個暫存器操作都是類似的，只是不同的暫存器對應不同的外接裝置時鐘。為了方便開發，本書後面所有的常式將 I.MX6ULL 的所有外接裝置時鐘都設定成開啟。至此 I.MX6ULL 的每個外接裝置的時鐘都可以獨立地禁止和啟動，和 STM32 的使用是一樣的。要將 I.MX6ULL 的 I/O 作為 GPIO 使用，需要以下 4 步：

（1）啟動 GPIO 對應的時鐘。

（2）設定暫存器 IOMUXC_SW_MUX_CTL_PAD_XX_XX，設定 I/O 的重複使用功能，使其重複使用為 GPIO 功能。

（3）設定暫存器 IOMUXC_SW_PAD_CTL_PAD_XX_XX，設定 I/O 的上 / 下拉電阻和速度等。

（4）第 (2) 步已經將 I/O 重複使用為了 GPIO 功能，所以需要設定 GPIO，設定輸入 / 輸出，設定是否使用中斷、預設輸出電位等。

4.2 | 硬體原理分析

開啟 I.MX6U-ALPHA 開發板底板原理圖，I.MX6U-ALPHA 開發板上有一個 LED 燈，原理圖如圖 4-15 所示。

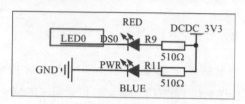

▲ 圖 4-15 LED 原理圖

從圖 4-15 可以看出，LED0 接到了 GPIO_3 上，GPIO_3 就是 GPIO1_IO03，當 GPIO1_IO03 輸出低電位（0）時發光二極體 LED0 就會導通點亮；當 GPIO1_IO03 輸出高電位（1）時發光二極體 LED0 不會導通，因此 LED0 不會點亮。LED0 的亮滅取決於 GPIO1_IO03 的輸出電位，輸出 0 就亮，輸出 1 就滅。

4.3 | 實驗程式撰寫

按照 4.1 節中講的內容，我們需要對 GPIO1_IO03 做以下設定。

1. 啟動 GPIO1 時鐘

GPIO1 的時鐘由 CCM_CCGR1 的 bit27 和 bit26 控制，將這兩個位元都設定為 11 即可。本書所有常式已經將 I.MX6ULL 的全部外接裝置時鐘都開啟，因此這一步可不做。

2. 設定 GPIO1_IO03 的重複使用功能

找到 GPIO1_IO03 的重複使用暫存器 IOMUXC_SW_MUX_CTL_PAD_GPIO1_IO03 位址，為 0X020E0068，然後設定此暫存器，將 GPIO1_IO03 這個 I/O 重複使用為 GPIO 功能，也就是 ALT5。

3. 設定 GPIO1_IO03

找到 GPIO1_IO03 的設定暫存器 IOMUXC_SW_PAD_CTL_PAD_GPIO1_IO03 位址，為 0X020E02F4，根據實際使用情況設定此暫存器。

4. 設定 GPIO

我們已經將 GPIO1_IO03 重複使用為 GPIO 功能，所以需要設定 GPIO。找到 GPIO3 對應的 GPIO 組暫存器位址，如圖 4-16 所示。

209_C000	GPIO data register (GPIO1_DR)	32	R/W	0000_0000h	28.5.1/1358
209_C004	GPIO direction register (GPIO1_GDIR)	32	R/W	0000_0000h	28.5.2/1359
209_C008	GPIO pad status register (GPIO1_PSR)	32	R	0000_0000h	28.5.3/1359
209_C00C	GPIO interrupt configuration register1 (GPIO1_ICR1)	32	R/W	0000_0000h	28.5.4/1360
209_C010	GPIO interrupt configuration register2 (GPIO1_ICR2)	32	R/W	0000_0000h	28.5.5/1364
209_C014	GPIO interrupt mask register (GPIO1_IMR)	32	R/W	0000_0000h	28.5.6/1367
209_C018	GPIO interrupt status register (GPIO1_ISR)	32	w1c	0000_0000h	28.5.7/1368
209_C01C	GPIO edge select register (GPIO1_EDGE_SEL)	32	R/W	0000_0000h	28.5.8/1369

▲ 圖 4-16 GPIO1 對應的 GPIO 暫存器位址

本實驗中 GPIO1_IO03 是作為輸出功能的，因此 GPIO1_GDIR 的 bit3 要設定為 1，表示輸出。

5. 控制 GPIO 的輸出電位

經過前面幾步，GPIO1_IO03 已經設定只需要向 GPIO1_DR 暫存器的 bit3 寫入 0 即可控制 GPIO1_IO03 輸出低電位開啟 LED，向 bit3 寫入 1 可控制 GPIO1_IO03 輸出高電位關閉 LED。

讀者也可以自己動手建立專案，新建一個名為 1_leds 的資料夾，然後在 1_leds 這個目錄下新建一個名為 led.s 的組合語言檔案和一個名為 .vscode 的目錄，建立好以後 1_leds 資料夾如圖 4-17 所示。

```
zuozhongkai@ubuntu:~/1_leds$ ls -a
.  ..  led.s  .vscode
zuozhongkai@ubuntu:~/1_leds$
```

▲ 圖 4-17 新建的 1_leds 專案資料夾

圖 4-17 中 .vscode 資料夾中存放 VSCode 的專案檔案，led.s 就是新建的組合語言檔案。使用 VSCode 開啟 1_leds 資料夾，如圖 4-18 所示。

在 led.s 中輸入範例 4-2 所示內容。

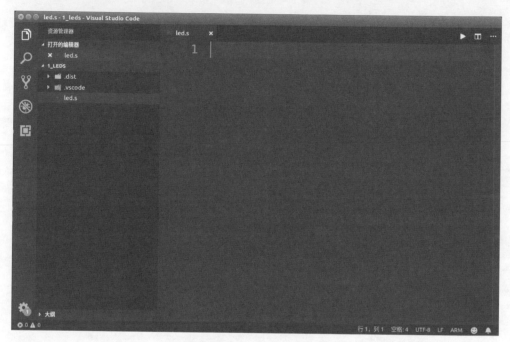

▲ 圖 4-18 VSCode 專案

▼ 範例 4-2 led.s 檔案原始程式

```
/*************************************************************
Copyright © zuozhongkai Co., Ltd. 1998-2019. All rights reserved
檔案名稱        :led.s
作者           : 正點原子 Linux 團隊
版本           :V1.0
描述           : 裸機實驗 1 組合語言點燈
                使用組合語言來點亮開發板上的 LED 燈，學習和掌握如何用組合語言來
                完成對 I.MX6ULL 處理器的 GPIO 初始化和控制
其他           :無
討論區          :www.openedv.com
記錄檔          : 初版 V1.0 2019/1/3 正點原子 Linux 團隊建立
*************************************************************/
```

```
1
2 .global _start                        /* 全域標誌 */
3
4 /*
5  * 描述：_start 函式，程式從此函式開始執行完成時鐘啟動、
6  *       GPIO 初始化、最終控制 GPIO 輸出低電位來點亮 LED 燈
7  */
8 _start:
9                                        /* 常式程式 */
10 /* 1. 啟動所有時鐘 */
11 ldr r0, =0X020C4068        /* 暫存器 CCGR0 */
12 ldr r1, =0XFFFFFFFF
13 str r1, [r0]
14
15 ldr r0, =0X020C406C        /* 暫存器 CCGR1 */
16 str r1, [r0]
17
18 ldr r0, =0X020C4070        /* 暫存器 CCGR2 */
19 str r1, [r0]
20
21 ldr r0, =0X020C4074        /* 暫存器 CCGR3 */
22 str r1, [r0]
23
24 ldr r0, =0X020C4078        /* 暫存器 CCGR4 */
25 str r1, [r0]
26
27 ldr r0, =0X020C407C        /* 暫存器 CCGR5 */
28 str r1, [r0]
29
30 ldr r0, =0X020C4080        /* 暫存器 CCGR6 */
31 str r1, [r0]
32
33
34 /* 2. 設定 GPIO1_IO03 重複使用為 GPIO1_IO03 */
35 ldr r0, =0X020E0068            /* 將暫存器 SW_MUX_GPIO1_IO03_BASE 載入到 r0 中 */
36 ldr r1, =0X5                  /* 設定暫存器 SW_MUX_GPIO1_IO03_BASE 的 MUX_MODE 為 5 */
37 str r1,[r0]
38
39 /* 3. 設定 GPIO1_IO03 的 I/O 屬性
```

```
40  *bit 16:0 HYS 關閉
41  *bit [15:14]:00 預設下拉
42  *bit [13]:0 keeper 功能
43  *bit [12]:1 pull/keeper 啟動
44  *bit [11]:0 關閉開路輸出
45  *bit [7:6]:10 速度 100MHz
46  *bit [5:3]:110 R0/R6 驅動程式能力
47  *bit [0]:0 低轉換率
48  */
49 ldr r0, =0X020E02F4          /* 暫存器 SW_PAD_GPIO1_IO03_BASE */
50 ldr r1, =0X10B0
51  str r1,[r0]
52
53 /* 4. 設定 GPIO1_IO03 為輸出 */
54  ldr r0, =0X0209C004         /* 暫存器 GPIO1_GDIR */
55 ldr r1, =0X0000008
56 str r1,[r0]
57
58 /* 5. 開啟 LED0
59  * 設定 GPIO1_IO03 輸出低電位
60  */
61 ldr r0, =0X0209C000          /* 暫存器 GPIO1_DR */
62 ldr r1, =0
63 str r1,[r0]
64
65 /*
66  * 描述： loop 無窮迴圈
67  */
68 loop:
69    b loop
```

　　下面詳細分析一下範例 4-2 中的組合語言程式碼，全書分析程式都根據行號來描述。

　　第 2 行定義了一個全域標誌 _start，程式就是從 _start 這個標誌開始順序往下執行的。

　　第 11 行使用 ldr 指令向暫存器 r0 寫入 0X020C4068，也就是 r0=0X020 C4068，這個是 CCM_CCGR0 暫存器的位址。

第 12 行使用 ldr 指令向暫存器 r1 寫入 0XFFFFFFFF，也就是 r1＝0XFFFFFFFF。因為我們要開啟所有的外接裝置時鐘，因此 CCM_CCGR0~CCM_CCGR6 所有暫存器的 32 位元都要置 1，也就是寫入0XFFFFFFFF。

第 13 行使用 str 將 r1 中的值寫入到 r0 所儲存的位址中去，向 0X020C4068這個位址寫入 0XFFFFFFFF，相當於 CCM_CCGR0=0XFFFFFFFF，就是開啟CCM_CCGR0 暫存器所控制的所有外接裝置時鐘。

第 15~31 行都是向 CCM_CCGRX（X=1~6）暫存器寫入 0XFFFFFFFF。這樣就透過組合語言程式碼啟動了 I.MX6ULL 的所有外接裝置時鐘。

第 35~37 行是設定 GPIO1_IO03 的重複使用功能，GPIO1_IO03 的重複使用暫存器位址為 0X020E0068，暫存器 IOMUXC_SW_MUX_CTL_PAD_GPIO1_IO03 的 MUX_MODE 設定為 5 就是將 GPIO1_IO03 設定為 GPIO。

第 49~51 行是設定 GPIO1_IO03 的設定暫存器，也就是暫存器 IOMUX_SW_PAD_CTL_PAD_GPIO1_IO03 的值，此暫存器位址為 0X020E02F4，程式中已經舉出了這個暫存器詳細的位元設定。

第 54~63 行是設定 GPIO 功能，經過上面幾步操作，GPIO1_IO03 這個I/O 已經被設定為了 GPIO 功能，所以還需要設定跟 GPIO 相關的暫存器。第54~56 行是設定 GPIO1 → GDIR 暫存器，將 GPIO1_IO03 設定為輸出模式，也就是暫存器的 GPIO1_GDIR 的位元 3 置 1。

第 61~63 行設定 GPIO1 → DR 暫存器，也就是設定 GPIO1_IO03 的輸出，我們要點亮開發板上的 LED0，那麼 GPIO1_IO03 就必須輸出低電位，所以這裡設定 GPIO1_DR 暫存器為 0。

第 68~69 行是無窮迴圈，透過 b 指令，CPU 重複不斷地跳到 loop 函式執行，進入一個無窮迴圈。

4.4 | 編譯、下載和驗證

4.4.1 編譯程式

如果是在 Windows 下使用其他編輯器撰寫的程式，需要透過 FileZilla 將撰寫好的程式發送到 Ubuntu 中去編譯，FileZilla 的使用參考第 1 章的相關內容。因為我們直接在 Ubuntu 下使用 VSCode 編譯的程式，所以不需要透過 FileZilla 將程式發送到 Ubuntu 中，可以直接進行編譯，在編譯之前先了解幾個編譯工具。

1. arm-linux-gnueabihf-gcc 編譯檔案

要編譯出在 ARM 開發板上執行的可執行檔，就要使用交叉編譯器 arm-linux-gnueabihf-gcc 來編譯。因為本實驗就一個 led.s 原始檔案，所以編譯比較簡單。先將 led.s 編譯為對應的 .o 檔案，在終端中輸入以下命令。

```
arm-linux-gnueabihf-gcc -g -c led.s -o led.o
```

上述命令就是將 led.s 編譯為 led.o，其中「-g」選項是產生偵錯資訊，GDB 能夠使用這些偵錯資訊進行程式偵錯。「-c」選項是編譯原始檔案，但是不連結。「-o」選項是指定編譯產生的檔案名稱，這裡我們指定 led.s 編譯完成以後的檔案名稱為 led.o。執行上述命令以後就會編譯生成一個 led.o 檔案，如圖 4-19 所示。

```
zuozhongkai@ubuntu:~/linux/driver/board_driver/1_leds$ ls
led.o  led.s  SI
zuozhongkai@ubuntu:~/linux/driver/board_driver/1_leds$
```

▲ 圖 4-19 編譯生成 led.o 檔案

圖 4-19 中，led.o 檔案並不是在開發板中執行的檔案，一個專案中所有的 C 語言檔案和組合語言檔案都會編譯生成一個對應的 .o 檔案，我們需要將這種 .o 檔案連結起來組合成可執行檔。

2. arm-linux-gnueabihf-ld 連結檔案

arm-linux-gnueabihf-ld 用來將許多的 .o 檔案連結到一個指定的連結位址。
而在學習 STM32 時基本不使用連結，都是用 MDK 或 IAR 撰寫好程式，然後點
擊「編譯」。MDK 或 IAR 就會自動幫我們編譯好整個專案，最後再點擊「下載」，
就可以將程式下載到開發板中。這是因為連結這個操作 MDK 或 IAR 已經幫使用
者做好，後面就以 MDK 為例進行講解。大家可以開啟一個 STM32 的專案，然
後編譯，肯定能找到很多 .o 檔案，如圖 4-20 所示。

名稱	修改日期	類型	大小
stm32f10x_dbgmcu.crf	2019-01-17 1:21	CRF 文件	341 KB
stm32f10x_dbgmcu.d	2019-01-17 1:21	D 文件	2 KB
stm32f10x_dbgmcu.o	2019-01-17 1:21	O 文件	376 KB
stm32f10x_gpio.crf	2019-01-17 1:21	CRF 文件	345 KB
stm32f10x_gpio.d	2019-01-17 1:21	D 文件	2 KB
stm32f10x_gpio.o	2019-01-17 1:21	O 文件	400 KB
stm32f10x_it.crf	2019-01-17 1:21	CRF 文件	341 KB
stm32f10x_it.d	2019-01-17 1:21	D 文件	2 KB
stm32f10x_it.o	2019-01-17 1:21	O 文件	384 KB
stm32f10x_rcc.crf	2019-01-17 1:21	CRF 文件	348 KB
stm32f10x_rcc.d	2019-01-17 1:21	D 文件	2 KB
stm32f10x_rcc.o	2019-01-17 1:21	O 文件	421 KB
stm32f10x_usart.crf	2019-01-17 1:21	CRF 文件	347 KB
stm32f10x_usart.d	2019-01-17 1:21	D 文件	2 KB
stm32f10x_usart.o	2019-01-17 1:21	O 文件	416 KB

▲ 圖 4-20 STM32 編譯生成的 .o 檔案

圖 4-20 中的這些 .o 檔案肯定會被 MDK 連結到某個位址去，如果使用
MDK 開發 STM32 一定會對圖 4-21 所示介面很熟悉。

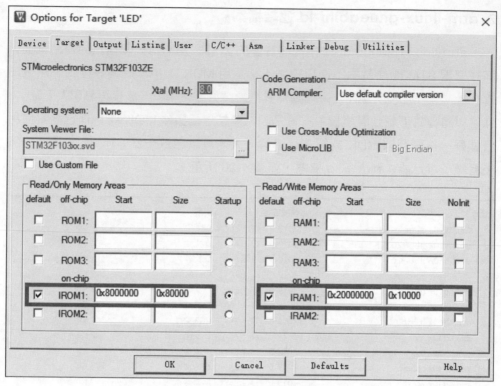

▲ 圖 4-21 STM32 設定介面

圖 4-21 中左側的 IROM1 是設定 STM32 晶片的 ROM 起始位址和大小的，右邊的 IRAM1 是設定 STM32 晶片的 RAM 起始位址和大小的。其中 0X08000000 就是 STM32 內部 ROM 的起始位址，編譯出來的指令肯定是要從 0X08000000 這個位址開始存放的。對 STM32 來説 0X08000000 就是其連結起始位址，圖 4-20 中的這些 .o 檔案就是這個連結位址開始依次存放，最終生成一個可以下載的 hex 或 bin 檔案。我們可以開啟 .map 檔案查看一下這些檔案的連結位址，在 MDK 下開啟一個專案的 .map 檔案，方法如圖 4-22 所示。

▲ 圖 4-22 .map 檔案開啟方法

圖 4-22 中的 .map 檔案就詳細地描述了各個 .o 檔案連結到了什麼位址，如圖 4-23 所示。

```
Memory Map of the image

  Image Entry point : 0x080001cd

  Load Region LR_1 (Base: 0x08000000, Size: 0x0000078c, Max: 0xffffffff, ABSOLUTE)

    Execution Region ER_RO (Base: 0x08000000, Size: 0x0000076c, Max: 0xffffffff, ABSOLUTE)

    Base Addr    Size         Type   Attr    Idx    E Section Name        Object

    0x08000000   0x00000130   Data   RO      361      RESET               startup_stm32f10x_hd.o
    0x08000130   0x00000008   Code   RO      926    * !!!main             c_w.1(__main.o)
    0x08000138   0x00000034   Code   RO      1081     !!!scatter          c_w.1(__scatter.o)
    0x0800016c   0x0000001a   Code   RO      1083     !!handler_copy      c_w.1(__scatter_copy.o)
    0x08000186   0x00000002   PAD
    0x08000188   0x0000001c   Code   RO      1085     !!handler_zi        c_w.1(__scatter_zi.o)
    0x080001a4   0x00000002   Code   RO      955      .ARM.Collect$$libinit$$00000000  c_w.1(libinit.o)
    0x080001a6   0x00000000   Code   RO      962      .ARM.Collect$$libinit$$00000002  c_w.1(libinit2.o)
    0x080001a6   0x00000000   Code   RO      964      .ARM.Collect$$libinit$$00000004  c_w.1(libinit2.o)
    0x080001a6   0x00000000   Code   RO      967      .ARM.Collect$$libinit$$0000000A  c_w.1(libinit2.o)
    0x080001a6   0x00000000   Code   RO      969      .ARM.Collect$$libinit$$0000000C  c_w.1(libinit2.o)
    0x080001a6   0x00000000   Code   RO      971      .ARM.Collect$$libinit$$0000000E  c_w.1(libinit2.o)
    0x080001a6   0x00000000   Code   RO      974      .ARM.Collect$$libinit$$00000011  c_w.1(libinit2.o)
    0x080001a6   0x00000000   Code   RO      976      .ARM.Collect$$libinit$$00000013  c_w.1(libinit2.o)
    0x080001a6   0x00000000   Code   RO      978      .ARM.Collect$$libinit$$00000015  c_w.1(libinit2.o)
    0x080001a6   0x00000000   Code   RO      980      .ARM.Collect$$libinit$$00000017  c_w.1(libinit2.o)
    0x080001a6   0x00000000   Code   RO      982      .ARM.Collect$$libinit$$00000019  c_w.1(libinit2.o)
    0x080001a6   0x00000000   Code   RO      984      .ARM.Collect$$libinit$$0000001B  c_w.1(libinit2.o)
    0x080001a6   0x00000000   Code   RO      986      .ARM.Collect$$libinit$$0000001D  c_w.1(libinit2.o)
    0x080001a6   0x00000000   Code   RO      988      .ARM.Collect$$libinit$$0000001F  c_w.1(libinit2.o)
    0x080001a6   0x00000000   Code   RO      990      .ARM.Collect$$libinit$$00000021  c_w.1(libinit2.o)
    0x080001a6   0x00000000   Code   RO      992      .ARM.Collect$$libinit$$00000023  c_w.1(libinit2.o)
    0x080001a6   0x00000000   Code   RO      994      .ARM.Collect$$libinit$$00000025  c_w.1(libinit2.o)
    0x080001a6   0x00000000   Code   RO      998      .ARM.Collect$$libinit$$0000002C  c_w.1(libinit2.o)
    0x080001a6   0x00000000   Code   RO      1000     .ARM.Collect$$libinit$$0000002E  c_w.1(libinit2.o)
```

▲ 圖 4-23 STM32 鏡像映射檔案

從圖 4-23 中就可以看出 STM32 的各個 .o 檔案所處的位置，起始位置是 0X08000000。由此可以得知，用 MDK 開發 STM32 時也是有連結的，只是這些工作 MDK 都幫我們全部做好了。但是在 Linux 下用交叉編譯器開發 ARM 時就需要自己處理這些問題。

因此現在需要確定本實驗最終的可執行檔其執行起始位址，也就是連結位址。這裡我們要區分「儲存位址」和「執行位址」這兩個概念，「儲存位址」就是可執行檔儲存在哪裡，可執行檔的儲存位址可以隨意選擇。「執行位址」就是程式執行時期所處的位址，這個我們在連結時就已經確定好了，程式要執行就必須處於執行位址處，否則程式肯定執行出錯。比如 I.MX6ULL 支援 SD 卡、EMMC、NAND 啟動，因此程式可以儲存到 SD 卡、EMMC 或 NAND 中。但是要執行的話就必須將程式從 SD 卡、EMMC 或 NAND 中複製到其執行位址（連結位址）處，「儲存位址」和「執行位址」可以一樣，比如 STM32 的儲存起始位址和執行起始位址都是 0X08000000。

本書所有的裸機常式都是燒錄到 SD 卡中，通電以後 I.MX6ULL 的內部 boot rom 程式會將可執行檔複製到連結位址處，這個連結位址可以在 I.MX6ULL 的內部 128KB RAM 中（0X900000~0X91FFFF），也可以在外部的 DDR 中。所有裸機常式的連結位址都在 DDR 中，連結起始位址為 0X87800000。I.MX6U-ALPHA 開發板的 DDR 容量有兩種：512MB 和 256MB，起始位址都為 0X80000000。只不過 512MB 的終止位址為 0X9FFFFFFF，而 256MB 的終止位址為 0X8FFFFFFF。之所以選擇 0X87800000 這個位址是因為後面要講的 Uboot 連結位址就是 0X87800000，這樣我們統一使用 0X87800000 這個連結位址，不容易記混。

確定了連結位址以後就可以使用 arm-linux-gnueabihf-ld 將前面編譯出來的 led.o 檔案連結到 0X87800000 這個位址，操作命令如下所示：

```
arm-linux-gnueabihf-ld -Ttext 0X87800000 led.o -o led.elf
```

上述命令中，-Ttext 就是指定連結位址，-o 選項指定連結生成的 elf 檔案名稱，這裡我們命名為 led.elf。上述命令執行完以後就會在專案目錄下生成一個 led.elf 檔案，如圖 4-24 所示。

```
zuozhongkai@ubuntu:~/linux/driver/board_driver/1_leds$ ls
led.elf  led.o  led.s  SI
zuozhongkai@ubuntu:~/linux/driver/board_driver/1_leds$
```

▲ 圖 4-24　連結生成 led.elf 檔案

　　led.elf 檔案不是我們最終燒錄到 SD 卡中的可執行檔，我們要燒錄的是 .bin 檔案，因此還需要將 led.elf 檔案轉為 .bin 檔案，這裡就需要用到 arm-linux-gnueabihf-objcopy 這個工具。

3. arm-linux-gnueabihf-objcopy 格式轉換

　　arm-linux-gnueabihf-objcopy 更像一個格式轉換工具，我們需要用它將 led.elf 檔案轉為 led.bin 檔案，操作命令如下所示：

```
arm-linux-gnueabihf-objcopy -O binary -S -g led.elf led.bin
```

　　上述命令中，-O 選項指定以什麼格式輸出，後面的 binary 表示以二進位格式輸出，選項 -S 表示不要複製原始檔案中的重定位資訊和符號資訊，-g 表示不複製原始檔案中的偵錯資訊。上述命令執行完成以後，專案目錄如圖 4-25 所示。

```
zuozhongkai@ubuntu:~/linux/driver/board_driver/1_leds$ ls
led.bin  led.elf  led.o  led.s  SI
zuozhongkai@ubuntu:~/linux/driver/board_driver/1_leds$
```

▲ 圖 4-25　生成最終的 led.bin 檔案

　　從圖 4-25 中可看到 led.bin 已經生成。

4. arm-linux-gnueabihf-objdump 反組譯

　　大多數情況下我們都是用 C 語言寫實驗常式的，有時候需要查看其組合語言程式碼來偵錯程式，因此就需要進行反組譯，一般可以將 elf 檔案反組譯，操作命令如下所示：

```
arm-linux-gnueabihf-objdump -D led.elf>led.dis
```

上述程式中的 -D 選項表示反組譯所有的段，反組譯完成以後就會在目前的目錄下出現一個名為 led.dis 檔案，如圖 4-26 所示。

```
zuozhongkai@ubuntu:~/linux/driver/board_driver/1_leds$ ls
led.bin   led.dis   led.elf   led.o   led.s   SI
zuozhongkai@ubuntu:~/linux/driver/board_driver/1_leds$
```

▲ 圖 4-26 反組譯生成 led.dis

可以開啟 led.dis 檔案查看是否為組合語言程式碼，如圖 4-27 所示。

```
1
2 led.elf:          文件格式 elf32-littlearm
3
4
5 Disassembly of section .text:
6
7 87800000 <_start>:
8 87800000:     e59f0068     ldr r0, [pc, #104]   ; 87800070 <loop+0x4>
9 87800004:     e3e01000     mvn r1, #0
10 87800008:    e5801000     str r1, [r0]
11 8780000c:    e59f0060     ldr r0, [pc, #96]    ; 87800074 <loop+0x8>
12 87800010:    e5801000     str r1, [r0]
13 87800014:    e59f005c     ldr r0, [pc, #92]    ; 87800078 <loop+0xc>
14 87800018:    e5801000     str r1, [r0]
15 8780001c:    e59f0058     ldr r0, [pc, #88]    ; 8780007c <loop+0x10>
16 87800021:    e5801000     str r1, [r0]
17 87800024:    e59f0054     ldr r0, [pc, #84]    ; 87800080 <loop+0x14>
18 87800028:    e5801000     str r1, [r0]
19 8780002c:    e59f0050     ldr r0, [pc, #80]    ; 87800084 <loop+0x18>
20 87800030:    e5801000     str r1, [r0]
21 87800034:    e59f004c     ldr r0, [pc, #76]    ; 87800088 <loop+0x1c>
22 87800038:    e5801000     str r1, [r0]
23 8780003c:    e59f0048     ldr r0, [pc, #72]    ; 8780008c <loop+0x20>
"led.dis" 143L   519S6
```

▲ 圖 4-27 反組譯檔案

從圖 4-27 可以看出 led.dis 中是組合語言程式碼，而且還可以看到記憶體分配情況。在 0X87800000 處就是全域標誌 _start，也就是程式開始的地方。透過 led.dis 這個反組譯檔案可以明顯地看出程式已經連結到了以 0X87800000 為起始位址的區域。

複習一下我們為了編譯 ARM 開發板上執行的 led.o 檔案，使用了以下命令：

```
arm-linux-gnueabihf-gcc -g -c led.s -o led.o
arm-linux-gnueabihf-ld -Ttext 0X87800000 led.o -o led.elf
arm-linux-gnueabihf-objcopy -O binary -S -g led.elf led.bin
arm-linux-gnueabihf-objdump -D led.elf>led.dis
```

如果我們修改了 led.s 檔案，那麼就需要在重複一次上面的這些命令，我們也可使用 Makefile 檔案完成對應操作。

4.4.2 建立 Makefile 檔案

使用 touch 命令在專案根目錄下建立一個名為 Makefile 的檔案，如圖 4-28 所示。

```
zuozhongkai@ubuntu:~/linux/driver/board_driver/1_leds$ touch Makefile
zuozhongkai@ubuntu:~/linux/driver/board_driver/1_leds$ ls
led.bin  led.dis  led.elf  led.o  led.s  Makefile  SI
zuozhongkai@ubuntu:~/linux/driver/board_driver/1_leds$
```

▲ 圖 4-28 建立 Makefile 檔案

建立好 Makefile 檔案後，就需要根據 Makefile 語法撰寫 Makefile 檔案，Makefile 基本語法已經講解，在 Makefile 中輸入範例 4-3 所示內容。

▼ 範例 4-3 Makefile 檔案原始程式

```
led.bin:led.s
    arm-linux-gnueabihf-gcc -g -c led.s -o led.o
    arm-linux-gnueabihf-ld -Ttext 0X87800000 led.o -o led.elf
    arm-linux-gnueabihf-objcopy -O binary -S -g led.elf led.bin
    arm-linux-gnueabihf-objdump -D led.elf > led.dis
clean:
    rm -rf *.o led.bin led.elf led.dis
```

建立好 Makefile 後，只需要執行一次 make 命令即可完成編譯，如圖 4-29 所示。

```
zuozhongkai@ubuntu:~/linux/driver/board_driver/1_leds$ make    //編譯專案
arm-linux-gnueabihf-gcc -g -c led.s -o led.o
arm-linux-gnueabihf-ld -Ttext 0X87800000 led.o -o led.elf
arm-linux-gnueabihf-objcopy -O binary -S -g led.elf led.bin
arm-linux-gnueabihf-objdump -D led.elf > led.dis
zuozhongkai@ubuntu:~/linux/driver/board_driver/1_leds$ ls    //查看編譯結果
led.bin  led.dis  led.elf  led.o  led.s  Makefile  SI
zuozhongkai@ubuntu:~/linux/driver/board_driver/1_leds$
```

▲ 圖 4-29 Makefile 執行過程

如果要清理專案的話可執行 make clean 命令，如圖 4-30 所示。

```
zuozhongkai@ubuntu:~/linux/driver/board_driver/1_leds$ ls
led.bin  led.dis  led.elf  led.o  led.s  Makefile  SI
zuozhongkai@ubuntu:~/linux/driver/board_driver/1_leds$ make clean  //清理專案
rm -rf *.o led.bin led.elf led.dis
zuozhongkai@ubuntu:~/linux/driver/board_driver/1_leds$ ls    //查看清理後的專案
led.s  Makefile  SI
zuozhongkai@ubuntu:~/linux/driver/board_driver/1_leds$
```

▲ 圖 4-30　make clean 清理專案

至此，有關程式編譯、arm-linux-gnueabihf 交叉編譯器的使用介紹至此，接下來講解如何將 led.bin 燒錄到 SD 卡中。

4.4.3 程式燒錄

我們學習 STM32 和其他的微控制器時，編譯完程式可以直接透過 MDK 或 IAR 下載到內部的 Flash 中。I.MX6ULL 雖然內部有 96KB 的 ROM，但是這 96KB 的 ROM 是不向使用者開放使用的。這就相當於 I.MX6ULL 沒有內部 Flash，為了支援開發者的程式存放，所以 I.MX6ULL 支援從外接的 NOR Flash、NAND Flash、SD/EMMC、SPI NOR Flash 和 QSPI Flash 這些儲存媒體中啟動，開發者便可以將程式燒錄到這些儲存媒體中。在這些儲存媒體中，除了 SD 卡以外，其他的一般都是焊接到了板子上的，不方便直接燒錄。SD 卡是活動的，可以在板子上抽換的，我們可以將 SD 卡插到電腦上，在電腦上使用軟體將 .bin 檔案燒錄到 SD 卡中，然後再插到板子上就可以了。其他的幾種儲存媒體是我們量產時用到的，量產時程式就不可能放到 SD 卡中了，畢竟 SD 是活動的，不牢固，而其他的都是焊接到板子上的，很牢固。

為了方便偵錯，我們在偵錯裸機和 Uboot 時將程式下載到 SD 中，那麼，如何將前面編譯出來的 led.bin 燒錄到 SD 卡中？肯定有人會認為直接複製 led.bin 到 SD 卡中不就行了，錯。那麼編譯出來的可執行檔是怎麼存放到 SD 中的？存放的位置又是什麼？這些在 NXP 手冊中是有詳細規定的，我們必須按照 NXP 的規定將程式燒錄到 SD 卡中，否則程式執行不起來。《IMX6ULL 參考手冊》的第 8 章就是專門講解 I.MX6ULL 啟動的。

正點原子團隊專門撰寫了一個軟體將編譯出來的 .bin 檔案燒錄到 SD 卡中，
下載之後可以自行編譯。imxdownlaod 只能在 Ubuntu 下使用，操作步驟如下
所示。

1. 將 imxdownload 複製到專案根目錄下

imxdownload 必須放置到專案根目錄下，和 led.bin 處於同一個資料夾下，
否則燒錄失敗，複製完成以後如圖 4-31 所示。

```
zuozhongkai@ubuntu:~/linux/driver/board_driver/1_leds$ ls
imxdownload  led.bin  led.dis  led.elf  led.o  led.s  Makefile  SI
zuozhongkai@ubuntu:~/linux/driver/board_driver/1_leds$ a
```

▲ 圖 4-31 複製 imxdownload 軟體

2. 給予 imxdownload 可執行許可權

我們直接將軟體 imxdownload 從 Windows 下複製到 Ubuntu 中以後，
imxdownload 預設是沒有可執行許可權的。我們可使用命令 chmod 來給予
imxdownload 可執行許可權，如圖 4-32 所示。

```
zuozhongkai@ubuntu:~/linux/driver/board_driver/1_leds$ chmod 777 imxdownload //給予可執行權限
zuozhongkai@ubuntu:~/linux/driver/board_driver/1_leds$ ls
imxdownload  led.bin  led.dis  led.elf  led.o  led.s  Makefile  SI
zuozhongkai@ubuntu:~/linux/driver/board_driver/1_leds$
```

▲ 圖 4-32 給予 imxdownload 可執行許可權

透過對比圖 4-31 和圖 4-32 可以看到，當給予 imxdownload 可執行許可權
以後其名稱變成了綠色，如果沒有可執行許可權的話其名稱顏色是白色的。所
以在 Ubuntu 中可以透過檔案名稱的顏色初步判斷其是否具有可執行許可權。

3. 確定要燒錄的 SD 卡

Ubuntu 下所有的裝置檔案都在目錄 /dev 中，所以插上 SD 卡以後也會出
現在 /dev 中，其中存放裝置都是以 /dev/sd 開頭的。輸入如下所示命令來查看
當前電腦中的存放裝置。

ls /dev/sd*

當前電腦的儲存檔案如圖 4-33 所示。

```
zuozhongkai@ubuntu:~/linux/driver/board_driver/1_leds$ ls /dev/sd*
/dev/sda   /dev/sda1   /dev/sda2   /dev/sda5
zuozhongkai@ubuntu:~/linux/driver/board_driver/1_leds$
```

▲ 圖 4-33　Ubuntu 當前儲存檔案

從圖中可以看到當前電腦有 /dev/sda、/dev/sda1、/dev/sda2 和 /dev/
sda5 這 4 個存放裝置，SD 卡掛載到了 Ubuntu 系統中，VMware 右下角會出現
如圖 4-34 所示圖示。

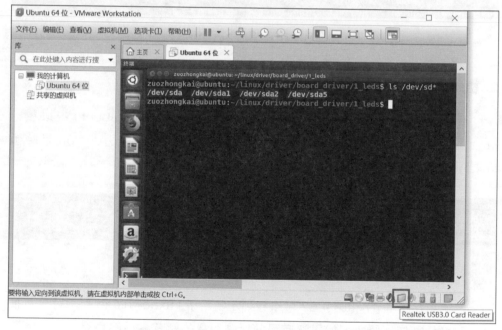

▲ 圖 4-34　插上 SD 卡以後的提示

如圖 4-34 所示，在 VMware 右下角有個圖示 ▢，這個圖示就表示當前有
存放裝置插入，將滑鼠指向圖示就會提示當前裝置名稱，比如這裡提示「Realtek
USB 3.0 Card Reader」，這是讀卡機的名稱。如果 ▢ 是灰色的就表示 SD 卡
掛載到了 Windows 下，而非 Ubuntu 上，從 Windows 下改到 Ubuntu 下的方法
很簡單，點擊圖示 ▢，如圖 4-35 所示。

點擊圖 4-35 中的「連接（斷開與主機的連接）（C）」，點擊以後會彈出
如圖 4-36 所示提示介面，點擊「確定」。

▲ 圖 4-35　將 SD 卡連接到 Ubuntu 中

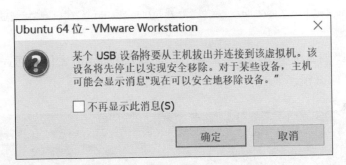

▲ 圖 4-36　提示介面

　　SD 卡插入到 Ubuntu 以後，圖示 🖫 就會變為 🖦 ，不是灰色的了。輸入
命令「ls /dev/sd*」來查看當前 Ubuntu 下的存放裝置，如圖 4-37 所示。

```
zuozhongkai@ubuntu:~/linux/driver/board_driver/1_leds$ ls /dev/sd*
/dev/sda  /dev/sda1  /dev/sda2  /dev/sda5  /dev/sdb  /dev/sdc  /dev/sdd  /dev/sdd1  /dev/sde  /dev/sdf
zuozhongkai@ubuntu:~/linux/driver/board_driver/1_leds$
```

▲ 圖 4-37　當前系統存放裝置

　　從圖 4-37 可以看到，電腦存放裝置中多出了 /dev/sdb、/dev/sdc、/dev/
sdd、/dev/sdd1、/dev/sde 和 /dev/sdf 這 6 個存放裝置。那這 6 個存放裝置哪
個才是 SD 卡呢？ /dev/sdd 和 /dev/sdd1 是 SD 卡，因為只有 /dev/sdd 有對應
的 /dev/sdd1，/dev/sdd 是 SD 卡，/dev/sdd1 是 SD 卡的第一個分區。如果你
的 SD 卡有多個分區的話可能會出現 /dev/sdd2、/dev/sdd3 等。確定好 SD 卡
以後就可以使用軟體 imxdownload 向 SD 卡燒錄 led.bin 檔案了。

　　如果電腦沒有找到 SD 卡的話，可嘗試重新啟動一下 Ubuntu。

4. 向 SD 卡燒錄 bin 檔案

使用 imxdownload 向 SD 卡燒錄 led.bin 檔案，操作命令如下所示：

```
./imxdownload<.bin file><SD Card>
```

其中 .bin file 就是要燒錄的 .bin 檔案，SD Card 就是要燒錄 .bin 檔案的 SD 卡，比如使用以下命令燒錄 led.bin 到 /dev/sdd 中。

```
./imxdownload led.bin /dev/sdd// 不能燒錄到 /dev/sda 或 sda1 裝置中！那是系統磁碟
```

如果燒錄的過程中出現輸入密碼，則需輸入 Ubuntu 密碼即可完成燒錄，燒錄過程如圖 4-38 所示。

```
zuozhongkai@ubuntu:~/linux/driver/board_driver/1_leds$ ./imxdownload led.bin /dev/sdd
I.MX6UL bin download software
Edit by:zuozhongkai
Date:2018/8/9
Version:V1.0
file led.bin size = 160Bytes
Delete Old load.imx
Create New load.imx
Download load.imx to /dev/sdd  ......
[sudo] zuozhongkai 的密码：
记录了6+1 的读入
记录了6+1 的写出
3232 bytes (3.2 kB, 3.2 KiB) copied, 0.0160821 s, 201 kB/s
zuozhongkai@ubuntu:~/linux/driver/board_driver/1_leds$
```

▲ 圖 4-38　imxdownload 燒錄過程

在圖 4-38 中，最後一行程式會顯示燒錄記憶體、用時和速度，比如 led.bin 燒錄到 SD 卡中的記憶體是 3.2KB，用時 0.0160821s，燒錄速度是 201KB/s。注意這個燒錄速度，如果這個燒錄速度在幾百 KB/s 以下就是正常燒錄。

如果這個燒錄速度大於幾兆位元組每秒、甚至幾百兆位元組每秒時，那麼可以判斷燒錄失敗了。可透過重新啟動 Ubuntu 來解決。

燒錄成功以後會在當前專案目錄下生成一個 load.imx 的檔案，如圖 4-39 所示。

```
zuozhongkai@ubuntu:~/linux/driver/board_driver/1_leds$ ls
imxdownload  led.bin  led.dis  led.elf  led.o  led.s  load.imx  Makefile  SI
zuozhongkai@ubuntu:~/linux/driver/board_driver/1_leds$
```

▲ 圖 4-39　生成的 load.imx 檔案

load.imx 這個檔案就是軟體 imxdownload 根據 NXP 官方啟動方式介紹的內容，在 led.bin 檔案前面增加了一些資料標頭以後生成的。最終燒錄到 SD 卡中的就是這個 load.imx 檔案，而非 led.bin。

4.4.4 程式驗證

程式已經燒錄到了 SD 卡中了，將 SD 卡插到開發板的 SD 卡槽中，然後設定指撥開關為 SD 卡啟動，指撥開關設定如圖 4-40 所示。

▲ 圖 4-40 指撥開關 SD 卡啟動設定

設定好以後按下開發板的重置鍵，如果程式執行正常 LED0 就會被點亮。如果發現 LED0 在執行程式前會有一點微亮，這時是因為 I.MX6ULL 的 I/O 預設電位讓 LED0 導通，但是 I/O 的預設設定內部可能有很大的電阻，所以電流就很小，導致 LED0 微亮。我們自己撰寫程式，設定好 I/O 以後就不會有這個問題，LED0 就很亮了。

本章我們詳細地講解了如何編譯程式，並且如何將程式燒錄進 SD 卡中進行測試。後續所有裸機實驗和 Uboot 實驗都使用這種方法進行程式的燒錄和測試。

## 第 5 章

I.MX6U
啟動方式詳解

I.MX6ULL 支援多種啟動方式，也可以從 SD/EMMC、NAND Flash、QSPI Flash 等啟動。使用者可以根據實際情況，選擇合適的啟動裝置。不同的啟動方式的啟動要求不一樣，比如從 SD 卡啟動就需要在 bin 檔案前面增加一個資料標頭，其他的啟動裝置同樣也需要這個資料標頭。本章學習 I.MX6ULL 的啟動方式，以及不同裝置啟動的要求。

5.1 | 啟動方式選擇

　　BOOT 的處理過程是在 I.MX6ULL 晶片通電以後，晶片會根據 BOOT_ MODE[1:0] 的設定來選擇 BOOT 方式。BOOT_MODE[1:0] 的值可以透過兩種方式改變，一種是改寫 eFUSE（熔絲），另一種是修改對應的 GPIO 高低電位。第一種 eFUSE 的方式只能修改一次，後面不能再修改了，所以不推薦使用。我們透過修改 BOOT_MODE[1:0] 對應的 GPIO 高低電位來選擇啟動方式，I.MX6ULL 有 BOOT_MODE1 接腳和 BOOT_MODE0 接腳，這兩個接腳對應著 BOOT_MODE[1:0]。I.MX6U-ALPHA 開發板的這兩個接腳原理圖如圖 5-1 所示。

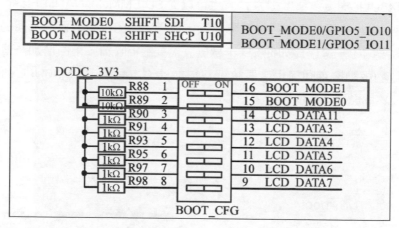

▲ 圖 5-1 BOOT_MODE 原理圖

　　其中 ,BOOT_MODE1 和 BOOT_MODE0 在晶片內部是有 100kΩ 下拉電阻的，所以預設是 0。BOOT_MODE1 和 BOOT_MODE0 這兩個接腳也接到了底板的指撥開關上，這樣就可以透過指撥開關來控制 BOOT_MODE1 和 BOOT_ MODE0 的高低電位。以 BOOT_MODE1 為例，當把 BOOT_CFG 的第一個開關撥到 ON 時，BOOT_MODE1 接腳透過 R88 這個 10kΩ 電阻接到了 3.3V 電源，晶片內部的 BOOT_MODE1 又是 100kΩ 下拉電阻接地，此時 BOOT_ MODE1 的電壓就是 100/（10+100）×3.3V= 3V，這是高電位。由此可知 BOOT_CFG 中的 8 個開關撥到 ON 就是高電位，撥到 OFF 就是低電位。

　　而I.MX6ULL有4個BOOT模式，這4個BOOT模式由BOOT_MODE[1:0]來
控制，也就是 BOOT_MODE1 和 BOOT_MODE0 這兩個 I/O，BOOT 模式設定
如表 5-1 所示。

▼ 表 5-1　BOOT 類型

BOOT_MODE[1:0]	BOOT 類型	BOOT_MODE[1:0]	BOOT 類型
00	從 FUSE 啟動	10	內部 BOOT 模式
01	串列下載	11	保留

　　在表 5-1 中，我們用到的只有第 2 和第 3 種 BOOT 方式。

5.1.1　串列下載

　　當 BOOT_MODE1 為 0 且 BOOT_MODE0 為 1 時此模式啟動，串列下載
就是指透過 USB 或 UART 將程式下載到板子上的外接存放裝置中，可以使用
OTG1 這個 USB 介面連接開發板上的 SD/EMMC、NAND 等存放裝置下載程式。
我們需要將 BOOT_MODE1 切換到 OFF，將 BOOT_MODE0 切換到 ON。

5.1.2　內部 BOOT 模式

　　當 BOOT_MODE1 為 1 且 BOOT_MODE0 為 0 時此模式啟動，在此模式下，
晶片會執行內部的 boot ROM 程式，這段 boot ROM 程式會進行硬體初始化（一
部分外接裝置），然後從 boot 裝置（如 SD/EMMC、NAND）中將程式複製到
指定的 RAM 中，一般是 DDR。

5.2 │ BOOT ROM 初始化內容

　　設定 BOOT 模式為「內部 BOOT 模式」以後，I.MX6ULL 內部的 boot
ROM 程式就會執行，這個 boot ROM 程式都會做什麼處理呢？首先是初始化時
鐘，boot ROM 設定的系統時鐘如圖 5-2 所示。

Clock	CCM signal	Source	Frequency (MHz) BT_FREQ=0	Frequency (MHz) BT_FREQ=1
ARM PLL	pll1_sw_clk		396	396
System PLL	pll2_sw_clk		528	528
USB PLL	pll3_sw_clk		480	480
AHB	ahb_clk_root	528 MHz PLL/PFD352	132	88
IPG	ipg_clk_root	528 MHz PLL/PFD352	66	44

▲ 圖 5-2 boot ROM 系統時鐘設定

在圖 5-2 中,當 BT_FREQ=0 時,boot ROM 會將 I.MX6ULL 的核心時鐘設定為 396MHz,也就是主頻為 396MHz。System PLL=528MHz,USB PLL=480MHz,AHB=132MHz,IPG=66MHz。

內部 boot ROM 為了加快執行速度會開啟 MMU 和 Cache,下載鏡像時 L1 ICache 會開啟,驗證鏡像時 L1 DCache、L2 Cache 和 MMU 都會開啟。一旦鏡像驗證完成,boot ROM 就會關閉 L1 DCache、L2 Cache 和 MMU。

中斷向量偏移會被設定到 boot ROM 的起始位置,當 boot ROM 啟動了使用者程式以後就可以重新設定中斷向量偏移,一般是重新設定到使用者程式的開始地方。

5.3 | 啟動裝置

當 BOOT_MODE 設定為內部 BOOT 模式以後,可以從以下裝置中啟動。

(1)接到 EIM 介面 CS0 上的 16 位元 NOR Flash。

(2)接到 EIM 介面 CS0 上的 OneNAND Flash。

(3)接到 GPMI 介面上的 MLC/SLC NAND Flash,NAND Flash 分頁大小支援 2KB、4KB 和 8KB 位元寬。

(4)Quad SPI Flash。

(5)接到 USDHC 介面上的 SD、MMC、eSD、SDXC、eMMC 等裝置。

（6）SPI 介面的 EEPROM。

我們重點看如何透過 GPIO 來選擇啟動裝置。正如啟動模式由 BOOT_
MODE[1:0] 來 選 擇 一 樣，啟 動 裝 置 是 透 過 BOOT_CFG1[7:0]、BOOT_
CFG2[7:0] 和 BOOT_CFG4[7:0] 這 24 個設定 I/O 介面連接的，這 24 個設
定 I/O 剛好對應著 LCD 的 24 根資料線 LCD_DATA0~LCDDATA23，當啟動完
成以後，這 24 個 I/O 就可以作為 LCD 的資料線使用。這 24 根線和 BOOT_
MODE1、BOOT_MODE0 共同組成了 I.MX6ULL 的啟動選擇接腳，如圖 5-3
所示。

Package Pin	Direction on reset	eFuse
BOOT_MODE1	Input	Boot Mode Selection
BOOT_MODE0	Input	
LCD1_DATA00	Input	BOOT_CFG1[0]
LCD1_DATA01	Input	BOOT_CFG1[1]
LCD1_DATA02	Input	BOOT_CFG1[2]
LCD1_DATA03	Input	BOOT_CFG1[3]
LCD1_DATA04	Input	BOOT_CFG1[4]
LCD1_DATA05	Input	BOOT_CFG1[5]
LCD1_DATA06	Input	BOOT_CFG1[6]
LCD1_DATA07	Input	BOOT_CFG1[7]
LCD1_DATA08	Input	BOOT_CFG2[0]
LCD1_DATA09	Input	BOOT_CFG2[1]
LCD1_DATA10	Input	BOOT_CFG2[2]
LCD1_DATA11	Input	BOOT_CFG2[3]
LCD1_DATA12	Input	BOOT_CFG2[4]
LCD1_DATA13	Input	BOOT_CFG2[5]
LCD1_DATA14	Input	BOOT_CFG2[6]
LCD1_DATA15	Input	BOOT_CFG2[7]
LCD1_DATA16	Input	BOOT_CFG4[0]
LCD1_DATA17	Input	BOOT_CFG4[1]
LCD1_DATA18	Input	BOOT_CFG4[2]
LCD1_DATA19	Input	BOOT_CFG4[3]
LCD1_DATA20	Input	BOOT_CFG4[4]
LCD1_DATA21	Input	BOOT_CFG4[5]
LCD1_DATA22	Input	BOOT_CFG4[6]
LCD1_DATA23	Input	BOOT_CFG4[7]

▲ 圖 5-3 啟動接腳

　　透過圖 5-3 中的 26 個啟動 I/O 即可實現 I.MX6ULL 從不同的裝置啟動。開啟 I.MX6U-ALPHA 開發板的核心板原理圖，這 24 個 I/O 的預設設定如圖 5-4 所示。

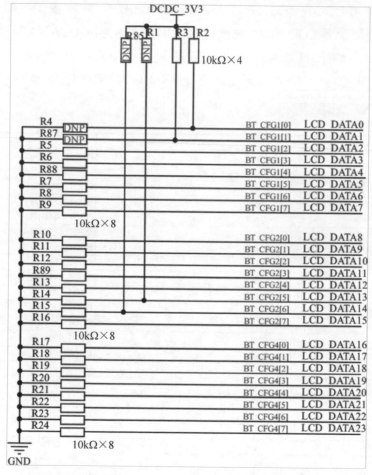

▲ 圖 5-4　BOOT_CFG 預設設定

　　可以看出在圖 5-4 中大部分的 I/O 都接地了，只有幾個 I/O 接高電位，尤其是 BOOT_CFG4[7:0] 這 8 個 I/O 全部使用 10kΩ 電阻下拉接地，所以我們就不需要去關注 BOOT_CFG4[7:0]。只需要特別注意剩下的 BOOT_CFG2[7:0] 和 BOOT_CFG1[7:0] 這 16 個 I/O。這 16 個設定 I/O 含義在原理圖的左側已經顯示，如圖 5-5 所示。

FUSE MAP <Default: QSPI BOOT>

	0/1	0/1	0/1	1	0	0	0	0
TYPE	BOOT_CFG1[7]	BOOT_CFG1[6]	BOOT_CFG1[5]	BOOT_CFG1[4]	BOOT_CFG1[3]	BOOT_CFG1[2]	BOOT_CFG1[1]	BOOT_CFG1[0]
QSPI	0	0	0	1	Reserved		DDRSMP: "000" : Default "001-111"	
WEIM	0	0	0	0	Memory Type: 0 - NOR Flash 1 - OneNAND	Reserved	Reserved	Reserved
Serial-ROM	0	0	1	1	Reserved	Reserved	Reserved	Reserved
SD/eSD	0	1	0	Fast Boot: 0 - Regular 1 - Fast Boot	SD/SDXC Speed 00 - Normal/SDR12 01 - High/SDR25 10 - SDR50 11 - SDR104		SD Power Cycle Enable '0' - No power cycle '1' - Enabled via USDHC RST pad (USDHC3 & 4 only)	SD Loopback Clock Source Sel(for SDR50 and SDR104 only) '0' - through SD pad '1' - direct
MMC/eMMC	0	1	1	Fast Boot: 0 - Regular 1 - Fast Boot	SD/MMC Speed 0 - High1 1- Normal	Fast Boot Acknowledge Disable: 0 - Boot Ack Enabled 1 - Boot Ack Disabled	SD Power Cycle Enable '0' - No power cycle '1' - Enabled via USDHC RST pad (USDHC3 & 4 only)	SD Loopback Clock Source Sel(for SDR50 and SDR104 only) '0' - through SD pad '1' - direct
NAND	1	BT_TOGGLEMODE		Pages in block: 00 - 128 01 - 64 10 - 32 11 - 256		Nand Number Of Devices: 00 - 1 01 - 2 10 - 4 11 - Reserved		Nand, Row address_bytes: 00 - 3 01 - 2 10 - 4 11 - 5
TYPE	BOOT_CFG2[7]	BOOT_CFG2[6]	BOOT_CFG2[5]	BOOT_CFG2[4]	BOOT_CFG2[3]	BOOT_CFG2[2]	BOOT_CFG2[1]	BOOT_CFG2[0]
QSPI	Reserved	HS(0): Half Speed Phase Selection 0 - select sampling on non inverted clock 1 - select sampling at inverted clock	HS(1): Half Speed Delay Selection 0 - one clock delay 1 - two clock delay	SP(0): Full Speed Phase Selection 0 - select sampling on non inverted clock 1 - select sampling at inverted clock	SP(1): Full Speed Delay Selection 0 - one clock delay 1 - two clock delay	Boot Frequencies (ARM/DDR) 0 - 500 / 800 MHz 1 - 250 / 200 MHz	Reserved	Reserved
WEIM	Muxing Scheme: 00 - A/D16 01 - A-DH 10 - A-DL 11- Reserved		OneNand Page Size: 00 - 1KB 01 - 2KB 10 - 4KB 11 - Reserved		Reserved	Boot Frequencies (ARM/DDR) 0 - 500 / 400 MHz 1 - 250 / 200 MHz	Reserved	Reserved
Serial-ROM	Reserved	Reserved	Reserved	Reserved	Reserved	Boot Frequencies (ARM/DDR) 0 - 500 / 600 MHz 1 - 250 / 200 MHz	Reserved	Reserved
SD/eSD	SD Calibration Step '00' - 1 TBD		Bus Width: 0 - 1-bit 1 - 4-bit		Port Select: 00 - USDHC1 01 - USDHC2 10 - Reserved 11 - Reserved	Boot Frequencies (ARM/DDR) 0 - 500 / 400 MHz 1 - 250 / 200 MHz	SD3 VOLTAGE SELECTION 0 - 3.3V 1 - 1.8V	Reserved
MMC/eMMC	Bus Width: 000 - 1-bit 001-4-bit 010 - 8-bit 101 - 4-bit DDR (MMC 4.4) 110 - 8-bit DDR (MMC 4.4) 11x - reserved			Port Select: 00 - USDHC1 01 - USDHC2 10 - Reserved 11 - Reserved		Boot Frequencies (ARM/DDR) 0 - 500 / 400 MHz 1 - 250 / 200 MHz	SD3 VOLTAGE SELECTION 0 - 3.3V 1 - 1.8V	Reserved
NAND	Toggle Mode 120MHz Preamble Delay, Read Latency: '000' - 16 GPMICLK cycles '001' - 1 GPMICLK cycles '010' - 2 GPMICLK cycles '011' - 3 GPMICLK cycles '100' - 4 GPMICLK cycles '101' - 5 GPMICLK cycles '110' - 6 GPMICLK cycles '111' - 7 GPMICLK cycles				BOOT SEARCH COUNT: 00 - 1 01 - 2 10 - 4 11 - 8	Boot Frequencies (ARM/DDR) 0 - 500 / 400 MHz 1 - 250 / 200 MHz	Reset Time '0' - 12ms '1' - 12ms (LBA Nand)	Reserved

▲ 圖 5-5 BOOT_CFG 接腳含義

　　BOOT_CFG1[7:0] 和 BOOT_CFG2[7:0] 這 16 個 I/O 介面還可以進一步減少。開啟 I.MX6U-ALPHA 開發板的底層原理圖，底板上啟動裝置選擇指撥開關，其原理圖如圖 5-6 所示。

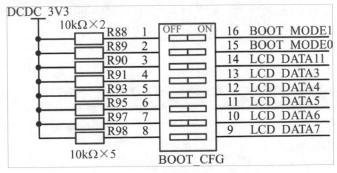

▲ 圖 5-6 BOOT 選擇指撥開關

在圖 5-6 中，除了 BOOT_MODE1 和 BOOT_MODE0 接腳必須引出來，LCD_DATA3~LCD_DATA7、LCD_DATA11 這 6 個 I/O 也被引出來了，可以透過指撥開關來設定其對應的高低電位，指撥開關撥到 ON 就是 1，撥到 OFF 就是 0。其中 LCD_DATA11 對應 BOOT_CFG2[3]，LCD_DATA3~LCD_DATA7 對應 BOOT_CFG1[3]~BOOT_CFG1[7]，這 6 個 I/O 的設定含義如表 5-2 所示。

▼ 表 5-2 BOOT IO 含義

BOOT_CFG 接腳	對應 LCD 接腳	含義
BOOT_CFG2[3]	LCD_DATA11	為 0 時從 SDHC1 上的 SD/EMMC 啟動，為 1 時從 SDHC2 上的 SD/EMMC 啟動
BOOT_CFG1[3]	LCD_DATA3	當從 SD/EMMC 啟動時設定啟動速度，當從 NAND 啟動時設定 NAND 數量
BOOT_CFG1[4]	LCD_DATA4	BOOT_CFG1[7:4] 0000：NOR/OneNAND(EIM) 啟動
BOOT_CFG1[5]	LCD_DATA5	0001：QSPI 啟動 0011：SPI 啟動
BOOT_CFG1[6]	LCD_DATA6	010x：SD/eSD/SDXC 啟動 011x：MMC/eMMC 啟動
BOOT_CFG1[7]	LCD_DATA7	1xxx：NAND Flash 啟動

根據表 5-2 中的 BOOT I/O 含義，I.MX6U-ALPHA 開發板從 SD 卡、EMMC、NAND 啟動時指撥開關各個位元設定方式如表 5-3 所示。

▼ 表 5-3 I.MX6U-ALPHA 開發板啟動設定

1	2	3	4	5	6	7	8	啟動設備
0	1	x	x	x	x	x	x	串列下載，可以透過 USB 燒錄鏡像檔案
1	0	0	0	0	0	1	0	SD 卡啟動
1	0	1	0	0	1	1	0	EMMC 啟動
1	0	0	0	1	0	0	1	NAND Flash 啟動

在「第 4 章 組合語言 LED 燈實驗」中，最終的可執行檔 led.bin 燒錄到了 SD 卡中，然後開發板從 SD 卡啟動，其指撥開關就是根據表 5-3 來設定的。

5.4 | 鏡像燒錄

在第 4 章中使用 imxdownload 這個軟體將 led.bin 燒錄到了 SD 卡中。imxdownload 會在 led.bin 前面增加一些標頭資訊，重新生成一個叫做 load.imx 的檔案，最終實際燒錄的是 load.imx。那麼有人問：imxdownload 究竟做了什麼？load.imx 和 led.bin 究竟是什麼關係？本節就來詳細地講解 imxdownload 是如何將 led.bin 打包成 load.imx 的。

學習 STM32 時可以直接將編譯生成的 .bin 檔案燒錄到 STM32 內部 Flash 裡，但是 I.MX6ULL 不能直接燒錄編譯生成的 .bin 檔案，需要在 .bin 檔案前面增加一些標頭資訊組成滿足 I.MX6ULL 需求的最終可燒錄入檔案，I.MX6ULL 的最終可燒錄入檔案組成如下所示。

（1）Image vector table(IVT)，IVT 中包含了一系列的位址資訊，這些位址資訊在 ROM 中按照固定的位址存放。

（2）Boot data，啟動資料，包含了鏡像要複製到哪個位址，複製的大小是多少等。

（3）Device configuration data(DCD，裝置設定資訊)，重點是 DDR3 的初始化設定。

（4）使用者程式可執行檔，比如 led.bin。

可以看出最終燒錄到 I.MX6ULL 中的程式其組成為：IVT+Boot Data+DCD+bin。所以第 4 章中的 imxdownload 所生成的 load.imx 就是在 led.bin 前面加上 IVT+Boot Data+DCD。內部 Boot ROM 會將 load.imx 複製到 DDR 中，使用者程式一定要從 0X87800000 這個地方開始，因為連結位址為 0X87800000，load.imx 在使用者程式前面又有 3KB 的 IVT+Boot Data+DCD 資料，因此 load.imx 在 DDR 中的起始位址就是 0X87800000-3072=0X877FF400。

5.4.1 IVT 和 Boot Data

load.imx 最前面的組成是 IVT 和 Boot Data，IVT 包含了鏡像程式的進入點，指向 DCD 的指標和其他用途的指標。內部 Boot ROM 要求 IVT 應該放到指定的位置，不同的啟動裝置位置不同，而 IVT 在整個 load.imx 的最前面，要求 load.imx，應該燒錄到存放裝置的指定位置去。整個位置都是相對於存放裝置的起始位址的偏移，如圖 5-7 所示。

Boot Device Type	Image Vector Table Offset	Initial Load Region Size
NOR	4 KB = 0x1000 B	Entire Image Size
OneNAND	256 B = 0x100 B	1 KB
SD/MMC/eSD/eMMC/SDXC	1 KB = 0x400 B	4 KB
SPI EEPROM	1 KB = 0x400 B	4 KB

▲ 圖 5-7 IVT 偏移

以 SD/EMMC 為例，IVT 偏移為 1KB，IVT+Boot Data+DCD 的總大小為 4KB-1KB=3KB。假如 SD/EMMC 每個磁區為 512B，那麼 load.imx 應該從第三個磁區開始燒錄，前兩個磁區要留出來。load.imx 從第 3KB 開始才是真正的 .bin 檔案。IVT 中存放的內容如圖 5-8 所示。

header
entry: Absolute address of the first instruction to execute from the image
reserved1: Reserved and should be zero
dcd: Absolute address of the image DCD. The DCD is optional so this field may be set to NULL if no DCD is required. See Device Configuration Data (DCD) for further details on DCD.
boot data: Absolute address of the Boot Data
self: Absolute address of the IVT. Used internally by the ROM
csf: Absolute address of Command Sequence File (CSF) used by the HAB library. See High Assurance Boot (HAB) for details on secure boot using HAB. This field must be set to NULL when not performing a secure boot
reserved2: Reserved and should be zero

▲ 圖 5-8 IVT 格式

從圖 5-8 可以看到，第一個存放的就是 header（標頭），header 格式如圖 5-9 所示。

Tag	Length	Version

▲ 圖 5-9 IVT header 格式

在圖 5-9 中，Tag 為 1 位元組，固定為 0XD1；Length 為兩位元組，儲存 IVT 長度即高位元組儲存在低記憶體中。最後的 Version 是 1 位元組，為 0X40 或 0X41。

Boot Data 的資料格式如圖 5-10 所示。

start	Absolute address of the image
length	Size of the program image
plugin	Plugin flag (see Plugin Image)

▲ 圖 5-10 Boot Data 資料格式

winhex 軟體可以直接查看一個檔案的二進位格式資料，自行安裝之後用 winhex 開啟以後的 load.imxd 如圖 5-11 所示。

```
Offset     0  1  2  3  4  5  6  7   8  9  A  B  C  D  E  F  10 11 12 13 14 15 16 17  18 19 1A 1B 1C 1D 1E 1F
00000000  D1 00 20 40 00 00 80 87  00 00 00 00 2C F4 7F 87  20 F4 7F 87 00 F4 7F 87  00 00 00 00 00 00 00 00
00000020  00 F0 7F 87 00 00 20 00  00 00 00 00 D2 01 E8 40  CC 01 E4 04 02 0C 40 68  FF FF FF FF 02 0C 40 6C
00000040  FF FF FF FF 02 0C 40 70  FF FF FF FF 02 0C 40 74  FF FF FF FF 02 0C 40 78  FF FF FF FF 02 0C 40 7C
00000060  FF FF FF FF 02 0C 40 80  FF FF FF FF 02 0E 04 B4  00 0C 00 00 02 0E 04 AC  00 00 00 00 02 0E 02 88
00000080  00 00 00 30 02 0E 02 50  00 00 00 30 02 0E 04 4C  00 00 00 30 02 0E 04 90  00 00 00 30 02 0E 02 88
000000A0  00 0C 00 30 02 0E 02 70  00 00 00 00 02 0E 02 60  00 00 00 30 02 0E 02 64  00 00 00 30 02 0E 04 A0
000000C0  00 00 00 30 02 0E 04 94  00 02 00 00 02 0E 02 80  00 00 00 30 02 0E 02 84  00 00 00 30 02 0E 04 B0
000000E0  00 02 00 00 02 0E 04 98  00 00 00 30 02 0E 04 A4  00 00 00 30 02 0E 02 44  00 00 00 30 02 0E 02 48
00000100  00 00 00 30 02 1B 00 1C  00 00 80 00 02 1B 08 00  A1 39 00 03 02 1B 08 0C  00 03 00 0B 02 1B 08 3C
00000120  01 48 01 44 02 1B 08 48  40 40 2C 00 02 1B 08 50  40 40 3E 34 02 1B 08 1C  33 33 33 33 02 1B 08 20
00000140  33 33 33 33 02 1B 08 2C  F3 33 33 33 02 1B 08 30  F3 33 33 33 02 1B 08 C0  00 94 40 09 02 1B 08 B8
00000160  00 00 08 00 02 1B 00 04  00 02 00 2D 02 1B 00 08  1B 33 30 03 02 1B 00 0C  67 6B 52 F3 02 1B 00 2C
00000180  B6 6D 0B 63 02 1B 00 14  01 FF 00 DB 02 1B 00 18  00 20 17 40 02 1B 00 1C  00 00 00 0B 02 1B 08 90
000001A0  00 00 26 D2 02 1B 00 30  00 6B 10 23 02 1B 00 40  00 00 00 4F 02 1B 00 00  84 18 00 00 02 1B 08 90
000001C0  00 40 00 00 02 1B 00 1C  00 00 80 32 02 1B 00 1C  00 00 80 31 02 1B 08 1C  00 04 80 31 02 1B 08 90
000001E0  15 20 80 30 02 1B 00 1C  04 00 80 40 02 1B 00 20  00 00 08 00 02 1B 08 18  00 00 02 27 02 1B 00 04
00000200  00 02 55 2D 02 1B 04 04  00 01 10 06 02 1B 00 1C  00 00 00 00 00 00 00 00  00 00 00 00 00 00 00 00
00000220  00 00 00 00 00 00 00 00  00 00 00 00 00 00 00 00  00 00 00 00 00 00 00 00  00 00 00 00 00 00 00 00
00000240  00 00 00 00 00 00 00 00  00 00 00 00 00 00 00 00
```

▲ 圖 5-11 load.imx 部分內容

圖 5-11 是截取的 load.imx 的一部分內容，從位址 0X00000000~0X000025F，共 608B 的資料。我們將前 44 個位元組的資料按照 4 個位元組一組組合在一起就是：0X402000D1、0X87800000、0X00000000、0X877FF42C、0X877FF420、0X877FF400、0X00000000、0X00000000、0X877FF000、0X00200000、0X00000000。這 44 個位元組的資料就是 IVT 和 Boot Data 資料，按照圖 5-9 和圖 5-10 所示的 IVT 和 Boot Data 所示的格式對應起來如表 5-4 所示。

▼ 表 5-4 load.imx 結構分析

IVT		
IVT 結構	**資料**	**描述**
header	0X402000D1	根據圖 5-9 的 header 格式，第一個位元組 Tag 為 0XD1，第二三位元組為 IVT 大小，為大端模式，所以 IVT 大小為 0X20=32 位元組。第四個位元組為 0X40
entry	0X87800000	入口位址，鏡像第一行指令所在的位置。0X87800000 就是連結位址
reserved1	0X00000000	未使用，保留
dcd	0X877FF42C	DCD 位址，鏡像位址為 0X87800000，IVT+Boot Data+DCD 整個大小為 3KB。因此 load.imx 的起始位址就是 0X87800000-0XC00=0X877FF400。因此 DCD 起始位址相對於 load.imx 起始位址的偏移就是 0X877FF42C-0X877FF400=0X2C，從 0X2C 開始就是 DCD 資料了
Boot Data	0X877FF420	boot 位址，header 中已經設定了 IVT 大小是 32B，所以 Boot Data 的位址就是 0X877FF400+32=0X877FF420
self	0X877FF400	IVT 複製到 DDR 中以後的啟始位址
csf	0X00000000	CSF 位址
reserved2	0X00000000	保留，未使用
Boot Data		
Boot Data 結構	**資料**	**描述**
start	0X877FF000	整個 load.imx 的起始位址，包括前面 1KB 的位址偏移
length	0X00200000	鏡像大小，這裡設定 2MB。鏡像大小不能超過 2MB
plugin	0X00000000	外掛程式

　　在表 5-4 中，我們詳細地列出了 load.imx 的 IVT+Boot Data 每 32 位元資料所代表的意義。這些資料都是由 imxdownload 這個軟體增加進去的。

5.4.2 DCD 資料

I.MX6ULL 片內所有暫存器的預設值往往不是我們想要的值,而且有些外接裝置必須在使用之前初始化。為此 I.MX6ULL 提出了一個 DCD(Device Config Data)的概念,和 IVT、Boot Data 一樣,DCD 也是增加到 load.imx 中的,緊接在 IVT 和 Boot Data 後面,IVT 中也指定了 DCD 的位置。DCD 其實就是 I.MX6ULL 暫存器位址和對應的設定資訊集合,Boot ROM 會使用這些暫存器位址和設定集合來初始化對應的暫存器,比如開啟某些外接裝置的時鐘,初始化 DDR 等。DCD 區域不能超過 1768B,DCD 區域結構如圖 5-12 所示。

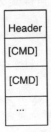

▲ 圖 5-12 DCD 區域結構

DCD 的 header 和 IVT 的 header 類似,結構如圖 5-13 所示。

Tag	Length	Version

▲ 圖 5-13 DCD 的 header 結構

其中,Tag 是單位元組,固定為 0XD2;Length 為兩位元組,表示 DCD 區域的大小,包含 header,同樣是大端模式;Version 是單位元組,固定為 0X40 或 0X41。

圖 5-12 中的 CMD 就是要初始化的暫存器位址和對應的暫存器值,結構如圖 5-14 所示。

Tag	Length		Parameter
	Address		
	Value/Mask		
	[Address]		
	[Value/Mask]		
	...		
	[Address]		
	[Value/Mask]		

▲ 圖 5-14 DCD CMD 結構

圖 5-14 中 Tag 為 1 位元組，固定為 0XCC；Length 是兩位元組，包含寫入的命令資料長度，包含 header，同樣是大端模式；Parameter 為 1 位元組，這個位元組的每個位元含義如圖 5-15 所示。

7	6	5	4	3	2	1	0
flags					bytes		

▲ 圖 5-15 Parameter 結構

圖 5-15 中的 bytes 表示目標位置寬度，單位為 B，可以選擇 1B、2B 和 4B。flags 是命令控制標識位元。

圖 5-14 中的 Address 和 Value/Mask 就是要初始化的暫存器位址和對應的暫存器值，注意採用的是大端模式。DCD 資料是從圖 5-11 的 0X2C 位址開始的。根據我們分析的 DCD 結構可以得到 load.imx 的 DCD 資料如表 5-5 所示。

▼ 表 5-5 DCD 資料結構

DCD 結構	資料	描述
header	0X40E801D2	根據 header 格式，第一個位元組 Tag 為 0XD2，第二三位元組為 DCD 大小，為大端模式，所以 DCD 大小為 0X01E8=488 位元組。第四個位元組為 0X40
Write Data Command	0X04E401CC	第一個位元組為 Tag，固定為 0XCC，第二三位元組是大端模式的命令總長度，為 0X01E4=484 位元組。第四個位元組是 Parameter，為 0X04，表示目標位置寬度為 4 位元組
Address	0X020C4068	暫存器 CCGR0 位址

續表

DCD 結構	資料	描述
Value	0XFFFFFFFF	要寫入暫存器 CCGR0 的值，表示開啟 CCGR0 控制的所有外接裝置時鐘
Address	0X020C4080	暫存器 CCGR6 位址
Value	0XFFFFFFFF	要寫入暫存器 CCGR6 的值，表示開啟 CCGR6 控制的所有外接裝置時鐘
Address	0X020E04B4	暫存器 IOMUXC_SW_PAD_CTL_GRP_DDR_TYPE 暫存器位址
Value	0X000C0000	設定 DDR 的所有 I/O 為 DDR3 模式
Address	0X020E04AC	暫存器 IOMUXC_SW_PAD_CTL_GRP_DDRPKE 位址
Value	0X00000000	所有 DDR 接腳關閉 Pull/Keeper 功能
Address	0X020E027C	暫存器 IOMUXC_SW_PAD_CTL_PAD_DRAM_SDCLK0_P
Value	0X00000030	DRAM_SDCLK0_P 接腳為 R0/R6
Address	0X020E0248	暫存器 IOMUXC_SW_PAD_CTL_PAD_DRAM_DQM1
Value	0X00000030	DRAM_DQM1 接腳驅動程式能力為 R0/R6
Address	0X021B001C	MMDC_MDSCR 暫存器
Value	0X00008000	MMDC_MDSCR 暫存器值
Address	0X021B0404	MMDC_MAPSR 暫存器
Value	0X00011006	MMDC_MAPSR 暫存器設定值
Address	0X021B001C	MMDC_MDSCR 暫存器
Value	0X00000000	MMDC_MDSCR 暫存器清 0

　　從表 5-5 可以看出，DCD 中的初始化設定主要包括 3 方面：

（1）設定 CCGR0~CCGR6 這 7 個外接裝置時鐘啟動暫存器，預設開啟所有的外接裝置時鐘。

（2）設定 DDR3 所用的所有 I/O。

（3）設定 MMDC 控制器，初始化 DDR3。

　　本章詳細地講解了 I.MX6ULL 的啟動模式、啟動裝置類型和鏡像燒錄過程。編譯出來的 .bin 檔案不能直接燒錄到 SD 卡中，需要在 .bin 檔案前面加上 IVT、Boot Data 和 DCD 這 3 個資料區片。這 3 個資料區片是有指定格式的，必須按照格式填寫，然後將其放到 .bin 檔案前面，最終合成的才是可以直接燒錄到 SD 卡中的檔案。

第 **6** 章

C 語言版 LED 燈實驗

　　第 4 章我們講解了如何用組合語言撰寫 LED 燈實驗,而在實際開發過程中組合語言用得很少,大部分都是 C 語言開發,組合語言只是用來完成 C 語言環境的初始化。本章我們就來學習如何用組合語言來完成 C 語言環境的初始化工作,然後從組合語言跳躍到 C 語言程式中去。

6.1 | C 語言版 LED 燈簡介

在組合語言 LED 燈實驗中，我們講解了如何使用組合語言來撰寫 LED 燈驅動程式，實際工作中是很少用到組合語言去寫嵌入式驅動程式的，大部分情況下都是使用 C 語言去撰寫的。只是在開始部分用組合語言來初始化一下 C 語言環境，比如初始化 DDR，設定堆疊指標 SP 等。當這些工作都做完以後就可以進入 C 語言環境執行 C 語言程式了。所以我們有兩部分檔案要做：

（1）組合語言檔案。

　　組合語言檔案只是用來完成 C 語言環境架設。

（2）C 語言檔案。

　　C 語言檔案就是完成業務層程式的，其實就是實際常式要完成的功能。

其實 STM32 也是這樣的，以 STM32F103 為例，其開機檔案 startup_stm32f10x_hd.s 就是完成 C 語言環境架設的，其他處理如中斷向量表等。當 startup_stm32f10x_hd.s 把 C 語言環境初始化完成以後就會進入 C 語言環境。

6.2 | 硬體原理分析

本章使用到的硬體資源和第 4 章一樣，就是一個 LED0。

6.3 | 實驗程式撰寫

本實驗對應的常式路徑為「1、常式原始程式→ 1、裸機常式→ 2_ledc」。

新建 VSCode 專案，專案名稱為 ledc，新建 3 個檔案：start.S、main.c 和 main.h。其中 start.S 是組合語言檔案，main.c 和 main.h 是 C 語言相關檔案。

6.3.1 組合語言部分實驗程式撰寫

startup_stm32f10x_hd.s 中堆疊初始化程式如範例 6-1 所示。

▼ 範例 6-1 STM32 開機檔案堆疊初始化程式

```
1  Stack_Size    EQU        0x00000400
2
3                 AREA       STACK, NOINIT, READWRITE, ALIGN=3
4  Stack_Mem      SPACE      Stack_Size
5  __initial_sp
6
7  ; <h> Heap Configuration
8    ;<o>Heap Size (in Bytes) <0x0-0xFFFFFFFF:8>
9  ; </h>
10
11 Heap_Size      EQU        0x00000200
12
13                 AREA       HEAP, NOINIT, READWRITE, ALIGN=3
14 __heap_base
15 Heap_Mem       SPACE      Heap_Size
16 __heap_limit
17 ****************** 省略掉部分程式 **********************
18 Reset_Handler  PROC
19                 EXPORT  Reset_Handler              [WEAK]
20                 IMPORT  __main
21                 IMPORT  SystemInit
22                 LDR     R0, =SystemInit
23                 BLX     R0
24                 LDR     R0, =__main
25                 BX      R0
26                 ENDP
```

第 1 行程式就是設定堆疊大小，這裡設定為 0X400=1024 位元組。

第 5 行的 __initial_sp 就是初始化 SP 指標。

第 11 行是設定堆積大小。

第 18 行是重置中斷服務函式，STM32 重置完成以後會執行此中斷服務函式。

第 22 行呼叫 SystemInit() 函式來完成其他初始化工作。

第 24 行呼叫 __main，__main 是函式庫函式，其會呼叫 main() 函式。

I.MX6ULL 的組合語言部分程式和 STM32 的開機檔案 startup_stm32f10x_hd.s 基本類似，只是本實驗我們不考慮中斷向量表，只考慮初始化 C 環境即可。在前面建立的檔案 start.S 中輸入如範例 6-2 所示內容。

▼ 範例 6-2　start.S 檔案程式

```
/*****************************************************************
Copyright © zuozhongkai Co., Ltd. 1998-2019. All rights reserved
檔案名稱        :start.s
作者           :左忠凱
版本           :V1.0
描述           :I.MX6U-ALPHA/I.MX6ULL 開發板開機檔案，完成 C 環境初始化，
               C 環境初始化完成以後跳躍到 C 程式
其他           :無
記錄檔         :初版 2019/1/3 左忠凱修改
*****************************************************************/
1.global _start/* 全域標誌 */
2
3/*
4 * 描述： _start 函式，程式從此函式開始執行，此函式主要功能是設定 C
5 * 執行環境
6 */
7_start:
8
9/* 進入 SVC 模式 */
10 mrs r0, cpsr
11 bic r0, r0, #0x1f      /* 將 r0 的低 5 位元清零，也就是 cpsr 的 M0~M4 */
12 orr r0, r0, #0x13      /* r0 或上 0x13, 表示使用 SVC 模式 */
13 msr cpsr, r0/* 將 r0 的資料寫入到 cpsr_c 中 */
14
15 ldr sp, =0X80200000    /* 設定堆疊指標 */
16 b main                 /* 跳躍到 main 函式 */
```

第 1 行定義了一個全域標誌 _start。

第 7 行就是標誌 _start 開始的地方，相當於一個 _start 函式，這個 _start 就是第一行程式。

第 10~13 行就是設定處理器進入 SVC 模式，在第 2 章的 2.2 節「Cortex-A 處理器執行模型」中我們說過 Cortex-A 有 9 個執行模型，這裡設定處理器執行在 SVC 模式下。處理器模式的設定是透過修改 CPSR（程式狀態）暫存器來完成的，而在 2.3.2 小節中我們詳細地講解了 CPSR 暫存器，其中 M[4:0]（CPSR 的 bit[4:0]）就是設定處理器執行模式的，參考表 2-3，如果要將處理器設定為 SVC 模式，那麼 M[4:0] 就要等於 0X13。11~13 行程式就是先使用指令 MRS 將 CPSR 暫存器的值讀取到 R0 中，然後修改 R0 中的值，設定 R0 的 bit[4:0] 為 0X13，然後再使用指令 MSR 將修改後的 R0 重新寫入到 CPSR 中。

第 15 行透過 ldr 指令設定 SVC 模式下的 SP 指標 =0X80200000，因為 I.MX6U-ALPHA 開發板上的 DDR3 位址範圍是 0X80000000~0XA0000000（512MB）或 0X80000000~0X90000000（256MB），不管是 512MB 版本還是 256MB 版本的，其 DDR3 起始位址都是 0X80000000。由於 Cortex-A7 的堆疊是向下增長的，所以將 SP 指標設定為 0X80200000，因此 SVC 模式的堆疊大小為 0X80200000-0X80000000=0X200000=2MB，2MB 的堆疊空間對於做裸機開發已經綽綽有餘。

第 16 行就是跳躍到 main 函式，main 函式就是 C 語言程式了。

至此組合語言部分程式執行完成，用來設定處理器執行到 SVC 模式下，然後初始化 SP 指標，最終跳躍到 C 檔案的 main 函式中。如果有讀者使用過三星的 S3C2440 或 S5PV210 的都會知道在使用 SDRAM 或 DDR 之前必須先初始化 SDRAM 或 DDR。所以 S3C2440 或 S5PV210 的組合語言檔案中一定會有 SDRAM 或 DDR 初始化程式的。我們上面撰寫的檔案 start.S 中卻沒有初始化 DDR3 的程式，但是卻將 SVC 模式下的 SP 指標設定到了 DDR3 的位址範圍中，這不會出問題嗎？肯定不會的，DDR3 肯定是要初始化的，但是不需要在檔案 start.S 中完成。在分析 DCD 資料時就已經講過，DCD 資料包含了 DDR 設定參數，I.MX6U 內部的 Boot ROM 會讀取 DCD 資料中的 DDR 設定參數，然後完成 DDR 初始化的。

6.3.2　C 語言部分實驗程式撰寫

　　C 語言部分有兩個檔案 main.c 和 main.h，檔案 main.h 中主要是定義的暫存器位址，在檔案 main.h 中輸入如範例 6-3 所示內容。

▼ 範例 6-3　main.h 檔案程式

```
#ifndef __MAIN_H
#define __MAIN_H
/*******************************************************************
Copyright  © zuozhongkai Co., Ltd. 1998-2019. All rights reserved
檔案名稱        :main.h
作者            :左忠凱
版本            :V1.0
描述            :時鐘 GPIO1_IO03 相關暫存器位址定義
其他            :無
記錄檔          :初版 V1.0 2019/1/3 左忠凱建立
*******************************************************************/
1  /*
2  * CCM 相關暫存器位址
3  */
4  #define CCM_CCGR0          *((volatile unsigned int *)0X020C4068)
5  #define CCM_CCGR1          *((volatile unsigned int *)0X020C406C)
6  #define CCM_CCGR2          *((volatile unsigned int *)0X020C4070)
7  #define CCM_CCGR3          *((volatile unsigned int *)0X020C4074)
8  #define CCM_CCGR4          *((volatile unsigned int *)0X020C4078)
9  #define CCM_CCGR5          *((volatile unsigned int *)0X020C407C)
10 #define CCM_CCGR6          *((volatile unsigned int *)0X020C4080)
11
12 /*
13 * IOMUX 相關暫存器位址
14 */
15 #define SW_MUX_GPIO1_IO03  *((volatile unsigned int *)0X020E0068)
16 #define SW_PAD_GPIO1_IO03  *((volatile unsigned int *)0X020E02F4)
17
```

```
18 /*
19 * GPIO1 相關暫存器位址
20 */
21 #define GPIO1_DR              *((volatile unsigned int *)0X0209C000)
22 #define GPIO1_GDIR            *((volatile unsigned int *)0X0209C004)
23 #define GPIO1_PSR             *((volatile unsigned int *)0X0209C008)
24 #define GPIO1_ICR1            *((volatile unsigned int *)0X0209C00C)
25 #define GPIO1_ICR2            *((volatile unsigned int *)0X0209C010)
26 #define GPIO1_IMR             *((volatile unsigned int *)0X0209C014)
27 #define GPIO1_ISR             *((volatile unsigned int *)0X0209C018)
28 #define GPIO1_EDGE_SEL        *((volatile unsigned int *)0X0209C01C)
29
30 #endif
```

在檔案 main.h 中以巨集定義的形式定義了要使用到的所有暫存器，後面的數字就是其位址，比如 CCM_CCGR0 暫存器的位址就是 0X020C4068。

在檔案 main.c 中輸入如範例 6-4 所示內容。

▼ 範例 6-4 main.c 檔案程式

```
/***********************************************************
Copyright  ©  zuozhongkai Co., Ltd. 1998-2019. All rights reserved
檔案名稱        :main.c
作者           :左忠凱
版本           :V1.0
描述           :I.MX6U 開發板裸機實驗 2  C 語言點燈
                使用 C 語言來點亮開發板上的 LED 燈，學習和掌握如何用 C 語言來
                完成對 I.MX6U 處理器的 GPIO 初始化和控制
其他           :無
記錄檔         :初版 V1.0 2019/1/3 左忠凱建立
***********************************************************/
1  #include "main.h"
2
3  /*
4   * @description          :啟動 I.MX6U 所有外接裝置時鐘
5   * @param    :無
6   * @return   :無
7   */
```

```
8  void clk_enable(void)
9  {
10    CCM_CCGR0 = 0xffffffff;
11    CCM_CCGR1 = 0xffffffff;
12    CCM_CCGR2 = 0xffffffff;
13    CCM_CCGR3 = 0xffffffff;
14    CCM_CCGR4 = 0xffffffff;
15    CCM_CCGR5 = 0xffffffff;
16    CCM_CCGR6 = 0xffffffff;
17  }
18
19  /*
20   * @description : 初始化 LED 對應的 GPIO
21   * @param: 無
22   * @return: 無
23   */
24  void led_init(void)
25  {
26     /* 1. 初始化 IO 重複使用，重複使用為 GPIO1_IO03 */
27     SW_MUX_GPIO1_IO03 = 0x5;
28
29     /* 2. 設定 GPIO1_IO03 的 IO 屬性
30      *bit 16:0 HYS 關閉
31      *bit [15:14]:00 預設下拉
32      *bit [13]:0 keeper 功能
33      *bit [12]:1 pull/keeper 啟動
34      *bit [11]:0 關閉開路輸出
35      *bit [7:6]:10 速度 100MHz
36      *bit [5:3]:110 R0/R6 驅動程式能力
37      *bit [0]:0 低轉換率
38      */
39     SW_PAD_GPIO1_IO03 = 0X10B0;
40
41     /* 3. 初始化 GPIO, GPIO1_IO03 設定為輸出 */
42     GPIO1_GDIR = 0X0000008;
43
44     /* 4. 設定 GPIO1_IO03 輸出低電位，開啟 LED0 */
45     GPIO1_DR = 0X0;
46  }
```

```
47
48  /*
49   * @description : 開啟 LED 燈
50   * @param       : 無
51   * @return      : 無
52   */
53  void led_on(void)
54  {
55      /*
56       * 將 GPIO1_DR 的 bit3 清零
57       */
58      GPIO1_DR &= ~(1<<3);
59  }
60
61  /*
62   * @description : 關閉 LED 燈
63   * @param       : 無
64   * @return      : 無
65   */
66  void led_off(void)
67  {
68      /*
69       * 將 GPIO1_DR 的 bit3 置 1
70       */
71      GPIO1_DR |= (1<<3);
72  }
73
74  /*
75   * @description : 短時間延遲時間函式
76   * @param - n    : 要延遲時間迴圈次數 ( 空操作迴圈次數，模式延遲時間 )
77   * @return      : 無
78   */
79  void delay_short(volatile unsigned int n)
80  {
81      while(n--){}
82  }
83
84  /*
85   * @description : 延遲時間函式，在 396MHz 的主頻下延遲時間時間大約為 1ms
```

```
86  * @param - n: 要延遲時間的 ms 數
87  * @return    : 無
88  */
89  void delay(volatile unsigned int n)
90  {
91      while(n--)
92      {
93          delay_short(0x7ff);
94      }
95  }
96
97  /*
98  * @description :main 函式
99  * @param        : 無
100 * @return       : 無
101 */
102 int main(void)
103 {
104     clk_enable();       /* 啟動所有的時鐘 */
105     led_init();         /* 初始化 led */
106
107     while(1)            /* 無窮迴圈 */
108     {
109         led_off();      /* 關閉 LED */
110         delay(500);     /* 延遲時間大約 500ms */
111
112         led_on();       /* 開啟 LED */
113         delay(500);     /* 延遲時間大約 500ms */
114     }
115
116     return 0;
117 }
```

　　main.c 檔案中一共有 7 個函式，這 7 個函式都很簡單。clk_enable() 函式是啟動 CCGR0~CCGR6 所控制的所有外接裝置時鐘。led_init() 函式用於初始化 LED 燈所使用的 I/O，包括設定 I/O 的重複使用功能、I/O 的屬性設定和 GPIO 功能，最終控制 GPIO 輸出低電位來開啟 LED 燈。led_on() 和 led_off() 用來控制 LED 燈的亮滅。delay_short() 和 delay() 這兩個函式是延遲時間函式，

delay_short() 函式是靠空迴圈來實現延遲時間的，delay() 是對 delay_short() 的簡單封裝，當 I.MX6U 工作在 396MHz（Boot ROM 設定的 396MHz）的主頻時 delay_short（0x7ff）基本能夠實現大約 1ms 的延遲時間，所以 delay() 函式可以用來完成「ms」延遲時間。main 函式就是主函式，在 main 函式中先呼叫函式 clk_enable() 和 led_init() 來完成時鐘啟動和 LED 初始化，最終在 while(1) 迴圈中實現 LED 迴圈亮滅，亮滅時間大約是 500ms。

本實驗的程式部分已經完成，接下來就是編譯和測試了。

6.4 | 編譯、下載和驗證

6.4.1 撰寫 Makefile

新建 Makefile 檔案，在 Makefile 檔案中輸入如範例 6-5 所示內容。

▼ 範例 6-5 main.c 檔案程式

```
1  objs := start.o main.o
2
3  ledc.bin:$(objs)
4      arm-linux-gnueabihf-ld -Ttext 0X87800000 -o ledc.elf $^
5      arm-linux-gnueabihf-objcopy -O binary -S ledc.elf $@
6      arm-linux-gnueabihf-objdump -D -m arm ledc.elf > ledc.dis
7
8  %.o:%.s
9      arm-linux-gnueabihf-gcc -Wall -nostdlib -c-o $@ $<
10
11 %.o:%.S
12      arm-linux-gnueabihf-gcc -Wall -nostdlib -c-o $@ $<
13
14 %.o:%.c
15      arm-linux-gnueabihf-gcc -Wall -nostdlib -c-o $@ $<
16
17 clean:
18      rm -rf *.o ledc.bin ledc.elf ledc.dis
```

上述的 Makefile 檔案用到了 Makefile 變數和自動變數。

第 1 行定義了一個變數 objs，objs 包含著要生成 ledc.bin 所需的材料 start.o 和 main.o，也就是當前專案下的 start.S 和 main.c 這兩個檔案編譯後的 .o 檔案。這裡要注意 start.o 一定要放到最前面。因為 start.o 是最先要執行的檔案。

第 3 行就是預設目標，目的是生成最終的可執行檔 ledc.bin，ledc.bin 相依 start.o 和 main.o 如果當前專案沒有 start.o 和 main.o 時就會找到對應的規則去生成 start.o 和 main.o。比如 start.o 是檔案 start.S 編譯生成的，因此會執行第 8 行的規則。

第 4 行是使用 arm-linux-gnueabihf-ld 進行連結，連結起始位址是 0X87800000，但是這一行用到了自動變數「$^」，「$^」的意思是所有相依檔案的集合，在這裡就是 objs 這個變數的值：start.o 和 main.o。連結時 start.o 要連結到最前面，因為第一行程式就是 start.o 中的，因此這一行就相當於：

```
arm-linux-gnueabihf-ld -Ttext 0X87800000 -o ledc.elf start.o main.o
```

第 5 行使用 arm-linux-gnueabihf-objcopy 來將 ledc.elf 檔案轉為 ledc.bin，本行也用到了自動變數「$@」，「$@」的意思是目標集合，在這裡就是「ledc.bin」，那麼本行就相當於：

```
arm-linux-gnueabihf-objcopy -O binary -S ledc.elf ledc.bin
```

第 6 行使用 arm-linux-gnueabihf-objdump 來反組譯，生成檔案 ledc.dis。

第 8~15 行就是針對不同的檔案類型將其編譯成對應的 .o 檔案，其實就是組合語言 .s（.S）和 .c 檔案，比如 start.S 就會使用第 8 行的規則來生成對應的 start.o 檔案。第 9 行就是具體的命令，這行也用到了自動變數「$@」和「$<」，其中「$<」的意思是相依目標集合的第一個檔案。比如 start.S 要編譯成 start.o 的話第 8 行和第 9 行就相當於：

```
start.o:start.s
  arm-linux-gnueabihf-gcc -Wall -nostdlib -c -O2 -o start.o start.s
```

第 17 行就是專案清理規則，透過命令 make clean 就可以清理專案。

Makefile 檔案就講到這裡，我們可以將整個專案拿到 Ubuntu 下去編譯，編譯完成以後可以使用軟體 imxdownload 將其下載到 SD 卡中，命令如下：

```
chmod 777 imxdownload                // 給予 imxdownload 可執行許可權，一次即可
./imxdownload ledc.bin /dev/sdd      // 下載到 SD 卡中，不能燒錄到 /dev/sda 或 sda1 裝置中
```

6.4.2 連結腳本

在上例中的 Makefile 中連結程式時使用以下敘述：

```
arm-linux-gnueabihf-ld -Ttext 0X87800000 -o ledc.elf $^
```

在上面敘述中是透過「-Ttext」來指定連結位址是 0X87800000 的，這樣的話所有的檔案都會連結到以 0X87800000 為起始位址的區域。但是有時候很多檔案需要連結到指定的區域，或連結在段中，比如在 Linux 中初始化函式就會放到 init 段中。因此我們需要能夠自訂一些段，這些段的起始位址可以由使用者自由指定，同樣的使用者也可以指定一個檔案或函式應該存放到哪個段中去。要完成這個功能就需要使用到連結腳本，看名稱就知道連結腳本主要用於連結的，用於描述檔案應該如何被連結在一起形成最終的可執行檔。其主要目的是描述輸入檔案中的段如何被映射到輸出檔案中，並且控制輸出檔案中的記憶體排列。比如編譯生成的檔案一般都包含 text 段、data 段等。

連結腳本的語法很簡單，就是撰寫一系列的命令，這些命令組成了連結腳本。每個命令是一個帶有參數的關鍵字或一個對符號的賦值，可以使用分號分隔命令。像檔案名稱之類的字串可以直接輸入，也可以使用萬用字元「*」。最簡單的連結腳本只包含一個命令 SECTIONS，我們可以在 SECTIONS 中來描述輸出檔案的記憶體分配。一般編譯出來的程式都包含在 text、data、bss 和 rodata 這 4 個段內，假設現在的程式要被連結到 0X10000000 這個位址，資料要被連結到 0X30000000 這個地方，範例 6-6 就是完成此功能的最簡單的連結腳本。

▼ 範例 6-6 連結腳本演示程式

```
1 SECTIONS{
2   . = 0X10000000;
3   .text :{*(.text)}
4   . = 0X30000000;
5   .data ALIGN(4) :{ *(.data) }
6   .bss ALIGN(4):{ *(.bss) }
7 }
```

第 1 行關鍵字 SECTIONS 後面跟了一個大括弧，這個大括弧和第 7 行的大括弧是一對，這是必須的。看起來就跟 C 語言中的函式一樣。

第 2 行對一個特殊符號「.」進行賦值，「.」在連結腳本中叫做定位計時器，預設的定位計時器為 0。我們要求程式連結到以 0X10000000 為起始位址的地方，因此這一行給「.」賦值 0X10000000，表示以 0X10000000 開始，後面的檔案或段都會以 0X10000000 為起始位址開始連結。

第 3 行的 .text 是段名稱，後面的冒號是語法要求，冒號後面的大括弧中可以填上要連結到 .text 這個段中的所有檔案，*（.text）中的 * 是萬用字元，表示所有輸入檔案的 .text 段都放到 .text 中。

第 4 行，我們的要求是資料放到 0X30000000 開始的地方，所以需要重新設定定位計時器「.」，將其改為 0X30000000。如果不重新設定的話會怎麼樣？假設「.text」段大小為 0X10000，那麼接下來的 .data 段開始位址就是 0X10000000+0X10000=0X10010000，這明顯不符合我們的要求。所以必須調整定位計時器為 0X30000000。

第 5 行跟第 3 行一樣，定義了一個名為 .data 的段，然後所有檔案的 .data 段都放到這裡面。但是這一行多了一個 ALIGN(4)，這是用來對 .data 這個段的起始位址做位元組對齊的，ALIGN(4) 表示 4 位元組對齊。也就是說段 .data 的起始位址要能被 4 整除，一般常見的都是 ALIGN(4) 或 ALIGN(8)，也就是 4 位元組或 8 位元組對齊。

第 6 行定義了一個 .bss 段，所有檔案中的 .bss 資料都會被放到這個裡面，.bss 資料就是那些定義了但是沒有被初始化的變數。

　　上面就是連結腳本最基本的語法格式，接下來就按照這個基本的語法格式來撰寫本實驗的連結腳本，本實驗的連結腳本要求如下：

（1）連結起始位址為 0X87800000。

（2）start.o 要被連結到最開始的地方，因為 start.o 中包含第一個要執行的命令。

　　根據要求，在 Makefile 目錄下新建一個名為 imx6ul.lds 的檔案，然後在此檔案中輸入如範例 6-7 所示內容。

▼ 範例 6-7　imx6ul.lds 連結腳本程式

```
1   SECTIONS{
2       . = 0X87800000;
3       .text :
4       {
5       start.o
6       main.o
7       *(.text)
8       }
9       .rodata ALIGN(4) :{*(.rodata)}
10      .data ALIGN(4):{ *(.data) }
11      __bss_start = .;
12      .bss ALIGN(4):{ *(.bss)*(COMMON) }
13      __bss_end = .;
14  }
```

　　第 2 行設定定位計時器為 0X87800000，因為我們的連結位址就是 0X87800000。第 5 行設定連結到開始位置的檔案為 start.o，因為 start.o 中包含著第一個要執行的指令，所以一定要連結到最開始的地方。第 6 行是 main.o 檔案，其實可以不用寫出來，因為 main.o 的位置可以由編譯器自行決定連結位置。在第 11、13 行的 __bss_start 和 __bss_end 是符號，這兩行其實就是對這兩個符號進行賦值，其值為定位符號「.」，這兩個符號用來儲存 .bss 段的起始位址和結束位址。前面提到 .bss 段是定義了但是沒有被初始化的變數，需要手動對 .bss 段的變數清零，因此需要知道 .bss 段的起始和結束位址，這樣就可以直接對這段記憶體賦 0 即可完成清零。透過第 11、13 行程式將 .bss 段的起始位址和結束位址就儲存在 __bss_start 和 __bss_end 中，這樣就可以直接在組合語言或 C 檔案中使用這兩個符號。

6.4.3 修改 Makefile

在上一小節中我們已經撰寫好了連結腳本檔 imx6ul.lds，在使用這個連結腳本檔時，將 Makefile 中的以下一行程式：

```
arm-linux-gnueabihf-ld -Ttext 0X87800000 -o ledc.elf $^
```

改為：

```
arm-linux-gnueabihf-ld -Timx6ul.lds -o ledc.elf $^
```

其實就是將 -T 後面的內容改為 imx6ul.lds，表示使用 imx6ul.lds 這個連結腳本檔。修改完成以後使用新的 Makefile 和連結腳本檔重新編譯專案，編譯成功以後就可以燒錄到 SD 卡中驗證。

6.4.4 下載和驗證

使用軟體 imxdownload 將編譯出來的 ledc.bin 燒錄到 SD 卡中，操作命令如下所示：

```
chmod 777 imxdownload              // 給予 imxdownload 可執行許可權，一次即可
./imxdownload ledc.bin /dev/sdd    // 燒錄到 SD 卡中，不能燒錄到 /dev/sda 或 sda1 裝置中
```

燒錄成功以後將 SD 卡插到開發板的 SD 卡槽中，然後重置開發板，如果程式執行正常的話 LED0 就會以 500ms 的時間間隔閃爍。

第 **7** 章

模仿 STM32 驅動
程式開發格式實驗

　　上一章使用 C 語言撰寫 LED 燈驅動程式時，每個暫存器的位址都需要寫巨集定義，使用起來非常的不方便。在學習 STM32 時，可以使用 GPIOB → ODR 這種方式來給 GPIOB 的暫存器 ODR 賦值，因為在 STM32 中同屬於一個外接裝置的所有暫存器位址基本是相鄰的（有些會有保留暫存器）。因此可以借助 C 語言中的結構成員位址遞增的特點來將某個外接裝置的所有暫存器寫入到一個結構中，然後定義一個結構指標，指向這個外接裝置的暫存器基底位址，這樣

就可以透過這個結構指標來存取這個外接裝置的所有暫存器。同理，I.MX6ULL
也可以使用這種方法來定義外接裝置暫存器，本章就模仿 STM32 中的暫存器定
義方式來撰寫 I.MX6ULL 的驅動程式，閱讀本章後也可以對 STM32 的暫存器定
義方式有一個深入的認識。

7.1 | 模仿 STM32 暫存器定義

7.1.1 STM32 暫存器定義簡介

為了開發方便，ST 官方為 STM32F103 撰寫了一個叫做 stm32f10x.h 的檔
案，在這個檔案中定義了 STM32F103 所有外接裝置暫存器，我們可以使用其定
義的暫存器來進行開發，比如可以用範例 7-1 中的程式來初始化一個 GPIO。

▼ 範例 7-1 STM32 暫存器初始化 GPIO

```
1 GPIOE->CRL&=0XFF0FFFFF;
2 GPIOE->CRL|=0X00300000;        /* PE5 推拉輸出 */
3 GPIOE->ODR|=1<<5;              /* PE5 輸出高 */
```

上述程式是初始化 STM32 的 PE5 這個 GPIO 為推拉輸出，需要設定
GPIOE 的暫存器 CRL 和 ODR，GPIOE 的巨集定義如下所示。

```
#define GPIOE   ((GPIO_TypeDef *) GPIOE_BASE)
```

可以看出 GPIOE 是個巨集定義，是一個指向位址 GPIOE_BASE 的結構指
標，結構為 GPIO_TypeDef，GPIO_TypeDef 和 GPIOE_BASE 的定義如範例 7-2
所示。

▼ 範例 7-2 GPIO_TypeDef 和 GPIOE_BASE 的定義

```
1 typedef struct
2 {
3   __IO uint32_t CRL;
4   __IO uint32_t CRH;
5   __IO uint32_t IDR;
```

```
 6    __IO uint32_t ODR;
 7    __IO uint32_t BSRR;
 8    __IO uint32_t BRR;
 9    __IO uint32_t LCKR;
10 } GPIO_TypeDef;
11
12 #define GPIOE_BASE          (APB2PERIPH_BASE + 0x1800)
13 #define APB2PERIPH_BASE     (PERIPH_BASE + 0x10000)
14 #define PERIPH_BASE         ((uint32_t)0x40000000)
```

上述定義中，GPIO_TypeDef 是個結構，結構中的成員變數有 CRL、CRH、IDR、ODR、BSRR、BRR 和 LCKR，這些都是 GPIO 的暫存器，每個成員變數都是 32 位元（4 位元組），這些暫存器在結構中的位置都是按照其位址值從小到大排序的。GPIOE_BASE 就是 GPIOE 的基底位址，其為：

```
GPIOE_BASE=APB2PERIPH_BASE + 0x1800
          = PERIPH_BASE + 0x10000 + 0x1800
          =0x40000000 + 0x10000 + 0x1800
          =0x40011800
```

GPIOE_BASE 的基底位址為 0x40011800，巨集 GPIOE 指向這個位址，因此 GPIOE 的暫存器 CRL 的位址就是 0x40011800，暫存器 CRH 的位址就是 0x40011800+4=0x40011804，其他暫存器位址依此類推。我們要操作 GPIOE 的 ODR 暫存器就可以透過 GPIOE → ODR 來實現，這個方法是借助了結構成員位址連續遞增的原理。

了解了 STM32 的暫存器定義以後，就可以參考其原理來撰寫 I.MX6ULL 的外接裝置暫存器定義了。NXP 官方為 I.MX6ULL 提供了類似 stm32f10x.h 這樣的檔案，名為 MCIMX6Y2.h。關於檔案 MCIMX6Y2.h 的移植我們在第 8 章講解，本章參考 stm32f10x.h 來撰寫一個簡單的 MCIMX6Y2.h 檔案。

7.1.2 I.MX6ULL 暫存器定義

參考 STM32 的官方檔案來撰寫 I.MX6ULL 的暫存器定義，比如 I/O 重複使用暫存器組 IOMUX_SW_MUX_CTL_PAD_XX，操作步驟如下所示。

1. 撰寫外接裝置結構

先將同屬於一個外接裝置的所有暫存器撰寫到一個結構中，如 I/O 重複使用暫存器組的結構，操作如範例 7-3 所示。

▼ 範例 7-3 暫存器 IOMUX_SW_MUX_Type

```
  /*
   * IOMUX 暫存器組
   */
1 typedef struct
2 {
3   volatile unsigned int BOOT_MODE0;
4   volatile unsigned int BOOT_MODE1;
5   volatile unsigned int SNVS_TAMPER0;
6   volatile unsigned int SNVS_TAMPER1;
  ...
107   volatile unsigned int CSI_DATA00;
108   volatile unsigned int CSI_DATA01;
109   volatile unsigned int CSI_DATA02;
110   volatile unsigned int CSI_DATA03;
111   volatile unsigned int CSI_DATA04;
112   volatile unsigned int CSI_DATA05;
113   volatile unsigned int CSI_DATA06;
114   volatile unsigned int CSI_DATA07;
      /* 為了縮短程式，其餘 I/O 重複使用暫存器省略 */
115 }IOMUX_SW_MUX_Tpye;
```

上述結構 IOMUX_SW_MUX_Type 就是 I/O 重複使用暫存器組，成員變數是每個 I/O 對應的重複使用暫存器，每個暫存器的位址是 32 位元，每個成員都使用 volatile 進行了修飾，目的是防止編譯器最佳化。

2. 定義 I/O 重複使用暫存器組的基底位址

根據結構 IOMUX_SW_MUX_Type 的定義，其第一個成員變數為 BOOT_MODE0，也就是 BOOT_MODE0 這個 I/O 的重複使用暫存器，查詢 I.MX6ULL

的參考手冊可以得知其位址為 0X020E0014，所以 I/O 重複使用暫存器組的基底
位址就是 0X020E0014，定義如下：

```
#define IOMUX_SW_MUX_BASE(0X020E0014)
```

3. 定義存取指標

存取指標定義如下：

```
#define IOMUX_SW_MUX((IOMUX_SW_MUX_Type *)IOMUX_SW_MUX_BASE)
```

透過上面 3 步可以透過 IOMUX_SW_MUX → GPIO1_IO03 來存取 GPIO1_
IO03 的 I/O 重複使用暫存器了。同樣的，其他的外接裝置暫存器都可以透過這
3 步來定義。

7.2 │ 硬體原理分析

本章使用到的硬體資源和之前一樣，就是一個 LED0。

7.3 │ 實驗程式撰寫

建立 VSCode 專案，工作區名稱為 ledc_stm32，新建 3 個檔案：start.S、
main.c 和 imx6ul.h。其中，start.S 是組合語言檔案，start.S 檔案的內容和第 6
章的 start.S 一樣，直接複製過來就可以。main.c 和 imx6ul.h 是 C 檔案，完成
以後如圖 7-1 所示。

```
zuozhongkai@ubuntu:~/linux/3_ledc_stm32$ ls -a
.  ..  imx6ul.h  main.c  start.S  .vscode
zuozhongkai@ubuntu:~/linux/3_ledc_stm32$
```

▲ 圖 7-1 專案檔案目錄

檔案 imx6ul.h 用來存放外接裝置暫存器定義，在 imx6ul.h 中輸入如範例 7-4
所示內容。

▼ 範例 7-4 imx6ul.h 檔案程式

```
/*****************************************************************
Copyright ©  zuozhongkai Co., Ltd. 1998-2019. All rights reserved
檔案名稱        :imx6ul.h
作者            :左忠凱
版本            :V1.0
描述            :IMX6UL 相關暫存器定義，參考 STM32 暫存器定義方法
其他            :無
記錄檔          :初版 V1.0 2019/1/3 左忠凱建立
*****************************************************************/
/*
 * 外接裝置暫存器組的基底位址
 */
```

```
1  #define CCM_BASE            (0X020C4000)
2  #define CCM_ANALOG_BASE     (0X020C8000)
3  #define IOMUX_SW_MUX_BASE(0X020E0014)
4  #define IOMUX_SW_PAD_BASE(0X020E0204)
5  #define GPIO1_BASE          (0x0209C000)
6  #define GPIO2_BASE          (0x020A0000)
7  #define GPIO3_BASE          (0x020A4000)
8  #define GPIO4_BASE          (0x020A8000)
9  #define GPIO5_BASE          (0x020AC000)
10
11 /*
12  * CCM 暫存器結構定義，分為 CCM 和 CCM_ANALOG
13  */
14 typedef struct
15 {
16     volatile unsigned int CCR;
17     volatile unsigned int CCDR;
18     volatile unsigned int CSR;
       ...
46     volatile unsigned int CCGR6;
47     volatile unsigned int RESERVED_3[1];
48     volatile unsigned int CMEOR;
49 } CCM_Type;
50
51 typedef struct
52 {
```

```
53        volatile unsigned int PLL_ARM;
54        volatile unsigned int PLL_ARM_SET;
55        volatile unsigned int PLL_ARM_CLR;
56        volatile unsigned int PLL_ARM_TOG;
          ...
110       volatile unsigned int MISC2;
111       volatile unsigned int MISC2_SET;
112       volatile unsigned int MISC2_CLR;
113       volatile unsigned int MISC2_TOG;
114  } CCM_ANALOG_Type;
115
116  /*
117   * IOMUX 暫存器組
118   */
119  typedef struct
120  {
121       volatile unsigned int BOOT_MODE0;
122       volatile unsigned int BOOT_MODE1;
123       volatile unsigned int SNVS_TAMPER0;
          ...
241       volatile unsigned int CSI_DATA04;
242       volatile unsigned int CSI_DATA05;
243       volatile unsigned int CSI_DATA06;
244       volatile unsigned int CSI_DATA07;
245  }IOMUX_SW_MUX_Type;
246
247  typedef struct
248  {
249       volatile unsigned int DRAM_ADDR00;
250       volatile unsigned int DRAM_ADDR01;
          ...
419       volatile unsigned int GRP_DDRPKE;
420       volatile unsigned int GRP_DDRMODE;
421       volatile unsigned int GRP_DDR_TYPE;
422  }IOMUX_SW_PAD_Type;
423
424  /*
425   * GPIO 暫存器結構
426   */
```

```
427 typedef struct
428 {
429     volatile unsigned int DR;
430     volatile unsigned int GDIR;
431     volatile unsigned int PSR;
432     volatile unsigned int ICR1;
433     volatile unsigned int ICR2;
434     volatile unsigned int IMR;
435     volatile unsigned int ISR;
436     volatile unsigned int EDGE_SEL;
437 }GPIO_Type;
438
439
440 /*
441  * 外接裝置指標
442  */
443 #define CCM                  ((CCM_Type *)CCM_BASE)
444 #define CCM_ANALOG           ((CCM_ANALOG_Type *)CCM_ANALOG_BASE)
445 #define IOMUX_SW_MUX         ((IOMUX_SW_MUX_Type *)IOMUX_SW_MUX_BASE)
446 #define IOMUX_SW_PAD             ((IOMUX_SW_PAD_Type *)IOMUX_SW_PAD_BASE)
447 #define GPIO1                ((GPIO_Type *)GPIO1_BASE)
448 #define GPIO2                ((GPIO_Type *)GPIO2_BASE)
449 #define GPIO3                ((GPIO_Type *)GPIO3_BASE)
450 #define GPIO4                ((GPIO_Type *)GPIO4_BASE)
451 #define GPIO5                ((GPIO_Type *)GPIO5_BASE)
```

在撰寫暫存器組結構時，注意暫存器的位址是否連續，有些外接裝置的暫存器位址可能不是連續的，會有一些保留位址，因此需要在結構中留出這些保留的暫存器。比如 CCM 的 CCGR6 暫存器位址為 0X020C4080，而暫存器 CMEOR 的位址為 0X020C4088。按照位址順序遞增的原理，暫存器 CMEOR 的位址應該是 0X020C4084，但是實際上 CMEOR 的位址是 0X020C4088，相當於中間跳過了 0X020C4088-0X020C4080=8 位元組，如果暫存器位址連續的話應該只差 4 位元組（32 位元），但是現在差了 8 位元組，所以需要在暫存器 CCGR6 和 CMEOR 中直接加入一個保留暫存器，這個就是「範例 7-3」中第 47 行 RESERVED_3[1] 的來源。如果不增加保留位元來佔位的話就會導致暫存器位址錯位。

在檔案 main.c 中輸入如範例 7-5 所示內容。

▼ 範例 7-5 main.c 檔案程式

```
1  #include "imx6ul.h"
2
3  /*
4   * @description: 啟動 I.MX6ULL 所有外接裝置時鐘
5   * @param      : 無
6   * @return     : 無
7   */
8  void clk_enable(void)
9  {
10    CCM->CCGR0 = 0XFFFFFFFF;
11    CCM->CCGR1 = 0XFFFFFFFF;
12    CCM->CCGR2 = 0XFFFFFFFF;
13    CCM->CCGR3 = 0XFFFFFFFF;
14    CCM->CCGR4 = 0XFFFFFFFF;
15    CCM->CCGR5 = 0XFFFFFFFF;
16    CCM->CCGR6 = 0XFFFFFFFF;
17  }
18
19  /*
20   * @description      : 初始化 LED 對應的 GPIO
21   * @param            : 無
22   * @return           : 無
23   */
24  void led_init(void)
25  {
26    /* 1. 初始化 I/O 重複使用 */
27    IOMUX_SW_MUX->GPIO1_IO03 = 0X5;/* 重複使用為 GPIO1_IO03 */
28
29
30    /* 2. 設定 GPIO1_IO03 的 I/O 屬性
31     *bit [16]          :0 HYS 關閉
32     *bit [15:14]       :00 預設下拉
33     *bit [13]          :0 keeper 功能
34     *bit [12]          :1 pull/keeper 啟動
35     *bit [11]          :0 關閉開路輸出
36     *bit [7:6]         :10 速度 100MHz
```

```
37      *bit [5:3]          :110 R0/R6 驅動程式能力
38      *bit [0]            :0 低轉換率
39      */
40      IOMUX_SW_PAD->GPIO1_IO03 = 0X10B0;
41
42
43      /* 3. 初始化 GPIO */
44      GPIO1->GDIR = 0X0000008;              /* GPIO1_IO03 設定為輸出 */
45
46      /* 4. 設定 GPIO1_IO03 輸出低電位，開啟 LED0 */
47      GPIO1->DR &= ~(1 << 3);
48
49 }
50
51 /*
52  * @description      :開啟 LED 燈
53  * @param            :無
54  * @return           :無
55  */
56 void led_on(void)
57 {
58     /* 將 GPIO1_DR 的 bit3 清零          */
59     GPIO1->DR &= ~(1<<3);
60 }
61
62 /*
63  * @description      :關閉 LED 燈
64  * @param            :無
65  * @return           :無
66  */
67 void led_off(void)
68 {
69     /* 將 GPIO1_DR 的 bit3 置 1 */
70     GPIO1->DR |= (1<<3);
71 }
72
73 /*
74  * @description      :短時間延遲時間函式
75  * @param - n        :延遲時間的迴圈次數 ( 空操作迴圈次數，模式延遲時間 )
```

```
76  * @return              : 無
77  */
78  void delay_short(volatile unsigned int n)
79  {
80      while(n--){}
81  }
82
83  /*
84  * @description      : 延遲時間函式，在 396MHz 的主頻下
85  *                          延遲時間時間大約為 1ms
86  * @param - n         : 要延遲時間的 ms 數
87  * @return              : 無
88  */
89  void delay(volatile unsigned int n)
90  {
91      while(n--)
92      {
93          delay_short(0x7ff);
94      }
95  }
96
97  /*
98  * @description       :main 函式
99  * @param              : 無
100 * @return             : 無
101 */
102 int main(void)
103 {
104     clk_enable();      /* 啟動所有的時鐘 */
105     led_init();        /* 初始化 led */
106
107     while(1)           /* 無窮迴圈 */
108     {
109         led_off();              /* 關閉 LED */
110         delay(500); /* 延遲時間 500ms */
111
112         led_on();      /* 開啟 LED */
113         delay(500); /* 延遲時間 500ms */
114     }
```

```
115
116    return 0;
117 }
```

　　檔案 main.c 中有 7 個函式，這 7 個函式的含義和第 6 章中的檔案 main.c 一樣，只是函式本體寫法變了，暫存器的存取採用 imx6ul.h 中定義的外接裝置指標。比如第 27 行設定 GPIO1_IO03 的重複使用功能就可以透過 IOMUX_SW_MUX → GPIO1_IO03 來給暫存 SW_MUX_CTL_PAD_GPIO1_IO03 賦值。

7.4 │ 編譯、下載和驗證

7.4.1　撰寫 Makefile 和連結腳本

　　Makefile 檔案的內容基本和第 6 章的一樣，如範例 7-6 所示。

▼ 範例 7-6　Makefile 檔案程式

```
1  objs := start.o main.o
2
3  ledc.bin:$(objs)
4      arm-linux-gnueabihf-ld -Timx6ul.lds -o ledc.elf $^
5      arm-linux-gnueabihf-objcopy -O binary -S ledc.elf $@
6      arm-linux-gnueabihf-objdump -D -m arm ledc.elf > ledc.dis
7
8  %.o:%.s
9      arm-linux-gnueabihf-gcc -Wall -nostdlib -c -O2 -o $@ $<
10
11 %.o:%.S
12     arm-linux-gnueabihf-gcc -Wall -nostdlib -c -O2 -o $@ $<
13
14 %.o:%.c
15     arm-linux-gnueabihf-gcc -Wall -nostdlib -c -O2 -o $@ $<
16
17 clean:
18     rm -rf *.o ledc.bin ledc.elf ledc.dis
```

連結腳本 imx6ul.lds 的內容和第 6 章一樣，可以直接使用第 6 章的連結腳本檔。

7.4.2 編譯和下載

使用 Make 命令編譯程式，編譯成功以後使用軟體 imxdownload 將編譯完成的 ledc.bin 檔案下載到 SD 卡中，命令如下：

```
chmod 777 imxdownload              // 給予 imxdownload 可執行許可權，一次即可
./imxdownload ledc.bin /dev/sdd   // 燒錄到 SD 卡中，不能燒錄到 /dev/sda 或 sda1 裝置中
```

燒錄成功以後將 SD 卡插到開發板的 SD 卡槽中，然後重置開發板，如果程式執行正常的話 LED0 就會以大約 500ms 的時間間隔亮滅，實驗現象和第 6 章一樣。

第 **8** 章

官方 SDK 移植實驗

　　在第 7 章中，我們參考 ST 官方給 STM32 撰寫的 stm32f10x.h——I.MX6ULL 的暫存器定義檔案。自己撰寫這些暫存器定義不僅費時費力，而且很容易寫錯，NXP 官方為 I.MX6ULL 撰寫了 SDK 套件。在 SDK 套件裡 NXP 已經撰寫好了暫存器定義檔案，所以使用者可以直接移植 SDK 套件中的檔案來用。本章就來講解如何移植 SDK 套件中重要的檔案，方便開發。

8.1 | 官方 SDK 移植簡介

NXP 針對 I.MX6ULL 撰寫了一個 SDK 套件,這個 SDK 套件類似於 STM32 的 STD 函式庫或 HAL 函式庫。這個 SDK 套件提供了 Windows 和 Linux 兩種版本,分別針對主機系統是 Windows 和 Linux,這裡我們使用 Windows 版本的。Windows 版本 SDK 中的常式提供了 IAR 版本,既然 NXP 提供了 IAR 版本的 SDK,那為什麼不用 IAR 來完成裸機實驗,偏偏要用複雜的 GCC?因為我們要從簡單的裸機開始掌握 Linux 下的 GCC 開發方法,包括 Ubuntu 作業系統的使用、Makefile 的撰寫、shell 等。如果一開始就使用 IAR 開發裸機,那麼後續學習 Uboot 移植、Linux 移植和 Linux 驅動程式開發就會很難上手,因為開發環境都不熟悉。不是所有的半導體廠商都會為 Cortex-A 架構的晶片撰寫裸機 SDK 套件,筆者使用過很多的 Cortex-A 系列晶片,只有 NXP 給 I.MX6ULL 撰寫了裸機 SDK 套件。說明在 NXP 的定位裡,I.MX6ULL 就是一個 Cortex-A 核心的高端微控制器,定位類似 ST 的 STM32H7。在這裡就是想告訴大家,使用 Cortex-A 核心晶片時不要想著有類似 STM32 函式庫一樣的 SDK,I.MX6ULL 是一個特例,大部分 Cortex-A 核心的晶片都不會提供裸機 SDK 套件。因此在使用 STM32 時那些用起來很順手的函式庫檔案,在 Cortex-A 晶片下基本都需要自行撰寫,比如 .s 開機檔案、暫存器定義等。

選擇 I.MX6ULL 晶片的重要原因是因為其提供了 I.MX6ULL 的裸機 SDK 套件,大家上手會很容易。I.MX6ULL 的 SDK 套件在 NXP 官網下載,下載介面如圖 8-1 所示。

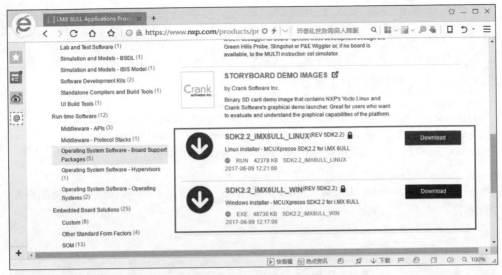

▲ 圖 8-1 I.MX6ULL SDK 套件下載介面

下載圖 8-1 中的 WIN 版本 SDK，也就是 SDK2.2_iMX6ULL_WIN，按兩下 SDK_2.2_MCIM6ULL_RFP_Win.exe 安裝 SDK 套件，安裝時需要設定好安裝位置，安裝完成以後的 SDK 套件如圖 8-2 所示。

仓库 (G:) > IMX6 > SDK_2.2_MCIM6ULL			
名称	修改日期	类型	大小
boards	2019-02-14 22:43	文件夹	
CMSIS	2019-02-14 22:44	文件夹	
CORTEXA	2019-02-14 22:44	文件夹	
devices	2019-02-14 22:44	文件夹	
docs	2019-02-14 22:44	文件夹	
middleware	2019-02-14 22:44	文件夹	
rtos	2019-02-14 22:44	文件夹	
tools	2019-02-14 22:44	文件夹	
EVK-MCIMX6ULL_manifest.xml	2017-06-07 13:23	XML 文档	459 KB
LA_OPT_Base_License.htm	2017-06-07 13:23	360 se HTML Do...	148 KB
SW-Content-Register.txt	2017-06-07 13:23	文本文档	5 KB

▲ 圖 8-2 SDK 套件

　　本教學不是講解 SDK 套件如何開發的，我們只是需要 SDK 套件中的幾個檔案，所以就不去詳細地講解這個 SDK 套件了，感興趣的讀者可以看一下所有的常式都在 boards 這個資料夾裡，我們重點需要 SDK 套件裡與暫存器定義相關的檔案，一共需要以下 3 個檔案。

fsl_common.h：位置為 SDK_2.2_MCIM6ULL\devices\MCIMX6Y2\drivers\fsl_common.h。
fsl_iomuxc.h：位置為 SDK_2.2_MCIM6ULL\devices\MCIMX6Y2\drivers\fsl_iomuxc.h。
MCIMX6Y2.h：位置為 SDK_2.2_MCIM6ULL\devices\MCIMX6Y2\MCIMX6YH2.h。

　　整個 SDK 套件中只需要上面這 3 個檔案，把這 3 個檔案準備好，後面移植要用。

8.2 | 硬體原理分析

　　本章使用到的硬體資源就是一個 LED0。

8.3 | 實驗程式撰寫

　　本實驗對應的常式路徑為「1、常式原始程式→ 1、裸機常式→ 4_ledc_sdk」。

8.3.1 SDK 檔案移植

　　使用 VSCode 新建專案，將 fsl_common.h、fsl_iomuxc.h 和 MCIMX6Y2.h 這 3 個檔案複製到專案中，這 3 個檔案直接編譯的話肯定會出錯，需要對其做刪減。因為這 3 個檔案中的程式都比較大，所以就不詳細列出這 3 個檔案刪減以後的內容了。大家可以參考我們提供的裸機常式來修改這 3 個檔案。修改完成以後的專案目錄如圖 8-3 所示。

```
zuozhongkai@ubuntu:~/linux/4_ledc_sdk$ ls -a
.  ..  fsl_common.h  fsl_iomuxc.h  MCIMX6Y2.h  .vscode
zuozhongkai@ubuntu:~/linux/4_ledc_sdk$
```

▲ 圖 8-3 專案目錄

8.3.2 建立 cc.h 檔案

新建一個名為 cc.h 的標頭檔，cc.h 中存放一些 SDK 函式庫檔案需要使用到的資料型態，在檔案 cc.h 中輸入如範例 8-1 所示內容。

▼ 範例 8-1 cc.h 檔案程式

```
1  #ifndef __CC_H
2  #define __CC_H
3  /**************************************************************
4  Copyright  © zuozhongkai Co., Ltd. 1998-2019. All rights reserved
5  檔案名稱      :cc.h
6  作者          : 左忠凱
7  版本          :V1.0
8  描述          : 有關變數類型的定義，NXP 官方 SDK 的一些移植檔案會用到
9  其他          : 無
10 記錄檔        : 初版 V1.0 2019/1/3 左忠凱建立
11 **************************************************************/
12
13 /*
14  * 自訂一些資料型態供函式庫檔案使用
15  */
16 #define    __I     volatile
17 #define    __O     volatile
18 #define    __IO    volatile
19
20 #define    ON      1
21 #define    OFF     0
22
23 typedef   signed    char      int8_t;
24 typedef   signed    short   int       int16_t;
25 typedef   signed    int     int32_t;
26 typedef unsigned    char      uint8_t;
27 typedef unsigned    short   int       uint16_t;
28 typedef unsigned    int     uint32_t;
29 typedef unsigned    long    long      uint64_t;
30 typedef   signed    char              s8;
31 typedef   signed    short   int       s16;
32 typedef   signed    int               s32;
```

```
33 typedef   signed      long     long     int        s64;
34 typedef unsigned      char              u8;
35 typedef unsigned      short    int       u16;
36 typedef unsigned      int               u32;
37 typedef unsigned      long     long     int        u64;
38
39 #endif
```

在檔案 cc.h 中定義了很多的資料型態，某些協力廠商函式庫會用到這些變數類型。

8.3.3 撰寫實驗程式

新建 start.S 和 main.c 這兩個檔案，檔案 start.S 的內容和之前一樣，直接複製過來就可以，建立完成以後專案目錄如圖 8-4 所示。

```
zuozhongkai@ubuntu:~/linux/4_ledc_sdk$ ls -a
.  ..  cc.h  fsl_common.h  fsl_iomuxc.h  main.c  MCIMX6Y2.h  start.S  .vscode
zuozhongkai@ubuntu:~/linux/4_ledc_sdk$
```

▲ 圖 8-4 專案目錄檔案

在檔案 main.c 中輸入如範例 8-2 所示內容。

▼ 範例 8-2 main.c 檔案程式

```
/***************************************************************
Copyright ©  zuozhongkai Co., Ltd. 1998-2019. All rights reserved
檔案名稱      :main.c
作者          :左忠凱
版本          :V1.0
描述          :I.MX6ULL 開發板裸機實驗 4 使用 NXP 提供的 I.MX6ULL 官方 IAR SDK 套件開發
其他          :前面其他所有實驗中，暫存器定義都是我們自己手寫的，但是 I.MX6ULL 的暫存器有很
              多，全部自己寫太費時間，而且沒意義。NXP 官方提供了針對 I.MX6ULL 的 SDK 開發套件，
              是基於 IAR 環境的，這個 SDK 套件中已經提供了 I.MX6ULL 所有相關暫存器定義，雖然
              是針對 I.MX6ULL 撰寫的，但是同樣適用於 I.MX6UL。本節我們就將相關的暫存器定義
              檔案移植到 Linux 環境下，要移植的檔案有：
              fsl_common.h
              fsl_iomuxc.h
              MCIMX6Y2.h
```

```
                自訂檔案 cc.h
記錄檔          : 初版 V1.0 2019/1/3 左忠凱建立
*********************************************************/
1  #include "fsl_common.h"
2  #include "fsl_iomuxc.h"
3  #include "MCIMX6Y2.h"
4
5  /*
6   * @description      : 啟動 I.MX6ULL 所有外接裝置時鐘
7   * @param            : 無
8   * @return           : 無
9   */
10 void clk_enable(void)
11 {
12     CCM->CCGR0 = 0XFFFFFFFF;
13     CCM->CCGR1 = 0XFFFFFFFF;
14
15     CCM->CCGR2 = 0XFFFFFFFF;
16     CCM->CCGR3 = 0XFFFFFFFF;
17     CCM->CCGR4 = 0XFFFFFFFF;
18     CCM->CCGR5 = 0XFFFFFFFF;
19     CCM->CCGR6 = 0XFFFFFFFF;
20
21 }
22
23 /*
24  * @description      : 初始化 LED 對應的 GPIO
25  * @param            : 無
26  * @return           : 無
27  */
28 void led_init(void)
29 {
30     /* 1. 初始化 IO 重複使用 */
31     IOMUXC_SetPinMux(IOMUXC_GPIO1_IO03_GPIO1_IO03,0);
32
33     /* 2. 設定 GPIO1_IO03 的 IO 屬性
34      *bit [16]         :0 HYS 關閉
35      *bit [15:14]      :00 預設下拉
36      *bit [13]         :0 keeper 功能
```

```
37      *bit [12]          :1 pull/keeper 啟動
38      *bit [11]          :0 關閉開路輸出
39      *bit [7:6]         :10 速度 100MHz
40      *bit [5:3]         :110 R0/R6 驅動程式能力
41      *bit [0]           :0 低轉換率
42      */
43      IOMUXC_SetPinConfig(IOMUXC_GPIO1_IO03_GPIO1_IO03,0X10B0);
44
45      /* 3. 初始化 GPIO, 設定 GPIO1_IO03 為輸出 */
46      GPIO1->GDIR |= (1 << 3);
47
48      /* 4. 設定 GPIO1_IO03 輸出低電位，開啟 LED0      */
49      GPIO1->DR &= ~(1 << 3);
50 }
51
52 /*
53  * @description      :開啟 LED 燈
54  * @param            :無
55  * @return           :無
56  */
57 void led_on(void)
58 {
59     /* 將 GPIO1_DR 的 bit3 清零 */
60     GPIO1->DR &= ~(1<<3);
61 }
62
63 /*
64  * @description      :關閉 LED 燈
65  * @param            :無
66  * @return           :無
67  */
68 void led_off(void)
69 {
70     /* 將 GPIO1_DR 的 bit3 置 1 */
71     GPIO1->DR |= (1<<3);
72 }
73
74 /*
75  * @description      :短時間延遲時間函式
```

```
76   * @param - n          :延遲時間的迴圈次數 ( 空操作迴圈次數，模式延遲時間 )
77   * @return             :無
78   */
79 void delay_short(volatile unsigned int n)
80 {
81     while(n--){}
82 }
83
84 /*
85   * @description         :延遲時間函式 , 在 396MHz 的主頻下
86   *                       延遲時間時間大約為 1ms
87   * @param - n           :要延遲時間的 "ms" 數
88   * @return             :無
89   */
90 void delay(volatile unsigned int n)
91 {
92     while(n--)
93     {
94         delay_short(0x7ff);
95     }
96 }
97
98 /*
99   * @description         :main 函式
100  * @param              :無
101  * @return             :無
102  */
103 int main(void)
104 {
105    clk_enable();       /* 啟動所有的時鐘 */
106    led_init();         /* 初始化 led */
107
108    while(1)            /* 無窮迴圈 */
109    {
110        led_off();      /* 關閉 LED */
111        delay(500);     /* 延遲時間 500ms */
112
113        led_on();       /* 開啟 LED */
114        delay(500);     /* 延遲時間 500ms */
```

```
115    }
116
117    return 0;
118}
```

main.c 有 7 個函式，這 7 個函式的含義都一樣，只是本常式使用的是移植好的 NXP 官方 SDK 中的暫存器定義。檔案 main.c 的這 7 個函式的內容都很簡單，我們重點來看一下 led_init 函式中的第 31 行和第 43 行，這兩行的內容如下所示。

```
IOMUXC_SetPinMux(IOMUXC_GPIO1_IO03_GPIO1_IO03,    0);
IOMUXC_SetPinConfig(IOMUXC_GPIO1_IO03_GPIO1_IO03, 0X10B0);
```

這裡使用了兩個函式 IOMUXC_SetPinMux 和 IOMUXC_SetPinConfig，其中 IOMUXC_SetPinMux 函式是用來設定 I/O 重複使用功能的，最終設定的是暫存器 IOMUXC_SW_MUX_CTL_PAD_XX。IOMUXC_SetPinConfig 函式設定的是 I/O 的上 / 下拉電阻、速度等，也就是暫存器 IOMUXC_SW_PAD_CTL_PAD_XX，具體資料如下所示。

```
IOMUX_SW_MUX->GPIO1_IO03 = 0X5;
IOMUX_SW_PAD->GPIO1_IO03 = 0X10B0;
```

IOMUXC_SetPinMux 函式在檔案 fsl_iomuxc.h 中定義，函式原始程式如下所示。

```
static inline void IOMUXC_SetPinMux(uint32_t muxRegister,
                                    uint32_t muxMode,
                                    uint32_t inputRegister,
                                    uint32_t inputDaisy,
                                    uint32_t configRegister,
                                    uint32_t inputOnfield)
{
    *((volatile uint32_t *)muxRegister) =
        IOMUXC_SW_MUX_CTL_PAD_MUX_MODE(muxMode) |
        IOMUXC_SW_MUX_CTL_PAD_SION(inputOnfield);
    if (inputRegister)
    {
        *((volatile uint32_t *)inputRegister) =
```

```
        IOMUXC_SELECT_INPUT_DAISY(inputDaisy);
    }
}
```

IOMUXC_SetPinMux 函式有 6 個參數，這 6 個參數的函式如下所示。

muxRegister：I/O 的重複使用暫存器位址，比如 GPIO1_IO03 的 I/O 重複使用暫存器 SW_MUX_CTL_PAD_GPIO1_IO03 的位址為 0X020E0068。

muxMode：I/O 重複使用值，即 ALT0~ALT8，對應數字 0~8，比如要將 GPIO1_IO03 設定為 GPIO 功能時此參數就要設定為 5。

inputRegister：外接裝置輸入 I/O 選擇暫存器位址，有些 I/O 在設定為其他的重複使用功能以後還需要設定 I/O 輸入暫存器，比如 GPIO1_IO03 要重複使用為 UART1_RX 的話還需要設定暫存器 UART1_RX_DATA_SELECT_INPUT，此暫存器位址為 0X020E0624。

inputDaisy：暫存器 inputRegister 的值，比如 GPIO1_IO03 要作為 UART1_RX 接腳時，此參數就是 1。

configRegister：未使用，IOMUXC_SetPinConfig 函式會使用這個暫存器。

inputOnfield：I/O 軟體輸入啟動，以 GPIO1_IO03 為例就是暫存器 SW_MUX_CTL_PAD_GPIO1_IO03 的 SION 位元（bit4）。如果需要啟動 GPIO1_IO03 的軟體輸入功能，此參數應該為 1，否則為 0。

IOMUXC_SetPinMux 的函式本體很簡單，就是根據參數對暫存器 muxRegister 和 inputRegister 進行賦值。在「範例 8-2」中的 31 行使用此函式，將 GPIO1_IO03 的重複使用功能設定為 GPIO，如下所示。

```
IOMUXC_SetPinMux(IOMUXC_GPIO1_IO03_GPIO1_IO03,0);
```

第一次看到上面程式時讀者肯定會奇怪，為何只有兩個參數？不是應該 6 個參數嗎？我們先看 IOMUXC_GPIO1_IO03_GPIO1_IO03，這個巨集在檔案 fsl_iomuxc.h 中有定義，NXP 的 SDK 函式庫將 I/O 的所有重複使用功能都定義了一個巨集，比如 GPIO1_IO03 就有以下 9 個巨集定義。

```
IOMUXC_GPIO1_IO03_I2C1_SDA
IOMUXC_GPIO1_IO03_GPT1_COMPARE3
IOMUXC_GPIO1_IO03_USB_OTG2_OC
IOMUXC_GPIO1_IO03_USDHC1_CD_B
IOMUXC_GPIO1_IO03_GPIO1_IO03
IOMUXC_GPIO1_IO03_CCM_DI0_EXT_CLK
IOMUXC_GPIO1_IO03_SRC_TESTER_ACK
IOMUXC_GPIO1_IO03_UART1_RX
IOMUXC_GPIO1_IO03_UART1_TX
```

上面 9 個巨集定義分別對應著 GPIO1_IO03 的 9 種重複使用功能，比如重複使用為 GPIO 的巨集定義如下所示。

```
#define IOMUXC_GPIO1_IO03_GPIO1_IO03      0x020E0068U,      0x5U,0x00000000U,
                                          0x0U,             0x020E02F4U
```

將這個巨集帶入到「範例 8-2」的 31 行以後如下所示。

```
IOMUXC_SetPinMux (0x020E0068U, 0x5U, 0x00000000U, 0x0U, 0x020E02F4U,0);
```

這樣就與 IOMUXC_SetPinMux 函式的 6 個參數對應起來了，如果要將 GPIO1_IO03 重複使用為 I2C1_SDA 時就可以使用以下程式：

```
IOMUXC_SetPinMux(IOMUXC_GPIO1_IO03_I2C1_SDA,0);
```

IOMUXC_SetPinMux 函式就講解到這裡，接下來看一下 IOMUXC_SetPinConfig 函式，此函式同樣在檔案 fsl_iomuxc.h 中有定義，函式原始程式如下所示。

```
static inline void IOMUXC_SetPinConfig(uint32_t muxRegister,
                                       uint32_t muxMode,
                                       uint32_t inputRegister,
                                       uint32_t inputDaisy,
                                       uint32_t configRegister,
                                       uint32_t configValue)
{
    if (configRegister)
    {
```

```
        *((volatile uint32_t *)configRegister) = configValue;
    }
}
```

IOMUXC_SetPinConfig 函式也有 6 個參數，其中前 5 個參數和 IOMUXC_
SetPinMux 函式一樣，但是此函式只使用了 configRegister 和 configValue
參數，cofigRegister 參數是 I/O 設定暫存器位址，比如 GPIO1_IO03 的 I/
O 設定暫存器為 IOMUXC_SW_PAD_CTL_PAD_GPIO1_IO03，其位址為
0X020E02F4，configValue 參數就是要寫入到暫存器 configRegister 的值。同
理，「範例 8-2」的 43 行展開以後如下所示。

```
IOMUXC_SetPinConfig(0x020E0068U,0x5U,0x00000000U,0x0U,0x020E02F4U,0X10B0);
```

根據 IOMUXC_SetPinConfig 函式的原始程式可以知道，上面函式就是
將暫存器 0x020E02F4 的值設定為 0X10B0。IOMUXC_SetPinMux 函式和
IOMUXC_SetPinConfig 函式就講解到這裡，以後就可以使用這兩個函式來方便
地設定 I/O 的重複使用功能和 I/O 設定。

我們使用了 NXP 官方寫好的暫存器定義，另講解了中斷函式 IOMUXC_
SetPinMux 和 IOMUXC_SetPinConfig。

8.4 | 編譯、下載和驗證

8.4.1 撰寫 Makefile 和連結腳本

新建 Makefile 檔案，Makefile 檔案內容如範例 8-3 所示。

▼ 範例 8-3 Makefile 檔案程式

```
1  CROSS_COMPILE        ?= arm-linux-gnueabihf-
2  NAME                 ?= ledc
3
4  CC                   := $(CROSS_COMPILE)gcc
5  LD                   := $(CROSS_COMPILE)ld
```

```
 6  OBJCOPY              := $(CROSS_COMPILE)objcopy
 7  OBJDUMP              := $(CROSS_COMPILE)objdump
 8
 9  OBJS                 := start.o main.o
10
11 $(NAME).bin:$(OBJS)
12    $(LD) -Timx6ul.lds -o $(NAME).elf $^
13    $(OBJCOPY) -O binary -S $(NAME).elf $@
14    $(OBJDUMP) -D -m arm $(NAME).elf > $(NAME).dis
15
16 %.o:%.s
17    $(CC) -Wall -nostdlib -c -O2 -o $@ $<
18
19 %.o:%.S
20    $(CC) -Wall -nostdlib -c -O2 -o $@ $<
21
22 %.o:%.c
23    $(CC) -Wall -nostdlib -c -O2 -o $@ $<
24
25 clean:
26    rm -rf *.o $(NAME).bin $(NAME).elf $(NAME).dis
```

8.4.2 編譯和下載

使用 Make 命令編譯程式，編譯成功以後使用軟體 imxdownload 將編譯完成的檔案 ledc.bin 下載到 SD 卡中，命令如下所示。

```
chmod 777 imxdownload                 // 給予 imxdownload 可執行許可權，一次即可
./imxdownload ledc.bin /dev/sdd       // 燒錄到 SD 卡中，不能燒錄到 /dev/sda 或 sda1 裝置中
```

燒錄成功以後將 SD 卡插到開發板的 SD 卡槽中，然後重置開發板，如果程式執行正常時 LED0 就會以 500ms 的時間間隔閃爍，實驗現象和之前一樣。

## 第 9 章

BSP 專案管理實驗

在前面的章節中，我們將所有的原始程式檔案放到專案的根目錄下，如果專案檔案比較少的話這樣做無可厚非，但是如果專案原始檔案達到幾十、甚至數百個時，這樣全部放到根目錄下就會使專案顯得混亂不堪。所以必須對專案檔案做管理，將不同功能的原始程式檔案放到不同的目錄中。另外我們也需要將原始程式檔案中能完成同一個功能的程式提取出來放到一個單獨的檔案中，也就是對程式分功能管理。本章就來學習如何對一個專案進行整理，使其美觀，功能模組清晰，易於閱讀。

9.1 | BSP 專案管理簡介

開啟上一章的專案根目錄，如圖 9-1 所示。

```
zuozhongkai@ubuntu:~/linux/4_ledc_sdk$ ls -a
.    cc.h          fsl_iomuxc.h  imxdownload                load.imx  Makefile     start.S
..   fsl_common.h  imx6ul.lds    ledc_sdk.code-workspace    main.c    MCIMX6Y2.h   .vscode
zuozhongkai@ubuntu:~/linux/4_ledc_sdk$
```

▲ 圖 9-1 專案根目錄

在圖 9-1 中將所有的原始程式檔案都放到專案根目錄下，即使這個專案只是完成了一個簡單的流水燈的功能，其專案根目錄下的原始程式檔案就很多。所以需要對這個專案進行整理，將原始程式檔案分模組、分功能整理。開啟一個 STM32 的常式，如圖 9-2 所示。

名稱	修改日期	類型	大小
CORE	2017-12-25 12:55	文件夾	
HARDWARE	2017-12-25 12:55	文件夾	
OBJ	2017-12-25 12:55	文件夾	
STM32F10x_FWLib	2017-12-25 12:55	文件夾	
SYSTEM	2017-12-25 12:55	文件夾	
USER	2017-12-25 12:55	文件夾	
keilkilll.bat	2011-04-23 10:24	Windows 批处理文件	1 KB
README.TXT	2015-03-23 20:17	文本文档	2 KB

▲ 圖 9-2 STM32F103 常式專案檔案

圖 9-2 中的專案目錄就很美觀，不同的功能模組檔案放到不同的資料夾中，比如驅動程式檔案就放到 HARDWARE 資料夾中，ST 的官方函式庫就放到 STM32F10x_FWLib 資料夾中，編譯產生的過程檔案放到 OBJ 資料夾中。我們新建名為 5_ledc_bsp 的資料夾，在裡面新建 bsp、imx6ul、obj 和 project 這 4 個資料夾，完成以後如圖 9-3 所示。

```
zuozhongkai@ubuntu:~/linux/5_ledc_bsp$ ls
bsp  imx6ul  obj  project
zuozhongkai@ubuntu:~/linux/5_ledc_bsp$
```

▲ 圖 9-3 新建的專案根目錄資料夾

其中，bsp 用來存放驅動程式檔案；imx6ul 用來存放跟晶片有關的檔案，比如 NXP 官方的 SDK 函式庫檔案；obj 用來存放編譯生成的 .o 檔案；project 存放 start.S 和 main.c 檔案，也就是應用文件。

將實驗中的 cc.h、fsl_common.h、fsl_iomuxc.h 和 MCIMX6Y2.h 這 4 個檔案複製到資料夾 imx6ul 中；將 start.S 和 main.c 這兩個檔案複製到資料夾 project 中。前面實驗中所有的驅動程式相關的函式都寫到了檔案 main.c 中，比如 clk_enable、led_init 和 delay 函式，這 3 個函式可以分為 3 類：時鐘驅動程式、LED 驅動程式和延遲時間驅動程式。因此可以在 bsp 資料夾下建立 3 個子資料夾：clk、delay 和 led，分別用來存放時鐘驅動程式檔案、延遲時間驅動程式檔案和 LED 驅動程式檔案，這樣 main.c 函式就會清爽很多，程式功能模組清晰。專案資料夾都建立好了，接下來就是撰寫程式了，其實就是將時鐘驅動程式、LED 驅動程式和延遲時間驅動程式相關的函式從 main.c 中提取出來做成一個獨立的驅動程式檔案。

9.2 | 硬體原理分析

本章使用到的硬體資源就是一個 LED0。

9.3 | 實驗程式撰寫

本實驗對應的路徑為「1、裸機常式→ 5_ledc_bsp」。

使用 VSCode 新建專案，專案名稱為 ledc_bsp。

9.3.1 建立 imx6ul.h 檔案

新建檔案 imx6ul.h，然後儲存到資料夾 imx6ul 中，在檔案 imx6ul.h 中輸入如範例 9-1 所示內容。

▼ 範例 9-1 imx6ul.h 檔案程式

```
1   #ifndef __IMX6UL_H
2   #define __IMX6UL_H
3   /****************************************************************
4   Copyright  © zuozhongkai Co., Ltd. 1998-2019. All rights reserved
5   檔案名稱      :imx6ul.h
6   作者         :左忠凱
7   版本         :V1.0
8   描述         :包含一些常用的標頭檔
9   其他         :無
10  討論區       :www.openedv.com
11  記錄檔       :初版 V1.0 2019/1/3 左忠凱建立
12  ****************************************************************/
13  #include "cc.h"
14  #include "MCIMX6Y2.h"
15  #include "fsl_common.h"
16  #include "fsl_iomuxc.h"
17
18  #endif
```

在其他檔案中任意引用 imx6ul.h 就可以了。

9.3.2 撰寫 led 驅動程式

新建 bsp_led.h 和 bsp_led.c 兩個檔案，將這兩個檔案存放到 bsp/led 中，在檔案 bsp_led.h 中輸入如範例 9-2 所示內容。

▼ 範例 9-2 bsp_led.h 檔案程式

```
1   #ifndef __BSP_LED_H
2   #define __BSP_LED_H
3   #include "imx6ul.h"
4   /****************************************************************
5   Copyright  © zuozhongkai Co., Ltd. 1998-2019. All rights reserved
6   檔案名稱      :bsp_led.h
7   作者         :左忠凱
8   版本         :V1.0
9   描述         :LED 驅動程式標頭檔
```

```
10 其他            : 無
11 討論區          :www.openedv.com
12 記錄檔          : 初版 V1.0 2019/1/4 左忠凱建立
13 **********************************************************/
14
15 #define LED0 0
16
17 /* 函式宣告 */
18 void led_init(void);
19 void led_switch(int led, int status);
20 #endif
```

檔案 bsp_led.h 的內容很簡單，就是一些函式宣告，在檔案 bsp_led.c 中輸入如範例 9-3 所示內容。

▼ 範例 9-3 bsp_led.c 檔案程式

```
1  #include "bsp_led.h"
2  /**********************************************************
3  Copyright © zuozhongkai Co., Ltd. 1998-2019. All rights reserved
4  檔案名稱        :bsp_led.c
5  作者            :左忠凱
6  版本            :V1.0
7  描述            :LED 驅動程式檔案
8  其他            : 無
9  討論區          :www.openedv.com
10 記錄檔          : 初版 V1.0 2019/1/4 左忠凱建立
11 **********************************************************/
12
13 /*
14  * @description       : 初始化 LED 對應的 GPIO
15  * @param             : 無
16  * @return            : 無
17  */
18 void led_init(void)
19 {
20     /* 1. 初始化 I/O 重複使用 */
21     IOMUXC_SetPinMux(IOMUXC_GPIO1_IO03_GPIO1_IO03,0);
22
23     /* 2. 設定 GPIO1_IO03 的 I/O 屬性 */
```

```
24      IOMUXC_SetPinConfig(IOMUXC_GPIO1_IO03_GPIO1_IO03,0X10B0);
25
26      /* 3. 初始化 GPIO,GPIO1_IO03 設定為輸出 */
27      GPIO1->GDIR |= (1 << 3);
28
29      /* 4. 設定 GPIO1_IO03 輸出低電位，開啟 LED0*/
30      GPIO1->DR &= ~(1 << 3);
31 }
32
33 /*
34  * @description        :LED 控制函式，控制 LED 開啟還是關閉
35  * @param - led        :要控制的 LED 燈編號
36  * @param - status     :0，關閉 LED0,1 開啟 LED0
37  * @return             :無
38  */
39 void led_switch(int led, int status)
40 {
41      switch(led)
42      {
43          case LED0:
44                  if(status == ON)
45                          GPIO1->DR &= ~(1<<3);      /* 開啟 LED0 */
46                  else if(status == OFF)
47                          GPIO1->DR |= (1<<3);       /* 關閉 LED0 */
48                  break;
49}
50}
```

　　檔案 bsp_led.c 中就兩個函式 led_init 和 led_switch，led_init 函式用來初始化 LED 所使用的 I/O，led_switch 函式是控制 LED 燈的開啟和關閉，這兩個函式都很簡單。

9.3.3 撰寫時鐘驅動程式

　　新建 bsp_clk.h 和 bsp_clk.c 兩個檔案，將這兩個檔案存放到 bsp/clk 中，在檔案 bsp_clk.h 中輸入如範例 9-4 所示內容。

▼ 範例 9-4 bsp_clk.h 檔案程式

```
1   #ifndef __BSP_CLK_H
2   #define __BSP_CLK_H
3   /***********************************************************
4   Copyright © zuozhongkai Co., Ltd. 1998-2019. All rights reserved
5   檔案名稱      :bsp_clk.h
6   作者         : 左忠凱
7   版本         :V1.0
8   描述         : 系統時鐘驅動程式標頭檔
9   其他         : 無
10  討論區       :www.openedv.com
11  記錄檔       : 初版 V1.0 2019/1/4 左忠凱建立
12  ***********************************************************/
13
14  #include "imx6ul.h"
15
16  /* 函式宣告 */
17  void clk_enable(void);
18
19  #endif
```

檔案 bsp_clk.h 很簡單，在檔案 bsp_clk.c 中輸入如範例 9-5 所示內容。

▼ 範例 9-5 bsp_clk.c 檔案程式

```
1   #include "bsp_clk.h"
2
3   /***********************************************************
4   Copyright © zuozhongkai Co., Ltd. 1998-2019. All rights reserved
5   檔案名稱      :bsp_clk.c
6   作者         : 左忠凱
7   版本         :V1.0
8   描述         : 系統時鐘驅動程式
9   其他         : 無
10  討論區       :www.openedv.com
11  記錄檔       : 初版 V1.0 2019/1/4 左忠凱建立
12  ***********************************************************/
13
14  /*
```

```
15  * @description    :啟動 I.MX6U 所有外接裝置時鐘
16  * @param          :無
17  * @return         :無
18  */
19  void clk_enable(void)
20  {
21     CCM->CCGR0 = 0XFFFFFFFF;
22     CCM->CCGR1 = 0XFFFFFFFF;
23     CCM->CCGR2 = 0XFFFFFFFF;
24     CCM->CCGR3 = 0XFFFFFFFF;
25     CCM->CCGR4 = 0XFFFFFFFF;
26     CCM->CCGR5 = 0XFFFFFFFF;
27     CCM->CCGR6 = 0XFFFFFFFF;
28  }
```

檔案 bsp_clk.c 只有一個 clk_enable 函式，用來啟動所有的外接裝置時鐘。

9.3.4 撰寫延遲時間驅動程式

新建 bsp_delay.h 和 bsp_delay.c 兩個檔案，將這兩個檔案存放到 bsp/
delay 中，在檔案 bsp_delay.h 中輸入如範例 9-6 所示內容。

▼ 範例 9-6 bsp_delay.h 檔案程式

```
1  #ifndef __BSP_DELAY_H
2  #define __BSP_DELAY_H
3  /*************************************************************
4  Copyright ©  zuozhongkai Co., Ltd. 1998-2019. All rights reserved
5  檔案名稱       :bsp_delay.h
6  作者          :左忠凱
7  版本          :V1.0
8  描述          :延遲時間標頭檔
9  其他          :無
10 討論區        :www.openedv.com
11 記錄檔        :初版 V1.0 2019/1/4 左忠凱建立
12 *************************************************************/
13 #include "imx6ul.h"
14
15 /* 函式宣告 */
```

```
16 void delay(volatile unsigned int n);
17
18 #endif
```

在檔案 bsp_delay.c 中輸入如範例 9-7 所示內容。

▼ 範例 9-7 bsp_delay.c 檔案程式

```
/***************************************************************
Copyright ©  zuozhongkai Co., Ltd. 1998-2019. All rights reserved
檔案名稱        :bsp_delay.c
作者           :左忠凱
版本           :V1.0
描述           :延遲時間檔案
其他           :無
討論區         :www.openedv.com
記錄檔         :初版 V1.0 2019/1/4 左忠凱建立
***************************************************************/
1  #include "bsp_delay.h"
2
3  /*
4   * @description      :短時間延遲時間函式
5   * @param - n        :延遲時間的迴圈次數 ( 空操作迴圈次數，模式延遲時間 )
6   * @return           :無
7   */
8  void delay_short(volatile unsigned int n)
9  {
10    while(n--){}
11 }
12
13 /*
14  * @description      :延遲時間函式 , 在 396MHz 的主頻下
15  *                     延遲時間時間大約為 1ms
16  * @param - n        :要延遲時間的 "ms" 數
17  * @return           :無
18  */
19 void delay(volatile unsigned int n)
20 {
21    while(n--)
22    {
```

```
23        delay_short(0x7ff);
24    }
25 }
```

　　檔案 bsp_delay.c 中就兩個函式 delay_short 和 delay。它們是檔案 main.c 中的函式。

9.3.5 修改 main.c 檔案

　　led 驅動程式、延遲時間驅動程式和時鐘驅動程式相關的函式全部都寫到了檔案 main.c 中，在前幾節我們已經將這些驅動程式根據功能模組放置到對應的地方，所以檔案 main.c 中的內容就得修改，將檔案 main.c 中的內容改為如範例 9-8 所示內容。

▼ 範例 9-8　main.c 檔案程式

```
/**************************************************************
Copyright  © zuozhongkai Co., Ltd. 1998-2019. All rights reserved
檔案名稱        :main.c
作者           :左忠凱
版本           :V1.0
描述           :I.MX6U 開發板裸機實驗 5 BSP 形式的 LED 驅動程式
其他           :本實驗學習目的：
                1. 將各個不同的檔案進行分類，學習如何整理專案，就和學習 STM32 一樣建立專案的
                   各個資料夾分類，實現專案檔案的分類化和模組化，便於管理
                2. 深入學習 Makefile，學習 Makefile 的高級技巧，學習撰寫通用 Makefile
記錄檔         :初版 V1.0 2019/1/4 左忠凱建立
**************************************************************/
1  #include "bsp_clk.h"
2  #include "bsp_delay.h"
3  #include "bsp_led.h"
4
5  /*
6  * @description        :main 函式
7  * @param              :無
8  * @return             :無
9  */
```

```
10 int main(void)
11{
12    clk_enable();              /* 啟動所有的時鐘 */
13      led_init();              /* 初始化 led */
14
15    while(1)
16    {
17        /* 開啟 LED0 */
18         led_switch(LED0,ON);
19        delay(500);
20
21        /* 關閉 LED0 */
22        led_switch(LED0,OFF);
23        delay(500);
24    }
25
26      return 0;
27}
```

在 main.c 中僅留下了 main 函式，至此，本常式跟程式相關的內容就全部撰寫好了。

9.4 │ 編譯、下載和驗證

9.4.1 撰寫 Makefile 和連結腳本

在專案根目錄下新建 Makefile 和 imx6ul.lds 這兩個檔案，建立完成以後的專案如圖 9-4 所示。

```
zuozhongkai@ubuntu:~/linux/5_ledc_bsp$ ls -a
.  ..  bsp  imx6ul  imx6ul.lds  ledc_bsp.code-workspace  Makefile  obj  project  .vscode
zuozhongkai@ubuntu:~/linux/5_ledc_bsp$
```

▲ 圖 9-4 最終的專案目錄

在檔案 Makefile 中輸入如範例 9-9 所示內容。

▼ 範例 9-9 Makefile 檔案程式

```
1  CROSS_COMPILE        ?= arm-linux-gnueabihf-
2  TARGET               ?= bsp
3
4  CC                   := $(CROSS_COMPILE)gcc
5  LD                   := $(CROSS_COMPILE)ld
6  OBJCOPY              := $(CROSS_COMPILE)objcopy
7  OBJDUMP              := $(CROSS_COMPILE)objdump
8
9  INCDIRS              := imx6ul \
10                          bsp/clk \
11                          bsp/led \
12                          bsp/delay
13
14 SRCDIRS              := project \
15                          bsp/clk \
16                          bsp/led \
17                          bsp/delay
18
19 INCLUDE              := $(patsubst %, -I %, $(INCDIRS))
20
21 SFILES               := $(foreach dir, $(SRCDIRS), $(wildcard $(dir)/*.S))
22 CFILES               := $(foreach dir, $(SRCDIRS), $(wildcard $(dir)/*.c))
23
24 SFILENDIR            := $(notdir$(SFILES))
25 CFILENDIR            := $(notdir$(CFILES))
26
27 SOBJS                := $(patsubst %, obj/%, $(SFILENDIR:.S=.o))
28 COBJS                := $(patsubst %, obj/%, $(CFILENDIR:.c=.o))
29 OBJS                 := $(SOBJS) $(COBJS)
30
31 VPATH                := $(SRCDIRS)
32
33 .PHONY:clean
34
35 $(TARGET).bin :$(OBJS)
```

```
36    $(LD) -Timx6ul.lds -o $(TARGET).elf $^
37    $(OBJCOPY) -O binary -S $(TARGET).elf $@
38    $(OBJDUMP) -D -m arm $(TARGET).elf > $(TARGET).dis
39
40 $(SOBJS) :obj/%.o :%.S
41    $(CC) -Wall -nostdlib -c -O2$(INCLUDE) -o $@ $<
42
43 $(COBJS) :obj/%.o :%.c
44    $(CC) -Wall -nostdlib -c -O2$(INCLUDE) -o $@ $<
45
46 clean:
47  rm -rf $(TARGET).elf $(TARGET).dis $(TARGET).bin $(COBJS) $(SOBJS)
```

可以看出本章實驗的 Makefile 檔案要比前面的實驗複雜很多，因為「範例 9-9」中的 Makefile 程式是一個通用 Makefile，以後所有的裸機常式都使用這個 Makefile。使用時只要將所需要編譯的原始檔案目錄增加到 Makefile 中即可，接下來詳細地分析一下「範例 9-9」中的 Makefile 原始程式。

第 1~7 行定義了一些變數，除了第 2 行以外其他都是跟編譯器有關的，如果使用其他編譯器的話只需要修改第 1 行即可。第 2 行的變數 TARGET 表示目標名稱，不同的常式名稱不一樣。

第 9 行的變數 INCDIRS 包含整個專案的 .h 標頭檔目錄，檔案中的所有標頭檔目錄都要增加到變數 INCDIRS 中。比如本常式中包含 .h 標頭檔的目錄有 imx6ul、bsp/clk、bsp/delay 和 bsp/led，就需要在變數 INCDIRS 中增加這些目錄，如下所示。

```
INCDIRS :=imx6ul bsp/clk bsp/led bsp/delay
```

仔細觀察會發現第 9~11 行後面都會有一個符號「\」，這個相當於「分行符號」，表示本行和下一行屬於同一行，一般一行寫不下時就用符號「\」來換行。在後面的裸機常式中我們會根據實際情況在變數 INCDIRS 中增加標頭檔目錄。

第 14 行是變數 SRCDIRS，和變數 INCDIRS 一樣，只是 SRCDIRS 包含的是整個專案的所有 .c 和 .S 檔案目錄。比如本常式包含有 .c 和 .S 的目錄有 bsp/clk、bsp/delay、bsp/led 和 project，如下所示。

```
SRCDIRS := project bsp/clk bsp/led bsp/delay
```

同樣的，後面的裸機常式中也要根據實際情況在變數 SRCDIRS 中增加對應的檔案目錄。

第 19 行的變數 INCLUDE 使用到了 patsubst 函式，透過 patsubst 函式給變數 INCDIRS 增加一個 -I，如下所示。

```
INCLUDE := -I imx6ul -I bsp/clk -I bsp/led -I bsp/delay
```

加 -I 的目的是因為 Makefile 語法要求指明標頭檔目錄時需要加上 -I。

第 21 行變數 SFILES 儲存專案中所有的 .s 組合語言檔案（包含絕對路徑），變數 SRCDIRS 已經存放了專案中所有的 .c 和 .S 檔案，所以只需要從中挑出所有的 .S 組合語言檔案即可，這裡借助了 foreach 函式和 wildcard 函式，最終 SFILES 如下所示。

```
SFILES := project/start.S
```

第 22 行變數 CFILES 和變數 SFILES 一樣，只是 CFILES 儲存專案中所有的 .c 檔案（包含絕對路徑），最終 CFILES 如下所示。

```
CFILES = project/main.c bsp/clk/bsp_clk.c bsp/led/bsp_led.c bsp/delay/bsp_delay.c
```

第 24 和 25 行的變數 SFILENDIR 和 CFILENDIR 包含所有的 .S 組合語言檔案和 .c 檔案，相比變數 SFILES 和 CFILES，SFILENDIR 和 CFILNDIR 只是檔案名稱，不引用檔案的絕對路徑。使用函式 notdir 將 SFILES 和 CFILES 中的路徑去掉即可，SFILENDIR 和 CFILENDIR 如下所示。

```
SFILENDIR = start.S
CFILENDIR = main.c bsp_clk.c bsp_led.c bsp_delay.c
```

第 27 和 28 行的變數 SOBJS 和 COBJS 是 .S 和 .c 檔案編譯以後對應的 .o 檔案目錄，預設所有的檔案編譯出來的 .o 檔案和原始檔案在同一個目錄中，這裡將所有的 .o 檔案都放到 obj 資料夾下，SOBJS 和 COBJS 內容如下所示。

```
SOBJS = obj/start.o
COBJS = obj/main.o obj/bsp_clk.o obj/bsp_led.o obj/bsp_delay.o
```

第 29 行變數 OBJS 是變數 SOBJS 和 COBJS 的集合，如下：

```
OBJS = obj/start.o obj/main.o obj/bsp_clk.o obj/bsp_led.o obj/bsp_delay.o
```

編譯完成以後所有的 .o 檔案就全部存放到了 obj 目錄下，如圖 9-5 所示。

```
zuozhongkai@ubuntu:~/linux/IMX6UL/ZERO/Board_Drivers/5_ledc_bsp/obj$ ls
bsp_clk.o  bsp_delay.o  bsp_led.o  main.o  start.o
```

▲ 圖 9-5 編譯完成後的 obj 資料夾

第 31 行的 VPATH 是指定搜索目錄的，這裡指定的搜索目錄就是變數 SRCDIRS 所儲存的目錄，這樣當編譯時所需的 .S 和 .c 檔案就會在 SRCDIRS 中指定的目錄中查詢。

第 33 行指定了一個虛擬目標 clean，虛擬目標前面講解 Makefile 時已經說過。

第 35~47 行就很熟悉了，前面都已經詳細地講解過了。

「範例 9-9」中的 Makefile 檔案內容重點工作是找到要編譯哪些檔案？編譯的 .o 檔案存放到哪裡？使用到的編譯命令和前面實驗使用的一樣，其實 Makefile 的重點工作就是解決「從哪裡來到哪裡去的」問題，也就是找到要編譯的原始檔案，找到編譯結果存放的位置？真正的編譯命令很簡潔。

連結腳本 imx6ul.lds 的內容基本和前面一樣，主要是檔案 start.o 路徑不同，本章所使用的 imx6ul.lds 連結腳本內容如範例 9-10 所示。

▼ 範例 9-10 imx6ul.lds 連結腳本

```
1  SECTIONS{
2   . = 0X87800000;
3   .text :
4   {
5     obj/start.o
6     *(.text)
7   }
8   .rodata ALIGN(4) :{*(.rodata*)}
9   .data ALIGN(4):{ *(.data) }
10  __bss_start = .;
11  .bss ALIGN(4):{ *(.bss)*(COMMON) }
12  __bss_end = .;
13 }
```

注意第 5 行設定的檔案 start.o 路徑，這裡和上一章的連結腳本不同。

9.4.2 編譯和下載

使用 Make 命令編譯程式，編譯成功以後使用軟體 imxdownload 將編譯完成的檔案 bsp.bin 下載到 SD 卡中，命令如下所示。

```
chmod 777 imxdownload            // 給予 imxdownload 可執行許可權，一次即可
./imxdownload bsp.bin /dev/sdd   // 燒錄到 SD 卡中，不能燒錄到 /dev/sda 或 sda1 裝置中
```

燒錄成功以後將 SD 卡插到開發板的 SD 卡槽中，然後重置開發板，如果程式執行正常的話 LED0 就會以 500ms 的時間間隔閃爍，實驗現象和之前一樣。

## 第 10 章

蜂鳴器實驗

　　前面的實驗中驅動程式 LED 燈亮滅屬於 GPIO 的輸出控制，本章再鞏固一下 I.MX6U 的 GPIO 輸出控制，在 I.MX6U-ALPHA 開發板上有一個主動蜂鳴器，透過 I/O 輸出高低電位即可控制蜂鳴器的開關，本質上也屬於 GPIO 的輸出控制。

10.1 │ 主動蜂鳴器簡介

　　蜂鳴器常用於電腦、印表機、警告器、電子玩具等電子產品中，常用的蜂鳴器有兩種：主動蜂鳴器和被動蜂鳴器。這裡的有「來源」不是電源，而是震盪來源，主動蜂鳴器內部帶有震盪來源，所以主動蜂鳴器只要通電就會鳴叫。被動蜂鳴器內部不帶震盪來源，直接用直流電是驅動不起來的，需要 2~5kHz 的方波驅動程式。I.MX6ULL-ALPHA 開發板使用的是主動蜂鳴器，因此只要給其供電就會工作，I.MX6ULL-ALPHA 開發板所使用的主動蜂鳴器如圖 10-1 所示。

▲ 圖 10-1　主動蜂鳴器

　　主動蜂鳴器只要通電就會鳴叫，所以做一個供電電路，這個供電電路可以由一個 I/O 來控制其通斷，一般使用三極體來架設這個電路。為什麼我們不能像控制 LED 燈一樣，直接將 GPIO 接到蜂鳴器的負極，透過 I/O 輸出高低電位來控制蜂鳴器的通斷。因為蜂鳴器工作的電流比 LED 燈要大，直接將蜂鳴器接到 I.MX6U 的 GPIO 上有可能會燒毀 I/O，所以需要透過一個三極體來間接地控制蜂鳴器的通斷，相當於加了一層隔離。本章就驅動程式 I.MX6ULL-ALPHA 開發板上的主動蜂鳴器，使其週期性的「嘀、嘀、嘀……」鳴叫。

10.2 | 硬體原理分析

蜂鳴器的硬體原理圖如圖 10-2 所示。

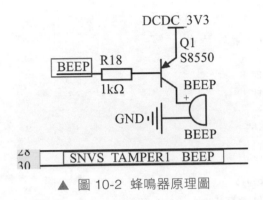

▲ 圖 10-2 蜂鳴器原理圖

圖 10-2 中透過一個 PNP 型的三極體 8550 來驅動程式蜂鳴器，透過 SNVS_TAMPER1 這個 I/O 來控制三極體 Q1 的導通，當 SNVS_TAMPER1 輸出低電位時 Q1 導通，相當於蜂鳴器的正極連接到 DCDC_3V3，蜂鳴器形成一個通路，因此蜂鳴器會鳴叫。同理，當 SNVS_TAMPER1 輸出高電位時 Q1 不導通，那麼蜂鳴器就沒有形成一個通路，因此蜂鳴器也就不會鳴叫。

10.3 | 實驗程式撰寫

本實驗對應的常式路徑為「1、裸機常式→ 6_beep」。

新建資料夾 6_beep，然後將上一章實驗中的所有內容複製到剛剛新建的 6_beep 中，複製完成以後的專案如圖 10-3 所示。

```
zuozhongkai@ubuntu:~/linux/6_beep$ ls -a
.  ..  bsp  imx6ul  imx6ul.lds  imxdownload  load.imx  Makefile  obj  project  .vscode
zuozhongkai@ubuntu:~/linux/6_beep$
```

▲ 圖 10-3 專案資料夾

　　新建 VSCode 專案，專案建立完成以後在 bsp 資料夾下新建名為 beep 的
資料夾，蜂鳴器驅動程式檔案都放到 beep 資料夾中。

　　新建檔案 beep.h，儲存到 bsp/beep 資料夾中，在檔案 beep.h 中輸入如
範例 10-1 所示內容。

▼ **範例 10-1　beep.h 檔案程式**

```
1  #ifndef __BSP_BEEP_H
2  #define __BSP_BEEP_H
3
4  #include "imx6ul.h"
5
6  /* 函式宣告 */
7  void beep_init(void);
8  void beep_switch(int status);
9  #endif
```

　　檔案 beep.h 很簡單，就是函式宣告。新建檔案 beep.c，然後在檔案
beep.c 中輸入如範例 10-2 所示內容。

▼ **範例 10-2　beep.c 檔案程式**

```
1  #include "bsp_beep.h"
2
3  /*
4  * @description      :初始化蜂鳴器對應的 I/O
5  * @param            :無
6  * @return           :無
7  */
8  void beep_init(void)
9  {
10     /* 1. 初始化 I/O 重複使用，重複使用為 GPIO5_IO01 */
11   IOMUXC_SetPinMux(IOMUXC_SNVS_SNVS_TAMPER1_GPIO5_IO01,0);
12
13   /* 2. 設定 GPIO1_IO03 的 I/O 屬性 */
14   IOMUXC_SetPinConfig(IOMUXC_SNVS_SNVS_TAMPER1_GPIO5_IO01,0X10B0);
15
16   /* 3. 初始化 GPIO,GPIO5_IO01 設定為輸出 */
```

```
17     GPIO5->GDIR |= (1 << 1);
18
19     /* 4. 設定 GPIO5_IO01 輸出高電位，關閉蜂鳴器 */
20     GPIO5->DR |= (1 << 1);
21 }
22
23 /*
24  * @description      :蜂鳴器控制函式，控制蜂鳴器開啟還是關閉
25  * @param - status   :0，關閉蜂鳴器，1 開啟蜂鳴器
26  * @return           :無
27  */
28 void beep_switch(int status)
29 {
30     if(status == ON)
31         GPIO5->DR &= ~(1 << 1); /* 開啟蜂鳴器 */
32     else if(status == OFF)
33         GPIO5->DR |= (1 << 1);/* 關閉蜂鳴器 */
34 }
```

　　檔案 beep.c 一共有兩個函式：beep_init 和 beep_switch。其中 beep_init 函式用來初始化 BEEP 所使用的 GPIO，也就是 SNVS_TAMPER1，將其重複使用為 GPIO5_IO01，和上一章的 LED 燈初始化函式一樣。beep_switch 函式用來控制 BEEP 的開關，也就是設定 GPIO5_IO01 的高低電位。

　　最後在檔案 main.c 中輸入如範例 10-3 所示內容。

▼ 範例 10-3 main.c 檔案程式

```
1  #include "bsp_clk.h"
2  #include "bsp_delay.h"
3  #include "bsp_led.h"
4  #include "bsp_beep.h"
5
6  /*
7   * @description      :main 函式
8   * @param            :無
9   * @return           :無
10  */
11 int main(void)
```

```
12 {
13    clk_enable();           /* 啟動所有的時鐘 */
14    led_init();             /* 初始化 led */
15    beep_init();            /* 初始化 beep */
16
17  while(1)
18  {
19    /* 開啟 LED0 和蜂鳴器 */
20    led_switch(LED0,ON);
21    beep_switch(ON);
22    delay(500);
23
24    /* 關閉 LED0 和蜂鳴器 */
25    led_switch(LED0,OFF);
26    beep_switch(OFF);
27    delay(500);
28  }
29
30  return 0;
31 }
```

　　檔案 main.c 中只有一個 main 函式，main 函式先啟動所有的外接裝置時鐘，然後初始化 led 和 beep。最終在 while(1) 迴圈中週期性地開關 LED 燈和蜂鳴器，週期大約為 500ms，main.c 的內容也比較簡單。

10.4 | 編譯、下載和驗證

10.4.1 撰寫 Makefile 和連結腳本

　　使用通用 Makefile，修改變數 TARGET 為 beep，在變數 INCDIRS 和 SRCDIRS 中追加 bsp/beep，修改完成以後如範例 10-4 所示。

▼ 範例 10-4 Makefile 檔案程式

```
1 CROSS_COMPILE        ?= arm-linux-gnueabihf-
2 TARGET               ?= beep
```

```
3
4   /* 省略掉其他程式 ...... */
5
6   INCDIRS            :=  imx6ul \
7                          bsp/clk \
8                          bsp/led \
9                          bsp/delay\
10                         bsp/beep
11
12  SRCDIRS            :=  project \
13                         bsp/clk \
14                         bsp/led \
15                         bsp/delay \
16                         bsp/beep
17
18  /* 省略掉其他程式 ...... */
19
20  clean:
21    rm -rf $(TARGET).elf $(TARGET).dis $(TARGET).bin $(COBJS) $(SOBJS)
```

第 2 行修改目標的名稱為 beep。

第 10 行在變數 INCDIRS 中增加蜂鳴器驅動程式標頭檔路徑，也就是檔案 beep.h 的路徑。

第 16 行在變數 SRCDIRS 中增加蜂鳴器驅動程式檔案路徑，也就是檔案 beep.c 的路徑。

連結腳本就使用 imx6ul.lds 即可。

10.4.2 編譯和下載

使用 Make 命令編譯程式，編譯成功以後使用軟體 imxdownload 將編譯完成的檔案 beep.bin 下載到 SD 卡中，命令如下所示。

```
chmod 777 imxdownload              // 給予 imxdownload 可執行許可權，一次即可
./imxdownload beep.bin /dev/sdd    // 燒錄到 SD 卡中，不能燒錄到 /dev/sda 或 sda1 裝置中
```

　　燒錄成功以後將 SD 卡插到開發板的 SD 卡槽中，然後重置開發板。如果程式執行正常的話 LED 燈亮時蜂鳴器鳴叫，當 LED 燈滅時蜂鳴器不鳴叫，週期為 500ms。閱讀本章後，我們進一步鞏固了 I.MX6U 的 I/O 輸出控制，下一章學習如何實現 I.MX6U 的 I/O 輸入控制。

第 **11** 章

按鍵輸入實驗

　　前面實驗都是講解如何使用 I.MX6ULL 的 GPIO 輸出控制功能，I.MX6ULL 的 I/O 不僅能作為輸出，而且也可以作為輸入。I.MX6ULL-ALPHA 開發板上有一個按鍵，按鍵連接了一個 I/O，將這個 I/O 設定為輸入功能，讀取這個 I/O 的值即可獲取按鍵的狀態（按下或鬆開）。本章透過這個按鍵來控制蜂鳴器的開關，我們會掌握如何將 I.MX6ULL 的 I/O 作為輸入來使用。

11.1 | 按鍵輸入簡介

　　按鍵有兩個狀態：按下或彈起，將按鍵連接到一個 I/O 上，透過讀取這個 I/O 的值就知道按鍵狀態。至於按鍵按下時是高電位還是低電位則要根據實際電路來判斷。當 GPIO 連接按鍵時要做為輸入使用，本章的主要工作就是設定按鍵所連接的 I/O 為輸入功能，然後讀取這個 I/O 的值來判斷按鍵是否按下。

　　I.MX6ULL-ALPHA 開發板上有一個按鍵 KEY0，會撰寫程式透過這個 KEY0 按鍵來控制開發板上的蜂鳴器，按下 KEY0 蜂鳴器開啟，再按一下蜂鳴器就關閉。

11.2 | 硬體原理分析

　　本實驗用到的硬體有：

▲ 圖 11-1 按鍵原理圖

（1）LED0。

（2）蜂鳴器。

（3）1 個按鍵 KEY0。

　　按鍵 KEY0 的原理圖如圖 11-1 所示。

　　從圖 11-1 可以看出，按鍵 KEY0 是連接到 I.MX6ULL 的 UART1_CTS 這個 I/O 上的，KEY0 接了一個 10kΩ 的上拉電阻，因此 KEY0 沒有按下時 UART1_CTS 應該是高電位，當 KEY0 按下以後 UART1_CTS 就是低電位。

11.3 | 實驗程式撰寫

本實驗對應的常式路徑為「1、裸機常式→ 7_key」。

本實驗在上一章實驗常式的基礎上完成，重新建立 VSCode 專案，工作區名稱為 key，在專案目錄的 bsp 資料夾中建立名為 key 和 gpio 的兩個資料夾。按鍵相關的驅動程式檔案都放到 key 資料夾中，本章實驗對 GPIO 的操作撰寫一個函式集合，即撰寫一個 GPIO 驅動程式檔案，GPIO 的驅動程式檔案放到 gpio 資料夾中。

新建 bsp_gpio.c 和 bsp_gpio.h 這兩個檔案，將這兩個檔案都儲存到剛剛建立的 bsp/gpio 資料夾中，然後在檔案 bsp_gpio.h 中輸入如範例 11-1 所示內容。

▼ 範例 11-1 bsp_gpio.h 檔案程式

```
1  #ifndef _BSP_GPIO_H
2  #define _BSP_GPIO_H
3  #define _BSP_KEY_H
4  #include "imx6ul.h"
5  /***********************************************************
6  Copyright  © zuozhongkai Co., Ltd. 1998-2019. All rights reserved
7  檔案名稱      :bsp_gpio.h
8  作者        :左忠凱
9  版本        :V1.0
10 描述        :GPIO 操作檔案標頭檔
11 其他        :無
12 討論區       :www.openedv.com
13 記錄檔       :初版 V1.0 2019/1/4 左忠凱建立
14 ***********************************************************/
15
16 /* 列舉類型和結構定義 */
17 typedef enum _gpio_pin_direction
18 {
19     kGPIO_DigitalInput = 0U,        /* 輸入 */
20     kGPIO_DigitalOutput = 1U,       /* 輸出 */
21 } gpio_pin_direction_t;
22
```

```
23 /* GPIO 設定結構 */
24 typedef struct _gpio_pin_config
25 {
26    gpio_pin_direction_t direction;     /* GPIO 方向，輸入還是輸出 */
27    uint8_t outputLogic;                /* 如果是輸出的話，預設輸出電位 */
28 } gpio_pin_config_t;
29
30
31 /* 函式宣告 */
32 void gpio_init(GPIO_Type *base, int pin, gpio_pin_config_t *config);
33 int gpio_pinread(GPIO_Type *base, int pin);
34 void gpio_pinwrite(GPIO_Type *base, int pin, int value);
35
36 #endif
```

檔案 bsp_gpio.h 中定義了一個列舉類型 gpio_pin_direction_t 和結構 gpio_pin_config_t，列舉類型 gpio_pin_direction_t 表示 GPIO 方向，輸入或輸出。結構 gpio_pin_config_t 是 GPIO 的設定結構，裡面有 GPIO 的方向和預設輸出電位兩個成員變數。在檔案 bsp_gpio.c 中輸入如範例 11-2 所示內容。

▼ 範例 11-2 bsp_gpio.c 檔案程式

```
1  #include "bsp_gpio.h"
2  /************************************************************
3  Copyright  © zuozhongkai Co., Ltd. 1998-2019. All rights reserved
4  檔案名稱      :bsp_gpio.h
5  作者         : 左忠凱
6  版本         :V1.0
7  描述         :GPIO 操作檔案
8  其他         : 無
9  討論區       :www.openedv.com
10 記錄檔      : 初版 V1.0 2019/1/4 左忠凱建立
11 ************************************************************/
12
13 /*
14  * @description      :GPIO 初始化
15  * @param - base     :要初始化的 GPIO 組
16  * @param - pin      :要初始化 GPIO 在組內的編號
```

```
17   * @param - config    :GPIO 設定結構。
18   * @return            :無
19   */
20  void gpio_init(GPIO_Type *base, int pin, gpio_pin_config_t *config)
21  {
22     if(config->direction == kGPIO_DigitalInput)    /* 輸入 */
23     {
24         base->GDIR &= ~( 1 << pin);
25     }
26     else    /* 輸出 */
27     {
28         base->GDIR |= 1 << pin;
29         gpio_pinwrite(base,pin, config->outputLogic);    /* 預設電位 */
30     }
31  }
32
33  /*
34   * @description      : 讀取指定 GPIO 的電位值
35   * @param - base     : 要讀取的 GPIO 組
36   * @param - pin      : 要讀取的 GPIO 腳號
37   * @return           :無
38  */
39  int gpio_pinread(GPIO_Type *base, int pin)
40  {
41     return (((base->DR) >> pin) & 0x1);
42  }
43
44  /*
45   * @description      : 指定 GPIO 輸出高或低電位
46   * @param - base     : 要輸出的 GPIO 組
47   * @param - pin      : 要輸出的 GPIO 接腳號
48   * @param - value    : 要輸出的電位，1 輸出高電位， 0 輸出低低電位
49   * @return           :無
50   */
51  void gpio_pinwrite(GPIO_Type *base, int pin, int value)
52  {
53     if (value == 0U)
54     {
55         base->DR &= ~(1U << pin);        /* 輸出低電位 */
```

```
56    }
57    else
58    {
59        base->DR |= (1U << pin);          /* 輸出高電位 */
60    }
61 }
```

檔案 bsp_gpio.c 中有 3 個函式：gpio_init、gpio_pinread 和 gpio_pinwrite，
gpio_init 函式用於初始化指定的 GPIO 接腳，最終設定的是 GDIR 暫存器。
gpio_init 有 3 個參數，這 3 個參數的含義如下所示。

base：要初始化的 GPIO 所屬於的 GPIO 組，比如 GPIO1_IO18 就屬於
GPIO1 組。

pin：要初始化 GPIO 在組內的標誌，比如 GPIO1_IO18 在組內的編號就
是 18。

config：要初始化的 GPIO 設定結構，用來指定 GPIO 設定為輸出還是
輸入。

gpio_pinread 函式是讀取指定的 GPIO 值，也就是讀取 DR 暫存器的指定
位元，此函式有兩個參數和一個傳回值，參數含義如下所示。

base：要讀取的 GPIO 所屬於的 GPIO 組，比如 GPIO1_IO18 就屬於
GPIO1 組。

pin：要讀取的 GPIO 在組內的標誌，比如 GPIO1_IO18 在組內的編號就
是 18。

傳回值：讀取到的 GPIO 值，為 0 或 1。

gpio_pinwrite 函式是控制指定的 GPIO 接腳輸入高電位（1）或低電位
（0），就是設定 DR 暫存器的指定位元，此函式有 3 個參數，參數含義如下所示。

base：要設定的 GPIO 所屬於的 GPIO 組，比如 GPIO1_IO18 就屬於
GPIO1 組。

pin：要設定的 GPIO 在組內的標誌，比如 GPIO1_IO18 在組內的編號就是 18。

value：要設定的值，1（高電位）或 0（低電位）。

我們以後就可以使用 gpio_init 函式設定指定 GPIO 為輸入還是輸出，使用 gpio_pinread 和 gpio_pinwrite 函式來讀寫指定的 GPIO。

接下來撰寫按鍵驅動程式檔案，新建 bsp_key.c 和 bsp_key.h 這兩個檔案，將這兩個檔案都儲存到剛剛建立的 bsp/key 資料夾中，然後在檔案 bsp_key.h 中輸入如範例 11-3 所示內容。

▼ 範例 11-3 bsp_key.h 檔案程式

```
1  #ifndef _BSP_KEY_H
2  #define _BSP_KEY_H
3  #include "imx6ul.h"
4  /***********************************************************
5  Copyright  © zuozhongkai Co., Ltd. 1998-2019. All rights reserved
6  檔案名稱      :bsp_key.h
7  作者        : 左忠凱
8  版本        :V1.0
9  描述        : 按鍵驅動程式標頭檔
10 其他        : 無
11 討論區       :www.openedv.com
12 記錄檔       : 初版 V1.0 2019/1/4 左忠凱建立
13 ***********************************************************/
14
15 /* 定義按鍵值 */
16 enum keyvalue{
17    KEY_NONE= 0,
18    KEY0_VALUE,
19 };
20
21 /* 函式宣告 */
22 void key_init(void);
23 int key_getvalue(void);
24
25 #endif
```

　　檔案 bsp_key.h 中定義了一個列舉類型 keyvalue，此列舉類型表示按鍵值，因為 I.MX6ULL-ALPHA 開發板上只有一個按鍵，因此列舉類型中只到 KEY0_VALUE。在檔案 bsp_key.c 中輸入如範例 11-4 所示內容。

▼ 範例 11-4 bsp_key.c 檔案程式

```
1   #include "bsp_key.h"
2   #include "bsp_gpio.h"
3   #include "bsp_delay.h"
4   /**************************************************************
5   Copyright © zuozhongkai Co., Ltd. 1998-2019. All rights reserved
6   檔案名稱     :bsp_key.c
7   作者         :左忠凱
8   版本         :V1.0
9   描述         :按鍵驅動程式檔案
10  其他         :無
11  討論區       :www.openedv.com
12  記錄檔       :初版 V1.0 2019/1/4 左忠凱建立
13  **************************************************************/
14
15  /*
16   * @description    :初始化按鍵
17   * @param          :無
18   * @return:            無
19  */
20  void key_init(void)
21  {
22  gpio_pin_config_t key_config;
23
24       /* 1. 初始化 I/O 重複使用，重複使用為 GPIO1_IO18 */
25      IOMUXC_SetPinMux(IOMUXC_UART1_CTS_B_GPIO1_IO18, 0);
26
27      /* 2. 設定 UART1_CTS_B 的 I/O 屬性
28       *bit 16:0 HYS 關閉
29       *bit [15:14]:11 預設 22kΩ 上拉電阻
30       *bit [13]:1 pull 功能
31       *bit [12]:1 pull/keeper 啟動
32       *bit [11]:0 關閉開路輸出
33       *bit [7:6]:10 速度 100MHz
```

```
34      *bit [5:3]:000 關閉輸出
35      *bit [0]:0 低轉換率
36      */
37      IOMUXC_SetPinConfig(IOMUXC_UART1_CTS_B_GPIO1_IO18, 0xF080);
38
39      /* 3. 初始化 GPIO GPIO1_IO18 設定為輸入 */
40      key_config.direction = kGPIO_DigitalInput;
41      gpio_init(GPIO1,18, &key_config);
42
43  }
44
45  /*
46   * @description       : 獲取按鍵值
47   * @param            : 無
48   * @return           : 0 沒有按鍵按下，其他值對應的按鍵值
49   */
50  int key_getvalue(void)
51  {
52      int ret = 0;
53      static unsigned char release = 1;              /* 按鍵鬆開 */
54
55      if((release==1)&&(gpio_pinread(GPIO1, 18) == 0)) /* KEY0 按下 */
56      {
57          delay(10);                                 /* 延遲時間消抖 */
58          release = 0;                               /* 標記按鍵按下 */
59          if(gpio_pinread(GPIO1, 18) == 0)
60              ret = KEY0_VALUE;
61      }
62      else if(gpio_pinread(GPIO1, 18) == 1)          /* KEY0 未按下 */
63      {
64          ret = 0;
65          release = 1;                               /* 標記按鍵釋放 */
66      }
67
68      return ret;
69  }
```

　　檔案 bsp_key.c 中一共有兩個函式：key_init 和 key_getvalue，key_init 函式是按鍵初始化函式，用來初始化按鍵所使用的 UART1_CTS 這個 I/O。key_ init 函式先設定 UART1_CTS 重複使用為 GPIO1_IO18，然後設定 UART1_CTS 這個 I/O 介面的速度為 100MHz，預設 22kΩ 上拉電阻。最後呼叫函式 gpio_init 來設定 GPIO1_IO18 為輸入功能。

key_getvalue 函式用於獲取按鍵值，此函式沒有參數，只有一個傳回值。傳回值表示按鍵值，傳回值為 0 則沒有按鍵按下，如果傳回其他值則對應的按鍵按下了。獲取按鍵值其實就是不斷地讀取 GPIO1_IO18 的值，如果按鍵按下，對應的 I/O 被拉低，那麼 GPIO1_IO18 值就為 0，如果按鍵未按下 GPIO1_IO18 的值就為 1。此函式中靜態區域變數 release 表示按鍵是否釋放。

「範例 11-4」中的第 57 行是按鍵消抖延遲時間函式，延遲時間時間大約為 10ms，用於消除按鍵抖動。理想型的按鍵電壓變化過程如圖 11-2 所示。

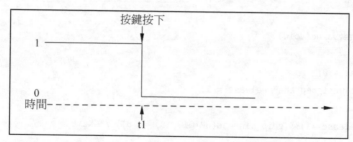

▲ 圖 11-2 理想的按鍵電壓變化過程

在圖 11-2 中，按鍵沒有按下時值為 1，當在 t1 時刻按鍵被按下以後值就變為 0，這是最理想的狀態。但是實際的按鍵是機械結構，實際的按鍵電壓變化過程如圖 11-3 所示。

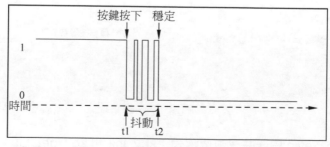

▲ 圖 11-3 實際的按鍵電壓變化過程

在圖 11-3 中 t1 時刻按鍵被按下，但是由於抖動的原因，直到 t2 時刻才穩定下來，t1~t2 這段時間就是抖動。一般這段時間大約十幾毫秒，從圖 11-3 可以看出，在抖動期間會有多次觸發，因此軟體在讀取 I/O 值時，會得到「多次按下」的錯誤訊號，導致誤判的發生。所以需要跳過這段抖動時間再去讀取按鍵的 I/O 值，是至少要在 t2 時刻以後再去讀取 I/O 值。在「範例 11-4」中的 57 行延遲時間了大約 10ms 後，再去讀取 GPIO1_IO18 的 I/O 值，如果此時按鍵的值依舊是 0，那麼就表示這是一次有效的按鍵觸發。

按鍵驅動程式就講解到這裡，在檔案 main.c 中輸入如範例 11-5 所示內容。

▼ 範例 11-5　main.c 檔案程式

```
/*************************************************************
Copyright  © zuozhongkai Co., Ltd. 1998-2019. All rights reserved
檔案名稱        :main.c
作者           :左忠凱
版本           :V1.0
描述           :I.MX6ULL 開發板裸機實驗 7 按鍵輸入實驗
其他           :本實驗主要學習如何設定 I.MX6ULL 的 GPIO 作為輸入來使用，透過
                開發板上的按鍵控制蜂鳴器的開關
討論區         :www.openedv.com
記錄檔         : 初版 V1.0 2019/1/4 左忠凱建立
*************************************************************/
1  #include "bsp_clk.h"
2  #include "bsp_delay.h"
3  #include "bsp_led.h"
4  #include "bsp_beep.h"
5  #include "bsp_key.h"
6
7  /*
8   * @description      :main 函式
9   * @param            : 無
10  * @return           : 無
11  */
12 int main(void)
13 {
14    int i = 0;
15    int keyvalue = 0;
```

```
16    unsigned char led_state = OFF;
17    unsigned char beep_state = OFF;
18
19    clk_enable();      /* 啟動所有的時鐘 */
20    led_init();        /* 初始化 led */
21    beep_init();       /* 初始化 beep */
22    key_init();        /* 初始化 key */
23
24    while(1)
25    {
26        keyvalue = key_getvalue();
27        if(keyvalue)
28        {
29            switch (keyvalue)
30            {
31                case KEY0_VALUE:
32                    beep_state = !beep_state;
33                    beep_switch(beep_state);
34                break;
35            }
36        }
37        i++;
38        if(i==50)
39        {
40            i = 0;
41            led_state = !led_state;
42            led_switch(LED0, led_state);
43        }
44        delay(10);
45    }
46    return 0;
47 }
```

main.c 函式先初始化 led 燈、蜂鳴器和按鍵，然後在 while(1) 迴圈中不斷地呼叫函式 key_getvalue 來讀取按鍵值，如果 KEY0 按下則開啟 / 關閉蜂鳴器。LED0 作為系統提示指示燈閃爍，閃爍週期大約為 500ms。本章常式的軟體撰寫結束，接下來是編譯下載驗證。

11.4 │ 編譯、下載和驗證

11.4.1 撰寫 Makefile 和連結腳本

使用通用 Makefile 撰寫程式，修改變數 TARGET 為 key，在變數 INCDIRS 和 SRCDIRS 中追加 bsp/gpio 和 bsp/key，修改完成以後如範例 11-6 所示。

▼ 範例 11-6 Makefile 檔案程式

```
1  CROSS_COMPILE          ?= arm-linux-gnueabihf-
2  TARGET                 ?= key
3
4  /* 省略掉其他程式 ...... */
5
6  INCDIRS               := imx6ul \
7                          bsp/clk \
8                          bsp/led \
9                          bsp/delay\
10                         bsp/beep \
11                         bsp/gpio \
12                         bsp/key
13
14 SRCDIRS               := project \
15                         bsp/clk \
16                         bsp/led \
17                         bsp/delay \
18                         bsp/beep \
19                         bsp/gpio \
20                         bsp/key
21
22 /* 省略掉其他程式 ...... */
23
24 clean:
25   rm -rf $(TARGET).elf $(TARGET).dis $(TARGET).bin $(COBJS) $(SOBJS)
```

第 2 行修改變數 TARGET 為 key，目標名稱為 key。

第 11、12 行在變數 INCDIRS 中增加 GPIO 和按鍵驅動程式標頭檔（.h）路徑。

第 19、20 行在變數 SRCDIRS 中增加 GPIO 和按鍵驅動程式檔案（.c）路徑。

連結腳本就使用第 13 章實驗中的連結腳本檔 imx6ul.lds 即可。

11.4.2 編譯和下載

使用 Make 命令編譯程式，編譯成功以後使用軟體 imxdownload 將編譯完成的 key.bin 檔案下載到 SD 卡中，命令如下所示。

```
chmod 777 imxdownload                    // 給予 imxdownload 可執行許可權，一次即可
./imxdownload key.bin /dev/sdd           // 燒錄到 SD 卡中，不能燒錄到 /dev/sda 或 sda1 裝置中
```

燒錄成功以後將 SD 卡插到開發板的 SD 卡槽中，然後重置開發板。如果程式執行正常的話 LED0 會以大約 500ms 週期閃爍，按下開發板上的 KEY0 按鍵，蜂鳴器開啟，再按下 KEY0 按鍵，蜂鳴器關閉。

第12章
主頻和時鐘設定實驗

在前面的實驗中都沒有涉及到 I.MX6ULL 的時鐘和主頻設定操作，全部使用預設設定，預設設定下 I.MX6ULL 工作頻率為 396MHz。但是 I.MX6ULL 標準的工作頻率為 792MHz，有些為 528MHz，視具體晶片而定，本書用的都是 792MHz 的晶片。本章學習 I.MX6ULL 的時鐘系統，學習如何設定 I.MX6ULL 的系統時鐘和其他的外接裝置時鐘，使其工作頻率為 792MHz，其他的外接裝置時鐘來源都工作在 NXP 推薦的頻率。

12.1 | I.MX6ULL 時鐘系統詳解

I.MX6ULL 的系統主頻為 792MHz，但是預設情況下內部 boot rom 會將 I.MX6ULL 的主頻設定為 396MHz。我們在使用 I.MX6ULL 時肯定是要發揮它的最大性能，那麼主頻要設定到 792MHz，其他的外接裝置時鐘也要設定到 NXP 推薦的值。I.MX6ULL 的系統時鐘在《I.MX6ULL 參考手冊》的第 10 章和第 18 章有詳細的講解。

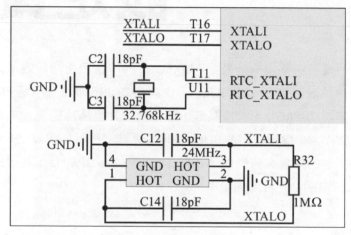

▲ 圖 12-1 開發板時鐘原理圖

12.1.1 系統時鐘來源

開啟 I.MX6ULL-ALPHA 開發板原理圖，開發板時鐘原理圖如圖 12-1 所示。

從圖 12-1 可以看出，I.MX6ULL-ALPHA 開發板的系統時鐘來自兩部分：32.768KHz 和 24MHz 的晶振，其中 32.768KHz 晶振是 I.MX6ULL 的 RTC 時鐘來源，24MHz 晶振是 I.MX6ULL 核心和其他外接裝置的時鐘來源，也是我們重點要分析的。

12.1.2　7 路 PLL 時鐘來源

I.MX6ULL 的外接裝置有很多，不同的外接裝置時鐘來源不同，NXP 將這些外接裝置的時鐘來源進行了分組，一共有 7 組。這 7 組時鐘來源都是從 24MHz 晶振 PLL 而來的，因此也叫做 7 組 PLL，這 7 組 PLL 結構如圖 12-2 所示。

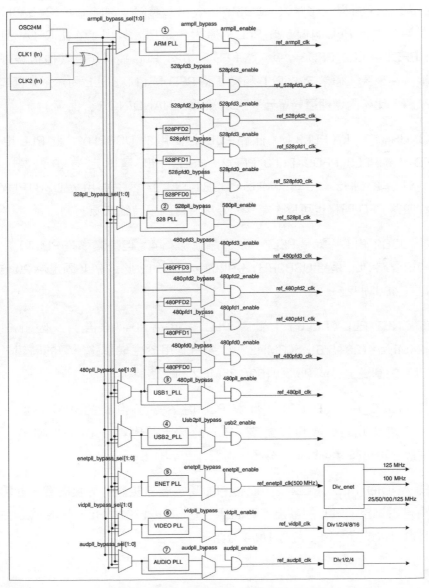

▲ 圖 12-2　初級 PLLs 時鐘來源生成圖

圖 12-2 展示了 7 個 PLL 的關係，依次來看這 7 個 PLL 的作用。

① ARM_PLL（PLL1），此路 PLL 是供 ARM 核心使用的，ARM 核心時鐘就是由此 PLL 生成的，此 PLL 透過程式設計的方式最高可倍頻到 1.3GHz。

② 528_PLL（PLL2），此路 PLL 也叫做 System_PLL。此路 PLL 是固定的 22 倍頻，不可程式化修改。因此，此路 PLL 時鐘 =24MHz×22=528MHz，這也是為什麼此 PLL 叫做 528_PLL 的原因。此 PLL 分出了 4 路 PFD，分別為 PLL2_PFD0~PLL2_PFD3，這 4 路 PFD 和 528_PLL 共同作為其他很多外接裝置的根時鐘來源。通常 528_PLL 和這 4 路 PFD 是 I.MX6ULL 內部系統匯流排的時鐘來源，比如內處理邏輯單元、DDR 介面、NAND/NOR 介面等。

③ USB1_PLL（PLL3），此路 PLL 主要用於 USBPHY，此 PLL 也有四路 PFD，為 PLL3_PFD0~PLL3_PFD3。USB1_PLL 是固定的 20 倍頻，因此 USB1_PLL=24MHz×20=480MHz。USB1_PLL 雖然主要用於 USB1PHY，但是其和四路 PFD 同樣也可以作為其他外接裝置的根時鐘來源。

④ USB2_PLL（就是 PLL7，雖然序號標為 4，但是實際是 PLL7），看名稱就知道此路 PLL 是給 USB2PHY 使用的。同樣的，此路 PLL 固定為 20 倍頻，因此也是 480MHz。

⑤ ENET_PLL（PLL6），此路 PLL 固定為 20+5/6 倍頻，因此 ENET_PLL=24MHz×(20+5/6)=500MHz。此路 PLL 用於生成網路所需的時鐘，可以在此 PLL 的基礎上生成 25/50/100/125MHz 的網路時鐘。

⑥ VIDEO_PLL（PLL5），此路 PLL 用於顯示相關的外接裝置，比如 LCD。此路 PLL 的倍頻可以調整，PLL 的輸出範圍在 650~1300MHz。此路 PLL 在最終輸出時還可以進行分頻，可選 1/2/4/8/16 分頻。

⑦ AUDIO_PLL（PLL4），此路 PLL 用於音訊相關的外接裝置，此路 PLL 的倍頻可以調整。PLL 的輸出範圍同樣也是 650~1300MHz，此路 PLL 在最終輸出時也可以進行分頻，可選 1/2/4 分頻。

12.1.3 時鐘樹簡介

上一節講解了 7 路 PLL，I.MX6ULL 的所有外接裝置時鐘來源都是從這 7 路 PLL 和某類 PLL 的 PFD 而來的，這些外接裝置究竟是如何選擇 PLL 或 PFD 的？這個就要借助《IMX6ULL 參考手冊》中的時鐘樹了，在第 18 章的 18.3 小節舉出了 I.MX6ULL 詳細的時鐘樹圖，如圖 12-3 所示。

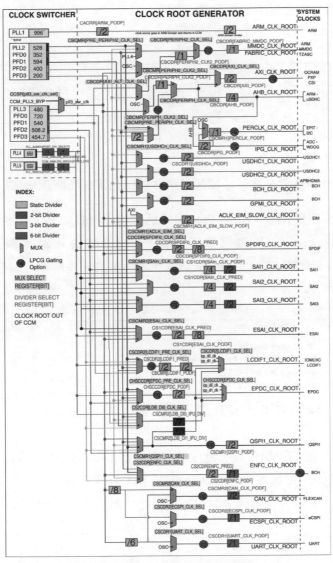

▲ 圖 12-3 I.MX6ULL 時鐘樹

在圖 12-3 中一共有 3 部分：CLOCK_SWITCHER、CLOCK ROOT GENERATOR 和 SYSTEM CLOCKS。其中左邊的 CLOCK_SWITCHER 就是 7 路 PLL 和 8 路 PFD，右邊的 SYSTEM CLOCKS 就是晶片外接裝置，中間的 CLOCK ROOT GENERATOR 是最複雜的，給左邊的 CLOCK_SWITCHER 和右邊的 SYSTEM CLOCKS「牽線搭橋」。外接裝置時鐘來源有多路可以選擇，CLOCK ROOT GENERATOR 就負責從 7 路 PLL 和 8 路 PFD 中選擇合適的時鐘來源給外接裝置使用。具體操作會設定對應的暫存器，以 ESAI 這個外接裝置為例，ESAI 的時鐘圖如圖 12-4 所示。

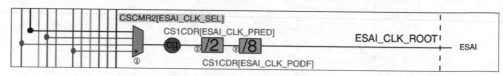

▲ 圖 12-4 ESAI 時鐘

在圖 12-4 中我們分為了 3 部分，這 3 部分如下。（圖示步驟以下）

① 時鐘來源選擇器，ESAI 有 4 個可選的時鐘來源如 PLL4、PLL5、PLL3_PFD2 和 pll3_sw_clk。具體選擇哪一路作為 ESAI 的時鐘來源是由暫存器 CCM → CSCMR2 的 ESAI_CLK_SEL 位元來決定的，使用者可以自由設定，設定如圖 12-5 所示。

20–19 ESAI_CLK_SEL	Selector for the ESAI clock
	00 derive clock from PLL4 divided clock
	01 derive clock from PLL3 PFD2 clock
	10 derive clock from PLL5 clock
	11 derive clock from pll3_sw_clk

▲ 圖 12-5 暫存器 CSCMR2 的 ESAI_CLK_SEL 位元

② ESAI 時鐘的前級分頻，分頻值由暫存器 CCM_CS1CDR 的 ESAI_CLK_PRED 來確定的，可設定 1~8 分頻，假如 PLL4=650MHz，我們選擇 PLL4 作為 ESAI 時鐘，前級分頻選擇 2 分頻，那麼此時的時鐘就是 650/2=325MHz。

③ 分頻器，對②中輸出的時鐘進一步分頻，分頻值由暫存器 CCM_CS1CDR 的 ESAI_CLK_PODF 來決定，可設定 1~8 分頻。假如我們設定為 8 分頻的話，經過此分頻器以後的時鐘就是 325/8=40.625MHz。最終進入到 ESAI 外接裝置的時鐘就是 40.625MHz。

以外接裝置 ESAI 為例講解了如何根據圖 12-3 來設定外接裝置的時鐘頻率，其他的外接裝置基本類似，大家可以自行分析其他的外接裝置。關於外接裝置時鐘設定相關內容全部都在《I.MX6ULLLL 參考手冊》的第 18 章。

12.1.4 核心時鐘設定

I.MX6ULL 的時鐘系統已經分析完畢，現在就可以開始設定對應的時鐘頻率了。先從主頻開始，將 I.MX6ULL 的主頻設定為 792MHz，根據圖 12-3 的時鐘樹可以看到 ARM 核心時鐘如圖 12-6 所示。

▲ 圖 12-6 ARM 核心時鐘樹

在圖 12-6 中各部分如下所示。（圖示步驟以下）

① 核心時鐘來源來自 PLL1，假設此時 PLL1 為 996MHz。

② 透過暫存器 CCM_CACRR 的 ARM_PODF 位元對 PLL1 進行分頻，可選擇 1/2/4/8 分頻，假如我們選擇 2 分頻，那麼經過分頻以後的時鐘頻率是 996/2=498MHz。

③ 不要被此處的 2 分頻迷惑，此處沒有進行 2 分頻。

④ 經過第②步 2 分頻以後的 498MHz 就是 ARM 的核心時鐘，即 I.MX6ULL 的主頻。

經過上面的分析可知，假如要設定核心主頻為 792MHz，那麼 PLL1 可以設定為 792MHz，暫存器 CCM_CACRR 的 ARM_PODF 位元設定為 1 分頻即可。暫存器 CCM_CACRR 的 ARM_PODF 位元很好設定，PLL1 的頻率可以透過暫存器 CCM_ANALOG_PLL_ARMn 來設定。接下來詳細地看一下 CCM_CACRR 和 CCM_ANALOG_PLL_ARMn 這兩個暫存器，暫存器 CCM_CACRR 結構如圖 12-7 所示。

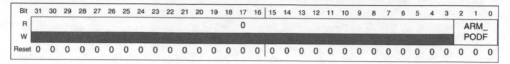

▲ 圖 12-7 暫存器 CCM_CACRR 結構

暫存器 CCM_CACRR 只有 ARM_PODF 位元，可以設定為 0~7，分別對應 1~8 分頻。如果要設定為 1 分頻，CCM_CACRR 就要設定為 0。再來看一下暫存器 CCM_ANALOG_PLL_ARMn，此暫存器結構如圖 12-8 所示。

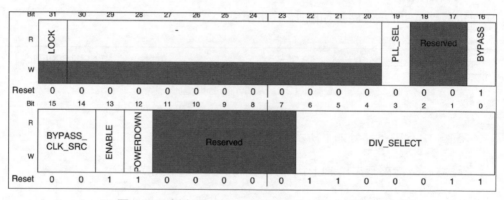

▲ 圖 12-8 暫存器 CCM_ANALOG_PLL_ARMn 結構

在暫存器 CCM_ANALOG_PLL_ARMn 中重要的位元如下所示。

ENABLE: 時鐘輸出啟動位元，此位元設定為 1 啟動 PLL1 輸出，如果設定為 0 則關閉 PLL1 輸出。

DIV_SELECT: 此位元設定 PLL1 的輸出頻率，可設定範圍為 54~108MHz，PLL1 CLK=Fin×div_select/2.0，Fin=24MHz。如果 PLL1 要輸出 792MHz，div_select 就要設定為 66。

在修改 PLL1 時鐘頻率時,需要先將核心時鐘來源改為其他的時鐘來源, PLL1 可選擇的時鐘來源如圖 12-9 所示。

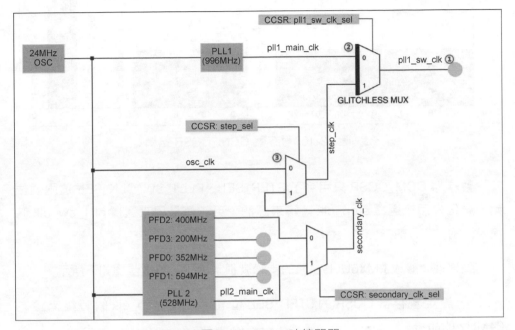

▲ 圖 12-9 PLL1 時鐘開關

圖示步驟如下所示。

① pll1_sw_clk 也就是 PLL1 的最終輸出頻率。

② 此處是一個選擇器,選擇 pll1_sw_clk 的時鐘來源,由暫存器 CCM_ CCSR 的 PLL1_SW_CLK_SEL 位元決定 pll1_sw_clk 是選擇 pll1_main_clk 還 是 step_clk。正常情況下應該選擇 pll1_main_clk,但是如果要對 pll1_main_ clk(PLL1)的頻率進行調整的話,比如我們要設定 PLL1=792MHz,此時就要 先將 pll1_sw_clk 切換到 step_clk 上。等 pll1_main_clk 調整完成以後再切換 回來。

③ 此處也是一個選擇器,選擇 step_clk 的時鐘來源,由暫存器 CCM_ CCSR 的 STEP_SEL 位元來決定 step_clk 是選擇 osc_clk 還是 secondary_ clk。一般選擇 osc_clk,也就是 24MHz 的晶振。

這裡就用到了一個暫存器 CCM_CCSR，此暫存器結構如圖 12-10 所示。

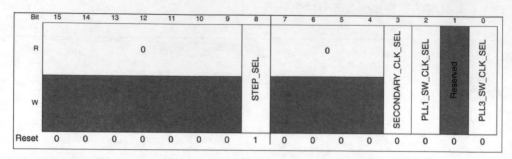

▲ 圖 12-10 暫存器 CCM_CCSR 結構

暫存器 CCM_CCSR 只用到了 STEP_SEL、PLL1_SW_CLK_SEL 這兩個位元，一個是用來選擇 step_clk 時鐘來源的，另一個是用來選擇 pll1_sw_clk 時鐘來源的。

到這裡，修改 I.MX6ULL 主頻的步驟就很清晰了，修改步驟如下所示。

① 設定暫存器 CCSR 的 STEP_SEL 位元，設定 step_clk 的時鐘來源為 24MHz 的晶振。

② 設定暫存器 CCSR 的 PLL1_SW_CLK_SEL 位元，設定 pll1_sw_clk 的時鐘來源為 step_clk=24MHz，透過這一步就將 I.MX6ULL 的主頻先設定為 24MHz，直接來自外部的 24MHz 晶振。

③ 設定暫存器 CCM_ANALOG_PLL_ARMn，將 pll1_main_clk（PLL1）設定為 792MHz。

④ 設定暫存器 CCSR 的 PLL1_SW_CLK_SEL 位元，重新將 pll1_sw_clk 的時鐘來源切換回 pll1_main_clk，切換回來以後的 pll1_sw_clk 就等於 792MHz。

⑤ 最後設定暫存器 CCM_CACRR 的 ARM_PODF 為 0，也就是 1 分頻。I.MX6ULL 的核心主頻就為 792/1=792MHz。

12.1.5 PFD 時鐘設定

設定好主頻以後還需要設定好其他的 PLL 和 PFD 時鐘，PLL1 已經設定，PLL2、PLL3 和 PLL7 固定為 528MHz、480MHz 和 480MHz。PLL4~PLL6 都是針對特殊外接裝置的，用到時再設定。因此，接下來重點就是設定 PLL2 和 PLL3 的各自 4 路 PFD，NXP 推薦的這 8 路 PFD 頻率如表 12-1 所示。

先設定 PLL2 的 4 路 PFD 頻率，用到的暫存器是 CCM_ANALOG_PFD_528n，暫存器結構如圖 12-11 所示。

▼ 表 12-1 NXP 推薦的 PFD 頻率

PFD	NXP 推薦頻率值 /MHz	PFD	NXP 推薦頻率值 /MHz
PLL2_PFD0	352	PLL3_PFD0	720
PLL2_PFD1	594	PLL3_PFD1	540
PLL2_PFD2	400(實際為 396)	PLL3_PFD2	508.2
PLL2_PFD3	297	PLL3_PFD3	454.7

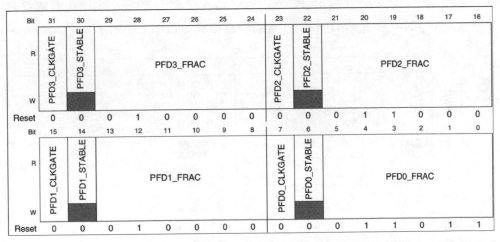

▲ 圖 12-11 暫存器 CCM_ANALOG_PFD_528n 結構

從圖 12-11 可以看出，暫存器 CCM_ANALOG_PFD_528n 其實分為 4 組，分別對應 PFD0~PFD3，每組 8bit。我們就以 PFD0 為例，看一下如何設定 PLL2_PFD0 的頻率。PFD0 對應的暫存器位元如下所示。

PFD0_FRAC：PLL2_PFD0 的 分 頻 數，PLL2_PFD0 的 計 算 公 式 為 528×18/PFD0_FRAC，此位元可設定的範圍為 12~35。如果 PLL2_PFD0 的頻率要設定為 352MHz，則 PFD0_FRAC=528×18/352=27。

PFD0_STABLE：此位元為唯讀位元，可以透過讀取此位元判斷 PLL2_PFD0 是否穩定。

PFD0_CLKGATE：PLL2_PFD0 輸出啟動位元，為 1 時關閉 PLL2_PFD0 的輸出，為 0 時啟動輸出。

如果我們要設定 PLL2_PFD0 的頻率為 352MHz，就需要設定 PFD0_FRAC 為 27，PFD0_CLKGATE 為 0。PLL2_PFD1~PLL2_PFD3 設定類似，頻率計算公式都是 528×18/PFDX_FRAC(X=1~3)，如果 PLL2_PFD1=594MHz，PFD1_FRAC=16；如果 PLL2_PFD2=400MHz，則 PFD2_FRAC 不能整除，因此取最近的整數值，即 PFD2_FRAC=24。這樣 PLL2_PFD2 實際為 396MHz；PLL2_PFD3=297MHz，則 PFD3_FRAC=32。

接下來設定 PLL3_PFD0~PLL3_PFD3 這 4 路 PFD 的頻率，使用到的暫存器是 CCM_ANALOG_PFD_480n，此暫存器結構如圖 12-12 所示。

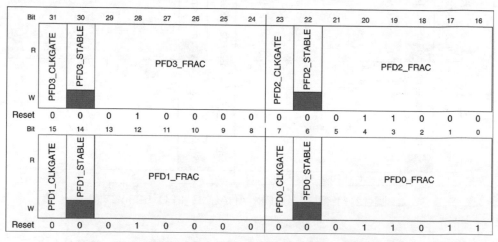

▲ 圖 12-12 暫存器 CCM_ANALOG_PFD_480n 結構

從圖 12-12 可以看出，暫存器 CCM_ANALOG_PFD_480n 和 CCM_ANALOG_PFD_528n 的結構是一模一樣的，一個是 PLL2 的，另一個是 PLL3 的。暫存器位元的含義也是一樣的，只是頻率計算公式不同，比如 PLL3_PFDX=480×18/PFDX_FRAC(X=0~3)。 如果 PLL3_PFD0=720MHz，PFD0_FRAC=12；如果 PLL3_PFD1=540MHz，PFD1_FRAC=16; 如果 PLL3_PFD2=508.2MHz，PFD2_FRAC=17； 如果 PLL3_PFD3=454.7MHz，PFD3_FRAC=19。

12.1.6 AHB、IPG 和 PERCLK 根時鐘設定

7 路 PLL 和 8 路 PFD 設定完成以後還需要設定 AHB_CLK_ROOT 和 IPG_CLK_ROOT 的時鐘，I.MX6ULL 外接裝置根時鐘可設定範圍如圖 12-13 所示。

Clock Root	Default Frequency / MHz	Maximum Frequency / MHz
ARM_CLK_ROOT	12	528
MMDC_CLK_ROOT	24	396
FABRIC_CLK_ROOT		
AXI_CLK_ROOT	12	264
AHB_CLK_ROOT	6	132
PERCLK_CLK_ROOT	3	66
IPG_CLK_ROOT	3	66
USDHCn_CLK_ROOT	12	198
ACLK_EIM_SLOW_CLK_ROOT	6	132
SPDIF0_CLK_ROOT	1.5	66.6
SAIn_CLK_ROOT	3	66.6
LCDIF_CLK_ROOT	6	150
SIM_CLK_ROOT	12	264
QSPI_CLK_ROOT	12	396
ENFC_CLK_ROOT	12	198
CAN_CLK_ROOT	1.5	80
ECSPI_CLK_ROOT	3	60
UART_CLK_ROOT	4	80

▲ 圖 12-13 外接裝置根時鐘可設定範圍

圖 12-13 舉出了大多數外接裝置的根時鐘設定範圍，AHB_CLK_ROOT 最高可以設定 132MHz，PERCLK_CLK_ROOT 和 IPG_CLK_ROOT 最高可以設定 66MHz。 那就將 AHB_CLK_ROOT、PERCLK_CLK_ROOT 和 IPG_CLK_

ROOT 分 別 設 定 為 132MHz、66MHz、66MHz。AHB_CLK_ROOT 和 IPG_
CLK_ROOT 的設計如圖 12-14 所示。

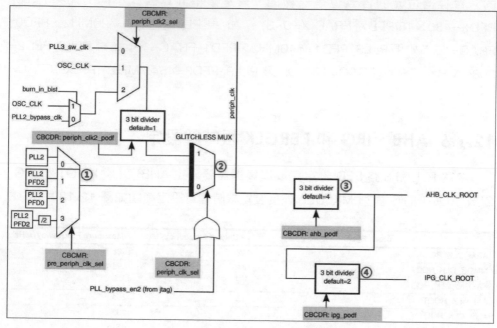

▲ 圖 12-14　匯流排時鐘圖

圖 12-14 就是 AHB_CLK_ROOT 和 IPG_CLK_ROOT 的時鐘圖，圖中分為
了 4 部分。

① 此選擇器用來選擇 pre_periph_clk 的時鐘來源，可以選擇 PLL2、
PLL2_PFD2、PLL2_PFD0 和 PLL2_PFD2/2。暫 存 器 CCM_CBCMR 的 PRE_
PERIPH_CLK_SEL 位元決定選擇哪一個時鐘來源，預設選擇 PLL2_PFD2，因
此 pre_periph_clk=PLL2_PFD2=396MHz。

② 此選擇器用來選擇 periph_clk 的時鐘來源，由暫存器 CCM_CBCDR
的 PERIPH_CLK_SEL 位 元 與 PLL_bypass_en2 進 行 或 運 算 來 選 擇。 當
CCM_CBCDR 的 PERIPH_CLK_SEL 位 元 為 0 時 periph_clk=pr_periph_
clk=396MHz。

③ 透過 CBCDR 的 AHB_PODF 位元來設定 AHB_CLK_ROOT 的分頻值，可以設定 1~8 分頻，如果想要 AHB_CLK_ROOT=132MHz，就應該設定為 3 分頻，即 396/3=132MHz。預設為 4 分頻，但是 I.MX6ULL 的內部 boot rom 將其改為了 3 分頻。

④ 透過 CBCDR 的 IPG_PODF 位元來設定 IPG_CLK_ROOT 的分頻值，可以設定 1~4 分頻，IPG_CLK_ROOT 時鐘來源是 AHB_CLK_ROOT，

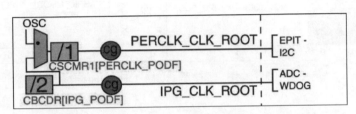

▲ 圖 12-15 PERCLK_CLK_ROOT 時鐘結構

要想 IPG_CLK_ROOT=66MHz，就應該設定 2 分頻，即 132/2=66MHz。

最後要設定的就是 PERCLK_CLK_ROOT 時鐘頻率，其時鐘結構圖如圖 12-15 所示。

從圖 12-15 可以看出，PERCLK_CLK_ROOT 來源有兩種：OSC（24MHz）和 IPG_CLK_ROOT，由暫存器 CCM_CSCMR1 的 PERCLK_CLK_SEL 位元來決定。如果為 0 時，PERCLK_CLK_ROOT 的時鐘來源就是 IPG_CLK_ROOT=66MHz。可以透過暫存器 CCM_CSCMR1 的 PERCLK_PODF 位元來設定分頻，如果要設定 PERCLK_CLK_ROOT 為 66MHz 時，就要設定為 1 分頻。

在上面的設定中用到了三個暫存器：CCM_CBCDR、CCM_CBCMR 和 CCM_CSCMR1，依次來看一下這些暫存器，暫存器 CCM_CBCDR 結構如圖 12-16 所示。

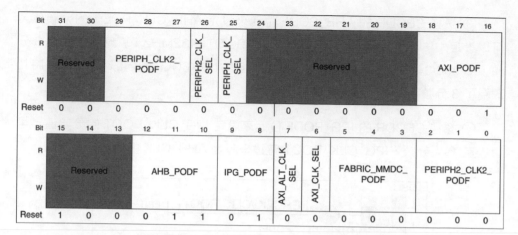

▲ 圖 12-16 暫存器 CCM_CBCDR 結構

暫存器 CCM_CBCDR 各個位元的含義如下所示。

PERIPH_CLK2_PODF：periph2 時鐘分頻，可設定 0~7，分別對應 1~8 分頻。

PERIPH2_CLK_SEL：選擇 peripheral2 的主時鐘，如果為 0 選擇 PLL2，如果為 1 選擇 periph2_clk2_clk。修改此位元會引起一次與 MMDC 的握手，所以修改完成以後要等待握手完成，握手完成訊號由暫存器 CCM_CDHIPR 中指定位表示。

PERIPH_CLK_SEL：peripheral 主時鐘選擇，如果為 0 選擇 PLL2，如果為 1 選擇 periph_clk2_clock。修改此位元會引起一次與 MMDC 的握手，所以修改完成以後要等待握手完成，握手完成訊號由暫存器 CCM_CDHIPR 中指定位表示。

AXI_PODF：axi 時鐘分頻，可設定 0~7，分別對應 1~8 分頻。

AHB_PODF：ahb 時鐘分頻，可設定 0~7，分別對應 1~8 分頻。修改此位元會引起一次與 MMDC 的握手，所以修改完成以後要等待握手完成，握手完成訊號由暫存器 CCM_CDHIPR 中指定位表示。

IPG_PODF：ipg 時鐘分頻，可設定 0~3，分別對應 1~4 分頻。

AXI_ALT_CLK_SEL：axi_alt 時鐘選擇，為 0 選擇 PLL2_PFD2，為 1 選擇 PLL3_PFD1。

AXI_CLK_SEL：axi 時鐘來源選擇，為 0 選擇 periph_clk，為 1 選擇 axi_alt 時鐘。

FABRIC_MMDC_PODF：fabric/mmdc 時鐘分頻設定，可設定 0~7，分別對應 1~8 分頻。

PERIPH2_CLK2_PODF：periph2_clk2 的時鐘分頻，可設定 0~7，分別對應 1~8 分頻。

接下來看一下暫存器 CCM_CBCMR，暫存器結構如圖 12-17 所示。

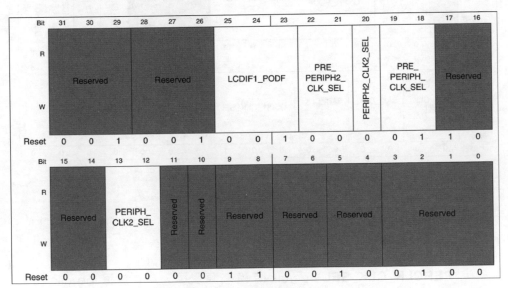

▲ 圖 12-17 暫存器 CCM_CBCMR 結構

暫存器 CCM_CBCMR 各個位元的含義如下所示。

LCDIF1_PODF：lcdif1 的時鐘分頻，可設定 0~7，分別對應 1~8 分頻。

PRE_PERIPH2_CLK_SEL：pre_periph2 時鐘來源選擇，00 選擇 PLL2，01 選擇 PLL2_PFD2，10 選擇 PLL2_PFD0，11 選擇 PLL4。

PERIPH2_CLK2_SEL：periph2_clk2 時鐘來源選擇為 0 選擇 pll3_sw_clk，為 1 選擇 OSC。

PRE_PERIPH_CLK_SEL：pre_periph 時鐘來源選擇，00 選擇 PLL2，01 選擇 PLL2_PFD2，10 選擇 PLL2_PFD0，11 選擇 PLL2_PFD2/2。

PERIPH_CLK2_SEL：peripheral_clk2 時鐘來源選擇，00 選擇 pll3_sw_clk，01 選 osc_clk，10 選擇 pll2_bypass_clk。

最後看一下暫存器 CCM_CSCMR1，暫存器結構如圖 12-18 所示。

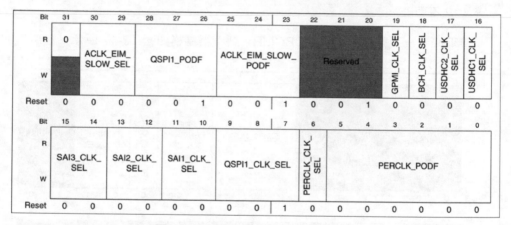

▲ 圖 12-18 暫存器 CCM_CSCMR1 結構

此暫存器主要用於外接裝置時鐘來源的選擇，比如 QSPI1、ACLK、GPMI、BCH 等外接裝置，我們重點來看下面兩個位元：

- **PERCLK_CLK_SEL**：perclk 時鐘來源選擇，為 0 選擇 ipg clk，為 1 選擇 osc clk。

- **PERCLK_PODF**：perclk 的時鐘分頻，可設定 0~7，分別對應 1~8 分頻。

在修改以下時鐘選擇器或分頻器時會引起與 MMDC 的握手發生。

（1）mmdc_podf。

（2）periph_clk_sel。

（3） periph2_clk_sel。

（4） arm_podf。

（5） ahb_podf。

發生握手訊號以後需要等待握手完成，暫存器 CCM_CDHIPR 中儲存著握手訊號是否完成，如果對應的位元為 1 就表示握手沒有完成，如果為 0 就表示握手完成。這裡就不詳細地列舉暫存器 CCM_CDHIPR 中的各個位元了。

另外在修改 arm_podf 和 ahb_podf 時需要先關閉其時鐘輸出，等修改完成以後再開啟，否則可能會出現在修改完成以後沒有時鐘輸出的問題。本書需要修改暫存器 CCM_CBCDR 的 AHB_PODF 位元來設定 AHB_ROOT_CLK 的時鐘，所以在修改之前必須先關閉 AHB_ROOT_CLK 的輸出。但是筆者沒有找到對應的暫存器關閉輸出，無法設定 AHB_PODF。不過 AHB_PODF 內部 boot rom 設定為了 3 分頻，如果 pre_periph_clk 的時鐘來源選擇 PLL2_PFD2，則 AHB_ROOT_CLK 是 396MHz/3=132MHz。

至此，I.MX6ULL 的時鐘系統就講解完了，I.MX6ULL 的時鐘系統還是很複雜的，大家要結合《I.MX6ULL 參考手冊》中的時鐘結構圖來學習。本章我們也只是講解了如何進行主頻、PLL、PFD 和一些匯流排時鐘的設定，具體的外接裝置時鐘設定在後面講解。

12.2 │ 硬體原理分析

時鐘原理圖型分析參考 12.1.1 節。

12.3 │ 實驗程式撰寫

本實驗對應的常式路徑為「1、裸機常式→ 8_clk」。

本實驗在 7_key 的基礎上完成，因為本實驗是設定 I.MX6ULL 的系統時鐘，因此直接在檔案 bsp_clk.c 上做修改，修改檔案 bsp_clk.c 的內容如範例 12-1 所示。

▼ 範例 12-1 bsp_clk.c 檔案程式

```
1  #include "bsp_clk.h"
2
3  /******************************************************************
4  Copyright © zuozhongkai Co., Ltd. 1998-2019. All rights reserved
5  檔案名稱      :bsp_clk.c
6  作者         :左忠凱
7  版本         :V1.0
8  描述         :系統時鐘驅動程式
9  其他         :無
10 討論區       :www.openedv.com
11 記錄檔       :初版 V1.0 2019/1/3 左忠凱建立
12
13           V2.0     2019/1/3 左忠凱修改
14           增加了函式 imx6u_clkinit()，完成 I.MX6ULL 的系統時鐘初始化
15 ******************************************************************/
16
17 /*
18  * @description     :啟動 I.MX6ULL 所有外接裝置時鐘
19  * @param           :無
20  * @return          :無
21  */
22 void clk_enable(void)
23 {
24     CCM->CCGR0 = 0XFFFFFFFF;
25     CCM->CCGR1 = 0XFFFFFFFF;
26     CCM->CCGR2 = 0XFFFFFFFF;
27     CCM->CCGR3 = 0XFFFFFFFF;
28     CCM->CCGR4 = 0XFFFFFFFF;
29     CCM->CCGR5 = 0XFFFFFFFF;
30     CCM->CCGR6 = 0XFFFFFFFF;
31 }
32
33 /*
```

```
34   * @description        :初始化系統時鐘 792MHz，並且設定 PLL2 和 PLL3 的
35                          PFD 時鐘，所有的時鐘頻率均按照 I.MX6ULL 官方手冊推薦的值
36   * @param              :無
37   * @return             :無
38   */
39  void imx6u_clkinit(void)
40  {
41     unsigned int reg = 0;
42     /* 1. 設定 ARM 核心時鐘為 792MHz */
43     /* 1.1. 判斷是使用哪個時鐘來源啟動的，正常情況下是由 pll1_sw_clk 驅動程式的，而
44      *         pll1_sw_clk 有兩個來源 pll1_main_clk 和 step_clk，如果要
45      *         讓 I.MX6ULL 跑到 792MHz，那必須選擇 pll1_main_clk 作為 pll1 的時鐘
46      *         源，如果我們要修改 pll1_main_clk 時鐘的話就必須先將 pll1_sw_clk
47      *         從 pll1_main_clk 切換到 step_clk, 當修改完以後再將 pll1_sw_clk
48      *         切換回 pll1_main_cl，step_clk 等於 24MHz
49      */
50
51     if(((((CCM->CCSR) >> 2) & 0x1 ) == 0)  /* pll1_main_clk */
52     {
53         CCM->CCSR &= ~(1 << 8);          /* 設定 step_clk 時鐘來源為 24MHz OSC */
54         CCM->CCSR |= (1 << 2);           /* 設定 pll1_sw_clk 時鐘來源為 step_clk */
55     }
56
57     /* 1.2. 設定 pll1_main_clk 為 792MHz
58      *
59      * 設定 CCM_ANLOG->PLL_ARM 暫存器
60      *bit13:1 啟動時鐘輸出
61      *bit[6:0]:88, 由公式：Fout = Fin * div_select / 2.0
62      *1056=24*div_select/2.0, 得出：div_select=66
63      */
64     CCM_ANALOG->PLL_ARM = (1 << 13) | ((66 << 0) & 0X7F);
65     CCM->CCSR &= ~(1 << 2);              /* 將 pll_sw_clk 時鐘切換回 pll1_main_clk */
66     CCM->CACRR = 0;                      /* ARM 核心時鐘為 pll1_sw_clk/1=792/1=792MHz */
67
68     /* 2. 設定 PLL2(SYS PLL) 各個 PFD */
69     reg = CCM_ANALOG->PFD_528;
70     reg &= ~(0X3F3F3F3F);                /* 清除原來的設定 */
71     reg |= 32<<24;                       /* PLL2_PFD3=528*18/32=297MHz */
72     reg |= 24<<16;                       /* PLL2_PFD2=528*18/24=396MHz */
```

```
73    reg |= 16<<8;                      /* PLL2_PFD1=528*18/16=594MHz */
74    reg |= 27<<0;                      /* PLL2_PFD0=528*18/27=352MHz */
75    CCM_ANALOG->PFD_528=reg;           /* 設定 PLL2_PFD0~3 */
76
77    /* 3. 設定 PLL3(USB1) 各個 PFD */
78    reg = 0;                           /* 清零 */
79    reg = CCM_ANALOG->PFD_480;
80    reg &= ~(0X3F3F3F3F);              /* 清除原來的設定 */
81    reg |= 19<<24;                     /* PLL3_PFD3=480*18/19=454.74MHz */
82    reg |= 17<<16;                     /* PLL3_PFD2=480*18/17=508.24MHz */
83    reg |= 16<<8;                      /* PLL3_PFD1=480*18/16=540MHz */
84    reg |= 12<<0;                      /* PLL3_PFD0=480*18/12=720MHz */
85    CCM_ANALOG->PFD_480=reg;           /* 設定 PLL3_PFD0~3 */
86
87    /* 4. 設定 AHB 時鐘 最小 6Mhz，  最大 132MHz */
88    CCM->CBCMR &= ~(3 << 18);          /* 清除設定 */
89    CCM->CBCMR |= (1 << 18);           /* pre_periph_clk=PLL2_PFD2=396MHz */
90    CCM->CBCDR &= ~(1 << 25);          /* periph_clk=pre_periph_clk=396MHz */
91    while(CCM->CDHIPR & (1 << 5));     /* 等待握手完成 */
92
93    /* 修改 AHB_PODF 位元時需要先禁止 AHB_CLK_ROOT 的輸出，但是
94     * 我沒有找到關閉 AHB_CLK_ROOT 輸出的暫存器，所以就沒法設定
95     * 下面設定 AHB_PODF 的程式僅供學習參考不能直接拿來使用
96     * 內部 boot rom 將 AHB_PODF 設定為了 3 分頻，即使我們不設定 AHB_PODF，
97     * AHB_ROOT_CLK 也依舊等於 396/3=132MHz
98     */
99  #if 0
100   /* 要先關閉 AHB_ROOT_CLK 輸出，否則時鐘設定會出錯 */
101   CCM->CBCDR &= ~(7 << 10);              /* CBCDR 的 AHB_PODF 清零 */
102   CCM->CBCDR |= 2 << 10; /* AHB_PODF 3 分頻，AHB_CLK_ROOT=132MHz */
103   while(CCM->CDHIPR & (1 << 1));         /* 等待握手完成 */
104 #endif
105
106   /* 5. 設定 IPG_CLK_ROOT 最小 3MHz，最大 66MHz */
107   CCM->CBCDR &= ~(3 << 8);               /* CBCDR 的 IPG_PODF 清零 */
108   CCM->CBCDR |= 1 << 8;                  /* IPG_PODF 2 分頻，IPG_CLK_ROOT=66MHz */
109
110   /* 6、設定 PERCLK_CLK_ROOT 時鐘 */
111   CCM->CSCMR1 &= ~(1 << 6);              /* PERCLK_CLK_ROOT 時鐘來源為 IPG */
```

```
112    CCM->CSCMR1 &= ~(7 << 0);                    /* PERCLK_PODF 位元清零,即1分頻 */
113 }
```

檔案 bsp_clk.c 中一共有兩個函式 clk_enable 和 imx6u_clkinit,其中 clk_enable 函式前面已經講過了,就是啟動 I.MX6ULL 的所有外接裝置時鐘。imx6u_clkinit 函式才是本章的重點,imx6u_clkinit 先設定系統主頻為 792MHz,然後根據上一小節分析的 I.MX6ULL 時鐘系統來設定 8 路 PFD,最後設定 AHB、IPG 和 PERCLK 的時鐘頻率。

在檔案 bsp_clk.h 中增加 imx6u_clkinit 函式的宣告,最後修改檔案 main.c,在 main 函式中呼叫 imx6u_clkinit 來初始化時鐘,如範例 12-2 所示。

▼ 範例 12-2 main 函式

```
1   int main(void)
2   {
3       int i = 0;
4       int keyvalue = 0;
5       unsigned char led_state = OFF;
6       unsigned char beep_state = OFF;
7
8       imx6u_clkinit();  /* 初始化系統時鐘 */
9       clk_enable();     /* 啟動所有的時鐘 */
10      led_init();       /* 初始化 led */
11      beep_init();      /* 初始化 beep */
12      key_init();       /* 初始化 key */
13
14 /* 省略掉其他程式 */
15 }
```

上述程式的第 8 行就是時鐘初始化函式,時鐘初始化函式最好放到最開始的地方呼叫。

12.4 | 編譯、下載和驗證

12.4.1 撰寫 Makefile 和連結腳本

因為本章是在實驗 7_key 上修改的，而且沒有增加任何新的檔案，因此只需要修改 Makefile 的變數 TARGET 為 clk 即可，如下所示。

```
TARGET          ?= clk
```

連結腳本保持不變。

12.4.2 編譯和下載

使用 Make 命令編譯程式，編譯成功以後使用軟體 imxdownload 將編譯完成的 clk.bin 檔案下載到 SD 卡中，命令如下所示。

```
chmod 777 imxdownload              // 給予 imxdownload 可執行許可權，一次即可
./imxdownload clk.bin /dev/sdd     // 燒錄到 SD 卡中，不能燒錄到 /dev/sda 或 sda1 裝置中
```

燒錄成功以後將 SD 卡插到開發板的 SD 卡槽中，然後重置開發板。本實驗效果其實和實驗 7_key 一樣，但是 LED 燈的閃爍頻率相比實驗 7_key 要快很多。因為實驗 7_key 的主頻是 396MHz，而本實驗的主頻被設定成了 792MHz，頻率高了一倍，因此程式執行速度會變快，延遲時間函式的執行就會加快。

第 **13** 章

GPIO 中斷實驗

　　中斷系統是一個處理器重要的組成部分，中斷系統極大地提高了 CPU 的執行效率，在學習 STM32 時就經常用到中斷。本章就透過與 STM32 的對比來學習 Cortex-A7（I.MX6ULL）中斷系統和 Cortex-M（STM32）中斷系統的異同。同時，本章會將 I.MX6ULL 的 I/O 作為輸入中斷，用來講解如何對 I.MX6ULL 的中斷系統進行程式設計。

13.1 | Cortex-A7 中斷系統詳解

13.1.1 STM32 中斷系統回顧

STM32 的中斷系統主要有以下 4 個關鍵點。

（1）中斷向量表。

（2）NVIC（內嵌向量中斷控制器）。

（3）中斷啟動。

（4）中斷服務函式。

1. 中斷向量表

中斷向量表是一個表，這個表中存放的是中斷向量。中斷服務程式的入口位址或存放中斷服務程式的啟始位址為中斷向量，因此中斷向量表是一系列中斷服務程式入口位址組成的表。這些中斷服務程式（函式）在中斷向量表中的位置是由半導體廠商定好的，當某個中斷被觸發以後就會自動跳躍到中斷向量表中對應的中斷服務程式（函式）入口位址處。中斷向量表在整個程式的最前面，比如 STM32F103 的中斷向量表如範例 13-1 所示。

▼ 範例 13-1　STM32F103 中斷向量表

```
1   __Vectors    DCD      __initial_sp         ; Top of Stack
2                DCD      Reset_Handler        ; Reset Handler
3                DCD      NMI_Handler          ; NMI Handler
4                DCD      HardFault_Handler    ; Hard Fault Handler
5                DCD      MemManage_Handler    ; MPU Fault Handler
6                DCD      BusFault_Handler     ; Bus Fault Handler
7                DCD      UsageFault_Handler   ; Usage Fault Handler
8                DCD      0                    ; Reserved
9                DCD      0                    ; Reserved
10               DCD      0                    ; Reserved
11               DCD      0                    ; Reserved
```

```
12        DCD     SVC_Handler              ; SVCall Handler
13        DCD     DebugMon_Handler         ; Debug Monitor Handler
14        DCD     0                        ; Reserved
15        DCD     PendSV_Handler           ; PendSV Handler
16        DCD     SysTick_Handler          ; SysTick Handler
17
18     ; External Interrupts
19        DCD     WWDG_IRQHandler          ; Window Watchdog
20        DCD     PVD_IRQHandler           ; PVD through EXTI Line detect
21        DCD     TAMPER_IRQHandler        ; Tamper
22        DCD     RTC_IRQHandler           ; RTC
23        DCD     FLASH_IRQHandler         ; Flash
24
25     /* 省略掉其他程式 */
26
27        DCD DMA2_Channel4_5_IRQHandler ; DMA2 Channel4 & 15
28 __Vectors_End
```

「範例 13-1」就是 STM32F103 的中斷向量表，中斷向量表都是連結到程式的最前面，比如一般 ARM 處理器都是從位址 0X00000000 開始執行指令的，那麼中斷向量表就是從 0X00000000 開始存放的。「範例 13-1」中第 1 行的 __initial_sp 就是第一筆中斷向量，存放的是堆疊頂指標，接下來是第 2 行重置中斷重置函式 Reset_Handler 的入口位址，依次類推，直到第 27 行的最後一個中斷服務函式 DMA2_Channel4_5_IRQHandler 的入口位址，這樣 STM32F103 的中斷向量表就建好了。

ARM 處理器都是從位址 0X00000000 開始執行的，但是學習 STM32 時程式是下載到 0X8000000 開始的儲存區域中。因此中斷向量表是存放到 0X8000000 位址處的，而非 0X00000000。為了解決這個問題，Cortex-M 架構引入了一個新的概念——中斷向量表偏移，透過中斷向量表偏移就可以將中斷向量表存放到任意位址處，中斷向量表偏移設定在 STM32 函式庫函式 SystemInit 中完成，透過向 SCB_VTOR 暫存器寫入新的中斷向量表啟始位址即可，程式如範例 13-2 所示。

▼ 範例 13-2 STM32F103 中斷向量表偏移

```
1  void SystemInit (void)
2  {
3    RCC->CR |= (uint32_t)0x00000001;
4
5   /* 省略其他程式 */
6
7  #ifdef VECT_TAB_SRAM
8    SCB->VTOR = SRAM_BASE | VECT_TAB_OFFSET;
9  #else
10   SCB->VTOR = FLASH_BASE | VECT_TAB_OFFSET;
11 #endif
12 }
```

第 8 行和第 10 行就是設定中斷向量表偏移，第 8 行是將中斷向量表設定到 RAM 中，第 10 行是將中斷向量表設定到 ROM 中，基本都是將中斷向量表設定到 ROM 中，也就是位址 0X8000000 處。第 10 行用到了 FALSH_BASE 和 VECT_TAB_OFFSET，這兩個都是巨集，定義如下所示。

```
#define FLASH_BASE      ((uint32_t)0x08000000)
#define VECT_TAB_OFFSET 0x0
```

因此第 10 行的程式就是：SCB → VTOR=0X080000000，中斷向量表偏移設定完成。透過上面的講解了解了兩個跟 STM32 中斷有關的概念：中斷向量表和中斷向量表偏移。它們和 I.MX6ULL 有什麼關係？因為 I.MX6ULL 所使用的 Cortex-A7 核心也有中斷向量表和中斷向量表偏移，而且其含義和 STM32 是一模一樣的，只是用到的暫存器不同而已，概念完全相同。

2. NVIC（內嵌向量中斷控制器）

中斷系統有個管理機構，對 STM32 這種 Cortex-M 核心的微控制器來說這個管理機構叫做 NVIC（Nested Vectored Interrupt Controller）。關於 NVIC 不作詳細地講解，既然 Cortex-M 核心有個中斷系統的管理機構—NVIC，那麼 I.MX6ULL 所使用的 Cortex-A7 核心是否也有中斷系統管理機構？答案是肯定的。不過 Cortex-A 核心的中斷管理機構叫做 GIC（General Interrupt Controller），後面會詳細地講解 Cortex-A 核心的 GIC。

3. 中斷啟動

要使用某個外接裝置的中斷功能，肯定要先啟動這個外接裝置的中斷，以 STM32F103 的 PE2 這個 I/O 為例，假如我們要使用 PE2 的輸入中斷肯定要使用以下程式來啟動對應的中斷。

```
NVIC_InitStructure.NVIC_IRQChannel = EXTI2_IRQn;
NVIC_InitStructure.NVIC_IRQChannelPreemptionPriority = 0x02;    // 先佔優先順序 2
NVIC_InitStructure.NVIC_IRQChannelSubPriority = 0x02;           // 子優先順序 2
NVIC_InitStructure.NVIC_IRQChannelCmd = ENABLE;                 // 啟動外部中斷通道
NVIC_Init(&NVIC_InitStructure);
```

上述程式就是啟動 PE2 對應的 EXTI2 中斷，同理，如果要使用 I.MX6ULL 的某個中斷則需要啟動其對應的中斷。

4. 中斷服務函式

我們使用中斷的目的就是為了使用中斷服務函式，當中斷發生以後中斷服務函式就會被呼叫，我們要處理的工作就可以放到中斷服務函式中去完成。同樣以 STM32F103 的 PE2 為例，其中斷服務函式如下所示。

```
/* 外部中斷 2 服務程式 */
void EXTI2_IRQHandler(void)
{
    /* 中斷處理程式 */

}
```

當 PE2 接腳的中斷觸發以後就會呼叫其對應的中斷處理函式 EXTI2_IRQHandler，我們可以在函式 EXTI2_IRQHandler 中增加中斷處理程式。同理，I.MX6ULL 也有中斷服務函式，當某個外接裝置中斷發生以後就會呼叫其對應的中斷服務函式。

透過對 STM32 中斷系統的回顧，我們知道了 Cortex-M 核心的中斷處理過程，那麼 Cortex-A 核心的中斷處理過程有什麼異同呢？接下來我們帶著這樣的疑問來學習 Cortex-A7 核心的中斷系統。

13.1.2 Cortex-A7 中斷系統簡介

跟 STM32 一樣，Cortex-A7 也有中斷向量表，中斷向量表也是在程式的最前面。Cortex-A7 核心有 8 個異常中斷，這 8 個異常中斷的中斷向量表如表 13-1 所示。

▼ 表 13-1 Cortex-A7 中斷向量表

向量位址	中斷類型	中斷模式
0X00	重置中斷 (Rest)	特權模式 (SVC)
0X04	未定義指令中斷 (Undefined Instruction)	未定義指令中止模式 (Undef)
0X08	軟體中斷 (Software Interrupt,SWI)	特權模式 (SVC)
0X0C	指令預先存取中止中斷 (Prefetch Abort)	中止模式
0X10	資料存取中止中斷 (Data Abort)	中止模式
0X14	未使用 (Not Used)	未使用
0X18	IRQ 中斷 (IRQ Interrupt)	外部中斷模式 (IRQ)
0X1C	FIQ 中斷 (FIQ Interrupt)	快速中斷模式 (FIQ)

中斷向量表裡面都是中斷服務函式的入口位址，因此一款晶片有什麼中斷都是可以從中斷向量表看出來的。從表 13-1 可以看出，Cortex-A7 一共有 8 個中斷，而且還有一個中斷向量未使用，實際只有 7 個中斷。和「範例 13-1」中的 STM32F103 中斷向量表比起來少了很多。那類似 STM32 中的 EXTI9_5_IRQHandler、TIM2_IRQHandler 這樣的中斷向量在哪裡？ I^2C、SPI、計時器等的中斷怎麼處理？這個就是 Cortex-A 和 Cortex-M 在中斷向量表這一塊的區別。

對 Cortex-M 核心來說，中斷向量表列舉出了一款晶片所有的中斷向量，包括晶片外接裝置的所有中斷。對 Cortex-A 核心來說並沒有這麼做，在表 13-1 中有個 IRQ 中斷，Cortex-A 核心 CPU 的所有外部中斷都屬於 IRQ 中斷，當任意一個外部中斷發生時都會觸發 IRQ 中斷。

　　在 IRQ 中斷服務函式中就可以讀取指定的暫存器來判斷發生的是什麼中斷，進而根據具體的中斷做出對應的處理。這些外部中斷和 IRQ 中斷的關係如圖 13-1 所示。

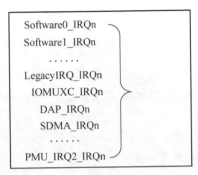

▲ 圖 13-1　外部中斷和 IRQ 中斷的關係

　　在圖 13-1 中，左側的 Software0_IRQn~PMU_IRQ2_IRQn 都是 I.MX6ULL 的中斷，它們都屬於 IRQ 中斷。當圖 13-1 左側這些中斷中任意一個發生時 IRQ 中斷都會被觸發，所以需要在 IRQ 中斷服務函式中判斷究竟是左側的哪個中斷發生了，然後再做具體的處理。

　　在表 13-1 中一共有 7 個中斷。

（1）重置中斷（Rest），CPU 重置以後就會進入重置中斷，可以在重置中斷服務函式中做初始化工作，比如初始化 SP 指標、DDR 等。

（2）未定義指令中斷（Undefined Instruction），如果指令不能辨識的話就會產生此中斷。

（3）軟體中斷（Software Interrupt, SWI），由 SWI 指令引起的中斷，Linux 的系統呼叫會用 SWI 指令來引起軟體中斷，透過軟體中斷來陷入到核心空間。

（4）指令預先存取中止中斷（Prefetch Abort），預先存取指令出錯時會產生此中斷。

（5）資料存取中止中斷（Data Abort），存取資料出錯時會產生此中斷。

（6）IRQ 中斷（IRQ Interrupt），外部中斷，晶片內部的外接裝置中斷都會引起此中斷的發生。

（7）FIQ 中斷（FIQ Interrupt），快速中斷，如果需要快速處理中斷的話就可以使用此中斷。

在上面的 7 個中斷中，常用的就是重置中斷和 IRQ 中斷，所以需要撰寫這兩個中斷的中斷服務函式。首先要根據表 13-1 的內容來建立中斷向量表，中斷向量表處於程式最開始的地方，比如前面常式的檔案 start.S 最前面，中斷向量表如範例 13-3 所示。

▼ 範例 13-3 Cortex-A 向量表範本

```
1  .global _start              /* 全域標誌 */
2
3  _start:
4     ldr pc, =Reset_Handler      /* 重置中斷 */
5     ldr pc, =Undefined_Handler /* 未定義指令中斷 */
6     ldr pc, =SVC_Handler        /* SVC(Supervisor Call) 中斷 */
7     ldr pc, =PrefAbort_Handler /* 預先存取終止中斷 */
8     ldr pc, =DataAbort_Handler /* 資料終止中斷 */
9     ldr pc, =NotUsed_Handler    /* 未使用中斷 */
1     ldr pc, =IRQ_Handler        /* IRQ 中斷 */
11    ldr pc, =FIQ_Handler        /* FIQ( 快速中斷 ) 未定義中斷 */
12
13 /* 重置中斷 */
14 Reset_Handler:
15    /* 重置中斷具體處理過程 */
16
17 /* 未定義中斷 */
18 Undefined_Handler:
19    ldr r0, =Undefined_Handler
20    bx r0
21
22 /* SVC 中斷 */
23 SVC_Handler:
24    ldr r0, =SVC_Handler
25    bx r0
```

```
26
27 /* 預先存取終止中斷 */
28 PrefAbort_Handler:
29    ldr r0, =PrefAbort_Handler
30    bx r0
31
32 /* 資料終止中斷 */
33 DataAbort_Handler:
34    ldr r0, =DataAbort_Handler
35    bx r0
36
37 /* 未使用的中斷 */
38 NotUsed_Handler:
39
40    ldr r0, =NotUsed_Handler
41    bx r0
42
43 /* IRQ 中斷！重點！！！！！ */
44 IRQ_Handler:
45    /* 重置中斷具體處理過程 */
46
47 /* FIQ 中斷 */
48 FIQ_Handler:
49    ldr r0, =FIQ_Handler
50    bx r0
```

第 4~11 行是中斷向量表，當指定的中斷發生以後就會呼叫對應的中斷重置函式，比如重置中斷發生以後就會執行第 4 行程式，也就是呼叫 Reset_Handler 函式。Reset_Handler 函式就是重置中斷的中斷重置函式，其他的中斷同理。

第 14~50 行就是對應的中斷服務函式，中斷服務函式都是用組合語言撰寫的，實際需要撰寫的只有重置中斷服務函式 Reset_Handler 和 IRQ 中斷服務函式 IRQ_Handler。其他的中斷沒有用到，所以都是無窮迴圈。在撰寫重置中斷重置函式和 IRQ 中斷服務函式之前還需要了解一些其他的知識，否則沒法撰寫。

13.1.3 GIC 控制器簡介

1. GIC 控制器總覽

STM32（Cortex-M）的中斷控制器叫做 NVIC，I.MX6ULL（Cortex-A）的中斷控制器叫做 GIC。

GIC 是 ARM 公司給 Cortex-A/R 核心提供的中斷控制器，類似 Cortex-M 核心中的 NVIC。目前 GIC 有 4 個版本 :V1~V4，V1 是最老的版本，已經被廢棄了。V2~V4 目前正在大量的使用。GIC V2 是給 ARMv7-A 架構使用的，比如 Cortex-A7、Cortex-A9、Cortex-A15 等，V3 和 V4 是給 ARMv8-A/R 架構使用的。I.MX6ULL 是 Cortex-A 核心的，因此我們主要講解 GIC V2。

GIC V2 最多支援 8 個核心。ARM 會根據 GIC 版本的不同研發出不同的 IP 核心，半導體廠商直接購買對應的 IP 核心即可，比如 ARM 針對 GIC V2 就開發出了 GIC400 這個中斷控制器 IP 核心。當 GIC 接收到外部中斷訊號以後就會報給 ARM 核心，但是 ARM 核心只提供了 4 個訊號給 GIC 來匯報中斷情況：VFIQ、VIRQ、FIQ 和 IRQ，它們的關係如圖 13-2 所示。

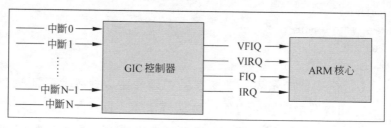

▲ 圖 13-2 中斷示意圖

在圖 13-2 中，GIC 接收許多的外部中斷，然後對其進行處理，最終就只透過 4 個訊號報給 ARM 核心，這 4 個訊號的含義如下所示。

- **VFIQ:** 虛擬快速 FIQ。

- **VIRQ:** 虛擬外部 IRQ。

- **FIQ:** 快速中斷 IRQ。

- **IRQ:** 外部中斷 IRQ。

VFIQ 和 VIRQ 是針對虛擬化的,剩下的就是 FIQ 和 IRQ 了。本書只使用 IRQ,相當於 GIC 最終向 ARM 核心上報一個 IRQ 訊號。GICV2 的邏輯圖如圖 13-3 所示。

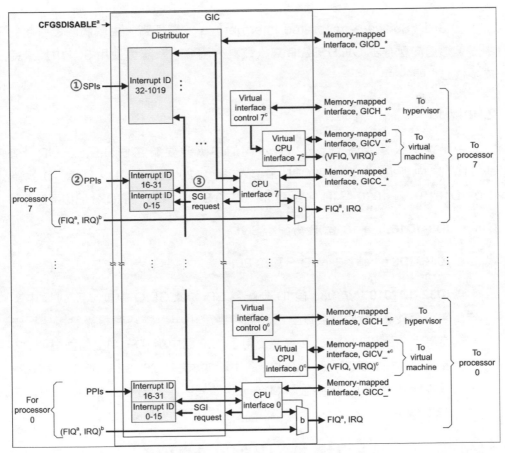

▲ 圖 13-3　GICV2 整體方塊圖

圖 13-3 中左側部分就是中斷源,中間部分就是 GIC 控制器,最右側就是中斷控制器向處理器核心發送中斷資訊。GIC 將許多的中斷源分為 3 類。

① SPI（Shared Peripheral Interrupt），共用中斷。所有 Core 共用的外部中斷都屬於 SPI 中斷（注意，不是 SPI 匯流排中斷）。比如按鍵中斷、序列埠中斷等，這些中斷的 Core 都可以處理，不限定特定 Core。

② PPI（Private Peripheral Interrupt），私有中斷。GIC 是支援多核心的，每個核心有自己獨有的中斷。這些獨有的中斷要指定核心處理，因此這些中斷叫做私有中斷。

③ SGI（Software-generated Interrupt），軟體插斷。由軟體觸發引起的中斷，透過向暫存器 GICD_SGIR 寫入資料來觸發，系統會使用 SGI 中斷來完成多核心之間的通訊。

2. 中斷 ID

中斷源有很多，為了區分這些不同的中斷源要給它們分配唯一 ID，這些 ID 就是中斷 ID。每一個 CPU 最多支援 1020 個中斷 ID，中斷 ID 號為 ID0~ID1019。這 1020 個 ID 包含 PPI、SPI 和 SGI，1020 個 ID 分配如下所示。

- **ID0~ID15**：這 16 個 ID 分配給 SGI。

- **ID16~ID31**：這 16 個 ID 分配給 PPI。

- **ID32~ID1019**：這 988 個 ID 分配給 SPI，像 GPIO 中斷、序列埠中斷等，至於具體到某個 ID 對應哪個中斷就由半導體廠商根據實際情況去定義了。比如 I.MX6ULL 總共使用了 128 個中斷 ID，加上前面屬於 PPI 和 SGI 的 32 個 ID，I.MX6ULL 的中斷源共有 128+32=160 個。這 128 個中斷 ID 對應的中斷在《I.MX6ULL 參考手冊》的 3.2 節，中斷源如表 13-2 所示。

▼ 表 13-2　I.MX6ULL 中斷源

IRQ	ID	中斷源	描述
0	32	boot	用於在啟動異常時通知核心
1	33	ca7_platform	DAP 中斷，偵錯通訊埠存取請求中斷

續表

IRQ	ID	中斷源	描述
2	34	sdma	SDMA 中斷
3	35	tsc	TSC(觸控)中斷
4		snvs_lp_wrappersnvs_hp_wrapperSNVS	中斷
...	...	...	......
124	156	無	保留
125	157	無	保留
126	158	無	保留
127	159	PMU	PMU 中斷

開啟裸機常式 9_int，我們前面移植了 NXP 官方 SDK 中的檔案 MCIMX6Y2C.h，在此檔案中定義了一個列舉類型 IRQn_Type，此列舉類型就列舉出了 I.MX6ULL 的所有中斷，程式如範例 13-4 所示。

▼ 範例 13-4 中斷向量

```
1   #define NUMBER_OF_INT_VECTORS 160/* 中斷源 160 個，SGI+PPI+SPI*/
2
3   typedef enum IRQn {
4     /* Auxiliary constants */
5       NotAvail_IRQn=            -128,
6
7     /* Core interrupts */
8S      Software0_IRQn          = 0,
9S      Software1_IRQn          = 1,
10      Software2_IRQn          = 2,
11      Software3_IRQn          = 3,
12      Software4_IRQn          = 4,
13      Software5_IRQn          = 5,
14      Software6_IRQn          = 6,
15      Software7_IRQn          = 7,
16      Software8_IRQn          = 8,
17      Software9_IRQn          = 9,
18      Software10_IRQn         = 10,
19      Software11_IRQn         = 11,
```

```
20      Software12_IRQn         = 12,
21      Software13_IRQn         = 13,
22      Software14_IRQn         = 14,
23      Software15_IRQn         = 15,
24      VirtualMaintenance_IRQn = 25,
25      HypervisorTimer_IRQn    = 26,
26      VirtualTimer_IRQn       = 27,
27      LegacyFastInt_IRQn      = 28,
28      SecurePhyTimer_IRQn     = 29,
29      NonSecurePhyTimer_IRQn  = 30,
30      LegacyIRQ_IRQn          = 31,
31
32 /* Device specific interrupts */
33      IOMUXC_IRQn             = 32,
34      DAP_IRQn                = 33,
35      SDMA_IRQn               = 34,
36      TSC_IRQn                = 35,
37      SNVS_IRQn               = 36,
...     ...                     ...
151     ENET2_1588_IRQn         = 153,
152     Reserved154_IRQn        = 154,
153     Reserved155_IRQn        = 155,
154     Reserved156_IRQn        = 156,
155     Reserved157_IRQn        = 157,
156     Reserved158_IRQn        = 158,
157     PMU_IRQ2_IRQn           = 159
158 } IRQn_Type;
```

3. GIC 邏輯分塊

GIC 架構分為了兩個邏輯區塊 Distributor 和 CPU Interface，也就是分發器端和 CPU 介面端。這兩個邏輯區塊的含義如下所示。

Distributor（分發器端）：從圖 13-3 可以看出，此邏輯區塊負責處理各個中斷事件的分發問題，也就是中斷事件應該發送到哪個 CPU Interface（CPU 介面端）上去。分發器收集所有的中斷源，可以控制每個中斷的優先順序，它總是將優先順序最高的中斷事件發送到 CPU 介面端。分發器端要做的主要工作如下所示。

（1）全域中斷啟動控制。

（2）控制每一個中斷的啟動或關閉。

（3）設定每個中斷的優先順序。

（4）設定每個中斷的目標處理器清單。

（5）設定每個外部中斷的觸發模式：電位觸發或邊緣觸發。

（6）設定每個中斷屬於組 0 還是組 1。

CPU Interface：CPU 介面端是和 CPU Core 相連接的，因此在圖 13-3 中每個 CPU Core 都可以在 GIC 中找到一個與之對應的 CPU 介面端。CPU 介面端就是分發器和 CPU Core 之間的橋樑，CPU 介面端主要工作如下所示。

（1）啟動或關閉發送到 CPU Core 的插斷要求訊號。

（2）應答中斷。

（3）通知中斷處理完成。

（4）設定優先順序遮罩，透過遮罩來設定哪些中斷不需要上報給 CPU Core。

（5）定義先佔策略。

（6）當多個中斷到來時，選擇優先順序最高的中斷通知給 CPU Core。

常式 9_int 中的檔案 core_ca7.h 定義了 GIC 結構，此結構中的暫存器分為了分發器端和 CPU 介面端，暫存器定義如範例 13-5 所示。

▼ 範例 13-5 GIC 控制器結構

```
/*
 * GIC 暫存器描述結構，
 * GIC 分為分發器端和 CPU 介面端
 */
1  typedef struct
2  {
3  /* 分發器端暫存器 */
4    uint32_t RESERVED0[1024];
```

```
5     __IOM uint32_t D_CTLR;                /* Offset:0x1000 (R/W) */
6     __IMuint32_t D_TYPER;                 /* Offset:0x1004 (R/ ) */
7     __IMuint32_t D_IIDR;                  /* Offset:0x1008 (R/ ) */
8         uint32_t RESERVED1[29];
9     __IOM uint32_t D_IGROUPR[16];         /* Offset:0x1080 - 0x0BC (R/W) */
10        uint32_t RESERVED2[16];
11    __IOM uint32_t D_ISENABLER[16];       /* Offset:0x1100 - 0x13C (R/W) */
12        uint32_t RESERVED3[16];
13    __IOM uint32_t D_ICENABLER[16];       /* Offset:0x1180 - 0x1BC (R/W) */
14        uint32_t RESERVED4[16];
15    __IOM uint32_t D_ISPENDR[16];         /* Offset:0x1200 - 0x23C (R/W) */
16        uint32_t RESERVED5[16];
17    __IOM uint32_t D_ICPENDR[16];         /* Offset:0x1280 - 0x2BC (R/W) */
18        uint32_t RESERVED6[16];
19    __IOM uint32_t D_ISACTIVER[16];       /* Offset:0x1300 - 0x33C (R/W) */
20        uint32_t RESERVED7[16];
21    __IOM uint32_t D_ICACTIVER[16];       /* Offset:0x1380 - 0x3BC (R/W) */
22        uint32_t RESERVED8[16];
23    __IOM uint8_tD_IPRIORITYR[512];       /* Offset:0x1400 - 0x5FC (R/W) */
24        uint32_t RESERVED9[128];
25    __IOM uint8_tD_ITARGETSR[512];        /* Offset:0x1800 - 0x9FC (R/W) */
26        uint32_t RESERVED10[128];
27    __IOM uint32_t D_ICFGR[32];           /* Offset:0x1C00 - 0xC7C (R/W) */
28        uint32_t RESERVED11[32];
29    __IMuint32_t D_PPISR;                 /* Offset:0x1D00 (R/ ) */
30    __IMuint32_t D_SPISR[15];             /* Offset:0x1D04 - 0xD3C (R/ ) */
31        uint32_t RESERVED12[112];
32    __OMuint32_t D_SGIR;                  /* Offset:0x1F00 ( /W) */
33        uint32_t RESERVED13[3];
34    __IOM uint8_tD_CPENDSGIR[16];         /* Offset:0x1F10 - 0xF1C (R/W) */
35    __IOM uint8_tD_SPENDSGIR[16];         /* Offset:0x1F20 - 0xF2C (R/W) */
36        uint32_t RESERVED14[40];
37    __IMuint32_t D_PIDR4;                 /* Offset:0x1FD0 (R/ ) */
38    __IMuint32_t D_PIDR5;                 /* Offset:0x1FD4 (R/ ) */
39    __IMuint32_t D_PIDR6;                 /* Offset:0x1FD8 (R/ ) */
40    __IMuint32_t D_PIDR7;                 /* Offset:0x1FDC (R/ ) */
41    __IMuint32_t D_PIDR0;                 /* Offset:0x1FE0 (R/ ) */
42    __IMuint32_t D_PIDR1;                 /* Offset:0x1FE4 (R/ ) */
43    __IMuint32_t D_PIDR2;                 /* Offset:0x1FE8 (R/ ) */
```

```
44    __IMuint32_t D_PIDR3;                /* Offset:0x1FEC (R/ ) */
45    __IMuint32_t D_CIDR0;                /* Offset:0x1FF0 (R/ ) */
46    __IMuint32_t D_CIDR1;                /* Offset:0x1FF4 (R/ ) */
47    __IMuint32_t D_CIDR2;                /* Offset:0x1FF8 (R/ ) */
48    __IMuint32_t D_CIDR3;                /* Offset:0x1FFC (R/ ) */
49
50                                         /* CPU 介面端暫存器 */
51    __IOM uint32_t C_CTLR;               /* Offset:0x2000 (R/W) */
52    __IOM uint32_t C_PMR;                /* Offset:0x2004 (R/W) */
53    __IOM uint32_t C_BPR;                /* Offset:0x2008 (R/W) */
54    __IMuint32_t C_IAR;                  /* Offset:0x200C (R/ ) */
55    __OMuint32_t C_EOIR;                 /* Offset:0x2010 ( /W) */
56    __IMuint32_t C_RPR;                  /* Offset:0x2014 (R/ ) */
57    __IMuint32_t C_HPPIR;                /* Offset:0x2018 (R/ ) */
58    __IOM uint32_t C_ABPR;               /* Offset:0x201C (R/W) */
59    __IMuint32_t C_AIAR;                 /* Offset:0x2020 (R/ ) */
60    __OMuint32_t C_AEOIR;                /* Offset:0x2024 ( /W) */
61    __IMuint32_t C_AHPPIR;               /* Offset:0x2028 (R/ ) */
62       uint32_t RESERVED15[41];
63    __IOM uint32_t C_APR0;               /* Offset:0x20D0 (R/W) */
64       uint32_t RESERVED16[3];
65    __IOM uint32_t C_NSAPR0;             /* Offset:0x20E0 (R/W) */
66       uint32_t RESERVED17[6];
67    __IMuint32_t C_IIDR;                 /* Offset:0x20FC (R/ ) */
68       uint32_t RESERVED18[960];
69    __OMuint32_t C_DIR;                  /* Offset:0x3000 ( /W) */
70 } GIC_Type;
```

「範例 13-5」中的結構 GIC_Type 就是 GIC 控制器，列舉出了 GIC 控制器的所有暫存器，可以透過結構 GIC_Type 來存取 GIC 的所有暫存器。

第 5 行是 GIC 的分發器端相關暫存器，其相對於 GIC 基底位址偏移為 0X1000，因此我們獲取到 GIC 基底位址以後只需要加上 0X1000 即可存取 GIC 分發器端暫存器。

第 51 行是 GIC 的 CPU 介面端相關暫存器，其相對於 GIC 基底位址的偏移為 0X2000。同樣的，獲取到 GIC 基底位址以後只需要加上 0X2000 即可存取 GIC 的 CPU 介面段暫存器。

那麼問題來了，GIC 控制器的暫存器基底位址在哪裡呢？這個就需要用到 Cortex-A 的 CP15 輔助處理器了，下面就講解 CP15 輔助處理器。

13.1.4 CP15 輔助處理器

關於 CP15 輔助處理器和其相關暫存器的詳細內容請參考兩份文件 ARM ArchitectureReference Manual ARMv7-A and ARMv7-R edition 第 1469 頁和 Cortex-A7 Technical ReferenceManua 第 55 頁。

CP15 輔助處理器一般用於儲存系統管理，但是在中斷中也會使用到，CP15 輔助處理器一共有 16 個 32 位元暫存器。CP15 輔助處理器的存取透過如下所示的指令完成。

MRC：將 CP15 輔助處理器中的暫存器資料讀到 ARM 暫存器中。

MCR：將 ARM 暫存器的資料寫入到 CP15 輔助處理器暫存器中。

MRC 就是讀取 CP15 暫存器，MCR 就是寫入 CP15 暫存器，MCR 指令格式如下所示。

```
MCR{cond} p15, <opc1>, <Rt>, <CRn>, <CRm>, <opc2>
```

cond：指令執行的條件碼，如果忽略的話就表示無條件執行。

opc1：輔助處理器要執行的操作碼。

Rt：ARM 來源暫存器，要寫入到 CP15 暫存器的資料就儲存在此暫存器中。

CRn：CP15 輔助處理器的目標暫存器。

CRm：輔助處理器中附加的目標暫存器或源運算元暫存器，如果不需要附加資訊就將 CRm 設定為 C0，否則結果不可預測。

opc2：可選的輔助處理器特定操作碼，當不需要時要設定為 0。

　　MRC 的指令格式和 MCR 一樣，只不過在 MRC 指令中 Rt 就是目標暫存器，也就是從 CP15 指定暫存器讀出來的資料會儲存在 Rt 中。而 CRn 就是來源暫存器，也就是要讀取的寫入處理器暫存器。

　　假如我們要將 CP15 中 C0 暫存器的值讀取到 R0 暫存器中，那麼就可以使用如下所示命令。

```
MRC p15, 0, r0, c0, c0, 0
```

　　CP15 輔助處理器有 16 個 32 位元暫存器，c0~c15，本章來看一下 c0、c1、c12 和 c15 這 4 個暫存器。其他的暫存器大家參考上面的兩個文件即可。

1. c0 暫存器

　　CP15 輔助處理器有 16 個 32 位元暫存器，c0~c15，在使用 MRC 或 MCR 指令存取這 16 個暫存器時，指令中的 CRn、opc1、CRm 和 opc2 透過不同的搭配，其得到的暫存器含義是不同的。比如 c0 在不同的搭配情況下含義如圖 13-4 所示。

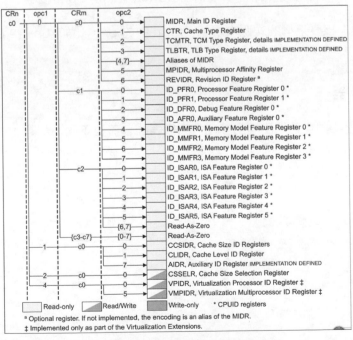

▲ 圖 13-4　c0 暫存器不同搭配含義

在圖 13-4 中，當 MRC/MCR 指令中的 CRn=c0，opc1=0，CRm=c0，opc2=0 時就表示此時的 c0 就是 MIDR 暫存器，也就是主 ID 暫存器，這個也是 c0 的基本作用。對 Cortex-A7 核心來說，c0 作為 MIDR 暫存器時其含義如圖 13-5 所示。

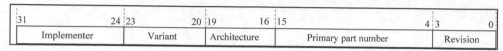

31 24	23 20	19 16	15 4	3 0
Implementer	Variant	Architecture	Primary part number	Revision

▲ 圖 13-5　c0 作為 MIDR 暫存器結構圖

在圖 13-5 中各位所代表的含義如下所示。

bit31:24：廠商編號，0X41，ARM。

bit23:20：核心架構的主版本編號，ARM 核心版本一般使用 rnpn 來表示，比如 r0p1。其中，r0 後面的 0 就是核心架構主版本編號。

bit19:16：架構程式，0XF，ARMv7 架構。

bit15:4：核心版本編號，0XC07，Cortex-A7 MPCore 核心。

bit3:0：核心架構的次版本編號，rnpn 中的 pn，比如 r0p1 中 p1 後面的 1 就是次版本編號。

2. c1 暫存器

c1 暫存器同樣透過不同的設定，其代表的含義也不同，如圖 13-6 所示。

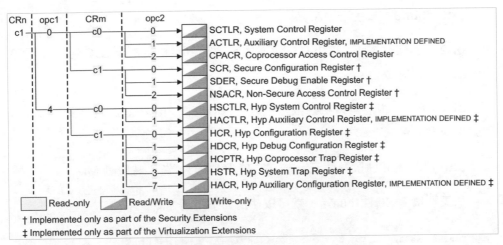

▲ 圖 13-6　c1 暫存器不同搭配含義

在圖 13-6 中，當 MRC/MCR 指令中的 CRn=c1，opc1=0，CRm=c0，opc2=0 時就表示此時的 c1 就是 SCTLR 暫存器，也就是系統控制暫存器，這個是 c1 的基本作用。SCTLR 暫存器主要是完成控制功能的，比如啟動或禁止 MMU、I/D Cache 等，c1 作為 SCTLR 暫存器時其含義如圖 13-7 所示。

30	31	29	28	27 26	25	24 21	20	19	18 14	13	12	11	10	9 3	2	1	0
Res	TE	AFE	TRE	Res	EE	Res	UWXN	WXN	Res	V	I	Z	SW	Res	C	A	M

▲ 圖 13-7　c1 作為 SCTLR 暫存器結構圖

SCTLR 的位元比較多，我們先來學習本章會用到相關內容。

bit13：V，中斷向量表基底位址選擇位元，為 0 時中斷向量表基底位址為 0X00000000，軟體可以使用 VBAR 來重映射此基底位址，也就是中斷向量表重定位。為 1 時中斷向量表基底位址為 0XFFFF0000，此基底位址不能被重映射。

bit12：I，I Cache 啟動位元，為 0 時關閉 I Cache，為 1 時啟動 I Cache。

bit11：Z，分支預測啟動位元，如果開啟 MMU 時，此位元也會啟動。

bit10：SW，SWP 和 SWPB 啟動位元，當為 0 時關閉 SWP 和 SWPB 指令，當為 1 時就啟動 SWP 和 SWPB 指令。

bit9 和 bit3：未使用，保留。

bit2：C，D Cache 和快取一致性啟動位元，為 0 時禁止 D Cache 和快取一致性，為 1 時啟動。

bit1：A，記憶體對齊檢查啟動位元，為 0 時關閉記憶體對齊檢查，為 1 時啟動記憶體對齊檢查。

bit0：M，MMU 啟動位元，為 0 時禁止 MMU，為 1 時啟動 MMU。

如果要讀寫 SCTLR 的話，就可以使用如下所示命令。

```
MRC p15, 0, <Rt>, c1, c0, 0        ; 讀取 SCTLR 暫存器，資料儲存到 Rt 中
MCR p15, 0, <Rt>, c1, c0, 0        ; 將 Rt 中的資料寫到 SCTLR(c1) 暫存器中
```

3. c12 暫存器

c12 暫存器透過不同的設定，其代表的含義也不同，如圖 13-8 所示。

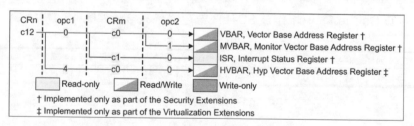

▲ 圖 13-8 c12 暫存器不同搭配含義

在圖 13-8 中，當 MRC/MCR 指令中的 CRn=c12，opc1=0，CRm=c0，opc2=0 時就表示此時 c12 為 VBAR 暫存器，也就是向量表基底位址暫存器。設定中斷向量表偏移時就需要將新的中斷向量表基底位址寫入 VBAR 中，比如在前面的常式中，程式連結的起始位址為 0X87800000，而中斷向量表肯定要放到最前面，也就是 0X87800000 這個位址處。所以就需要設定 VBAR 為 0X87800000，設定命令如下所示。

```
ldr r0, =0X87800000                ; r0=0X87800000
MCR p15, 0, r0, c12, c0, 0         ; 將 r0 中的資料寫入到 c12 中，即 c12=0X87800000
```

4. c15 暫存器

c15 暫存器也可以透過不同的設定得到不同的含義，參考文件 Cortex-A7 Technical ReferenceManua 第 68 頁相關內容，其設定如圖 13-9 所示。

CRn	Op1	CRm	Op2	Name	Reset	Description
c15	3[a]	c0	0	CDBGDR0	UNK	Data Register 0, see *Direct access to internal memory* on page 6-9
			1	CDBGDR1	UNK	Data Register 1, see *Direct access to internal memory* on page 6-9
			2	CDBGDR2	UNK	Data Register 2, see *Direct access to internal memory* on page 6-9
		c2	0	CDBGDCT	UNK	Data Cache Tag Read Operation Register, see *Direct access to internal memory* on page 6-9
			1	CDBGICT	UNK	Instruction Cache Tag Read Operation Register, see *Direct access to internal memory* on page 6-9
		c4	0	CDBGDCD	UNK	Data Cache Data Read Operation Register, see *Direct access to internal memory* on page 6-9
			1	CDBGICD	UNK	Instruction Cache Data Read Operation Register, see *Direct access to internal memory* on page 6-9
			2	CDBGTD	UNK	TLB Data Read Operation Register, see *Direct access to internal memory* on page 6-9
	4	c0	0	CBAR	-[b]	*Configuration Base Address Register* on page 4-83

▲ 圖 13-9　c15 暫存器不同搭配含義

在圖 13-9 中，我們需要 c15 作為 CBAR 暫存器，因為 GIC 的基底位址就儲存在 CBAR 中，可以透過以下命令獲取到 GIC 基底位址。

```
MRC p15, 4, r1, c15, c0, 0        ; 獲取 GIC 基礎位址，基底位址儲存在 r1 中
```

獲取到 GIC 基底位址以後就可以設定 GIC 相關暫存器了，比如可以讀取當前中斷 ID，當前中斷 ID 儲存在 GICC_IAR 中，暫存器 GICC_IAR 屬於 CPU 介面端暫存器，暫存器位址相對於 CPU 介面端起始位址的偏移為 0XC，因此獲取當前中斷 ID 的程式如下所示。

```
MRC p15, 4, r1, c15, c0, 0        ; 獲取 GIC 基底位址
ADD r1, r1, #0X2000               ;GIC 基底位址加 0X2000 得到 CPU 介面端暫存器起始位址
LDR r0, [r1, #0XC]                ; 讀取 CPU 介面端起始位址 +0XC 處的暫存器值，也就是暫存
                                  ; 器 GIC_IAR 的值
```

關於 CP15 輔助處理器就講解到這裡，簡單複習如下：透過 c0 暫存器可以獲取到處理器核心資訊；透過 c1 暫存器可以啟動或禁止 MMU、I/D Cache 等；透過 c12 暫存器可以設定中斷向量偏移；透過 c15 暫存器可以獲取 GIC 基底位址。關於 CP15 的其他暫存器，大家自行查閱本節前面列舉的 2 份 ARM 官方資料。

13.1.5 中斷啟動

中斷啟動包括兩部分，一個是 IRQ 或 FIQ 總中斷啟動，另一個就是 ID0~ID1019 這 1020 個中斷源的啟動。

1. IRQ 和 FIQ 總中斷啟動

IRQ 和 FIQ 分別是外部中斷和快速中斷的總開關，就類似家裡買的進戶總電閘，然後 ID0~ID1019 這 1020 個中斷源就類似家裡面的各個電器開關。要想開電視，那肯定要保證進戶總電閘是開啟的，因此要想使用 I.MX6ULL 上的外接裝置中斷就必須先開啟 IRQ 中斷（本書不使用 FIQ）。暫存器 CPSR 的 I=1 禁止 IRQ，當 I=0 啟動 IRQ；F=1 禁止 FIQ，F=0 啟動 FIQ。我們還有更簡單的指令來完成 IRQ 或 FIQ 的啟動和禁止，如表 13-3 所示。

▼ 表 13-3 開關中斷指令

指令	描述	指令	描述
cpsid i	禁止 IRQ 中斷	cpsid f	禁止 FIQ 中斷
cpsie i	啟動 IRQ 中斷	cpsie f	啟動 FIQ 中斷

2. ID0~ID1019 中斷啟動和禁止

GIC 暫存器 GICD_ISENABLERn 和 GICD_ ICENABLERn 用來完成外部中斷的啟動和禁止，對 Cortex-A7 核心來説中斷 ID 只使用了 512 個。一個 bit 控制一個中斷 ID 的啟動，那麼就需要 512/32=16 個 GICD_ISENABLER 暫存器來完成中斷的啟動。同理，也需要 16 個 GICD_ICENABLER 暫存器來完成中斷的禁止。其中 GICD_ISENABLER0 的 bit[15:0] 對應 ID15~0 的 SGI 中斷，GICD_ISENABLER0 的 bit[31:16] 對應 ID31~16 的 PPI 中斷。剩下的 GICD_ISENABLER1~GICD_ISENABLER15 就是控制 SPI 中斷的。

13.1.6 中斷優先順序設定

1. 優先順序數設定

學過 STM32 的讀者都知道 Cortex-M 的中斷優先順序分為先佔優先順序和子優先順序，兩者是可以設定的。同樣的 Cortex-A7 的中斷優先順序也可以分為先佔優先順序和子優先順序，兩者同樣是可以設定的。GIC 控制器最多可以支援 256 個優先順序，數字越小，優先順序越高。Cortex-A7 選擇了 32 個優先順序。在使用中斷時需要初始化暫存器 GICC_PMR，此暫存器用來決定使用幾級優先順序，暫存器結構如圖 13-10 所示。

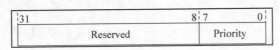

▲ 圖 13-10 暫存器 GICC_PMR 結構

暫存器 GICC_PMR 只有低 8 位元有效，這 8 位元最多可以設定 256 個優先順序，其他優先順序數設定如表 13-4 所示。

▼ 表 13-4 優先順序數設定

bit7:0	優先順序	數 bit7:0	優先順序數
11111111	256 個優先順序	11111000	32 個優先順序
11111110	128 個優先順序	11110000	16 個優先順序
11111100	64 個優先順序		

I.MX6ULL 是 Cortex-A7 核心，所以支援 32 個優先順序，因此 GICC_PMR 要設定為 0b11111000。

2. 先佔優先順序和子優先順序位數設定

先佔優先順序和子優先順序各佔多少位元是由暫存器 GICC_BPR 來決定的，暫存器 GICC_BPR 結構如圖 13-11 所示。

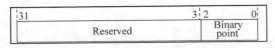

▲ 圖 13-11 暫存器 GICC_BPR 結構

暫存器 GICC_BPR 只有低 3 位元有效，其值不同，先佔優先順序和子優先順序佔用的位數也不同，設定如表 13-5 所示。

▼ 表 13-5 GICC_BPR 設定表

Binary Point	先佔優先順序域	子優先順序域	描述
0	[7:1]	[0]	7 級先佔優先順序，1 級子優先順序
1	[7:2]	[1:0]	6 級先佔優先順序，2 級子優先順序
2	[7:3]	[2:0]	5 級先佔優先順序，3 級子優先順序
3	[7:4]	[3:0]	4 級先佔優先順序，4 級子優先順序
4	[7:5]	[4:0]	3 級先佔優先順序，5 級子優先順序
5	[7:6]	[5:0]	2 級先佔優先順序，6 級子優先順序
6	[7:7]	[6:0]	1 級先佔優先順序，7 級子優先順序
7	無	[7:0]	0 級先佔優先順序，8 級子優先順序

為了簡單起見，一般將所有的中斷優先順序位元都設定為先佔優先順序，比如 I.MX6ULL 的優先順序位數為 5（32 個優先順序），所以可以設定 Binary point 為 2，表示 5 個優先順序位元全部為先佔優先順序。

3. 優先順序設定

前面已經設定好了 I.MX6ULL 一共有 32 個先佔優先順序，數字越小優先順序越高。具體要使用某個中斷時就可以設定其優先順序為 0~31。某個中斷 ID 的中斷優先順序設定由暫存器 D_IPRIORITYR 來完成，前面說了 Cortex-A7 使用了 512 個中斷 ID，每個中斷 ID 配有一個優先順序暫存器，所以一共有 512 個 D_IPRIORITYR 暫存器。如果優先順序個數為 32 時，使用暫存器 D_IPRIORITYR 的 bit7:4 來設定優先順序，也就是說實際的優先順序要左移 3 位元。比如要設定 ID40 中斷的優先順序為 5，範例程式如下所示。

```
GICD_IPRIORITYR[40] = 5 << 3;
```

有關優先順序設定的內容就講解到這裡，優先順序設定主要有 3 部分：

（1）設定暫存器 GICC_PMR，設定優先順序個數，比如 I.MX6ULL 支援 32 級優先順序。

（2）設定先佔優先順序和子優先順序位數，一般為了簡單起見，會將所有的位數都設定為先佔優先順序。

（3）設定指定中斷 ID 的優先順序，也就是設定外接裝置優先順序。

13.2 硬體原理分析

本實驗用到的硬體資源和第 15 章的硬體資源一樣。

13.3 實驗程式撰寫

本實驗對應的常式路徑為「1、裸機常式→ 9_int」。

本章實驗的功能和第 15 章一樣，只是按鍵採用中斷的方式處理。當按下按鍵 KEY0 以後就開啟蜂鳴器，再次按下按鍵 KEY0 就關閉蜂鳴器。

13.3.1 移植 SDK 套件中斷相關檔案

將 SDK 套件中的檔案 core_ca7.h 複製到本章實驗專案中的 imx6ul 資料夾中，參考實驗 9_int 中的 core_ca7.h 進行修改。主要留下和 GIC 相關的內容，我們重點是需要檔案 core_ca7.h 中的 10 個 API 函式，這 10 個函式如表 13-6 所示。

▼ 表 13-6 GIC 相關 API 操作函式

函式	描述
GIC_Init	初始化 GIC
GIC_EnableIRQ	啟動指定的外接裝置中斷

續表

函式	描述
GIC_DisableIRQ	關閉指定的外接裝置中斷
GIC_AcknowledgeIRQ	傳回中斷號
GIC_DeactivateIRQ	無效化指定中斷
GIC_GetRunningPriority	獲取當前正在執行的中斷優先順序
GIC_SetPriorityGrouping	設定先佔優先順序位數
GIC_GetPriorityGrouping	獲取先佔優先順序位數
GIC_SetPriority	設定指定中斷的優先順序
GIC_GetPriority	獲取指定中斷的優先。

移植好檔案 core_ca7.h 以後，修改檔案 imx6ul.h，並在其中增加如下所示
程式。

```
#include "core_ca7.h"
```

13.3.2 重新撰寫 start.s 檔案

重新在檔案 start.s 中輸入如範例 13-6 所示內容。

▼ 範例 13-6 start.s 檔案程式

```
/**************************************************************
Copyright  © zuozhongkai Co., Ltd. 1998-2019. All rights reserved
檔案名稱        :start.s
作者           :左忠凱
版本           :V2.0
描述           :I.MX6ULL-ALPHA/I.MX6ULL 開發板開機檔案，完成 C 環境初始化，
               C 環境初始化完成以後跳躍到 C 程式
其他           :無
討論區         :www.openedv.com
記錄檔         :初版 V1.0 2019/1/3 左忠凱修改
               V2.0 2019/1/4 左忠凱修改
               增加中斷相關定義
**************************************************************/
1  .global _start                          /* 全域標誌 */
```

```
 2
 3  /*
 4   * 描述： _start 函式，首先是中斷向量表的建立
 5   */
 6  _start:
 7      ldr pc, =Reset_Handler              /* 重置中斷 */
 8      ldr pc, =Undefined_Handler          /* 未定義指令中斷 */
 9      ldr pc, =SVC_Handler                /* SVC(Supervisor) 中斷 */
10      ldr pc, =PrefAbort_Handler          /* 預先存取終止中斷 */
11      ldr pc, =DataAbort_Handler          /* 資料終止中斷 */
12      ldr pc, =NotUsed_Handler            /* 未使用中斷 */
13      ldr pc, =IRQ_Handler                /* IRQ 中斷 */
14      ldr pc, =FIQ_Handler                /* FIQ( 快速中斷 ) */
15
16  /* 重置中斷 */
17  Reset_Handler:
18
19      cpsid i                             /* 關閉全域中斷 */
20
21      /* 關閉 I,DCache 和 MMU
22       * 採取讀 - 改 - 寫的方式
23       */
24      mrc       p15, 0, r0, c1, c0, 0     /* 讀取 CP15 的 C1 暫存器到 R0 中 */
25      bic       r0,r0, #(0x1 << 12)       /* 清除 C1 的 I 位元，關閉 I Cache */
26      bic       r0,r0, #(0x1 <<2)         /* 清除 C1 的 C 位元，關閉 D Cache */
27      bic       r0,r0, #0x2               /* 清除 C1 的 A 位元，關閉對齊檢查 */
28      bic       r0,r0, #(0x1 << 11)       /* 清除 C1 的 Z 位元，關閉分支預測 */
29      bic       r0,r0, #0x1               /* 清除 C1 的 M 位元，關閉 MMU */
30      mcr       p15, 0, r0, c1, c0, 0     /* 將 r0 的值寫入到 CP15 的 C1 中 */
31
32
33 #if 0
34          /* 組合語言版本設定中斷向量表偏移 */
35      ldr r0, =0X87800000
36
37      dsb
38      isb
39      mcr p15, 0, r0, c12, c0, 0
40      dsb
41      isb
```

```
42 #endif
43
44    /* 設定各個模式下的堆疊指標,
45     * 注意：IMX6UL 的堆疊是向下增長的
46     * 堆疊指標位址一定要是 4 位元組位址對齊的
47     * DDR 範圍 :0X80000000~0X9FFFFFFF 或 0X8FFFFFFF
48     */
49    /* 進入 IRQ 模式 */
50    mrs r0, cpsr
51    bic r0, r0, #0x1f          /* 將 r0 的低 5 位元清零,也就是 cpsr 的 M0~M4 */
52    orr r0, r0, #0x12          /* r0 或上 0x12, 表示使用 IRQ 模式 */
53    msr cpsr, r0               /* 將 r0 的資料寫入到 cpsr 中 */
54    ldr sp, =0x80600000        /* IRQ 模式堆疊啟始位址為 0X80600000, 大小為 2MB */
55
56    /* 進入 SYS 模式 */
57    mrs r0, cpsr
58    bic r0, r0, #0x1f          /* 將 r0 的低 5 位元清零,也就是 cpsr 的 M0~M4   */
59    orr r0, r0, #0x1f          /* r0 或上 0x1f, 表示使用 SYS 模式 */
60    msr cpsr, r0               /* 將 r0 的資料寫入到 cpsr 中 */
61    ldr sp, =0x80400000        /* SYS 模式堆疊啟始位址為 0X80400000, 大小為 2MB */
62
6     /* 進入 SVC 模式 */
64    mrs r0, cpsr
65    bic r0, r0, #0x1f          /* 將 r0 的低 5 位元清零,也就是 cpsr 的 M0~M4   */
66    orr r0, r0, #0x13          /* r0 或上 0x13, 表示使用 SVC 模式 */
67    msr cpsr, r0               /* 將 r0 的資料寫入到 cpsr 中 */
68    ldr sp, =0X80200000        /* SVC 模式堆疊啟始位址為 0X80200000, 大小為 2MB */
69
70    cpsie i                    /* 開啟全域中斷 */
71
72 #if 0
73    /* 啟動 IRQ 中斷 */
74    mrs r0, cpsr               /* 讀取 cpsr 暫存器值到 r0 中 */
75    bic r0, r0, #0x80          /* 將 r0 暫存器中 bit7 清零,也就是 CPSR 中
76                                * 的 I 位元清零,表示允許 IRQ 中斷
77                                */
78    msr cpsr, r0               /* 將 r0 重新寫入到 cpsr 中 */
79 #endif
80
81    b main                     /* 跳躍到 main 函式 */
```

```
82
83  /* 未定義中斷 */
84  Undefined_Handler:
85      ldr r0, =Undefined_Handler
86      bx r0
87
88  /* SVC 中斷 */
89  SVC_Handler:
90      ldr r0, =SVC_Handler
91      bx r0
92
93  /* 預先存取終止中斷 */
94  PrefAbort_Handler:
95      ldr r0, =PrefAbort_Handler
96      bx r0
97
98  /* 資料終止中斷 */
99  DataAbort_Handler:
100     ldr r0, =DataAbort_Handler
101     bx r0
102
103 /* 未使用的中斷 */
104 NotUsed_Handler:
105
106     ldr r0, =NotUsed_Handler
107     bx r0
108
109 /* IRQ 中斷！重點！！！！！ */
110 IRQ_Handler:
111     push {lr}                          /* 儲存 lr 位址 */
112     push {r0-r3, r12}                  /* 儲存 r0-r3，r12 暫存器   */
113
114     mrs r0, spsr                       /* 讀取 spsr 暫存器   */
115     push {r0}                          /* 儲存 spsr 暫存器   */
116
117     mrc p15, 4, r1, c15, c0, 0         /* 將 CP15 的 C0 內的值到 R1 暫存器中
118                       * 參考文件 ARM Cortex-A(armV7) 程式設計手冊 V4.0.pdf P49
119                       * Cortex-A7 Technical ReferenceManua.pdf P68 P138
120                       */
121     add r1, r1, #0X2000                /* GIC 基底位址加 0X2000，得到 CPU 介面端基底位址 */
```

```
122    ldr r0, [r1, #0XC]              /* CPU 介面端基底位址加 0X0C 就是 GICC_IAR 暫存器，
123                                      * GICC_IAR 儲存著當前發生中斷的中斷號，我們要根
124                                      * 據這個中斷號來絕對呼叫哪個中斷服務函式
125                                      */
126    push {r0, r1}                   /* 儲存 r0,r1 */
127
128    cps #0x13                       /* 進入 SVC 模式，允許其他中斷再次進去 */
129
130    push {lr}                       /* 儲存 SVC 模式的 lr 暫存器   */
131    ldr r2, =system_irqhandler      /* 載入 C 語言中斷處理函式到 r2 暫存器中 */
132    blx r2                          /* 執行 C 語言中斷處理函式，帶有一個參數 */
133
134    pop {lr}                        /* 執行完 C 語言中斷服務函式，lr 移出堆疊   */
135    cps #0x12                       /* 進入 IRQ 模式 */
136    pop {r0, r1}
137    str r0, [r1, #0X10]             /* 中斷執行完成，寫入 EOIR */
138
139    pop {r0}
140    msr spsr_cxsf, r0               /* 恢復 spsr   */
141
142    pop {r0-r3, r12}                /* r0-r3,r12 移出堆疊   */
143    pop {lr}                        /* lr 移出堆疊   */
144    subs pc, lr, #4                 /* 將 lr-4 賦給 pc   */
145
146 /* FIQ 中斷 */
147 FIQ_Handler:
148
149    ldr r0, =FIQ_Handler
150    bx r0
```

第 6~14 行是中斷向量表，13.1.2 節已經講解過了。

第 17~81 行是重置中斷服務函式 Reset_Handler，第 19 行先呼叫指令 cpsid i 關閉 IRQ，第 24~30 行是關閉 I/D Cache、MMU、對齊檢測和分支預測。第 33~42 行是組合語言版本的中斷向量表重映射。第 50~68 行是設定不同模式下的 sp 指標，分別設定 IRQ 模式、SYS 模式和 SVC 模式的堆疊指標，每種模式的堆疊大小都是 2MB。第 70 行呼叫指令 cpsie i 重新開啟 IRQ 中斷，第

72~79 行是操作 CPSR 暫存器來開啟 IRQ 中斷。當初始化工作都完成以後就可以進入到 main 函式了，第 81 行就是跳躍到 main 函式。

第 110~144 行是中斷服務函式 IRQ_Handler，這個是本章的重點，因為所有的外部中斷最終都會觸發 IRQ 中斷，所以 IRQ 中斷服務函式主要的工作就是區分當前發生的什麼中斷，然後針對不同的外部中斷做出不同的處理。第 111~115 行是儲存現場，第 117~122 行是獲取當前中斷號，中斷號被儲存到了 r0 暫存器中。第 131 和 132 行才是中斷處理的重點，這兩行相當於呼叫了 system_irqhandler 函式，system_irqhandler 函式是一個 C 語言函式，此函式有一個參數，就是中斷號，所以我們需要傳遞一個參數。

組合語言中呼叫 C 函式如何實現參數傳遞呢？根據 ATPCS（ARM-Thumb Procedure Call Standard）定義的函式參數傳遞規則，在組合語言呼叫 C 函式時建議形式參數不要超過 4 個，形式參數可以由 r0~r3 這四個暫存器來傳遞，如果形式參數大於 4 個，那麼大於 4 個的部分要使用堆疊進行傳遞。所以給 r0 暫存器寫入中斷號就可以在 system_irqhandler 函式的參數傳遞，在 136 行已經向 r0 暫存器寫入了中斷號。中斷的真正處理過程其實是在 system_irqhandler 函式中完成，稍後需要撰寫 system_irqhandler 函式。

第 137 行向暫存器 GICC_EOIR 寫入剛剛處理完成的中斷號，當一個中斷處理完成以後必須向 GICC_EOIR 暫存器寫入其中斷號表示中斷處理完成。

第 139~143 行就是恢復現場。

第 144 行中斷處理完成以後，就要重新傳回到曾經被中斷打斷的地方執行，這裡為什麼要將 lr-4 然後賦給 pc？而非直接將 lr 賦值給 pc？ARM 的指令是三級管線：取指、譯指、執行，pc 指向的是正在設定值的位址即 pc= 當前執行指令位址 +8。比以下面程式範例。

```
0X2000 MOV R1, R0        ;執行
0X2004 MOV R2, R3        ;譯指
0X2008 MOV R4, R5        ;設定值 PC
```

上面範例程式中，左側一列是位址，中間是指令，最右邊是管線。當前正在執行 0X2000 位址處的指令 MOV R1, R0，但是 PC 中已經儲存了 0X2008 位址處的指令 MOV R4, R5。假設此時發生了中斷，中斷發生時儲存在 lr 中的是 pc 的值，也就是位址 0X2008。當中斷處理完成以後肯定需要回到被中斷點接著執行，如果直接跳躍到 lr 中儲存的位址處（0X2008）開始執行，那麼就有一個指令沒有執行，那就是位址 0X2004 處的指令 MOV R2, R3。顯然，這是一個很嚴重的錯誤，所以就需要將 lr-4 賦值給 pc，也就是 pc=0X2004，從指令 MOV R2，R3 開始執行。

13.3.3　通用中斷驅動程式檔案撰寫

在 start.S 檔案中我們從中斷服務函式 IRQ_Handler 中呼叫了 C 函式 system_irqhandler 來處理具體的中斷。此函式有一個參數，參數是中斷號，但是 system_irqhandler 函式的具體內容還沒有實現，所以需要實現 system_irqhandler 函式的具體內容。不同的中斷源對應不同的中斷處理函式，I.MX6ULL 有 160 個中斷源，所以需要 160 個中斷處理函式，可以將這些中斷處理函式放到一個陣列中，中斷處理函式在陣列中的標誌就是其對應的中斷號。當中斷發生以後 system_irqhandler 函式根據中斷號從中斷處理函式陣列中找到對應的中斷處理函式並執行即可。

在 bsp 目錄下新建名為 int 的資料夾，在 bsp/int 資料夾中建立 bsp_int.c 和 bsp_int.h 這兩個檔案。在檔案 bsp_int.h 中輸入如範例 13-7 所示內容。

▼ 範例 13-7　bsp_int.h 檔案程式

```
1   #ifndef _BSP_INT_H
2   #define _BSP_INT_H
3   #include "imx6ul.h"
4   /***********************************************************
5   Copyright  © zuozhongkai Co., Ltd. 1998-2019. All rights reserved
6   檔案名稱      :bsp_int.h
7   作者         :左忠凱
8   版本         :V1.0
9   描述         :中斷驅動程式標頭檔
10  其他         :無
```

```
11 討論區        :www.openedv.com
12 記錄檔        :初版 V1.0 2019/1/4 左忠凱建立
13 **********************************************************/
14
15 /* 中斷處理函式形式 */
16 typedef void (*system_irq_handler_t) (unsigned int giccIar,
   void *param);
17
18 /* 中斷處理函式結構 */
19 typedef struct _sys_irq_handle
20 {
21    system_irq_handler_t irqHandler;          /* 中斷處理函式 */
22    void *userParam;                          /* 中斷處理函式參數 */
23 } sys_irq_handle_t;
24
25 /* 函式宣告 */
26 void int_init(void);
27 void system_irqtable_init(void);
28 void system_register_irqhandler(IRQn_Type irq,
                                   system_irq_handler_t handler,
                                   void *userParam);
29 void system_irqhandler(unsigned int giccIar);
30 void default_irqhandler(unsigned int gicIar, void *userParam);
31
32 #endif
```

第 16~23 行是中斷處理結構，結構 sys_irq_handle_t 包含一個中斷處理函式和中斷處理函式的使用者參數。一個中斷源就需要一個 sys_irq_handle_t 變數，I.MX6ULL 有 160 個中斷源，因此需要 160 個 sys_irq_handle_t 組成中斷處理陣列。

在檔案 bsp_int.c 中輸入如範例 13-8 所示內容。

▼ 範例 13-8 bsp_int.c 檔案程式

```
1 #include "bsp_int.h"
2 /**********************************************************
3 Copyright  © zuozhongkai Co., Ltd. 1998-2019. All rights reserved
4 檔案名稱      :bsp_int.c
```

```
 5  作者           :左忠凱
 6  版本           :V1.0
 7  描述           :中斷驅動程式檔案
 8  其他           :無
 9  討論區         :www.openedv.com
10  記錄檔         :初版 V1.0 2019/1/4 左忠凱建立
11 *********************************************************/
12
13 /* 中斷巢狀結構計數器 */
14 static unsigned int irqNesting;
15
16/* 中斷服務函式表 */
17 static sys_irq_handle_t irqTable[NUMBER_OF_INT_VECTORS];
18
19 /*
20  * @description :中斷初始化函式
21  * @param: 無
22  * @return: 無
23  */
24 void int_init(void)
25 {
26    GIC_Init();                         /* 初始化 GIC */
27    system_irqtable_init();             /* 初始化中斷表 */
28    __set_VBAR((uint32_t)0x87800000);   /* 中斷向量表偏移 */
29 }
30
31 /*
32  * @description: 初始化中斷服務函式表
33  * @param: 無
34  * @return: 無
35  */
36 void system_irqtable_init(void)
37 {
38    unsigned int i = 0;
39    irqNesting = 0;
40
41    /* 先將所有的中斷服務函式設定為預設值 */
42        for(i = 0; i < NUMBER_OF_INT_VECTORS; i++)
43        {
```

```
44          system_register_irqhandler(          (IRQn_Type)i,
                                                  default_irqhandler,
                                                  NULL);
45     }
46 }
47
48 /*
49  * @description              :給指定的中斷號註冊中斷服務函式
50  * @param - irq              :要註冊的中斷號
51  * @param - handler          :要註冊的中斷處理函式
52  * @param - usrParam         :中斷服務處理函式參數
53  * @return                   :無
54  */
55 void system_register_irqhandler(IRQn_Type irq,
                                   system_irq_handler_t handler,
                                   void *userParam)
56 {
57     irqTable[irq].irqHandler = handler;
58         irqTable[irq].userParam = userParam;
59 }
60
61 /*
62  * @description              :C 語言中斷服務函式，irq 組合語言中斷服務函式會
                                 呼叫此函式，此函式透過在中斷服務清單中查
64                               找指定中斷號所對應的中斷處理函式並執行
65  * @param - giccIar          :中斷號
66  * @return                   :無
67  */
68 void system_irqhandler(unsigned int giccIar)
69 {
70
71         uint32_t intNum = giccIar & 0x3FFUL;
72
73     /* 檢查中斷號是否符合要求 */
74     if ((intNum == 1020) || (intNum >= NUMBER_OF_INT_VECTORS))
75     {
76       return;
77     }
78
```

```
79          irqNesting++;                    /* 中斷巢狀結構計數器加 1 */
80
81          /* 根據傳遞進來的中斷號，在 irqTable 中呼叫確定的中斷服務函式 */
82           irqTable[intNum].irqHandler(intNum,
                                          irqTable[intNum].userParam);
83
84          irqNesting--;                    /* 中斷執行完成，中斷巢狀結構暫存器減 1 */
85
86 }
87
88 /*
89  * @description            : 預設中斷服務函式
90  * @param - giccIar        : 中斷號
91  * @param - usrParam       : 中斷服務處理函式參數
92  * @return                 : 無
93  */
94 void default_irqhandler(unsigned int giccIar, void *userParam)
95 {
96    while(1)
97      {
98      }
99 }
```

第 14 行定義了一個變數 irqNesting，此變數作為中斷巢狀結構計數器。

第 17 行定了中斷服務函式陣列 irqTable，這是一個 sys_irq_handle_t 類型的結構陣列，陣列大小為 I.MX6ULL 的中斷源個數，即 160 個。

第 24~28 行是中斷初始化函式 int_init，在此函式中首先初始化了 GIC，然後初始化了中斷服務函式表，最終設定了中斷向量表偏移。

第 36~46 行是中斷服務函式表初始化函式 system_irqtable_init，初始化 irqTable，給其賦初值。

第 55~59 行是註冊中斷處理函式 system_register_irqhandler，此函式用來給指定的中斷號註冊中斷處理函式。如果要使用某個外接裝置中斷，那就必須呼叫此函式來給這個中斷註冊一個中斷處理函式。

第 68~86 行就是前面在檔案 start.S 中呼叫的 system_irqhandler 函式,此函式根據中斷號在中斷處理函式表 irqTable 中取出對應的中斷處理函式並執行。

第 94~99 行是預設中斷處理函式 default_irqhandler,這是一個空函式,主要用來給初始化中斷函式處理表。

13.3.4 修改 GPIO 驅動程式檔案

在前面的實驗中我們只是使用到了 GPIO 最基本的輸入輸出功能,本章需要使用 GPIO 的中斷功能。所以需要修改 GPIO 的驅動程式檔案 bsp_gpio.c 和 bsp_gpio.h,加上中斷相關函式。關於 GPIO 中斷內容已經在 4.1.5 節進行了詳細地講解,這裡就不贅述了。開啟檔案 bsp_gpio.h,重新輸入如範例 13-9 所示內容。

▼ 範例 13-9 bsp_gpio.h 檔案程式

```
1  #ifndef _BSP_GPIO_H
2  #define _BSP_GPIO_H
3  #include "imx6ul.h"
4  /***********************************************************
5  Copyright  © zuozhongkai Co., Ltd. 1998-2019. All rights reserved
6  檔案名稱      :bsp_gpio.h
7  作者         :左忠凱
8  版本         :V1.0
9  描述         :GPIO 操作檔案標頭檔
10 其他         :無
11 討論區       :www.openedv.com
12 記錄檔       :初版 V1.0 2019/1/4 左忠凱建立
13            V2.0 2019/1/4 左忠凱修改
14            增加 GPIO 中斷相關定義
15
16 ***********************************************************/
17
18 /*
19  * 列舉類型和結構定義
20  */
21 typedef enum _gpio_pin_direction
```

```
22 {
23     kGPIO_DigitalInput = 0U,          /* 輸入 */
24     kGPIO_DigitalOutput = 1U,         /* 輸出 */
25 } gpio_pin_direction_t;
26
27 /*
28  * GPIO 中斷觸發類型列舉
29  */
30 typedef enum _gpio_interrupt_mode
31 {
32     kGPIO_NoIntmode = 0U,                   /* 無中斷功能  */
33     kGPIO_IntLowLevel = 1U,                 /* 低電位觸發 */
34     kGPIO_IntHighLevel = 2U,                /* 高電位觸發  */
35     kGPIO_IntRisingEdge = 3U,               /* 上昇緣觸發 */
36     kGPIO_IntFallingEdge = 4U,              /* 下降緣觸發  */
37     kGPIO_IntRisingOrFallingEdge = 5U,  /* 上昇緣和下降緣都觸發   */
38 } gpio_interrupt_mode_t;
39
40 /*
41  * GPIO 設定結構
42  */
43 typedef struct _gpio_pin_config
44 {
45     gpio_pin_direction_t direction;     /* GPIO 方向：輸入還是輸出 */
46     uint8_t outputLogic;                /* 如果是輸出的話，預設輸出電位 */
47 gpio_interrupt_mode_t interruptMode;  /* 中斷方式 */
48 } gpio_pin_config_t;
49
50
51 /* 函式宣告 */
52 void gpio_init(GPIO_Type *base, int pin, gpio_pin_config_t *config);
53 int gpio_pinread(GPIO_Type *base, int pin);
54 void gpio_pinwrite(GPIO_Type *base, int pin, int value);
55 void gpio_intconfig(GPIO_Type* base, unsigned int pin,
gpio_interrupt_mode_t pinInterruptMode);
56 void gpio_enableint(GPIO_Type* base, unsigned int pin);
57 void gpio_disableint(GPIO_Type* base, unsigned int pin);
58 void gpio_clearintflags(GPIO_Type* base, unsigned int pin);
59
60 #endif
```

相比前面實驗的檔案 bsp_gpio.h，「範例 13-9」中增加了一個新列舉類型 gpio_interrupt_mode_t，列舉出了 GPIO 所有的中斷觸發類型。還修改了結構 gpio_pin_config_t，在裡面加入了 interruptMode 成員變數。最後就是增加了一些跟中斷有關的函式宣告，檔案 bsp_gpio.h 的內容整體還是比較簡單的。

開啟檔案 bsp_gpio.c，重新輸入如範例 13-10 所示內容。

▼ 範例 13-10 bsp_gpio.c 檔案程式

```
1  #include "bsp_gpio.h"
2  /***************************************************************
3  Copyright  © zuozhongkai Co., Ltd. 1998-2019. All rights reserved
4  檔案名稱      :bsp_gpio.c
5  作者         :左忠凱
6  版本         :V1.0
7  描述         :GPIO 操作檔案
8  其他         :無
9  討論區       :www.openedv.com
10 記錄檔       :初版 V1.0 2019/1/4 左忠凱建立
11             V2.0 2019/1/4 左忠凱修改:
12             修改 gpio_init() 函式,支援中斷設定
13             增加 gpio_intconfig() 函式,初始化中斷
14             增加 gpio_enableint() 函式,啟動中斷
15             增加 gpio_clearintflags() 函式,清除中斷標識位元
16
17 ***************************************************************/
18
19 /*
20  * @description      :GPIO 初始化
21  * @param - base     : 要初始化的 GPIO 組
22  * @param - pin      : 要初始化 GPIO 在組內的編號
23  * @param - config   :GPIO 設定結構
24  * @return           :無
25  */
26 void gpio_init(GPIO_Type *base, int pin, gpio_pin_config_t *config)
27 {
28     base->IMR &= ~(1U << pin);
29
30     if(config->direction == kGPIO_DigitalInput)    /* GPIO 作為輸入 */
```

```
31    {
32        base->GDIR &= ~( 1 << pin);
33    }
34    else    /* 輸出 */
35    {
36        base->GDIR |= 1 << pin;
37        gpio_pinwrite(base,pin, config->outputLogic);    /* 預設電位 */
38    }
39    gpio_intconfig(base, pin, config->interruptMode);    /* 中斷設定 */
40 }
41
42 /*
43  * @description: 讀取指定 GPIO 的電位值
44  * @param - base: 要讀取的 GPIO 組
45  * @param - pin: 要讀取的 GPIO 接腳號
46  * @return: 無
47  */
48 int gpio_pinread(GPIO_Type *base, int pin)
49 {
50        return (((base->DR) >> pin) & 0x1);
51 }
52
53 /*
54  * @description    : 指定 GPIO 輸出高或低電位
55  * @param - base   : 要輸出的 GPIO 組
56  * @param - pin    : 要輸出的 GPIO 接腳號
57  * @param - value  : 要輸出的電位，1 輸出高電位， 0 輸出低電位
58  * @return         : 無
59  */
60 void gpio_pinwrite(GPIO_Type *base, int pin, int value)
61 {
62        if (value == 0U)
63        {
64                base->DR &= ~(1U << pin); /* 輸出低電位 */
65        }
66        else
67        {
68                base->DR |= (1U << pin); /* 輸出高電位 */
69        }
```

```
70  }
71
72  /*
73   * @description              : 設定 GPIO 的中斷設定功能
74   * @param - base             : 要設定的 I/O 所在的 GPIO 組
75   * @param - pin              : 要設定的 GPIO 接腳號
76   * @param - pinInterruptMode : 中斷模式，參考 gpio_interrupt_mode_t
77   * @return                   : 無
78   */
79  void gpio_intconfig(GPIO_Type* base, unsigned int pin,
                        gpio_interrupt_mode_t pin_int_mode)
80  {
81      volatile uint32_t *icr;
82      uint32_t icrShift;
83
84      icrShift = pin;
85
86      base->EDGE_SEL &= ~(1U << pin);
87
88      if(pin < 16)            /* 低 16 位元 */
89      {
90          icr = &(base->ICR1);
91      }
92      else                    /* 高 16 位元 */
93      {
94          icr = &(base->ICR2);
95          icrShift -= 16;
96      }
97      switch(pin_int_mode)
98      {
99          case(kGPIO_IntLowLevel):
100             *icr &= ~(3U << (2 * icrShift));
101             break;
102         case(kGPIO_IntHighLevel):
103             *icr = (*icr & (~(3U << (2 * icrShift)))) |
                        (1U << (2 * icrShift));
104             break;
105         case(kGPIO_IntRisingEdge):
106             *icr = (*icr & (~(3U << (2 * icrShift)))) |
```

```
                              (2U << (2 * icrShift));
107              break;
108          case(kGPIO_IntFallingEdge):
109              *icr |= (3U << (2 * icrShift));
110              break;
111          case(kGPIO_IntRisingOrFallingEdge):
112              base->EDGE_SEL |= (1U << pin);
113              break;
114          default:
115              break;
116      }
117 }
118
119 /*
120  * @description      : 啟動 GPIO 的中斷功能
121  * @param - base     : 要啟動的 I/O 所在的 GPIO 組
122  * @param - pin      : 要啟動的 GPIO 在組內的編號
123  * @return           : 無
124  */
125 void gpio_enableint(GPIO_Type* base, unsigned int pin)
126 {
127      base->IMR |= (1 << pin);
128 }
129
130 /*
131  * @description      : 禁止 GPIO 的中斷功能
132  * @param - base     : 要禁止的 I/O 所在的 GPIO 組
133  * @param - pin      : 要禁止的 GPIO 在組內的編號
134  * @return           : 無
135  */
136 void gpio_disableint(GPIO_Type* base, unsigned int pin)
137 {
138      base->IMR &= ~(1 << pin);
139 }
140
141 /*
142  * @description      : 清除中斷標識位元 ( 寫入 1 清除 )
143  * @param - base     : 要清除的 I/O 所在的 GPIO 組
144  * @param - pin      : 要清除的 GPIO 遮罩
```

```
145  * @return           : 無
146  */
147 void gpio_clearintflags(GPIO_Type* base, unsigned int pin)
148 {
149      base->ISR |= (1 << pin);
150 }
```

在檔案 bsp_gpio.c 中首先修改了 gpio_init 函式，在此函式中增加了中斷設定程式。另外也新增 4 個函式，如下所示。

gpio_intconfig：設定 GPIO 的中斷功能。

gpio_enableint：GPIO 中斷啟動函式。

gpio_disableint：GPIO 中斷禁止函式。

gpio_clearintflags：GPIO 中斷標識位元清除函式。

檔案 bsp_gpio.c 重點增加了一些跟 GPIO 中斷有關的函式，都比較簡單。

13.3.5 按鍵中斷驅動程式檔案撰寫

本節的目的是以中斷的方式撰寫 KEY 按鍵驅動程式，當按下 KEY 以後觸發 GPIO 中斷，然後在中斷服務函式中控制蜂鳴器的開關。所以接下來要撰寫按鍵 KEY 對應的 UART1_CTS 這個 I/O 的中斷驅動程式，在 bsp 資料夾中新建名為 exit 的資料夾，然後在 bsp/exit 中新建 bsp_exit.c 和 bsp_exit.h 兩個檔案。在檔案 bsp_exit.h 中輸入如範例 3-11 所示內容。

▼ 範例 13-11 bsp_exit.h 檔案程式

```
1  #ifndef _BSP_EXIT_H
2  #define _BSP_EXIT_H
3  /************************************************************
4  Copyright  © zuozhongkai Co., Ltd. 1998-2019. All rights reserved
5  檔案名稱      :bsp_exit.h
6  作者         :左忠凱
7  版本         :V1.0
```

```
8   描述          : 外部中斷驅動程式標頭檔
9   其他          : 設定按鍵對應的 GPIP 為中斷模式
10  討論區        :www.openedv.com
11  記錄檔        : 初版 V1.0 2019/1/4 左忠凱建立
12  ***********************************************************/
13  #include "imx6ul.h"
14
15  /* 函式宣告 */
16  void exit_init(void);                /* 中斷初始化 */
17  void gpio1_io18_irqhandler(void);    /* 中斷處理函式 */
18
19  #endif
```

檔案 bsp_exit.h 就是函式宣告，很實用。接下來在檔案 bsp_exit.c 中輸入如範例 13-12 所示內容。

▼ 範例 13-12 bsp_exit.c 檔案程式

```
/***********************************************************
Copyright  © zuozhongkai Co., Ltd. 1998-2019. All rights reserved
檔案名稱        :bsp_exit.c
作者           : 左忠凱
版本           :V1.0
描述           : 外部中斷驅動程式
其他           : 設定按鍵對應的 GPIP 為中斷模式
討論區         :www.openedv.com
記錄檔         : 初版 V1.0 2019/1/4 左忠凱建立
***********************************************************/
1   #include "bsp_exit.h"
2   #include "bsp_gpio.h"
3   #include "bsp_int.h"
4   #include "bsp_delay.h"
5   #include "bsp_beep.h"
6
7   /*
8    * @description      : 初始化外部中斷
9    * @param            : 無
10   * @return           : 無
11   */
```

```
12 void exit_init(void)
13 {
14     gpio_pin_config_t key_config;
15
16     /* 1. 設定 I/O 重複使用 */
17     IOMUXC_SetPinMux(IOMUXC_UART1_CTS_B_GPIO1_IO18,0);
18     IOMUXC_SetPinConfig(IOMUXC_UART1_CTS_B_GPIO1_IO18,0xF080);
19
20     /* 2. 初始化 GPIO 為中斷模式 */
21     key_config.direction = kGPIO_DigitalInput;
22     key_config.interruptMode = kGPIO_IntFallingEdge;
23     key_config.outputLogic = 1;
24     gpio_init(GPIO1, 18, &key_config);
25     /* 3. 啟動 GIC 中斷、註冊中斷服務函式、啟動 GPIO 中斷 */
26     GIC_EnableIRQ(GPIO1_Combined_16_31_IRQn);
27     system_register_irqhandler(GPIO1_Combined_16_31_IRQn,
                            (system_irq_handler_t)gpio1_io18_irqhandler,
                              NULL);
28     gpio_enableint(GPIO1, 18);
29 }
30
31 /*
32  * @description        :GPIO1_IO18 最終的中斷處理函式
33  * @param              :無
34  * @return             :無
35  */
36 void gpio1_io18_irqhandler(void)
37 {
38     static unsigned char state = 0;
39
40     /*
41      * 採用延遲時間消抖，中斷服務函式中禁止使用延遲時間函式，因為中斷服務需要
42      * 快進快出，這裡為了演示所以採用了延遲時間函式進行消抖，後面我們會講解
43      * 計時器中斷消抖法
44      */
45
46     delay(10);
47     if(gpio_pinread(GPIO1, 18) == 0)     /* 按鍵按下了 */
48     {
```

```
49        state = !state;
50        beep_switch(state);
51    }
52
53    gpio_clearintflags(GPIO1, 18);        /* 清除中斷標識位元 */
54 }
```

檔案 bsp_exit.c 只有兩個函式 exit_init 和 gpio1_io18_irqhandler，exit_init 是中斷初始化函式。第 14~24 行都是初始化 KEY 所使用的 UART1_CTS 這個 I/O，設定其重複使用為 GPIO1_IO18，然後設定 GPIO1_IO18 為下降緣觸發中斷。重點是第 26~28 行，在 26 行呼叫函式 GIC_EnableIRQ 來啟動 GPIO_IO18 所對應的中斷總開關，I.MX6ULL 中 GPIO1_IO16~IO31 這 16 個 I/O 共用 ID99。第 27 行呼叫函式 system_register_irqhandler 註冊 ID99 所對應的中斷處理函式，GPIO1_IO16~IO31 這 16 個 I/O 共用一個中斷處理函式，至於具體是哪個 I/O 引起的中斷，那就需要在中斷處理函式中判斷了。第 28 行透過函式 gpio_enableint 啟動 GPIO1_IO18 這個 I/O 對應的中斷。

函式 gpio1_io18_irqhandler 就是第 27 行註冊的中斷處理函式，也就是我們學習 STM32 時某個 GPIO 對應的中斷服務函式。在此函式中撰寫中斷處理程式，第 50 行就是蜂鳴器開關控製程式，也就是本實驗的目的。當中斷處理完成以後肯定要清除中斷標識位元，第 53 行呼叫函式 gpio_clearintflags 來清除 GPIO1_IO18 的中斷標識位元。

13.3.6　撰寫 main.c 檔案

在檔案 main.c 中輸入如範例 13-13 所示內容。

▼ 範例 13-13　main.c 檔案程式

```
/*************************************************************
Copyright  © zuozhongkai Co., Ltd. 1998-2019. All rights reserved
檔案名稱        :main.c
作者            :左忠凱
版本            :V1.0
描述            :I.MX6ULL 開發板裸機實驗 9 系統中斷實驗
```

```
其他             :五
討論區          :www.openedv.com
記錄檔          :初版 V1.0 2019/1/4 左忠凱建立
*********************************************************/
1  #include "bsp_clk.h"
2  #include "bsp_delay.h"
3  #include "bsp_led.h"
4  #include "bsp_beep.h"
5  #include "bsp_key.h"
6  #include "bsp_int.h"
7  #include "bsp_exit.h"
8
9  /*
10 * @description      :main 函式
11 * @param            :無
12 * @return           :無
13 */
14 int main(void)
15 {
16     unsigned char state = OFF;
17
18     int_init();              /* 初始化中斷 ( 一定要最先呼叫 ) */
19     imx6u_clkinit();         /* 初始化系統時鐘 */
20     clk_enable();            /* 啟動所有的時鐘 */
21     led_init();              /* 初始化 led */
22     beep_init();             /* 初始化 beep */
23     key_init();              /* 初始化 key */
24     exit_init();             /* 初始化按鍵中斷 */
25
26     while(1)
27     {
28         state = !state;
29         led_switch(LED0, state);
30         delay(500);
31     }
32
33     return 0;
34 }
```

main.c 很簡單，重點是第 18 行呼叫 int_init 函式來初始化中斷系統，第 24 行呼叫 exit_init 函式來初始化按鍵 KEY 對應的 GPIO 中斷。

13.4 │ 編譯、下載和驗證

13.4.1 撰寫 Makefile 和連結腳本

在第 16 章實驗的 Makefile 基礎上修改變數 TARGET 為 int，在變數 INCDIRS 和 SRCDIRS 中追加 bsp/exit 和 bsp/int，修改完成以後如範例 13-14 所示。

▼ 範例 13-14 Makefile 檔案程式

```
1   CROSS_COMPILE        ?= arm-linux-gnueabihf-
2   TARGET               ?= int
3
4   /* 省略掉其他程式 ...... */
5
6   INCDIRS              :=imx6ul \
7                        bsp/clk \
...
13                       bsp/exit \
14                       bsp/int
15
16  SRCDIRS              :=project \
17                       bsp/clk \
...
23                       bsp/exit \
24                       bsp/int
25
26  /* 省略掉其他程式 ...... */
27
28  clean:
29   rm -rf $(TARGET).elf $(TARGET).dis $(TARGET).bin $(COBJS) $(SOBJS)
```

第 2 行修改變數 TARGET 為 int，也就是目標名稱為 int。

第 13、14 行在變數 INCDIRS 中增加 GPIO 中斷和通用中斷驅動程式標頭檔（.h）路徑。

第 23、24 行在變數 SRCDIRS 中增加 GPIO 中斷和通用中斷驅動程式檔案（.c）路徑。

連結腳本保持不變。

13.4.2　編譯和下載

使用 Make 命令編譯程式，編譯成功以後使用軟體 imxdownload 將編譯完成的 int.bin 檔案下載到 SD 卡中，命令如下所示。

```
chmod 777 imxdownload            // 給予 imxdownload 可執行許可權，一次即可
./imxdownload int.bin /dev/sdd   // 燒錄到 SD 卡中，不能燒錄到 /dev/sda 或 sda1 裝置中
```

燒錄成功以後將 SD 卡插到開發板的 SD 卡槽中，然後重置開發板。本實驗效果和實驗 8_key 一樣，按下 KEY 就會開啟蜂鳴器，再次按下就會關閉蜂鳴器。LED0 會不斷閃爍，週期約 500ms。

第 **14** 章

EPIT 計時器實驗

計時器是最常用的外接裝置，開發中常常需要使用計時器來完成精準的定時功能，I.MX6ULL 提供了多種硬體計時器，有些計時器功能非常強大。本章我們從最基本的 EPIT 計時器開始，學習如何設定 EPIT 計時器，使其按照給定的時間，週期性地產生計時器中斷，在計時器中斷裡面可以做其他的處理，比如翻轉 LED 燈。

14.1 | EPIT 計時器簡介

EPIT（Enhanced Periodic Interrupt Timer，增強的週期中斷計時器）的主要功能是完成週期性中斷定時。學過 STM32 的讀者應該知道，STM32 中的計時器還有很多其他的功能，比如輸入捕捉、PWM 輸出等。但是 I.MX6ULL 的 EPIT 計時器只是完成週期性中斷定時的，僅此一項功能，至於輸入捕捉、PWM 輸出等這些功能，I.MX6ULL 由其他的外接裝置來完成。

EPIT 是一個 32 位元計時器，在處理器不用介入的情況下提供精準的定時中斷，軟體啟動以後 EPIT 就會開始執行，EPIT 計時器有以下特點。

（1）時鐘來源可選的 32 位元向下計數器。

（2）12 位元的分頻值。

（3）當計數值和比較值相等時產生中斷。

EPIT 計時器結構如圖 14-1 所示。

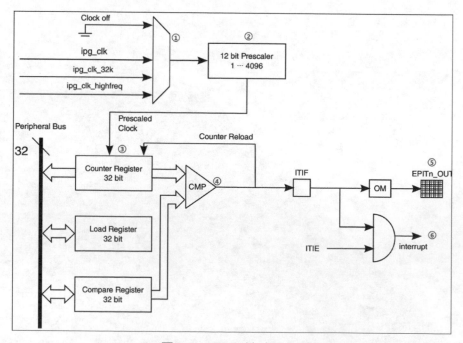

▲ 圖 14-1 EPIT 計時器方塊圖

各部分的功能如下所示（圖示步驟以下）。

① 這是個多路選擇器，用來選擇 EPIT 計時器的時鐘來源，EPIT 共有 3 個時鐘來源可選擇：.ipg_clk、ipg_clk_32k 和 ipg_clk_highfreq。

② 這是一個 12 位元的分頻器，負責對時鐘來源進行分頻，12 位元對應的值是 0~4095，對應著 1~4096 分頻。

③ 經過分頻的時鐘進入到 EPIT 內部，在 EPIT 內部有 3 個重要的暫存器：計數暫存器（EPIT_CNR）、載入暫存器（EPIT_LR）和比較暫存器（EPIT_CMPR），這 3 個暫存器都是 32 位元的。EPIT 是一個向下計數器，其會從給定的初值開始遞減，直到減為 0，計數暫存器中儲存的就是當前的計數值。如果 EPIT 工作在 set-and-forget 模式下，當計數暫存器中的值減少到 0，EPIT 就會重新從載入暫存器讀取數值到計數暫存器中，重新開始向下計數。比較暫存器中儲存的數值用於和計數暫存器中的計數值比較，如果相等的話就會產生一個比較事件。

④ 比較器。

⑤ EPIT 可以設定接腳輸出，如果設定就會透過指定的接腳輸出訊號。

⑥ 產生比較中斷，也就是定時中斷。

EPIT 計時器有兩種工作模式 set-and-forget 和 free-running，這兩種工作模式的區別如下所示。

set-and-forget 模式：EPITx_CR(x=1，2) 暫存器的 RLD 位置 1 時 EPIT 工作在此模式下，在此模式下 EPIT 的計數器從載入暫存器 EPITx_LR 中獲取初值，不能直接向計數器暫存器寫入資料。不管什麼時候，只要計數器計數到 0，就會從載入暫存器 EPITx_LR 中重新載入資料到計數器中，周而復始。

free-running 模式：EPITx_CR 暫存器的 RLD 位元清零時 EPIT 工作在此模式下，當計數器計數到 0 以後會重新從 0XFFFFFFFF 開始計數，並不是從載入暫存器 EPITx_LR 中獲取資料。

接下來看 EPIT 重要的暫存器，第一個就是 EPIT 的設定暫存器 EPITx_CR，此暫存器結構如圖 14-2 所示。

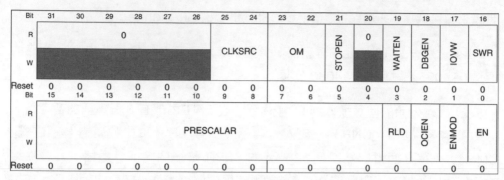

▲ 圖 14-2 暫存器 EPITx_CR 結構

暫存器 EPITx_CR 我們用到的重要位元如下所示。

CLKSRC（bit25:24）：EPIT 時鐘來源選擇位元，為 0 時關閉時鐘來源，為 1 時選擇 Peripheral 時鐘（ipg_clk），為 2 時選擇 High-frequency 參考時鐘（ipg_clk_highfreq），為 3 時選擇 Low-frequency 參考時鐘（ipg_clk_32k）。在本書中設定為 1，也就是選擇 ipg_clk 作為 EPIT 的時鐘來源，ipg_clk=66MHz。

PRESCALAR（bit15:4）：EPIT 時鐘來源分頻值，可設定範圍 0~4095，分別對應 1~4096 分頻。

RLD（bit3）：EPIT 工作模式，為 0 時工作在 free-running 模式，為 1 時工作在 set-and-forget 模式。本章常式設定為 1，也就是工作在 set-and-forget 模式。

OCIEN（bit2）：比較中斷啟動位元，為 0 時關閉比較中斷，為 1 時啟動比較中斷，本章實驗要啟動比較中斷。

ENMOD（bit1）：設定計數器初值，為 0 時計數器初值等於上次關閉 EPIT 計時器以後計數器中的值，為 1 時來自載入暫存器。

EN（bit0）：EPIT 啟動位元，為 0 時關閉 EPIT，為 1 時啟動 EPIT。

暫存器 EPITx_SR 結構如圖 14-3 所示。

Bit	31	30	29	28	27	26	25	24	23	22	21	20	19	18	17	16
R	0															
W																
Reset	0	0	0	0	0	0	0	0	0	0	0	0	0	0	0	0
Bit	15	14	13	12	11	10	9	8	7	6	5	4	3	2	1	0
R	0															OCIF
W																w1c
Reset	0	0	0	0	0	0	0	0	0	0	0	0	0	0	0	0

▲ 圖 14-3 暫存器 EPITx_SR 結構

暫存器 EPITx_SR 只有一個位元有效，那就是 OCIF（bit0），這個位元是比較中斷標識位元，為 0 時表示沒有比較事件發生，為 1 時表示有比較事件發生。當比較中斷發生以後需要手動清除此位元，此位元是寫入 1 清零的。

暫存器 EPITx_LR、EPITx_CMPR 和 EPITx_CNR 分別為載入暫存器、比較暫存器和計數暫存器，這 3 個暫存器都是用來存放資料的，很簡單。

關於 EPIT 的暫存器就介紹到這裡，關於這些暫存器詳細的描述，請參考《I.MX6ULL 參考手冊》第 1174 頁的 24.6 節。本章使用 EPIT 產生定時中斷，然後在中斷服務函式中翻轉 LED0，接下來以 EPIT1 為例，講解需要哪些步驟來實現這個功能。EPIT 的設定步驟如下所示。

1. 設定 EPIT1 的時鐘來源

設定暫存器 EPIT1_CR 的 CLKSRC（bit25:24）位元，選擇 EPIT1 的時鐘來源。

2. 設定分頻值

設定暫存器 EPIT1_CR 的 PRESCALAR（bit15:4）位元，設定分頻值。

3. 設定工作模式

設定暫存器 EPIT1_CR 的 RLD（bit3）位元，設定 EPTI1 的工作模式。

4. 設定計數器的初值來源

設定暫存器 EPIT1_CR 的 ENMOD（bit1）位元，設定計數器的初值來源。

5. 啟動比較中斷

我們要使用到比較中斷，因此需要設定暫存器 EPIT1_CR 的 OCIEN（bit2）位元，啟動比較中斷。

6. 設定載入值和比較值

設定暫存器 EPIT1_LR 中的載入值和暫存器 EPIT1_CMPR 中的比較值，透過這兩個暫存器就可以決定計時器的中斷週期。

7. EPIT1 中斷設定和中斷服務函式撰寫

啟動 GIC 中對應的 EPIT1 中斷，註冊中斷服務函式，如果需要的話還可以設定中斷優先順序。最後撰寫中斷服務函式。

8. 啟動 EPIT1 計時器

設定好 EPIT1 以後就可以啟動 EPIT1 了，透過暫存器 EPIT1_CR 的 EN（bit0）位元來設定。

透過以上幾步我們就設定好 EPIT 了，透過 EPIT 的比較中斷來實現 LED0 的翻轉。

14.2 | 硬體原理分析

本實驗用到的資源如下：

（1）LED0。

（2）計時器 EPTI1。

本實驗透過 EPTI1 的中斷來控制 LED0 的亮滅,LED0 的硬體原理已經介紹過了。

14.3 | 實驗程式撰寫

本實驗對應的常式路徑為「1、裸機常式→ 10_epit_timer」。

本章實驗在上一章常式的基礎上完成,更改專案名稱為 epit_timer,然後在 bsp 資料夾下建立名為 epittimer 的資料夾,然後在 bsp/epittimer 中新建 bsp_epittimer.c 和 bsp_epittimer.h 這兩個檔案。在檔案 bsp_epittimer.h 中輸入如範例 14-1 所示內容。

▼ 範例 14-1 bsp_epittimer.h 檔案程式

```
1  #ifndef _BSP_EPITTIMER_H
2  #define _BSP_EPITTIMER_H
3  /**********************************************************
4  Copyright © zuozhongkai Co., Ltd. 1998-2019. All rights reserved
5  檔案名稱     :bsp_epittimer.h
6  作者        : 左忠凱
7  版本        :V1.0
8  描述        :EPIT 計時器驅動程式標頭檔
9  其他        : 無
10 討論區      :www.openedv.com
11 記錄檔      : 初版 V1.0 2019/1/5 左忠凱建立
12 **********************************************************/
13 #include "imx6ul.h"
14
15 /* 函式宣告 */
16 void epit1_init(unsigned int frac, unsigned int value);
17 void epit1_irqhandler(void);
18
19 #endif
```

檔案 bsp_epittimer.h 很簡單,就是一些函式宣告。然後在檔案 bsp_epittimer.c 中輸入如範例 14-2 所示內容。

▼ 範例 14-2 bsp_epittimer.c 檔案程式

```
/**************************************************************
Copyright  © zuozhongkai Co., Ltd. 1998-2019. All rights reserved
檔案名稱        :bsp_epittimer.c
作者           :左忠凱
版本           :V1.0
描述           :EPIT 計時器驅動程式檔案
其他           :設定 EPIT 計時器，實現 EPIT 計時器中斷處理函式
討論區         :www.openedv.com
記錄檔         :初版 V1.0 2019/1/5 左忠凱建立
**************************************************************/
1  #include "bsp_epittimer.h"
2  #include "bsp_int.h"
3  #include "bsp_led.h"
4
5  /*
6   * @description      :初始化 EPIT 計時器 .
7   *                    EPIT 計時器是 32 位元向下計數器，時鐘來源使用 ipg=66MHz
8   * @param - frac     :分頻值，範圍為 0~4095，分別對應 1~4096 分頻
9   * @param - value    :倒計數值
10  * @return: 無
11  */
12 void epit1_init(unsigned int frac, unsigned int value)
13 {
14    if(frac > 0XFFF)
15       frac = 0XFFF;
16    EPIT1->CR = 0;     /* 先清零 CR 暫存器 */
17
18      /*
19       * CR 暫存器 :
20       * bit25:24      01 時鐘來源選擇 Peripheral clock=66MHz
21       * bit15:4       frac 分頻值
22       * bit3:1        當計數器到 0 的話從 LR 重新載入數值
23       * bit2:1        比較中斷啟動
24       * bit1:1        初始計數值來自 LR 暫存器值
25       * bit0:0        先關閉 EPIT1
26       */
27    EPIT1->CR = (1<<24 | frac << 4 | 1<<3 | 1<<2 | 1<<1);
28    EPIT1->LR = value;            /* 載入暫存器值 */
```

```
29    EPIT1->CMPR = 0;              /* 比較暫存器值  */
30
31    /* 啟動 GIC 中對應的中斷 */
32    GIC_EnableIRQ(EPIT1_IRQn);
33
34    /* 註冊中斷服務函式 */
35    system_register_irqhandler(EPIT1_IRQn,
                                  (system_irq_handler_t)epit1_irqhandler,
                                  NULL);
36    EPIT1->CR |= 1<<0;/* 啟動 EPIT1 */
37 }
38
39 /*
40  * @description      :EPIT 中斷處理函式
41  * @param            :無
42  * @return           :無
43  */
44 void epit1_irqhandler(void)
45 {
46    static unsigned char state = 0;
47    state = !state;
48    if(EPIT1->SR & (1<<0))           /* 判斷比較事件發生  */
49    {
50        led_switch(LED0, state);      /* 計時器週期到，反轉 LED */
51    }
52    EPIT1->SR |= 1<<0;               /* 清除中斷標識位元 */
53 }
```

　　檔案 bsp_epittimer.c 中有兩個函式 epit1_init 和 epit1_irqhandler，分別是 EPIT1 初始化函式和 EPIT1 中斷處理函式。epit1_init 有兩個參數 frac 和 value，其中 frac 是分頻值，value 是載入值。在第 29 行設定比較暫存器為 0，當計數器倒計數到 0 以後就會觸發比較中斷，因此分頻值 frac 和 value 就可以決定中斷頻率，計算公式如下：

$$T_{out} = ((frac+1) * value)/T_{clk}$$

　　其中：

T_{clk}：EPIT1 的輸入時鐘頻率（單位 H_z）。

T_{out}：EPIT1 的溢位時間（單位 s）。

第 38 行設定了 EPIT1 工作模式為 set-and-forget，並且時鐘來源為 ipg_clk=66MHz。假如我們現在要設定 EPIT1 中斷週期為 500ms，可以設定分頻值為 0，也就是 1 分頻，這樣進入 EPIT1 的時鐘就是 66MHz。如果要實現 500ms 的中斷週期，EPIT1 的載入暫存器就應該為 66000000/2=33000000。

epit1_irqhandler 函式是 EPIT1 的中斷處理函式，此函式先讀取暫存器 EPIT1_SR，判斷當前的中斷是否為比較事件，如果是就翻轉 LED 燈。最後在退出中斷處理函式時需要清除中斷標識位元。

最後就是檔案 main.c 了，在檔案 main.c 中輸入如範例 14-3 所示內容。

▼ 範例 14-3　main.c 檔案程式

```
/**********************************************************
Copyright  © zuozhongkai Co., Ltd. 1998-2019. All rights reserved
檔案名稱        :main.c
作者            : 左忠凱
版本            :V1.0
描述            :I.MX6ULL 開發板裸機實驗 10 EPIT 計時器實驗
其他            : 本實驗主要學習使用 I.MX6ULL 附帶的 EPIT 計時器，學習如何使用
                 EPIT 計時器來實現定時功能，鞏固 Cortex-A 的中斷知識
討論區          :www.openedv.com
記錄檔          : 初版 V1.0 2019/1/4 左忠凱建立
**********************************************************/
1   #include "bsp_clk.h"
2   #include "bsp_delay.h"
3   #include "bsp_led.h"
4   #include "bsp_beep.h"
5   #include "bsp_key.h"
6   #include "bsp_int.h"
7   #include "bsp_epittimer.h"
8
9   /*
10  * @description      :main 函式
```

```
11  * @param            : 無
12  * @return           : 無
13  */
14  int main(void)
15  {
16     int_init();              /* 初始化中斷（一定要最先呼叫）*/
17     imx6u_clkinit();         /* 初始化系統時鐘 */
18     clk_enable();            /* 啟動所有的時鐘 */
19     led_init();              /* 初始化 led */
20     beep_init();             /* 初始化 beep */
21     key_init();              /* 初始化 key */
22     epit1_init(0, 66000000/2); /* 初始化 EPIT1 計時器，1 分頻
23                              * 計數值為 :66000000/2
24                              * 定時週期為 500ms
25                              */
26     while(1)
27     {
28        delay(500);
29     }
30
31     return 0;
32  }
```

檔案 main.c 中就一個 main 函式，第 22 行呼叫函式 epit1_init 來初始化 EPIT1，分頻值為 0，也就是 1 分頻，載入暫存器值為 66000000/2= 33000000，EPIT1 計時器中斷週期為 500ms。第 26~29 行的 while 迴圈中就只有一個延遲時間函式，沒有做其他處理，延遲時間函式都可以取掉。

14.4 | 編譯、下載和驗證

14.4.1 撰寫 Makefile 和連結腳本

修改 Makefile 中的 TARGET 為 epit，在 INCDIRS 和 SRCDIRS 中加入 bsp/epittimer，修改後的 Makefile 如範例 14-4 所示。

▼ 範例 14-4　Makefile 檔案程式

```
1  CROSS_COMPILE         ?= arm-linux-gnueabihf-
2  TARGET                ?= epit
3
4  /* 省略掉其他程式 ...... */
5
6  INCDIRS               :  =imx6ul \
...
15                         bsp/epittimer
16
17 SRCDIRS               :=  project \
...
26                         bsp/epittimer
27
28 /* 省略掉其他程式 ...... */
29
30 clean:
31  rm -rf $(TARGET).elf $(TARGET).dis $(TARGET).bin $(COBJS) $(SOBJS)
```

第 2 行修改變數 TARGET 為 epit，也就是目標名稱為 epit。

第 15 行在變數 INCDIRS 中增加 EPIT1 驅動程式標頭檔（.h）路徑。

第 26 行在變數 SRCDIRS 中增加 EPIT1 驅動程式檔案（.c）路徑。

連結腳本保持不變。

14.4.2　編譯和下載

使用 Make 命令編譯程式，編譯成功以後使用軟體 imxdownload 將編譯完成的 epit.bin 檔案下載到 SD 卡中，命令如下所示。

```
chmod 777 imxdownload              // 給予 imxdownload 可執行許可權，一次即
./imxdownload epit.bin /dev/sdd    // 燒錄到 SD 卡中，不能燒錄到 /dev/sda 或 sda1 裝置中
```

燒錄成功以後將 SD 卡插到開發板的 SD 卡槽中，然後重置開發板。程式執行正常時 LED0 會以 500ms 為週期不斷地閃爍。

第**15**章
計時器按鍵
消抖實驗

　　用到按鍵就要處理因為機械結構帶來的按鍵抖動問題，也就是按鍵消抖。前面的實驗中都是直接使用了延遲時間函式來實現消抖，因為簡單，但是直接用延遲時間函式來實現消抖會浪費 CPU 性能，因為在延遲時間函式中 CPU 什麼都做不了。如果使用中斷來實現按鍵的話就更不能在中斷中使用延遲時間函式，因為中斷服務函式要快進快出。本章學習如何使用計時器來實現按鍵消抖，使用計時器既可以實現按鍵消抖，又不會浪費 CPU 性能，這個也是 Linux 驅動程式中按鍵消抖的做法。

15.1 計時器按鍵消抖簡介

按鍵消抖的原理已經詳細的講解了，其實就是在按鍵按下以後延遲時間一段時間再去讀取按鍵值，如果此時按鍵值還有效那就表示這是一次有效的按鍵，中間的延遲時間就是消抖的。這種方式有一個缺點，由於延遲時間函式會導致 CPU 空跑會浪費 CPU 性能。如果按鍵使用中斷方式實現的，那就更不能在中斷服務函式中使用延遲時間函式，因為中斷服務函式最基本的要求就是快進快出！上一章我們學習了 EPIT 計時器，計時器設定好定時時間，然後 CPU 就可以處理其他事情，定時時間到了以後就會觸發中斷，然後在中斷中做對應的處理即可。因此，我們可以借助計時器來實現消抖，按鍵採用中斷驅動程式方式，當按鍵按下以後觸發按鍵中斷，在按鍵中斷中開啟一個計時器，定時週期為 10ms，當定時時間到了以後就會觸發計時器中斷，最後在計時器中斷處理函式中讀取按鍵的值，如果按鍵值還是按下狀態那就表示這是一次有效的按鍵。計時器按鍵消抖如圖 15-1 所示。

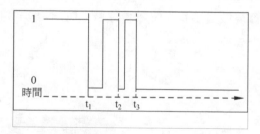

▲ 圖 15-1 計時器消抖示意圖

在圖 15-1 中 t_1~t_3 這一段時間就是按鍵抖動，是需要消除的。設定按鍵為下降緣觸發，因此會在 t_1、t_2 和 t_3 這 3 個時刻會觸發按鍵中斷，每次進入中斷處理函式都會重新開器計時器中斷，所以會在 t_1、t_2 和 t_3 這 3 個時刻開器計時器中斷。但是 t_1~t_2 和 t_2~t_3 這兩個時間段是小於設定的計時器中斷週期（也就是消抖時間，比如 10ms），所以雖然 t_1 開啟了計時器，但是計時器定時時間還沒到呢 t_2 時刻就重置了計時器，最終只有 t_3 時刻開啟的計時器能完整的完成整個定時週期並觸發中斷，就可以在中斷處理函式中做按鍵處理了，這就是計時器實現按鍵防手震的原理，Linux 中的按鍵驅動程式用的就是這個原理。

關於計時器按鍵消抖的原理就介紹到這裡，接下來講解如何使用 EPIT1 來配合按鍵 KEY 來實現具體的消抖，步驟如下所示。

1. 設定按鍵 I/O 中斷

設定按鍵所使用的 I/O，因為要使用到中斷驅動程式按鍵，所以要設定 I/O 的中斷模式。

2. 初始化消抖用的計時器

消抖要用計時器來完成，所以需要初始化一個計時器，這裡使用 EPIT1 計時器。計時器的定時週期為 10ms，也可根據實際情況調整定時週期。

3. 撰寫中斷處理函式

需要撰寫兩個中斷處理函式：按鍵對應的 GPIO 中斷處理函式和 EPIT1 計時器的中斷處理函式。在按鍵的中斷處理函式中主要用於開啟 EPIT1 計時器，EPIT1 的中斷處理函式才是重點，按鍵要做的具體任務都是在計時器 EPIT1 的中斷處理函式中完成的，比如控制蜂鳴器開啟或關閉。

15.2 | 硬體原理分析

本實驗用到的資源如下所示。

（1）一個 LED 燈 LED0。

（2）計時器 EPTI1。

（3）一個按鍵 KEY。

（4）一個蜂鳴器。

本實驗效果和第 14 章的實驗效果一樣，按下 KEY 會開啟蜂鳴器，再次按下 KEY 就會關閉蜂鳴器。LED0 作為系統提示燈不斷的閃爍。

15.3 實驗程式撰寫

本實驗對應的常式路徑為「1、裸機常式→ 11_key_filter」。

本章實驗在上一章常式的基礎上完成，更改專案名稱為 key_filter，然後在 bsp 資料夾下建立名為 keyfilter 的資料夾，然後在 bsp/keyfilter 中新建 bsp_keyfilter.c 和 bsp_keyfilter.h 這兩個檔案。在檔案 bsp_keyfilter.h 中輸入如範例 15-1 所示內容。

▼ 範例 15-1 bsp_keyfilter.h 檔案程式

```
1  #ifndef _BSP_KEYFILTER_H
2  #define _BSP_KEYFILTER_H
3  /*************************************************************
4  Copyright  © zuozhongkai Co., Ltd. 1998-2019. All rights reserved
5  檔案名稱      :bsp_keyfilter.h
6  作者         :左忠凱
7  版本         :V1.0
8  描述         :計時器按鍵消抖驅動程式標頭檔
9  其他         :無
10 討論區       :www.openedv.com
11 記錄檔       :初版 V1.0 2019/1/5 左忠凱建立
12 *************************************************************/
13
14 /* 函式宣告 */
15 void filterkey_init(void);
16 void filtertimer_init(unsigned int value);
17 void filtertimer_stop(void);
18 void filtertimer_restart(unsigned int value);
19 void filtertimer_irqhandler(void);
20 void gpio1_16_31_irqhandler(void);
21
22 #endif
```

檔案 bsp_keyfilter.h 很簡單，只是函式宣告。在檔案 bsp_keyfilter.c 中輸入如範例 15-2 所示內容。

▼ 範例 15-2 bsp_keyfilter.c 檔案程式

```
/**************************************************************
Copyright  © zuozhongkai Co., Ltd. 1998-2019. All rights reserved
檔案名稱       :bsp_keyfilter.c
作者          : 左忠凱
版本          :V1.0
描述          : 計時器按鍵消抖驅動程式
其他          : 按鍵採用中斷方式，按下按鍵觸發按鍵中斷，在按鍵中斷裡面啟動計時器定時
               中斷，使用計時器定時中斷來完成消抖延遲時間，計時器中斷週期就是延遲時間時間；
               如果計時器定時中斷觸發，表示消抖完成（延遲時間週期完成），即可執行按鍵處理函式
討論區        :www.openedv.com
記錄檔        : 初版 V1.0 2019/1/5 左忠凱建立
**************************************************************/
1  #include "bsp_key.h"
2  #include "bsp_gpio.h"
3  #include "bsp_int.h"
4  #include "bsp_beep.h"
5  #include "bsp_keyfilter.h"
6
7  /*
8   * @description     : 按鍵初始化
9   * @param           : 無
10  * @return          : 無
1   */
12 void filterkey_init(void)
13 {
14    gpio_pin_config_t key_config;
15
16    /* 1. 初始化 I/O */
17    IOMUXC_SetPinMux(IOMUXC_UART1_CTS_B_GPIO1_IO18, 0);
18    IOMUXC_SetPinConfig(IOMUXC_UART1_CTS_B_GPIO1_IO18, 0xF080);
19
20    /* 2. 初始化 GPIO 為中斷 */
21    key_config.direction = kGPIO_DigitalInput;
22    key_config.interruptMode = kGPIO_IntFallingEdge;
23    key_config.outputLogic = 1;
24    gpio_init(GPIO1, 18, &key_config);
25
26    /* 3. 啟動 GPIO 中斷，並且註冊中斷處理函式 */
```

```
27    GIC_EnableIRQ(GPIO1_Combined_16_31_IRQn);
28    system_register_irqhandler(GPIO1_Combined_16_31_IRQn,
                            (system_irq_handler_t)gpio1_16_31_irqhandler,
                            NULL);
29
30    gpio_enableint(GPIO1, 18);          /* 啟動 GPIO1_IO18 的中斷功能 */
31    filtertimer_init(66000000/100);     /* 初始化計時器 ,10ms */
32 }
33
34 /*
35  * @description      : 初始化用於消抖的計時器，預設關閉計時器
36  * @param - value    : 計時器 EPIT 計數值
37  * @return           : 無
38  */
39 void filtertimer_init(unsigned int value)
40 {
41    EPIT1->CR = 0;      /* 先清零 */
42    EPIT1->CR = (1<<24 | 1<<3 | 1<<2 | 1<<1);
43    EPIT1->LR = value;    /* 計數值 */
44    EPIT1->CMPR = 0;     /* 比較暫存器為 0 */
45
46    /* 啟動 EPIT1 中斷並註冊中斷處理函式 */
47    GIC_EnableIRQ(EPIT1_IRQn);
48    system_register_irqhandler(EPIT1_IRQn,
      (system_irq_handler_t)filtertimer_irqhandler,
                            NULL);
49 }
50
51 /*
52  * @description      : 關閉計時器
53  * @param            : 無
54  * @return           : 無
55  */
56 void filtertimer_stop(void)
57 {
58    EPIT1->CR &= ~(1<<0);      /* 關閉計時器 */
59 }
60
61 /*
62  * @description: 重新啟動計時器
```

```
63   * @param - value: 計時器 EPIT 計數值
64   * @return: 無
65   */
66 void filtertimer_restart(unsigned int value)
67 {
68     EPIT1->CR &= ~(1<<0);              /* 先關閉計時器 */
69     EPIT1->LR = value;                /* 計數值 */
70     EPIT1->CR |= (1<<0);              /* 開啟計時器 */
71 }
72
73 /*
74   * @description : 計時器中斷處理函式
75   * @param: 無
76   * @return: 無
77   */
78 void filtertimer_irqhandler(void)
79 {
80     static unsigned char state = OFF;
81
82     if(EPIT1->SR & (1<<0))            /* 判斷比較事件是否發生 */
83     {
84         filtertimer_stop();          /* 關閉計時器 */
85         if(gpio_pinread(GPIO1, 18) == 0)/* KEY0 按下 */
86         {
87             state = !state;
88             beep_switch(state);      /* 反轉蜂鳴器 */
89         }
90     }
91     EPIT1->SR |= 1<<0;               /* 清除中斷標識位元 */
92 }
93
94 /*
95   * @description        :GPIO 中斷處理函式
96   * @param              : 無
97   * @return             : 無
98   */
99 void gpio1_16_31_irqhandler(void)
100 {
101   filtertimer_restart(66000000/100); /* 開啟計時器 */
```

```
102   gpio_clearintflags(GPIO1, 18);        /* 清除中斷標識位元 */
103 }
```

　　檔案 bsp_keyfilter.c 一共有 6 個函式，這 6 個函式其實都很簡單。
filterkey_init 是本實驗的初始化函式，此函式首先初始化了 KEY 所使用的
UART1_CTS 這個 I/O，設定這個 I/O 的中斷模式，並且註冊中斷處理函式，最
後呼叫 filtertimer_init 函式初始化計時器 EPIT1 定時週期為 10ms。filtertimer_
init 函式是計時器 EPIT1 的初始化函式，內容和上一章實驗的 EPIT1 初始化函式
一樣。filtertimer_stop 函式和 filtertimer_restart 函式分別是 EPIT1 的關閉和重
新啟動函式。filtertimer_irqhandler 是 EPTI1 的中斷處理函式，此函式中就是按
鍵要做的工作，在本常式中就是開啟或關閉蜂鳴器。gpio1_16_31_irqhandler
函式是 GPIO1_IO18 的中斷處理函式，此函式只有一個工作，那就是重新啟動
計時器 EPIT1。)

　　檔案 bsp_keyfilter.c 內容整體來説並不難，就是第 16 章和第 17 章實驗的
綜合。最後在檔案 main.c 中輸入如範例 15-3 所示內容。

▼ 範例 15-3　main.c 檔案程式

```
/**************************************************************
Copyright  © zuozhongkai Co., Ltd. 1998-2019. All rights reserved
檔案名稱      :main.c
作者          :左忠凱
版本          :V1.0
描述          :I.MX6ULL 開發板裸機實驗 11 計時器實現按鍵消抖實驗
其他          : 本實驗主要學習如何使用計時器來實現按鍵消抖，以前的按鍵
                消抖都是直接使用延遲時間函式來完成的，這種做法效率不高，因為
                延遲時間函式完全是浪費 CPU 資源的，使用按鍵中斷 + 計時器來實現按鍵
                驅動程式效率是最好的，這也是 Linux 驅動程式所使用的方法
討論區        :www.openedv.com
記錄檔        : 初版 V1.0 2019/1/5 左忠凱建立
**************************************************************/
1  #include "bsp_clk.h"
2  #include "bsp_delay.h"
3  #include "bsp_led.h"
4  #include "bsp_beep.h"
```

```
5  #include "bsp_key.h"
6  #include "bsp_int.h"
7  #include "bsp_keyfilter.h"
8
9  /*
10  * @description      :main 函式
11  * @param            :無
12  * @return           :無
13  */
14 int main(void)
15 {
16    unsigned char state = OFF;
17
18    int_init();         /* 初始化中斷（一定要最先呼叫）*/
19    imx6u_clkinit();    /* 初始化系統時鐘 */
20    clk_enable();       /* 啟動所有的時鐘 */
21    led_init();         /* 初始化 led */
22    beep_init();        /* 初始化 beep */
23    filterkey_init();           /* 帶有消抖功能的按鍵   */
24
25    while(1)
26    {
27s      state = !state;
28      led_switch(LED0, state);
29      delay(500);
30    }
31
32    return 0;
33 }
```

　　檔案 main.c 只有一個 main 函式，在第 23 行呼叫 filterkey_init 函式來初始化帶有消抖的按鍵，最後在 while 迴圈中翻轉 LED0，週期大約為 500ms。

15.4 | 編譯、下載和驗證

15.4.1 撰寫 Makefile 和連結腳本

修改 Makefile 中的 TARGET 為 keyfilter，在 INCDIRS 和 SRCDIRS 中加入 bsp/keyfilter，修改後的 Makefile 如範例 15-4 所示。

▼ 範例 15-4 Makefile 程式

```
1 CROSS_COMPILE         ?= arm-linux-gnueabihf-
2 TARGET                ?= keyfilter
3
4 /* 省略掉其他程式 ...... */
5
6 INCDIRS               :=imx6ul \
...
16                              bsp/keyfilter
17
18 SRCDIRS               :=project \
...
28                              bsp/keyfilter
29
30 /* 省略掉其他程式 ...... */
31
32 clean:
33 rm -rf $(TARGET).elf $(TARGET).dis $(TARGET).bin $(COBJS) $(SOBJS)
```

第 2 行修改變數 TARGET 為 keyfilter，目標名稱為 keyfilter。

第 16 行在變數 INCDIRS 中增加按鍵消抖驅動程式標頭檔（.h）路徑。

第 28 行在變數 SRCDIRS 中增加按鍵消抖驅動程式檔案（.c）路徑。

連結腳本保持不變。

15.4.2 編譯和下載

　　使用 Make 命令編譯程式，編譯成功以後使用軟體 imxdownload 將編譯完成的 keyfilter.bin 檔案下載到 SD 卡中，命令如下所示。

```
chmod 777 imxdownload                      // 給予 imxdownload 可執行許可權，一次即可
./imxdownload keyfilter.bin /dev/sdd       // 燒錄到 SD 卡中，不能燒錄到 /dev/sda 或 sda1 中
```

　　燒錄成功以後將 SD 卡插到開發板的 SD 卡槽中，然後重置開發板。按下 KEY 就會控制蜂鳴器的開關，並且 LED0 不斷地閃爍，提示系統正在執行。

第 **16** 章

高精度延遲
時間實驗

延遲時間函式是很常用的 API 函式，在前面的實驗中我們使用迴圈來實現
延遲時間函式，但是使用迴圈來實現的延遲時間函式不準確，誤差會很大。雖
然使用到延遲時間函式的地方精度要求都不會很嚴格（要求嚴格就使用硬體計
時器），但是延遲時間函式肯定是越精確越好，這樣延遲時間函式就可以使用
在某些對時序要求嚴格的場合。本章我們就來學習一下如何使用硬體計時器來
實現高精度延遲時間。

16.1 │ 高精度延遲時間簡介

16.1.1 GPT 計時器簡介

　　學過 STM32 的讀者應該知道，在使用 STM32 的時候可以使用 SYSTICK 來實現高精度延遲時間。I.MX6ULL 沒有 SYSTICK 計時器，但是 I.MX6ULL 有其他計時器如 EPIT 計時器。本章我們使用 I.MX6ULL 的 GPT（General Purpose Timer）計時器來實現高精度延遲時間。

　　GPT 計時器是一個 32 位元向上計時器（也就是從 0X00000000 開始向上遞增計數），GPT 計時器也可以跟一個值進行比較，當計數器值和這個值相等的話就發生比較事件，產生比較中斷。GPT 計時器有一個 12 位元的分頻器，可以對 GPT 計時器的時鐘來源進行分頻，GPT 計時器特性如下：

（1）一個可選時鐘來源的 32 位元向上計數器。

（2）兩個輸入捕捉通道，可以設定觸發方式。

（3）3 個輸出比較通道，可以設定輸出模式。

（4）可以生成捕捉中斷、比較中斷和溢位中斷。

（5）計數器可以執行在重新啟動（restart）或（自由執行）free-run 模式。

　　GPT 計時器的可選時鐘來源如圖 16-1 所示。

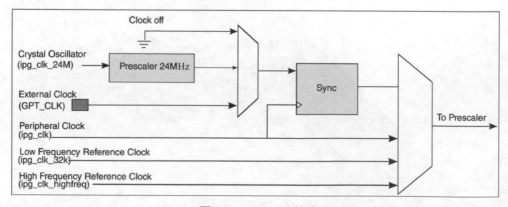

▲ 圖 16-1 GPT 時鐘來源

　　從圖 16-1 可以看出一共有 5 個時鐘來源，分別為：ipg_clk_24M、GPT_CLK（外部時鐘）、ipg_clk、ipg_clk_32k 和 ipg_clk_highfreq。本常式選擇 ipg_clk 為 GPT 的時鐘來源，ipg_clk=66MHz。

　　GPT 計時器結構如圖 16-2 所示。各部分意義如下所示。

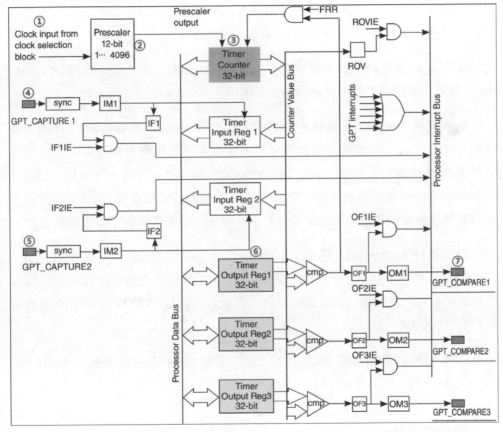

▲ 圖 16-2　GPT 計時器結構

圖示步驟如下所示。

① 此部分為 GPT 計時器的時鐘來源。

② 此部分為 12 位元分頻器，對時鐘來源進行分頻處理，可設定 0~4095，分別對應 1~4096 分頻。

③ 經過分頻的時鐘來源進入到 GPT 計時器內部 32 位元數目器。

④和⑤這兩部分是 GPT 的兩路輸入捕捉通道，本章不講解 GPT 計時器的輸入捕捉。

⑥ 此部分為輸出比較暫存器，一共有三路輸出比較，因此有 3 個輸出比較暫存器，輸出比較暫存器是 32 位元的。

⑦ 此部分為輸出比較中斷，三路輸出比較中斷，當計數器中的值和輸出比較暫存器中的比較值相等就會觸發輸出比較中斷。

GPT 計時器有兩種工作模式：重新開機（restart）模式和自由執行（free-run）模式，這兩個工作模式的區別如下所示。

重新開機（restart）模式：當 GPTx_CR（x=1，2）暫存器的 FRR 位元清零時，GPT 工作在此模式。在此模式下，當計數值和比較暫存器中的值相等的話計數值就會清零，然後重新從 0X00000000 開始向上計數，只有比較通道 1 才有此模式。向比較通道 1 的比較暫存器寫入任何資料都會重置 GPT 計數器。對於其他兩路比較通道（通道 2 和 3），當發生比較事件以後不會復位數目器。

自由執行（free-run）模式：當 GPTx_CR（x=1，2）暫存器的 FRR 位置 1 時，GPT 工作在此模式下。此模式適用於所有 3 個比較通道，當比較事件發生以後並不會複位數目器，而是繼續計數，直到計數值為 0XFFFFFFFF，然後重新導回到 0X00000000。

GPT 計時器的重要暫存器如下，第一個就是 GPT 的設定暫存器 GPTx_CR，此暫存器的結構如圖 16-3 所示。

▲ 圖 16-3 暫存器 GPTx_CR 結構

暫存器 GPTx_CR 用到的重要位元如下所示。

SWR（bit15）：重置 GPT 計時器，向此位元寫入 1 就可以重置 GPT 計時器，當 GPT 重置完成以後此位元會自動清零。

FRR（bit9）：執行模式選擇，當此位元為 0 時比較通道 1 工作在重新開機（restart）模式。當此位元為 1 時所有的 3 個比較通道均工作在自由執行模式（free-run）。

CLKSRC（bit8:6）：GPT 計時器時鐘來源選擇位元，為 0 時關閉時鐘來源；為 1 時選擇 ipg_clk 為時鐘來源；為 2 時選擇 ipg_clk_highfreq 為時鐘來源；為 3 時選擇外部時鐘為時鐘來源；為 4 時選擇 ipg_clk_32k 為時鐘來源；為 5 時選擇 ip_clk_24M 為時鐘來源。本章常式選擇 ipg_clk 為 GPT 計時器的時鐘來源，因此此位元設定為 1（0b001）。

ENMOD（bit1）：GPT 啟動模式，此位元為 0 時如果關閉 GPT 計時器，計數器暫存器儲存計時器關閉時的計數值。此位元為 1 時如果關閉 GPT 計時器，計數器暫存器就會清零。

EN（bit）：GPT 啟動位元，為 1 時啟動 GPT 計時器，為 0 時關閉 GPT 計時器。

接下來看一下 GPT 計時器的分頻暫存器 GPTx_PR，此暫存器結構如圖 16-4 所示。

Bit	31	30	29	28	27	26	25	24	23	22	21	20	19	18	17	16
R W								0								
Reset	0	0	0	0	0	0	0	0	0	0	0	0	0	0	0	0

Bit	15	14	13	12	11	10	9	8	7	6	5	4	3	2	1	0
R W	PRESCALER24M							PRESCALER								
Reset	0	0	0	0	0	0	0	0	0	0	0	0	0	0	0	0

▲ 圖 16-4 暫存器 GPTx_PR 結構

暫存器 GPTx_PR 用到的重要位元就一個 PRESCALER（bit11:0），這就是 12 位元分頻值，可設定 0~4095，分別對應 1~4096 分頻。

接下來看一下 GPT 計時器的狀態暫存器 GPTx_SR，此暫存器結構如圖 16-5 所示。

Bit	31	30	29	28	27	26	25	24	23	22	21	20	19	18	17	16
R	0															
W																
Reset	0	0	0	0	0	0	0	0	0	0	0	0	0	0	0	0

Bit	15	14	13	12	11	10	9	8	7	6	5	4	3	2	1	0
R	0										ROV	IF2	IF1	OF3	OF2	OF1
W											w1c	w1c	w1c	w1c	w1c	w1c
Reset	0	0	0	0	0	0	0	0	0	0	0	0	0	0	0	0

▲ 圖 16-5 暫存器 GPTx_SR 結構

暫存器 GPTx_SR 重要的位元如下所示。

ROV（bit5）：導回標識位元，當計數值從 0XFFFFFFFF 導回到 0X00000000 時此位置 1。

IF2~IF1（bit4:3）：輸入捕捉標識位元，當輸入捕捉事件發生以後此位置 1，一共有兩路輸入捕捉通道。如果使用輸入捕捉中斷時需要在中斷處理函式中清除此位元。

OF3~OF1（bit2:0）：輸出比較中斷標識位元，當輸出比較事件發生以後此位置 1，一共有三路輸出比較通道。如果使用輸出比較中斷時需要在中斷處理函式中清除此位元。

接著看一下 GPT 計時器的計數暫存器 GPTx_CNT，這個暫存器儲存著 GPT 計時器的當前計數值。最後看一下 GPT 計時器的輸出比較暫存器 GPTx_OCR，每個輸出比較通道對應一個輸出比較暫存器，因此一個 GPT 計時器有 3 個 OCR 暫存器，它們的作用是相同的。以輸出比較通道 1 為例，其輸出比較暫存器為 GPTx_OCR1，這是一個 32 位元暫存器，用於存放 32 位元的比較值。當計數器值和暫存器 GPTx_OCR1 中的值相等就會產生比較事件，如果啟動了比較中斷的話就會觸發對應的中斷。

關於 GPT 的暫存器就介紹到這裡，關於這些暫存器詳細的描述，請參考《I.MX6ULL 參考手冊》。

16.1.2 計時器實現高精度延遲時間原理

本章實驗使用 GPT 計時器來實現高精度延遲時間,如果設定 GPT 計時器的時鐘來源為 ipg_clk=66MHz,設定 66 分頻,那麼進入 GPT 計時器的最終時鐘頻率就是 66/66=1MHz,週期為 1μs。GPT 的計數器每計一個數就表示「過去」了 1μs。如果計 10 個數就表示「過去」了 10μs。透過讀取暫存器 GPTx_CNT 中的值就知道計了多少個數,比如現在要延遲時間 100μs,那麼進入延遲時間函式以後記錄下暫存器 GPTx_CNT 中的值為 200,當 GPTx_CNT 中的值為 300 時就表示 100μs 過去了,也就是延遲時間結束。GPTx_CNT 是個 32 位元暫存器,如果時鐘為 1MHz,GPTx_CNT 最多可以實現 0XFFFFFFFFμs=4294967295μs≈4294s≈72min。72 分鐘以後暫存器 GPTx_CNT 就會導回到 0X00000000,也就是溢位,所以需要在延遲時間函式中處理溢位的情況。關於計時器實現高精度延遲時間的原理就講解到這裡,高精度延遲時間的實現步驟如下所示。

1. 設定 GPT1 計時器

首先設定暫存器 GPT1_CR 的 SWR(bit15)位元來重置暫存器 GPT1。重置完成以後設定暫存器 GPT1_CR 的 CLKSRC(bit8:6)位元,選擇 GPT1 的時鐘來源為 ipg_clk,設定計時器 GPT1 的工作模式。

2. 設定 GPT1 的分頻值

設定暫存器 GPT1_PR 的 PRESCALAR(bit111:0)位元,設定分頻值。

3. 設定 GPT1 的比較值

如果要使用 GPT1 的輸出比較中斷,那麼 GPT1 的輸出比較暫存器 GPT1_OCR1 的值可以根據所需的中斷時間來設定。本章常式不使用比較輸出中斷,所以將 GPT1_OCR1 設定為最大值,即 0XFFFFFFFF。

4. 啟動 GPT1 計時器

設定好 GPT1 計時器以後就可以啟動了,設定 GPT1_CR 的 EN(bit0)位元為 1 來啟動 GPT1 計時器。

5. 撰寫延遲時間函式

　　GPT1 計時器已經開始執行了，可以根據前面介紹的高精度延遲時間函式原理來撰寫延遲時間函式，針對 μs 和 ms 延遲時間分別撰寫兩個延遲時間函式。

16.2 | 硬體原理分析

　　本實驗用到的資源如下所示。

（1）一個 LED 燈：LED0。

（2）計時器 GPT1。

　　本實驗透過高精度延遲時間函式來控制 LED0 的閃爍，可以透過示波器來觀察 LED0 的控制 I/O 輸出波形，透過波形的頻率或週期來判斷延遲時間函式精度是否正常。

16.3 | 實驗程式撰寫

　　本實驗對應的常式路徑為「1、裸機常式→ 12_highpreci_delay」。

　　本章實驗在上一章常式的基礎上完成，更改專案名稱為 delay，直接修改 bsp_delay.c 和 bsp_delay.h 這兩個檔案，將檔案 bsp_delay.h 改為如範例 16-1 所示內容。

▼ 範例 16-1　bsp_delay.h 檔案程式

```
1  #ifndef __BSP_DELAY_H
2  #define __BSP_DELAY_H
3  /***********************************************************
4  Copyright © zuozhongkai Co., Ltd. 1998-2019. All rights reserved
5  檔案名稱      :bsp_delay.h
6  作者          :左忠凱
7  版本          :V1.0
8  描述          :延遲時間標頭檔
```

```
9    其他           : 無
10   討論區         :www.openedv.com
11   記錄檔         : 初版 V1.0 2019/1/4 左忠凱建立
12
13                    V2.0 2019/1/15 左忠凱修改
14                    增加了一些函式宣告
15   *************************************************************/
16   #include "imx6ul.h"
17
18   /* 函式宣告 */
19   void delay_init(void);
20   void delayus(unsigned int usdelay);
21   void delayms(unsigned int msdelay);
22   void delay(volatile unsigned int n);
23   void gpt1_irqhandler(void);
24
25   #endif
```

檔案 bsp_delay.h 就是一些函式宣告，很簡單。在檔案 bsp_delay.c 中輸入如範例 16-2 所示內容。

▼ 範例 16-2 bsp_delay.c 檔案程式

```
/*************************************************************
Copyright  © zuozhongkai Co., Ltd. 1998-2019. All rights reserved
檔案名稱        :bsp_delay.c
作者            :左忠凱
版本            :V1.0
描述            :延遲時間檔案
其他            :無
討論區          :www.openedv.com
記錄檔          : 初版 V1.0 2019/1/4 左忠凱建立
                V2.0 2019/1/15 左忠凱修改
                使用計時器 GPT 實現高精度延遲時間，增加了：
                delay_init 延遲時間初始化函式
                gpt1_irqhandler gpt1 計時器中斷處理函式
                delayus us 延遲時間函式
                delayms ms 延遲時間函式
                *************************************************************/
```

```
1   #include "bsp_delay.h"
2
3   /*
4    * @description        : 延遲時間有關硬體初始化,主要是 GPT 計時器
5                             GPT 計時器時鐘來源選擇 ipg_clk=66MHz
6    * @param              : 無
7    * @return             : 無
8    */
9   void delay_init(void)
10  {
11      GPT1->CR = 0;                       /* 清零 */
12      GPT1->CR = 1 << 15;                 /* bit15 置 1 進入軟重置 */
13      while((GPT1->CR >> 15) & 0x01);     /* 等待重置完成 */
14
15      /*
16       * GPT 的 CR 暫存器 ,GPT 通用設定
17       * bit22:20      000      輸出比較 1 的輸出功能關閉,也就是對應的接腳沒反應
18       * bit9:    0         Restart 模式,當 CNT 等於 OCR1 時就產生中斷
19       * bit8:6 001 G     PT 時鐘來源選擇 ipg_clk=66MHz
20       */
21      GPT1->CR = (1<<6);
22
23      /*
24       * GPT 的 PR 暫存器,GPT 的分頻設定
25       * bit11:0 設定分頻值,設定為 0 表示 1 分頻,
26       * 依此類推,最大可以設定為 0XFFF,也就是最大 4096 分頻
27       */
28      GPT1->PR = 65;      /* 66 分頻,GPT1 時鐘為 66MHz/(65+1)=1MHz */
29
30      /*
31       * GPT 的 OCR1 暫存器,GPT 的輸出比較 1 比較計數值,
32       * GPT 的時鐘為 1MHz,那麼計數器每計一個值就是就是 1μs
33       * 為了實現較大的計數,我們將比較值設定為最大的 0XFFFFFFFF,
34       * 這樣一次計滿就是:0XFFFFFFFFμs = 4294967296μs = 4295s = 71.5min
35       * 也就是説一次計滿最多 71.5min,存在溢位
36       */
37      GPT1->OCR[0] = 0XFFFFFFFF;
38      GPT1->CR |= 1<<0;                    /* 啟動 GPT1 */
39
```

```
40    /* 以下屏蔽的程式是 GPT 計時器中斷程式,
41     * 如果想學習 GPT 計時器的話可以參考以下程式
42     */
43 #if 0
44    /*
45     * GPT 的 PR 暫存器,GPT 的分頻設定
46     * bit11:0 設定分頻值,設定為 0 表示 1 分頻,
47     *          依此類推,最大可以設定為 0XFFF,也就是最大 4096 分頻
48     */
49
50    GPT1->PR = 65;  /* 66 分頻,GPT1 時鐘為 66MHz/(65+1)=1MHz */
51    /*
52     * GPT 的 OCR1 暫存器,GPT 的輸出比較 1 比較計數值,
53     * 當 GPT 的計數值等於 OCR1 裡的值時候,輸出比較 1 就會發生中斷
54     * 這裡定時 500ms 產生中斷,因此就應該為 1000000/2=500000;
55     */
56    GPT1->OCR[0] = 500000;
57
58    /*
59     * GPT 的 IR 暫存器,啟動通道 1 的比較中斷
60     * bit0: 0 啟動輸出比較中斷
61     */
62    GPT1->IR |= 1 << 0;
63
64    /*
65     * 啟動 GIC 裡面對應的中斷,並且註冊中斷處理函式
66     */
67    GIC_EnableIRQ(GPT1_IRQn);              /* 啟動 GIC 中對應的中斷 */
68    system_register_irqhandler(GPT1_IRQn,
                                  (system_irq_handler_t)gpt1_irqhandler,
                                  NULL);
69 #endif
70
71 }
72
73 #if 0
74 /* 中斷處理函式 */
75 void gpt1_irqhandler(void)
76 {
```

```
77      static unsigned char state = 0;
78      state = !state;
79      /*
80       * GPT 的 SR 暫存器，狀態暫存器
81       * bit2： 1 輸出比較 1 發生中斷
82       */
83      if(GPT1->SR & (1<<0))
84      {
85          led_switch(LED2, state);
86      }
87      GPT1->SR |= 1<<0;  /* 清除中斷標識位元 */
88  }
89  #endif
90
91  /*
92   * @description        :微秒 (μs) 級延遲時間
93   * @param - usdelay   :需要延遲時間的 μs 數，最大延遲時間 0XFFFFFFFF
94   * @return       :無
95   */
96  void delayus(unsigned int usdelay)
97  {
98     unsigned long oldcnt,newcnt;
99     unsigned long tcntvalue = 0;        /* 走過的總時間 */
100
101    oldcnt = GPT1->CNT;
102    while(1)
103    {
104        newcnt = GPT1->CNT;
105        if(newcnt != oldcnt)
106        {
107            if(newcnt > oldcnt)       /* GPT 是向上計數器，並且沒有溢位 */
108                    tcntvalue += newcnt - oldcnt;
109            else                       /* 發生溢位 */
110                    tcntvalue += 0XFFFFFFFF-oldcnt + newcnt;
111            oldcnt = newcnt;
112            if(tcntvalue >= usdelay) /* 延遲時間時間到了 */
113            break;                     /* 跳出 */
114        }
115    }
116 }
```

```
117
118 /*
119  * @description      : 毫秒 (ms) 級延遲時間
120  * @param - msdelay  : 需要延遲時間的 "ms" 數
121  * @return           : 無
122  */
123 void delayms(unsigned int msdelay)
124 {
125   int i = 0;
126   for(i=0; i<msdelay; i++)
127   {
128     delayus(1000);
129   }
130 }
131
132 /*
133  * @description      : 短時間延遲時間函式
134  * @param - n        : 要延遲時間迴圈次數 ( 空操作迴圈次數，模式延遲時間 )
135  * @return           : 無
136  */
137 void delay_short(volatile unsigned int n)
138 {
139   while(n--){}
140 }
141
142 /*
143  * @description      : 延遲時間函式 , 在 396MHz 的主頻下
144  *                     延遲時間時間大約為 1ms
145  * @param - n        : 要延遲時間的 "ms" 數
146  * @return           : 無
147  */
148 void delay(volatile unsigned int n)
149 {
150   while(n--)
151   {
152     delay_short(0x7ff);
153   }
154 }
```

　　檔案 bsp_delay.c 中一共有 5 個函式，分別為 delay_init、delayus、delayms、delay_short 和 delay。除了 delay_short 和 delay 函式以外，其他 3 個都是新增加的。delay_init 函式是延遲時間初始化函式，主要用於初始化 GPT1 計時器，設定其時鐘來源、分頻值和輸出比較暫存器值。第 43~68 行被屏蔽掉的是 GPT1 的中斷初始化程式，如果要使用 GPT1 的中斷功能可以參考此部分程式。第 73~89 行被屏蔽掉的是 GPT1 的中斷處理函式 gpt1_irqhandler，同樣的，如果需要使用 GPT1 中斷功能的話可以參考此部分程式。

　　delayus 和 delayms 函式就是 μs 級和 ms 級的高精度延遲時間函式，delayus 函式就是按照我們在 16.1.2 節講解的高精度延遲時間原理撰寫的，delayus 函式處理 GPT1 計數器溢位的情況。delayus 函式只有一個參數 usdelay，這個參數就是要延遲時間的 μs 數。delayms 函式很簡單，就是對 delayus（1000）的多次疊加，此函式也只有一個參數 msdelay，也就是要延遲時間的「ms」數。

　　最後修改檔案 main.c，內容如範例 16-3 所示。

▼ 範例 16-3 main.c 檔案程式

```
/*************************************************************
Copyright  © zuozhongkai Co., Ltd. 1998-2019. All rights reserved
檔案名稱      :main.c
作者         :左忠凱
版本         :V1.0
描述         :I.MX6ULL 開發板裸機實驗 12 高精度延遲時間實驗
其他         :本實驗我們學習如何使用 I.MX6ULL 的 GPT 計時器來實現高精度延遲時間，
             以前的延遲時間都是靠空迴圈來實現的，精度很差，只能用於要求
             不高的場合，使用 I.MX6ULL 的硬體計時器就可以實現高精度的延遲時間，
             最低可以做到 20μs 的高精度延遲時間
討論區       :www.openedv.com
記錄檔       :初版 V1.0 2019/1/15 左忠凱建立
*************************************************************/
1  #include "bsp_clk.h"
2  #include "bsp_delay.h"
3  #include "bsp_led.h"
4  #include "bsp_beep.h"
```

```
5  #include "bsp_key.h"
6  #include "bsp_int.h"
7  #include "bsp_keyfilter.h"
8
9  /*
10  * @description        :main 函式
11  * @param              :無
12  * @return             :無
13  */
14 int main(void)
15 {
16    unsigned char state = OFF;
17
18    int_init();                /* 初始化中斷（一定要最先呼叫）*/
19    imx6u_clkinit();           /* 初始化系統時鐘 */
20    delay_init();              /* 初始化延遲時間 */
21    clk_enable();              /* 啟動所有的時鐘 */
22    led_init();                /* 初始化 led */
23    beep_init();               /* 初始化 beep */
24
25    while(1)
26    {
27       state = !state;
28       led_switch(LED0, state);
29       delayms(500);
30    }
31
32    return 0;
33 }
```

　　檔案 main.c 很簡單，在第 20 行呼叫 delay_init 函式進行延遲時間初始化，最後在 while 迴圈中週期性地點亮和熄滅 LED0，呼叫函式 delayms 來實現延遲時間。

16.4 | 編譯、下載和驗證

16.4.1 撰寫 Makefile 和連結腳本

因為本章常式並沒有新建任何檔案,所以只需要修改 Makefile 中的 TARGET 為 delay 即可,連結腳本保持不變。

16.4.2 編譯和下載

使用 Make 命令編譯程式,編譯成功以後使用軟體 imxdownload 將編譯完成的 delay.bin 檔案下載到 SD 卡中,命令如下所示。

```
chmod 777 imxdownload              // 給予 imxdownload 可執行許可權,一次即可
./imxdownload delay.bin /dev/sdd   // 燒錄到 SD 卡中,不能燒錄到 /dev/sda 或 sda1 裝置中
```

燒錄成功以後將 SD 卡插到開發板的 SD 卡槽中,然後重置開發板。程式執行正常的話 LED0 會以 500ms 為週期不斷地閃爍。可以透過肉眼觀察 LED 亮滅的時間是否為 500ms。可利用示波器進行測試。我們將「範例 16-3」中第 29 行,也就是 main 函式 while 迴圈中的延遲時間改為 delayus(20),也就是 LED0 亮滅的時間各為 20μs,那麼一個完整的週期就是 20+20=40μs,LED0 對應的 I/O 頻率就應該是 1/0.00004=25000Hz=25kHz。使用示波器測試 LED0 對應的 I/O 頻率,結果如圖 16-6 所示。

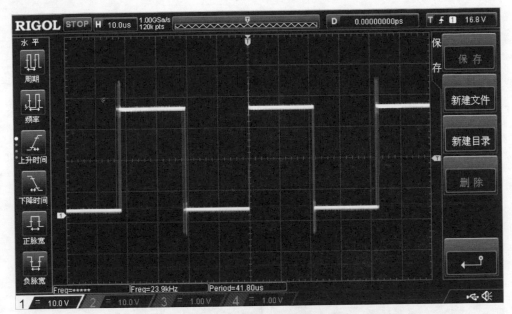

▲ 圖 16-6 20μs 延遲時間波形

　　從圖 16-6 可以看出，LED0 對應的 I/O 波形頻率為 22.3kHz，週期是 44.9μs，那麼 main 函式中 while 迴圈執行一次的時間就是 44.9/2=22.45μs，大於我們設定的 20μs，看起來好像是延遲時間不準確。但是要知道這 22.45μs 是 main 函式裡面 while 迴圈總執行時間，也就是下面程式的總執行時間。

```
while(1)
{
    state = !state;
    led_switch(LED0, state);
    delayus(20);
}
```

　　在上面的程式中，不止有 delayus（20）延遲時間函式，還有控制 LED 燈亮滅的函式，這些程式的執行也需要時間的，即使是 delayus 函式，其內部也是要消耗一些時間的。假如將 while 迴圈中的程式改為以下形式。

```
while(1)
{
    GPIO1->DR &= ~(1<<3);
```

```
    delayus(20);
    GPIO1->DR |= (1<<3);
    delayus(20);
}
```

上述程式透過直接操作暫存器的方式來控制 I/O 輸出高低電位，理論上 while 迴圈執行時間會更小，並且 while 迴圈中使用了兩個 delayus（20），因此執行一次 while 迴圈的理論時間應該是 40μs，和上面做的實驗一樣。重新使用示波器測量，結果如圖 16-7 所示。

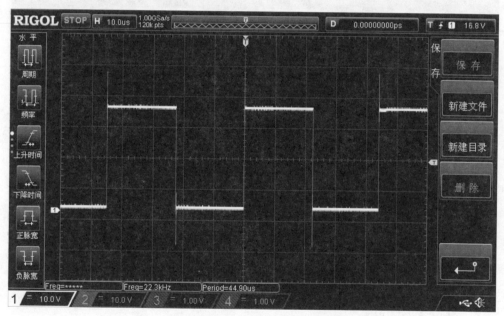

▲ 圖 16-7 修改 while 迴圈後的波形

從圖 16-7 可以看出，此時 while 迴圈執行一次的時間是 41.8μs，那麼一次 delayus（20）的時間就是 41.8/2=20.9μs，很接近 20μs 理論值。因為有其他程式存在，在加上示波器測量誤差，所以不可能測量出絕對的 20μs。但是結果已經非常接近了，可以證明我們的高精度延遲時間函式是成功的，可以用的。

第 **17** 章
UART 序列埠
通訊實驗

　　不管是微控制器開發還是嵌入式 Linux 開發，序列埠都是最常用到的外接裝置。可以透過序列埠將開發板與電腦相連，然後在電腦上透過序列埠偵錯幫手來偵錯程式。還有很多的模組，比如藍牙、GPS、GPRS 等都使用序列埠來與主控進行通訊，在嵌入式 Linux 中一般使用序列埠作為主控台，所以掌握序列埠是必備的技能。本章就來學習如何驅動程式 I.MX6ULL 上的序列埠，並使用序列埠和電腦進行通訊。

17.1 | I.MX6ULL 序列埠通訊簡介

17.1.1 UART 簡介

1. UART 通訊格式

序列埠全稱叫做序列介面，通常也叫做 COM 介面，序列介面指的是資料一個一個地順序傳輸，通訊線路簡單。使用兩條線即可實現雙向通訊，一條用於發送，另一條用於接收。序列埠通訊距離遠，但是速度相對會低，序列埠是一種很常用的工業介面。I.MX6ULL 附帶的 UART（Universal Asynchronous Receiver/Transmitter，非同步串列收發器）外接裝置就是序列埠的一種。既然有非同步串列收發器，那也有同步串列收發器，學過 STM32 的讀者應該知道，STM32 除了有 UART，還有 USART。USART（Universal Synchronous/Asynchronous Receiver/Transmitter，同步 / 非同步串列收發器）相比 UART 多了一個同步的功能，在硬體上表現出來的就是多了一條時鐘線。一般 USART 是可以作為 UART 使用的，也就是不使用其同步的功能。

UART 作為序列埠的一種，其工作原理也是將資料一位元一位元地傳輸，發送和接收各用一條線，因此透過 UART 介面與外界相連最少只需要 3 條線：TXD（發送）、RXD（接收）和 GND（地線）。圖 17-1 就是 UART 的通訊格式，各位的含義如下所示。

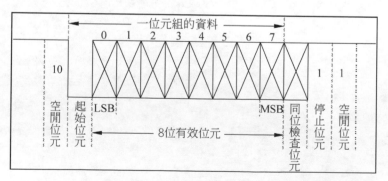

▲ 圖 17-1 UART 通訊格式

空閒位元：資料線在空閒狀態時為邏輯「1」狀態，也就是高電位，表示沒有資料線空閒，沒有資料傳輸。

起始位元：當要傳輸資料時先傳輸一個邏輯「0」，也就是將資料線拉低，表示開始資料傳輸。

資料位元：資料位元就是實際要傳輸的資料，資料位數可選擇 5~8 位元，我們一般都是按照位元組傳輸資料的，一位元組 8 位元，因此資料位元通常是 8 位元的。低位元在前，先傳輸，高位元最後傳輸。

同位檢查位元：這是對資料中「1」的位數進行同位用的，可以不使用同位功能。

停止位元：資料傳輸完成標識位元，停止位元的位數可以選擇 1 位元、1.5 位元或兩位元高電位，一般都選擇 1 位元停止位元。

串列傳輸速率：串列傳輸速率就是 UART 資料傳輸的速率，也就是每秒傳輸的資料位數，一般選擇 9600、19200、115200 等。

2. UART 電位標準

UART 一般的介面電位有 TTL 和 RS-232，一般開發板上都有 TXD 和 RXD 這樣的接腳，這些接腳低電位表示邏輯 0，高電位表示邏輯 1，這個就是 TTL 電位。RS-232 採用差分線，-3~-15V 表示邏輯 1，+3~+15V 表示邏輯 0。如圖 17-2 所示的介面就是 TTL 電位。

圖 17-2 中的模組就是 USB 轉 TTL 模組，TTL 介面部分有 VCC、GND、RXD、TXD、RTS 和 CTS。RTS 和 CTS 基本用不到，使用時透過杜邦線和其他模組的 TTL 介面相連即可。

RS-232 電位一般需要 DB9 介面，I.MX6U-ALPHA 開發板上的 COM3（UART3）通訊埠就是 RS-232 介面的，如圖 17-3 所示。

▲ 圖 17-2 TTL 電位介面

▲ 圖 17-3 I.MX6ULL-ALPHA 開發板 RS-232 介面

　　由於現在的電腦都沒有 DB9 介面了，取而代之的是 USB 介面，所以就產生了很多 USB 轉序列埠 TTL 晶片，比如 CH340、PL2303 等。透過這些晶片就可以實現序列埠 TTL 轉 USB。I.MX6ULL-ALPHA 開發板就使用 CH340 晶片來完成 UART1 和電腦之間的連接，只需要一條 USB 線即可，如圖 17-4 所示。

USB 轉 TTL 介面，使用 USB 線連接到電腦端

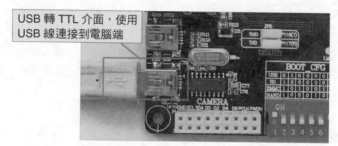

▲ 圖 17-4 I.MX6ULL-ALPHA 開發板 USB 轉 TTL 介面

17.1.2 I.MX6ULL UART 簡介

　　I.MX6ULL 一共有 8 個 UART，其主要特性如下所示。

（1）相容 TIA/EIA-232F 標準，速度最高可到 5Mb/s。

（2）支援串列 IR 介面，相容 IrDA 速度，最高可到 115.2kb/s。

（3）支援 9 位元或多節點模式（RS-485）。

（4）1 或 2 位元停止位元。

（5）可程式化的同位（奇數同位檢查和偶數同位檢查）。

（6）自動串列傳輸速率檢測（最高支援 115.2kb/s）。

　　I.MX6ULL 的 UART 功能很多，但本章就只用到其最基本的序列埠功能，關於 UART 其他功能的介紹請參考《I.MX6ULL 參考手冊》第 3561 頁第 55 章的相關內容。

　　UART 的時鐘來源是由暫存器 CCM_CSCDR1 的 UART_CLK_SEL 位元來選擇的，當為 0 時 UART 的時鐘來源為 pll3_80m（80MHz），如果為 1 時 UART 的時鐘來源為 osc_clk（24MHz），一般選擇 pll3_80m 作為 UART 的時鐘來源。暫存器 CCM_CSCDR1 的 UART_CLK_PODF（bit5:0）位元是 UART 的時鐘分頻值，可設定 0~63，分別對應 1~64 分頻，一般設定為 1 分頻，因此最終進入 UART 的時鐘為 80MHz。

　　接下來看一下 UART 幾個重要的暫存器，第一個就是 UART 的控制暫存器 1，即 UARTx_UCR1(x=1~8)，此暫存器的結構如圖 17-5 所示。

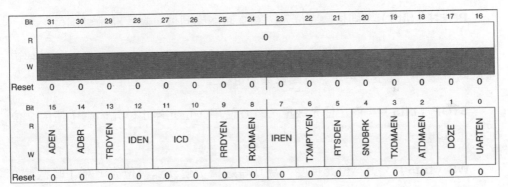

▲ 圖 17-5 暫存器 UARTx_UCR1 結構

　　暫存器 UARTx_UCR1 我們用到的重要位元如下所示。

　　ADBR（bit14）：自動串列傳輸速率檢測啟動位元，為 0 時關閉自動串列傳輸速率檢測，為 1 時啟動自動串列傳輸速率檢測。

　　UARTEN（bit0）：UART 啟動位元，為 0 時關閉 UART，為 1 時啟動 UART。

　　接下來看 UART 的控制暫存器 2，即 UARTx_UCR2，此暫存器結構如圖 17-6 所示。

Bit	31	30	29	28	27	26	25	24	23	22	21	20	19	18	17	16
R								0								
W																
Reset	0	0	0	0	0	0	0	0	0	0	0	0	0	0	0	0

Bit	15	14	13	12	11	10	9	8	7	6	5	4	3	2	1	0
R / W	ESCI	IRTS	CTSC	CTS	ESCEN	RTEC		PREN	PROE	STOP	WS	RTSEN	ATEN	TXEN	RXEN	SRST
Reset	0	0	0	0	0	0	0	0	0	0	0	0	0	0	0	1

▲ 圖 17-6 暫存器 UARTx_UCR2 結構

暫存器 UARTx_UCR2 用到的重要位元如下所示。

IRTS（bit14）：為 0 時使用 RTS 接腳功能，為 1 時忽略 RTS 接腳。

PREN（bit8）：同位啟動位元，為 0 時關閉同位，為 1 時啟動同位。

PROE（bit7）：同位模式選擇位元，開啟同位以後此位元如果為 0 就使用偶數同位檢查，此位元為 1 就啟動奇數同位檢查。

STOP（bit6）：停止位元數量，為 0 使用 1 位元停止位元，為 1 使用 2 位元停止位元。

WS（bit5）：資料位元長度，為 0 時選擇 7 位元資料位元，為 1 時選擇 8 位元資料位元。

TXEN（bit2）：發送啟動位元，為 0 時關閉 UART 的發送功能，為 1 時開啟 UART 的發送功能。

RXEN（bit1）：接收啟動位元，為 0 時關閉 UART 的接收功能，為 1 時開啟 UART 的接收功能。

SRST（bit0）：軟體重置，為 0 時軟體重置 UART，為 1 時表示重置完成。重置完成以後此位元會自動置 1，表示重置完成。此位元只能寫入 0，寫入 1 會被忽略掉。

接下來看一下暫存器 UARTx_UCR3，此暫存器結構如圖 17-7 所示。

Bit	31	30	29	28	27	26	25	24	23	22	21	20	19	18	17	16
R	\							0								
W																
Reset	0	0	0	0	0	0	0	0	0	0	0	0	0	0	0	0

Bit	15	14	13	12	11	10	9	8	7	6	5	4	3	2	1	0
R	DPEC		DTREN	PARERREN	FRAERREN	DSR	DCD	RI	ADNIMP	RXDSEN	AIRINTEN	AWAKEN	DTRDEN	RXDMUXSEL	INVT	ACIEN
W																
Reset	0	0	0	0	0	1	1	1	0	0	0	0	0	0	0	0

▲ 圖 17-7 暫存器 UARTx_UCR3 結構

本章實驗就用到了暫存器 UARTx_UCR3 中的 RXDMUXSEL（bit2）位元，
這個位元應該始終為 1，參考資料參見相關說明內容。

接下來看一下暫存器 UARTx_USR2，這個是 UART 的狀態暫存器 2，此暫
存器結構如圖 17-8 所示。

Bit	31	30	29	28	27	26	25	24	23	22	21	20	19	18	17	16
R								0								
W																
Reset	0	0	0	0	0	0	0	0	0	0	0	0	0	0	0	0

Bit	15	14	13	12	11	10	9	8	7	6	5	4	3	2	1	0
R	ADET	TXFE	DTRF	IDLE	ACST	RIDELT	RIIN	IRINT	WAKE	DCDDELT	DCDIN	RTSF	TXDC	BRCD	ORE	RDR
W	w1c		w1c	w1c	w1c	w1c		w1c	w1c	w1c		w1c		w1c	w1c	
Reset	0	1	0	0	0	0	0	0	0	0	1	0	1	0	0	0

▲ 圖 17-8 暫存器 UARTx_USR2 結構

暫存器 UARTx_USR2 用到的重要位元如下所示。

TXDC（bit3）：發送完成標識位元，為 1 時表明發送緩衝（TxFIFO）和
移位暫存器為空，也就是發送完成，向 TxFIFO 寫入資料此位元就會自動清零。

RDR（bit0）：資料接收標識位元，為 1 時表明至少接收到一個資料，從暫存器 UARTx_URXD 讀取接收到的資料以後此位元會自動清零。

暫存器 UARTx_UFCR 中要用到的是位元 RFDIV（bit9:7），用來設定參考時鐘分頻，設定如表 17-1 所示。

▼ 表 17-1 RFDIV 分頻表

RFDIV(bit9:7)	分頻值	RFDIV(bit9:7)	分頻值
000	6 分頻	100	2 分頻
001	5 分頻	101	1 分頻
010	4 分頻	110	7 分頻
011	3 分頻	111	保留

透過這 3 個暫存器可以設定 UART 的串列傳輸速率，串列傳輸速率的計算公式如下：

$$BaudRate = \frac{RefFreq}{\left(16 \times \dfrac{UBMR+1}{UBIR+1}\right)}$$

RefFreq：經過分頻以後進入 UART 的最終時鐘頻率。

UBMR：暫存器 UARTx_UBMR 中的值。

UBIR：暫存器 UARTx_UBIR 中的值。

透過 UARTx_UFCR 的 RFDIV 位元、UARTx_UBMR 和 UARTx_UBIR 這三者的配合即可得到想要的串列傳輸速率。比如現在要設定 UART 串列傳輸速率為 115200，那麼可以設定 RFDIV 為 5（0b101），也就是 1 分頻，因此 RefFreq=80MHz。設定 UBIR=71，UBMR=3124，根據上式可以得到以下方式。

$$BaudRate = \frac{RefFreq}{\left(16 \times \dfrac{UBMR+1}{UBIR+1}\right)} = \frac{80000000}{\left(16 \times \dfrac{3124+1}{71+1}\right)} = 115200$$

暫存器 UARTx_URXD 和 UARTx_UTXD 分別為 UART 的接收和發送資料暫存器,這兩個暫存器的低八位元為接收到的和要發送的資料。讀取暫存器 UARTx_URXD 即可獲取到接收到的資料,如果要透過 UART 發送資料,直接將資料寫入到暫存器 UARTx_UTXD 即可。

關於暫存器 UART 就介紹到這裡,關於這些暫存器詳細的描述,讀者可參考《I.MX6ULL 參考手冊》。本章使用 I.MX6ULL 的 UART1 來完成開發板與電腦序列埠偵錯幫手之間的序列埠通訊,UART1 的設定步驟如下所示。

(1)設定 UART1 的時鐘來源。

設定 UART 的時鐘來源為 pll3_80m,設定暫存器 CCM_CSCDR1 的 UART_CLK_SEL 位元為 0 即可。

(2)初始化 UART1。

初始化 UART1 所使用 I/O,設定 UART1 的暫存器 UART1_UCR1~UART1_UCR3,設定內容包括串列傳輸速率、同位、停止位元、資料位元等。

(3)啟動 UART1。

UART1 初始化完成以後就可以啟動 UART1 了,設定暫存器 UART1_UCR1 的位元 UARTEN 為 1。

(4)撰寫 UART1 資料收發函式。

撰寫兩個函式用於 UART1 的資料收發操作。

17.2 │ 硬體原理分析

本實驗用到的資源如下所示。

(1)一個 LED 燈:LED0。

(2)序列埠 1。

I.MX6ULL-ALPHA 開發板序列埠 1 硬體原理圖如圖 17-9 所示。

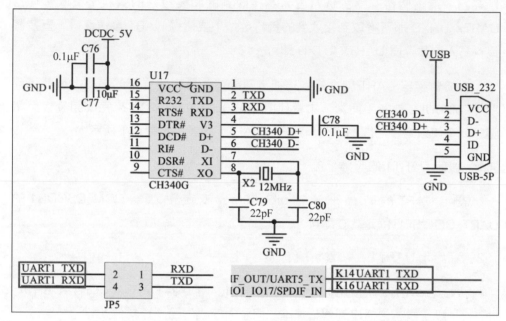

▲ 圖 17-9 I.MX6ULL-ALPHA 開發板序列埠 1 原理圖

在做實驗之前需要用 USB 序列埠線將序列埠 1 和電腦連接起來，並且還需要設定 JP5 跳線蓋，將序列埠 1 的 RXD、TXD 兩個接腳分別與 P116、P117 連接一起，如圖 17-10 所示。

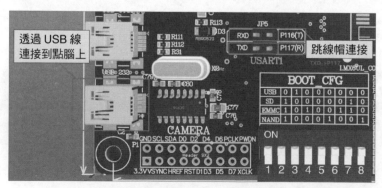

▲ 圖 17-10 序列埠 1 硬體連接設定圖

硬體連接設定好以後就可以開始軟體撰寫了，本章實驗我們初始化好 UART1，然後等待 MobaXterm 給開發板發送一位元組的資料，開發板接收到 MobaXterm 發送過來的資料以後在透過序列埠 1 發送給 MobaXterm。

17.3 │ 實驗程式撰寫

本實驗對應的常式路徑為「1、常式原始程式→ 1、裸機常式→ 13_ uart」。

本章實驗在第 16 章常式的基礎上完成，更改專案名稱為 uart，然後在 bsp 資料夾下建立名為 uart 的資料夾，然後在 bsp/uart 中新建 bsp_uart.c 和 bsp_ uart.h 這兩個檔案。在檔案 bsp_uart.h 中輸入如範例 17-1 所示內容。

▼ 範例 17-1 bsp_uart.h 檔案程式

```
1  #ifndef _BSP_UART_H
2  #define _BSP_UART_H
3  #include "imx6ul.h"
4  /*************************************************************
5  Copyright  © zuozhongkai Co., Ltd. 1998-2019. All rights reserved
6  檔案名稱     :bsp_uart.h
7  作者        : 左忠凱
8  版本        :V1.0
9  描述        : 序列埠驅動程式檔案標頭檔
10 其他        : 無
11 討論區      :www.openedv.com
12 記錄檔      : 初版 V1.0 2019/1/15 左忠凱建立
13 *************************************************************/
14
15 /* 函式宣告 */
16 void uart_init(void);
17 void uart_io_init(void);
18 void uart_disable(UART_Type *base);
19 void uart_enable(UART_Type *base);
20 void uart_softreset(UART_Type *base);
21 void uart_setbaudrate(UART_Type *base,
```

```
unsigned int baudrate,
unsigned int srcclock_hz);
22 void putc(unsigned char c);
23 void puts(char *str);
24 unsigned char getc(void);
25 void raise(int sig_nr);
26
27 #endif
```

　　檔案 bsp_uart.h 內容很簡單，就是一些函式宣告。繼續在檔案 bsp_uart.c 中輸入如範例 17-2 所示內容。

▼ 範例 17-2　bsp_uart.c 檔案程式

```
/****************************************************************
Copyright  © zuozhongkai Co., Ltd. 1998-2019. All rights reserved
檔案名稱        :bsp_uart.c
作者           :左忠凱
版本           :V1.0
描述           :序列埠驅動程式檔案
其他           :無
討論區         :www.openedv.com
記錄檔         :初版 V1.0 2019/1/15 左忠凱建立
****************************************************************/
1  #include "bsp_uart.h"
2
3  /*
4   * @description    :初始化序列埠 1, 串列傳輸速率為 115200
5   * @param          :無
6   * @return         :無
7   */
8  void uart_init(void)
9  {
10     /* 1. 初始化序列埠 IO */
11     uart_io_init();
12
13     /* 2. 初始化 UART1 */
14     uart_disable(UART1);      /* 先關閉 UART1 */
15     uart_softreset(UART1);    /* 軟體重置 UART1 */
```

```
16
17    UART1->UCR1 = 0;              /* 先清除 UCR1 暫存器 */
18    UART1->UCR1 &= ~(1<<14);    /* 關閉自動串列傳輸速率檢測 */
19
20    /*
21     * 設定 UART 的 UCR2 暫存器，設定位元組長度，停止位元，驗證模式，關閉硬體流量控制
22     * bit14: 1 忽略 RTS 接腳
23     * bit8:  0 關閉同位
24     * bit6:  0 1 位元停止位元
25     * bit5:  1 8 位元資料位元
26     * bit2:  1 開啟發送
27     * bit1:  1 開啟接收
28     */
29    UART1->UCR2 |= (1<<14) | (1<<5) | (1<<2) | (1<<1);
30    UART1->UCR3 |= 1<<2;          /* UCR3 的 bit2 必須為 1 */
31
32    /*
33     * 設定串列傳輸速率
34     * 串列傳輸速率計算公式 :Baud Rate = Ref Freq / (16 * (UBMR + 1)/(UBIR+1))
35     * 如果要設定串列傳輸速率為 115200，那麼可以使用以下參數 :
36     * Ref Freq = 80M 也就是暫存器 UFCR 的 bit9:7=101, 表示 1 分頻
37     * UBMR = 3124
38     * UBIR =71
39     * 因此串列傳輸速率 = 80000000/(16 * (3124+1)/(71+1))
40     *                 = 80000000/(16 * 3125/72)
41     *                 = (80000000*72) / (16*3125)
42     *                 = 115200
43     */
44    UART1->UFCR = 5<<7;          /* ref freq 等於 ipg_clk/1=80MHz */
45    UART1->UBIR = 71;
46    UART1->UBMR = 3124;
47
48 #if 0
49    uart_setbaudrate(UART1, 115200, 80000000); /* 設定串列傳輸速率 */
50 #endif
51
52    uart_enable(UART1); /* 啟動序列埠 */
53 }
54
```

```
55 /*
56  * @description：初始化序列埠 1 所使用的 I/O 接腳
57  * @param: 無
58  * @return: 無
59  */
60 void uart_io_init(void)
61 {
62    /* 1. 初始化序列埠 I/O
63     * UART1_RXD -> UART1_TX_DATA
64     * UART1_TXD -> UART1_RX_DATA
65     */
66    IOMUXC_SetPinMux(IOMUXC_UART1_TX_DATA_UART1_TX, 0);
67    IOMUXC_SetPinMux(IOMUXC_UART1_RX_DATA_UART1_RX, 0);
68    IOMUXC_SetPinConfig(IOMUXC_UART1_TX_DATA_UART1_TX, 0x10B0);
69    IOMUXC_SetPinConfig(IOMUXC_UART1_RX_DATA_UART1_RX, 0x10B0);
70 }
71
72 /*
73  * @description              :串列傳輸速率計算公式，
74  *                            可以用此函式計算出指定序列埠對應的 UFCR，
75  *                            UBIR 和 UBMR 這三個暫存器的值
76  * @param - base             :要計算的序列埠
77  * @param - baudrate         :要使用的串列傳輸速率
78  * @param - srcclock_hz      :序列埠時鐘來源頻率，單位 Hz
79  * @return                   :無
80  */
81 void uart_setbaudrate(UART_Type *base,
                         unsigned int baudrate,
                         unsigned int srcclock_hz)
82 {
83    uint32_t numerator = 0u;
84    uint32_t denominator = 0U;
85    uint32_t divisor = 0U;
86    uint32_t refFreqDiv = 0U;
87    uint32_t divider = 1U;
88    uint64_t baudDiff = 0U;
89    uint64_t tempNumerator = 0U;
90    uint32_t tempDenominator = 0u;
91
```

```
92     /* get the approximately maximum divisor */
93     numerator = srcclock_hz;
94     denominator = baudrate << 4;
95     divisor = 1;
96
97     while (denominator != 0)
98     {
99         divisor = denominator;
100        denominator = numerator % denominator;
101        numerator = divisor;
102    }
103
104    numerator = srcclock_hz / divisor;
105    denominator = (baudrate << 4) / divisor;
106
107    /* numerator ranges from 1 ~ 7 * 64k */
108    /* denominator ranges from 1 ~ 64k */
109    if ((numerator > (UART_UBIR_INC_MASK * 7))  || (denominator >
                                            UART_UBIR_INC_MASK))
110    {
111        uint32_t m = (numerator - 1) / (UART_UBIR_INC_MASK * 7) + 1;
112        uint32_t n = (denominator - 1) / UART_UBIR_INC_MASK + 1;
113        uint32_t max = m > n ? m :n;
114        numerator /= max;
115        denominator /= max;
116        if (0 == numerator)
117        {
118            numerator = 1;
119        }
120        if (0 == denominator)
121        {
122            denominator = 1;
123        }
124    }
125    divider = (numerator - 1) / UART_UBIR_INC_MASK + 1;
126
127    switch (divider)
128    {
129        case 1:
```

```
130             refFreqDiv = 0x05;
131             break;
132     case 2:
133             refFreqDiv = 0x04;
134             break;
135     case 3:
136             refFreqDiv = 0x03;
137             break;
138     case 4:
139             refFreqDiv = 0x02;
140             break;
141     case 5:
142             refFreqDiv = 0x01;
143             break;
144     case 6:
145             refFreqDiv = 0x00;
146             break;
147     case 7:
148             refFreqDiv = 0x06;
149             break;
150     default:
151             refFreqDiv = 0x05;
152             break;
153 }
154 /* Compare the difference between baudRate_Bps and calculated
155  * baud rate. Baud Rate = Ref Freq / (16 * (UBMR + 1)/(UBIR+1)).
156  * baudDiff = (srcClock_Hz/divider)/( 16 * ((numerator /
                                        divider)/ denominator).
157  */
158 tempNumerator = srcclock_hz;
159 tempDenominator = (numerator << 4);
160 divisor = 1;
161 /* get the approximately maximum divisor */
162 while (tempDenominator != 0)
163 {
164     divisor = tempDenominator;
165     tempDenominator = tempNumerator % tempDenominator;
166     tempNumerator = divisor;
167 }
```

```
168   tempNumerator = srcclock_hz / divisor;
169   tempDenominator = (numerator << 4) / divisor;
170   baudDiff = (tempNumerator * denominator) / tempDenominator;
171   baudDiff = (baudDiff >= baudrate) ?            (baudDiff - baudrate) :
                                          (baudrate - baudDiff);
172
173   if (baudDiff < (baudrate / 100) * 3)
174   {
175       base->UFCR &= ~UART_UFCR_RFDIV_MASK;
176       base->UFCR |= UART_UFCR_RFDIV(refFreqDiv);
177       base->UBIR = UART_UBIR_INC(denominator - 1);
178       base->UBMR = UART_UBMR_MOD(numerator / divider - 1);
179   }
180 }
181
182 /*
183  * @description     :關閉指定的 UART
184  * @param - base    :要關閉的 UART
185  * @return  :無
186  */
187 void uart_disable(UART_Type *base)
188 {
189   base->UCR1 &= ~(1<<0);
190 }
191
192 /*
193  * @description     :開啟指定的 UART
194  * @param - base    :要開啟的 UART
195  * @return          :無
196  */
197 void uart_enable(UART_Type *base)
198 {
199   base->UCR1 |= (1<<0);
200 }
201
202 /*
203  * @description     :重置指定的 UART
204  * @param - base    :要重置的 UART
205  * @return          :無
```

```
206  */
207 void uart_softreset(UART_Type *base)
208 {
209   base->UCR2 &= ~(1<<0);                    /* 重置 UART */
210   while((base->UCR2 & 0x1) == 0);      /* 等待重置完成 */
211 }
212
213 /*
214 * @description        :發送一個字元
215 * @param - c          :要發送的字元
216 * @return             :無
217 */
218 void putc(unsigned char c)
219 {
220   while(((UART1->USR2 >> 3) &0X01) == 0);      /* 等待上一次發送完成 */
221   UART1->UTXD = c & 0XFF;                       /* 發送資料 */
222 }
223
224 /*
225 * @description        :發送一個字串
226 * @param - str        :要發送的字串
227 * @return             :無
228 */
229 void puts(char *str)
230 {
231   char *p = str;
232
233   while(*p)
234       putc(*p++);
235 }
236
237 /*
238 * @description        :接收一個字元
239 * @param             :無
240 * @return             :接收到的字元
241 */
242 unsigned char getc(void)
243 {
244   while((UART1->USR2 & 0x1) == 0);              /* 等待接收完成 */
```

```
245    return UART1->URXD;                              /* 傳回接收到的資料 */
246 }
247
248 /*
249  * @description        :防止編譯器顯示出錯
250  * @param              :無
251  * @return             :無
252  */
253 void raise(int sig_nr)
254 {
255
256 }
```

　　檔案 bsp_uart.c 中共有 10 個函式，依次來看一下這些函式都是做什麼的。第 1 個函式是 uart_init，這個函式是 UART1 初始化函式，用於初始化 UART1 相關的 I/O，並且設定 UART1 的串列傳輸速率、位元組長度、停止位元和驗證模式等，初始化完成以後就啟動 UART1。第 2 個函式是 uart_io_init，用於初始化 UART1 所使用的 I/O。第 3 個函式是 uart_setbaudrate，這個函式是從 NXP 官方的 SDK 套件中移植過來的，用於設定串列傳輸速率。我們只需將要設定的串列傳輸速率告訴此函式，此函式就會使用逐次逼近方式來計算出暫存器 UART1_UFCR 的 FRDIV 位元、暫存器 UART1_UBIR 和暫存器 UART1_UBMR 這 3 個的值。第 4 和第 5 這兩個函式為 uart_disable 和 uart_enable，分別是啟動和關閉 UART1。第 6 個函式是 uart_softreset，用於軟體重置指定的 UART。第 7 個函式是 putc，用於透過 UART1 發送一個位元組的資料。第 8 個函式是 puts，用於透過 UART1 發送一串資料。第 9 個函式是 getc，用於透過 UART1 獲取一個位元組的資料，最後一個函式是 raise，這是一個空函式，防止編譯器顯示出錯。

　　最後在檔案 main.c 中輸入如範例 17-3 所示內容。

▼ 範例 17-3 main.c 檔案程式

```
/*****************************************************************
Copyright  © zuozhongkai Co., Ltd. 1998-2019. All rights reserved
檔案名稱        :main.c
```

```
作者          : 左忠凱
版本          :V1.0
描述          :I.MX6ULL 開發板裸機實驗 13 序列埠實驗
其他          :本實驗我們學習如何使用 I.MX6 的序列埠，實現序列埠收發資料，了解
              I.MX6 的序列埠工作原理
討論區        :www.openedv.com
記錄檔        :初版 V1.0 2019/1/15 左忠凱建立
**********************************************************/
1   #include "bsp_clk.h"
2   #include "bsp_delay.h"
3   #include "bsp_led.h"
4   #include "bsp_beep.h"
5   #include "bsp_key.h"
6   #include "bsp_int.h"
7   #include "bsp_uart.h"
8
9   /*
10  * @description       :main 函式
11  * @param             :無
12  * @return            :無
13  */
14  int main(void)
15  {
16      unsigned char a=0;
17      unsigned char state = OFF;
18
19      int_init();              /* 初始化中斷（一定要最先呼叫）*/
20      imx6u_clkinit();         /* 初始化系統時鐘 */
21      delay_init();            /* 初始化延遲時間 */
22      clk_enable();            /* 啟動所有的時鐘 */
23      led_init();              /* 初始化 led */
24      beep_init();             /* 初始化 beep */
25      uart_init();             /* 初始化序列埠，串列傳輸速率 115200   */
26
27      while(1)
28      {
29          puts(" 請輸入 1 個字元 :");
30          a=getc();
31          putc(a);/* 回應功能 */
```

```
32      puts("\r\n");
33
34      /* 顯示輸入的字元 */
35      puts(" 您輸入的字元為 :");
36      putc(a);
37      puts("\r\n\r\n");
38
39      state = !state;
40      led_switch(LED0,state);
41   }
42   return 0;
43 }
```

第 5 行呼叫 uart_init 函式初始化 UART1，最終在 while 迴圈中獲取序列埠
接收到的資料，並且將獲取到的資料透過序列埠列印出來。

17.4 編譯、下載和驗證

17.4.1 撰寫 Makefile 和連結腳本

在 Makefile 檔案中輸入如範例 17-4 所示內容。

▼ 範例 17-4 Makefile 檔案程式

```
1  CROSS_COMPILE        ?= arm-linux-gnueabihf-
2  TARGET               ?= uart
3
4  CC                   := $(CROSS_COMPILE)gcc
5  LD                   := $(CROSS_COMPILE)ld
6  OBJCOPY              := $(CROSS_COMPILE)objcopy
7  OBJDUMP              := $(CROSS_COMPILE)objdump
8
9  LIBPATH              := -lgcc -L /usr/local/arm/gcc-linaro-4.9.4-2017.01-
            x86_64_arm-linux-gnueabihf/lib/gcc/arm-linux-gnueabihf/4.9.4
10
11
12 INCDIRS              :=imx6ul \
```

```
13                      bsp/clk \
...
23                      bsp/uart
24
25 SRCDIRS             :=project \
26                      bsp/clk \
...
36                      bsp/uart
37
38
39 INCLUDE             := $(patsubst %, -I %, $(INCDIRS))
40
41 SFILES              := $(foreach dir, $(SRCDIRS), $(wildcard $(dir)/*.S))
42 CFILES              := $(foreach dir, $(SRCDIRS), $(wildcard $(dir)/*.c))
43
44 SFILENDIR           := $(notdir$(SFILES))
45 CFILENDIR           := $(notdir$(CFILES))
46
47 SOBJS               := $(patsubst %, obj/%, $(SFILENDIR:.S=.o))
48 COBJS               := $(patsubst %, obj/%, $(CFILENDIR:.c=.o))
49 OBJS                := $(SOBJS) $(COBJS)
50
51 VPATH               := $(SRCDIRS)
52
53 .PHONY:clean
54
55 $(TARGET).bin :$(OBJS)
56    $(LD) -Timx6ul.lds -o $(TARGET).elf $^ $(LIBPATH)
57    $(OBJCOPY) -O binary -S $(TARGET).elf $@
58    $(OBJDUMP) -D -m arm $(TARGET).elf > $(TARGET).dis
59
60 $(SOBJS) :obj/%.o :%.S
61    $(CC) -Wall -nostdlib -fno-builtin -c -O2$(INCLUDE) -o $@ $<
62
63 $(COBJS) :obj/%.o :%.c
64    $(CC) -Wall -nostdlib -fno-builtin -c -O2$(INCLUDE) -o $@ $<
65
66 clean:
67  rm -rf $(TARGET).elf $(TARGET).dis $(TARGET).bin $(COBJS) $(SOBJS)
```

上述的 Makefile 檔案內容和上一章實驗的區別不大。將 TARGET 設定為 uart，在 INCDIRS 和 SRCDIRS 中加入 bsp/uart。但是，相比上一章中的 Makefile 檔案，本章實驗的 Makefile 檔案有兩處重要的改變。

（1）本章 Makefile 檔案在連結時加入了數學函式庫，因為在 bsp_uart.c 中有個 uart_setbaudrate 函式，在此函式中使用到了除法運算，因此在連結時需要將編譯器的數學函式庫也連結進來。第 9 行的變數 LIBPATH 就是數學函式庫的目錄，在第 56 行連結時使用了變數 LIBPATH。

在後面的學習中，我們常常要用到一些協力廠商函式庫，那麼在連結程式時就需要指定這些協力廠商函式庫所在的目錄，Makefile 在連結時使用選項 -L 來指定函式庫所在的目錄，比如 "範例 17.4.1" 中第 9 行的變數 LIBPATH 就是指定了我們所使用的編譯器函式庫所在的目錄。

（2）在第 61 行和 64 行中，加入了選項 -fno-builtin，否則編譯時提示 putc、puts 這兩個函式與內建函式衝突，錯誤資訊如下所示。

```
warning:conflicting types for built-in function 'putc'
warning:conflicting types for built-in function 'puts'
```

在編譯時加入選項 -fno-builtin 表示不使用內建函式，這樣我們就可以自己實現 putc 和 puts 這樣的函式了。

連結腳本保持不變。

17.4.2 編譯和下載

使用 Make 命令編譯程式，編譯成功以後使用軟體 imxdownload 將編譯完成的 uart.bin 檔案下載到 SD 卡中，命令如下所示。

```
chmod 777 imxdownload              // 給予 imxdownload 可執行許可權，一次即可
./imxdownload uart.bin /dev/sdd    // 燒錄到 SD 卡中
```

燒錄成功以後將 SD 卡插到開發板的 SD 卡槽中，然後重置開發板。開啟 MobaXterm，點擊 Session → Serial，開啟設定介面，設定好對應的序列埠參數，比如在筆者的電腦上顯示為 COM4，設定如圖 17-11 所示。

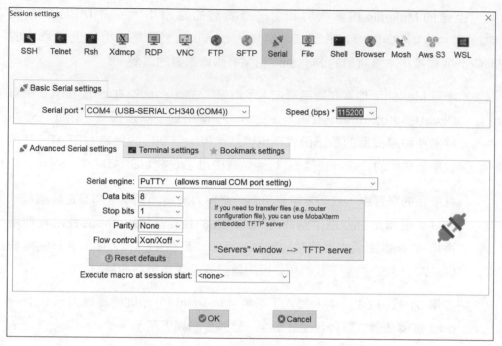

▲ 圖 17-11 MobaXterm 序列埠設定

　　設定好以後就點擊 OK 就可以了，連接成功以後 MobaXterm 收到來自開發板的資料，如圖 17-12 所示。

▲ 圖 17-12 序列埠接收資料

　　根據提示輸入一個字元，這個輸入的字元就會透過序列埠發送給開發板，開發板接收到字元以後就會透過序列埠提示大家接收到的字元是什麼，如圖 17-13 所示。

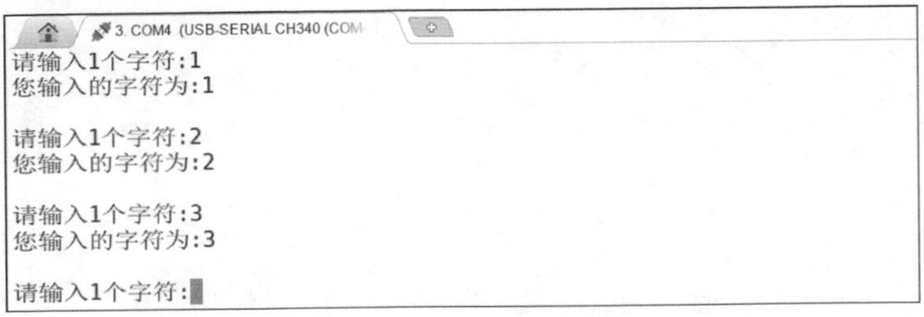

▲ 圖 17-13　實驗效果

　　至此，I.MX6ULL 的序列埠 1 就工作起來了，以後就可以透過序列埠來偵錯程式。但是本章只實現了序列埠最基本的收發功能，如果要想使用格式化輸出話就不行了，比如最常用的 printf 函式，第 18 章就講解如何移植 printf 函式。

第 **18** 章

序列埠格式化
函式移植實驗

　　第 17 章實驗實現了 UART1 基本的資料收發功能，雖然可以用來偵錯程式，但是功能太單一，只能輸出字元。如果需要輸出數字時就需要先將數字轉為字元，非常不方便。學習 STM32 序列埠時會將 printf 函式映射到序列埠上，這樣就可以使用 printf 函式來完成格式化輸出，使用非常方便。本章就來學習如何將 printf 這樣的格式化函式移植到 I.MX6ULL-ALPHA 開發板上。

18.1 │ 序列埠格式化函式移植簡介

格式化函式指 printf、sprintf 和 scanf 這樣的函式，分為格式化輸入和格式化輸出兩類函式。學習 C 語言時常透過 printf 函式在螢幕上顯示字串，透過 scanf 函式從鍵盤獲取輸入。這樣就有了輸入和輸出，實現了最基本的人機互動。學習 STM32 時會將 printf 映射到序列埠上，這樣即使沒有螢幕，也可以透過序列埠來和開發板進行互動。在 I.MX6ULL-ALPHA 開發板上也可以使用此方法，將 printf 和 scanf 映射到序列埠上，這樣就可以使用 MobaXterm 作為開發板的終端，完成與開發板的互動。也可以使用 printf 和 sprintf 來實現各種各樣的格式化字串，方便後續的開發。序列埠驅動程式在第 17 章已經撰寫完成了，而且實現了最基本的位元組收發，本章就學習透過移植已經做好的檔案來實現格式化函式。

18.2 │ 硬體原理分析

本章所需的硬體和第 17 章相同。

18.3 │ 實驗程式撰寫

本章實驗在第 17 章常式的基礎上完成，將 stdio 資料夾複製到實驗專案根目錄中，如圖 18-1 所示。

```
zuozhongkai@ubuntu:~/linux/14_printf$ ls -a
.  ..  bsp  imx6ul  imx6ul.lds  imxdownload  Makefile  obj  project  stdio  .vscode
zuozhongkai@ubuntu:~/linux/14_printf$
```

▲ 圖 18-1 增加實驗原始程式

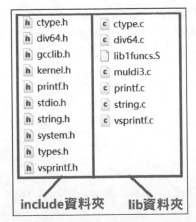

▲ 圖 18-2 stdio 所有原始程式檔案

　　stdio 中有兩個資料夾 include 和 lib，這兩個資料夾中的內容如圖 18-2 所示。

　　圖 18-2 就是 stdio 中的所有檔案，stdio 中的檔案其實是從 uboot 中移植過來的。有興趣的讀者可以自行從 uboot 原始程式中「扣」出對應的檔案，完成格式化函式的移植。這裡要注意一點，stdio 中並沒有實現完全版的格式化函式，比如 printf 函式並不支援浮點數，但是基本夠使用了。

　　移植好以後就要測試對應的函式工作是否正常，使用 scanf 函式等待鍵盤輸入兩個整數，然後將兩個整數進行相加並使用 printf 函式輸出結果。在檔案 main.c 中輸入如範例 18-1 所示內容。

▼ 範例 18-1 main.c 檔案程式

```
/***************************************************************
Copyright  © zuozhongkai Co., Ltd. 1998-2019. All rights reserved
檔案名稱        :main.c
作者           :左忠凱
版本           :V1.0
描述           :I.MX6ULL 開發板裸機實驗 14 序列埠 print 實驗
其他           :本實驗在序列埠上移植 printf，實現 printf 函式功能，方便以後的
               程式偵錯
討論區         :www.openedv.com
```

記錄檔　　　　　: 初版 V1.0 2019/1/15 左忠凱建立
**/

```
1  #include "bsp_clk.h"
2  #include "bsp_delay.h"
3  #include "bsp_led.h"
4  #include "bsp_beep.h"
5  #include "bsp_key.h"
6  #include "bsp_int.h"
7  #include "bsp_uart.h"
8  #include "stdio.h"
9
10 /*
11  * @description      :main 函式
12  * @param            :無
13  * @return           :無
14  */
15 int main(void)
16 {
17     unsigned char state = OFF;
18     int a , b;
19
20         int_init();     /* 初始化中斷 ( 一定要最先呼叫 ) */
21     imx6u_clkinit();    /* 初始化系統時鐘 */
22     delay_init();       /* 初始化延遲時間 */
23     clk_enable();       /* 啟動所有的時鐘 */
24     led_init();         /* 初始化 led */
25     beep_init();        /* 初始化 beep */
26     uart_init();        /* 初始化序列埠，串列傳輸速率 115200   */
27
28     while(1)
29     {
30         printf(" 輸入兩個整數，使用空格隔開 :");
31         scanf("%d %d", &a, &b);                              /* 輸入兩個整數 */
32         printf("\r\n 資料 %d + %d = %d\r\n\r\n", a, b, a+b);   /* 輸出和 */
33
34         state = !state;
35         led_switch(LED0,state);
36     }
37
```

```
38    return 0;
39  }
```

　　第 30 行使用 printf 函式輸出一段提示訊息，第 31 行使用 scanf 函式等待
鍵盤輸入兩個整數。第 32 行使用 printf 函式輸出兩個整數的和。程式很簡單，
但是可以驗證 printf 和 scanf 這兩個函式是否正常執行。

18.4 編譯、下載和驗證

18.4.1 撰寫 Makefile 和連結腳本

　　修改 Makefile 中的 TARGET 為 printf，在 INCDIRS 中加入 stdio/include，
在 SRCDIRS 中加入 stdio/lib，修改後的 Makefile 如範例 18-2 所示。

▼ 範例 18-2 Makefile 檔案程式

```
1  CROSS_COMPILE       ?= arm-linux-gnueabihf-
2  TARGET              ?= printf
3
4  /* 省略其他程式 ...... */
5
6  INCDIRS             :=imx6ul \
7                        stdio/include \
8                        bsp/clk \
...
18                       bsp/uart
19
20 SRCDIRS             :=project \
21                        stdio/lib \
...
32                       bsp/uart
33
34 /* 省略其他程式 ...... */
35
36 $(COBJS) :obj/%.o :%.c
```

```
37  $(CC) -Wall -Wa,-mimplicit-it=thumb -nostdlib -fno-builtin -c -O2$(INCLUDE) -o $@ $<
38
39 clean:
40  rm -rf $(TARGET).elf $(TARGET).dis $(TARGET).bin $(COBJS) $(SOBJS)
```

第 2 行修改變數 TARGET 為 printf，也就是目標名稱為 printf。

第 7 行在變數 INCDIRS 中增加 stdio 相關標頭檔（.h）路徑。

第 21 行在變數 SRCDIRS 中增加 stdio 相關檔案（.c）路徑。

第 37 行在編譯 C 檔案時增加了選項 -Wa,-mimplicit-it=thumb，否則會有以下類似的錯誤訊息。

```
thumb conditional instruction should be in IT block -- `addcs r5,r5,#65536'
```

連結腳本保持不變。

18.4.2 編譯和下載

使用 Make 命令編譯程式，編譯成功以後使用軟體 imxdownload 將編譯完成的檔案 printf.bin 下載到 SD 卡中，命令如下所示。

```
chmod 777 imxdownload                    // 給予 imxdownload 可執行許可權，一次即可
./imxdownload printf.bin /dev/sdd        // 燒錄到 SD 卡中，不能燒錄到 /dev/sda 或 sda1 裝置中
```

燒錄成功以後將 SD 卡插到開發板的 SD 卡槽中，開啟 MobaXterm，設定好連接，然後重置開發板。MobaXterm 顯示如圖 18-3 所示。

▲ 圖 18-3 MobaXterm 預設顯示介面

根據圖 18-3 所示的提示，輸入兩個整數，使用空格隔開，輸入完成以後按 Enter 鍵，結果如圖 18-4 所示。

```
☆  3. COM4 (USB-SERIAL CH340 (COM    ⊕
输入两个整数，使用空格隔开:32 5
数据32 + 5 = 37

输入两个整数，使用空格隔开:▌
```

▲ 圖 18-4 計算輸入結果顯示

從圖 18-4 可以看出，輸入了 32 和 5 這兩個整數，然後計算出 32+5=37。計算和顯示都正確，說明格式化函式移植成功，以後就可以使用 printf 來偵錯工具了。

第19章

DDR3 實驗

    I.MX6ULL-ALPHA 開發板上帶有一個 256MB/512MB 的 DDR3 記憶體晶片，一般 Cortex-A 晶片附帶的 RAM 很小，比如 I.MX6ULL 只有 128KB 的 OCRAM。如果要執行 Linux 時完全不夠用，所以必須外接一片 RAM 晶片。I.MX6ULL 支援 LPDDR2、LPDDR3/DDR3，I.MX6ULL-ALPHA 開發板上選擇的是 DDR3，本章就來學習如何驅動程式 I.MX6ULL-ALPHA 開發板上的這片 DDR3。

19.1 | DDR3 記憶體簡介

在正式學習 DDR3 記憶體之前，要先了解一下 DDR 記憶體的發展歷史，透過對比 SRAM、SDRAM、DDR、DDDR2 和 DDR3 的區別，幫助我們更加深入地理解什麼是 DDR。在看 DDR 之前我們先來了解一個概念，那就是什麼叫做 RAM。

19.1.1 何為 RAM 和 ROM

相信大家在購買手機、電腦等電子裝置時，通常都會聽到 RAM、ROM、硬碟等概念，很多人都是一頭霧水。下面我們就看一下 RAM 和 ROM 專業的解釋。

RAM：隨機記憶體，可以隨時進行讀寫操作，速度很快，停電以後資料會遺失。比如記憶體模組、SRAM、SDRAM、DDR 等都是 RAM。RAM 一般用來儲存程式資料、中間結果，在程式中定義了一個變數 a，然後對這個 a 進行讀寫操作，程式如範例 19-1 所示。

▼ 範例 19-1 RAM 中的變數

```
1 int a;
2 a = 10;
```

a 是一個變數，可直接對 a 進行讀寫操作，不需要在乎具體的讀寫過程。我們可以任意地對 RAM 中任何位址的資料進行讀寫操作，非常方便。

ROM：唯讀記憶體，筆者認為目前「唯讀記憶體」這個定義不準確。比如我們買手機，通常會注意到手機是 4+64 或 6+128 的設定，這説的就是 RAM 為 4GB 或 6GB，ROM 為 64GB 或 128GB。但是這個 ROM 是 Flash，比如 EMMC 或 UFS 記憶體，因為歷史原因，很多人還是將 Flash 叫做 ROM。但是 EMMC 和 UFS，甚至是 NAND Flash，這些都是可以進行寫入操作的。只是寫起來比較麻煩，要先進行抹除，然後再發送要寫入的位址或磁區，最後才是要寫入的資料，使用過 WM25QXX 系列的 SPI Flash 的讀者應該深有體會。可以看出，相比於 RAM，向 ROM 或 Flash 寫入資料要複雜很多，因此表示速度就會變慢（相比 RAM），但是 ROM 和 Flash 可以將容量做得很大，而且停電以後資料不會遺失，適合用來儲存資料，比如音樂、圖片、影片等資訊。

綜上所述，RAM 速度快，可以直接和 CPU 進行通訊，但是停電以後資料會遺失，容量不容易做大（和同價格的 Flash 相比）。ROM（目前來説，更適合叫做 Flash）速度雖然慢，但是容量大、適合儲存資料。對於正點原子的 I.MX6ULL-ALPHA 開發板而言，256MB/512MB 的 DDR3 就是 RAM，而512MB NANF Flash 或 8GB EMMC 就是 ROM。

19.1.2 SRAM 簡介

為什麼要講 SRAM 呢？大部分的開發者最先接觸 RAM 晶片都是從SRAM 開始的，因為大量的 STM32 微控制器開發板都使用到了 SRAM，比如STM32F103、STM32F407 等，基本都會外擴一個 512KB 或 1MB 的 SRAM 的。因為 STM32F103/F407 內部 RAM 比較小，在一些比較耗費記憶體的應用中會出現記憶體不足的情況，比如用 emWin 作 UI 介面。

SRAM 的全稱叫做 Static Random-Access Memory，也就是靜態隨機記憶體，這裡的「靜態」是指只要SRAM 通電，那麼SRAM 中的資料就會一直儲存著，直到 SRAM 停電。對於 RAM 而言，需要可以隨機地讀取任意一個位址空間內的資料，因此採用了位址線和資料線分離的方式。這裡就以 STM32F103/F407 開發板常用的 IS62WV51216 這顆 SRAM 晶片為例，簡單地講解一下 SRAM，這是一顆 16 位元寬（資料位元為 16 位元）、1MB 大小的 SRAM，晶片方塊圖如圖 19-1 所示。

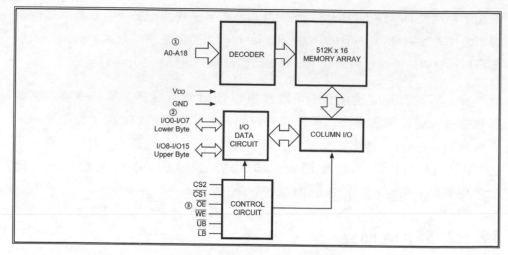

▲ 圖 19-1　IS62WV51216 方塊圖

圖 19-1 主要分為 3 部分，我們依次來看一下這 3 部分。

① 位址線。

這部分是位址線，一共 A0~A18，也就是 19 根位址線，因此可存取的位址大小就是 2^{19}=524288=512KB。IS62WV51216 是個 1MB 的 SRAM，為什麼位址空間只有 512KB ？前面我們說了 IS62WV51216 是 16 位元寬的，也就是一次存取 2 位元組，因此需要對 512KB 進行乘 2 處理，得到 512KB×2=1MB。位元寬一般有 8 位元 /16 位元 /32 位元，根據實際需求選擇即可，一般都是根據處理器的 SRAM 控制器位元寬來選擇 SRAM 位元寬。

② 資料線。

這部分是 SRAM 的資料線，根據 SRAM 位元寬的不同，資料線的數量也不同，8 位元寬就有 8 根資料線，依此類推。IS62WV51216 是一個 16 位元寬的 SRAM，因此就有 16 根資料線，一次可以存取 16 位元的資料，即 2 位元組。因此就有高位元組和低位元組資料之分，其中 I/O0~I/O7 是低位元組資料，I/O8~I/O15 是高位元組資料。

③ 控制線。

SRAM 工作還需要一堆的控制線。CS2 和 CS1 是晶片選擇訊號,低電位有效,在一個系統中可能會有多片 SRAM(目的是擴充 SRAM 大小或位元寬),這個時候就需要 CS 訊號來選擇當前使用哪片 SRAM。另外,有的 SRAM 內部其實是由兩片 SRAM 拼接起來的,因此就會提供兩個晶片選擇訊號。

OE 是輸出啟動訊號,低電位有效,也就是主控從 SRAM 讀取資料。

WE 是寫入啟動訊號,低電位有效,也就是主控向 SRAM 寫入資料。

UB 和 LB 訊號,前面提到 IS62WV51216 是個 16 位元寬的 SRAM,分為高位元組和低位元組,那麼,如何來控制讀取高位元組資料還是低位元組資料呢?這個就是 UB 和 LB 這兩個控制線的作用,這兩根控制線都是低電位有效。UB 為低電位表示存取高位元組,LB 為低電位表示存取低位元組。

SRAM 最大的缺點就是成本高,SDRAM 比 SRAM 容量大,價格更低。SRAM 突出的特點就是無須刷新,讀寫速度快。所以 SRAM 通常作為 SOC 的內部 RAM 或 Cache 使用,比如 STM32 記憶體的 RAM 或 I.MX6ULL 內部的 OCRAM 都是 SRAM。

19.1.3 SDRAM 簡介

SRAM 最大的缺點就是價格高、容量小。但是應用對於記憶體的需求越來越高,必須提供大記憶體解決方案。為此半導體廠商想了很多辦法,提出了很多解決方案,最終 SDRAM 應運而生並得到推廣。SDRAM 的全稱是 Synchronous Dynamic Random Access Memory,翻譯過來就是同步動態隨機記憶體。其中,「同步」的意思是 SDRAM 工作需要時鐘線;「動態」的意思是 SDRAM 中的資料需要不斷地刷新來保證資料不會遺失;「隨機」的意思就是可以讀寫任意位址的資料。

與 SRAM 相比,SDRAM 整合度高、功耗低、成本低,適合做大型存放區,但是需要定時刷新來保證資料不會遺失。因此 SDRAM 適合用來作記憶體模組,SRAM 適合作快取記憶體或 MCU 內部的 RAM。SDRAM 目前已經發展到了第四

代,分別為 SDRAM、DDR SDRAM、DDR2 SDRAM、DDR3 SDRAM、DDR4
SDRAM。STM32F429/F767/H743 等晶片支援 SDRAM,學過 STM32F429/
F767/H743 的讀者應該知道 SDRAM,這裡我們就以 STM32 開發板最常用的華
邦 W9825G6KH 為例,W9825G6KH 是一款 16 位元寬(資料位元為 16 位元)、
32MB 的 SDRAM,頻率一般為 133MHz、166MHz 或 200MHz。W9825G6KH
方塊圖如圖 19-2 所示(圖示步驟以下)。

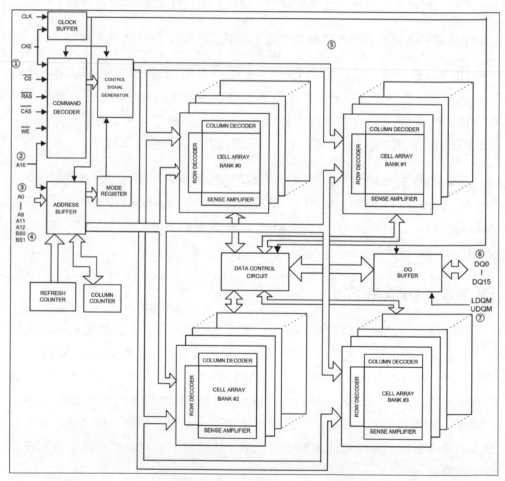

▲ 圖 19-2 W9825G6KH 方塊圖

① 控制線。

SDRAM 也需要很多控制線，依次來看一下相關內容。

CLK：時鐘線，SDRAM 是同步動態隨機記憶體，同步的意思就是時鐘，因此需要一根額外的時鐘線，這是和 SRAM 最大的不同，SRAM 沒有時鐘線。

CKE：時鐘啟動訊號線，SRAM 沒有 CKE 訊號。

CS：晶片選擇訊號，這個和 SRAM 一樣，都有晶片選擇訊號。

RAS：行選通訊號，低電位有效，SDRAM 和 SRAM 的定址方式不同，SDRAM 按照行、列來確定某個具體的儲存區域。因此就有行位址和列位址之分，行位址和列位址共同重複使用同一組位址線，要存取某一個位址區域，必須要發送行位址和列位址，指定要存取哪一行或哪一列。RAS 是行選通訊號，表示要發送行位址。行位址和列位址存取方式如圖 19-3 所示。

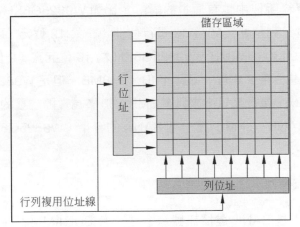

▲ 圖 19-3 SDRAM 行列定址方式

CAS：列選通訊號，和 RAS 類似，低電位有效，選中以後就可以發送列位址了。

WE：寫入啟動訊號，低電位有效。

② A10 位址線。

A10 是位址線，為什麼要單獨將 A10 位址線提出來呢？因為 A10 位址線還有另外一個作用，A10 還控制著 Auto-precharge，也就是預充電。這裡又提到了預充電的概念，SDRAM 晶片內部會分為多個 BANK，關於 BANK 稍後會講解。SDRAM 在讀寫完成以後，如果要對同一個 BANK 中的另一行進行定址操作，就必須將原來有效的行關閉，然後發送新的行 / 列位址，關閉現在工作的行，準備開啟新行的操作就叫做預充電。一般 SDSRAM 都支援自動預充電的功能。

③ 位址線。

W9825G6KH 一共有 A0~A12，共 13 根位址線，但是 SDRAM 定址是按照行位址和列位址來存取的，因此這 A0~A12 包含了行位址和列位址。不同的 SDRAM 晶片，根據其位元寬、容量等的不同，行列位址數是不同的，這個在 SDRAM 的資料手冊中也有清楚的講解。比如 W9825G6KH 的 A0~A8 是列位址，一共 9 位元列位址，A0~A12 是行位址，一共 13 位元，因此可定址範圍為：$2^9 \times 2^{13}$=4194304B=4MB，W9825G6KH 為 16 位元寬（2 位元組），因此還需要對 4MB 進行乘 2 處理，得到 4MB×2=8MB。但是 W9825G6KH 是一個 32MB 的 SDRAM，為什麼算出來只有 8MB，這僅為實際容量的 1/4。這個就是接下來要講的 BANK，8MB 只是一個 BANK 的容量，W9825G6KH 一共有 4 個 BANK。

④ BANK 選擇線。

BS0 和 BS1 是 BANK 選擇訊號線，在一片 SDRAM 中因為技術、成本等原因，不可能做一個全容量的 BANK。而且，因為 SDRAM 的工作原理，單一的 BANK 會帶來嚴重的定址衝突，降低記憶體存取效率等問題。為此，在一片 SDRAM 中分割出多塊 BANK，一般都是 2^n，比如 2、4、8 等。圖 19-2 中的⑤就是 W9825G6KH 的 4 個 BANK 示意圖，每個 SDRAM 資料手冊中都會寫清楚是幾 BANK。前面已經計算出來了一個 BANK 的大小為 8MB，那麼 4 個 BANK 的總容量就是 8MB×4=32MB。

既然有 4 個 BANK，那麼在存取時就需要告訴 SDRAM，現在需要存取哪個 BANK，BS0 和 BS1 就是為此而生的。4 個 BANK 使用兩根線，如果是 8 個 BANK，就需要 3 根線，也就是 BS0~BS2。BS0、BS1 這兩根線也是 SRAM 沒有的。

⑤ BANK 區域。

關於 BANK 的概念前面已經講過了，這部分就是 W9825G6KH 的 4 個 BANK 區域。這個概念也是 SRAM 所沒有的。

⑥ 資料線。

W9825G6KH 是 16 位元寬的 SDRAM，因此有 16 根資料線——DQ0~DQ15。不同的位元寬其資料線數量不同，這個和 SRAM 是一樣的。

⑦ 高低位元組選擇。

W9825G6KH 是一個 16 位元的 SDRAM，因此就分為低位元組資料和高位元組資料，LDQM 和 UDQM 就是低位元組和高位元組選擇訊號，這個和 SRAM 一樣。

19.1.4 DDR 簡介

DDR 記憶體是 SDRAM 的升級版本，SDRAM 分為 SDR SDRAM、DDR SDRAM、DDR2 SDRAM、DDR3 SDRAM、DDR4 SDRAM。可以看出 DDR 本質上還是 SDRAM，只是隨著技術的不斷發展，DDR 也在不斷地改朝換代。先來看一下 DDR，也就是 DDR1，人們對於速度的追求是永無止境的，當發現 SDRAM 的速度不夠快時，人們就在思考如何提高 SDRAM 的速度，DDR SDRAM 由此產生。

DDR（Double Data Rate）SDRAM，也就是雙倍速率 SDRAM。DDR 的速率（資料傳輸速率）比 SDRAM 快 1 倍，這快 1 倍的速度不是簡簡單單的將 CLK 提高 1 倍，SDRAM 在一個 CLK 週期傳輸一次資料，DDR 在一個 CLK 週期傳輸兩次資料，也就是在上昇緣和下降緣各傳輸一次資料，這個概念叫做預先存取，相當於 DDR 的預先存取為 2 位元，因此 DDR 的速度直接加倍。

比如 SDRAM 頻率一般是 133~200MHz，對應的傳輸速率就是 133~200MT/s。在描述 DDR 速率時一般都使用「MT/s」，也就是每秒傳輸多少 MB 資料。133MT/s 就是每秒傳輸 133×10^6 次資料，「MT/s」描述的是單位時間內的傳輸速率。同樣 133~200MHz 的頻率，DDR 的傳輸速率就變為了 266~400MT/s，所以大家常說的 DDR266、DDR400 就是這麼來的。

DDR2 在 DDR 基礎上進一步增加預先存取，增加到了 4 位元，相當於比 DDR 多讀取一倍的資料，因此 DDR2 的資料傳輸速率就是 533~800MT/s，這個也就是大家常說的 DDR2 533、DDR2 800。DDR2 還有其他速率，這裡只是說最常見的幾種。

DDR3 在 DDR2 的基礎上將預先存取提高到 8 位元，因此又獲得了比 DDR2 高 1 倍的傳輸速率，因此在匯流排時鐘同樣為 266~400MHz 的情況下，DDR3 的傳輸速率就是 1066~1600MT/s。

I.MX6ULL 的 MMDC 外接裝置用於連接 DDR，支援 LPDDR2、DDR3、DDR3L，最高支援 16 位元資料位元寬。總線速度為 400MHz（實際是 396MHz），資料傳輸速率最大為 800MT/s。這裡講一下 LPDDR3、DDR3 和 DDR3L 的區別。這 3 個都是 DDR3，但是區別主要在於工作電壓，LPDDR3 叫做低功耗 DDR3，工作電壓為 1.2V。DDR3 叫做標壓 DDR3，工作電壓為 1.5V，一般桌上型電腦記憶體模組都是 DDR3。DDR3L 是低壓 DDR3，工作電壓為 1.35V，一般手機、嵌入式、筆記型電腦等都使用 DDR3L。

正點原子的 I.MX6ULL-ALPHA 開發板上接了一個 256MB/512MB 的 DDR3L，其是 16 位元寬，型號為 NT5CC128M16JR/MT5CC256M16EP，是 Nanya 公司出品的，分別對應 256MB 和 512MB 容量。EMMC 核心板上用的 512MB 容量的 DDR3L，NAND 核心板上用的 256MB 容量的 DDR3L。以 EMMC 核心板上使用的 NT5CC256M16EP-EK 為例講解一下 DDR3。可到官網去查詢一下此型號，資訊如圖 19-4 所示。

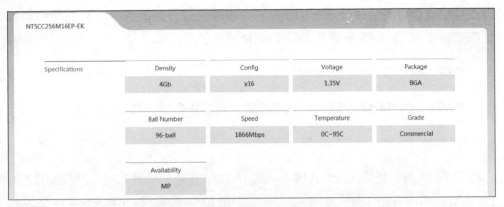

▲ 圖 19-4 NT5CC256M16EP-EK 資訊

從圖 19-4 可以看出，NT5CC256M16EP-EK 是一款容量為 4Gb，也就是 512MB 大小、16 位元寬、1.35V、傳輸速率為 1866Mb/s 的 DDR3L 晶片。NT5CC256M16EP-EK 的資料手冊沒有在官網找到，但是找到了 NT5CC256M16ER-EK 資料手冊，由於在官網上沒有看出這兩者的區別，因此這裡就直接用 NT5CC256M16ER-EK 的資料手冊。但是資料手冊並沒有舉出 DDR3L 的結構方塊圖，這裡我就直接用了鎂光 MT41K256M16 資料手冊中的結構方塊圖，都是一樣的。DDR3L 結構方塊圖如圖 19-5 所示。

從圖 19-5 可以看出，DDR3L 和 SDRAM 的結構方塊圖很類似，但還是有區別。

① 控制線。

ODT：片上終端啟動，ODT 啟動和禁止片內終端電阻。

ZQ：輸出驅動程式校準的外部參考接腳，此接腳應該外接一個 240Ω 的電阻到 V_{SSQ} 上，一般直接接地。

RESET：重置接腳，低電位有效。

CKE：時鐘啟動接腳。

A12：A12 是位址接腳，但也有另外一個功能，因此也叫做 BC 接腳。A12 會在 READ 和 WRITE 命令期間被採樣，以決定 burst chop 是否會被執行。

CK 和 CK#：時鐘訊號，DDR3 的時鐘線是差分時鐘線，所有的控制和位址訊號都會在 CK 的上昇緣和 CK# 的下降緣交叉處被擷取。

CS#：晶片選擇訊號，低電位有效。

RAS#、CAS# 和 WE#：行選通訊號、列選通訊號和寫入啟動訊號。

② 位址線。

A[14:0] 為位址線，A0~A14，一共 15 根位址線，根據 NT5CC256M16ER-EK 的資料手冊可知，列位址為 A0~A9，共 10 根。行位址為 A0~A14，共 15 根，因此一個 BANK 的大小就是 $2^{10} \times 2^{15} \times 2 = 32MB \times 2 = 64MB$，根據圖 19-5 可知一共有 8 個 BANK，因此 DDR3L 的容量就是 $64 \times 8 = 512MB$。

③ BANK 選擇線。

一片 DDR3 有 8 個 BANK，因此需要 3 根線才能實現 8 個 BANK 的選擇，BA0~BA2 就是用於完成 BANK 選擇的。

④ BANK 區域。

DDR3 一般都是 8 個 BANK 區域。

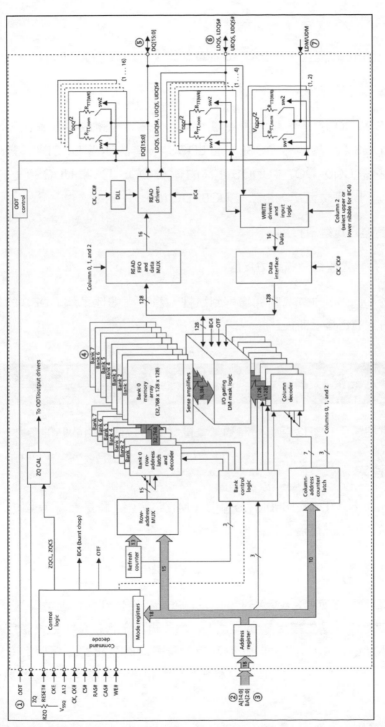

▲ 圖 19-5 DDR3L 結構方塊圖

⑤ 資料線。

因為是 16 位元寬，因此有 16 根資料線，分別為 DQ0~DQ15。

⑥ 資料選通接腳。

DQS 和 DQS# 是資料選通接腳，為差分訊號，讀取時是輸出，寫入時是輸入。LDQS（有的叫做 DQSL）和 LDQS#（有的叫做 DQSL#）對應低位元組，也就是 DQ0~DQ7；UDQS（有的叫做 DQSU）和 UDQS#（有的叫做 DQSU#）對應高位元組，也就是 DQ8~DQ15。

⑦ 資料登錄遮罩接腳。

DM 是寫入資料登錄遮罩接腳。

關於 DDR3L 的方塊圖就講解到這裡，想要詳細地了解 DDR3 的組成，請閱讀相對應的資料手冊。

19.2 DDR3 關鍵時間參數

大家在購買 DDR3 記憶體時通常會重點觀察幾個常用的時間參數。

1. 傳輸速率

比如 1066MT/s、1600MT/s、1866MT/s 等，這個是首要考慮的，因為這個決定了 DDR3 記憶體的最高傳輸速率。

2. tRCD 參數

tRCD 全稱是 RAS-to-CAS Delay，也就是行定址到列定址之間的延遲時間。DDR 的定址流程是先指定 BANK 位址，然後再指定行位址，最後指定列位址確定最終要定址的單元。BANK 位址和行位址是同時發出的，這個命令叫做行啟動（Row Active）。行啟動以後就發送列位址和具體的操作命令（讀還是寫），這兩個是同時發出的，因此一般也用「讀 / 寫命令」表示列定址。在行有效（行啟動）到讀寫命令發出的這段時間間隔叫做 tRCD，如圖 19-6 所示。

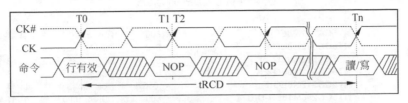

▲ 圖 19-6　tRCD

Speed Bins	DDR3(L)-1866 13-13-13		Unit	Note
Parameter	Min	Max		
tAA	13.91	20.0	ns	
tRCD	13.91	-	ns	
tRP	13.91	-	ns	
tRAS	34.0	9xtREFI	ns	
tRC	47.91	-	ns	

▲ 圖 19-7　tRCD 時間參數

　　一般 DDR3 資料手冊中都會舉出 tRCD 的時間值，比如正點原子所使用的 NT5CC256M16EP-EK 這個 DDR3，tRCD 時間參數如圖 19-7 所示。

　　從圖 19-7 可以看出，tRCD 為 13.91ns，這個在初始化 DDR3 時需要設定。有時候大家也會看到 13-13-13 之類的參數，這個是用來描述 CL-tRCD-TRP 的，如圖 19-8 所示。

　　從圖 19-8 可以看出，NT5CC256M16ER-EK 這個 DDR3 的 CL-TRCD-TRP 時間參數為 13-13-13。因此 tRCD=13，這裡的 13 不是 ns 數，而是 CLK 週期數，表示 13 個 CLK 週期。

Organization	Part Number	Package	Speed		
			Clock (MHz)	Data Rate (Mb/s)	CL-TRCD-TRP
DDR3(L) Commercial Grade					
512M x 8	NT5CC512M8EQ-DIB	78-Ball	800	DDR3L-1600 [1]	11-11-11
	NT5CC512M8EQ-DI		800	DDR3L-1600 [1]	11-11-11
	NT5CB512M8EQ-DI		800	DDR3-1600	11-11-11
	NT5CC512M8EQ-EK		933	DDR3L-1866 [1]	13-13-13
	NT5CB512M8EQ-EK		933	DDR3-1866	13-13-13
	NT5CB512M8EQ-FL		1066	DDR3-2133	14-14-14
256M x 16	NT5CC256M16ER-DIB	96-Ball	800	DDR3L-1600 [1]	11-11-11
	NT5CC256M16ER-DI		800	DDR3L-1600 [1]	11-11-11
	NT5CB256M16ER-DI		800	DDR3-1600	11-11-11
	NT5CC256M16ER-EK		933	DDR3L-1866 [1]	13-13-13
	NT5CB256M16ER-EK		933	DDR3-1866	13-13-13
	NT5CB256M16ER-FL		1066	DDR3-2133	14-14-14

▲ 圖 19-8　CL-TRCD-TRP 時間參數

3. CL 參數

當列位址發出以後就會觸發資料傳輸，但是資料從儲存單元到記憶體晶片 I/O 介面上還需要一段時間，這段時間就是 CL（CAS Latency），也就是列位址選通時間延遲，如圖 19-9 所示。

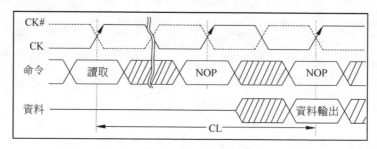

▲ 圖 19-9　CL 結構圖

CL 參數一般在 DDR3 的資料手冊中可以找到，比如 NT5CC256M16EP-EK 的 CL 值就是 13 個時鐘週期，一般 tRCD 和 CL 大小一樣。

4. AL 參數

在 DDR 的發展中，提出了一個前置 CAS 的概念，目的是解決 DDR 中的指令衝突，它允許 CAS 訊號緊隨著 RAS 發送，相當於將 DDR 中的 CAS 前置了。

但是讀 / 寫操作並沒有因此提前，依舊要保證足夠的時間延遲 / 潛伏期，為此引入了 AL（Additive Latency），單位也是時鐘週期數。AL+CL 組成了 RL（Read Latency），從 DDR2 開始還引入了寫入時間延遲 WL（Write Latency），WL 表示寫入命令發出以後到第一筆資料寫入的時間延遲。加入 AL 後的讀取時序如圖 19-10 所示。

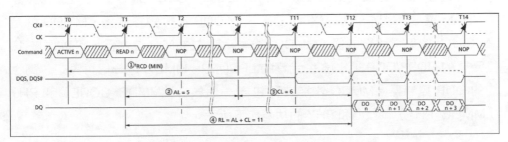

▲ 圖 19-10 加入 AL 後的讀取時序圖

圖 19-10 就是鎂光 DDR3L 的讀取時序圖，下面依次來看一下圖中這 4 部分都是什麼內容。

① tRCD。

② AL。

③ CL。

④ RL 為讀取時間延遲，RL=AL+CL。

5. tRC 參數

tRC 是兩個 ACTIVE 命令，或是 ACTIVE 命令到 REFRESH 命令的週期，DDR3L 資料手冊會舉出這個值，比如 NT5CC256M16EP-EK 的 tRC 值為 47.91ns，參考圖 19-7。

6. tRAS 參數

tRAS 是 ACTIVE 命令到 PRECHARGE 命令的最短時間，DDR3L 的資料手冊同樣也會舉出此參數，NT5CC256M16EP-EK 的 tRAS 值為 34ns，參考圖 19-7。

19.3 | I.MX6ULL MMDC 控制器簡介

19.3.1 MMDC 控制器

學過 STM32 的讀者應該記得,STM32 的 FMC 或 FSMC 外接裝置用於連接 SRAM 或 SDRAM,對 I.MX6ULL 來說有 DDR 記憶體控制器。MMDC 就是 I.MX6ULL 的記憶體控制器,MMDC 是一個多模的 DDR 控制器,可以連接 16 位元寬的 DDR3/DDR3L、16 位元寬的 LPDDR2。MMDC 是一個可設定、高性能的 DDR 控制器。MMDC 外接裝置包含一個核心(MMDC_CORE)和 PHY(MMDC_PHY),核心和 PHY 的功能如下所示。

MMDC 核心: 核心負責透過 AXI 介面與系統進行通訊,DDR 命令生成,DDR 命令最佳化,讀 / 寫資料路徑。

MMDC PHY: PHY 負責時序調整和校準,使用特殊的校準機制以保障資料能夠在 400MHz 被準確捕捉。

MMDC 的主要特性如下所示。

(1) 支援 DDR3/DDR3L×16, 支援 LPDDR2×16,不支援 LPDDR1MDDR 和 DDR2。

(2) 支援單片 256Mb~8Gb 容量的 DDR,列位址範圍 8~12 位元,行位址範圍 11~16 位元。2 個晶片選擇訊號。

(3) 對於 DDR3,最大支援 8 位元的突發存取。

(4) 對於 LPDDR2 最大支援 4 位元的突發存取。

(5) MMDC 最大頻率為 400MHz,因此對應的資料速率為 800MT/s。

(6) 支援各種校準程式,可以自動或手動執行。支援 ZQ 校準外部 DDR 裝置,ZQ 校準 DDR I/O 接腳、校準 DDR 驅動程式能力。

19.3.2 MMDC 控制器訊號接腳

在使用 STM32 時 FMC/FSMC 的 I/O 接腳是帶有重複使用功能的，如果不接 SRAM 或 SDRAM，則 FMC/FSMC 是可以用作其他外接裝置 I/O 的。但是，對於 DDR 介面就不一樣了，因為 DDR 對於硬體要求非常嚴格，因此 DDR 的接腳都是獨立的，一般沒有重複使用功能，只作為 DDR 接腳使用。I.MX6ULL 也有專用的 DDR 接腳，如圖 19-11 所示。

Signal	Description	Pad	Mode	Direction
DRAM_ADDR[15:0]	Address Bus Signals	DRAM_A[15:0]	No Muxing	O
DRAM_CAS	Column Address Strobe Signal	DRAM_CAS	No Muxing	O
DRAM_CS[1:0]	Chip Selects	DRAM_CS[1:0]	No Muxing	O
DRAM_DATA[31:0]	Data Bus Signals	DRAM_D[31:0]	No Muxing	I/O
DRAM_DQM[1:0]	Data Mask Signals	DRAM_DQM[1:0]	No Muxing	O
DRAM_ODT[1:0]	On-Die Termination Signals	DRAM_SDODT[1:0]	No Muxing	O
DRAM_RAS	Row Address Strobe Signal	DRAM_RAS	No Muxing	O
DRAM_RESET	Reset Signal	DRAM_RESET	No Muxing	O
DRAM_SDBA[2:0]	Bank Select Signals	DRAM_SDBA[2:0]	No Muxing	O
DRAM_SDCKE[1:0]	Clock Enable Signals	DRAM_SDCKE[1:0]	No Muxing	O
DRAM_SDCLK0_N	Negative Clock Signals	DRAM_SDCLK_[1:0]	No Muxing	O
DRAM_SDCLK0_P	Positive Clock Signals	DRAM_SDCLK_[1:0]	No Muxing	O
DRAM_SDQS[1:0]_N	Negative DQS Signals	DRAM_SDQS[1:0]_N	No Muxing	I/O
DRAM_SDQS[1:0]_P	Positive DQS Signals	DRAM_SDQS[1:0]_P	No Muxing	I/O
DRAM_SDWE	WE signal	DRAM_SDWE	No Muxing	O
DRAM_ZQPAD	ZQ signal	DRAM_ZQPAD	No Muxing	O

▲ 圖 19-11 DDR 訊號接腳

由於圖 19-11 中的接腳是 DDR 專屬的，因此就不存在 DDR 接腳重複使用設定，只需要設定 DDR 接腳的電氣屬性即可。注意，DDR 接腳的電氣屬性暫存器和普通的外接裝置接腳電氣屬性暫存器不同。

19.3.3 MMDC 控制器時鐘來源

I.MX6ULL 的 DDR 或 MDDC 的時鐘頻率為 400MHz，這 400MHz 時鐘來源怎麼來的？這個就要查閱 I.MX6ULL 參考手冊的第 18 章相關內容。MMDC 時鐘來源如圖 19-12 所示。

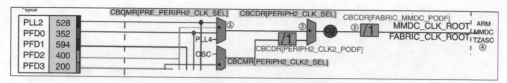

▲ 圖 19-12 MMDC 時鐘來源

圖 19-12 就是 MMDC 的時鐘來源路徑圖,主要分為 4 部分,我們依次來看一下每部分的工作。

圖示步驟如下。

① pre_periph2 時鐘選擇器,也就是 periph2_clk 的前級選擇器,由 CBCMR 暫存器的 PRE_PERIPH2_CLK_SEL 位元(bit22:21)來控制,一共有四種可選方案,如表 19-1 所示。

▼ 表 19-1 pre_periph2 時鐘來源

PRE_PERIPH2_CLK_ SEL(bit22:21)	時鐘來源	PRE_PERIPH2_CLK_ SEL(bit22:21)	時鐘來源
00	PLL2	10	PLL2_PFD0
01	PLL2_PFD2	11	PLL4

從表 19-1 可以看出,當 PRE_PERIPH2_CLK_SEL 為 0x1 時選擇 PLL2_PFD2 作為 pre_periph2 的時鐘來源。我們已經將 PLL2_PFD2 設定為 396MHz(約等於 400MHz),I.MX6ULL 內部 boot rom 就是設定 PLL2_PFD2 作為 MMDC 的最終時鐘來源,這就是 I.MX6ULL 的 DDR 頻率為 400MHz 的原因。

② periph2_clk 時鐘選擇器,由 CBCDR 暫存器的 PERIPH2_CLK_SEL 位元(bit26)來控制,當為 0 時選擇 pll2_main_clk 作為 periph2_clk 的時鐘來源,當為 1 時選擇 periph2_clk2_clk 作為 periph2_clk 的時鐘來源。這裡要將 PERIPH2_CLK_SEL 設定為 0,選擇 pll2_main_clk 作為 periph2_clk 的時鐘來源,因此 periph2_clk=PLL2_PFD0=396MHz。

③ 最後就是分頻器,由 CBCDR 暫存器的 FABRIC_MMDC_PODF 位元(bit5:3)設定分頻值,可設定 0~7,分別對應 1~8 分頻,要設定 MMDC 的

時鐘來源為 396MHz，那麼此處就要設定為 1 分頻，因此 FABRIC_MMDC_
PODF=0。

　　以上就是 MMDC 的時鐘來源設定，I.MX6ULL 參考手冊一直說 DDR 的頻
率為 400MHz，但是實際只有 396MHz，就和 NXP 宣傳自己的 I.MX6ULL 有
800MHz 一樣，實際只有 792MHz。

19.4 ｜ ALPHA 開發板 DDR3L 原理圖

　　ALPHA 開發板有 EMMC 和 NAND 兩種核心板，EMMC 核心板使用的
DDR3L 的型號為 NT5CC256M16EP-EK，容量為 512MB。NAND 核心板使
用的 DDR3L 型號為 NT5CC128M16JR-EK，容量為 256MB，這兩種型號的
DDR3L 封裝一模一樣。有人會有疑問，容量不同時位址線是不同的，比如行位
址和列位址線數就不同，確實如此。但是 DDR3L 廠商為了方便，將不同容量的
DDR3 封裝做成一樣，沒有用到的位址線 DDR3L 晶片會屏蔽掉。根據規定，所
有廠商的 DDR 晶片 I/O 一模一樣，不管是接腳定義還是接腳間距，但是晶片外
形大小可能不同。因此只要做好硬體，可以在不需要修改硬體 PCB 的前提下，
隨意地更換不同容量、不同品牌的 DDR3L 晶片，極大地方便了我們的晶片選型。

　　正點原子 ALPHA 開發板 EMMC 和 NAND 核心板的 DDR3L 原理圖一樣，
如圖 19-13 所示。

　　圖 19-13 中左側是 DDR3L 原理圖，可以看出圖中 DDR3L 的型號為
MT41K256M16TW，這個是鎂光的 512MB DDR3L。但實際使用的 512MB
DDR3L 型號為 NT5CC256M16EP-EK，不排除以後可能會更換 DDR3L 型號，
更換 DDR3L 晶片不需要修改 PCB。圖 19-10 中右邊的是 I.MX6ULL 的 MMDC
控制器 I/O。

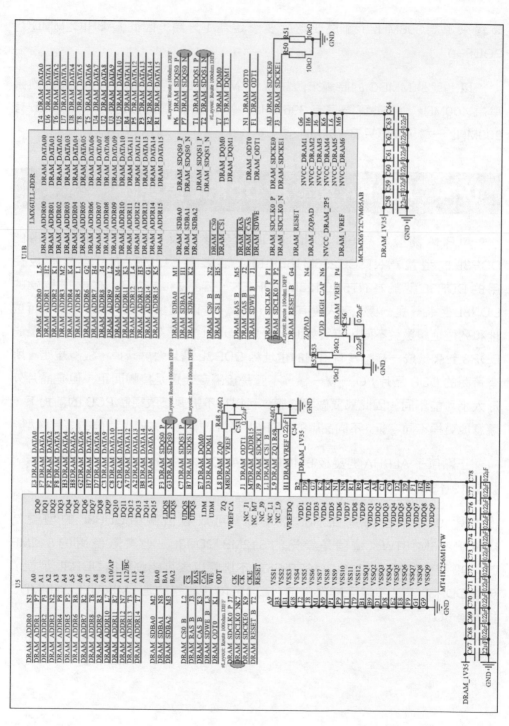

▲ 圖 19-13 DDR3L 原理圖

19.5 | DDR3L 初始化與測試

19.5.1 ddr_stress_tester 簡介

NXP 提供了一個非常好用的 DDR 初始化工具，叫做 ddr_stress_tester，我們簡單介紹一下 ddr_stress_tester 工具，此工具特點如下所示。

（1）此工具透過 USB OTG 介面與開發板相連接，也就是透過 USB OTG 介面進行 DDR 的初始化與測試。

（2）此工具有一個預設的設定檔，為 excel 表。透過此表可以設定板子的 DDR 資訊，最後生成一個 .inc 結尾的 DDR 初始化腳本檔。這個 .inc 檔案就包含了 DDR 的初始化資訊，一般都是暫存器位址和對應的暫存器值。

（3）此工具會載入 .inc 表中的 DDR 初始化資訊，然後透過 USB OTG 介面向板子下載 DDR 相關導向的測試程式，包括初始化程式。

（4）對此工具進行簡單的設定，即可開始 DDR 測試。一般要先做校準，因為不同的 PCB 其結構、走線肯定不同。校準完成以後會得到兩個暫存器對應的校準值，我們需要用這個新的校準值來重新初始化 DDR。

（5）此工具可以測試板子的 DDR 超頻性能，一般認為 DDR 能夠以超過標準工作頻率 10%~20% 穩定工作時此硬體 DDR 走線正常。

（6）此工具也可以對 DDR 進行 12 小時的壓力測試。

正點原子開發板的資源，路徑為「5、開發工具→ 5、NXP 官方 DDR 初始化與測試工具」。其目錄下的檔案如圖 19-14 所示。

ALIENTEK_256MB.inc	2019-06-06 20:16	INC 文件	8 KB
ALIENTEK_512MB.inc	2019-06-06 18:06	INC 文件	8 KB
ddr_stress_tester_v2.90_setup.exe.zip	2018-07-31 11:47	360压缩 ZIP 文件	2,207 KB
I.MX6UL_DDR3_Script_Aid_V0.02.xlsx	2018-07-31 12:08	Microsoft Excel 工...	84 KB
MX6X_DDR3_调校_应用手册_V4_20150730...	2018-08-11 9:38	Foxit Reader PDF D...	1,326 KB
飞思卡尔i.MX6平台DRAM接口高阶应用指导-...	2018-07-31 11:54	Foxit Reader PDF D...	3,164 KB

▲ 圖 19-14 NXP 官方 DDR 初始化與測試工具目錄下的檔案

圖 19-14 中檔案的作用如下。

（1）ALIENTEK_256MB.inc 和 ALIENTEK_512MB.inc，這 兩 個 就 是 透 過 excel 表設定生成的，針對開發板的 DDR 設定腳本檔。

（2）ddr_stress_tester_v2.90_setup.exe.zip 就 是 要 用 的 ddr_stress_tester 軟體，大家自行安裝即可，一定要記得安裝路徑。

（3）I.MX6UL_DDR3_Script_Aid_V0.02.xlsx 就是 NXP 撰寫的針對 I.MX6UL/ LL 的 DDR 初始化 excel 檔案，可以在此檔案中填寫 DDR 的相關參數， 然後就會生成對應的 .inc 初始化腳本。

（4）最後兩個 PDF 文件就是關於 I.MX6 系列的 DDR 偵錯文件，這兩個是 NXP 撰寫的。

19.5.2 DDR3L 驅動程式設定

1. 安裝 ddr_stress_tester

首先要安裝 ddr_stress_tester 軟體，一定要記得安裝路徑。因為要到安裝 路徑中找到測試軟體。比如軟體安裝到了 D:\Program Files （x86）中，安裝完 成以後就會在此目錄下生成一個名為 ddr_stress_tester_v2.90 的資料夾。此資 料夾就是 DDR 測試軟體，進入到此資料夾中，裡面的檔案如圖 19-15 所示。圖 19-15 中的 DDR_Tester.exe 就是稍後要使用的 DDR 測試軟體。

bin	2019-06-06 18:39	文件夾	
log	2019-06-06 18:39	文件夾	
script	2019-06-06 18:39	文件夾	
DDR_Tester.exe	2017-08-02 10:44	应用程序	3,451 KB
LA_OPT_Base_License.html	2018-07-06 13:37	360 se HTML Docu...	195 KB
SCR-ddr_stress_tester_v2.9.0.txt	2018-07-06 15:10	文本文档	4 KB

▲ 圖 19-15 ddr_stress_tester 安裝檔案

2. 設定 DDR3L，生成初始化腳本

下載官方 DDR 初始化與測試工具 I.MX6UL_DDR3_Script_Aid_V0.02 檔案複製到 ddr_stress_tester 軟體安裝目錄中，完成以後如圖 19-16 所示。

📁 bin	2019-06-06 18:39	文件夾	
📁 log	2019-06-06 18:39	文件夾	
📁 script	2019-06-06 18:39	文件夾	
🔒 DDR_Tester.exe	2017-08-02 10:44	應用程式	3,451 KB
📄 LA_OPT_Base_License.html	2018-07-06 13:37	360 se HTML Docu...	195 KB
📄 SCR-ddr_stress_tester_v2.9.0.txt	2018-07-06 15:10	文本文檔	4 KB
📊 I.MX6UL_DDR3_Script_Aid_V0.02.xlsx	2018-07-31 12:08	Microsoft Excel 工...	84 KB

I.MX6U的DDR3配置excel表

▲ 圖 19-16 複製完成以後的測試軟體目錄

I.MX6UL_DDR3_Script_Aid_V0.02.xlsx 就是 NXP 為 I.MX6UL/LL 撰寫的 DDR3 設定 excel 表，雖然看名稱是為 I.MX6UL 撰寫的，不過 I.MX6ULL 也是可以使用的。

開啟 I.MX6UL_DDR3_Script_Aid_V0.02.xlsx，如圖 19-17 所示。

圖 19-17 中最下方有 3 個標籤，這 3 個標籤的功能如下所示。

（1）Readme 標籤，此標籤是説明資訊，告訴使用者此檔案如何使用。

（2）Register Configuration 標 籤，用 於 完 成 暫 存 器 設 定，也 就 是 設 定 DDR3，此標籤是重點要講解的。

（3）RealView.inc 標 籤， 當 設 定 好 Register Configuration 標 籤 以 後， RealView.inc 標籤中就儲存著暫存器位址和對應的暫存器值。需要另外新建一個副檔名為 .inc 的檔案來儲存 RealView.inc 中的初始化腳本內容，ddr_stress_tester 軟體就是要使用此 .inc 結尾的初始化腳本檔來初始化 DDR3。

選中 Register Configuration 標籤，如圖 19-18 所示。

圖 19-18 就是具體的設定介面，主要分為 3 部分。

（1） Device Information。

DDR3 晶片裝置資訊設定，根據所使用的 DDR3 晶片來設定，具體的設定項目如下所示。

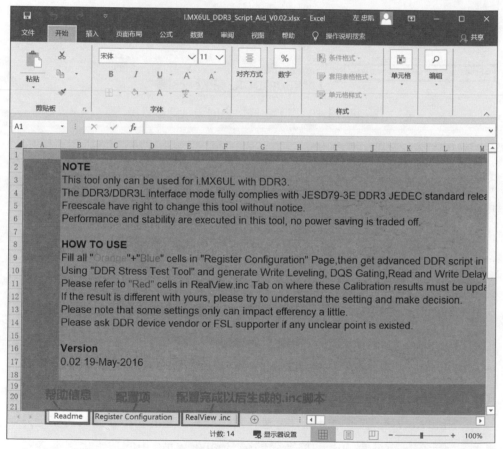

▲ 圖 19-17 設定 excel 表

Device Information	
Manufacturer:	Micron
Memory part number:	MT41K256M16HA-125
Memory type:	DDR3-1600
DRAM density (Gb)	4
DRAM Bus Width	16
Number of Banks	8
Number of ROW Addresses	15
Number of COLUMN Addresses	10
Page Size (K)	2
Self-Refresh Temperature (SRT)	Extended
tRCD=tRP=CL (ns)	13.75
tRC Min (ns)	48.75
tRAS Min (ns)	35
System Information	
i.Mx Part	i.MX6UL
Bus Width	16
Density per chip select (Gb)	4
Number of Chip Selects used	1
Total DRAM Density (Gb)	4
DRAM Clock Freq (MHz)	400
DRAM Clock Cycle Time (ns)	2.5
Address Mirror (for CS1)	Disable
SI Configuration	
DRAM DSE Setting - DQ/DQM (ohm)	48
DRAM DSE Setting - ADDR/CMD/CTL (ohm)	48
DRAM DSE Setting - CK (ohm)	48
DRAM DSE Setting - DQS (ohm)	48
System ODT Setting (ohm)	60

Readme	Register Configuration	RealView .inc	⊕

▲ 圖 19-18 設定介面

Manufacturer：DDR3 晶片廠商，預設為鎂光（Micron）。如使用南亞的 DDR3，此設定檔也是可以使用的。

Memory part number：DDR3 晶片型號，可以不用設定，沒有實際意義。

Memory type：DDR3 類型，有 DDR3-800、DDR3-1066、DDR3-1333 和 DDR3-1600。在此選項右側有下拉箭頭，點擊下拉箭頭即可查看所有的可選選項，如圖 19-19 所示。

從圖 19-19 可以看出，最大只能選擇 DDR3-1600，沒有 DDR3-1866 選項。因此只能選擇 DDR3-1600。

DRAM density（Gb）：DDR3 容量，根據實際情況選擇，同樣右邊有個下拉箭頭，開啟下拉箭頭即可看到所有可選的容量，如圖 19-20 所示。

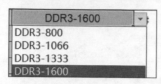

▲ 圖 19-19 Memory type 可選選項   ▲ 圖 19-20 容量選擇

從圖 19-20 可以看出，可選的容量為 1Gb、2Gb、4Gb 和 8Gb，如果使用 512MB 的 DDR3 就應該選擇 4，如果使用 256MB 的 DDR3 就應該選擇 2。

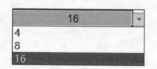

▲ 圖 19-21 DDR3 位元寬

DRAM Bus width：DDR3 位元寬，可選的選項如圖 19-21 所示。

ALPHA 開發板所有的 DDR3 都是 16 位元寬，因此選擇 16。

Number of Banks：DDR3 內部 BANK 數量，對 DDR3 來說內部都是 8 個 BANK，因此固定為 8。

Number of ROW Addresses：行位址寬度，可選 11~16 位元，這個要根據具體所使用的 DDR3 晶片來定。如果是 EMMC 核心板（DDR3 型號為 NT5CC256M16EP-EK），那麼行位址為 15 位元。如果是 NAND 核心板（DDR3 型號為 NT5CC128M16JR-EK），那麼行位址就為 14 位元。

Number of COLUMN Addresses：列位址寬度，可選 9~12 位元,EMMC 核心板和 NAND 核心板的 DDR3 列位址都為 10 位元。

Page Size（K）：DDR3 分頁大小，可選 1 和 2，NT5CC256M16EP-EK 和 NT5CC128M16JR-EK 的分頁大小都為 2KB，因此選擇 2。

Self-Refresh Temperature（SRT）：固定為 Extended，不需要修改。

tRCD=tRP=CL（ns）：DDR3 的 tRCD-tRP-CL 時間參數，要查閱所使用的 DDR3 晶片手冊，NT5CC256M16EP-EK 和 NT5CC128M16JR-EK 都為 13.91ns，因此在後面填寫 13.91。

tRC Min（ns）：DDR3 的 tRC 時間參數，NT5CC256M16EP-EK 和 NT5CC128M16JR-EK 都為 47.91ns，因此在後面填寫 47.91。

tRAS Min（ns）：DDR3 的 tRAS 時間參數，NT5CC256M16EP-EK 和 NT5CC128M16JR-EK 都為 34ns，因此在後面填寫 34。

（2）System Information。

此部分設定 I.MX6UL/6ULL 相關屬性，具體的設定項目如下所示。

i.Mx Part：固定為 i.MX6UL。

Bus Width：匯流排寬度，16 位元寬。

Density per chip select（Gb）：每個晶片選擇對應的 DDR3 容量，可選 1~16，根據實際所使用的 DDR3 晶片來填寫，512MB 時就選擇 4，256MB 時就選擇 2。

Number of Chip Select used：使用幾個晶片選擇訊號。可選擇 1 或 2，所有的核心板都只使用一個晶片選擇訊號，因此選擇 1。

Total DRAM Density（Gb）：整個 DDR3 的容量，單位為 Gb。如果是 512MB 時就是 4，如果是 256MB 時就是 2。

DRAM Clock Freq（MHz）：DDR3 工作頻率，設定為 400MHz。

DRAM Clock Cycle Time（ns）：DDR3 工作頻率對應的週期，單位為 ns，如果工作在 400MHz，那麼週期就是 2.5ns。

Address Mirror（for CS1）：位址鏡像，僅 CS1 有效，此處選擇關閉，也就是 Disable。此選項不需要修改。

（3）SI Configuration。

此部分是訊號完整性方面的設定，主要是一些訊號線的阻抗設定。這裡直接使用 NXP 的預設設定即可。

關於 DDR3 的設定就講解到這裡，如果是 EMMC 核心板（DDR3 型號為 NT5CC256M16EP-EK），那麼設定如圖 19-22 所示。

Device Information	
Manufacturer:	Micron
Memory part number:	MT41K256M16HA-125
Memory type:	DDR3-1600
DRAM density (Gb)	4
DRAM Bus Width	16
Number of Banks	8
Number of ROW Addresses	15
Number of COLUMN Addresses	10
Page Size (K)	2
Self-Refresh Temperature (SRT)	Extended
tRCD=tRP=CL (ns)	13.91
tRC Min (ns)	47.91
tRAS Min (ns)	34
System Information	
i.Mx Part	i.MX6UL
Bus Width	16
Density per chip select (Gb)	4
Number of Chip Selects used	1
Total DRAM Density (Gb)	4
DRAM Clock Freq (MHz)	400
DRAM Clock Cycle Time (ns)	2.5
Address Mirror (for CS1)	Disable
SI Configuration	
DRAM DSE Setting - DQ/DQM (ohm)	48
DRAM DSE Setting - ADDR/CMD/CTL (ohm)	48
DRAM DSE Setting - CK (ohm)	48
DRAM DSE Setting - DQS (ohm)	48
System ODT Setting (ohm)	60

| Readme | Register Configuration | RealView .inc | (+) |

▲ 圖 19-22 EMMC 核心板設定

NAND 核心板設定（DDR3 型號為 NT5CC128M16JR-EK）如圖 19-23 所示。

Device Information	
Manufacturer:	Micron
Memory part number:	MT41K256M16HA-125
Memory type:	DDR3-1600
DRAM density (Gb)	2
DRAM Bus Width	16
Number of Banks	8
Number of ROW Addresses	14
Number of COLUMN Addresses	10
Page Size (K)	2
Self-Refresh Temperature (SRT)	Extended
tRCD=tRP=CL (ns)	13.91
tRC Min (ns)	47.91
tRAS Min (ns)	34
System Information	
i.Mx Part	i.MX6UL
Bus Width	16
Density per chip select (Gb)	2
Number of Chip Selects used	1
Total DRAM Density (Gb)	2
DRAM Clock Freq (MHz)	400
DRAM Clock Cycle Time (ns)	2.5
Address Mirror (for CS1)	Disable
SI Configuration	
DRAM DSE Setting - DQ/DQM (ohm)	48
DRAM DSE Setting - ADDR/CMD/CTL (ohm)	48
DRAM DSE Setting - CK (ohm)	48
DRAM DSE Setting - DQS (ohm)	48
System ODT Setting (ohm)	60

| Readme | Register Configuration | RealView .inc | ⊕ |

▲ 圖 19-23 NAND 核心板設定

以 EMMC 核心板為例講解，設定完成以後點擊 RealView.inc 標籤，如圖
19-24 所示。

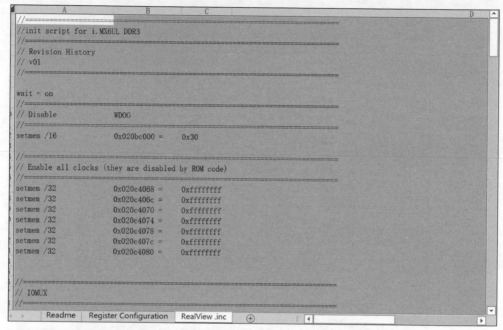

▲ 圖 19-24 生成的設定腳本

圖 19-24 中的 RealView.inc 就是生成的設定腳本，全部是暫存器位址 =
暫存器值這種形式。RealView.inc 不能直接用，需要新建一個以 .inc 結尾的
檔案，名稱自訂，比如這裡名為 ALIENTEK_512MB 的 .inc 檔案，如圖 19-25
所示。

bin	2019-06-06 18:39	文件夹	
log	2019-06-06 18:39	文件夹	
script	2019-06-06 18:39	文件夹	
DDR_Tester.exe	2017-08-02 10:44	应用程序	3,451 KB
LA_OPT_Base_License.html	2018-07-06 13:37	360 se HTML Docu...	195 KB
SCR-ddr_stress_tester_v2.9.0.txt	2018-07-06 15:10	文本文档	4 KB
I.MX6UL DDR3 Script Aid_V0.02.xlsx	2018-07-31 12:08	Microsoft Excel 工...	84 KB
ALIENTEK_512MB.inc	2019-10-06 17:17	INC 文件	0 KB

新建的.inc文件

▲ 圖 19-25 新建 .inc 檔案

用 notepad++ 開啟 ALIENTEK_512MB.inc 檔案，然後將圖 19-24 中 RealView.inc 的所有內容複製到 ALIENTEK_512MB.inc 檔案中，完成以後如圖 19-26 所示。

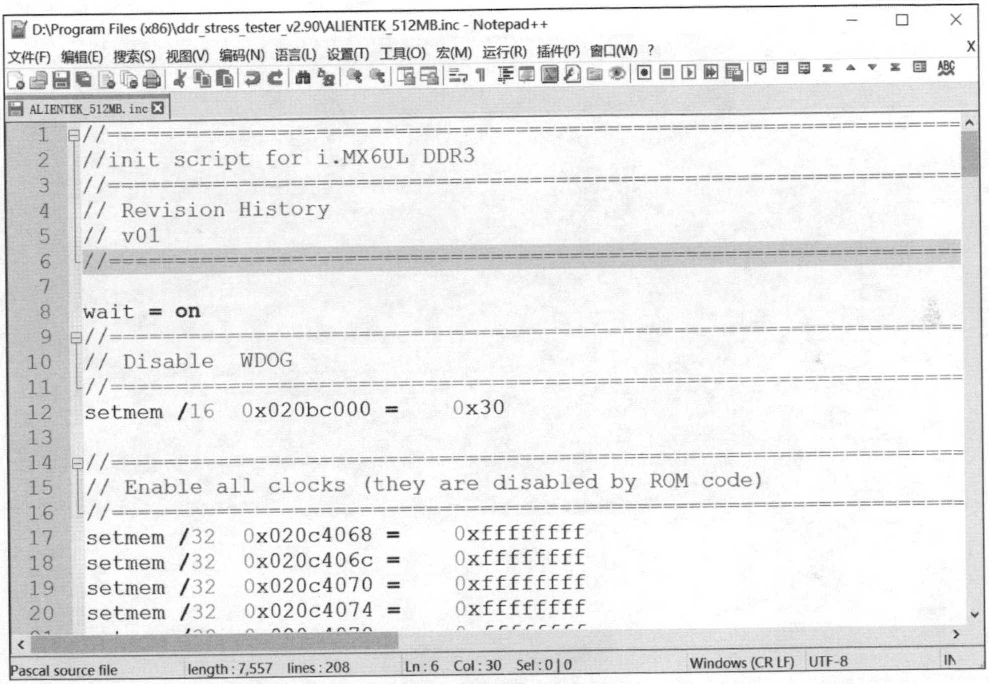

▲ 圖 19-26 完成後的 ALIENTEK_512MB.inc 檔案內容

至此，DDR3 設定就全部完成，DDR3 的設定檔 ALIENTEK_512MB.inc 已經獲得了，接下來就是使用此設定檔對 ALPHA 開發板的 DDR3 進行校準並超頻測試。

19.5.3 DDR3L 校準

首先要用 DDR_Tester.exe 軟體對 ALPAH 開發板的 DDR3L 進行校準，因為不同的 PCB 其走線不同。經過校準後的 DDR3L 就會工作到最佳狀態。

1. 將開發板透過 USB OTG 線連接到電腦上

    DDR_Tester 軟體透過 USB OTG 線將測試程式下載到開發板中，用 USB OTG 線將開發板和電腦連接起來，如圖 19-27 所示。

▲ 圖 19-27 USB OTG 連接示意圖

▲ 圖 19-28 USB 啟動

    USB OTG 線連接成功以後還需要以下兩步。

（1）彈出 TF 卡，如果插入了 TF 卡，此時一定要彈出來。

（2）設定指撥開關 USB 啟動，如圖 19-28 所示。

2. DDR_Tester 軟體

按兩下 DDR_Tester.exe，開啟測試軟體，如圖 19-29 所示。

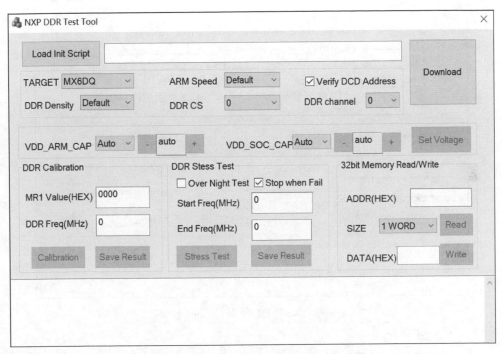

▲ 圖 19-29 NXP DDR Test Tool

點擊圖 19-29 中的 Load Init Script，載入前面已經生成的初始化腳本檔 ALIENTEK_512MB.inc。注意，不能有中文路徑，否則載入可能會失敗，如圖 19-30 所示。

▲ 圖 19-30 .inc 檔案載入成功後的介面

ALIENTEK_512MB.inc 檔案載入成功以後還不能直接用，還需要對 DDR Test Tool 軟體進行設定，設定完成以後如圖 19-31 所示。

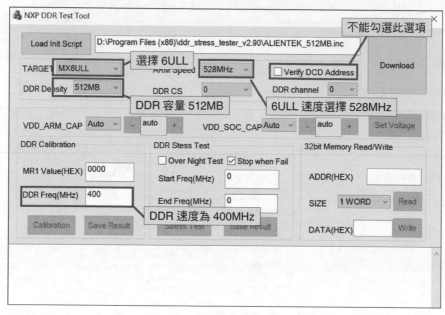

▲ 圖 19-31 DDR Test Tool 設定

一切設定好以後點擊圖 19-31 中右上方的 Download 按鈕，將測試程式下載到晶片中，下載完成以後 DDR Test Tool 下方的資訊視窗就會輸出一些內容，如圖 19-32 所示。

```
========================================
      Boot Configuration
SRC_SBMR1(0x020d8004) = 0x00000002
SRC_SBMR2(0x020d801c) = 0x01000001
========================================

ARM Clock set to 528MHz


========================================
      DDR configuration
DDR type is DDR3
Data width: 16, bank num: 8
Row size: 15, col size: 10
Chip select CSD0 is used
Density per chip select: 512MB
========================================
```

▲ 圖 19-32 資訊輸出

圖 19-32 輸出了一些關於板子的資訊，比如 SOC 型號、工作頻率、DDR 設定資訊等。DDR Test Tool 工具有 3 個測試項：DDR Calibration、DDR Stess Test 和 32bit Memory Read/Write。首先要做校準測試，因為不同的 PCB、不同的 DDR3L 晶片對訊號的影響不同，必須要進行校準，然後用新的校準值重新初始化 DDR。點擊 Calibration 按鈕，如圖 19-33 所示。

▲ 圖 19-33 開始校準

點擊圖 19-33 中的 Calibration 按鈕以後就會自動開始校準，最終會得到 Write leveling calibtarion、Read DQS Gating Calibration、Read calibration 和 Write calibration，共 4 種校準結果，校準結果如範例 19-1 所示。

▼ 範例 19-1 DDR3L 校準結果

```
1  Write leveling calibration
2  MMDC_MPWLDECTRL0 ch0 (0x021b080c) = 0x00000000
3  MMDC_MPWLDECTRL1 ch0 (0x021b0810) = 0x000B000B
4
5  Read DQS Gating calibration
6  MPDGCTRL0 PHY0 (0x021b083c) = 0x0138013C
7  MPDGCTRL1 PHY0 (0x021b0840) = 0x00000000
8
9  Read calibration
10 MPRDDLCTL PHY0 (0x021b0848) = 0x40402E34
11
12 Write calibration
13 MPWRDLCTL PHY0 (0x021b0850) = 0x40403A34
```

校準結果是獲得了一些暫存器對應的值,比如 MMDC_MPWLDECTRL0 暫存器位址為 0X021B080C,此暫存器是 PHY 寫入平衡延遲時間暫存器 0,經過校準以後此暫存器的值應該為 0X00000000,依此類推。需要修改 ALIENTEK_512MB.inc 檔案,找到 MMDC_MPWLDECTRL0、MMDC_MPWLDECTRL1、MPDGCTRL0 PHY0、MPDGCTRL1 PHY0、MPRDDLCTL PHY0 和 MPWRDLCTL PHY0 這 6 個暫存器,然後將其值改為範例 19-1 中校準後的值。注意,在 ALIENTEK_512MB.inc 中可能找不到 MMDC_MPWLDECTRL1(0x021b0810)和 MPDGCTRL1 PHY0(0x021b0840)這兩個暫存器,因此不用修改。

ALIENTEK_512MB.inc 修改完成以後重新載入並下載到開發板中,至此 DDR 校準完成,校準的目的就是得到範例 19-1 中這 6 個暫存器的值。

19.5.4 DDR3L 超頻測試

校準完成以後就可以進行 DDR3 超頻測試,超頻測試的目的就是為了檢驗 DDR3 硬體設計合不合理。一般 DDR3 能夠超頻到比標準頻率高 10%~15% 時則硬體沒有問題,因此對於 ALPHA 開發板而言,如果 DDR3 能夠超頻到 440~460MHz 那麼就認為 DDR3 硬體工作良好。

DDR Test Tool 支援 DDR3 超頻測試,只要指定起始頻率和終止頻率,那麼工具就會自動一點點地增加頻率,直到頻率終止或測試失敗。設定如圖 19-34 所示。

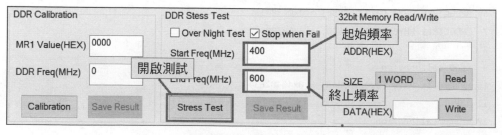

▲ 圖 19-34 超頻測試設定

　　圖 19-34 中設定好起始頻率為 400MHz，終止頻率為 600MHz，設定好以後點擊 Stress Test 開啟超頻測試。超頻測試完成以後結果如圖 19-35 所示（因為硬體不同，測試結果會有區別）。

```
DDR Freq: 556 MHz
t0.1: data is addr test
t0: memcpy11 SSN test
t1: memcpy8 SSN test
t2: byte-wise SSN test
t3: memcpy11 random pattern test
t4: IRAM_to_DDRv2 test
t5: IRAM_to_DDRv1 test
t6: read noise walking ones and zeros test

DDR Freq: 561 MHz
t0.1: data is addr test
Address of failure(step2): 0x809f29c0
Data was: 0x00000000
But pattern  should match address
Error: failed to run stress test!!!
```

▲ 圖 19-35　超頻測試結果

　　從圖 19-35 可以看出，ALPAH 開發板 EMMC 核心板 DDR3 最高可以超頻到 556MHz，當超頻到 561MHz 時就失敗了。556MHz 大於 460MHz，説明 DDR3 硬體是沒有任何問題的。

19.5.5　DDR3L 驅動程式複習

　　ALIENTEK_512MB.inc 就是我們最終得到的 DDR3L 初始化腳本，其中包括時鐘、I/O 接腳。I.MX6ULL 的 DDR3 介面關於 I/O 有一些特殊的暫存器需要初始化，如表 19-2 所示。

▼ 表 19-2　DDR3 IO 相關初始化

暫存器位址	暫存器名稱	暫存器值
0X020E04B4	IOMUXC_SW_PAD_CTL_GRP_DDR_TYPE	0X000C0000
0X020E04AC	IOMUXC_SW_PAD_CTL_GRP_DDRPKE	0X00000000
0X020E027C	IOMUXC_SW_PAD_CTL_PAD_DRAM_SDCLK_0	0X00000028

續表

暫存器位址	暫存器名稱	暫存器值
0X020E0250	IOMUXC_SW_PAD_CTL_PAD_DRAM_CAS	0X00000028
0X020E024C	IOMUXC_SW_PAD_CTL_PAD_DRAM_RAS	0X00000028
0X020E0490	IOMUXC_SW_PAD_CTL_GRP_ADDDS	0X00000028
0X020E0288	IOMUXC_SW_PAD_CTL_PAD_DRAM_RESET	0X00000028
0X020E0270	IOMUXC_SW_PAD_CTL_PAD_DRAM_SDBA2	0X00000000
0X020E0260	IOMUXC_SW_PAD_CTL_PAD_DRAM_SDODT	00X00000028
0X020E0264	IOMUXC_SW_PAD_CTL_PAD_DRAM_SDODT1	0X00000028
0X020E04A0	IOMUXC_SW_PAD_CTL_GRP_CTLDS	0X00000028
0X020E0494	IOMUXC_SW_PAD_CTL_GRP_DDRMODE_CTL	0X00020000
0X020e0280	IOMUXC_SW_PAD_CTL_PAD_DRAM_SDQS0	0X00000028
0X020E0284	IOMUXC_SW_PAD_CTL_PAD_DRAM_SDQS1	0X00000028
0X020E04B0	IOMUXC_SW_PAD_CTL_GRP_DDRMODE	0X00020000
0X020e0498	IOMUXC_SW_PAD_CTL_GRP_B0DS	0X00000028
0X020E04A4	IOMUXC_SW_PAD_CTL_GRP_B1DS	0X00000028
0X020E0244	IOMUXC_SW_PAD_CTL_PAD_DRAM_DQM0	0X00000028
0X020E0248	IOMUXC_SW_PAD_CTL_PAD_DRAM_DQM1	0X00000028

接下來看一下 MMDC 外接裝置暫存器初始化，如表 19-3 所示。

▼ 表 19-3 MMDC 外接裝置暫存器初始化及初始化序列

暫存器位址	暫存器名稱	暫存器值
0X021B0800	DDR_PHY_P0_MPZQHWCTRL	0XA1390003
0X021B080C	MMDC_MPWLDECTRL0	0X00000000
0X021B083C	MPDGCTRL0	0X0138013C
0X021B0848	MPRDDLCTL	0X40402E34
0X021B0850	MPWRDLCTL	0X40403A34
0X021B081C	MMDC_MPRDDQBY0DL	0X33333333
0X021B0820	MMDC_MPRDDQBY1DL	0X33333333
0X021B082C	MMDC_MPWRDQBY0DL	0XF3333333

續表

暫存器位址	暫存器名稱	暫存器值
0X021B0830	MMDC_MPWRDQBY1DL	0XF3333333
0X021B08C0	MMDC_MPDCCR	0X00921012
0X021B08B8	DDR_PHY_P0_MPMUR0	0X00000800
0X021B0004	MMDC0_MDPDC	0X0002002D
0X021B0008	MMDC0_MDOTC	0X1B333030
0X021B000C	MMDC0_MDCFG0	0X676B52F3
0X021B0010	MMDC0_MDCFG1	0XB66D0B63
0X021B0014	MMDC0_MDCFG2	0X01FF00DB
0X021b002c	MMDC0_MDRWD0	X000026D2
0X021b0030	MMDC0_MDOR	0X006B1023
0X021b0040	MMDC_MDASP	0X0000004F
0X021b0000	MMDC0_MDCTL	0X84180000
0X021b0890	MPPDCMPR2	0X00400a38
0X021b0020	MMDC0_MDREF	0X00007800
0X021b0818	DDR_PHY_P0_MPODTCTRL	0X00000227
0X021b0004	MMDC0_MDPDC	0X0002556D
0X021b0404	MMDC0_MAPSR	0X00011006

第20章
RGB LCD
顯示實驗

　　LCD 液晶螢幕是常用到的外接裝置，透過 LCD 可以顯示絢麗的圖形、介面等，提高人機互動的效率。I.MX6ULL 提供了一個 eLCDIF 介面，用於連接 RGB 介面的液晶螢幕。本章就學習如何驅動程式 RGB 介面液晶螢幕，並且在螢幕上顯示字元。

20.1 │ LCD 和 eLCDIF 簡介

20.1.1 LCD 簡介

LCD（Liquid Crystal Display，液晶顯示器）是現在最常用到的顯示器，手機、電腦、各種人機互動裝置等都用到了 LCD，最常見的就是手機和電腦顯示器了。

網上對於 LCD 的解釋為：LCD 的構造是在兩片平行的玻璃基板當中放置液晶盒，下基板玻璃上設定 TFT（薄膜電晶體），上基板玻璃上設定彩色濾光片，透過 TFT 上的訊號與電壓改變來控制液晶分子的轉動方向，從而達到控制每個像素點的偏振光出射與否，從而達到顯示目的。

現在要在 I.MX6ULL-ALPHA 開發板上使用 LCD，不需要去研究 LCD 的具體實現原理，只需要從使用的角度去關注 LCD 以下 7 個要點。

1. 解析度

提起 LCD 顯示器，我們都會聽到 720P、1080P、2K 或 4K 這樣的字眼，這個就是 LCD 顯示器的解析度。LCD 顯示器都是由一個一個的像素點組成，像素點就類似一個燈，這個小燈是由 R（紅色）、G（綠色）和 B（藍色）這 3 種顏色組成的，而 RGB 就是光的三原色。1080P 的意思就是一個 LCD 螢幕上的像素數量是 1920×1080 個，也就是這個螢幕一列有 1080 個像素點，一共 1920 列，如圖 20-1 所示。

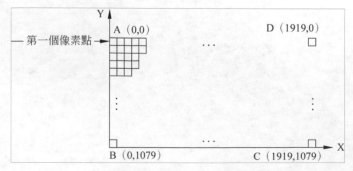

▲ 圖 20-1 LCD 像素點排列

圖 20-1 就是 1080P 顯示器的像素示意圖，X 軸就是 LCD 顯示器的橫軸，Y 軸就是顯示器的縱軸。圖中的小方塊就是像素點，一共有 1920×1080= 2073600 個像素點。左上角的 A 點是第一個像素點，右下角的 C 點就是最後一個像素點。2K 就是 2560×1440 個像素點，4K 是 3840×2160 個像素點。很明顯，在 LCD 尺寸不變的情況下，解析度越高越清晰。同樣的，解析度不變的情況下，LCD 尺寸越小越清晰。比如我們常用的 24 英吋顯示器基本都是 1080P 的，而現在使用的 5 英吋的手機也是 1080P 的，但是手機顯示細膩程度要比 24 英吋的顯示器好很多。

由此可見，LCD 顯示器的解析度是一個很重要的參數，並不是解析度越高的 LCD 就越好。衡量一款 LCD 的好壞，解析度只是其中的參數，還有色彩還原程度、色彩偏離、亮度、可角度度、螢幕刷新率等其他參數。

2. 像素格式

上面講了，一個像素點就相當於一個 RGB 小燈，透過控制 R、G、B 這 3 種顏色的亮度就可以顯示出各種各樣的色彩。那該如何控制 R、G、B 這 3 種顏色的顯示亮度呢？一般一個 R、G、B 分別使用 8bit 的資料，那麼一個像素點就是 8bit×3=24bit，也就是說一個像素點使用 3 位元組，這種像素格式稱為 RGB888。如果再加入 8bit 的 Alpha（透明）通道的話，一個像素點使用 32bit，也就是 4 位元組，這種像素格式稱為 ARGB8888。如果學習過 STM32 的話應該還知道 RGB565 這種像素格式，在本章實驗中使用 ARGB8888 這種像素格式，一個像素佔用 4 位元組的記憶體，這 4 位元組每個位元的分配如圖 20-2 所示。

D31	D30	D29	D28	D27	D26	D25	D24	D23	D22	D21	D20	D19	D18	D17	D16	◀高16位元—
A7	A6	A5	A4	A3	A2	A1	A0	R7	R6	R5	R4	R3	R2	R1	R0	

D15	D14	D13	D12	D11	D10	D9	D8	D7	D6	D5	D4	D3	D2	D1	D0	◀低16位元—
G7	G6	G5	G4	G3	G2	G1	G0	B7	B6	B5	B4	B3	B2	B1	B0	

▲ 圖 20-2 ARGB8888 資料格式

在圖 20-2 中，一個像素點是 4 位元組，其中 bit31~bit24 是 Alpha 通道，bit23~bit16 是 RED 通道，bit15~bit8 是 GREEN 通道，bit7~bit0 是 BLUE 通道。所以紅色對應的值就是 0X00FF0000，藍色對應的值就是 0X000000FF，綠色對應的值為 0X0000FF00。透過調節 R、G、B 的比例可以產生其他的顏色，比如 0X00FFFF00 是黃色，0X00000000 是黑色，0X00FFFFFF 是白色。大家可以開啟電腦的「畫圖」工具，在裡面使用色票面板即可獲取到想要的顏色對應的數值，如圖 20-3 所示。

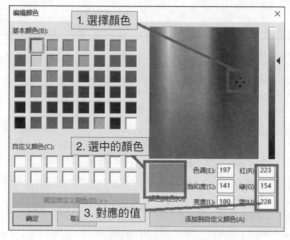

▲ 圖 20-3 顏色選取

3. LCD 螢幕介面

LCD 螢幕或顯示器有很多種介面，比如在顯示器上常見的 VGA、HDMI、DP 等等，但是 I.MX6ULL-ALPHA 開發板不支援這些介面。I.MX6ULL-ALPHA 支援 RGB 介面的 LCD，RGBLCD 介面的訊號線如表 20-1 所示。

▼ 表 20-1 RGB 資料線

訊號線	描述	信 號	線描述
R[7:0]	8 根紅色資料線	VSYNC	垂直同步訊號線
G[7:0]	8 根綠色資料線	HSYNC	水平同步訊號線
B[7:0]	8 根藍色資料線	PCLK	像素時鐘訊號線
DE	資料啟動線	—	—

表 20-1 就是 RGBLCD 的訊號線，R[7:0]、G[7:0] 和 B[7:0] 這 24 根是資料線，DE、VSYNC、HSYNC 和 PCLK 這 4 根是控制訊號線。RGB LCD 一般有兩種驅動程式模式：DE 模式和 HV 模式，這兩個模式的區別是 DE 模式需要用到 DE 訊號線，而 HV 模式不需要用到 DE 訊號線，在 DE 模式下是可以不需要 HSYNC 訊號線的，即使不接 HSYNC 訊號線 LCD 也可以正常執行。

ALIENTEK 一共有 3 款 RGB LCD 螢幕，型號分別為 ATK-4342（4.3 英吋，480×272 像素）、ATK-7084（7 英吋，800×480 像素）和 ATK-7016（7 英吋，1024×600 像素），本書就以 ATK-7016 這款螢幕為例講解，ATK-7016 的螢幕介面原理圖如圖 20-4 所示。

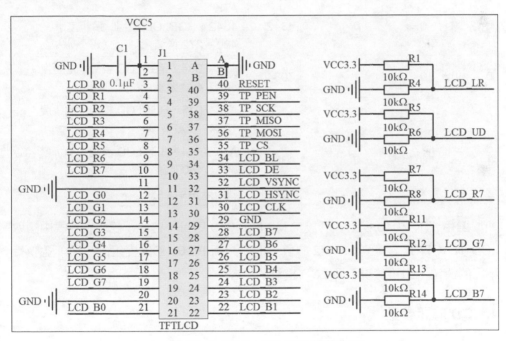

▲ 圖 20-4 RGB LCD 液晶螢幕介面

圖中 J1 就是對外介面，是一個 40 接腳的 FPC 座（0.5mm 間距），透過 FPC 線可以連接到 I.MX6ULL-ALPHA 開發板上，從而實現和 I.MX6ULL 的連接。該介面十分完善，採用 RGB888 格式，並支援 DE&HV 模式，還支援觸控式螢幕和背光控制。右側的電阻並不是都焊接的，而是根據 LCD 螢幕實際屬性選擇性焊接的。預設情況，R1 和 R6 焊接，設定 LCD_LR 和 LCD_UD，控制 LCD 的掃描方向，是從左到右還是從上到下（橫向螢幕看）。而 LCD_R7/G7/B7 則用來設定 LCD 的 ID，由於 RGB LCD 沒有讀寫暫存器，也就沒有 ID。這裡我們控制 R7/G7/B7 的上 / 下拉電阻，來自訂 LCD 模組的 ID，幫助 SOC 判斷當前 LCD 面板的解析度和相關參數，以提高程式相容性。這幾個位元的設定關係如表 20-2 所示。

▼ 表 20-2 ALIENTEK RGB LCD 模組 ID 對應關係

M2 LCD_B7	M1 LCD_G7	M0 LCD_R7	LCD ID	說明
0	0	0	4342	ATK 4342，RGBLCD 模組，解析度：480×272 像素
0	0	1	7084	ATK-7084，RGBLCD 模組，解析度：800×480 像素
0	1	0	7016	ATK-7016，RGBLCD 模組，解析度：1024×600 像素
1	0	0	4384	ATK-4384，RGBLCD 模組，解析度：800×480 像素
X	X	X	NC	暫時未用到

選用 ATK-7016 模組，就設定 M2:M0=010 即可。這樣，我們在程式中讀取 LCD_R7/G7/B7，得到 M0:M2 的值，從而判斷 RGB LCD 模組的型號，並執行不同的設定，即可實現不同 LCD 模組的相容。

4. LCD 時間參數

如果將 LCD 顯示一幀影像的過程想像成繪畫，那麼在顯示的過程中就是用一根「筆」在不同的像素點畫上不同的顏色。這根筆按照從左至右、從上到下的順序掃描每個像素點，並且在像素點上畫上對應的顏色，當畫到最後一個像素點時一幅影像就繪製好了。假如一個 LCD 的解析度為 1024×600，那麼其掃描如圖 20-5 所示。

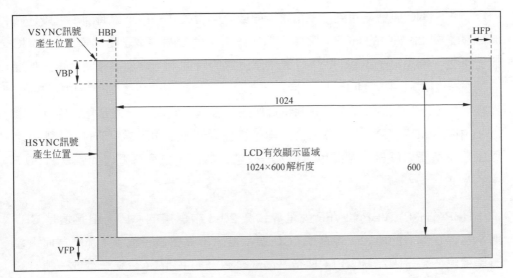

▲ 圖 20-5　LCD 一幀影像掃描圖

　　結合圖 20-5 來看一下 LCD 是怎麼掃描顯示一幀影像的。一幀影像也是由一行一行組成的。HSYNC 是水平同步訊號，也叫做行同步訊號，當產生此訊號則開始顯示新的一行，所以此訊號都是在圖 20-5 的最左邊。當 VSYNC 訊號是垂直同步訊號，也叫做幀同步訊號，當產生此訊號時就表示開始顯示新的一幀影像了，所以此訊號在圖 20-5 的左上角。

　　在圖 20-5 中可以看到有一圈「黑邊」，真正有效的顯示區域是中間的白色部分。這一圈「黑邊」是什麼？這就要從顯示器的「祖先」CRT 顯示器開始説起了，CRT 顯示器就是以前很常見的顯示器。CRT 顯示器後面是個電子槍，這個電子槍就是前文説的「畫筆」，電子槍打出的電子撞擊到螢幕上的螢光物質使其發光。只要控制電子槍從左到右掃完一行（掃描一行），然後從上到下掃描完所有行，一幀影像就顯示出來了。

　　顯示一幀影像時電子槍是按照「Z」形在運動，當掃描速度很快時看起來就是一幅完整的畫面了。

　　當顯示完一行以後會發出 HSYNC 訊號，此時電子槍就會關閉，然後迅速地移動到螢幕的左邊，當 HSYNC 訊號結束以後就可以顯示新的一行資料了，電子槍就會重新開啟。

從 HSYNC 訊號結束到電子槍重新開啟之間會插入一段延遲時間，這段延遲時間就是圖 20-5 中的 HBP。當顯示完一行以後就會關閉電子槍，等待 HSYNC 訊號產生，關閉電子槍到 HSYNC 訊號產生之間會插入一段延遲時間，這段延遲時間就是圖 20-5 中的 HFP 訊號。同理，當顯示完一幀影像以後電子槍也會關閉，然後等到 VSYNC 訊號產生，期間也會加入一段延遲時間，這段延遲時間就是圖 20-5 中的 VFP。VSYNC 訊號產生，電子槍移動到左上角，當 VSYNC 訊號結束以後電子槍重新開啟，中間也會加入一段延遲時間，這段延遲時間就是圖 20-5 中的 VBP。

HBP、HFP、VBP 和 VFP 就是導致圖 20-5 中黑邊的原因，但是這是 CRT 顯示器存在黑邊的原因，現在是 LCD 顯示器，不需要電子槍了，那麼為何還會有黑邊呢？這是因為 RGB LCD 螢幕內部是有一個 IC 的，發送一行或一幀資料給 IC，IC 是需要反應時間的。透過這段反應時間可以讓 IC 辨識到一行資料掃描完畢，要換行了，或一幀影像掃描完畢，要開始下一幀影像顯示了。因此，在 LCD 螢幕中保留 HBP、HFP、VPB 和 VFP 這 4 個參數的主要目的是為了鎖定有效的像素資料。這 4 個時間是 LCD 重要的時間參數，後面撰寫 LCD 驅動程式時要用到。這 4 個時間參數具體值是多少，需要查看所使用的 LCD 資料手冊。

5. RGB LCD 螢幕時序

上面講了行顯示和幀顯示，我們來看一下行顯示對應的時序圖，如圖 20-6 所示。

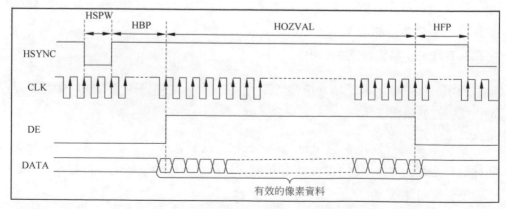

▲ 圖 20-6 行顯示時序

圖 20-6 就是 RGB LCD 的行顯示時序，我們來分析一下其中重要的參數。

HSYNC：行同步訊號，當此訊號有效就表示開始顯示新的一行資料，查閱所使用的 LCD 資料手冊可以知道，此訊號是低電位有效還是高電位有效，假設此時是低電位有效。

HSPW：有些地方也叫做 thp，是 HSYNC 訊號寬度，也就是 HSYNC 訊號持續時間。HSYNC 訊號不是一個脈衝，而是需要持續一段時間才是有效的，單位為 CLK。

HBP：有些地方叫做 thb，術語叫做行同步訊號後肩，單位為 CLK。

HOZVAL：有些地方叫做 thd，顯示一行資料所需的時間。假如螢幕解析度為 1024×600，那麼 HOZVAL 就是 1024，單位為 CLK。

HFP：有些地方叫做 thf，術語叫做行同步訊號前肩，單位為 CLK。

當 HSYNC 訊號發出以後，需要等待 HSPW+HBP 個 CLK 時間才會接收到真正有效的像素資料。當顯示完一行資料以後，需要等待 HFP 個 CLK 時間才能發出下一個 HSYNC 訊號，所以顯示一行所需要的時間就是：HSPW+HBP+HOZVAL+HFP。

一幀影像就是由很多個行組成的，RGB LCD 的幀顯示時序如圖 20-7 所示。

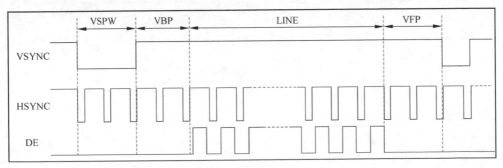

▲ 圖 20-7　幀顯示時序圖

圖 20-7 就是 RGB LCD 的幀顯示時序，我們來分析一下其中重要的參數。

VSYNC：幀同步訊號，當此訊號有效就表示開始顯示新的一幀資料，查閱所使用的 LCD 資料手冊可以知道，此訊號是低電位有效還是高電位有效，假設此時是低電位有效。

VSPW：有些地方也叫做 tvp，是 VSYNC 訊號寬度，也就是 VSYNC 訊號持續時間，單位為 1 行的時間。

VBP：有些地方叫做 tvb，術語叫做幀同步訊號後肩，單位為 1 行的時間。

LINE：有些地方叫做 tvd，顯示一幀有效資料所需的時間，假如螢幕解析度為 1024×600，那麼 LINE 就是 600 行的時間。

VFP：有些地方叫做 tvf，術語叫做幀同步訊號前肩，單位為 1 行的時間。

顯示一幀所需要的時間就是：VSPW+VBP+LINE+VFP 個行時間，最終的計算公式：

T=（VSPW+VBP+LINE+VFP）×（HSPW+HBP+HOZVAL+HFP）

因此我們在設定一款 RGB LCD 時需要知道這幾個參數：HOZVAL（螢幕有效寬度）、LINE（螢幕有效高度）、HBP、HSPW、HFP、VSPW、VBP 和 VFP。ALIENTEK 三款 RGB LCD 螢幕的參數如表 20-3 所示。

▼ 表 20-3 RGB LCD 螢幕時間參數

螢幕型號	參數	值	單位
ATK4342	水平顯示區域	480	tCLK
	HSPW(thp)	1	tCLK
	HBP(thb)	40	tCLK
	HFP(thf)	5	tCLK
	垂直顯示區域	272	th
	VSPW(tvp)	1	th
	VBP(tvb)	8	th
	VFP(tvf)	8	th
	像素時鐘	9	MHz
ATK4384	水平顯示區域	800	tCLK
	HSPW(thp)	48	tCLK
	HBP(thb)	88	tCLK
	HFP(thf)	40	tCLK
	垂直顯示區域	480	th
	VSPW(tvp)	3	th
	VBP(tvb)	32	th
	VFP(tvf)	13	th
	像素時鐘	31	MHz
ATK7084	水平顯示區域	800	tCLK
	HSPW(thp)	1	tCLK
	HBP(thb)	46	tCLK
	HFP(thf)	210	tCLK
	垂直顯示區域	480	th
	VSPW(tvp)	1	th
	VBP(tvb)	23	th
	VFP(tvf)	22	th
	像素時鐘	33.3	MHz

續表

螢幕型號	參數	值	單位
ATK7016	水平顯示區域	1024	tCLK
	HSPW(thp)	20	tCLK
	HBP(thb)	140	tCLK
	HFP(thf)	160	tCLK
	垂直顯示區域	600	th
	VSPW(tvp)	3	th
	VBP(tvb)	20	th
	VFP(tvf)	12	th
	像素時鐘	51.2	MHz

6. 像素時鐘

像素時鐘就是 RGB LCD 的時鐘訊號,以 ATK7016 這款螢幕為例,顯示一幀影像所需要的時鐘數就是:

= (VSPW+VBP+LINE+VFP) × (HSPW+HBP+HOZVAL+HFP)

= (3+20+600+12) × (20+140+1024+160)

= 635 × 1344

= 853440

顯示一幀影像需要 853440 個時鐘數,那麼顯示 60 幀就是:853440×60=51206400Hz≈51.2MHz,所以像素時鐘就是 51.2MHz。

I.MX6ULL 的 eLCDIF 介面時鐘圖如圖 20-8 所示。

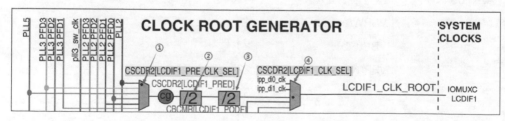

▲ 圖 20-8 eLCDIF 介面時鐘圖

① 此部分是一個選擇器,用於選擇哪個 PLL 可以作為 LCDIF 時鐘來源,由暫存器 CCM_CSCDR2 的位元 LCDIF1_PRE_CLK_SEL(bit17:15)來決定,LCDIF1_PRE_CLK_SEL 選擇設定如表 20-4 所示。

▼ 表 20-4　LCDIF 時鐘來源選擇

值	時鐘來源	值	時鐘來源
0	PLL2 作為 LCDIF 的時鐘來源	3	PLL2_PFD0 作為 LCDIF 的時鐘來源
1	PLL3_PFD3 作為 LCDIF 的時鐘來源	4	PLL2_PFD1 作為 LCDIF 的時鐘來源
2	PLL5 作為 LCDIF 的時鐘來源	5	PLL3_PFD1 作為 LCDIF 的時鐘來源

在講解 I.MX6ULL 時鐘系統時説過有 1 個專用的 PLL5 給 VIDEO 使用,所以 LCDIF1_PRE_CLK_SEL 設定為 2。

② 此部分是 LCDIF 時鐘的預分頻器,由暫存器 CCM_CSCDR2 的位元 LCDIF1_PRED 來決定預分頻值。可設定值為 0~7,分別對應 1~8 分頻。

③ 此部分進一步分頻,由暫存器 CBCMR 的位元 LCDIF1_PODF 來決定分頻值。可設定值為 0~7,分別對應 1~8 分頻。

④ 此部分是一個選擇器,選擇 LCDIF 為最終的根時鐘,由暫存器 CSCDR2 的位元 LCDIF1_CLK_SEL 決定,LCDIF1_CLK_SEL 選擇設定如表 20-5 所示。

▼ 表 20-5　LCDIF 根時鐘選擇

值	時鐘來源
0	前面重複使用器出來的時鐘,也就是從 PLL5 出來的時鐘作為 LCDIF 的根時鐘
1	ipp_di0_clk 作為 LCDIF 的根時鐘
2	ipp_di1_clk 作為 LCDIF 的根時鐘
3	ldb_di0_clk 作為 LCDIF 的根時鐘
4	ldb_di1_clk 作為 LCDIF 的根時鐘

這裡選擇 PLL5 輸出的那一路作為 LCDIF 的根時鐘,因此 LCDIF1_CLK_SEL 設定為 0。LCDIF 既然選擇了 PLL5 作為時鐘來源,那麼還需要初始化 PLL5,LCDIF 的時鐘是由 PLL5 和圖 20-8 中的②、③這兩個分頻值決定的,

所以需要對這 3 個值進行合理的設定，以搭配出所需的時鐘值，我們就以 ATK7016 螢幕所需的 51.2MHz 為例，看看如何進行設定。

PLL5 頻率設定涉及到四個暫存器：CCM_PLL_VIDEO、CCM_PLL_VIDEO_NUM、CCM_PLL_VIDEO_DENOM、CCM_MISC2。其中 CCM_PLL_VIDEO_NUM 和 CCM_PLL_VIDEO_DENOM 這兩個暫存器是用於小數分頻的，這裡為了簡單不使用小數分頻，因此這兩個暫存器設定為 0。

PLL5 的時鐘計算公式如下：

$$PLL5\_CLK = OSC24M \times [loopDivider + (denominator/numerator)] / postDivider$$

不使用小數分頻時 PLL5 時鐘計算公式就可以簡化為：

$$PLL5\_CLK = OSC24M \times loopDivider / postDivider$$

OSC24M 就是 24MHz 的主動晶振，設定 loopDivider 和 postDivider。先來看一下暫存器 CCM_PLL_VIDEO，此暫存器結構如圖 20-9 所示。

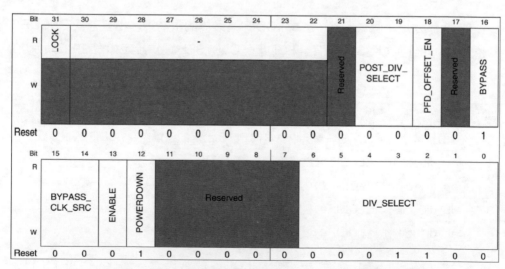

▲ 圖 20-9 暫存器 CCM_PLL_VIDEO 結構

暫存器 CCM_PLL_VIDEO 用到的重要的位元如下所示。

POST_DIV_SELECT（bit20:19）：此位元和暫存器 CCM_ANALOG_ CCMSC2 的 VIDEO_DIV 位元共同決定了 postDivider，為 0 是 4 分頻，為 1 是 2 分頻，為 2 是 1 分頻。本章設定為 2，也就是 1 分頻。

ENABLE（bit13）：PLL5（PLL_VIDEO）啟動位元，為 1 啟動 PLL5，為 0 關閉 PLL5。

DIV_SELECT（bit6:0）：loopDivider 值，範圍為 27~54，本章設定為 32。

暫存器 CCM_ANALOG_MISC2 的位元 VIDEO_DIV（bit31:30）與暫存器 CCM_PLL_VIDEO 的位元 POST_DIV_SELECT（bit20:19）共同決定了 postDivider，透過這兩個的配合可以獲得 2、4、8、16 分頻。本章將 VIDEO_ DIV 設定為 0，也就是 1 分頻，因此 postDivider 就是 1，loopDivider 設定為 32，PLL5 的時鐘頻率就是：

$$PLL5\_CLK = OSC24M \times loopDivider/postDivider$$
$$= 24MHz \times 32/1$$
$$= 768MHz$$

PLL5 此時為 768MHz，在經過圖 20-8 中的②和③進一步分頻，設定②為 3 分頻，也就是暫存器 CCM_CSCDR2 的位元 LCDIF1_PRED（bit14:12）為 2。設定③為 5 分頻，就是暫存器 CCM_CBCMR 的位元 LCDIF1_PODF（bit25:23）為 4。設定好以後最終進入到 LCDIF 的時鐘頻率就是：768/3/5=51.2MHz，這就是我們需要的像素時鐘頻率。

7. 顯示記憶體

在講像素格式時就已經說過，如果採用 ARGB8888 格式，一個像素需要 4 位元組的記憶體來存放像素資料，那麼 1024×600 解析度就需要 1024×600×4=2457600B≈2.4MB 記憶體。但是 RGB LCD 內部是沒有記憶體的，所以就需要在開發板上的 DDR3 中分出一段記憶體作為 RGB LCD 螢幕的顯示記憶體，如果要在螢幕上顯示某種影像，直接操作這部分顯示記憶體即可。

20.1.2 eLCDIF 介面簡介

eLCDIF 是 I.MX6ULL 附帶的液晶螢幕介面,用於連接 RGB LCD 介面的螢幕,eLCDIF 介面特性如下所示。

(1)支援 RGB LCD 的 DE 模式。

(2)支援 VSYNC 模式以實現高速資料傳輸。

(3)支援 ITU-R BT.656 格式的 4:2:2 的 YCbCr 數位視訊,並且將其轉為模擬 TV 訊號。

(4)支援 8/16/18/24/32 位元 LCD。

eLCDIF 支援 3 種介面:MPU 介面、VSYNC 介面和 DOTCLK 介面,這 3 種介面區別如下所示。

1. MPU 介面

MPU 介面用於在 I.MX6ULL 和 LCD 螢幕直接傳輸資料和命令,這個介面用於 6080/8080 介面的 LCD 螢幕,比如我們學習 STM32 時常用到的 MCU 螢幕。如果暫存器 LCDIF_CTRL 的位元 DOTCLK_MODE、DVI_MODE 和 VSYNC_MODE 都為 0,則表示 LCDIF 工作在 MPU 介面模式。關於 MPU 介面的詳細資訊以及時序參考《I.MX6ULL 參考手冊》,本節不使用 MPU 介面。

2. VSYNC 介面

VSYNC 介面時序和 MPU 介面時序相似,只是多了 VSYNC 訊號來作為幀同步,當 LCDIF_CTRL 的位元 VSYNC_MODE 為 1 時此介面啟動。關於 VSYNC 介面的詳細資訊請參考《I.MX6ULL 參考手冊》,本節不使用 VSYNC 介面。

3. DOTCLK 介面

DOTCLK 介面就是用來連接 RGB LCD 介面螢幕的,它包括 VSYNC、HSYNC、DOTCLK 和 ENABLE(可選的)四個訊號,這樣的介面通常被稱為 RGB 介面。DOTCLK 介面時序如圖 20-10 所示。

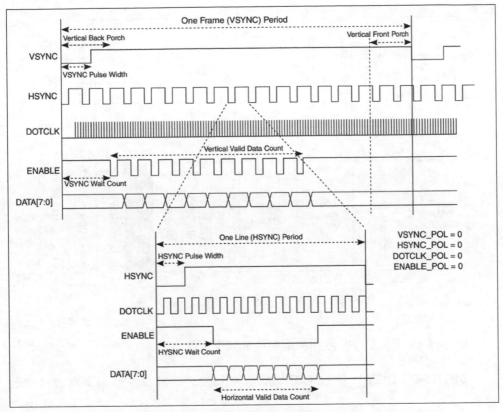

▲ 圖 20-10 DOTCLK 介面時序

圖 20-10 和圖 20-6、圖 20-7 很類似，因為 DOTCLK 介面就是連接 RGB 螢幕的，本書使用的就是 DOTCLK 介面。

eLCDIF 要驅動程式 RGB LCD 螢幕，重點是設定好 LCD 時間參數即可，這個透過設定對應的暫存器就可以了，eLCDIF 介面的幾個重要暫存器介紹如下。首先看一下 LCDIF_CTRL 暫存器，此暫存器結構如圖 20-11 所示。

Bit	31	30	29	28	27	26	25	24	23	22	21	20	19	18	17	16
R / W	SFTRST	CLKGATE	YCBCR422_INPUT	READ_WRITEB	WAIT_FOR_VSYNC_ EDGE	DATA_SHIFT_DIR	SHIFT_NUM_BITS					DVI_MODE	BYPASS_COUNT	VSYNC_MODE	DOTCLK_MODE	DATA_SELECT
Reset	1	1	0	0	0	0	0	0	0	0	0	0	0	0	0	0

Bit	15	14	13	12	11	10	9	8	7	6	5	4	3	2	1	0
R / W	INPUT_ DATA_ SWIZZLE		CSC_DATA_SWIZZLE	LCD_ DATABUS_ WIDTH		WORD_ LENGTH			RGB_TO_YCBCR422_ CSC	ENABLE_PXP_ HANDSHAKE	MASTER	Reserved	DATA_FORMAT_16_BIT	DATA_FORMAT_18_BIT	DATA_FORMAT_24_BIT	RUN
Reset	0	0	0	0	0	0	0	0	0	0	0	0	0	0	0	0

▲ 圖 20-11 暫存器 LCDIF_CTRL 結構

暫存器 LCDIF_CTRL 用到的重要位元如下所示。

SFTRST（bit31）：eLCDIF 軟重置控制位元，當此位元為 1 就會強制重置 LCD。

CLKGATE（bit30）：正常執行模式下，此位元必須為 0。如果此位元為 1，時鐘就不會進入到 LCDIF。

BYPASS_COUNT（bit19）：如果要工作在 DOTCLK 模式，此位元必須為 1。

VSYNC_MODE（bit18）：此位元為 1，LCDIF 工作在 VSYNC 介面模式。

DOTCLK_MODE（bit17）：此位元為 1，LCDIF 工作在 DOTCLK 介面模式。

INPUT_DATA_SWIZZLE（bit15:14）：輸入資料位元組交換設定，此位元為 0 時不交換位元組，是小端模式；為 1 時交換所有位元組，是大端模式；為 2 時半字組交換；為 3 時在每個半字組節內進行位元組交換。本章設定為 0，不使用位元組交換。

CSC_DATA_SWIZZLE（bit13:12）：CSC 資料位元組交換設定，交換方式和 INPUT_DATA_SWIZZLE 一樣，本章設定為 0，不使用位元組交換。

LCD_DATABUS_WIDTH（bit11:10）：LCD 資料匯流排寬度，為 0 時匯流排寬度為 16 位元；為 1 時匯流排寬度為 8 位元；為 2 時匯流排寬度為 18 位元；為 3 時匯流排寬度為 24 位元。本章我們使用 24 位元匯流排寬度。

WORD_LENGTH（bit9:8）：輸入的資料格式，也就是像素資料寬度。為 0 時每個像素 16 位元；為 1 時每個像素 8 位元；為 2 時每個像素 18 位元；為 3 時每個像素 24 位元。

MASTER（bit5）：為 1 時設定 eLCDIF 工作在主模式。

DATA_FORMAT_16_BIT（bit3）：當此位元為 1 並且 WORD_LENGTH 為 0 時像素格式為 ARGB555，當此位元為 0 並且 WORD_LENGTH 為 0 時像素格式為 RGB565。

DATA_FORMAT_18_BIT（bit2）：只有當 WORD_LENGTH 為 2 時此位元才有效，此位元為 0 時低 18 位元有效，像素格式為 RGB666，高 14 位元資料無效。當此位元為 1 時高 18 位元有效，像素格式還是 RGB666，但是低 14 位元資料無效。

DATA_FORMAT_24_BIT（bit1）：只有當 WORD_LENGTH 為 3 時此位元才有效，為 0 時表示全部的 24 位元資料都有效。為 1 時，實際輸入的資料有效位元只有 18 位元，雖然輸入的是 24 位元資料，但是每個顏色通道的高 2 位元資料會被捨棄掉。

RUN（bit0）：eLCDIF 介面執行控制位元，當此位元為 1 時 eLCDIF 介面就開始傳輸資料，是 eLCDIF 的啟動位元。

暫存器 LCDIF_CTRL1 只用合格 BYTE_PACKING_FORMAT（bit19:16），此位元用來決定在 32 位元的資料中哪些位元組的資料有效，預設值為 0XF，也就是所有的位元組有效，當其為 0 時，表示所有的位元組都無效。如果顯示的資料是 24 位元（ARGB 格式，但是 A 通道不傳輸）時，設定此位元為 0X7。

接下來看一下暫存器 LCDIF_TRANSFER_COUNT，這個暫存器用來設定所連接的 RGB LCD 螢幕解析度大小，此暫存器結構如圖 20-12 所示。

Bit	31	30	29	28	27	26	25	24	23	22	21	20	19	18	17	16	15	14	13	12	11	10	9	8	7	6	5	4	3	2	1	0
R/W								V_COUNT															H_COUNT									
Reset	0	0	0	0	0	0	0	0	0	0	0	0	0	0	0	1	0	0	0	0	0	0	0	0	0	0	0	0	0	0	0	0

▲ 圖 20-12 暫存器 LCDIF_TRANSFER_COUNT 結構

暫存器 LCDIF_TRANSFER_COUNT 分為兩部分：高 16 位元和低 16 位元。高 16 位元是 V_COUNT，是 LCD 的垂直解析度；低 16 位元是 H_COUNT，是 LCD 的水平解析度。如果 LCD 解析度為 1024×600，那麼 V_COUNT 是 600，H_COUNT 是 1024。

接下來看一下暫存器 LCDIF_VDCTRL0，這個暫存器是 VSYNC 和 DOTCLK 模式控制暫存器 0，暫存器結構如圖 20-13 所示。

Bit	31	30	29	28	27	26	25	24	23	22	21	20	19	18	17	16
R/W	Reserved		VSYNC_OEB	ENABLE_PRESENT	VSYNC_POL	HSYNC_POL	DOTCLK_POL	ENABLE_POL	Reserved		VSYNC_PERIOD_UNIT	VSYNC_PULSE_WIDTH_UNIT	HALF_LINE	HALF_LINE_MODE	VSYNC_PULSE_WIDTH	
Reset	0	0	0	0	0	0	0	0	0	0	0	0	0	0	0	0
Bit	15	14	13	12	11	10	9	8	7	6	5	4	3	2	1	0
R/W	VSYNC_PULSE_WIDTH															
Reset	0	0	0	0	0	0	0	0	0	0	0	0	0	0	0	0

▲ 圖 20-13 暫存器 LCDIF_VDCTRL0 結構

暫存器 LCDIF_VDCTRL0 用到的重要位元如下所示。

VSYNC_OEB（bit29）：VSYNC 訊號方向控制位元，為 0 時 VSYNC 是輸出，為 1 時 VSYNC 是輸入。

ENABLE_PRESENT（bit28）：ENABLE 資料線啟動位元，也就是 DE 資料線。為 1 時啟動 ENABLE 資料線，為 0 時關閉 ENABLE 資料線。

VSYNC_POL（bit27）：VSYNC 資料線極性設定位元，為 0 時 VSYNC 低電位有效，為 1 時 VSYNC 高電位有效，要根據所使用的 LCD 資料手冊來設定。

HSYNC_POL（bit26）：HSYNC 資料線極性設定位元，為 0 時 HSYNC 低電位有效，為 1 時 HSYNC 高電位有效，要根據所使用的 LCD 資料手冊來設定。

DOTCLK_POL（bit25）：DOTCLK 資料線（像素時鐘線 CLK） 極性設定位元，為 0 時下降緣鎖存資料，上昇緣捕捉資料，為 1 時相反，要根據所使用的 LCD 資料手冊來設定。

ENABLE_POL（bit24）：ENABLE 資料線極性設定位元，為 0 時低電位有效，為 1 時高電位有效。

VSYNC_PERIOD_UNIT（bit21）：VSYNC 訊號週期單位，為 0 時 VSYNC 週期單位為像素時鐘。為 1 時 VSYNC 週期單位是水平行，如果使用 DOTCLK 模式就要設定為 1。

VSYNC_PULSE_WIDTH_UNIT（bit20）：VSYNC 訊號脈衝寬度單位，和 VSYNC_PERIOD_UNUT 一樣，如果使用 DOTCLK 模式時要設定為 1。

VSYNC_PULSE_WIDTH（bit17:0）：VSPW 參數設定位元。

暫存器 LCDIF_VDCTRL1：這個暫存器是 VSYNC 和 DOTCLK 模式控制暫存器 1，此暫存器只有一個功能，用來設定 VSYNC 總週期，即螢幕高度 +VSPW+VBP+VFP。

暫存器 LCDIF_VDCTRL2：這個暫存器分為高 16 位元和低 16 位元兩部分，高 16 位元是 HSYNC_PULSE_WIDTH，用來設定 HSYNC 訊號寬度，也就是 HSPW。低 16 位元是 HSYNC_PERIOD，設定 HSYNC 總週期，即螢幕寬度 +HSPW+HBP+HFP。

暫存器 LCDIF_VDCTRL3 結構如圖 20-14 所示。

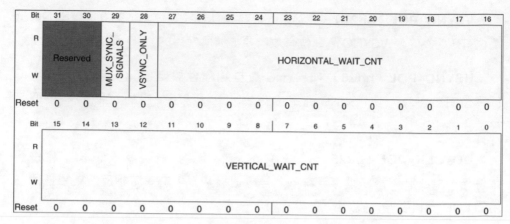

▲ 圖 20-14 暫存器 LCDIF_VDCTRL3 結構

暫存器 LCDIF_VDCTRL3 用到的重要位元如下所示。

HORIZONTAL_WAIT_CNT（bit27:16）：此位元用於 DOTCLK 模式，用於設定 HSYNC 訊號產生到有效資料產生之間的時間，也就是 HSPW+HBP。

VERTICAL_WAIT_CNT（bit15:0）：和 HORIZONTAL_WAIT_CNT 一樣，只是此位元用於 VSYNC 訊號，也就是 VSPW+VBP。

暫存器 LCDIF_VDCTRL4 結構如圖 20-15 所示。

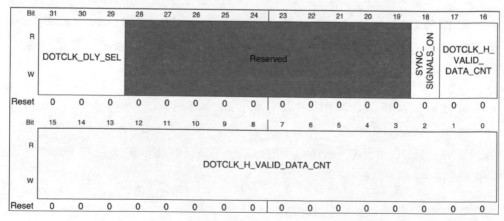

▲ 圖 20-15 暫存器 LCDIF_VDCTRL4 結構

暫存器 LCDIF_VDCTRL4 用到的重要位元如下所示。

SYNC_SIGNALS_ON（bit18）：同步訊號啟動位元，設定為 1 時啟動 VSYNC、HSYNC、DOTCLK 這些訊號。

DOTCLK_H_VALID_DATA_CNT（bit15:0）：設定 LCD 的寬度，也就是水平像素數量。

最後再看一下暫存器 LCDIF_CUR_BUF 和 LCDIF_NEXT_BUF，這兩個暫存器分別為當前框架緩衝區和下一框架緩衝區，即 LCD 顯示記憶體。一般這兩個暫存器儲存同一個位址，是劃分給 LCD 的顯示記憶體啟始位址。

關於 eLCDIF 介面的暫存器就介紹到這裡，關於這些暫存器詳細的描述，請參考《I.MX6ULL 參考手冊》。本章使用 I.MX6ULL 的 eLCDIF 介面來驅動程式 ALIENTEK 的 ATK7016 這款螢幕，設定步驟如下所示。

① 初始化 LCD 所使用的 I/O。

首先初始化 LCD 所示使用的 I/O，將其重複使用為 eLCDIF 介面 I/O。

② 設定 LCD 的像素時鐘。

查閱所使用的 LCD 螢幕資料手冊，或自己計算出時鐘像素，然後設定 CCM 對應的暫存器。

③ 設定 eLCDIF 介面。

設定 LCDIF 的暫存器 CTRL、CTRL1、TRANSFER_COUNT、VDCTRL0~4、CUR_BUF 和 NEXT_BUF。根據 LCD 的資料手冊設定對應的參數。

④ 撰寫 API 函式。

驅動程式 LCD 螢幕的目的就是顯示內容，所以需要撰寫一些基本的 API 函式，比如畫點、畫線、畫圓函式，字串顯示函式等。

20.2 │ 硬體原理分析

本實驗用到的資源如下所示。

（1）指示燈 LED0。

（2）RGB LCD 介面。

（3）DDR3。

（4）eLCDIF。

RGB LCD 介面在 I.MX6ULL-ALPHA 開發板底板上，原理圖如圖 20-16 所示。

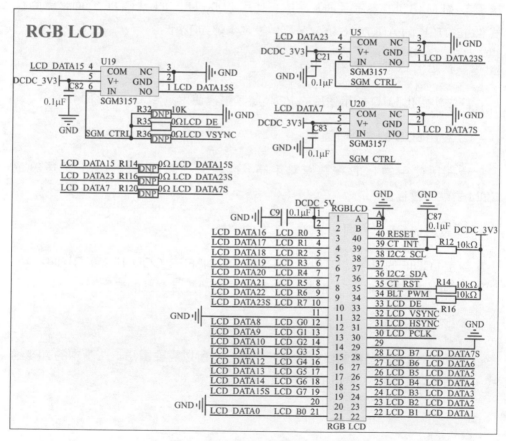

▲ 圖 20-16 RGB LCD 介面原理圖

圖 20-16 中 3 個 SGM3157 的目的是在未使用 RGBLCD 時將 LCD_DATA7、LCD_DATA15 和 LCD_DATA23 這 3 根線隔離開來，因為 ALIENTEK 螢幕的 LCD_R7/G7/B7 這幾根線用來設定 LCD 的 ID，這幾根線有上拉 / 下拉電阻。

I.MX6ULL 的 BOOT 設定也用到了 LCD_DATA7、LCD_DATA15 和 LCD_DATA23 這三個接腳，連接螢幕以後螢幕上的 ID 電阻就會影響到 BOOT 設定，會導致程式無法執行，所以先將其隔離開來。如果要使用 RGB LCD 螢幕時再透過 LCD_DE 將其「連接」起來。我們需要 40P 的 FPC 線將 ATK7016 螢幕和 I.MX6ULL-ALPHA 開發板連接起來，如圖 20-17 所示。

▲ 圖 20-17 螢幕和開發板連接圖

20.3 實驗程式撰寫

本實驗對應的常式路徑為「1、常式原始程式→ 1、裸機常式→ 15_lcd」。

本章實驗在第 19 章常式的基礎上完成，更改專案名稱為 lcd，然後在 bsp 資料夾下建立名為 lcd 的資料夾，在 bsp/lcd 中新建 bsp_lcd.c、bsp_lcd.h、bsp_lcdapi.c、bsp_lcdapi.h 和 font.h 這 5 個檔案。bsp_lcd.c 和 bsp_lcd.h 是 LCD 的驅動程式檔案，bsp_lcdapi.c 和 bsp_lcdapi.h 是 LCD 的 API 操作函式檔案，font.h 是字元集點陣資料陣列檔案。在檔案 bsp_lcd.h 中輸入如範例 20-1 所示內容。

▼ 範例 20-1 bsp_lcd.h 檔案程式

```
1  #ifndef _BSP_LCD_H
2  #define _BSP_LCD_H
3  /****************************************************************
4  Copyright  © zuozhongkai Co., Ltd. 1998-2019. All rights reserved
5  檔案名稱      :bsp_lcd.h
6  作者          :左忠凱
7  版本          :V1.0
8  描述          :LCD 驅動程式檔案標頭檔
9  其他          :無
10 討論區        :www.openedv.com
11 記錄檔        :初版 V1.0 2019/1/3 左忠凱建立
12 ****************************************************************/
13 #include "imx6ul.h"
14
15 /* 顏色巨集定義 */
16 #define LCD_BLUE            0x000000FF
17 #define LCD_GREEN           0x0000FF00
18 #define LCD_RED             0x00FF0000
19 /* 省略掉其他巨集定義，完整的請參考實驗常式 */
20 #define LCD_ORANGE          0x00FFA500
21 #define LCD_TRANSPARENT     0x00000000
22
23 #define LCD_FRAMEBUF_ADDR(0x89000000)  /* LCD 顯示記憶體位址 */
24
25 /* LCD 控制參數結構 */
26 struct tftlcd_typedef{
27     unsigned short height;              /* LCD 螢幕高度 */
28     unsigned short width;               /* LCD 螢幕寬度  */
29     unsigned char pixsize;              /* LCD 每個像素所佔位元組大小  */
30     unsigned short vspw;                /* VSYNC 訊號寬度  */
31     unsigned short vbpd;                /* 幀同步訊號後肩 */
32     unsigned short vfpd;                /* 幀同步訊號前肩 */
33     unsigned short hspw;                /* HSYNC 訊號寬度  */
34     unsigned short hbpd;                /* 水平同步訊號後見肩 */
35     unsigned short hfpd;                /* 水平同步訊號前肩  */
36     unsigned int framebuffer;           /* LCD 顯示記憶體啟始位址 */
37     unsigned int forecolor;             /* 前景顏色  */
38     unsigned int backcolor;             /* 背景顏色  */
```

```
39 };
40
41 extern struct tftlcd_typedef tftlcd_dev;
42
43 /* 函式宣告 */
44 void lcd_init(void);
45 void lcdgpio_init(void);
46 void lcdclk_init(unsigned char loopDiv, unsigned char prediv, unsigned char div);
47 void lcd_reset(void);
48 void lcd_noreset(void);
49 void lcd_enable(void);
50 void video_pllinit(unsigned char loopdivi, unsigned char postdivi);
51 inline void lcd_drawpoint(unsigned short x,unsigned short y,
                             unsigned int color);
52 inline unsigned int lcd_readpoint(unsigned short x,
                                     unsigned short y);
53 void lcd_clear(unsigned int color);
54 void lcd_fill(unsigned short x0, unsigned short y0,
                 unsigned short x1, unsigned short y1,
                 unsigned int color);
55 #endif
```

在檔案 bsp_lcd.h 中定義了一些常用的顏色巨集定義，顏色格式都是
ARGB8888。第 23 行的巨集 LCD_FRAMEBUF_ADDR 是顯示記憶體啟始位址，
此處將顯示記憶體啟始位址放到了 0X89000000 位址處。這個要根據所使用的
LCD 螢幕大小和 DDR 記 s 憶體大小來確定的，ATK7016 這款 RGB 螢幕所需的
顯示記憶體大小為 2.4MB，而 I.MX6ULL-ALPHA 開發板設定的 DDR 有 256MB
和 512MB 兩 種 類 型，記 憶 體 位 址 範 圍 分 別 為 0X80000000~0X90000000
和 0X80000000~0XA0000000。 所 以 LCD 顯 示 記 憶 體 啟 始 位 址 選 擇 為
0X89000000，這樣不論是 256MB 還是 512MB 的 DDR 都可以使用。

第 26 行的結構 tftlcd_typedef 是 RGB LCD 的控制參數結構，其中包含了
跟 LCD 設定相關的一些成員變數。最後就是一些變數和函式宣告。

在檔案 bsp_lcd.c 中輸入如範例 20-2 所示內容。

▼ 範例 20-2 bsp_lcd.c 檔案程式

```
/*****************************************************************
Copyright  © zuozhongkai Co., Ltd. 1998-2019. All rights reserved
檔案名稱        :bsp_lcd.c
作者            :左忠凱
版本            :V1.0
描述            :LCD 驅動程式檔案
其他            :無
討論區          :www.openedv.com
記錄檔          :初版 V1.0 2019/1/3 左忠凱建立
*****************************************************************/
1  #include "bsp_lcd.h"
2  #include "bsp_gpio.h"
3  #include "bsp_delay.h"
4  #include "stdio.h"
5
6  /* 液晶螢幕參數結構 */
7  struct tftlcd_typedef tftlcd_dev;
8
9  /*
10  * @description    :始化 LCD
11  * @param          :無
12  * @return         :無
13  */
14 void lcd_init(void)
15 {
16    lcdgpio_init();                      /* 初始化 I/O */
17    lcdclk_init(32, 3, 5);               /* 初始化 LCD 時鐘   */
18
19    lcd_reset();                         /* 重置 LCD */
20    delayms(10);                         /* 延遲時間 10ms */
21    lcd_noreset();                       /* 結束重置 */
22
23    /* RGB LCD 參數結構初始化 */
24    tftlcd_dev.height = 600;             /* 螢幕高度 */
25    tftlcd_dev.width = 1024;             /* 螢幕寬度 */
26    tftlcd_dev.pixsize = 4;              /* ARGB8888 模式，每個像素 4 位元組 */
```

```
27    tftlcd_dev.vspw = 3;                          /* VSYNC 訊號寬度 */
28    tftlcd_dev.vbpd = 20;                         /* 幀同步訊號後肩 */
29    tftlcd_dev.vfpd = 12;                         /* 幀同步訊號前肩 */
30    tftlcd_dev.hspw = 20;                         /* HSYNC 訊號寬度 */
31    tftlcd_dev.hbpd = 140;                        /* 水平同步訊號後見肩 */
32    tftlcd_dev.hfpd = 160;                        /* 水平同步訊號前肩 */
33    tftlcd_dev.framebuffer = LCD_FRAMEBUF_ADDR;  /* 幀緩衝位址 */
34    tftlcd_dev.backcolor = LCD_WHITE;             /* 背景顏色為白色 */
35    tftlcd_dev.forecolor = LCD_BLACK;             /* 前景顏色為黑色 */
36
37    /* 初始化 ELCDIF 的 CTRL 暫存器
38     * bit [31] 0        : 停止重置
39     * bit [19] 1        : 旁路計數器模式
40     * bit [17] 1        :LCD 工作在 dotclk 模式
41     * bit [15:14]00     : 輸入資料不交換
42     * bit [13:12]00     :CSC 不交換
43     * bit [11:10]11     :24 位元匯流排寬度
44     * bit [9:8]11       :24 位元資料寬度，也就是 RGB888
45     * bit [5]1          :elcdif 工作在主模式
46     * bit [1]0          : 所有的 24 位元均有效
47     */
48    LCDIF->CTRL |= (1 << 19) | (1 << 17) | (0 << 14) | (0 << 12) |
49                   (3 << 10) | (3 << 8) | (1 << 5) | (0 << 1);
50    /*
51     * 初始化 ELCDIF 的暫存器 CTRL1
52     * bit [19:16]       :0X7 ARGB 模式下，傳輸 24 位元資料，A 通道不用傳輸
53     */
54    LCDIF->CTRL1 = 0X7 << 16;
55
56    /*
57     * 初始化 ELCDIF 的暫存器 TRANSFER_COUNT 暫存器
58     * bit [31:16]       :高度
59     * bit [15:0]        :寬度
60     */
61    LCDIF->TRANSFER_COUNT     = (tftlcd_dev.height << 16) |
                                  (tftlcd_dev.width << 0);
62
63    /*
64     * 初始化 ELCDIF 的 VDCTRL0 暫存器
```

```
65      * bit [29] 0 :VSYNC 輸出
66      * bit [28] 1 : 啟動 ENABLE 輸出
67      * bit [27] 0 :VSYNC 低電位有效
68     * bit [26] 0 :HSYNC 低電位有效
69     * bit [25] 0 :DOTCLK 上昇緣有效
70     * bit [24] 1 :ENABLE 訊號高電位有效
71     * bit [21] 1 :DOTCLK 模式下設定為 1
72     * bit [20] 1 :DOTCLK 模式下設定為 1
73     * bit [17:0] :vspw 參數
74     */
75  LCDIF->VDCTRL0 = 0; /* 先清零 */
76  LCDIF->VDCTRL0 =     (0 << 29) | (1 << 28) | (0 << 27) |
77                       (0 << 26) | (0 << 25) | (1 << 24) |
78                       (1 << 21) | (1 << 20) | (tftlcd_dev.vspw << 0);
79    /*
80     * 初始化 ELCDIF 的 VDCTRL1 暫存器，設定 VSYNC 總週期
81     */
82    LCDIF->VDCTRL1     = tftlcd_dev.height + tftlcd_dev.vspw +
                            tftlcd_dev.vfpd + tftlcd_dev.vbpd;
83
84    /*
85     * 初始化 ELCDIF 的 VDCTRL2 暫存器，設定 HSYNC 週期
86     * bit[31:18]      : hsw
87     * bit[17:0]      :HSYNC 總週期
88     */
89    LCDIF->VDCTRL2 = (tftlcd_dev.hspw << 18) | (tftlcd_dev.width +
              tftlcd_dev.hspw + tftlcd_dev.hfpd + tftlcd_dev.hbpd);
90
91    /*
92     * 初始化 ELCDIF 的 VDCTRL3 暫存器，設定 HSYNC 週期
93     * bit[27:16]      : 水平等待時鐘數
94     * bit[15:0]      : 垂直等待時鐘數
95     */
96    LCDIF->VDCTRL3 = ((tftlcd_dev.hbpd + tftlcd_dev.hspw) << 16) |
              (tftlcd_dev.vbpd + tftlcd_dev.vspw);
97
98    /*
99     * 初始化 ELCDIF 的 VDCTRL4 暫存器，設定 HSYNC 週期
100    * bit[18] 1 : 當使用 VSHYNC、HSYNC、DOTCLK 的話此位置 1
```

```
101    * bit[17:0]: 寬度
102    */
103
104    LCDIF->VDCTRL4 = (1<<18) | (tftlcd_dev.width);
105
106    /*
107     * 初始化 ELCDIF 的 CUR_BUF 和 NEXT_BUF 暫存器
108     * 設定當前顯示記憶體位址和下一幀的顯示記憶體位址
109     */
110    LCDIF->CUR_BUF = (unsigned int)tftlcd_dev.framebuffer;
111    LCDIF->NEXT_BUF = (unsigned int)tftlcd_dev.framebuffer;
112
113    lcd_enable();              /* 啟動 LCD */
114    delayms(10);
115    lcd_clear(LCD_WHITE);       /* 清除螢幕 */
116
117  }
118
119  /*
120   * @description      :LCD GPIO 初始化
121   * @param            :無
122   * @return           :無
123   */
124  void lcdgpio_init(void)
125  {
126    gpio_pin_config_t gpio_config;
127
128    /* 1. I/O 初始化重複使用功能 */
129    IOMUXC_SetPinMux(IOMUXC_LCD_DATA00_LCDIF_DATA00,0);
130    IOMUXC_SetPinMux(IOMUXC_LCD_DATA01_LCDIF_DATA01,0);
131    IOMUXC_SetPinMux(IOMUXC_LCD_DATA02_LCDIF_DATA02,0);
132    IOMUXC_SetPinMux(IOMUXC_LCD_DATA03_LCDIF_DATA03,0);
...
154    IOMUXC_SetPinMux(IOMUXC_LCD_ENABLE_LCDIF_ENABLE,0);
155    IOMUXC_SetPinMux(IOMUXC_LCD_HSYNC_LCDIF_HSYNC,0);
156    IOMUXC_SetPinMux(IOMUXC_LCD_VSYNC_LCDIF_VSYNC,0);
157    IOMUXC_SetPinMux(IOMUXC_GPIO1_IO08_GPIO1_IO08,0); /* 背光接腳 */
158
159    /* 2. 設定 LCD I/O 屬性
```

```
160    *bit 16            :0 HYS 關閉
161    *bit [15:14]       :0 預設 22kΩ 上拉
162    *bit [13]          :0 pull 功能
163    *bit [12]          :0 pull/keeper 啟動
164    *bit [11]          :0 關閉開路輸出
165    *bit [7:6]         :10 速度 100MHz
166    *bit [5:3]         :111 驅動程式能力為 R0/R7
167    *bit [0]           :1 高轉換率
168    */
169    IOMUXC_SetPinConfig(IOMUXC_LCD_DATA00_LCDIF_DATA00,0xB9);
170    IOMUXC_SetPinConfig(IOMUXC_LCD_DATA01_LCDIF_DATA01,0xB9);
...
193    IOMUXC_SetPinConfig(IOMUXC_LCD_CLK_LCDIF_CLK,0xB9);
194    IOMUXC_SetPinConfig(IOMUXC_LCD_ENABLE_LCDIF_ENABLE,0xB9);
195    IOMUXC_SetPinConfig(IOMUXC_LCD_HSYNC_LCDIF_HSYNC,0xB9);
196    IOMUXC_SetPinConfig(IOMUXC_LCD_VSYNC_LCDIF_VSYNC,0xB9);
197    IOMUXC_SetPinConfig(IOMUXC_GPIO1_IO08_GPIO1_IO08,0xB9);
198
199    /* GPIO 初始化 */
200    gpio_config.direction = kGPIO_DigitalOutput;        /* 輸出 */
201    gpio_config.outputLogic = 1;                         /* 預設關閉背光 */
202    gpio_init(GPIO1, 8, &gpio_config);                   /* 背光預設開啟 */
203    gpio_pinwrite(GPIO1, 8, 1);                          /* 開啟背光 */
204 }
205
206 /*
207  * @description       :LCD 時鐘初始化，LCD 時鐘計算公式如下：
208  *                      LCD CLK = 24 * loopDiv / prediv / div
209  * @param - loopDiv   :loopDivider 值
210  * @param - loopDiv   :lcdifprediv 值
211  * @param - div       :lcdifdiv 值
212  * @return            :無
213  */
214 void lcdclk_init(unsigned char loopDiv, unsigned char prediv, unsigned char div)
215 {
216   /* 先初始化 video pll
217    * VIDEO PLL = OSC24M * (loopDivider + (denominator / numerator)) / postDivider
218    * 不使用小數分頻器，因此 denominator 和 numerator 設定為 0
219    */
```

```
220    CCM_ANALOG->PLL_VIDEO_NUM = 0;          /* 不使用小數分頻器 */
221    CCM_ANALOG->PLL_VIDEO_DENOM = 0;
222
223    /*
224     * PLL_VIDEO 暫存器設定
225     * bit[13]          :1 啟動 VIDEO PLL 時鐘
226     * bit[20:19]       :2 設定 postDivider 為 1 分頻
227     * bit[6:0]         :32 設定 loopDivider 暫存器
228     */
229    CCM_ANALOG->PLL_VIDEO =(2 << 19) | (1 << 13) | (loopDiv << 0);
230
231    /*
232     * MISC2 暫存器設定
233     * bit[31:30]:0VIDEO 的 post-div 設定，1 分頻
234     */
235    CCM_ANALOG->MISC2 &= ~(3 << 30);
236    CCM_ANALOG->MISC2 = 0 << 30;
237
238    /* LCD 時鐘來源來源與 PLL5，也就是 VIDEO PLL */
239    CCM->CSCDR2 &= ~(7 << 15);
240    CCM->CSCDR2 |= (2 << 15);               /* 設定 LCDIF_PRE_CLK 使用 PLL5 */
241
242    /* 設定 LCDIF_PRE 分頻 */
243    CCM->CSCDR2 &= ~(7 << 12);
244    CCM->CSCDR2 |= (prediv - 1) << 12;  /* 設定分頻 */
245
246    /* 設定 LCDIF 分頻 */
247    CCM->CBCMR &= ~(7 << 23);
248    CCM->CBCMR |= (div - 1) << 23;
249
250    /* 設定 LCD 時鐘來源為 LCDIF_PRE 時鐘 */
251    CCM->CSCDR2 &= ~(7 << 9);               /* 清除原來的設定 */
252    CCM->CSCDR2 |= (0 << 9);                /* LCDIF_PRE 時鐘來源選擇 LCDIF_PRE 時鐘 */
253 }
254
255 /*
256  * @description      :重置 ELCDIF 介面
257  * @param            :無
258  * @return           :無
```

```
259 */
260 void lcd_reset(void)
261 {
262   LCDIF->CTRL= 1<<31;                /* 強制重置 */
263 }
264
265 /*
266  * @description     :結束重置 ELCDIF 介面
267  * @param           :無
268  * @return          :無
269  */
270 void lcd_noreset(void)
271 {
272   LCDIF->CTRL= 0<<31;                /* 取消強制重置 */
273 }
274
275 /*
276  * @description     :啟動 ELCDIF 介面
277  * @param           :無
278  * @return          :無
279  */
280 void lcd_enable(void)
281 {
282   LCDIF->CTRL |= 1<<0;               /* 啟動 ELCDIF */
283 }
284
285 /*
286  * @description     :畫點函式
287  * @param - x        :x 軸座標
288  * @param - y        :y 軸座標
289  * @param - color    :顏色值
290  * @return          :無
291  */
292 inline void lcd_drawpoint(unsigned short x,unsigned short y,unsigned int color)
293 {
294   *(unsigned int*)((unsigned int)tftlcd_dev.framebuffer +
295                    tftlcd_dev.pixsize * (tftlcd_dev.width *
296                    y + x)) = color;
296 }
```

```
297
298
299 /*
300  * @description      : 讀取指定點的顏色值
301  * @param - x        :x 軸座標
302  * @param - y        :y 軸座標
303  * @return           : 讀取到的指定點的顏色值
304  */
305 inline unsigned int lcd_readpoint(unsigned short x,unsigned short y)
306 {
307   return *(unsigned int*)((unsigned int)tftlcd_dev.framebuffer +
308       tftlcd_dev.pixsize * (tftlcd_dev.width * y + x));
309 }
310
311 /*
312  * @description      : 清除螢幕
313  * @param - color     : 顏色值
314  * @return           : 讀取到的指定點的顏色值
315  */
316 void lcd_clear(unsigned int color)
317 {
318   unsigned int num;
319   unsigned int i = 0;
320
321   unsigned int *startaddr=(unsigned int*)tftlcd_dev.framebuffer;
322   num=(unsigned int)tftlcd_dev.width * tftlcd_dev.height;
323   for(i = 0; i < num; i++)
324   {
325       startaddr[i] = color;
326   }
327 }
328
329 /*
330  * @description      : 以指定的顏色填充一塊矩形
331  * @param - x0        : 矩形起始點座標 X 軸
332  * @param - y0        : 矩形起始點座標 Y 軸
333  * @param - x1        : 矩形終止點座標 X 軸
334  * @param - y1        : 矩形終止點座標 Y 軸
335  * @param - color     : 要填充的顏色
336  * @return           : 讀取到的指定點的顏色值
```

```
337  */
338 void lcd_fill(unsigned          short x0, unsigned short y0,
339               unsigned short x1, unsigned short y1,
                  unsigned int color)
340 {
341     unsigned short x, y;
342
343     if(x0 < 0) x0 = 0;
344     if(y0 < 0) y0 = 0;
345     if(x1 >= tftlcd_dev.width) x1 = tftlcd_dev.width - 1;
346     if(y1 >= tftlcd_dev.height) y1 = tftlcd_dev.height - 1;
347
348     for(y = y0; y <= y1; y++)
349     {
350         for(x = x0; x <= x1; x++)
351             lcd_drawpoint(x, y, color);
352     }
353 }
```

　　檔案 bsp_lcd.c 中一共有 10 個函式，第 1 個函式是 lcd_init，這個是 LCD 初始化函式，此函式先呼叫 LCD 的 I/O 初始化函式、時鐘初始化函式、重置函式等，然後初始化 eLCDIF 相關的暫存器，最後啟動 eLCDIF。第 2 個函式是 lcdgpio_init，這個是 LCD 的 I/O 初始化函式。第 3 個函式 lcdclk_init 是 LCD 的時鐘初始化函式。第 4 個函式 lcd_reset 和第 5 個函式 lcd_noreset 分別為重置 LCD 的停止和 LCD 重置函式。第 6 個函式 lcd_enable 是 eLCDIF 啟動函式，用於啟動 eLCDIF。第 7 個和第 8 個是畫點和讀取點函式，分別為 lcd_drawpoint 和 lcd_readpoint，透過這兩個函式就可以在 LCD 的指定像素點上顯示指定的顏色，或讀取指定像素點的顏色。第 9 個函式 lcd_clear 是清除螢幕函式，使用指定的顏色清除整個螢幕。

　　第 10 個函式 lcd_fill 是填充函式，使用此函式時需要指定矩形的起始座標、終止座標和填充顏色，這樣就可以填充出一個矩形區域。

　　在檔案 bsp_lcdapi.h 中輸入如範例 20-3 所示內容。

▼ 範例 20-3 bsp_lcdapi.h 檔案程式

```
1  #ifndef BSP_LCDAPI_H
2  #define BSP_LCDAPI_H
3  /***********************************************************
4  Copyright  © zuozhongkai Co., Ltd. 1998-2019. All rights reserved
5  檔案名稱      :bsp_lcdapi.h
6  作者         :左忠凱
7  版本         :V1.0
8  描述         :LCD 顯示 API 函式
9  其他         :無
10 討論區        :www.openedv.com
11 記錄檔        :初版 V1.0 2019/3/18 左忠凱建立
12 ***********************************************************/
13 #include "imx6ul.h"
14 #include "bsp_lcd.h"
15
16 /* 函式宣告 */
17 void lcd_drawline(unsigned short x1, unsigned short y1, unsigned
                     short x2, unsigned short y2);
18 void lcd_draw_rectangle(unsigned short x1, unsigned short y1,
                           unsigned short x2, unsigned short y2);
19 void lcd_draw_circle(unsigned short x0,unsigned short y0,
                        unsigned char r);
20 void lcd_showchar(unsigned short x,unsigned short y,
                     unsigned char num,unsigned char size,
                     unsigned char mode);
21 unsigned int lcd_pow(unsigned char m,unsigned char n);
22 void lcd_shownum(unsigned short x, unsigned short y,
                    unsigned int num, unsigned char len,
                    unsigned char size);
23 void lcd_showxnum(unsigned short x, unsigned short y,
                     unsigned int num, unsigned char len,
                     unsigned char size, unsigned char mode);
24 void lcd_show_string(unsigned short x,unsigned short y,
                        unsigned short width, unsigned short height,
                        unsigned char size, char *p);
25 #endif
```

檔案 bsp_lcdapi.h 內容很簡單，就是函式宣告。在檔案 bsp_lcdapi.c 中輸入如範例 20-4 所示內容。

▼ 範例 20-4　bsp_lcdapi.c 檔案程式

```
/***************************************************************
Copyright  © zuozhongkai Co., Ltd. 1998-2019. All rights reserved
檔案名稱       :bsp_lcdapi.c
作者          :左忠凱
版本          :V1.0
描述          :LCD API 函式檔案
其他          :無
討論區        :www.openedv.com
記錄檔        :初版 V1.0 2019/3/18 左忠凱建立
***************************************************************/
1  #include "bsp_lcdapi.h"
2  #include "font.h"
3
4  /*
5   * @description      :畫線函式
6   * @param - x1       :線起始點座標 X 軸
7   * @param - y1       :線起始點座標 Y 軸
8   * @param - x2       :線終止點座標 X 軸
9   * @param - y2       :線終止點座標 Y 軸
10  * @return           :無
11  */
12 void lcd_drawline(unsigned short x1, unsigned short y1,
                unsigned short x2, unsigned short y2)
13 {
14    u16 t;
15    int xerr = 0, yerr = 0, delta_x, delta_y, distance;
16    int incx, incy, uRow, uCol;
17    delta_x = x2 - x1;                      /* 計算座標增量 */
18    delta_y = y2 - y1;
19    uRow = x1;
20    uCol = y1;
21    if(delta_x > 0) incx = 1;               /* 設定單步方向 */
22    else if(delta_x==0) incx = 0;           /* 垂直線 */
23    else
```

```
24    {
25        incx = -1;
26        delta_x = -delta_x;
27    }
28
29    if(delta_y>0) incy=1;
30    else if(delta_y == 0)incy=0;                    /* 水平線 */
31    else
32    {
33      incy = -1;
34      delta_y = -delta_y;
35    }
36    if( delta_x > delta_y)distance = delta_x;       /* 選取基本增量坐標軸 */
37    else distance = delta_y;
38    for(t = 0; t <= distance+1; t++ )                /* 畫線輸出 */
39    {
40        lcd_drawpoint(uRow, uCol, tftlcd_dev.forecolor); /* 畫點 */
41        xerr += delta_x ;
42        yerr += delta_y ;
43        if(xerr > distance)
44        {
45            xerr -= distance;
46            uRow += incx;
47        }
48        if(yerr > distance)
49        {
50            yerr -= distance;
51            uCol += incy;
52        }
53    }
54 }
55
56 /*
57  * @description        :畫矩形函式
58  * @param - x1         :矩形坐上角座標 X 軸
59  * @param - y1         :矩形坐上角座標 Y 軸
60  * @param - x2         :矩形右下角座標 X 軸
61  * @param - y2         :矩形右下角座標 Y 軸
62  * @return   :無
```

```
63  */
64  void lcd_draw_rectangle(unsigned short x1, unsigned short y1,
                            unsigned short x2, unsigned short y2)
65  {
66      lcd_drawline(x1, y1, x2, y1);
67      lcd_drawline(x1, y1, x1, y2);
68      lcd_drawline(x1, y2, x2, y2);
69      lcd_drawline(x2, y1, x2, y2);
70  }
71
72  /*
73   * @description        : 在指定位置畫一個指定大小的圓
74   * @param - x0         : 圓心座標 X 軸
75   * @param - y0         : 圓心座標 Y 軸
76   * @param - y2         : 圓形半徑
77   * @return             : 無
78   */
79  void lcd_draw_circle(unsigned short x0,unsigned short y0,
                         unsigned char r)
80  {
81      int mx = x0, my = y0;
82      int x = 0, y = r;
83
84      int d = 1 - r;
85      while(y > x)/* y>x 即第一象限的第 1 區八分圓 */
86      {
87        lcd_drawpoint(x+ mx, y+ my, tftlcd_dev.forecolor);
88        lcd_drawpoint(y+ mx, x+ my, tftlcd_dev.forecolor);
89        lcd_drawpoint(-x + mx, y+ my, tftlcd_dev.forecolor);
90        lcd_drawpoint(-y + mx, x+ my, tftlcd_dev.forecolor);
91
92        lcd_drawpoint(-x + mx, -y + my, tftlcd_dev.forecolor);
93        lcd_drawpoint(-y + mx, -x + my, tftlcd_dev.forecolor);
94        lcd_drawpoint(x+ mx, -y + my, tftlcd_dev.forecolor);
95        lcd_drawpoint(y+ mx, -x + my, tftlcd_dev.forecolor);
96        if( d < 0)
97        {
98            d = d + 2 * x + 3;
99        }
```

```
100        else
101        {
102            d= d + 2 * (x - y) + 5;
103            y--;
104        }
105        x++;
106    }
107 }
108
109 /*
110  * @description      : 在指定位置顯示 1 個字元
111  * @param - x        : 起始座標 X 軸
112  * @param - y        : 起始座標 Y 軸
113  * @param - num      : 顯示字元
114  * @param - size     : 字型大小，可選 12/16/24/32
115  * @param - mode     : 疊加方式 (1) 還是非疊加方式 (0)
116  * @return           : 無
117  */
118 void lcd_showchar(unsigned   short x, unsigned short y,
119                     unsigned char num, unsigned char size,
120                     unsigned char mode)
121 {
122   unsigned chartemp, t1, t;
123   unsigned short y0 = y;
      /* 得到字型一個字元對應點陣集所佔的位元組數 */
124   unsigned char csize =       (size / 8+ ((size % 8) ? 1 :0)) *
                                  (size / 2);
125   num = num - ' ';/*          得到偏移後的值 (ASCII 字形檔是從空格開始取餘，
                                  所以 -' ' 就是對應字元的字形檔 )*/
126   for(t = 0; t < csize; t++)
127   {
128     if(size == 12) temp = asc2_1206[num][t];        /* 呼叫 1206 字型 */
129     else if(size == 16)temp = asc2_1608[num][t];    /* 呼叫 1608 字型 */
130     else if(size == 24)temp = asc2_2412[num][t];    /* 呼叫 2412 字型 */
131     else if(size == 32)temp = asc2_3216[num][t];    /* 呼叫 3216 字型 */
132     else return;                                    /* 沒有的字形檔 */
133     for(t1 = 0; t1 < 8; t1++)
134     {
135             if(temp & 0x80)lcd_drawpoint(x, y, tftlcd_dev.forecolor);
```

```
136                else if(mode==0)lcd_drawpoint(x, y, tftlcd_dev.backcolor);
137                temp <<= 1;
138                y++;
139                if(y >= tftlcd_dev.height) return;          /* 超區域了 */
140                if((y - y0) == size)
141                {
142                        y = y0;
143                        x++;
144                        if(x >= tftlcd_dev.width) return; /* 超區域了 */
145                        break;
146                }
147        }
148  }
149 }
150
151 /*
152  * @description      :計算 m 的 n 次方
153  * @param - m        :要計算的值
154  * @param - n        :n 次方
155  * @return           :m^n 次方
156  */
157 unsigned int lcd_pow(unsigned char m,unsigned char n)
158 {
159   unsigned int result = 1;
160   while(n--) result *= m;
161   return result;
162 }
163
164 /*
165  * @description      :顯示指定的數字，高位元為 0 的話不顯示
166  * @param - x        :起始座標點 X 軸
167  * @param - y        :起始座標點 Y 軸
168  * @param - num       :數值 (0~999999999)
169  * @param - len      :數字位數
170  * @param - size     :字型大小
171  * @return           :無
172  */
173 void lcd_shownum(unsigned     short x,
174                     unsigned short y,
```

```
175                    unsigned int num,
176                    unsigned char len,
177                    unsigned char size)
178 {
179   unsigned char t, temp;
180   unsigned char enshow = 0;
181   for(t = 0; t < len; t++)
182   {
183     temp = (num / lcd_pow(10, len - t - 1)) % 10;
184     if(enshow == 0 && t < (len - 1))
185     {
186     if(temp == 0)
187     {
188           lcd_showchar(x + (size / 2) * t, y, ' ', size, 0);
189       continue;
190           }else enshow = 1;
191     }
192     lcd_showchar(x + (size / 2) * t, y, temp + '0', size, 0);
193   }
194 }
195
196 /*
197  * @description    :顯示指定的數字,高位元為 0,還是顯示
198  * @param - x      :起始座標點 X 軸
199  * @param - y      :起始座標點 Y 軸
200  * @param - num    :數值 (0~999999999)
201  * @param - len    :數字位數
202  * @param - size   :字型大小
203  * @param - mode   :[7]:0, 不填充 ;1, 填充 0
204  *                   [6:1]: 保留
205  *                   [0]:0, 非疊加顯示 ;1, 疊加顯示
206  * @return         :無
207  */
208 void lcd_showxnum(unsigned   short x, unsigned short y,
209                    unsigned int num, unsigned char len,
210                    unsigned char size, unsigned char mode)
211 {
212   unsigned char t, temp;
213   unsigned char enshow = 0;
```

```
214    for(t = 0; t < len; t++)
215    {
216        temp = (num / lcd_pow(10, len - t- 1)) % 10;
217        if(enshow == 0 && t < (len - 1))
218        {
219            if(temp == 0)
220            {
221                if(mode & 0X80) lcd_showchar(x + (size / 2) * t, y, \
                            '0', size, mode & 0X01);
222                else    lcd_showchar(x + (size / 2) * t, y , ' ', size,
                                mode & 0X01);
223                continue;
224            }else enshow=1;
225
226        }
227        lcd_showchar( x + (size / 2) * t, y, temp + '0' , size ,
                mode & 0X01);
228    }
229 }
230
231 /*
232  * @description    : 顯示一串字串
233  * @param - x      : 起始座標點 X 軸
234  * @param - y      : 起始座標點 Y 軸
235  * @param - width  : 字串顯示區域長度
236  * @param - height : 字串顯示區域高度
237  * @param - size   : 字型大小
238  * @param - p      : 要顯示的字串啟始位址
239  * @return         : 無
240  */
241 void lcd_show_string(unsigned short x,unsigned short y,
242                      unsigned short width,unsigned short height,
243                      unsigned char size,char *p)
244 {
245   unsigned char x0 = x;
246   width += x;
247   height += y;
248   while((*p <= '~') &&(*p >= ' '))            /* 判斷是不是非法字元！ */
249   {
```

```
250      if(x >= width) {x = x0; y += size;}
251      if(y >= height) break;      /* 退出 */
252      lcd_showchar(x, y, *p , size, 0);
253      x += size / 2;
254      p++;
255   }
256 }
```

　　檔案 bsp_lcdapi.h 中都是一些 LCD 的 API 操作函式，比如畫線、畫矩形、畫圓、顯示數字、顯示字元和字串等函式。這些函式都是從 STM32 程式中移植過來的，如果學習過 ALIENTEK 的 STM32 內容就會很熟悉，都是一些純軟體內容。

　　lcd_showchar 函式是字元顯示函式，要理解這個函式就得先了解一下字元（ASCII 字元集）在 LCD 上的顯示原理。要顯示字元，就先要有字元的點陣資料。ASCII 常用的字元集總共有 95 個，從空白字元開始，分別為：!」#$%&'()*+,-0123456789:;<=>?@ABCDEFGHIJKLMNOPQRSTUVWXYZ[\]^_`abcdefghijklmnopqrstuvwxyz{|}~.。

　　我們先要得到這個字元集的點陣資料，這裡介紹一款很好的字元提取軟體 PCtoLCD2002。該軟體可以提供各種字元，包括中文字（字型和大小都可以自己設定）陣提取，且取餘方式可以設定各種，常用的取餘方式該軟體都支援。該軟體還支援圖形模式，使用者可以自己定義圖片的大小，然後畫圖，根據所畫的圖形再生成點陣資料，這種功能在製作圖示或圖片時很有用。

該軟體的介面如圖 20-18 所示。

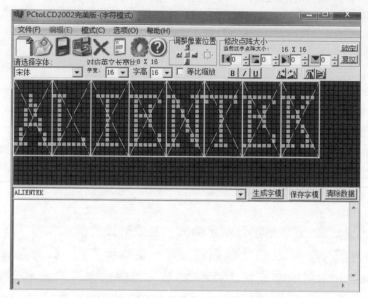

▲ 圖 20-18 PCtoLCD2002 軟體介面

點擊字模選項按鈕 ⚙ 進入字模選項設定介面。設定介面中點陣格式和取餘方式等參數,設定如圖 20-19 所示。

圖 20-19 設定的取餘方式在右上角的取餘說明裡面有,即從第一列開始向下每取 8 個點作為 1 位元組,如果最後不足 8 個點就補滿 8 位元。取餘順序是從高到低,即第一個點作為最高位元。如 *------- 取為 10000000。其實就是按如圖 20-20 所示的這種方式操作。

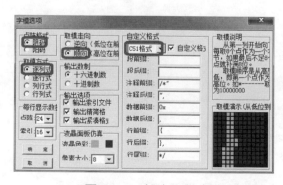

▲ 圖 20-19 設定取餘方式

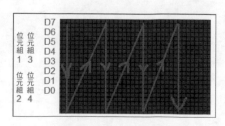

▲ 圖 20-20 取餘方式圖解

從上到下，從左到右，高位元在前。

按這樣的取餘方式，把 ASCII 字元集按 12×6、16×8、24×12 和 32×16 大小取餘出來（對應中文字大小為 12×12、16×16、24×24 和 32×32，字元大小只有中文字的一半）。將取出的點陣陣列儲存在 font.h 中，每個 12×6 的字元佔用 12 位元組，每個 16×8 的字元佔用 16 位元組，每個 24×12 的字元佔用 36 位元組，每個 32×16 的字元佔用 64 位元組。font.h 中的字元集點陣資料陣列 asc2_1206、asc2_1608、asc2_2412 和 asc2_3216 就對應著這 4 個大小字元集，具體參見書附資源中的 font.h 部分程式。

最後在檔案 main.c 中輸入如範例 20-5 所示內容。

範例 20-5main.c 檔案程式

```
/********************************************************
Copyright  © zuozhongkai Co., Ltd. 1998-2019. All rights reserved
檔案名稱        :main.c
作者          :左忠凱
版本          :V1.0
描述          :I.MX6ULL 開發板裸機實驗 16 LCD 液晶螢幕實驗
其他          :本實驗學習如何在 I.MX6ULL 上驅動程式 RGB LCD 液晶螢幕，I.MX6ULL 有
              ELCDIF 介面，透過此介面可以連接一個 RGB LCD 液晶螢幕
討論區         :www.openedv.com
記錄檔        :初版 V1.0 2019/1/15 左忠凱建立
*********************************************************/
1  #include "bsp_clk.h"
2  #include "bsp_delay.h"
3  #include "bsp_led.h"
4  #include "bsp_beep.h"
5  #include "bsp_key.h"
6  #include "bsp_int.h"
7  #include "bsp_uart.h"
8  #include "stdio.h"
9  #include "bsp_lcd.h"
10 #include "bsp_lcdapi.h"
11
12
13 /* 背景顏色陣列 */
```

```
14 unsigned int backcolor[10] = {
15   LCD_BLUE,       LCD_GREEN,     LCD_RED,           LCD_CYAN,        LCD_YELLOW,
16   LCD_LIGHTBLUE, LCD_DARKBLUE, LCD_WHITE,          LCD_BLACK,       LCD_ORANGE
17
18 };
19
20 /*
21  * @description      :main 函式
22  * @param           : 無
23  * @return          : 無
24  */
25 int main(void)
26 {
27    unsigned char index = 0;
28    unsigned char state = OFF;
29
30    int_init();                              /* 初始化中斷 ( 一定要最先呼叫 ) */
31    imx6u_clkinit();                         /* 初始化系統時鐘 */
32     delay_init();                           /* 初始化延遲時間 */
33    clk_enable();                            /* 啟動所有的時鐘 */
34    led_init();                              /* 初始化 led */
35    beep_init();                             /* 初始化 beep */
36    uart_init();                             /* 初始化序列埠，串列傳輸速率 115200
*/
37    lcd_init();                              /* 初始化 LCD */
38
39     tftlcd_dev.forecolor = LCD_RED;
40    lcd_show_string(10,10,400,32,32,(char*)"ALPHA-IMX6UL ELCD TEST");
41    lcd_draw_rectangle(10, 52, 1014, 290);      /* 繪製矩形框 */
42    lcd_drawline(10, 52,1014, 290);             /* 繪製線條 */
43    lcd_drawline(10, 290,1014, 52);             /* 繪製線條 */
44    lcd_draw_Circle(512, 171, 119);             /* 繪製圓形 */
45
46    while(1)
47    {
48        index++;
49        if(index == 10) index = 0;
50         lcd_fill(0, 300, 1023, 599, backcolor[index]);
51        lcd_show_string(800,10,240,32,32,(char*)"INDEX=");
```

```
52        lcd_shownum(896,10, index, 2, 32);         /* 顯示數字，疊加顯示 */
53
54        state = !state;
55        led_switch(LED0,state);
56        delayms(1000);                             /* 延遲時間 1s */
57    }
58    return 0;
59    }
```

第 37 行呼叫函式 lcd_init 初始化 LCD。

第 39 行設定前景顏色，畫筆顏色為紅色。

第 40~44 行都是呼叫 bsp_lcdapi.c 中的 API 函式在 LCD 上繪製各種圖形和顯示字串。

第 46 行的 while 迴圈中每隔 1s 就會呼叫函式 lcd_fill 填充指定的區域，並且顯示 index 值。

main 函式很簡單，重點就是初始化 LCD，然後呼叫 LCD 的 API 函式進行一些常用的操作，比如畫線、畫矩形、顯示字串和數字等。

20.4 | 編譯、下載和驗證

20.4.1 撰寫 Makefile 和連結腳本

修改 Makefile 中的 TARGET 為 lcd，然後在 INCDIRS 和 SRCDIRS 中加入 bsp/lcd，修改後的 Makefile 如範例 20-6 所示。

▼ 範例 20-6 Makefile 檔案程式

```
1   CROSS_COMPILE        ?=    arm-linux-gnueabihf-
2   TARGET               ?=    lcd
3
4   /* 省略掉其他程式 ...... */
```

```
5
6  INCDIRS              :=  imx6ul \
7                          stdio/include \
...
19                         bsp/lcd
20
21 SRCDIRS              :   =project \
22                          stdio/lib \
...
34                         bsp/lcd
35
36 /* 省略掉其他程式 ...... */
37
38 clean:
39  rm -rf $(TARGET).elf $(TARGET).dis $(TARGET).bin $(COBJS) $(SOBJS)
```

第 2 行修改變數 TARGET 為 lcd，目標名稱為 lcd。

第 19 行在變數 INCDIRS 中增加 RGB LCD 驅動程式標頭檔（.h）路徑。

第 34 行在變數 SRCDIRS 中增加 RGB LCD 驅動程式檔案（.c）路徑。

連結腳本保持不變。

20.4.2 編譯和下載

使用 Make 命令編譯程式，編譯成功以後使用軟體 imxdownload 將編譯完成的 lcd.bin 檔案下載到 SD 卡中，命令如下所示。

```
chmod 777 imxdownload              // 給予 imxdownload 可執行許可權，一次即可
./imxdownload lcd.bin /dev/sdd     // 燒錄到 SD 卡中，不能燒錄到 /dev/sda 或 sda1 裝置中
```

燒錄成功以後將 SD 卡插到開發板的 SD 卡槽中，然後重置開發板。程式開始執行，LED0 每隔 1s 閃爍 1 次，螢幕下半部分會每 1s 刷新 1 次，並且在螢幕的右上角顯示索引值，LCD 螢幕顯示如圖 20-21 所示。

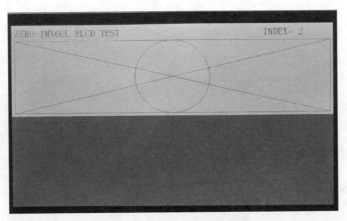

▲ 圖 20-21 LCD 顯示畫面

## 第 21 章

RTC 即時時鐘實驗

　　即時時鐘是很常用的外接裝置，透過即時時鐘可以知道年、月、日和時間等資訊。因此在需要記錄時間的場合就需要即時時鐘，可以使用專用的即時時鐘晶片來完成此功能，現在大多數的 MCU 或 MPU 內部就已經附帶了即時時鐘外接裝置模組。比如 I.MX6ULL 內部的 SNVS 就提供了 RTC 功能，本章我們就學習如何使用 I.MX6ULL 內部的 RTC 來完成即時時鐘功能。

21.1 | I.MX6ULL RTC 即時時鐘簡介

如果學習過 STM32 的讀者應該知道，STM32 內部有一個 RTC 外接裝置模組，這個模組需要一個 32.768kHz 的晶振，對這個 RTC 模組進行初始化就可以得到一個即時時鐘。I.MX6ULL 內部也有 1 個 RTC 模組，但是不叫作 RTC，而是叫做 SNVS。本章我們參考《I.MX6UL 參考手冊》，而非《I.MX6ULL 參考手冊》。因為《I.MX6ULL 參考手冊》有很多 SNVS 相關的暫存器並沒有舉出來，而《I.MX6UL 參考手冊》的內容是完整的。I.MX6U 系列的 RTC 在 SNVS 裡，也就是《I.MX6UL 參考手冊》的第 46 章相關內容。

SNVS（安全的非易性儲存，Secure Non-Volatile Storage）主要有一些低功耗的外接裝置，包括一個安全的即時計數器（RTC）、一個單調計數器（Monotonic Counter）和一些通用的暫存器，本章只使用即時計數器（RTC）。SNVS 中的外接裝置在晶片掉電以後由電池供電繼續執行，I.MX6ULL-ALPHA 開發板上有一個鈕扣電池，這個鈕扣電池就是在主電源關閉以後為 SNVS 供電的，如圖 21-1 所示。

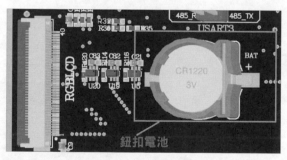

▲ 圖 21-1 I.MX6ULL-ALPHA 開發板鈕扣電池

因為鈕扣電池在停電以後會繼續給 SNVS 供電，因此即時計數器就會一直執行，這樣時間資訊就不會遺失，除非鈕扣電池沒電了。在有鈕扣電池作為後備電源的情況下，不論系統主電源是否斷電，SNVS 都能正常執行。SNVS 有兩部分 SNVS_HP 和 SNVS_LP，系統主電源斷電以後，SNVS_HP 也會斷電，但是在後備電源支援下，SNVS_LP 是不會斷電的。而且 SNVS_LP 是和晶片重置隔離開的，因此 SNVS_LP 相關暫存器的值會一直保留。

SNVS 分為兩個子模組 SNVS_HP 和 SNVS_LP，也就是高功耗域（SNVS_HP）和低功耗域（SNVS_LP），這兩個域的電源來源如下所示。

- **SNVS_LP**：專用的 always-powered-on 電源域，系統主電源和備用電源都可以為其供電。

- **SNVS_HP**：系統 (晶片) 電源。

SNVS 的這兩個子模組的電源結構如圖 21-2 所示。

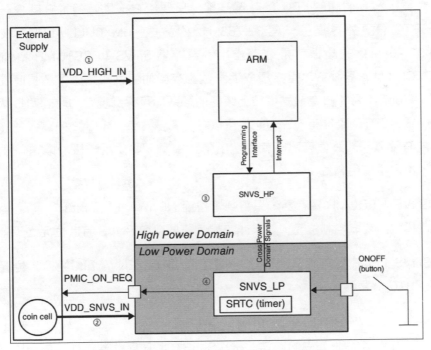

▲ 圖 21-2 SNVS 子模組電源結構圖

圖 21-2 中各個部分功能如下所示。

（1）VDD_HIGH_IN 是系統 (晶片) 主電源，這個電源會同時供給 SNVS_HP 和 SNVS_LP。

（2）VDD_SNVS_IN 是鈕扣電池供電的電源，這個電源只會供給到 SNVS_LP，保證在系統主電源 VDD_HIGH_IN 停電以後 SNVS_LP 會繼續執行。

（3） SNVS_HP 部分。

（4） SNVS_LP 部分，此部分有 1 個 SRTC，這個就是本章要使用的 RTC。

其實不管是 SNVS_HP 還是 SNVS_LP，其內部都有一個 SRTC，SNVS_HP 在系統電源停電以後就會關閉，所以我們使用 SNVS_LP 內部的 SRTC。畢竟大家都不想開發板或裝置每次關閉以後時鐘都被清零，開機後再設定時鐘。

不管是 SNVS_HP 裡的 RTC，還是 SNVS_LP 裡的 SRTC，其本質就是一個計時器，和我們講的 EPIT 計時器一樣，只要給它提供時鐘，它就會一直執行。SRTC 需要外界提供一個 32.768kHz 的晶振，I.MX6ULL-ALPHA 核心板上的 32.768kHz 的晶振就是這個作用。暫存器 SNVS_LPSRTCMR 和 SNVS_LPSRTCLR 儲存著秒數，直接讀取這兩個暫存器的值就知道過了多長時間。一般以 1970 年 1 月 1 日為起點，加上經過的秒數即可得到現在的時間和日期，原理很簡單。SRTC 也帶有鬧鈴功能，可以在暫存器 SNVS_LPAR 中寫入鬧鈴時間值，當時鐘值和鬧鈴值匹配時就會產生鬧鈴中斷。要使用時鐘功能還需要進行設定，本章不使用鬧鈴。

SNVS_HPCOMR 暫存器，只用到了位元 NPSWA_EN（bit31），這個位元是非特權軟體存取控制位元，如果非特權軟體要存取 SNVS 時此位元必須為 1。

SNVS_LPCR 暫存器只用到了一個位元 SRTC_ENV（bit0），此位元為 1 時啟動 STC 計數器。

暫存器 SNVS_SRTCMR 和 SNVS_SRTCLR 儲存著 RTC 的秒數，按照 NXP 官方《6UL 參考手冊》中的説法，SNVS_SRTCMR 儲存著高 15 位元，SNVS_SRTCLR 儲存著低 32 位元，因此 SRTC 的計數器一共是 47 位元。

但是筆者在撰寫驅動程式時發現，按照手冊的建議去讀取計數器值是錯誤的。具體表現為時間是混亂的，透過查詢 NXP 提供的 SDK 套件中的 fsl_snvs_hp.c 以及 Linux 核心中的 rtc-snvs.c 驅動程式檔案以後，發現《6UL 參考手冊》上對 SNVS_SRTCMR 和 SNVS_SRTCLR 的解釋是錯誤的，經過查閱，結論如下。

（1） SRTC 計數器是 32 位元的，不是 47 位元。

（2） SNVS_SRTCMR 的 bit14:bit0，這 15 位元是 SRTC 計數器的高 15 位元。

（3）SNVS_SRTCLR 的 bit31:bit15，這 17 位元是 SRTC 計數器的低 17 位元。

按照上面的解釋去讀取這兩個暫存器就可以得到正確的時間，如果要調整時間，也是向這兩個暫存器寫入要設定的時間值對應的秒數就可以了，但是要修改這兩個暫存器就要先關閉 SRTC。

本章使用 I.MX6ULL 的 SNVS_LP 的 SRTC，設定步驟如下所示。

（1）初始化 SNVS_SRTC。

初始化 SNVS_LP 中的 SRTC。

（2）設定 RTC 時間。

第一次使用 RTC 要先設定時間。

（3）啟動 RTC。

設定好 RTC 並設定好初始時間以後，就可以開啟 RTC 了。

21.2 │ 硬體原理分析

本實驗用到的資源如下所示。

（1）指示燈 LED0。

（2）RGB LCD 介面。

（3）SRTC。

SRTC 需要外接一個 32.768kHz 的晶振，在 I.MX6ULL-ALPHA 核心板上就有這個 32.768kHz 的晶振，原理圖如圖 21-3 所示。

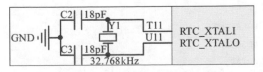

▲ 圖 21-3 外接 32.768kHz 晶振

21.3 | 實驗程式撰寫

本實驗對應的常式路徑為「1、裸機常式→ 16_rtc」。

21.3.1 修改檔案 MCIMX6Y2.h

移植的 NXP 官方 SDK 套件是針對 I.MX6ULL 撰寫的,因此檔案 MCIMX6Y2.h 中的結構 SNVS_Type 裡的暫存器是不全的,需要在其中加入本章 實驗所需要的暫存器,修改後的 SNVS_Type 如範例 21-1 所示。

▼ 範例 21-1 SNVS_Type 結構

```
1    typedef struct {
2    __IO uint32_t HPLR;
3    __IO uint32_t HPCOMR;
4     __IO uint32_t HPCR;
5    __IO uint32_t HPSICR;
6     __IO uint32_t HPSVCR;
7    __IO uint32_t HPSR;
8    __IO uint32_t HPSVSR;
9    __IO uint32_t HPHACIVR;
10   __IO uint32_t HPHACR;
11   __IO uint32_t HPRTCMR;
12   __IO uint32_t HPRTCLR;
13   __IO uint32_t HPTAMR;
14   __IO uint32_t HPTALR;
15   __IO uint32_t LPLR;
16   __IO uint32_t LPCR;
17   __IO uint32_t LPMKCR;
18   __IO uint32_t LPSVCR;
19   __IO uint32_t LPTGFCR;
20   __IO uint32_t LPTDCR;
21   __IO uint32_t LPSR;
22   __IO uint32_t LPSRTCMR;
23   __IO uint32_t LPSRTCLR;
24   __IO uint32_t LPTAR;
25   __IO uint32_t LPSMCMR;
```

```
26     __IO uint32_t LPSMCLR;
27 }SNVS_Type;
```

21.3.2 撰寫實驗程式

　　本章實驗在第 20 章常式的基礎上完成，更改專案名稱為 rtc，然後在 bsp
資料夾下建立名為 rtc 的資料夾，然後在 bsp/rtc 中新建 bsp_rtc.c 和 bsp_rtc.h
這兩個檔案。在檔案 bsp_rtc.h 中輸入如範例 21-2 所示內容。

▼ 範例 21-2 bsp_rtc.h 檔案程式

```
1  #ifndef _BSP_RTC_H
2  #define _BSP_RTC_H
3  /*****************************************************************
4  Copyright  © zuozhongkai Co., Ltd. 1998-2019. All rights reserved
5  檔案名稱      :bsp_rtc.h
6  作者          :左忠凱
7  版本          :V1.0
8  描述          :RTC 驅動程式標頭檔
9  其他          :無
10 討論區        :www.openedv.com
11 記錄檔        : 初版 V1.0 2019/1/3 左忠凱建立
12 *****************************************************************/
13 #include "imx6ul.h"
14
15 /* 相關巨集定義 */
16 #define SECONDS_IN_A_DAY      (86400)          /* 1 天 86400 秒 */
17 #define SECONDS_IN_A_HOUR     (3600)           /* 1 個小時 3600 秒 */
18 #define SECONDS_IN_A_MINUTE   (60)             /* 1 分鐘 60 秒 */
19 #define DAYS_IN_A_YEAR            (365)              /* 1 年 365 天 */
20 #define YEAR_RANGE_START      (1970)           /* 開始年份 1970 年  */
21 #define YEAR_RANGE_END            (2099)              /* 結束年份 2099 年  */
22
23 /* 時間日期結構 */
24 struct rtc_datetime
25 {
26    unsigned short year;                       /* 範圍為 :1970 ~ 2099 */
27    unsigned char month;                       /* 範圍為 :1 ~ 12 */
```

```
28    unsigned char day;                              /* 範圍為 :1 ~ 31（不同的月，天數不同）. */
29    unsigned char hour;                             /* 範圍為 :0 ~ 23  */
30    unsigned char minute;                           /* 範圍為 :0 ~ 59  */
31    unsigned char second;                           /* 範圍為 :0 ~ 59  */
32 };
33
34 /* 函式宣告 */
35 void rtc_init(void);
36 void rtc_enable(void);
37 void rtc_disable(void);
38 unsigned int rtc_coverdate_to_seconds(struct rtc_datetime *datetime);
39 unsigned int rtc_getseconds(void);
40 void rtc_setdatetime(struct rtc_datetime *datetime);
41 void rtc_getdatetime(struct rtc_datetime *datetime);
42
43 #endif
```

第 16~21 行定義了一些巨集，比如 1 天多少秒、1 小時多少秒等等，這些巨集將秒轉為時間，或將時間轉為秒。第 24 行定義了一個結構 rtc_datetime，此結構用於描述日期和時間參數。剩下的就是一些函式宣告了，很簡單。

在檔案 bsp_rtc.c 中輸入如範例 21-3 所示內容。

▼ 範例 21-3 bsp_rtc.c 檔案程式

```
/************************************************************
Copyright  © zuozhongkai Co., Ltd. 1998-2019. All rights reserved
檔案名稱        :bsp_rtc.c
作者           :左忠凱
版本           :V1.0
描述           :RTC 驅動程式檔案
其他           :無
討論區          :www.openedv.com
記錄檔          : 初版 V1.0 2019/1/3 左忠凱建立
************************************************************/
1  #include "bsp_rtc.h"
2  #include "stdio.h"
3
4  /*
```

```
5   * @description       : 初始化 RTC
6   */
7  void rtc_init(void)
8  {
9  /*
10  * 設定 HPCOMR 暫存器
11  * bit[31] 1：允許存取 SNVS 暫存器，一定要置 1
12  */
13 SNVS->HPCOMR |= (1 << 31);
14
15 #if 0
16s   truct rtc_datetime rtcdate;
17
18    rtcdate.year = 2018U;
19    rtcdate.month = 12U;
20    rtcdate.day = 13U;
21    rtcdate.hour = 14U;
22    rtcdate.minute = 52;
23    rtcdate.second = 0;
24    rtc_setDatetime(&rtcdate);        /* 初始化時間和日期 */
25 #endif
26    rtc_enable();                     /* 啟動 RTC */
27 }
28
29 /*
30  * @description       : 開啟 RTC
31  */
32 void rtc_enable(void)
33 {
34    /*
35     * LPCR 暫存器 bit0 置 1，啟動 RTC
36     */
37    SNVS->LPCR |= 1 << 0;
38    while(!(SNVS->LPCR & 0X01));        /* 等待啟動完成 */
39
40 }
41
42 /*
43  * @description       : 關閉 RTC
```

```
44  */
45 void rtc_disable(void)
46 {
47     /*
48      * LPCR 暫存器 bit0 置 0，關閉 RTC
49      */
50     SNVS->LPCR &= ~(1 << 0);
51     while(SNVS->LPCR & 0X01);              /* 等待關閉完成 */
52 }
53
54 /*
55  * @description        : 判斷指定年份是否為閏年，閏年條件如下：
56  * @param - year       : 要判斷的年份
57  * @return             :1 是閏年，0 不是閏年
58  */
59 unsigned char rtc_isleapyear(unsigned short year)
60 {
61     unsigned char value=0;
62
63     if(year % 400 == 0)
64         value = 1;
65     else
66     {
67         if((year % 4 == 0) && (year % 100 != 0))
68             value = 1;
69         else
70             value = 0;
71     }
72     return value;
73 }
74
75 /*
76  * @description         : 將時間轉為秒數
77  * @param - datetime    : 要轉換日期和時間
78  * @return              : 轉換後的秒數
79  */
80 unsigned int rtc_coverdate_to_seconds(struct rtc_datetime *datetime)
81 {
82     unsigned short i = 0;
```

```
83    unsigned int seconds = 0;
84    unsigned int days = 0;
85    unsigned short monthdays[] = {0U, 0U, 31U, 59U, 90U, 120U, 151U,
                                     181U, 212U, 243U, 273U, 304U, 334U};
86
87    for(i = 1970; i < datetime->year; i++)
88    {
89        days += DAYS_IN_A_YEAR;                  /* 平年，每年 365 天 */
90        if(rtc_isleapyear(i)) days += 1;         /* 閏年多加一天 */
91    }
92
93    days += monthdays[datetime->month];
94    if(rtc_isleapyear(i) && (datetime->month >= 3)) days += 1;
95
96    days += datetime->day - 1;
97
98    seconds = days * SECONDS_IN_A_DAY +
99              datetime->hour * SECONDS_IN_A_HOUR +
100             datetime->minute * SECONDS_IN_A_MINUTE +
101             datetime->second;
102
103   return seconds;
104 }
105
106 /*
107  * @description              : 設定時間和日期
108  * @param - datetime         : 要設定的日期和時間
109  * @return                   : 無
110  */
111 void rtc_setdatetime(struct rtc_datetime *datetime)
112 {
113
114   unsigned int seconds = 0;
115   unsigned int tmp = SNVS->LPCR;
116
117   rtc_disable();              /* 設定暫存器 HPRTCMR 和 HPRTCLR 前要先關閉 RTC */
118   /* 先將時間轉為秒 */
119   seconds = rtc_coverdate_to_seconds(datetime);
120   SNVS->LPSRTCMR = (unsigned int)(seconds >> 17);      /* 設定高 17 位元 */
```

```
121   SNVS->LPSRTCLR = (unsigned int)(seconds << 15);        /* 設定低 15 位元 */
122
123   /* 如果此前 RTC 是開啟的在設定完 RTC 時間以後需要重新開啟 RTC */
124   if (tmp & 0x1)
125       rtc_enable();
126 }
127
128 /*
129  * @description      :將秒數轉為時間
130  * @param - seconds  :要轉換的秒數
131  * @param - datetime :轉換後的日期和時間
132  * @return           :無
133  */
134 void rtc_convertseconds_to_datetime(unsigned int seconds,
    struct rtc_datetime *datetime)
135 {
136   unsigned int x;
137   unsigned intsecondsRemaining, days;
138   unsigned short daysInYear;
139
140   /* 每個月的天數 */
141   unsigned char daysPerMonth[] = {0U, 31U, 28U, 31U, 30U, 31U, 30U, 31U, 31U, 30U,
    31U, 30U, 31U};
142
143   secondsRemaining = seconds;                   /* 剩餘秒數初始化 */
144   days = secondsRemaining / SECONDS_IN_A_DAY + 1;
145   secondsRemaining = secondsRemaining % SECONDS_IN_A_DAY;
146
147   /* 計算時、分、秒 */
148   datetime->hour = secondsRemaining / SECONDS_IN_A_HOUR;
149   secondsRemaining = secondsRemaining % SECONDS_IN_A_HOUR;
150   datetime->minute = secondsRemaining / 60;
151   datetime->second = secondsRemaining % SECONDS_IN_A_MINUTE;
152
153   /* 計算年 */
154   daysInYear = DAYS_IN_A_YEAR;
155   datetime->year = YEAR_RANGE_START;
156   while(days > daysInYear)
157   {
158     /* 根據天數計算年 */
```

```
159    days -= daysInYear;
160    datetime->year++;
161
162      /* 處理閏年 */
163      if (!rtc_isleapyear(datetime->year))
164        daysInYear = DAYS_IN_A_YEAR;
165      else                              /* 閏年，天數加 1 */
166          daysInYear = DAYS_IN_A_YEAR + 1;
167    }
168    /* 根據剩餘的天數計算月份 */
169    if(rtc_isleapyear(datetime->year))/         * 如果是閏年的話 2 月加 1 天 */
170      daysPerMonth[2] = 29;
171    for(x = 1; x <= 12; x++)
172    {
173      if (days <= daysPerMonth[x])
174      {
175          datetime->month = x;
176          break;
177      }
178      else
179      {
180          days -= daysPerMonth[x];
181      }
182    }
183    datetime->day = days;
184 }
185
186 /*
187  * @description：獲取 RTC 當前秒數
188  * @param: 無
189  * @return: 當前秒數
190  */
191 unsigned int rtc_getseconds(void)
192 {
193   unsigned int seconds = 0;
194
195   seconds = (SNVS->LPSRTCMR << 17) | (SNVS->LPSRTCLR >> 15);
196   return seconds;
197 }
```

```
198
199 /*
200  * @description      :獲取當前時間
201  * @param - datetime :獲取到的時間，日期等參數
202  * @return : 無
203  */
204 void rtc_getdatetime(struct rtc_datetime *datetime)
205 {
206   unsigned int seconds = 0;
207   seconds = rtc_getseconds();
208   rtc_convertseconds_to_datetime(seconds, datetime);
209 }
```

　　檔案 bsp_rtc.c 中一共有 9 個函式，依次來看一下這些函式的意義。第 1 個函式 rtc_init 是初始化 rtc 的，主要是啟動 RTC，也可以在 rtc_init 函式中設定時間。第 2 個和第 3 個函式 rtc_enable 和 rtc_disable 分別是 RTC 的啟動和禁止函式。第 4 個函式 rtc_isleapyear 用於判斷某一年是否為閏年。第 5 個函式 rtc_coverdate_to_seconds 負責將給定的日期和時間資訊轉為對應的秒數。第 6 個函式 rtc_setdatetime 用於設定時間，也就是設定暫存器 SNVS_LPSRTCMR 和 SNVS_LPSRTCLR。第 7 個函式 rtc_convertseconds_to_datetime 用於將給定的秒數轉為對應的時間值。第 8 個函式 rtc_getseconds 獲取 SRTC 當前秒數，其實就是讀取暫存器 SNVS_LPSRTCMR 和 SNVS_LPSRTCLR，然後將其結合成 32 位元的值。最後一個函式 rtc_getdatetime 是獲取時間值。

　　在 main 函式中先初始化 RTC，然後進入 3s 倒計時， 如果這 3s 內按下了 KEY0 按鍵，那麼就設定 SRTC 的日期。如果 3s 倒計時結束以後沒有按下 KEY0，就進入 while 迴圈，然後讀取 RTC 的時間值並且顯示在 LCD 上。在檔案 main.c 中輸入如範例 21-4 所示內容。

▼ 範例 21-4 main.c 檔案程式

```
/************************************************************
Copyright © zuozhongkai Co., Ltd. 1998-2019. All rights reserved
檔案名稱      :main.c
作者          :左忠凱
版本          :V1.0
```

```
描述          :I.MX6ULL 開發板裸機實驗 17 RTC 即時時鐘實驗
其他          : 本實驗學習如何撰寫 I.MX6ULL 內部的 RTC 驅動程式，使用內部 RTC 可以實現
              一個即時時鐘
討論區        :www.openedv.com
記錄檔        : 初版 V1.0 2019/1/15 左忠凱建立
*********************************************************/
1  #include "bsp_clk.h"
2  #include "bsp_delay.h"
3  #include "bsp_led.h"
4  #include "bsp_beep.h"
5  #include "bsp_key.h"
6  #include "bsp_int.h"
7  #include "bsp_uart.h"
8  #include "bsp_lcd.h"
9  #include "bsp_lcdapi.h"
10 #include "bsp_rtc.h"
11 #include "stdio.h"
12
13 /*
14  * @description       :main 函式
15  * @param             : 無
16  * @return            : 無
17  */
18 int main(void)
19 {
20    unsigned char key = 0;
21    int t = 0;
22     int i = 3;                       /* 倒計時 3s */
23    char buf[160];
24    struct rtc_datetime rtcdate;
25    unsigned char state = OFF;
26
27    int_init();                       /* 初始化中斷（一定要最先呼叫） */
28    imx6u_clkinit();                  /* 初始化系統時鐘 */
29    delay_init();                     /* 初始化延遲時間 */
30    clk_enable();                     /* 啟動所有的時鐘 */
31    led_init();                       /* 初始化 led */
32    beep_init();                      /* 初始化 beep */
33    uart_init();                      /* 初始化序列埠，串列傳輸速率 115200  */
```

```
34      lcd_init();                                 /* 初始化 LCD */
35      rtc_init();                                 /* 初始化 RTC */
36
37      tftlcd_dev.forecolor = LCD_RED;
38      lcd_show_string(50, 10, 400, 24, 24,        /* 顯示字串 */
                        (char*)"ALPHA-IMX6UL RTC TEST");
39      tftlcd_dev.forecolor = LCD_BLUE;
40      memset(buf, 0, sizeof(buf));
41
42      while(1)
43      {
44          if(t==100)                              /* 1s 時間到了 */
45          {
46              t=0;
47              printf("will be running %d s......\r", i);
48
49              lcd_fill(50, 40,370, 70, tftlcd_dev.backcolor); /* 清除螢幕 */
50              sprintf(buf, "will be running %ds......", i);
51              lcd_show_string(50, 40, 300, 24, 24, buf);
52              i--;
53              if(i < 0)
54                  break;
55          }
56
57          key = key_getvalue();
58          if(key == KEY0_VALUE)
59          {
60              rtcdate.year = 2018;
61              rtcdate.month = 1;
62              rtcdate.day = 15;
63              rtcdate.hour = 16;
64              rtcdate.minute = 23;
65              rtcdate.second = 0;
66              rtc_setdatetime(&rtcdate);                  /* 初始化時間和日期 */
67              printf("\r\n RTC Init finish\r\n");
68              break;
69          }
70
71          delayms(10);
```

```
72          t++;
73      }
74      tftlcd_dev.forecolor = LCD_RED;
75      lcd_fill(50, 40,370, 70, tftlcd_dev.backcolor);        /* 清除螢幕 */
76      lcd_show_string(50, 40, 200, 24, 24, (char*)"Current Time:");
77      tftlcd_dev.forecolor = LCD_BLUE;
78
79      while(1)
80      {
81          rtc_getdatetime(&rtcdate);
82          sprintf(buf,"%d/%d/%d %d:%d:%d",rtcdate.year,
                                            rtcdate.month,
                                            rtcdate.day,
                                            rtcdate.hour,
                                            rtcdate.minute,
                                            rtcdate.second);
83          lcd_fill(50,70, 300,94, tftlcd_dev.backcolor);
84          lcd_show_string(50,70,250,24,24,(char*)buf); /* 顯示字串 */
85
86          state = !state;
87          led_switch(LED0,state);
88          delayms(1000);/* 延遲時間 1s */
89      }
90      return 0;
91  }
```

第 35 行呼叫 rtc_init 函式初始化 RTC。

第 42~73 行是倒計時 3s，如果在這 3s 內按下了 KEY0 按鍵，就會呼叫 rtc_setdatetime 函式設定當前的時間。如果 3s 倒計時結束以後沒有按下 KEY0，那就表示不需要設定時間，跳出迴圈，執行下面的程式。

第 79~89 行是主迴圈，此迴圈每隔 1s 呼叫 rtc_getdatetime 函式獲取一次時間值，並且透過序列埠列印給 SecureCRT 或在 LCD 上顯示。

21.4.1 撰寫 Makefile 和連結腳本

　　修改 Makefile 中的 TARGET 為 rtc，然後在 INCDIRS 和 SRCDIRS 中加入 bsp/rtc，修改後的 Makefile 如範例 21-5 所示。

▼ 範例 21-5 Makefile 程式

```
1  CROSS_COMPILE        ?= arm-linux-gnueabihf-
2  TARGET               ?= rtc
3
4 /* 省略掉其他程式 ...... */
5
6  INCDIRS              :=imx6ul \
7                         stdio/include \
...
20                        bsp/rtc
21
22 SRCDIRS              :=project \
23                         stdio/lib \
...
36                        bsp/rtc
37
38 /* 省略掉其他程式 ...... */
39
40 clean:
41  rm -rf $(TARGET).elf $(TARGET).dis $(TARGET).bin $(COBJS) $(SOBJS)
```

　　第 2 行修改變數 TARGET 為 rtc，也就是目標名稱為 rtc。

　　第 20 行在變數 INCDIRS 中增加 RTC 驅動程式標頭檔（.h）路徑。

　　第 36 行在變數 SRCDIRS 中增加 RTC 驅動程式檔案（.c）路徑。

　　連結腳本保持不變。

21.4.2 編譯和下載

使用 Make 命令編譯程式，編譯成功以後使用軟體 imxdownload 將編譯完成的 rtc.bin 檔案下載到 SD 卡中，命令如下所示。

```
chmod 777 imxdownload                // 給予 imxdownload 可執行許可權，一次即可
./imxdownload rtc.bin /dev/sdd     // 燒錄到 SD 卡中
```

燒錄成功以後將 SD 卡插到開發板的 SD 卡槽中，然後重置開發板。程式一開始進入 3s 倒計時，如圖 21-4 所示。

如果在倒計時結束之前按下 KEY0，那麼 RTC 就會被設定為程式中已設定的時間和日期值，RTC 執行如圖 21-5 所示。

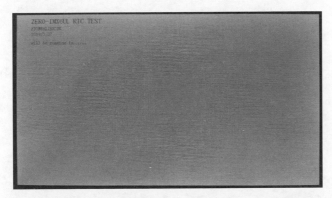

▲ 圖 21-4　3s 倒計時

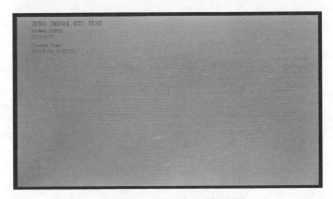

▲ 圖 21-5　設定有的時間

　　在 main 函式中設定的時間是 2018 年 1 月 15 日，16 點 23 分 0 秒，在倒計數結束之前按下 KEY0 按鍵設定 RTC，圖 21-5 中的時間就是設定以後的時間。

第22章
I²C 實驗

　　I²C 是最常用的通訊介面，許多的感測器都會提供 I²C 介面來和主控相連，比如陀螺儀、加速度計、觸控式螢幕等等。所以 I²C 是做嵌入式開發必須掌握的，I.MX6ULL 有 4 個 I²C 介面，可以透過這 4 個 I²C 介面來連接一些 I²C 外接裝置。I.MX6ULL-ALPHA 使用 I²C1 介面連接了一個距離感測器 AP3216C，本章就來學習如何使用 I.MX6ULL 的 I²C 介面來驅動程式 AP3216C，讀取 AP3216C 的感測器資料。

22.1 | I²C 和 AP3216C 簡介

22.1.1 I²C 簡介

I²C 是很常見的一種匯流排協定，I²C 是 NXP 公司設計的，I²C 使用兩筆線在主控制器和從機之間進行資料通信。一條是 SCL（串列時鐘線），另外一筆是 SDA（串列資料線），這兩筆資料線需要接上拉電阻，匯流排空閒時 SCL 和 SDA 處於高電位。I²C 匯流排標準模式下速度可以達到 100kb/s，快速模式下可以達到 400kb/s。I²C 匯流排工作是按照一定的協定來執行的，接下來就看一下 I²C 協定。

I²C 是支援多從機的，也就是一個 I²C 控制器下可以掛多個 I²C 從裝置，這些不同的 I²C 從裝置有不同的元件位址，這樣 I²C 主控制器就可以透過 I²C 裝置的元件位址存取指定的 I²C 裝置了，一個 I²C 匯流排連接多個 I²C 裝置，如圖 22-1 所示。

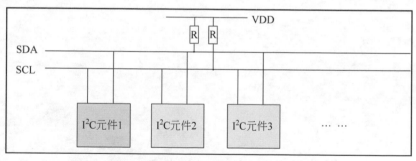

▲ 圖 22-1 I²C 多個裝置連接結構圖

圖 22-1 中 SDA 和 SCL 這兩根線必須要接一個上拉電阻，一般是 4.7kΩ。其餘的 I²C 從元件都掛接到 SDA 和 SCL 這兩根線上，這樣就可以透過 SDA 和 SCL 這兩根線來存取多個 I²C 裝置。

1. 起始位元

　　顧名思義，也就是 I²C 通訊起始標識，透過這個起始位元就可以告訴 I²C 從機，「我」要開始進行 I²C 通訊了。在 SCL 為高電位時，SDA 出現下降緣就表示為起始位元，如圖 22-2 所示。

2. 停止位元

　　停止位元就是停止 I²C 通訊的標識位元，和起始位元的功能相反。在 SCL 位元高電位時，SDA 出現上昇緣就表示為停止位元，如圖 22-3 所示。

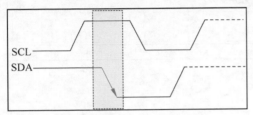

▲ 圖 22-2 I2C 通訊起始位元

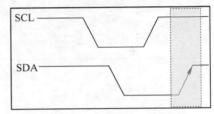

▲ 圖 22-3 I2C 通訊停止位元

3. 資料傳輸

　　I²C 匯流排在資料傳輸時要保證在 SCL 高電位期間，SDA 上的資料穩定，因此 SDA 上的資料變化只能在 SCL 低電位期間發生，如圖 22-4 所示。

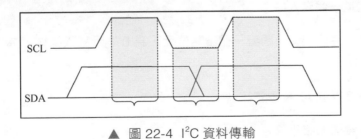

▲ 圖 22-4 I²C 資料傳輸

4. 應答訊號

　　當 I²C 主機發送完 8 位元資料以後，會將 SDA 設定為輸入狀態，等待 I²C 從機應答，即等到 I²C 從機告訴主機它接收到資料了。應答訊號是由從機發出的,主機需要提供應答訊號所需的時鐘,主機發送完 8 位元資料以後緊接著的時鐘訊號就是給應答訊號使用的。從機透過將 SDA 拉低表示發出應答訊號,通訊成功;否則表示通訊失敗。

5. I²C 寫入時序

主機透過 I²C 匯流排與從機之間進行通訊不外乎兩個操作:寫和讀。I²C 匯流排單位元組寫入時序如圖 22-5 所示。

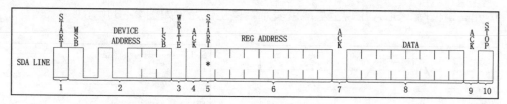

▲ 圖 22-5 I²C 寫入時序

寫入時序的具體步驟如下。

(1) 開始訊號。

(2) 發送 I²C 裝置位址,每個 I²C 元件都有一個裝置位址,透過發送具體的裝置位址來決定存取哪個 I²C 元件。這是一個 8 位元資料,其中高 7 位元是裝置位址,最後 1 位元是讀寫位元,為 1 表示這是一個讀取操作,為 0 表示這是一個寫入操作。

(3) I²C 元件位址後面跟著一個讀寫位元,為 0 表示寫入操作,為 1 表示讀取操作。

(4) 從機發送的 ACK 應答訊號。

(5) 重新發送開始訊號。

(6) 發送要寫入資料的暫存器位址。

(7) 從機發送的 ACK 應答訊號。

(8) 發送要寫入暫存器的資料。

（9） 從機發送的 ACK 應答訊號。

（10） 停止訊號。

6. I²C 讀取時序

I²C 匯流排單位元組讀取時序如圖 22-6 所示。

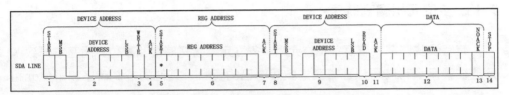

▲ 圖 22-6 I²C 匯流排單位元組讀取時序

I²C 匯流排單位元組讀取時序比寫入時序要複雜一點，讀取時序分為 4 大步，第 1 步是發送裝置位址，第 2 步是發送要讀取的暫存器位址，第 3 步重新發送裝置位址，第 4 步就是 I²C 從元件輸出要讀取的暫存器值。我們具體來看一下這 4 步的對應工作內容。

（1） 主機發送起始訊號。

（2） 主機發送要讀取的 I²C 從裝置位址。

（3） 讀寫控制位元，向 I²C 從裝置發送資料，因此是寫入訊號。

（4） 從機發送的 ACK 應答訊號。

（5） 重新發送 START 訊號。

（6） 主機發送要讀取的暫存器位址。

（7） 從機發送的 ACK 應答訊號。

（8） 重新發送 START 訊號。

（9） 重新發送要讀取的 I²C 從裝置位址。

（10） 讀寫控制位元，這裡是讀取訊號，表示從 I²C 從裝置中讀取資料。

（11）從機發送的 ACK 應答訊號。

（12）從 I²C 元件中讀取到的資料。

（13）主機發出 NO ACK 訊號，表示讀取完成，不需要從機再發送 ACK 訊號。

（14）主機發出 STOP 訊號，停止 I²C 通訊。

7. I²C 多位元組讀寫時序

　　有時候我們需要讀寫多個位元組，多位元組讀寫時序和單位元組基本一致，只是在讀寫資料時可以連續發送多個自己的資料，其他的控制時序和單位元組一樣。

22.1.2　I.MX6ULL I²C 簡介

　　I.MX6ULL 提供了 4 個 I²C 外接裝置，透過這 4 個 I²C 外接裝置即可完成與 I²C 從元件的通訊，I.MX6ULL 的 I²C 外接裝置特性以下所示。

（1）與標準 I²C 匯流排相容。

（2）多主機執行。

（3）軟體可程式化的 64 種不同的串列時鐘序列。

（4）軟體可選擇的應答位元。

（5）開始 / 結束訊號生成和檢測。

（6）重複開始訊號生成。

（7）確認位元生成。

（8）匯流排忙檢測

　　I.MX6ULL 的 I²C 支援兩種模式：標準模式和快速模式。標準模式下 I²C 資料傳輸速率最高為 100kb/s，在快速模式下 I²C 資料傳輸速率最高為 400kb/s。

I²C 的幾個重要暫存器介紹如下。首先是 I²Cx_IADR（x=1~4）暫存器，這是 I²C 的位址暫存器，此暫存器結構如圖 22-7 所示。

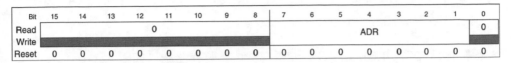

▲ 圖 22-7 暫存器 I²Cx_IADR 結構

暫存器 I²Cx_IADR 只有 ADR（bit7:1）位元有效，用來儲存 I2C 從裝置位址資料。當我們要存取某個 I²C 從裝置時就需要將其裝置位址寫入到 ADR 裡。接下來看一下暫存器 I²Cx_IFDR，這個是 I²C 的分頻暫存器，暫存器結構如圖 22-8 所示。

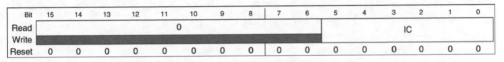

▲ 圖 22-8 暫存器 I²Cx_IFDR 結構

暫存器 I²Cx_IFDR 也只有 IC（bit5:0）這個位元，用來設定 I²C 的串列傳輸速率，I²C 的時鐘來源可以選擇 IPG_CLK_ROOT=66MHz，透過設定 IC 位元就可以得到想要的 I²C 串列傳輸速率。IC 位元可選的設定如圖 22-9 所示。

IC	Divider	IC	Divider	IC	Divider	IC	Divider
0x00	30	0x10	288	0x20	22	0x30	160
0x01	32	0x11	320	0x21	24	0x31	192
0x02	36	0x12	384	0x22	26	0x32	224
0x03	42	0x13	480	0x23	28	0x33	256
0x04	48	0x14	576	0x24	32	0x34	320
0x05	52	0x15	640	0x25	36	0x35	384
0x06	60	0x16	768	0x26	40	0x36	448
0x07	72	0x17	960	0x27	44	0x37	512
0x08	80	0x18	1152	0x28	48	0x38	640
0x09	88	0x19	1280	0x29	56	0x39	768
0x0A	104	0x1A	1536	0x2A	64	0x3A	896
0x0B	128	0x1B	1920	0x2B	72	0x3B	1024
0x0C	144	0x1C	2304	0x2C	80	0x3C	1280
0x0D	160	0x1D	2560	0x2D	96	0x3D	1536
0x0E	192	0x1E	3072	0x2E	112	0x3E	1792
0x0F	240	0x1F	3840	0x2F	128	0x3F	2048

▲ 圖 22-9 IC 設定

不像其他外接裝置的分頻設定可以隨意更改，圖 22-9 中列出了 IC 的所有可選值。比如現在 I²C 的時鐘來源為 66MHz，我們要設定 I²C 的串列傳輸速率為 100kHz，那麼 IC 就可以設定為 0X15，也就是 640 分頻。66000000/640=103.125kHz≈100kHz。

暫存器 I2Cx_I2CR 是 I²C 控制暫存器，此暫存器結構如圖 22-10 所示。

Bit	15	14	13	12	11	10	9	8
Read				0				
Write								
Reset	0	0	0	0	0	0	0	0

Bit	7	6	5	4	3	2	1	0
Read	IEN	IIEN	MSTA	MTX	TXAK	0	0	
Write						RSTA		
Reset	0	0	0	0	0	0	0	0

▲ 圖 22-10 暫存器 I2Cx_I2CR 結構

暫存器 I2Cx_I2CR 的各位含義如下所示。

IEN（bit7）：I²C 啟動位元，為 1 時啟動 I²C，為 0 時關閉 I²C。

IIEN（bit6）：I²C 中斷啟動位元，為 1 時啟動 I²C 中斷，為 0 時關閉 I²C 中斷。

MSTA（bit5）：主從模式選擇位元，設定 I²C 工作在主模式還是從模式。為 1 時工作在主模式，為 0 時工作在從模式。

MTX（bit4）：傳輸方向選擇位元，用來設定

發送還是接收。為 0 時是接收，為 1 時是發送。

TXAK（bit3）：傳輸應答位元啟動，為 0 時發送 ACK 訊號，為 1 時發送 NO ACK 訊號。

RSTA（bit2）：重複開始訊號，為 1 時產生一個重新開始訊號。

暫存器 I2Cx_I2SR，是 I²C 的狀態暫存器，暫存器結構如圖 22-11 所示。

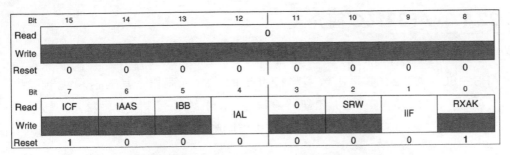

▲ 圖 22-11 暫存器 I2Cx_I2SR 結構

暫存器 I2Cx_I2SR 的各位含義如下所示。

ICF（bit7）：資料傳輸狀態位元，為 0 時表示資料正在傳輸，為 1 時表示資料傳輸完成。

IAAS（bit6）：當為 1 時表示 I²C 位址，也就是 I²Cx_IADR 暫存器中的位址是從裝置位址。

IBB（bit5）：I²C 匯流排忙標識位元，當為 0 時表示 I²C 匯流排空閒，為 1 時表示 I²C 匯流排忙。

IAL（bit4）：仲裁遺失位元，為 1 時表示發生仲裁遺失。

SRW（bit2）：從機讀寫狀態位元，當 I²C 作為從機時使用，此位元用來表明主機發送給從機的是讀還是寫命令。為 0 時表示主機要向從機寫入資料，為 1 時表示主機向從機讀取資料。

IIF（bit1）：I²C 中斷暫停標識位元，當為 1 時表示有中斷暫停，此位元需要軟體清零。

RXAK（bit0）：應答訊號標識位元，為 0 時表示接收到 ACK 應答訊號，為 1 時表示檢測到 NO ACK 訊號。

最後一個暫存器就是 I2Cx_I2DR，這是 I²C 的資料暫存器，此暫存器只有低 8 位元有效。當要發送資料時將要發送的資料寫入到此暫存器，如果要接收資料的話，直接讀取此暫存器即可得到接收到的資料。

22.1.3 AP3216C 簡介

    I.MX6ULL-ALPHA 開發板上透過 I2C1 連接了一個三合一環境感測器 AP3216C。AP3216C 是由敦南科技推出的一款感測器，其支援環境光強度（ALS）、接近距離（PS）和紅外線強度（IR）這 3 個環境參數檢測。該晶片可以透過 I²C 介面與主控器相連，並且支援中斷。AP3216C 的特點如下所示。

（1）I²C 介面，快速模式下串列傳輸速率可到 400kb/s。

（2）多種工作模式選擇：ALS、PS+IR、ALS+PS+IR、PD。

（3）內建溫度補償電路。

（4）寬工作溫度範圍（-30℃ ~+80℃）。

（5）超小封裝，4.1mm×2.4mm×1.35mm。

（6）環境光感測器具有 16 位元解析度。

（7）接近紅外感測器，具有 10 位元解析度。

    AP3216C 常被用於手機、平板、導航裝置等，其內建的接近感測器可以用於檢測是否有物體接近，比如手機上用來檢測耳朵是否接觸聽筒。如果檢測到就表示正在打電話，手機會關閉螢幕以省電，也可以使用環境光感測器檢測光源強度，可以實現自動背光亮度調節。

    AP3216C 結構如圖 22-12 所示。

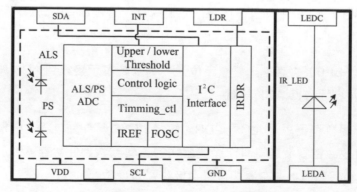

▲ 圖 22-12 AP3216C 結構圖

AP3216 的裝置位址為 0X1E，同大部分 I²C 從元件一樣，AP3216C 內部也有一些暫存器，透過這些暫存器可以設定 AP3216C 的工作模式，並且讀取對應的資料。AP3216C 用到的暫存器如表 22-1 所示。

▼ 表 22-1 本章使的 AP3216C 暫存器表

暫存器位址	位元	暫存器功能	描述
0X00	2:0	系統模式	000：停電模式 (預設) 001：啟動 ALS 010：啟動 PS+IR 011：啟動 ALS+PS+IR 100：軟重置 101：ALS 單次模式 110：PS+IR 單次模式 111：ALS+PS+IR 單次模式
0X0A	7	IR 低位元資料	0：IR&PS 資料有效；1：無效
	1:0		IR 最低 2 位元資料
0X0B	7:0	IR 高位元資料	IR 高 8 位元資料
0X0C	7:0	ALS 低位元資料	ALS 低 8 位元資料
0X0D	7:0	ALS 高位元資料	ALS 高 8 位元資料
0X0E	7	PS 低位元資料	0，物體在遠離；1，物體在接近
	6		0，IR&PS 資料有效；1，IR&PS 資料無效
	3:0		PS 最低 4 位元資料
0X0F	7	PS 高位元資料	0，物體在遠離；1，物體在接近
	6		0，IR&PS 資料有效；1，IR&PS 資料無效
	5:0		PS 最低 6 位元資料

在表 22-1 中，0X00 這個暫存器是模式控制暫存器，用來設定 AP3216C 的工作模式，先將其設定為 0X04，即軟體重置一次 AP3216C。接下來根據實際使用情況選擇合適的工作模式，比如設定為 0X03，開啟 ALS+PS+IR。從 0X0A~0X0F，這 6 個是資料暫存器，儲存著 ALS、PS 和 IR 這 3 個感測器獲取到的資料值。如果同時開啟 ALS、PS 和 IR，則讀取間隔最少要 112.5ms，因為 AP3216C 完成一次轉換需要 112.5ms。

本章實驗中透過 I.MX6ULL 的 I2C1 來讀取 AP3216C 內部的 ALS、PS 和 IR 的值,並且在 LCD 上顯示。開機會先檢測 AP3216C 是否存在,一般的晶片有 ID 暫存器,透過讀取 ID 暫存器判斷 ID 是否正確,進而檢測晶片是否存在。但是 AP3216C 沒有 ID 暫存器,透過向暫存器 0X00 寫入一個值,然後再讀取 0X00 暫存器的值,判斷得到值和寫入值是否相等。如果相等 AP3216C 存在,否則 AP3216C 不存在。本章的設定步驟如下所示。

① 初始化對應的 I/O。

初始化 I2C1 對應的 I/O,設定其重複使用功能,如果要使用 AP3216C 中斷功能,還需要設定 AP3216C 的中斷 I/O。

② 初始化 I2C1。

初始化 I2C1 介面,設定串列傳輸速率。

③ 初始化 AP3216C。

初始化 AP3216C,讀取 AP3216C 的資料。

22.2 | 硬體原理分析

本實驗用到的資源如下所示。

(1)指示燈 LED0。

(2)RGB LCD 螢幕。

(3)AP3216C。

(4)序列埠。

AP3216C 是在 I.MX6ULL-ALPHA 的開發板底板上,原理圖如圖 22-13 所示。

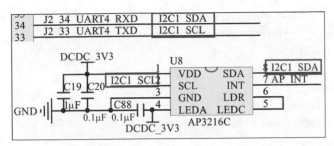

▲ 圖 22-13　AP3216C 原理圖

　　從圖 22-13 可以看出，AP3216C 使用的是 I2C1，其中 I2C1_SCL 使用的是 UART4_TXD 這個 I/O，I2C1_SDA 使用的是 UART4_R XD 這個 I/O。

22.3 | 實驗程式撰寫

　　本實驗對應的常式路徑為「1、裸機常式→ 17_i2c」。

　　本章實驗在第 21 章常式的基礎上完成，更改專案名稱為 ap3216c，然後在 bsp 資料夾下建立名為 i2c 和 ap3216c 的資料夾。在 bsp/i2c 中新建 bsp_i2c.c 和 bsp_i2c.h 這兩個檔案，在 bsp/ap3216c 中新建 bsp_ap3216c.c 和 bsp_ap3216c.h 這兩個檔案。bsp_i2c.c 和 bsp_i2c.h 是 I.MX6ULL 的 I2C 檔案，bsp_ap3216c.c 和 bsp_ap3216c.h 是 AP3216C 的驅動程式檔案。在檔案 bsp_i2c.h 中輸入如範例 22-1 所示內容。

▼ 範例 22-1　bsp_i2c.h 檔案程式

```
1  #ifndef _BSP_I2C_H
2  #define _BSP_I2C_H
3  /***********************************************************
4  Copyright  © zuozhongkai Co., Ltd. 1998-2019. All rights reserved
5  檔案名稱    :bsp_i2c.h
6  作者       : 左忠凱
7  版本       :V1.0
8  描述       :I2C 驅動程式檔案
9  其他       : 無
10 討論區      :www.openedv.com
```

```
11 記錄檔        :初版 V1.0 2019/1/15 左忠凱建立
12 *********************************************************/
13 #include "imx6ul.h"
14
15 /* 相關巨集定義 */
16 #define I2C_STATUS_OK            (0)
17 #define I2C_STATUS_BUSY          (1)
18 #define I2C_STATUS_IDLE          (2)
19 #define I2C_STATUS_NAK           (3)
20 #define I2C_STATUS_ARBITRATIONLOST    (4)
21 #define I2C_STATUS_TIMEOUT       (5)
22 #define I2C_STATUS_ADDRNAK       (6)
23
24 /*
25  * I2C 方向列舉類型
26  */
27 enum i2c_direction
28 {
29    kI2C_Write = 0x0,              /* 主機向從機寫入資料 */
30    kI2C_Read = 0x1,              /* 主機向從機讀取資料 */
31 };
32
33 /*
34  * 主機傳輸結構
35  */
36 struct i2c_transfer
37 {
38    unsigned char slaveAddress;      /* 7 位元從機位址 */
39    enum i2c_direction direction;    /* 傳輸方向 */
40    unsigned int subaddress;         /* 暫存器位址 */
41    unsigned char subaddressSize;    /* 暫存器位址長度 */
42    unsigned char *volatile data;    /* 資料緩衝區 */
43    volatile unsigned int dataSize;  /* 資料緩衝區長度 */
44 };
45
46 /*
47  * 函式宣告
48  */
49 void i2c_init(I2C_Type *base);
```

```
50 unsigned char i2c_master_start(I2C_Type *base,
                                  unsigned char address,
                                  enum i2c_direction direction);
51 unsigned char i2c_master_repeated_start(I2C_Type *base,
                                  unsigned char address,
                                  enum i2c_direction direction);
52 unsigned char i2c_check_and_clear_error(I2C_Type *base, unsigned int status);
53 unsigned char i2c_master_stop(I2C_Type *base);
54 void i2c_master_write(I2C_Type *base, const unsigned char *buf, unsigned int size);
55 void i2c_master_read(I2C_Type *base, unsigned char *buf, unsigned int size);
56 unsigned char i2c_master_transfer(I2C_Type *base, struct i2c_transfer *xfer);
57
58 #endif
```

　　第 16~22 行定義了一些 I^{2}C 狀態相關的巨集。第 27~31 行定義了一個列舉
類型 i2c_direction，此列舉類型用來表示 I2C 主機對從機的操作，也就是讀取
資料還是寫入資料。第 36~44 行定義了一個結構 i2c_transfer，此結構用於 I^{2}C
的資料傳輸。剩下的就是一些函式宣告了，整體來說 bsp_i2c.h 檔案中的內容
還是很簡單的。接下來在檔案 bsp_i2c.c 中輸入如範例 22-2 所示內容。

▼ 範例 22-2 bsp_i2c.c 檔案程式

```
/*********************************************************
Copyright  © zuozhongkai Co., Ltd. 1998-2019. All rights reserved
檔案名稱      :bsp_i2c.c
作者         :左忠凱
版本         :V1.0
描述         :I2C 驅動程式檔案
其他         :無
討論區        :www.openedv.com
記錄檔       :初版 V1.0 2019/1/15 左忠凱建立
*********************************************************/
1  #include "bsp_i2c.h"
2  #include "bsp_delay.h"
3  #include "stdio.h"
4
5  /*
6   * @description        :初始化 I2C，串列傳輸速率 100kHz
```

```
 7  * @param - base          :要初始化的 I2C 設定
 8  * @return                :無
 9  */
10 void i2c_init(I2C_Type *base)
11 {
12     /* 1. 設定 I2C */
13     base->I2CR &= ~(1 << 7); /* 要存取 I²C 的暫存器，首先需要先關閉 I²C */
14
15     /* 設定串列傳輸速率為 100kHz
16      * I2C 的時鐘來源來自 IPG_CLK_ROOT=66MHz
17      * IFDR 設定為 0X15，也就是 640 分頻，
18      * 66000000/640=103.125kHz≈100kHz
19      */
20     base->IFDR = 0X15 << 0;
21
22     /* 設定暫存器 I2CR，開啟 I²C */
23     base->I2CR |= (1<<7);
24 }
25
26 /*
27  * @description            :發送重新開始訊號
28  * @param - base           :要使用的 I²C
29  * @param - addrss         :裝置位址
30  * @param - direction      :方向
31  * @return                 :0 正常 其他值出錯
32  */
33 unsigned char i2c_master_repeated_start(I2C_Type *base, unsigned char address,
                                          enum i2c_direction direction)
34 {
35     /* I²C 忙並且工作在從模式，跳出 */
36     if(base->I2SR & (1 << 5) && (((base->I2CR) & (1 << 5)) == 0))
37         return 1;
38
39     /*
40      * 設定暫存器 I2CR
41      * bit[4]:1 發送
42      * bit[2]:1 產生重新開始訊號
43      */
44     base->I2CR |=(1 << 4) | (1 << 2);
```

```
45
46     /*
47      * 設定暫存器 I2DR，bit[7:0] : 要發送的資料，這裡寫入從裝置位址
48      */
49     base->I2DR = ((unsigned int)address << 1) | ((direction == kI2C_Read)? 1 :0);
50     return 0;
51 }
52
53 /*
54  * @description            :發送開始訊號
55  * @param - base           :要使用的 I²C
56  * @param - addrss          :裝置位址
57  * @param - direction       :方向
58  * @return                  :0 正常 其他值 出錯
59  */
60 unsigned char i2c_master_start(I2C_Type *base, unsigned char address,
                                  enum i2c_direction direction)
61 {
62     if(base->I2SR & (1 << 5))            /* I²C 忙 */
63         return 1;
64
65     /*
66      * 設定暫存器 I2CR
67      * bit[5]:1 主模式
68      * bit[4]:1 發送
69      */
70     base->I2CR |=(1 << 5) | (1 << 4);
71
72     /*
73      * 設定暫存器 I2DR，bit[7:0] : 要發送的資料，這裡寫入從裝置位址
74      */
75     base->I2DR = ((unsigned int)address << 1) | ((direction == kI2C_Read)? 1 :0);
76     return 0;
77 }
78
79     /*
80      * @description            :檢查並清除錯誤
81      * @param - base           :要使用的 I²C
82      * @param - status          :狀態
83      * @return                  :狀態結果
```

```
84      */
85 unsigned char i2c_check_and_clear_error(I2C_Type *base, unsigned int status)
86 {
87      if(status & (1<<4))                    /* 檢查是否發生仲裁遺失錯誤 */
88      {
89          base->I2SR &= ~(1<<4);             /* 清除仲裁遺失錯誤位元 */
90          base->I2CR &= ~(1 << 7);           /* 先關閉 I²C */
91          base->I2CR |= (1 << 7);            /* 重新開啟 I²C */
92          return I2C_STATUS_ARBITRATIONLOST;
93      }
94      else if(status & (1 << 0))             /* 沒有接收到從機的應答訊號 */
95      {
96          return I2C_STATUS_NAK;             /* 傳回 NAK(No acknowledge) */
97      }
98      return I2C_STATUS_OK;
99 }
100
101 /*
102  * @description            :停止訊號
103  * @param - base           :要使用的 IIC
104  * @param                  :無
105  * @return                 :狀態結果
106  */
107 unsigned char i2c_master_stop(I2C_Type *base)
108 {
109   unsigned short timeout = 0XFFFF;
110
111   /* 清除 I2CR 的 bit[5:3] 這三位元 */
112   base->I2CR &= ~((1 << 5) | (1 << 4) | (1 << 3));
113   while((base->I2SR & (1 << 5)))            /* 等待忙結束 */
114   {
115       timeout--;
116       if(timeout == 0)                      /* 逾時跳出 */
117           return I2C_STATUS_TIMEOUT;
118   }
119   return I2C_STATUS_OK;
120 }
121
122 /*
123  * @description        :發送資料
```

```
124   * @param - base      : 要使用的 I²C
125   * @param - buf       : 要發送的資料
126   * @param - size      : 要發送的資料大小
127   * @param - flags     : 標識
128   * @return            : 無
129   */
130   void i2c_master_write(I2C_Type *base, const unsigned char *buf,
unsigned int size)
131   {
132     while(!(base->I2SR & (1 << 7)));           /* 等待傳輸完成 */
133     base->I2SR &= ~(1 << 1);                   /* 清除標識位元 */
134     base->I2CR |= 1 << 4;                      /* 發送資料 */
135     while(size--)
136     {
137         base->I2DR = *buf++;                   /* 將 buf 中的資料寫入到 I2DR 暫存器 */
138         while(!(base->I2SR & (1 << 1)));       /* 等待傳輸完成 */
139         base->I2SR &= ~(1 << 1);               /* 清除標識位元 */
140
141         /* 檢查 ACK */
142         if(i2c_check_and_clear_error(base, base->I2SR))
143                 break;
144     }
145     base->I2SR &= ~(1 << 1);
146     i2c_master_stop(base);                     /* 發送停止訊號 */
147   }
148
149   /*
150   * @description        : 讀取資料
151   * @param - base       : 要使用的 I²C
152   * @param - buf        : 讀取到資料
153   * @param - size       : 要讀取的資料大小
154   * @return            : 無
155   */
156   void i2c_master_read(I2C_Type *base, unsigned char *buf,
                          unsigned int size)
157   {
158     volatile uint8_t dummy = 0;
159
160     dummy++; /* 防止編譯顯示出錯 */
161     while(!(base->I2SR & (1 << 7)));                   /* 等待傳輸完成 */
```

```
162     base->I2SR &= ~(1 << 1);                      /* 清除中斷暫停位元 */
163     base->I2CR &= ~((1 << 4) | (1 << 3));         /* 接收資料 */
164     if(size == 1)                                 /* 如果只接收一位元組資料的話發送 NACK
訊號 */
165         base->I2CR |= (1 << 3);
166
167     dummy = base->I2DR;                           /* 假讀取 */
168     while(size--)
169     {
170         while(!(base->I2SR & (1 << 1)));          /* 等待傳輸完成 */
171         base->I2SR &= ~(1 << 1);                  /* 清除標識位元 */
172
173         if(size == 0)
174             i2c_master_stop(base);                /* 發送停止訊號 */
175         if(size == 1)
176             base->I2CR |= (1 << 3);
177         *buf++ = base->I2DR;
178     }
179 }
180
181 /*
182  * @description      :I²C 資料傳輸，包括讀和寫
183  * @param - base     :要使用的 I²C
184  * @param - xfer     :傳輸結構
185  * @return           :傳輸結果 ,0 成功，其他值 失敗 ;
186  */
187 unsigned char i2c_master_transfer(I2C_Type *base, struct i2c_transfer *xfer)
188 {
189   unsigned char ret = 0;
190   enum i2c_direction direction = xfer->direction;
191
192   base->I2SR &= ~((1 << 1) | (1 << 4));            /* 清除標識位元 */
193   while(!((base->I2SR >> 7) & 0X1)){};             /* 等待傳輸完成 */
194   /* 如果是讀取的話，要先發送暫存器位址，所以要先將方向改為寫入 */
195   if ((xfer->subaddressSize > 0) && (xfer->direction == kI2C_Read))
196     direction = kI2C_Write;
197   ret = i2c_master_start(base, xfer->slaveAddress, direction);
198   if(ret)
199     return ret;
200   while(!(base->I2SR & (1 << 1))){};               /* 等待傳輸完成 */
```

```
201   ret = i2c_check_and_clear_error(base, base->I2SR);
202   if(ret)
203   {
204       i2c_master_stop(base);                  /* 發送出錯，發送停止訊號 */
205       return ret;
206   }
207
208   /* 發送暫存器位址 */
209   if(xfer->subaddressSize)
210   {
211       do
212       {
213           base->I2SR &= ~(1 << 1);          /* 清除標識位元 */
214           xfer->subaddressSize--;           /* 位址長度減一 */
215           base->I2DR =((xfer->subaddress) >> (8 * xfer->subaddressSize)); seldom
216           while(!(base->I2SR & (1 << 1)));  /* 等待傳輸完成 */
217               /* 檢查是否有錯誤發生 */
218           ret = i2c_check_and_clear_error(base, base->I2SR);
219           if(ret)
220           {
221                   i2c_master_stop(base);    /* 發送停止訊號 */
222                   return ret;
223           }
224       } while ((xfer->subaddressSize > 0) && (ret == I2C_STATUS_OK));
225
226       if(xfer->direction == kI2C_Read)       /* 讀取資料 */
227       {
228           base->I2SR &= ~(1 << 1);          /* 清除中斷暫停位元 */
229           i2c_master_repeated_start(base, xfer->slaveAddress, kI2C_Read);
230           while(!(base->I2SR & (1 << 1))){};/* 等待傳輸完成 */
231
232               /* 檢查是否有錯誤發生 */
233           ret = i2c_check_and_clear_error(base, base->I2SR);
234           if(ret)
235           {
236                   ret = I2C_STATUS_ADDRNAK;
237                   i2c_master_stop(base);    /* 發送停止訊號 */
238                   return ret;
239           }
```

```
240        }
241    }
242
243    /* 發送資料 */
244    if ((xfer->direction == kI2C_Write) && (xfer->dataSize > 0))
245        i2c_master_write(base, xfer->data, xfer->dataSize);
246    /* 讀取資料 */
247    if ((xfer->direction == kI2C_Read) && (xfer->dataSize > 0))
248        i2c_master_read(base, xfer->data, xfer->dataSize);
249    return 0;
250 }
```

　　檔案 bsp_i2c.c 中一共有 8 個函式，我們依次來看一下這些函式的功能。第 1 個函式是 i2c_init，此函式用來初始化 I²C，重點是設定 I²C 的串列傳輸速率，初始化完成以後開啟 I²C。第 2 個函式是 i2c_master_repeated_start，此函式用來發送一個重複開始訊號，發送開始訊號時也會發送從裝置位址。第 3 個函式是 i2c_master_start，此函式用於發送一個開始訊號，發送開始訊號時也會發送從裝置位址。第 4 個函式是 i2c_check_and_clear_error，此函式用於檢查並清除錯誤。第 5 個函式是 i2c_master_stop，用於產生一個停止訊號。第 6 個和第 7 個函式分別為 i2c_master_write 和 i2c_master_read，這兩個函式分別用於向 I²C 從裝置寫入資料和從 I²C 從裝置讀取資料。第 8 個函式是 i2c_master_transfer，此函式就是使用者最終呼叫的，用於完成 I²C 通訊的函式，此函式會使用前面的函式拼湊出 I²C 讀 / 寫時序。此函式是按照 I²C 讀寫時序來撰寫的。

　　I²C 的操作函式已經準備接下來就是使用已撰寫的 I2C 操作函式來設定 AP3216C。設定完成以後就可以讀取 AP3216C 中的感測器資料，在檔案 bsp_ap3216c.h 中輸入如範例 22-3 所示內容。

▼ 範例 22-3 bsp_ap3216c.h 檔案程式

```
1  #ifndef _BSP_AP3216C_H
2  #define _BSP_AP3216C_H
3  /*******************************************************
4  Copyright  © zuozhongkai Co., Ltd. 1998-2019. All rights reserved
5  檔案名稱      :bsp_ap3216c.h
```

```
6  作者         :左忠凱
7  版本         :V1.0
8  描述         :AP3216C 驅動程式標頭檔
9  其他         :無
10 討論區       :www.openedv.com
11 記錄檔       :初版 V1.0 2019/3/26 左忠凱建立
12 ************************************************************/
13 #include "imx6ul.h"
14
15 #define AP3216C_ADDR           0X1E      /* AP3216C 元件位址 */
16
17 /* AP3316C 暫存器 */
18 #define AP3216C_SYSTEMCONG     0x00      /* 設定暫存器 */
19 #define AP3216C_INTSTATUS      0X01      /* 中斷狀態暫存器 */
20 #define AP3216C_INTCLEAR       0X02      /* 中斷清除暫存器 */
21 #define AP3216C_IRDATALOW      0x0A      /* IR 資料低位元組 */
22 #define AP3216C_IRDATAHIGH     0x0B      /* IR 資料高位元組 */
23 #define AP3216C_ALSDATALOW     0X0C      /* ALS 資料低位元組 */
24 #define AP3216C_ALSDATAHIGH    0X0D      /* ALS 資料高位元組 */
25 #define AP3216C_PSDATALOW      0X0E      /* PS 資料低位元組 */
26 #define AP3216C_PSDATAHIGH     0X0F      /* PS 資料高位元組 */
27
28 /* 函式宣告 */
29 unsigned char ap3216c_init(void);
30 unsigned char ap3216c_readonebyte(unsigned char addr,unsigned char reg);
31 unsigned char ap3216c_writeonebyte(unsigned char addr,unsigned char reg, unsigned char data);
32 void ap3216c_readdata(unsigned short *ir, unsigned short *ps, unsigned short *als);
33
34 #endif
```

第 15~26 行定義了一些巨集，分別為 AP3216C 的裝置位址和暫存器位址，剩下的就是函式宣告。接下來在檔案 bsp_ap3216c.c 中輸入如範例 22-4 所示內容。

▼ 範例 22-4 bsp_ap3216c.c 檔案程式

```
/************************************************************
Copyright  © zuozhongkai Co., Ltd. 1998-2019. All rights reserved
```

```
檔案名稱          :bsp_ap3216c.c
作者             :左忠凱
版本             :V1.0
描述             :AP3216C 驅動程式檔案
其他             :無
討論區           :www.openedv.com
記錄檔           :初版 V1.0 2019/3/26 左忠凱建立
**************************************************************/
```

```c
1   #include "bsp_ap3216c.h"
2   #include "bsp_i2c.h"
3   #include "bsp_delay.h"
4   #include "cc.h"
5   #include "stdio.h"
6
7   /*
8   * @description      : 初始化 AP3216C
9   * @param            : 無
10  * @return           :0 成功，其他值 錯誤程式
11  */
12  unsigned char ap3216c_init(void)
13  {
14      unsigned char data = 0;
15
16      /* 1. I/O 初始化，設定 I2C IO 屬性
17       * I2C1_SCL -> UART4_TXD
18       * I2C1_SDA -> UART4_RXD
19       */
20      IOMUXC_SetPinMux(IOMUXC_UART4_TX_DATA_I2C1_SCL, 1);
21      IOMUXC_SetPinMux(IOMUXC_UART4_RX_DATA_I2C1_SDA, 1);
22      IOMUXC_SetPinConfig(IOMUXC_UART4_TX_DATA_I2C1_SCL, 0x70B0);
23      IOMUXC_SetPinConfig(IOMUXC_UART4_RX_DATA_I2C1_SDA, 0X70B0);
24
25      /* 2. 初始化 I2C1 */
26      i2c_init(I2C1);
27
28      /* 3. 初始化 AP3216C */
29      /* 重置 AP3216C */
30      ap3216c_writeonebyte(AP3216C_ADDR, AP3216C_SYSTEMCONG, 0X04);
31      delayms(50);                    /* AP33216C 重置至少 10ms */
```

```
32
33      /* 開啟 ALS、PS+IR */
34      ap3216c_writeonebyte(AP3216C_ADDR, AP3216C_SYSTEMCONG, 0X03);
35
36      /* 讀取剛剛寫進去的 0X03 */
37      data = ap3216c_readonebyte(AP3216C_ADDR, AP3216C_SYSTEMCONG);
38      if(data == 0X03)
39          return 0;               /* AP3216C 正常 */
40      else
41          return 1;               /* AP3216C 失敗 */
42 }
43
44 /*
45  * @description         : 向 AP3216C 寫入資料
46  * @param - addr        : 裝置位址
47  * @param - reg         : 要寫入的暫存器
48  * @param - data        : 要寫入的資料
49  * @return              : 操作結果
50  */
51 unsigned char ap3216c_writeonebyte(unsigned char addr,unsigned char reg, unsigned
char data)
52 {
53      unsigned char status=0;
54      unsigned char writedata=data;
55      struct i2c_transfer masterXfer;
56
57      /* 設定 I2C xfer 結構 */
58      masterXfer.slaveAddress = addr;              /* 裝置位址 */
59      masterXfer.direction = kI2C_Write;           /* 寫入資料 */
60      masterXfer.subaddress = reg;                 /* 要寫入的暫存器位址 */
61      masterXfer.subaddressSize = 1;               /* 位址長度 1 位元組 */
62      masterXfer.data = &writedata;                /* 要寫入的資料 */
63      masterXfer.dataSize = 1;                     /* 寫入資料長度 1 位元組 */
64
65      if(i2c_master_transfer(I2C1, &masterXfer))
66          status=1;
67
68      return status;
69 }
70
```

```
71 /*
72  * @description        : 從 AP3216C 讀取 1 位元組的資料
73  * @param - addr       : 裝置位址
74  * @param - reg        : 要讀取的暫存器
75  * @return             : 讀取到的資料
76  */
77 unsigned char ap3216c_readonebyte(unsigned char addr,unsigned char reg)
78 {
79     unsigned char val=0;
80
81     struct i2c_transfer masterXfer;
82     masterXfer.slaveAddress = addr;              /* 裝置位址 */
83     masterXfer.direction = kI2C_Read;            /* 讀取資料 */
84     masterXfer.subaddress = reg;                 /* 要讀取的暫存器位址 */
85     masterXfer.subaddressSize = 1;               /* 位址長度 1 位元組 */
86     masterXfer.data = &val;                      /* 接收資料緩衝區 */
87     masterXfer.dataSize = 1;                     /* 讀取資料長度 1 位元組 */
88     i2c_master_transfer(I2C1, &masterXfer);
89
90     return val;
91 }
92
93 /*
94  * @description        : 讀取 AP3216C 的原始資料，包括 ALS,PS 和 IR； 注意，如果
95  *                     : 同時開啟 ALS,IR+PS 兩次資料讀取的時間間隔要大於 112.5ms
96  * @param - ir         :ir 資料
97  * @param - ps         :ps 資料
98  * @param - ps         :als 資料
99  * @return             : 無。
100 */
101 void ap3216c_readdata(unsigned short *ir, unsigned short *ps, unsigned short *als)
102 {
103   unsigned char buf[6];
104   unsigned char i;
105
106   /* 迴圈讀取所有感測器資料 */
107   for(i = 0; i < 6; i++)
108   {
109       buf[i] = ap3216c_readonebyte(AP3216C_ADDR, AP3216C_IRDATALOW + i);
```

```
110    }
111
112    if(buf[0] & 0X80)                                      /* IR_OF 位元為 1, 則資料無效 */
113        *ir = 0;
114    else                                                   /* 讀取 IR 感測器的資料 */
115        *ir = ((unsigned short)buf[1] << 2) | (buf[0] & 0X03);
116
117    *als = ((unsigned short)buf[3] << 8) | buf[2];          /* 讀取 ALS 資料 */
118
119    if(buf[4] & 0x40)                                      /* IR_OF 位元為 1, 則資料無效 */
120        *ps = 0;
121    else                                                   /* 讀取 PS 感測器的資料 */
122        *ps = ((unsigned short)(buf[5] & 0X3F) << 4) | (buf[4] & 0X0F);
123 }
```

　　檔案 bsp_ap3216c.c 中共有 4 個函式,第 1 個函式是 ap3216c_init,顧名思義此函式用於初始化 AP3216C,初始化成功則傳回 0,如果初始化失敗就傳回其他值。此函式先初始化用到的 I/O,比如初始化 I2C1 的相關 I/O,並設定其重複使用位元 I2C1。然後此函式會呼叫 i2c_init 來初始化 I2C1,最後初始化 AP3216C。第 2 個和第 3 個函式分別為 ap3216c_writeonebyte 和 ap3216c_readonebyte,這兩個函式分別用於向 AP3216C 寫入資料和從 AP3216C 讀取資料。這兩個函式都透過呼叫 bsp_i2c.c 中的函式 i2c_master_transfer 來完成對 AP3216C 的讀寫。第 4 函式就是 ap3216c_readdata,此函式用於讀取 AP3216C 中的 ALS、PS 和 IR 的感測器資料。

　　最後在檔案 main.c 中輸入如範例 22-5 所示內容。

▼ 範例 22-5　main.c 檔案程式

```
/************************************************************
Copyright  © zuozhongkai Co., Ltd. 1998-2019. All rights reserved
檔案名稱        :main.c
作者            :左忠凱
版本            :V1.0
描述            :I.MX6ULL 開發板裸機實驗 18 I²C 實驗
其他            :I²C 是最常用的介面,ALPHA 開發板上有多個 I²C 外接裝置,本實驗就來學習如何驅動
                程式 I.MX6ULL 的 I²C 介面,並且透過 I²C 介面讀取板載 AP3216C 的資料值
```

討論區　　　　　　:www.openedv.com

記錄檔　　　　　:初版 V1.0 2019/1/15 左忠凱建立

**/

```c
1  #include "bsp_clk.h"
2  #include "bsp_delay.h"
3  #include "bsp_led.h"
4  #include "bsp_beep.h"
5  #include "bsp_key.h"
6  #include "bsp_int.h"
7  #include "bsp_uart.h"
8  #include "bsp_lcd.h"
9  #include "bsp_rtc.h"
10 #include "bsp_ap3216c.h"
11 #include "stdio.h"
12
13 /*
14  * @description       :main 函式
15  * @param             :無
16  * @return            :無
17  */
18 int main(void)
19 {
20     unsigned short ir, als, ps;
21     unsigned char state = OFF;
22
23     int_init();              /* 初始化中斷 ( 一定要最先呼叫 ) */
24     imx6u_clkinit();         /* 初始化系統時鐘 */
25     delay_init();            /* 初始化延遲時間 */
26     clk_enable();            /* 啟動所有的時鐘 */
27     led_init();              /* 初始化 led */
28     beep_init();             /* 初始化 beep */
29     uart_init();             /* 初始化序列埠，串列傳輸速率 115200   */
30     lcd_init();              /* 初始化 LCD */
31
32     tftlcd_dev.forecolor = LCD_RED;
33     lcd_show_string(30, 50, 200, 16, 16, (char*)"ALPHA-IMX6U IIC TEST");
34     lcd_show_string(30, 70, 200, 16, 16, (char*)"AP3216C TEST");
35     lcd_show_string(30, 90, 200, 16, 16, (char*)"ATOM@ALIENTEK");
36     lcd_show_string(30, 110, 200, 16, 16, (char*)"2019/3/26");
```

```
37
38    while(ap3216c_init())                    /* 檢測不到 AP3216C */
39    {
40        lcd_show_string(30, 130, 200, 16, 16, (char*)"AP3216C Check Failed!");
41        delayms(500);
42        lcd_show_string(30, 130, 200, 16, 16, (char*)"Please Check!");
43        delayms(500);
44    }
45
46    lcd_show_string(30, 130, 200, 16, 16, (char*)"AP3216C Ready!");
47    lcd_show_string(30, 160, 200, 16, 16, (char*)" IR:");
48    lcd_show_string(30, 180, 200, 16, 16, (char*)" PS:");
49    lcd_show_string(30, 200, 200, 16, 16, (char*)"ALS:");
50    tftlcd_dev.forecolor = LCD_BLUE;
51    while(1)
52    {
53        ap3216c_readdata(&ir, &ps, &als);           /* 讀取資料 */
54        lcd_shownum(30 + 32, 160, ir, 5, 16);       /* 顯示 IR 資料  */
55        lcd_shownum(30 + 32, 180, ps, 5, 16);       /* 顯示 PS 資料 */
56        lcd_shownum(30 + 32, 200, als, 5, 16);      /* 顯示 ALS 資料 */
57        delayms(120);
58        state = !state;
59        led_switch(LED0,state);
60    }
61    return 0;
62 }
```

第 38 行呼叫 ap3216c_init 來初始化 AP3216C，如果 AP3216C 初始化失敗就會進入迴圈，會在 LCD 上不斷地閃爍字串「AP3216C Check Failed!」和「Please Check!」，直到 AP3216C 初始化成功。

第 53 行呼叫函式 ap3216c_readdata 來獲取 AP3216C 的 ALS、PS 和 IR 感測器資料值，獲取完成以後就會在 LCD 上顯示出來。

22.4 編譯、下載和驗證

22.4.1 撰寫 Makefile 和連結腳本

修改 Makefile 中的 TARGET 為 ap3216c，然後在 INCDIRS 和 SRCDIRS 中加入 bsp/i2c 和 bsp/ap3216c，修改後的 Makefile 如範例 22-6 所示。

▼ 範例 22-6 Makefile 檔案程式

```
1  CROSS_COMPILE        ?= arm-linux-gnueabihf-
2  TARGET               ?= ap3216c
3
4  /* 省略掉其他程式 ...... */
5
6  INCDIRS              := imx6ul \
7                          stdio/include \
...
21                         bsp/i2c \
22                         bsp/ap3216c
23
24 SRCDIRS              := project \
25                         stdio/lib \
...
39                         bsp/i2c \
40                         bsp/ap3216c
41
42 /* 省略掉其他程式 ...... */
43
44 clean:
45  rm -rf $(TARGET).elf $(TARGET).dis $(TARGET).bin $(COBJS) $(SOBJS)
```

第 2 行修改變數 TARGET 為 ap3216c，也就是目標名稱為 ap3216c。

第 21 和 22 行在變數 INCDIRS 中增加 I²C 和 AP3216C 的驅動程式標頭檔（.h）路徑。

第 39 和 40 行在變數 SRCDIRS 中增加 I^2C 和 AP3216C 驅動程式檔案（.c）
路徑。

連結腳本保持不變。

22.4.2 編譯和下載

使用 Make 命令編譯程式，編譯成功以後使用軟體 imxdownload 將編譯完
成的 ap3216c.bin 檔案下載到 SD 卡中，命令如下所示。

```
chmod 777 imxdownload                    // 給予 imxdownload 可執行許可權，一次即可
./imxdownload ap3216c.bin /dev/sdd       // 燒錄到 SD 卡中，不能燒錄到 /dev/sda 或 sda1 裡
```

燒錄成功以後將 SD 卡插到開發板的 SD 卡槽中，然後重置開發板。程式執
行以後 LCD 介面如圖 22-14 所示。

▲ 圖 22-14 LCD 顯示介面

圖 22-14 中顯示出了 AP3216C 的 3 個感測器的資料，大家可以用手遮住
或靠近 AP3216C，LCD 上的 3 個資料就會變化。

第23章

SPI 實驗

　　同 I²C 一樣，SPI 是很常用的通訊介面，也可以透過 SPI 來連接許多的感測器。相比 I²C 介面，SPI 介面的通訊速度很快，I²C 最高達到 400kHz，但是 SPI 可到達幾十 MHz。I.MX6ULL 也有 4 個 SPI 介面，可以透過這 4 個 SPI 介面來連接一些 SPI 外接裝置。I.MX6ULL-ALPHA 使用 SPI3 介面連接了一個六軸感測器 ICM-20608，本章我們就來學習如何使用 I.MX6ULL 的 SPI 介面驅動程式 ICM-20608，讀取 ICM-20608 的六軸資料。

23.1 | SPI & ICM-20608 簡介

23.1.1 SPI 簡介

I²C 是串列通訊的一種，只需要兩根線就可以完成主機和從機之間的通訊，但是 I²C 的速度最高只能到 400kHz，如果對於存取速度要求比較高，I²C 就不適合了。本章我們就來學習和 I²C 一樣廣泛使用的串列通訊較 SPI（Serial Perripheral Interface，串列週邊設備介面）。SPI 是 Motorola 公司推出的一種同步序列介面技術，是一種高速、全雙工的同步通訊匯流排，SPI 時鐘頻率相比 I2C 要高很多，最高可以工作在上百 MHz。SPI 以主從方式工作，通常有一個主裝置和一個或多個從裝置。一般 SPI 需要 4 根線，但是也可以使用 3 根線（單向傳輸），本章講解標準的 4 線 SPI，這根線具體內容如下所示。

（1）CS/SS（Chip Select/Slave Select），這個是晶片選擇訊號線，用於選擇需要進行通訊的從裝置。I2C 主機是透過發送從機裝置位址來選擇需要進行通訊的從機裝置的，SPI 主機不需要發送從機裝置，直接將對應的從機裝置晶片選擇訊號拉低即可。

（2）SCK（Serial Clock），串列時鐘，和 I2C 的 SCL 一樣，為 SPI 通訊提供時鐘。

（3）MOSI/SDO（Master Out Slave In/Serial Data Output），簡稱主出從入訊號線，這根資料線只能用於主機向從機發送資料，也就是主機輸出，從機輸入。

（4）MISO/SDI（Master In Slave Out/Serial Data Input），簡稱主入從出訊號線，這根資料線只能使用者從機向主機發送資料，也就是主機輸入，從機輸出。

　　SPI 通訊都是由主機發起的，主機需要提供通訊的時鐘訊號。主機透過 SPI 線連接多個從裝置的結構如圖 23-1 所示。

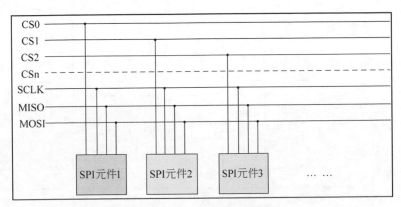

▲ 圖 23-1 SPI 裝置連接圖

　　SPI 有 4 種工作模式，透過串列時鐘極性（CPOL）和相位（CPHA）的搭配得到 4 種工作模式。

（1）CPOL=0，串列時鐘空閒狀態為低電位。

（2）CPOL=1，串列時鐘空閒狀態為高電位，此時可以透過設定時鐘相位 (CPHA) 來選擇具體的傳輸協定。

（3）CPHA=0，串列時鐘的第一個跳變沿（上昇緣或下降緣）擷取資料。

（4）CPHA=1，串列時鐘的第二個跳變沿（上昇緣或下降緣）擷取資料。

這 4 種工作模式如圖 23-2 所示。

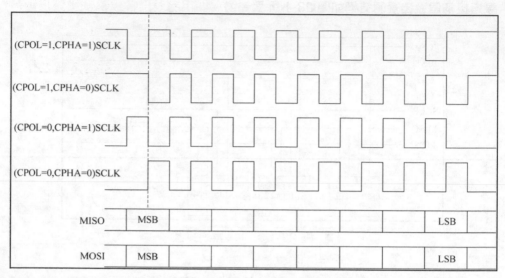

▲ 圖 23-2 SPI 的 4 種工作模式

跟 I²C 一樣，SPI 也是有時序圖的。以 CPOL=0，CPHA=0 這個工作模式為例，SPI 進行全雙工通訊的時序如圖 23-3 所示。

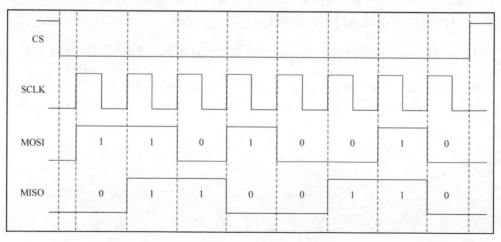

▲ 圖 23-3 SPI 時序圖

從圖 23-3 可以看出，SPI 的時序圖很簡單，不像 I²C 那樣還要分為讀取時序和寫時序，因為 SPI 是全雙工的，所以讀寫時序可以一起完成。圖 23-3 中，CS 晶片選擇訊號先拉低，選中要通訊的從裝置，然後透過 MOSI 和 MISO 這兩根資料線進行資料收發，MOSI 資料線發出了 0XD2 這個資料給從裝置，同時從裝置也透過 MISO 線給主裝置傳回了 0X66 這個資料。

23.1.2 I.MX6ULL ECSPI 簡介

I.MX6ULL 附帶的 SPI 外接裝置叫做 ECSPI（Enhanced Configurable Serial Peripheral Interface），別看前面加了個「EC」就以為和標準 SPI 不同，其實就是 SPI。ECSPI 有 64×32 個接收 FIFO（RXFIFO）和 64×32 個發送 FIFO（TXFIFO），ECSPI 特性以下所示。

（1）全雙工同步序列介面。

（2）可設定的主/從模式。

（3）四個晶片選擇訊號，支援多從機。

（4）發送和接收都有一個 32×64 的 FIFO。

（5）晶片選擇訊號 SS/CS，時鐘訊號 SCLK 極性可設定。

（6）支援 DMA。

I.MX6ULL 的 ECSPI 可以工作在主模式或從模式，本章使用主模式。I.MX6ULL 有 4 個 ECSPI，每個 ECSPI 支援 4 個晶片選擇訊號。如果要使用 ECSPI 硬體晶片選擇訊號，一個 ECSPI 可以支援 4 個外接裝置。如果不使用硬體的晶片選擇訊號，就可以支援無數個外接裝置，本章實驗我們不使用硬體晶片選擇訊號，因為硬體晶片選擇訊號只能使用指定的晶片選擇 I/O，軟體晶片選擇可以使用任意的 I/O。

接下來看一下 ECSPI 的幾個重要暫存器，ECSPIx_CONREG(x=1~4) 暫存器是 ECSPI 的控制暫存器，此暫存器結構如圖 23-4 所示。

Bit	31	30	29	28	27	26	25	24	23	22	21	20	19	18	17	16
R W					BURST_LENGTH								CHANNEL_SELECT		DRCTL	
Reset	0	0	0	0	0	0	0	0	0	0	0	0	0	0	0	0

Bit	15	14	13	12	11	10	9	8	7	6	5	4	3	2	1	0
R W		PRE_DIVIDER				POST_DIVIDER				CHANNEL_MODE			SMC	XCH	HT	EN
Reset	0	0	0	0	0	0	0	0	0	0	0	0	0	0	0	0

▲ 圖 23-4 暫存器 ECSPIx_CONREG 結構

暫存器 ECSPIx_CONREG 各位含義如下所示。

BURST_LENGTH（bit31:24）：突發長度，設定 SPI 的突發傳輸資料長度。在一次 SPI 發送中最多可以發送 212bit 資料。可以設定 0X000~0XFFF，分別對應 1~212bit。一般設定突發長度為 1 位元組，也就是 8bit，BURST_LENGTH=7。

CHANNEL_SELECT（bit19:18）：SPI 通道選擇，1 個 ECSPI 有 4 個硬體晶片選擇訊號，每個晶片選擇訊號是一個硬體通道，雖然本章實驗使用軟體晶片選擇，但是 SPI 通道還是要選擇的。可設定為 0~3，分別對應通道 0~3。I.MX6ULL-ALPHA 開發板上的 ICM-20608 晶片選擇訊號接的是 ECSPI3_SS0，也就是 ECSPI3 的通道 0，所以本章實驗設定為 0。

DRCTL（bit17:16）：SPI 的 SPI_RDY 訊號控制位元，用於設定 SPI_RDY 訊號，為 0 時不關心 SPI_RDY 訊號；為 1 時 SPI_RDY 訊號為邊緣觸發；為 2 時 SPI_RDY 訊號是電位觸發。

PRE_DIVIDER（bit15:12）：SPI 預分頻，ECSPI 時鐘頻率使用兩步來完成，此位元設定的是第一步，可設定 0~15，分別對應 1~16 分頻。

POST_DIVIDER（bit11:8）：SPI 分頻值，ECSPI 時鐘頻率的第二步分頻設定，分頻值為 $2^{POST\_DIVIDER}$。

CHANNEL_MODE（bit7:4）：SPI 通道主/從模式設定，CHANNEL_MODE[3:0] 分別對應 SPI 通道 3~0，為 0 時設定為從模式，如果為 1 就是主模式。比如設定為 0X01 就是設定通道 0 為主模式。

SMC（bit3）：開始模式控制，此位元只能在主模式下起作用，為 0 時透過 XCH 位元開啟 SPI 突發存取，為 1 時只要向 TXFIFO 寫入資料就能開啟 SPI 突發存取。

XCH（bit2）：此位元只在主模式下起作用，當 SMC 為 0 時，此位元用來控制 SPI 突發存取的開啟。

HT（bit1）：HT 模式啟動位元，I.MX6ULL 不支援。

EN（bit0）：SPI 啟動位元，為 0 時關閉 SPI，為 1 時啟動 SPI。

ECSPIx_CONFIGREG 也是 ECSPI 的設定暫存器，此暫存器結構如圖 23-5 所示。

Bit	31 30 29 28 27 26 25 24	23 22 21 20	19 18 17 16	15 14 13 12	11 10 9 8	7 6 5 4	3 2 1 0
R W	Reserved HT_LENGTH	SCLK_CTL	DATA_CTL	SS_POL	SS_CTL	SCLK_POL	SCLK_PHA
Reset	0 0 0 0 0 0 0 0	0 0 0 0	0 0 0 0	0 0 0 0	0 0 0 0	0 0 0 0	0 0 0 0

▲ 圖 23-5 暫存器 ECSPIx_CONFIGREG 結構

暫存器 ECSPIx_CONFIGREG 用到的重要位元如下所示。

HT_LENGTH（bit28:24）：HT 模式下的訊息長度設定，I.MX6ULL 不支援。

SCLK_CTL（bit23:20）：設定 SCLK 訊號線空閒狀態電位，SCLK_CTL[3:0] 分別對應通道 3~0，為 0 時 SCLK 空閒狀態為低電位，為 1 時 SCLK 空閒狀態為高電位。

DATA_CTL（bit19:16）：設定 DATA 訊號線空閒狀態電位，DATA_CTL[3:0] 分別對應通道 3~0，為 0 時 DATA 空閒狀態為高電位，為 1 時 DATA 空閒狀態為低電位。

SS_POL（bit15:12）：設定 SPI 晶片選擇訊號極性設定，SS_POL[3:0] 分別對應通道 3~0，為 0 時晶片選擇訊號低電位有效，為 1 時晶片選擇訊號高電位有效。

SCLK_POL（bit7:4）：SPI 時鐘訊號極性設定，也就是 CPOL。SCLK_POL[3:0] 分別對應通道 3~0，為 0 時 SCLK 高電位有效（空閒時為低電位），為 1 時 SCLK 低電位有效（空閒時為高電位）。

SCLK_PHA（bit3:0）：SPI 時 鐘 相 位 設 定，也 就 是 CPHA。SCLK_PHA[3:0] 分別對應通道 3~0，為 0 時串列時鐘的第一個跳變沿（上昇緣或下降緣）擷取資料，為 1 時串列時鐘的第二個跳變沿（上昇緣或下降緣）擷取資料。

透過 SCLK_POL 和 SCLK_PHA 可以設定 SPI 的工作模式。

暫存器 ECSPIx_PERIODREG 是 ECSPI 的採樣週期暫存器，此暫存器結構如圖 23-6 所示。

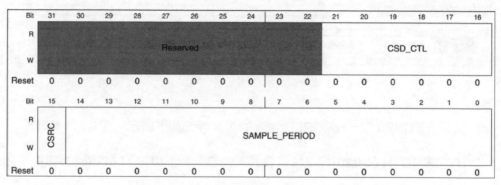

▲ 圖 23-6 暫存器 ECSPIx_PERIODREG 結構

暫存器 ECSPIx_PERIODREG 用到的重要位元如下所示。

CSD_CTL（bit21:16）：晶片選擇訊號延遲時間控制位元，用於設定晶片選擇訊號和第一個 SPI 時鐘訊號之間的時間間隔，可設定的值為 0~63。

CSRC（bit15）：SPI 時鐘來源選擇，為 0 時選擇 SPI CLK 為 SPI 時鐘來源，為 1 時選擇 32.768kHz 的晶振為 SPI 時鐘來源。一般選擇 SPI CLK 作為 SPI 時鐘來源，SPI CLK 時鐘來源如圖 23-7 所示。

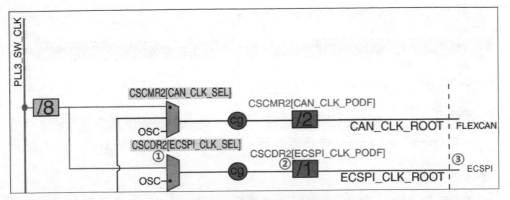

▲ 圖 23-7　SPI CLK 時鐘來源

圖 23-7 中各部分含義如下所示。

① 這是一個選擇器，用於選擇根時鐘來源，由暫存器 CSCDR2 的位元 ECSPI_CLK_SEL 來控制，為 0 時選擇 pll3_60m 作為 ECSPI 根時鐘來源。為 1 時選擇 osc_clk 作為 ECSPI 時鐘來源。本章選擇 pll3_60m 作為 ECSPI 根時鐘來源。

② ECSPI 時鐘分頻值，由暫存器 CSCDR2 的位元 ECSPI_CLK_PODF 來控制，分頻值為 2ECSPI_CLK_PODF。設定為 0，也就是 1 分頻。

③ 最終進入 ECSPI 的時鐘，SPI CLK=60MHz。

SAMPLE_PERIO：採樣週期暫存器，可設定為 0~0X7FFF，分別對應 0~32767 個週期。

接下來看一下暫存器 ECSPIx_STATREG，這個是 ECSPI 的狀態暫存器，此暫存器結構如圖 23-8 所示。

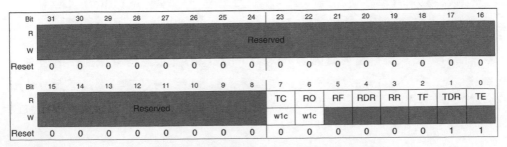

▲ 圖 23-8　暫存器 ECSPIx_STATREG 結構

暫存器 ECSPIx_STATREG 用到的重要位元如下所示。

TC（bit7）：傳輸完成標識位元，為 0 表示正在傳輸，為 1 表示傳輸完成。

RO（bit6）：RXFIFO 溢位標識位元，為 0 表示 RXFIFO 無溢位，為 1 表示 RXFIFO 溢位。

RF（bit5）：RXFIFO 空標識位元，為 0 表示 RXFIFO 不為空，為 1 表示 RXFIFO 為空。

RDR（bit4）：RXFIFO 資料請求標識位元，此位元為 0 表示 RXFIFO 中的資料不大於 RX_THRESHOLD，此位元為 1 表示 RXFIFO 中的資料大於 RX_THRESHOLD。

RR（bit3）：RXFIFO 就緒標識位元，為 0 表示 RXFIFO 沒有資料，為 1 表示 RXFIFO 中至少有 1 位元組的資料。

TF（bit2）：TXFIFO 滿標識位元，為 0 表示 TXFIFO 不為滿，為 1 表示 TXFIFO 為滿。

TDR（bit1）：TXFIFO 資料請求標識位元，為 0 表示 TXFIFO 中的資料大於 TX_THRESHOLD，為 1 表示 TXFIFO 中的資料不大於 TX_THRESHOLD。

TE（bit0）：TXFIFO 空標識位元，為 0 表示 TXFIFO 中至少有 1 位元組的資料，為 1 表示 TXFIFO 為空。

最後就是兩個資料暫存器，ECSPIx_TXDATA 和 ECSPIx_RXDATA。這兩個暫存器都是 32 位元的，如果要發送資料就向暫存器 ECSPIx_TXDATA 寫入資料，讀取及存取 ECSPIx_RXDATA 中的資料就可以得到剛剛接收到的資料。

23.1.3 ICM-20608 簡介

　　ICM-20608 是 InvenSense 出品的一款六軸 MEMS 感測器，包括 3 軸加速度和 3 軸陀螺儀。ICM-20608 尺寸非常小，只有 3mm×3mm×0.75mm，採用 16P 的 LGA 封裝。ICM-20608 內部有一個 512 位元組的 FIFO。陀螺儀的量程範圍可以程式設計設定，可選擇 ±250°/s、±500°/s、±1000°/s 和 ±2000°/s，加速度的量程範圍也可以程式設計設定，可選擇 ±2g、±4g、±8g 和 ±16g。陀螺儀和加速度計都是 16 位元的 ADC，並且支援 I2C 和 SPI 兩種協定，使用 I2C 介面的話通訊速度最高可以達到 400kHz，使用 SPI 介面的話通訊速度最高可達到 8MHz。I.MX6ULL-ALPHA 開發板上的 ICM-20608 透過 SPI 介面和 I.MX6ULL 連接在一起。ICM-20608 特性如下所示。

（1）陀螺儀支援 X、Y 和 Z 三軸輸出，內部整合 16 位元 ADC，測量範圍可設定：±250°/s、±500°/s、±1000°/s 和 ±2000°/s。

（2）加速度計支援 X、Y 和 Z 軸輸出，內部整合 16 位元 ADC，測量範圍可設定：±2g、±4g、±4g、±8g 和 ±16g。

（3）使用者可程式化中斷。

（4）內部包含 512 位元組的 FIFO。

（5）內部包含一個數字溫度感測器。

（6）耐 10000g 的衝擊。

（7）支援快速 I^2C，速度可達 400kHz。

（8）支援 SPI，速度可達 8MHz。

ICM-20608 的 3 軸方向如圖 23-9 所示。

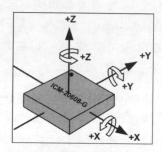

▲ 圖 23-9 ICM-20608 檢測軸方向和極性

ICM-20608 的結構方塊圖如圖 23-10 所示。

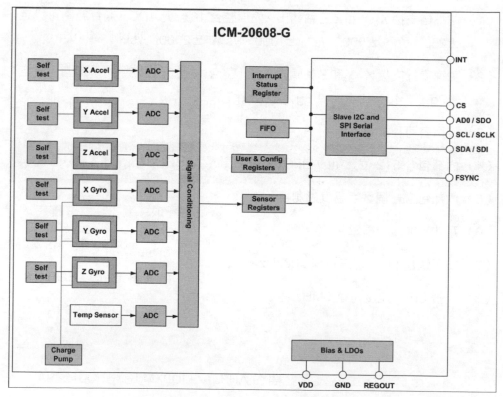

▲ 圖 23-10 ICM-20608 結構方塊圖

如果使用 I²C 介面，ICM-20608 的 AD0 接腳決定 I²C 裝置從位址的最後一位元，AD0 為 0 時 ICM-20608 從裝置位址是 0X68，AD0 為 1 時 ICM-20608 從裝置位址為 0X69。本章使用 SPI 介面，跟第 22 章使用 AP3216C 一樣，ICM-20608 也是透過讀寫暫存器設定和讀取感測器資料。使用 SPI 介面讀寫暫存器需要 16 個時鐘或更多（如果讀寫操作包括多位元組）。第 1 個位元組包含要讀寫的暫存器位址，暫存器位址最高位元是讀寫標識位元，如果是讀取的話暫存器位址最高位元要為 1，如果是寫入的話暫存器位址最高位元要為 0。剩下的 7 位元才是實際的暫存器位址，暫存器位址後面跟著的就是讀寫的資料。表 23-1 列出了本章實驗用到的一些暫存器和位元，關於 ICM-20608 的詳細暫存器和位元的介紹請參考 ICM-20608 的暫存器表。

▼ 表 23-1 ICM-20608 暫存器表

暫存器位址	位元	暫存器功能	描述
0X19	SMLPRT_DIV[7:0]	輸出速率設定	設定輸出速率，輸出速率計算公式如下：SAMPLE_RATE=INTERNAL_SAMPLE_RATE/(1+SMPLRT_DIV)
0X1A	DLPF_CFG[2:0]	晶片設定	設定陀螺儀低通濾波，可設定 0~7
0X1B	FS_SEL[1:0]	陀螺儀量程設定	0：±250dps；1：±500dps；2：±1000dps 3：±2000dps
0X1C	ACC_FS_SEL[1:0]	加速度計量程設定	0：±2g；1：±4g；2：±8g；3：±16g
0X1D	A_DLPF_CFG[2:0]	加速度計低通濾波設定	設定加速度計的低通濾波，可設定 0~7
0X1E	GYRO_CYCLE[7]	陀螺儀低功耗啟動	0：關閉陀螺儀的低功耗功能 1：啟動陀螺儀的低功耗功能

續表

暫存器位址	位元	暫存器功能	描述
0X23	TEMP_FIFO_EN[7]	FIFO 啟動控制	1：啟動溫度感測器 FIFO 0：關閉溫度感測器 FIFO
	XG_FIFO_EN[6]		1：啟動陀螺儀 X 軸 FIFO 0：關閉陀螺儀 X 軸 FIFO
	YG_FIFO_EN[5]		1：啟動陀螺儀 Y 軸 FIFO 0：關閉陀螺儀 Y 軸 FIFO
	ZG_FIFO_EN[4]		1：啟動陀螺儀 Z 軸 FIFO 0：關閉陀螺儀 Z 軸 FIFO
	ACCEL_FIFO_EN[3]		1：啟動加速度計 FIFO 0：關閉加速度計 FIFO
0X3B	ACCEL_XOUT_H[7:0]	資料暫存器	加速度 X 軸資料高 8 位元
0X3C	ACCEL_XOUT_L[7:0]		加速度 X 軸資料低 8 位元
0X3D	ACCEL_YOUT_H[7:0]		加速度 Y 軸資料高 8 位元
0X3E	ACCEL_YOUT_L[7:0]		加速度 Y 軸資料低 8 位元
0X3F	ACCEL_ZOUT_H[7:0]		加速度 Z 軸資料高 8 位元
0X40	ACCEL_ZOUT_L[7:0]		加速度 Z 軸資料低 8 位元
0X41	TEMP_OUT_H[7:0]		溫度資料高 8 位元
0X42	TEMP_OUT_L[7:0]		溫度資料低 8 位元
0X43	GYRO_XOUT_H[7:0]		陀螺儀 X 軸資料高 8 位元
0X44	GYRO_XOUT_L[7:0]		陀螺儀 X 軸資料低 8 位元
0X45	GYRO_YOUT_H[7:0]		陀螺儀 Y 軸資料高 8 位元
0X46	GYRO_YOUT_L[7:0]		陀螺儀 Y 軸資料低 8 位元
0X47	GYRO_ZOUT_H[7:0]		陀螺儀 Z 軸資料高 8 位元
0X48	GYRO_ZOUT_L[7:0]		陀螺儀 Z 軸資料低 8 位元
0X6B	DEVICE_RESET[7]	電源管理暫存器 1	1：重置 ICM-20608
	SLEEP[6]		0：退出休眠模式；1，進入休眠模式

續表

暫存器位址	位元	暫存器功能	描述
0X6C	STBY_XA[5]	電源管理暫存器 2	0：啟動加速度計 X 軸 1：關閉加速度計 X 軸
	STBY_YA[4]		0：啟動加速度計 Y 軸 1：關閉加速度計 Y 軸
	STBY_ZA[3]		0：啟動加速度計 Z 軸 1：關閉加速度計 Z 軸
	STBY_XG[2]		0：啟動陀螺儀 X 軸 1：關閉陀螺儀 X 軸
	STBY_YG[1]		0：啟動陀螺儀 Y 軸 1：關閉陀螺儀 Y 軸
	STBY_ZG[0]		0：啟動陀螺儀 Z 軸 1：關閉陀螺儀 Z 軸
0X75	WHOAMI[7:0]		ID 暫存器，ICM-20608G 的 ID 為 0XAF，ICM-20608D 的 ID 為 0XAE

　　ICM-20608 的介紹就到這裡，關於 ICM-20608 的詳細介紹請參考 ICM-20608 的資料手冊和暫存器手冊。

23.2 | 硬體原理分析

　　本實驗用到的資源如下所示。

（1）指示燈 LED0。

（2） RGB LCD 螢幕。

（3）ICM-20608。

（4）序列埠。

ICM-20608 是在 I.MX6ULL-ALPHA 開發板底板上，原理圖如圖 23-11 所示。

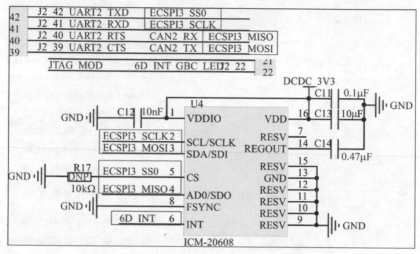

▲ 圖 23-11　ICM-20608 原理圖

23.3 ｜ 實驗程式撰寫

本實驗對應的常式路徑為「1、裸機常式→ 18_spi」。

本章實驗在上一章常式的基礎上完成，更改專案名稱為 icm20608，然後在 bsp 資料夾下建立名為 spi 和 icm20608 的檔案。在 bsp/spi 中新建 bsp_spi.c 和 bsp_spi.h 這兩個檔案，在 bsp/icm20608 中新建 bsp_icm20608.c 和 bsp_icm20608.h 這兩個檔案。bsp_spi.c 和 bsp_spi.h 是 I.MX6ULL 的 SPI 檔案，bsp_icm20608.c 和 bsp_icm20608.h 是 ICM20608 的驅動程式檔案。在檔案 bsp_spi.h 中輸入如範例 23-1 所示內容。

▼ 範例 23-1　bsp_spi.h 檔案程式

```
1  #ifndef _BSP_SPI_H
2  #define _BSP_SPI_H
3  /**********************************************************
4  Copyright  © zuozhongkai Co., Ltd. 1998-2019. All rights reserved
```

```
5    檔案名稱        :bsp_spi.h
6    作者            : 左忠凱
7    版本            :V1.0
8    描述            :SPI 驅動程式標頭檔
9    其他            : 無
10   討論區          :www.openedv.com
11   記錄檔          : 初版 V1.0 2019/1/17 左忠凱建立
12 **********************************************************/
13 #include "imx6ul.h"
14
15 /* 函式宣告 */
16 void spi_init(ECSPI_Type *base);
17 unsigned char spich0_readwrite_byte(ECSPI_Type *base,
                                       unsigned char txdata);

18 #endif
```

　　檔案 bsp_spi.h 內容很簡單，就是函式宣告。在檔案 bsp_spi.c 中輸入如範例 23-2 所示內容。

▼ 範例 23-2 bsp_spi.c 檔案程式

```
/**********************************************************
Copyright  © zuozhongkai Co., Ltd. 1998-2019. All rights reserved
檔案名稱        :bsp_spi.c
作者            : 左忠凱
版本            :V1.0
描述            :SPI 驅動程式檔案
其他            : 無
討論區          :www.openedv.com
記錄檔          : 初版 V1.0 2019/1/17 左忠凱建立
**********************************************************/
1   #include "bsp_spi.h"
2   #include "bsp_gpio.h"
3   #include "stdio.h"
4
5   /*
6    * @description    : 初始化 SPI
7    * @param - base   : 要初始化的 SPI
8    * @return         : 無
```

```
9   */
10  void spi_init(ECSPI_Type *base)
11  {
12      /* 設定 CONREG 暫存器
13       * bit0 :              1              啟動 ECSPI
14       * bit3 :              1              當向 TXFIFO 寫入資料以後即開啟 SPI 突發
15       * bit[7:4]：0001                     SPI 通道 0 主模式，根據實際情況選擇，開發板上的
16                                            *ICM-20608 接在 SS0 上，所以設定通道 0 為主模式
17       * bit[19:18]:         00             選中通道 0( 其實不需要，因為晶片選擇訊號自己控制 )
18       * bit[31:20]:         0x7            突發長度為 8bit
19       */
20      base->CONREG = 0;                                    /* 先清除控制暫存器 */
21      base->CONREG |= (1 << 0) | (1 << 3) | (1 << 4) | (7 << 20);
22
23      /*
24       * ECSPI 通道 0 設定，即設定 CONFIGREG 暫存器
25       * bit0:   0 通道 0 PHA 為 0
26       * bit4:   0 通道 0 SCLK 高電位有效
27       * bit8:   0 通道 0 晶片選擇訊號  當 SMC 為 1 時此位元無效
28       * bit12:  0 通道 0 POL 為 0
29       * bit16:  0 通道 0 資料線空閒時高電位
30       * bit20:  0 通道 0 時鐘線空閒時低電位
31       */
32      base->CONFIGREG = 0;                                 /* 設定通道暫存器 */
33
34      /*
35       * ECSPI 通道 0 設定，設定採樣週期
36       * bit[14:0] :    0X2000 採樣等待週期，比如當 SPI 時鐘為 10MHz 時
37       *                0X2000 就等於 1/10000 * 0X2000 = 0.8192ms，也就是
38       *                連續讀取資料時每次間隔 0.8ms
39       * bit15:         0 採樣時鐘來源為 SPI CLK
40       * bit[21:16]:    0 晶片選擇延遲時間，可設定為 0~63
41       */
42      base->PERIODREG = 0X2000;                            /* 設定採樣週期暫存器 */
43
44      /*
45       * ECSPI 的 SPI 時鐘設定，SPI 的時鐘來源來自 pll3_sw_clk/8=480/8=60MHz
46       * SPI CLK = (SourceCLK / PER_DIVIDER) / (2^POST_DIVEDER)
47       * 比如我們現在要設定 SPI 時鐘為 6MHz，那麼設定如下：
```

```
48     * PER_DIVIDER = 0X9。
49     * POST_DIVIDER = 0X0。
50     * SPI CLK = 60000000/(0X9 + 1) = 60000000=6MHz
51     */
52    base->CONREG &= ~((0XF << 12) | (0XF << 8)); /* 清除以前的設定 */
53    base->CONREG |= (0X9 << 12);/* 設定 SPI CLK = 6MHz */
54 }
55
56 /*
57  * @description      :SPI 通道 0 發送 / 接收 1 位元組的資料
58  * @param - base     : 要使用的 SPI
59  * @param - txdata   : 要發送的資料
60  * @return           :無
61  */
62 unsigned char spich0_readwrite_byte(ECSPI_Type *base, unsigned char txdata)
63 {
64    uint32_tspirxdata = 0;
65    uint32_tspitxdata = txdata;
66
67    /* 選擇通道 0 */
68    base->CONREG &= ~(3 << 18);
69    base->CONREG |= (0 << 18);
70
71    while((base->STATREG & (1 << 0)) == 0){}      /* 等待發送 FIFO 為空 */
72    base->TXDATA = spitxdata;
73
74    while((base->STATREG & (1 << 3)) == 0){}      /* 等待接收 FIFO 有資料 */
75    spirxdata = base->RXDATA;
76    return spirxdata;
77 }
```

　　檔案 bsp_spi.c 中有兩個函式 spi_init 和 spich0_readwrite_byte，spi_init 函式是 SPI 初始化函式，此函式會初始化 SPI 的時鐘、通道等。spich0_readwrite_byte 函式是 SPI 收發函式，透過此函式即可完成 SPI 的全雙工資料收發。

接下來在檔案 bsp_icm20608.h 中輸入如範例 23-3 所示內容。

▼ 範例 23-3 bsp_icm20608.h 檔案程式

```
1  #ifndef _BSP_ICM20608_H
2  #define _BSP_ICM20608_H
3  /**********************************************************
4  Copyright  © zuozhongkai Co., Ltd. 1998-2019. All rights reserved
5  檔案名稱        :bsp_icm20608.h
6  作者           :左忠凱
7  版本           :V1.0
8  描述           :ICM20608 驅動程式檔案
9  其他           :無
10 討論區         :www.openedv.com
11 記錄檔         : 初版 V1.0 2019/3/26 左忠凱建立
12 **********************************************************/
13 #include "imx6ul.h"
14 #include "bsp_gpio.h"
15
16 /* SPI 晶片選擇訊號 */
17 #define ICM20608_CSN(n)        (n ? gpio_pinwrite(GPIO1, 20, 1) :
gpio_pinwrite(GPIO1, 20, 0))
18
19 #define ICM20608G_ID 0XAF/* ID 值 */
20 #define ICM20608D_ID 0XAE/* ID 值 */
21
22 /* ICM20608 暫存器
23  * 重置後所有暫存器位址都為 0，除了
24  *Register 107(0X6B) Power Management 1      = 0x40
25  *Register 117(0X75) WHO_AM_I                = 0xAF 或 0xAE
26  */
27 /* 陀螺儀和加速度自測（出產時設定，用於與使用者的自檢輸出值比較）*/
28 #defineICM20_SELF_TEST_X_GYRO 0x00
29 #defineICM20_SELF_TEST_Y_GYRO 0x01
30 #defineICM20_SELF_TEST_Z_GYRO 0x02
31 #defineICM20_SELF_TEST_X_ACCEL        0x0D
32 #defineICM20_SELF_TEST_Y_ACCEL        0x0E
33 #defineICM20_SELF_TEST_Z_ACCEL        0x0F
34 /*********** 省略掉其他巨集定義 ************/
35 #defineICM20_ZA_OFFSET_H        0x7D
```

```
36 #defineICM20_ZA_OFFSET_L      0x7E
37
38 /*
39  * ICM20608 結構
40  */
41 struct icm20608_dev_struc
42 {
43    signed int gyro_x_adc;                    /* 陀螺儀 X 軸原始值 */
44    signed int gyro_y_adc;                    /* 陀螺儀 Y 軸原始值 */
45    signed int gyro_z_adc;                    /* 陀螺儀 Z 軸原始值 */
46    signed int accel_x_adc;                   /* 加速度計 X 軸原始值 */
47    signed int accel_y_adc;                   /* 加速度計 Y 軸原始值 */
48    signed int accel_z_adc;                   /* 加速度計 Z 軸原始值 */
49    signed int temp_adc;                      /* 溫度原始值 */
50
51    /* 下面是計算得到的實際值，擴大 100 倍 */
52    signed int gyro_x_act;                    /* 陀螺儀 X 軸實際值 */
53    signed int gyro_y_act;                    /* 陀螺儀 Y 軸實際值 */
54    signed int gyro_z_act;                    /* 陀螺儀 Z 軸實際值 */
55    signed int accel_x_act;                   /* 加速度計 X 軸實際值 */
56    signed int accel_y_act;                   /* 加速度計 Y 軸實際值 */
57    signed int accel_z_act;                   /* 加速度計 Z 軸實際值 */
58    signed int temp_act;                      /* 溫度實際值 */
59 };
60
61 struct icm20608_dev_struc icm20608_dev;      /* icm20608 裝置 */
62
63 /* 函式宣告 */
64 unsigned char icm20608_init(void);
65 void icm20608_write_reg(unsigned char reg, unsigned char value);
66 unsigned char icm20608_read_reg(unsigned char reg);
67 void icm20608_read_len(unsigned char reg, unsigned char *buf,
                          unsigned char len);
68 void icm20608_getdata(void);
69    #endif
```

檔案 bsp_icm20608.h 裡先定義了一個巨集 ICM20608_CSN，這個是 ICM20608 的 SPI 晶片選擇接腳。接下來定義了一些 ICM20608 的 ID 和暫存器

位址。第 41 行定義了一個結構 icm20608_dev_struc，這個結構是 ICM20608
的裝置結構，裡面的成員變數用來儲存 ICM20608 的原始資料值和轉換得到的
實際值。實際值是有小數的，本章常式取兩位元小數。為了方便計算，實際值
擴大了 100 倍，這樣實際值就是整數了，但是在使用時要除 100 重新得到小數
部分。最後就是一些函式宣告，接下來在檔案 bsp_icm20608.c 中輸入如範例
23-4 所示內容。

▼ 範例 23-4 bsp_icm20608.c 檔案程式

```
/****************************************************************
Copyright    © zuozhongkai Co., Ltd. 1998-2019. All rights reserved
檔案名稱         :bsp_icm20608.c
作者            :左忠凱
版本            :V1.0
描述            :ICM20608 驅動程式檔案
其他            :無
討論區          :www.openedv.com
記錄檔          :初版 V1.0 2019/3/26 左忠凱建立
****************************************************************/
1   #include "bsp_icm20608.h"
2   #include "bsp_delay.h"
3   #include "bsp_spi.h"
4   #include "stdio.h"
5
6   struct icm20608_dev_struc icm20608_dev; /* icm20608 裝置 */
7
8   /*
9    * @description      : 初始化 ICM20608
10   * @param            : 無
11   * @return           :0 初始化成功，其他值 初始化失敗
12   */
13  unsigned char icm20608_init(void)
14  {
15      unsigned char regvalue;
16      gpio_pin_config_t cs_config;
17
18      /* 1. ESPI3 IO 初始化
19       * ECSPI3_SCLK      -> UART2_RXD
```

```
20    * ECSPI3_MISO       -> UART2_RTS
21    * ECSPI3_MOSI       -> UART2_CTS
22    */
23   IOMUXC_SetPinMux(IOMUXC_UART2_RX_DATA_ECSPI3_SCLK, 0);
24   IOMUXC_SetPinMux(IOMUXC_UART2_CTS_B_ECSPI3_MOSI, 0);
25   IOMUXC_SetPinMux(IOMUXC_UART2_RTS_B_ECSPI3_MISO, 0);
26   IOMUXC_SetPinConfig(IOMUXC_UART2_RX_DATA_ECSPI3_SCLK, 0x10B1);
27   IOMUXC_SetPinConfig(IOMUXC_UART2_CTS_B_ECSPI3_MOSI, 0x10B1);
28   IOMUXC_SetPinConfig(IOMUXC_UART2_RTS_B_ECSPI3_MISO, 0x10B1);
29
30   /* 初始化晶片選擇接腳 */
31   IOMUXC_SetPinMux(IOMUXC_UART2_TX_DATA_GPIO1_IO20, 0);
32   IOMUXC_SetPinConfig(IOMUXC_UART2_TX_DATA_GPIO1_IO20, 0X10B0);
33   cs_config.direction = kGPIO_DigitalOutput;
34   cs_config.outputLogic = 0;
35   gpio_init(GPIO1, 20, &cs_config);
36
37   /* 2. 初始化 SPI */
38   spi_init(ECSPI3);
39
40   icm20608_write_reg(ICM20_PWR_MGMT_1, 0x80);        /* 重置 */
41   delayms(50);
42   icm20608_write_reg(ICM20_PWR_MGMT_1, 0x01);        /* 關閉睡眠 */
43   delayms(50);
44
45   regvalue = icm20608_read_reg(ICM20_WHO_AM_I);
46   printf("icm20608 id = %#X\r\n", regvalue);
47   if(regvalue != ICM20608G_ID && regvalue != ICM20608D_ID)
48       return 1;
49
50   icm20608_write_reg(ICM20_SMPLRT_DIV, 0x00);        /* 輸出速率設定 */
51   icm20608_write_reg(ICM20_GYRO_CONFIG, 0x18);       /* 陀螺儀 ±2000dps */
52   icm20608_write_reg(ICM20_ACCEL_CONFIG, 0x18);      /* 加速度計 ±16g */
53   icm20608_write_reg(ICM20_CONFIG, 0x04);            /* 陀螺 BW=20Hz */
54   icm20608_write_reg(ICM20_ACCEL_CONFIG2, 0x04);
55   icm20608_write_reg(ICM20_PWR_MGMT_2, 0x00);        /* 開啟所有軸 */
56   icm20608_write_reg(ICM20_LP_MODE_CFG, 0x00);       /* 關閉低功耗 */
57   icm20608_write_reg(ICM20_FIFO_EN, 0x00);           /* 關閉 FIFO */
58   return 0;
59 }
```

```
60
61 /*
62  * @description        : 寫入 ICM20608 指定暫存器
63  * @param - reg        : 要讀取的暫存器位址
64  * @param - value      : 要寫入的值
65  * @return             : 無
66  */
67 void icm20608_write_reg(unsigned char reg, unsigned char value)
68 {
69     /* ICM20608 在使用 SPI 介面時暫存器位址只有低 7 位元有效，
70      * 暫存器位址最高位元是讀 / 寫標識位元，讀取時要為 1，寫入時要為 0
71      */
72     reg &= ~0X80;
73
74     ICM20608_CSN(0);                              /* 啟動 SPI 傳輸 */
75     spich0_readwrite_byte(ECSPI3, reg);           /* 發送暫存器位址 */
76     spich0_readwrite_byte(ECSPI3, value);         /* 發送要寫入的值 */
77     ICM20608_CSN(1);                              /* 禁止 SPI 傳輸 */
78 }
79
80 /*
81  * @description        : 讀取 ICM20608 暫存器值
82  * @param - reg        : 要讀取的暫存器位址
83  * @return             : 讀取到的暫存器值
84  */
85 unsigned char icm20608_read_reg(unsigned char reg)
86 {
87 unsigned char reg_val;
88
89     /* ICM20608 在使用 SPI 介面時暫存器位址只有低 7 位元有效，
90      * 暫存器位址最高位元是讀 / 寫標識位元，讀取時要為 1，寫入時要為 0
91      */
92 reg |= 0x80;
93
94     ICM20608_CSN(0);                              /* 啟動 SPI 傳輸 */
95     spich0_readwrite_byte(ECSPI3, reg);           /* 發送暫存器位址 */
96     reg_val = spich0_readwrite_byte(ECSPI3, 0XFF); /* 讀取暫存器的值 */
97     ICM20608_CSN(1);                              /* 禁止 SPI 傳輸 */
98     return(reg_val);                              /* 傳回讀取到的暫存器值 */
```

```
99  }
100
101 /*
102  * @description      : 讀取 ICM20608 連續多個暫存器
103  * @param - reg      : 要讀取的暫存器位址
104  * @return           : 讀取到的暫存器值
105  */
106 void icm20608_read_len(unsigned char reg, unsigned char *buf,
                           unsigned char len)
107 {
108   unsigned char i;
109
110   /* ICM20608 在使用 SPI 介面時暫存器位址，只有低 7 位元有效，
111    * 暫存器位址最高位元是讀 / 寫標識位元讀取時要為 1，寫入時要為 0
112    */
113   reg |= 0x80;
114
115   ICM20608_CSN(0);                      /* 啟動 SPI 傳輸 */
116   spich0_readwrite_byte(ECSPI3, reg); /* 發送暫存器位址 */
117   for(i = 0; i < len; i++)             /* 順序讀取暫存器的值 */
118   {
119       buf[i] = spich0_readwrite_byte(ECSPI3, 0XFF);
120   }
121   ICM20608_CSN(1);/* 禁止 SPI 傳輸 */
122 }
123
124 /*
125  * @description      : 獲取陀螺儀的解析度
126  * @param            : 無
127  * @return           : 獲取到的解析度
128  */
129 float icm20608_gyro_scaleget(void)
130 {
131   unsigned char data;
132   float gyroscale;
133
134   data = (icm20608_read_reg(ICM20_GYRO_CONFIG) >> 3) & 0X3;
135   switch(data) {
136       case 0:
```

```
137            gyroscale = 131;
138            break;
139        case 1:
140            gyroscale = 65.5;
141            break;
142        case 2:
143            gyroscale = 32.8;
144            break;
145        case 3:
146            gyroscale = 16.4;
147            break;
148    }
149    return gyroscale;
150 }
151
152 /*
153  * @description      : 獲取加速度計的解析度
154  * @param            : 無
155  * @return           : 獲取到的解析度
156  */
157 unsigned short icm20608_accel_scaleget(void)
158 {
159    unsigned char data;
160    unsigned short accelscale;
161
162    data = (icm20608_read_reg(ICM20_ACCEL_CONFIG) >> 3) & 0X3;
163    switch(data) {
164        case 0:
165            accelscale = 16384;
166            break;
167        case 1:
168            accelscale = 8192;
169            break;
170        case 2:
171            accelscale = 4096;
172            break;
173        case 3:
174            accelscale = 2048;
175            break;
```

```
176    }
177    return accelscale;
178 }
179
180 /*
181  * @description    :讀取 ICM20608 的加速度、陀螺儀和溫度原始值
182  * @param          :無
183  * @return         :無
184  */
185 void icm20608_getdata(void)
186 {
187    float gyroscale;
188    unsigned short accescale;
189    unsigned char data[14];
190
191    icm20608_read_len(ICM20_ACCEL_XOUT_H, data, 14);
192
193    gyroscale = icm20608_gyro_scaleget();
194    accescale = icm20608_accel_scaleget();
195
196    icm20608_dev.accel_x_adc = (signed short)((data[0] << 8) | data[1]);
197    icm20608_dev.accel_y_adc = (signed short)((data[2] << 8) | data[3]);
198    icm20608_dev.accel_z_adc = (signed short)((data[4] << 8) | data[5]);
199    icm20608_dev.temp_adc= (signed short)((data[6] << 8) | data[7]);
200    icm20608_dev.gyro_x_adc= (signed short)((data[8] << 8) | data[9]);
201    icm20608_dev.gyro_y_adc= (signed short)((data[10] << 8) | data[11]);
202    icm20608_dev.gyro_z_adc= (signed short)((data[12] << 8) | data[13]);
203
204    /* 計算實際值 */
205    icm20608_dev.gyro_x_act = ((float)(icm20608_dev.gyro_x_adc)/ gyroscale) * 100;
206    icm20608_dev.gyro_y_act = ((float)(icm20608_dev.gyro_y_adc)/ gyroscale) * 100;
207    icm20608_dev.gyro_z_act = ((float)(icm20608_dev.gyro_z_adc)/ gyroscale) * 100;
208    icm20608_dev.accel_x_act = ((float)(icm20608_dev.accel_x_adc) / accescale) * 100;
209    icm20608_dev.accel_y_act = ((float)(icm20608_dev.accel_y_adc) / accescale) * 100;
210    icm20608_dev.accel_z_act = ((float)(icm20608_dev.accel_z_adc) / accescale) * 100;
211    icm20608_dev.temp_act = (((float)(icm20608_dev.temp_adc) - 25) / 326.8 + 25) *
       100;
212}
```

　　檔案 bsp_imc20608.c 是 ICM20608 的驅動程式檔案，裡面有 7 個函式。第 1 個函式是 icm20608_init，這個是 ICM20608 的初始化函式，此函式先初始化 ICM20608 所使用的 SPI 接腳，將其重複使用為 ECSPI3。因為本章的 SPI 晶片選擇採用軟體控制的方式，所以 SPI 晶片選擇接腳設定成了普通的輸出模式。設定完 SPI 所使用的接腳以後就是呼叫函式 spi_init 來初始化 SPI3，最後初始化 ICM20608，就是設定 ICM20608 的暫存器。

　　第 2 個和第 3 個函式分別是 icm20608_write_reg 和 icm20608_read_reg，這兩個函式分別用於寫 / 讀 ICM20608 的指定暫存器。第 4 個函式是 icm20608_read_len，此函式也是讀取 ICM20608 的暫存器值，但是此函式可以連續讀取多個暫存器的值，一般用於讀取 ICM20608 感測器資料。

　　第 5 個和第 6 個函式分別是 icm20608_gyro_scaleget 和 icm20608_accel_scaleget，這兩個函式分別用於獲取陀螺儀和加速度計的解析度，因為陀螺儀和加速度的測量範圍設定的不同，其解析度就不同，所以在計算實際值時要根據實際的量程範圍來得到對應的解析度。

　　第 7 個函式是 icm20608_getdata，此函式用於獲取 ICM20608 的加速度計、陀螺儀和溫度計的資料，並且會根據設定的測量範圍計算出實際的值，比如加速度的 g 值、陀螺儀的角速度值和溫度計的溫度值。

　　最後在檔案 main.c 中輸入如範例 23-5 所示內容。

▼ 範例 23-5　main.c 檔案程式

```
/*************************************************************
Copyright  © zuozhongkai Co., Ltd. 1998-2019. All rights reserved
檔案名稱        :main.c
作者            :左忠凱
版本            :V1.0
描述            :I.MX6ULL 開發板裸機實驗 19 SPI 實驗
其他            :SPI 也是最常用的介面，ALPHA 開發板上有一個六軸感測器 ICM20608，
                這個六軸感測器就是 SPI 介面，本實驗就來學習如何驅動程式 I.MX6ULL
                的 SPI 介面，並且透過 SPI 介面讀取 ICM20608 的資料值
討論區          :www.openedv.com
記錄檔          : 初版 V1.0 2019/1/17 左忠凱建立
```

```
************************************************************/
1  #include "bsp_clk.h"
2  #include "bsp_delay.h"
3  #include "bsp_led.h"
4  #include "bsp_beep.h"
5  #include "bsp_key.h"
6  #include "bsp_int.h"
7  #include "bsp_uart.h"
8  #include "bsp_lcd.h"
9  #include "bsp_rtc.h"
10 #include "bsp_icm20608.h"
11 #include "bsp_spi.h"
12 #include "stdio.h"
13
14 /*
15  * @description        :指定的位置顯示整數資料
16  * @param - x          :X 軸位置
17  * @param - y          :Y 軸位置
18  * @param - size       :字型大小
19  * @param - num        :要顯示的資料
20  * @return             :無
21  */
22 void integer_display(unsigned short x, unsigned short y, unsigned char size, signed
int num)
23 {
24     char buf[200];
25
26     lcd_fill(x, y, x + 50, y + size, tftlcd_dev.backcolor);
27
28     memset(buf, 0, sizeof(buf));
29     if(num < 0)
30         sprintf(buf, "-%d", -num);
31       else
32         sprintf(buf, "%d", num);
33     lcd_show_string(x, y, 50, size, size, buf);
34 }
35
36 /*
37  * @description        :指定的位置顯示小數資料，比如 5123，顯示為 51.23
38  * @param - x          :X 軸位置
39  * @param - y          :Y 軸位置
```

```
40  * @param - size        : 字型大小
41  * @param - num         : 要顯示的資料，實際小數擴大 100 倍
42  * @return              : 無
43  */
44 void decimals_display(unsigned short x, unsigned short y, unsigned char size,
signed int num)
45 {
46    signed int integ;                    /* 整數部分 */
47    signed int fract;                    /* 小數部分 */
48    signed int uncomptemp = num;
49     char buf[200];
50
51    if(num < 0)
52      uncomptemp = -uncomptemp;
53    integ = uncomptemp / 100;
54    fract = uncomptemp % 100;
55
56    memset(buf, 0, sizeof(buf));
57    if(num < 0)
58      sprintf(buf, "-%d.%d", integ, fract);
59    else
60      sprintf(buf, "%d.%d", integ, fract);
61    lcd_fill(x, y, x + 60, y + size, tftlcd_dev.backcolor);
62    lcd_show_string(x, y, 60, size, size, buf);
63 }
64
65 /*
66  * @description       : 啟動 I.MX6ULL 的硬體 NEON 和 FPU
67  * @param             : 無
68  * @return            : 無
69  */
70 void imx6ul_hardfpu_enable(void)
71 {
72    uint32_t cpacr;
7     3uint32_t fpexc;
74
75    /* 啟動 NEON 和 FPU */
76    cpacr = __get_CPACR();
77    cpacr = (cpacr & ~(CPACR_ASEDIS_Msk | CPACR_D32DIS_Msk))
```

```
78          |(3UL << CPACR_cp10_Pos) | (3UL << CPACR_cp11_Pos);
79     __set_CPACR(cpacr);
80     fpexc = __get_FPEXC();
81     fpexc |= 0x40000000UL;
82     __set_FPEXC(fpexc);
83 }
84
85 /*
86  * @description        :main 函式
87  * @param              :無
88  * @return             :無
89  */
90 int main(void)
91 {
92     unsigned char state = OFF;
93
94     imx6ul_hardfpu_enable();          /* 啟動 I.MX6ULL 的硬體浮點 */
95     int_init();                       /* 初始化中斷 ( 一定要最先呼叫 ) */
96     imx6u_clkinit();                  /* 初始化系統時鐘 */
97     delay_init();                     /* 初始化延遲時間 */
98     clk_enable();                     /* 啟動所有的時鐘 */
99     led_init();                       /* 初始化 led */
100    beep_init();                      /* 初始化 beep */
101    uart_init();                      /* 初始化序列埠，串列傳輸速率 115200   */
102    lcd_init();                       /* 初始化 LCD */
103
104    tftlcd_dev.forecolor = LCD_RED;
105    lcd_show_string(50, 10, 400, 24, 24, (char*)"IMX6U-ALPHA SPI TEST");
106    lcd_show_string(50, 40, 200, 16, 16, (char*)"ICM20608 TEST");
107    lcd_show_string(50, 60, 200, 16, 16, (char*)"ATOM@ALIENTEK");
108    lcd_show_string(50, 80, 200, 16, 16, (char*)"2019/3/27");
109
110    while(icm20608_init())            /* 初始化 ICM20608 */
111    {
112       lcd_show_string(50, 100, 200, 16, 16, (char*)"ICM20608 Check Failed!");
113       delayms(500);
114       lcd_show_string(50, 100, 200, 16, 16, (char*)"Please Check!");
115       delayms(500);
116    }
```

```
117    lcd_show_string(50, 100, 200, 16, 16, (char*)"ICM20608 Ready");
118    lcd_show_string(50, 130, 200, 16, 16, (char*)"accel x:");
119    lcd_show_string(50, 150, 200, 16, 16, (char*)"accel y:");
120    lcd_show_string(50, 170, 200, 16, 16, (char*)"accel z:");
121    lcd_show_string(50, 190, 200, 16, 16, (char*)"gyro x:");
122    lcd_show_string(50, 210, 200, 16, 16, (char*)"gyro y:");
123    lcd_show_string(50, 230, 200, 16, 16, (char*)"gyro z:");
124    lcd_show_string(50, 250, 200, 16, 16, (char*)"temp:");
125    lcd_show_string(50 + 181, 130, 200, 16, 16, (char*)"g");
126    lcd_show_string(50 + 181, 150, 200, 16, 16, (char*)"g");
127    lcd_show_string(50 + 181, 170, 200, 16, 16, (char*)"g");
128    lcd_show_string(50 + 181, 190, 200, 16, 16, (char*)"o/s");
129    lcd_show_string(50 + 181, 210, 200, 16, 16, (char*)"o/s");
130    lcd_show_string(50 + 181, 230, 200, 16, 16, (char*)"o/s");
131    lcd_show_string(50 + 181, 250, 200, 16, 16, (char*)"C");
132
133    tftlcd_dev.forecolor = LCD_BLUE;
134
135    while(1)
136    {
137        icm20608_getdata();            /* 獲取資料值 */
138        /* 在 LCD 上顯示原始值 */
139        integer_display(50 + 70, 130, 16, icm20608_dev.accel_x_adc);
140        integer_display(50 + 70, 150, 16, icm20608_dev.accel_y_adc);
141        integer_display(50 + 70, 170, 16, icm20608_dev.accel_z_adc);
142        integer_display(50 + 70, 190, 16, icm20608_dev.gyro_x_adc);
143        integer_display(50 + 70, 210, 16, icm20608_dev.gyro_y_adc);
144        integer_display(50 + 70, 230, 16, icm20608_dev.gyro_z_adc);
145        integer_display(50 + 70, 250, 16, icm20608_dev.temp_adc);
146
147        /* 在 LCD 上顯示計算得到的原始值 */
148        decimals_display(50 + 70 + 50, 130, 16, icm20608_dev.accel_x_act);
149        decimals_display(50 + 70 + 50, 150, 16, icm20608_dev.accel_y_act);
150        decimals_display(50 + 70 + 50, 170, 16, icm20608_dev.accel_z_act);
151        decimals_display(50 + 70 + 50, 190, 16, icm20608_dev.gyro_x_act);
152        decimals_display(50 + 70 + 50, 210, 16, icm20608_dev.gyro_y_act);
153        decimals_display(50 + 70 + 50, 230, 16, icm20608_dev.gyro_z_act);
154        decimals_display(50 + 70 + 50, 250, 16, icm20608_dev.temp_act);
155        delayms(120);
```

```
156        state = !state;
157        led_switch(LED0,state);
158    }
159    return 0;
160 }
```

檔案 main.c 有兩個函式 integer_display 和 decimals_display，這兩個函式在 LCD 上顯示獲取到的 ICM20608 資料值，integer_display 函式用於顯示原始資料值，也就是整數值。decimals_display 函式用於顯示實際值，實際值擴大了 100 倍，此函式會提取出實際值的整數部分和小數部分並顯示在 LCD 上。另一個重要的函式是 imx6ul_hardfpu_enable，這個函式用於開啟 I.MX6ULL 的 NEON 和硬體 FPU（浮點運算單元），因為本章使用到了浮點運算，而 I.MX6ULL 的 Cortex-A7 是支援 NEON 和 FPU（VFPV4_D32）的，但是在使用 I.MX6ULL 的硬體 FPU 之前是先要開啟的。

第 110 行呼叫了 icm20608_init 函式來初始化 ICM20608，如果初始化失敗就會在 LCD 上閃爍提示敘述。最後在 main 函式的 while 迴圈中不斷地呼叫 icm20608_getdata 函式獲取 ICM20608 的感測器資料，並且顯示在 LCD 上。實驗程式撰寫到這裡結束，接下來就是編譯、下載和驗證。

23.4 | 編譯、下載和驗證

23.4.1 撰寫 Makefile 和連結腳本

修改 Makefile 中的 TARGET 為 icm20608，然後在 INCDIRS 和 SRCDIRS 中加入 bsp/spi 和 bsp/icm20608，修改後的 Makefile 如範例 23-6 所示。

▼ 範例 23-6 Makefile 檔案程式

```
1 CROSS_COMPILE        ?= arm-linux-gnueabihf-
2 TARGET               ?= icm20608
3
4 /* 省略掉其他程式 ...... */
```

```
5
6  INCDIRS          :=  imx6ul \
7                       stdio/include \
...
23                      bsp/spi \
24                      bsp/icm20608
25
26 SRCDIRS          :=  project \
27                      stdio/lib \
...
43                      bsp/spi \
44                      bsp/icm20608
45
46 /* 省略掉其他程式 ...... */
47
48 $(COBJS) :obj/%.o :%.c
49  $(CC) -Wall -march=armv7-a -mfpu=neon-vfpv4 -mfloat-abi=hard -Wa,
        -mimplicit-it=thumb -nostdlib -fno-builtin
        -c -O2$(INCLUDE) -o $@ $<
50
51 clean:
52  rm -rf $(TARGET).elf $(TARGET).dis $(TARGET).bin $(COBJS) $(SOBJS)
```

第 2 行修改變數 TARGET 為 icm20608，即目標名稱為 icm20608。

第 23 和 24 行在變數 INCDIRS 中增加 SPI 和 ICM20608 的驅動程式標頭檔（.h）路徑。

第 43 和 44 行在變數 SRCDIRS 中增加 SPI 和 ICM20608 驅動程式檔案（.c）路徑。

第 49 行加入了「-march=armv7-a -mfpu=neon-vfpv4 -mfloat-abi=hard」指令，這些指令用於指定編譯浮點運算時使用硬體 FPU。因為本章使用到了浮點運算，而 I.MX6ULL 是支援硬體 FPU 的，雖然我們在 main 函式中已經開啟了 NEON 和 FPU，但是在編譯對應 C 檔案時也要指定使用硬體 FPU 來編譯浮點運算。

連結腳本保持不變。

23.4.2 編譯和下載

使用 Make 命令編譯程式，編譯成功以後使用軟體 imxdownload 將編譯完成的 icm20608.bin 檔案下載到 SD 卡中，命令以下所示。

```
chmod 777 imxdownload                    // 給予 imxdownload 可執行許可權，一次即可
./imxdownload icm20608.bin /dev/sdd      // 燒錄到 SD 卡中，不能燒錄到 /dev/sda 或 sda1 中
```

燒錄成功以後將 SD 卡插到開發板的 SD 卡槽中，然後重置開發板。如果 ICM20608 工作正常的話就會在 LCD 上顯示獲取到的感測器資料，如圖 23-12 所示。

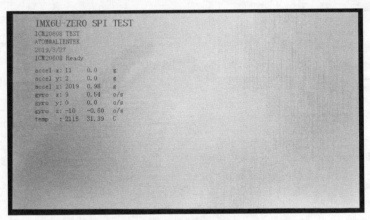

▲ 圖 23-12 LCD 介面

在圖 23-12 中可以看到加速度計 Z 軸在靜止狀態下是 0.98g，這正是重力加速度。溫度感測器測量到的溫度是 31.39℃，這個是晶片內部的溫度，並不是室溫。晶片內部溫度一般要比室溫高。如果觸碰開發板，加速度計和陀螺儀的資料就會變化。

第 24 章
多點電容觸控式
螢幕實驗

　　隨著智慧型手機的發展，電容觸控式螢幕也獲得了高速的發展。相比電阻觸控式螢幕，電容觸控式螢幕有很多的優勢，比如支援多點觸控，不需要按壓，只需要輕輕觸控就有反應。ALIENTEK 的 3 款 RGB LCD 螢幕都支援多點電容觸控，本章就以 ATK7016 這款 RGB LCD 螢幕為例，講解如何驅動程式電容觸控式螢幕，並獲取對應的觸控座標值。

24.1 │ 多點電容觸控式螢幕簡介

觸控式螢幕一開始是電阻觸控式螢幕,電阻觸控式螢幕只能單點觸控,在以前的學習機、功能機時代被廣泛使用。2007 年 1 月 9 日蘋果發佈了第一代 iPhone,其上使用了多點電容觸控式螢幕,而當時的手機大部分使用電阻觸控式螢幕。電容觸控式螢幕優秀的品質和手感征服了消費者,帶來了手機觸控式螢幕的大變革。和電阻觸控式螢幕相比,電容觸控式螢幕最大的優點是支援多點觸控(後面的電阻螢幕也支援多點觸控,但是為時已晚),電容螢幕只需要手指輕觸即可,而電阻螢幕是需要手指給予一定的壓力才有反應,而且電容螢幕不需要校準。

如今多點電容觸控式螢幕已經獲得了廣泛的應用,如手機、平板、電腦、廣告機等,如果要做人機互動裝置的開發,不可能繞過多點電容觸控式螢幕。所以本章我們就來學習如何使用多點觸控式螢幕,如何獲取到多點觸控值。我們只需要關注如何使用電容螢幕,如何得到其多點觸控座標值即可。ALIENTEK 的 3 款 RGB LCD 螢幕都是支援 5 點電容觸控式螢幕的,本章同樣以 ATK-7016 這款螢幕為例來講解如何使用多點電容觸控式螢幕。

ATK-7016 這款螢幕其實是由 TFT LCD+ 觸控式螢幕組合起來的。底下是 LCD 面板,上面是觸控面板,將兩個封裝到一起,就成了帶有觸控式螢幕的 LCD 螢幕。電容觸控式螢幕也是需要一個驅動程式 IC 的,驅動程式 IC 一般會提供一個 I^2C 介面給主控制器,主控制器可以透過 I^2C 介面來讀取驅動程式 IC 中的觸控座標資料。ATK-7016、ATK-7084 這兩款螢幕使用的驅動程式 IC 是 FT5426,ATK-4342 使用的驅動程式 IC 是 GT9147。這 3 個電容螢幕觸控 IC 都是 I^2C 介面的,使用方法基本一樣。

FT5426 這款驅動程式 IC 採用 15×28 的驅動程式結構,即 15 個感應通道,28 個驅動程式通道,最多支援 5 點電容觸控。ATK-7016 的電容觸控式螢幕部分有 4 個 I/O 用於連接主控制器:SCL、SDA、RST 和 INT。SCL 和 SDA 是 I2C 接腳,RST 是重置接腳,INT 是中斷接腳。一般透過 INT 接腳來通知主控制器有觸控點按下,然後在 INT 中斷服務函式中讀取觸控資料。也可以不使用中

斷功能，採用輪詢的方式不斷查詢是否有觸控點按下，本章實驗使用中斷方式
來獲取觸控資料。

和所有的 I²C 元件一樣，FT5426 也是透過讀寫暫存器來完成初始化和觸控
座標資料讀取的，本章的主要工作就是讀寫 FT5426 的暫存器。FT5426 的 I²C
裝置位址為 0X38，FT5426 的暫存器有很多，本章只用到了其中的一部分，如
表 24-1 所示。

▼ 表 24-1 FT5426 使用到的暫存器表

暫存器位址	位元	暫存器功能	描述
0X00	[6:4]	模式暫存器	設定 FT5426 的工作模式： 000：正常模式 001：系統資訊模式 100：測試模式
0X02	[3:0]	觸控狀態暫存器	記錄有多少個觸控點， 有效值為 1~5
0X03	[7:6]	第一個觸控點 X 座標高位元資料	事件標識： 00：按下 01：抬起 10：接觸 11：保留
	[3:0]		X 軸座標值高 4 位元
0X04	[7:0]	第一個觸控點 X 座標低位元資料	X 軸座標值低 8 位元
0X05	[7:4]	第一個觸控點 Y 座標高位元資料	觸控點的 ID
	[3:0]		Y 軸座標高 4 位元
0X06	[7:0]	第一個觸控點 Y 座標低位元資料	Y 軸座標低 8 位元
0X09	[7:6]	第二個觸控點 X 座標高位元資料	與暫存器 0X03 含義相同
	[3:0]		
0X0A	[7:0]	第二個觸控點 X 座標低位元資料	與暫存器 0X04 含義相同
0X0B	[7:4]	第二個觸控點 Y 座標高位元資料	與暫存器 0X05 含義相同
	[3:0]		
0X0C	[7:0]	第二個觸控點 Y 座標低位元資料	與暫存器 0X06 含義相同

續表

暫存器位址	位元	暫存器功能	描述
0X0F	[7:6]	第三個觸控點 X 座標高位元資料	與暫存器 0X03 含義相同
	[3:0]		
0X10	[7:0]	第三個觸控點 X 座標低位元資料	與暫存器 0X04 含義相同
0X11	[7:4]	第三個觸控點 Y 座標高位元資料	與暫存器 0X05 含義相同
	[3:0]		
0X12	[7 : 0]第	三個觸控點 Y 座標低位元資料	與暫存器 0X06 含義相同
0X15	[7:6]	第四個觸控點 X 座標高位元資料	與暫存器 0X03 含義相同
	[3:0]		
0X16	[7:0]	第四個觸控點 X 座標低位元資料	與暫存器 0X04 含義相同
0X17	[7:4]	第四個觸控點 Y 座標高位元資料	與暫存器 0X05 含義相同
	[3:0]		
0X18	[7:0]	第四個觸控點 Y 座標低位元資料	與暫存器 0X06 含義相同
0X1B	[7:6]	第五個觸控點 X 座標高位元資料	與暫存器 0X03 含義相同
	[3:0]		
0X1C	[7:0]	第五個觸控點 X 座標低位元資料	與暫存器 0X04 含義相同
0X1D	[7:4]	第五個觸控點 Y 座標高位元資料	與暫存器 0X05 含義相同
	[3:0]		
0X1E	[7:0]	第五個觸控點 Y 座標低位元資料	與暫存器 0X06 含義相同
0XA1	[7:0]	版本暫存器	版本高位元組
0XA2	[7:0]		版本低位元組
0XA4	[7:0]	中斷模式暫存器	用於設定中斷模式 0：輪詢模式 1：觸發模式

　　表 24-1 中就是本章實驗會使用到的暫存器。關於觸控式螢幕和 FT5426 的知識就講解到這裡。

24.2 │ 硬體原理分析

本實驗用到的資源如下所示。

（1）指示燈 LED0。

（2）RGB LCD 螢幕。

（3）觸控式螢幕。

（4）序列埠。

觸控式螢幕是和 RGB LCD 螢幕做在一起的，所以觸控式螢幕也在 RGB LCD 介面上，都是連接在 I.MX6ULL-ALPHA 開發板底板上，原理圖如圖 24-1 所示。

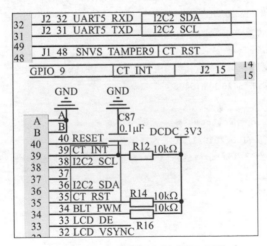

▲ 圖 24-1 觸控式螢幕原理圖

從圖 24-1 可以看出，觸控式螢幕連接著 I.MX6ULL 的 I2C2，INT 接腳連接著 I.MX6ULL 的 GPIO_9，RST 接腳連接著 I.MX6ULL 的 SNVS_TAMPER9。在本章實驗中使用中斷方式讀取觸控點個數和觸控點座標資料，並且將其顯示在 LCD 上。

24.3 實驗程式撰寫

本實驗對應的常式路徑為「1、裸機常式→ 19_touchscreen」。

本章實驗在第 23 章常式的基礎上完成，更改專案名稱為 touchscreen，然後在 bsp 資料夾下建立名為 touchscreen 的檔案。在 bsp/ touchscreen 中新建 bsp_ft5xx6.c 和 bsp_ft5xx6.h 這兩個檔案，在檔案 bsp_ft5xx6.h 中輸入如範例 24-1 所示內容。

▼ 範例 24-1 bsp_ft5xx6.h 檔案程式

```
1  #ifndef _FT5XX6_H
2  #define _FT5XX6_H
3  /***********************************************************
4  Copyright © zuozhongkai Co., Ltd. 1998-2019. All rights reserved
5  檔案名稱      :bsp_ft5xx6.h
6  作者         : 左忠凱
7  版本         :V1.0
8  描述         :觸控式螢幕驅動程式標頭檔，觸控晶片為 FT5xx6,
9               包括 FT5426 和 FT5406
10 其他         : 無
11 討論區       :www.openedv.com
12 記錄檔       : 初版 V1.0 2019/1/21 左忠凱建立
13 ***********************************************************/
14 #include "imx6ul.h"
1 5#include "bsp_gpio.h"
16
17 /* 巨集定義 */
18 #define FT5426_ADDR0X38                     /* FT5426 裝置位址 */
19
20 #define FT5426_DEVICE_MODE0X00              /* 模式暫存器 */
21 #define FT5426_IDGLIB_VERSION0XA1           /* 韌體版本暫存器 */
22 #define FT5426_IDG_MODE0XA4                 /* 中斷模式 */
23 #define FT5426_TD_STATUS0X02                /* 觸控狀態暫存器 */
24 #define FT5426_TOUCH1_XH0X03                /* 觸控點座標暫存器,
25                                              * 一個觸控點用 4 個暫存器 */
26
```

```
27 #define FT5426_XYCOORDREG_NUM30/* 觸控點座標暫存器數量   */
2 #define FT5426_INIT_FINISHED1/* 觸控式螢幕初始化完成 */
29 #define FT5426_INIT_NOTFINISHED0/* 觸控式螢幕初始化未完成 */
30
31 #define FT5426_TOUCH_EVENT_DOWN0x00          /* 按下 */
32 #define FT5426_TOUCH_EVENT_UP0x01            /* 釋放   */
33 #define FT5426_TOUCH_EVENT_ON0x02            /* 接觸 */
34 #define FT5426_TOUCH_EVENT_RESERVED0x03      /* 沒有事件   */
35
36 /* 觸控式螢幕結構 */
37 struct ft5426_dev_struc
38 {
39 unsigned char initfalg;                       /* 觸控式螢幕初始化狀態 */
40 unsigned char intflag;                        /* 標記中斷有沒有發生   */
41 unsigned char point_num;                      /* 觸控點 */
42 unsigned short x[5];                          /* X 軸座標 */
43 unsigned short y[5];                          /* Y 軸座標 */
44 };
45
46 extern struct ft5426_dev_struc ft5426_dev;
47
48 /* 函式宣告 */
49 void ft5426_init(void);
50
51 void gpio1_io9_irqhandler(void);
52 unsigned char ft5426_write_byte(unsigned char addr,unsigned char reg, unsigned char
data);
53 unsigned char ft5426_read_byte(unsigned char addr,unsigned char reg);
54 void ft5426_read_len(unsigned char addr,unsigned char reg,unsigned char
len,unsigned char *buf);
55 void ft5426_read_tpnum(void);
56 void ft5426_read_tpcoord(void);
57 #endif
```

　　檔案 bsp_ft5xx6.h 中先是定義了 FT5426 的裝置位址、暫存器位址和一些
觸控點狀態巨集，然後在第 37 行定義了一個結構 ft5426_dev_struc，此結構用
來儲存觸控資訊。最後就是一些函式宣告。接下來在檔案 bsp_ft5xx6.c 中輸入
如範例 24-2 所示內容。

▼ 範例 24-2 bsp_ft5xx6.c 檔案程式

```
/***************************************************************
Copyright  © zuozhongkai Co., Ltd. 1998-2019. All rights reserved
檔案名稱         :bsp_ft5xx6.c
作者            :左忠凱
版本            :V1.0
描述            :觸控式螢幕驅動程式檔案，觸控晶片為 FT5xx6，包括 FT5426 和 FT5406
其他            :無
討論區          :www.openedv.com
記錄檔          :初版 V1.0 2019/1/21 左忠凱建立
***************************************************************/
```

```c
1  #include "bsp_ft5xx6.h"
2  #include "bsp_i2c.h"
3  #include "bsp_int.h"
4  #include "bsp_delay.h"
5  #include "stdio.h"
6
7  struct ft5426_dev_struc ft5426_dev;
8
9  /*
10 * @description       :初始化觸控式螢幕，其實就是初始化 FT5426
11 * @param             :無
12 * @return            :無
13 */
14 void ft5426_init(void)
15 {
16    unsigned char reg_value[2];
17
18    ft5426_dev.initfalg = FT5426_INIT_NOTFINISHED;
19
20    /* 1. 初始化 I2C2 I/O
21     * I2C2_SCL -> UART5_TXD
22     * I2C2_SDA -> UART5_RXD
23     */
24    IOMUXC_SetPinMux(IOMUXC_UART5_TX_DATA_I2C2_SCL, 1);
25    IOMUXC_SetPinMux(IOMUXC_UART5_RX_DATA_I2C2_SDA, 1);
26    IOMUXC_SetPinConfig(IOMUXC_UART5_TX_DATA_I2C2_SCL, 0x70B0);
27    IOMUXC_SetPinConfig(IOMUXC_UART5_RX_DATA_I2C2_SDA, 0x70B0);
28
```

```
29    /* 2. 初始化觸控式螢幕中斷 I/O 和重置 I/O */
30    gpio_pin_config_t ctintpin_config;
31    IOMUXC_SetPinMux(IOMUXC_GPIO1_IO09_GPIO1_IO09,0);
32    IOMUXC_SetPinMux(IOMUXC_SNVS_SNVS_TAMPER9_GPIO5_IO09,0);
33    IOMUXC_SetPinConfig(IOMUXC_GPIO1_IO09_GPIO1_IO09,0xF080);
34    IOMUXC_SetPinConfig(IOMUXC_SNVS_SNVS_TAMPER9_GPIO5_IO09,
                          0X10B0);
35
36/   * 中斷 I/O 初始化 */
37    ctintpin_config.direction = kGPIO_DigitalInput;
38    ctintpin_config.interruptMode = kGPIO_IntRisingOrFallingEdge;
39    gpio_init(GPIO1, 9, &ctintpin_config);
40
41    GIC_EnableIRQ(GPIO1_Combined_0_15_IRQn);      /* 啟動 GIC 中的中斷 */
42    system_register_irqhandler(GPIO1_Combined_0_15_IRQn,
                          (system_irq_handler_t)gpio1_io9_irqhandler,
                          NULL);                    /* 註冊中斷服務函式 */
43    gpio_enableint(GPIO1, 9);                     /* 啟動 GPIO1_IO09 的中斷功能 */
44
45    /* 重置 I/O 初始化 */
46    ctintpin_config.direction=kGPIO_DigitalOutput;
47    ctintpin_config.interruptMode=kGPIO_NoIntmode;
48    ctintpin_config.outputLogic=1;
49    gpio_init(GPIO5, 9, &ctintpin_config);
50
51    /* 3. 初始化 I2C */
52    i2c_init(I2C2);
53
54    /* 4. 初始化 FT5426 */
55    gpio_pinwrite(GPIO5, 9, 0);      /* 重置 FT5426 */
56    delayms(20);
57    gpio_pinwrite(GPIO5, 9, 1);      /* 停止重置 FT5426 */
58    delayms(20);
59    ft5426_write_byte(FT5426_ADDR, FT5426_DEVICE_MODE, 0);
60    ft5426_write_byte(FT5426_ADDR, FT5426_IDG_MODE, 1);
61    ft5426_read_len(FT5426_ADDR, FT5426_IDGLIB_VERSION, 2,reg_value);
62    printf("Touch Frimware Version:%#X\r\n",
           ((unsigned short)reg_value[0] << 8) + reg_value[1]);
63    ft5426_dev.initfalg = FT5426_INIT_FINISHED;           /* 標記初始化完成 */
```

```
64      ft5426_dev.intflag = 0;
65 }
66
67 /*
68  * @description        :GPIO1_IO9 最終的中斷處理函式
69  * @param              :無
70  * @return             :無
71  */
72 void gpio1_io9_irqhandler(void)
73 {
74     if(ft5426_dev.initfalg == FT5426_INIT_FINISHED)
75     {
76         //ft5426_dev.intflag = 1;
77         ft5426_read_tpcoord();
78     }
79     gpio_clearintflags(GPIO1, 9);              /* 清除中斷標識位元 */
80 }
81
82 /*
83  * @description        :向 FT5426 寫入資料
84  * @param - addr       :裝置位址
85  * @param - reg        :要寫入的暫存器
86  * @param - data       :要寫入的資料
87  * @return             :操作結果
88  */
89 unsigned char ft5426_write_byte(unsigned char addr, unsigned char reg, unsigned
char data)
90 {
91     unsigned char status=0;
92     unsigned char writedata=data;
93     struct i2c_transfer masterXfer;
94
95     /* 設定 I2C xfer 結構 */
96     masterXfer.slaveAddress = addr;            /* 裝置位址 */
97     masterXfer.direction = kI2C_Write;         /* 寫入資料 */
98     masterXfer.subaddress = reg;               /* 要寫入的暫存器位址 */
99     masterXfer.subaddressSize = 1;             /* 位址長度 1 位元組 */
100    masterXfer.data = &writedata;              /* 要寫入的資料 */
101    masterXfer.dataSize = 1;                   /* 寫入資料長度 1 位元組 */
```

```
102
103    if(i2c_master_transfer(I2C2, &masterXfer))
104        status=1;
105
106    return status;
107 }
108
109 /*
110  * @description        : 從 FT5426 讀取 1 位元組的資料
111  * @param - addr       : 裝置位址
112  * @param - reg        : 要讀取的暫存器
113  * @return             : 讀取到的資料
114  */
115 unsigned char ft5426_read_byte(unsigned char addr,unsigned char reg)
116 {
117    unsigned char val=0;
118
119    struct i2c_transfer masterXfer;
120    masterXfer.slaveAddress = addr;              /* 裝置位址 */
121    masterXfer.direction = kI2C_Read;            /* 讀取資料 */
122    masterXfer.subaddress = reg;                 /* 要讀取的暫存器位址 */
123    masterXfer.subaddressSize = 1;               /* 位址長度 1 位元組 */
124    masterXfer.data = &val;                      /* 接收資料緩衝區 */
125    masterXfer.dataSize = 1;                     /* 讀取資料長度 1 位元組   */
126    i2c_master_transfer(I2C2, &masterXfer);
127    return val;
128 }
129
130 /*
131  * @description        : 從 FT5429 讀取多位元組的資料
132  * @param - addr       : 裝置位址
133  * @param - reg        : 要讀取的開始暫存器位址
134  * @param - len        : 要讀取的資料長度
135  * @param - buf        : 讀取到的資料緩衝區
136  * @return             : 無
137  */
138    void ft426_read_len(unsigned char addr,unsigned char reg,unsigned char
len,unsigned char *buf)
139 {
```

```
140    struct i2c_transfer masterXfer;
141
142    masterXfer.slaveAddress = addr;              /* 裝置位址 */
143    masterXfer.direction = kI2C_Read;           /* 讀取資料 */
144    masterXfer.subaddress = reg;                /* 要讀取的暫存器位址 */
145    masterXfer.subaddressSize = 1;              /* 位址長度 1 位元組 */
146    masterXfer.data = buf;                      /* 接收資料緩衝區 */
147    masterXfer.dataSize = len;                  /* 讀取資料長度 */
148    i2c_master_transfer(I2C2, &masterXfer);
149 }
150
151 /*
152  * @description      :讀取當前觸控點個數
153  * @param            :無
154  * @return           :無
155  */
156 void ft5426_read_tpnum(void)
157 {
158   ft5426_dev.point_num = ft5426_read_byte(FT5426_ADDR, FT5426_TD_STATUS);
159 }
160
161 /*
162  * @description      :讀取當前所有觸控點的座標
163  * @param            :無
164  * @return           :無
165  */
166 void ft5426_read_tpcoord(void)
167 {
168   unsigned char i = 0;
169   unsigned char type = 0;
170   //unsigned char id = 0;
171   unsigned char pointbuf[FT5426_XYCOORDREG_NUM];
172
173   ft5426_dev.point_num = ft5426_read_byte(FT5426_ADDR, FT5426_TD_STATUS);
174
175 /*
176  * 從暫存器 FT5426_TOUCH1_XH 開始，連續讀取 30 個暫存器的值，
177  * 這 30 個暫存器儲存著 5 個點的觸控值，每個點佔用 6 個暫存器
```

```
178    */
179    ft5426_read_len(FT5426_ADDR, FT5426_TOUCH1_XH, FT5426_XYCOORDREG_NUM, pointbuf);
180    for(i = 0; i < ft5426_dev.point_num ; i++)
181    {
182        unsigned char *buf = &pointbuf[i * 6];
183        ft5426_dev.x[i] = ((buf[2] << 8) | buf[3]) & 0x0fff;
184        ft5426_dev.y[i] = ((buf[0] << 8) | buf[1]) & 0x0fff;
185        type = buf[0] >> 6;                               /* 獲取觸控類型 */
186        //id = (buf[2] >> 4) & 0x0f;
187        if(type == FT5426_TOUCH_EVENT_DOWN || type ==
                      FT5426_TOUCH_EVENT_ON )                /* 按下 */
188        {
189
190        } else{                                           /* 釋放 */
191
192        }
193    }
194 }
```

　　檔案 bsp_ft5xx6.c 中有 7 個函式。第 1 個函式是 ft5426_init，此函式是 ft5426 的初始化函式，此函式先初始化 FT5426 所使用的 I2C2 介面接腳、重置 接腳和中斷接腳。接下來啟動 FT5426 所使用的中斷，並且注中斷處理函式， 最後初始化了 I2C2 和 FT5426。第 2 個函式是 gpio1_io9_irqhandler，這個是 FT5426 的中斷接腳中斷處理函式，在此函式中會讀取 FT5426 內部的觸控資料。 第 3 個和第 4 個函式分別為 ft5426_write_byte 和 ft5426_read_byte，ft5426_ write_byte 函式用於向 FT5426 的暫存器寫入指定的值，ft5426_read_byte 函 式用於讀取 FT5426 指定暫存器的值。第 5 個函式是 ft5426_read_len，此函式 也是從 FT5426 的指定暫存器讀取資料，但是此函式是讀取數個連續的暫存器。 第 6 個函式是 ft5426_read_tpnum，此函式用於獲取 FT5426 當前有幾個觸控 點有效，也就是觸控點個數。第 7 個函式是 ft5426_read_tpcoord，此函式就是 讀取 FT5426 各個觸控點座標值的。

　　最後在檔案 main.c 中輸入如範例 24-3 所示內容。

▼ 範例 24-3　main.c 檔案程式

```
/**************************************************************
Copyright  © zuozhongkai Co., Ltd. 1998-2019. All rights reserved
檔案名稱       :main.c
作者          :左忠凱
版本          :V1.0
描述          :I.MX6ULL 開發板裸機實驗 20 觸控式螢幕實驗
其他          :I.MX6ULL-ALPHAL 推薦使用正點原子 -7 英吋 LCD，此款 LCD 支援 5 點電容觸控，
              本節我們就來學習如何驅動程式 LCD 上的 5 點電容觸控式螢幕
討論區        :www.openedv.com
記錄檔        : 初版 V1.0 2019/1/21 左忠凱建立
**************************************************************/
```

```c
1  #include "bsp_clk.h"
2  #include "bsp_delay.h"
3  #include "bsp_led.h"
4  #include "bsp_beep.h"
5  #include "bsp_key.h"
6  #include "bsp_int.h"
7  #include "bsp_uart.h"
8  #include "bsp_lcd.h"
9  #include "bsp_lcdapi.h"
10 #include "bsp_rtc.h"
11 #include "bsp_ft5xx6.h"
12 #include "stdio.h"
13
14 /*
15  * @description   : 啟動 I.MX6ULL 的硬體 NEON 和 FPU
16  * @param         : 無
17  * @return        : 無
18  */
19 void imx6ul_hardfpu_enable(void)
20 {
21    uint32_t cpacr;
22    uint32_t fpexc;
23
24    /* 啟動 NEON 和 FPU */
25    cpacr = __get_CPACR();
26    cpacr = (cpacr & ~(CPACR_ASEDIS_Msk | CPACR_D32DIS_Msk))
27            |(3UL << CPACR_cp10_Pos) | (3UL << CPACR_cp11_Pos);
```

```
28      __set_CPACR(cpacr);
29      fpexc = __get_FPEXC();
30      fpexc |= 0x40000000UL;
31      __set_FPEXC(fpexc);
32 }
33
34 /*
35  * @description         :main 函式
36  * @param              : 無
37  * @return             : 無
38  */
39 int main(void)
40 {
41      unsigned char i = 0;
42      unsigned char state = OFF;
43
44      imx6ul_hardfpu_enable();            /* 啟動 I.MX6ULL 的硬體浮點 */
45      int_init();                         /* 初始化中斷（一定要最先呼叫） */
46      imx6u_clkinit();                    /* 初始化系統時鐘 */
47      delay_init();                       /* 初始化延遲時間 */
48      clk_enable();                       /* 啟動所有的時鐘 */
49      led_init();                         /* 初始化 led */
50      beep_init();                        /* 初始化 beep */
51      uart_init();                        /* 初始化序列埠，串列傳輸速率 115200 */
52      lcd_init();                         /* 初始化 LCD */
53      ft5426_init();                      /* 初始化觸控式螢幕 */
54
55      tftlcd_dev.forecolor = LCD_RED;
56      lcd_show_string(50, 10, 400, 24, 24, (char*)"ALPHA-IMX6U TOUCH SCREEN TEST");
57      lcd_show_string(50, 40, 200, 16, 16, (char*)"TOUCH SCREEN TEST");
58      lcd_show_string(50, 60, 200, 16, 16, (char*)"ATOM@ALIENTEK");
59      lcd_show_string(50, 80, 200, 16, 16, (char*)"2019/3/27");
60      lcd_show_string(50, 110, 400, 16, 16,(char*)"TP Num:");
61      lcd_show_string(50, 130, 200, 16, 16,(char*)"Point0 X:");
62      lcd_show_string(50, 150, 200, 16, 16,(char*)"Point0 Y:");
63      lcd_show_string(50, 170, 200, 16, 16,(char*)"Point1 X:");
64      lcd_show_string(50, 190, 200, 16, 16,(char*)"Point1 Y:");
65      lcd_show_string(50, 210, 200, 16, 16,(char*)"Point2 X:");
66      lcd_show_string(50, 230, 200, 16, 16,(char*)"Point2 Y:");
```

```
67    lcd_show_string(50, 250, 200, 16, 16,(char*)"Point3 X:");
68    lcd_show_string(50, 270, 200, 16, 16,(char*)"Point3 Y:");
69    lcd_show_string(50, 290, 200, 16, 16,(char*)"Point4 X:");
70    lcd_show_string(50, 310, 200, 16, 16,(char*)"Point4 Y:");
71    tftlcd_dev.forecolor = LCD_BLUE;
72    while(1)
73    {
74        lcd_shownum(50 + 72, 110, ft5426_dev.point_num , 1, 16);
75        lcd_shownum(50 + 72, 130, ft5426_dev.x[0], 5, 16);
76        lcd_shownum(50 + 72, 150, ft5426_dev.y[0], 5, 16);
77        lcd_shownum(50 + 72, 170, ft5426_dev.x[1], 5, 16);
78        lcd_shownum(50 + 72, 190, ft5426_dev.y[1], 5, 16);
79        lcd_shownum(50 + 72, 210, ft5426_dev.x[2], 5, 16);
80        lcd_shownum(50 + 72, 230, ft5426_dev.y[2], 5, 16);
81        lcd_shownum(50 + 72, 250, ft5426_dev.x[3], 5, 16);
82        lcd_shownum(50 + 72, 270, ft5426_dev.y[3], 5, 16);
83        lcd_shownum(50 + 72, 290, ft5426_dev.x[4], 5, 16);
84        lcd_shownum(50 + 72, 310, ft5426_dev.y[4], 5, 16);

86        delayms(10);
87        i++;

89        if(i == 50)
90        {
91            i = 0;
92            state = !state;
93            led_switch(LED0,state);
94        }
95    }
96    return 0;
97 }
```

　　檔案 main.c 第 53 行呼叫函式 ft5426_init 初始化觸控式螢幕，也就是 FT5426 這個觸控驅動程式 IC。最後在 main 函式的 while 迴圈中不斷地顯示獲取到的觸控點數，以及對應的觸控座標值。因為本章實驗採用中斷方式讀取 FT5426 的觸控資料，因此 main 函式中並沒有讀取 FT5426 的操作，只是顯示觸控值。本章實驗程式撰寫就到這裡，接下來就是編譯、下載和驗證。

24.4 │ 編譯、下載和驗證

24.4.1 撰寫 Makefile 和連結腳本

修改 Makefile 中的 TARGET 為 touchscreen，然後在 INCDIRS 和 SRCDIRS 中加入 bsp/touchscreen，修改後的 Makefile 如範例 24-4 所示。

▼ 範例 24-4 Makefile 檔案程式

```
1  CROSS_COMPILE            ?= arm-linux-gnueabihf-
2  TARGET                   ?= touchscreen
3
4  /* 省略掉其他程式 ...... */
5
6  INCDIRS                  :=  imx6ul \
7                               stdio/include \
...
25                              bsp/touchscreen
26
27 SRCDIRS                  :=  project \
28                              stdio/lib \
...
45                              bsp/icm20608 \
46                              bsp/touchscreen
47
48 /* 省略掉其他程式 ...... */
49
50 clean:
51  rm -rf $(TARGET).elf $(TARGET).dis $(TARGET).bin $(COBJS) $(SOBJS)
```

第 2 行修改變數 TARGET 為 touchscreen，也就是目標名稱為 touchscreen。

第 25 行在變數 INCDIRS 中增加觸控式螢幕的驅動程式標頭檔（.h）路徑。

第 46 行在變數 SRCDIRS 中增加觸控式螢幕的驅動程式檔案（.c）路徑。

連結腳本保持不變。

24.4.2 編譯和下載

使用 Make 命令編譯程式，編譯成功以後使用軟體 imxdownload 將編譯完成的 touchscreen.bin 檔案下載到 SD 卡中，命令如下所示。

```
chmod 777 imxdownload                      // 給予 imxdownload 可執行許可權，一次即可
./imxdownload touchscreen.bin /dev/sdd     // 燒錄到 SD 卡中
```

燒錄成功以後將 SD 卡插到開發板的 SD 卡槽中，然後重置開發板。預設情況下 LCD 介面如圖 24-2 所示。

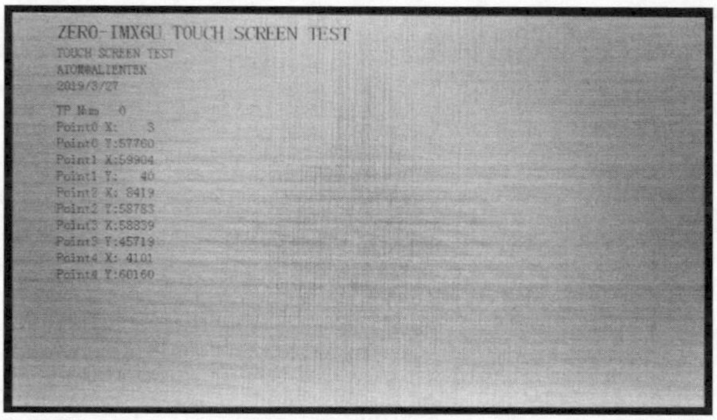

▲ 圖 24-2 預設 LCD 顯示

當我們用手指觸控式螢幕幕時，就會在 LCD 上顯示出當前的觸控點和對應的觸控值，如圖 24-3 所示。

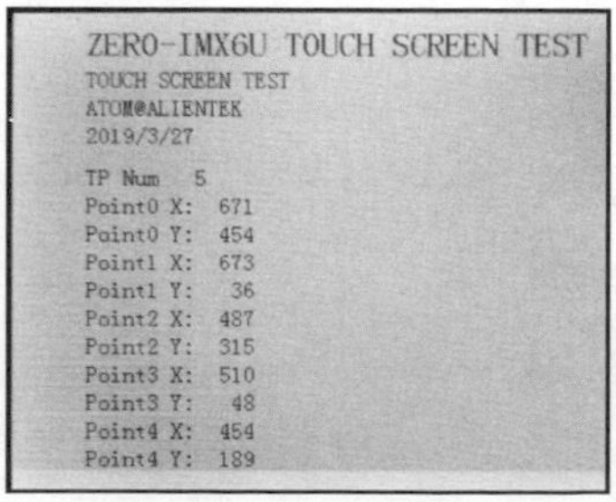

▲ 圖 24-3 觸控點資訊

圖 24-3 中有 5 個觸控點，每個觸控點的座標全部顯示到了 LCD 螢幕上。如果移動手指 LCD 上的觸控點座標資料就會變化。

LCD 背光調節實驗

不管是使用顯示器還是手機，其螢幕背光都是可以調節的，透過調節背光就可以控制螢幕的亮度。在戶外陽光強烈時可以透過調高背光來看清螢幕，在光線比較暗的地方可以調低背光，防止傷眼睛並且省電。正點原子的 3 款 RGB LCD 也支援背光調節，本章就來學習如何調節 LCD 背光。

25.1 | LCD 背光調節簡介

RGB LCD 都有一個背光控制接腳，給這個背光控制接腳輸入高電位就會點亮背光，輸入低電位就會關閉背光。假如我們不斷地開啟和關閉背光，當速度足夠快時就不會感覺到背光關閉這個過程了。這個正好可以使用 PWM 來完成，PWM 全稱是 Pulse Width Modulation，也就是脈衝寬度調變，PWM 訊號如圖 25-1 所示。

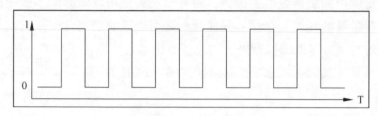

▲ 圖 25-1 PWM 訊號

PWM 訊號有兩個關鍵的術語：頻率和工作週期比。頻率就是開關速度，把一次開關算作一個週期，那麼頻率就是 1s 內進行了多少次開關；工作週期比是一個週期內高電位時間和低電位時間的比例，一個週期內高電位時間越長工作週期比就越大，反之工作週期比就越小。工作週期比用百分數表示，如果一個週期內全是低電位那麼工作週期比就是 0%，如果一個週期內全是高電位那麼工作週期比就是 100%。

我們給 LCD 的背光接腳輸入一個 PWM 訊號，這樣就可以透過調整工作週期比的方式來調整 LCD 背光亮度。提高工作週期比就會提高背光亮度，降低工作週期比就會降低背光亮度。重點就在於 PWM 訊號的產生和工作週期比的控制，很幸運的是 I.MX6ULL 提供了 PWM 外接裝置，因此可以設定 PWM 外接裝置來產生 PWM 訊號。

I.MX6U 一共有 8 路 PWM 訊號，每個 PWM 包含一個 16 位元的計數器和一個 4×16 的資料 FIFO，I.MX6U 的 PWM 外接裝置結構如圖 25-2 所示。

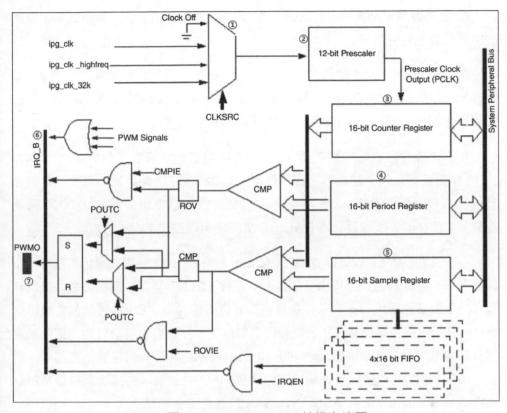

▲ 圖 25-2 I.MX6U PWM 結構方塊圖

圖 25-2 中的各部分功能如下所示。

① 此部分是一個選擇器,用於選擇 PWM 訊號的時鐘來源。一共有 3 種時鐘來源:ipg_clk、ipg_clk_highfreq 和 ipg_clk_32k。

② 這是一個 12 位元的分頻器,可以對①中選擇的時鐘來源進行分頻。

③ 這是 PWM 的 16 位元數目器暫存器,儲存著 PWM 的計數值。

④ 這是 PWM 的 16 位元週期暫存器,此暫存器用來控制 PWM 的頻率。

⑤ 這是 PWM 的 16 位元採樣暫存器,此暫存器用來控制 PWM 的工作週期比。

⑥ 此部分是 PWM 的中斷訊號，PWM 是提供中斷功能的，如果啟動了對應的中斷就會產生中斷。

⑦ 此部分是 PWM 對應的輸出 I/O，產生的 PWM 訊號就會從對應的 I/O 中輸出。I.MX6ULL-ALPHA 開發板的 LCD 背光控制接腳連接在 I.MX6ULL 的 GPIO1_IO8 上，GPIO1_IO8 可以重複使用為 PWM1_OUT。

可以透過設定對應的暫存器來設定 PWM 訊號的頻率和工作週期比，PWM 的 16 位數目器是向上計數器，此計數器會從 0X0000 開始計數，直到計數值等於暫存器 PWMx_PWMPR（x=1~8）+1，然後計數器就會重新從 0X0000 開始計數，如此往復。所以暫存器 PWMx_PWMPR 可以設定 PWM 的頻率。

在一個週期內，PWM 從 0X0000 開始計數時，PWM 接腳先輸出高電位（預設情況下，可以透過設定輸出低電位）。採樣 FIFO 中儲存的採樣值會在每個時鐘和計數器值之間進行比較，當採樣值和計數器相等時，PWM 接腳就會輸出低電位（預設情況下，同樣可以設定輸出高電位）。計數器會持續計數，直到和週期暫存器 PWMx_PWMPR（x=1~8）+1 的值相等，這樣一個週期就完成了。所以，採樣 FIFO 控制著工作週期比，而採樣 FIFO 中的值來自採樣暫存器 WMx_PWMSAR，因此相當於 PWMx_PWMSAR 控制著工作週期比。

PWM 開啟以後會按照預設值執行，並產生 PWM 波形，而這個預設的 PWM 並不是我們需要的波形。如果這個 PWM 波形控制著裝置，就會導致裝置因為接收到錯誤的 PWM 訊號而執行錯誤，嚴重情況下可能會損壞裝置，甚至威脅人身安全。因此，在開啟 PWM 之前必須先設定好 PWMx_PWMPR 和 PWMx_PWMSAR 這兩個暫存器，也就是設定好 PWM 的頻率和工作週期比。

在向 PWMx_PWMSAR 暫存器寫入採樣值時，如果 FIFO 沒滿的話其值會被儲存到 FIFO 中。如果 FIFO 已滿時寫入採樣值，就會導致暫存器 PWMx_PWMSR 的位元 FWE（bit6）置 1，表示 FIFO 寫錯誤，FIFO 中的值也並不會改變。FIFO 可以在任何時候寫入，但是只有在 PWM 啟動的情況下讀取。

暫存器 PWMx_SR 的位元 FIFOAV（bit2:0）記錄著當前 FIFO 中有多少個資料。從採樣暫存器 PWMx_PWMSAR 讀取一次資料，FIFO 中的資料就會減

1，每產生一個週期的 PWM 訊號，FIFO 中的資料就會減 1，相當於被用掉了。PWM 有 1 個 FIFO 空中斷，當 FIFO 為空時就會觸發此中斷，可以在此中斷處理函式中向 FIFO 寫入資料。

關於 I.MX6ULL 的 PWM 的原理知識就講解到這裡，接下來看一下 PWM 的幾個重要的暫存器，本章使用的是 PWM1。暫存器 PWM1_PWMCR 結構如圖 25-3 所示。

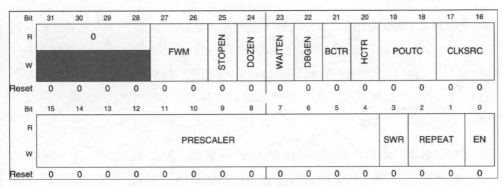

▲ 圖 25-3 暫存器 PWM1_PWMCR 結構

暫存器 PWM1_PWMCR 用到的重要位元如下所示。

FWM（bit27:26）：FIFO 水位線，用來設定 FIFO 空餘位置為多少時表示 FIFO 為空。設定為 0 時，表示 FIFO 空餘位置 ≥1 時 FIFO 為空；設定為 1 時，表示 FIFO 空餘位置 ≥2 時 FIFO 為空；設定為 2 時，表示 FIFO 空餘位置 ≥3 時 FIFO 為空；設定為 3 時，表示 FIFO 空餘位置 ≥4 時 FIFO 為空。

STOPEN（bit25）：此位元用來設定停止模式下 PWM 是否工作，為 0 時表示在停止模式下 PWM 繼續工作，為 1 時表示停止模式下關閉 PWM。

DOZEN（bit24）：此位元用來設定休眠模式下 PWM 是否工作，為 0 時表示在休眠模式下 PWM 繼續工作，為 1 時表示休眠模式下關閉 PWM。

WAITEN（bit23）：此位元用來設定等待模式下 PWM 是否工作，為 0 時表示在等待模式下 PWM 繼續工作，為 1 時表示等待模式下關閉 PWM。

DBGEN（bit22）：此位元用來設定偵錯模式下 PWM 是否工作，為 0 時表示在偵錯模式下 PWM 繼續工作，為 1 時表示偵錯模式下關閉 PWM。

BCTR（bit21）：位元組交換控制位元，用來控制 16 位元的資料進入 FIFO 的位元組順序。為 0 時不進行位元組交換，為 1 時進行位元組交換。

HCTR（bit20）：半字組交換控制位元，用來決定從 32 位元 IP 匯流排界面傳輸來的哪個半字組資料寫入採樣暫存器的低 16 位元中。

POUTC（bit19:18）：PWM 輸出控制位元，用來設定 PWM 輸出模式。為 0 時表示 PWM 先輸出高電位，當計數器值和採樣值相等時就輸出低電位。為 1 時相反。當為 2 或 3 時 PWM 訊號不輸出。本章設定為 0，也就是一開始輸出高電位，當計數器值和採樣值相等時輸出低電位，這樣採樣值越大高電位時間就越長，工作週期比就越大。

CLKSRC（bit17:16）：PWM 時鐘來源選擇，為 0 時關閉；為 1 時選擇 ipg_clk 為時鐘來源；為 2 時選擇 ipg_clk_highfreq 為時鐘來源；為 3 時選擇 ipg_clk_32k 為時鐘來源。本章設定為 1，也就是選擇 ipg_clk 為 PWM 的時鐘來源，因此 PWM 時鐘來源頻率為 66MHz。

PRESCALER（bit15:4）：分頻值，可設定為 0~4095，對應著 1~4096 分頻。

SWR（bit3）：軟體重置，向此位元寫入 1 就重置 PWM。此位元是自清零的，當重置完成以後此位元會自動清零。

REPEAT（bit2:1）：重複採樣設定，此位元用來設定 FIFO 中的每個資料能用幾次。可設定 0~3，分別表示 FIFO 中的每個資料能用 1~4 次。本章我們設定為 0，即 FIFO 中的每個資料只能用一次。

EN（bit0）：PWM 啟動位元，為 1 時啟動 PWM，為 0 時關閉 PWM。

接下來看一下暫存器 PWM1_PWMIR，這個是 PWM 的中斷控制暫存器，此暫存器結構如圖 25-4 所示。

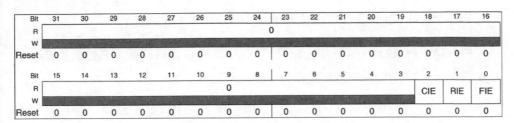

▲ 圖 25-4 暫存器 PWM1_PWMIR 結構

暫存器 PWM1_PWMIR 只有 3 位元，這 3 位元的含義如下所示。

CIE（bit2）：比較中斷啟動位元，為 1 時啟動比較中斷，為 0 時關閉比較中斷。

RIE（bit1）：翻轉中斷啟動位元，當計數器值等於採樣值並導回到 0X0000 時，就會產生此中斷，為 1 時啟動翻轉中斷，為 0 時關閉翻轉中斷。

FIE（bit0）：FIFO 空中斷，為 1 時啟動，為 0 時關閉。

再來看一下狀態暫存器 PWM1_PWMSR，此暫存器結構如圖 25-5 所示。

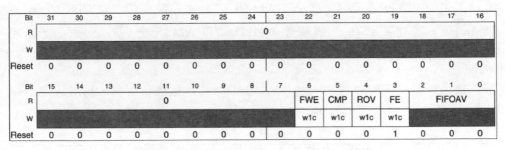

▲ 圖 25-5 暫存器 PWM1_PWMSR 結構

暫存器 PWM1_PWMSR 各個位元的含義如下所示。

FWE（bit6）：FIFO 寫錯誤事件，為 1 時表示發生了 FIFO 寫錯誤。

CMP（bit5）：FIFO 比較事件發生標識位元，為 1 時表示發生 FIFO 比較事件。

ROV（bit4）：翻轉事件標識位元，為 1 時表示翻轉事件發生。

FE（bit3）：FIFO 空標識位元，為 1 時表示 FIFO 為空。

FIFOAV（bit2:1）：此位元記錄 FIFO 中的有效資料個數，有效值為 0~4，分別表示 FIFO 中有 0~4 個有效資料。

接下來是暫存器 PWM1_PWMPR，這個是 PWM 週期暫存器，可以透過此暫存器來設定 PWM 的頻率，此暫存器結構如圖 25-6 所示。

Bit	31 30 29 28 27 26 25 24 23 22 21 20 19 18 17 16	15 14 13 12 11 10 9 8 7 6 5 4 3 2 1 0
R W	0	PERIOD
Reset	0 0 0 0 0 0 0 0 0 0 0 0 0 0 0 0	1 1 1 1 1 1 1 1 1 1 1 1 1 1 1 0

▲ 圖 25-6 暫存器 PWM1_PWMPR 結構

從圖 25-6 可以看出，暫存器 PWM1_PWMPR 只有低 16 位元有效，當 PWM 計數器的值等於（PERIOD+1）時，就會從 0X0000 重新開始計數，開啟另一個週期。PWM 的頻率計算公式如下：

$$PWMO=PCLK/（PERIOD+2）$$

其中，PCLK 是最終進入 PWM 的時鐘頻率，假如 PCLK 的頻率為 1MHz，現在要產生一個頻率為 1kHz 的 PWM 訊號，那麼就可以設定 PERIOD=1000000/（1000-2）=998。

最後來看一下暫存器 PWM1_PWMSAR，這是採樣暫存器，用於設定工作週期比。此暫存器結構如圖 25-7 所示。

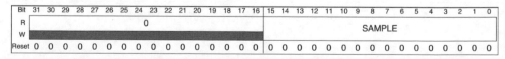

Bit	31 30 29 28 27 26 25 24 23 22 21 20 19 18 17 16	15 14 13 12 11 10 9 8 7 6 5 4 3 2 1 0
R W	0	SAMPLE
Reset	0 0 0 0 0 0 0 0 0 0 0 0 0 0 0 0	0 0 0 0 0 0 0 0 0 0 0 0 0 0 0 0

▲ 圖 25-7 暫存器 PWM1_PWMSAR 結構

此暫存器只有低 16 位元有效，為採樣值。透過這個採樣值即可調整工作週期比，當計數器的值小於 SAMPLE 時輸出高電位（或低電位）。當計數器值 ≥SAMPLE，小於暫存器 PWM1_PWMPR 的 PERIO 時輸出低電位（或高電位）。

同樣在上面的例子中，假如我們要設定 PWM 訊號的工作週期比為 50%，那麼就可以將 SAMPLE 設定為（PERIOD+2）/2=1000/2=500。

本章使用 I.MX6ULL 的 PWM1，PWM1 的輸出接腳為 GPIO1_IO8，設定步驟如下所示。

① 設定接腳 GPIO1_IO8。

設定 GPIO1_IO08 的重複使用功能，將其重複使用為 PWM1_OUT 訊號線。

② 初始化 PWM1。

初始化 PWM1，設定所需的 PWM 訊號的頻率和預設工作週期比。

③ 設定中斷。

因為 FIFO 中的採樣值每個週期都會減少 1 個，所以需要不斷地向 FIFO 中寫入採樣值，防止其為空。我們可以啟動 FIFO 空中斷，這樣當 FIFO 為空時就會觸發對應的中斷，然後在中斷處理函式中向 FIFO 寫入採樣值。

④ 啟動 PWM1。

設定好 PWM1 以後就可以開啟了。

25.2　硬體原理分析

本實驗用到的資源如下所示。

（1）指示燈 LED0。

（2）RGB LCD 介面。

（3）按鍵 KEY0

本實驗用到的硬體原理圖參考第 24 章，本章實驗一開始設定 RGB LCD 的背光亮度 PWM 訊號頻率為 1kHz, 工作週期比為 10%，這樣螢幕亮度就很低。然後透過按鍵 KEY0 逐步地提升 PWM 訊號的工作週期比，按照 10% 步進。當達到 100% 以後，再次按下 KEY0，PWM 訊號工作週期比回到 10% 重新開始。
LED0 不斷地閃爍，提示系統正在執行。

25.3 | 實驗程式撰寫

本實驗對應的常式路徑為「1、裸機常式→ 20_pwm_lcdbacklight」。

本章實驗在第 24 章常式的基礎上完成，更改專案名稱為 backlight，然後
在 bsp 資料夾下建立名為 backlight 的資料夾。在 bsp/backlight 中新建 bsp_
backlight.c 和 bsp_backlight.h 這兩個檔案。在檔案 bsp_backlight.h 中輸入
如範例 25-1 所示內容。

▼ 範例 25-1 bsp_backlight.h 檔案程式

```
1  #ifndef _BACKLIGHT_H
2  #define _BACKLIGHT_H
3  /***************************************************************
4  Copyright  © zuozhongkai Co., Ltd. 1998-2019. All rights reserved
5  檔案名稱      :bsp_backlight.c
6  作者         : 左忠凱
7  版本         :V1.0
8  描述         :LCD 背光 PWM 驅動程式標頭檔
9  其他         : 無
10 討論區        :www.openedv.com
11 記錄檔        : 初版 V1.0 2019/1/22 左忠凱建立
12 ***************************************************************/
13 #include "imx6ul.h"
14
15 /* 背光 PWM 結構 */
16 struct backlight_dev_struc
17 {
18 unsigned char pwm_duty;                    /* 工作週期比 */
19 };
20
21 /* 函式宣告 */
22 void backlight_init(void);
```

```
23 void pwm1_enable(void);
24 void pwm1_setsample_value(unsigned int value);
25 void pwm1_setperiod_value(unsigned int value);
26 void pwm1_setduty(unsigned char duty);
27 void pwm1_irqhandler(void);
28
29 #endif
```

　　檔案 bsp_backlight.h 內容很實用，在第 16 行定義了一個背光 PWM 結構，剩下的就是函式宣告。在檔案 bsp_backlight.c 中輸入如範例 25-2 所示內容。

▼ 範例 25-2 bsp_backlight.c 檔案程式

```
/*****************************************************************
Copyright  © zuozhongkai Co., Ltd. 1998-2019. All rights reserved
檔案名稱       :bsp_backlight.c
作者          :左忠凱
版本          :V1.0
描述          :LCD 背光 PWM 驅動程式檔案
其他          :無
討論區         :www.openedv.com
記錄檔         :初版 V1.0 2019/1/22 左忠凱建立
*****************************************************************/
1  #include "bsp_backlight.h"
2  #include "bsp_int.h"
3  #include "stdio.h"
4
5  struct backlight_dev_struc backlight_dev;        /* 背光裝置 */
6
7  /*
8   * @description        :pwm1 中斷處理函式
9   * @param              :無
10  * @return             :無
11  */
12 void pwm1_irqhandler(void)
13 {
14        if(PWM1->PWMSR & (1 << 3))                /* FIFO 為空中斷 */
15        {
16               /* 將工作週期比資訊寫入到 FIFO 中，其實就是設定工作週期比 */
```

25-11

```
17                    pwm1_setduty(backlight_dev.pwm_duty);
18                    PWM1->PWMSR |= (1 << 3);              /* 寫入 1 清除中斷標識位元 */
19          }
20 }
21
22 /*
23  * @description       : 初始化背光 PWM
24  * @param             : 無
25  * @return            : 無
26  */
27 void backlight_init(void)
28 {
29     unsigned char i = 0;
30
31     /* 1. 背光 PWM I/O 初始化,重複使用為 PWM1_OUT */
32     IOMUXC_SetPinMux(IOMUXC_GPIO1_IO08_PWM1_OUT, 0);
33     IOMUXC_SetPinConfig(IOMUXC_GPIO1_IO08_PWM1_OUT, 0XB090);
34
35     /* 2. 初始化 PWM1
36      * 初始化暫存器 PWMCR
37      * bit[27:26]     :01        當 FIFO 中空餘位置 ≥2 時,FIFO 空標識值位元
38      * bit[25]        :0         停止模式下 PWM 不工作
39      * bit[24]        :0         休眠模式下 PWM 不工作
40      * bit[23]        :0         等待模式下 PWM 不工作
41      * bit[22]        :0         偵錯模式下 PWM 不工作
42      * bit[21]        :0         關閉位元組交換
43      * bit[20]        :0         關閉半位元組資料交換
44      * bit[19:18]     :00        PWM 輸出接腳在計數器重新計數時輸出高電位
45      *                           在計數器計數值達到比較值以後輸出低電位
46      * bit[17:16]     :01        PWM 時鐘來源選擇 IPG CLK = 66MHz
47      * bit[15:4]      :65        分頻係數為 65+1=66,PWM 時鐘來源 = 66MHz/66=1MHz
48      * bit[3]         :0         PWM 不重置
49      * bit[2:1]       :00        FIFO 中的 sample 資料每個只能使用一次
50      * bit[0]         :0         先關閉 PWM,後面再啟動
51      */
52     PWM1->PWMCR = 0;/* 暫存器先清零 */
53     PWM1->PWMCR |= (1 << 26) | (1 << 16) | (65 << 4);
54
55     /* 設定 PWM 週期為 1000,那麼 PWM 頻率就是 1MHz/1000 = 1kHz   */
```

```
56    pwm1_setperiod_value(1000);
57
58    /* 設定工作週期比,預設 50% 工作週期比,寫入四次是因為有 4 個 FIFO */
59    backlight_dev.pwm_duty = 50;
60    for(i = 0; i < 4; i++)
61    {
62        pwm1_setduty(backlight_dev.pwm_duty);
63    }
64
65    /* 啟動 FIFO 空中斷,設定暫存器 PWMIR 暫存器的 bit0 為 1 */
66    PWM1->PWMIR |= 1 << 0;
67    system_register_irqhandler(PWM1_IRQn,           /* 註冊中斷服務函式 */
                    (system_irq_handler_t)pwm1_irqhandler, NULL);
68    GIC_EnableIRQ(PWM1_IRQn);                       /* 啟動 GIC 中對應的中斷 */
69    PWM1->PWMSR = 0;                                /* PWM 中斷狀態暫存器清零 */
70    pwm1_enable();                                  /* 啟動 PWM1 */
71 }
72
73 /*
74  * @description         : 啟動 PWM
75  * @param               : 無
76  * @return              : 無
77  */
78 void pwm1_enable(void)
79 {
80    PWM1->PWMCR |= 1 << 0;
81 }
82
83 /*
84  * @description         : 設定 Sample 暫存器,Sample 資料會寫入到 FIFO 中,
85  *                        Sample 暫存器,就相當於比較暫存器; 假如 PWMCR 中的 POUTC
86  *                        設定為 00 時,當 PWM 計數器中的計數值小於 Sample 時
87  *                        就會輸出高電位,當 PWM 計數器值大於 Sample 時,輸出低
88  *                        電位,因此可以透過設定 Sample 暫存器來設定工作週期比
89  * @param -value        : 暫存器值,範圍 0~0XFFFF
90  * @return              : 無
91  */
92 void pwm1_setsample_value(unsigned int value)
93 {
```

```
94    PWM1->PWMSAR = (value & 0XFFFF);
95 }
96
97 /*
98  * @description      : 設定 PWM 週期，就是設定暫存器 PWMPR，PWM 週期公式以下
99  *                     PWM_FRE = PWM_CLK / (PERIOD + 2)， 比如當前 PWM_CLK=1MHz
100 *                     要產生 1kHz 的 PWM，那麼 PERIOD = 1000000/1000 - 2 = 998
101 * @param -value     : 週期值，範圍 0~0XFFFF
102 * @return           : 無
103 */
104 void pwm1_setperiod_value(unsigned int value)
105 {
106   unsigned int regvalue = 0;
107
108   if(value < 2)
109       regvalue = 2;
110   else
111       regvalue = value - 2;
112   PWM1->PWMPR = (regvalue & 0XFFFF);
113 }
114
115 /*
116 * @description      : 設定 PWM 工作週期比
117 * @param -value     : 工作週期比 0~100，對應 0%~100%
118 * @return           : 無
119 */
120 void pwm1_setduty(unsigned char duty)
121 {
122   unsigned short preiod;
123   unsigned short sample;
124
125   backlight_dev.pwm_duty = duty;
126   preiod = PWM1->PWMPR + 2;
127   sample = preiod * backlight_dev.pwm_duty / 100;
128   pwm1_setsample_value(sample);
129 }
```

　　檔案 bsp_blacklight.c 一共有 6 個函式，第 1 個是函式 pwm1_irqhandler，這個是 PWM1 的中斷處理函式。需要在此函式中處理 FIFO 空中斷，當 FIFO 空中斷發生以後需要向採樣暫存器 PWM1_PWMSAR 寫入採樣資料，也就是工作週期比值，最後要清除對應的中斷標識位元。第 2 個函式是 backlight_init，這個是背光初始化函式，在此函式裡面會初始化背光接腳 GPIO1_IO08，將其重複使用為 PWM1_OUT。然後此函式初始化 PWM1，設定要產生的 PWM 訊號頻率和預設工作週期比，接下來啟動 FIFO 空中斷，註冊對應的中斷處理函式，最後啟動 PWM1。第 3 個函式是 pwm1_enable，用於啟動 PWM1。第 4 個函式是 pwm1_setsample_value，用於設定採樣值，也就是暫存器 PWM1_PWMSAR 的值。第 5 個函式是 pwm1_setperiod_value，用於設定 PWM 訊號的頻率。第 6 個函式是 pwm1_setduty，用於設定 PWM 的工作週期比，這個函式只有一個參數 duty，也就是工作週期比值，單位為 %，函式內部會根據百分值計算出暫存器 PWM1_PWMSAR 應設定的值。

　　最後在檔案 main.c 中輸入如範例 25-3 所示內容。

▼ 範例 25-3 main.c 檔案程式

```
/***************************************************************
Copyright  © zuozhongkai Co., Ltd. 1998-2019. All rights reserved
檔案名稱        :main.c
作者           : 左忠凱
版本           :V1.0
描述           :I.MX6U 開發板裸機實驗 21 背光 PWM 實驗
其他           : 我們使用手機時背光都是可以調節的，同樣的 I.MX6U-ALPHA
                開發板的 LCD 背光也可以調節，LCD 背光就相當於一個 LED 燈；
                LED 燈的亮滅可以透過 PWM 來控制，本實驗我們就來學習一下如何
                透過 PWM 來控制 LCD 的背光
討論區         :www.openedv.com
記錄檔         : 初版 V1.0 2019/1/21 左忠凱建立
***************************************************************/
1   #include "bsp_clk.h"
2   #include "bsp_delay.h"
3   #include "bsp_led.h"
4   #include "bsp_beep.h"
5   #include "bsp_key.h"
```

```
6  #include "bsp_int.h"
7  #include "bsp_uart.h"
8  #include "bsp_lcd.h"
9  #include "bsp_lcdapi.h"
10 #include "bsp_rtc.h"
11 #include "bsp_backlight.h"
12 #include "stdio.h"
13
14 /*
15  * @description      :main 函式
16  * @param            :無
17  * @return           :無
18  */
19 int main(void)
20 {
21     unsigned char keyvalue = 0;
22     unsigned char i = 0;
23     unsigned char state = OFF;
24     unsigned char duty = 0;
25
26     int_init();                      /* 初始化中斷 ( 一定要最先呼叫 ) */
27     imx6u_clkinit();                 /* 初始化系統時鐘 */
28     delay_init();                    /* 初始化延遲時間 */
29     clk_enable();                    /* 啟動所有的時鐘 */
30     led_init();                      /* 初始化 led */
31     beep_init();                     /* 初始化 beep */
32     uart_init();                     /* 初始化序列埠，串列傳輸速率 115200 */
33     cd_init();                       /* 初始化 LCD */
34      backlight_init();               /* 初始化背光 PWM */
35
36     tftlcd_dev.forecolor = LCD_RED;
37     lcd_show_string(50, 10, 400, 24, 24, (char*)"ALPHA-IMX6U BACKLIGHT PWM TEST");
38     lcd_show_string(50, 40, 400, 24, 24, (char*)"PWM Duty:%");
39     tftlcd_dev.forecolor = LCD_BLUE;
40
41/  * 設定預設工作週期比 10% */
42     duty = 10;
43     lcd_shownum(158, 40, duty, 3, 24);
44     pwm1_setduty(duty);
```

```
45
46    while(1)
47    {
48        keyvalue = key_getvalue();
49        if(keyvalue == KEY0_VALUE)
50        {
51            duty += 10;                  /* 工作週期比加 10% */
52            if(duty > 100)               /* 如果工作週期比超過 100%，重新從 10% 開始 */
53                    duty = 10;
54            lcd_shownum(158, 40, duty, 3, 24);
55            pwm1_setduty(duty);          /* 設定工作週期比 */
56        }
57
58        delayms(10);
59        i++;
60        if(i == 50)
61        {
62            i = 0;
63            state = !state;
64            led_switch(LED0,state);
65        }
66    }
67    return 0;
68 }
```

第 34 行呼叫 backlight_init 函式初始化螢幕背光 PWM。第 44 行設定背光 PWM 預設工作週期比為 10%。在 main 函式中讀取按鍵值，如果 KEY0 按下，就將 PWM 訊號的工作週期比增加 10%，當工作週期比超過 100% 時重回到 10%，重新開始。

25.4 │ 編譯、下載和驗證

25.4.1 撰寫 Makefile 和連結腳本

修改 Makefile 中的 TARGET 為 backlight，然後在 INCDIRS 和 SRCDIRS 中加入 bsp/rtc，修改後的 Makefile 如範例 25-4 所示。

▼ 範例 25-4　Makefile 程式

```
1  CROSS_COMPILE          ?= arm-linux-gnueabihf-
2  TARGET                 ?= backlight
3
4  /* 省略掉其他程式 ...... */
5
6  INCDIRS                := imx6ul \
7                            stdio/include \
...
26                         bsp/backlight
27
28 SRCDIRS                := project \
29                            stdio/lib \
...
48                         bsp/backlight
49
50 /* 省略掉其他程式 ...... */
51
52 clean:
53 rm -rf $(TARGET).elf $(TARGET).dis $(TARGET).bin $(COBJS) $(SOBJS)
```

第 2 行修改變數 TARGET 為 backlight，也就是目標名稱為 backlight。

第 26 行在變數 INCDIRS 中增加背光 PWM 驅動程式標頭檔（.h）路徑。

第 48 行在變數 SRCDIRS 中增加背光 PWM 驅動程式檔案（.c）路徑。

連結腳本保持不變。

25.4.2　編譯和下載

使用 Make 命令編譯程式，編譯成功以後使用軟體 imxdownload 將編譯完成的 backlight.bin 檔案下載到 SD 卡中，命令如下所示。

```
chmod 777 imxdownload              // 給予 imxdownload 可執行許可權，一次即可
./imxdownload backlight.bin /dev/sdd!
```

燒錄成功以後將 SD 卡插到開發板的 SD 卡槽中，然後重置開發板，預設背光 PWM 是 10%，PWM 訊號波形如圖 25-8 所示。

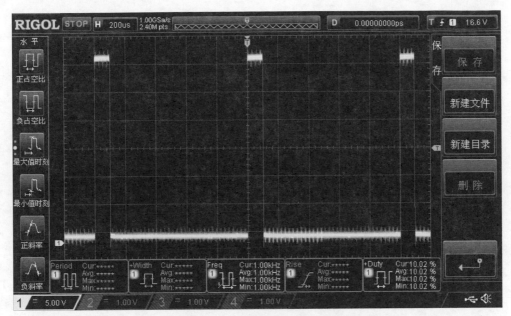

▲ 圖 25-8 10% 工作週期比 PWM 訊號

從圖 25-8 可以看出，此時背光 PWM 訊號的頻率為 1.00kHz，工作週期比是 10.02%，和我們程式中設定的一致，此時 LCD 螢幕會比較暗。

我們將 PWM 的工作週期比調節到 90%，此時的 LCD 螢幕亮度就會增加。

第26章
ADC 實驗

　　ADC 是一種常見的外接裝置，在 STM32 上可以看到，在 I.MX 6ULL 上依然能看到它的存在。透過讀取 GPIO 接腳的高低電位可以知道輸入的是 1 還是 0，但是並不能知道它實際的電壓是多少。ADC 可以讓我們知道某個 I/O 的具體電壓值。有很多感測器都是模擬訊號輸出的，需要測量到其具體的輸出電壓值，然後在進行 A/D 轉換得到最終的數字值。本章就來學習 I.MX6ULL 的 ADC 外接裝置。

26.1 | ADC 簡介

26.1.1 什麼是 ADC

ADC（Analog to Digital Converter，模數轉換器）可以將外部的模擬訊號轉化成數位訊號。對於 GPIO 介面來説，高於某個電壓值，它讀出來的就只有高電位，低於某個電壓值就是低電位。假如想知道具體的電壓數值就要借助於 ADC 的幫助，它可以將一個範圍內的電壓精確地讀取出來。舉例來説，某個 I/O 介面上外接了一個裝置，它能提供 0~2V 的電壓變化，在這個 I/O 介面上使用 GPIO 模式去讀取時只能獲得 0 和 1 兩個資料，但是使用 ADC 模式去讀取就可以獲得 0~2V 之間連續變化的數值。

ADC 有幾個比較重要的參數。

測量範圍：測量範圍對 ADC 來説就好比尺標的量程，ADC 測量範圍決定了外接裝置其訊號輸出電壓範圍，不能超過 ADC 的測量範圍。如果所使用的外部感測器輸出的電壓訊號範圍和所使用的 ADC 測量範圍不符合，那麼就需要自行設計相關電壓轉換電路。

解析度：尺標上能量出來的最小測量刻度，例如常用的公分尺，它的最小刻度就是 1mm，表示最小測量精度就是 1mm。假如 ADC 的測量範圍為 0~5V，解析度設定為 12 位元，那麼能測出來的最小電壓就是 $5V/2^{12}$，也就是 5/4096=0.00122V。很明顯，解析度越高，擷取到的訊號越精確，所以解析度是衡量 ADC 的重要指標。

精度：是影響結果準確度的因素之一，比如在公分尺上能測量出毫米的尺度，但是毫米後的位數卻不能準確地量出。經過計算，ADC 在 12 位元解析度下的最小測量值是 0.00122V。但是 ADC 的精度最高只能到 11 位元，即 0.00244V。也就是 ADC 測量出 0.00244V 的結果要比 0.00122V 可靠、準確。

採樣時間：當 ADC 在某時刻擷取外部電壓訊號時，此時外部的訊號應該保持不變，但實際上外部的訊號是不停變化的。所以在 ADC 內部有一個保持電路，保持某一時刻的外部訊號，這樣 ADC 就可以穩定擷取，保持這個訊號的時間就是採樣時間。

　　取樣速率：在 1s 的時間內擷取多少次。很明顯，取樣速率越高越好，當取樣速率不夠時可能會遺失部分資訊，所以 ADC 取樣速率是衡量 ADC 性能的另一個重要指標。

　　總之，只要是需要模擬訊號轉為數位訊號的場合，肯定要用到 ADC。很多數字感測器內部會整合 ADC，感測器內部使用 ADC 來處理原始的模擬訊號，最終給使用者輸出數位訊號。

26.1.2 I.MX6ULL ADC 簡介

　　I.MX6ULL 提供了兩個 12 位元 ADC 通道和 10 個輸入介面。I.MX6ULL 的 ADC 外接裝置特性如下所示。

（1）線性連續逼近演算法，解析度高達 12 位元。

（2）多達 10 個通道可以選擇。

（3）最高取樣速率 1MS/s。

（4）多達 8 個單端外部類比輸入。

（5）單次或連續轉換（單次轉換後自動傳回空閒狀態）。

（6）可以設定為 12/10/8 位元。

（7）可設定的採樣時間和轉換速度 / 功率。

（8）支援轉換完成、硬體平均完成標識和中斷。

（9）自我校準模式。

　　ADC 有 3 種工作狀態：禁止狀態（Disabled）、閒置狀態（Idle）、工作狀態（Performing conversions）。

　　禁止狀態：ADC 模組被禁止工作。

　　閒置狀態：當前轉換已經完成，下次轉換尚未準備時的狀態，當非同步時鐘輸出被關閉，ADC 進入該狀態時，ADC 此時處於最低功耗狀態。

工作狀態：當 ADC 初始化完成後，並設定好輸入通道後，將進入的狀態。轉換過程中也一直保持在工作狀態。

下面來介紹 ADC 對應的暫存器，讓大家了解如何使用它。這裡用 ADC1 介紹，ADC2 和 ADC 1 有一點不同，但整體上來說很相似，想要深入了解可以去看參考手冊。

接下來先看暫存器 ADCx_CFG（x=1~2），這是 ADC1 的設定暫存器，此暫存器結構如圖 26-1 所示。

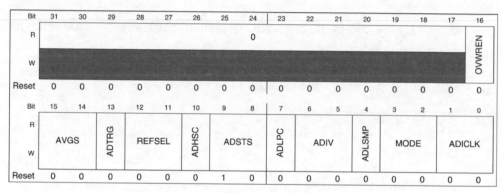

▲ 圖 26-1 暫存器 ADCx_CFG 結構

暫存器 ADCx_CFG 用到的重要位元如下所示。

OVWREN（bit16）：資料複寫啟動位元，為 1 時啟動複寫功能，為 0 時關閉複寫功能。

AVGS（bit15:14）：硬體平均次數，只有當 ADC1_GC 暫存器的 AVGE 位元為 1 時才有效。可選值表如 26-1 所示。

▼ 表 26-1 AGVS 位元設定含義

AVGS(bit15:bit14)	含義	AVGS(bit15:bit14)	含義
00	4 次樣本求平均	10	16 次樣本求平均
01	8 次樣本求平均	11	32 次樣本求平均

ADTRG（bit13）：轉換觸發選擇。為 0 時選擇軟體觸發，為 1 時不選擇軟體觸發。

REFSEL（bit12:11）：參考電壓選擇，為 00 時選擇 VREFH/VREFL。這兩個接腳上的電壓為參考電壓，ALPHA 開發板上 VREFH 為 3.3V，VREFL 為 0V。

ADHSC（bit10）：高速轉換啟動位元，為 0 時為正常模式，為 1 時為高速模式。

ADSTS（bit9:8）：設定 ADC 的採樣週期，與 ADLSMP 位元一起決定採樣週期，如表 26-2 所示。

▼ 表 26-2 ADSTS 值設定

值	含義
00	當 ADLSMP=0 時採樣一次需要 2 個 ADC clocks，ADLSMP=1 時需要 12 個
01	當 ADLSMP=0 時採樣一次需要 4 個 ADC clocks，ADLSMP=1 時需要 16 個
10	當 ADLSMP=0 時採樣一次需要 6 個 ADC clocks，ADLSMP=1 時需要 20 個
11	當 ADLSMP=0 時採樣一次需要 8 個 ADC clocks，ADLSMP=1 時需要 24 個

ADIV（bit6:5）：時鐘分頻選擇。為 00 時不分頻，為 01 時 2 分頻，為 10 時 4 分頻，為 11 時 8 分頻。

ADLSMP（bit4）：長採樣週期啟動位元。值為 0 時為短採樣週期模式，為 1 時為長採樣週期模式。搭配 ADSTS 位元一起控制 ADC 的採樣週期，見表 26-2。

MODE（bit3:2）：選擇轉換精度，設定如表 26-3 所示。

▼ 表 26-3 精度設定

值	含義	值	含義
00	8 位元精度	10	12 位元精度
01	10 位元精度	11	無效

ADICLK（bit1:0）：輸入時鐘來源選擇，為 00 時選擇 IPG Clock；為 01 時選擇 IPG Clock/2；為 10 時無效；為 11 時選擇 ADACK。本書設定為 11，也就是選擇 ADACK 為 ADC 的時鐘來源。

通用控制暫存器 ADCx_GC 結構如圖 26-2 所示。

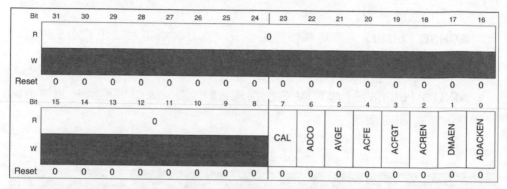

▲ 圖 26-2 暫存器 ADCx_GC 結構

此暫存器對應的位元含義如下所示。

CAL（bit7）：當該位元寫入 1 時，硬體校準功能將啟動，校準過程中該位元會一直保持 1，校準完成後會清 0。校準完成後需要檢查一下 ADC_GS[CALF] 位元，確認校準結果。

ADCO（bit6）：連續轉換啟動位元，只有在開啟了硬體平均功能時有效，為 0 時只能轉換一次或一組，為 1 時可以連續轉換或多組。

AVGE（bit5）：硬體平均啟動位元。為 0 時關閉，為 1 時啟動。

ACFE（bit4）：比較功能啟動位元。為 0 時關閉，為 1 時啟動。

ACFGT（bit3）：設定比較方法。如果為 0 時就比較轉換結果是否小於 ADC_CV 暫存器值，如果為 1 時就比較轉換結果是否大於或等於 ADC_CV 暫存器值。

ACREN（bit2）：範圍比較功能啟動位元。為 0 時僅和 ADC_CV 裡的 CV1 比較，為 1 時和 ADC_CV 裡的 CV1、CV2 比較。

DMAEN（bit1）：DMA 功能啟動位元，為 0 時關閉，為 1 時開啟。

ADACKEN（bit0）：非同步時鐘輸出啟動位元，為 0 時關閉，為 1 時開啟。

通用狀態暫存器 ADCx_GS 結構如圖 26-3 所示。

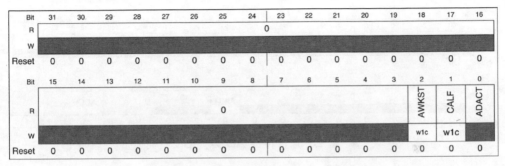

▲ 圖 26-3 暫存器 ADCx_GS 結構

此暫存器對應的位元含義如下所示。

AWKST（bit2）：非同步喚醒中斷狀態，為 1 時表示發生了非同步喚醒中斷。為 0 時表示沒有發生非同步中斷。

CALF（bit1）：校準失敗標識位元，為 0 時表示校準正常完成，為 1 時表示校準失敗。

ADACT（bit0）：轉換活動標識，為 0 時表示轉換沒有進行，為 1 時表示正在進行轉換。

接下來看一下狀態暫存器 ADCx_HS，此暫存器結構如圖 26-4 所示。

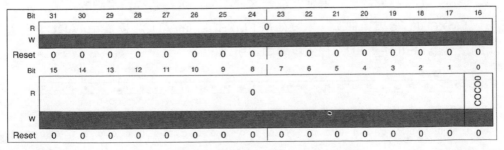

▲ 圖 26-4 暫存器 ADCx_HS 結構

此暫存器只有一個位元 COCO0，這是轉換完成標識位元，此位元為唯讀位元。當關閉比較功能和硬體平均以後，每次轉換完成此位元就會被置 1。啟動硬體平均以後，只有在設定的轉換次數達到後，此位元才置 1。

再來看一下控制暫存器 ADCx_HC0，此暫存器結構如圖 26-5 所示。

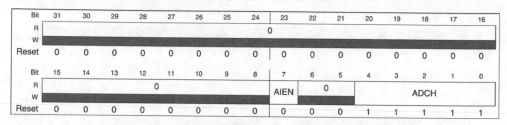

▲ 圖 26-5 暫存器 ADCx_HC0 結構

來看一下此暫存器對應的位元。

AIEN（bit7）：轉換完成中斷控制位元，為 1 時開啟轉換完成中斷，為 0 時關閉。

ADCH（bit4:0）：轉換通道選擇，可以設定為 00000~01111，分別對應通道 0~15。11001 為內部通道，用於 ADC 自測。

最後看一下資料結果暫存器 ADCx_R0，顧名思義，此暫存器儲存 ADC 資料結果，也就是轉換值，暫存器結構如圖 26-6 所示。

從圖 26-6 可以看出，只有 bit11:bit0 這 12 位元有效，此 12 位元用來儲存 ADC 轉換結果。

關於 ADC 有關的暫存器就介紹到這裡，關於這些暫存器詳細的描述，請參考《I.MX6ULL 參考手冊》。本章使用 I.MX6ULL 的 ADC1 通道 1，ADC1 通道 1 的接腳為 GPIO1_IO01，設定步驟如下所示。

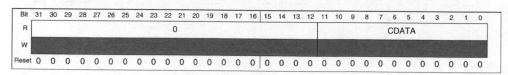

▲ 圖 26-6 暫存器 ADCx_R0 結構

① 初始化 ADC1_CH1。

初始化 ADC1_CH1，設定 ADC 位元數、時鐘來源、採樣時間等。

② 校準 ADC。

ADC 在使用之前需要校準一次。

③ 啟動 ADC。

設定好 ADC 以後就可以開啟了。

④ 讀取 ADC 值。

ADC 正常執行以後就可以讀取 ADC 值。

26.2 硬體原理分析

本實驗用到的資源如下所示。

（1）指示燈 LED0。

（2）RGB LCD 介面。

（3）GPIO1_IO01 接腳。

本實驗主要用到 I.MX6ULL 的 GPIO1_IO01 接腳，將其作為 ADC1 的通道 1 接腳，ALPHA 開發板上引出了 GPIO1_IO01 接腳，如圖 26-7 所示。

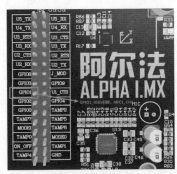

▲ 圖 26-7 開發板上 GPIO1_IO01 接腳

圖 26-7 中的 GPIO1 就是 GPIO1_IO01 接腳，此接腳作為 ADC1_CH1，我們可以使用杜邦線在此接腳上引入一個 0~3.3V 的電壓，然後使用內部 ADC 進行測量。

26.3 │ 實驗程式撰寫

本實驗對應的常式路徑為「1、裸機常式→ 21_adc」。

本章實驗在第 25 章常式的基礎上完成，更改專案名稱為 adc，然後在 bsp 資料夾下建立名為 adc 的資料夾。在 bsp/adc 中新建 bsp_adc.c 和 bsp_adc.h 這兩個檔案。在檔案 bsp_adc.h 中輸入如範例 26-1 所示內容。

▼ 範例 26-1 bsp_adc.h 檔案內容

```
1  #ifndef __ADC_H
2  #define __ADC_H
3  /**************************************************************
4  Copyright © zuozhongkai Co., Ltd. 1998-2019. All rights reserved
5  檔案名稱        :bsp_adc.h
6  作者           :左忠凱
7  版本           :V1.0
8  描述           :ADC 驅動程式標頭檔
9  其他           :無
10 討論區         :www.openedv.com
11 記錄檔         :初版 V1.0 2019/1/22 左忠凱建立
12 **************************************************************/
13 #include "imx6ul.h"
14
15 int adc1ch1_init(void);
16 status_t adc1_autocalibration(void);
17 uint32_t getadc_value(void);
18 unsigned short getadc_average(unsigned char times);
19 unsigned short getadc_volt(void);
20
21 #endif
```

檔案 bsp_adc.h 內容很簡單,都是一些函式宣告。接下來在檔案 bsp_
backlight.c 中輸入如範例 26-2 所示內容。

▼ 範例 26-2 bsp_adc.c 檔案內容

```
/***************************************************************
Copyright   © zuozhongkai Co., Ltd. 1998-2019. All rights reserved
檔案名稱        :bsp_adc.c
作者           :左忠凱
版本           :V1.0
描述           :ADC 驅動程式檔案
其他           :無
討論區         :www.openedv.com
記錄檔         :初版 V1.0 2019/1/22 左忠凱建立
***************************************************************/
1  #include "bsp_adc.h"
2  #include "bsp_delay.h"
3  #include "stdio.h"
4
5  /*
6   * @description      :初始化 ADC1_CH1,使用 GPIO1_IO01 這個接腳
7   * @param            :無
8   * @return           :0 成功,其他值 錯誤程式
9   */
10 int adc1ch1_init(void)
11 {
12   int ret = 0;
13
14   /* 1. 初始化 ADC1 CH1 */
15   /* CFG 暫存器
16    * bit16         0      關閉複寫功能
17    * bit15:14      00     硬體平均設定為預設值,00 時 4 次平均,
18    *                      但是需要 ADC_GC 暫存器的 AVGE 位置 1 來啟動硬體平均
19    * bit13         0      軟體觸發
20    * bit12:11      00     參考電壓為 VREFH/VREFL,也就是 3.3V/0V
21    * bit10         0      正常轉換速度
22    * bit9:8        00     採樣時間 2/12,ADLSMP=0( 短採樣 ) 時為 2 個週期
23    *                      ADLSMP=1( 長採樣 ) 時為 12 個週期
24    * bit7          0      非低功耗模式
```

```
25      * bit6:5         00      ADC 時鐘來源 1 分頻
26      * bit4           0       短採樣
27      * bit3:2         10      12 位元 ADC
28      * bit1:0         11      ADC 時鐘來源選擇 ADACK
29      */
30      ADC1->CFG = 0;
31      ADC1->CFG |= (2 << 2) | (3 << 0);
32
33      /* GC 暫存器
34      * bit7   0       先關閉校準功能，後面會校準
35      * bit6   0       關閉持續轉換
36      * bit5   0       關閉硬體平均功能
37      * bit4   0       關閉比較功能
38      * bit3   0       關閉比較的 Greater Than 功能
39      * bit2   0       關閉比較的 Range 功能
40      * bit1   0       關閉 DMA
41      * bit0   1       啟動 ADACK
42      */
43      ADC1->GC = 0;
44      ADC1->GC |= 1 << 0;
45
46      /* 2. 校準 ADC */
47      if(adc1_autocalibration() != kStatus_Success)
48        ret = -1;
49
50      return ret;
51 }
52
53 /*
54  * @description     : 初始化 ADC1 校準
55  * @param           : 無
56  * @return          : kStatus_Success 成功，kStatus_Fail 失敗
57  */
58 status_t adc1_autocalibration(void)
59 {
60      status_t ret = kStatus_Success;
61
62      ADC1->GS |= (1 << 2);               /* 清除 CALF 位元，寫入 1 清零 */
63      ADC1->GC |= (1 << 7);               /* 啟動校準功能 */
```

```
64
65      /* 校準完成之前，GC 暫存器的 CAL 位元會一直為 1，直到校準完成此位元自動清零 */
66      while((ADC1->GC & (1 << 7)) != 0) {
67          /* 如果 GS 暫存器的 CALF 位元為 1 時表示校準失敗 */
68          if((ADC1->GS & (1 << 2)) != 0) {
69              ret = kStatus_Fail;
70              break;
71          }
72      }
73
74      /* 校準成功以後 HS 暫存器的 COCO0 位元會置 1 */
75      if((ADC1->HS& (1 << 0)) == 0)
76          ret = kStatus_Fail;
77
78      /* 如果 GS 暫存器的 CALF 位元為 1 時表示校準失敗 */
79      if((ADC1->GS & (1 << 2)) != 0)
80          ret = kStatus_Fail;
81
82      return ret;
83 }
84
85 /*
86  * @description     : 獲取 ADC 原始值
87  * @param           : 無
88  * @return          : 獲取到的 ADC 原始值
89  */
90 unsigned int getadc_value(void)
91 {
92
93      /* 設定 ADC 通道 1 */
94      ADC1->HC[0] = 0;                    /* 關閉轉換結束中斷 */
95      ADC1->HC[0] |= (1 << 0);            /* 通道 1 */
96
97      while((ADC1->HS & (1 << 0)) == 0);  /* 等待轉換完成 */
98
99      return ADC1->R[0];                  /* 傳回 ADC 值 */
100 }
101
102 /*
```

```
103  * @description      : 獲取 ADC 平均值          .
104  * @paramtimes       : 獲取次數
105  * @return           :times 次轉換結果平均值
106  */
107 unsigned short getadc_average(unsigned char times)
108 {
109   unsigned int temp_val = 0;
110   unsigned char t;
111   for(t = 0; t < times; t++){
112       temp_val += getadc_value();
113       delayms(5);
114   }
115   return temp_val / times;
116 }
117
118 /*
119  * @description      : 獲取 ADC 對應的電壓值
120  * @param            : 無
121  * @return           : 獲取到的電壓值，單位為 mV
122  */
123   unsigned short getadc_volt(void)
124 {
125   unsigned int adcvalue=0;
12    6unsigned int ret = 0;
127   adcvalue = getadc_average(5);
128   ret = (float)adcvalue * (3300.0f / 4096.0f);
129   return  ret;
130 }
```

　　檔案 bsp_blacklight.c 一共有 5 個函式，第 1 是函式 adc1ch1_init，這個是 ADC1 通道 1 的初始化函式。在此函式中會初始化 ADC，比如設定 ADC 時鐘來源，設定參考電壓、ADC 位元數等。初始化完成以後會呼叫 adc1_autocalibration 函式校準一次 ADC。第 2 個函式是 adc1_autocalibration，這個是 ADC 校準函式，在使用 ADC 之前最好校準一次。第 3 個函式是 getadc_value，這個函式用於獲取 ADC 轉換值，也就是讀取 ADCx_R0 暫存器。第 4 個函式是 getadc_average，這是軟體平均值，也就是軟體讀取多次 ADC 值，然後進行平均，大家也可以直接使用 ADC 附帶的硬體平均。第 5 個函式就是 getadc_volt，此函式用於將獲取到的原始 ADC 值轉為對應的電壓值。

最後在第 25 章實驗的檔案 main.c 基礎上，將 main 函式改為如範例 26-3 所示內容。

▼ 範例 26-3　main 函式內容

```
1   int main(void)
2   {
3   unsigned char i = 0;
4   unsigned int adcvalue;
5   unsigned char state = OFF;
6   signed int integ;                           /* 整數部分 */
7   signed int fract;                           /* 小數部分 */
8
9   imx6ul_hardfpu_enable();                    /* 啟動 I.MX6U 的硬體浮點 */
10  int_init();                                 /* 初始化中斷 ( 一定要最先呼叫 ) */
11  imx6u_clkinit();                            /* 初始化系統時鐘 */
12  delay_init();                               /* 初始化延遲時間 */
13  clk_enable();                               /* 啟動所有的時鐘 */
14  led_init();                                 /* 初始化 led */
15  beep_init();                                /* 初始化 beep */
16  uart_init();                                /* 初始化序列埠，串列傳輸速率 115200 */
17  lcd_init();                                 /* 初始化 LCD */
18  adc1ch1_init();                             /* ADC1_CH1 */
19
20  tftlcd_dev.forecolor = LCD_RED;
21  lcd_show_string(50, 10, 400, 24, 24, (char*)"ALPHA-IMX6U ADC TEST");
22  lcd_show_string(50, 40, 200, 16, 16, (char*)"ATOM@ALIENTEK");
23  lcd_show_string(50, 60, 200, 16, 16, (char*)"2019/12/16");
24  lcd_show_string(50, 90, 400, 16, 16, (char*)"ADC Ori Value:0000");
25  lcd_show_string(50, 110, 400, 16, 16,(char*)"ADC Val Value:0.00 V");
26  tftlcd_dev.forecolor = LCD_BLUE;
27
28  while(1)
29  {
30      adcvalue = getadc_average(5);
31      lcd_showxnum(162, 90, adcvalue, 4, 16, 0);   /* ADC 原始資料值 */
32      printf("ADC orig value = %d\r\n", adcvalue);
33
34      adcvalue = getadc_volt();
```

```
35    integ = adcvalue / 1000;
36    fract = adcvalue % 1000;
37    lcd_showxnum(162, 110, integ, 1, 16, 0);    /* 顯示電壓值的整數部分 */
38    lcd_showxnum(178, 110, fract, 3, 16, 0X80); /* 顯示電壓值小數部分 */
39    printf("ADC vola = %d.%dV\r\n", integ, fract);
40
41    delayms(50);
42    i++;
43    if(i == 10)
44    {
45        i = 0;
46        state = !state;
47        led_switch(LED0,state);
48    }
49 }
50 return 0;
51 }
```

第 18 行 呼 叫 adc1ch1_init 函 式，初 始 化 ADC1_CH1。 第 30 行 呼 叫 getadc_average 函式獲取 ADC 原始值，這裡讀取 5 次資料然後求平均。第 34 行呼叫 getadc_volt 函式獲取 ADC 對應的電壓值。最後將原始值和電壓值都顯示在 LCD 上。

26.4 │ 編譯、下載和驗證

26.4.1 撰寫 Makefile 和連結腳本

修改 Makefile 中的 TARGET 為 adc，然後在 INCDIRS 和 SRCDIRS 中加入 bsp/adc。修改後的 Makefile 如範例 26-4 所示。

▼ 範例 26-4 Makefile 程式

```
1  CROSS_COMPILE        ?= arm-linux-gnueabihf-
2  TARGET               ?= adc
3
```

```
...
11
12 INCDIRS            :=  imx6ul \
13                        stdio/include \
14                        bsp/clk \
15                        bsp/led \
...
33                        bsp/adc
34
35 SRCDIRS            :=  project \
36                        stdio/lib \
37                        bsp/clk \
38                        bsp/led \
...
57                        bsp/adc
...
88 clean:
89   rm -rf $(TARGET).elf $(TARGET).dis $(TARGET).bin $(COBJS) $(SOBJS)
```

第 2 行修改變數 TARGET 為 adc，也就是目標名稱為 adc。

第 33 行在變數 INCDIRS 中增加 ADC 驅動程式標頭檔（.h）路徑。

第 57 行在變數 SRCDIRS 中增加 ADC 驅動程式驅動檔案（.c）路徑。

連結腳本保持不變。

26.4.2 編譯和下載

使用 Make 命令編譯程式，編譯成功以後使用軟體 imxdownload 將編譯完成的 adc.bin 檔案下載到 SD 卡中，命令如下所示。

```
chmod 777 imxdownload                // 給予 imxdownload 可執行許可權，一次即可
./imxdownload adc.bin /dev/sdd       // 燒錄到 SD 卡中，不能燒錄到 /dev/sda 或 sda1 中
```

燒錄成功以後，將 SD 卡插到開發板的 SD 卡槽中，然後重置開發板。用杜邦線將圖 26-7 中的 GPIO1 接腳接到 GND 上，那麼此時測量到的電壓就是 0V，如圖 26-8 所示。

▲ 圖 26-8 0V 電壓測量

從圖 26-8 可以看出，當 GPIO1_IO01 接到 GND 時，此時 ADC 原始數值為 50，換算出來的實際電壓為 0.045V。考慮到誤差包含電源的抖動，可以認為是 0V。接下來可以將 GPIO1_IO01 接腳接到 3.3V 電源接腳上，此時測量值如圖 26-9 所示。

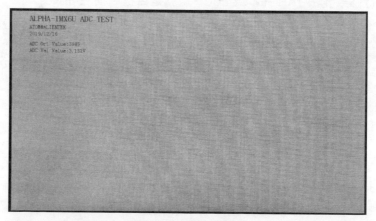

▲ 圖 26-9 3.3V 電壓測量

從圖 26-9 可以看出，此時的 ADC 原始值為 3945，對應的電壓值為 3.18V。至此，I.MX6ULL 的 ADC 技術介紹完畢。

第二篇
系統移植篇

在第一篇中我們學習了如何進行 I.MX6ULL 的裸機開發，透過 22 個裸機常式掌握了 I.MX6ULL 的常用外接裝置。透過裸機的學習掌握了外接裝置的底層原理，在以後進行 Linux 驅動程式開發時，只需要將精力放到 Linux 驅動程式框架上即可。在進行 Linux 驅動程式開發之前，需要先將 Linux 系統移植到開發板上。學習過 μC/OS、FreeRTOS 的讀者應該知道，μC/OS、FreeRTOS 移植就是在官方的 SDK 套件中，找一個和已使用的晶片同樣的專案檔案編譯一下，然後下載到開發板。那麼 Linux 的移植是否也這樣？很明顯不是，Linux 的移植要複雜得多。在移植 Linux 之前需要先移植一個 bootloader 程式，這個 bootloader 程式用於啟動 Linux 核心。bootloader 有很多，常用的就是 U-Boot。移植好 U-Boot 以後，再移植 Linux 核心，移植完 Linux 核心以後 Linux 還不能正常啟動，還需要再移植一個 root 檔案系統（rootfs）。root 檔案系統中包含了一些最常用的命令和檔案，所以 U-Boot、Linux Kernel 和 rootfs 這三者一起組成了一個完整的 Linux 系統，一個可以正常使用、功能完整的 Linux 系統。在本篇我們就來講解 U-Boot、Linux Kernel 和 rootfs 的移植，與其說是「移植」，倒不如說是「調配」，因為大部分的移植工作都由 NXP 官方完成了，這裡的「移植」主要是使其能夠在 I.MX6ULL-ALPHA 開發板上跑起來。

第27章
U-Boot 使用實驗

　　在移植 U-Boot 之前，我們要先對 μ-Boot 有一個了解。I.MX6ULL-ALPHA 開發板附贈資源中已經提供了一個已經移植好的 U-Boot，本章直接編譯這個移植好的 U-Boot，然後燒錄到 SD 卡中啟動。啟動 U-Boot 以後就可以學習使用 U-Boot 的命令。

27.1 | U-Boot 簡介

Linux 系統要啟動就必須有一個 bootloader 程式,也就說晶片通電以後先執行一段 bootloader 程式。這段 bootloader 程式會先初始化 DDR 等外接裝置,然後將 Linux 核心從 Flash(NAND、NOR FLASH、SD、MMC 等) 複製到 DDR 中,最後啟動 Linux 核心。當然 bootloader 的實際工作要複雜得多,但是它最主要的工作就是啟動 Linux 核心,bootloader 和 Linux 核心的關係就跟電腦的 BIOS 和 Windows 的關係一樣,bootloader 就相當於 BIOS。有很多現成的 bootloader 軟體可以使用,比如 U-Boot、vivi、RedBoot 等,其中以 U-Boot(Universal Boot Loader)使用最為廣泛。為了方便書寫,本書會將 U-Boot 統寫為 uboot。

uboot 是一個遵循 GPL 協定的開放原始碼軟體,是一個裸機程式,可以看作一個裸機綜合常式。現在的 uboot 已經支援液晶螢幕、網路、USB 等高級功能。

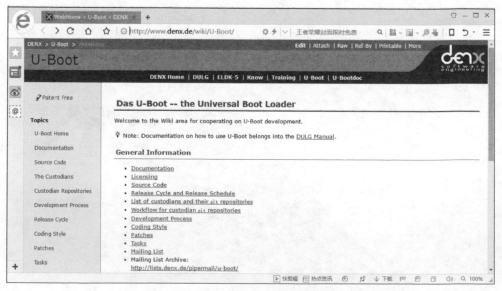

▲ 圖 27-1 uboot 官網

我們可以在 uboot 官網下載 uboot 原始程式，點擊圖 27-1 左側 Topics 中的 Source Code，開啟如圖 27-2 所示介面。

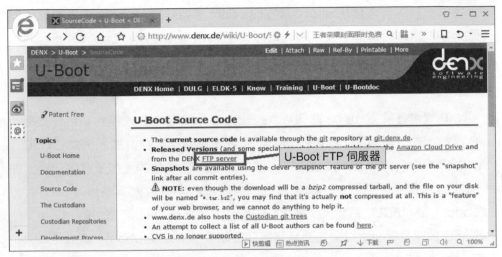

▲ 圖 27-2 uboot 原始程式介面

點擊圖 27-2 中所示的 FTP Server，進入其 FTP 伺服器即可看到 uboot 原始程式，如圖 27-3 所示。

▲ 圖 27-3 uboot 原始程式

圖 27-3 所示就是 uboot「原汁原味」的原始程式檔案，也就是網上説的 mainline。

我們一般不會直接用 uboot 官方的 uboot 原始程式。uboot 官方的 uboot 原始程式是給半導體廠商準備的，半導體廠商會下載 uboot 官方的 uboot 原始程式，然後將自家晶片移植進去。也就是説半導體廠商會自己維護一個版本的 uboot，這個版本的 uboot 是他們自己訂製的。

NXP 就維護著 2016.03 這個版本的 uboot，NXP 官方維護的 uboot 支援了 NXP 當前大部分可以跑 Linux 的晶片，而且支援各種啟動方式，比如 EMMC、NAND、NOR FLASH 等，這些都是 uboot 官方所不支援的。但是這個 uboot 都是針對 NXP 自家評估板的，如果是我們自己做的開發板就需要修改 NXP 官方的 uboot。I.MX6ULL 開發板就是自製的板子，需要修改 NXP 官方的 uboot，使其調配自製開發板。所以當我們拿到開發板以後，有 3 種 uboot，這 3 種 uboot 的區別如表 27-1 所示。

▼ 表 27-1 3 種 uboot 的區別

種類	描述
uboot 官方的 uboot 程式	由 uboot 官方維護開發的 uboot 版本，版本更新快，基本包含所有常用的晶片
半導體廠商的 uboot 程式	半導體廠商維護的 uboot，專門針對自家的晶片，在對自家晶片支援上要比 uboot 官方的好
開發板廠商的 uboot 程式	開發板廠商在半導體廠商提供的 uboot 基礎上加入了對自家開發板的支援

那麼這 3 種 uboot 該如何選擇呢？首先 uboot 官方的程式基本是不會用的，因為支援太弱。最常用的就是半導體廠商或開發板廠商的 uboot，如果是半導體廠商的評估板，那麼就使用半導體廠商的 uboot，如果是購買的協力廠商開發板，比如 I.MX6ULL 開發板，那麼就使用正點原子提供的 uboot 原始程式（也是在半導體廠商的 uboot 上修改的）。當然也可以在購買了協力廠商開發板以後使用半導體廠商提供的 uboot，只不過有些外接裝置驅動程式可能不支援，需要自己移植，這個就是我們常説的 uboot 移植。

本章學習 uboot 的使用，所以就直接使用已經移植好的 uboot。

27.2 │ U-Boot 初次編譯

　　首先要在 Ubuntu 中安裝 ncurses 函式庫，否則編譯會顯示出錯，安裝命令如下所示。

```
sudo apt-get install libncurses5-dev
```

　　在 Ubuntu 中建立存放 uboot 的目錄，比如 /home/$USER/linux/uboot，USER 是具體的使用者名稱。然後在此目錄下新建一個名為 alientek_uboot 的資料夾，用於存放 uboot 原始程式。alientek_uboot 資料夾建立成功以後，使用 FileZilla 軟體將 uboot 原始程式複製到此目錄中，將其複製到 Ubuntu 中新建的 alientek_uboot 資料夾下，完成以後如圖 27-4 所示。

```
zuozhongkai@ubuntu:~/linux/IMX6ULL/uboot/alientek_uboot$ ls
uboot-imx-2016.03-2.1.0-g8b546e4.tar.bz2
zuozhongkai@ubuntu:~/linux/IMX6ULL/uboot/alientek_uboot$
```

▲ 圖 27-4　將 uboot 複製到 Ubuntu 中

　　使用以下命令對其進行解壓縮。

```
tar -vxjf uboot-imx-2016.03-2.1.0-g8b546e4.tar.bz2
```

　　解壓完成以後，alientek_uboot 資料夾內容如圖 27-5 所示。

```
zuozhongkai@ubuntu:~/linux/IMX6ULL/uboot/alientek_uboot$ ls
api        config.mk   dts        Kconfig       Makefile   snapshot.commit
arch       configs     examples   lib           net        test
board      disk        fs         Licenses      post       tools
cmd        doc         include    MAINTAINERS   README     uboot-imx-2016.03-2.1.0-g8b546e4.tar.bz2
common     drivers     Kbuild     MAKEALL       scripts
zuozhongkai@ubuntu:~/linux/IMX6ULL/uboot/alientek_uboot$
```

▲ 圖 27-5　解壓後的 uboot

　　圖 27-5 中除了 uboot-imx-2016.03-2.1.0-g8b546e4.tar.bz2 這個資源套件中提供的 uboot 原始程式壓縮檔以外，其他的檔案和資料夾都是解壓出來的 uboot 原始程式。

1. 512MB(DDR3)+8GB(EMMC) 核心板

如果使用的是 512MB+8GB 的 EMMC 核心板，使用以下命令來編譯對應的 uboot。

```
make ARCH=arm CROSS_COMPILE=arm-linux-gnueabihf- distclean
make ARCH=arm CROSS_COMPILE=arm-linux-gnueabihf- (加空格)
mx6ull_14x14_ddr512_emmc_defconfig
make V=1 ARCH=arm CROSS_COMPILE=arm-linux-gnueabihf- -j12
```

這 3 筆命令中，ARCH=arm 設定目標為 arm 架構，CROSS_COMPILE 指定所使用的交叉編譯器。第 1 筆命令相當於 make distclean，目的是清除專案，一般在第一次編譯時最好清理一下專案。第 2 行指令相當於 make mx6ull_14x14_ddr512_emmc_defconfig，用 於 設 定 uboot，設 定 檔 為 mx6ull_14x14_ddr512_emmc_defconfig。第 3 行指令相當於 make -j12，也就是使用 12 核心來編譯 uboot。當這 3 筆命令執行完以後，uboot 也就編譯完成了，如圖 27-6 所示。

```
/mx6ullevk/imximage-ddr512.cfg.cfgtmp board/freescale/mx6ullevk/imximage-ddr512.cfg
  ./tools/mkimage -n board/freescale/mx6ullevk/imximage-ddr512.cfg.cfgtmp -T imximage -e 0x87
800000 -d u-boot.bin u-boot.imx
Image Type:   Freescale IMX Boot Image
Image Ver:    2 (i.MX53/6/7 compatible)
Mode:         DCD
Data Size:    425984 Bytes = 416.00 kB = 0.41 MB
Load Address: 877ff420
Entry Point:  87800000
zuozhongkai@ubuntu:~/linux/IMX6ULL/uboot/alientek_uboot$ ls
```

▲ 圖 27-6 編譯完成

編譯完成以後的 alentek_uboot 資料夾內容如圖 27-7 所示。

```
zuozhongkai@ubuntu:~/linux/IMX6ULL/uboot/alientek_uboot$ ls
api         doc         lib           scripts          u-boot.imx
arch        drivers     Licenses      snapshot.commit  uboot-imx-2016.03-2.1.0-g8b546e4.tar.bz2
board       dts         MAINTAINERS   System.map       u-boot.lds
cmd         examples    MAKEALL       test             u-boot.map
common      fs          Makefile      tools            u-boot-nodtb.bin
config.mk   include     net           u-boot           u-boot.srec
configs     Kbuild      post          u-boot.bin       u-boot.sym
disk        Kconfig     README        u-boot.cfg
zuozhongkai@ubuntu:~/linux/IMX6ULL/uboot/alientek_uboot$
```

▲ 圖 27-7 編譯後的 alentek_uboot 資料夾內容

可以看出，編譯完成以後 uboot 原始程式多了一些檔案，其中 u-boot.bin 就是編譯出來的 uboot 二進位檔案。uboot 是個裸機程式，因此需要在其前面加上標頭（IVT、DCD 等資料）才能在 I.MX6ULL 上執行。圖 27-7 中的 u-boot.imx 檔案就是增加標頭以後的 u-boot.bin，u-boot.imx 就是最終要燒錄到開發板中的 uboot 鏡像檔案。

每次編譯 uboot 都要輸入一長串命令，為了簡單起見，可以新建一個 shell 腳本檔，將這些命令寫到 shell 腳本檔中，然後每次只需要執行 shell 腳本即可完成編譯工作。新建名為 mx6ull_alientek_emmc.sh 的 shell 腳本檔，然後在裡面輸入如範例 27-1 所示內容。

▼ 範例 27-1 mx6ull_alientek_emmc.sh 檔案程式

```
1 #!/bin/bash
2 make ARCH=arm CROSS_COMPILE=arm-linux-gnueabihf- distclean
3 make ARCH=arm CROSS_COMPILE=arm-linux-gnueabihf- mx6ull_14x14_ddr512_emmc_defconfig
4 make V=1 ARCH=arm CROSS_COMPILE=arm-linux-gnueabihf- -j12
```

第 1 行是 shell 腳本要求的，必須是 #!/bin/bash 或 #!/bin/sh。

第 2 行使用了 make 命令，用於清理專案，也就是每次在編譯 uboot 之前都清理專案。這裡的 make 命令帶有 3 個參數，第 1 個是 ARCH，也就是指定架構，這裡肯定是 arm；第 2 個參數 CROSS_COMPILE 用於指定編譯器，只需要指明編譯器首碼就行了，比如 arm-linux-gnueabihf-gcc 編譯器的首碼就是 arm-linux-gnueabihf-；第 3 個參數 distclean 就是清除專案。

第 3 行也使用了 make 命令，用於設定 uboot。同樣有 3 個參數，不同的是，第 3 個參數是 mx6ull_14x14_ddr512_emmc_defconfig。前面說了 uboot 是 bootloader 的一種，可以用來啟動 Linux，但是 uboot 除了啟動 Linux 以外還可以啟動其他的系統。uboot 還支援其他的架構和外接裝置，比如 USB、網路、SD 卡等。這些都是可以設定的，需要什麼功能就啟動什麼功能。

所以在編譯 uboot 之前，一定要根據自己的需求設定 uboot。mx6ull_14x14_ddr512_emmc_defconfig 就是針對 I.MX6ULL-ALPHA 的 EMMC 核心板撰寫的設定檔，這個設定檔在 uboot 原始程式的 configs 目錄中。在 uboot 中，透過

make xxx_defconfig 來設定 uboot，xxx_defconfig 就是不同板子的設定檔，這些設定檔都在 uboot/configs 目錄中。

第 4 行有 4 個參數，用於編譯 uboot。透過第 3 行設定好 uboot 以後就可以直接編譯 uboot 了。其中 V=1，用於設定編譯過程的資訊輸出等級；-j 用於設定主機使用多少執行緒編譯 uboot，最好設定成虛擬機器所設定的核心數。如果在 VMware 中只給虛擬機器分配了 4 個核心，那麼使用 -j4 是最合適的，這樣 4 個核心都會一起編譯。

使用 chmod 命令給予 mx6ull_alientek_emmc.sh 檔案可執行許可權，然後就可以使用這個 shell 腳本檔來重新編譯 uboot，命令如下所示。

```
./mx6ull_alientek_emmc.sh
```

2. 256MB（DDR3）+512MB（NAND）核心板如果用的 256MB+512MB 的 NAND 核心板，新建名為 mx6ull_alientek_nand.sh 的 shell 腳本檔，然後在裡面輸入如範例 27-2 所示內容。

▼ 範例 27-2　mx6ull_alientek_nand.sh 檔案程式

```
1 #!/bin/bash
2 make ARCH=arm CROSS_COMPILE=arm-linux-gnueabihf- distclean
3 make ARCH=arm CROSS_COMPILE=arm-linux-gnueabihf- mx6ull_14x14_ddr256_nand_defconfig
4 make V=1 ARCH=arm CROSS_COMPILE=arm-linux-gnueabihf- -j12
```

完成以後同樣使用 chmod 指令給予 mx6ull_alientek_nand.sh 可執行許可權，然後輸入以下命令即可編譯 NAND 版本的 uboot。

```
./mx6ull_alientek_nand.sh
```

mx6ull_alientek_nand.sh 和 mx6ull_alientek_emmc.sh 類似，只是 uboot 設定檔不同，這裡就不詳細介紹了。

27.3 | U-Boot 燒錄與啟動

　　uboot 編譯好以後就可以燒錄到板子上使用了，這裡跟前面裸機常式一樣，將 uboot 燒錄到 SD 卡中。然後透過 SD 卡來啟動執行 uboot。使用 imxdownload 軟體燒錄，命令如下所示。

```
chmod 777 imxdownload              // 給予 imxdownload 可執行許可權，一次即可
./imxdownload u-boot.bin/dev/sdd   // 燒錄到 SD 卡，不能燒錄到 /dev/sda 或 sda1 裝置中
```

　　燒錄完成以後將 SD 卡插到 I.MX6ULL-ALPHA 開發板上，BOOT 設定從 SD 卡啟動，使用 USB 線將 USB_TTL 和電腦連接，將開發板的序列埠 1 連接到電腦上。開啟 MobaXterm，設定好序列埠參數並開啟，最後重置開發板。在 MobaXterm 上出現「Hit any key to stop autoboot:」倒計時的時候按下鍵盤上的 Enter 鍵，預設是 3 秒倒計時。在 3 秒倒計時結束以後，如果沒有按下 Enter 鍵，uboot 就會使用預設參數來啟動 Linux 核心。如果在 3 秒倒計時結束之前按下 Enter 鍵，那麼就會進入 uboot 的命令列模式，如圖 27-8 所示。

```
U-Boot 2016.03-gd3f0479 (Aug 07 2020 - 20:47:37 +0800)

CPU:    Freescale i.MX6ULL rev1.1 792 MHz (running at 396 MHz)
CPU:    Industrial temperature grade (-40C to 105C) at 51C
Reset cause: POR
Board: I.MX6U ALPHA|MINI
I2C:    ready
DRAM:   512 MiB
MMC:    FSL_SDHC: 0, FSL_SDHC: 1
Display: ATK-LCD-7-1024x600 (1024x600)
Video: 1024x600x24
In:     serial
Out:    serial
Err:    serial
switch to partitions #0, OK
mmc1(part 0) is current device
Net:    FEC1
Error: FEC1 address not set.

Normal Boot
Hit any key to stop autoboot:  0
=>
```

▲ 圖 27-8　uboot 啟動過程

從圖 27-8 可以看出，當進入 uboot 的命令列模式以後，左側會出現一個「=>」標識。uboot 啟動時會輸出一些資訊，這些資訊如範例 27-3 所示。

▼ 範例 27-3 uboot 輸出資訊

```
1  U-Boot 2016.03-gd3f0479 (Aug 07 2020 - 20:47:37 +0800)
2
3  CPU:       Freescale i.MX6ULL rev1.1 792 MHz (running at 396 MHz)
4  CPU:       Industrial temperature grade (-40C to 105C) at 51C
5  Reset cause:POR
6  Board:     I.MX6U ALPHA|MINI
7  I2C:       ready
8  DRAM:      512 MiB
9  MMC:       FSL_SDHC:0, FSL_SDHC:1
10 Display:ATK-LCD-7-1024x600 (1024x600)
11 Video:1024x600x24
12 In:        serial
13 Out:       serial
14 Err:       serial
15 switch to partitions #0, OK
16 mmc1(part 0) is current device
17 Net:       FEC1
18 Error:FEC1 address not set.
19
20 Normal Boot
21 Hit any key to stop autoboot:0
22 =>
```

第 1 行是 uboot 版本編號和編譯時間。可以看出，當前的 uboot 版本編號是 2016.03，編譯時間是 2020 年 8 月 7 日 20 點 47 分。

第 3 和 4 行是 CPU 資訊，可以看出當前使用的 CPU 是飛思卡爾的 I.MX6ULL（飛思卡爾已被 NXP 收購），頻率為 792MHz，但是此時執行在 396MHz。這顆晶片是工業級的，溫度為 -40℃ ~105℃。

第 5 行是重置原因，當前的重置原因是 POR。I.MX6ULL 晶片上有個 POR_B 接腳，將這個接腳拉低即可重置 I.MX6ULL。

27.3 ◆ U-Boot 燒錄與啟動

第 6 行是板子名稱，名為「I.MX6U ALPHA|MINI」。

第 7 行提示 I2C 準備就緒。

第 8 行提示當前板子的 DRAM（記憶體）為 512MB，如果是 NAND 版本的話記憶體為 256MB。

第 9 行提示當前有兩個 MMC/SD 卡控制器：FSL_SDHC（0）和 FSL_SDHC（1）。I.MX6ULL 支援兩個 MMC/SD，I.MX6ULL EMMC 核心板上 FSL_SDHC（0）接的 SD（TF）卡，FSL_SDHC（1）接的 EMMC。

第 10 和 11 行是 LCD 型號，當前的 LCD 型號是 ATK-LCD-7-1024×600（1024×600），解析度為 1024×600，格式為 RGB888（24 位元）。

第 12~14 是標準輸入、標準輸出和標準錯誤所使用的終端，這裡都使用序列埠（serial）作為終端。

第 15 和 16 行是切換到 emmc 的第 0 個分區上，因為當前的 uboot 是 emmc 版本的，也就是從 emmc 啟動的。我們只是為了方便將其燒錄到了 SD 卡上，但是它的「內心」還是 EMMC 的。所以 uboot 啟動以後會將 emmc 作為預設記憶體，當然了也可以將 SD 卡作為 uboot 的記憶體，這個後面會講解。

第 17 行是網路介面資訊，提示當前使用的是 FEC1 這個網路介面，I.MX6ULL 支援兩個網路介面。

第 18 行提示 FEC1 網路卡位址沒有設定，後面會講解如何在 uboot 中設定網路卡位址。

第 20 行提示正常啟動，也就是說 uboot 要從 emmc 中讀取環境變數和參數資訊啟動 Linux 核心。

第 21 行是倒計時提示，預設倒計時 3 秒，倒計時結束之前按下 Enter 鍵，就會進入 Linux 命令列模式。如果在倒計時結束以後沒有按下 Enter 鍵，那麼 Linux 核心就會啟動，Linux 核心一旦啟動，uboot 就會壽終正寢。

這個就是 uboot 預設輸出資訊的含義，NAND 版本的 uboot 也是類似的，只是 NAND 版本的就沒有 EMMC/SD 相關資訊了，取而代之的就是 NAND 的資訊，比如 NAND 容量大小資訊。

現在已經進入 uboot 的命令列模式。進入命令列模式以後，就可以給 uboot 發號施令了。

不能隨便發號施令，得看 uboot 支援哪些命令，然後使用這些 uboot 所支援的命令來做一些工作。

27.4 U-Boot 命令使用

進入 uboot 的命令列模式以後輸入 help 或？，然後按下 Enter 鍵即可查看當前 uboot 所支援的命令，如圖 27-9 所示。

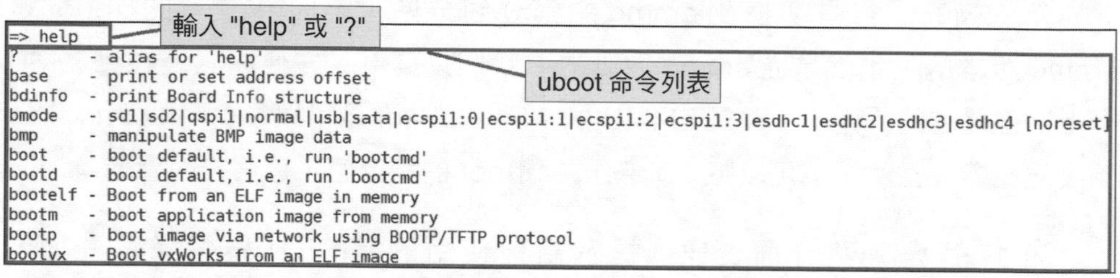

▲ 圖 27-9 uboot 命令列表

圖 27-9 中只是 uboot 的一部分命令，具體的命令列表以實際為準，圖 27-9 中的命令並不是 uboot 所支援的所有命令。前面說過 uboot 是可設定的，需要什麼命令就啟動什麼命令。所以圖 27-9 中的命令是開發板提供的 uboot 中啟動的命令，uboot 支援的命令還有很多，而且也可以在 uboot 中自訂命令。這些命令後面都有命令說明，用於描述此命令的作用，但是命令具體怎麼用呢？我們輸入「help（或？） 命令名稱」，就可以查看命令的詳細用法。以 bootz 這個命令為例，輸入以下命令即可查看命令的用法。

```
? bootz 或 help bootz
```

結果如圖 27-10 所示。

```
=> ? bootz
bootz - boot Linux zImage image from memory

Usage:
bootz [addr [initrd[:size]] [fdt]]
    - boot Linux zImage stored in memory
        The argument 'initrd' is optional and specifies the address
        of the initrd in memory. The optional argument ':size' allows
        specifying the size of RAW initrd.
        When booting a Linux kernel which requires a flat device-tree
        a third argument is required which is the address of the
        device-tree blob. To boot that kernel without an initrd image,
        use a '-' for the second argument. If you do not pass a third
        a bd_info struct will be passed instead
=>
```

▲ 圖 27-10 bootz 命令使用說明

接下來學習一些常用的 uboot 命令。

27.4.1 資訊查詢命令

常用的和資訊查詢有關的命令有 3 個：bdinfo、printenv 和 version。先來看一下 bdinfo 命令，此命令用於查看板子資訊，直接輸入 bdinfo 結果如圖 27-11 所示。

```
=> bdinfo
arch_number = 0x00000000
boot_params = 0x80000100
DRAM bank   = 0x00000000
-> start    = 0x80000000
-> size     = 0x20000000
eth0name    = FEC1
ethaddr     = (not set)
current eth = FEC1
ip_addr     = <NULL>
baudrate    = 115200 bps
TLB addr    = 0x9FFF0000
relocaddr   = 0x9FF51000
reloc off   = 0x18751000
irq_sp      = 0x9EF4EEA0
sp start    = 0x9EF4EE90
FB base     = 0x00000000
=>
```

▲ 圖 27-11 bdinfo 命令

從圖 27-11 可以得出，DRAM 的起始位址和大小、啟動參數、儲存起始位址、串列傳輸速率、sp（堆疊指標）起始位址等資訊。

printenv 命令用於輸出環境變數資訊，uboot 也支援 Tab 鍵自動補全功能，輸入 print 然後按下 Tab 鍵就會自動補全命令，直接輸入 print 也可以。輸入 print，然後按下 Enter 鍵，環境變數如圖 27-12 所示。

```
=> print
baudrate=115200
board_name=EVK
board_rev=14X14
boot_fdt=try
bootcmd=run findfdt;mmc dev ${mmcdev};mmc dev ${mmcdev}; if mmc rescan; then if run loadbootscript
; then run bootscript; else if run loadimage; then run mmcboot; else run netboot; fi; fi; else run
 netboot; fi
bootcmd_mfg=run mfgtool_args;bootz ${loadaddr} ${initrd_addr} ${fdt_addr};
bootdelay=1
bootscript=echo Running bootscript from mmc ...; source
console=ttymxc0
ethact=FEC1
ethprime=FEC
fdt_addr=0x83000000
fdt_file=imx6ull-14x14-emmc-7-1024x600-c.dtb
fdt_high=0xffffffff
findfdt=if test $fdt_file = undefined; then if test $board_name = EVK && test $board_rev = 9X9; th
en setenv fdt_file imx6ull-9x9-evk.dtb; fi; if test $board_name = EVK && test $board_rev = 14X14;
then setenv fdt_file imx6ull-14x14-evk.dtb; fi; if test $fdt_file = undefined; then echo WARNING:
Could not determine dtb to use; fi; fi;
image=zImage
initrd_addr=0x83800000
initrd_high=0xffffffff
ip_dyn=yes
loadaddr=0x80800000
loadbootscript=fatload mmc ${mmcdev}:${mmcpart} ${loadaddr} ${script};
loadfdt=fatload mmc ${mmcdev}:${mmcpart} ${fdt_addr} ${fdt_file}
loadimage=fatload mmc ${mmcdev}:${mmcpart} ${loadaddr} ${image}
logo_file=alientek.bmp
mfgtool_args=setenv bootargs console=${console},${baudrate} rdinit=/linuxrc g_mass_storage.stall=0
 g_mass_storage.removable=1 g_mass_storage.file=/fat g_mass_storage.ro=1 g_mass_storage.idVendor=0
x066F g_mass_storage.idProduct=0x37FF g_mass_storage.iSerialNumber="" clk_ignore_unused
mmcargs=setenv bootargs console=${console},${baudrate} root=${mmcroot}
mmcautodetect=yes
mmcboot=echo Booting from mmc ...; run mmcargs; if test ${boot_fdt} = yes || test ${boot_fdt} = tr
y; then if run loadfdt; then bootz ${loadaddr} - ${fdt_addr}; else if test ${boot_fdt} = try; then
 bootz; else echo WARN: Cannot load the DT; fi; fi; else bootz; fi;
mmcdev=1
mmcpart=1
mmcroot=/dev/mmcblk1p2 rootwait rw
netargs=setenv bootargs console=${console},${baudrate} root=/dev/nfs ip=dhcp nfsroot=${serverip}:$
{nfsroot},v3,tcp
netboot=echo Booting from net ...; run netargs; if test ${ip_dyn} = yes; then setenv get_cmd dhcp;
 else setenv get_cmd tftp; fi; ${get_cmd} ${image}; if test ${boot_fdt} = yes || test ${boot_fdt}
= try; then if ${get_cmd} ${fdt_addr} ${fdt_file}; then bootz ${loadaddr} - ${fdt_addr}; else if t
est ${boot_fdt} = try; then bootz; else echo WARN: Cannot load the DT; fi; fi; else bootz; fi;
panel=ATK-LCD-7-1024x600
script=boot.scr
splashimage=0x88000000
splashpos=m,m

Environment size: 2534/8188 bytes
=>
```

▲ 圖 27-12 printenv 命令結果

在圖 27-12 中有很多的環境變數，比如 baudrate、board_name、board_rec、boot_fdt、bootcmd 等。uboot 中的環境變數都是字串，既然叫作環境變數，那麼其作用就和「變數」一樣。比如 bootdelay 這個環境變數就表示 uboot 啟動延遲時間時間，預設 bootdelay=3，預設延遲時間 3 秒。前面説的 3 秒倒計時就是由 bootdelay 定義的，如果將 bootdelay 改為 5 就會倒計時 5s 了。uboot 中的環境變數是可以修改的，有專門的命令來修改環境變數的值。

version 命令用於查看 uboot 的版本編號，輸入 version，uboot 版本編號如圖 27-13 所示。

```
=> version

U-Boot 2016.03-gd3f0479 (Aug 07 2020 - 20:47:37 +0800)
arm-poky-linux-gnueabi-gcc (GCC) 5.3.0
GNU ld (GNU Binutils) 2.26.0.20160214
=>
```

▲ 圖 27-13 version 命令結果

從圖 27-13 可以看出，當前 uboot 版本編號為 2016.03，是於 2020 年 8 月 7 日編譯的，編譯器為 arm-poky-linux-gnueabi-gcc，這是 NXP 官方提供的編譯器。開發板出廠系統用此編譯器編譯的，但是本書統一使用 arm-linux-gnueabihf-gcc。

27.4.2 環境變數操作命令

1. 修改環境變數

環境變數的操作涉及兩個命令 setenv 和 saveenv。setenv 命令用於設定或修改環境變數的值。saveenv 命令用於儲存修改後的環境變數，一般環境變數是存放在外部 Flash 中的，uboot 啟動時會將環境變數從 Flash 讀取到 DRAM 中。所以使用 setenv 命令修改的是 DRAM 中的環境變數值，修改以後要使用 saveenv 命令，將修改後的環境變數儲存到 Flash 中，否則 uboot 下一次重新啟動會繼續使用以前的環境變數值。

saveenv 命令使用起來很簡單，格式如下所示。

```
saveenv
```

比如要將環境變數 bootdelay 改為 5，就可以使用如下所示命令。

```
setenv bootdelay 5
saveenv
```

上述命令執行過程如圖 27-14 所示。

```
=> setenv bootdelay 5
=> saveenv
Saving Environment to MMC...
Writing to MMC(0)... done
=>
```

▲ 圖 27-14 環境變數修改

在圖 27-14 中，當使用 saveenv 命令儲存修改後的環境變數時，會有儲存過程提示訊息，根據提示可以看出環境變數儲存到了 MMC（0）中，也就是 SD 卡中。因為將 uboot 燒錄到了 SD 卡中，所以會儲存到 MMC（0）中。如果燒錄到 EMMC 中就會提示儲存到 MMC（1），也就是 EMMC 裝置。同理，如果是 NAND 版本核心板，就會提示儲存到 NAND 中。

修改 bootdelay 以後，重新啟動開發板。uboot 就變為 5s 倒計時，如圖 27-15 所示。

```
U-Boot 2016.03 (Mar 12 2020 - 15:11:51 +0800)

CPU:   Freescale i.MX6ULL rev1.1 69 MHz (running at 396 MHz)
CPU:   Industrial temperature grade (-40C to 105C) at 52C
Reset cause: POR
Board: MX6ULL ALIENTEK EMMC
I2C:   ready
DRAM:  512 MiB
MMC:   FSL_SDHC: 0, FSL_SDHC: 1
Display: TFT7016 (1024x600)
Video: 1024x600x24
In:    serial
Out:   serial
Err:   serial
switch to partitions #0, OK
mmc0 is current device
Net:   FEC1
Normal Boot
Hit any key to stop autoboot:  5
```

▲ 圖 27-15 5s 倒計時

有時候我們修改的環境變數值可能會有空格，比如 bootcmd、bootargs 等，這個時候環境變數值就得用單引號括起來，比以下面修改環境變數 bootargs 的值。

```
setenv bootargs 'console=ttymxc0,115200 root=/dev/mmcblk1p2 rootwait rw'
saveenv
```

上面命令設定 bootargs 的值為 console=ttymxc0,115200 root=/dev/mmcblk1p2 rootwait rw，其中"console=ttymxc0,115200" "root=/dev/mmcblk1p2" "rootwait" 和 "rw" 相當於 4 組「值」，這 4 組「值」之間用空格隔開，所以需要使用單引號'' 將其括起來，表示這 4 組「值」都屬於環境變數 bootargs。

2. 新建環境變數

setenv 命令也可以用於新建命令，用法和修改環境變數一樣，比如新建一個環境變數 author，author 的值為作者名稱拼音：zuozhongkai，那麼就可以使用以下命令。

```
setenv author zuozhongkai
saveenv
```

新建 author 命令完成以後重新啟動 uboot，然後使用 printenv 命令查看當前環境變數，如圖 27-16 所示。

```
=> print
author=zuozhongkai
baudrate=115200
board_name=EVK
board_rev=14X14
boot_fdt=try
```

▲ 圖 27-16　環境變數

從圖 27-16 可以看到新建的環境變數 author，其值為 zuozhongkai。

3. 刪除環境變數

　　既然可以新建環境變數，也可以刪除環境變數。刪除環境變數使用 setenv 命令，要刪除一個環境變數只要給這個環境變數賦空值即可，比如刪除掉上面新建的 author 這個環境變數，命令如下所示。

```
setenv author
saveenv
```

　　上面命令中透過 setenv 給 author 賦空值，也就是什麼都不寫來刪除環境變數 author。重新啟動 uboot 就會發現環境變數 author 沒有了。

27.4.3 記憶體操作命令

　　記憶體操作命令直接對 DRAM 進行讀寫操作，常用的記憶體操作命令有 md、nm、mm、mw、cp 和 cmp。依次來看一下這些命令都是做什麼的。

1. md 命令

　　md 命令用於顯示記憶體值，格式如下所示。

```
md[.b, .w, .l] address [# of objects]
```

　　命令中的 [.b，.w，.l] 分別對應 byte、word 和 long，即分別以 1 位元組、2 位元組、4 位元組來顯示記憶體值。address 就是要查看的記憶體起始位址，[# of objects] 表示要查看的資料長度，這個資料長度單位不是位元組，而是跟使用者所選擇的顯示格式有關。比如設定要查看的記憶體長度為 20（十六進位為 0x14），如果顯示格式為 .b，則表示 20 位元組；如果顯示格式為 .w，就表示 20 word，也就是 20×2=40 位元組；如果顯示格式為 .l 時就表示 20 個 long，也就是 20×4=80 位元組。另外要注意：

　　uboot 命令中的數字都是十六進位的，不是十進位的。

　　比如想查看以 0X80000000 開始的 20 位元組的記憶體值，顯示格式為 .b 時，應該使用如下所示命令。

```
md.b 80000000 14
```

而非

```
md.b 80000000 20
```

上面說了，uboot 命令中的數字都是十六進位的，所以不用寫 0x 首碼，十進位的 20 其十六進位為 0x14，所以命令 md 後面的個數應該是 14，如果寫成 20 的話就表示查看 32（十六進位為 0x20）位元組的資料。

```
md.b 80000000 10
md.w 80000000 10
md.l 80000000 10
```

上面這 3 個命令都是查看以 0X80000000 為起始位址的記憶體資料，第 1 個命令以 .b 格式顯示，長度為 0x10，也就是 16 位元組；第 2 個命令以 .w 格式顯示，長度為 0x10，也就是 16×2=32 位元組；第 3 個命令以 .l 格式顯示，長度也是 0x10，也就是 16×4=64 位元組。這 3 個命令的執行結果如圖 27-17 所示。

```
=> md.b 80000000 10
80000000: 31 e0 00 05 04 40 10 12 06 98 00 0b 3c 00 78 2e    1....@......<.x.
=> md.w 80000000 10
80000000: e031 0500 4004 1210 9806 0b00 003c 2e78    1....@......<.x.
80000010: 890b 0404 8110 2047 0404 6009 3300 2008    ......G ...`.3.
=> md.l 80000000 10
80000000: 0500e031 12104004 0b009806 2e78003c    1....@......<.x.
80000010: 0404890b 20478110 60090404 20083300    ......G ...`.3.
80000020: e04b80f0 c0400200 24422000 81400401    ..K...@.. B$..@.
80000030: c4042402 0120e40d 41107000 4000700c    .$.... ..p.A.p.@
=>
```

▲ 圖 27-17 md 命令使用範例

2. nm 命令

nm 命令用於修改指定位址的記憶體值，命令格式如下所示。

```
nm [.b, .w, .l] address
```

nm 命令同樣可以以 .b、.w 和 .l 來指定操作格式，比如現在以 .l 格式修改 0x80000000 位址的資料為 0x12345678。輸入以下命令。

```
nm.l 80000000
```

輸入上述命令以後，結果如圖 27-18 所示。

```
=> nm.l 80000000
80000000: 0500e031 ? █
```

▲ 圖 27-18 nm 命令

在圖 27-18 中，80000000 表示現在要修改的記憶體位址，0500e031 表示位址 0x80000000 現在的資料。

「？」後面就可以輸入要修改後的資料 0x12345678，輸入完成以後按下 Enter 鍵，然後再輸入 q 即可退出，如圖 27-19 所示。

```
=> nm.l 80000000
80000000: 0500e031 ? 12345678
80000000: 12345678 ? q
=> █
```

▲ 圖 27-19 修改記憶體資料

修改完成以後再使用命令 md 來查看有沒有修改成功，如圖 27-20 所示。

```
=> md.l 80000000 1
80000000: 12345678                          xV4.
=> █
```

▲ 圖 27-20 查看修改後的值

從圖 27-20 可以看出，此時位址 0x80000000 的值變為 0x12345678。

3. mm 命令

mm 命令也是修改指定位址記憶體值的，使用 mm 修改記憶體值時位址會自動增加，而使用命令 nm 時位址不會自動增加。比如以 .l 格式修改從位址 0x80000000 開始的連續 3 個區塊（3×4=12 位元組）的資料為 0x05050505，操作如圖 27-21 所示。

```
=> mm.l 80000000
80000000: 15d84584 ? 05050505
80000004: 9211440c ? 05050505
80000008: 2b009906 ? 05050505
8000000c: ae78903f ? q
=>
```

▲ 圖 27-21　mm 命令

從圖 27-21 可以看出，修改了位址 0x80000000、0x80000004 和 0x8000000C 的內容為 0x05050505。使用命令 md 查看修改後的值，結果如圖 27-22 所示。

```
=> md.l 80000000 3
80000000: 05050505 05050505 05050505          ...........
=>
```

▲ 圖 27-22　查看修改後的記憶體資料

從圖 27-22 可以看出記憶體資料修改成功。

4. mw 命令

mw 命令用於使用一個指定的資料填充一段記憶體，命令格式如下所示。

```
mw [.b, .w, .l] address value [count]
```

mw 命令同樣可以以 .b、.w 和 .l 來指定操作格式，address 表示要填充的記憶體起始位址，value 為要填充的資料，count 是填充的長度。如使用 .l 格式將以 0x80000000 為起始位址的 0x10 個區塊（0x10×4=64 位元組）填充為 0X0A0A0A0A，命令如下所示。

```
mw.l 80000000 0A0A0A0A 10
```

然後使用 md 命令來查看，如圖 27-23 所示。

```
=> mw.l 80000000 0A0A0A0A 10
=> md.l 80000000 10
80000000: 0a0a0a0a 0a0a0a0a 0a0a0a0a 0a0a0a0a          ...............
80000010: 0a0a0a0a 0a0a0a0a 0a0a0a0a 0a0a0a0a          ...............
80000020: 0a0a0a0a 0a0a0a0a 0a0a0a0a 0a0a0a0a          ...............
80000030: 0a0a0a0a 0a0a0a0a 0a0a0a0a 0a0a0a0a          ...............
=>
```

▲ 圖 27-23　查看修改後的記憶體資料

從圖 27-23 可以看出記憶體資料修改成功。

5. cp 命令

cp 是資料複製命令,用於將 DRAM 中的資料從一段記憶體複製到另一段記憶體中,或把 Nor Flash 中的資料複製到 DRAM 中。命令格式如下所示。

```
cp [.b, .w, .l] source target count
```

cp 命令同樣可以以 .b、.w 和 .l 來指定操作格式,source 為來源位址,target 為目的位址,count 為複製的長度。我們使用 .l 格式將 0x80000000 處的位址複製到 0x80000100 處,長度為 0x10 個區塊(0x10×4=64 位元組),命令如下所示。

```
cp.l 80000000 80000100 10
```

結果如圖 27-24 所示。

```
=> md.l 80000000 10
80000000: 0a0a0a0a 0a0a0a0a 0a0a0a0a 0a0a0a0a    ................
80000010: 0a0a0a0a 0a0a0a0a 0a0a0a0a 0a0a0a0a    ................
80000020: 0a0a0a0a 0a0a0a0a 0a0a0a0a 0a0a0a0a    ................
80000030: 0a0a0a0a 0a0a0a0a 0a0a0a0a 0a0a0a0a    ................
=> md.l 80000100 10
80000100: 50050f02 3304990b 600a9310 600a1201    ...P...3...`...`
80000110: 42922a03 ac98746f e4d02004 d0460544    .*.Bot... .D.F.
80000120: a2079b06 1000f818 60131a80 00077003    .........`....p.
80000130: 0305f023 42901a02 f0c04402 d5262000    #......B.D... &.
=> cp.l 80000000 80000100 10
=> md.l 80000100 10
80000100: 0a0a0a0a 0a0a0a0a 0a0a0a0a 0a0a0a0a    ................
80000110: 0a0a0a0a 0a0a0a0a 0a0a0a0a 0a0a0a0a    ................
80000120: 0a0a0a0a 0a0a0a0a 0a0a0a0a 0a0a0a0a    ................
80000130: 0a0a0a0a 0a0a0a0a 0a0a0a0a 0a0a0a0a    ................
=>
```

▲ 圖 27-24 cp 命令操作結果

在圖 27-24 中,先使用 md.l 命令列印出位址 0x80000000 和 0x80000100 處的資料,然後使用 cp.l 命令將 0x80000100 處的資料複製到 0x80000100 處。最後使用 md.l 命令查看 0x80000100 處的資料有沒有變化,檢查複製是否成功。

6. cmp 命令

cmp 是比較命令，用於比較兩段記憶體的資料是否相等，命令格式如下所示。

```
cmp [.b, .w, .l] addr1 addr2 count
```

cmp 命令同樣以 .b、.w 和 .l 來指定操作格式，addr1 為第一段記憶體啟始位址，addr2 為第二段記憶體啟始位址，count 為要比較的長度。我們使用 .l 格式來比較 0x80000000 和 0x80000100 這兩個位址資料是否相等，比較長度為 0x10 個區塊（16×4=64 位元組），命令如下所示。

```
cmp.l 80000000 80000100 10
```

結果如圖 27-25 所示。

```
=> cmp.l 80000000 80000100 10
Total of 16 word(s) were the same
=>
```

▲ 圖 27-25 cmp 命令結果

從圖 27-25 可以看出兩段記憶體的資料相等。再隨便挑兩段記憶體比較一下，比如位址 0x80002000 和 0x800003000，長度為 0x10，比較結果如圖 27-26 所示。

```
=> cmp.l 80002000 80003000 10
word at 0x80002000 (0xf0c06f00) != word at 0x80003000 (0x3fc0f414)
Total of 0 word(s) were the same
=>
```

▲ 圖 27-26 cmp 命令比較結果

從圖 27-26 可以看出，0x80002000 處的資料和 0x80003000 處的資料不一樣。

27.4.4 網路操作命令

uboot 是支援網路的，在移植 uboot 時一般都要調通網路功能，因為在移植 Linux Kernel 時需要使用 uboot 的網路功能做偵錯。uboot 支援大量的網路相關命令，比如 dhcp、ping、nfs 和 tftpboot，我們接下來依次學習這幾個和網路有關的命令。

在使用 uboot 的網路功能之前，先用網線將開發板的 ENET2 介面和電腦或路由器連接起來，I.MX6ULL-ALPHA 開發板有兩個網路介面：ENET1 和 ENET2。一定要連接 ENET2，不能連錯。ENET2 介面如圖 27-27 所示。

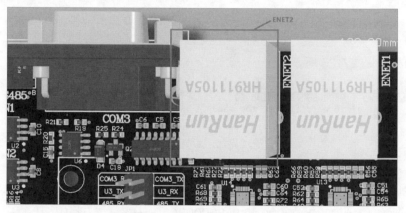

▲ 圖 27-27 ENET2 網路介面

建議開發板和主機都連接到同一個路由器上。最後設定如表 27-2 所示的 5 個環境變數。

▼ 表 27-2 網路相關環境變數

環境變數	描述
ipaddr	開發板 IP 位址，可以不設定，使用 dhcp 命令從路由器獲取 IP 位址
ethaddr	開發板的 MAC 位址，一定要設定
gatewayip	閘道位址
netmask	子網路遮罩
serverip	伺服器 IP 位址，也就是 Ubuntu 主機 IP 位址，用於偵錯程式碼

表 27-2 中環境變數設定命令如下所示。

```
setenv ipaddr 192.168.1.50
setenvethaddr b8:ae:1d:01:00:00
setenv gatewayip 192.168.1.1
setenv netmask 255.255.255.0
setenv serverip 192.168.1.253
saveenv
```

注意，網路位址環境變數的設定要根據自己的實際情況，確保 Ubuntu 主機和開發板的 IP 位址在同一個網段內，比如現在的開發板和電腦都在 192.168.1.0 這個網段內，所以設定開發板的 IP 位址為 192.168.1.50，Ubuntu 主機的位址為 192.168.1.253，因此 serverip 就是 192.168.1.253。ethaddr 為網路 MAC 位址，是一個 48bit 的位址，如果在同一個網段內有多個開發板，一定要保證每個開發板的 ethaddr 是不同的，否則通訊會有問題。設定好網路相關的環境變數以後就可以使用網路相關命令了。

1. ping 命令

開發板的網路能否使用，是否可以和伺服器（Ubuntu 主機）進行通訊，透過 ping 命令就可以驗證。直接 ping 伺服器的 IP 位址即可，比如伺服器 IP 位址為 192.168.1.253，命令如下所示。

```
ping 192.168.1.253
```

結果如圖 27-28 所示。

```
=> ping 192.168.1.253
Using FEC1 device
host 192.168.1.253 is alive
=>
```

▲ 圖 27-28　ping 命令

從圖 27-28 可以看出，192.168.1.253 這個主機存在，說明 ping 成功，uboot 的網路工作正常。

注意，只能在 uboot 中 ping 其他的機器，其他機器不能 ping uboot，因為 uboot 沒有對 ping 命令做處理，如果用其他的機器 ping uboot 會失敗。

2. dhcp 命令

dhcp 用於從路由器獲取 IP 位址，需要開發板連接到路由器上，如果開發板是和電腦直連的，那麼 dhcp 命令就會故障。直接輸入 dhcp 命令即可透過路由器獲取到 IP 位址，如圖 27-29 所示。

```
=> dhcp
BOOTP broadcast 1
BOOTP broadcast 2
BOOTP broadcast 3
BOOTP broadcast 4
BOOTP broadcast 5
DHCP client bound to address 192.168.1.137 (7962 ms)
*** Warning: no boot file name; using 'C0A80189.img'
Using FEC1 device
TFTP from server 192.168.1.1; our IP address is 192.168.1.137
Filename 'C0A80189.img'.
Load address: 0x80800000
Loading: T T T T
```

▲ 圖 27-29　dhcp 命令

從 圖 27-29 可 以 看 出， 開 發 板 透 過 dhcp 獲 取 到 的 IP 位 址 為 192.168.1.137。同時在圖 27-29 中可以看到 "warning：no boot file name;" "TFTP from server 192.168.1.1"。這是因為 DHCP 不單單獲取 IP 位址，其還會透過 TFTP 來啟動 Linux 核心，輸入？dhcp 即可查看 dhcp 命令詳細的資訊，如圖 27-30 所示。

```
=> ? dhcp
dhcp - boot image via network using DHCP/TFTP protocol

Usage:
dhcp [loadAddress] [[hostIPaddr:]bootfilename]
=>
```

▲ 圖 27-30　dhcp 命令使用查詢

3. nfs 命令

nfs（network file system）即網路檔案系統，透過 nfs 可以在電腦之間透過網路來分享資源，比如將 Linux 鏡像和裝置樹檔案放到 Ubuntu 中，然後在 uboot 中使用 nfs 命令將 Ubuntu 中的 Linux 鏡像和裝置樹下載到開發板的 DRAM 中。這樣做的目的是為了方便偵錯 Linux 鏡像和裝置樹，也就是網路偵錯。網路偵錯是 Linux 開發中最常用的偵錯方法。原因是嵌入式 Linux 開發不像微控制器開發，可以直接透過 JLINK 或 STLink 等模擬器將程式直接燒錄到微控制器內部的 Flash 中，嵌入式 Linux 通常是燒錄到 EMMC、NAND Flash、SPI Flash 等外置 Flash 中。但是嵌入式 Linux 開發沒有 MDK、IAR 這樣的 IDE，更沒有燒錄演算法，因此不可能通過點擊一個 download 按鈕就將軔體燒錄到外部 Flash 中。雖然半導體廠商一般都會提供一個燒錄軔體的軟體，但是這個軟體使用起來比較複雜，這個燒錄軟體一般用於量產。其遠沒有 MDK、IAR 的一鍵下載方便，在 Linux 核心偵錯階段，如果用這個燒錄軟體將非常浪費時間，而這個時候網路偵錯的優勢就顯現出來了，可以透過網路將編譯好的 Linux 鏡像和裝置樹檔案下載到 DRAM 中，然後直接執行。

一般使用 uboot 中的 nfs 命令將 Ubuntu 中的檔案下載到開發板的 DRAM 中，在使用之前需要開啟 Ubuntu 主機的 nfs 服務，並且要新建一個 nfs 使用的目錄，以後所有要透過 nfs 存取的檔案都需要放到這個 nfs 目錄中。Ubuntu 的 NFS 服務開啟已經詳細講解過了。

這裡設定 /home/zuozhongkai/linux/nfs 這個目錄為 NFS 檔案目錄。uboot 中的 nfs 命令格式如下所示。

```
nfs [loadAddress] [[hostIPaddr:]bootfilename]
```

loadAddress 是要儲存的 DRAM 位址，[[hostIPaddr:]bootfilename] 是要下載的檔案位址。這裡我們將編譯出來的 Linux 鏡像檔案 zImage 下載到開發板 DRAM 的 0x80800000 位址處。將檔案 zImage 透過 FileZilla 發送到 Ubuntu 中的 NFS 目錄下，這裡就放到 /home/zuozhongkai/linux/nfs 目錄下，完成以後的 nfs 目錄如圖 27-31 所示。

```
zuozhongkai@ubuntu:~/linux/nfs$ ls -l
总用量 3598528
drwxr-xr-x 20 zuozhongkai zuozhongkai       4096 Mar 26 12:23 debian_rootfs
-rw-r--r--  1 zuozhongkai zuozhongkai      37162 Apr 15 12:39 imx6ul-14x14-evk.dtb
-rw-r--r--  1 zuozhongkai zuozhongkai      36626 Mar 26 12:09 imx6ull-14x14-evk.dtb
drwxr-xr-x 30 zuozhongkai zuozhongkai       4096 Apr 16 18:21 imx_rootfs
drwxr-xr-x  3 zuozhongkai zuozhongkai       4096 Mar 26 12:25 imx_rootfs_alsa
-rw-r--r--  1 zuozhongkai zuozhongkai  526147441 Mar 26 12:11 imx_rootfs_alsa.tar.bz2
-rw-r--r--  1 zuozhongkai zuozhongkai  529069027 Mar 26 12:10 imx_rootfs.tar.bz2
-rw-------  1 zuozhongkai zuozhongkai  625374408 Mar 26 12:11 linaro-jessie-alip-20160428-22.tar.gz
drwxr-xr-x 19 zuozhongkai zuozhongkai       4096 Mar 26 12:24 nxp_rootfs
-rw-r--r--  1 zuozhongkai zuozhongkai 1986363826 Mar 26 12:10 rootfs_nogpu.tar.bz2
drwxr-xr-x 23 zuozhongkai zuozhongkai       4096 Mar 26 12:21 ubuntu_rootfs
-rw-------  1 zuozhongkai zuozhongkai    6071136 Apr 18 12:18 zImage
-rwxr-xr-x  1 zuozhongkai zuozhongkai    6071136 Apr 17 18:17 zImage_imx6ul
-rwxr-xr-x  1 zuozhongkai zuozhongkai    5662880 Mar 26 12:09 zImage_imx6ull
```

zImage鏡像檔案

▲ 圖 27-31 NFS 目錄中的 zImage 檔案

準備好以後就可以使用 nfs 命令來將 zImage 下載到開發板 DRAM 的 0x80800000 位址處，命令如下所示。

```
nfs 80800000 192.168.1.253:/home/zuozhongkai/linux/nfs/zImage
```

命令中的 80800000 表示 zImage 儲存位址，192.168.1.253:/home/zuozhongkai/linux/nfs/zImage 表示 zImage 在 192.168.1.253 這個主機中，路徑為 /home/zuozhongkai/linux/nfs/zImage。下載過程如圖 27-32 所示。

```
=> nfs 80800000 192.168.1.253:/home/zuozhongkai/linux/nfs/zImage
Using FEC1 device
File transfer via NFS from server 192.168.1.253; our IP address is 192.168.1.137
Filename '/home/zuozhongkai/linux/nfs/zImage'.
Load address: 0x80800000
Loading: #################################################################
         #################################################################
         #################################################################
         #################################################################
         #################################################################
         #################################################################
         #################################################################
         #################################################################
         #################################################################
         #################################################################
         #################################################################
         #################################################################
         #################################################################
         #################################################################
         #################################################################
         #################################################################
         #################################################################
         #################################################################
         #################################################################
         #################################################################
         ##########################
done
Bytes transferred = 6785272 (6788f8 hex)
=>
```

▲ 圖 27-32 nfs 命令下載 zImage 過程

　　在圖 27-32 中會以 # 提示下載過程，下載完成以後會提示下載的資料大小。這裡下載的檔案大小為 6785272 位元組（出廠系統在不斷地更新中，因此以實際的 zImage 大小為準），而 zImage 的大小就是 6785272 位元組，如圖 27-33 所示。

```
zuozhongkai@ubuntu:~/linux/nfs$ ls zImage -l
-rw------- 1 zuozhongkai zuozhongkai 6785272 Mar 22 16:43 zImage
zuozhongkai@ubuntu:~/linux/nfs$
```

▲ 圖 27-33　zImage 大小

　　下載完成以後查看 0x80800000 位址處的資料，使用 md.b 命令來查看前 0x100 位元組的資料，如圖 27-34 所示。

```
=> md.b 80800000 100
80800000: 00 00 a0 e1 00 00 a0 e1 00 00 a0 e1 00 00 a0 e1    ................
80800010: 00 00 a0 e1 00 00 a0 e1 00 00 a0 e1 00 00 a0 e1    ................
80800020: 03 00 00 ea 18 28 6f 01 00 00 00 00 f8 88 67 00    .....(o.......g.
80800030: 01 02 03 04 00 90 0f e1 e8 04 00 eb 01 70 a0 e1    .............p..
80800040: 02 80 a0 e1 00 20 0f e1 03 00 12 e3 01 00 00 1a    ..... ..........
80800050: 17 00 a0 e3 56 34 12 ef 00 00 0f e1 1a 00 20 e2    ....V4........ .
80800060: 1f 00 10 e3 1f 00 c0 e3 d3 00 80 e3 04 00 00 1a    ................
80800070: 01 0c 80 e3 0c e0 8f e2 00 f0 6f e1 0e f3 2e e1    ..........o.....
80800080: 6e 00 60 e1 00 f0 21 e1 09 f0 6f e1 00 00 00 00    n.`...!...o.....
80800090: 00 00 00 00 00 00 00 00 00 00 00 00 00 00 00 00    ................
808000a0: 0f 40 a0 e1 3e 43 04 e2 02 49 84 e2 0f 00 a0 e1    .@..>C...I......
808000b0: 04 00 50 e1 ac 01 9f 35 0f 00 80 30 00 00 54 31    ..P....5...0..T1
808000c0: 01 40 84 33 6d 00 00 2b 5e 0f 8f e2 4e 1c 90 e8    .@.3m..+^...N...
808000d0: 1c d0 90 e5 01 00 40 e0 86 e0 00 a0 8a e0          ......@.........
808000e0: 00 90 da e5 01 e0 da e5 0e 94 89 e1 02 e0 da e5    ................
808000f0: 03 a0 da e5 0e 98 89 e1 0a 9c 89 e1 00 d0 8d e0    ................
=>
```

▲ 圖 27-34　下載的資料

　　使用 winhex 軟體查看 zImage，檢查前面的資料是否和圖 27-34 的一致，結果如圖 27-35 所示。

zImage																
Offset	0	1	2	3	4	5	6	7	8	9	A	B	C	D	E	F
00000000	00	00	A0	E1	00	00	A0	E1	00	00	A0	E1	00	00	A0	E1
00000010	00	00	A0	E1	00	00	A0	E1	00	00	A0	E1	00	00	A0	E1
00000020	03	00	00	EA	18	28	6F	01	00	00	00	00	F8	88	67	00
00000030	01	02	03	04	00	90	0F	E1	E8	04	00	EB	01	70	A0	E1
00000040	02	80	A0	E1	00	20	0F	E1	03	00	12	E3	01	00	00	1A
00000050	17	00	A0	E3	56	34	12	EF	00	00	0F	E1	1A	00	20	E2
00000060	1F	00	10	E3	1F	00	C0	E3	D3	00	80	E3	04	00	00	1A
00000070	01	0C	80	E3	0C	E0	8F	E2	00	F0	6F	E1	0E	F3	2E	E1
00000080	6E	00	60	E1	00	F0	21	E1	09	F0	6F	E1	00	00	00	00
00000090	00	00	00	00	00	00	00	00	00	00	00	00	00	00	00	00
000000A0	0F	40	A0	E1	3E	43	04	E2	02	49	84	E2	0F	00	A0	E1
000000B0	04	00	50	E1	AC	01	9F	35	0F	00	80	30	00	00	54	31
000000C0	01	40	84	33	6D	00	00	2B	5E	0F	8F	E2	4E	1C	90	E8
000000D0	1C	D0	90	E5	01	00	40	E0	00	60	86	E0	00	A0	8A	E0
000000E0	00	90	DA	E5	01	E0	DA	E5	0E	94	89	E1	02	E0	DA	E5
000000F0	03	A0	DA	E5	0E	98	89	E1	0A	9C	89	E1	00	D0	8D	E0

▲ 圖 27-35　winhex 查看 zImage

可以看出圖 27-34 和圖 27-35 中的前 100 位元組的資料一致，說明 nfs 命令下載的 zImage 是正確的。

4. tftp 命令

tftp 命令的作用和 nfs 命令一樣，都是透過網路下載資料到 DRAM 中，只是 tftp 命令使用的是 TFTP 協定，Ubuntu 主機作為 TFTP 伺服器使用。因此需要在 Ubuntu 上架設 TFTP 伺服器，需要安裝 tftp-hpa 和 tftpd-hpa，命令如下所示。

```
sudo apt-get install tftp-hpa tftpd-hpa
sudo apt-get install xinetd
```

和 nfs 命令一樣，TFTP 也需要一個資料夾來存放檔案，在使用者目錄下新建一個目錄，命令如下所示。

```
mkdir /home/zuozhongkai/linux/tftpboot           // 建立 tftpboot 目錄
chmod 777 /home/zuozhongkai/linux/tftpboot       // 給予 tftpboot 目錄許可權
```

這樣就在電腦上建立了一個名為 tftpboot 的目錄（資料夾），路徑為 /home/zuozhongkai/linux/tftpboot。注意要給 tftpboot 資料夾許可權，否則 uboot 不能從 tftpboot 資料夾中下載檔案。

最後設定 tftp，安裝完成以後新建檔案 /etc/xinetd.d/tftp，如果沒有 /etc/
xinetd.d 目錄則自行建立，然後在裡面輸入如範例 27-4 所示內容。

▼ 範例 27-4 /etc/xinetd.d/tftp 檔案內容

```
1   server tftp
2   {
3   socket_type  = dgram
4   protocol     = udp
5   wait         = yes
6   user         = root
7   server       = /usr/sbin/in.tftpd
8   server_args  = -s /home/zuozhongkai/linux/tftpboot/
9   disable      = no
10  per_source   = 11
11  cps          = 100 2
12  flags        = IPv4
13  }
```

然後啟動 tftp 服務，命令如下所示。

```
sudo service tftpd-hpa start
```

開啟 /etc/default/tftpd-hpa 檔案，將其修改為如範例 27-5 所示內容。

▼ 範例 27-5 /etc/default/tftpd-hpa 檔案內容

```
1   # /etc/default/tftpd-hpa
2
3   TFTP_USERNAME="tftp"
4   TFTP_DIRECTORY="/home/zuozhongkai/linux/tftpboot"
5   TFTP_ADDRESS=":69"
6   TFTP_OPTIONS="-l -c -s"
```

TFTP_DIRECTORY 就是上面建立的 tftp 資料夾目錄，以後將所有需要透過
TFTP 傳輸的檔案都放到這個資料夾中，並且要給予這些檔案對應的許可權。

最後輸入以下命令，重新啟動 tftp 伺服器。

```
sudo service tftpd-hpa restart
```

tftp 伺服器已經架設好，接下來就是使用了。將 zImage 鏡像檔案拷貝到 tftpboot 資料夾中，並且給予 zImage 對應的許可權，命令如下所示。

```
cp zImage /home/zuozhongkai/linux/tftpboot/
cd /home/zuozhongkai/linux/tftpboot/
chmod 777 zImage
```

萬事俱備，只剩驗證，uboot 中的 tftp 命令格式如下所示。

```
tftpboot [loadAddress] [[hostIPaddr:]bootfilename]
```

看起來和 nfs 命令格式一樣，loadAddress 是檔案在 DRAM 中的存放位址，[[hostIPaddr:]bootfilename] 是要從 Ubuntu 中下載的檔案。但是和 nfs 命令的區別在於：tftp 命令不需要輸入檔案在 Ubuntu 中的完整路徑，只需要輸入檔案名稱即可。比如現在將 tftpboot 資料夾中的 zImage 檔案下載到開發板 DRAM 的 0X80800000 位址處，命令如下所示。

```
tftp 80800000 zImage
```

下載過程如圖 27-36 所示。

```
=> tftp 80800000 zImage
Using FEC1 device
TFTP from server 192.168.1.253; our IP address is 192.168.1.137
Filename 'zImage'.
Load address: 0x80800000
Loading: #################################################################
         #################################################################
         #################################################################
         #################################################################
         #################################################################
         #################################################################
         #################################################################
         ########
         2.3 MiB/s
done
Bytes transferred = 6785272 (6788f8 hex)
=>
```

▲ 圖 27-36 tftp 命令下載過程

從圖 27-36 可以看出，zImage 下載成功，網速為 2.3MB/s，檔案大小為 6785272 位元組。同樣地，可以使用 md.b 命令來查看前 100 位元組的資料是否和圖 27-34 中的相等。使用 tftp 命令從 Ubuntu 中下載檔案時，可能會出現如圖 27-37 所示的錯誤訊息。

```
=> tftp 80800000 zImage
Using FEC1 device
TFTP from server 192.168.1.253; our IP address is 192.168.1.137
Filename 'zImage'.
Load address: 0x80800000
Loading: *
TFTP error: 'Permission denied' (0)
Starting again
=>
```

▲ 圖 27-37　tftp 下載出錯

從圖 27-37 中可以看到「TFTP error:'Permission denied'（0）」這樣的錯誤訊息，提示沒有許可權，出現這個錯誤一般有兩個原因。

（1）在 Ubuntu 中建立 tftpboot 目錄時沒有給予 tftboot 對應的許可權。

（2）tftpboot 目錄中要下載的檔案沒有給予對應的許可權。

針對上述兩個問題，使用命令 chmod 777 xxx 來給予許可權，其中 xxx 就是要給予許可權的檔案或資料夾。

uboot 中關於網路的命令就講解到這裡，我們最常用的就是 ping、nfs 和 tftp 這 3 個命令。使用 ping 命令來查看網路的連接狀態，使用 nfs 和 tftp 命令從 Ubuntu 主機中下載檔案。

27.4.5　EMMC 和 SD 卡操作命令

Uboot 支援 EMMC 和 SD 卡，因此也要提供 EMMC 和 SD 卡的操作命令。一般都會認為 EMMC 和 SD 卡相同，所以沒有特殊說明，本書統一使用 MMC 來代指 EMMC 和 SD 卡。uboot 中常用於操作 MMC 裝置的命令為 mmc。

mmc 是一系列的命令，其後可以跟不同的參數，輸入「？mmc」即可查看 mmc 有關的命令，如圖 27-38 所示。

```
=> ? mmc
mmc - MMC sub system

Usage:
mmc info - display info of the current MMC device
mmc read addr blk# cnt
mmc write addr blk# cnt
mmc erase blk# cnt
mmc rescan
mmc part - lists available partition on current mmc device
mmc dev [dev] [part] - show or set current mmc device [partition]
mmc list - lists available devices
mmc hwpartition [args...] - does hardware partitioning
  arguments (sizes in 512-byte blocks):
    [user [enh start cnt] [wrrel {on|off}]] - sets user data area attributes
    [gp1|gp2|gp3|gp4 cnt [enh] [wrrel {on|off}]] - general purpose partition
    [check|set|complete] - mode, complete set partitioning completed
  WARNING: Partitioning is a write-once setting once it is set to complete.
  Power cycling is required to initialize partitions after set to complete.
mmc bootbus dev boot_bus_width reset_boot_bus_width boot_mode
 - Set the BOOT_BUS_WIDTH field of the specified device
mmc bootpart-resize <dev> <boot part size MB> <RPMB part size MB>
 - Change sizes of boot and RPMB partitions of specified device
mmc partconf dev boot_ack boot_partition partition_access
 - Change the bits of the PARTITION_CONFIG field of the specified device
mmc rst-function dev value
 - Change the RST_n_FUNCTION field of the specified device
   WARNING: This is a write-once field and 0 / 1 / 2 are the only valid values.
mmc setdsr <value> - set DSR register value

=>
```

▲ 圖 27-38 mmc 命令

從圖 27-38 可以看出，mmc 後面跟不同的參數可以實現不同的功能，如表 27-3 所示。

▼ 表 27-3 mmc 命令

命令	描述
mmc info	輸出 MMC 裝置資訊
mmc read	讀取 MMC 中的資料
mmc wirte	向 MMC 裝置寫入資料
mmc rescan	掃描 MMC 裝置
mmc part	列出 MMC 裝置的分區
mmc dev	切換 MMC 裝置
mmc list	列出當前有效的所有 MMC 裝置

續表

命令	描述
mmc hwpartition	設定 MMC 裝置的分區
mmc bootbus……	設定指定 MMC 裝置的 BOOT_BUS_WIDTH 域的值
mmc bootpart……	設定指定 MMC 裝置的 boot 和 RPMB 分區的大小
mmc partconf……	設定指定 MMC 裝置的 PARTITION_CONFG 域的值
mmc rst	重置 MMC 裝置
mmc setdsr	設定 DSR 暫存器的值

1. mmc info 命令

mmc info 命令用於輸出當前選中的 mmc info 裝置的資訊，輸入命令 mmc info 即可，如圖 27-40 所示。

```
=> mmc info
Device: FSL_SDHC
Manufacturer ID: 13
OEM: 14e
Name: Q2J55
Tran Speed: 52000000
Rd Block Len: 512
MMC version 5.0
High Capacity: Yes
Capacity: 7.1 GiB
Bus Width: 8-bit
Erase Group Size: 512 KiB
HC WP Group Size: 8 MiB
User Capacity: 7.1 GiB WRREL
Boot Capacity: 16 MiB ENH
RPMB Capacity: 4 MiB ENH
=>
```

▲ 圖 27-39　mmc info 命令

從圖 27-39 可以看出，當前選中的 MMC 裝置是 EMMC，版本為 5.0，容量為 7.1GB（EMMC 為 8GB），速度為 52000000Hz=52MHz，8 位元寬匯流排。還有一個與 mmc info 命令相同功能的命令：mmcinfo，mmc 和 info 之間沒有空格。實際量產的 EMMC 核心板所使用的 EMMC 晶片是多廠商供應的，因此 EMMC 資訊以實際為準，但是容量都為 8GB。

2. mmc rescan 命令

mmc rescan 命令用於掃描當前開發板上所有的 MMC 裝置,包括 EMMC 和 SD 卡,輸入 mmc rescan 即可。

3. mmc list 命令

mmc list 命令用於查看當前開發板一共有幾個 MMC 裝置,輸入 mmc list,結果如圖 27-40 所示。

```
=> mmc list
FSL_SDHC: 0
FSL_SDHC: 1 (eMMC)
=>
```

▲ 圖 27-40 掃描 MMC 裝置

可以看出當前開發板有兩個 MMC 裝置 FSL_SDHC:0 和 FSL_SDHC:1 (EMMC),這是因為現在用的是 EMMC 版本的核心板,加上 SD 卡一共有兩個 MMC 裝置。FSL_SDHC:0 是 SD 卡,FSL_SDHC:1(eMMC)是 EMMC。預設會將 EMMC 設定為當前 MMC 裝置,這就是為什麼輸入 mmc info 查詢到的是 EMMC 裝置資訊,而非 SD 卡。要想查看 SD 卡資訊,就要使用命令 mmc dev 來將 SD 卡設定為當前的 MMC 裝置。

4. mmc dev 命令

mmc dev 命令用於切換當前 MMC 裝置,命令格式如下所示。

```
mmc dev [dev] [part]
```

[dev] 用來設定要切換的 MMC 裝置編號,[part] 是分區號。如果不寫分區號,預設為分區 0。使用以下命令切換到 SD 卡。

```
mmc dev 0// 切換到 SD 卡,0 為 SD 卡,1 為 EMMC
```

結果如圖 27-41 所示。

```
=> mmc dev 0
switch to partitions #0, OK
mmc0 is current device
=>
```

▲ 圖 27-41 切換到 SD 卡

從圖 27-41 可以看出，切換到 SD 卡成功，mmc0 為當前的 MMC 裝置，輸入命令 mmc info 即可查看 SD 卡的資訊，結果如圖 27-42 所示。

```
=> mmc info
Device: FSL_SDHC
Manufacturer ID: 3
OEM: 5344
Name: SC16G
Tran Speed: 50000000
Rd Block Len: 512
SD version 3.0
High Capacity: Yes
Capacity: 14.8 GiB
Bus Width: 4-bit
Erase Group Size: 512 Bytes
=>
```

▲ 圖 27-42 SD 卡資訊

從圖 27-42 可以看出當前 SD 卡為 3.0 版本，容量為 14.8GB（16GB 的 SD 卡），4 位元寬匯流排。

5. mmc part 命令

有時候 SD 卡或 EMMC 會有多個分區，可以使用 mmc part 命令來查看其分區，比如查看 EMMC 的分區情況，輸入以下命令。

```
mmc dev 1      // 切換到 EMMC
mmc part       // 查看 EMMC 分區
```

結果如圖 27-43 所示。

```
=> mmc dev 1
switch to partitions #0, OK
mmc1(part 0) is current device
=> mmc part

Partition Map for MMC device 1  --   Partition Type: DOS

Part    Start Sector    Num Sectors     UUID          Type
  1     20480           262144          6aa037b6-01   0c
  2     282624          14594048        6aa037b6-02   83
=>
```

▲ 圖 27-43 查看 EMMC 分區

從圖 27-43 可以看出，此時 EMMC 有兩個分區，第一個分區起始磁區為 20480，長度為 262144 個磁區；第二個分區起始磁區為 282624，長度為 14594048 個磁區。如果 EMMC 中燒錄了 Linux 系統則 EMMC 是有 3 個分區的：第 0 個分區存放 uboot，第 1 個分區存放 Linux 鏡像檔案和裝置樹，第 2 個分區存放 root 檔案系統。但是在圖 27-43 中只有兩個分區，那是因為第 0 個分區沒有格式化，所以辨識不出來，實際上第 0 個分區是存在的。一個新的 SD 卡預設只有一個分區，那就是分區 0，所以前面講解的 uboot 燒錄到 SD 卡，其實就是將 u-boot.bin 燒錄到了 SD 卡的分區 0 中。

如果要將 EMMC 的分區 2 設定為當前 MMC 裝置，可以使用以下命令。

```
mmc dev 1 2
```

結果如圖 27-44 所示。

```
=> mmc dev 1 2
switch to partitions #2, OK
mmc1(part 2) is current device
=>
```

▲ 圖 27-44 設定 EMMC 分區 2 為當前裝置

6. mmc read 命令

mmc read 命令用於讀取 MMC 裝置的資料，命令格式如下所示。

```
mmc read addr blk# cnt
```

addr 是資料讀取到 DRAM 中的位址，blk 是要讀取的區塊起始位址（十六進位），一個區塊是 512 位元組，這裡的區塊和磁區是一個意思，在 MMC 裝置中通常說磁區。cnt 是要讀取的區塊數量（十六進位）。比如從 EMMC 的第 1536（0x600）個區塊開始，讀取 16（0x10）個區塊的資料到 DRAM 的 0x80800000 位址處，命令如下所示。

```
mmc dev 1 0                          // 切換到 MMC 分區 0
mmc read 80800000 600 10             // 讀取資料
```

結果如圖 27-45 所示。

```
=> mmc dev 1 0
switch to partitions #0, OK
mmc1(part 0) is current device
=> mmc read 80800000 600 10

MMC read: dev # 1, block # 1536, count 16 ... 16 blocks read: OK
=>
```

▲ 圖 27-45 mmc read 命令

這裡我們還看不出來讀取是否正確，透過 md.b 命令查看 0x80800000 處的資料就行了，查看 16×512=8192（0x2000）位元組的資料，命令如下所示。

```
md.b 80800000 2000
```

結果如圖 27-46 所示。

```
=> md.b 80800000 2000
80800000: 8d c4 5f 28 62 61 75 64 72 61 74 65 3d 31 31 35    .._(baudrate=115
80800010: 32 30 30 00 62 6f 61 72 64 5f 6e 61 6d 65 3d 45    200.board_name=E
80800020: 56 4b 00 62 6f 61 72 64 5f 72 65 76 3d 31 34 58    VK.board_rev=14X
80800030: 31 34 00 62 6f 6f 74 5f 66 64 74 3d 74 72 79 00    14.boot_fdt=try.
80800040: 62 6f 6f 74 63 6d 64 3d 72 75 6e 20 66 69 6e 64    bootcmd=run find
80800050: 66 64 74 3b 6d 6d 63 20 64 65 76 20 24 7b 6d 6d    fdt;mmc dev ${mm
80800060: 63 64 65 76 7d 3b 6d 6d 63 20 64 65 76 20 24 7b    cdev};mmc dev ${
80800070: 6d 6d 63 64 65 76 7d 3b 20 69 66 20 6d 6d 63 20    mmcdev}; if mmc
80800080: 72 65 73 63 61 6e 3b 20 74 68 65 6e 20 69 66 20    rescan; then if
80800090: 72 75 6e 20 6c 6f 61 64 62 6f 6f 74 73 63 72 69    run loadbootscri
808000a0: 70 74 3b 20 74 68 65 6e 20 72 75 6e 20 62 6f 6f    pt; then run boo
808000b0: 74 73 63 72 69 70 74 3b 20 65 6c 73 65 20 69 66    tscript; else if
808000c0: 20 72 75 6e 20 6c 6f 61 64 69 6d 61 67 65 3b 20    run loadimage;
808000d0: 74 68 65 6e 20 72 75 6e 20 6d 6d 63 62 6f 6f 74    then run mmcboot
808000e0: 3b 20 65 6c 73 65 20 72 75 6e 20 6e 65 74 62 6f    ; else run netbo
808000f0: 6f 74 3b 20 66 69 3b 20 66 69 3b 20 65 6c 73 65    ot; fi; fi; else
```

▲ 圖 27-46 讀取到的資料（部分截圖）

從圖 27-46 可以看到「baudrate=115200.board_name=EVK.board_
rev=14X14.」等字樣,這個就是 uboot 中的環境變數。EMMC 核心板 uboot 環
境變數的儲存起始位址就是 1536×512=786432。

7. mmc write 命令

要將資料寫到 MMC 裝置中,可以使用 mmc write 命令,命令格式如下所示。

```
mmc write addr blk# cnt
```

addr 是要寫入 MMC 中的資料在 DRAM 中的起始位址,blk 是要寫入 MMC
的區塊起始位址(十六進位),cnt 是要寫入的區塊大小,一個區塊為 512 位元
組。可以使用 mmc write 命令來升級 uboot,也就是在 uboot 中更新 uboot。
這裡要用到 nfs 或 tftp 命令,透過 nfs 或 tftp 命令將新的 u-boot.bin 下載到開發
板的 DRAM 中,然後再使用 mmc write 命令將其寫入 MMC 裝置中。我們就來
更新一下 SD 中的 uboot,先查看 SD 卡中的 uboot 版本編號,注意編譯時間,
輸入以下命令。

```
mmc dev 0// 切換到 SD 卡
version// 查看版本編號
```

結果如圖 27-47 所示。

```
=> mmc dev 0
switch to partitions #0, OK
mmc0 is current device
=> version

U-Boot 2016.03 (Mar 12 2020 - 15:11:51 +0800)
arm-linux-gnueabihf-gcc (Linaro GCC 4.9-2017.01) 4.9.4
GNU ld (Linaro_Binutils-2017.01) 2.24.0.20141017 Linaro 2014_11-3-git
=>
```

▲ 圖 27-47 uboot 版本查詢

可以看出,當前 SD 卡中的 uboot 是 2020 年 3 月 12 日 15:11:51 編譯的。

現在重新編譯 uboot,然後將編譯出來的 u-boot.imx(u-boot.bin 前面加了
一些標頭檔)複製到 Ubuntu 中的 tftpboot 目錄下。最後使用 tftp 命令將其下載
到 0x80800000 位址處,命令如下所示。

```
tftp 80800000 u-boot.imx
```

下載過程如圖 27-48 所示。

```
=> tftp 80800000 u-boot.imx
FEC1 Waiting for PHY auto negotiation to complete.... done
Using FEC1 device
TFTP from server 192.168.1.253; our IP address is 192.168.1.137
Filename 'u-boot.imx'.
Load address: 0x80800000
Loading: #########################
         2.4 MiB/s
done
Bytes transferred = 379904 (5cc00 hex)
=>
```

▲ 圖 27-48 u-boot.imx 下載過程

可以看出，u-boot.imx 大小為 379904 位元組，379904/512=742，所以我們要向 SD 卡中寫入 742 個區片，如果有小數的話就要加 1 個區片。使用 mmc write 命令從 SD 卡分區 0 第 2 個區塊（磁區）開始燒錄，一共燒錄 742（0x2E6）個區塊，命令以下所示。

```
mmc dev 0 0
mmc write 80800000 2 32E
```

燒錄過程如圖 27-49 所示。

```
=> mmc dev 0 0
switch to partitions #0, OK
mmc0 is current device
=> mmc write 80800000 3 32E

MMC write: dev # 0, block # 3, count 814 ... 814 blocks written: OK
=>
```

▲ 圖 27-49 燒錄過程

燒錄成功，重新啟動開發板（從 SD 卡啟動），重新啟動以後再輸入 version 來查看版本編號，結果如圖 27-50 所示。

```
=> version

U-Boot 2016.03 (Oct 27 2020 - 11:44:31 +0800)
arm-linux-gnueabihf-gcc (Linaro GCC 4.9-2017.01) 4.9.4
GNU ld (Linaro_Binutils-2017.01) 2.24.0.20141017 Linaro 2014_11-3-git
=>
```

▲ 圖 27-50 uboot 版本編號

從圖 27-50 可以看出，此時的 uboot 是 2020 年 10 月 27 號 11:44:31 編譯的，說明 uboot 更新成功。這裡我們就學會了如何在 uboot 中更新 uboot 了，如果要更新 EMMC 中的 uboot 也是一樣的。

同理，如果要在 uboot 中更新 EMMC 對應的 uboot，可以使用如下所示命令。

```
mmc dev 1 0                    // 切換到 EMMC 分區 0
tftp 80800000 u-boot.imx       // 下載 u-boot.imx 到 DRAM
mmc write 80800000 2 32E       // 燒錄 u-boot.imx 到 EMMC 中
mmc partconf 1 1 0 0           // 分區設定，EMMC 需要這一步
```

千萬不要寫入 SD 卡或 EMMC 的前兩個區塊（磁區），裡面儲存著分區表。

8. mmc erase 命令

如果要抹除 MMC 裝置的指定區塊就使用 mmc erase 命令，命令格式如下所示。

```
mmc erase blk# cnt
```

blk 為要抹除的起始區塊，cnt 是要抹除的數量。最好不要用 mmc erase 來抹除 MMC 裝置。

關於 MMC 裝置相關的命令就講解到這裡，表 27-3 中還有一些跟 MMC 裝置操作有關的命令，但是很少用到，這裡就不講解了。感興趣的讀者可以在 uboot 中查看這些命令的使用方法。

27.4.6 FAT 格式檔案系統操作命令

有時候需要在 uboot 中對 SD 卡或 EMMC 中儲存的檔案操作，這時候就要用到檔案操作命令，跟檔案操作相關的命令有 fatinfo、fatls、fstype、fatload 和 fatwrite。但是這些檔案操作命令只支援 FAT 格式的檔案系統。

1. fatinfo 命令

fatinfo 命令用於查詢指定 MMC 裝置分區的檔案系統資訊，命令格式如下所示。

```
fatinfo <interface> [<dev[:part]>]
```

interface 表示介面，比如 mmc、dev 是查詢的裝置編號；part 是要查詢的分區。比如要查詢 EMMC 分區 1 的檔案系統資訊，命令如下所示。

```
fatinfo mmc 1:1
```

結果如圖 27-51 所示。

```
=> fatinfo mmc 1:1
Interface:  MMC
  Device 1: Vendor: Man 000013 Snr 0c9ecc76 Rev: 1.0 Prod: Q2J55L
            Type: Removable Hard Disk
            Capacity: 7264.0 MB = 7.0 GB (14876672 x 512)
Filesystem: FAT32 "NO NAME     "
=>
```

▲ 圖 27-51 emmc 分區 1 檔案系統資訊

從圖 27-51 可以看出，EMMC 分區 1 的檔案系統為 FAT32 格式。

2. fatls 命令

fatls 命令用於查詢 FAT 格式裝置的目錄和檔案資訊，命令格式如下所示。

```
fatls <interface> [<dev[:part]>] [directory]
```

interface 是要查詢的介面，比如 mmc、dev 是要查詢的裝置編號；part 是要查詢的分區；directory 是要查詢的目錄。

如查詢 EMMC 分區 1 中的所有的目錄和檔案，輸入以下命令。

```
fatls mmc 1:1
```

結果如圖 27-52 所示。

```
=> fatls mmc 1:1
 6785272    zimage
   38859    imx6ull-14x14-emmc-4.3-480x272-c.dtb
   38859    imx6ull-14x14-emmc-4.3-800x480-c.dtb
   38859    imx6ull-14x14-emmc-7-800x480-c.dtb
   38859    imx6ull-14x14-emmc-7-1024x600-c.dtb
   38859    imx6ull-14x14-emmc-10.1-1280x800-c.dtb
   39691    imx6ull-14x14-emmc-hdmi.dtb
   39599    imx6ull-14x14-emmc-vga.dtb

8 file(s), 0 dir(s)
=>
```

▲ 圖 27-52 EMMC 分區 1 檔案查詢

從圖 27-52 可以看出，EMMC 的分區 1 中存放著 8 個檔案。

3. fstype 命令

fstype 命令用於查看 MMC 裝置某個分區的檔案系統格式，命令格式如下所示。

```
fstype <interface> <dev>:<part>
```

EMMC 核心板上預設有 3 個分區，查看這 3 個分區的檔案系統格式，輸入以下命令。

```
fstype mmc 1:0
fstype mmc 1:1
fstype mmc 1:2
```

結果如圖 27-53 所示。

```
=> fstype mmc 1:0
Failed to mount ext2 filesystem...
** Unrecognized filesystem type **
=> fstype mmc 1:1
fat
=> fstype mmc 1:2
ext4
=>
```

▲ 圖 27-53 fstype 命令

從圖 27-53 可以看出，分區 0 格式未知，因為分區 0 存放著 uboot，並且分區 0 沒有格式化，所以檔案系統格式未知。分區 1 的格式為 fat，分區 1 用於存放 Linux 鏡像和裝置樹。分區 2 的格式為 ext4，用於存放 Linux 的 root 檔案系統（rootfs）。

4. fatload 命令

fatload 命令用於將指定的檔案讀取到 DRAM 中，命令格式如下所示。

```
fatload <interface> [<dev[:part]> [<addr> [<filename> [bytes [pos]]]]]
```

interface 為介面，比如 mmc、dev 是裝置編號；part 是分區；addr 是儲存在 DRAM 中的起始位址；filename 是要讀取的檔案名稱。bytes 表示讀取多少位元組的資料，如果 bytes 為 0 或省略的話表示讀取整數個檔案。pos 是要讀取的檔案相對於檔案啟始位址的偏移，如果為 0 或省略的話表示從檔案啟始位址開始讀取。我們將 EMMC 分區 1 中的 zImage 檔案讀取到 DRAM 中的 0X80800000 位址處，命令如下所示。

```
fatload mmc 1:1 80800000 zImage
```

讀取過程如圖 27-54 所示。

```
=> fatload mmc 1:1 80800000 zImage
reading zImage
6785272 bytes read in 225 ms (28.8 MiB/s)
=>
```

▲ 圖 27-54 讀取過程

從圖 27-54 可以看出，在 225ms 內讀取了 6785272 位元組的資料，速度為 28.8MB/s，速度是非常快的。因為這是從 EMMC 中讀取的，且 EMMC 是 8 位元的。

5. fatwrite 命令

注意，uboot 預設沒有啟動 fatwrite 命令，需要修改開發板設定標頭檔，比如 mx6ullevk.h、mx6ull_alientek_emmc.h 等。

開發板不同，其設定標頭檔也不同。找到自己開發板對應的設定標頭檔，然後增加以下一行巨集定義來啟動 fatwrite 命令。

```
#define CONFIG_FAT_WRITE/* 啟動 fatwrite 命令 */
```

fatwirte 命令用於將 DRAM 中的資料寫入 MMC 裝置中，命令格式如下所示。

```
fatwrite <interface> <dev[:part]> <addr> <filename> <bytes>
```

interface 為介面，比如 mmc、dev 是裝置編號；part 是分區；addr 是要寫入的資料在 DRAM 中的起始位址；filename 是寫入的資料檔案名稱；bytes 表示要寫入多少位元組的資料。我們可以透過 fatwrite 命令在 uboot 中更新 Linux 鏡像檔案和裝置樹。

以更新 Linux 鏡像檔案 zImage 為例，首先將 I.MX6ULL-ALPHA 開發板提供的 zImage 鏡像檔案複製到 Ubuntu 中的 tftpboot 目錄下。複製完成以後使用命令 tftp 將 zImage 下載到 DRAM 的 0x80800000 位址處，命令如下所示。

```
tftp 80800000 zImage
```

下載過程如圖 27-55 所示。

```
=> tftp 80800000 zImage
Using FEC1 device
TFTP from server 192.168.1.253; our IP address is 192.168.1.137
Filename 'zImage'.
Load address: 0x80800000
Loading: #################################################################
         #################################################################
         #################################################################
         #################################################################
         #################################################################
         #################################################################
         #################################################################
         #######
         1.9 MiB/s
done
Bytes transferred = 6785272 (6788f8 hex)
=>
```

▲ 圖 27-55 zImage 下載過程

zImage 大小為 6785272（0x6788f8）位元組（注意，由於開發板系統在不斷地更新中，因此 zImage 大小不是固定的，一切以實際大小為準），接下來使用命令 fatwrite 將其寫入 EMMC 的分區 1 中，檔案名稱為 zImage，命令如下所示。

```
fatwrite mmc 1:1 80800000 zImage 6788f8
```

結果如圖 27-56 所示。

```
=> fatwrite mmc 1:1 80800000 zImage 6788f8
writing zImage
6785272 bytes written
=>
```

▲ 圖 27-56 將 zImage 燒錄到 EMMC 磁區 1 中

完成以後使用 fatls 命令查看 EMMC 分區 1 中的檔案，結果如圖 27-57 所示。

```
=> fatls mmc 1:1
  6785272    zimage
    38859    imx6ull-14x14-emmc-4.3-480x272-c.dtb
    38859    imx6ull-14x14-emmc-4.3-800x480-c.dtb
    38859    imx6ull-14x14-emmc-7-800x480-c.dtb
    38859    imx6ull-14x14-emmc-7-1024x600-c.dtb
    38859    imx6ull-14x14-emmc-10.1-1280x800-c.dtb
    39691    imx6ull-14x14-emmc-hdmi.dtb
    39599    imx6ull-14x14-emmc-vga.dtb

8 file(s), 0 dir(s)

=>
```

▲ 圖 27-57 EMMC 分區 1 中的檔案

27.4.7 EXT 格式檔案系統操作命令

uboot 有 ext2 和 ext4 這兩種格式的檔案系統的操作命令，常用的有 5 個命令，分別為 ext2load、ext2ls、ext4load、ext4ls 和 ext4write。這些命令的含義和使用與 fatload、fatls 和 fatwrite 一樣，只是 ext2 和 ext4 都是針對 EXT 檔案系統的。比如 ext4ls 命令，EMMC 的分區 2 就是 ext4 格式的，使用 ext4ls 就可以查詢 EMMC 的分區 2 中的檔案和目錄，輸入以下命令。

```
ext4ls mmc 1:2
```

結果如圖 27-58 所示。

```
=> ext4ls mmc 1:2
<DIR>       4096 .
<DIR>       4096 ..
<DIR>      16384 lost+found
<DIR>       4096 bin
<DIR>       4096 boot
<DIR>       4096 dev
<DIR>       4096 etc
<DIR>       4096 home
<DIR>       4096 lib
<DIR>       4096 media
<DIR>       4096 mnt
<DIR>       4096 opt
<DIR>       4096 proc
<DIR>       4096 run
<DIR>       4096 sbin
<DIR>       4096 sys
<SYM>          8 tmp
<DIR>       4096 usr
<DIR>       4096 var
=>
```

▲ 圖 27-58　ext4ls 命令

關於 EXT 格式檔案系統其他命令的操作參考 27.4.6 節中的 FAT 命令即可。

27.4.8 NAND 操作命令

uboot 是支援 NAND Flash 的，所以也有 NAND Flash 的操作命令，前提是使用 NAND 版本的核心板，並且編譯 NAND 核心板對應的 uboot，然後使用 imxdownload 軟體將 u-boot.bin 燒錄到 SD 卡中，最後透過 SD 卡啟動。一般情況下，NAND 版本的核心板已經燒錄好了 uboot、Linux Kernel 和 rootfs 這些檔案，可以將 BOOT 撥到 NAND，然後直接從 NAND Flash 啟動即可。

NAND 版核心板啟動資訊如圖 27-59 所示。

```
U-Boot 2016.03-gd3f0479 (Aug 07 2020 - 20:47:45 +0800)

CPU:   Freescale i.MX6ULL rev1.1 792 MHz (running at 396 MHz)
CPU:   Industrial temperature grade (-40C to 105C) at 45C
Reset cause: POR
Board: I.MX6U ALPHA|MINI
I2C:   ready
DRAM:  256 MiB
NAND:  512 MiB
MMC:   FSL_SDHC: 0
*** Warning - bad CRC, using default environment

Display: ATK-LCD-7-1024x600 (1024x600)
Video: 1024x600x24
In:    serial
Out:   serial
Err:   serial
Net:   FEC1
Error: FEC1 address not set.

Normal Boot
Hit any key to stop autoboot:  0
=>
```

▲ 圖 27-59 NAND 核心板啟動資訊

從圖 27-59 可以看出，當前開發板的 NAND 容量為 512MB。輸入 ? nand 即可查看 NAND 相關命令，如圖 27-60 所示。

```
=> ? nand
nand - NAND sub-system

Usage:
nand info - show available NAND devices
nand device [dev] - show or set current device
nand read - addr off|partition size
nand write - addr off|partition size
    read/write 'size' bytes starting at offset 'off'
    to/from memory address 'addr', skipping bad blocks.
nand read.raw - addr off|partition [count]
nand write.raw - addr off|partition [count]
    Use read.raw/write.raw to avoid ECC and access the flash as-is.
nand write.trimffs - addr off|partition size
    write 'size' bytes starting at offset 'off' from memory address
    'addr', skipping bad blocks and dropping any pages at the end
    of eraseblocks that contain only 0xFF
nand erase[.spread] [clean] off size - erase 'size' bytes from offset 'off'
    With '.spread', erase enough for given file size, otherwise,
    'size' includes skipped bad blocks.
nand erase.part [clean] partition - erase entire mtd partition'
nand erase.chip [clean] - erase entire chip'
nand bad - show bad blocks
nand dump[.oob] off - dump page
nand scrub [-y] off size | scrub.part partition | scrub.chip
    really clean NAND erasing bad blocks (UNSAFE)
nand markbad off [...] - mark bad block(s) at offset (UNSAFE)
nand biterr off - make a bit error at offset (UNSAFE)
=>
```

▲ 圖 27-60 NAND 相關操作命令

可以看出，NAND 相關的操作命令不少，本節講解一些常用的命令。

1. nand info 命令

nand info 命令用於列印 NAND Flash 資訊，輸入 nand info，結果如圖 27-61 所示。

```
=> nand info

Device 0: nand0, sector size 128 KiB
  Page size        2048 b
  OOB size           64 b
  Erase size     131072 b
  subpagesize      2048 b
  options      0x40000200
  bbt options 0x    8000
=> █
```

▲ 圖 27-61 nand 資訊

圖 27-61 中舉出了 NAND 的分頁大小、OOB 域大小、抹除大小等資訊。可以對照所使用的 NAND Flash 資料手冊來查看這些資訊是否正確。

2. nand device 命令

nand device 命令用於切換 NAND Flash，如果板子支援多片 NAND，就可以使用此命令來設定當前所使用的 NAND。

需要 CPU 有兩個 NAND 控制器，並且兩個 NAND 控制器各接一片 NAND Flash。就像 I.MX6ULL 有兩個 SDIO 介面，這兩個介面可以接兩個 MMC 裝置一樣。不過一般情況下 CPU 只有一個 NAND 介面，而且在使用中只接一片 NAND。

3. nand erase 命令

nand erase 命令用於抹除 NAND Flash，NAND Flash 的特性決定了向 NAND Flash 寫入資料之前，一定要先對要寫入的區域進行抹除。nand erase 命令有 3 種形式：

```
nand erase[.spread] [clean] off size    // 從指定位址開始 (off)，抹除指定大小 (size) 的區域
nand erase.part [clean] partition        // 抹除指定的分區
nand erase.chip [clean]                  // 全片抹除
```

NAND 的抹除命令一般是配合寫入命令的，後面講解 NAND 寫入命令時再演示如何使用 nand erase。

4. nand write 命令

nand write 命令用於向 NAND 指定位址寫入指定的資料，一般和 nand erase 命令設定使用來更新 NAND 中的 uboot、Linux Kernel 或裝置樹等檔案，命令格式如下所示。

```
nand write addr off size
```

addr 是要寫入的資料啟始位址，off 是 NAND 中的目的位址，size 是要寫入的資料大小。

由於 I.MX6ULL 要求 NAND 對應的 uboot 可執行檔還需要另外包含 BCB 和 DBBT，因此直接編譯出來的 uboot.imx 不能直接燒錄到 NAND 中。關於 BCB 和 DBBT 的詳細介紹請參考《I.MX6ULL 參考手冊》，筆者目前沒有詳細去研究 BCB 和 DBBT，因此不能在 NAND 版的 uboot 中更新 uboot 自身。除非大家去研究 I.MX6ULL 的 BCB 和 DBBT，然後在 u-boot.imx 前面加上對應的資訊，否則即使將 uboot 燒寫進去也不能執行。我們使用 mfgtool 燒錄系統到 NAND 中時，mfgtool 會使用一個叫作 kogs-ng 的工具完成 BCB 和 DBBT 的增加。

可以在 uboot 中使用 nand write 命令燒錄 Kernel 和 dtb。先編譯出來 NAND 版本的 Kernel 和 dtb 檔案，在燒錄之前要先對 NAND 進行分區，也就是規劃好 uboot、Linux Kernel、裝置樹和 root 檔案系統的儲存區域。I.MX6ULL-ALPHA 開發板出廠系統 NAND 分區如下所示。

```
0x000000000000-0x0000003FFFFF :"boot"
0x000000400000-0x00000041FFFF :"env"
0x000000420000-0x00000051FFFF :"logo"
0x000000520000-0x00000061FFFF :"dtb"
0x000000620000-0x000000E1FFFF :"kernel"
0x000000E20000-0x000020000000 :"rootfs"
```

一共有 6 個分區，第 1 個分區存放 uboot，位址範圍為 0x0~0x3FFFFF（共 4MB）；第 2 個分區存放 env（環境變數），位址範圍為 0x400000~0x420000（共 128KB）；第 3 個分區存放 logo（啟動圖示），位址範圍為 0x420000~0x51FFFF（共 1MB）；第 4 個分區存放 dtb（裝置樹），位址範圍為 0x520000~0x61FFFF（共 1MB）；第 5 個分區存放 Kernel（也就是 Linux Kernel），位址範圍為 0x620000~0xE1FFFF（共 8MB）；剩下的所有儲存空間全部作為第 6 個分區，存放 rootfs（root 檔案系統）。

可以看出 Kernel 是從位址 0x620000 開始存放的，將 NAND 版本 Kernel 對應的 zImage 檔案放到 Ubuntu 中的 tftpboot 目錄中，然後使用 tftp 命令將其下載到開發板的 0x87800000 位址處，最終使用 nand write 將其燒錄到 NAND 中，命令如下所示。

```
tftp 0x87800000 zImage                          // 下載 zImage 到 DRAM 中
nand erase 0x620000 0x800000                     // 從位址 0x620000 開始抹除 8MB 的空間
nand write 0x87800000 0x620000 0x800000          // 將接收到的 zImage 寫到 NAND 中
```

這裡我們抹除了 8MB 的空間，一般 zImage 為 6~7MB，8MB 空間足夠。如果不夠的話，再多抹除一點。

同理，最後燒錄裝置樹（dtb）檔案，命令如下所示。

```
tftp 0x87800000 imx6ull-14x14-emmc-7-1024x600-c.dtb   // 下載 dtb 到 DRAM 中
nand erase 0x520000 0x100000                          // 從位址 0x520000 開始抹除 1MB 的空間
nand write 0x87800000 0x520000 0x100000               // 將接收到的 dtb 寫到 NAND 中
```

dtb 檔案一般只有幾十 KB，所以抹除 1MB 綽綽有餘。注，開發板出廠系統在 NAND 中燒錄了多種裝置樹檔案，這裡只是舉例一種燒錄的方法，在實際產品開發中只有一種裝置樹。

root 檔案系統（rootfs）就不要在 uboot 中更新了，還是使用 NXP 提供的 Mfgtool 工具來燒錄，因為 root 檔案系統太大，可能超過開發板 DRAM 的大小，這樣都沒法下載，更別說更新了。

5. nand read 命令

nand read 命令用於從 NAND 中的指定位址讀取指定大小的資料到 DRAM 中,命令格式如下所示。

```
nand read addr off size
```

addr 是目的位址,off 是要讀取的 NAND 中的資料來源位址,size 是要讀取的資料大小。比如讀取裝置樹(dtb)檔案到 0x83000000 位址處,命令如下所示。

```
nand read 0x83000000 0x520000 0x19000
```

讀取過程如圖 27-62 所示。

```
=> nand read 83000000 520000 19000

NAND read: device 0 offset 0x520000, size 0x19000
 102400 bytes read: OK
=>
```

▲ 圖 27-62 nand read 讀取過程

裝置樹檔案讀取到 DRAM 後,就可以使用 fdt 命令對裝置樹操作了,首先設定 fdt 的位址,fdt 位址就是 DRAM 中裝置樹的啟始位址,命令如下所示。

```
fdt addr 83000000
```

設定好以後可以使用 fdt header 來查看裝置樹的標頭資訊,輸入以下命令。

```
fdt header
```

結果如圖 27-63 所示。

```
=> fdt header
magic:                  0xd00dfeed
totalsize:              0x9975 (39285)
off_dt_struct:          0x38
off_dt_strings:         0x8f0c
off_mem_rsvmap:         0x28
version:                17
last_comp_version:      16
boot_cpuid_phys:        0x0
size_dt_strings:        0xa69
size_dt_struct:         0x8ed4
number mem_rsv:         0x0

=>
```

▲ 圖 27-63 裝置樹標頭資訊

輸入 fdt print 命令就可以查看裝置樹檔案的內容，輸入以下命令。

```
fdt print
```

結果如圖 27-64 所示。

```
=> fdt print
/ {
        #address-cells = <0x00000001>;
        #size-cells = <0x00000001>;
        model = "Freescale i.MX6 ULL 14x14 EVK Board";
        compatible = "fsl,imx6ull-14x14-evk", "fsl,imx6ull";
        chosen {
                stdout-path = "/soc/aips-bus@02000000/spba-bus@02000000/serial@02020000";
        };
        aliases {
                can0 = "/soc/aips-bus@02000000/can@02090000";
                can1 = "/soc/aips-bus@02000000/can@02094000";
                ethernet0 = "/soc/aips-bus@02100000/ethernet@02188000";
                ethernet1 = "/soc/aips-bus@02000000/ethernet@020b4000";
                gpio0 = "/soc/aips-bus@02000000/gpio@0209c000";
                gpio1 = "/soc/aips-bus@02000000/gpio@020a0000";
                gpio2 = "/soc/aips-bus@02000000/gpio@020a4000";
                gpio3 = "/soc/aips-bus@02000000/gpio@020a8000";
                gpio4 = "/soc/aips-bus@02000000/gpio@020ac000";
                i2c0 = "/soc/aips-bus@02100000/i2c@021a0000";
                i2c1 = "/soc/aips-bus@02100000/i2c@021a4000";
                i2c2 = "/soc/aips-bus@02100000/i2c@021a8000";
                i2c3 = "/soc/aips-bus@02100000/i2c@021f8000";
                mmc0 = "/soc/aips-bus@02100000/usdhc@02190000";
                mmc1 = "/soc/aips-bus@02100000/usdhc@02194000";
```

▲ 圖 27-64 裝置樹檔案

圖 27-64 中的內容就是我們寫到 NAND 中的裝置樹檔案。

NAND 常用的操作命令就是抹除、讀和寫，至於其他的命令大家可以自行研究。一定不要嘗試全片抹除 NAND 的指令，又得重頭燒錄整個系統。

27.4.9 BOOT 操作命令

uboot 的本質工作是啟動 Linux，所以 uboot 有相關的 boot（啟動）命令來啟動 Linux。常用命令有 bootz、bootm 和 boot。

1. bootz 命令

要啟動 Linux，需要先將 Linux 鏡像檔案複製到 DRAM 中，如果使用到裝置樹也需要將檔案複製到 DRAM 中。可以從 EMMC 或 NAND 等存放裝置中將 Linux 鏡像和裝置樹檔案複製到 DRAM，也可以透過 nfs 或 tftp 將 Linux 鏡像檔案和裝置樹檔案下載到 DRAM 中。不管用哪種方法，只要能將 Linux 鏡像和裝置樹檔案存到 DRAM 中就行，然後使用 bootz 命令來啟動。bootz 命令用於啟動 zImage 鏡像檔案，命令格式如下所示。

```
bootz [addr [initrd[:size]] [fdt]]
```

bootz 命令有 3 個參數：addr 是 Linux 鏡像檔案在 DRAM 中的位置；initrd 是 initrd 檔案在 DRAM 中的位址，如果不使用 initrd 的話使用「-」代替即可；fdt 就是裝置樹檔案在 DRAM 中的位址。現在使用網路和 EMMC 兩種方法來啟動 Linux 系統，首先將 I.MX6ULL-ALPHA 開發板的 Linux 鏡像和裝置樹發送到 Ubuntu 主機中的 tftpboot 資料夾下。Linux 鏡像檔案已經放到了 tftpboot 資料夾中，現在把裝置樹檔案放到 tftpboot 資料夾中。由於不同的螢幕其裝置樹不同，因此出廠系統提供了很多裝置樹，路徑為「8、系統鏡像→ 1、出廠系統鏡像→ 2、kernel 鏡像→ linux-imx-4.1.15-2.1.0-06f53e4-v2.1」，所有裝置樹檔案如圖 27-65 所示。

```
imx6ull-14x14-emmc-4.3-480x272-c.dtb
imx6ull-14x14-emmc-4.3-800x480-c.dtb
imx6ull-14x14-emmc-7-800x480-c.dtb
imx6ull-14x14-emmc-7-1024x600-c.dtb
imx6ull-14x14-emmc-10.1-1280x800-c.dtb
imx6ull-14x14-emmc-hdmi.dtb
imx6ull-14x14-emmc-vga.dtb
imx6ull-14x14-nand-4.3-480x272-c.dtb
imx6ull-14x14-nand-4.3-800x480-c.dtb
imx6ull-14x14-nand-7-800x480-c.dtb
imx6ull-14x14-nand-7-1024x600-c.dtb
imx6ull-14x14-nand-10.1-1280x800-c.dtb
imx6ull-14x14-nand-hdmi.dtb
imx6ull-14x14-nand-vga.dtb
```

▲ 圖 27-65 正點原子出廠的裝置樹檔案

從圖 27-65 可以看出，我們提供了 14 種裝置樹，正在使用的是 EMMC 核心板，7 寸 1024×600 解析度的螢幕，所以需要使用 imx6ull-14x14-emmc-7-1024x600-c.dtb 這個裝置樹。將 imx6ull-14x14-emmc-7-1024x600-c.dtb 發送到 Ubuntu 主機中的 tftpboot 資料夾中，完成以後的 tftpboot 資料夾如圖 27-66 所示。

```
zuozhongkai@ubuntu:~/linux/tftpboot$ ls
imx6ull-14x14-emmc-7-1024x600-c.dtb  u-boot.imx  zImage
zuozhongkai@ubuntu:~/linux/tftpboot$
```

▲ 圖 27-66 tftpboot 資料夾

給予 imx6ull-14x14-emmc-7-1024x600-c.dtb 可執行許可權，命令如下所示。

```
chmod 777 imx6ull-14x14-emmc-7-1024x600-c.dtb
```

Linux 鏡像檔案和裝置樹都準備先學習如何透過網路啟動 Linux，使用 tftp 命令將 zImage 下載到 DRAM 的 0x80800000 位址處，然後將裝置樹 imx6ull-14x14-emmc-7-1024x600-c.dtb 下載到 DRAM 中的 0x83000000 位址處，最後使用命令 bootz 啟動，命令如下所示。

```
tftp 80800000 zImage
tftp 83000000 imx6ull-14x14-emmc-7-1024x600-c.dtb
bootz 80800000 - 83000000
```

結果如圖 27-67 所示。

```
=> tftp 80800000 zImage                                      1. 下載zImage
FEC1 Waiting for PHY auto negotiation to complete... done
Using FEC1 device
TFTP from server 192.168.1.253; our IP address is 192.168.1.251
Filename 'zImage'.
Load address: 0x80800000
Loading: #################################################################
         #################################################################
         #################################################################
         #################################################################
         #################################################################
         #################################################################
         #############
         2.5 MiB/s
done
Bytes transferred = 5924504 (5a6698 hex)
=> tftp 83000000 imx6ull-14x14-emmc-7-1024x600-c.dtb         2. 下載设备树
Using FEC1 device
TFTP from server 192.168.1.253; our IP address is 192.168.1.251
Filename 'imx6ull-14x14-emmc-7-1024x600-c.dtb'.
Load address: 0x83000000
Loading: ###
         2.2 MiB/s
done
Bytes transferred = 38859 (97cb hex)
=> bootz 80800000 - 83000000                                 3. 使用命令 bootz 启动Linux系统
Kernel image @ 0x80800000 [ 0x000000 - 0x5a6698 ]
## Flattened Device Tree blob at 83000000
   Booting using the fdt blob at 0x83000000
   Using Device Tree in place at 83000000, end 8300c7ca       4. Linux启动信息

Starting kernel ...

Booting Linux on physical CPU 0x0
Linux version 4.1.15 (zuozhongkai@ubuntu) (gcc version 4.9.4 (Linaro GCC 4.9-2017.01) )
Nov 12 15:32:28 CST 2020
CPU: ARMv7 Processor [410fc075] revision 5 (ARMv7), cr=10c5387d
CPU: PIPT / VIPT nonaliasing data cache, VIPT aliasing instruction cache
Machine model: Freescale i.MX6 ULL 14x14 EVK Board
```

▲ 圖 27-67 透過網路啟動 Linux

圖 27-67 就是透過 tftp 和 bootz 命令。

從網路啟動的 Linux 系統，如果要從 EMMC 中啟動 Linux 系統，只需要使用命令 fatload 將 zImage 和 imx6ull-14x14-emmc-7-1024x600-c.dtb 從 EMMC 的分區 1 中複製到 DRAM 中，然後使用命令 bootz 啟動即可。先使用命令 fatls 查看 EMMC 的分區 1 中是否有 Linux 鏡像檔案和裝置樹檔案，如果沒有，參考 27.4.6 節中講解的 fatwrite 命令，將 tftpboot 中的 zImage 和 imx6ull-14x14-emmc-7-1024x600-c.dtb 檔案燒錄到 EMMC 的分區 1 中。使用命令

fatload 將 EMMC 中 的 zImage 和 imx6ull-14x14-emmc-7-1024x600-c.dtb 檔案複製到 DRAM 中，位址分別為 0x80800000 和 0x83000000，最後使用 bootz 啟動，命令如下所示。

```
fatload mmc 1:1 80800000 zImage
fatload mmc 1:1 83000000 imx6ull-14x14-emmc-7-1024x600-c.dtb
bootz 80800000 - 83000000
```

結果如圖 27-68 所示。

```
=> fatload mmc 1:1 80800000 zImage                                      1. 下載 zImage
reading zImage
6785272 bytes read in 224 ms (28.9 MiB/s)
=> fatload mmc 1:1 83000000 imx6ull-14x14-emmc-7-1024x600-c.dtb         2. 下載設備樹
reading imx6ull-14x14-emmc-7-1024x600-c.dtb
38859 bytes read in 24 ms (1.5 MiB/s)
=> bootz 80800000 - 83000000                                            3. 使用命令 bootz 啟動系統
Kernel image @ 0x80800000 [ 0x000000 - 0x6788f8 ]
## Flattened Device Tree blob at 83000000
   Booting using the fdt blob at 0x83000000
   Using Device Tree in place at 83000000, end 8300c7ca                 4. Linux 啟動資訊

Starting kernel ...

[    0.000000] Booting Linux on physical CPU 0x0
[    0.000000] Linux version 4.1.15-gbfed875 (alientek@ubuntu) (gcc version 5.3.0 (GCC) )
t Jan 30 15:53:28 CST 2021
[    0.000000] CPU: ARMv7 Processor [410fc075] revision 5 (ARMv7), cr=10c53c7d
[    0.000000] CPU: PIPT / VIPT nonaliasing data cache, VIPT aliasing instruction cache
[    0.000000] Machine model: Freescale i.MX6 ULL 14x14 EVK Board
```

▲ 圖 27-68 從 EMMC 中啟動 Linux

2. bootm 命令

bootm 命令和 bootz 命令功能類似，但是 bootm 命令用於啟動 uImage 鏡像檔案。如果不使用裝置樹的話啟動 Linux 核心的命令以下所示。

```
bootm addr
```

其中 addr 是 uImage 鏡像在 DRAM 中的啟始位址。

如果要使用裝置樹，那麼 bootm 命令和 bootz 一樣，命令格式如下所示。

```
bootm [addr [initrd[:size]] [fdt]]
```

其中 addr 是 ulmage 在 DRAM 中的啟始位址；initrd 是 initrd 的位址；fdt 是裝置樹（.dtb）檔案在 DRAM 中的啟始位址。如果 initrd 為空，同樣用「-」來替代。

3. boot 命令

boot 命令也是用來啟動 Linux 系統的，只是 boot 會讀取環境變數 bootcmd 來啟動 Linux 系統。bootcmd 是一個很重要的環境變數，其名稱分為 boot 和 cmd，也就是啟動和命令，說明這個環境變數儲存著啟動命令，其實就是啟動的命令集合，具體的啟動命令內容是可以修改的。比如要想使用 tftp 命令，從網路啟動 Linux，那麼就可以設定 bootcmd 為 tftp 80800000 zlmage; tftp 83000000 imx6ull-14x14-emmc-7-1024x600-c.dtb; bootz 80800000-83000000，然後使用 saveenv 將 bootcmd 儲存起來。最後直接輸入 boot 命令即可從網路啟動 Linux 系統，命令以下所示。

```
setenv bootcmd 'tftp 80800000 zImage; tftp 83000000 imx6ull-14x14-emmc-7-1024x600-c.
dtb; bootz 80800000 - 83000000'
saveenv
boot
```

結果如圖 27-69 所示。

```
=> setenv bootcmd 'tftp 80800000 zImage; tftp 83000000 imx6ull-14x14-emmc-7-1024x600-c.dtb; bootz 80800000 - 83000000'
=> saveenv
Saving Environment to MMC...
Writing to MMC(0)... done          2. 使用命令 boot 啟動 Linux                      1. 設定環境變數 bootcmd 並儲存
=> boot
FEC1 Waiting for PHY auto negotiation to complete... done
Using FEC1 device
TFTP from server 192.168.1.253; our IP address is 192.168.1.251      3. 執行 bootcmd 中的啟動命令並啟動 Linux
Filename 'zImage'.
Load address: 0x80800000
Loading: #################################################################
         #################################################################
         #################################################################
         #################################################################
         #################################################################
         #############
         2.4 MiB/s
done
Bytes transferred = 5924504 (5a6698 hex)
Using FEC1 device
TFTP from server 192.168.1.253; our IP address is 192.168.1.251
Filename 'imx6ull-14x14-emmc-7-1024x600-c.dtb'.
Load address: 0x83000000
Loading: ###
         2 MiB/s
done
Bytes transferred = 38859 (97cb hex)
Kernel image @ 0x80800000 [ 0x000000 - 0x5a6698 ]
## Flattened Device Tree blob at 83000000
   Booting using the fdt blob at 0x83000000
   Using Device Tree in place at 83000000, end 8300c7ca

Starting kernel ...

Booting Linux on physical CPU 0x0
Linux version 4.1.15 (zuozhongkai@ubuntu) (gcc version 4.9.4 (Linaro GCC 4.9-2017.01) ) #3 SMP PREEMPT Thu Nov 12 15:32:28
020
CPU: ARMv7 Processor [410fc075] revision 5 (ARMv7), cr=10c5387d
CPU: PIPT / VIPT nonaliasing data cache, VIPT aliasing instruction cache
Machine model: Freescale i.MX6 ULL 14x14 EVK Board
```

▲ 圖 27-69 設定 bootcmd 從網路啟動 Linux

uboot 倒計時結束以後就會啟動 Linux 系統，執行 bootcmd 中的啟動命令。只要不修改 bootcmd 中的內容，以後每次開機 uboot 倒計時結束以後，都會使用 tftp 命令從網路下載 zImage 和 imx6ull-14x14-emmc-7-1024x600-c.dtb，然後啟動 Linux。

如果想從 EMMC 啟動，那就設定 bootcmd 為 fatload mmc 1:1 80800000 zImage; fatload mmc 1:1 83000000 imx6ull-14x14-emmc-7-1024x600-c.dtb; bootz 80800000 - 83000000，最後使用 boot 命令啟動即可，命令以下所示。

```
setenv bootcmd 'fatload mmc 1:1 80800000 zImage; fatload mmc 1:1 83000000 imx6ull-
14x14-emmc-7-1024x600-c.dtb; bootz 80800000 - 83000000'
savenev
boot
```

結果如圖 27-70 所示。

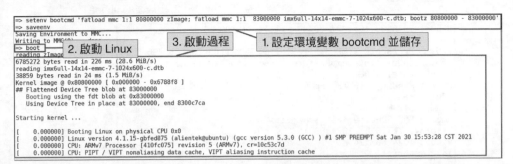

```
=> setenv bootcmd 'fatload mmc 1:1 80800000 zImage; fatload mmc 1:1  83000000 imx6ull-14x14-emmc-7-1024x600-c.dtb; bootz 80800000 - 83000000'
=> saveenv
Saving Environment to MMC...
Writing to MMC...
=> boot                    2. 啟動 Linux          3. 啟動過程          1. 設定環境變數 bootcmd 並儲存
reading zImage
6785272 bytes read in 226 ms (28.6 MiB/s)
reading imx6ull-14x14-emmc-7-1024x600-c.dtb
38859 bytes read in 24 ms (1.5 MiB/s)
Kernel image @ 0x80800000 [ 0x000000 - 0x6788f8 ]
## Flattened Device Tree blob at 83000000
   Booting using the fdt blob at 0x83000000
   Using Device Tree in place at 83000000, end 8300c7ca

Starting kernel ...

[    0.000000] Booting Linux on physical CPU 0x0
[    0.000000] Linux version 4.1.15-gbfed875 (alientek@ubuntu) (gcc version 5.3.0 (GCC) ) #1 SMP PREEMPT Sat Jan 30 15:53:28 CST 2021
[    0.000000] CPU: ARMv7 Processor [410fc075] revision 5 (ARMv7), cr=10c53c7d
[    0.000000] CPU: PIPT / VIPT nonaliasing data cache, VIPT aliasing instruction cache
```

▲ 圖 27-70 設定 bootcmd 從 EMMC 啟動 Linux

如果不修改 bootcmd，每次開機 uboot 倒計時結束以後都會自動從 EMMC 中讀取 zImage 和 imx6ull-14x14-emmc-7-1024x600-c.dtb，然後啟動 Linux。

啟動 Linux 核心時可能會遇到以下錯誤。

```
"Kernel panic - not Syncing:VFS:Unable to mount root fs on unknown-block(0,0)"
```

這個錯誤的原因是 Linux 核心沒有找到 root 檔案系統，這是因為沒有設定 uboot 的 bootargs 環境變數，關於 bootargs 環境變數後面會講解。此處，重點驗證 boot 命令，Linux 核心已經成功啟動了，説明 boot 命令工作正常。

27.4.10 其他常用命令

uboot 中還有其他一些常用的命令，比如 reset、go、run 和 mtest 等。

1. reset 命令

reset 命令顧名思義就是重置，輸入 reset 即可重置重新啟動，如圖 27-71 所示。

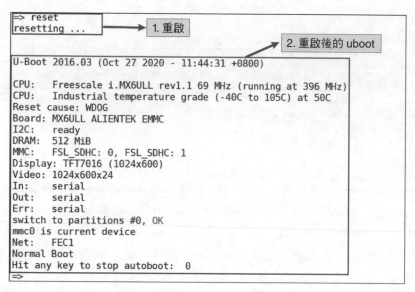

▲ 圖 27-71 reset 命令執行結果

2. go 命令

go 命令用於跳到指定的位址處執行應用，命令格式如下所示。

```
go addr [arg ...]
```

addr 是應用在 DRAM 中的啟始位址，我們可以編譯裸機常式的實驗 13_printf，然後將編譯出來的 printf.bin 複製到 Ubuntu 中的 tftpboot 資料夾中。注意，這裡要複製 printf.bin 檔案，不需要在前面增加 IVT 資訊，因為 uboot 已經初始化好 DDR。使用 tftp 命令將 printf.bin 下載到開發板 DRAM 的 0x87800000 位址處，因為裸機常式的連結啟始位址就是 0x87800000，最後使用 go 命令啟動 printf.bin 這個應用，命令如下所示。

```
tftp 87800000 printf.bin
go 87800000
```

結果如圖 27-72 所示。

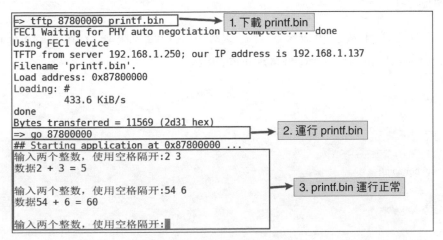

▲ 圖 27-72　go 命令執行裸機常式

從圖 27-72 可以看出，透過 go 命令可以在 uboot 中執行裸機常式。

3. run 命令

run 命令用於執行環境變數中定義的命令，比如可以透過 run bootcmd 來執行 bootcmd 中的啟動命令，但是 run 命令最大的作用在於執行自訂的環境變數。在後面偵錯 Linux 系統時，常常要在網路啟動和 EMMC/NAND 啟動之間來回切換，而 bootcmd 只能儲存一種啟動方式，如果要換另外一種啟動方式的話就得重寫 bootcmd，會很麻煩。這裡透過自訂環境變數來實現不同的啟動方式，比如定義環境變數 mybootemmc 表示從 emmc 啟動，定義 mybootnet 表示從網路啟動，定義 mybootnand 表示從 NAND 啟動。如果要切換啟動方式，只需要執行 run mybootxxx（xxx 為 emmc、net 或 nand）即可。

建立環境變數 mybootemmc、mybootnet 和 mybootnand，命令如下所示。

```
setenv mybootemmc 'fatload mmc 1:1 80800000 zImage; fatload mmc 1:1 83000000 imx6ull-
14x14-emmc-7-1024x600-c.dtb;bootz 80800000 - 83000000'
setenv mybootnand 'nand read 80800000 620000 800000;nand read 83000000 520000
100000;bootz 80800000 - 83000000'
setenv mybootnet 'tftp 80800000 zImage; tftp 83000000imx6ull-14x14-emmc-7-1024x600-c.
```

```
dtb; bootz 80800000 - 83000000'
saveenv
```

建立環境變數成功以後，就可以使用 run 命令來執行 mybootemmc、mybootnet 或 mybootnand 來實現不同的啟動。

```
run mybootemmc
```

或

```
run mytoobnand
```

或

```
run mybootnet
```

4. mtest 命令

mtest 命令是一個簡單的記憶體讀寫測試命令，可以用來測試自己開發板上的 DDR，命令格式如下所示。

```
mtest [start [end [pattern [iterations]]]]
```

start 是要測試的 DRAM 開始位址，end 是結束位址。比如我們測試 0x80000000~0x80001000 這段記憶體，輸入 mtest 80000000 80001000，結果如圖 27-73 所示。

```
=> mtest 80000000 80001000
Testing 80000000 ... 80001000:
Pattern FFFFFFFF  Writing...  Reading...Iteration:   2284
=>
```

▲ 圖 27-73 mtest 命令執行結果

從圖 27-73 可以看出，測試範圍為 0x80000000~0x80001000，已經測試了 2284 次，如果要結束測試就按下鍵盤上的 Ctrl+C 複合鍵。

至此，uboot 常用的命令就講解完畢。如果要使用 uboot 的其他命令，可以查看 uboot 中的說明資訊，或上網查詢對應的資料。

第**28**章

U-Boot 頂層
Makefile 詳解

第 27 章我們詳細地講解了 uboot 的使用方法，學會 uboot 使用以後就可以嘗試移植 uboot 到自己的開發板。但是，在移植之前需要先分析一遍 uboot 的啟動流程原始程式，梳理一下 uboot 的啟動流程，否則移植時都不知道該修改哪些檔案。本章就來分析 uboot 原始程式，重點是分析 uboot 啟動流程，而非整個 uboot 原始程式，uboot 整體原始程式非常大，只看相關的部分即可。

28.1 | U-Boot 專案目錄分析

以 EMMC 版本的核心板為例講解，為了方便，uboot 啟動原始程式分析就在 Windows 下進行，將正點原子提供的 uboot 原始程式進行解壓，解壓完成以後的目錄如圖 28-1 所示。

▲ 圖 28-1 未編譯的 uboot

圖 28-1 是正點原子提供的未編譯的 uboot 原始程式目錄，我們在分析 uboot 原始程式之前，一定要先在 Ubuntu 中編譯 uboot 原始程式，因為編譯過程會生成一些檔案，而生成的這些恰恰是分析 uboot 原始程式不可或缺的檔案。使用第 27 章建立的 shell 腳本來完成編譯工作，命令如下所示。

```
cd alientek_uboot                          // 進入正點原子 uboot 原始程式目錄
./mx6ull_alientek_emmc.sh                  // 編譯 uboot
cd ../                                     // 傳回上一級目錄
tar -vcjf alientek_uboot.tar.bz2 alientek_uboot   // 壓縮
```

最終會生成一個名為 alientek_uboot.tar.bz2 的壓縮檔，將 alientek_uboot.tar.bz2 複製到 Windows 系統中並解壓，解壓後的目錄如圖 28-2 所示。

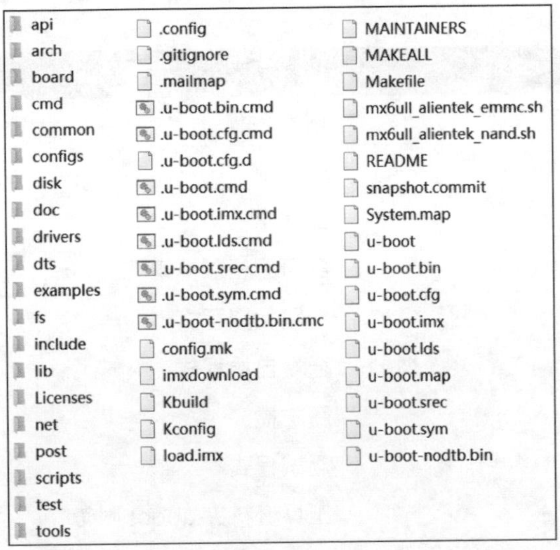

▲ 圖 28-2　編譯後的 uboot 原始程式檔案

對比圖 28-2 和圖 28-1，可以看出編譯後的 uboot 要比沒編譯之前增加了很多檔案，這些資料夾或檔案的含義如表 28-1 所示。

▼ 表 28-1　uboot 目錄清單

類型	名稱	描述	備註
資料夾	api	與硬體無關的 API 函式	uboot 附帶
	arch	與架構系統有關的程式	
	board	不同板子 (開發板) 的訂製程式	
	cmd	命令相關程式	
	common	通用程式	
	configs	設定檔	
	disk	磁碟分割相關程式	
	doc	文件	
	drivers	驅動程式	
	dts	裝置樹	
	examples	範例程式	

續表

類型	名稱	描述	備註
資料夾	fs	檔案系統	uboot 附帶
	include	標頭檔	
	lib	函式庫檔案	
	Licenses	許可證相關檔案	
	net	網路相關程式	
	post	通電自檢程式	
	scripts	腳本檔	
	test	測試程式	
	tools	工具資料夾 uboot 附帶	
檔案	.config	設定檔，重要的檔案	編譯生成的檔案
	.gitignoregit	工具相關檔案	
	.mailmap	郵寄清單	uboot 附帶
	.u-boot.xxx.cmd(一系列)	這是一系列的檔案，用於儲存一些命令	
	config.mk	某個 Makefile 會呼叫此檔案	編譯生成的檔案
	imxdownload	正點原子撰寫的 SD 卡燒錄軟體	uboot 附帶
	Kbuild	用於生成一些和組合語言有關的檔案	正點原子提供
	Kconfig	圖形設定介面描述檔案	uboot 附帶
	MAINTAINERS	維護者聯繫方式檔案	
	MAKEALL	一個 shell 腳本檔，幫助編譯 uboot 的	
	Makefile	主 Makefile，重要檔案！	
	mx6ull_alientek_emmc.sh	第 27 章撰寫的編譯腳本檔	第 27 章撰寫的
	mx6ull_alientek_nand.sh	第 27 章撰寫的編譯腳本檔	
	README	相當於說明文件	uboot 附帶
	snapshot.commint	—	

續表

類型	名稱	描述	備註
檔案	System.map	系統映射檔案	編譯出來的檔案
	u-boot	編譯出來的 u-boot 檔案	
	u-boot.xxx (一系列)	生成的一些 u-boot 相關檔案，包 括 u-boot.bin、u-boot.imx. 等	

對於表 28-1 中資料夾或檔案，我們重點講解以下內容。

1. arch 資料夾

arch 資料夾中存放著和架構有關的檔案，如圖 28-3 所示。

arc	2019-04-22 21:07	文件夾	
arm	2019-04-22 21:07	文件夾	
avr32	2019-04-22 21:07	文件夾	
blackfin	2019-04-22 21:07	文件夾	
m68k	2019-04-22 21:07	文件夾	
microblaze	2019-04-22 21:07	文件夾	
mips	2019-04-22 21:07	文件夾	
nds32	2019-04-22 21:07	文件夾	
nios2	2019-04-22 21:07	文件夾	
openrisc	2019-04-22 21:07	文件夾	
powerpc	2019-04-22 21:07	文件夾	
sandbox	2019-04-22 21:07	文件夾	
sh	2019-04-22 21:07	文件夾	
sparc	2019-04-22 21:07	文件夾	
x86	2019-04-22 21:07	文件夾	
.gitignore	2019-03-26 15:49	GITIGNORE 文件	1 KB
Kconfig	2019-03-26 15:49	文件	5 KB

▲ 圖 28-3 arch 資料夾

從圖 28-3 可以看出有很多架構，比如 arm、avr32、m68k 等，我們現在用的是 ARM 晶片，所以只需要關心 arm 資料夾即可，開啟 arm 資料夾中的內容，如圖 28-4 所示。

cpu	2019-04-22 21:07	文件夾	
dts	2019-04-22 21:07	文件夾	
imx-common	2019-04-22 21:07	文件夾	
include	2019-04-22 21:07	文件夾	
lib	2019-04-22 21:07	文件夾	
mach-at91	2019-04-22 21:07	文件夾	
mach-bcm283x	2019-04-22 21:07	文件夾	
mach-davinci	2019-04-22 21:07	文件夾	
mach-exynos	2019-04-22 21:07	文件夾	
mach-highbank	2019-04-22 21:07	文件夾	
mach-integrator	2019-04-22 21:07	文件夾	
mach-keystone	2019-04-22 21:07	文件夾	

▲ 圖 28-4 arm 資料夾

　　圖 28-4 只截取了一部分，還有一部分 mach-xxx 的資料夾。以 mach 開頭的資料夾是跟具體的裝置有關的，比如「mach-exynos」就是跟三星的 exyons 系列 CPU 有關的檔案。我們使用的是 I.MX6ULL，所以要關注 imx-common 這個資料夾。另外 cpu 這個資料夾也是和 cpu 架構有關的，開啟以後如圖 28-5 所示。

arm11	2019-04-22 21:07	文件夾	
arm720t	2019-04-22 21:07	文件夾	
arm920t	2019-04-22 21:07	文件夾	
arm926ejs	2019-04-22 21:07	文件夾	
arm946es	2019-04-22 21:07	文件夾	
arm1136	2019-04-22 21:07	文件夾	
arm1176	2019-04-22 21:07	文件夾	
armv7	2019-04-22 21:07	文件夾	
armv7m	2019-04-22 21:07	文件夾	
armv8	2019-04-22 21:07	文件夾	
pxa	2019-04-22 21:07	文件夾	
sa1100	2019-04-22 21:07	文件夾	
.built-in.o.cmd	2019-04-22 20:52	Windows 命令腳本	1 KB
built-in.o	2019-04-22 20:52	O 文件	1 KB
Makefile	2019-03-26 15:49	文件	1 KB
u-boot.lds	2019-03-26 15:49	LDS 文件	3 KB
u-boot-spl.lds	2019-03-26 15:49	LDS 文件	2 KB

▲ 圖 28-5 cpu 資料夾

有多種 ARM 架構相關的資料夾，I.MX6ULL 使用的是 Cortex-A7 核心，Cortex-A7 屬於 armv7，所以只要關心 armv7 這個資料夾。cpu 資料夾中有個名為 u-boot.lds 的連結腳本檔，這個就是 ARM 晶片所使用的 u-boot 連結腳本檔，是我們分析 uboot 啟動原始程式時需要特別注意的。

2. board 資料夾

board 資料夾和具體的板子相關，開啟此資料夾，裡面全是不同的板子，

borad 資料夾中有個名為 freescale 的資料夾，如圖 28-6 所示。

evb_rk3036	2021-03-23 16:21	文件夾
firefly	2021-03-23 16:22	文件夾
freescale	2021-03-23 16:22	文件夾
gaisler	2021-03-23 16:22	文件夾

▲ 圖 28-6 freescale 資料夾

所有使用 Freescale 晶片的板子都放到此資料夾中，I.MX 系列以前屬於 Freescale，只是 Freescale 後來被 NXP 收購了。開啟此 freescale 資料夾，找到和 mx6u（I.MX6UL/ULL）有關的資料夾，如圖 28-7 所示。

mx6ul_14x14_ddr3_arm2	2019-09-03 0:17	文件夾
mx6ul_14x14_evk	2019-09-03 0:17	文件夾
mx6ul_14x14_lpddr2_arm2	2019-09-03 0:17	文件夾
mx6ull_ddr3_arm2	2019-09-03 0:17	文件夾
mx6ullevk	2019-09-03 0:17	文件夾

▲ 圖 28-7 mx6u 相關板子

圖 28-7 中有 5 個資料夾，這 5 個資料夾對應 5 種板子，以 mx6ul 開頭的表示使用 I.MX6UL 晶片的板子，以 mx6ull 開頭的表示使用 I.MX6ULL 晶片的板子。mx6ullevk 是 NXP 官方的 I.MX6ULL 開發板，後面移植 uboot 時就是參考 NXP 官方的開發板，要參考 mx6ullevk 這個資料夾來定義板子。

3. configs 資料夾

此資料夾為 uboot 設定檔，uboot 是可設定的，但要是自己從頭開始，一個一個項目地設定，那就太麻煩了，因此一般半導體廠商或開發板廠商都會製

作好一個設定檔。我們可以在這個設定檔基礎上來增加自己想要的功能,設定檔統一命名為 xxx_defconfig,xxx 表示開發板名稱,這些 defconfig 檔案都存放在 configs 資料夾,如圖 28-8 所示。

mx6ull_14x14_ddr3_arm2_defconfig	2019-08-31 11:46	文件	1 KB
mx6ull_14x14_ddr3_arm2_emmc_defconfig	2019-08-31 11:46	文件	1 KB
mx6ull_14x14_ddr3_arm2_epdc_defconfig	2019-08-31 11:46	文件	1 KB
mx6ull_14x14_ddr3_arm2_nand_defconfig	2019-08-31 11:46	文件	1 KB
mx6ull_14x14_ddr3_arm2_qspi1_defconfig	2019-08-31 11:46	文件	1 KB
mx6ull_14x14_ddr3_arm2_spinor_defconfig	2019-08-31 11:46	文件	1 KB
mx6ull_14x14_ddr3_arm2_tsc_defconfig	2019-08-31 11:46	文件	1 KB
mx6ull_14x14_ddr256_emmc_defconfig	2019-08-31 11:46	文件	1 KB
mx6ull_14x14_ddr256_nand_defconfig	2019-08-31 11:46	文件	1 KB
mx6ull_14x14_ddr256_nand_sd_defconfig	2019-08-31 11:46	文件	1 KB
mx6ull_14x14_ddr512_emmc_defconfig	2019-08-31 11:46	文件	1 KB
mx6ull_14x14_ddr512_nand_defconfig	2019-08-31 11:46	文件	1 KB
mx6ull_14x14_ddr512_nand_sd_defconfig	2019-08-31 11:46	文件	1 KB

正點原子ALPHA
開發板對應的
預設設定檔案

▲ 圖 28-8 正點原子開發板設定檔

圖 28-8 中,這 6 個檔案就是 I.MX6ULL-ALPHA 開發板所對應的 uboot 預設設定檔。我們只關心 mx6ull_14x14_ddr512_emmc_defconfig 和 mx6ull_14x14_ddr256_nand_defconfig 這兩個檔案,分別是 I.MX6ULL EMMC 核心板和 NAND 核心板的設定檔。使用 make xxx_defconfig 命令即可設定 uboot。

```
make mx6ull_14x14_ddr512_emmc_defconfig
```

上述命令就是設定 I.MX6ULL EMMC 核心板所使用的 uboot。

在編譯 uboot 之前一定要使用 defconfig 來設定 uboot。

在 mx6ull_alientek_emmc.sh 中有以下內容。

```
make ARCH=arm CROSS_COMPILE=arm-linux-gnueabihf- mx6ull_14x14_ddr512_emmc_defconfig
```

這個命令就是呼叫 mx6ull_14x14_ddr512_emmc_defconfig 來設定 uboot,只是這個命令還帶了一些其他參數而已。

4. .u-boot.xxx_cmd 檔案

.u-boot.xxx_cmd 是一系列的檔案，這些檔案全是編譯生成的，都是一些命令檔案。比如檔案 .u-boot.bin.cmd，看名稱是和 u-boot.bin 有關的，此檔案內容如範例 28-1 所示。

▼ 範例 28-1 .u-boot.bin.cmd 程式

```
1 cmd_u-boot.bin := cp u-boot-nodtb.bin u-boot.bin
```

.u-boot.bin.cmd 中定義了一個變數 cmd_u-boot.bin，此變數的值為「cp u-boot-nodtb.bin u-boot.bin」，也就是複製一份 u-boot-nodtb.bin 檔案，並且重新命名為 u-boot.bin。這個就是 u-boot.bin 的來源，來自檔案 u-boot-nodtb.bin。

那麼 u-boot-nodtb.bin 是怎麼來的？檔案 .u-boot-nodtb.bin.cmd 就是用於生成 u-boot.nodtb.bin 的，此檔案內容如範例 28-2 所示。

▼ 範例 28-2 .u-boot-nodtb.bin.cmd 程式

```
1 cmd_u-boot-nodtb.bin := arm-linux-gnueabihf-objcopy --gap-fill=0xff
 -j .text -j .secure_text -j .rodata -j .hash -j .data -j .got -j .got.plt
 -j .u_boot_list -j .rel.dyn -O binary u-boot u-boot-nodtb.bin
```

這裡用到了 arm-linux-gnueabihf-objcopy，使用 objcopy 將 ELF 格式的 u-boot 檔案轉為二進位的 u-boot-nodtb.bin 檔案。

檔案 u-boot 是 ELF 格式的檔案，檔案 .u-boot.cmd 用於生成 u-boot，此檔案內容如範例 28-3 所示。

▼ 範例 28-3 .u-boot.cmd 程式

```
1 cmd_u-boot := arm-linux-gnueabihf-ld.bfd-pie--gc-sections -Bstatic -Ttext 0x87800000-o
u-boot -T u-boot.lds arch/arm/cpu/armv7/start.o --start-grouparch/arm/cpu/built-in.
oarch/arm/cpu/armv7/built-in.oarch/arm/imx-common/built-in.oarch/arm/lib/built-in.
oboard/freescale/common/built-in.oboard/freescale/mx6ull_alientek_emmc/built-in.ocmd/
built-in.ocommon/built-in.odisk/built-in.odrivers/built-in.odrivers/dma/built-in.
```

```
odrivers/gpio/built-in.o
...
drivers/usb/phy/built-in.odrivers/usb/ulpi/built-in.o
fs/built-in.olib/built-in.onet/built-in.otest/built-in.o
test/dm/built-in.o --end-group arch/arm/lib/eabi_compat.o-L
/usr/local/arm/gcc-linaro-4.9.4-2017.01-x86_64_arm-linux-gnueabihf/b
n/../lib/gcc/arm-linux-gnueabihf/4.9.4 -lgcc -Map u-boot.map
```

.u-boot.cmd 使用到了 arm-linux-gnueabihf-ld.bfd，也就是連結工具，使用 ld.bfd 將各個 built-in.o 檔案連結在一起就形成了 u-boot 檔案。uboot 在編譯時會將同一個目錄中的所有 .c 檔案都編譯在一起，並命名為 built-in.o，相當於將許多的 .c 檔案對應的 .o 檔案集合在一起，這個就是 u-boot 檔案的來源。

如果要用 NXP 提供的 MFGTools 工具向開發板燒錄 uboot，此時燒錄的是 u-boot.imx 檔案，而非 u-boot.bin 檔案。u-boot.imx 是在 u-boot.bin 檔案的頭部增加了 IVT、DCD 等資訊。這個工作是由檔案 .u-boot.imx.cmd 來完成的，此檔案內容如範例 28-4 所示。

▼ 範例 28-4 .u-boot.imx.cmd 程式

```
1 cmd_u-boot.imx := ./tools/mkimage -n board/freescale/mx6ull_alientek_emmc/imximage.
  cfg.cfgtmp -T imximage -e 0x87800000 -d u-boot.bin u-boot.imx
```

這裡用到了工具 tools/mkimage，而 IVT、DCD 等資料儲存在了檔案 board/freescale/mx6ullevk/imximage-ddr512.cfg.cfgtmp（如果是 NAND 核心板的話就是 imximage-ddr256.cfg.cfgtmp）中。工具 mkimage 就是讀取檔案 imximage-ddr512.cfg.cfgtmp 中的資訊，然後將其增加到檔案 u-boot.bin 的標頭，最終生成 u-boot.imx。

檔案 .u-boot.lds.cmd 就是用於生成 u-boot.lds 連結腳本的，由於 .u-boot.lds.cmd 檔案內容太多，這裡就不列出了。uboot 根目錄下的 u-boot.lds 連結腳本就是來自 arch/arm/cpu/u-boot.lds 檔案。

還有一些其他的 .u-boot.lds.xxx.cmd 檔案，讀者可自行分析。

5. Makefile 檔案

這個是頂層 Makefile 檔案，Makefile 是支援巢狀結構的，也就是頂層 Makefile 可以呼叫子目錄中的 Makefile 檔案。Makefile 巢狀結構在大專案中很常見，一般大專案中所有的原始程式碼都不會放到同一個目錄中，各個功能模組的原始程式碼都是分開的，各自存放在各自的目錄中。每個功能模組目錄下都有一個 Makefile，這個 Makefile 只處理本模組的編譯連結工作，這樣所有的編譯連結工作就不用全部放到一個 Makefile 中，可以使得 Makefile 變得簡潔明了。

uboot 原始程式根目錄下的 Makefile 是頂層 Makefile，它會呼叫其他模組的 Makefile 檔案，比如 drivers/adc/Makefile。

頂層 Makefile 要做的工作遠不止呼叫子目錄 Makefile 這麼簡單，關於頂層 Makefile 的內容稍後會有詳細的講解。

6. u-boot.xxx 檔案

u-boot.xxx 同樣也是一系列檔案，包括 u-boot、u-boot.bin、u-boot.cfg、u-boot.imx、u-boot.lds、u-boot.map、u-boot.srec、u-boot.sym 和 u-boot-nodtb.bin，這些檔案的含義如下所示。

u-boot：編譯出來的 ELF 格式的 uboot 鏡像檔案。

u-boot.bin：編譯出來的二進位格式的 uboot 可執行鏡像檔案。

u-boot.cfg：uboot 的另外一種設定檔。

u-boot.imx：u-boot.bin 增加標頭資訊以後的檔案，NXP 的 CPU 專用檔案。

u-boot.lds：連結腳本。

u-boot.map：uboot 映射檔案，透過查看此檔案可以知道某個函式被連結到了哪個位址上。

u-boot.srec：S-Record 格式的鏡像檔案。

u-boot.sym：uboot 符號檔案。

u-boot-nodtb.bin：和 u-boot.bin 一樣，u-boot.bin 就 是 u-boot-nodtb.bin 的複製檔案。

7. .config 檔案

uboot 設定檔，使用命令 make xxx_defconfig 設定 uboot 以後就會自動生成，.config 內容如範例 28-5 所示。

▼ 範例 28-5 .config 程式

```
1  #
2  # Automatically generated file; DO NOT EDIT.
3  # U-Boot 2016.03 Configuration
4  #
5  CONFIG_CREATE_ARCH_SYMLINK=y
6  CONFIG_HAVE_GENERIC_BOARD=y
7  CONFIG_SYS_GENERIC_BOARD=y
...
9  CONFIG_ARM=y
23 CONFIG_SYS_ARCH="arm"
24 CONFIG_SYS_CPU="armv7"
25 CONFIG_SYS_SOC="mx6"
26 CONFIG_SYS_VENDOR="freescale"
27 CONFIG_SYS_BOARD="mx6ull_alientek_emmc"
28 CONFIG_SYS_CONFIG_NAME="mx6ull_alientek_emmc"
...
33 # Boot commands
34 #
35 CONFIG_CMD_BOOTD=y
36 CONFIG_CMD_BOOTM=y
37 CONFIG_CMD_ELF=y
...
54
55 #
56 # Library routines
57 #
58 # CONFIG_CC_OPTIMIZE_LIBS_FOR_SPEED is not set
```

```
59 CONFIG_HAVE_PRIVATE_LIBGCC=y
60 # CONFIG_USE_PRIVATE_LIBGCC is not set
61 CONFIG_SYS_HZ=1000
62 # CONFIG_USE_TINY_PRINTF is not set
63 CONFIG_REGEX=y
```

可以看出 .config 檔案中都是以「CONFIG_」開始的設定項目，這些設定項目就是 Makefile 中的變數，因此後面都有對應的值，uboot 的頂層 Makefile或子 Makefile 會呼叫這些變數值。在 .config 中會有大量的變數值為「y」，這些為「y」的變數一般用於控制某項功能是否啟動，為「y」的話就表示功能啟動。

```
CONFIG_CMD_BOOTM=y
```

如果啟動了 bootd 這個命令，CONFIG_CMD_BOOTM 就為「y」。在cmd/Makefile 中有如範例 28-6 所示內容。

▼ 範例 28-6　cmd/Makefile 程式

```
1 ifndef CONFIG_SPL_BUILD
2 # core command
3 obj-y += boot.o
4 obj-$(CONFIG_CMD_BOOTM) += bootm.o
5 obj-y += help.o
6 obj-y += version.o
```

在範例 28-6 中，有如下所示一行程式。

```
obj-$(CONFIG_CMD_BOOTM) += bootm.o
```

CONFIG_CMD_BOOTM=y，將其展開如下所示。

```
obj-y += bootm.o
```

給 obj-y 追加了一個 bootm.o，obj-y 包含著所有要編譯的檔案對應的 .o檔案，這裡表示需要編譯檔案 cmd/bootm.c。相當於透過「CONFIG_CMD_BOOTD=y」來啟動 bootm 這個命令，進而編譯 cmd/bootm.c 這個檔案，這個檔案實現了 bootm 命令。在 uboot 和 Linux 核心中都是採用這種方法來選擇啟動某個功能，編譯對應的原始程式檔案。

8. README

README 檔案描述了 uboot 的詳細資訊，包括 uboot 該如何編譯、uboot 中各資料夾的含義、對應的命令等。建議大家詳細的閱讀此檔案，可以進一步增加對 uboot 的認識。

關於 uboot 根目錄中的檔案和資料夾的含義就講解到這裡，接下來分析 uboot 的啟動流程。

28.2 | VSCode 專案建立

先在 Ubuntu 系統下編譯 uboot，然後將編譯後的 uboot 資料夾複製到 Windows 系統下，並建立 VSCode 專案。開啟 VSCode，點擊「檔案」→「開啟資料夾……」，選中 uboot 資料夾，如圖 28-9 所示。

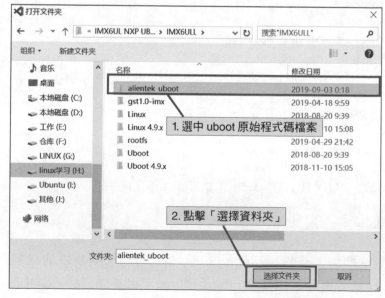

▲ 圖 28-9 選擇 uboot 原始程式資料夾

開啟 uboot 目錄以後，VSCode 介面如圖 28-10 所示。

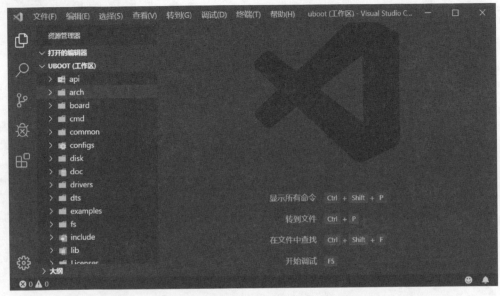

▲ 圖 28-10 VSCode 介面

點擊「檔案」→「將工作區另存為……」，開啟儲存工作區對話方塊，將工作區儲存到 uboot 原始程式根目錄下，設定檔案名稱為 uboot，如圖 28-11所示。

儲存成功以後就會在 uboot 原始程式根目錄下存在一個名為 uboot.code-workspace 的檔案。這樣一個完整的 VSCode 專案就建立起來了。但是這個VSCode 專案包含了 uboot 的所有檔案，uboot 中有些檔案是不需要的，比如arch 目錄下是各種架構的資料夾，如圖 28-12 所示。

在 arch 目錄下，只需要 arm 資料夾，所以需要將其他的目錄從 VSCode中屏蔽掉，比如將 arch/avr32 這個目錄屏蔽掉。

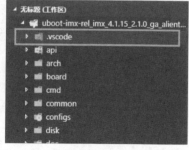

▲ 圖 28-11 儲存工作區　　　　　　　　　▲ 圖 28-12 arch 目錄

在 VSCode 上建立名為 .vscode 的資料夾，如圖 28-13 所示。

輸入新建資料夾的名稱，完成以後如圖 28-14 所示。

▲ 圖 28-13 新建 .vscode 資料夾　　　　▲ 圖 28-14 新建的 .vscode 資料夾

在 .vscode 資料夾中新建一個名為 settings.json 的檔案，然後在 settings.json 中輸入如範例 28-7 所示內容。

▼ 範例 28-7 settings.json 檔案程式

```
1  {
2     "search.exclude":{
3         "**/node_modules":true,
```

```
4          "**/bower_components":true,
5      },
6      "files.exclude":{
7          "**/.git":true,
8          "**/.svn":true,
9          "**/.hg":true,
10         "**/CVS":true,
11         "**/.DS_Store":true,
12     }
13 }
```

結果如圖 28-15 所示。

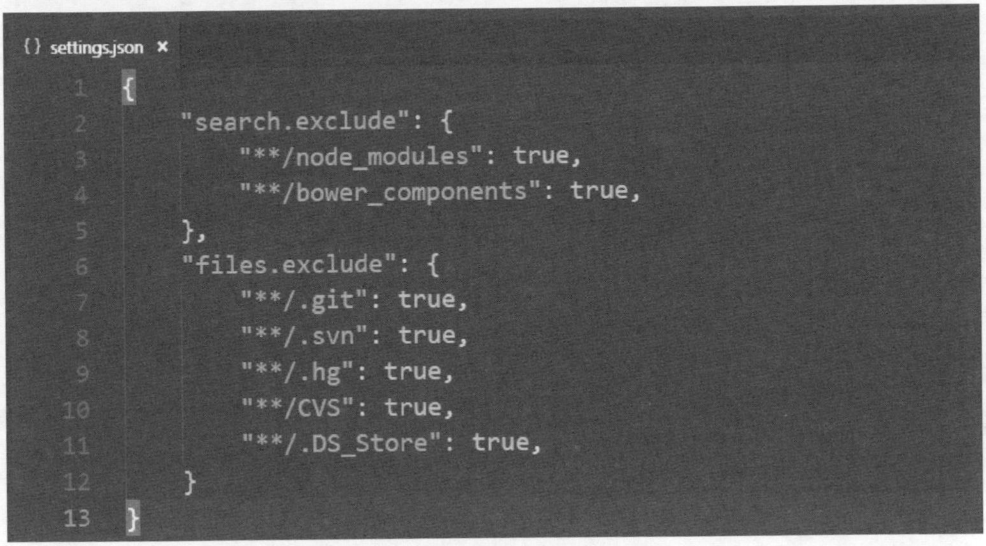

▲ 圖 28-15　settings.json 檔案預設內容

　　其中」search.exclude」中是需要在搜索結果中排除的檔案或資料夾,」files.exclude」是左側專案目錄中需要排除的檔案或資料夾。我們需要將 arch/avr32 資料夾下的所有檔案從搜索結果和左側的專案目錄中都排除掉,因此在」search.exclude」和」files.exclude」中輸入如圖 28-16 所示內容。

　　儲存 settings.json 檔案,然後再看左側的專案目錄,發現 arch 目錄下沒有 avr32 這個資料夾,說明 avr32 這個資料夾被排除掉了,如圖 28-17 所示。

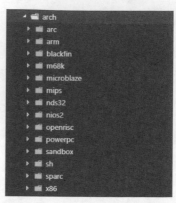

▲ 圖 28-16 排除 arch/avr32 目錄　　　　▲ 圖 28-17 arch/avr32 目錄排除

我們只是在」search.exclude」和」files.exclude」中加入了」arch/avr32」:true，冒號前面的是要排除的檔案或資料夾，冒號後面為是否將檔案排除，true 表示排除，false 表示不排除。用這種方法即可將不需要的檔案或資料夾排除掉。大家可以根據實際情況來設定要屏蔽的資料夾，比如當前專案中」search.exclude」和」files.exclude」內容如範例 28-8 所示（有省略）。

▼ 範例 28-8　settings.json 檔案程式

```
1  "**/*.o":true,
2  "**/*.su":true,
3  "**/*.cmd":true,
4  "arch/arc":true,
5  "arch/avr32":true,
...
56 "include/configs/[A-Z]*":true,
57 "include/configs/m[a-w]*":true,
```

上述程式用到了萬用字元 *，比如 **/*.o 表示所有 .o 結尾的檔案。configs/[A-L]* 表示 configs 目錄下所有以 A~L 開頭的檔案或資料夾。上述設定只是排除了一部分資料夾，在實際應用中可以根據自己的實際需求來選擇將哪些檔案或資料夾排除掉。排除以後我們的專案檔案就會清爽很多，搜索時也不會跳出很多檔案了。

28.3 | U-Boot 頂層 Makefile 分析

在閱讀 uboot 原始程式之前，要先看頂層 Makefile，分析 gcc 版本程式時一定是先從頂層 Makefile 開始的，然後是子 Makefile。這樣，透過層層分析 Makefile 即可了解整個專案的組織結構。頂層 Makefile 是 uboot 根目錄下的 Makefile 檔案，由於頂層 Makefile 檔案內容比較多，所以將其分開看。

28.3.1 版本編號

頂層 Makefile 一開始是版本編號，內容如範例 28-9 所示（為了方便分析，頂層 Makefile 程式碼部分前段行號採用 Makefile 中的行號，因為 uboot 會更新，因此行號可能會與所看的頂層 Makefile 有所不同）。

▼ 範例 28-9 頂層 Makefile 程式

```
5 VERSION = 2016
6 PATCHLEVEL = 03
7 SUBLEVEL =
8 EXTRAVERSION =
9 NAME =
```

VERSION 是主版本編號，PATCHLEVEL 是更新版本編號，SUBLEVEL 是次版本編號，這 3 個一起組成了 uboot 的版本編號，比如當前的 uboot 版本編號就是 2016.03。EXTRAVERSION 是附加版本資訊，NAME 是和名稱有關的，一般不使用這兩個。

28.3.2 MAKEFLAGS 變數

make 是支援遞迴呼叫的，也就是在 Makefile 中使用 make 命令來執行其他的 Makefile 檔案，一般都是子目錄中的 Makefile 檔案。假如在目前的目錄下存在一個 subdir 子目錄，這個子目錄中又有其對應的 Makefile 檔案，那麼這個專案在編譯時其家目錄中的 Makefile 就可以呼叫子目錄中的 Makefile，以此來完成所有子目錄的編譯。家目錄的 Makefile 可以使用以下程式來編譯這個子目錄：

```
$(MAKE) -C subdir
```

$（MAKE）就是呼叫 make 命令，-C 指定子目錄。有時候我們需要向子 make 傳遞變數，這個時候使用 export 來匯出要傳遞給子 make 的變數即可，如果不希望哪個變數傳遞給子 make 的話就使用 unexport 來宣告不匯出，如下所示。

```
export VARIABLE ……        // 匯出變數給子 make
unexport VARIABLE……       // 不匯出變數給子 make
```

有兩個特殊的變數 SHELL 和 MAKEFLAGS，這兩個變數除非使用 unexport 宣告，否則在整個 make 的執行過程中，它們的值始終自動傳遞給子 make。在 uboot 的主 Makefile 中有如範例 28-10 所示內容。

▼ 範例 28-10 頂層 Makefile 程式

```
20 MAKEFLAGS += -rR --include-dir=$(CURDIR)
```

上述程式使用 += 來給變數 MAKEFLAGS 追加了一些值，-rR 表示禁止使用內建的隱含規則和變數定義，--include-dir 指明搜索路徑，$（CURDIR）表示目前的目錄。

28.3.3 命令輸出

uboot 預設編譯不會在終端中顯示完整的命令，都是短命令，如圖 28-18 所示。

```
CC        examples/standalone/stubs.o
LD        examples/standalone/libstubs.o
CC        examples/standalone/hello_world.o
LD        examples/standalone/hello_world
OBJCOPY   examples/standalone/hello_world.srec
OBJCOPY   examples/standalone/hello_world.bin
LDS       u-boot.lds
LD        u-boot
OBJCOPY   u-boot-nodtb.bin
COPY      u-boot.bin
CFGS      board/freescale/mx6ull_alientek_emmc/imximage.cfg.cfgtmp
MKIMAGE   u-boot.imx
OBJCOPY   u-boot.srec
SYM       u-boot.sym
CFG       u-boot.cfg
zuozhongkai@ubuntu:~/linux/IMX6ULL/uboot/uboot-imx-rel_imx_4.1.15_2.1.0_ga_alientek$
```

▲ 圖 28-18 終端短命令輸出

在終端中輸出短命令雖然看起來很清爽，但是不利於分析 uboot 的編譯過程。可以透過設定變數 V=1 來實現完整的命令輸出，這個在偵錯 uboot 時很有用，結果如圖 28-19 所示。

```
 arm-linux-gnueabihf-ld.bfd   -pie  --gc-sections -Bstatic -Ttext 0x87800000 -o u-boot -T u-boot.lds arch/arm/c
pu/armv7/start.o --start-group  arch/arm/cpu/built-in.o  arch/arm/cpu/armv7/built-in.o  arch/arm/imx-common/buil
t-in.o  arch/arm/lib/built-in.o  board/freescale/common/built-in.o  board/freescale/mx6ull_alientek_emmc/built-i
n.o  cmd/built-in.o  common/built-in.o  disk/built-in.o  drivers/built-in.o  drivers/dma/built-in.o  drivers/gpi
o/built-in.o  drivers/i2c/built-in.o  drivers/mmc/built-in.o  drivers/mtd/built-in.o  drivers/mtd/onenand/built-
in.o  drivers/mtd/spi/built-in.o  drivers/net/built-in.o  drivers/net/phy/built-in.o  drivers/pci/built-in.o  dr
ivers/power/built-in.o  drivers/power/battery/built-in.o  drivers/power/fuel_gauge/built-in.o  drivers/power/mfd
/built-in.o  drivers/power/pmic/built-in.o  drivers/power/regulator/built-in.o  drivers/serial/built-in.o  drive
rs/spi/built-in.o  drivers/usb/dwc3/built-in.o  drivers/usb/emul/built-in.o  drivers/usb/eth/built-in.o  drivers
/usb/gadget/built-in.o  drivers/usb/gadget/udc/built-in.o  drivers/usb/host/built-in.o  drivers/usb/musb-new/bui
lt-in.o  drivers/usb/musb/built-in.o  drivers/usb/phy/built-in.o  drivers/usb/ulpi/built-in.o  fs/built-in.o  li
b/built-in.o  net/built-in.o  test/built-in.o  test/dm/built-in.o --end-group arch/arm/lib/eabi_compat.o  -L /us
r/local/arm/gcc-linaro-4.9.4-2017.01-x86_64_arm-linux-gnueabihf/bin/../lib/gcc/arm-linux-gnueabihf/4.9.4 -lgcc  -
Map u-boot.map
 arm-linux-gnueabihf-objcopy --gap-fill=0xff  -j .text -j .secure_text -j .rodata -j .hash -j .data -j .got -j
.got.plt -j .u_boot_list -j .rel.dyn -O binary  u-boot u-boot-nodtb.bin
 cp u-boot-nodtb.bin u-boot.bin
make -f ./scripts/Makefile.build obj=arch/arm/imx-common u-boot.imx
mkdir -p board/freescale/mx6ull_alientek_emmc/
 ./tools/mkimage -n board/freescale/mx6ull_alientek_emmc/imximage.cfg.cfgtmp -T imximage -e 0x87800000 -d u-boo
t.bin u-boot.imx
Image Type:   Freescale IMX Boot Image
Image Ver:    2 (i.MX53/6/7 compatible)
Mode:         DCD
Data Size:    425984 Bytes = 416.00 kB = 0.41 MB
Load Address: 877ff420
Entry Point:  87800000
 arm-linux-gnueabihf-objcopy --gap-fill=0xff  -j .text -j .secure_text -j .rodata -j .hash -j .data -j .got -j
.got.plt -j .u_boot_list -j .rel.dyn -O srec u-boot u-boot.srec
 arm-linux-gnueabihf-objdump -t u-boot > u-boot.sym
zuozhongkai@ubuntu:~/linux/IMX6ULL/uboot/uboot-imx-rel_imx_4.1.15_2.1.0_ga_alientek$
```

▲ 圖 28-19 終端完整命令輸出

頂層 Makefile 中控制命令輸出的程式如範例 28-11 所示。

▼ 範例 28-11 頂層 Makefile 程式

```
73 ifeq ("$(origin V)", "command line")
74     KBUILD_VERBOSE = $(V)
75 endif
76 ifndef KBUILD_VERBOSE
77     KBUILD_VERBOSE = 0
78 endif
79
80 ifeq ($(KBUILD_VERBOSE),1)
81     quiet =
82     Q =
83 else
84     quiet=quiet_
85     Q = @
86 endif
```

第 73 行使用 ifeq 來判斷 "$（origin V）" 和 "command line" 是否相等。這裡用到了 Makefile 中的函式 origin，origin 和其他的函式不一樣，它不操作變數的值，origin 用於告訴使用者變數是哪來的。語法如下：

```
$(origin <variable>)
```

variable 是變數名稱，origin 函式的傳回值就是變數來源，因此 $(origin V) 就是變數 V 的來源。如果變數 V 是在命令列定義的，那麼它的來源就是 "command line"，這樣 "$(origin V)" 和 "command line" 就相等了。當這兩個相等時，變數 KBUILD_VERBOSE 就等於 V 的值，比如在命令列中輸入 V=1 的話，那麼 KBUILD_VERBOSE=1。如果沒有在命令列中輸入 V 的話，那麼 KBUILD_VERBOSE=0。

第 80 行判斷 KBUILD_VERBOSE 是否為 1，如果 KBUILD_VERBOSE 為 1，變數 quiet 和 Q 都為空。如果 KBUILD_VERBOSE 為 0，變數 quiet 為 quiet_，變數 Q 為 @。

綜上所述，V=1 時：

```
KBUILD_VERBOSE=1
quiet= 空
Q= 空
```

V=0 或命令列不定義 V 時：

```
KBUILD_VERBOSE=0
quiet= quiet_。
Q= @。
```

Makefile 中會用到變數 quiet 和 Q 來控制編譯時是否在終端輸出完整的命令，在頂層 Makefile 中有很多如下所示的命令。

```
$(Q)$(MAKE) $(build)=tools
```

如果 V=0 的話上述命令展開就是 @ make $(build)=tools，make 在執行時預設會在終端輸出命令，但是在命令前面加上 @ 就不會在終端輸出命令了。當

V=1 時，Q 就為空，上述命令就是 make $(build)=tools，因此在 make 執行的過程中，命令會被完整地輸出在終端上。

有些命令會有兩個版本，比如：

```
quiet_cmd_sym ?= SYM   $@
cmd_sym ?= $(OBJDUMP) -t $< > $@
```

sym 命令分為 quiet_cmd_sym 和 cmd_sym 兩個版本，這兩個命令的功能都是一樣的，區別在於 make 執行時輸出的命令不同。quiet_cmd_xxx 命令輸出資訊少，也就是短命令，而 cmd_xxx 命令輸出資訊多，也就是完整的命令。

如果變數 quiet 為空時，整個命令都會輸出。

如果變數 quiet 為 quiet_ 時，僅輸出短版本。

如果變數 quiet 為 silent_ 時，整個命令都不會輸出。

28.3.4 靜默輸出

設定 V=0 或在命令列中不定義 V 時，編譯 uboot 時終端中顯示的短命令，但還是會有命令輸出，有時候在編譯 uboot 時不需要輸出命令，這個時候就可以使用 uboot 的靜默輸出功能。編譯時使用 make -s 即可實現靜默輸出，頂層 Makefile 中相關的內容如範例 28-12 所示。

▼ 範例 28-12 頂層 Makefile 程式

```
88  # If the user is running make -s (silent mode), suppress echoing of
89  # commands
90
91  ifneq ($(filter 4.%,$(MAKE_VERSION)),)  # make-4
92  ifneq ($(filter %s ,$(firstword x$(MAKEFLAGS))),)
93    quiet=silent_
94  endif
95  else                  # make-3.8x
96  ifneq ($(filter s% -s%,$(MAKEFLAGS)),)
97    quiet=silent_
```

```
98   endif
99   endif
100
101 export quiet Q KBUILD_VERBOSE
```

第 91 行判斷當前正在使用的編譯器版本編號是否為 4.×，判斷 $(filter 4.%,$(MAKE_VERSION)) 和 " " （空）是否相等，如果不相等就成立，執行裡面的敘述。也就是說 $(filter 4.%,$(MAKE_VERSION)) 不為空條件就成立，這裡用到了 Makefile 中的 filter 函式，這是個過濾函式，函式格式以下所示。

```
$(filter <pattern...>,<text>)
```

filter 函式表示以 pattern 模式過濾 text 字串中的單字，僅保留符合模式 pattern 的單字，可以有多個模式。函式傳回值就是符合 pattern 的字串。因此 $(filter 4.%,$(MAKE_VERSION)) 的含義就是在字串 MAKE_VERSION 中找出符合 4.% 的字元（% 為萬用字元），MAKE_VERSION 是 make 工具的版本編號，ubuntu16.04 裡面預設附帶的 make 工具版本編號為 4.1，使用者可以輸入 make -v 查看。因此 $(filter 4.%,$(MAKE_VERSION)) 不為空，條件成立，執行第 92~94 行的敘述。

第 92 行也是一個判斷敘述，如果 $(filter %s ,$(firstword x$(MAKEFLAGS))) 不為空時，條件成立，變數 quiet 等於「silent_」。這裡也用到了函式 filter，在 $(firstword x$(MAKEFLAGS))) 中過濾出符合「%s」的單字。到了 firstword 函式，firstword 函式用於獲取首單字，函式格式如下所示。

```
$(firstword <text>)
```

firstword 函式用於取出 text 字串中的第一個單字，函式的傳回值就是獲取到的單字。當使用 make -s 編譯時，-s 會作為 MAKEFLAGS 變數的一部分傳遞給 Makefile。在頂層 Makfile 中增加如圖 28-20 所示的程式。

```
85   Q = @
86 endif
87
88 # If the user is running make -s (silent mode), suppress echoing of
89 # commands
90
91 ifneq ($(filter 4.%,$(MAKE_VERSION)),)  # make-4
92 ifneq ($(filter %s ,$(firstword x$(MAKEFLAGS))),)
93   quiet=silent_
94 endif
95 else                    # make-3.8x
96 ifneq ($(filter s% -s%,$(MAKEFLAGS)),)
97   quiet=silent_
98 endif
99 endif
100
101 export quiet Q KBUILD_VERBOSE          新增這兩行
102
103 mytest:
104     @echo 'firstword=' $(firstword x$(MAKEFLAGS))
105
106
107 # kbuild supports saving output files in a separate directory.
```

▲ 圖 28-20 頂層 Makefile 增加程式

圖 28-20 中的兩行程式用於輸出 $(firstword x$(MAKEFLAGS)) 的結果，最後修改檔案 mx6ull_alientek_emmc.sh，在裡面加入 -s 選項，結果如圖 28-21 所示。

```
zuozhongkai@ubuntu: ~/linux/IMX6ULL/uboot/alientek_uboot
1 #!/bin/bash
2 make ARCH=arm CROSS_COMPILE=arm-linux-gnueabihf- distclean
3 make ARCH=arm CROSS_COMPILE=arm-linux-gnueabihf- mx6ull_14x14_ddr512_emmc_defconfig
4 make -s ARCH=arm CROSS_COMPILE=arm-linux-gnueabihf- -j12
       加入 "-s" 選項
```

▲ 圖 28-21 加入 -s 選項

修改完成以後執行 mx6ull_alientek_emmc.sh，結果如圖 28-22 所示。

```
zuozhongkai@ubuntu:~/linux/IMX6ULL/uboot/uboot-imx-rel_imx_4.1.15_2.1.0_ga_alientek$ ./mx6ull_alientek_emmc.sh
  CLEAN    scripts/basic
  CLEAN    scripts/kconfig
  CLEAN    include/config include/generated
  CLEAN    .config include/autoconf.mk include/autoconf.mk.dep include/config.h
  HOSTCC   scripts/basic/fixdep
  HOSTCC   scripts/kconfig/conf.o
  SHIPPED  scripts/kconfig/zconf.tab.c
  SHIPPED  scripts/kconfig/zconf.lex.c
  SHIPPED  scripts/kconfig/zconf.hash.c
  HOSTCC   scripts/kconfig/zconf.tab.o
  HOSTLD   scripts/kconfig/conf
#
# configuration written to .config
#                       第一個單詞為XRRS
firstword= xrRs
zuozhongkai@ubuntu:~/linux/IMX6ULL/uboot/uboot-imx-rel_imx_4.1.15_2.1.0_ga_alientek$
```

▲ 圖 28-22 修改頂層 Makefile 後的執行結果

從圖 28-22 可以看出，第一個單字是「xrRs」，將 $(filter %s ,$(firstword x$(MAKEFLAGS))) 展開就是 $(filter %s, xrRs)，而 $(filter %s, xrRs) 的傳回值肯定不為空，條件成立，quiet=silent_。

第 101 行使用 export 匯出變數 quiet、Q 和 KBUILD_VERBOSE。

28.3.5 設定編譯結果輸出目錄

uboot 可以將編譯出來的目的檔案輸出到單獨的目錄中，在 make 時使用 O 來指定輸出目錄，比如 make O=out 就是設定目的檔案輸出到 out 目錄中。這麼做是為了將原始檔案和編譯產生的檔案分開，當然也可以不指定 O 參數，不指定則原始檔案和編譯產生的檔案都在同一個目錄內，一般不指定 O 參數。頂層 Makefile 中相關的內容如範例 28-13 所示。

▼ 範例 28-13 頂層 Makefile 程式

```
103 # kbuild supports saving output files in a separate directory.
...
124 ifeq ("$(origin O)", "command line")
125   KBUILD_OUTPUT := $(O)
126 endif
127
128 # That's our default target when none is given on the command line
129 PHONY := _all
130 _all:
131
132 # Cancel implicit rules on top Makefile
133 $(CURDIR)/Makefile Makefile:;
134
135 ifneq ($(KBUILD_OUTPUT),)
136 # Invoke a second make in the output directory, passing relevant variables
137 # check that the output directory actually exists
138 saved-output := $(KBUILD_OUTPUT)
139 KBUILD_OUTPUT := $(shell mkdir -p $(KBUILD_OUTPUT) && cd $(KBUILD_OUTPUT) \
140                                     && /bin/pwd)
...
155 endif # ifneq ($(KBUILD_OUTPUT),)
```

```
156 endif # ifeq ($(KBUILD_SRC),)
```

第 124 行判斷 O 是否來自命令列，如果是則條件成立，KBUILD_OUTPUT
就為 $(O)，因此變數 KBUILD_OUTPUT 就是輸出目錄。

第 135 行判斷 KBUILD_OUTPUT 是否為空。

第 139 行呼叫 mkdir 命令建立 KBUILD_OUTPUT 目錄，並且將建立成功以
後的絕對路徑賦值給 KBUILD_OUTPUT。至此，透過 O 參數指定的輸出目錄就
存在了。

28.3.6 程式檢查

uboot 支援程式檢查，使用命令 make C=1 啟動程式檢查，檢查那些需要
重新編譯的檔案。

make C=2 用於檢查所有的原始程式檔案，頂層 Makefile 中的內容如範例
28-14 所示。

▼ 範例 28-14 頂層 Makefile 程式

```
176 ifeq ("$(origin C)", "command line")
177   KBUILD_CHECKSRC = $@
178 endif
179 ifndef KBUILD_CHECKSRC
180   KBUILD_CHECKSRC = 0
181 endif
```

第 176 行判斷 C 是否來自命令列，如果是則將 C 賦值給變數 KBUILD_
CHECKSRC，否則 KBUILD_CHECKSRC 就為 0。

28.3.7 模組編譯

在 uboot 中允許單獨編譯某個模組，使用命令 make M=dir 即可，對舊語
法 make SUBDIRS=dir 也是支援的。頂層 Makefile 中相關的內容如範例 28-15
所示。

▼ 範例 28-15　頂層 Makefile 程式

```
183 # Use make M=dir to specify directory of external module to build
184 # Old syntax make ... SUBDIRS=$PWD is still supported
185 # Setting the environment variable KBUILD_EXTMOD take precedence
186 ifdef SUBDIRS
187   KBUILD_EXTMOD ?= $(SUBDIRS)
188 endif
189
190 ifeq ("$(origin M)", "command line")
191   KBUILD_EXTMOD := $(M)
192 endif
193
194 # If building an external module we do not care about the all:rule
195 # but instead _all depend on modules
196 PHONY += all
197 ifeq ($(KBUILD_EXTMOD),)
198 _all:all
199 else
200 _all:modules
201 endif
202
203 ifeq ($(KBUILD_SRC),)
204         # building in the source tree
205         srctree := .
206 else
207         ifeq ($(KBUILD_SRC)/,$(dir $(CURDIR)))
208             # building in a subdirectory of the source tree
209             srctree := ..
210     else
211             srctree := $(KBUILD_SRC)
212     endif
213 endif
214 objtree          := .
215 src       := $(srctree)
216 obj       := $(objtree)
217
218 VPATH            := $(srctree)$(if $(KBUILD_EXTMOD),:$(KBUILD_EXTMOD))
219
220 export srctree objtree VPATH
```

第 186 行判斷是否定義了 SUBDIRS，如果定義了 SUBDIRS，則變數 KBUILD_EXTMOD=SUBDIRS，這裡是為了支援歸版本語法 make SUBIDRS=dir。

第 190 行判斷是否在命令列定義了 M，如果定義了，則 KBUILD_EXTMOD=$(M)。

第 197 行判斷 KBUILD_EXTMOD 是否為空，為空則目標 _all 相依 all，因此要先編譯出 all。否則預設目標 _all 相依 modules，要先編譯出 modules，也就是編譯模組。一般情況下不會在 uboot 中編譯模組，所以此處會編譯 all 這個目標。

第 203 行判斷 KBUILD_SRC 是否為空，為空則設定變數 srctree 為目前的目錄，即 srctree 為「.」，一般不設定 KBUILD_SRC。

第 214 行設定變數 objtree 為目前的目錄。

第 215 和 216 行分別設定變數 src 和 obj，都為目前的目錄。

第 218 行設定 VPATH。

第 220 行匯出變數 scrtree、objtree 和 VPATH。

28.3.8 獲取主機架構和系統

接下來頂層 Makefile 會獲取主機架構和系統，也就是主機的架構和系統，程式如範例 28-16 所示。

▼ 範例 28-16 頂層 Makefile 程式

```
227 HOSTARCH := $(shell uname -m | \
228   sed -e s/i.86/x86/ \
229      -e s/sun4u/sparc64/ \
...
234      -e s/macppc/powerpc/\
235      -e s/sh.*/sh/)
236
```

```
237 HOSTOS := $(shell uname -s | tr '[:upper:]' '[:lower:]' | \
238        sed -e 's/\(cygwin\).*/cygwin/')
239
240 exportHOSTARCH HOSTOS
```

第 227 行定義了一個變數 HOSTARCH，用於儲存主機架構，這裡呼叫 shell 命令 uname -m 獲取架構名稱，結果如圖 28-23 所示。

```
zuozhongkai@ubuntu:~/linux/IMX6ULL/uboot/alientek_uboot$ uname -m
x86_64
zuozhongkai@ubuntu:~/linux/IMX6ULL/uboot/alientek_uboot$
```

▲ 圖 28-23 uname -m 命令

從圖 28-23 可以看出，當前主機架構為 x86_64，shell 中的 | 表示管道，意思是將左邊的輸出作為右邊的輸入，sed -e 是替換命令，sed -e s/i.86/x86/ 表示將管道輸入的字串中的 i.86 替換為 x86，其他的 sed -e s 命令同理。對於筆者的主機而言，HOSTARCH=x86_64。

第 237 行定義了變數 HOSTOS，此變數用於儲存主機 OS 的值，先使用 shell 命令 uname -s 獲取主機 OS，結果如圖 28-24 所示。

```
zuozhongkai@ubuntu:~/linux/IMX6ULL/uboot/alientek_uboot$ uname -s
Linux
zuozhongkai@ubuntu:~/linux/IMX6ULL/uboot/alientek_uboot$
```

▲ 圖 28-24 uname -s 命令

從圖 28-24 可以看出，此時的主機 OS 為 Linux，使用管道將 Linux 作為後面 tr'[:upper:]' '[:lower:]' 的輸入，tr'[:upper:]' '[:lower:]' 表示將所有的大寫字母替換為小寫字母，因此得到 linux。最後同樣使用管道，將 linux 作為 sed -e 's/（cygwin\).*/cygwin/' 的輸入，用於將 cygwin.* 替換為 cygwin。因此，HOSTOS=linux。

第 240 行匯出 HOSTARCH=x86_64，HOSTOS=linux。

28.3.9 設定目標架構、交叉編譯器和設定檔

編譯 uboot 時需要設定目標板架構和交叉編譯器，make ARCH=arm CROSS_COMPILE=arm-linux-gnueabihf- 就 是 用 於 設 定 ARCH 和 CROSS_ COMPILE。頂層 Makefile 中相關的內容如範例 28-17 所示。

▼ 範例 28-17 頂層 Makefile 程式

```
244 # set default to nothing for native builds
245 ifeq ($(HOSTARCH),$(ARCH))
246 CROSS_COMPILE ?=
247 endif
248
249 KCONFIG_CONFIG       ?= .config
250 export KCONFIG_CONFIG
```

第 245 行判斷 HOSTARCH 和 ARCH 這兩個變數是否相等，主機架構（變數 HOSTARCH）是 x86_64，而我們編譯的是 ARM 版本 uboot，肯定不相等。所以，CROSS_COMPILE= arm-linux-gnueabihf-。從範例 28-17 可以看出，每次編譯 uboot 時都要在 make 命令後面設定 ARCH 和 CROSS_COMPILE，使用起來很麻煩，可以直接修改頂層 Makefile，在裡面加入 ARCH 和 CROSS_COMPILE 的定義，如圖 28-25 所示。

```
244 # set default to nothing for native builds
245 ifeq ($(HOSTARCH),$(ARCH))
246 CROSS_COMPILE ?=
247 endif
248
249 ARCH ?= arm
250 CROSS_COMPILE ?= arm-linux-gnueabihf-
251
252 KCONFIG_CONFIG   ?= .config
253 export KCONFIG_CONFIG
```

▲ 圖 28-25 定義 ARCH 和 CROSS_COMPILE

按照圖 28-25 所示，直接在頂層 Makefile 中定義 ARCH 和 CROSS_ COMPILE，這樣就不用每次編譯時都要在 make 命令後面定義 ARCH 和 CROSS_COMPILE。

繼續回到範例程式 28-17 中，第 249 行定義變數 KCONFIG_CONFIG，uboot 是可以設定的，這裡設定設定檔為 .config。.config 預設是沒有的，需要使用命令 make xxx_defconfig 對 uboot 進行設定，設定完成以後就會在 uboot 根目錄下生成 .config。預設情況下 .config 和 xxx_defconfig 內容是一樣的，因為 .config 就是從 xxx_defconfig 複製過來的。如果後續自行調整了 uboot 的一些設定參數，那麼這些新的設定參數就增加到了 .config 中，而非 xxx_defconfig。相當於 xxx_defconfig 只是一些初始設定，而 .config 中的才是即時有效的設定。

28.3.10 呼叫 scripts/Kbuild.include

主 Makefile 會呼叫檔案 scripts/Kbuild.include，頂層 Makefile 中相關的內容如範例 28-18 所示。

▼ 範例 28-18 頂層 Makefile 程式

```
327 # We need some generic definitions (do not try to remake the file).
328 scripts/Kbuild.include:;
329 include scripts/Kbuild.include
```

範例 28-18 中使用 include 包含了檔案 scripts/Kbuild.include，此檔案中定義了很多變數，如圖 28-26 所示。

```
1  ####
2  # kbuild: Generic definitions
3
4  # Convenient variables
5  comma     := ,
6  quote     := "
7  squote    := '
8  empty     :=
9  space     := $(empty) $(empty)
0
1  ###
2  # Name of target with a '.' as filename prefix. foo/bar.o => foo/.bar.o
3  dot-target = $(dir $@).$(notdir $@)
4
5  ###
6  # The temporary file to save gcc -MD generated dependencies must not
7  # contain a comma
8  depfile = $(subst $(comma),_,$(dot-target).d)
9
```

▲ 圖 28-26 Kbuild.include 檔案

在 uboot 的編譯過程中會用到 scripts/Kbuild.include 中的這些變數，後面用到時再分析。

28.3.11　交叉編譯工具變數設定

上面只是設定了 CROSS_COMPILE 的名稱，但是對交叉編譯器的其他工具還沒有設定，頂層 Makefile 中相關的內容如範例 28-19 所示。

▼ 範例 28-19　頂層 Makefile 程式

```
331 # Make variables (CC, etc...)
332
333 AS          = $(CROSS_COMPILE)as
334 # Always use GNU ld
335 ifneq ($(shell $(CROSS_COMPILE)ld.bfd -v 2> /dev/null),)
336 LD          = $(CROSS_COMPILE)ld.bfd
337 else
338 LD          = $(CROSS_COMPILE)ld
339 endif
340 CC          = $(CROSS_COMPILE)gcc
341 CPP         = $(CC) -E
342 AR          = $(CROSS_COMPILE)ar
343 NM          = $(CROSS_COMPILE)nm
344 LDR         = $(CROSS_COMPILE)ldr
345 STRIP       = $(CROSS_COMPILE)strip
346 OBJCOPY     = $(CROSS_COMPILE)objcopy
347 OBJDUMP     = $(CROSS_COMPILE)objdump
```

28.3.12　匯出其他變數

接下來在頂層 Makefile 會匯出很多變數，頂層 Makefile 中相關的內容如範例 28-20 所示。

▼ 範例 28-20　頂層 Makefile 程式

```
368 export VERSION PATCHLEVEL SUBLEVEL UBOOTRELEASE UBOOTVERSION
369 export ARCH CPU BOARD VENDOR SOC CPUDIR BOARDDIR
370 export CONFIG_SHELL HOSTCC HOSTCFLAGS HOSTLDFLAGS CROSS_COMPILE AS LD CC
```

```
371 export CPP AR NM LDR STRIP OBJCOPY OBJDUMP
372 export MAKE AWK PERL PYTHON
373 export HOSTCXX HOSTCXXFLAGS DTC CHECK CHECKFLAGS
374
375 export KBUILD_CPPFLAGS NOSTDINC_FLAGS UBOOTINCLUDE OBJCOPYFLAGS LDFLAGS
376 export KBUILD_CFLAGS KBUILD_AFLAGS
```

這些變數中大部分都已經在前面定義了，重點來看以下這幾個變數。

ARCH CPU BOARD VENDOR SOC CPUDIR BOARDDIR

這 7 個變數在頂層 Makefile 是找不到的，說明這 7 個變數是在其他檔案中定義的，先來看一下這 7 個變數都是什麼內容，在頂層 Makefile 中輸入如圖 28-27 所示的內容。

```
372 export VERSION PATCHLEVEL SUBLEVEL UBOOTRELEASE UBOOTVERSION
373 export ARCH CPU BOARD VENDOR SOC CPUDIR BOARDDIR
374 export CONFIG_SHELL HOSTCC HOSTCFLAGS HOSTLDFLAGS CROSS_COMPILE AS LD CC
375 export CPP AR NM LDR STRIP OBJCOPY OBJDUMP
376 export MAKE AWK PERL PYTHON
377 export HOSTCXX HOSTCXXFLAGS DTC CHECK CHECKFLAGS
378
379 export KBUILD_CPPFLAGS NOSTDINC_FLAGS UBOOTINCLUDE OBJCOPYFLAGS LDFLAGS
380 export KBUILD_CFLAGS KBUILD_AFLAGS
381
382 mytest:
383     @echo 'ARCH=' $(ARCH)
384     @echo 'CPU=' $(CPU)            ← 輸入這幾行程式碼
385     @echo 'BOARD=' $(BOARD)
386     @echo 'VENDOR=' $(VENDOR)
387     @echo 'SOC=' $(SOC)
388     @echo 'CPUDIR=' $(CPUDIR)
389     @echo 'BOARDDIR=' $(BOARDDIR)
390
```

▲ 圖 28-27　輸出變數值

修改好頂層 Makefile 以後，執行以下命令。

make ARCH=arm CROSS_COMPILE=arm-linux-gnueabihf-mytest

結果如圖 28-28 所示。

```
ARCH= arm
CPU= armv7
BOARD= mx6ullevk
VENDOR= freescale
SOC= mx6
CPUDIR= arch/arm/cpu/armv7
BOARDDIR= freescale/mx6ullevk
zuozhongkai@ubuntu:~/linux/IMX6ULL/uboot/alientek_uboot$
```

▲ 圖 28-28　變數結果

從圖 28-28 可以看到這 7 個變數的值，這 7 個變數是從哪裡來的？在 uboot 根目錄下有個檔案叫作 config.mk，這 7 個變數就是在 config.mk 中定義的，開啟 config.mk 內容如範例 28-21 所示。

▼ 範例 28-21 config.mk 程式

```
25 ARCH := $(CONFIG_SYS_ARCH:"%"=%)
26 CPU := $(CONFIG_SYS_CPU:"%"=%)
27 ifdef CONFIG_SPL_BUILD
28 ifdef CONFIG_TEGRA
29 CPU := arm720t
30 endif
31 endif
32 BOARD := $(CONFIG_SYS_BOARD:"%"=%)
33 ifneq ($(CONFIG_SYS_VENDOR),)
34 VENDOR := $(CONFIG_SYS_VENDOR:"%"=%)
35 endif
36 ifneq ($(CONFIG_SYS_SOC),)
37 SOC := $(CONFIG_SYS_SOC:"%"=%)
38 endif
39
40 # Some architecture config.mk files need to know what CPUDIR is set
41 # to, so calculate CPUDIR before including ARCH/SOC/CPU config.mk files.
42 # Check if arch/$ARCH/cpu/$CPU exists, otherwise assume arch/$ARCH/cpu
43 # contains CPU-specific code.
44 CPUDIR=arch/$(ARCH)/cpu$(if $(CPU),/$(CPU),)
45
46 sinclude $(srctree)/arch/$(ARCH)/config.mk
47 sinclude $(srctree)/$(CPUDIR)/config.mk
48
49 ifdef SOC
50 sinclude $(srctree)/$(CPUDIR)/$(SOC)/config.mk
51 endif
52 ifneq ($(BOARD),)
53 ifdef VENDOR
54 BOARDDIR = $(VENDOR)/$(BOARD)
55 else
56 BOARDDIR = $(BOARD)
57 endif
```

```
58 endif
59 ifdef BOARD
60 sinclude $(srctree)/board/$(BOARDDIR)/config.mk# include board specific rules
61 endif
62
63 ifdef FTRACE
64 PLATFORM_CPPFLAGS += -finstrument-functions -DFTRACE
65 endif
66
67 # Allow use of stdint.h if available
68 ifneq ($(USE_STDINT),)
69 PLATFORM_CPPFLAGS += -DCONFIG_USE_STDINT
70 endif
71
72 #############################################
73
74 RELFLAGS := $(PLATFORM_RELFLAGS)
75
76 PLATFORM_CPPFLAGS += $(RELFLAGS)
77 PLATFORM_CPPFLAGS += -pipe
78
79 LDFLAGS += $(PLATFORM_LDFLAGS)
80 LDFLAGS_FINAL += -Bstatic
81
82 export PLATFORM_CPPFLAGS
83 export RELFLAGS
84 export LDFLAGS_FINAL
```

第 25 行定義變數 ARCH，值為 $(CONFIG_SYS_ARCH:"%"=%)，也就是提取 CONFIG_SYS_ARCH 中雙引號 " " 之間的內容。比如 CONFIG_SYS_ARCH="arm" 的話，ARCH=arm。

第 26 行定義變數 CPU，值為 $(CONFIG_SYS_CPU:"%"=%)。

第 32 行定義變數 BOARD，值為 (CONFIG_SYS_BOARD:"%"=%)。

第 34 行定義變數 VENDOR，值為 $(CONFIG_SYS_VENDOR:"%"=%)。

第 37 行定義變數 SOC，值為 $(CONFIG_SYS_SOC:"%"=%)。

第 44 行定義變數 CPUDIR，值為 arch/$(ARCH)/cpu$(if $(CPU),/$(CPU),)。

第 46 行的 sinclude 和 include 的功能類似，在 Makefile 中都是讀取指定檔案內容，這裡讀取檔案 $(srctree)/arch/$(ARCH)/config.mk 的內容。sinclude 讀取的檔案如果不存在也不會顯示出錯。

第 47 行讀取檔案 $(srctree)/$(CPUDIR)/config.mk 的內容。

第 50 行讀取檔案 $(srctree)/$(CPUDIR)/$(SOC)/config.mk 的內容。

第 54 行定義變數 BOARDDIR，如果定義了 VENDOR，那麼 BOARDDIR=$(VENDOR)/$(BOARD)，否則 BOARDDIR=$(BOARD)。

第 60 行讀取檔案 $(srctree)/board/$(BOARDDIR)/config.mk。

接下來需要找到 CONFIG_SYS_ARCH、CONFIG_SYS_CPU、CONFIG_SYS_BOARD、CONFIG_SYS_VENDOR 和 CONFIG_SYS_SOC 這 5 個變數的值。這 5 個變數在 uboot 根目錄下的 .config 檔案中有定義，定義如範例 28-22 所示。

▼ 範例 28-22 config 檔案程式

```
23 CONFIG_SYS_ARCH="arm"
24 CONFIG_SYS_CPU="armv7"
25 CONFIG_SYS_SOC="mx6"
26 CONFIG_SYS_VENDOR="freescale"
27 CONFIG_SYS_BOARD="mx6ullevk "
28 CONFIG_SYS_CONFIG_NAME="mx6ullevk"
```

根據範例 28-22 可知：

```
ARCH = arm
CPU = armv7
BOARD = mx6ullevk
VENDOR = freescale
SOC = mx6
CPUDIR = arch/arm/cpu/armv7
BOARDDIR = freescale/mx6ullevk
```

在 config.mk 中讀取的檔案如下所示。

```
arch/arm/config.mk
arch/arm/cpu/armv7/config.mk
arch/arm/cpu/armv7/mx6/config.mk（此檔案不存在）
board/ freescale/mx6ullevk/config.mk（此檔案不存在）
```

28.3.13 make xxx_defconfig 過程

在編譯 uboot 之前要使用 make xxx_defconfig 命令來設定 uboot，那麼這個設定過程是如何執行的？在頂層 Makefile 中有如範例 28-23 所示內容。

▼ 範例 28-23 頂層 Makefile 程式碼部分

```
422 version_h := include/generated/version_autogenerated.h
423 timestamp_h := include/generated/timestamp_autogenerated.h
424
425 no-dot-config-targets := clean clobber mrproper distclean \
426           help %docs check% coccicheck \
427           ubootversion backup
428
429 config-targets      := 0
430 mixed-targets       := 0
431 dot-config:         = 1
432
433 ifneq ($(filter $(no-dot-config-targets), $(MAKECMDGOALS)),)
434   ifeq ($(filter-out $(no-dot-config-targets), $(MAKECMDGOALS)),)
435     dot-config := 0
436   endif
437 endif
438
439 ifeq ($(KBUILD_EXTMOD),)
440     ifneq ($(filter config %config,$(MAKECMDGOALS)),)
441         config-targets := 1
442         ifneq ($(words $(MAKECMDGOALS)),1)
443             mixed-targets := 1
444         endif
445     endif
446 endif
```

```
447
448 ifeq ($(mixed-targets),1)
449 # ================================================================
450 # We're called with mixed targets (*config and build targets).
451 # Handle them one by one.
452
453 PHONY += $(MAKECMDGOALS) __build_one_by_one
454
455 $(filter-out __build_one_by_one, $(MAKECMDGOALS)):__build_one_by_one
456   @:
457
458 __build_one_by_one:
459   $(Q)set -e; \
460   for i in $(MAKECMDGOALS); do \
461     $(MAKE) -f $(srctree)/Makefile $$i; \
462   done
463
464 else
465 ifeq ($(config-targets),1)
466 # ================================================================
467 # *config targets only - make sure prerequisites are updated, and
468 # descend in scripts/kconfig to make the *config target
469
470 KBUILD_DEFCONFIG := sandbox_defconfig
471 export KBUILD_DEFCONFIG KBUILD_KCONFIG
472
473 config:scripts_basic outputmakefile FORCE
474   $(Q)$(MAKE) $(build)=scripts/kconfig $@
475
476 %config:scripts_basic outputmakefile FORCE
477   $(Q)$(MAKE) $(build)=scripts/kconfig $@
478
479 else
480 #=================================================================
481 # Build targets only - this includes vmlinux, arch specific targets, clean
482 # targets and others. In general all targets except *config targets.
483
484 ifeq ($(dot-config),1)
485 # Read in config
486 -include include/config/auto.conf
```

第 422 行定義了變數 version_h，此變數儲存版本編號檔案，此檔案是自動生成的。檔案 include/generated/version_autogenerated.h 內容如圖 28-29 所示。

```
#define PLAIN_VERSION "2016.03"
#define U_BOOT_VERSION "U-Boot " PLAIN_VERSION
#define CC_VERSION_STRING "arm-linux-gnueabihf-gcc (Linaro GCC 4.9-2017.01) 4.9.4"
#define LD_VERSION_STRING "GNU ld (Linaro_Binutils-2017.01) 2.24.0.20141017 Linaro 2014_11-3-git"
```

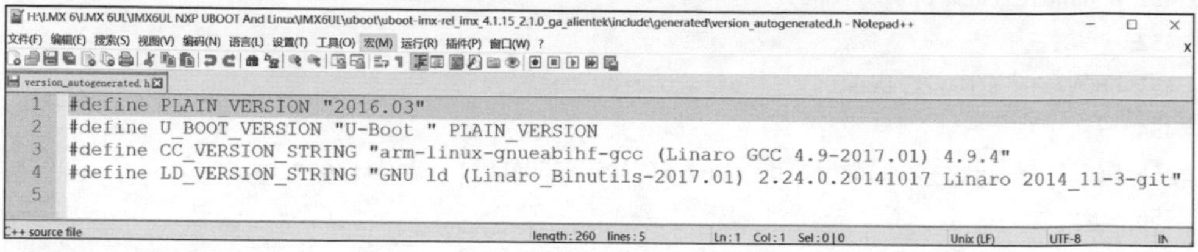

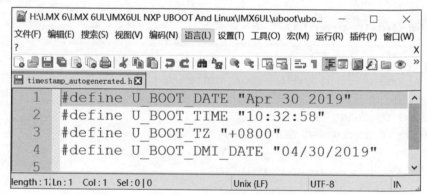

▲ 圖 28-29 版本編號檔案

第 423 行定義了變數 timestamp_h，此變數儲存時間戳記檔案，此檔案也是自動生成的。檔案 include/generated/timestamp_autogenerated.h 內容如圖 28-30 所示。

```
#define U_BOOT_DATE "Apr 30 2019"
#define U_BOOT_TIME "10:32:58"
#define U_BOOT_TZ "+0800"
#define U_BOOT_DMI_DATE "04/30/2019"
```

▲ 圖 28-30 時間戳記檔案

第 425 行定義了變數 no-dot-config-targets。

第 429 行定義了變數 config-targets，初值為 0。

第 430 行定義了變數 mixed-targets，初值為 0。

第 431 行定義了變數 dot-config，初值為 1。

第 433 行將 MAKECMDGOALS 中不符合 no-dot-config-targets 的部分過濾掉，剩下的如果不為空條件就成立。MAKECMDGOALS 是 make 的環境變數，這個變數會儲存使用者所指定的終極目標清單，比如執行 make mx6ull_alientek_emmc_defconfig，那麼 MAKECMDGOALS 就為 mx6ull_alientek_emmc_defconfig。很明顯過濾後為空，所以條件不成立，變數 dot-config 依舊為 1。

第 439 行判斷 KBUILD_EXTMOD 是否為空，如果 KBUILD_EXTMOD 為空則條件成立，經過前面的分析，我們知道 KBUILD_EXTMOD 為空，所以條件成立。

第 440 行將 MAKECMDGOALS 中不符合 config 和 %config 的部分過濾掉，如果剩下的部分不為空條件就成立，很明顯此處條件成立，變數 config-targets=1。

第 442 行統計 MAKECMDGOALS 中的單字個數，如果不為 1 則條件成立。此處呼叫 Makefile 中的 words 函式來統計單字個數，words 函式格式如下所示。

```
$(words <text>)
```

很明顯，MAKECMDGOALS 的單字個數是 1，所以條件不成立，mixed-targets 繼續為 0。綜上所述，這些變數值以下所示。

```
config-targets = 1
mixed-targets = 0
dot-config = 1
```

第 448 行，如果變數 mixed-targets 為 1 則條件成立。很明顯，條件不成立。

第 465 行，如果變數 config-targets 為 1 則條件成立。很明顯，條件成立，執行這個分支。

第 473 行，沒有目標與之匹配，所以不執行。

第 476 行，有目標與之匹配，當輸入 make xxx_defconfig 時就會匹配到 %config 目標，目標 %config 相依於 scripts_basic、outputmakefile 和 FORCE。FORCE 在頂層 Makefile 的第 1610 行程式如範例 28-24 所示。

▼ 範例 28-24 頂層 Makefile 程式碼部分

```
1610 PHONY += FORCE
1611 FORCE:
```

可以看出 FORCE 是沒有規則和相依的，所以每次都會重新生成 FORCE。當 FORCE 作為其他目標的相依時，由於 FORCE 總是被更新過的，因此相依所在的規則總是會執行的。

相依 scripts_basic 和 outputmakefile，在頂層 Makefile 中的內容如範例 28-25 所示。

▼ 範例 28-25 頂層 Makefile 程式碼部分

```
394 # Basic helpers built in scripts/
395 PHONY += scripts_basic
396 scripts_basic:
397    $(Q)$(MAKE) $(build)=scripts/basic
398    $(Q)rm -f .tmp_quiet_recordmcount
399
400 # To avoid any implicit rule to kick in, define an empty command.
401 scripts/basic/%:scripts_basic ;
402
403 PHONY += outputmakefile
404 # outputmakefile generates a Makefile in the output directory, if
405 # using a separate output directory. This allows convenient use of
406 # make in the output directory.
407 outputmakefile:
408 ifneq ($(KBUILD_SRC),)
409    $(Q)ln -fsn $(srctree) source
410    $(Q)$(CONFIG_SHELL) $(srctree)/scripts/mkmakefile \
411       $(srctree) $(objtree) $(VERSION) $(PATCHLEVEL)
412 endif
```

　　範例 28-25 中第 408 行，判斷 KBUILD_SRC 是否為空，只有變數 KBUILD_
SRC 不為空時 outputmakefile 才有意義。經過前面的分析，可知 KBUILD_SRC
為空，所以 outputmakefile 無效。只有 scripts_basic 是有效的。

　　範例 28-25 中第 396~398 行是 scripts_basic 的規則，其對應的命令用到
了變數 Q、MAKE 和 build，其中 MAKE 如下所示。

```
Q=@ 或為空
MAKE=make
```

　　變數 build 是在 scripts/Kbuild.include 檔案中有定義，定義如範例 28-26
所示。

▼ 範例 28-26　Kbuild.include 程式碼部分

```
177 ###
178 # Shorthand for $(Q)$(MAKE) -f scripts/Makefile.build obj=
179 # Usage:
180 # $(Q)$(MAKE) $(build)=dir
181 build := -f $(srctree)/scripts/Makefile.build obj
```

　　從範例 28-26 可以看出 build=-f $（srctree）/scripts/Makefile.build obj，
經過前面的分析可知，變數 srctree 為「.」。因此如下所示。

```
build=-f ./scripts/Makefile.build obj
```

　　scripts_basic 展開以後如下所示。

```
scripts_basic:
    @make -f ./scripts/Makefile.build obj=scripts/basic    // 也可以沒有 @，視設定而定
    @rm -f . tmp_quiet_recordmcount      // 也可以沒有 @
```

　　scripts_basic 會呼叫檔案 ./scripts/Makefile.build。

　　接著回到範例 28-23 中的 %config 處，內容如下所示。

```
%config:scripts_basic outputmakefile FORCE
    $(Q)$(MAKE) $(build)=scripts/kconfig $@
```

將命令展開如下所示。

```
@make -f ./scripts/Makefile.build obj=scripts/kconfig xxx_defconfig
```

同樣和檔案 ./scripts/Makefile.build 有關。使用以下命令設定 uboot，並觀察其設定過程。

```
make mx6ull_14x14_ddr512_emmc_defconfig V=1
```

設定過程如圖 28-31 所示。

```
make -f ./scripts/Makefile.build obj=scripts/basic          ┌─目標scripts_basic對應的命令
rm -f .tmp_quiet_recordmcount
make -f ./scripts/Makefile.build obj=scripts/kconfig mx6ull_14x14_ddr512_emmc_defconfig
scripts/kconfig/conf  --defconfig=arch/../configs/mx6ull_14x14_ddr512_emmc_defconfig Kconfig
#
# configuration written to .config                           ┌─目標%config對應的命令
#
zuozhongkai@ubuntu:~/linux/IMX6ULL/uboot/alientek uboot$
```

▲ 圖 28-31 uboot 設定過程

從圖 28-31 可以看出，我們的分析是正確的，接下來就要結合下面兩行命令重點分析檔案 scripts/Makefile.build。

（1）scripts_basic 目標對應的命令。

```
@make -f ./scripts/Makefile.build obj=scripts/basic
```

（2）%config 目標對應的命令。

```
@make -f ./scripts/Makefile.build obj=scripts/kconfig xxx_defconfig
```

28.3.14 Makefile.build 腳本分析

make xxx_defconfig 設定 uboot 時有兩行命令會執行腳本 scripts/Makefile.build，如下所示。

```
@make -f ./scripts/Makefile.build obj=scripts/basic
@make -f ./scripts/Makefile.build obj=scripts/kconfig xxx_defconfig
```

1. scripts_basic 目標對應的命令

scripts_basic 目標對應的命令為 @make -f ./scripts/Makefile.build obj=scripts/basic。開啟檔案 scripts/Makefile.build，有如範例 28-27 所示內容。

▼ 範例 28-27 Makefile.build 程式碼部分

```
8   # Modified for U-Boot
9   prefix := tpl
10  src := $(patsubst $(prefix)/%,%,$(obj))
11  ifeq ($(obj),$(src))
12  prefix := spl
13  src := $(patsubst $(prefix)/%,%,$(obj))
14  ifeq ($(obj),$(src))
15  prefix := .
16  endif
17  endif
```

第 9 行定義了變數 prefix 值為 tpl。

第 10 行定義了變數 src，這裡用到了函式 patsubst，此行程式展開後如下所示。

```
$(patsubst tpl/%,%, scripts/basic)
```

patsubst 是替換函式，格式如下所示。

```
$(patsubst <pattern>,<replacement>,<text>)
```

此函式用於在 text 中查詢符合 pattern 的部分，如果匹配的話就用 replacement 替換掉。pattenr 可以包含萬用字元 %，如果 replacement 也包含萬用字元 %，那麼 replacement 中的這個 % 將是 pattern 中的那個 % 所代表的字串。函式的傳回值為替換後的字串。因此，第 10 行就是在 scripts/basic 中查詢符合 tpl/% 的部分，然後將 tpl/ 取消掉，但是 scripts/basic 沒有 tpl/，所以 src= scripts/basic。

第 11 行判斷變數 obj 和 src 是否相等，相等的話則條件成立，很明顯，此處條件成立。

第 12 行和第 9 行一樣，只是這裡處理的是 spl，scripts/basic 裡面也沒有 spl/，所以 src 繼續為 scripts/basic。

第 15 行因為變數 obj 和 src 相等，所以 prefix=.。

繼續分析 scripts/Makefile.build，有如範例 28-28 所示內容。

▼ 範例 28-28 Makefile.build 程式碼部分

```
56 # The filename Kbuild has precedence over Makefile
57 kbuild-dir := $(if $(filter /%,$(src)),$(src),$(srctree)/$(src))
58 kbuild-file := $(if $(wildcard $(kbuild-dir)/Kbuild),$(kbuild-dir)/Kbuild,
                                  $(kbuild-dir)/Makefile)
59 include $(kbuild-file)
```

將 kbuild-dir 展開後如下所示。

```
$(if $(filter /%, scripts/basic),scripts/basic, ./scripts/basic)，
```

因為沒有以 / 為開頭的單字，所以 $ (filter /%, scripts/basic) 的結果為空，kbuild-dir=./scripts/basic。

將 kbuild-file 展開後如下所示。

```
$(if $(wildcard ./scripts/basic/Kbuild), ./scripts/basic/Kbuild, ./scripts/basic/Makefile)
```

因 為 scrpts/basic 目 錄 中 沒 有 Kbuild 這 個 檔 案，所 以 kbuild-file= ./scripts/basic/Makefile。最後將 59 行展開，如下所示。

```
include ./scripts/basic/Makefile
```

也就是讀取 scripts/basic 下面的 Makefile 檔案。

繼續分析 scripts/Makefile.build，如範例 28-29 所示內容。

▼ 範例 28-29 Makefile.build 程式碼部分

```
116  __build:$(if $(KBUILD_BUILTIN),$(builtin-target) $(lib-target) $(extra-y)) \
117     $(if $(KBUILD_MODULES),$(obj-m) $(modorder-target)) \
118     $(subdir-ym) $(always)
119     @:
```

　　__build 是 預 設 目 標， 因 為 命 令 @make -f ./scripts/Makefile.build obj=scripts/basic 沒有指定目標，所以會使用到預設目標 __build。在頂層 Makefile 中，KBUILD_BUILTIN 為 1，KBUILD_MODULES 為 0，因此展開後 目標 __build 如下所示。

```
__build:$(builtin-target) $(lib-target) $(extra-y)) $(subdir-ym) $(always)
    @:
```

　　可以看出目標 __build 有 5 個相依：builtin-target、lib-target、extra-y、subdir-ym 和 always。這 5 個相依的具體內容我們就不通過原始程式來分析了，直接在 scripts/Makefile.build 中輸入如圖 28-32 所示內容，將這 5 個變數的值列印出來如下所示。

```
117  __build: $(if $(KBUILD_BUILTIN),$(builtin-target) $(lib-target) $(extra-y)) \
118     $(if $(KBUILD_MODULES),$(obj-m) $(modorder-target)) \
119     $(subdir-ym) $(always)
120     @:
121     @echo builtin-target = $(builtin-target)
122     @echo lib-target = $(lib-target)         ← 輸入5個依賴的值
123     @echo extra-y = $(extra-y)
124     @echo subdir-ym = $(subdir-ym)
125     @echo always = $(always)
126
```

▲ 圖 28-32 輸出變數

　　執行以下命令。

```
make mx6ull_14x14_ddr512_emmc_defconfig V=1
```

結果如圖 28-33 所示。

▲ 圖 28-33 輸出結果

從圖 28-33 可以看出，只有 always 有效，因此 __build 最終如下所示。

```
__build:scripts/basic/fixdep
    @:
```

__build 相依於 scripts/basic/fixdep，所以要先編譯 scripts/basic/fixdep.c，生成 fixdep。前面已經讀取了 scripts/basic/Makefile 檔案。

綜上所述，scripts_basic 目標的作用就是編譯出 scripts/basic/fixdep 這個檔案。

2. %config 目標對應的命令

%config 目標對應的命令如下所示。

```
@make -f ./scripts/Makefile.build obj=scripts/kconfig xxx_defconfig
```

各個變數值如下所示。

```
src= scripts/kconfig
kbuild-dir = ./scripts/kconfig
kbuild-file = ./scripts/kconfig/Makefile
include ./scripts/kconfig/Makefile
```

可以看出，Makefilke.build 會讀取 scripts/kconfig/Makefile 中的內容，此檔案有如範例 28-29 所示內容。

▼ 範例 28-30　scripts/kconfig/Makefile 程式碼部分

```
113   %_defconfig:$(obj)/conf
114       $(Q)$< $(silent) --defconfig=arch/$(SRCARCH)/configs/$@
          $(Kconfig)
115
116   # Added for U-Boot (backward compatibility)
117   %_config:%_defconfig
118       @:
```

　　目標 %_defconfig 剛好和輸入的 xxx_defconfig 匹配，所以會執行這筆規則。相依為 $(obj)/conf，展開後就是 scripts/kconfig/conf。接下來檢查並生成相依 scripts/kconfig/conf。conf 是主機軟體，不要糾結 conf 是怎麼編譯出來的，否則難度較大，像 conf 這種主機所使用的工具類軟體一般不關心它是如何編譯產生的。如果一定要看 conf 是怎麼生成的，可以輸入以下命令重新設定 uboot。在重新設定 uboot 的過程中就會輸出 conf 編譯資訊。

```
make distclean
make ARCH=arm CROSS_COMPILE=arm-linux-gnueabihf- mx6ull_14x14_ddr512_emmc_defconfigV=1
```

　　結果如圖 28-34 所示。

```
  cc  -o scripts/kconfig/conf scripts/kconfig/conf.o scripts/kconfig/zconf.tab.o
scripts/kconfig/conf  --defconfig=arch/../configs/mx6ull_14x14_ddr512_emmc_defconfig Kconfig
#
# configuration written to .config                              編譯生成conf
#
zuozhongkai@ubuntu:~/linux/IMX6ULL/uboot/alientek_uboot$
```

▲ 圖 28-34　編譯過程

　　得到 scripts/kconfig/conf 以後就要執行目標 %_defconfig 的命令。

```
$(Q)$< $(silent) --defconfig=arch/$(SRCARCH)/configs/$@ $(Kconfig)
```

　　相關的變數值如下所示。

```
silent=-s 或為空
SRCARCH=..
Kconfig=Kconfig
```

將其展開如下：

```
@ scripts/kconfig/conf --defconfig=arch/../configs/xxx_defconfig Kconfig
```

上述命令用到了 xxx_defconfig 檔案，比如 mx6ull_alientek_emmc_defconfig。這裡會將 mx6ull_alientek_emmc_defconfig 中的設定輸出到 .config 檔案中，最終生成 uboot 根目錄下的 .config 檔案。

以上就是命令 make xxx_defconfig 執行流程，複習如圖 28-35 所示。

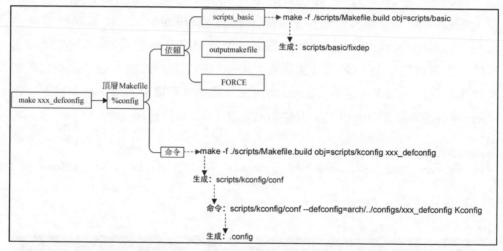

▲ 圖 28-35 make xxx_defconfig 執行流程圖

至此，make xxx_defconfig 就分析完了，接下來分析 u-boot.bin 是怎麼生成的。

28.3.15 make 過程

設定好 uboot 以後就可以直接 make 編譯了，因為沒有指明目標，所以會使用預設目標，主 Makefile 中的預設目標如範例 28-31 所示。

▼ 範例 28-31 頂層 Makefile 程式碼部分

```
128 # That's our default target when none is given on the command line
129 PHONY := _all
130 _all:
```

目標 _all 又相依於 all，如範例 28-32 所示。

▼ 範例 28-32 頂層 Makefile 程式碼部分

```
194 # If building an external module we do not care about the all:rule
195 # but instead _all depend on modules
196 PHONY += all
197 ifeq ($(KBUILD_EXTMOD),)
198 _all:all
199 else
200 _all:modules
201 endif
```

如果 KBUILD_EXTMOD 為空，則 _all 相依於 all。這裡不編譯模組，所以 KBUILD_EXTMOD 為空。在主 Makefile 中 all 目標規則如範例 28-33 所示。

▼ 範例 28-33 頂層 Makefile 程式碼部分

```
802 all:          $(ALL-y)
803 ifneq ($(CONFIG_SYS_GENERIC_BOARD),y)
804   @echo "===================== WARNING ======================"
805   @echo "Please convert this board to generic board."
806   @echo "Otherwise it will be removed by the end of 2014."
807   @echo "See doc/README.generic-board for further information"
808   @echo "===================================================="
809 endif
810 ifeq ($(CONFIG_DM_I2C_COMPAT),y)
811   @echo "===================== WARNING ======================"
812   @echo "This board uses CONFIG_DM_I2C_COMPAT. Please remove"
813   @echo "(possibly in a subsequent patch in your series)"
814   @echo "before sending patches to the mailing list."
815   @echo "===================================================="
816 endif
```

從第 802 行可以看出，all 目標相依 $(ALL-y)，而在頂層 Makefile 中，ALL-y 如範例 28-34 所示。

▼ 範例 28-34 頂層 Makefile 程式碼部分

```
730 # Always append ALL so that arch config.mk's can add custom ones
731 ALL-y += u-boot.srec u-boot.bin u-boot.sym System.map u-boot.cfg binary_size_check
732
733 ALL-$(CONFIG_ONENAND_U_BOOT) += u-boot-onenand.bin
734 ifeq ($(CONFIG_SPL_FSL_PBL),y)
735 ALL-$(CONFIG_RAMBOOT_PBL) += u-boot-with-spl-pbl.bin
736 else
737 ifneq ($(CONFIG_SECURE_BOOT), y)
738 # For Secure Boot The Image needs to be signed and Header must also
739 # be included. So The image has to be built explicitly
740 ALL-$(CONFIG_RAMBOOT_PBL) += u-boot.pbl
741 endif
742 endif
743 ALL-$(CONFIG_SPL) += spl/u-boot-spl.bin
744 ALL-$(CONFIG_SPL_FRAMEWORK) += u-boot.img
745 ALL-$(CONFIG_TPL) += tpl/u-boot-tpl.bin
746 ALL-$(CONFIG_OF_SEPARATE) += u-boot.dtb
747 ifeq ($(CONFIG_SPL_FRAMEWORK),y)
748 ALL-$(CONFIG_OF_SEPARATE) += u-boot-dtb.img
749 endif
750 ALL-$(CONFIG_OF_HOSTFILE) += u-boot.dtb
751 ifneq ($(CONFIG_SPL_TARGET),)
752 ALL-$(CONFIG_SPL) += $(CONFIG_SPL_TARGET:"%"=%)
753 endif
754 ALL-$(CONFIG_REMAKE_ELF) += u-boot.elf
755 ALL-$(CONFIG_EFI_APP) += u-boot-app.efi
756 ALL-$(CONFIG_EFI_STUB) += u-boot-payload.efi
757
758 ifneq ($(BUILD_ROM),)
759 ALL-$(CONFIG_X86_RESET_VECTOR) += u-boot.rom
760 endif
761
762 # enable combined SPL/u-boot/dtb rules for tegra
763 ifeq ($(CONFIG_TEGRA)$(CONFIG_SPL),yy)
764 ALL-y += u-boot-tegra.bin u-boot-nodtb-tegra.bin
765 ALL-$(CONFIG_OF_SEPARATE) += u-boot-dtb-tegra.bin
766 endif
767
```

```
768 # Add optional build target if defined in board/cpu/soc headers
769 ifneq ($(CONFIG_BUILD_TARGET),)
770 ALL-y += $(CONFIG_BUILD_TARGET:"%"=%)
771 endif
```

從範例 28-34 可以看出，ALL-y 包含 u-boot.srec、u-boot.bin、u-boot. sym、System.map、u-boot.cfg 和 binary_size_check 這幾個檔案。根據 uboot 的設定情況也可能包含其他的檔案。

```
ALL-$(CONFIG_ONENAND_U_BOOT) += u-boot-onenand.bin
```

CONFIG_ONENAND_U_BOOT 就是 uboot 中跟 ONENAND 設定有關的，如果啟動了 ONENAND，那麼在 .config 設定檔中就會有 CONFIG_ONENAND_ U_BOOT=y。相當於 CONFIG_ONENAND_U_BOOT 是個變數，這個變數的值為 y，所以展開以後如下所示。

```
ALL-y += u-boot-onenand.bin
```

這個就是 .config 裡面的設定參數的含義，這些參數其實都是變數，後面跟著變數值，會在頂層 Makefile 或其他 Makefile 中呼叫這些變數。

ALL-y 中有個 u-boot.bin，這個就是最終需要的 uboot 二進位可執行檔，所做的工作就是為了它。在頂層 Makefile 中找到 u-boot.bin 目標對應的規則，如範例 28-35 所示。

▼ 範例 28-35 頂層 Makefile 程式碼部分

```
825 ifeq ($(CONFIG_OF_SEPARATE),y)
826 u-boot-dtb.bin:u-boot-nodtb.bin dts/dt.dtb FORCE
827     $(call if_changed,cat)
828
829 u-boot.bin:u-boot-dtb.bin FORCE
830     $(call if_changed,copy)
831 else
832 u-boot.bin:u-boot-nodtb.bin FORCE
833     $(call if_changed,copy)
834 endif
```

第 825 行判斷 CONFIG_OF_SEPARATE 是否等於 y，如果相等則條件成立。在 .config 中搜索 CONFIG_OF_SEPARAT，沒有找到，說明條件不成立。

第 832 行是目標 u-boot.bin 的規則，目標 u-boot.bin 相依於 u-boot-nodtb.bin，命令為 $(call if_changed,copy)，這裡呼叫了 if_changed。if_changed 是一個函式，這個函式在 scripts/Kbuild.include 中有定義，而頂層 Makefile 中會包含 scripts/Kbuild.include 檔案。

if_changed 在 Kbuild.include 中的定義如範例 28-36 所示。

▼ 範例 28-36　Kbuild.include 程式碼部分

```
226 ###
227 # if_changed        - execute command if any prerequisite is newer than
228 #                     target, or command line has changed
229 # if_changed_dep - as if_changed, but uses fixdep to reveal
...
256 #
257 if_changed = $(if $(strip $(any-prereq) $(arg-check)), \
258   @set -e;\
259   $(echo-cmd) $(cmd_$(1));\
260   printf '%s\n' 'cmd_$@ := $(make-cmd)' > $(dot-target).cmd)
261
```

第 227 行為 if_changed 的描述，根據描述，在一些先決條件比目標新，或命令列有改變時，if_changed 就會執行一些命令。

第 257 行是函式 if_changed，if_changed 函式引用的變數比較多，也比較繞，只需要知道它可以從 u-boot-nodtb.bin 生成 u-boot.bin 就行了。

既然 u-boot.bin 相依於 u-boot-nodtb.bin，那麼肯定要先生成 u-boot-nodtb.bin 檔案，頂層 Makefile 中相關的內容如範例 28-37 所示。

▼ 範例 28-37　頂層 Makefile 程式碼部分

```
866 u-boot-nodtb.bin:u-boot FORCE
867   $(call if_changed,objcopy)
868   $(call DO_STATIC_RELA,$<,$@,$(CONFIG_SYS_TEXT_BASE))
```

```
869    $(BOARD_SIZE_CHECK)
```

　　目標 u-boot-nodtb.bin 又相依於 u-boot，頂層 Makefile 中 u-boot 相關規則如範例 28-38 所示。

▼ 範例 28-38 頂層 Makefile 程式碼部分

```
1170 u-boot:    $(u-boot-init) $(u-boot-main) u-boot.lds FORCE
1171   $(call if_changed,u-boot__)
1172 ifeq ($(CONFIG_KALLSYMS),y)
1173   $(call cmd,smap)
1174   $(call cmd,u-boot__) common/system_map.o
1175 endif
```

　　目標 u-boot 相依於 u-boot_init、u-boot-main 和 u-boot.lds，u-boot_init 和 u-boot-main 是兩個變數，在頂層 Makefile 中有定義，值如範例 28-39 所示。

▼ 範例 28-39 頂層 Makefile 程式碼部分

```
678 u-boot-init := $(head-y)
679 u-boot-main := $(libs-y)
```

　　$(head-y) 跟 CPU 架構有關，我們使用的是 ARM 晶片，所以 head-y 在 arch/arm/Makefile 中被指定如下所示內容。

```
head-y := arch/arm/cpu/$(CPU)/start.o
```

　　如前所述，因為 CPU=armv7，所以 head-y 展開以後如下所示。

```
head-y := arch/arm/cpu/armv7/start.o
```

　　因此：

```
u-boot-init= arch/arm/cpu/armv7/start.o
```

　　$(libs-y) 在頂層 Makefile 中被定義為 uboot 在所有子目錄下 build-in.o 的集合，內容如範例 28-40 所示。

▼ 範例 28-40　頂層 Makefile 程式碼部分

```
620 libs-y += lib/
621 libs-$(HAVE_VENDOR_COMMON_LIB) += board/$(VENDOR)/common/
622 libs-$(CONFIG_OF_EMBED) += dts/
623 libs-y += fs/
624 libs-y += net/
625 libs-y += disk/
626 libs-y += drivers/
627 libs-y += drivers/dma/
628 libs-y += drivers/gpio/
629 libs-y += drivers/i2c/
...
668 libs-y += $(if $(BOARDDIR),board/$(BOARDDIR)/)
669
670 libs-y := $(sort $(libs-y))
671
672 u-boot-dirs := $(patsubst %/,%,$(filter %/, $(libs-y))) tools examples
673
674 u-boot-alldirs:= $(sort $(u-boot-dirs) $(patsubst %/,%,$(filter %/, $(libs-))))
675
676 libs-y:= $(patsubst %/, %/built-in.o, $(libs-y))
```

　　從上面的程式可以看出，libs-y 都是 uboot 各子目錄的集合，最後如下所示。

```
libs-y := $(patsubst %/, %/built-in.o, $(libs-y))
```

　　這裡呼叫了函式 patsubst，將 libs-y 中的 / 替換為 /built-in.o，比如 drivers/ dma/ 就變為了 drivers/dma/built-in.o，相當於將 libs-y 改為所有子目錄中 built-in.o 檔案的集合。那麼 u-boot-main 就等於所有子目錄中 built-in.o 的集合。

　　這個規則相當於以 u-boot.lds 為連結腳本，將 arch/arm/cpu/armv7/start.o 和各個子目錄下的 built-in.o 連結在一起生成 u-boot。

　　u-boot.lds 的規則如範例 28-41 所示。

▼ 範例 28-41　頂層 Makefile 程式碼部分

```
u-boot.lds:$(LDSCRIPT) prepare FORCE
    $(call if_changed_dep,cpp_lds)
```

接下來的重點就是各子目錄下的 built-in.o 是怎麼生成的,以 drivers/gpio/built-in.o 為例,在 drivers/gpio/ 目錄下有一個名為 .built-in.o.cmd 的檔案,此檔案內容如範例 28-42 所示。

▼ 範例 28-42 drivers/gpio/.built-in.o.cmd 程式

```
1 cmd_drivers/gpio/built-in.o :=arm-linux-gnueabihf-ld.bfd-r -o drivers/gpio/built-
  in.o drivers/gpio/mxc_gpio.o
```

從命令 cmd_drivers/gpio/built-in.o 可以看出,drivers/gpio/built-in.o 這個檔案是使用 ld 命令,由檔案 drivers/gpio/mxc_gpio.o 生成而來的,mxc_gpio.o 是 mxc_gpio.c 編譯生成的 .o 檔案,這個是 NXP 的 I.MX 系列的 GPIO 驅動程式檔案。這裡用到了 ld 的「-r」參數,參數含義如下所示。

-r -relocateable: 產生可重新導向的輸出。比如,產生一個輸出檔案,它可再次作為 ld 的輸入,這經常被叫作部分連結。當我們需要將幾個小的 .o 檔案連結成為一個 .o 檔案時,需要使用此選項。

最終將各個子目錄中的 built-in.o 檔案連結在一起,就形成了 u-boot,使用以下命令編譯 uboot 就可以看到連結的過程。

```
make ARCH=arm CROSS_COMPILE=arm-linux-gnueabihf- mx6ull_14x14_ddr512_emmc_defconfig V=1
make ARCH=arm CROSS_COMPILE=arm-linux-gnueabihf- V=1
```

編譯時會有如圖 28-36 所示內容輸出。

```
 arm-linux-gnueabihf-ld.bfd   -pie  --gc-sections -Bstatic -Ttext 0x87800000 -o u-boot -T u-boot.lds arch/ar
m/cpu/armv7/start.o --start-group arch/arm/cpu/built-in.o  arch/arm/cpu/armv7/built-in.o  arch/arm/imx-commo
n/built-in.o  arch/arm/lib/built-in.o  board/freescale/common/built-in.o  board/freescale/mx6ull_alientek_emm
c/built-in.o  cmd/built-in.o  common/built-in.o  disk/built-in.o  drivers/built-in.o  drivers/dma/built-in.o
 drivers/gpio/built-in.o  drivers/i2c/built-in.o  drivers/mmc/built-in.o  drivers/mtd/built-in.o  drivers/mtd
/onenand/built-in.o  drivers/mtd/spi/built-in.o  drivers/net/built-in.o  drivers/net/phy/built-in.o  drivers/
pci/built-in.o  drivers/power/built-in.o  drivers/power/battery/built-in.o  drivers/power/fuel_gauge/built-in
.o  drivers/power/mfd/built-in.o  drivers/power/pmic/built-in.o  drivers/power/regulator/built-in.o  drivers/
serial/built-in.o  drivers/spi/built-in.o  drivers/usb/dwc3/built-in.o  drivers/usb/emul/built-in.o  drivers/
usb/eth/built-in.o  drivers/usb/gadget/built-in.o  drivers/usb/gadget/udc/built-in.o  drivers/usb/host/built-
in.o  drivers/usb/musb-new/built-in.o  drivers/usb/musb/built-in.o  drivers/usb/phy/built-in.o  drivers/usb/u
lpi/built-in.o  fs/built-in.o  lib/built-in.o  net/built-in.o  test/built-in.o  test/dm/built-in.o --end-grou
p arch/arm/lib/eabi_compat.o  -L /usr/local/arm/gcc-linaro-4.9.4-2017.01-x86_64_arm-linux-gnueabihf/bin/../li
b/gcc/arm-linux-gnueabihf/4.9.4 -lgcc -Map u-boot.map
```

▲ 圖 28-36 編譯內容輸出

將其整理後，內容如下所示。

```
arm-linux-gnueabihf-ld.bfd-pie--gc-sections -Bstatic -Ttext 0x87800000 \
-o u-boot -T u-boot.lds \
arch/arm/cpu/armv7/start.o \
--start-grouparch/arm/cpu/built-in.o \
arch/arm/cpu/armv7/built-in.o \
arch/arm/imx-common/built-in.o \
arch/arm/lib/built-in.o \
board/freescale/common/built-in.o \
board/freescale/mx6ull_alientek_emmc/built-in.o \
cmd/built-in.o\
common/built-in.o\
disk/built-in.o\
drivers/built-in.o\
drivers/dma/built-in.o\
drivers/gpio/built-in.o\
...
drivers/usb/ulpi/built-in.o\
fs/built-in.o\
lib/built-in.o\
net/built-in.o\
test/built-in.o\
test/dm/built-in.o \
--end-group arch/arm/lib/eabi_compat.o\
-L /usr/local/arm/gcc-linaro-4.9.4-2017.01-x86_64_arm-linux-gnueabihf/bin/../lib/gcc/
arm-linux-gnueabihf/4.9.4 -lgcc -Map u-boot.map
```

可以看出，最終使用 arm-linux-gnueabihf-ld.bfd 命令將 arch/arm/cpu/armv7/start.o 和其他的 built_in.o 連結在一起，形成 u-boot。

目標 all 除了 u-boot.bin 以外還有其他的相依，比如 u-boot.srec、u-boot.sym、System.map、u-boot.cfg 和 binary_size_check 等。這些相依的生成方法和 u-boot.bin 很類似，大家自行查看頂層 Makefile。

複習 make 命令的流程，如圖 28-37 所示。

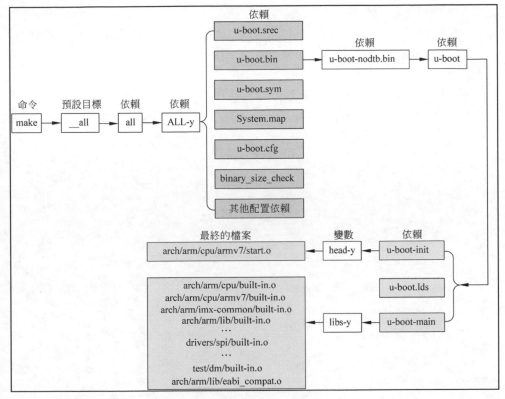

▲ 圖 28-37　make 命令流程

　　圖 28-37 就是 make 命令的執行流程，關於 uboot 的頂層 Makefile 就分析到這裡，重點是 make xxx_defconfig 和 make 這兩個命令的執行流程。

　　make xxx_defconfig：用於設定 uboot，這個命令最主要的目的就是生成 .config 檔案。

　　make：用於編譯 uboot，這個命令的主要工作就是生成二進位的 u-boot.bin 檔案和其他與 uboot 有關的檔案，比如 u-boot.imx 等。

## 第 29 章

U-Boot 啟動 流程詳解

第 28 章詳細地分析了 uboot 的頂層 Makefile，理清了 uboot 的編譯流程。本章會詳細地分析 uboot 的啟動流程，講清 uboot 是如何啟動的。透過對 uboot 啟動流程的梳理，我們可以掌握某些外接裝置是在哪裡被初始化的，當需要修改這些外接裝置驅動程式時就會心裡有數。另外，透過分析 uboot 的啟動流程可以了解 Linux 核心是如何被啟動的。

29.1 | 連結腳本 u-boot.lds 詳解

要分析 uboot 的啟動流程，首先要找到「入口」，找到第一行程式在哪裡。程式的連結是由連結腳本來決定的，所以透過連結腳本可以找到程式的入口。如果沒有編譯過 uboot，那麼連結腳本為 arch/arm/cpu/u-boot.lds。但是這個不是最終使用的連結腳本，最終的連結腳本是在這個連結腳本的基礎上生成的。編譯一下 uboot，編譯完成以後就會在 uboot 根目錄下生成 u-boot.lds 檔案，如圖 29-1 所示。

```
zuozhongkai@ubuntu:~/linux/IMX6ULL/uboot/alientek_uboot$ ls
api          disk         include      MAKEALL               scripts          u-boot.cfg
arch         doc          Kbuild       Makefile              snapshot.commit  u-boot.imx
board        drivers      Kconfig      mx6ull_alientek_emmc.sh  System.map    u-boot.lds
cmd          dts          lib          mx6ull_alientek_nand.sh  test          u-boot.map
common       examples     Licenses     net                   tools            u-boot-nodtb.bin
config.mk    fs           load.imx     post                  u-boot           u-boot.srec
configs      imxdownload  MAINTAINERS  README                u-boot.bin       u-boot.sym
zuozhongkai@ubuntu:~/linux/IMX6ULL/uboot/alientek_uboot$
```

▲ 圖 29-1 連結腳本

只有編譯 u-boot 以後才會在根目錄下出現 u-boot.lds 檔案。

開啟 u-boot.lds，內容如範例 29-1 所示。

▼ 範例 29-1 u-boot.lds 檔案程式

```
1   OUTPUT_FORMAT("elf32-littlearm", "elf32-littlearm", "elf32-littlearm")
2   OUTPUT_ARCH(arm)
3   ENTRY(_start)
4   SECTIONS
5   {
6    . = 0x00000000;
7    . = ALIGN(4);
8    .text :
9    {
10    *(.__image_copy_start)
11    *(.vectors)
12   arch/arm/cpu/armv7/start.o (.text*)
13    *(.text*)
14  }
15  . = ALIGN(4);
```

```
16  .rodata :{ *(SORT_BY_ALIGNMENT(SORT_BY_NAME(.rodata*))) }
17  . = ALIGN(4);
18  .data :{
19   *(.data*)
20  }
21  . = ALIGN(4);
22  . = .;
23  . = ALIGN(4);
24  .u_boot_list :{
25   KEEP(*(SORT(.u_boot_list*)));
26  }
27  . = ALIGN(4);
28  .image_copy_end :
29  {
30   *(.__image_copy_end)
31  }
32  .rel_dyn_start :
33  {
34   *(.__rel_dyn_start)
35  }
36  .rel.dyn :{
37   *(.rel*)
38  }
39  .rel_dyn_end :
40  {
41   *(.__rel_dyn_end)
42  }
43  .end :
44  {
45   *(.__end)
46  }
47  _image_binary_end = .;
48  . = ALIGN(4096);
49  .mmutable :{
50   *(.mmutable)
51  }
52  .bss_start __rel_dyn_start (OVERLAY) :{
53   KEEP(*(.__bss_start));
54   __bss_base = .;
```

```
55  }
56  .bss __bss_base (OVERLAY) :{
57  *(.bss*)
58    . = ALIGN(4);
59    __bss_limit = .;
60  }
61  .bss_end __bss_limit (OVERLAY) :{
62   KEEP(*(.__bss_end));
63  }
64  .dynsym _image_binary_end :{ *(.dynsym) }
65  .dynbss :{ *(.dynbss) }
66  .dynstr :{ *(.dynstr*) }
67  .dynamic :{ *(.dynamic*) }
68  .plt :{ *(.plt*) }
69  .interp :{ *(.interp*) }
70  .gnu.hash :{ *(.gnu.hash) }
71  .gnu :{ *(.gnu*) }
72  .ARM.exidx :{ *(.ARM.exidx*) }
73  .gnu.linkonce.armexidx :{ *(.gnu.linkonce.armexidx.*) }
74  }
```

第 3 行為程式當前進入點 _start， _start 在檔案 arch/arm/lib/vectors.S 中
有定義，如圖 29-2 所示。

```
 vectors.S  ✕
26   .globl _start
27
28   /*
29   ************************************************************************
30   *
31   * Vectors have their own section so linker script can map them easily
32   *
33   ************************************************************************
34   */
35
36       .section ".vectors", "ax"
37
38   /*
39   ************************************************************************
40   *
41   * Exception vectors as described in ARM reference manuals
42   *
43   * Uses indirect branch to allow reaching handlers anywhere in memory.
44   *
45   ************************************************************************
46   */
47
48   _start:
49
50   #ifdef CONFIG_SYS_DV_NOR_BOOT_CFG
51       .word   CONFIG_SYS_DV_NOR_BOOT_CFG
52   #endif
53
54       b    reset
55       ldr pc, _undefined_instruction
56       ldr pc, _software_interrupt
57       ldr pc, _prefetch_abort
58       ldr pc, _data_abort
59       ldr pc, _not_used
60       ldr pc, _irq
61       ldr pc, _fiq
```

▲ 圖 29-2 _start 入口

從圖 29-2 中的程式可以看出，_start 後面就是中斷向量表，從圖中的 .section「.vectors」，「ax」可以得到，此程式存放在 .vectors 段中。

使用以下命令在 uboot 中查詢 __image_copy_start。

```
grep -nR "__image_copy_start"
```

查詢結果如圖 29-3 所示。

```
arch/arc/lib/relocate.c:17:        memcpy((void *)gd->relocaddr, (void *)&__image_copy_start, len);
arch/arc/lib/relocate.c:48:                if (offset_ptr_rom >= (Elf32_Addr *)&__image_copy_start &&
arch/arc/lib/relocate.c:71:                    if (val >= (unsigned int)&__image_copy_start && val <=
arch/arc/cpu/u-boot.lds:15:                *(.__image_copy_start)
u-boot.lds:10:  *(.__image_copy_start)
u-boot.map:931: *(.__image_copy_start)
u-boot.map:932:  .__image_copy_start
u-boot.map:934:                0x0000000087800000                __image_copy_start
zuozhongkai@ubuntu:~/linux/IMX6ULL/uboot/uboot-imx-rel_imx_4.1.15_2.1.0_ga_alientek$
```

▲ 圖 29-3 查詢結果

開啟 u-boot.map，找到如圖 29-4 所示位置。

```
⊕ u-boot.map ✕
926    段 .text 的地址設置为 0x87800000
927                    0x0000000000000000                    . = 0x0
928                    0x0000000000000000                    . = ALIGN (0x4)
929
930    .text          0x0000000087800000      0x3e94c
931    *(.__image_copy_start)
932    .__image_copy_start
933                    0x0000000087800000      0x0 arch/arm/lib/built-in.o
934                    0x0000000087800000          __image_copy_start
935    *(.vectors)
936    .vectors        0x0000000087800000      0x300 arch/arm/lib/built-in.o
937                    0x0000000087800000          _start
938                    0x0000000087800020          _undefined_instruction
939                    0x0000000087800024          _software_interrupt
940                    0x0000000087800028          _prefetch_abort
941                    0x000000008780002c          _data_abort
942                    0x0000000087800030          _not_used
943                    0x0000000087800034          _irq
944                    0x0000000087800038          _fiq
945                    0x0000000087800040          IRQ_STACK_START_IN
```

▲ 圖 29-4 u-boot.map

u-boot.map 是 uboot 的映射檔案，可以從此檔案看到某個檔案或函式連結到了哪個位址。從圖 29-4 的第 932 行可以看到 __image_copy_start 為 0x87800000，而 .text 的起始位址也是 0x87800000。

繼續回到範例 29-1 中，第 11 行是 vectors 段，vectors 段儲存中斷向量表，從圖 29-2 中我們知道 vectors.S 的程式是存在 vectors 段中的。從圖 29-4 可以看出，vectors 段的起始位址也是 0x87800000，說明整個 uboot 的起始位址就是 0x87800000，這也是為什麼裸機常式的連結起始位址選擇 0x87800000 了，目的就是為了和 uboot 一致。

第 12 行將 arch/arm/cpu/armv7/start.s 編譯出來的程式放到中斷向量表後面。

第 13 行為 text 段，其他的程式碼部分就放到這裡。

在 u-boot.lds 中有一些跟位址有關的變數需要我們注意，後面分析 u-boot 原始程式時會用到，這些變數要最終編譯完成才能確定。編譯完成以後，這些變數的值如表 29-1 所示。

▼ 表 29-1　uboot 相關變數表

變數	數值	描述
__image_copy_start	0x87800000	uboot 複製的啟始位址
__image_copy_end	0x8785dd54	uboot 複製的結束位址
__rel_dyn_start	0x8785dd54	.rel.dyn 段起始位址
__rel_dyn_end	0x878668f4	.rel.dyn 段結束位址
_image_binary_end	0x878668f4	鏡像結束位址
__bss_start	0x8785dd54	.bss 段起始位址
__bss_end	0x878a8e74	.bss 段結束位址

表 29-1 中的變數值可以在 u-boot.map 檔案中查詢，表 29-1 中除了 __image_copy_start 以外，其他的變數值每次編譯時都可能會變化，如果修改了 uboot 程式，修改了 uboot 設定，選用不同的最佳化等級等，都會影響到這些值。所以，一切以實際值為準。

29.2 │ U-Boot 啟動流程解析

29.2.1 reset 函式原始程式詳解

從 u-boot.lds 中已經知道了進入點是 arch/arm/lib/vectors.S 檔案中的 _start，內容如範例 29-2 所示。

▼ 範例 29-2 vectors.S 程式碼部分

```
48 _start:
49
50 #ifdef CONFIG_SYS_DV_NOR_BOOT_CFG
51 .wordCONFIG_SYS_DV_NOR_BOOT_CFG
52 #endif
53
54   b    reset
55   ldr pc, _undefined_instruction
56   ldr pc, _software_interrupt
57   ldr pc, _prefetch_abort
58   ldr pc, _data_abort
59   ldr pc, _not_used
60   ldr pc, _irq
61   ldr pc, _fiq
```

第 48 行 _start 開始的是中斷向量表（54~61 行）和裸機常式一樣。第 54 行跳躍到 reset 函式中，reset 函式在 arch/arm/cpu/armv7/start.S 中，內容如範例 29-3 所示。

▼ 範例 29-3 start.S 程式碼部分

```
32 .globlreset
33 .globlsave_boot_params_ret
34
35 reset:
36   /* Allow the board to save important registers */
37   b  save_boot_params
```

第 35 行是 reset 函式。

第 37 行從 reset 函式跳躍到了 save_boot_params 函式,而 save_boot_params 函式同樣定義在 start.S 中,定義如範例 29-4 所示。

▼ 範例 29-4 start.S 程式碼部分

```
100 ENTRY(save_boot_params)
101   b  save_boot_params_ret    @ back to my caller
```

save_boot_params 函式也只有一句跳躍陳述式,跳躍到 save_boot_params_ret 函式,save_boot_params_ret 函式程式如範例 29-5 所示。

▼ 範例 29-5 start.S 程式碼部分

```
38 save_boot_params_ret:
39    /*
40     * disable interrupts (FIQ and IRQ), also set the cpu to SVC32
41     * mode, except if in HYP mode already
42     */
43    mrs     r0, cpsr
44    and     r1, r0, #0x1f    @ mask mode bits
45    teq     r1,     #0x1a    @ test for HYP mode
46    bicne   r0, r0, #0x1f    @ clear all mode bits
47    orrne   r0, r0, #0x13    @ set SVC mode
48    orr     r0, r0, #0xc0    @ disable FIQ and IRQ
49    msr cpsr,r0
```

第 43 行讀取暫存器 cpsr 中的值,並儲存到 r0 暫存器中。

第 44 行將暫存器 r0 中的值與 0X1F 進行與運算,結果儲存到 r1 暫存器中,目的就是提取 cpsr 的 bit0~bit4 這 5 位元。這 5 位元為 M4、M3、M2、M1、M0,M[4:0] 這五位元用來設定處理器的工作模式,如表 29-2 所示。

▼ 表 29-2　Cortex-A7 工作模式

M[4:0]	模式	M[4:0]	模式
10000	User(usr)	10111	Abort(abt)
10001	FIQ(fiq)	11010	Hyp(hyp)
10010	IRQ(irq)	11011	Undefined(und)
10011	Supervisor(svc)	11111	System(sys)
10110	Monitor(mon)	—	—

第 45 行判斷 r1 暫存器的值是否等於 0X1A（0b11010），也就是判斷當前處理器模式是否處於 Hyp 模式。

第 46 行，如果 r1 和 0X1A 不相等，也就是 CPU 不處於 Hyp 模式，則將 r0 暫存器的 bit0~bit5 清零，其實就是清除模式位元。

第 47 行，如果處理器不處於 Hyp 模式，就將 r0 的暫存器值與 0x13 進行或運算，設定處理器進入 SVC 模式。

第 48 行，r0 暫存器的值再與 0xC0 進行或運算，那麼 r0 暫存器此時的值就是 0xD3，cpsr 的 I 位元和 F 位元分別控制 IRQ 和 FIQ 這兩個中斷的開關，設定為 1 就關閉了 FIQ 和 IRQ。

第 49 行將 r0 暫存器寫到 cpsr 暫存器中。完成設定 CPU 處於 SVC32 模式，並且關閉 FIQ 和 IRQ 這兩個中斷。

繼續執行如範例 29-6 所示內容。

▼ 範例 29-6　start.S 程式碼部分

```
56 #if !(defined(CONFIG_OMAP44XX) && defined(CONFIG_SPL_BUILD))
57 /* Set V=0 in CP15 SCTLR register - for VBAR to point to vector */
58   mrc p15, 0, r0, c1, c0, 0          @ Read CP15 SCTLR Register
59   bic r0, #CR_V                      @ V = 0
60   mcr p15, 0, r0, c1, c0, 0          @ Write CP15 SCTLR Register
61
62   /* Set vector address in CP15 VBAR register */
```

```
63    ldr r0, =_start
64    mcr p15, 0, r0, c12, c0, 0          @Set VBAR
65 #endif
```

第 56 行,如果沒有定義 CONFIG_OMAP44XX 和 CONFIG_SPL_BUILD,
則條件成立,此處條件成立。

第 58 行讀取 CP15 中 c1 暫存器的值到 r0 暫存器中,這裡是讀取 SCTLR
暫存器的值。

第 59 行,CR_V 在 arch/arm/include/asm/system.h 中有如下所示定義。

```
#define CR_V(1 << 13)          /* Vectors relocated to 0xffff0000*/
```

因此這一行的目的就是清除暫存器 SCTLR 中的 bit13,暫存器 SCTLR 結構
如圖 29-5 所示。

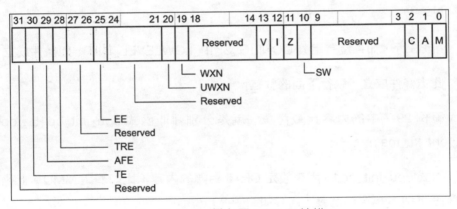

▲ 圖 29-5　暫存器 SCTLR 結構

從圖 29-5 可以看出,bit13 為 V 位元,此位元是向量表控制位元,為 0 時
則向量表基底位址為 0x00000000,軟體可以重定位向量表。為 1 時向量表基底
位址為 0xFFFF0000,軟體不能重定位向量表。這裡將 V 清零,目的就是向量表
重定位。

第 60 行將 r0 暫存器的值重寫,寫到暫存器 SCTLR 中。

第 63 行設定 r0 暫存器的值為 _start，_start 就是整個 uboot 的入口位址，其值為 0x87800000，相當於 uboot 的起始位址，因此 0x87800000 也是向量表的起始位址。

第 64 行將 r0 暫存器的值（向量表值）寫入 CP15 的 c12 暫存器中，也就是 VBAR 暫存器。因此第 58~64 行就是設定向量表重定位的。

程式繼續往下執行，如範例 29-7 所示。

▼ 範例 29-7　start.S 程式碼部分

```
67  /* the mask ROM code should have PLL and others stable */
68 #ifndef CONFIG_SKIP_LOWLEVEL_INIT
69    blcpu_init_cp15
70    blcpu_init_crit
71 #endif
72
73  bl_main
```

第 68 行，如果沒有定義 CONFIG_SKIP_LOWLEVEL_INIT，則條件成立。

此處條件成立，執行下面的敘述。

範例 29-7 中的內容比較簡單，就是分別呼叫函式 cpu_init_cp15、cpu_init_crit 和 _main。

函式 cpu_init_cp15 用來設定 CP15 相關的內容，比如關閉 MMU。此函式同樣在 start.S 檔案中定義，內容如範例 29-8 所示。

▼ 範例 29-8　start.S 程式碼部分

```
113 ENTRY(cpu_init_cp15)
114   /*
115    * Invalidate L1 I/D
116    */
117   mov r0, # 0               @ set up for MCR
118   mcr p15,  0, r0, c8, c7, 0 @ invalidate TLBs
119   mcr p15,  0, r0, c7, c5, 0 @ invalidate icache
120   mcr p15,  0, r0, c7, c5, 6 @ invalidate BP array
```

```
121   mcr p15, 0, r0, c7, c10,4  @ DSB
122   mcr p15, 0, r0, c7, c5, 4  @ ISB
123
124   /*
125    * disable MMU stuff and caches
126    */
127   mrc p15, 0, r0, c1, c0, 0
128   bic r0, r0, #0x00002000    @ clear bits 13 (--V-)
129   bic r0, r0, #0x00000007    @ clear bits 2:0 (-CAM)
130   orr r0, r0, #0x00000002    @ set bit 1 (--A-) Align
131   orr r0, r0, #0x00000800    @ set bit 11 (Z---) BTB
132 #ifdef CONFIG_SYS_ICACHE_OFF
133   bic r0, r0, #0x00001000 @ clear bit 12 (I) I-cache
134 #else
135   orr r0, r0, #0x00001000 @ set bit 12 (I) I-cache
136 #endif
137   mcr p15, 0, r0, c1, c0, 0
138
...
255
256   mov pc, r5@ back to my caller
257 ENDPROC(cpu_init_cp15)
```

　　函式 cpu_init_crit 也定義在 start.S 檔案中，函式內容如範例 29-9 所示。

▼ 範例 29-9 start.S 程式碼部分

```
268 ENTRY(cpu_init_crit)
269   /*
270    * Jump to board specific initialization...
271    * The Mask ROM will have already initialized
272    * basic memory. Go here to bump up clock rate and handle
273    * wake up conditions.
274    */
275   b lowlevel_init    @ go setup pll,mux,memory
276 ENDPROC(cpu_init_crit)
```

　　可以看出 cpu_init_crit 內部僅呼叫了函式 lowlevel_init，接下來詳細地分析 lowlevel_init 和 _main 這兩個函式。

29.2.2 lowlevel_init 函式詳解

函式 lowlevel_init 在檔案 arch/arm/cpu/armv7/lowlevel_init.S 中定義，內容如範例 29-10 所示。

▼ 範例 29-10 lowlevel_init.S 程式碼部分

```
14 #include <asm-offsets.h>
15 #include <config.h>
16 #include <linux/linkage.h>
17
18 ENTRY(lowlevel_init)
19    /*
20     * Setup a temporary stack. Global data is not available yet.
21     */
22    ldr sp, =CONFIG_SYS_INIT_SP_ADDR
23    bic sp, sp, #7                      /* 8-byte alignment for ABI compliance */
24 #ifdef CONFIG_SPL_DM
25    mov r9, #0
26 #else
27    /*
28     * Set up global data for boards that still need it. This will be
29     * removed soon
30     */
31 #ifdef CONFIG_SPL_BUILD
32    ldr r9, =gdata
33 #else
34    sub sp, sp, #GD_SIZE
35    bic sp, sp, #7
36    mov r9, sp
37 #endif
38 #endif
39    /*
40     * Save the old lr(passed in ip) and the current lr to stack
41     */
42    push     {ip, lr}
43
44    /*
45     * Call the very early init function. This should do only the
```

```
46      * absolute bare minimum to get started. It should not:
47      *
48      * - set up DRAM
49      * - use global_data
50      * - clear BSS
51      * - try to start a console
52      *
53      * For boards with SPL this should be empty since SPL can do all
54      * of this init in the SPL board_init_f() function which is
55      * called immediately after this.
56      */
57      bl s_init
58      pop {ip, pc}
59 ENDPROC(lowlevel_init)
```

第 22 行 設 定 sp 指 向 CONFIG_SYS_INIT_SP_ADDR，CONFIG_SYS_
INIT_SP_ADDR 在 include/configs/mx6ullevk.h 檔案中，在 mx6ullevk.h 中有
如範例 29-11 所示定義。

▼ 範例 29-11 mx6ullevk.h 程式碼部分

```
234 #define CONFIG_SYS_INIT_RAM_ADDRIRAM_BASE_ADDR
235 #define CONFIG_SYS_INIT_RAM_SIZEIRAM_SIZE
236
237 #define CONFIG_SYS_INIT_SP_OFFSET \
238   (CONFIG_SYS_INIT_RAM_SIZE - GENERATED_GBL_DATA_SIZE)
239 #define CONFIG_SYS_INIT_SP_ADDR \
240   (CONFIG_SYS_INIT_RAM_ADDR + CONFIG_SYS_INIT_SP_OFFSET)
```

範 例 29-11 中 的 IRAM_BASE_ADDR 和 IRAM_SIZE 在 檔 案 arch/arm/
include/asm/arch-mx6/imx-regs.h 中有定義，其實就是 IMX6UL/IM6ULL 內部
ocram 的啟始位址和大小，如範例 29-12 所示。

▼ 範例 29-12 imx-regs.h 程式碼部分

```
71 #define IRAM_BASE_ADDR          0x00900000
...
408 #if !(defined(CONFIG_MX6SX) || defined(CONFIG_MX6UL) || \
```

```
409   defined(CONFIG_MX6SLL) || defined(CONFIG_MX6SL))
410 #define IRAM_SIZE          0x00040000
411 #else
412 #define IRAM_SIZE          0x00020000
413 #endif
```

如果 408 行的條件成立，則 IRAM_SIZE=0x40000，當定義了 CONFIG_ MX6SX、CONFIG_MX6U、CONFIG_MX6SLL 和 CONFIG_MX6SL 中的任意一個變數，條件不成立，在 .config 中定義了 CONFIG_MX6UL，所以條件不成立，因此 IRAM_SIZE=0x20000=128KB。

結合範例 29-11，可以得到以下值。

```
CONFIG_SYS_INIT_RAM_ADDR=IRAM_BASE_ADDR = 0x00900000。
CONFIG_SYS_INIT_RAM_SIZE = 0x00020000 =128KB。
```

還需要知道 GENERATED_GBL_DATA_SIZE 的值，在檔案 include/generated/ generic-asm-offsets.h 中有定義，如範例 29-13 所示。

▼ 範例 29-13 generic-asm-offsets.h 程式碼部分

```
1  #ifndef __GENERIC_ASM_OFFSETS_H__
2  #define __GENERIC_ASM_OFFSETS_H__
3  /*
4   * DO NOT MODIFY.
5   *
6   * This file was generated by Kbuild
7   */
8
9  #define GENERATED_GBL_DATA_SIZE       256
10 #define GENERATED_BD_INFO_SIZE        80
11 #define GD_SIZE        248
12 #define GD_BD                         0
13 #define GD_MALLOC_BASE                192
14 #define GD_RELOCADDR                  48
15 #define GD_RELOC_OFF                  68
16 #define GD_START_ADDR_SP              64
17
18 #endif
```

GENERATED_GBL_DATA_SIZE=256，GENERATED_GBL_DATA_SIZE 的含義為 (sizeof(struct global_data)+15) &~15。

綜上所述，CONFIG_SYS_INIT_SP_ADDR 值如下所示。

```
CONFIG_SYS_INIT_SP_OFFSET = 0x00020000 - 256 = 0x1FF00
CONFIG_SYS_INIT_SP_ADDR = 0x00900000+ 0X1FF00 = 0X0091FF00，
```

結果如圖 29-6 所示。

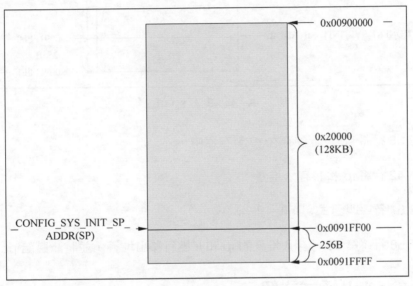

▲ 圖 29-6　sp 值

此時 sp 指向 0x91FF00，這是 IMX6UL/IMX6ULL 的內部 RAM。

繼續回到範例 29-10 中的檔案 lowlevel_init.S，第 23 行對 sp 指標做 8 位元組對齊處理。

第 34 行，sp 指標減去 GD_SIZE，GD_SIZE 同樣在 generic-asm-offsets.h 中定義，大小為 248B。

第 35 行對 sp 做 8 位元組對齊處理，此時 sp 的位址為 0x0091FF00-248=0x0091FE08，sp 位置如圖 29-7 所示。

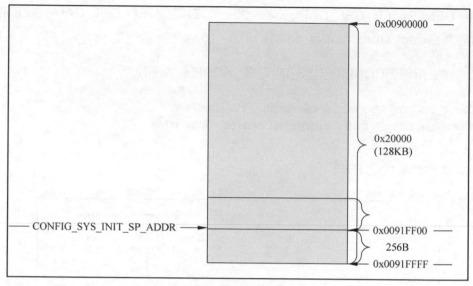

▲ 圖 29-7 sp 值

第 36 行將 sp 位址儲存在 r9 暫存器中。

第 42 行將 ip 和 lr 存入堆疊。

第 57 行呼叫函式 s_init。

第 58 行將第 36 行存入堆疊的 ip 和 lr 進行移出堆疊，並將 lr 賦給 pc。

29.2.3　s_init 函式詳解

我們知道 lowlevel_init 函式後面會呼叫 s_init 函式，s_init 函式定義在檔案 arch/arm/cpu/armv7/mx6/soc.c 中，如範例 29-14 所示。

▼ 範例 29-14　soc.c 程式碼部分

```
808 void s_init(void)
809 {
810    struct anatop_regs *anatop = (struct anatop_regs *)ANATOP_BASE_ADDR;
811    struct mxc_ccm_reg *ccm = (struct mxc_ccm_reg *)CCM_BASE_ADDR;
812    u32 mask480;
813    u32 mask528;
```

```
814    u32 reg, periph1, periph2;
815
816    if (is_cpu_type(MXC_CPU_MX6SX) || is_cpu_type(MXC_CPU_MX6UL) ||
817        is_cpu_type(MXC_CPU_MX6ULL) || is_cpu_type(MXC_CPU_MX6SLL))
818        return;
819
820    /* Due to hardware limitation, on MX6Q we need to gate/ungate
821     * all PFDs to make sure PFD is working right, otherwise, PFDs
822     * may not output clock after reset, MX6DL and MX6SL have added
823     * 396M pfd workaround in ROM code, as bus clock need it
824     */
825
826    mask480 = ANATOP_PFD_CLKGATE_MASK(0) |
827        ANATOP_PFD_CLKGATE_MASK(1) |
828        ANATOP_PFD_CLKGATE_MASK(2) |
829        ANATOP_PFD_CLKGATE_MASK(3);
830    mask528 = ANATOP_PFD_CLKGATE_MASK(1) |
831        ANATOP_PFD_CLKGATE_MASK(3);
832
833    reg = readl(&ccm->cbcmr);
834    periph2 = ((reg & MXC_CCM_CBCMR_PRE_PERIPH2_CLK_SEL_MASK)
835        >> MXC_CCM_CBCMR_PRE_PERIPH2_CLK_SEL_OFFSET);
836    periph1 = ((reg & MXC_CCM_CBCMR_PRE_PERIPH_CLK_SEL_MASK)
837        >> MXC_CCM_CBCMR_PRE_PERIPH_CLK_SEL_OFFSET);
838
839    /* Checking if PLL2 PFD0 or PLL2 PFD2 is using for periph clock */
840     if ((periph2 != 0x2) && (periph1 != 0x2))
841        mask528 |= ANATOP_PFD_CLKGATE_MASK(0);
842
843     if ((periph2 != 0x1) && (periph1 != 0x1) &&
844        (periph2 != 0x3) && (periph1 != 0x3))
845        mask528 |= ANATOP_PFD_CLKGATE_MASK(2);
846
847    writel(mask480, &anatop->pfd_480_set);
848    writel(mask528, &anatop->pfd_528_set);
849    writel(mask480, &anatop->pfd_480_clr);
850    writel(mask528, &anatop->pfd_528_clr);
851 }
```

第 816 行會判斷當前 CPU 類型，如果 CPU 為 MX6SX、MX6UL、MX6ULL 或 MX6SLL 中的任意一種，那麼就會直接傳回，相當於 s_init 函式什麼都沒做。所以對 I.MX6ULL 來説，s_init 就是個空函式。從 s_init 函式退出以後進入 lowlevel_init 函式，但是 lowlevel_init 函式也執行完成，返回到 cpu_init_crit 函式。cpu_init_crit 函式也執行完成，最終返回到 save_boot_params_ret，函式呼叫路徑如圖 29-8 所示。

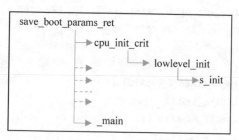

▲ 圖 29-8 uboot 函式呼叫路徑

從圖 29-8 可知，接下來要執行的是 save_boot_params_ret 中的 _main 函式，接下來分析 _main 函式。

29.2.4 _main 函式詳解

_main 函式定義在檔案 arch/arm/lib/crt0.S 中，函式內容如範例 29-15 所示。

▼ 範例 29-15 crt0.S 程式碼部分

```
63 /*
64  * entry point of crt0 sequence
65  */
66
67 ENTRY(_main)
68
69 /*
70  * Set up initial C runtime environment and call board_init_f(0)
71  */
72
```

```
73 #if defined(CONFIG_SPL_BUILD) && defined(CONFIG_SPL_STACK)
74    ldr sp, =(CONFIG_SPL_STACK)
75 #else
76    ldr sp, =(CONFIG_SYS_INIT_SP_ADDR)
77 #endif
78 #if defined(CONFIG_CPU_V7M)
79    mov r3, sp
80    bic r3, r3, #7
81    mov sp, r3
82 #else
83    bic sp, sp, #7/* 8-byte alignment for ABI compliance */
84 #endif
85    mov r0, sp
86    bl board_init_f_alloc_reserve
87    mov sp, r0
88    /* set up gd here, outside any C code */
89    mov r9, r0
90    bl board_init_f_init_reserve
91
92    mov r0, #0
93    bl board_init_f
94
95 #if ! defined(CONFIG_SPL_BUILD)
96
97 /*
98  * Set up intermediate environment (new sp and gd) and call
99  * relocate_code(addr_moni). Trick here is that we'll return
100 * 'here' but relocated
101 */
102
103   ldr sp, [r9, #GD_START_ADDR_SP] /* sp = gd->start_addr_sp */
104 #if defined(CONFIG_CPU_V7M)
105   mov r3, sp
106   bic r3, r3, #7
107   mov sp, r3
108 #else
109   bic sp, sp, #7/* 8-byte alignment for ABI compliance */
110 #endif
111   ldr r9, [r9, #GD_BD]                    /* r9 = gd->bd */
```

```
112    sub r9, r9, #GD_SIZE            /* new GD is below bd */
113
114    adr lr, here
115    ldr r0, [r9, #GD_RELOC_OFF]     /* r0 = gd->reloc_off */
116    add lr, lr, r0
117 #if defined(CONFIG_CPU_V7M)
118    orr lr, #1/* As required by Thumb-only */
119 #endif
120    ldr r0, [r9, #GD_RELOCADDR]     /* r0 = gd->relocaddr */
121    b  relocate_code
122 here:
123 /*
124  * now relocate vectors
125  */
126
127    bl relocate_vectors
128
129 /* Set up final (full) environment */
130
131    blc_runtime_cpu_setup /* we still call old routine here */
132 #endif
133 #if !defined(CONFIG_SPL_BUILD) || defined(CONFIG_SPL_FRAMEWORK)
134 # ifdef CONFIG_SPL_BUILD
135    /* Use a DRAM stack for the rest of SPL, if requested */
136    bl spl_relocate_stack_gd
137    cmp r0, #0
138    movne    sp, r0
139    movne    r9, r0
140 # endif
141    ldr r0, =__bss_start           /* this is auto-relocated! */
142
143 #ifdef CONFIG_USE_ARCH_MEMSET
144    ldr r3, =__bss_end             /* this is auto-relocated! */
145    mov r1, #0x00000000            /* prepare zero to clear BSS */
146
147    subs  r2, r3, r0/* r2 = memset len */
148    bl   memset
149 #else
150    ldr r1, =__bss_end             /* this is auto-relocated! */
```

```
151   mov r2, #0x00000000              /* prepare zero to clear BSS */
152
153 clbss_l:cmp r0, r1                 /* while not at end of BSS */
154 #if defined(CONFIG_CPU_V7M)
155   itt lo
156 #endif
157   strlo    r2, [r0]               /* clear 32-bit BSS word */
158   addlo    r0, r0, #4             /* move to next */
159   blo clbss_l
160 #endif
161
162 #if ! defined(CONFIG_SPL_BUILD)
163   bl coloured_LED_init
164   bl red_led_on
165 #endif
166   /* call board_init_r(gd_t *id, ulong dest_addr) */
167   mov      r0, r9                               /* gd_t */
168   ldr r1, [r9, #GD_RELOCADDR]     /* dest_addr */
169   /* call board_init_r */
170 #if defined(CONFIG_SYS_THUMB_BUILD)
171   ldr lr, =board_init_r           /* this is auto-relocated! */
172   bx   lr
173 #else
174   ldr pc, =board_init_r           /* this is auto-relocated! */
175 #endif
176   /* we should not return here. */
177 #endif
178
179 ENDPROC(_main)
```

第 76 行設定 sp 指標為 CONFIG_SYS_INIT_SP_ADDR，也就是 sp 指向 0x0091FF00。

第 83 行對 sp 做 8 位元組對齊。

第 85 行讀取 sp 到暫存器 r0 中，此時 r0=0x0091FF00。

第 86 行呼叫 board_init_f_alloc_reserve 函式，此函式有 1 個參數，參數為 r0 中的值即 0x0091FF00。此函式定義在檔案 common/init/board_init.c 中，內容如範例 29-16 所示。

▼ 範例 29-16 board_init.c 程式碼部分

```
56 ulong board_init_f_alloc_reserve(ulong top)
57 {
58    /* Reserve early malloc arena */
59    #if defined(CONFIG_SYS_MALLOC_F)
60    top -= CONFIG_SYS_MALLOC_F_LEN;
61    #endif
62    /* LAST :reserve GD (rounded up to a multiple of 16 bytes) */
63    top = rounddown(top-sizeof(struct global_data), 16);
64
65    return top;
66 }
```

　　board_init_f_alloc_reserve 函式主要是留出早期的 malloc 記憶體區域和 gd 記憶體區域，其中 CONFIG_SYS_MALLOC_F_LEN=0x400（在檔案 include/generated/autoconf.h 中定義），sizeof(struct global_data)=248（GD_SIZE 值），完成以後的記憶體分佈如圖 29-9 所示。

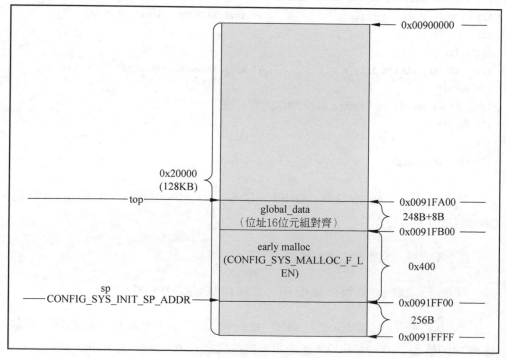

▲ 圖 29-9 記憶體分佈

board_init_f_alloc_reserve 函式是有傳回值的，傳回值為新的 top 值。從圖 29-9 可知，此時 top=0x0091FA00。

繼續回到範例 29-15 中，第 87 行將 r0 寫入到 sp 中，r0 儲存著 board_init_f_alloc_reserve 函式的傳回值，這一句也是設定 sp=0x0091FA00。

第 89 行，將 r0 暫存器的值寫到暫存器 r9 中，因為 r9 暫存器存放著全域變數 gd 的位址，在檔案 arch/arm/include/asm/global_data.h 中有，如圖 29-10 所示巨集定義。

```
83  #ifdef CONFIG_ARM64
84  #define DECLARE_GLOBAL_DATA_PTR        register volatile gd_t *gd asm ("x18")
85  #else
86  #define DECLARE_GLOBAL_DATA_PTR        register volatile gd_t *gd asm ("r9")
87  #endif
88  #endif
```

▲ 圖 29-10 DECLARE_GLOBAL_DATA_PTR 巨集定義

從圖 29-10 可以看出，uboot 中定義了一個指向 gd_t 的指標 gd，gd 存放在暫存器 r9 裡，因此 gd 是全域變數。gd_t 是結構，在 include/asm-generic/global_data.h 裡面有定義。gd_ 定義如範例 29-17 所示。

▼ 範例 29-17 global_data.h 程式碼部分

```
27  typedef struct global_data {
28      bd_t *bd;
29      unsigned long flags;
30      unsigned int baudrate;
31      unsigned long cpu_clk;              /* CPU clock in Hz!*/
32      unsigned long bus_clk;
33      /* We cannot bracket this with CONFIG_PCI due to mpc5xxx */
34      unsigned long pci_clk;
35      unsigned long mem_clk;
36  #if defined(CONFIG_LCD) || defined(CONFIG_VIDEO)
37      unsigned long fb_base;              /* Base address of framebuffer mem */
38  #endif
...
121 #ifdef CONFIG_DM_VIDEO
122     ulong video_top;                    /* Top of video frame buffer area */
```

```
123   ulong video_bottom;                    /* Bottom of video frame buffer area */
124 #endif
125 } gd_t;
```

因此範例 29-15 第 89 行就是設定 gd 所指向的位置，gd 指向 0x0091FA00。

繼續回到範例 29-15 中，第 90 行呼叫 board_init_f_init_reserve 函式，此函式在檔案 common/init/board_init.c 中有定義，函式內容如範例 29-18 所示。

▼ 範例 29-18 board_init.c 程式碼部分

```
110 void board_init_f_init_reserve(ulong base)
111 {
112   struct global_data *gd_ptr;
113 #ifndef _USE_MEMCPY
114   int *ptr;
115 #endif
116
117   /*
118    * clear GD entirely and set it up
119    * Use gd_ptr, as gd may not be properly set yet
120    */
121
122   gd_ptr = (struct global_data *)base;
123   /* zero the area */
124 #ifdef _USE_MEMCPY
125   memset(gd_ptr, '\0', sizeof(*gd));
126 #else
127   for (ptr = (int *)gd_ptr; ptr < (int *)(gd_ptr + 1); )
128     *ptr++ = 0;
129 #endif
130   /* set GD unless architecture did it already */
131 #if !defined(CONFIG_ARM)
132   arch_setup_gd(gd_ptr);
133 #endif
134   /* next alloc will be higher by one GD plus 16-byte alignment */
135   base += roundup(sizeof(struct global_data), 16);
136
137   /*
```

```
138     * record early malloc arena start.
139     * Use gd as it is now properly set for all architectures
140     */
141
142 #if defined(CONFIG_SYS_MALLOC_F)
143     /* go down one 'early malloc arena' */
144     gd->malloc_base = base;
145     /* next alloc will be higher by one 'early malloc arena' size */
146     base += CONFIG_SYS_MALLOC_F_LEN;
147 #endif
148 }
```

可以看出，此函式用於初始化 gd，即清零處理。另外，此函式還設定了 gd->malloc_base 為 gd 基底位址 +gd 大小 =0x0091FA00+248=0x0091FAF8，再做 16 位元組對齊，最終 gd->malloc_base=0x0091FB00，也是 early malloc 的起始位址。

繼續回到範例 29-15 中，第 92 行設定 R0 為 0。

第 93 行呼叫 board_init_f 函式，此函式定義在檔案 common/board_f.c 中，主要用來初始化 DDR、計時器，完成程式複製等。此函式後面再進行詳細的分析。

第 103 行重新設定環境（sp 和 gd），獲取 gd->start_addr_sp 的值賦給 sp，在函式 board_init_f 中會初始化 gd 的所有成員變數，其中 gd->start_addr_sp=0x9EF44E90，相當於設定 sp=gd->start_addr_sp=0x9EF44E90。0x9EF44E90 是 DDR 中的位址，說明新的 sp 和 gd 將存放到 DDR 中，而非內部的 RAM。GD_START_ADDR_SP=64，參考範例 29-13。

第 109 行對 sp 做 8 位元組對齊。

第 111 行獲取 gd->bd 的位址賦給 r9，此時 r9 存放的是舊的 gd，這裡獲取 gd->bd 的位址來計算出新的 gd 的位置。GD_BD=0，參考範例 29-13。

第 112 行，新的 gd 在 bd 下面，所以 r9 減去 gd 的大小就是新的 gd 的位置，獲取到新的 gd 的位置以後賦值給 r9。

　　第 114 行設定 lr 暫存器為 here，這樣執行其他函式傳回時，就傳回到了第 122 行的 here 位置處。

　　第 115 行讀取 gd->reloc_off 的值，複製給 r0 暫存器，GD_RELOC_OFF=68，參考範例 29-13。

　　第 116 行，lr 暫存器的值加上 r0 暫存器的值，重新賦值給 lr 暫存器。因為要重定位程式，把程式複製到新的地方去（現在的 uboot 存放的起始位址為 0x87800000，要將 uboot 複製到 DDR 最後面的位址空間，將 0x87800000 開始的記憶體空出來），其中就包括 here，因此 lr 中的 here 要使用重定位後的位置。

　　第 120 行讀取 gd->relocaddr 的值賦給 r0 暫存器，此時 r0 暫存器就儲存著 uboot 要複製的目的位址，為 0x9FF47000。GD_RELOCADDR=48，參考範例 29-12。

　　第 121 行呼叫函式 relocate_code，也就是程式重定位函式，此函式負責將 uboot 複製到新的地方去，此函式定義在檔案 arch/arm/lib/relocate.S 中。

　　繼續回到範例 29-15，第 127 行呼叫函式 relocate_vectors 對中斷向量表做重定位，此函式定義在檔案 arch/arm/lib/relocate.S 中。

　　繼續回到範例 29-15，第 131 行呼叫函式 c_runtime_cpu_setup，此函式定義在檔案 arch/arm/cpu/armv7/start.S 中，函式內容如範例 29-19 所示。

▼ 範例 29-19　start.S 程式碼部分

```
77 ENTRY(c_runtime_cpu_setup)
78 /*
79  * If I-cache is enabled invalidate it
80  */
81 #ifndef CONFIG_SYS_ICACHE_OFF
82   mcr p15,  0, r0, c7, c5, 0@ invalidate icache
83   mcr      p15, 0, r0, c7, c10, 4    @ DSB
84   mcr      p15, 0, r0, c7, c5, 4     @ ISB
85 #endif
86
```

```
87    bx   lr
88
89 ENDPROC(c_runtime_cpu_setup)
```

第 141~159 行清除 BSS 段。

第 167 行設定函式 board_init_r 的兩個參數，函式 board_init_r 宣告如下所示。

```
board_init_r(gd_t *id, ulong dest_addr)
```

第一個參數是 gd，因此讀取 r9 儲存到 r0 中。

第 168 行設定函式 board_init_r 的第二個參數是目的位址，因此 r1=gd->relocaddr。

第 174 行呼叫函式 board_init_r，此函式定義在檔案 common/board_r.c 中。

以上就是 _main 函式的執行流程，在 _main 函式中呼叫了 board_init_f、relocate_code、relocate_vectors 和 board_init_r 這 4 個函式，依次解析這 4 個函式的作用。

29.2.5 board_init_f 函式詳解

_main 中會呼叫 board_init_f 函式，board_init_f 函式主要有兩個工作。

（1）初始化一系列外接裝置，比如序列埠、計時器，或列印一些訊息等。

（2）初始化 gd 的各個成員變數，uboot 會將自己重定位到 DRAM 最後面的位址區域，將程式複製到 DRAM 最後面的記憶體區域中。這麼做的目的是給 Linux 騰出空間，防止 Linux Kernel 覆蓋掉 uboot，將 DRAM 前面的區域完整地空出來。在複製之前要給 uboot 各部分分配好記憶體位置和大小，比如 gd 應該存放到哪個位置，malloc 記憶體池應該存放到哪個位置等。這些資訊都儲存在 gd 的成員變數中，因此要對 gd 的這些成員變數做初始化。最終形成一個完整的記憶體分配圖，在後面重定位 uboot 時就會用到這個記憶體分配圖。

此函式在檔案 common/board_f.c 中定義，內容如範例 29-20 所示。

▼ 範例 29-20　board_f.c 程式碼部分

```
1035 void board_init_f(ulong boot_flags)
1036 {
1037 #ifdef CONFIG_SYS_GENERIC_GLOBAL_DATA
1038  /*
1039   * For some archtectures, global data is initialized and used
1040   * beforecalling this function. The data should be preserved
1041   * For others, CONFIG_SYS_GENERIC_GLOBAL_DATA should be defined
1042   * and use the stack here to host global data until relocation
1043   */
1044  gd_t data;
1045
1046  gd = &data;
1047
1048  /*
1049   * Clear global data before it is accessed at debug print
1050   * in initcall_run_list. Otherwise the debug print probably
1051   * get the wrong vaule of gd->have_console
1052   */
1053  zero_global_data();
1054 #endif
1055
1056  gd->flags = boot_flags;
1057  gd->have_console = 0;
1058
1059  if (initcall_run_list(init_sequence_f))
1060      hang();
1061
1062 #if !defined(CONFIG_ARM) && !defined(CONFIG_SANDBOX) && \
1063      !defined(CONFIG_EFI_APP)
1064  /* NOTREACHED - jump_to_copy() does not return */
1065  hang();
1066 #endif
1067 }
```

因為沒有定義CONFIG_SYS_GENERIC_GLOBAL_DATA，所以第1037~1054行程式無效。

第 1056 行初始化 gd->flags=boot_flags=0。

第 1057 行設定 gd->have_console=0。

重點在第 1059 行。透過函式 initcall_run_list 來執行初始化序列 init_sequence_f 中的一系列函式，init_sequence_f 中包含了一系列的初始化函式，init_sequence_f 也定義在檔案 common/board_f.c 中。由於 init_sequence_f 的內容比較長，裡面有大量的條件編譯程式，這裡為了縮小篇幅，將條件編譯部分刪除，去掉條件編譯以後的 init_sequence_f 定義如範例 29-21 所示。

▼ 範例 29-21 board_f.c 程式碼部分

```
/***************** 去掉條件編譯敘述後的 init_sequence_f**************/
1 static init_fnc_t init_sequence_f[] = {
2      setup_mon_len,
3      initf_malloc,
4      initf_console_record,
5      arch_cpu_init,                    /* basic arch cpu dependent setup */
6      initf_dm,
7      arch_cpu_init_dm,
8      mark_bootstage,                   /* need timer, go after init dm */
9      board_early_init_f,
10     timer_init,                       /* initialize timer */
11     board_postclk_init,
12     get_clocks,
13     env_init,                         /* initialize environment */
14     init_baud_rate,                   /* initialze baudrate settings */
15     serial_init,                      /* serial communications setup */
16     console_init_f,                   /* stage 1 init of console */
17     display_options,                  /* say that we are here */
18     display_text_info,                /* show debugging info if required */
19     print_cpuinfo,                    /* display cpu info (and speed) */
20     show_board_info,
21     INIT_FUNC_WATCHDOG_INIT
22     INIT_FUNC_WATCHDOG_RESET
```

```
23    init_func_i2c,
24    announce_dram_init,
25    /* TODO:unify all these dram functions? */
26    dram_init,                          /* configure available RAM banks */
27    post_init_f,
28    INIT_FUNC_WATCHDOG_RESET
29    testdram,
30    INIT_FUNC_WATCHDOG_RESET
31    INIT_FUNC_WATCHDOG_RESET
32    /*
33     * Now that we have DRAM mapped and working, we can
34     * relocate the code and continue running from DRAM
35     *
36     * Reserve memory at end of RAM for (top down in that order):
37     *          - area that won't get touched by U-Boot and Linux (optional)
38     *          - kernel log buffer
39     *          - protected RAM
40     *          - LCD framebuffer
41     *          - monitor code
42     *          - board info struct
43     */
44    setup_dest_addr,
45    reserve_round_4k,
46    reserve_mmu,
47    reserve_trace,
48    reserve_uboot,
49    reserve_malloc,
50    reserve_board,
51    setup_machine,
52    reserve_global_data,
53    reserve_fdt,
54    reserve_arch,
55    reserve_stacks,
56    setup_dram_config,
57    show_dram_config,
58    display_new_sp,
59    INIT_FUNC_WATCHDOG_RESET
60    reloc_fdt,
61    setup_reloc,
```

```
62    NULL,
63 };
```

以上函式執行完以後的結果如下。

第 2 行，setup_mon_len 函式設定 gd 的 mon_len 成員變數，此處為 __bss_end -_start，也就是整個程式的長度。

0x878A8E74-0x87800000=0xA8E74，這個就是程式長度。

第 3 行，initf_malloc 函式初始化 gd 中和 malloc 有關的成員變數，比如 malloc_limit，此函式會設定 gd->malloc_limit = CONFIG_SYS_MALLOC_F_LEN=0x400。malloc_limit 表示 malloc 記憶體池大小。

第 4 行，initf_console_record 函式，如果定義了巨集 CONFIG_CONSOLE_RECORD 和巨集 CONFIG_SYS_MALLOC_F_LEN，此函式就會呼叫函式 console_record_init。但是，IMX6ULL 的 uboot 沒有定義巨集 CONFIG_CONSOLE_RECORD，所以此函式直接傳回 0。

第 5 行，arch_cpu_init 函式。

第 6 行，initf_dm 函式，驅動程式模型的一些初始化。

第 7 行，arch_cpu_init_dm 函式未實現。

第 8 行，mark_bootstage 函式和標記相關。

第 9 行，board_early_init_f 函式，板子早期的初始化設定。I.MX6ULL 用來初始化序列埠的 I/O 設定。

第 10 行，timer_init 函式，初始化計時器，Cortex-A7 核心有一個計時器，這裡初始化的就是 Cortex-A 核心的那個計時器。透過這個計時器為 uboot 提供時間，和 Cortex-M 核心 Systick 計時器一樣。關於 Cortex-A 內部計時器的詳細內容，請參考文件 ARM ArchitectureReference Manual ARMv7-A and ARMv7-R edition。

第 11 行，board_postclk_init 函式，對 I.MX6ULL 來說是設定 VDDSOC 電壓。

第 12 行，get_clocks 函式用於獲取一些時鐘值，I.MX6ULL 獲取的是 sdhc_clk 時鐘，也就是 SD 卡外接裝置的時鐘。

第 13 行，env_init 函式和環境變數有關，設定 gd 的成員變數 env_addr，也就是環境變數的儲存位址。

第 14 行，init_baud_rate 函式用於初始化串列傳輸速率，根據環境變數 baudrate 來初始化 gd->baudrate。

第 15 行，serial_init 函式，初始化序列埠。

第 16 行，console_init_f 函式，設定 gd->have_console 為 1，表示有個主控台，此函式也將前面暫存在緩衝區中的資料透過主控台列印出來。

第 17 行，display_options 函式，透過序列埠輸出資訊，如圖 29-11 所示。

```
U-Boot 2016.03 (Jul 14 2018 - 17:08:43 +0800)
```

▲ 圖 29-11 序列埠資訊輸出

第 18 行，display_text_info 函式，列印一些文字資訊，如果開啟 UBOOT 的 DEBUG 功能就會輸出 text_base、bss_start、bss_end，形式如下所示。

```
debug("U-Boot code:%08lX -> %08lXBSS:-> %08lX\n",text_base, bss_start, bss_end);
```

結果如圖 29-12 所示。

```
U-Boot 2016.03 (Aug 01 2018 - 09:44:06 +0800)

initcall: 878119cc
U-Boot code: 87800000 -> 878665E0  BSS: -> 878B1EF8
initcall: 878028ac
CPU:    Freescale i.MX6ULL rev1.0 528 MHz (running at 396 MHz)
CPU:    Commercial temperature grade (0C to 95c)malloc_simple: size=10, pt
uclass_find_device_by_seq: 0 -1
uclass_find_device_by_seq: 0 0
```

▲ 圖 29-12 文字資訊

第 19 行，print_cpuinfo 函式用於列印 CPU 資訊，結果如圖 29-13 所示。

```
CPU:    Freescale i.MX6ULL rev1.0 528 MHz (running at 396 MHz)
CPU:    Commercial temperature grade (0C to 95C) at 47C
Reset cause: WDOG
```

▲ 圖 29-13　CPU 資訊

第 20 行，show_board_info 函式用於列印板子資訊，會呼叫 checkboard 函式，結果如圖 29-14 所示。

```
CPU:    Freescale i.MX6ULL rev1.0 528 MHz (running at 396 MHz
CPU:    Commercial temperature grade (0C to 95C) at 42C
Reset cause: POR
Board: MX6ULL 14x14 EVK
I2C:    ready
DRAM:   512 MiB
MMC:    FSL SDHC: 0, FSL SDHC: 1
```

▲ 圖 29-14　板子資訊

第 21 行，INIT_FUNC_WATCHDOG_INIT 函式，初始化看門狗，對 I.MX6ULL 來說是空函式。

第 22 行，INIT_FUNC_WATCHDOG_RESET 函 式，重 置 看 門 狗，對 I.MX6ULL 來說是空函式。

第 23 行，init_func_i2c 函式用於初始化 I^2C，初始化完成以後會輸出如圖 29-15 所示資訊。

```
Reset cause: POR
Board: MX6ULL 14x14 EVK
I2C:    ready
DRAM:   512 MiB
MMC:    FSL_SDHC: 0, FSL_SDHC: 1
Display: TFT43AB (480x272)
Video: 480x272x24
```

▲ 圖 29-15　I2C 初始化資訊輸出

第 24 行，announce_dram_init 函 式，此 函 式 很 簡 單，就 是 輸 出 字 串 DRAM。

第 26 行，dram_init 函式，並非真正地初始化 DDR，只是設定 gd->ram_size 的值，對 I.MX6ULL 開發板（EMMC 版本核心板）來說就是 512MB。

第 27 行，post_init_f 函式，此函式用來完成一些測試，初始化 gd->post_init_f_time。

第 29 行，testdram 函式，測試 DRAM，空函式。

第 44 行，setup_dest_addr 函式，設定目的位址，設定 gd->ram_size，gd->ram_top，gd->relocaddr 這 3 個成員變數的值。接下來我們會遇到很多和數值有關的設定，如果直接看程式分析會太費時間。可以修改 uboot 程式，直接將這些值透過序列埠列印出來。比如這裡修改檔案 common/board_f.c，因為 setup_dest_addr 函式定義在檔案 common/board_f.c 中，在 setup_dest_addr 函式中輸入如圖 29-16 所示內容。

```
358     gd->ram_top += get_effective_memsize();
359     gd->ram_top = board_get_usable_ram_top(gd->mon_len);
360     gd->relocaddr = gd->ram_top;
361     debug("Ram top: %08lX\n", (ulong)gd->ram_top);
362 #if defined(CONFIG_MP) && (defined(CONFIG_MPC86xx) || defined(CONFIG_E500))
363     /*
364      * We need to make sure the location we intend to put secondary core
365      * boot code is reserved and not used by any part of u-boot
366      */
367     if (gd->relocaddr > determine_mp_bootpg(NULL)) {
368         gd->relocaddr = determine_mp_bootpg(NULL);
369         debug("Reserving MP boot page to %08lx\n", gd->relocaddr);
370     }
371 #endif
372
373     printf("gd->ram_size %#x\r\n", gd->ram_size);      ── 透過序列埠輸出這三個
374     printf("gd->ram_top %#x\r\n", gd->ram_top);            成員變數的值
375     printf("gd->relocaddr %#x\r\n",gd->relocaddr);
376
377     return 0;
378 }
```

▲ 圖 29-16　增加 printf 函式列印成員變數值

設定好以後重新編譯 uboot，然後燒錄到 SD 卡中，選擇 SD 卡啟動，重新啟動開發板。開啟 SecureCRT，uboot 會輸出如圖 29-17 所示資訊。

```
DRAM:  gd->ram_size 0x20000000
gd->ram_top 0xa0000000
gd->relocaddr 0xa0000000
```

▲ 圖 29-17　資訊輸出

從圖 29-17 可以看出以下資訊。

```
gd->ram_size = 0x20000000       //RAM 大小為 0x20000000=512MB
gd->ram_top = 0xA0000000        //RAM 最高位址為 0x80000000+0x20000000=0xA0000000
gd->relocaddr = 0xA0000000      // 重定位後最高位址為 0xA0000000
```

第 45 行，reserve_round_4k 函式用於對 gd->relocaddr 做 4KB 對齊，因為 gd->relocaddr=0xA0000000，已經是 4KB 對齊了，所以調整後不變。

第 46 行，reserve_mmu 函式，留出 MMU 的 TLB 表的位置，分配 MMU 的 TLB 表記憶體以後會對 gd->relocaddr 做 64KB 對齊。完成以後 gd->arch.tlb_size、gd->arch.tlb_addr 和 gd->relocaddr 如圖 29-18 所示。

從圖 29-18 可以看出以下內容。

```
gd->arch.tlb_size= 0x4000       //MMU 的 TLB 表大小
gd->arch.tlb_addr=0x9fff0000    //MMU 的 TLB 表起始位址，64KB 對齊以後
gd->relocaddr=0x9fff0000        //relocaddr 位址
```

第 47 行，reserve_trace 函式，留出追蹤偵錯的記憶體，I.MX6ULL 沒有用到。

第 48 行，reserve_uboot 函式， 留出重定位後的 uboot 所佔用的記憶體區域，uboot 所佔用大小由 gd->mon_len 所指定，留出 uboot 的空間以後還要對 gd->relocaddr 做 4KB 對齊，並且重新設定 gd->start_addr_sp，結果如圖 29-19 所示。

```
gd->arch.tlb_size 0x4000
gd->arch.tlb_add 0x9fff0000
gd->relocaddr 0x9fff0000
```

▲ 圖 29-18 資訊輸出

```
gd->mon_len =0XA8EF4
gd->start_addr_sp  =0X9FF47000
gd->relocaddr   =0X9FF47000
```

▲ 圖 29-19 資訊輸出

從圖 29-19 可以看出以下內容。

```
gd->mon_len =0XA8EF4
gd->start_addr_sp = 0X9FF47000
gd->relocaddr = 0X9FF47000
```

第 49 行，reserve_malloc 函式，留出 malloc 區域，調整 gd->start_addr_sp 位置，malloc 區域由巨集 TOTAL_MALLOC_LEN 定義，巨集定義如下所示。

```
#define  TOTAL_MALLOC_LEN  (CONFIG_SYS_MALLOC_LEN + CONFIG_ENV_SIZE)
```

mx6ull_alientek_emmc.h 檔案中定義巨集 CONFIG_SYS_MALLOC_LEN 為 16MB=0x1000000，巨集 CONFIG_ENV_SIZE=8KB=0x2000，因此 TOTAL_MALLOC_LEN=0x1002000。調整以後 gd->start_addr_sp 如圖 29-20 所示。

從圖 29-20 可以看出以下內容。

```
TOTAL_MALLOC_LEN=0X1002000
gd->start_addr_sp=0X9EF45000      //0X9FF47000-16MB-8KB=0X9EF45000
```

第 50 行，reserve_board 函式，留出板子 bd 所佔的記憶體區，bd 是結構 bd_t，bd_t 大小為 80 位元組，結果如圖 29-21 所示。

```
TOTAL_MALLOC_LEN =0x1002000
gd->start_addr_sp   =0X9EF45000
```

▲ 圖 29-20 資訊輸出

```
gd->bd = 0X9EF44FB0
gd->start_addr_sp = 0X9EF44FB0
```

▲ 圖 29-21 資訊輸出

從圖 29-21 可以看出以下內容。

```
gd->start_addr_sp=0X9EF44FB0
gd->bd=0X9EF44FB0
```

第 51 行，setup_machine 函式，設定機器 ID，Linux 啟動時會和這個機器 ID 匹配，如果匹配則 Linux 就會正常啟動。但是，I.MX6ULL 已不用這種方式，這是舊版本的 uboot 和 Linux 使用方式，新版本使用裝置樹，此函式無效。

第 52 行，reserve_global_data 函式，保留 gd_t 的記憶體區域，gd_t 結構大小為 248B，結果如圖 29-22 所示。

```
gd->start_addr_sp=0X9EF44EB8        //0X9EF44FB0-248=0X9EF44EB8
gd->new_gd=0X9EF44EB8
```

第 53 行，reserve_fdt 函式，留出裝置樹相關的記憶體區域，I.MX6ULL 的 uboot 沒有用到，此函式無效。

第 54 行，reserve_arch 是空函式。

第 55 行，reserve_stacks 函式，留移出堆疊空間，先對 gd->start_addr_sp 減去 16，然後做 16B 對齊。如果啟動 IRQ，還要留出 IRQ 對應的記憶體，具體工作由 arch/arm/lib/stack.c 檔案中的函式 arch_reserve_stacks 完成，結果如圖 29-23 所示。

```
gd->new_gd = 0x9ef44eb8
gd->start_addr_sp = 0x9ef44eb8
```
▲ 圖 29-22　資訊輸出

```
gd->start_addr_sp = 0x9ef44e90
```
▲ 圖 29-23　資訊輸出

在 uboot 中並沒有使用到 IRQ，不會留出 IRQ 對應的記憶體區域，此時有：

```
gd->start_addr_sp=0X9EF44E90
```

第 56 行，setup_dram_config 函式設定 dram 資訊，就是設定 gd->bd->bi_dram[0].start 和 gd->bd->bi_dram[0].size，後面會傳遞給 Linux 核心，告訴 Linux DRAM 的起始位址和大小，結果如圖 29-24 所示。

從 圖 29-24 可 以 看 出，DRAM 的 起 始 位 址 為 0x80000000，大 小 為 0x20000000（512MB）。

第 57 行，show_dram_config 函式，用於顯示 DRAM 的設定，如圖 29-25 所示。

```
gd->bd->bi_dram[0].start = 0x80000000
gd->bd->bi_dram[0].size = 0x20000000
```

▲ 圖 29-24 資訊輸出

```
Board: MX6ULL 14X14 EVK
I2C:   ready
DRAM:  512 MiB
MMC:   FSL_SDHC: 0, FSL_SDHC: 1
```

▲ 圖 29-25 資訊輸出

```
Reset Cause: unknown reset
Board: MX6ULL 14x14 EVK
I2C:   ready
DRAM:  512 MiB
New Stack Pointer is: 9ef44e90
MMC:   FSL_SDHC: 0, FSL_SDHC: 1
Display: TFT43AB (480x272)
Video: 480x272x24
In:    serial
```

▲ 圖 29-26 資訊輸出

第 58 行，display_new_sp 函式，顯示新的 sp 位置，也就是 gd->start_addr_sp，不過要定義巨集 DEBUG，結果如圖 29-26 所示。

圖 29-26 中的 gd->start_addr_sp 值和前面分析的最後一次修改的值一致。

第 60 行，reloc_fdt 函式用於重定位 fdt，沒有用到。

第 61 行，setup_reloc 函式，設定 gd 的其他成員變數，供重定位時使用，並且將以前的 gd 複製到 gd->new_gd 處。需要啟動 debug 才能看到對應的資訊輸出，如圖 29-27 所示。

```
DRAM:  512 MiB
Relocation Offset is: 18747000
Relocating to 9ff47000, new gd at 9ef44eb8, sp at 9ef44e90
```

▲ 圖 29-27 資訊輸出

從圖 29-27 可以看出，uboot 重定位後的偏移為 0x18747000，重定位後的新位址為 0x9FF4700，新的 gd 啟始位址為 0x9EF44EB8，最終的 sp 為 0x9EF44E90。

至此，board_init_f 函式就執行完成，最終的記憶體分配如圖 29-28 所示。

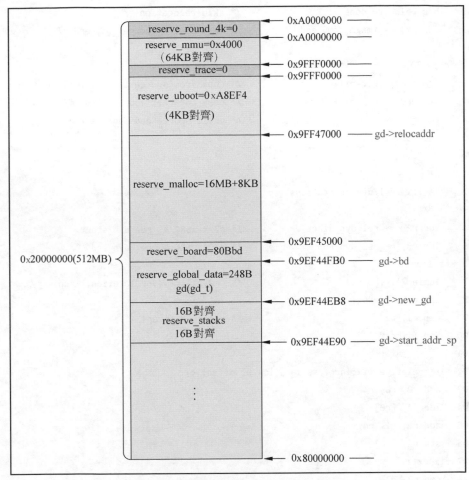

▲ 圖 29-28 最終的記憶體分配圖

29.2.6 relocate_code 函式詳解

relocate_code 函式是用於程式複製的，此函式定義在檔案 arch/arm/lib/relocate.S 中，內容如範例 29-22 所示。

▼ 範例 29-22 relocate.S 程式碼部分

```
79  ENTRY(relocate_code)
80    ldr r1, =__image_copy_start        /* r1 <- SRC &__image_copy_start */
81    subsr4, r0, r1                     /* r4 <- relocation offset */
```

```
82    beq relocate_done                 /* skip relocation */
83    ldr r2, =__image_copy_end         /* r2 <- SRC &__image_copy_end */
84
85  copy_loop:
86    ldmiar1!, {r10-r11}               /* copy from source address [r1] */
87    stmiar0!, {r10-r11}               /* copy totarget address [r0] */
88    cmp r1, r2                        /* until source end address [r2] */
89    blo copy_loop
90
91    /*
92     * fix .rel.dyn relocations
93     */
94    ldr r2, =__rel_dyn_start          /* r2 <- SRC &__rel_dyn_start  */
95    ldr r3, =__rel_dyn_end            /* r3 <- SRC &__rel_dyn_end  */
96  fixloop:
97    ldmiar2!, {r0-r1}                 /* (r0,r1) <- (SRC location,fixup)  */
98    and r1, r1, #0xff
99    cmp r1, #23                       /* relative fixup?  */
100   bne fixnext
101
102   /* relative fix:increase location by offset */
103   add r0, r0, r4
104   ldr r1, [r0]
105   add r1, r1, r4
106   str r1, [r0]
107 fixnext:
108   cmp r2, r3
109   blo fixloop
110
111 relocate_done:
112
113 #ifdef __XSCALE__
114   /*
115    * On xscale, icache must be invalidated and write buffers
116    * drained, even with cache disabled - 4.2.7 of xscale core
117    developer's manual */
118   mcr p15, 0, r0, c7, c7, 0          /* invalidate icache */
119   mcr p15, 0, r0, c7, c10, 4         /* drain write buffer */
120 #endif
121
```

```
122  /* ARMv4- don't know bx lr but the assembler fails to see that */
123
124 #ifdef __ARM_ARCH_4__
125   mov pc, lr
126 #else
127   bx  lr
128 #endif
129
130 ENDPROC(relocate_code)
```

第 80 行，r1=__image_copy_start，r1 暫存器儲存來源位址。由表 29-1
可知，__image_copy_start=0x87800000。

第 81 行， r0=0x9FF47000，這個位址就是 uboot 複製的目標啟始位址。
r4=r0-r1=0x9FF47000-0x87800000=0x18747000，因此 r4 儲存偏移量。

第 82 行，如果在第 81 中，r0-r1 等於 0，説明 r0 和 r1 相等，即來源位址
和目的位址是一樣的，肯定不需要複製，執行 relocate_done 函式。

第 83 行，r2=__image_copy_end，r2 中儲存複製之前的程式結束位址，
由表 29-1 可知，__image_copy_end =0x8785dd54。

第 84 行，函式 copy_loop 完成程式複製工作。從 r1，也就是 __image_
copy_start 開始，讀取 uboot 程式儲存到 r10 和 r11 中，一次只複製這兩個 32
位元的資料。複製完成以後 r1 的值會更新，儲存下一個要複製的資料位址。

第 87 行將 r10 和 r11 的資料寫到 r0 開始的地方，也就是目的位址。寫入
完以後 r0 的值會更新為下一個要寫入的資料位址。

第 88 行比較 r1 和 r2 是否相等，也就是檢查複製是否完成。如果不相等則
複製沒有完成，然後跳躍到 copy_loop 接著複製，直到複製完成。

接下來的第 94 行 ~109 行是重定位 .rel.dyn 段，.rel.dyn 段是存放 .text 段
中需要重定位位址的集合。重定位就是將 uboot 複製到 DRAM 的另一個位址
繼續執行（DRAM 的高位址處）。一個可執行的 bin 檔案，其連結位址和執行
位址要相等，也就是連結到某個位址，在執行之前就要複製到那個位址去。現

在重定位以後，執行位址就和連結位址不同了，這樣定址時不會出問題嗎？為了分析這個問題，需要在 mx6ull_alientek_emmc.c 中輸入如範例 29-23 所示內容。

▼ 範例 29-23　mx6ull_alientek_emmc.c 新添程式碼部分

```
1 static int rel_a = 0;
2
3 void rel_test(void)
4 {
5     rel_a = 100;
6     printf("rel_test\r\n");
7 }
```

最後，需要在 mx6ullevk.c 檔案中的 board_init 函式中呼叫 rel_test 函式，否則 rel_reset 不會被編譯進 uboot。修改完成後的 mx6ullevk.c 如圖 29-29 所示。

```
826    static int rel_a = 0;
827
828    void rel_test(void)
829    {
830        rel_a = 100;
831        printf("rel_test\r\n");
832    }
833
834    int board_init(void)
835    {
836        rel_test();
```

▲ 圖 29-29　加入 rel 測試相關程式

board_init 函式會呼叫 rel_test，rel_test 會呼叫全域變數 rel_a，使用以下命令編譯 uboot。

```
./mx6ull_alientek_emmc.sh
```

編譯完成以後，使用 arm-linux-gnueabihf-objdump 將 u-boot 進行反組譯，得到 u-boot.dis 這個組合語言檔案，命令如下所示。

```
arm-linux-gnueabihf-objdump -D -m arm u-boot > u-boot.dis
```

在 u-boot.dis 檔案中找到 rel_a、rel_rest 和 board_init，相關內容如範例
29-24 所示。

▼ 範例 29-24　組合語言檔案程式碼部分

```
1  87804184 <rel_test>:
2  87804184:    e59f300c        ldr r3, [pc, #12]          ; 87804198
                                                           ; <rel_test+0x14>
3  87804188:    e3a02064        mov r2, #100               ; 0x64
4  8780418c:    e59f0008        ldr r0, [pc, #8]           ; 8780419c ; <rel_test+0x18>
5  87804190:    e5832000        str r2, [r3]
6  87804194:    ea00d668        b87839b3c <printf>
7  87804198:    8785da50        ; <UNDEFINED> instruction:0x8785da50
8  8780419c:    878426a2        strhi   r2, [r4, r2, lsr #13]
9
10 878041a0 <board_init>:
11 878041a0:    e92d4010 push   {r4, lr}
12 878041a4:    ebfffff6 bl  87804184 <rel_test>
13
14...
15
16 8785da50 <rel_a>:
17 8785da50:    00000000 andeq   r0, r0, r0
```

第 12 行是 board_init 呼叫 rel_test 函式，用到了 bl 指令，而 bl 指令是位
置無關指令，bl 指令是相對定址的（pc+offset），因此 uboot 中函式呼叫與絕
對位置無關。

再來看一下 rel_test 函式對於全域變數 rel_a 的呼叫，第 2 行設定 r3 的值為
pc+12 位址處的值，因為 ARM 管線的原因，pc 暫存器的值為當前位址 +8，因
此 pc=0x87804184+8=0x8780418C，r3=0x8780418C+12=0x87804198，第
7 行就是 0x87804198 這個位址，0x87804198 處的值為 0x8785DA50。根據第
17 行可知，0x8785DA50 正是變數 rel_a 的位址，最終 r3=0x8785DA50。

第 3 行，r2=100。

第 5 行，將 r2 內的值寫到 r3 位址處，也就是設定位址 0x8785DA50 的值
為 100，這就是範例 29-23 中的第 5 行：rel_a = 100。

複習一下 rel_a=100 的組合語言執行過程。

（1）在 rel_test 函式尾端處有一個位址為 0x87804198 的記憶體空間（範例 29-24 的第 7 行），此記憶體空間儲存著變數 rel_a 的位址。

（2）rel_test 函式要想存取變數 rel_a，首先存取尾端的 0x87804198 來獲取變數 rel_a 的位址，而存取 0x87804198 是透過偏移來存取的，很明顯是位置無關的操作。

（3）透過 0x87804198 獲取到變數 rel_a 的位址，對變數 rel_a 操作。

（4）可以看出，rel_test 函式對變數 rel_a 的存取沒有直接進行，而是使用了一個協力廠商偏移位址 0x87804198，專業術語叫作 Label。這個協力廠商偏移位址就是實現重定位後執行不會出錯的重要原因。

uboot 重定位後偏移為 0x18747000，那麼重定位後 rel_test 函式的啟始位址就是 0x87804184+0x18747000=0x9FF4B184。儲存變數 rel_a 位址的 Label 就是 0x9FF4B184+8+12=0x9FF4B198（即 0x87804198+0x18747000），變數 rel_a 的位址就為 0x8785DA50+0x18747000=0x9FFA4A50。重定位後函式 rel_test 要想正常存取變數 rel_a 就要設定 0x9FF4B198（重定位後的 Label）位址處的值為 0x9FFA4A50（重定位後的變數 rel_a 位址）。這樣就解決了重定位後連結位址和執行位址不一致的問題。

可以看出，uboot 對於重定位後連結位址和執行位址不一致的解決方法就是採用位置無關碼，在使用 ld 進行連結時，使用選項「-pie」生成位置無關的可執行檔。在檔案 arch/arm/config.mk 中有如範例 29-25 所示內容。

▼ 範例 29-25 config.mk 檔案程式碼部分

```
82 # needed for relocation
83 LDFLAGS_u-boot += -pie
```

第 83 行就是設定 uboot 連結選項，加入了 -pie 選項，編譯連結 uboot 如圖 29-30 所示。

```
arm-linux-gnueabihf-ld.bfd  -pie  --gc-sections -Bstatic -Ttext 0x87800000 -o u-boot -T u-boot.lds arc
h/arm/cpu/armv7/start.o --start-group  arch/arm/cpu/built-in.o  arch/arm/cpu/armv7/built-in.o  arch/arm/i
mx-common/built-in.o  arch/arm/lib/built-in.o  board/freescale/common/built-in.o  board/freescale/mx6ull
alientek_emmc/built-in.o cmd/built-in.o  common/built-in.o  disk/built-in.o  drivers/built-in.o  drivers
/dma/built-in.o  drivers/gpio/built-in.o  drivers/i2c/built-in.o  drivers/mmc/built-in.o  drivers/mtd/bui
lt-in.o  drivers/mtd/onenand/built-in.o  drivers/mtd/spi/built-in.o  drivers/net/built-in.o  drivers/net/
phy/built-in.o  drivers/pci/built-in.o  drivers/power/built-in.o  drivers/power/battery/built-in.o  drive
rs/power/fuel_gauge/built-in.o  drivers/power/mfd/built-in.o  drivers/power/pmic/built-in.o  drivers/powe
r/regulator/built-in.o  drivers/serial/built-in.o  drivers/spi/built-in.o  drivers/usb/dwc3/built-in.o  d
rivers/usb/emul/built-in.o  drivers/usb/eth/built-in.o  drivers/usb/gadget/built-in.o  drivers/usb/gadget
/udc/built-in.o  drivers/usb/host/built-in.o  drivers/usb/musb-new/built-in.o  drivers/usb/musb/built-in.
o  drivers/usb/phy/built-in.o  drivers/usb/ulpi/built-in.o  fs/built-in.o  lib/built-in.o  net/built-in.o
 test/built-in.o  test/dm/built-in.o --end-group arch/arm/lib/eabi_compat.o  -L /usr/local/arm/gcc-linar
o-4.9.4-2017.01-x86_64_arm-linux-gnueabihf/bin/../lib/gcc/arm-linux-gnueabihf/4.9.4 -lgcc -Map u-boot.map
 arm-linux-gnueabihf-objcopy --gap-fill=0xff -j .text -j .secure_text -j .rodata -j .hash -j .data -j .
got -j .got.plt -j .u_boot_list -j .rel.dyn -O binary  u-boot u-boot-nodtb.bin
```

▲ 圖 29-30 連結命令

使用 -pie 選項以後會生成一個 .rel.dyn 段，uboot 就是靠這個 .rel.dyn 段來解決重定位問題的，在 u-bot.dis 的 .rel.dyn 段中有如範例 29-26 所示內容。

▼ 範例 29-26 .rel.dyn 段程式碼部分

```
1 Disassembly of section .rel.dyn:
2
3 8785da44 <__rel_dyn_end-0x8ba0>:
4 8785da44:87800020     strhi    r0, [r0, r0, lsr #32]
5 8785da48:00000017     andeq    r0, r0, r7, lsl r0
6 ...
7 8785dfb4:87804198     ; <UNDEFINED> instruction:0x87804198
8 8785dfb8:00000017     andeqr0, r0, r7, lsl r0
```

先來看一下 .rel.dyn 段的格式，類似第 7 行和第 8 行這樣的是一組，也就是兩個 4 位元組資料為一組。高 4 位元組是 Label 位址標識 0x17，低 4 位元組就是 Label 的位址，首先判斷 Label 位址標識是否正確，也就是判斷高 4 位元組是否為 0x17，如果是，則低 4 位元組就是 Label 位址值。

第 7 行值為 0x87804198，第 8 行為 0x00000017，說明第 7 行的 0x87804198 是 Label，這個正是範例 29-24 中存放變數 rel_a 位址的那個 Label。

只要將位址 0x87804198+offset 處的值改為重定位後的變數 rel_a 位址即可。我們猜測的是否正確，看一下 uboot 對 .rel.dyn 段的重定位即可（範例 29-22 中的第 94~109 行），.rel.dyn 段的重定位程式如範例 29-27 所示。

▼ 範例 29-27 relocate.S 程式碼部分

```
94    ldr r2, =__rel_dyn_start          /* r2 <- SRC &__rel_dyn_start */
95    ldr r3, =__rel_dyn_end            /* r3 <- SRC &__rel_dyn_end */
96 fixloop:
97    ldmiar2!, {r0-r1}                 /* (r0,r1) <- (SRC location,fixup) */
98    and r1, r1, #0xff
99    cmp r1, #23                       /* relative fixup */
100   bne fixnext
101
102   /* relative fix:increase location by offset */
103   add r0, r0, r4
104   ldr r1, [r0]
105   add r1, r1, r4
106   str r1, [r0]
107 fixnext:
108   cmp r2, r3
109   blo fixloop
```

第 94 行，r2=__rel_dyn_start，也就是 .rel.dyn 段的起始位址。

第 95 行，r3=__rel_dyn_end，也就是 .rel.dyn 段的終止位址。

第 97 行，從 .rel.dyn 段起始位址開始，每次讀取兩個 4 位元組的資料存放到 r0 和 r1 暫存器中，r0 存放低 4 位元組的資料，即 Label 位址；r1 存放高 4 位元組的資料，也就是 Label 標識。

第 98 行，r1 中給的值與 0xff 進行與運算，其實就是取 r1 的低 8 位元。

第 99 行判斷 r1 中的值是否等於 23(0x17)。

第 100 行，如果 r1 ≠ 23，則不是描述 Label 的，執行函式 fixnext，否則繼續執行後面的程式。

第 103 行，r0 儲存 Label 值，r4 儲存重定位後的位址偏移，r0+r4 就獲得了重定位後的 Label 值。此時 r0 儲存重定位後的 Label 值，相當於 0x87804198+0x18747000=0x9FF4B198。

第 104 行讀取重定位後 Label 所儲存的變數位址,此時這個變數位址還是重定位前的(相當於 rel_a 重定位前的位址 0x8785DA50),將得到的值放到 r1 暫存器中。

第 105 行,r1+r4 即可得到重定位後的變數位址,相當於 rel_a 重定位後的 0x8785DA50+0x18747000=0x9FFA4A50。

第 106 行,重定位後的變數位址寫入重定位後的 Label 中,相當於設定位址 0x9FF4B198 處的值為 0x9FFA4A50。

第 108 行比較 r2 和 r3,查看 .rel.dyn 段重定位是否完成。

第 109 行,如果 r2 和 r3 不相等,説明 .rel.dyn 重定位還未完成,因此跳到 fixloop 繼續重定位 .rel.dyn 段。

可以看出,uboot 中對 .rel.dyn 段的重定位方法和猜想的一致。.rel.dyn 段的重定位比較複雜,涉及到連結位址和執行位址的問題。

29.2.7 relocate_vectors 函式詳解

relocate_vectors 函式用於重定位向量表,此函式定義在檔案 relocate.S 中,函式原始程式如範例 29-28 所示。

▼ 範例 29-28 relocate.S 程式碼部分

```
27 ENTRY(relocate_vectors)
28
29 #ifdef CONFIG_CPU_V7M
30    /*
31     * On ARMv7-M we only have to write the new vector address
32     * to VTOR register.
33     */
34    ldr r0, [r9, #GD_RELOCADDR]        /* r0 = gd->relocaddr */
35    ldr r1, =V7M_SCB_BASE
36    str r0, [r1, V7M_SCB_VTOR]
37  #else
38  #ifdef CONFIG_HAS_VBAR
```

```
39    /*
40     * If the ARM processor has the security extensions,
41     * use VBAR to relocate the exception vectors.
42     */
43    ldr r0, [r9, #GD_RELOCADDR]        /* r0 = gd->relocaddr  */
44    mcr        p15, 0, r0, c12, c0, 0  /* Set VBAR  */
45 #else
46    /*
47     * Copy the relocated exception vectors to the
48     * correct address
49     * CP15 c1 V bit gives us the location of the vectors:
50     * 0x00000000 or 0xFFFF0000.
51     */
52    ldr r0, [r9, #GD_RELOCADDR]        /* r0 = gd->relocaddr  */
53    mrc p15, 0, r2, c1, c0, 0          /* V bit (bit[13]) in CP15 c1  */
54    andsr2, r2, #(1 << 13)
55    ldreq    r1, =0x00000000           /* If V=0  */
56    ldrne    r1, =0xFFFF0000           /* If V=1  */
57    ldmia    r0!, {r2-r8,r10}
58    stmia    r1!, {r2-r8,r10}
59    ldmia    r0!, {r2-r8,r10}
60    stmia    r1!, {r2-r8,r10}
61    #endif
62    #endif
63    bx  lr
64
65 ENDPROC(relocate_vectors)
```

第 29 行，如果定義了 CONFIG_CPU_V7M，則執行第 30~36 行的程式，
這是 Cortex-M 核心微控制器執行的敘述，因此對 I.MX6ULL 來說是無效的。

第 38 行，如果定義了 CONFIG_HAS_VBAR，則執行此敘述，這個是向量
表偏移，Cortex-A7 是支援向量表偏移的。在 .config 中定義了 CONFIG_HAS_
VBAR，因此會執行這個分支。

第 43 行，r0=gd->relocaddr，也就是重定位後 uboot 的啟始位址，向量
表是從這個位址開始存放的。

第 44 行將 r0 的值寫入 CP15 的 VBAR 暫存器中,將新的向量表啟始位址寫入暫存器 VBAR 中,設定向量表偏移。

29.2.8 board_init_r 函式詳解

講解 board_init_f 函式,在此函式裡面會呼叫一系列的函式來初始化一些外接裝置和 gd 的成員變數。但是 board_init_f 並沒有初始化所有的外接裝置,還需要做一些後續工作,這些後續工作就是由函式 board_init_r 來完成的。board_init_r 函式定義在檔案 common/board_r.c 中,內容如範例 29-29 所示。

▼ 範例 29-29 board_r.c 程式碼部分

```
991  void board_init_r(gd_t *new_gd, ulong dest_addr)
992  {
993  #ifdef CONFIG_NEEDS_MANUAL_RELOC
994   int i;
995  #endif
996
997  #ifdef CONFIG_AVR32
998   mmu_init_r(dest_addr);
999  #endif
1000
1001 #if !defined(CONFIG_X86) && !defined(CONFIG_ARM) && !defined(CONFIG_ARM64)
1002  gd = new_gd;
1003 #endif
1004
1005 #ifdef CONFIG_NEEDS_MANUAL_RELOC
1006  for (i = 0; i < ARRAY_SIZE(init_sequence_r); i++)
1007      init_sequence_r[i] += gd->reloc_off;
1008 #endif
1009
1010  if (initcall_run_list(init_sequence_r))
1011      hang();
1012
1013  /* NOTREACHED - run_main_loop() does not return */
1014  hang();
1015 }
```

第 1010 行呼叫 initcall_run_list 函式來執行初始化序列 init_sequence_r，init_sequence_r 是一個函式集合，init_sequence_r 也定義在檔案 common/board_r.c 中。由於 init_sequence_f 的內容比較長，裡面有大量的條件編譯程式，這裡為了縮小篇幅，將條件編譯部分刪除，去掉條件編譯以後的 init_sequence_r 定義如範例 29-30 所示。

▼ 範例 29-30 board_r.c 程式碼部分

```
1   init_fnc_t init_sequence_r[] = {
2      initr_trace,
3      initr_reloc,
4      initr_caches,
5      initr_reloc_global_data,
6      initr_barrier,
7      initr_malloc,
8      initr_console_record,
9      bootstage_relocate,
10     initr_bootstage,
11     board_init, /* Setup chipselects */
12     stdio_init_tables,
13     initr_serial,
14     initr_announce,
15     INIT_FUNC_WATCHDOG_RESET
16     INIT_FUNC_WATCHDOG_RESET
17     INIT_FUNC_WATCHDOG_RESET
18     power_init_board,
19     initr_flash,
20     INIT_FUNC_WATCHDOG_RESET
21     initr_nand,
22     initr_mmc,
23     initr_env,
24     INIT_FUNC_WATCHDOG_RESET
25     initr_secondary_cpu,
26     INIT_FUNC_WATCHDOG_RESET
27     stdio_add_devices,
28     initr_jumptable,
29     console_init_r,                          /* fully init console as a device */
30     INIT_FUNC_WATCHDOG_RESET
```

```
31    interrupt_init,
32    initr_enable_interrupts,
33    initr_ethaddr,
34    board_late_init,
35    INIT_FUNC_WATCHDOG_RESET
36    INIT_FUNC_WATCHDOG_RESET
37    INIT_FUNC_WATCHDOG_RESET
38    initr_net,
39    INIT_FUNC_WATCHDOG_RESET
40    run_main_loop,
41 };
```

第 2 行，initr_trace 函式，如果定義了巨集 CONFIG_TRACE，則會呼叫函式 trace_init，初始化和偵錯追蹤有關的內容。

第 3 行，initr_reloc 函式用於設定 gd->flags，標記重定位完成。

第 4 行，initr_caches 函式用於初始化 cache，啟動 cache。

第 5 行，initr_reloc_global_data 函式，初始化重定位後 gd 的一些成員變數。

第 6 行，initr_barrier 函式，I.MX6ULL 未用到。

第 7 行，initr_malloc 函式，初始化 malloc。

第 8 行，initr_console_record 函式，初始化主控台相關的內容，I.MX6ULL 未用到，空函式。

第 9 行，bootstage_relocate 函式，啟動狀態重定位。

第 10 行，initr_bootstage 函式，初始化 bootstage。

第 11 行，board_init 函式，電路板等級初始化，包括 74XX 晶片、I2C、FEC、USB 和 QSPI 等。這裡執行的是 mx6ull_alientek_emmc.c 檔案中的 board_init 函式。

第 12 行，stdio_init_tables 函式，stdio 相關初始化。

第 13 行，initr_serial 函式，初始化序列埠。

第 14 行，initr_announce 函式，與偵錯有關，通知已經在 RAM 中執行。

第 18 行，power_init_board 函式，初始化電源晶片，I.MX6ULL 開發板沒有用到。

第 19 行，initr_flash 函式，對於 I.MX6ULL 而言，沒有定義巨集 CONFIG_SYS_NO_FLASH，則 initr_flash 函式才有效。但是，mx6_common.h 中定義了巨集 CONFIG_SYS_NO_FLASH，所以此函式無效。

第 21 行，initr_nand 函式，初始化 NAND，如果使用 NAND 版本核心板，則會初始化 NAND。

第 22 行，initr_mmc 函式，初始化 EMMC，如果使用 EMMC 版本核心板，則會初始化 EMMC，序列埠輸出如圖 29-31 所示資訊。

```
DRAM:   512 MiB
MMC:    FSL_SDHC: 0, FSL_SDHC: 1
```

▲ 圖 29-31 EMMC 資訊輸出

從圖 29-31 可以看出，此時有兩個 EMCM 裝置，FSL_SDHC:0 和 FSL_SDHC:1。

第 23 行，initr_env 函式，初始化環境變數。

第 25 行，initr_secondary_cpu 函式，初始化其他 CPU 核心，I.MX6ULL 只有一個核心，此函式未用。

第 27 行，stdio_add_devices 函式，各種輸入輸出設備的初始化，如 LCD driver。I.MX6ULL 使用 drv_video_init 函式初始化 LCD，會輸出如圖 29-32 所示資訊。

```
Display: ATK-LCD-7-1024x600 (1024x600)
Video: 1024x600x24
```

▲ 圖 29-32 LCD 資訊

第 28 行，initr_jumptable 函式，初始化跳躍表。

第 29 行，console_init_r 函式，主控台初始化，初始化完成以後，此函式會呼叫 stdio_print_current_devices 函式來列印當前的主控台裝置，如圖 29-33 所示。

```
In:     serial
Out:    serial
Err:    serial
```

▲ 圖 29-33 主控台資訊

第 31 行，interrupt_init 函式，初始化中斷。

第 32 行，initr_enable_interrupts 函式，啟動中斷。

第 33 行，initr_ethaddr 函式，初始化網路位址，即獲取 MAC 位址。讀取環境變數 ethaddr 的值。

第 34 行，board_late_init 函式，板子後續初始化，此函式定義在檔案 mx6ull_alientek_emmc.c 中，如果環境變數儲存在 EMMC 或 SD 卡中，此函式會呼叫 board_late_mmc_env_init 初始化 EMMC/SD。會切換到正在使用的 EMMC 裝置，程式如圖 29-34 所示。

```
30  void board_late_mmc_env_init(void)
31  {
32      char cmd[32];
33      char mmcblk[32];
34      u32 dev_no = mmc_get_env_dev();
35
36      if (!check_mmc_autodetect())
37          return;
38
39      setenv_ulong("mmcdev", dev_no);
40
41      /* Set mmcblk env */
42      sprintf(mmcblk, "/dev/mmcblk%dp2 rootwait rw",
43          mmc_map_to_kernel_blk(dev_no));
44      setenv("mmcroot", mmcblk);
45
46      sprintf(cmd, "mmc dev %d", dev_no);
47      run_command(cmd, 0);
48  }
```

▲ 圖 29-34 board_late_mmc_env_init 函式

圖 29-34 中的第 46 行和第 47 行就是執行 mmc dev xx 命令,用於切換到正在使用的 EMMC 裝置,序列埠輸出資訊如圖 29-35 所示。

再回到範例 29-30。

第 38 行,initr_net 函式,初始化網路裝置,函式呼叫順序為 initr_net->eth_initialize->board_eth_init(),序列埠輸出如圖 29-36 所示資訊。

第 40 行,run_main_loop 函式,主迴圈,處理命令。

```
switch to partitions #0, OK
mmc1(part 0) is current device
```

▲ 圖 29-35 切換 MMC 裝置

```
Net:   FEC1
```

▲ 圖 29-36 網路資訊輸出

29.2.9 run_main_loop 函式詳解

uboot 啟動以後會進入 3 秒倒計時,如果在 3 秒倒計時結束之前按下 Enter 鍵,就會進入 uboot 的命令模式,如果倒計時結束以後都沒有按下 Enter 鍵,那麼就會自動啟動 Linux 核心,這個功能是由 run_main_loop 函式來完成的。run_main_loop 函式定義在檔案 common/board_r.c 中,內容如範例 29-31 所示。

▼ 範例 29-31 board_r.c 檔案程式碼部分

```
753 static int run_main_loop(void)
754 {
755   #ifdef CONFIG_SANDBOX
756     sandbox_main_loop_init();
757   #endif
758
759   for (;;)
760     main_loop();
761   return 0;
762 }
```

第 759 行和第 760 行是個無窮迴圈，for(;;) 和 while(1) 功能一樣，無窮迴圈中就一個 main_loop 函式，main_loop 函式定義在檔案 common/main.c 中，內容如範例 29-32 所示。

▼ 範例 29-32 main.c 檔案程式碼部分

```
44 void main_loop(void)
45 {
46     const char *s;
47
48     bootstage_mark_name(BOOTSTAGE_ID_MAIN_LOOP, "main_loop");
49
50 #ifndef CONFIG_SYS_GENERIC_BOARD
51     puts("Warning:Your board does not use generic board. Please
          read\n");
52     puts("doc/README.generic-board and take action. Boards not\n");
53     puts("upgraded by the late 2014 may break or be removed.\n");
54 #endif
55
56 #ifdef CONFIG_VERSION_VARIABLE
57     setenv("ver", version_string);      /* set version variable */
58 #endif /* CONFIG_VERSION_VARIABLE */
59
60     cli_init();
61
62     run_preboot_environment_command();
63
64 #if defined(CONFIG_UPDATE_TFTP)
65     update_tftp(0UL, NULL, NULL);
66     #endif /* CONFIG_UPDATE_TFTP */
67
68     s = bootdelay_process();
69     if (cli_process_fdt(&s))
70         cli_secure_boot_cmd(s);
71
72     autoboot_command(s);
73
74     cli_loop();
75 }
```

第 48 行呼叫 bootstage_mark_name 函式，列印啟動進度。

第 57 行，如 果 定 義 了 巨 集 CONFIG_VERSION_VARIABLE, 則 會 執 行 setenv 函式，設定變數 ver 的值為 version_string，也就是設定版本編號環境變數。version_string 定義在檔案 cmd/version.c 中，定義如下所示。

```
const char __weak version_string[] = U_BOOT_VERSION_STRING;
```

U_BOOT_VERSION_STRING 是個巨集，定義在檔案 include/version.h 中，如下所示。

```
#define U_BOOT_VERSION_STRING U_BOOT_VERSION " (" U_BOOT_DATE " - " \
U_BOOT_TIME " " U_BOOT_TZ ")" CONFIG_IDENT_STRING
```

U_BOOT_VERSION 定義在檔案 include/generated/version_autogenerated.h 中，檔案 version_autogenerated.h 部分內容如範例 29-33 所示。

▼ 範例 29-33 version_autogenerated.h 檔案程式

```
1 #define PLAIN_VERSION "2016.03"
2 #define U_BOOT_VERSION "U-Boot " PLAIN_VERSION
3 #define CC_VERSION_STRING "arm-poky-linux-gnueabi-gcc (GCC) 5.3.0"
4 #define LD_VERSION_STRING "G GNU ld (GNU Binutils) 2.26.0.20160214"
```

可 以 看 出，U_BOOT_VERSION 為 U-boot 2016.03，U_BOOT_DATE、U_BOOT_TIME 和 U_BOOT_TZ 定 義 在 檔 案 include/generated/timestamp_autogenerated.h 中，如範例 29-34 所示（範例 29-33 中的日期為具體編譯時間，由於核心在不斷地更新，應以實際時間為準）。

▼ 範例 29-34 timestamp_autogenerated.h 檔案程式

```
1 #define U_BOOT_DATE "Mar 29 2021"
2 #define U_BOOT_TIME "15:59:40"
3 #define U_BOOT_TZ "+0800"
4 #define U_BOOT_DMI_DATE "03/29/2021"
```

巨集 CONFIG_IDENT_STRING 為空，所以 U_BOOT_VERSION_STRING
為 U-Boot 2016.03（Apr 25 2019 - 21:10:53 +0800），進入 uboot 命令模式，
輸入命令 version 查看版本編號，如圖 29-37 所示。

```
U-Boot 2016.03-ge468cdc (Mar 29 2021 - 15:59:40 +0800)
arm-poky-linux-gnueabi-gcc (GCC) 5.3.0
GNU ld (GNU Binutils) 2.26.0.20160214
=>
```

▲ 圖 29-37　版本查詢

圖 29-37 中的第一行就是 uboot 版本編號。

接著回到範例 29-32 中。第 60 行，cli_init 函式，跟命令初始化有關，初始
化 hush shell 相關的變數。

第 62 行，run_preboot_environment_command 函式，獲取環境變數
perboot 的內容，perboot 是一些預啟動命令，一般不使用這個環境變數。

第 68 行，bootdelay_process 函式，此函式會讀取環境變數 bootdelay 和
bootcmd 的內容，然後將 bootdelay 的值賦值給全域變數 stored_bootdelay，
傳回值為環境變數 bootcmd 的值。

第 69 行，如果定義了 CONFIG_OF_CONTROL，則 cli_process_fdt 函式
就會實現，否則 cli_process_fdt 函式直接傳回 false。在本 uboot 中沒有定義
CONFIG_OF_CONTROL，因此 cli_process_fdt 函式傳回值為 false。

第 72 行，autoboot_command 函式，此函式檢查倒計時是否結束，倒計
時結束之前是否被打斷。此函式定義在檔案 common/autoboot.c 中，內容如範
例 29-35 所示。

▼ 範例 29-35　auboboot.c 檔案程式碼部分

```
380 void autoboot_command(const char *s)
381 {
382   debug("### main_loop:bootcmd=\"%s\"\n", s ? s :"<UNDEFINED>");
383
384   if (stored_bootdelay != -1 && s && !abortboot(stored_bootdelay)) {
385 #if defined(CONFIG_AUTOBOOT_KEYED) && !defined(CONFIG_AUTOBOOT_KEYED_CTRLC)
```

```
386        int prev = disable_ctrlc(1);      /* disable Control C checking */
387 #endif
388
389        run_command_list(s, -1, 0);
390
391 #if defined(CONFIG_AUTOBOOT_KEYED)
&& !defined(CONFIG_AUTOBOOT_KEYED_CTRLC)
392        disable_ctrlc(prev);              /* restore Control C checking */
393 #endif
394    }
395
396 #ifdef CONFIG_MENUKEY
397    if (menukey == CONFIG_MENUKEY) {
398        s = getenv("menucmd");
399        if (s)
400            run_command_list(s, -1, 0);
401    }
402 #endif /* CONFIG_MENUKEY */
403 }
```

　　autoboot_command 函式中有很多條件編譯，條件編譯一多就不利於閱讀程式（所以正點原子的常式基本不用條件編譯，就是為了方便大家閱讀原始程式）。CONFIG_AUTOBOOT_KEYED、CONFIG_AUTOBOOT_KEYED_CTRLC 和 CONFIG_MENUKEY 這 3 個巨集在 I.MX6ULL 中沒有定義，精簡後得到如範例 29-36 所示程式。

▼ 範例 29-36 autoboot_command 函式精簡版本

```
1 void autoboot_command(const char *s)
2 {
3    if (stored_bootdelay != -1 && s && !abortboot(stored_bootdelay)) {
4        run_command_list(s, -1, 0);
5    }
6 }
```

　　當以下 3 個條件全部成立，則執行 run_command_list 函式。

（1）stored_bootdelay ≠ -1。

（2）s 不為空。

（3）abortboot 函式傳回值為 0。

　　stored_bootdelay 等於環境變數 bootdelay 的值；s 是環境變數 bootcmd 的值，一般不為空，因此前兩個成立，就剩下了 abortboot 函式的傳回值。abortboot 函式也定義在檔案 common/autoboot.c 中，內容如範例 29-37 所示。

▼ 範例 29-37　abortboot 函式

```
283 static int abortboot(int bootdelay)
284 {
285 #ifdef CONFIG_AUTOBOOT_KEYED
286   return abortboot_keyed(bootdelay);
287 #else
288   return abortboot_normal(bootdelay);
289 #endif
290 }
```

　　因為巨集 CONFIG_AUTOBOOT_KEYE 未定義，因此執行 abortboot_normal 函式。接著來看 abortboot_normal 函式，此函式也定義在檔案 common/autoboot.c 中，內容如範例 29-38 所示。

▼ 範例 29-38　abortboot_normal 函式

```
225 static int abortboot_normal(int bootdelay)
226 {
227   int abort = 0;
228   unsigned long ts;
229
230 #ifdef CONFIG_MENUPROMPT
231   printf(CONFIG_MENUPROMPT);
232 #else
233   if (bootdelay >= 0)
234     printf("Hit any key to stop autoboot:%2d ", bootdelay);
235 #endif
236
237 #if defined CONFIG_ZERO_BOOTDELAY_CHECK
238   /*
```

```
239    * Check if key already pressed
240    * Don't check if bootdelay < 0
241    */
242   if (bootdelay >= 0) {
243       if (tstc()) {                    /* we got a key press */
244           (void) getc();               /* consume input */
245           puts("\b\b\b 0");
246           abort = 1;                   /* don't auto boot */
247       }
248   }
249 #endif
250
251   while ((bootdelay > 0) && (!abort)) {
252       --bootdelay;
253       /* delay 1000 ms */
254       ts = get_timer(0);
255       do {
256           if (tstc()) {/* we got a key press */
257               abort= 1;/* don't auto boot */
258               bootdelay = 0;/* no more delay */
259 # ifdef CONFIG_MENUKEY
260               menukey = getc();
261 # else
262               (void) getc();/* consume input */
263 # endif
264               break;
265           }
266           udelay(10000);
267       } while (!abort && get_timer(ts) < 1000);
268
269       printf("\b\b\b%2d ", bootdelay);
270   }
271
272   putc('\n');
273
274 #ifdef CONFIG_SILENT_CONSOLE
275   if (abort)
276       gd->flags &= ~GD_FLG_SILENT;
277 #endif
```

```
278
279    return abort;
280 }
```

abortboot_normal 函式同樣有很多條件編譯，刪除掉條件編譯相關程式後，abortboot_normal 函式內容如範例 29-39 所示。

▼ 範例 29-39　abortboot_normal 函式精簡版本

```
1  static int abortboot_normal(int bootdelay)
2  {
3      int abort = 0;
4      unsigned long ts;
5
6      if (bootdelay >= 0)
7          printf("Hit any key to stop autoboot:%2d ", bootdelay);
8
9      while ((bootdelay > 0) && (!abort)) {
10         --bootdelay;
11         /* delay 1000 ms */
12         ts = get_timer(0);
13         do {
14             if (tstc()) {              /* we got a key press */
15                 abort= 1;              /* don't auto boot */
16                 bootdelay = 0;         /* no more delay */
17                 (void) getc();         /* consume input */
18                 break;
19             }
20             udelay(10000);
21         } while (!abort && get_timer(ts) < 1000);
22
23         printf("\b\b\b%2d ", bootdelay);
24     }
25     putc('\n');
26     return abort;
27 }
```

第 3 行的變數 abort 是 abortboot_normal 函式的傳回值，預設值為 0。

　　第 7 行透過序列埠輸出「Hit any key to stop autoboot」字樣，如圖 29-38 所示。

```
Hit any key to stop autoboot:  0
=>
```

▲ 圖 29-38 倒計時

　　第 9~21 行就是倒計時的具體實現。

　　第 14 行判斷鍵盤是否按下，即是否打斷了倒計時，如果鍵盤按下則執行對應的分支。比如設定 abort 為 1，設定 bootdelay 為 0 等，最後跳出倒計時迴圈。

　　第 26 行傳回 abort 的值，如果倒計時自然結束，沒有被打斷則 abort 就為 0，否則 abort 的值為 1。

　　範例 29-36 的 autoboot_command 函式中，如果倒計時自然結束就執行 run_command_list 函式，此函式會執行參數 s 指定的一系列命令，也就是環境變數 bootcmd 的命令。bootcmd 裡儲存著預設的啟動命令，所以 Linux 核心啟動，這個就是 uboot 中倒計時結束後自動啟動 Linux 核心的原理。如果倒計時結束之前按下了鍵盤上的按鍵，那麼 run_command_list 函式就不會執行，相當於 autoboot_command 是個空函式。

　　範例 29-32 中的 main_loop 函式中，如果倒計時結束之前按下按鍵，則執行第 74 行的 cli_loop 函式，這個就是命令處理函式，負責接收和處理輸入的命令。

29.2.10　cli_loop 函式詳解

　　cli_loop 函式是 uboot 的命令列處理函式，我們在 uboot 中輸入各種命令，進行各種操作就是由 cli_loop 來處理的，此函式定義在檔案 common/cli.c 中，函式內容如範例 29-40 所示。

▼ 範例 29-40　cli.c 檔案程式碼部分

```
202 void cli_loop(void)
203 {
```

```
204 #ifdef CONFIG_SYS_HUSH_PARSER
205   parse_file_outer();
206   /* This point is never reached */
207   for (;;);
208 #else
209   cli_simple_loop();
210 #endif /*CONFIG_SYS_HUSH_PARSER*/
211 }
```

在檔案 include/configs/mx6_common.h 中定義巨集 CONFIG_SYS_HUSH_
PARSER，而 I.MX6ULL 開發板設定標頭檔 mx6ullevk.h 裡面會引用 mx_common.
h 這個標頭檔案，因此巨集 CONFIG_SYS_HUSH_PARSER 已定義。

第 205 行呼叫函式 parse_file_outer。

第 207 行是個無窮迴圈，永遠不會執行到這裡。

parse_file_outer 函式定義在檔案 common/cli_hush.c 中，去掉條件編譯
內容以後的函式內容如範例 29-41 所示。

▼ 範例 29-41 parse_file_outer 函式精簡版

```
1 int parse_file_outer(void)
2 {
3     int rcode;
4     struct in_str input;
5
6     setup_file_in_str(&input);
7     rcode = parse_stream_outer(&input, FLAG_PARSE_SEMICOLON);
8     return rcode;
9 }
```

第 3 行呼叫 setup_file_in_str 函式來初始化變數 input 的成員變數。

第 4 行呼叫 parse_stream_outer 函式，這個函式就是 hush shell 的命令
直譯器，負責接收命令列輸入，然後解析並執行對應的命令。parse_stream_
outer 函式定義在檔案 common/cli_hush.c 中，精簡版的函式內容如範例 29-42
所示。

▼ 範例 29-42 parse_stream_outer 函式精簡版

```
1  static int parse_stream_outer(struct in_str *inp, int flag)
2  {
3  struct p_context ctx;
4  o_string temp=NULL_O_STRING;
5  int rcode;
6  int code = 1;
7  do {
8     ...
9     rcode = parse_stream(&temp, &ctx, inp,
10        flag & FLAG_CONT_ON_NEWLINE ? -1 :'\n');
11     ...
12     if (rcode != 1 && ctx.old_flag == 0) {
13        ...
14        run_list(ctx.list_head);
15        ...
16     } else {
17        ...
18     }
19     b_free(&temp);
20  /* loop on syntax errors, return on EOF */
21  } while (rcode != -1 && !(flag & FLAG_EXIT_FROM_LOOP) &&
22     (inp->peek != static_peek || b_peek(inp)));
23  return 0;
24  }
```

第 7~21 行中的 do-while 迴圈處理輸入命令。

第 9 行呼叫 parse_stream 函式進行命令解析。

第 14 行呼叫 run_list 函式來執行解析出來的命令。

run_list 函式會經過一系列的函式呼叫，最終呼叫 cmd_process 函式來處理命令，過程如範例 29-43 所示。

▼ 範例 29-43 run_list 執行流程

```
1  static int run_list(struct pipe *pi)
2  {
```

```
3    int rcode=0;
4
5    rcode = run_list_real(pi);
6    ...
7    return rcode;
8  }
9
10  static int run_list_real(struct pipe *pi)
11 {
12       char *save_name = NULL;
13    ...
14    int if_code=0, next_if_code=0;
15    ...
16    rcode = run_pipe_real(pi);
17    ...
18    return rcode;
19 }
20
21 static int run_pipe_real(struct pipe *pi)
22 {
23    int i;
24
25    int nextin;
26    int flag = do_repeat ? CMD_FLAG_REPEAT :0;
27    struct child_prog *child;
28    char *p;
29    ...
30    if (pi->num_progs == 1) child = & (pi->progs[0]);
31       ...
32       return rcode;
33    } else if (pi->num_progs == 1 && pi->progs[0].argv != NULL) {
34       ...
35       /* Process the command */
36       return cmd_process(flag, child->argc, child->argv,
37             &flag_repeat, NULL);
38    }
39
40    return -1;
41 }
```

第 5 行，run_list 函式呼叫 run_list_real 函式。

第 16 行，run_list_real 函式呼叫 run_pipe_real 函式。

第 36 行，run_pipe_real 函式呼叫 cmd_process 函式。

最終透過 cmd_process 函式來處理命令。

29.2.11 cmd_process 函式詳解

在學習 cmd_process 之前，先看一下 uboot 中命令是如何定義的。uboot 使用巨集 U_BOOT_CMD 來定義命令，巨集 U_BOOT_CMD 定義在檔案 include/command.h 中，其定義如範例 29-44 所示。

▼ 範例 29-44 U_BOOT_CMD 巨集定義

```
#define U_BOOT_CMD(_name, _maxargs, _rep, _cmd, _usage, _help)    \
    U_BOOT_CMD_COMPLETE(_name, _maxargs, _rep, _cmd, _usage, _help, NULL)
```

可以看出 U_BOOT_CMD 是 U_BOOT_CMD_COMPLETE 的特例，將 U_BOOT_CMD_COMPLETE 的最後一個參數設定成 NULL，即 U_BOOT_CMD。U_BOOT_CMD_COMPLETE 巨集定義如範例 29-45 所示。

▼ 範例 29-45 U_BOOT_CMD_COMPLETE 巨集定義

```
#define U_BOOT_CMD_COMPLETE(_name, _maxargs, _rep, _cmd, _usage, _help, _comp) \
    ll_entry_declare(cmd_tbl_t, _name, cmd) =\
        U_BOOT_CMD_MKENT_COMPLETE(_name, _maxargs, _rep, _cmd, _usage, _help, _comp);
```

巨集 U_BOOT_CMD_COMPLETE 又用到了 ll_entry_declare 和 U_BOOT_CMD_MKENT_COMPLETE。ll_entry_declare 定義在檔案 include/linker_lists.h 中，其定義如範例 29-46 所示。

▼ 範例 29-46 ll_entry_declare 巨集定義

```
#define ll_entry_declare(_type, _name, _list)       \
    _type _u_boot_list_2_##_list##_2_##_name __aligned(4)           \
        __attribute__((unused, section(".u_boot_list_2_"#_list"_2_"#_name)))
```

_type 為 cmd_tbl_t，因此 ll_entry_declare 定義了一個 cmd_tbl_t 變數，這裡用到了 C 語言中的 ## 連接子。其中的 ##_list 表示用 _list 的值來替換，##_name 就是用 _name 的值來替換。

巨集 U_BOOT_CMD_MKENT_COMPLETE 定義在檔案 include/command.h 中，其內容如範例 29-47 所示。

▼ 範例 29-47 U_BOOT_CMD_MKENT_COMPLETE 巨集定義

```
#define U_BOOT_CMD_MKENT_COMPLETE(_name, _maxargs, _rep, _cmd, _usage, _help, _comp) \
    { #_name, _maxargs, _rep, _cmd, _usage, _CMD_HELP(_help) _CMD_COMPLETE(_comp) }
```

上述程式中的 # 表示將 _name 傳遞過來的值字串化，U_BOOT_CMD_MKENT_COMPLETE 又用到了巨集 _CMD_HELP 和 _CMD_COMPLETE，這兩個巨集的定義如範例 29-48 所示。

▼ 範例 29-48 _CMD_HELP 和 _CMD_COMPLETE 巨集定義

```
 1  #ifdef CONFIG_AUTO_COMPLETE
 2  # define _CMD_COMPLETE(x) x,
 3  #else
 4  # define _CMD_COMPLETE(x)
 5  #endif
 6  #ifdef CONFIG_SYS_LONGHELP
 7  # define _CMD_HELP(x) x,
 8  #else
 9  # define _CMD_HELP(x)
10  #endif
```

如果定義了巨集 CONFIG_AUTO_COMPLETE 和 CONFIG_SYS_LONGHELP，則 _CMD_COMPLETE 和 _CMD_HELP 就是取自身的值，然後再加上一個 CONFIG_AUTO_COMPLETE 和 CONFIG_SYS_LONGHELP 這兩個巨集定義在檔案 mx6_common.h 中。

巨集 U_BOOT_CMD 的流程已經清楚，以一個具體的命令為例，來看 U_BOOT_CMD 經過展開以後是何模樣。以命令 dhcp 為例，dhcp 命令定義如範例 29-49 所示。

▼ 範例 29-49　dhcp 命令巨集定義

```
U_BOOT_CMD(
    dhcp,3,1,do_dhcp,
    "boot image via network using DHCP/TFTP protocol",
    "[loadAddress] [[hostIPaddr:]bootfilename]"
);
```

　　將其展開，結果如範例 29-50 所示。

▼ 範例 29-50　dhcp 命令展開

```
U_BOOT_CMD(
    dhcp,3,1,do_dhcp,
    "boot image via network using DHCP/TFTP protocol",
    "[loadAddress] [[hostIPaddr:]bootfilename]"
); /* 1. 將 U_BOOT_CMD 展開後為：*/
U_BOOT_CMD_COMPLETE(dhcp, 3, 1, do_dhcp,
        "boot image via network using DHCP/TFTP protocol",
        "[loadAddress] [[hostIPaddr:]bootfilename]",
        NULL)
/* 2. 將 U_BOOT_CMD_COMPLETE 展開後為：*/
ll_entry_declare(cmd_tbl_t, dhcp, cmd) =       \
U_BOOT_CMD_MKENT_COMPLETE(dhcp, 3, 1, do_dhcp,    \
        "boot image via network using DHCP/TFTP protocol", \
        "[loadAddress] [[hostIPaddr:]bootfilename]", \
        NULL);
/* 3. 將 ll_entry_declare 和 U_BOOT_CMD_MKENT_COMPLETE 展開後為：*/
cmd_tbl_t _u_boot_list_2_cmd_2_dhcp __aligned(4)  \
    __attribute__((unused,section(.u_boot_list_2_cmd_2_dhcp))) \
    { "dhcp", 3, 1, do_dhcp,     \
     "boot image via network using DHCP/TFTP protocol", \
     "[loadAddress] [[hostIPaddr:]bootfilename]",\
    NULL}
```

　　從範例 29-50 可以看出，dhcp 命令最終展開結果如範例 29-51 所示。

▼ 範例 29-51 dhcp 命令最終結果

```
1  cmd_tbl_t _u_boot_list_2_cmd_2_dhcp __aligned(4)\
2    __attribute__((unused,section(.u_boot_list_2_cmd_2_dhcp))) \
3    { "dhcp", 3, 1, do_dhcp,\
4    "boot image via network using DHCP/TFTP protocol", \
5    "[loadAddress] [[hostIPaddr:]bootfilename]",\
6    NULL}
```

第 1 行定義了一個 cmd_tbl_t 類型的變數，變數名稱為 _u_boot_list_2_ cmd_2_dhcp，此變數 4B 對齊。

第 2 行，使用 __attribute__ 關鍵字設定變數 _u_boot_list_2_cmd_2_ dhcp，儲存在 .u_boot_list_2_cmd_2_dhcp 段中。u-boot.lds 連結腳本中有一個名為 .u_boot_list 的段，所有 .u_boot_list 開頭的段都存放到 .u_boot.list 中，如圖 29-39 所示。

```
21  . = ALIGN(4);
22  . = .;
23  . = ALIGN(4);
24  .u_boot_list : {
25   KEEP(*(SORT(.u_boot_list*)));
26  }
```

▲ 圖 29-39 u-boot.lds 中的 .u_boot_list 段

因此，第 2 行就是設定變數 _u_boot_list_2_cmd_2_dhcp 的儲存位置。

第 3~6 行，cmd_tbl_t 是個結構，因此第 3~6 行在初始化 cmd_tbl_t 結構的各個成員變數。cmd_tbl_t 結構定義在檔案 include/command.h 中，其內容如範例 29-52 所示。

▼ 範例 29-52 cmd_tbl_t 結構

```
30 struct cmd_tbl_s {
31   char *name;                        /* Command Name */
32   int maxargs;                       /* maximum number of arguments */
33   int repeatable;                    /* autorepeat allowed? */
34                                      /* Implementation function */
35   int (*cmd)(struct cmd_tbl_s *, int, int, char * const []);
```

```
36   char        *usage;                      /* Usage message(short) */
37 #ifdef CONFIG_SYS_LONGHELP
38   char        *help;                       /* Helpmessage(long) */
39 #endif
40 #ifdef CONFIG_AUTO_COMPLETE
41              /* do auto completion on the arguments */
42  int (*complete)(int argc, char * const argv[], char last_char, int maxv, char
*cmdv[]);
43 #endif
44 };
45
46 typedef struct cmd_tbl_s cmd_tbl_t;
```

結合範例 29-51，可以得出變數 _u_boot_list_2_cmd_2_dhcp 的各個成員值，如下所示。

```
_u_boot_list_2_cmd_2_dhcp.name = "dhcp"
_u_boot_list_2_cmd_2_dhcp.maxargs = 3
_u_boot_list_2_cmd_2_dhcp.repeatable = 1
_u_boot_list_2_cmd_2_dhcp.cmd = do_dhcp
_u_boot_list_2_cmd_2_dhcp.usage = "boot image via network using DHCP/TFTP protocol"
_u_boot_list_2_cmd_2_dhcp.help ="[loadAddress] [[hostIPaddr:]bootfilename]"
_u_boot_list_2_cmd_2_dhcp.complete = NULL
```

當在 uboot 的命令列中輸入 dhcp 這個命令時，最終執行 do_dhcp 這個函式。複習如下：uboot 中使用 U_BOOT_CMD 來定義一個命令，最終目的就是為了定義一個 cmd_tbl_t 類型的變數，並初始化這個變數的各個成員；uboot 中的每個命令都儲存在 .u_boot_list 段中，每個命令都有一個名為 do_xxx（xxx 為具體的命令名稱）的函式，這個 do_xxx 函式就是具體的命令處理函式。

了解了 uboot 中命令的組成以後，再來看 cmd_process 函式的處理過程。cmd_process 函式定義在檔案 common/command.c 中，函式內容如範例 29-53 所示。

▼ 範例 29-53 command.c 檔案程式碼部分

```
500 enum command_ret_t cmd_process(int flag, int argc,
501             char * const argv[],int *repeatable, ulong *ticks)
502 {
503   enum command_ret_t rc = CMD_RET_SUCCESS;
504   cmd_tbl_t *cmdtp;
505
506   /* Look up command in command table */
507   cmdtp = find_cmd(argv[0]);
508   if (cmdtp == NULL) {
509       printf("Unknown command '%s' - try 'help'\n", argv[0]);
510       return 1;
511 }
512
513   /* found - check max args */
514   if (argc > cmdtp->maxargs)
515       rc = CMD_RET_USAGE;
516
517 #if defined(CONFIG_CMD_BOOTD)
518   /* avoid "bootd" recursion */
519   else if (cmdtp->cmd == do_bootd) {
520       if (flag & CMD_FLAG_BOOTD) {
521           puts("'bootd' recursion detected\n");
522           rc = CMD_RET_FAILURE;
523       } else {
524           flag |= CMD_FLAG_BOOTD;
525       }
526   }
527 #endif
528
529   /* If OK so far, then do the command */
530   if (!rc) {
531       if (ticks)
532           *ticks = get_timer(0);
533       rc = cmd_call(cmdtp, flag, argc, argv);
534       if (ticks)
535           *ticks = get_timer(*ticks);
536       *repeatable &= cmdtp->repeatable;
537   }
```

```
538    if (rc == CMD_RET_USAGE)
539        rc = cmd_usage(cmdtp);
540    return rc;
541 }
```

第 507 行呼叫 find_cmd 函式在命令表中找到指定的命令，find_cmd 函式內容如範例 29-54 所示。

▼ 範例 29-54 command.c 檔案程式碼部分

```
118 cmd_tbl_t *find_cmd(const char *cmd)
119 {
120   cmd_tbl_t *start = ll_entry_start(cmd_tbl_t, cmd);
121   const int len = ll_entry_count(cmd_tbl_t, cmd);
122   return find_cmd_tbl(cmd, start, len);
123 }
```

參數 cmd 就是所查詢的命令名稱，uboot 中的命令表就是 cmd_tbl_t 結構陣列，透過 ll_entry_start 函式得到陣列的第一個元素，也就是命令表起始位址。透過 ll_entry_count 函式得到陣列長度，也就是命令表的長度。最終透過 find_cmd_tbl 函式在命令表中找到所需的命令，每個命令都有一個 name 成員，將參數 cmd 與命令表中每個成員的 name 欄位都對比一遍，如果相等則找到了這個命令，否則傳回這個命令。

回到範例 29-53 的 cmd_process 函式中，找到命令以後就要執行這個命令，第 533 行呼叫 cmd_call 函式來執行具體的命令，cmd_call 函式內容如範例 29-55 所示。

▼ 範例 29-55 command.c 檔案程式碼部分

```
490 static int cmd_call(cmd_tbl_t *cmdtp, int flag, int argc,
char * const argv[])
491 {
492   int result;
493
494   result = (cmdtp->cmd)(cmdtp, flag, argc, argv);
495   if (result)
```

```
496        debug("Command failed, result=%d\n", result);
497    return result;
498 }
```

在前面的分析中知道，cmd_tbl_t 的 cmd 成員就是具體的命令處理函式，所以第 494 行呼叫 cmdtp 的 cmd 成員來處理具體的命令，傳回值為命令的執行結果。

cmd_process 中會檢測 cmd_tbl 的傳回值，如果傳回值為 CMD_RET_USAGE，則呼叫 cmd_usage 函式輸出命令的用法，其實就是輸出 cmd_tbl_t 的 usage 成員變數。

29.3 │ bootz 啟動 Linux 核心過程

29.3.1 images 全域變數

不管是 bootz 還是 bootm 命令，在啟動 Linux 核心時都會用到一個重要的全域變數 images。images 在檔案 cmd/bootm.c 中有如範例 29-56 所示定義。

▼ 範例 29-56 images 全域變數

```
43 bootm_headers_t images;           /* pointers to os/initrd/fdt images */
```

images 是 bootm_headers_t 類型的全域變數，bootm_headers_t 是 boot 標頭結構，在檔案 include/image.h 中的定義如範例 29-57 所示（刪除了一些條件編譯程式）。

▼ 範例 29-57 bootm_headers_t 結構

```
304 typedef struct bootm_headers {
305    /*
306     * Legacy os image header, if it is a multi component image
307     * then boot_get_ramdisk() and get_fdt() will attempt to get
308     * data from second and third component accordingly.
309     */
```

```
310     image_header_t*legacy_hdr_os;                    /* image header pointer */
311     image_header_tlegacy_hdr_os_copy;    /* header copy */
312     ulonglegacy_hdr_valid;
313
...
333
334 #ifndef USE_HOSTCC
335     image_info_t os;                    /* OS 鏡像資訊 */
336     ulong      ep;                      /* OS 進入點 */
337
338     ulong      rd_start, rd_end;        /* ramdisk 開始和結束位置 */
339
340     char       *ft_addr;                /* 裝置樹位址  */
341     ulong      ft_len;                  /* 裝置樹長度  */
342
343     ulong      initrd_start;            /* initrd 開始位置 */
344     ulong      initrd_end;              /* initrd 結束位置  */
345     ulong      cmdline_start;           /* cmdline 開始位置  */
346     ulong      cmdline_end;             /* cmdline 結束位置  */
347     bd_t       *kbd;
348 #endif
349
350     intverify;/* getenv("verify")[0] != 'n' */
351
352 #define BOOTM_STATE_START           (0x00000001)
353 #define BOOTM_STATE_FINDOS          (0x00000002)
354 #define BOOTM_STATE_FINDOTHER       (0x00000004)
355 #define BOOTM_STATE_LOADOS          (0x00000008)
356 #define BOOTM_STATE_RAMDISK         (0x00000010)
357 #define BOOTM_STATE_FDT             (0x00000020)
358 #define BOOTM_STATE_OS_CMDLINE      (0x00000040)
359 #define BOOTM_STATE_OS_BD_T         (0x00000080)
360 #define BOOTM_STATE_OS_PREP         (0x00000100)
361 #define BOOTM_STATE_OS_FAKE_GO      (0x00000200)/*'Almost' run the OS*/
362 #define BOOTM_STATE_OS_GO           (0x00000400)
363     int state;
364
365 #ifdef CONFIG_LMB
366     struct lmblmb;                      /* 記憶體管理相關，不深入研究 */
367 #endif
368 } bootm_headers_t;
```

第 335 行的 os 成員變數是 image_info_t 類型的,為系統鏡像資訊。

第 352~362 行這 11 個巨集定義表示 BOOT 的不同階段。

接下來看一下結構 image_info_t,也就是系統鏡像資訊結構,此結構在檔案 include/image.h 中的定義如範例 29-58 所示。

▼ 範例 29-58 image_info_t 結構

```
292 typedef struct image_info {
293   ulong     start, end;              /* blob 開始和結束位置 */
294   ulong     image_start, image_len;   /* 鏡像起始位址 (包括 blob) 和長度 */
295   ulong     load;                    /* 系統鏡像載入位址 */
296   uint8_t   comp, type, os;          /* 鏡像壓縮、類型,OS 類型 */
297   uint8_    tarch;                   /* CPU 架構 */
298 } image_info_t;
```

全域變數 images 會在 bootz 命令的執行中頻繁使用到,相當於 Linux 核心啟動的靈魂。

29.3.2 do_bootz 函式

bootz 命令的執行函式為 do_bootz,在檔案 cmd/bootm.c 中有如範例 29-59 所示定義。

▼ 範例 29-59 do_bootz 函式

```
622 int do_bootz(cmd_tbl_t *cmdtp, int flag, int argc, char * const argv[])
623 {
624   int ret;
625
626   /* Consume 'bootz' */
627   argc--; argv++;
628
629   if (bootz_start(cmdtp, flag, argc, argv, &images))
630     return 1;
631
632   /*
```

```
633    * We are doing the BOOTM_STATE_LOADOS state ourselves, so must
634    * disable interrupts ourselves
635    */
636    bootm_disable_interrupts();
637
638    images.os.os = IH_OS_LINUX;
639    ret = do_bootm_states(cmdtp, flag, argc, argv,
640              BOOTM_STATE_OS_PREP | BOOTM_STATE_OS_FAKE_GO |
641              BOOTM_STATE_OS_GO,
642              &images, 1);
643
644    return ret;
645 }
```

第 629 行呼叫 bootz_start 函式，bootz_start 函式執行過程參考 29.3.3 節。

第 636 行呼叫 bootm_disable_interrupts 函式，關閉中斷。

第 638 行設定 images.os.os 為 IH_OS_LINUX，也就是設定系統鏡像為 Linux，表示要啟動的是 Linux 系統。後面會用到 images.os.os 來挑選具體的啟動函式。

第 639 行呼叫 do_bootm_states 函式來執行不同的 BOOT 階段，這裡要執行的 BOOT 階段有 BOOTM_STATE_OS_PREP、BOOTM_STATE_OS_FAKE_GO 和 BOOTM_STATE_OS_GO。

29.3.3 bootz_start 函式

bootz_srart 函式也定義在檔案 cmd/bootm.c 中，函式內容如範例 29-60 所示。

▼ 範例 29-60 bootz_start 函式

```
578 static int bootz_start(cmd_tbl_t *cmdtp, int flag, int argc,
579              char * const argv[], bootm_headers_t *images)
580 {
581   int ret;
582   ulong zi_start, zi_end;
```

```
583
584    ret = do_bootm_states(cmdtp, flag, argc, argv,
585                       BOOTM_STATE_START,images, 1);
586
587    /* Setup Linux kernel zImage entry point */
588    if (!argc) {
589        images->ep = load_addr;
590        debug("*kernel:default image load address = 0x%08lx\n",
591              load_addr);
592    } else {
593        images->ep = simple_strtoul(argv[0], NULL, 16);
594        debug("*kernel:cmdline image address = 0x%08lx\n",
595              images->ep);
596    }
597
598    ret = bootz_setup(images->ep, &zi_start, &zi_end);
599    if (ret != 0)
600        return 1;
601
602    lmb_reserve(&images->lmb, images->ep, zi_end - zi_start);
603
604    /*
605     * Handle the BOOTM_STATE_FINDOTHER state ourselves as we do not
606     * have a header that provide this informaiton.
607     */
608    if (bootm_find_images(flag, argc, argv))
609        return 1;
610
......
619    return 0;
620 }
```

第 584 行呼叫 do_bootm_states 函式執行 BOOTM_STATE_START 階段。

第 593 行設定 images 的 ep 成員變數，也就是系統鏡像的進入點，使用 bootz 命令啟動系統時就會設定系統在 DRAM 中的儲存位置。這個儲存位置就是系統鏡像的進入點，因此 images->ep=0x80800000。

第 598 行呼叫 bootz_setup 函式，此函式會判斷當前的系統鏡像檔案是否為 Linux 的鏡像檔案，並且會列印出鏡像相關資訊。

第 608 行呼叫 bootm_find_images 函式查詢 ramdisk 和裝置樹（dtb）檔案，但是我們沒有用到 ramdisk，因此此函式在這裡僅用於查詢裝置樹（dtb）檔案。

bootz_setup 函式定義在檔案 arch/arm/lib/bootm.c 中，函式內容如範例 29-61 所示。

▼ 範例 29-61　bootz_setup 函式

```
370 #define LINUX_ARM_ZIMAGE_MAGIC0x016f2818
371
372 int bootz_setup(ulong image, ulong *start, ulong *end)
373 {
374    struct zimage_header *zi;
375
376    zi = (struct zimage_header *)map_sysmem(image, 0);
377    if (zi->zi_magic != LINUX_ARM_ZIMAGE_MAGIC) {
378        puts("Bad Linux ARM zImage magic!\n");
379        return 1;
380    }
381
382    *start = zi->zi_start;
383    *end = zi->zi_end;
384
385    printf("Kernel image @ %#08lx [ %#08lx - %#08lx ]\n", image,
386        *start, *end);
387
388    return 0;
389 }
```

第 370 行，巨集 LINUX_ARM_ZIMAGE_MAGIC 就是 ARM Linux 系統魔術數。

第 376 行從傳遞進來的參數 image（也就是系統鏡像啟始位址）中獲取 zImage 標頭。zImage 標頭結構為 zimage_header。

第 377~380 行判斷 image 是否為 ARM 的 Linux 系統鏡像，如果不是則直接傳回，並且列印出 Bad Linux ARM zImage magic!。比如輸入一個如下所示的錯誤啟動命令。

```
bootz 80000000- 90000000
```

因為我們並沒有在 0x80000000 處存放 Linux 鏡像檔案（zImage），因此上面的命令會執行出錯，結果如圖 29-40 所示。

```
=> bootz 80000000 - 90000000
Bad Linux ARM zImage magic!
=> ▊
```

▲ 圖 29-40　啟動出錯

第 382~383 行初始化函式 bootz_setup 的參數 start 和 end。

第 385 行列印啟動資訊，如果 Linux 系統鏡像正常則輸出圖 29-41 所示的資訊。

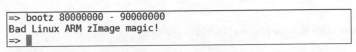

```
Kernel image @ 0x80800000 [ 0x000000 - 0x6789c8 ]
```

▲ 圖 29-41　Linux 鏡像資訊

接下來看 bootm_find_images 函式，此函式定義在檔案 common/bootm.c 中，函式內容如範例 29-62 所示。

▼ 範例 29-62　bootm_find_images 函式

```
225 int bootm_find_images(int flag, int argc, char * const argv[])
226 {
227   int ret;
228
229   /* find ramdisk */
230   ret = boot_get_ramdisk(argc, argv, &images, IH_INITRD_ARCH,
231           &images.rd_start, &images.rd_end);
232   if (ret) {
233     puts("Ramdisk image is corrupt or invalid\n");
```

```
234       return 1;
235   }
236
237 #if defined(CONFIG_OF_LIBFDT)
238   /* find flattened device tree */
239   ret = boot_get_fdt(flag, argc, argv, IH_ARCH_DEFAULT, &images,
240            &images.ft_addr, &images.ft_len);
241   if (ret) {
242       puts("Could not find a valid device tree\n");
243       return 1;
244   }
245   set_working_fdt_addr((ulong)images.ft_addr);
246 #endif
...
258   return 0;
259}
```

第 230~235 行是查詢 ramdisk，此處沒有用到，因此這部分程式不用管。

第 237~244 行是查詢裝置樹（dtb）檔案，找到以後就將裝置樹的起始位址和長度分別寫到 images 的 ft_addr 和 ft_len 成員變數中。使用 bootz 啟動 Linux 時已經指明了裝置樹在 DRAM 中的儲存位址，因此 images.ft_addr=0X83000000，長度根據具體的裝置樹檔案而定，比如現在使用的裝置樹檔案長度為 0X8C81，因此 images.ft_len=0X8C81。

bootz_start 函式主要用於初始化 images 的相關成員變數。

29.3.4 do_bootm_states 函式

do_bootz 最後呼叫的就是 do_bootm_states 函式，而且在 bootz_start 中也呼叫了 do_bootm_states 函式，此函式定義在檔案 common/bootm.c 中，內容如範例 29-63 所示。

▼ 範例 29-63 do_bootm_states 函式

```
591 int do_bootm_states(cmd_tbl_t *cmdtp, int flag, int argc, char * const argv[],
592     int states, bootm_headers_t *images, int boot_progress)
```

```
593 {
594   boot_os_fn *boot_fn;
595   ulong iflag = 0;
596   int ret = 0, need_boot_fn;
597
598   images->state |= states;
599
600   /*
601    * Work through the states and see how far we get. We stop on
602    * any error
603    */
604   if (states & BOOTM_STATE_START)
605       ret = bootm_start(cmdtp, flag, argc, argv);
606
607   if (!ret && (states & BOOTM_STATE_FINDOS))
608       ret = bootm_find_os(cmdtp, flag, argc, argv);
609
610   if (!ret && (states & BOOTM_STATE_FINDOTHER)) {
611       ret = bootm_find_other(cmdtp, flag, argc, argv);
612       argc = 0;/* consume the args */
613   }
614
615   /* Load the OS */
616   if (!ret && (states & BOOTM_STATE_LOADOS)) {
617       ulong load_end;
618
619       iflag = bootm_disable_interrupts();
620       ret = bootm_load_os(images, &load_end, 0);
621       if (ret == 0)
622               lmb_reserve(&images->lmb, images->os.load,
623                       (load_end - images->os.load));
624       else if (ret && ret != BOOTM_ERR_OVERLAP)
625               goto err;
626       else if (ret == BOOTM_ERR_OVERLAP)
627               ret = 0;
628 #if defined(CONFIG_SILENT_CONSOLE)
&& !defined(CONFIG_SILENT_U_BOOT_ONLY)
629       if (images->os.os == IH_OS_LINUX)
630               fixup_silent_linux();
```

```
631  #endif
632    }
633
634    /* Relocate the ramdisk */
635  #ifdef CONFIG_SYS_BOOT_RAMDISK_HIGH
636    if (!ret && (states & BOOTM_STATE_RAMDISK)) {
637        ulong rd_len = images->rd_end - images->rd_start;
638
639            ret = boot_ramdisk_high(&images->lmb, images->rd_start,
640                    rd_len, &images->initrd_start, &images->initrd_end);
641            if (!ret) {
642                setenv_hex("initrd_start", images->initrd_start);
643                setenv_hex("initrd_end", images->initrd_end);
644        }
645    }
646  #endif
647  #if defined(CONFIG_OF_LIBFDT) && defined(CONFIG_LMB)
648    if (!ret && (states & BOOTM_STATE_FDT)) {
649        boot_fdt_add_mem_rsv_regions(&images->lmb,
                                        images->ft_addr);
650        ret = boot_relocate_fdt(&images->lmb, &images->ft_addr,
651                &images->ft_len);
652    }
653  #endif
654
655    /* From now on, we need the OS boot function */
656    if (ret)
657        return ret;
658    boot_fn = bootm_os_get_boot_func(images->os.os);
659    need_boot_fn = states & (BOOTM_STATE_OS_CMDLINE |
660        BOOTM_STATE_OS_BD_T | BOOTM_STATE_OS_PREP |
661        BOOTM_STATE_OS_FAKE_GO | BOOTM_STATE_OS_GO);
662    if (boot_fn == NULL && need_boot_fn) {
663        if (iflag)
664                enable_interrupts();
665        printf("ERROR:booting os '%s' (%d) is not supported\n",
666                genimg_get_os_name(images->os.os), images->os.os);
667        bootstage_error(BOOTSTAGE_ID_CHECK_BOOT_OS);
668        return 1;
```

```
669   }
670
671   /* Call various other states that are not generally used */
672   if (!ret && (states & BOOTM_STATE_OS_CMDLINE))
673       ret = boot_fn(BOOTM_STATE_OS_CMDLINE, argc, argv, images);
674   if (!ret && (states & BOOTM_STATE_OS_BD_T))
675       ret = boot_fn(BOOTM_STATE_OS_BD_T, argc, argv, images);
676   if (!ret && (states & BOOTM_STATE_OS_PREP))
677       ret = boot_fn(BOOTM_STATE_OS_PREP, argc, argv, images);
678
679 #ifdef CONFIG_TRACE
680   /* Pretend to run the OS, then run a user command */
681   if (!ret && (states & BOOTM_STATE_OS_FAKE_GO)) {
682       char *cmd_list = getenv("fakegocmd");
683
684       ret = boot_selected_os(argc, argv, BOOTM_STATE_OS_FAKE_GO,
685               images, boot_fn);
686       if (!ret && cmd_list)
687               ret = run_command_list(cmd_list, -1, flag);
688       }
689 #endif
690
691   /* Check for unsupported subcommand */
692   if (ret) {
693       puts("subcommand not supported\n");
694       return ret;
695   }
696
697   /* Now run the OS! We hope this doesn't return */
698   if (!ret && (states & BOOTM_STATE_OS_GO))
699       ret = boot_selected_os(argc, argv, BOOTM_STATE_OS_GO,
700               images, boot_fn);
...
712   return ret;
713 }
```

函式 do_bootm_states 根據不同的 BOOT，狀態執行不同的程式碼部分，
透過以下程式來判斷 BOOT 狀態。

```
states & BOOTM_STATE_XXX
```

在 do_bootz 函式中會用到 BOOTM_STATE_OS_PREP、BOOTM_STATE_OS_FAKE_GO 和 BOOTM_STATE_OS_GO 這 3 個 BOOT 狀態，bootz_start 函式中會用到 BOOTM_STATE_START 這個 BOOT 狀態。為了精簡程式，方便分析，將範例 29-63 中的 do_bootm_states 函式進行精簡，只留下這 4 個 BOOT 狀態對應的處理程式。

```
BOOTM_STATE_OS_PREP
BOOTM_STATE_OS_FAKE_GO
BOOTM_STATE_OS_GO
BOOTM_STATE_START
```

精簡以後的 do_bootm_states 函式如範例 29-64 所示。

▼ 範例 29-64 精簡後的 do_bootm_states 函式

```
591 int do_bootm_states(cmd_tbl_t *cmdtp, int flag, int argc, char * const argv[],
592           int states, bootm_headers_t *images, int boot_progress)
593 {
594   boot_os_fn *boot_fn;
595   ulong iflag = 0;
596   int ret = 0, need_boot_fn;
597
598   images->state |= states;
599
600   /*
601    * Work through the states and see how far we get. We stop on
602    * any error
603    */
604   if (states & BOOTM_STATE_START)
605       ret = bootm_start(cmdtp, flag, argc, argv);
...
654
655/  * From now on, we need the OS boot function */
656   if (ret)
657       return ret;
658   boot_fn = bootm_os_get_boot_func(images->os.os);
659   need_boot_fn = states & (BOOTM_STATE_OS_CMDLINE |
660       BOOTM_STATE_OS_BD_T | BOOTM_STATE_OS_PREP |
```

```
661        BOOTM_STATE_OS_FAKE_GO | BOOTM_STATE_OS_GO);
662   if (boot_fn == NULL && need_boot_fn) {
663       if (iflag)
664               enable_interrupts();
665       printf("ERROR:booting os '%s' (%d) is not supported\n",
666               genimg_get_os_name(images->os.os), images->os.os);
667       bootstage_error(BOOTSTAGE_ID_CHECK_BOOT_OS);
668       return 1;
669   }
670
...
676   if (!ret && (states & BOOTM_STATE_OS_PREP))
677       ret = boot_fn(BOOTM_STATE_OS_PREP, argc, argv, images);
678
679 #ifdef CONFIG_TRACE
680   /* Pretend to run the OS, then run a user command */
681   if (!ret && (states & BOOTM_STATE_OS_FAKE_GO)) {
682       char *cmd_list = getenv("fakegocmd");
683
684       ret = boot_selected_os(argc, argv, BOOTM_STATE_OS_FAKE_GO,
685               images, boot_fn);
686       if (!ret && cmd_list)
687               ret = run_command_list(cmd_list, -1, flag);
688   }
689 #endif
690
691   /* Check for unsupported subcommand */
692   if (ret) {
693       puts("subcommand not supported\n");
694       return ret;
695   }
696
697   /* Now run the OS! We hope this doesn't return */
698   if (!ret && (states & BOOTM_STATE_OS_GO))
699       ret = boot_selected_os(argc, argv, BOOTM_STATE_OS_GO,
700               images, boot_fn);
...
712   return ret;
713 }
```

第 604 和 605 行，處理 BOOTM_STATE_START 階段，bootz_start 會執行這一段程式。這裡呼叫 bootm_start 函式，此函式定義在檔案 common/bootm.c 中，函式內容如範例 29-65 所示。

▼ 範例 29-65 bootm_start 函式

```
69 static int bootm_start(cmd_tbl_t *cmdtp, int flag, int argc,
70            char * const argv[])
71 {
72    memset((void *)&images, 0, sizeof(images));  /* 清空 images */
73    images.verify = getenv_yesno("verify");      /* 初始化 verfify 成員 */
74
75    boot_start_lmb(&images);
76
77    bootstage_mark_name(BOOTSTAGE_ID_BOOTM_START, "bootm_start");
78    images.state = BOOTM_STATE_START;             /* 設定狀態為 BOOTM_STATE_START */
79
80    return 0;
81 }
```

接著回到範例 29-64 中，繼續分析 do_bootm_states 函式。第 658 行非常重要，透過 bootm_os_get_boot_func 函式來查詢系統啟動函式，參數 images->os.os 就是系統類型，根據這個系統類型來選擇對應的啟動函式，在 do_bootz 中設定 images.os.os= IH_OS_LINUX。函式傳回值就是找到的系統啟動函式，這裡找到的 Linux 系統啟動函式為 do_bootm_linux，關於此函式查詢系統啟動函式的過程請參考 29.3.5 節。因此 boot_fn=do_bootm_linux，後面執行 boot_fn 函式的地方實際上執行的是 do_bootm_linux 函式。

第 676 行處理 BOOTM_STATE_OS_PREP 狀態，呼叫 do_bootm_linux，do_bootm_linux 函式也呼叫 boot_prep_linux 來完成具體的處理過程。boot_prep_linux 主要用於處理環境變數 bootargs，bootargs 儲存著傳遞給 Linux Kernel 的參數。

第 679~689 行是處理 BOOTM_STATE_OS_FAKE_GO 狀態的，但是我們沒有啟動 TRACE 功能，因此巨集 CONFIG_TRACE 也就沒有定義，所以這段程式不會編譯。

第 699 行呼叫 boot_selected_os 函式啟動 Linux 核心，此函式第 4 個參數為 Linux 系統鏡像標頭，第 5 個參數是 Linux 系統啟動 do_bootm_linux 函式。boot_selected_os 函式定義在檔案 common/bootm_os.c 中，函式內容如範例 29-66 所示。

▼ 範例 29-66 boot_selected_os 函式

```
476 int boot_selected_os(int argc, char * const argv[], int state,
477          bootm_headers_t *images, boot_os_fn *boot_fn)
478 {
479   arch_preboot_os();
480   boot_fn(state, argc, argv, images);
...
490   return BOOTM_ERR_RESET;
491 }
```

480 行呼叫 boot_fn 函式，使用 do_bootm_linux 函式來啟動 Linux 核心。

29.3.5 bootm_os_get_boot_func 函式

do_bootm_states 會呼叫 bootm_os_get_boot_func 來查詢對應系統的啟動函式，此函式定義在檔案 common/bootm_os.c 中，函式內容如範例 29-67 所示。

▼ 範例 29-67 bootm_os_get_boot_func 函式

```
493 boot_os_fn *bootm_os_get_boot_func(int os)
494 {
495 #ifdef CONFIG_NEEDS_MANUAL_RELOC
496   static bool relocated;
497
498   if (!relocated) {
499       int i;
500
501       /* relocate boot function table */
502       for (i = 0; i < ARRAY_SIZE(boot_os); i++)
503           if (boot_os[i] != NULL)
504               boot_os[i] += gd->reloc_off;
```

```
505
506    relocated = true;
507  }
508 #endif
509  return boot_os[os];
510}
```

第 495~508 行是條件編譯，在這個 uboot 中沒有用到，因此這段程式無效，只有第 509 行有效。在第 509 行中 boot_os 是個陣列，這個陣列中存放著不同的系統對應的啟動函式。boot_os 也定義在檔案 common/bootm_os.c 中，如範例 29-68 所示。

▼ 範例 29-6 8boot_os 陣列

```
435 static boot_os_fn *boot_os[] = {
436   [IH_OS_U_BOOT] = do_bootm_standalone,
437 #ifdef CONFIG_BOOTM_LINUX
438   [IH_OS_LINUX] = do_bootm_linux,
439 #endif
...
465 #ifdef CONFIG_BOOTM_OPENRTOS
466   [IH_OS_OPENRTOS] = do_bootm_openrtos,
467 #endif
468 };
```

第 438 行就是 Linux 系統對應的啟動函式 do_bootm_linux。

29.3.6 do_bootm_linux 函式

經過前面的分析，我們知道了 do_bootm_linux 就是最終啟動 Linux 核心的函式，此函式定義在檔案 arch/arm/lib/bootm.c 中，函式內容如範例 29-69 所示。

▼ 範例 29-69 do_bootm_linux 函式

```
339 int do_bootm_linux(int flag, int argc, char * const argv[],
340           bootm_headers_t *images)
341 {
```

```
342  /* No need for those on ARM */
343  if (flag & BOOTM_STATE_OS_BD_T || flag & BOOTM_STATE_OS_CMDLINE)
344      return -1;
345
346  if (flag & BOOTM_STATE_OS_PREP) {
347      boot_prep_linux(images);
348      return 0;
349  }
350
351  if (flag & (BOOTM_STATE_OS_GO | BOOTM_STATE_OS_FAKE_GO)) {
352      boot_jump_linux(images, flag);
353      return 0;
354  }
355
356  boot_prep_linux(images);
357  boot_jump_linux(images, flag);
358  return 0;
359 }
```

第 351 行，如果參數 flag 等於 BOOTM_STATE_OS_GO 或 BOOTM_STATE_OS_FAKE_GO，則執行 boot_jump_linux 函式。boot_selected_os 函式在呼叫 do_bootm_linux 時會將 flag 設定為 BOOTM_STATE_OS_GO。

第 352 行執行 boot_jump_linux 函式，此函式定義在檔案 arch/arm/lib/bootm.c 中，函式內容如範例 29-70 所示。

▼ 範例 29-70 boot_jump_linux 函式

```
272 static void boot_jump_linux(bootm_headers_t *images, int flag)
273 {
274 #ifdef CONFIG_ARM64
...
292 #else
293    unsigned long machid = gd->bd->bi_arch_number;
294    char *s;
295    void (*kernel_entry)(int zero, int arch, uint params);
296    unsigned long r2;
297    int fake = (flag & BOOTM_STATE_OS_FAKE_GO);
298
```

```
299    kernel_entry = (void (*)(int, int, uint))images->ep;
300
301    s = getenv("machid");
302    if (s) {
303        if (strict_strtoul(s, 16, &machid) < 0) {
304            debug("strict_strtoul failed!\n");
305            return;
306        }
307        printf("Using machid 0x%lx from environment\n", machid);
308    }
309
310    debug("## Transferring control to Linux (at address %08lx)" \
311        "...\n", (ulong) kernel_entry);
312    bootstage_mark(BOOTSTAGE_ID_RUN_OS);
313    announce_and_cleanup(fake);
314
315    if (IMAGE_ENABLE_OF_LIBFDT && images->ft_len)
316        r2 = (unsigned long)images->ft_addr;
317    else
318        r2 = gd->bd->bi_boot_params;
319
...
328            kernel_entry(0, machid, r2);
329    }
330 #endif
331 }
```

第 274~292 行是 64 位元 ARM 晶片對應的程式，Cortex-A7 是 32 位元晶片，因此用不到。

第 293 行，變數 machid 儲存機器 ID，如果不使用裝置樹則機器 ID 會被傳遞給 Linux 核心，Linux 核心會在機器 ID 列表中查詢是否存在與 uboot 傳遞進來的 machid 匹配的項目，如果存在則表示 Linux 核心支援這個機器，那麼 Linux 就會啟動。如果使用裝置樹，machid 就無效了，裝置樹有相容性，Linux 核心會比較相容性屬性的值（字串）來查看是否支援這個機器。

第 295 行，kernel_entry 函式，看名稱「核心_進入」，說明此函式是進入 Linux 核心的，是最為重要的！此函式有 3 個參數。第 1 個參數 zero，設定為 0（看名稱就知道，此參數只能為 0）；第 2 個參數 arch，用來設定機器 ID，但是使用裝置樹的話此參數就沒意義了；第 3 個參數 params，在沒有使用裝置樹時，此參數用來設定需要向核心傳遞的一些參數資訊，如果核心使用了裝置樹，那麼此參數用來設定裝置樹（dtb）位址。

第 299 行獲取 kernel_entry 函式，kernel_entry 函式並不是 uboot 定義的，而是 Linux 核心定義的。Linux 核心鏡像檔案的第一行程式就是 kernel_entry 函式，而 images->ep 儲存 Linux 核心鏡像的起始位址，起始位址儲存的正是 Linux 核心第一行程式。

第 313 行呼叫 announce_and_cleanup 函式來列印一些資訊並做一些清理工作，此函式定義在檔案 arch/arm/lib/bootm.c 中，函式內容如範例 29-71 所示。

▼ 範例 29-71 announce_and_cleanup 函式

```
72 static void announce_and_cleanup(int fake)
73 {
74    printf("\nStarting kernel ...%s\n\n", fake ?
75       "(fake run for tracing)" :"");
76    bootstage_mark_name(BOOTSTAGE_ID_BOOTM_HANDOFF, "start_kernel");
...
87    cleanup_before_linux();
88 }
```

第 74 行在啟動 Linux 之前輸出「Starting Kernel ...」資訊，如圖 29-42 所示。

```
   Using Device Tree in place at 83000000, end 8300c7ca

Starting kernel ...

[    0.000000] Booting Linux on physical CPU 0x0
```

▲ 圖 29-42 系統啟動提示訊息

第 87 行呼叫 cleanup_before_linux 函式做一些清理工作。

繼續回到範例 29-70 的 boot_jump_linux 函式，第 315~318 行是設定暫存器 r2 的值，為什麼要設定 r2 的值？Linux 核心開始是組合語言程式碼，kernel_entry 函式只是組合語言函式。向組合語言函式傳遞參數要使用 r0、r1 和 r2（參數量不超過 3 個時），所以 r2 暫存器就是 kernel_entry 函式的第 3 個參數。

第 316 行，如果使用裝置樹則 r2 應該是裝置樹的起始位址，而裝置樹位址儲存在 images 的 ftd_addr 成員變數中。

第 317 行，如果不使用裝置樹則 r2 應該是 uboot 傳遞給 Linux 的參數起始位址，也就是環境變數 bootargs 的值。

第 328 行呼叫 kernel_entry 函式進入 Linux 核心，此行將一去不復返，uboot 的使命也就完成了。

bootz 命令的執行過程如圖 29-43 所示。

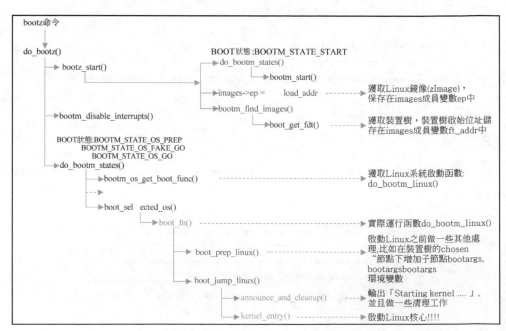

▲ 圖 29-43 bootz 命令的執行過程

　　至此 uboot 的啟動流程講解完畢。當解析了 uboot 的啟動流程後，後面移植 uboot 就會輕鬆很多。在工作中不需要詳細地去了解 uboot，半導體廠商提供的 uboot 可以直接使用。但是作為學習，我們必須詳細地了解 uboot 的啟動流程，否則在工作中遇到問題，連解決的想法都沒有。

第 **30** 章

U-Boot 移植

　　第 29 章詳細地分析了 uboot 的啟動流程，我們對 uboot 有了一個初步地了解。本章就來學習如何將 NXP 官方的 uboot 移植到 I.MX6ULL 開發板上，學習如何在 uboot 中增加自己的板子。

30.1 │ NXP 官方開發板 uboot 編譯測試

30.1.1 查詢 NXP 官方的開發板預設設定檔

uboot 的移植並不是從零開始就將主線 uboot 移植到現在所使用的開發板或開發平台上。

半導體廠商會將 uboot 移植到他們的原廠開發板上,測試好以後會將這個 uboot 發佈出去,這就是大家常說的原廠 BSP 套件。

做產品時大家會參考原廠的開發板做硬體,然後在原廠提供的 BSP 套件上做修改,將 uboot 或 Linux Kernel 移植到自家的硬體上。

uboot 移植的一般流程如下。

① 在 uboot 中找到參考的開發平台,一般是原廠的開發板。

② 參考原廠開發板,移植 uboot 到自用的開發板上。

I.MX6ULL 開發板參考的是 NXP 官方的 I.MX6ULL EVK 開發板,因此在移植 uboot 時會以 NXP 官方的 I.MX6ULL EVK 開發板為藍本。

NXP 官方的 uboot,將 uboot-imx-rel_imx_4.1.15_2.1.0_ga.tar. 發送到 Ubuntu 中並解壓,然後建立 VSCode 專案。

在移植之前,先編譯 NXP 官方 I.MX6ULL EVK 開發板對應的 uboot,首先設定 uboot,configs 目錄下有很多與 I.MX6UL/6ULL 有關的設定,如圖 30-1 所示。

X 6UL › IMX6UL NXP UBOOT And Linux › IMX6UL › uboot › uboot-imx-rel_imx_4.1.15_2.1.0_ga › configs   ∨ ↻

名稱	修改日期	類型	大小
mx6ul_9x9_evk_qspi1_defconfig	2017/5/2 10:45	文件	1 KB
mx6ul_14x14_ddr3_arm2_defconfig	2017/5/2 10:45	文件	1 KB
mx6ul_14x14_ddr3_arm2_eimnor_defconfig	2017/5/2 10:45	文件	1 KB
mx6ul_14x14_ddr3_arm2_emmc_defconfig	2017/5/2 10:45	文件	1 KB
mx6ul_14x14_ddr3_arm2_nand_defconfig	2017/5/2 10:45	文件	1 KB
mx6ul_14x14_ddr3_arm2_qspi1_defconfig	2017/5/2 10:45	文件	1 KB
mx6ul_14x14_ddr3_arm2_spinor_defconfig	2017/5/2 10:45	文件	1 KB
mx6ul_14x14_evk_ddr_eol_brillo_defconfig	2017/5/2 10:45	文件	1 KB
mx6ul_14x14_evk_ddr_eol_defconfig	2017/5/2 10:45	文件	1 KB
mx6ul_14x14_evk_ddr_eol_qspi1_defconfig	2017/5/2 10:45	文件	1 KB
mx6ul_14x14_evk_defconfig	2017/5/2 10:45	文件	1 KB
mx6ul_14x14_evk_emmc_defconfig	2017/5/2 10:45	文件	1 KB
mx6ul_14x14_evk_nand_defconfig	2017/5/2 10:45	文件	1 KB
mx6ul_14x14_evk_qspi1_defconfig	2017/5/2 10:45	文件	1 KB
mx6ul_14x14_lpddr2_arm2_defconfig	2017/5/2 10:45	文件	1 KB
mx6ul_14x14_lpddr2_arm2_eimnor_defconf...	2017/5/2 10:45	文件	1 KB
mx6ull_9x9_evk_defconfig	2017/5/2 10:45	文件	1 KB
mx6ull_9x9_evk_qspi1_defconfig	2017/5/2 10:45	文件	1 KB
mx6ull_14x14_ddr3_arm2_defconfig	2017/5/2 10:45	文件	1 KB
mx6ull_14x14_ddr3_arm2_emmc_defconfig	2017/5/2 10:45	文件	1 KB
mx6ull_14x14_ddr3_arm2_epdc_defconfig	2017/5/2 10:45	文件	1 KB
mx6ull_14x14_ddr3_arm2_nand_defconfig	2017/5/2 10:45	文件	1 KB
mx6ull_14x14_ddr3_arm2_qspi1_defconfig	2017/5/2 10:45	文件	1 KB
mx6ull_14x14_ddr3_arm2_spinor_defconfig	2017/5/2 10:45	文件	1 KB
mx6ull_14x14_ddr3_arm2_tsc_defconfig	2017/5/2 10:45	文件	1 KB
mx6ull_14x14_evk_defconfig	2017/5/2 10:45	文件	1 KB
mx6ull_14x14_evk_emmc_defconfig	2017/5/2 10:45	文件	1 KB
mx6ull_14x14_evk_nand_defconfig	2017/5/2 10:45	文件	1 KB
mx6ull_14x14_evk_qspi1_defconfig	2017/5/2 10:45	文件	1 KB

▲ 圖 30-1 NXP 官方 I.MX6UL/6ULL 預設設定檔

　　從圖 30-1 可以看出，有很多的預設設定檔，其中以 mx6ul 開頭的是 I.MX6UL 晶片的設定檔。I.MX6UL/6ULL 有 9mm×9mm 和 14mm×14mm 兩種尺寸的晶片，所以會有 mx6ull_9x9 和 mx6ull_14x14 開頭的預設設定檔。我們使用的是 14mm×14mm 的晶片，關注 mx6ull_14x14 開頭的預設設定檔即可。

　　I.MX6ULL 開發板有 EMMC 和 NAND 兩個版本，因此只需要關注 mx6ull_14x14_evk_emmc_defconfig 和 mx6ull_14x14_evk_nand_defconfig 設定檔即可。本章講解 EMMC 版本的移植，使用 mx6ull_14x14_evk_emmc_defconfig 作為預設設定檔。

30.1.2 編譯 NXP 官方開發板對應的 uboot

找到 NXP 官方 I.MX6ULL EVK 開發板對應的預設設定檔後編譯，編譯 uboot 命令如下。

```
make ARCH=arm CROSS_COMPILE=arm-linux-gnueabihf- mx6ull_14x14_evk_emmc_defconfig
make V=1 ARCH=arm CROSS_COMPILE=arm-linux-gnueabihf- -j16
```

編譯完成後，結果如圖 30-2 所示。

```
 arm-linux-gnueabihf-objcopy --gap-fill=0xff  -j .text -j .secure_text -j .rodata -j .hash
-j .data -j .got -j .got.plt -j .u_boot_list -j .rel.dyn -O binary  u-boot u-boot-nodtb.bin
 arm-linux-gnueabihf-objcopy --gap-fill=0xff  -j .text -j .secure_text -j .rodata -j .hash
-j .data -j .got -j .got.plt -j .u_boot_list -j .rel.dyn -O srec u-boot u-boot.srec
 arm-linux-gnueabihf-objdump -t u-boot > u-boot.sym
 cp u-boot-nodtb.bin u-boot.bin
make -f ./scripts/Makefile.build obj=arch/arm/imx-common u-boot.imx
mkdir -p board/freescale/mx6ullevk
 ./tools/mkimage -n board/freescale/mx6ullevk/imximage.cfg.cfgtmp -T imximage -e 0x87800000
-d u-boot.bin u-boot.imx
Image Type:    Freescale IMX Boot Image
Image Ver:     2 (i.MX53/6/7 compatible)
Mode:          DCD
Data Size:     425984 Bytes = 416.00 kB = 0.41 MB
Load Address: 877ff420
Entry Point:  87800000
zuozhongkai@ubuntu:~/linux/IMX6ULL/uboot/temp/uboot-imx-rel_imx_4.1.15_2.1.0_ga$
```

▲ 圖 30-2　編譯結果

從圖 30-2 可以看出，編譯成功。在編譯時需要輸入 ARCH 和 CORSS_COMPILE 這兩個變數的值，太繁瑣，可以直接在頂層 Makefile 中給 ARCH 和 CORSS_COMPILE 賦值，修改如圖 30-3 所示。

```
245    # set default to nothing for native builds
246    ifeq ($(HOSTARCH),$(ARCH))
247    CROSS_COMPILE ?=
248    endif
249
250    ARCH = arm
251    CROSS_COMPILE = arm-linux-gnueabihf-
```

▲ 圖 30-3　增加 ARCH 和 CROSS_COMPILE 值

圖 30-3 中的第 250 和 251 行直接給 ARCH 和 CROSS_COMPILE 賦值，可以使用以下簡短的命令來編譯 uboot。

```
make mx6ull_14x14_evk_emmc_defconfig
make V=1 -j16
```

如果既不想修改 uboot 的頂層 Makefile，又想編譯時簡潔，那麼直接建立 shell 腳本就行。shell 腳本名為 mx6ull_14x14_emmc.sh，然後在 shell 腳本中輸入如範例 30-1 所示內容。

▼ 範例 30-1　mx6ull_14x14_emmc.sh 檔案

```
1 #!/bin/bash
2 make ARCH=arm CROSS_COMPILE=arm-linux-gnueabihf- distclean
3 make ARCH=arm CROSS_COMPILE=arm-linux-gnueabihf- mx6ull_14x14_evk_emmc_defconfig
4 make V=1 ARCH=arm CROSS_COMPILE=arm-linux-gnueabihf- -j16
```

要給 mx6ull_14x14_emmc.sh 這個檔案可執行許可權，使用 mx6ull_14x14_emmc.sh 腳本編譯 uboot 時每次都會清理專案，然後重新編譯，編譯時直接執行這個腳本即可。操作命令如下所示。

```
./mx6ull_14x14_evk_emmc.sh
```

編譯完成以後會生成 u-boot.bin、u-boot.imx 等檔案，但是這些檔案是 NXP 官方 I.MX6ULL EVK 開發板的。這些檔案是否可以使用到正點原子的 I.MX6ULL 開發板上這就需要驗證一下了。

30.1.3　燒錄驗證與驅動程式測試

將 imxdownload 軟體複製到 uboot 原始程式根目錄下，然後使用 imxdownload 軟體將 u-boot.bin 燒錄到 SD 卡中，燒錄命令如下所示。

```
chmod 777 imxdownload              // 給予 imxdownload 可執行許可權
./imxdownload u-boot.bin /dev/sdd  // 燒錄到 SD 卡，不能燒錄到 /dev/sda 或 sda1 中
```

燒錄完成以後將 SD 卡插入 I.MX6U-ALPHA 開發板的 TF 卡槽中，最後設定開發板從 SD 卡啟動。開啟序列埠偵錯幫手，設定好開發板所使用的序列埠並開啟，重置開發板，接收到如圖 30-4 所示資訊。

```
U-Boot 2016.03 (Jun 22 2021 - 21:47:59 +0800)

CPU:    Freescale i.MX6ULL rev1.1 69 MHz (running at 396 MHz)
CPU:    Industrial temperature grade (-40C to 105C) at 55C
Reset cause: POR
Board: MX6ULL 14x14 EVK
I2C:    ready
DRAM:   512 MiB
MMC:    FSL_SDHC: 0, FSL_SDHC: 1
*** Warning - bad CRC, using default environment

Display: TFT43AB (480x272)
Video: 480x272x24
In:     serial
Out:    serial
Err:    serial
switch to partitions #0, OK
mmc0 is current device
Net:    Board Net Initialization Failed
No ethernet found.
Normal Boot
Hit any key to stop autoboot:  0
switch to partitions #0, OK
mmc0 is current device
switch to partitions #0, OK
mmc0 is current device
reading boot.scr
** Unable to read file boot.scr **
reading zImage
** Unable to read file zImage **
Booting from net ...
No ethernet found.
No ethernet found.
Bad Linux ARM zImage magic!
=>
```

▲ 圖 30-4 uboot 啟動資訊

從圖 30-4 可以看出，uboot 啟動正常，雖然使用的是 NXP 官方 I.MX6ULL 開發板的 uboot，但是在正點原子的 I.MX6ULL 開發板上也可以正常啟動。而且 DRAM 辨識正確，為 512MB，如果使用 NAND 核心板，則 uboot 可能會啟動 失敗，因為 NAND 核心板用的是 256MB 的 DRAM。

```
=> mmc list
FSL_SDHC: 0 (SD)
FSL_SDHC: 1
=>
```

▲ 圖 30-5 EMMC 裝置檢查

1. SD 卡和 EMMC 驅動程式檢查

檢查 SD 卡和 EMMC 驅動程式是否正常，使用命令 mmc list 列出當前的 MMC 裝置，結果如圖 30-5 所示。

從圖 30-5 可以看出，當前有兩個 MMC 裝置，檢查每個 MMC 裝置資訊，先檢查 MMC 裝置 0，輸入以下命令。

```
mmc dev 0
mmc info
```

結果如圖 30-6 所示。

```
=> mmc info
Device: FSL_SDHC
Manufacturer ID: 3
OEM: 5344
Name: SC16G
Tran Speed: 50000000
Rd Block Len: 512
SD version 3.0
High Capacity: Yes
Capacity: 14.8 GiB
Bus Width: 4-bit
Erase Group Size: 512 Bytes
=>
```

▲ 圖 30-6 MMC 裝置 0 資訊

從圖 30-6 可以看出，MMC 裝置 0 是 SD 卡，SD 卡容量為 14.8GB，這個與所使用的 SD 卡資訊相符，說明 SD 卡驅動程式正常。再來檢查 MMC 裝置 1，輸入以下命令。

```
mmc dev 1
mmc info
```

結果如圖 30-7 所示。

```
=> mmc dev 1
switch to partitions #0, OK
mmc1(part 0) is current device
=> mmc info
Device: FSL_SDHC
Manufacturer ID: 15
OEM: 100
Name: 8GTF4
Tran Speed: 52000000
Rd Block Len: 512
MMC version 4.0
High Capacity: Yes
Capacity: 7.3 GiB
Bus Width: 4-bit
Erase Group Size: 512 KiB
=>
```

▲ 圖 30-7　MMC 裝置 1 資訊

從圖 30-7 可以看出，MMC 裝置 1 為 EMMC，容量為 7.3GB，説明 EMMC 驅動程式也成功，SD 卡和 EMMC 的驅動程式都沒問題。

2. LCD 驅動程式檢查

如果 uboot 中的 LCD 驅動程式正確，啟動 uboot 以後，LCD 上會顯示 NXP 的 logo，如圖 30-8 所示。

▲ 圖 30-8　uboot LCD 介面

如果使用的不是正點原子的 4.3 英吋，解析度為 480×272 像素的螢幕，則 LCD 就不會顯示如圖 30-8 所示 logo 介面。

3. 網路驅動程式

uboot 啟動時提示 Board Net Initialization Failed 和 No ethernet found. 這兩行，如圖 30-9 所示。

```
mmc0 is current device
Net:   Board Net Initialization Failed
No ethernet found.
Normal Boot
Hit any key to stop autoboot:  0
=>
```

▲ 圖 30-9 網路錯誤

從圖 30-9 可以看出，此時網路驅動程式出現問題，這是因為開發板的網路晶片重置接腳和 NXP 官方開發板不一樣，因此需要修改驅動程式。

NXP 官方 I.MX6ULL EVK 開發板的 uboot 在正點原子 EMMC 版本 I.MX6ULL 開發板上的執行情況如下。

（1）uboot 啟動正常，DRAM 辨識正確，SD 卡和 EMMC 驅動程式正常。

（2）uboot 裡的 LCD 預設為 4.3 英吋，解析度為 480×272 像素的螢幕，如果使用其他解析度的螢幕需要修改驅動程式。

（3）網路不能工作，辨識不出網路資訊，需要修改驅動程式。

接下來要做的工作如下。

（1）前面一直使用 NXP 官方開發板的 uboot 設定，接下來需要在 uboot 中增加正點原子的 I.MX6ULL 開發板。

（2）解決 LCD 驅動程式和網路驅動程式的問題。

30.2 | 在 U-Boot 中增加自己的開發板

參考 NXP 官方的 I.MX6ULL EVK 開發板，學習如何在 uboot 中增加自己的開發板或開發平台。

30.2.1 增加開發板預設設定檔

先在 configs 目錄下建立預設設定檔,複製 mx6ull_14x14_evk_emmc_defconfig,然後重新命名為 mx6ull_alientek_emmc_defconfig,命令如下所示。

```
cd configs
cp mx6ull_14x14_evk_emmc_defconfigmx6ull_alientek_emmc_defconfig
```

然後將檔案 mx6ull_alientek_emmc_defconfig 中的內容改成如範例 30-2 所示。

▼ 範例 30-2 mx6ull_alientek_emmc_defconfig 檔案

```
1 CONFIG_SYS_EXTRA_OPTIONS="IMX_CONFIG=board/freescale/mx6ull_alientek_emmc/imximage.
cfg,MX6ULL_EVK_EMMC_REWORK"
2 CONFIG_ARM=y
3 CONFIG_ARCH_MX6=y
4 CONFIG_TARGET_MX6ULL_ALIENTEK_EMMC=y
5 CONFIG_CMD_GPIO=y
```

可以看出,mx6ull_alientek_emmc_defconfig 和 mx6ull_14x14_evk_emmc_defconfig 中的內容基本一樣,只是第 1 行和第 4 行做了修改。

30.2.2 增加開發板對應的標頭檔

在目錄 include/configs 下增加 I.MX6ULL-ALPHA 開發板對應的標頭檔,複製 include/configs/mx6ullevk.h,並重新命名為 mx6ull_alientek_emmc.h,命令如下所示。

```
cp include/configs/mx6ullevk.h mx6ull_alientek_emmc.h
```

複製完成以後如下所示。

```
#ifndef __MX6ULLEVK_CONFIG_H
#define __MX6ULLEVK_CONFIG_H
```

改為如下所示內容。

```
#ifndef __MX6ULL_ALIENTEK_EMMC_CONFIG_H
#define __MX6ULL_ALIENTEK_EMMC_CONFIG_H
```

mx6ull_alientek_emmc.h 中有很多巨集定義，這些巨集定義基本用於設定uboot，也有一些 I.MX6ULL 的設定項目。如果想啟動或禁止 uboot 的某些功能，就在 mx6ull_alientek_emmc.h 中做修改即可。mx6ull_alientek_emmc.h 中的內容比較多，去掉一些用不到的設定，精簡後的內容如範例 30-3 所示。

▼ 範例 30-3 mx6ull_alientek_emmc.h 檔案

```
 8 #ifndef __MX6ULL_ALEITENK_EMMC_CONFIG_H
 9 #define __MX6ULL_ALEITENK_EMMC_CONFIG_H
10
11
12 #include <asm/arch/imx-regs.h>
13 #include <linux/sizes.h>
14 #include "mx6_common.h"
15 #include <asm/imx-common/gpio.h>
16
...
28
29 #define is_mx6ull_9x9_evk() CONFIG_IS_ENABLED(TARGET_MX6ULL_9X9_EVK)
30
31 #ifdef CONFIG_TARGET_MX6ULL_9X9_EVK
32 #define PHYS_SDRAM_SIZE   SZ_256M
33 #define CONFIG_BOOTARGS_CMA_SIZE   "cma=96M "
34 #else
35 #define PHYS_SDRAM_SIZESZ_512M
36 #define CONFIG_BOOTARGS_CMA_SIZE""
37 /* DCDC used on 14x14 EVK, no PMIC */
38 #undef CONFIG_LDO_BYPASS_CHECK
39 #endif
40
41 /* SPL options */
42 /* We default not support SPL
43  * #define CONFIG_SPL_LIBCOMMON_SUPPORT
44  * #define CONFIG_SPL_MMC_SUPPORT
```

```
45  * #include "imx6_spl.h"
46  */
47
48 #define CONFIG_ENV_VARS_UBOOT_RUNTIME_CONFIG
49
50 #define CONFIG_DISPLAY_CPUINFO
51 #define CONFIG_DISPLAY_BOARDINFO
52
53 /* Size of malloc() pool */
54 #define CONFIG_SYS_MALLOC_LEN(16 * SZ_1M)
55
56 #define CONFIG_BOARD_EARLY_INIT_F
57 #define CONFIG_BOARD_LATE_INIT
58
59 #define CONFIG_MXC_UART
60 #define CONFIG_MXC_UART_BASEUART1_BASE
61
62 /* MMC Configs */
63 #ifdef CONFIG_FSL_USDHC
64 #define CONFIG_SYS_FSL_ESDHC_ADDRUSDHC2_BASE_ADDR
65
66 /* NAND pin conflicts with usdhc2 */
67 #ifdef CONFIG_SYS_USE_NAND
68 #define CONFIG_SYS_FSL_USDHC_NUM1
69 #else
70 #define CONFIG_SYS_FSL_USDHC_NUM2
71 #endif
72 #endif
73
74 /* I2C configs */
75 #define CONFIG_CMD_I2C
76 #ifdef CONFIG_CMD_I2C
77 #define CONFIG_SYS_I2C
78 #define CONFIG_SYS_I2C_MXC
79 #define CONFIG_SYS_I2C_MXC_I2C1          /* enable I2C bus 1 */
80 #define CONFIG_SYS_I2C_MXC_I2C2          /* enable I2C bus 2 */
81 #define CONFIG_SYS_I2C_SPEED100000
82
...
```

```
89
90 #define CONFIG_SYS_MMC_IMG_LOAD_PART1
91
92 #ifdef CONFIG_SYS_BOOT_NAND
93 #define CONFIG_MFG_NAND_PARTITION "mtdparts=gpmi-nand:64m(boot),16m(kernel),16m(dtb)
   ,1m(misc),-(rootfs) "
94 #else
95 #define CONFIG_MFG_NAND_PARTITION ""
96 #endif
97
98 #define CONFIG_MFG_ENV_SETTINGS \
99    "mfgtool_args=setenv bootargs console=${console},${baudrate} " \
...
111   "bootcmd_mfg=run mfgtool_args;bootz ${loadaddr} ${initrd_addr} ${fdt_addr};\0" \
112
113 #if defined(CONFIG_SYS_BOOT_NAND)
114 #define CONFIG_EXTRA_ENV_SETTINGS \
115   CONFIG_MFG_ENV_SETTINGS \
116   "panel=TFT43AB\0" \
...
126      "bootz ${loadaddr} - ${fdt_addr}\0"
127
128 #else
129 #define CONFIG_EXTRA_ENV_SETTINGS \
130   CONFIG_MFG_ENV_SETTINGS \
131   "script=boot.scr\0" \
...
202          "fi;\0" \
203
204 #define CONFIG_BOOTCOMMAND \
205      "run findfdt;" \
...
216      "else run netboot; fi"
217 #endif
218
219 /* Miscellaneous configurable options */
220 #define CONFIG_CMD_MEMTEST
221 #define CONFIG_SYS_MEMTEST_START          0x80000000
222 #define CONFIG_SYS_MEMTEST_END            (CONFIG_SYS_MEMTEST_START + 0x8000000)
```

```
223
224 #define CONFIG_SYS_LOAD_ADDR                  CONFIG_LOADADDR
225 #define CONFIG_SYS_HZ                         1000
226
227 #define CONFIG_STACKSIZE                      SZ_128K
228
229 /* Physical Memory Map */
230 #define CONFIG_NR_DRAM_BANKS                  1
231 #define PHYS_SDRAM                            MMDC0_ARB_BASE_ADDR
232
233 #define CONFIG_SYS_SDRAM_BASE                 PHYS_SDRAM
234 #define CONFIG_SYS_INIT_RAM_ADDR              IRAM_BASE_ADDR
235 #define CONFIG_SYS_INIT_RAM_SIZE              IRAM_SIZE
236
237 #define CONFIG_SYS_INIT_SP_OFFSET \
238   (CONFIG_SYS_INIT_RAM_SIZE - GENERATED_GBL_DATA_SIZE)
239 #define CONFIG_SYS_INIT_SP_ADDR \
240   (CONFIG_SYS_INIT_RAM_ADDR + CONFIG_SYS_INIT_SP_OFFSET)
241
242 /* FLASH and environment organization */
243 #define CONFIG_SYS_NO_FLASH
244
...
255
256 #define CONFIG_SYS_MMC_ENV_DEV                1/* USDHC2 */
257 #define CONFIG_SYS_MMC_ENV_PART               0/* user area */
258 #define CONFIG_MMCROOT                        "/dev/mmcblk1p2"/* USDHC2 */
259
260 #define CONFIG_CMD_BMODE
261
...
275
276 /* NAND stuff */
277 #ifdef CONFIG_SYS_USE_NAND
278 #define CONFIG_CMD_NAND
279 #define CONFIG_CMD_NAND_TRIMFFS
280
281 #define CONFIG_NAND_MXS
282 #define CONFIG_SYS_MAX_NAND_DEVICE            1
```

```
283 #define CONFIG_SYS_NAND_BASE              0x40000000
284 #define CONFIG_SYS_NAND_5_ADDR_CYCLE
285 #define CONFIG_SYS_NAND_ONFI_DETECTION
286
287 /* DMA stuff, needed for GPMI/MXS NAND support */
288 #define CONFIG_APBH_DMA
289 #define CONFIG_APBH_DMA_BURST
290 #define CONFIG_APBH_DMA_BURST8
291 #endif
292
293 #define CONFIG_ENV_SIZE                    SZ_8K
294 #if defined(CONFIG_ENV_IS_IN_MMC)
295 #define CONFIG_ENV_OFFSET                  (12 * SZ_64K)
296 #elif defined(CONFIG_ENV_IS_IN_SPI_FLASH)
297 #define CONFIG_ENV_OFFSET                  (768 * 1024)
298 #define CONFIG_ENV_SECT_SIZE               (64 * 1024)
299 #define CONFIG_ENV_SPI_BUS                 CONFIG_SF_DEFAULT_BUS
300 #define CONFIG_ENV_SPI_CS                  CONFIG_SF_DEFAULT_CS
301 #define CONFIG_ENV_SPI_MODE                CONFIG_SF_DEFAULT_MODE
302 #define CONFIG_ENV_SPI_MAX_HZ              CONFIG_SF_DEFAULT_SPEED
303 #elif defined(CONFIG_ENV_IS_IN_NAND)
304 #undef CONFIG_ENV_SIZE
305 #define CONFIG_ENV_OFFSET                  (60 << 20)
306 #define CONFIG_ENV_SECT_SIZE               (128 << 10)
307 #define CONFIG_ENV_SIZE                    CONFIG_ENV_SECT_SIZE
308 #endif
309
310
311 /* USB Configs */
312 #define CONFIG_CMD_USB
313 #ifdef CONFIG_CMD_USB
314 #define CONFIG_USB_EHCI
315 #define CONFIG_USB_EHCI_MX6
316 #define CONFIG_USB_STORAGE
317 #define CONFIG_EHCI_HCD_INIT_AFTER_RESET
318 #define CONFIG_USB_HOST_ETHER
319 #define CONFIG_USB_ETHER_ASIX
320 #define CONFIG_MXC_USB_PORTSC             (PORT_PTS_UTMI | PORT_PTS_PTW)
321 #define CONFIG_MXC_USB_FLAGS              0
```

```
322 #define CONFIG_USB_MAX_CONTROLLER_COUNT 2
323 #endif
324
325 #ifdef CONFIG_CMD_NET
326 #define CONFIG_CMD_PING
327 #define CONFIG_CMD_DHCP
328 #define CONFIG_CMD_MII
329 #define CONFIG_FEC_MXC
330 #define CONFIG_MII
331 #define CONFIG_FEC_ENET_DEV                 1
332
333 #if (CONFIG_FEC_ENET_DEV == 0)
334 #define IMX_FEC_BASE                        ENET_BASE_ADDR
335 #define CONFIG_FEC_MXC_PHYADDR              0x2
336 #define CONFIG_FEC_XCV_TYPE                 RMII
337 #elif (CONFIG_FEC_ENET_DEV == 1)
338 #define IMX_FEC_BASE                        ENET2_BASE_ADDR
339 #define CONFIG_FEC_MXC_PHYADDR              0x1
340 #define CONFIG_FEC_XCV_TYPE                 RMII
341 #endif
342 #define CONFIG_ETHPRIME                     "FEC"
343
344 #define CONFIG_PHYLIB
345 #define CONFIG_PHY_MICREL
346 #endif
347
348 #define CONFIG_IMX_THERMAL
349
350 #ifndef CONFIG_SPL_BUILD
351 #define CONFIG_VIDEO
352 #ifdef CONFIG_VIDEO
353 #define CONFIG_CFB_CONSOLE
354 #define CONFIG_VIDEO_MXS
355 #define CONFIG_VIDEO_LOGO
356 #define CONFIG_VIDEO_SW_CURSOR
357 #define CONFIG_VGA_AS_SINGLE_DEVICE
358 #define CONFIG_SYS_CONSOLE_IS_IN_ENV
359 #define CONFIG_SPLASH_SCREEN
360 #define CONFIG_SPLASH_SCREEN_ALIGN
```

```
361 #define CONFIG_CMD_BMP
362 #define CONFIG_BMP_16BPP
363 #define CONFIG_VIDEO_BMP_RLE8
364 #define CONFIG_VIDEO_BMP_LOGO
365 #define CONFIG_IMX_VIDEO_SKIP
366 #endif
367 #endif
368
369 #define CONFIG_IOMUX_LPSR
370
...
375 #endif
```

從範例 30-3 可以看出，檔案 mx6ull_alientek_emmc.h 中基本都是 CONFIG_ 開頭的巨集定義，這也說明文件 mx6ull_alientek_emmc.h 的主要功能就是設定或裁剪 uboot。如果需要某個功能的話就在裡面增加這個功能對應的 CONFIG_XXX 巨集即可，否則刪除掉對應的巨集。以範例 30-3 為例，詳細地看一下在 mx6ull_alientek_emmc.h 中這些巨集都是什麼功能。

第 14 行增加了標頭檔 mx6_common.h，如果在 mx6ull_alientek_emmc.h 中沒有發現設定某個功能或命令，但是實際卻存在的話，可到檔案 mx6_common.h 中去尋找。

第 29~39 行設定 DRAM 的大小，巨集 PHYS_SDRAM_SIZE 就是板子上 DRAM 的大小，如果使用 NXP 官方的 9×9 EVK 開發板，則 DRAM 大小就為 256MB。否則預設為 512MB，I.MX6U-ALPHA 開發板用的是 512MB DDR3。

第 50 行定義巨集 CONFIG_DISPLAY_CPUINFO，uboot 啟動時可以輸出 CPU 資訊。

第 51 行定義巨集 CONFIG_DISPLAY_BOARDINFO，uboot 啟動時可以輸出板子資訊。

第 54 行 CONFIG_SYS_MALLOC_LEN 為 malloc 記憶體池大小，這裡設定為 16MB。

第 56 行定義巨集 CONFIG_BOARD_EARLY_INIT_F，這樣 board_init_f 函式就會呼叫 board_early_init_f 函式。

第 57 行定義巨集 CONFIG_BOARD_LATE_INIT，這樣 board_init_r 函式就會呼叫 board_late_init 函式。

第 59 和 60 行，啟動 I.MX6ULL 的序列埠功能，巨集 CONFIG_MXC_UART_BASE 表示序列埠暫存器基底位址，這裡使用序列埠 1，基底位址為 UART1_BASE。UART1_BASE 定義在檔案 arch/arm/include/asm/arch-mx6/imx-regs.h 中，imx-regs.h 是 I.MX6ULL 暫存器描述檔案，根據 imx-regs.h 可得到 UART1_BASE 的值如下所示。

```
UART1_BASE      = (ATZ1_BASE_ADDR + 0x20000)
                =AIPS1_ARB_BASE_ADDR + 0x20000
                =0x02000000 + 0x20000
                =0X02020000
```

查閱 I.MX6ULL 參考手冊，UART1 的暫存器基底位址為 0X02020000，如圖 30-10 所示。

202_0000	UART Receiver Register (UART1_URXD)	32	R	0000_0000h	55.15.1/3615
202_0040	UART Transmitter Register (UART1_UTXD)	32	W	0000_0000h	55.15.2/3617
202_0080	UART Control Register 1 (UART1_UCR1)	32	R/W	0000_0000h	55.15.3/3618
202_0084	UART Control Register 2 (UART1_UCR2)	32	R/W	0000_0001h	55.15.4/3620

▲ 圖 30-10 UART1 暫存器位址表

第 63 和 64 行，EMMC 接在 I.MX6ULL 的 USDHC2 上，巨集 CONFIG_SYS_FSL_ESDHC_ADDR 為 EMMC 所使用介面的暫存器基底位址，也就是 USDHC2 的基底位址。

第 67~72 行，跟 NAND 相關的巨集，因為 NAND 和 USDHC2 的接腳衝突，如果使用 NAND，只能使用一個 USDHC 裝置（SD 卡），否則就有兩個 USDHC 裝置（EMMC 和 SD 卡），巨集 CONFIG_SYS_FSL_USDHC_NUM 表

示 USDHC 數量。EMMC 版本的核心板沒有用到 NAND，所以 CONFIG_SYS_
FSL_USDHC_NUM=2。

第 75~81 行，和 I²C 有關的巨集定義，用於控制啟動哪個 I²C，I²C 的速度
為多少。

第 92~96 行，NAND 的分區設定，如果使用 NAND，則預設的 NAND 分
區為 "mtdparts=gpmi-nand:64m(boot),16m(kernel),16m(dtb),1m(misc),-
(rootfs)"，分區結果如表 30-1 所示。

▼ 表 30-1 NAND 分區設定

範圍 /MB	大小 /MB	分區
0~63	64	boot(uboot)
64~79	16	Kernel(Linux 核心)
80~94	16	dtb(裝置樹)
95	1	misc(雜項)
96~end	剩餘的所有空間	rootfs(root 檔案系統)

NAND 的分區是可以調整的，比如 boot 分區用不到 64MB，就可以將其改
小。其他的分區也一樣。

第 98~111 行，巨集 CONFIG_MFG_ENV_SETTINGS 定義了一些環境變
數，使用 MfgTool 燒錄系統時會用到這裡面的環境變數。

第 113~202 行，透 過 條 件 編 譯 來 設 定 巨 集 CONFIG_EXTRA_ENV_
SETTINGS，巨集 CONFIG_EXTRA_ENV_SETTINGS 也用於設定一些環境變
數，此巨集會設定 bootargs 這個環境變數。

第 204~217 行，設定巨集 CONFIG_BOOTCOMMAND，此巨集就是設定
環境變數 bootcmd 的值。

第 220~222 行，設 定 命 令 memtest 相 關 巨 集 定 義， 比 如 啟 動 命 令
memtest，設定 memtest 測試的記憶體起始位址和記憶體大小。

第 224 行,巨集 CONFIG_SYS_LOAD_ADDR 表示 Linux Kernel 在 DRAM 中的載入位址,也就是 Linux Kernel 在 DRAM 中的儲存啟始位址,CONFIG_LOADADDR=0X80800000。

第 225 行,巨集 CONFIG_SYS_HZ 為系統時鐘頻率,這裡為 1000Hz。

第 227 行,巨集 CONFIG_STACKSIZE 為堆疊大小,這裡為 128KB。

第 230 行,巨集 CONFIG_NR_DRAM_BANKS 為 DRAM BANK 的數量,I.MX6ULL 只有 1 個 DRAM BANK,我們也只用到了 1 個 BANK,所以為 1。

第 231 行,巨集 PHYS_SDRAM 為 I.MX6ULL 的 DRAM 控制器 MMDC0 所管轄的 DRAM 範圍起始位址,也就是 0X80000000。

第 233 行,巨集 CONFIG_SYS_SDRAM_BASE 為 DRAM 的起始位址。

第 234 行,巨集 CONFIG_SYS_INIT_RAM_ADDR 為 I.MX6ULL 內部 IRAM 的起始位址(也就是 OCRAM 的起始位址),為 0X00900000。

第 235 行,巨集 CONFIG_SYS_INIT_RAM_SIZE 為 I.MX6ULL 內部 IRAM 的大小(OCRAM 的大小),為 0X00040000=128KB。

第 237~240 行,巨集 CONFIG_SYS_INIT_SP_OFFSET 和 CONFIG_SYS_INIT_SP_ADDR 與初始 SP 有關,第一個為初始 SP 偏移,第二個為初始 SP 位址。

第 256 行,巨集 CONFIG_SYS_MMC_ENV_DEV 為預設的 MMC 裝置,這裡預設為 USDHC2 即 EMMC。

第 257 行,巨集 CONFIG_SYS_MMC_ENV_PART 為模式分區,預設為第 0 個分區。

第 258 行,巨集 CONFIG_MMCROOT 設定進入 Linux 系統的 root 檔案系統所在的分區,這裡設定為 "/dev/mmcblk1p2",也就是 EMMC 裝置的第 2 個分區。第 0 個分區儲存 uboot,第 1 個分區儲存 Linux 鏡像和裝置樹,第 2 個分區為 Linux 系統的 root 檔案系統。

第 277~291 行，與 NAND 有關的巨集定義。

第 293 行，巨集 CONFIG_ENV_SIZE 為環境變數大小，預設為 8KB。

第 294~308 行，巨集 CONFIG_ENV_OFFSET 為環境變數偏移位址，這裡的偏移位址相對於記憶體的啟始位址。如果環境變數儲存在 EMMC 中，則環境變數偏移位址為 12×64KB。如果環境變數儲存在 SPI FLASH 中，則偏移位址為 768×1024。如果環境變數儲存在 NAND 中，則偏移位址為 60<<20（60MB），並且重新設定環境變數的大小為 128KB。

第 312~323 行，與 USB 相關的巨集定義。

第 325~342 行，與網路相關的巨集定義，比如啟動 dhcp、ping 等命令。第 331 行的巨集 CONFIG_FEC_ENET_DEV 指定 uboot 所使用的網路介面，I.MX6ULL 有兩個網路介面，為 0 時使用 ENET1，為 1 時使用 ENET2。巨集 IMX_FEC_BASE 為 ENET 介面的暫存器啟始位址，巨集 CONFIG_FEC_MXC_PHYADDR 為網路介面 PHY 晶片的位址。巨集 CONFIG_FEC_XCV_TYPE 為 PHY 晶片所使用的介面類別型，I.MX6U-ALPHA 開發板的兩個 PHY 都使用 RMII 介面。

第 344~END，剩下的都是一些設定巨集，比如巨集 CONFIG_VIDEO 用於開啟 LCD，CONFIG_VIDEO_LOGO 啟動 LOGO 顯示，CONFIG_CMD_BMP 啟動 BMP 圖片顯示指令。這樣就可以在 uboot 中顯示圖片了，一般用於顯示 logo。

關於 mx6ull_alientek_emmc.h 就講解到這裡，其中以 CONFIG_CMD 開頭的巨集都是用於啟動對應命令的，以 CONFIG 開頭的巨集都是完成一些設定功能的，以後會頻繁的和 mx6ull_alientek_emmc.h 檔案打交道。

30.2.3 增加開發板對應的電路板等級資料夾

uboot 中每個板子都有一個對應的資料夾來存放電路板等級檔案，比如開發板上外接裝置驅動程式檔案等。NXP 的 I.MX 系列晶片的所有電路板等級資料夾都存放在 board/freescale 目錄下，在這個目錄下有個名為 mx6ullevk 的資料夾，這個資料夾就是 NXP 官方 I.MX6ULL EVK 開發板的電路板等級資料夾。複製 mx6ullevk，將其重新命名為 mx6ull_alientek_emmc，命令如下所示。

```
cd board/freescale/
cp mx6ullevk/ -r mx6ull_alientek_emmc
```

進入 mx6ull_alientek_emmc 目錄中，將其中的 mx6ullevk.c 檔案重新命名為 mx6ull_alientek_emmc.c，命令如下所示。

```
cd mx6ull_alientek_emmc
mv mx6ullevk.c mx6ull_alientek_emmc.c
```

還需要對 mx6ull_alientek_emmc 目錄下的檔案做一些修改。

1. 修改 mx6ull_alientek_emmc 目錄下的 Makefile 檔案

將 mx6ull_alientek_emmc 下的 Makefile 檔案內容改為如範例 30-4 所示。

▼ 範例 30-4 Makefile 檔案

```
6  obj-y:= mx6ull_alientek_emmc.o
7
8  extra-$(CONFIG_USE_PLUGIN) :=plugin.bin
9  $(obj)/plugin.bin:$(obj)/plugin.o
10 $(OBJCOPY) -O binary --gap-fill 0xff $< $@
```

重點是第 6 行的 obj-y 改為 mx6ull_alientek_emmc.o，這樣才會編譯 mx6ull_alientek_emmc.c 這個檔案。

2. 修改 mx6ull_alientek_emmc 目錄下的 imximage.cfg 檔案

將 imximage.cfg 中的以下內容：

```
PLUGINboard/freescale/mx6ullevk/plugin.bin 0x00907000
```

改為

```
PLUGINboard/freescale/mx6ull_alientek_emmc /plugin.bin 0x00907000
```

3. 修改 mx6ull_alientek_emmc 目錄下的 Kconfig 檔案

修改 Kconfig 檔案，修改後的內容如範例 30-5 所示。

▼ 範例 30-5 Kconfig 檔案

```
1  if TARGET_MX6ULL_ALIENTEK_EMMC
2
3  config SYS_BOARD
4  default "mx6ull_alientek_emmc"
5
6  config SYS_VENDOR
7  default "freescale"
8
9  config SYS_SOC
10 default "mx6"
11
12 config SYS_CONFIG_NAME
13 default "mx6ull_alientek_emmc"
14
15 endif
```

4. 修改 mx6ull_alientek_emmc 目錄下的 MAINTAINERS 檔案

修改 MAINTAINERS 檔案，修改後的內容如範例 30-6 所示。

▼ 範例 30-6 MAINTAINERS 檔案內容

```
1 MX6ULL_ALIENTEK_EMMC BOARD
2 M:  Peng Fan <peng.fan@nxp.com>
3 S:  Maintained
4 F:  board/freescale/mx6ull_alientek_emmc/
5 F:  include/configs/mx6ull_alientek_emmc.h
```

30.2.4 修改 U-Boot 圖形介面設定檔

uboot 支援圖形介面設定。

修改檔案 arch/arm/cpu/armv7/mx6/Kconfig（如果使用 I.MX6UL，應該修改 arch/arm/Kconfig 這個檔案），在第 207 行加入如範例 30-7 所示內容。

▼ 範例 30-7　Kconfig 檔案

```
1 config TARGET_MX6ULL_ALIENTEK_EMMC
2     bool "Support mx6ull_alientek_emmc"
3     select MX6ULL
4     select DM
5     select DM_THERMAL
```

在最後一行的 endif 的前一行增加如範例 30-8 所示內容。

▼ 範例 30-8　Kconfig 檔案

```
1 source "board/freescale/mx6ull_alientek_emmc/Kconfig"
```

修改後的 Kconfig 檔案如圖 30-11 所示。

```
201  config TARGET_MX6ULL_9X9_EVK
202      bool "Support mx6ull_9x9_evk"
203      select MX6ULL
204      select DM
205      select DM_THERMAL
206
207  config TARGET_MX6ULL_ALIENTEK_EMMC
208      bool "Support mx6ull_alientek_emmc"
209      select MX6ULL
210      select DM
211      select DM_THERMAL
212
292  source "board/freescale/mx6sxscm/Kconfig"
293
294  source "board/freescale/mx6ull_alientek_emmc/Kconfig"
295
296  endif
```

▲ 圖 30-11　修改後的 Kconfig 檔案

到此為止，I.MX6U-ALPHA 開發板就已經增加到 uboot 中了，接下來編譯這個新增加的開發板。

30.2.5 使用新增加的板子設定編譯 uboot

在 uboot 根目錄下新建一個名為 mx6ull_alientek_emmc.sh 的 shell 腳本，在這個 shell 腳本中輸入如範例 30-9 所示內容。

▼ 範例 30-9 mx6ull_alientek_emmc.sh 腳本檔

```
1 #!/bin/bash
2 make ARCH=arm CROSS_COMPILE=arm-linux-gnueabihf- distclean
3 make ARCH=arm CROSS_COMPILE=arm-linux-gnueabihf- mx6ull_alientek_emmc_defconfig
4 make V=1ARCH=arm CROSS_COMPILE=arm-linux-gnueabihf- -j16
```

第 3 行使用的預設設定檔就是 30.2.1 節中新建的 mx6ull_alientek_emmc_defconfig 這個設定檔。給予 mx6ll_alientek_emmc.sh 可執行許可權，然後執行腳本來完成編譯，命令如下所示。

```
chmod 777 mx6ull_alientek_emmc.sh       // 給予可執行許可權，一次即可
./mx6ull_alientek_emmc.sh               // 執行腳本編譯 uboot
```

等待編譯完成，編譯完成以後輸入以下命令，查看增加的 mx6ull_alientek_emmc.h 這個標頭檔案有沒有被引用。

```
grep -nR "mx6ull_alientek_emmc.h"
```

如果很多檔案都引用了 mx6ull_alientek_emmc.h 這個標頭檔案，則說明新板子增加成功，如圖 30-12 所示。

```
zuozhongkai@ubuntu:~/linux/IMX6ULL/uboot/temp/uboot-imx-rel_imx_4.1.15_2.1.0_ga/arch$ grep -nR "mx6ull_alientek_emmc.h"
arm/lib/.reset.o.cmd:133:  include/configs/mx6ull_alientek_emmc.h \
arm/lib/.cache-cp15.o.cmd:139:  include/configs/mx6ull_alientek_emmc.h \
arm/lib/.relocate.o.cmd:44:  include/configs/mx6ull_alientek_emmc.h \
arm/lib/.crt0.o.cmd:47:  include/configs/mx6ull_alientek_emmc.h \
arm/lib/.stack.o.cmd:137:  include/configs/mx6ull_alientek_emmc.h \
arm/lib/.vectors.o.cmd:42:  include/configs/mx6ull_alientek_emmc.h \
arm/lib/.eabi_compat.o.cmd:133:  include/configs/mx6ull_alientek_emmc.h \
arm/lib/.bootm-fdt.o.cmd:135:  include/configs/mx6ull_alientek_emmc.h \
arm/lib/.asm-offsets.s.cmd:138:  include/configs/mx6ull_alientek_emmc.h \
arm/lib/.interrupts.o.cmd:135:  include/configs/mx6ull_alientek_emmc.h \
```

▲ 圖 30-12 查詢結果

編譯完成以後使用 imxdownload 將新編譯出來的 u-boot.bin 燒錄到 SD 卡中測試，輸出結果如圖 30-13 所示。

```
U-Boot 2016.03 (Jun 22 2021 - 21:47:59 +0800)

CPU:    Freescale i.MX6ULL rev1.1 69 MHz (running at 396 MHz)
CPU:    Industrial temperature grade (-40C to 105C) at 51C
Reset cause: POR
Board: MX6ULL 14x14 EVK
I2C:    ready
DRAM:   512 MiB
MMC:    FSL_SDHC: 0, FSL_SDHC: 1
Display: TFT43AB (480x272)
Video: 480x272x24
In:     serial
Out:    serial
Err:    serial
switch to partitions #0, OK
mmc0 is current device
Net:    Board Net Initialization Failed
No ethernet found.
Normal Boot
Hit any key to stop autoboot: 0
=>
```

▲ 圖 30-13　uboot 啟動過程

從圖 30-13 可以看出，此時的 Board 還是 MX6ULL 14x14 EVK，因為使用的是 NXP 官方的 I.MX6ULL 開發板來增加自己的開發板。如果連接 LCD 螢幕會發現 LCD 螢幕並沒有顯示 NXP 的 logo，此時的網路同樣也沒辨識出來。

預設 uboot 中的 LCD 驅動程式和網路驅動程式在 I.MX6U-ALPHA 開發板上是有問題的，需要修改。

30.2.6　LCD 驅動程式修改

在 uboot 中修改驅動程式，基本是在 xxx.h 和 xxx.c 這兩個檔案中進行的，xxx 為板子名稱，比如 mx6ull_alientek_emmc.h 和 mx6ull_alientek_emmc.c。

修改 LCD 驅動程式重點注意以下 3 點：

（1）LCD 所使用的 GPIO，查看 uboot 中 LCD 的 I/O 設定是否正確。

（2）LCD 背光接腳 GPIO 的設定。

（3）LCD 設定參數是否正確。

I.MX6U-ALPHA 開發板 LCD 原理圖和 NXP 官方 I.MX6ULL 開發板一致，即 LCD 的 I/O 和背光 I/O 都一樣，所以 I/O 部分就不用修改了。需要修改 LCD 參數，開啟檔案 mx6ull_alientek_emmc.c，找到如範例 30-10 所示內容。

▼ 範例 30-10 LCD 驅動程式參數

```
1 struct display_info_t const displays[] = {{
2     .bus = MX6UL_LCDIF1_BASE_ADDR,
3     .addr = 0,
4     .pixfmt = 24,
5     .detect = NULL,
6     .enable = do_enable_parallel_lcd,
7     .mode= {
8     .name                   = "TFT43AB",
9     .xres                   = 480,
10     .yres                   = 272,
11     .pixclock               = 108695,
12     .left_margin            = 8,
13    .right_margin            = 4,
14    .upper_margin            = 2,
15    .lower_margin            = 4,
16    .hsync_len               = 41,
17    .vsync_len               = 10,
18    .sync                    = 0,
19    .vmode                   = FB_VMODE_NONINTERLACED
20 } } };
```

範例 30-10 中定義了一個變數 displays，類型為 display_info_t。這個結構是 LCD 資訊結構，其中包括了 LCD 的解析度、像素格式、LCD 的各個參數等。display_info_t 定義在檔案 arch/arm/include/asm/imx-common/video.h 中，display_info 結構中內容如範例 30-11 所示。

▼ 範例 30-11 display_info 結構

```
1 struct display_info_t {
2     int bus;
3     int addr;
4     int pixfmt;
```

```
5    int (*detect)(struct display_info_t const *dev);
6    void (*enable)(struct display_info_t const *dev);
7    structfb_videomode mode;
8 };
```

pixfmt 是像素格式，即一個像素點是多少位元。如果是 RGB565 則為 16 位元，如果是 888 則為 24 位元，一般使用 RGB888。結構 display_info_t 還有 1 個 mode 成員變數，此成員變數也是結構，為 fb_videomode，定義在檔案 include/linux/fb.h 中，fb_videomode 結構中內容如範例 30-12 所示。

▼ 範例 30-12 fb_videomode 結構

```
1 struct fb_videomode {
2    const char *name;              /* optional */
3    u32 refresh;                   /* optional */
4    u32 xres;
5    u32 yres;
6    u32 pixclock;
7    u32 left_margin;
8    u32 right_margin;
9    u32 upper_margin;
10   u32 lower_margin;
11   u32 hsync_len;
12   u32 vsync_len;
13   u32 sync;
14   u32 vmode;
15   u32 flag;
16 };
```

結構 fb_videomode 中的成員變數為 LCD 的參數，這些成員變數函式如下所示。

name：LCD 名稱，要和環境變數中的 panel 相等。

xres、yres：LCD X 軸和 Y 軸像素數量。

pixclock：像素時鐘，每個像素時鐘週期的長度，單位為皮秒（ps）。

left_margin：HBP，水平同步後肩。

right_margin：HFP，水平同步前肩。

upper_margin：VBP，垂直同步後肩。

lower_margin：VFP，垂直同步前肩。

hsync_len：HSPW，行同步脈寬。

vsync_len：VSPW，垂直同步脈寬。

vmode：大多數使用 FB_VMODE_NONINTERLACED，即不使用隔行掃描。

可以看出，這些參數和我們第 20 章講解 RGB LCD 的參數基本一樣，唯一不同的是像素時鐘 pixclock 的含義不同，以正點原子的 7 英吋、1024×600 解析度的螢幕（ATK7016）為例，螢幕要求的像素時鐘為 51.2MHz，因此：

```
pixclock=(1/51200000)*10^ 12=19531
```

再根據其他的螢幕參數，可以得出 ATK7016 螢幕的設定參數如範例 30-13 所示。

▼ 範例 30-13 ATK7016 螢幕設定參數

```
1 struct display_info_t const displays[] = {{
2    .bus = MX6UL_LCDIF1_BASE_ADDR,
3    .addr = 0,
4    .pixfmt = 24,
5    .detect = NULL,
6    .enable = do_enable_parallel_lcd,
7    .mode= {
8       .name= "TFT7016",
9       .xres= 1024,
10      .yres= 600,
11   .pixclock= 19531,
12   .left_margin     = 140,            //HBPD
13   .right_margin    = 160,            //HFPD
14   .upper_marginV   = 20,             //VBPD
15   .lower_margin    = 12,             //VFBD
16   .hsync_len       = 20,             //HSPW
```

```
17    .vsync_len        = 3,                    //VSPW
18    .sync             = 0,
19    .vmode            = FB_VMODE_NONINTERLACED
20 } } };
```

使用範例 30-13 中的螢幕參數替換掉 mx6ull_alientek_emmc.c 中 uboot 預設的螢幕參數。

開啟 mx6ull_alientek_emmc.h，找到所有的以下敘述。

```
panel=TFT43AB
```

將其改為以下內容。

```
panel=TFT7016
```

設定 panel 為 TFT7016，panel 的值要與範例 30-13 中的 .name 成員變數的值一致。修改完成以後重新編譯一遍 uboot 並燒錄到 SD 中啟動。

重新啟動以後 LCD 驅動程式就會工作正常了，LCD 上會顯示 NXP 的 logo。但是有可能會遇到 LCD 並沒有工作，還是螢幕關閉，這是什麼原因呢？在 uboot 命令模式輸入 print 來查看環境變數 panel 的值，會發現 panel 的值為 TFT43AB（或其他值，不是 TFT7016），如圖 30-14 所示。

```
panel=TFT43AB
script=boot.scr

Environment size: 2517/8188 bytes
=>
```

▲ 圖 30-14 panel 的值

這是因為之前將環境變數儲存到 EMMC 中，uboot 啟動以後會先從 EMMC 中讀取環境變數，如果 EMMC 中沒有環境變數才會使用 mx6ull_ alientek_emmc.h 中的預設環境變數。如果 EMMC 中的環境變數 panel 不等於 TFT7016，那麼 LCD 顯示肯定不正常，只需要在 uboot 中修改 panel 的值為 TFT7016 即可。在 uboot 的命令模式下輸入以下命令。

```
setenv panel TFT7016
saveenv
```

上述命令修改環境變數 panel 為 TFT7016，然後儲存並重新啟動 uboot，此時 LCD 驅動程式工作正常。如果 LCD 還是沒有正常執行，那就要檢查是否程式改錯，或還有哪裡沒有修改。

30.2.7　網路驅動程式修改

1. I.MX6U-ALPHA 開發板網路簡介

I.MX6ULL 內部有個乙太網 MAC 外接裝置，也就是 ENET，需要外接一個 PHY 晶片來實現網路通訊功能，即內部 MAC+ 外部 PHY 晶片的方案。

在一些沒有內部 MAC 的 CPU 中，比如三星的 S3C2440、S3C4412 等，就會採用 DM9000 來實現聯網功能。DM9000 提供了一個類似 SRAM 的存取介面，主控 CPU 透過這個介面即可與 DM9000 進行通訊，DM9000 就是一個 MAC+PHY 晶片。這個方案就相當於外部 MAC+ 外部 PHY，那麼 I.MX6ULL 這樣的內部 MAC+PHY 晶片與 DM9000 方案比有什麼優勢？

優勢肯定是很大的，首先就是通訊效率和速度，一般 SOC 內部的 MAC 帶有一個專用 DMA，專門用於處理網路資料封包，採用 SRAM 介面來讀寫 DM9000 的速度沒法和內部 MAC+ 外部 PHY 晶片的速度比。採用外部 DM9000 完全是無奈之舉，因為 S3C2440、S3C4412 這些晶片內部沒有乙太網外接裝置，現在又想用有線網路，只能找 DM9000 的替代方案。

從這裡也可以看出，三星的這些晶片設計之初就不是給工業產品用的，是給消費類電子使用的，比如手機、平板等，手機或平板要上網，可以透過 WiFi 或 4G 聯通。I.MX6U-ALPHA 開發板也可以透過 WiFi 或 4G 上網。

I.MX6ULL 有兩個網路介面 ENET1 和 ENET2，I.MX6U-ALPHA 開發板提供了這兩個網路介面，其中 ENET1 和 ENET2 都使用 LAN8720A 作為 PHY 晶片。NXP 官方的 I.MX6ULL EVK 開發板使用 KSZ8081 這顆 PHY 晶片，

LAN8720A 相比 KSZ8081 具有體積小、週邊元件少、價格便宜等優點。直接使用 KSZ8081 固然可以，但是在實際的產品中有時候為了降低成本，會選擇其他的 PHY 晶片，這個時候問題來了：換了 PHY 晶片以後網路驅動程式怎麼辦？為此，I.MX6U-ALPHA 開發板將 ENET1 和 ENET2 的 PHY 換成了 LAN8720A。

I.MX6U-ALPHA 開發板 ENET1 的原理圖如圖 30-15 所示。

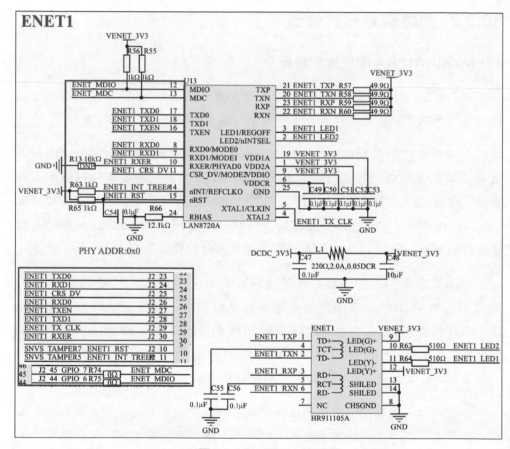

▲ 圖 30-15 ENET1 原理圖

ENET1 的網路 PHY 晶片為 LAN8720A，透過 RMII 介面與 I.MX6ULL 相連，I.MX6U-ALPHA 開發板的 ENET1 接腳與 NXP 官方的 I.MX6ULL EVK 開發板類似，唯獨重置接腳不同。從圖 30-15 可以看出，ENET1 重置接腳 ENET1_RST 接到了 I.M6ULL 的 SNVS_TAMPER7 這個接腳上。

　　LAN8720A 內部是有暫存器的，I.MX6ULL 會讀取 LAN8720 內部暫存器來判斷當前的物理連結狀態、連線速度和雙工狀態（半雙工還是全雙工）。I.MX6ULL 透過 MDIO 介面來讀取 PHY 晶片的內部暫存器。MDIO 介面有兩個接腳：ENET_MDC 和 ENET_MDIO， ENET_MDC 提供時鐘，ENET_MDIO 進行資料傳輸。一個 MDIO 介面可以管理 32 個 PHY 晶片，同一個 MDIO 介面下的 PHY 使用不同的元件位址做區分，MIDO 介面透過不同的元件位址即可存取對應的 PHY 晶片。I.MX6U-ALPHA 開發板 ENET1 上連接的 LAN8720A 元件位址為 0X0，要修改 ENET1 網路驅動程式的注意事項如下。

（1）ENET1 重置接腳初始化。

（2）LAN8720A 的元件 ID。

（3）LAN8720 驅動程式。

　　ENET2 的原理圖如圖 30-16 所示。

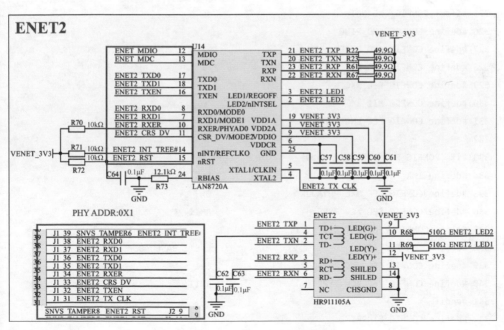

▲ 圖 30-16　ENET2 原理圖

ENET2 網路驅動程式的修改注意以下 3 點：

（1） ENET2 的重置接腳 ENET2_RST 接到了 I.MX6ULL 的 SNVS_TAMPER8 上。

（2） ENET2 所使用的 PHY 晶片元件位址，從圖 30-16 可以看出，PHY 元件位 址為 OX1。

（3） LAN8720 驅動程式，ENET1 和 ENET2 都使用 LAN8720，所以驅動程式 相同。

2. 網路 PHY 位址修改

首先修改 uboot 中的 ENET1 和 ENET2 的 PHY 位址和驅動程式，開啟 mx6ull_alientek_emmc.h 這個檔案，找到如範例 30-14 所示內容。

▼ 範例 30-14 網路預設 ID 設定參數

```
325 #ifdef CONFIG_CMD_NET
326 #define CONFIG_CMD_PING
327 #define CONFIG_CMD_DHCP
328 #define CONFIG_CMD_MII
329 #define CONFIG_FEC_MXC
330 #define CONFIG_MII
331 #define CONFIG_FEC_ENET_DEV                   1
332
333 #if (CONFIG_FEC_ENET_DEV == 0)
334 #define IMX_FEC_BASE                          ENET_BASE_ADDR
335 #define CONFIG_FEC_MXC_PHYADDR                0x2
336 #define CONFIG_FEC_XCV_TYPE                   RMII
337 #elif (CONFIG_FEC_ENET_DEV == 1)
338 #define IMX_FEC_BASE                          ENET2_BASE_ADDR
339 #define CONFIG_FEC_MXC_PHYADDR                0x1
340 #define CONFIG_FEC_XCV_TYPE                   RMII
341 #endif
342 #define CONFIG_ETHPRIME                       "FEC"
343
344 #define CONFIG_PHYLIB
345 #define CONFIG_PHY_MICREL
346 #endif
```

第 331 行的巨集 CONFIG_FEC_ENET_DEV 用於選擇使用哪個網路介面，預設為 1，選擇 ENET2。第 335 行為 ENET1 的 PHY 位址，預設為 0x2，第 339 行為 ENET2 的 PHY 位址，預設為 0x1。根據前面的分析可知，I.MX6U-ALPHA 開發板 ENET1 的 PHY 位址為 0x0，ENET2 的 PHY 位址為 0x1，所以需要將第 335 行的巨集 CONFIG_FEC_MXC_PHYADDR 改為 0x0。

第 345 行定了一個巨集 CONFIG_PHY_MICREL，此巨集用於啟動 uboot 中的 PHY 驅動程式，KSZ8081 晶片就是 Micrel 公司生產的，不過 Micrel 已經被 Microchip 收購了。如果要使用 LAN8720A，需要將 CONFIG_PHY_MICREL 改為 CONFIG_PHY_SMSC，也就是啟動 uboot 中的 SMSC 公司中的 PHY 驅動程式，因為 LAN8720A 就是 SMSC 公司生產的。所以範例 30-12 有 3 處要修改。

（1）修改 ENET1 網路 PHY 的位址。

（2）修改 ENET2 網路 PHY 的位址。

（3）啟動 SMSC 公司的 PHY 驅動程式。

修改後的網路 PHY 位址參數如範例 30-15 所示。

▼ 範例 30-15 網路 PHY 位址設定參數

```
325 #ifdef CONFIG_CMD_NET
326 #define CONFIG_CMD_PING
327 #define CONFIG_CMD_DHCP
328 #define CONFIG_CMD_MII
329 #define CONFIG_FEC_MXC
330 #define CONFIG_MII
331 #define CONFIG_FEC_ENET_DEV              1
332
333 #if (CONFIG_FEC_ENET_DEV == 0)
334 #define IMX_FEC_BASE                     ENET_BASE_ADDR
335 #define CONFIG_FEC_MXC_PHYADDR           0x0
336 #define CONFIG_FEC_XCV_TYPE              RMII
337 #elif (CONFIG_FEC_ENET_DEV == 1)
338 #define IMX_FEC_BASE                     ENET2_BASE_ADDR
339 #define CONFIG_FEC_MXC_PHYADDR           0x1
340 #define CONFIG_FEC_XCV_TYPE              RMII
341 #endif
```

```
342 #define CONFIG_ETHPRIME                    "FEC"
343
344 #define CONFIG_PHYLIB
345 #define CONFIG_PHY_SMSC
346 #endif
```

3. 刪除 uboot 中 74LV595 的驅動程式

在 uboot 中網路 PHY 晶片位址修改完成以後，就是對網路重置接腳的驅動程式進行修改了，開啟 mx6ull_alientek_emmc.c，找到如範例 30-16 所示內容。

▼ 範例 30-16 74LV595 接腳

```
#define IOX_SDI IMX_GPIO_NR(5, 10)
#define IOX_STCP IMX_GPIO_NR(5, 7)
#define IOX_SHCP IMX_GPIO_NR(5, 11)
#define IOX_OE IMX_GPIO_NR(5, 8)
```

範例 30-16 中以 IOX 開頭的巨集定義是 74LV595 的相關 GPIO，因為 NXP 官方 I.MX6ULL EVK 開發板使用 74LV595 來擴充 I/O，兩個網路的重置接腳就是由 74LV595 來控制的。

我們的開發板並沒有使用 74LV595，因此將範例 30-16 中的程式刪除掉，替換為如範例 30-17 所示內容。

▼ 範例 30-17 修改後的網路接腳

```
#define ENET1_RESET IMX_GPIO_NR(5, 7)
#define ENET2_RESET IMX_GPIO_NR(5, 8)
```

ENET1 的重置接腳連接到 SNVS_TAMPER7 上，對應 GPIO5_IO07，ENET2 的重置接腳連接到 SNVS_TAMPER8 上，對應 GPIO5_IO08。

繼續在 mx6ull_alientek_emmc.c 中找到如範例 30-18 所示程式。

▼ 範例 30-18 74LV595 接腳設定

```
static iomux_v3_cfg_t const iox_pads[] = {
    /* IOX_SDI */
    MX6_PAD_BOOT_MODE0__GPIO5_IO10 | MUX_PAD_CTRL(NO_PAD_CTRL),
    /* IOX_SHCP */
    MX6_PAD_BOOT_MODE1__GPIO5_IO11 | MUX_PAD_CTRL(NO_PAD_CTRL),
    /* IOX_STCP */
    MX6_PAD_SNVS_TAMPER7__GPIO5_IO07 | MUX_PAD_CTRL(NO_PAD_CTRL),
    /* IOX_nOE */
    MX6_PAD_SNVS_TAMPER8__GPIO5_IO08 | MUX_PAD_CTRL(NO_PAD_CTRL),
};
```

同理，範例 30-18 是 74LV595 的 I/O 設定參數結構，將其刪除掉。繼續在 mx6ull_alientek_emmc.c 中找到函式 iox74lv_init，如範例 30-19 所示。

▼ 範例 30-19 74LV595 初始化函式

```
static void iox74lv_init(void)
{
    int i;

    gpio_direction_output(IOX_OE, 0);

    for (i = 7; i >= 0; i--) {
        gpio_direction_output(IOX_SHCP, 0);
        gpio_direction_output(IOX_SDI, seq[qn_output[i]][0]);
        udelay(500);
        gpio_direction_output(IOX_SHCP, 1);
        udelay(500);
    }

    ...
    /*
     * shift register will be output to pins
     */
    gpio_direction_output(IOX_STCP, 1);
};

void iox74lv_set(int index)
```

```
{
    int i;

    for (i = 7; i >= 0; i--) {
        gpio_direction_output(IOX_SHCP, 0);

        if (i == index)
                gpio_direction_output(IOX_SDI, seq[qn_output[i]][0]);
        else
                gpio_direction_output(IOX_SDI, seq[qn_output[i]][1]);
        udelay(500);
        gpio_direction_output(IOX_SHCP, 1);
        udelay(500);
    }
    ...
    /*
     * shift register will be output to pins
     */
    gpio_direction_output(IOX_STCP, 1);
};
```

iox74lv_init 函式是 74LV595 的初始化函式，iox74lv_set 函式用於控制 74LV595 的 I/O 輸出電位，將這兩個函式全部刪除掉。

在 mx6ull_alientek_emmc.c 中找到 board_init 函式，此函式是板子初始化函式，會被 board_init_r 呼叫，board_init 函式內容如範例 30-20 所示。

▼ 範例 30-20 board_init 函式

```
int board_init(void)
{
...
imx_iomux_v3_setup_multiple_pads(iox_pads, ARRAY_SIZE(iox_pads));
    iox74lv_init();
    ...
    return 0;
}
```

board_init 會 呼 叫 imx_iomux_v3_setup_multiple_pads 和 iox74lv_init 這兩個函式來初始化 74lv595 的 GPIO，將這兩行刪除掉。至此，mx6ull_alientek_emmc.c 中關於 74LV595 晶片的驅動程式都已刪除，接下來增加 I.MX6U-ALPHA 開發板的兩個網路重置接腳。

4. 增加 I.MX6U-ALPHA 開發板網路重置接腳驅動程式

在 mx6ull_alientek_emmc.c 中找到如範例 30-21 所示程式。

▼ 範例 30-21 預設網路 IO 結構陣列

```
640 static iomux_v3_cfg_t const fec1_pads[] = {
641   MX6_PAD_GPIO1_IO06__ENET1_MDIO | MUX_PAD_CTRL(MDIO_PAD_CTRL),
642   MX6_PAD_GPIO1_IO07__ENET1_MDC | MUX_PAD_CTRL(ENET_PAD_CTRL),
...
649   MX6_PAD_ENET1_RX_ER__ENET1_RX_ER | MUX_PAD_CTRL(ENET_PAD_CTRL),
650   MX6_PAD_ENET1_RX_EN__ENET1_RX_EN | MUX_PAD_CTRL(ENET_PAD_CTRL),
651 };
652
653 static iomux_v3_cfg_t const fec2_pads[] = {
654   MX6_PAD_GPIO1_IO06__ENET2_MDIO | MUX_PAD_CTRL(MDIO_PAD_CTRL),
655   MX6_PAD_GPIO1_IO07__ENET2_MDC | MUX_PAD_CTRL(ENET_PAD_CTRL),
...
664   MX6_PAD_ENET2_RX_EN__ENET2_RX_EN | MUX_PAD_CTRL(ENET_PAD_CTRL),
665   MX6_PAD_ENET2_RX_ER__ENET2_RX_ER | MUX_PAD_CTRL(ENET_PAD_CTRL),
666 };
```

結構陣列 fec1_pads 和 fec2_pads 是 ENET1 和 ENET2 的 I/O 設定參數，在這兩個陣列中增加兩個網路介面的重置 I/O 設定參數，完成以後如範例 30-22 所示。

▼ 範例 30-22 增加網路重置 IO 後的結構陣列

```
640 static iomux_v3_cfg_t const fec1_pads[] = {
641   MX6_PAD_GPIO1_IO06__ENET1_MDIO | MUX_PAD_CTRL(MDIO_PAD_CTRL),
642   MX6_PAD_GPIO1_IO07__ENET1_MDC | MUX_PAD_CTRL(ENET_PAD_CTRL),
...
651   MX6_PAD_SNVS_TAMPER7__GPIO5_IO07 | MUX_PAD_CTRL(NO_PAD_CTRL),
```

```
652 };
653
654 static iomux_v3_cfg_t const fec2_pads[] = {
655   MX6_PAD_GPIO1_IO06__ENET2_MDIO | MUX_PAD_CTRL(MDIO_PAD_CTRL),
656   MX6_PAD_GPIO1_IO07__ENET2_MDC | MUX_PAD_CTRL(ENET_PAD_CTRL),
...
667   MX6_PAD_SNVS_TAMPER8__GPIO5_IO08 | MUX_PAD_CTRL(NO_PAD_CTRL),
668 };
```

　　範例 30-22 中，第 651 行和第 667 行分別是 ENET1 和 ENET2 的重置 I/O 設定參數。繼續在檔案 mx6ull_alientek_emmc.c 中找到 setup_iomux_fec 函式，此函式預設程式如範例 30-23 所示。

▼ 範例 30-23　setup_iomux_fec 函式預設程式

```
668 static void setup_iomux_fec(int fec_id)
669 {
670   if (fec_id == 0)
671     imx_iomux_v3_setup_multiple_pads(fec1_pads,
672           ARRAY_SIZE(fec1_pads));
673   else
674     imx_iomux_v3_setup_multiple_pads(fec2_pads,
675           ARRAY_SIZE(fec2_pads));
676 }
```

　　setup_iomux_fec 函式就是根據 fec1_pads 和 fec2_pads 這兩個網路 I/O 設定陣列來初始化 I.MX6ULL 的網路 I/O。需要在其中增加網路重置 I/O 的初始化程式，並且重置 PHY 晶片，修改後的 setup_iomux_fec 函式如範例 30-24 所示。

▼ 範例 30-24　修改後的 setup_iomux_fec 函式

```
668 static void setup_iomux_fec(int fec_id)
669 {
670   if (fec_id == 0)
671   {
672
673     imx_iomux_v3_setup_multiple_pads(fec1_pads,
```

```
674                    ARRAY_SIZE(fec1_pads));
675
676    gpio_direction_output(ENET1_RESET, 1);
677    gpio_set_value(ENET1_RESET, 0);
678    mdelay(20);
679    gpio_set_value(ENET1_RESET, 1);
680  }
681  else
682  {
683    imx_iomux_v3_setup_multiple_pads(fec2_pads,
684                    ARRAY_SIZE(fec2_pads));
685    gpio_direction_output(ENET2_RESET, 1);
686    gpio_set_value(ENET2_RESET, 0);
687    mdelay(20);
688    gpio_set_value(ENET2_RESET, 1);
689  }
690 }
```

　　範例 30-24 中第 676~679 行和第 685~688 行分別對應 ENET1 和 ENET2 的重置 I/O 初始化，將這兩個 I/O 設定為輸出並且硬體重置 LAN8720A，否則可能導致 uboot 無法辨識 LAN8720A。

5. 檔案修改 drivers/net/phy/phy.c 中的 genphy_update_link 函式

　　uboot 中的 LAN8720A 驅動程式有點問題，開啟檔案 drivers/net/phy/phy.c，找到 genphy_update_link 函式，這個是通用 PHY 驅動程式函式，此函式用於更新 PHY 的連接狀態和速度。使用 LAN8720A 時需要在此函式中增加一些程式，修改後的 genphy_update_link 函式如範例 30-25 所示。

▼ 範例 30-25　修改後的 genphy_update_link 函式

```
221 int genphy_update_link(struct phy_device *phydev)
222 {
223   unsigned int mii_reg;
224
225 #ifdef CONFIG_PHY_SMSC
226   static int lan8720_flag = 0;
227   int bmcr_reg = 0;
```

```
228   if (lan8720_flag == 0) {
229       bmcr_reg = phy_read(phydev, MDIO_DEVAD_NONE, MII_BMCR);
230       phy_write(phydev, MDIO_DEVAD_NONE, MII_BMCR, BMCR_RESET);
231       while(phy_read(phydev, MDIO_DEVAD_NONE, MII_BMCR) & 0X8000) {
232             udelay(100);
233       }
234       phy_write(phydev, MDIO_DEVAD_NONE, MII_BMCR, bmcr_reg);
235       lan8720_flag = 1;
236   }
237 #endif
238
239   /*
240    * Wait if the link is up, and autonegotiation is in progress
241    * (ie - we're capable and it's not done)
242    */
243   mii_reg = phy_read(phydev, MDIO_DEVAD_NONE, MII_BMSR);
...
291
292   return 0;
293}
```

第 225~237 行就是新增加的程式，為條件編譯程式碼部分，只有使用 SMSC 公司的 PHY 程式才會執行（目前只測試了 LAN8720A，SMSC 公司其他的晶片還未測試）。第 229 行讀取 LAN8720A 的 BMCR 暫存器（暫存器位址為 0），此暫存器為 LAN8720A 的設定暫存器，這裡先讀取此暫存器的預設值並儲存起來。第 230 行向暫存器 BMCR 寫入 BMCR_RESET（值為 0X8000），因為 BMCR 的 bit15 是軟體重置控制位元，因此第 230 行就是軟體重置 LAN8720A，重置完成以後此位元會自動清零。第 231~233 行等待 LAN8720A 軟體重置完成，判斷 BMCR 的 bit15 位元是否為 1，為 1 表示還沒有重置完成。第 234 行重新向 BMCR 暫存器寫入以前的值，即 229 行讀出的那個值。

至此網路的重置接腳驅動程式修改完成，重新編譯 uboot，然後將 u-boot. bin 燒錄到 SD 卡中並啟動，uboot 啟動資訊如圖 30-17 所示。

```
U-Boot 2016.03 (Oct 27 2020 - 11:44:31 +0800)

CPU:    Freescale i.MX6ULL rev1.1 69 MHz (running at 396 MHz)
CPU:    Industrial temperature grade (-40C to 105C) at 49C
Reset cause: POR
Board: MX6ULL ALIENTEK EMMC
I2C:    ready
DRAM:   512 MiB
MMC:    FSL_SDHC: 0, FSL_SDHC: 1
Display: TFT7016 (1024x600)
Video: 1024x600x24
In:     serial
Out:    serial
Err:    serial
switch to partitions #0, OK
mmc0 is current device
Net:    FEC1
Normal Boot
Hit any key to stop autoboot:  0
=>
```

▲ 圖 30-17 uboot 啟動資訊

從圖 30-17 中可以看到 Net：FEC1 這一行，提示當前使用的 FEC1 這個網路介面，也就是 ENET2。在 uboot 中使用網路之前，要先設定幾個環境變數，操作命令如下所示。

```
setenv ipaddr 192.168.1.55              // 開發板 IP 位址
setenv ethaddr b8:ae:1d:01:00:00        // 開發板網路卡 MAC 位址
setenv gatewayip 192.168.1.1            // 開發板預設閘道器
setenv netmask 255.255.255.0            // 開發板子網路遮罩
setenv serverip 192.168.1.250           // 伺服器位址，也就是 Ubuntu 位址
saveenv                                 // 儲存環境變數
```

設定好環境變數以後就可以在 uboot 中使用網路了，用網線將 I.MX6U-ALPHA 上的 ENET2 與電腦或路由器連接起來，保證開發板和電腦在同一個網段內，透過 ping 命令測試網路連接，操作命令如下所示。

```
ping 192.168.1.250
```

結果如圖 30-18 所示。

```
=> ping 192.168.1.250
FEC1 Waiting for PHY auto negotiation to complete.... done
Using FEC1 device
host 192.168.1.250 is alive
=>
```

▲ 圖 30-18 ping 命令測試

從圖 30-18 可以看出，host 192.168.1.250 is alive 這句說明 ping 主機成功，ENET2 網路工作正常。再來測試 ENET1 的網路是否正常執行，開啟 mx6ull_alientek_emmc.h，將 CONFIG_FEC_ENET_DEV 改為 0，然後重新編譯 uboot，並燒錄到 SD 卡中重新啟動。uboot 輸出資訊如圖 30-19 所示。

```
U-Boot 2016.03 (Jun 23 2021 - 17:10:43 +0800)

CPU:    Freescale i.MX6ULL rev1.1 69 MHz (running at 396 MHz)
CPU:    Industrial temperature grade (-40C to 105C) at 41C
Reset cause: POR
Board: MX6ULL ALIENTEK EMMC
I2C:    ready
DRAM:   512 MiB
MMC:    FSL_SDHC: 0, FSL_SDHC: 1
unsupported panel TFT43AB
In:     serial
Out:    serial
Err:    serial
switch to partitions #0, OK
mmc0 is current device
Net:    FEC0
Error: FEC0 address not set.

Normal Boot
Hit any key to stop autoboot:  0
=>
```

▲ 圖 30-19 uboot 啟動資訊

從圖 30-19 可以看出，Net：FEC0 這一行說明當前使用的是 FEC0 這個網路卡，也就是 ENET1，設定好 FEC0 網路介面的位址資訊，ping 一下主機，結果如圖 30-20 所示。

```
=> ping 192.168.1.250
FEC0 Waiting for PHY auto negotiation to complete.... done
Using FEC0 device
host 192.168.1.250 is alive
=>
```

▲ 圖 30-20 ping 命令測試

從圖 30-20 可以看出，ping 主機執行成功，說明 ENET1 網路也工作正常。至此，I.MX6U-ALPHA 開發板的兩個網路都已正常執行，建議大家將 ENET2 設定為 uboot 的預設網路卡，即將巨集 CONFIG_FEC_ENET_DEV 設定為 1。

30.2.8 其他需要修改的地方

在 uboot 啟動資訊中會有「Board:MX6ULL 14x14 EVK」這一句，板子名稱為「MX6ULL 14x14 EVK」，要將其改為我們所使用的板子名稱，比如「MX6ULL ALIENTEK EMMC」或「MX6ULL ALIENTEK NAND」。開啟檔案 mx6ull_alientek_emmc.c，找到 checkboard 函式，將其改為如範例 30-26 所示內容。

▼ 範例 30-26 修改後的 checkboard 函式

```
int checkboard(void)
{
    if (is_mx6ull_9x9_evk())
        puts("Board:MX6ULL 9x9 EVK\n");
    else
        puts("Board:MX6ULL ALIENTEK EMMC\n");
    return 0;
}
```

修改完成以後重新編譯 uboot 並燒錄到 SD 卡中驗證，uboot 啟動資訊如圖 30-21 所示。

```
U-Boot 2016.03 (Oct 27 2020 - 11:44:31 +0800)

CPU:    Freescale i.MX6ULL rev1.1 69 MHz (running at 396 MHz)
CPU:    Industrial temperature grade (-40C to 105C) at 50C
Reset cause: POR
Board: MX6ULL ALIENTEK EMMC
I2C:    ready
DRAM:   512 MiB
MMC:    FSL_SDHC: 0, FSL_SDHC: 1
Display: TFT7016 (1024x600)
Video: 1024x600x24
In:     serial
Out:    serial
Err:    serial
switch to partitions #0, OK
mmc0 is current device
Net:    FEC1
Normal Boot
Hit any key to stop autoboot:  0
=>
```

▲ 圖 30-21 uboot 啟動資訊

從圖 30-21 可以看出，Board 變成了 MX6ULL ALIENTEK EMMC。至此 uboot 的驅動程式部分修改完成，uboot 的移植也完成了。uboot 的最終目的就是啟動 Linux 核心，需要透過啟動 Linux 核心來判斷 uboot 移植是否成功。在啟動 Linux 核心之前先來學習兩個重要的環境變數 bootcmd 和 bootargs。

30.3 │ bootcmd 和 bootargs 環境變數

uboot 中有兩個非常重要的環境變數──bootcmd 和 bootargs。

它們採用類似 shell 指令碼語言撰寫的，有很多的變數引用，這些變數都是環境變數，有很多是 NXP 自己定義的。檔案 mx6ull_alientek_emmc.h 中的巨集 CONFIG_EXTRA_ENV_SETTINGS 儲存著這些環境變數的預設值，內容如範例 30-27 所示。

▼ 範例 30-27 巨集 CONFIG_EXTRA_ENV_SETTINGS 預設值

```
113 #if defined(CONFIG_SYS_BOOT_NAND)
114 #define CONFIG_EXTRA_ENV_SETTINGS \
115     CONFIG_MFG_ENV_SETTINGS \
116     "panel=TFT43AB\0" \
117     "fdt_addr=0x83000000\0" \
118     "fdt_high=0xffffffff\0"\
...
126     "bootz ${loadaddr} - ${fdt_addr}\0"
127
128 #else
129 #define CONFIG_EXTRA_ENV_SETTINGS \
130     CONFIG_MFG_ENV_SETTINGS \
131     "script=boot.scr\0" \
132     "image=zImage\0" \
133     "console=ttymxc0\0" \
134     "fdt_high=0xffffffff\0" \
135     "initrd_high=0xffffffff\0" \
136     "fdt_file=undefined\0" \
...
194     "findfdt="\
```

```
195        "if test $fdt_file = undefined; then " \
196         "if test $board_name = EVK && test $board_rev = 9X9; then " \
197         "setenv fdt_file imx6ull-9x9-evk.dtb; fi; " \
198        "if test $board_name = EVK && test $board_rev = 14X14; then " \
199                    "setenv fdt_file imx6ull-14x14-evk.dtb; fi; " \
200            "if test $fdt_file = undefined; then " \
201            "echo WARNING:Could not determine dtb to use; fi; " \
202            "fi;\0" \
```

巨集 CONFIG_EXTRA_ENV_SETTINGS 是條件編譯敘述，使用 NAND 和
EMMC 的時候巨集 CONFIG_EXTRA_ENV_SETTINGS 的值是不同的。

30.3.1 環境變數 bootcmd

bootcmd 儲存著 uboot 預設命令，uboot 倒計時結束以後就會執行
bootcmd 中的命令。這些命令用來啟動 Linux 核心，如讀取 EMMC 或 NAND
Flash 中的 Linux 核心鏡像檔案和裝置樹檔案到 DRAM 中，然後啟動 Linux 核心。
可以在 uboot 啟動以後進入命令列設定 bootcmd 環境變數的值。如果 EMMC
或 NAND 中沒有儲存 bootcmd 的值，那麼 uboot 就會使用預設的值，板子第一
次執行 uboot 時都會使用預設值來設定 bootcmd 環境變數。開啟檔案 include/
env_default.h，在此檔案中有如範例 30-28 所示內容。

▼ 範例 30-28 預設環境變數

```
13 #ifdef DEFAULT_ENV_INSTANCE_EMBEDDED
14 env_t environment __PPCENV__ = {
15    ENV_CRC,/* CRC Sum */
16 #ifdef CONFIG_SYS_REDUNDAND_ENVIRONMENT
17    1,        /* Flags:valid */
18 #endif
19    {
20 #elif defined(DEFAULT_ENV_INSTANCE_STATIC)
21 static char default_environment[] = {
22 #else
23 const uchar default_environment[] = {
24 #endif
25 #ifdefCONFIG_ENV_CALLBACK_LIST_DEFAULT
```

```
26    ENV_CALLBACK_VAR "=" CONFIG_ENV_CALLBACK_LIST_DEFAULT "\0"
27 #endif
28 #ifdefCONFIG_ENV_FLAGS_LIST_DEFAULT
29    ENV_FLAGS_VAR "=" CONFIG_ENV_FLAGS_LIST_DEFAULT "\0"
30 #endif
31 #ifdef        CONFIG_BOOTARGS
32    "bootargs=" CONFIG_BOOTARGS                          "\0"
33 #endif
34 #ifdef        CONFIG_BOOTCOMMAND
35    "bootcmd="CONFIG_BOOTCOMMAND                         "\0"
36 #endif
37 #ifdefCONFIG_RAMBOOTCOMMAND
38    "ramboot="CONFIG_RAMBOOTCOMMAND                      "\0"
39 #endif
40 #ifdef        CONFIG_NFSBOOTCOMMAND
41    "nfsboot="CONFIG_NFSBOOTCOMMAND                      "\0"
42 #endif
43 #if defined(CONFIG_BOOTDELAY) && (CONFIG_BOOTDELAY >= 0)
44    "bootdelay="__stringify(CONFIG_BOOTDELAY)            "\0"
45 #endif
46 #if defined(CONFIG_BAUDRATE) && (CONFIG_BAUDRATE >= 0)
47    "baudrate=" __stringify(CONFIG_BAUDRATE)             "\0"
48 #endif
49 #ifdef        CONFIG_LOADS_ECHO
50    "loads_echo="__stringify(CONFIG_LOADS_ECHO)          "\0"
51 #endif
52 #ifdef        CONFIG_ETHPRIME
53    "ethprime=" CONFIG_ETHPRIME                          "\0"
54 #endif
55 #ifdef        CONFIG_IPADDR
56    "ipaddr="__stringify(CONFIG_IPADDR)                  "\0"
57 #endif
58 #ifdef        CONFIG_SERVERIP
59    "serverip=" __stringify(CONFIG_SERVERIP)             "\0"
60 #endif
61 #ifdef        CONFIG_SYS_AUTOLOAD
62    "autoload=" CONFIG_SYS_AUTOLOAD                      "\0"
63 #endif
64 #ifdef        CONFIG_PREBOOT
```

```
65    "preboot="CONFIG_PREBOOT                              "\0"
66 #endif
67 #ifdefCONFIG_ROOTPATH
68    "rootpath=" CONFIG_ROOTPATH                           "\0"
69 #endif
70 #ifdefCONFIG_GATEWAYIP
71    "gatewayip="       __stringify(CONFIG_GATEWAYIP)      "\0"
72 #endif
73 #ifdefCONFIG_NETMASK
74    "netmask="__stringify(CONFIG_NETMASK)                 "\0"
75 #endif
76 #ifdefCONFIG_HOSTNAME
77    "hostname=" __stringify(CONFIG_HOSTNAME)              "\0"
78 #endif
79 #ifdefCONFIG_BOOTFILE
80    "bootfile=" CONFIG_BOOTFILE                           "\0"
81 #endif
82 #ifdefCONFIG_LOADADDR
83    "loadaddr=" __stringify(CONFIG_LOADADDR)              "\0"
84 #endif
85 #ifdefCONFIG_CLOCKS_IN_MHZ
86    "clocks_in_mhz=1\0"
87 #endif
88 #if defined(CONFIG_PCI_BOOTDELAY) && (CONFIG_PCI_BOOTDELAY > 0)
89    "pcidelay=" __stringify(CONFIG_PCI_BOOTDELAY)"\0"
90 #endif
91 #ifdefCONFIG_ENV_VARS_UBOOT_CONFIG
92    "arch="            CONFIG_SYS_ARCH                     "\0"
93    "cpu="             CONFIG_SYS_CPU                      "\0"
94    "board="           CONFIG_SYS_BOARD                    "\0"
95    "board_name="      CONFIG_SYS_BOARD                    "\0"
96 #ifdef CONFIG_SYS_VENDOR
97    "vendor="          CONFIG_SYS_VENDOR                   "\0"
98 #endif
99 #ifdef CONFIG_SYS_SOC
100   "soc="             CONFIG_SYS_SOC                      "\0"
101 #endif
102 #endif
103 #ifdef               CONFIG_EXTRA_ENV_SETTINGS
```

```
104   CONFIG_EXTRA_ENV_SETTINGS
105 #endif
106   "\0"
107 #ifdef DEFAULT_ENV_INSTANCE_EMBEDDED
108   }
109 #endif
110   };
```

第 13~23 行，這段程式是條件編譯，由於沒有定義 DEFAULT_ENV_INSTANCE_EMBEDDED 和 CONFIG_SYS_REDUNDAND_ENVIRONMENT，因此 uchar default_environment[] 陣列儲存環境變數。

在範例 30-28 中指定了很多環境變數的預設值，比如 bootcmd 的預設值是 CONFIG_BOOTCOMMAND，bootargs 的預設值是 CONFIG_BOOTARGS。我們可以在檔案 mx6ull_alientek_emmc.h 中透過設定巨集 CONFIG_BOOTCOMMAND 來設定 bootcmd 的預設值，NXP 官方設定的 CONFIG_BOOTCOMMAND 值如範例 30-29 所示。

▼ 範例 30-29 CONFIG_BOOTCOMMAND 預設值

```
204 #define CONFIG_BOOTCOMMAND \
205     "run findfdt;" \
206     "mmc dev ${mmcdev};" \
207     "mmc dev ${mmcdev}; if mmc rescan; then " \
208         "if run loadbootscript; then " \
209             "run bootscript; " \
210         "else " \
211             "if run loadimage; then " \
212                 "run mmcboot; " \
213             "else run netboot; " \
214             "fi; " \
215         "fi; " \
216     "else run netboot; fi"
```

因為 uboot 使用了類似 shell 指令碼語言的方式來撰寫，我們逐行來分析。

第 205 行，run findfdt；使用 uboot 的 run 命令來執行 findfdt，findfdt 是
NXP 自行增加的環境變數。findfdt 用來查詢開發板對應的裝置樹檔案（.dtb）。
IMX6ULL EVK 的裝置樹檔案為 imx6ull-14x14-evk.dtb，findfdt 內容如下所示。

```
"findfdt="\
"if test $fdt_file = undefined; then " \
"if test $board_name = EVK && test $board_rev = 9X9; then " \
        "setenv fdt_file imx6ull-9x9-evk.dtb; fi; " \
    "if test $board_name = EVK && test $board_rev = 14X14; then " \
        "setenv fdt_file imx6ull-14x14-evk.dtb; fi; " \
    "if test $fdt_file = undefined; then " \
        "echo WARNING:Could not determine dtb to use; fi; " \
"fi;\0" \
```

findfdt 中用到的變數有 fdt_file、board_name 和 board_rev，這 3 個變數
內容如下所示。

```
fdt_file=undefined，board_name=EVK，board_rev=14X14
```

findfdt 做判斷，fdt_file 是否為 undefined，是則根據板子資訊得出所
需的 .dtb 檔案名稱。此時 fdt_file 為 undefined，所以根據 board_name 和
board_rev 來判斷實際所需的 .dtb 檔案，如果 board_name 為 EVK 並且
board_rev=9x9，fdt_file 就為 imx6ull-9x9-evk.dtb。如果 board_name 為
EVK 並且 board_rev=14x14 則 fdt_file 設定為 imx6ull-14x14-evk.dtb。因此
IMX6ULL EVK 板子的裝置樹檔案就是 imx6ull-14x14-evk.dtb。

run findfdt 的結果就是設定 fdt_file 為 imx6ull-14x14-evk.dtb。

第 206 行，mmc dev ${mmcdev} 用於切換 MMC 裝置，mmcdev 為 1，
因此這行程式就是 mmc dev 1，也就是切換到 EMMC 上。

第 207 行，先執行 mmc dev ${mmcdev} 切換到 EMMC 上，然後使用命令
mmc rescan 掃描看是否有 SD 卡或 EMMC 存在，如果沒有則直接跳到第 216
行，執行 run netboot，netboot 也是一個自訂的環境變數，這個變數是從網路
啟動 Linux 的。如果 MMC 裝置存在則從 MMC 裝置啟動。

第 208 行，執行 loadbootscript 環境變數，此環境變數內容如下所示。

```
loadbootscript=fatload mmc ${mmcdev}:${mmcpart} ${loadaddr} ${script};
```

其 中 mmcdev=1，mmcpart=1，loadaddr=0x80800000，script= boot. scr，因此展開以後如下所示。

```
loadbootscript=fatload mmc 1:1 0x80800000 boot.scr;
```

loadbootscript 從 mmc1 的 分 區 1 中 讀 取 檔 案 boot.src 到 DRAM 的 0X80800000 處。但是 mmc1 的分區 1 中沒有 boot.src，可以使用命令 ls mmc 1:1 查看 mmc1 分區 1 中的所有檔案，看看有沒有 boot.src 這個檔案。

第 209 行，如果載入 boot.src 檔案成功就執行 bootscript 環境變數，bootscript 的內容如下。

```
bootscript=echo Running bootscript from mmc ...;
source
```

因為 boot.src 檔案不存在，所以 bootscript 不會執行。

第 211 行，如果 loadbootscript 沒有找到 boot.src 則執行環境變數 loadimage，環境變數 loadimage 內容如下所示。

```
loadimage=fatload mmc ${mmcdev}:${mmcpart} ${loadaddr} ${image}
```

其中 mmcdev=1，mmcpart=1，loadaddr=0x80800000，image = zImage，展開以後如下所示。

```
loadimage=fatload mmc 1:1 0x80800000 zImage
```

可以看出 loadimage 就是從 mmc1 的分區中讀取 zImage 到記憶體的 0x80800000 處，而 mmc1 的分區 1 中存在 zImage。

第 212 行，載入 Linux 鏡像檔案 zImage，成功以後就執行環境變數 mmcboot，否則執行 netboot 環境變數。mmcboot 環境變數如範例 30-30 所示。

▼ 範例 30-30　mmcboot 環境變數

```
154 "mmcboot=echo Booting from mmc ...; " \
155   "run mmcargs; " \
156   "if test ${boot_fdt} = yes || test ${boot_fdt} = try; then " \
157     "if run loadfdt; then " \
158           "bootz ${loadaddr} - ${fdt_addr}; " \
159     "else " \
160           "if test ${boot_fdt} = try; then " \
161                 "bootz; " \
162           "else " \
163                 "echo WARN:Cannot load the DT; " \
164           "fi; " \
165     "fi; " \
166   "else " \
167     "bootz; " \
168   "fi;\0" \
```

第 154 行，輸出資訊 Booting from mmc ...。

第 155 行，執行環境變數 mmcargs，mmcargs 用來設定 bootargs，後面分析 bootargs 時再學習。

第 156 行，判斷 boot_fdt 是否為 yes 或 try，根據 uboot 輸出的環境變數資訊可知 boot_fdt=try。因此會執行第 157 行的敘述。

第 157 行，執行環境變數 loadfdt，環境變數 loadfdt 定義如下所示。

```
loadfdt=fatload mmc ${mmcdev}:${mmcpart} ${fdt_addr} ${fdt_file}
```

展開以後如下所示。

```
loadfdt=fatload mmc 1:1 0x83000000 imx6ull-14x14-evk.dtb
```

因此 loadfdt 的作用就是從 mmc1 的分區 1 中讀取 imx6ull-14x14-evk.dtb 檔案並放到 0x83000000 處。

第 158 行，如果讀取 .dtb 檔案成功則呼叫命令 bootz 啟動 Linux，呼叫方法如下所示。

```
bootz ${loadaddr} - ${fdt_addr};
```

展開如下所示。

```
bootz 0x80800000 - 0x83000000（注意 '-' 前後要有空格）
```

至此 Linux 核心啟動，如此複雜的設定就是為了從 EMMC 中讀取 zImage 鏡像檔案和裝置樹檔案。

```
mmc dev 1                                      // 切換到 EMMC
fatload mmc 1:1 0x80800000 zImage              // 讀取 zImage 到 0x80800000 處
fatload mmc 1:1 0x83000000 imx6ull-14x14-evk.dtb  // 讀取裝置樹到 0x83000000 處
bootz 0x80800000 - 0x83000000                  // 啟動 Linux
```

NXP 官方將 CONFIG_BOOTCOMMAND 寫得這麼複雜只有一個目的：為了相容多個板子。

當我們明確知道所使用板子的資訊時就可以大幅簡化巨集 CONFIG_BOOTCOMMAND 的設定，比如要從 EMMC 啟動，那麼巨集 CONFIG_BOOTCOMMAND 就可簡化為以下內容。

```
#define CONFIG_BOOTCOMMAND \
    "mmc dev 1;" \
    "fatload mmc 1:1 0x80800000 zImage;" \
    "fatload mmc 1:1 0x83000000 imx6ull-alientek-emmc.dtb;" \
    "bootz 0x80800000 - 0x83000000;"
```

或可以直接在 uboot 中設定 bootcmd 的值，這個值就是儲存到 EMMC 中的，命令如下所示。

```
setenv bootcmd 'mmc dev 1; fatload mmc 1:1 80800000 zImage; fatload mmc 1:1 83000000
imx6ull-alientek-emmc.dtb; bootz 80800000 - 83000000;'
```

30.3.2 環境變數 bootargs

bootargs 儲存著 uboot 傳遞給 Linux 核心的參數，

bootargs 環境變數是由 mmcargs 設定的，mmcargs 環境變數如下所示。

```
mmcargs=setenv bootargs console=${console},${baudrate} root=${mmcroot}
```

其中 console=ttymxc0，baudrate=115200，mmcroot=/dev/mmcblk1p2 rootwait rw，因此將 mmcargs 展開以後如下所示。

```
mmcargs=setenv bootargs console= ttymxc0, 115200 root= /dev/mmcblk1p2 rootwait rw
```

可以看出環境變數 mmcargs 就是設定 bootargs 的值為 console= ttymxc0, 115200 root= /dev/mmcblk1p2 rootwait rw。bootargs 設定了很多參數的值，Linux 核心會使用這些參數。常用的參數如下。

1. console

console 用來設定 Linux 終端（或叫主控台），即透過什麼裝置來和 Linux 進行互動，是序列埠還是 LCD 螢幕？如果是序列埠，應該是序列埠幾等。一般設定序列埠作為 Linux 終端，這樣就可以在電腦上透過 MobaXterm 來和 Linux 互動。這裡設定 console 為 ttymxc0，因為 Linux 啟動以後 I.MX6ULL 的序列埠 1 在 Linux 下的裝置檔案就是 /dev/ttymxc0，在 Linux 中，一切皆檔案。

ttymxc0 後面有個「,115200」，這是設定序列埠的串列傳輸速率，console=ttymxc0,115200 綜合起來就是設定 ttymxc0（也就是序列埠 1）作為 Linux 的終端，並且序列埠串列傳輸速率設定為 115200。

2. root

root 用來設定 root 檔案系統的位置，root=/dev/mmcblk1p2 用於指明 root 檔案系統存放在 mmcblk1 裝置的分區 2 中。EMMC 版本的核心板啟動 Linux 以後會存在 /dev/mmcblk0、/dev/mmcblk1、/dev/mmcblk0p1、/dev/mmcblk0p2、/dev/mmcblk1p1 和 /dev/mmcblk1p2 這樣的檔案中。其中，

/dev/mmcblkx（x=0~n）表示 MMC 裝置，而 /dev/mmcblkxpy（x=0~n,y=1~n）表示 MMC 裝置 x 的分區 y。在 I.MX6U-ALPHA 開發板中 /dev/mmcblk1 表示 EMMC，而 /dev/mmcblk1p2 表示 EMMC 的分區 2。

root 後面有 rootwait rw，rootwait 表示等待 MMC 裝置初始化完成以後再掛載，否則掛載 root 檔案系統會出錯。rw 表示 root 檔案系統是可以讀寫的，不加 rw 則無法在 root 檔案系統中進行寫入操作，只能進行讀取操作。

3. rootfstype

此選項一般設定 root 一起使用，rootfstype 用於指定 root 檔案系統類型，如果 root 檔案系統為 EXT 格式則無須設定。如果 root 檔案系統是 yaffs、jffs 或 ubifs 則需要設定此選項，指定 root 檔案系統的類型。

30.4 | uboot 啟動 Linux 測試

uboot 已經移植好，接下來測試 uboot 能否啟動 Linux 核心。我們測試兩種啟動 Linux 核心的方法，一種是直接從 EMMC 啟動，另一種是從網路啟動。

30.4.1 從 EMMC 啟動 Linux 系統

從 EMMC 啟動是將編譯出來的 Linux 鏡像檔案 zImage 和裝置樹檔案儲存在 EMMC 中，uboot 從 EMMC 中讀取這兩個檔案並啟動，這個是產品最終的啟動方式。

大家拿到手的 I.MX6U-ALPHA 開發板（EMMC 版本）已經將 zImage 檔案和裝置樹檔案燒錄到了 EMMC 中，可以直接讀取測試。先檢查 EMMC 的分區 1 中是否有 zImage 檔案和裝置樹檔案，輸入命令 ls mmc 1:1，結果如圖 30-22 所示。

```
=> fatls mmc 1:1
  6785272   zimage
    38859   imx6ull-14x14-emmc-4.3-480x272-c.dtb
    38859   imx6ull-14x14-emmc-4.3-800x480-c.dtb
    38859   imx6ull-14x14-emmc-7-800x480-c.dtb
    38859   imx6ull-14x14-emmc-7-1024x600-c.dtb
    38859   imx6ull-14x14-emmc-10.1-1280x800-c.dtb
    39691   imx6ull-14x14-emmc-hdmi.dtb
    39599   imx6ull-14x14-emmc-vga.dtb

8 file(s), 0 dir(s)

=>
```

▲ 圖 30-22 EMMC 分區 1 檔案

從圖 30-22 可以看出，此時 EMMC 分區 1 中存在 zimage 和各種裝置樹檔案，可以測試新移植的 uboot 能否啟動 Linux 核心。設定 bootargs 和 bootcmd 這兩個環境變數，設定如下所示。

```
setenv bootargs 'console=ttymxc0,115200 root=/dev/mmcblk1p2 rootwait rw'
setenv bootcmd 'mmc dev 1; fatload mmc 1:1 80800000 zImage; fatload mmc 1:1 83000000
imx6ull-14x14-emmc-7-1024x600-c.dtb; bootz 80800000 - 83000000;'
saveenv
```

設定好以後直接輸入 boot，或 run bootcmd 即可啟動 Linux 核心，如果 Linux 核心啟動成功就會輸出如圖 30-23 所示的啟動資訊。

```
reading zImage
6785480 bytes read in 226 ms (28.6 MiB/s)
Booting from mmc ...
reading imx6ull-14x14-emmc-7-1024x600-c.dtb
38859 bytes read in 20 ms (1.9 MiB/s)
Kernel image @ 0x80800000 [ 0x000000 - 0x6789c8 ]
## Flattened Device Tree blob at 83000000
   Booting using the fdt blob at 0x83000000
   Using Device Tree in place at 83000000, end 8300c7ca

Starting kernel ...

[    0.000000] Booting Linux on physical CPU 0x0
[    0.000000] Linux version 4.1.15-gad512fa (alientek@ubuntu) (gcc version 5.3.0 (GCC) ) #1 SM
P PREEMPT Mon Mar 29 16:02:02 CST 2021
[    0.000000] CPU: ARMv7 Processor [410fc075] revision 5 (ARMv7), cr=10c53c7d
[    0.000000] CPU: PIPT / VIPT nonaliasing data cache, VIPT aliasing instruction cache
[    0.000000] Machine model: Freescale i.MX6 ULL 14x14 EVK Board
[    0.000000] Reserved memory: created CMA memory pool at 0x98000000, size 128 MiB
[    0.000000] Reserved memory: initialized node linux,cma, compatible id shared-dma-pool
```

▲ 圖 30-23 Linux 核心啟動成功

30.4.2 從網路啟動 Linux 系統

從網路啟動 Linux 系統的唯一目的就是為了偵錯，不管是為了偵錯 Linux 系統還是 Linux 下的驅動程式。每次修改 Linux 系統檔案或 Linux 下的某個驅動程式以後都要將其燒錄到 EMMC 中去測試，這樣太麻煩了。我們可以設定 Linux 從網路啟動，將上述內容都放到 Ubuntu 下某個指定的資料夾中，這樣每次重新編譯後只需要使用 cp 命令將其複製到這個指定的資料夾中即可。

我們可以透過 nfs 或 tftp 從 Ubuntu 中下載 zImage 和裝置樹檔案，root 檔案系統也可以透過 nfs 掛載。

這裡使用 tftp 從 Ubuntu 中下載 zImage 和裝置樹檔案。

設定 bootargs 和 bootcmd 這兩個環境變數，設定如下所示。

```
setenv bootargs 'console=ttymxc0,115200 root=/dev/mmcblk1p2 rootwait rw'
setenv bootcmd 'tftp 80800000 zImage; tftp 83000000 imx6ull-alientek-emmc.dtb; bootz
80800000 - 83000000'
saveenv
```

下載 zImage 和 imx6ull-alientek-emmc.dtb 這兩個檔案，過程如圖 30-24 所示。

```
TFTP from server 192.168.1.250; our IP address is 192.168.1.34
Filename 'zImage'.
Load address: 0x80800000
Loading: #################################################################
         #################################################################
         #################################################################
         #################################################################
         #################################################################
         #################################################################
         #############
         2.4 MiB/s
done
Bytes transferred = 5924504 (5a6698 hex)
Using FEC1 device
TFTP from server 192.168.1.250; our IP address is 192.168.1.34
Filename 'imx6ull-alientek-emmc.dtb'.
Load address: 0x83000000
Loading: ###
         1.9 MiB/s
done
```

▲ 圖 30-24 下載過程

下載完成後啟動 Linux 核心，啟動過程如圖 30-25 所示。

```
Starting kernel ...

Booting Linux on physical CPU 0x0
Linux version 4.1.15 (zuozhongkai@ubuntu) (gcc version 4.9.4 (Linaro GCC 4.9-2017.01) ) #3
2020
CPU: ARMv7 Processor [410fc075] revision 5 (ARMv7), cr=10c5387d
CPU: PIPT / VIPT nonaliasing data cache, VIPT aliasing instruction cache
Machine model: Freescale i.MX6 ULL 14x14 EVK Board
Reserved memory: created CMA memory pool at 0x8c000000, size 320 MiB
Reserved memory: initialized node linux,cma, compatible id shared-dma-pool
Memory policy: Data cache writealloc
PERCPU: Embedded 12 pages/cpu @8bb2f000 s16768 r8192 d24192 u49152
Built 1 zonelists in Zone order, mobility grouping on.  Total pages: 130048
Kernel command line: console=ttymxc0,115200 root=/dev/mmcblk1p2 rootwait rw
PID hash table entries: 2048 (order: 1, 8192 bytes)
```

▲ 圖 30-25 Linux 啟動過程

第 **31** 章

U-Boot 圖形化
設定及其原理

我們知道 uboot 可以透過 mx6ull_alientek_emmc_defconfig 來設定，或透過檔案 mx6ull_alientek_emmc.h 來設定 uboot。還有另外一種設定 uboot 的方法，就是圖形化設定。本章就來學習如何透過圖形化設定 uboot，並且學習圖形化設定的原理，後面學習 Linux 驅動程式開發時要修改圖形設定檔。

31.1 | U-Boot 圖形化設定體驗

uboot 或 Linux 核心可以透過輸入 make menuconfig 開啟圖形化設定介面，menuconfig 是一套圖形化的設定工具，需要 ncurses 函式庫支援。ncurses 函式庫提供了一系列的 API 函式供呼叫者生成基於文字的圖形介面，因此需要先在 Ubuntu 中安裝 ncurses 函式庫，命令如下所示。

```
sudo apt-get install build-essential
sudo apt-get install libncurses5-dev
```

menuconfig 會用到兩個重點檔案：.config 和 Kconfig。.config 檔案儲存著 uboot 的設定項目，使用 menuconfig 設定完 uboot 以後要更新 .config 檔案。Kconfig 檔案是圖形介面的描述檔案，也就是描述介面應該有什麼內容，很多目錄下都會有 Kconfig 檔案。

在開啟圖形化設定介面之前，要先使用 make xxx_defconfig 對 uboot 進行一次預設設定，只需要一次即可。如果使用 make clean 清理專案則需要重新使用 make xxx_defconfig 對 uboot 再進行一次設定。進入 uboot 根目錄，輸入以下命令。

```
make ARCH=arm CROSS_COMPILE=arm-linux-gnueabihf- mx6ull_alientek_emmc_defconfig
make ARCH=arm CROSS_COMPILE=arm-linux-gnueabihf- menuconfig
```

如果已經在 uboot 頂層 Makefile 中定義了 ARCH 和 CROSS_COMPILE 的值，那麼上述命令可以簡化以下內容。

```
make mx6ull_alientek_emmc_defconfig
make menuconfig
```

開啟後的圖形化介面如圖 31-1 所示。

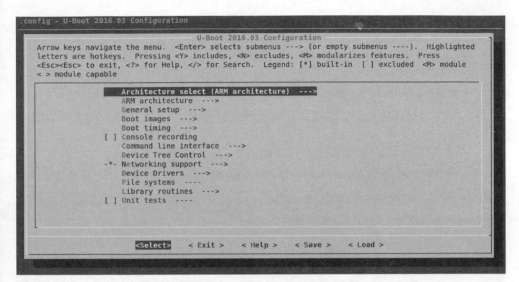

▲ 圖 31-1 uboot 圖形化設定介面

圖 31-1 就是主介面，主介面上方的英文是簡單的操作說明，操作方法如下所示。

透過鍵盤上的「↑」和「↓」鍵來選擇要設定的選單，按下 Enter 鍵進入子功能表。選單中反白的字母就是此選單的熱鍵，在鍵盤上按下此反白字母對應的鍵可以快速選中對應的選單。選中子功能表以後按下 Y 鍵就會將對應的程式編譯進 Uboot 中，選單前面變為 < * >。按下 N 鍵不編譯對應的程式，按下 M 鍵就會將對應的程式編譯為模組，選單前面變為 < M >。按兩下 Esc 鍵退出，也就是傳回到上一級，按下 ? 鍵查看此選單的說明資訊，按下 / 鍵開啟搜索框，可以在搜索框輸入要搜索的內容。

在設定介面下方會有 5 個按鈕，這 5 個按鈕的功能如下所示。

<Select>：選中按鈕，和 Enter 鍵的功能相同，負責選中並進入某個選單。

<Exit>：退出按鈕，和按兩下 Esc 鍵功能相同，退出當前選單，傳回到上一級。

<Help>：幫助按鈕，查看選中選單的說明資訊。

<Save>：儲存按鈕，儲存修改後的設定檔。

<Load>：載入按鈕，載入指定的設定檔。

在圖 31-1 中共有 13 個主設定項目，透過鍵盤上的上下鍵調節設定項目。後面跟著「--->」表示此設定項目是有子設定項目的，按下 Enter 鍵就可以進入子設定項目。

我們就以如何啟動 dns 命令為例，講解如何透過圖形化介面來設定 uboot。進入「Command line interface--->」這個設定項目，此設定項目用於設定 uboot 的命令，進入以後如圖 31-2 所示。

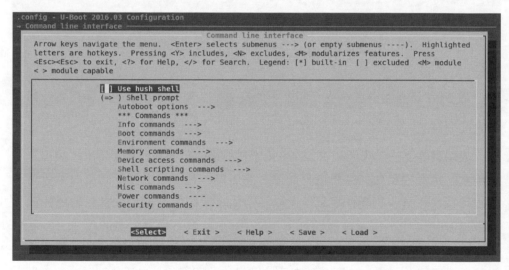

▲ 圖 31-2 Command line interface 設定項目

從圖 31-2 可以看出，有很多設定項目，這些設定項目也有子設定項目，選擇「Network commands--->」，進入網路相關命令設定項目，如圖 31-3 所示。

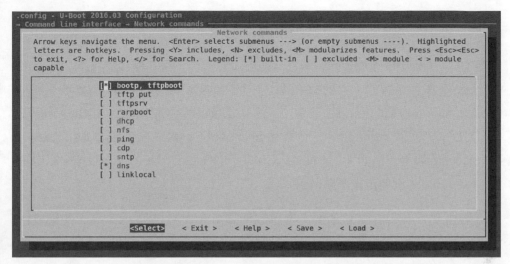

▲ 圖 31-3 Network commands 設定項目

從圖 31-3 可以看出，uboot 中有很多和網路有關的命令，比如 bootp、tftpboot、dhcp 等。選中 dns，然後按下鍵盤上的 Y 鍵，此時 dns 前面的 [ ] 變成了 [*]，如圖 31-4 所示。

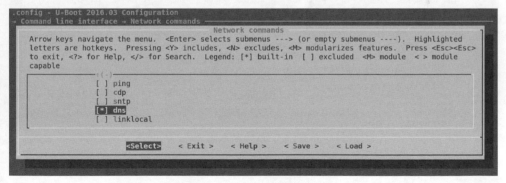

▲ 圖 31-4 選中 dns 命令

每個選項有 3 種編譯選項：編譯進 uboot 中（也就是編譯進 u-boot.bin 中）、取消編譯（也就是不編譯這個功能模組）、編譯為模組。按下 Y 鍵表示編譯進 uboot 中，此時 [ ] 變成了 [*]；按下 N 表示不編譯，[ ] 預設表示不編譯；有些功能模組是支援編譯為模組的，這個在 Linux 核心中很常用，在 uboot 下不使用。如果要將某個功能編譯為模組，那就按下 M 鍵，此時 [ ] 就會變為 < M >。

　　細心的朋友應該會發現，在 mx6ull_alientek_emmc.h 中設定啟動了 dhcp 和 ping 命令，但是在圖 31-3 中，dhcp 和 ping 前面的 [ ] 並不是 [*]，也就是說不編譯 dhcp 和 ping 命令，這不是衝突了嗎？實際情況是 dhcp 和 ping 命令是會編譯的。之所以在圖 31-3 中沒有表現出來是因為我們直接在 mx6ull_alientek_emmc.h 中定義的巨集 CONFIG_CMD_PING 和 CONFIG_CMD_DHCP，而 menuconfig 是透過讀取 .config 檔案來判斷啟動了哪些功能。.config 中並沒有巨集 CONFIG_CMD_PING 和 CONFIG_CMD_DHCP，所以 menuconfig 就會辨識出錯。

　　選中 dns，然後按下 H 或？鍵可以開啟 dns 命令的提示訊息，如圖 31-5 所示。

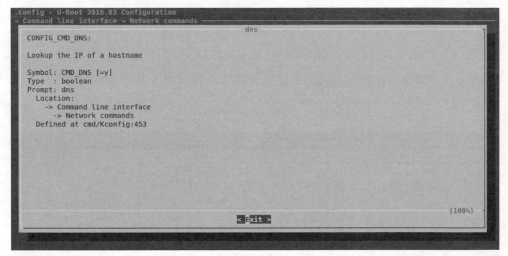

▲ 圖 31-5　dns 命令提示訊息

　　按兩下 Esc 鍵即可退出提示介面，相當於傳回上一層。選擇 dns 命令以後，按兩下 Esc 鍵（按兩下 Esc 鍵相當於傳回上一層），退出當前設定項目，進入上一層設定項目。如果沒有要修改的就按兩下 Esc 鍵，退出到主設定介面，如果也沒有其他要修改的，那就再次按兩下 Esc 鍵退出 menuconfig 設定介面。如果修改過設定則在退出主介面時會有如圖 31-6 所示提示。

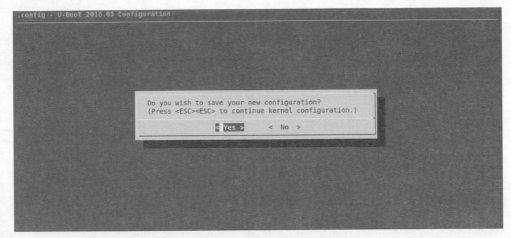

▲ 圖 31-6 是否儲存新的設定檔對話方塊

　　圖 31-6 詢問是否儲存新的設定檔，透過鍵盤的←或→鍵來選擇「Yes」項，然後按下鍵盤上的 Enter 鍵確認儲存。至此，我們就完成了透過圖形介面啟動 uboot 的 dns 命令，開啟 .config 檔案，會發現多了「CONFIG_CMD_DNS=y」這一行，如圖 31-7 中的 323 行所示。

```
zuozhongkai@ubuntu: ~/linux/IMX6ULL/uboot/temp/uboot-imx-rel_imx_4.1.15_2.1.0_ga
318 # CONFIG_CMD_DHCP is not set
319 # CONFIG_CMD_NFS is not set
320 # CONFIG_CMD_PING is not set
321 # CONFIG_CMD_CDP is not set
322 # CONFIG_CMD_SNTP is not set
323 CONFIG_CMD_DNS=y
324 # CONFIG_CMD_LINK_LOCAL is not set
325
326 #
327 # Misc commands
328 #
329 # CONFIG_CMD_TIME is not set
330 CONFIG_CMD_MISC=y
331 # CONFIG_CMD_TIMER is not set
                                                            331,12          57%
```

▲ 圖 31-7 .config 檔案

　　使用以下命令編譯 uboot：

```
make ARCH=arm CROSS_COMPILE=arm-linux-gnueabihf- -j16
```

　　千萬不能使用以下命令：

```
./mx6ull_alientek_emmc.sh
```

因為 mx6ull_alientek_emmc.sh 在編譯之前會清理專案，會刪除掉 .config 檔案。透過圖形化介面設定所有設定項目都會被刪除，結果就是竹籃打水一場空。

編譯完成以後燒錄到 SD 卡中，重新啟動開發板進入 uboot 命令模式，輸入？查看是否有 dns 命令，肯定會有的。使用 dns 命令來查看百度官網的 IP 位址。

注意，如果要與外部網際網路通訊，比如百度官網，這個時候要保證開發板能存取到外部網際網路。如果你的開發板和電腦直接用網線連接的則無法連接到外部網路，這個時候 dns 命令查看百度官網也會失敗。所以，開發板一定要連接到路由器上，而且要保證路由器能存取外網，比如手機連接到這個路由器上以後可以正常存取網際網路。

要先設定一下 dns 伺服器的 IP 位址，也就是設定環境變數 dnsip 的值，命令如下：

```
setenv dnsip 114.114.114.114
saveenv
```

設定好以後就可以使用 dns 命令查看百度官網的 IP 位址了，輸入命令：

```
dhcp                     // 先使用 dhcp 從路由器獲取到一個動態 IP 位址
dns www.baidu.com        // 查看百度伺服器位址
```

結果如圖 31-8 所示。

```
=> dns www.baidu.com
14.215.177.38
=>
```

▲ 圖 31-8 dns 命令

從圖 31-8 可以看出，「www.baidu.com」位址為 14.215.177.38，說明 dns 命令工作正常。這個就是透過圖形化命令來設定 uboot，一般用來啟動一些命令還是很方便的，這樣就不需要到處找命令的設定巨集是什麼，然後再到設定檔中去定義。

31.2 | menuconfig 圖形化設定原理

31.2.1 make menuconfig 過程分析

當輸入 make menuconfig 以後會匹配到頂層 Makefile 的程式如範例 31-1 所示。

▼ 範例 31-1 頂層 Makefile 程式碼部分

```
489 %config:scripts_basic outputmakefile FORCE
490    $(Q)$(MAKE) $(build)=scripts/kconfig $@
```

這個已經詳細的講解過了，其中 build=-f ./scripts/Makefile.build obj，將 490 行的規則展開就是：

```
@ make -f ./scripts/Makefile.build obj=scripts/kconfig menuconfig
```

Makefile.build 會讀取 scripts/kconfig/Makefile 中的內容，在 scripts/kconfig/Makefile 中可以找到以下程式：

▼ 範例 31-2 scripts/kconfig/Makefile 程式碼部分

```
36 menuconfig:$(obj)/mconf
37    $< $(silent) $(Kconfig)
```

其中 obj=scripts/kconfig，silent 是設定靜默編譯的，在這裡可以忽略不計。Kconfig=Kconfig，因此擴充以後就是：

```
menuconfig:scripts/kconfig/mconf
scripts/kconfig/mconf Kconfig
```

目標 menuconfig 相依 scripts/kconfig/mconf，因此 scripts/kconfig/mconf.c 這個檔案會被編譯，生成 mconf 這個可執行檔。目標 menuconfig 對應的規則為 scripts/kconfig/mconf Kconfig，也就是說 mconf 會呼叫 uboot 根目錄下的 Kconfig 檔案開始建構圖形設定介面。

31.2.2 Kconfig 語法簡介

上一小節我們已經知道了 scripts/kconfig/mconf 會呼叫 uboot 根目錄下的 Kconfig 檔案開始建構圖形化設定介面，接下來簡單學習 Kconfig 的語法。因為後面學習 Linux 驅動程式開發時可能會涉及到修改 Kconfig，對於 Kconfig 語法我們不需要太深入的去研究，關於 Kconfig 的詳細語法介紹，可以參考 Linux 核心原始程式（不知為何 uboot 原始程式中沒有這個檔案）中的檔案 Documentation/kbuild/kconfig-language.txt，本節我們了解其大概原理即可。開啟 uboot 根目錄下的 Kconfig，這個 Kconfig 檔案就是頂層 Kconfig，我們就以這個檔案為例來簡單學習一下 Kconfig 語法。

1. mainmenu

顧名思義 mainmenu 就是主選單，也就是輸入 make menuconfig 以後開啟的預設介面，在頂層 Kconfig 中有範例 31-3 所示內容。

▼ 範例 31-3 頂層 Kconfig 程式碼部分

```
5 mainmenu "U-Boot $UBOOTVERSION Configuration"
```

上述程式就是定義了一個名為 U-Boot $UBOOTVERSION Configuration 的主選單，其中 UBOOTVERSION=2016.03，因此主選單名為 U-Boot 2016.03 Configuration，如圖 31-9 所示。

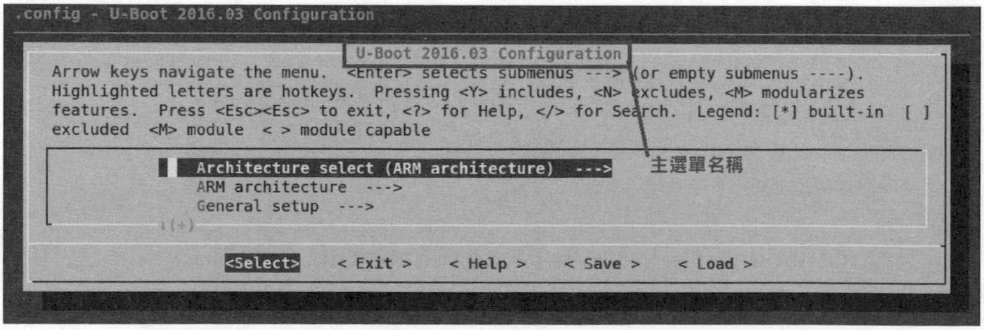

▲ 圖 31-9 主選單名稱

2. 呼叫其他目錄下的 Kconfig 檔案

和 makefile 一樣，Kconfig 也可以呼叫其他子目錄中的 Kconfig 檔案，呼叫方法如下：

```
source "xxx/Kconfig"      //xxx 為具體的目錄名稱，相對路徑
```

在頂層 Kconfig 中有範例 31-4 所示內容。

▼ 範例 31-4 頂層 Kconfig 程式碼部分

```
12 source "arch/Kconfig"
...
225
226 source "common/Kconfig"
227
228 source "cmd/Kconfig"
229
230 source "dts/Kconfig"
231
232 source "net/Kconfig"
233
234 source "drivers/Kconfig"
235
236 source "fs/Kconfig"
237
238 source "lib/Kconfig"
239
240 source "test/Kconfig"
```

從範例 31-4 可以看出，頂層 Kconfig 檔案呼叫了很多其他子目錄下的 Kcofig 檔案，這些子目錄下的 Kconfig 檔案在主選單中生成各自的選單項。

3. menu/endmenu 項目

menu 用於生成選單，endmenu 就是選單結束標識，這兩個一般是成對出現的。在頂層 Kconfig 中有範例 31-5 所示內容。

▼ 範例 31-5 頂層 Kconfig 程式碼部分

```
14   menu "General setup"
15
16   config LOCALVERSION
17     string "Local version - append to U-Boot release"
18     help
19        Append an extra string to the end of your U-Boot version.
20        This will show up on your boot log, for example.
21        The string you set here will be appended after the contents of
22        any files with a filename matching localversion* in your
23        object and source tree, in that order.Your total string can
24        be a maximum of 64 characters.
25
...
100  endmenu     # General setup
101
102  menu "Boot images"
103
104  config SUPPORT_SPL
105    bool
106
...
224  endmenu     # Boot images
```

範例 31-5 中有兩個 menu/endmenu 程式區塊，這兩個程式區塊就是兩個子功能表，第 14 行的「menu「General setup」」表示子功能表「General setup」。第 102 行的「menu「Boot images」」表示子功能表「Boot images」。表現在主選單介面中就如圖 31-10 所示。

```
.config - U-Boot 2016.03 Configuration
┌───────────────────── U-Boot 2016.03 Configuration ─────────────────────┐
│ Arrow keys navigate the menu.  <Enter> selects submenus ---> (or empty submenus ----). │
│ Highlighted letters are hotkeys.  Pressing <Y> includes, <N> excludes, <M> modularizes │
│ features.  Press <Esc><Esc> to exit, <?> for Help, </> for Search.  Legend: [*] built-in  [ ] │
│ excluded  <M> module  < > module capable │
│ ┌─────────────────────────────────────────────────────────────┐ │
│ │        Architecture select (ARM architecture)  ---> │ │
│ │    ARM architecture  ---> │ │
│ │        General setup  ---> │                ── General Setup和 │
│ │        Boot images  ---> │                  Boot images子選單 │
│ │        Boot timing  ---> │ │
│ │    [ ] Console recording │ │
│ │        ↓(+) │ │
│ └─────────────────────────────────────────────────────────────┘ │
│ │
│        <Select>      < Exit >      < Help >      < Save >      < Load > │
└─────────────────────────────────────────────────────────────────────────┘
```

▲ 圖 31-10 子功能表

在「General setup」選單上面還有 Architecture select（ARM architecture）和 ARM architecture 這兩個子功能表，但是在頂層 Kconfig 中並沒有看到這兩個子功能表對應的 menu/endmenu 程式區塊，那這兩個子功能表是怎麼來的呢？這兩個子功能表就是 arch/Kconfig 檔案生成的。包括主介面中的 Boot timing、Console recording 等這些子功能表，都是分別由頂層 Kconfig 所呼叫的 common/Kconfig、cmd/Kconfig 等這些子 Kconfig 檔案來建立的。

4. config 項目

頂層 Kconfig 中的 General setup 子功能表內容如範例 31-6 所示。

▼ 範例 31-6 頂層 Kconfig 程式碼部分

```
14  menu "General setup"
15
16  config LOCALVERSION
17    string "Local version - append to U-Boot release"
18    help
19       Append an extra string to the end of your U-Boot version.
20       This will show up on your boot log, for example.
21       The string you set here will be appended after the contents of
22       any files with a filename matching localversion* in your
23       object and source tree, in that order.Your total string can
24       be a maximum of 64 characters.
```

```
25
26  config LOCALVERSION_AUTO
27    bool "Automatically append version information to the version string"
28    default y
29    help
...
45
46  config CC_OPTIMIZE_FOR_SIZE
47    bool "Optimize for size"
48    default y
49    help
...
54
55  config SYS_MALLOC_F
56    bool "Enable malloc() pool before relocation"
57    default y if DM
58    help
...
63
64  config SYS_MALLOC_F_LEN
65    hex "Size of malloc() pool before relocation"
66    depends on SYS_MALLOC_F
67    default 0x400
68    help
...
73
74  menuconfig EXPERT
75    bool "Configure standard U-Boot features (expert users)"
76    default y
77    help
...
82
83  if EXPERT
84    config SYS_MALLOC_CLEAR_ON_INIT
85    bool "Init with zeros the memory reserved for malloc (slow)"
86    default y
87    help
...
99  endif
100 endmenu #General setup
```

可以看出，在 menu/endmenu 程式區塊中有大量的「config xxxx」的程式
區塊，也就是 config 項目。config 項目就是 General setup 選單的具體設定項
目，如圖 31-11 所示。

```
.config - U-Boot 2016.03 Configuration
→ General setup
┌──────────────────────── General setup ────────────────────────┐
│ Arrow keys navigate the menu.  <Enter> selects submenus ---> (or empty submenus ----). │
│ Highlighted letters are hotkeys.  Pressing <Y> includes, <N> excludes, <M> modularizes │
│ features.  Press <Esc><Esc> to exit, <?> for Help, </> for Search.  Legend: [*] built-in [ ] │
│ excluded  <M> module  < > module capable │
│ ┌──────────────────────────────────────────────────────────┐ │
│ │    ()  Local version - append to U-Boot release            │ │
│ │    [*] Automatically append version information to the version string │ │
│ │    [*] Optimize for size                                   │ │
│ │    [*] Enable malloc() pool before relocation              │ │
│ │    (0x400) Size of malloc() pool before relocation         │ │
│ │    [*] Configure standard U-Boot features (expert users)  ---> │ │
│ └──────────────────────────────────────────────────────────┘ │
│                                                                │
│        <Select>    < Exit >    < Help >    < Save >    < Load > │
└────────────────────────────────────────────────────────────────┘
```

▲ 圖 31-11 General setup 設定項目

範例 31-6 第 16 行的 config LOCALVERSION 對應著第一個設定項目，第
26 行的 config LOCALVERSION_AUTO 對應著第二個設定項目，依此類推。我
們以 config LOCALVERSION 和 config LOCALVERSION_AUTO 這兩個為例來
分析一下 config 設定項目的語法，如範例 31-7 所示。

▼ 範例 31-7 頂層 Kconfig 程式碼部分

```
16 config LOCALVERSION
17  string "Local version - append to U-Boot release"
18  help
19    Append an extra string to the end of your U-Boot version.
...
24    be a maximum of 64 characters.
25
26 config LOCALVERSION_AUTO
27  bool "Automatically append version information to the version string"
28  default y
29  help
30    This will try to automatically determine if the current tree is a
```

```
31    release tree by looking for git tags that belong to the current
...
43
44    which is done within the script "scripts/setlocalversion".)
```

第 16 和 26 行，這兩行都以 config 關鍵字開頭，後面跟著 LOCALVERSION 和 LOCALVERSION_AUTO，這兩個就是設定項目名稱。假如我們啟動了 LOCALVERSION_AUTO 這個功能，那麼就會在 .config 檔案中生成 CONFIG_ LOCALVERSION_AUTO，這個在上一小節講解如何啟動 dns 命令時講過了。由此可知，.config 檔案中的「CONFIG_xxx」（xxx 就是具體的設定項目名稱）就是 Kconfig 檔案中 config 關鍵字後面的設定項目名稱加上「CONFIG_」首碼。

config 關鍵字下面的這幾行是設定項目屬性，第 17~24 行是 LOCALVERSION 的屬性，第 27~44 行是 LOCALVERSION_AUTO 的屬性。屬性中描述了設定項目的類型、輸入提示、相依關係、說明資訊和預設值等。

第 17 行的 string 是變數類型，也就是 CONFIG_ LOCALVERSION 的變數類型。

變數類型有 bool、tristate、string、hex 和 int 共 5 種，最常用的是 bool、tristate 和 string 這 3 種。bool 類型有兩種值 y 和 n，當為 y 時表示啟動這個設定項目，當為 n 時就禁止這個設定項目。tristate 類型有 3 種值：y、m 和 n，其中 y 和 n 的含義與 bool 類型一樣，m 表示將這個設定項目編譯為模組。string 為字串類型，所以 LOCALVERSION 是個字串變數，用來儲存本地字串，選中以後即可輸入使用者定義的本地版本編號，如圖 31-12 所示。

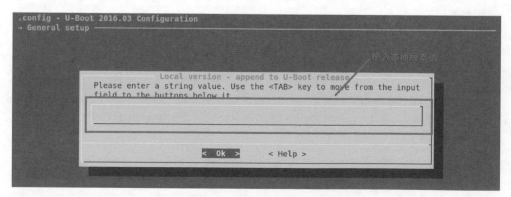

▲ 圖 31-12 本地版本編號設定

string 後面的 Local version-append to U-Boot release 就是這個設定項目在圖形介面上的顯示標題。

第 18 行，help 表示說明資訊，告訴我們設定項目的含義，當我們按下「h」或「?」鍵彈出來的說明介面就是 help 的內容。

第 27 行，說明 CONFIG_LOCALVERSION_AUTO 是個 bool 類型，可以透過按下 Y 或 N 鍵來啟動或禁止 CONFIG_LOCALVERSION_AUTO。

第 28 行，default y 表示 CONFIG_LOCALVERSION_AUTO 的預設值就是 y，所以這一行預設會被選中。

5. depends on 和 select

開啟 arch/Kconfig 檔案，在裡面有如範例 31-8 所示內容。

▼ 範例 31-8 arch/Kconfig 程式碼部分

```
7   config SYS_GENERIC_BOARD
8       bool
9       depends on HAVE_GENERIC_BOARD
10
11   choice
12       prompt "Architecture select"
13       default SANDBOX
14
15   config ARC
16       bool "ARC architecture"
17       select HAVE_PRIVATE_LIBGCC
18       select HAVE_GENERIC_BOARD
19       select SYS_GENERIC_BOARD
20       select SUPPORT_OF_CONTROL
```

第 9 行，depends on 說明 SYS_GENERIC_BOARD 項相依於 HAVE_GENERIC_BOARD, 也就是說 HAVE_GENERIC_BOARD 被選中以後 SYS_GENERIC_BOARD 才能被選中。

第 17~20 行，select 表示方向相依，當選中 ARC 以後，HAVE_PRIVATE_
LIBGCC、HAVE_GENERIC_BOARD、SYS_GENERIC_BOARD 和 SUPPORT_
OF_CONTROL 這 4 個也會被選中。

6. choice/endchoice

在 arch/Kconfig 檔案中有如範例 31-9 所示內容。

▼ 範例 31-9　arch/Kconfig 程式碼部分

```
11  choice
12    prompt "Architecture select"
13    default SANDBOX
14
15  config ARC
16    bool "ARC architecture"
...
21
22  config ARM
23    bool "ARM architecture"
...
29
30c  onfig AVR32
31    bool "AVR32 architecture"
...
35
36  config BLACKFIN
37    bool "Blackfin architecture"
...
40
41  config M68K
42    bool "M68000 architecture"
...
117
118 endchoice
```

　　choice/endchoice 程式碼部分定義了一組可選擇項，將多個類似的設定項目組合在一起，供使用者單選或多選。範例 31-9 就是選擇處理器架構，可以從 ARC、ARM、AVR32 等這些架構中選擇，這裡是單選。在 uboot 圖形設定介面上選擇 Architecture select，進入以後如圖 31-13 所示。

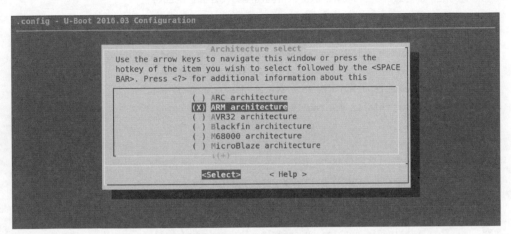

▲ 圖 31-13　架構選擇介面

　　可以在圖 31-13 中透過移動游標來選擇所使用的 CPU 架構。第 12 行的 prompt 舉出這個 choice/endchoice 段的提示訊息為 Architecture select。

7. menuconfig

　　menuconfig 和 menu 很類似，但是 menuconfig 是個帶選項的選單，其一般用法如範例 31-10 所示。

▼ 範例 31-10　menuconfig 用法

```
1 menuconfig MODULES
2     bool " 選單 "
3 if MODULES
4 ...
5 endif # MODULES
```

　　第 1 行，定義了一個可選的選單 MODULES，只有選中了 MODULES 第 3~5 行 if 到 endif 之間的內容才會顯示。在頂層 Kconfig 中有如範例 31-11 所示內容。

▼ 範例 31-11 頂層 Kconfig 程式碼部分

```
14 menu "General setup"
...
74 menuconfig EXPERT
75    bool "Configure standard U-Boot features (expert users)"
76    default y
77    help
78       This option allows certain base U-Boot options and settings
79       to be disabled or tweaked. This is for specialized
80       environments which can tolerate a "non-standard" U-Boot.
81       Only use this if you really know what you are doing.
82
83 if EXPERT
84    config SYS_MALLOC_CLEAR_ON_INIT
85    bool "Init with zeros the memory reserved for malloc (slow)"
86    default y
87    help
88       This setting is enabled by default. The reserved malloc
89       memory is initialized with zeros, so first malloc calls
...
98       should be replaced by calloc - if expects zeroed memory.
99 endif
100 endmenu# General setup
```

第 74~99 行使用 menuconfig 實現了一個選單,路徑如下:

```
General setup
-> Configure standard U-Boot features (expert users)--->
```

結果如圖 31-14 所示。

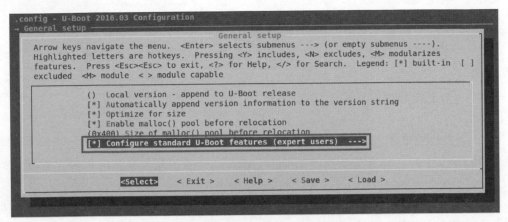

▲ 圖 31-14　選單 Configure standard U-Boot features (expert users)

從圖 31-14 可以看到,前面有 [ ] 說明這個選單是可選的,當選中這個選單以後就可以進入到子選項中,也就是範例程式 31-11 中的第 83~99 行所描述的選單,如圖 31-15 所示。

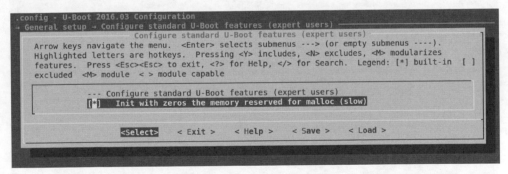

▲ 圖 31-15　選單 Init with zeros the memory reserved for malloc (slow)

如果不選擇 Configure standard U-Boot features (expert users),那麼範例 31-11 中的第 83~99 行所描述的選單就不會顯示出來,進去以後是空白的。

8. comment

comment 用於註釋,也就是在圖形化介面中顯示一行註釋,開啟檔案 drivers/mtd/nand/Kconfig,有如範例 31-12 所示內容。

▼ 範例 31-12 drivers/mtd/nand/Kconfig 程式碼部分

```
74 config NAND_ARASAN
75    bool "Configure Arasan Nand"
76    help
...
80
81    comment "Generic NAND options"
```

第 81 行使用 comment 標注了一行註釋，註釋內容為 Generic NAND options，這行註釋在設定項目 NAND_ARASAN 的下面。在圖形化設定介面中按照以下路徑開啟：

```
-> Device Drivers
  -> NAND Device Support
```

結果如圖 31-16 所示。

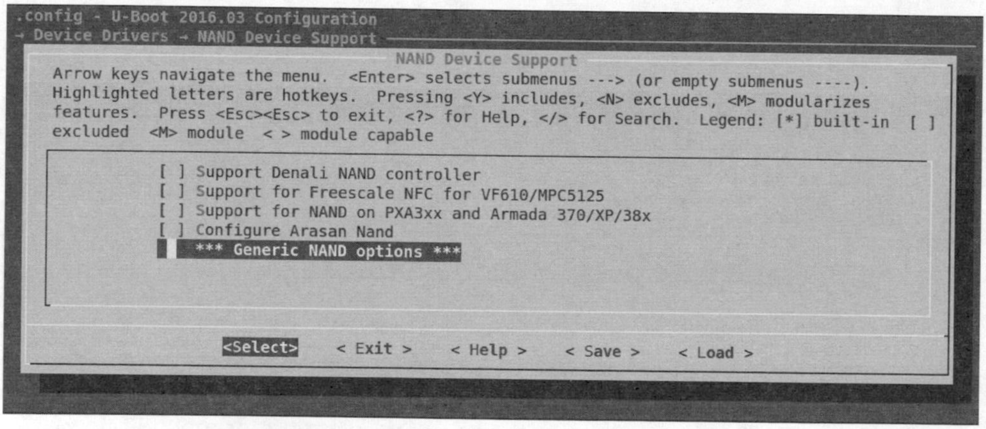

▲ 圖 31-16 註釋 "Generic NAND options"

從圖 31-16 可以看出，在設定項目 Configure Arasan Nand 下面有一行註釋，註釋內容為「*** Generic NAND options ***」。

9. source

source 用於讀取另一個 Kconfig，比如：

```
source "arch/Kconfig"
```

這個在前面已經講過了。

Kconfig 語法就講解到這裡，基本上常用的語法就是這些，因為 uboot 相比 Linux 核心要小很多，所以設定項目也要少很多，所以建議大家使用 uboot 來學習 Kconfig。一般不會修改 uboot 中的 Kconfig 檔案，甚至都不會使用 uboot 的圖形化介面設定工具，本節學習 Kconfig 的目的主要還是為了 Linux 核心作準備。

31.3 | 增加自訂選單

圖形化設定工具的主要工作就是在 .config 下面生成首碼為「CONFIG_」的變數，這些變數一般都要值，為 y、m 或 n。在 uboot 原始程式中會根據這些變數來決定編譯哪個檔案。本節我們就來學習一下如何增加自己的自訂選單，自訂選單要求如下：

（1）在主介面中增加一個名為 My test menu 的選單，此選單內部有一個設定項目。

（2）設定項目為 MY_TESTCONFIG，此設定項目處於選單 My test menu 中。

（3）設定項目的為變數類型為 bool，預設值為 y。

（4）設定項目選單名稱為 This is my test config。

（5）設定項目的幫助內容為「This is a empty config, just for test!」。

開啟頂層 Kconfig，在最後面加入如範例 31-13 所示內容。

▼ 範例 31-13 自訂選單

```
1  menu "My test menu"
2
3  config MY_TESTCONFIG
4    bool "This is my test config"
```

```
5    default y
6    help
7       This is a empty config, just for test!
8
9  endmenu       # my test menu
```

增加完成以後開啟圖形化設定介面,如圖 31-17 所示。

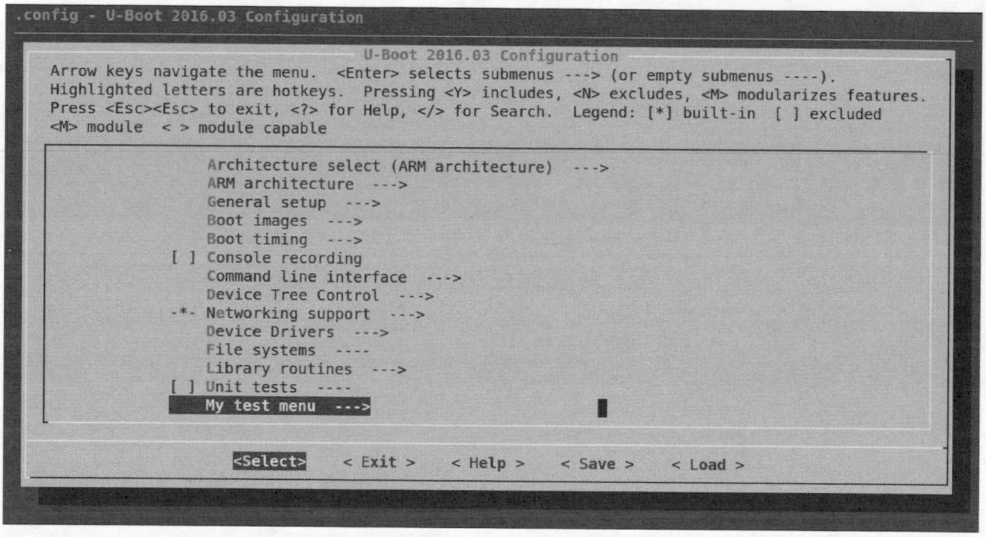

▲ 圖 31-17 主介面

從圖 31-17 可以看出,主選單最後面出現了一個名為 My test menu 的子功能表,這個就是我們上面增加進來的子功能表。進入此子功能表,如圖 31-18 所示。

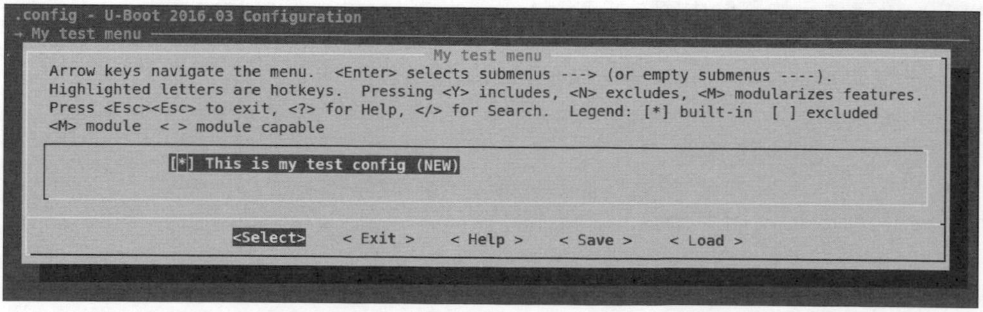

▲ 圖 31-18 My test menu 子功能表

從圖 31-18 可以看出，設定項目增加成功，選中 This is my test config 設定項目，然後按下「H」鍵開啟說明文件，如圖 31-19 所示。

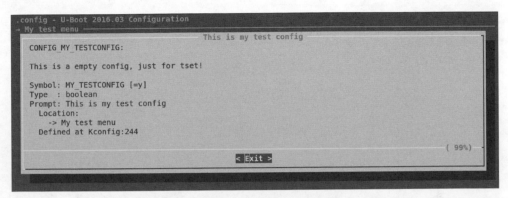

▲ 圖 31-19 說明資訊

從圖 31-19 可以看出，說明資訊也正確。設定項目 MY_TESTCONFIG 預設也是被選中的，因此在 .config 檔案中肯定會有 CONFIG_MY_TESTCONFIG=y 這一行，如圖 31-20 所示。

▲ 圖 31-20 .config 檔案

至此，我們在主選單增加自己的自訂選單就成功了，以後大家如果去半導體原廠工作的話，如果要撰寫 Linux 驅動程式，那麼很有可能需要你來修改甚至撰寫 Kconfig 檔案。Kconfig 語法其實不難，重要的點就是 31.2.2 中的那幾個，最主要的是記住：Kconfig 檔案的最終目的就是在 .config 檔案中生成以「CONFIG_」開頭的變數。

## 第 32 章

Linux 核心頂層 Makefile 詳解

　　前幾章我們重點講解了如何移植 uboot 到 I.MX6U-ALPHA 開發板上，從本章開始學習如何移植 Linux 核心。同 uboot 一樣，在具體移植之前，我們先來學習一下 Linux 核心的頂層 Makefile 檔案，因為頂層 Makefile 控制著 Linux 核心的編譯流程。

32.1 | Linux 核心獲取

Linux 語言由 Linux 基金會管理與發佈，想獲取最新的 Linux 版本可以在其官方網站上下載，網站介面如圖 32-1 所示。

▲ 圖 32-1　Linux 官網

從圖 32-1 可以看出，最新的穩定版 Linux 已經到了 5.1.4，大家沒必要追新，因為 4.× 版本的 Linux 和 5.× 版本沒有本質上的區別，5.× 更多的是加入了一些新的平台、新的外接裝置驅動程式。

NXP 會下載某個版本的 Linux 核心，然後將其移植到自己的 CPU 上，測試成功以後就會將其開放給 NXP 的 CPU 開發者。開發者下載 NXP 提供的 Linux 核心，然後將其移植到自己的產品上。本章的移植我們就使用 NXP 提供的 Linux 原始程式。

32.2 │ Linux 核心初次編譯

編譯核心之前需要先在 ubuntu 上安裝 lzop 函式庫，否則核心編譯會失敗。命令如下：

```
sudo apt-get install lzop
```

先看一下如何編譯 Linux 原始程式，這裡編譯 I.MX6U-ALPHA 開發板移植好的 Linux 原始程式。

在 Ubuntu 中新建名為 alientek_linux 的資料夾，然後將 linux-imx-4.1.15-2.1.0-g8a006db.tar.bz2 這個壓縮檔拷貝到前面新建的 alientek_linux 資料夾中並解壓，命令如下：

```
tar -vxjf linux-imx-4.1.15-2.1.0-g8a006db.tar.bz2
```

解壓完成以後的 Linux 原始程式根目錄如圖 32-2 所示。

```
zuozhongkai@ubuntu:~/linux/IMX6ULL/linux/alientek_linux$ ls
arch       crypto          fs        Kbuild    MAINTAINERS   README          security  virt
block      Documentation   include   Kconfig   Makefile      REPORTING-BUGS  sound
COPYING    drivers         init      kernel    mm            samples         tools
CREDITS    firmware        ipc       lib       net           scripts         usr
zuozhongkai@ubuntu:~/linux/IMX6ULL/linux/alientek_linux$
```

▲ 圖 32-2 正點原子提供的 Linux 原始程式根目錄

以 EMMC 核心板為例，講解一下如何編譯出對應的 Linux 鏡像檔案。新建名為 mx6ull_alientek_emmc.sh 的 shell 腳本，然後在這個 shell 腳本中輸入如範例 32-1 所示內容。

▼ 範例 32-1　mx6ull_alientek_emmc.sh 檔案內容

```
1 #!/bin/sh
2 make ARCH=arm CROSS_COMPILE=arm-linux-gnueabihf- distclean
3 make ARCH=arm CROSS_COMPILE=arm-linux-gnueabihf- imx_v7_defconfig
4 make ARCH=arm CROSS_COMPILE=arm-linux-gnueabihf- menuconfig
5 make ARCH=arm CROSS_COMPILE=arm-linux-gnueabihf- all -j16
```

使用 chmod 給予 mx6ull_alientek_emmc.sh 可執行許可權，然後執行此 shell 腳本，命令如下：

```
./mx6ull_alientek_emmc.sh
```

編譯時會彈出 Linux 圖形設定介面，如圖 32-3 所示。

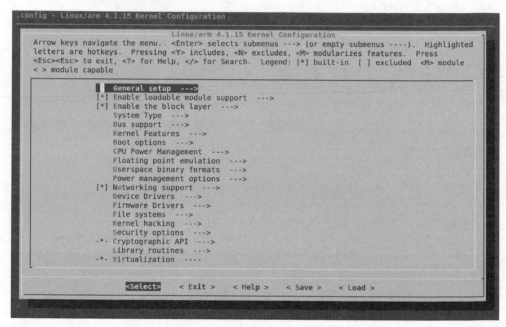

▲ 圖 32-3 Linux 圖形設定介面

Linux 的圖形設定介面和 uboot 是一樣的，這裡我們不需要做任何的設定，直接按兩下 Esc 鍵退出，退出圖形介面以後會自動開始編譯 Linux。等待編譯完成，結果如圖 32-4 所示。

```
zuozhongkai@ubuntu: ~/linux/IMX6ULL/linux/temp/linux-imx-rel_imx_4.1.15_2.1.0_ga_alientek
  LD [M]  fs/nls/nls_iso8859-15.ko
  LD [M]  lib/crc-ccitt.ko
  LD [M]  fs/udf/udf.ko
  LD [M]  fs/fat/msdos.ko
  LD [M]  lib/crc-itu-t.ko
  LD [M]  lib/crc7.ko
  LD [M]  lib/libcrc32c.ko
  LD [M]  sound/core/snd-hwdep.ko
  LD [M]  sound/core/snd-rawmidi.ko
  LD [M]  sound/usb/snd-usbmidi-lib.ko
  LD [M]  sound/usb/snd-usb-audio.ko
  AS      arch/arm/boot/compressed/piggy.lzo.o
  LD      arch/arm/boot/compressed/vmlinux
  OBJCOPY arch/arm/boot/zImage
  Kernel: arch/arm/boot/zImage is ready
zuozhongkai@ubuntu:~/linux/IMX6ULL/linux/temp/linux-imx-rel_imx_4.1.15_2.1.0_ga_alientek$
```

▲ 圖 32-4 Linux 編譯完成

編譯完成以後就會在 arch/arm/boot 這個目錄下生成一個叫做 zImage 的檔案，zImage 就是我們要用的 Linux 鏡像檔案。另外也會在 arch/arm/boot/dts 下生成很多 .dtb 檔案，這些 .dtb 就是裝置樹檔案。

編譯 Linux 核心時可能會提示 recipe for target 'arch/arm/boot/compressed/piggy.lzo' failed，如圖 32-5 所示。

```
/bin/sh: 1: lzop: not found
arch/arm/boot/compressed/Makefile:180: recipe for target 'arch/arm/boot/compressed/piggy.lzo' failed
make[2]: *** [arch/arm/boot/compressed/piggy.lzo] Error 1
make[2]: *** 正在等待未完成的任务....
  CC      arch/arm/boot/compressed/misc.o
arch/arm/boot/Makefile:52: recipe for target 'arch/arm/boot/compressed/vmlinux' failed
make[1]: *** [arch/arm/boot/compressed/vmlinux] Error 2
arch/arm/Makefile:316: recipe for target 'zImage' failed
```

▲ 圖 32-5 lzop 未找到

圖 32-5 中的錯誤訊息 lzop 未找到，原因是沒有安裝 lzop 函式庫。本節一開始已經講了如何安裝 lzop 函式庫，lzop 函式庫安裝完成以後再重新編譯一下 Linux 核心即可。

看一下編譯腳本 mx6ull_alientek_emmc.sh 的內容，檔案內容如範例 32-2 所示。

▼ 範例 32-2 mx6ull_alientek_emmc.sh 檔案內容

```
#!/bin/sh
make ARCH=arm CROSS_COMPILE=arm-linux-gnueabihf- distclean
make ARCH=arm CROSS_COMPILE=arm-linux-gnueabihf- imx_v7_defconfig
```

```
4 make ARCH=arm CROSS_COMPILE=arm-linux-gnueabihf- menuconfig
5 make ARCH=arm CROSS_COMPILE=arm-linux-gnueabihf- all -j16
```

第 2 行，執行 make distclean，清理專案，所以 mx6ull_alientek_emmc. sh 每次都會清理一下專案。如果透過圖形介面設定了 Linux，但是還沒儲存新的設定檔，那麼就要慎重使用 mx6ull_alientek_emmc.sh 編譯腳本了，因為它會把你的設定資訊都刪除掉。

第 3 行，執行 make xxx_defconfig，設定專案。

第 4 行，執行 make menuconfig，開啟圖形設定介面，對 Linux 進行設定，如果不想每次編譯都開啟圖形設定介面的話可以將這一行刪除掉。

第 5 行，執行 make，編譯 Linux 原始程式。

可以看出，Linux 的編譯過程基本和 uboot 一樣，都要先執行 make xxx_defconfig 來設定一下，然後再執行 make 進行編譯。如果需要使用圖形介面設定的話就執行 make menuconfig。

32.3 | Linux 專案目錄分析

將提供的 Linux 原始程式進行解壓，解壓完成以後的目錄如圖 32-6 所示。

圖 32-6 就是正點原子提供的未編譯的 Linux 原始程式目錄檔案，我們在分析 Linux 之前一定要先在 Ubuntu 中編譯一下 Linux，因為編譯過程會生成一些檔案，而生成的這些恰恰是分析 Linux 不可或缺的檔案。編譯完成以後使用 tar 壓縮命令對其進行壓縮，並使用 Filezilla 軟體將壓縮後的 uboot 原始程式拷貝到 Windows 下。

編譯後的 Linux 目錄如圖 32-7 所示。

圖 32-7 中重要的資料夾或檔案的含義見表 32-1。

.vscode	.gitignore
arch	.mailmap
block	COPYING
crypto	CREDITS
Documentation	Kbuild
drivers	Kconfig
firmware	linux.code-workspace
fs	MAINTAINERS
include	Makefile
init	README
ipc	REPORTING-BUGS
kernel	
lib	
mm	
net	
samples	
scripts	
security	
sound	
tools	
usr	
virt	

▲ 圖 32-6 未編譯的 Linux 原始
程式目錄

.dist	.config
.tmp_versions	.gitignore
.vscode	.mailmap
arch	.missing-syscalls.d
block	.tmp_kallsyms1.o
crypto	.tmp_kallsyms2.o
Documentation	.tmp_System.map
drivers	.tmp_vmlinux1
firmware	.tmp_vmlinux2
fs	.version
include	.vmlinux.cmd
init	COPYING
ipc	CREDITS
kernel	Kbuild
lib	Kconfig
mm	linux.code-workspace
net	MAINTAINERS
samples	Makefile
scripts	Module.symvers
security	modules.builtin
sound	modules.order
tools	mx6ull_alientek_emmc.sh
usr	mx6ull_alientek_nand.sh
virt	README
	REPORTING-BUGS
	System.map
	vmlinux
	vmlinux.o

▲ 圖 32-7 編譯後的 Linux 目錄

▼ 表 32-1 Linux 目錄

類型	名稱	描述	備註
資料夾	arch	架構相關目錄	Linux 附帶
	block	區塊裝置相關目錄	
	crypto	加密相關目錄	
	Documentation	文件相關目錄	
	drivers	驅動程式相關目錄	
	firmware	韌體相關目錄	
	fs	檔案系統相關目錄	
	include	標頭檔相關目錄	
	init	初始化相關目錄	
	ipc	處理程序間通訊相關目錄	

續表

類型	名稱	描述	備註
資料夾	Kernel	核心相關目錄	Linux 附帶
	lib	函式庫相關目錄	
	mm	記憶體管理相關目錄	
	net	網路相關目錄	
	samples	常式相關目錄	
	scripts	腳本相關目錄	
	security	安全相關目錄	
	sound	音訊處理相關目錄	
	tools	工具相關目錄	
	usr	與 initramfs 相關的目錄，用於生成 initramfs	
	virt	提供虛擬機器技術 (KVM)	
檔案	.configLinux	最終使用的設定檔	編譯生成的檔案
	.gitignoregit	工具相關檔案	Linux 附帶
	.mailmap	郵寄清單	
	.missing-syscalls.d	—	編譯生成的檔案
	.tmp_xx	這是一系列的檔案，作用目前筆者還不是很清楚	編譯生成的檔案
	.version	和版本有關	
	.vmlinux.cmd	cmd 檔案，用於連接生成 vmlinux	Linux 附帶
	COPYING	版權宣告	
	CREDITSLinux	貢獻者	
	KbuildMakefile	會讀取此檔案	
	Kconfig	圖形化設定介面的設定檔	
	MAINTAINERS	維護者名單	
	Makefile	Linux 頂層 Makefile	
	Module.xx modules.xx	一系列檔案，和模組有關	編譯生成的檔案

續表

類型	名稱	描述	備註
檔案	mx6ull_alientek_emmc.sh mx6ull_alientek_nand.sh	正點原子提供的，Linux 編譯腳本	正點原子提供
	READMELinux	描述檔案	Linux 附帶
	REPORTING-BUGS	BUG 上報指南	
	System.map	符號表	編譯生成的檔案
	vmlinux	編譯出來的、未壓縮的 ELF 格式 Linux 檔案	
	vmlinux.o	編譯出來的 vmlinux.o 檔案	

表 32-1 中的很多資料夾和檔案我們都不需要去關心，特別注意的資料夾或檔案如下。

1. arch 目錄

這個目錄是和架構有關的目錄，比如 arm、arm64、avr32、x86 等。每種架構都對應一個目錄，在這些目錄中又有很多子目錄，比如 boot、common、configs 等。以 arch/arm 為例，其子目錄如圖 32-8 所示。

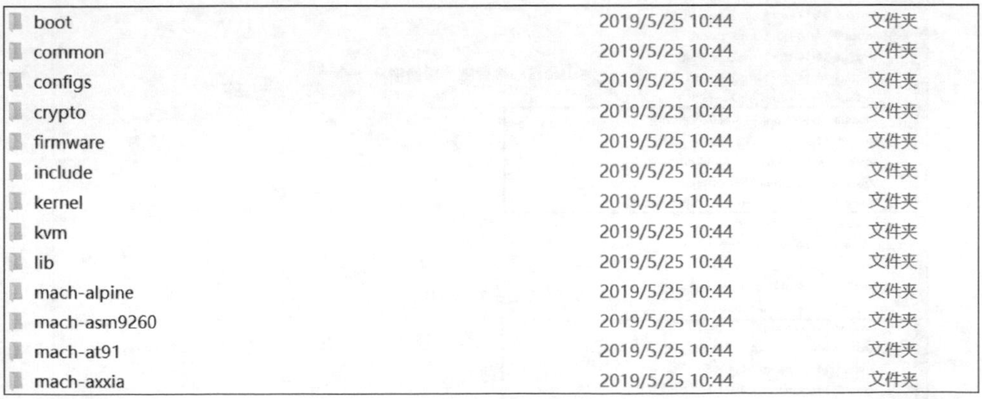

▲ 圖 32-8 arch/arm 子目錄

圖 32-8 是 arch/arm 的一部分子目錄，這些子目錄用於控制系統啟動、系統呼叫、動態調頻、主頻設定等。arch/arm/configs 目錄是不同平台的預設設定檔：xxx_defconfig，如圖 32-9 所示。

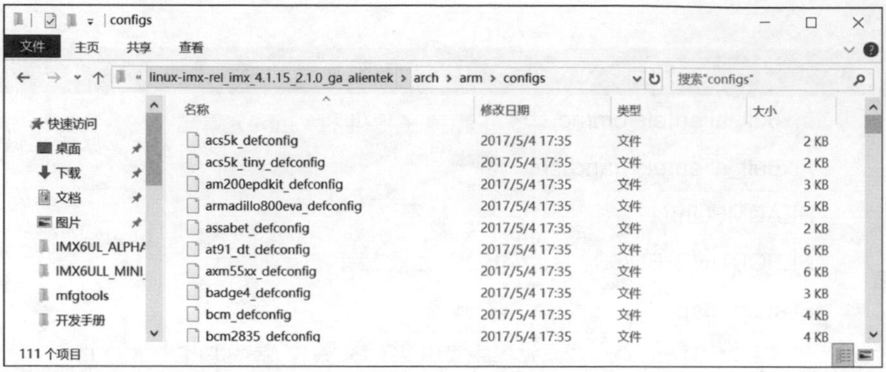

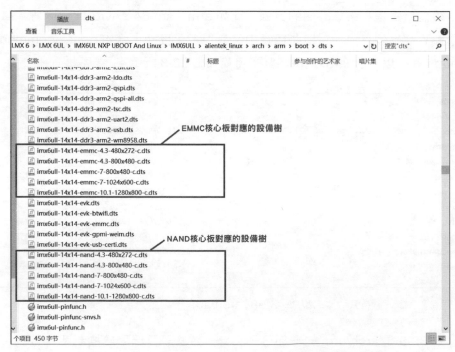

▲ 圖 32-9 設定檔

在 arch/arm/configs 中就包含有 I.MX6U-ALPHA 開發板的預設設定檔 imx_v7_defconfig, 執 行 make imx_v7_defconfig 即 可 完 成 設 定。arch/arm/ boot/dts 目錄中是對應開發平台的裝置樹檔案,正點原子 I.MX6U-ALPHA 開發 板對應的裝置樹檔案如圖 32-10 所示。

▲ 圖 32-10 正點原子 I.MX6U 開發板對應的裝置樹

arch/arm/boot 目錄下會儲存編譯出來的 Image 和 zImage 鏡像檔案，而 zImage 就是我們要用的 Linux 鏡像檔案。

arch/arm/mach-xxx 目錄分別為對應平台的驅動程式和初始設定檔案，比如 mach-imx 目錄中就是 I.MX 系列 CPU 的驅動程式和初始設定檔案。

2. block 目錄

block 是 Linux 下區片裝置目錄，像 SD 卡、EMMC、NAND、硬碟等存放裝置就屬於區塊裝置，block 目錄中存放著管理區塊裝置的相關檔案。

3. crypto 目錄

crypto 目錄中存放著加密檔案，比如常見的 crc、crc32、md4、md5、hash 等加密演算法。

4. Documentation 目錄

此目錄中存放著 Linux 相關的文件，如果要想了解 Linux 某個功能模組或驅動程式架構的功能，就可以在 Documentation 目錄中查詢是否有對應的文件。

5. drivers 目錄

驅動程式目錄檔案，此目錄根據驅動程式類型的不同，分門別類進行整理，比如 drivers/i2c 就是 I2C 相關驅動程式目錄，drivers/gpio 就是 GPIO 相關的驅動程式目錄，這是我們學習的重點。

6. firmware 目錄

此目錄用於存放韌體。

7. fs 目錄

此目錄存放檔案系統，比如 fs/ext2、fs/ext4、fs/f2fs 等，分別是 ext2、ext4 和 f2fs 等檔案系統。

8. include 目錄

標頭檔目錄。

9. init 目錄

此目錄存放 Linux 核心啟動時初始化程式。

10. ipc 目錄

IPC 為處理程序間通訊，ipc 目錄是處理程序間通訊的具體實現程式。

11. Kernel 目錄

Linux 核心程式。

12. lib 目錄

lib 是函式庫的意思，lib 目錄都是一些公用的函式庫函式。

13. mm 目錄

此目錄存放記憶體管理相關程式。

14. net 目錄

此目錄存放網路相關程式。

15. samples 目錄

此目錄存放一些範例程式檔案。

16. scripts 目錄

腳本目錄，Linux 編譯時會用到很多腳本檔，這些腳本檔就儲存在此目錄中。

17. security 目錄

此目錄存放安全相關的檔案。

18. sound 目錄

此目錄存放音訊相關驅動程式檔案，音訊驅動程式檔案並沒有存放到 drivers 目錄中，而是單獨的目錄。

19. tools 目錄

此目錄存放一些編譯時使用到的工具。

20. usr 目錄

此目錄存放與 initramfs 有關的程式。

21. virt 目錄

此目錄存放虛擬機器相關檔案。

22. .config 檔案

跟 uboot 一樣，.config 儲存著 Linux 最終的設定資訊，編譯 Linux 時會讀取此檔案中的設定資訊。最終根據設定資訊來選擇編譯 Linux 哪些模組，哪些功能。

23. Kbuild 檔案

有些 Makefile 會讀取此檔案。

24. Kconfig 檔案

圖形化設定介面的設定檔。

25. Makefile 檔案

Linux 頂層 Makefile 檔案，建議好好閱讀一下此檔案。

26. README 檔案

此檔案詳細講解了如何編譯 Linux 原始程式，以及 Linux 原始程式的目錄資訊，建議仔細閱讀一下此檔案。

關於 Linux 原始程式目錄就分析到這裡，接下來分析 Linux 的頂層 Makefile。

32.4 | VSCode 專案建立

在分析 Linux 的頂層 Makefile 之前，先建立 VSCode 專案，建立過程和 uboot 一樣。為了方便閱讀，可以屏蔽掉不相關的目錄，比如在我的專案中 .vscode/settings.json 內容以下（有省略）：

▼ 範例 32-3 settings.json 檔案內容

```
1   {
2       "search.exclude":{
3           "**/node_modules":true,
4           "**/bower_components":true,
5           "**/*.o":true,
6           "**/*.su":true,
7           "**/*.cmd":true,
8           "Documentation":true,
...
46          "arch/arm/boot/dts/imx6ull-14x14-ddr*":true,
47      },
48      "files.exclude":{
49          "**/.git":true,
50          "**/.svn":true,
51          "**/.hg":true,
52          "**/CVS":true,
53          "**/.DS_Store":true,
54          "**/*.o":true,
55          "**/*.su":true,
56          "**/*.cmd":true,
```

```
57        "Documentation":true,
...
95        "arch/arm/boot/dts/imx6ull-14x14-ddr*":true,
96    }
97 }
```

建立好 VSCode 專案以後就可以開始分析 Linux 的頂層 Makefile 了。

32.5 | 頂層 Makefile 詳解

Linux 的頂層 Makefile 和 uboot 的頂層 Makefile 非常相似，因為 uboot 參考了 Linux，前 602 行幾乎一樣，

大致看一下就行。

1. 版本編號

頂層 Makefile 一開始就是 Linux 核心的版本編號，如範例 32-4 所示。

▼ 範例 32-4 頂層 Makefile 程式碼部分

```
1 VERSION = 4
2 PATCHLEVEL = 1
3 SUBLEVEL = 15
4 EXTRAVERSION =
```

可以看出，Linux 核心版本編號為 4.1.15。

2. MAKEFLAGS 變數

MAKEFLAGS 變數設定如範例 32-5 所示。

▼ 範例 32-5 頂層 Makefile 程式碼部分

```
16 MAKEFLAGS += -rR --include-dir=$(CURDIR)
```

3. 命令輸出

Linux 編譯時也可以透過「V=1」來輸出完整的命令,這個和 uboot 一樣,相關內容如範例 32-6 所示。

▼ 範例 32-6 頂層 Makefile 程式碼部分

```
69 ifeq ("$(origin V)", "command line")
70    KBUILD_VERBOSE = $(V)
71 endif
72 ifndef KBUILD_VERBOSE
73    KBUILD_VERBOSE = 0
74 endif
75
76 ifeq ($(KBUILD_VERBOSE),1)
77    quiet =
78    Q =
79 else
80    quiet=quiet_
81    Q = @
82 endif
```

4. 靜默輸出

Linux 編譯時使用 make -s 就可實現靜默編譯,編譯時不會列印任何的資訊,同 uboot 一樣,相關內容如範例 32-7 所示。

▼ 範例 32-7 頂層 Makefile 程式碼部分

```
87 ifneq ($(filter 4.%,$(MAKE_VERSION)),)# make-4
88 ifneq ($(filter %s ,$(firstword x$(MAKEFLAGS))),)
89    quiet=silent_
90 endif
91 else                    # make-3.8x
92 ifneq ($(filter s% -s%,$(MAKEFLAGS)),)
93    quiet=silent_
94 endif
95 endif
96
97 export quiet Q KBUILD_VERBOSE
```

5. 設定編譯結果輸出目錄

Linux 編譯時使用 O=xxx，即可將編譯產生的過程檔案輸出到指定的目錄中，相關內容如範例 32-8 所示。

▼ 範例 32-8　頂層 Makefile 程式碼部分

```
116 ifeq ($(KBUILD_SRC),)
117
118 # OK, Make called in directory where kernel src resides
119 # Do we want to locate output files in a separate directory?
120 ifeq ("$(origin O)", "command line")
121   KBUILD_OUTPUT := $(O)
122 endif
```

6. 程式檢查

Linux 也支援程式檢查，使用命令 make C=1 啟動程式檢查，檢查那些需要重新編譯的檔案。make C=2 用於檢查所有的原始程式檔案，頂層 Makefile 中的內容如範例 32-9 所示。

▼ 範例 32-9　頂層 Makefile 程式碼部分

```
172 ifeq ("$(origin C)", "command line")
173   KBUILD_CHECKSRC = $@
174 endif
175 ifndef KBUILD_CHECKSRC
176   KBUILD_CHECKSRC = 0
177 endif
```

7. 模組編譯

Linux 允許單獨編譯某個模組，使用命令「make M=dir」即可，舊語法 make SUBDIRS=dir 也是支援的。頂層 Makefile 中的內容如範例 32-10 所示。

▼ 範例 32-10　頂層 Makefile 程式碼部分

```
179 # Use make M=dir to specify directory of external module to build
180 # Old syntax make ... SUBDIRS=$PWD is still supported
```

```
181 # Setting the environment variable KBUILD_EXTMOD take precedence
182 ifdef SUBDIRS
183   KBUILD_EXTMOD ?= $(SUBDIRS)
184 endif
185
186 ifeq ("$(origin M)", "command line")
187   KBUILD_EXTMOD := $(M)
188 endif
189
190 # If building an external module we do not care about the all:rule
191 # but instead _all depend on modules
192 PHONY += all
193 ifeq ($(KBUILD_EXTMOD),)
194 _all:all
195 else
196 _all:modules
197 endif
198
199 ifeq ($(KBUILD_SRC),)
200   # building in the source tree
201   srctree := .
202 else
203   ifeq ($(KBUILD_SRC)/,$(dir $(CURDIR)))
204     # building in a subdirectory of the source tree
205     srctree := ..
206   else
207     srctree := $(KBUILD_SRC)
208   endif
209 endif
210 objtree       := .
211 src        := $(srctree)
212 obj        := $(objtree)
213
214 VPATH       := $(srctree)$(if $(KBUILD_EXTMOD),:$(KBUILD_EXTMOD))
215
216 export srctree objtree VPATH
```

外部模組編譯過程和 uboot 也一樣，最終匯出 srctree、objtree 和 VPATH 這三個變數的值，其中 srctree=.，也就是目前的目錄，objtree=.。

8. 設定目標架構和交叉編譯器

同 uboot 一樣，Linux 編譯時需要設定目標板架構 ARCH 和交叉編譯器 CROSS_COMPILE，在頂層 Makefile 中內容如範例 32-11 所示。

▼ 範例 32-11 頂層 Makefile 程式碼部分

```
252 ARCH                ?= $(SUBARCH)
253 CROSS_COMPILE       ?= $(CONFIG_CROSS_COMPILE:"%"=%)
```

為了方便，一般直接修改頂層 Makefile 中的 ARCH 和 CROSS_COMPILE，直接將其設定為對應的架構和編譯器，比如本書將 ARCH 設定為 arm，CROSS_COMPILE 設定為 arm-linux-gnueabihf-，在頂層 Makefile 中內容如範例 32-12 所示。

▼ 範例 32-12 頂層 Makefile 程式碼部分

```
252 ARCH                ?= arm
253 CROSS_COMPILE       ?= arm-linux-gnueabihf-
```

設定好以後就可以使用以下命令編譯 Linux 了。

```
make xxx_defconfig      // 使用預設設定檔設定 Linux
make menuconfig         // 啟動圖形化設定介面
make -j16               // 編譯 Linux
```

9. 呼叫 scripts/Kbuild.include 檔案

同 uboot 一樣，Linux 頂層 Makefile 也會呼叫檔案 scripts/Kbuild.include，頂層 Makefile 對應內容如範例 32-13 所示。

▼ 範例 32-13 頂層 Makefile 程式碼部分

```
348 # We need some generic definitions (do not try to remake the file).
349 scripts/Kbuild.include:;
350 include scripts/Kbuild.include
```

10. 交叉編譯工具變數設定

頂層 Makefile 中其他和交叉編譯器有關的變數設定如範例 32-14 所示。

▼ 範例 32-14 頂層 Makefile 程式碼部分

```
353 AS        = $(CROSS_COMPILE)as
354 LD        = $(CROSS_COMPILE)ld
355 CC        = $(CROSS_COMPILE)gcc
356 CPP       = $(CC) -E
357 AR        = $(CROSS_COMPILE)ar
358 NM        = $(CROSS_COMPILE)nm
359 STRIP     = $(CROSS_COMPILE)strip
360 OBJCOPY   = $(CROSS_COMPILE)objcopy
361 OBJDUMP   = $(CROSS_COMPILE)objdump
```

LA、LD、CC 等這些都是交叉編譯器所使用的工具。

11. 標頭檔路徑變數

頂層 Makefile 定義了兩個變數儲存標頭檔路徑：USERINCLUDE 和 LINUXINCLUDE，相關內容如範例 32-15 所示。

▼ 範例 32-15 頂層 Makefile 程式碼部分

```
381 USERINCLUDE        := \
382            -I$(srctree)/arch/$(hdr-arch)/include/uapi \
383            -Iarch/$(hdr-arch)/include/generated/uapi \
384            -I$(srctree)/include/uapi \
385            -Iinclude/generated/uapi \
386                -include $(srctree)/include/linux/kconfig.h
387
388 # Use LINUXINCLUDE when you must reference the include/ directory
389 # Needed to be compatible with the O= option
390 LINUXINCLUDE        := \
391            -I$(srctree)/arch/$(hdr-arch)/include \
392            -Iarch/$(hdr-arch)/include/generated/uapi \
393            -Iarch/$(hdr-arch)/include/generated \
394            $(if $(KBUILD_SRC), -I$(srctree)/include) \
```

```
395                 -Iinclude \
396                 $(USERINCLUDE)
```

第 381~386 行是 USERINCLUDE，其是 UAPI 相關的標頭檔路徑，第 390~396 行是 LINUXINCLUDE，是 Linux 核心原始程式的標頭檔路徑。重點來看一下 LINUXINCLUDE，其中 srctree=.，hdr-arch=arm，KBUILD_SRC 為空，因此，將 USERINCLUDE 和 LINUXINCLUDE 展開以後為：

```
USERINCLUDE     := \
        -I./arch/arm/include/uapi \
        -Iarch/arm/include/generated/uapi \
        -I./include/uapi \
        -Iinclude/generated/uapi \
        -include ./include/linux/kconfig.h
LINUXINCLUDE    := \
        -I./arch/arm/include \
        -Iarch/arm/include/generated/uapi \
        -Iarch/arm/include/generated \
        -Iinclude \
        -I./arch/arm/include/uapi \
        -Iarch/arm/include/generated/uapi \
        -I./include/uapi \
        -Iinclude/generated/uapi \
        -include ./include/linux/kconfig.h
```

12. 匯出變數

頂層 Makefile 會匯出很多變數給子 Makefile 使用，匯出的這些變數如範例 32-16 所示。

▼ 範例 32-16 頂層 Makefile 程式碼部分

```
417 export VERSION PATCHLEVEL SUBLEVEL KERNELRELEASE KERNELVERSION
418 export ARCH SRCARCH CONFIG_SHELL HOSTCC HOSTCFLAGS CROSS_COMPILE AS LD CC
419 export CPP AR NM STRIP OBJCOPY OBJDUMP
420 export MAKE AWK GENKSYMS INSTALLKERNEL PERL PYTHON UTS_MACHINE
421 export HOSTCXX HOSTCXXFLAGS LDFLAGS_MODULE CHECK CHECKFLAGS
422
```

```
423 export KBUILD_CPPFLAGS NOSTDINC_FLAGS LINUXINCLUDE OBJCOPYFLAGS LDFLAGS
424 export KBUILD_CFLAGS CFLAGS_KERNEL CFLAGS_MODULE CFLAGS_GCOV CFLAGS_KASAN
425 export KBUILD_AFLAGS AFLAGS_KERNEL AFLAGS_MODULE
426 export KBUILD_AFLAGS_MODULE KBUILD_CFLAGS_MODULE KBUILD_LDFLAGS_MODULE
427 export KBUILD_AFLAGS_KERNEL KBUILD_CFLAGS_KERNEL
428 export KBUILD_ARFLAGS
```

32.5.1　make xxx_defconfig 過程

　　第一次編譯 Linux 之前都要使用 make xxx_defconfig 先設定 Linux 核心，在頂層 Makefile 中有 %config 這個目標，在頂層 Makefile 中內容如範例 32-17 所示。

▼ 範例 32-17　頂層 Makefile 程式碼部分

```
490 config-targets     := 0
491 mixed-targets      := 0
492 dot-config         := 1
493
494 ifneq ($(filter $(no-dot-config-targets), $(MAKECMDGOALS)),)
495   ifeq ($(filter-out $(no-dot-config-targets), $(MAKECMDGOALS)),)
496     dot-config := 0
497   endif
498 endif
499
500 ifeq ($(KBUILD_EXTMOD),)
501     ifneq ($(filter config %config,$(MAKECMDGOALS)),)
502         config-targets := 1
503         ifneq ($(words $(MAKECMDGOALS)),1)
504             mixed-targets := 1
505         endif
506     endif
507 endif
508
509 ifeq ($(mixed-targets),1)
510 # ===================================================================
511 # We're called with mixed targets (*config and build targets)
512 # Handle them one by one
```

```
513
514 PHONY += $(MAKECMDGOALS) __build_one_by_one
515
516 $(filter-out __build_one_by_one, $(MAKECMDGOALS)):__build_one_by_one
517   @:
518
519 __build_one_by_one:
520   $(Q)set -e; \
521   for i in $(MAKECMDGOALS); do \
522       $(MAKE) -f $(srctree)/Makefile $$i; \
523   done
524
525 else
526 ifeq ($(config-targets),1)
527 # ====================================================================
528 # *config targets only - make sure prerequisites are updated, and
529 # descend in scripts/kconfig to make the *config target
530
531 # Read arch specific Makefile to set KBUILD_DEFCONFIG as needed.
532 # KBUILD_DEFCONFIG may point out an alternative default
533 # configuration used for 'make defconfig'
534 include arch/$(SRCARCH)/Makefile
535 export KBUILD_DEFCONFIG KBUILD_KCONFIG
536
537 config:scripts_basic outputmakefile FORCE
538   $(Q)$(MAKE) $(build)=scripts/kconfig $@
539
540 %config:scripts_basic outputmakefile FORCE
541   $(Q)$(MAKE) $(build)=scripts/kconfig $@
542
543 else
......
563 endif # KBUILD_EXTMOD
```

第 490~507 行和 uboot 一樣，都是設定定義變數 config-targets、mixed-
targets 和 dot-config 的值，最終這三個變數的值為：

```
config-targets= 1
mixed-targets= 0
dot-config= 1
```

因為 config-targets=1，因此第 534~541 行成立。第 534 行引用 arch/arm/Makefile 這個檔案，這個檔案很重要，因為 zImage、uImage 等這些檔案就是由 arch/arm/Makefile 來生成的。

第 535 行匯出變數 KBUILD_DEFCONFIG KBUILD_KCONFIG。

第 537 行，沒有目標與之匹配，因此不執行。

第 540 行，make xxx_defconfig 與目標 %config 匹配，因此執行。%config 相依 scripts_basic、outputmakefile 和 FORCE，%config 真正有意義的相依就只有 scripts_basic，scripts_basic 的規則如範例 32-18 所示。

▼ 範例 32-18 頂層 Makefile 程式碼部分

```
448 scripts_basic:
449   $(Q)$(MAKE) $(build)=scripts/basic
450   $(Q)rm -f .tmp_quiet_recordmcount
```

build 定義在檔案 scripts/Kbuild.include 中，值為 build := -f $（srctree）/scripts/Makefile.build obj，因此將範例 32-18 展開就是：

```
scripts_basic:
    @make -f ./scripts/Makefile.build obj=scripts/basic   // 也可以沒有 @，視設定而定
    @rm -f . tmp_quiet_recordmcount                        // 也可以沒有 @
```

接著回到範例 32-17 第 540 行目標 %config 處，內容如下：

```
%config:scripts_basic outputmakefile FORCE
    $(Q)$(MAKE) $(build)=scripts/kconfig $@
```

將命令展開就是：

```
@make -f ./scripts/Makefile.build obj=scripts/kconfig xxx_defconfig
```

32.5.2 Makefile.build 腳本分析

從上一節可知，make xxx_defconfig 設定 Linux 時有以下兩行命令會執行腳本 scripts/Makefile.build：

```
@make -f ./scripts/Makefile.build obj=scripts/basic
@make -f ./scripts/Makefile.build obj=scripts/kconfig xxx_defconfig
```

我們依次來分析一下。

1. scripts_basic 目標對應的命令

scripts_basic 目標對應的命令為：@make -f ./scripts/Makefile.build obj=
scripts/basic。開啟檔案 scripts/Makefile.build，有如範例 32-19 所示內容。

▼ 範例 32-19 Makefile.build 程式碼部分

```
41 # The filename Kbuild has precedence over Makefile
42 kbuild-dir := $(if $(filter /%,$(src)),$(src),$(srctree)/$(src))
43 kbuild-file := $(if $(wildcard $(kbuild-dir)/Kbuild),$(kbuild-dir)/Kbuild,$(kbuild-
   dir)/Makefile)
44 include $(kbuild-file)
```

將 kbuild-dir 展開後為：

```
kbuild-dir=./scripts/basic
```

將 kbuild-file 展開後為：

```
kbuild-file= ./scripts/basic/Makefile
```

最後將 59 行展開，即：

```
include ./scripts/basic/Makefile
```

繼續分析 scripts/Makefile.build，內容如範例 32-20 所示。

▼ 範例 32-20 Makefile.build 程式碼部分

```
94 __build:$(if $(KBUILD_BUILTIN),$(builtin-target) $(lib-target) $(extra-y)) \
95      $(if $(KBUILD_MODULES),$(obj-m) $(modorder-target)) \
96      $(subdir-ym) $(always)
97   @:
```

　　__build 是預設目標，因為命令 @make -f ./scripts/Makefile.build obj= scripts/basic 沒有指定目標，所以會使用到預設目標 __build。在頂層 Makefile 中，KBUILD_BUILTIN 為 1，KBUILD_MODULES 為空，因此展開後目標 __build 為：

```
__build:$(builtin-target) $(lib-target) $(extra-y)) $(subdir-ym) $(always)
    @:
```

　　可以看出目標 __build 有 5 個相依：builtin-target、lib-target、extra-y、subdir-ym 和 always。這 5 個相依的具體內容如下：

```
builtin-target =
lib-target =
extra-y =
subdir-ym =
always = scripts/basic/fixdep scripts/basic/bin2c
```

　　只有 always 有效，因此 __build 最終為：

```
__build:scripts/basic/fixdep scripts/basic/bin2c
    @:
```

　　__build 相依於 scripts/basic/fixdep 和 scripts/basic/bin2c，所以要先將 scripts/basic/fixdep 和 scripts/basic/bin2c.c 這兩個檔案編譯成 fixdep 和 bin2c。

　　綜上所述，scripts_basic 目標的作用就是編譯出 scripts/basic/fixdep 和 scripts/basic/bin2c 這兩個軟體。

2. %config 目標對應的命令

　　%config 目標對應的命令為：@make -f ./scripts/Makefile.build obj= scripts/kconfig xxx_defconfig，此命令會使用到的各個變數值如下：

```
src= scripts/kconfig
kbuild-dir = ./scripts/kconfig
kbuild-file = ./scripts/kconfig/Makefile
include ./scripts/kconfig/Makefile
```

可以看出，Makefile.build 會讀取 scripts/kconfig/Makefile 中的內容，此檔案有如範例 32-21 所示內容。

▼ 範例 32-21　scripts/kconfig/Makefile 程式碼部分

```
113 %_defconfig:$(obj)/conf
114    $(Q)$< $(silent) --defconfig=arch/$(SRCARCH)/configs/$@ $(Kconfig)
```

目標 %_defconfig 與 xxx_defconfig 匹配，所以會執行這筆規則，將其展開就是：

```
%_defconfig:scripts/kconfig/conf
    @ scripts/kconfig/conf  --defconfig=arch/arm/configs/%_defconfigKconfig
```

%_defconfig 相依 scripts/kconfig/conf，所以會編譯 scripts/kconfig/conf.c 生成 conf 這個軟體。此軟體就會將 %_defconfig 中的設定輸出到 .config 檔案中，最終生成 Linux Kernel 根目錄下的 .config 檔案。

32.5.3 make 過程

使用命令 make xxx_defconfig 設定好 Linux 核心以後就可以使用 make 或 make all 命令進行編譯。頂層 Makefile 有如範例 32-22 所示內容。

▼ 範例 32-22　頂層 Makefile 程式碼部分

```
125 PHONY := _all
126 _all:
...
192 PHONY += all
193 ifeq ($(KBUILD_EXTMOD),)
194 _all:all
195 else
196 _all:modules
197 endif
...
608 all:vmlinux
```

第 126 行，_all 是預設目標，如果使用命令 make 編譯 Linux 的話此目標就會被匹配。

第 193 行，如果 KBUILD_EXTMOD 為空的話 194 行的程式成立。

第 194 行，預設目標 _all 相依 all。

第 608 行，目標 all 相依 vmlinux，所以接下來的重點就是 vmlinux。

頂層 Makefile 中有如範例 32-23 所示內容。

▼ 範例 32-23 頂層 Makefile 程式碼部分

```
904 # Externally visible symbols (used by link-vmlinux.sh)
905 export KBUILD_VMLINUX_INIT := $(head-y) $(init-y)
906 export KBUILD_VMLINUX_MAIN := $(core-y) $(libs-y) $(drivers-y) $(net-y)
907 export KBUILD_LDS:= arch/$(SRCARCH)/kernel/vmlinux.lds
908 export LDFLAGS_vmlinux
909 # used by scripts/pacmage/Makefile
910 export KBUILD_ALLDIRS := $(sort $(filter-out arch/%,$(vmlinux-alldirs))
      arch Documentation include samples scripts tools virt)
911
912 vmlinux-deps := $(KBUILD_LDS) $(KBUILD_VMLINUX_INIT) $(KBUILD_VMLINUX_MAIN)
913
914 # Final link of vmlinux
915     cmd_link-vmlinux = $(CONFIG_SHELL) $< $(LD) $(LDFLAGS) $(LDFLAGS_vmlinux)
916 quiet_cmd_link-vmlinux = LINK        $@
917
918 # Include targets which we want to
919 # execute if the rest of the kernel build went well
920 vmlinux:scripts/link-vmlinux.sh $(vmlinux-deps) FORCE
921 ifdef CONFIG_HEADERS_CHECK
922   $(Q)$(MAKE) -f $(srctree)/Makefile headers_check
923 endif
924 ifdef CONFIG_SAMPLES
925   $(Q)$(MAKE) $(build)=samples
926 endif
927 ifdef CONFIG_BUILD_DOCSRC
928   $(Q)$(MAKE) $(build)=Documentation
```

```
929 endif
930 ifdef CONFIG_GDB_SCRIPTS
931    $(Q)ln -fsn `cd $(srctree) && /bin/pwd`/scripts/gdb/vmlinux-gdb.py
932 endif
933    +$(call if_changed,link-vmlinux)
```

第 920 行可以看出目標 vmlinux 相依 scripts/link-vmlinux.sh $（vmlinux-deps）FORCE。第 912 行定義了 vmlinux-deps，值為：

```
vmlinux-deps= $(KBUILD_LDS) $(KBUILD_VMLINUX_INIT) $(KBUILD_VMLINUX_MAIN)
```

第 905 行，KBUILD_VMLINUX_INIT= $(head-y) $(init-y)。

第 906 行，KBUILD_VMLINUX_MAIN = $(core-y) $(libs-y) $(drivers-y) $(net-y)。

第 907 行，KBUILD_LDS= arch/$(SRCARCH)/kernel/vmlinux.lds，其中 SRCARCH=arm，因此 KBUILD_LDS= arch/arm/kernel/vmlinux.lds。

綜上所述，vmlinux的相依為scripts/link-vmlinux.sh、$(head-y)、$(init-y)、$(core-y)、$(libs-y)、$(drivers-y)、$(net-y)、arch/arm/kernel/vmlinux.lds 和 FORCE。

第 933 行的命令用於連結生成 vmlinux。

重點來看 $(head-y)、$(init-y)、$(core-y)、$(libs-y)、$(drivers-y) 和 $(net-y) 這六個變數的值。

1. head-y

head-y 定義在檔案 arch/arm/Makefile 中，內容如範例 32-24 所示。

▼ 範例 32-24 arch/arm/Makefile 程式碼部分

```
135 head-y       := arch/arm/kernel/head$(MMUEXT).o
```

當不啟動 MMU 的話 ,MMUEXT=-nommu，如果啟動 MMU 的話為空，因此 head-y 最終的值為：

```
head-y = arch/arm/kernel/head.o
```

2. init-y、drivers-y 和 net-y

在頂層 Makefile 中有如範例 32-25 所示內容。

▼ 範例 32-25　頂層 Makefile 程式碼部分

```
558 init-y              := init/
559 drivers-y           := drivers/ sound/ firmware/
560 net-y               := net/
...
896 init-y              := $(patsubst %/, %/built-in.o, $(init-y))
898 drivers-y           := $(patsubst %/, %/built-in.o, $(drivers-y))
899 net-y               := $(patsubst %/, %/built-in.o, $(net-y))
```

從範例 32-25 可知，init-y、libs-y、drivers-y 和 net-y 最終的值為：

```
init-y = init/built-in.o
drivers-y = drivers/built-in.osound/built-in.ofirmware/built-in.o
net-y = net/built-in.o
```

3. libs-y

libs-y 基本和 init-y 一樣，在頂層 Makefile 中存在如範例 32-26 所示內容。

▼ 範例 32-26　頂層 Makefile 程式碼部分

```
561 libs-y     := lib/
...
900 libs-y1    := $(patsubst %/, %/lib.a, $(libs-y))
901 libs-y2    := $(patsubst %/, %/built-in.o, $(libs-y))
902 libs-y     := $(libs-y1) $(libs-y2)
```

根據範例 32-26 可知，libs-y 應該等於 lib.a built-in.o，這個只是其中的一部分，因為在 arch/arm/Makefile 中會向 libs-y 中追加一些值，內容如範例 32-27 所示。

▼ 範例 32-27 arch/arm/Makefile 程式碼部分

```
286 libs-y      := arch/arm/lib/ $(libs-y)
```

arch/arm/Makefile 將 libs-y 的值改為了 arch/arm/lib $(libs-y)，展開以後為：

```
libs-y = arch/arm/lib lib/
```

因此根據範例程式 32-26 的第 900~902 行可知，libs-y 最終應該為：

```
libs-y = arch/arm/lib/lib.alib/lib.aarch/arm/lib/built-in.olib/built-in.o
```

4. core-y

core-y 和 init-y 也一樣，在頂層 Makefile 中有如範例 32-28 所示內容。

▼ 範例 32-28 頂層 Makefile 程式碼部分

```
532 core-y      := usr/
...
887 core-y      += kernel/ mm/ fs/ ipc/ security/ crypto/ block/
```

但是在 arch/arm/Makefile 中會對 core-y 進行追加，內容如範例 32-29 所示。

▼ 範例 32-29 arch/arm/Makefile 程式碼部分

```
269 core-$(CONFIG_FPE_NWFPE)         += arch/arm/nwfpe/
270 core-$(CONFIG_FPE_FASTFPE)       += $(FASTFPE_OBJ)
271 core-$(CONFIG_VFP)               += arch/arm/vfp/
272 core-$(CONFIG_XEN)               += arch/arm/xen/
273 core-$(CONFIG_KVM_ARM_HOST)      += arch/arm/kvm/
274 core-$(CONFIG_VDSO)              += arch/arm/vdso/
```

```
275
276 # If we have a machine-specific directory, then include it in the build
277 core-y              += arch/arm/kernel/ arch/arm/mm/ arch/arm/common/
278 core-y              += arch/arm/probes/
279 core-y              += arch/arm/net/
280 core-y              += arch/arm/crypto/
281 core-y              += arch/arm/firmware/
282 core-y              += $(machdirs) $(platdirs)
```

第 269~274 行根據不同的設定向 core-y 追加不同的值,比如啟動 VFP 的話就會在 .config 中有 CONFIG_VFP=y 這一行,那麼 core-y 就會追加 arch/arm/vfp/。

第 277~282 行就是對 core-y 直接追加的值。

在頂層 Makefile 中有如範例 32-30 所示一行。

▼ 範例 32-30 頂層 Makefile 程式碼部分

```
897 core-y        := $(patsubst %/, %/built-in.o, $(core-y))
```

經過上述程式的轉換,最終 core-y 的值為:

```
core-y = usr/built-in.o          arch/arm/vfp/built-in.o \
arch/arm/vdso/built-in.o        arch/arm/kernel/built-in.o \
arch/arm/mm/built-in.o          arch/arm/common/built-in.o \
arch/arm/probes/built-in.      oarch/arm/net/built-in.o \
arch/arm/crypto/built-in.o      arch/arm/firmware/built-in.o \
arch/arm/mach-imx/built-in.o    kernel/built-in.o\
mm/built-in.o                   fs/built-in.o \
ipc/built-in.o                  security/built-in.o \
crypto/built-in.o               block/built-in.o
```

關於 head-y、init-y、core-y、libs-y、drivers-y 和 net-y 這 6 個變數就講解到這裡。這些變數都是一些 built-in.o 或 .a 等檔案,這個和 uboot 一樣,都是將對應目錄中的原始程式檔案進行編譯,然後在各自目錄下生成 built-in.o 檔案,有些生成了 .a 函式庫檔案。最終將這些 built-in.o 和 .a 檔案進行連結即可形成

ELF 格式的可執行檔，也就是 vmlinux。但是連結是需要連結腳本的，vmlinux 的相依 arch/arm/kernel/vmlinux.lds 就是整個 Linux 的連結腳本。

範例 32-23 第 933 行的命令 +$(call if_changed,link-vmlinux) 表示將 $(call if_changed,link-vmlinux) 的結果作為最終生成 vmlinux 的命令，前面的「+」表示該命令結果不可忽略。$(call if_changed,link-vmlinux) 是呼叫 if_changed 函式，link-vmlinux 是 if_changed 函式的參數，if_changed 函式定義在檔案 scripts/Kbuild.include 中，如範例 32-31 所示。

▼ 範例 32-31 scripts/Kbuild.include 程式碼部分

```
247 if_changed = $(if $(strip $(any-prereq) $(arg-check)),       \
248      @set -e;                                                 \
249      $(echo-cmd) $(cmd_$(1));                                 \
250      printf '%s\n' 'cmd_$@ := $(make-cmd)' > $(dot-target).cmd
```

any-prereq 用於檢查相依檔案是否有變化，如果相依檔案有變化那麼 any-prereq 就不為空，否則就為空。arg-check 用於檢查參數是否有變化，如果沒有變化那麼 arg-check 就為空。

第 248 行，@set -e 告訴 bash，如果任何敘述的執行結果不為 true（也就是執行出錯）的話就直接退出。

第 249 行，$(echo-cmd) 用於列印命令執行過程，比如在連結 vmlinux 時就會輸出 LINK vmlinux。$(cmd_$(1)) 中的 $(1) 表示參數，也就是 link-vmlinux，因此 $(cmd_$(1)) 表示執行 cmd_link-vmlinux 的內容。cmd_link-vmlinux 在頂層 Makefile 中有如範例 32-32 所示定義。

▼ 範例 32-32 頂層 Makefile 程式碼部分

```
914 # Final link of vmlinux
915      cmd_link-vmlinux = $(CONFIG_SHELL) $< $(LD) $(LDFLAGS) $(LDFLAGS_vmlinux)
916 quiet_cmd_link-vmlinux = LINK            $@
```

第 915 行就是 cmd_link-vmlinux 的值，其中 CONFIG_SHELL=/bin/bash，$< 表示目標 vmlinux 的第一個相依檔案，根據範例 32-23 可知，這個檔案為 scripts/link-vmlinux.sh。

LD=arm-linux-gnueabihf-ld -EL，LDFLAGS 為空。LDFLAGS_vmlinux 的值由頂層 Makefile 和 arch/arm/Makefile 這兩個檔案共同決定，最終 LDFLAGS_vmlinux=-p --no-undefined -X --pic-veneer --build-id。因此 cmd_link-vmlinux 最終的值為：

```
cmd_link-vmlinux = /bin/bash scripts/link-vmlinux.sh arm-linux-gnueabihf-ld -EL -p
--no-undefined -X --pic-veneer --build-id
```

cmd_link-vmlinux 會呼叫 scripts/link-vmlinux.sh 這個腳本來連結出 vmlinux。在 link-vmlinux.sh 中有如範例 32-33 所示內容。

▼ 範例 32-33 scripts/link-vmlinux.sh 程式碼部分

```
51 vmlinux_link()
52 {
53  local lds="${objtree}/${KBUILD_LDS}"
54
55  if [ "${SRCARCH}" != "um" ]; then
56    ${LD} ${LDFLAGS} ${LDFLAGS_vmlinux} -o ${2}              \
57        -T ${lds} ${KBUILD_VMLINUX_INIT}                     \
58        --start-group ${KBUILD_VMLINUX_MAIN} --end-group ${1}
59  else
60        ${CC} ${CFLAGS_vmlinux} -o ${2}                      \
61            -Wl,-T,${lds} ${KBUILD_VMLINUX_INIT}             \
62            -Wl,--start-group\
63                ${KBUILD_VMLINUX_MAIN}                       \
64            -Wl,--end-group                                  \
65            -lutil ${1}
66        rm -f linux
67    fi
68 }
...
216 info LD vmlinux
217 vmlinux_link "${kallsymso}" vmlinux
```

vmliux_link 就是最終連結出 vmlinux 的函式，第 55 行判斷 SRCARCH 是否等於「um」，如果不相等的話就執行第 56~58 行的程式。因為 SRCARCH=arm，因此條件成立，執行第 56~58 行的程式。這 3 行程式就應該很熟悉了，就是普通的連結操作，連接腳本為 lds= ./arch/arm/kernel/vmlinux.lds，需要連結的檔案由變數 KBUILD_VMLINUX_INIT 和 KBUILD_VMLINUX_MAIN 來決定，這兩個變數在範例 32-23 中已經講解過了。

第 217 行呼叫 vmlinux_link 函式來連結出 vmlinux。

使用命令「make V=1」編譯 Linux，會有如圖 32-11 所示的編譯資訊。

```
+ arm-linux-gnueabihf-ld -EL -p --no-undefined -X --pic-veneer --build-id -o vmlinux -T ./arch/arm/kernel/v
mlinux.lds arch/arm/kernel/head.o init/built-in.o --start-group usr/built-in.o arch/arm/vfp/built-in.o arch
/arm/vdso/built-in.o arch/arm/kernel/built-in.o arch/arm/mm/built-in.o arch/arm/common/built-in.o arch/arm/
probes/built-in.o arch/arm/net/built-in.o arch/arm/crypto/built-in.o arch/arm/firmware/built-in.o arch/arm/
mach-imx/built-in.o kernel/built-in.o mm/built-in.o fs/built-in.o ipc/built-in.o security/built-in.o crypto
/built-in.o block/built-in.o arch/arm/lib/lib.a lib/lib.a arch/arm/lib/built-in.o lib/built-in.o drivers/bu
ilt-in.o sound/built-in.o firmware/built-in.o net/built-in.o --end-group .tmp_kallsyms2.o
```

▲ 圖 32-11 link-vmlinux.sh 連結 vmlinux 過程

至此我們基本理清了 make 的過程，重點就是將各個子目錄下的 built-in.o、.a 等檔案連結在一起，最終生成 vmlinux 這個 ELF 格式的可執行檔。連結腳本為 arch/arm/kernel/vmlinux.lds，連結過程是由 shell 腳本 scripts/link-vmlinux.s 來完成的。接下來的問題就是這些子目錄下的 built-in.o、.a 等檔案又是如何編譯出來的。

32.5.4 built-in.o 檔案編譯生成過程

根據範例 32-23 第 920 行可知，vmliux 相依 vmlinux-deps，而 vmlinux-deps=$(KBUILD_LDS)$(KBUILD_VMLINUX_INIT)$(KBUILD_VMLINUX_MAIN)，KBUILD_LDS 是連結腳本，這裡不考慮，剩下的 KBUILD_VMLINUX_INIT 和 KBUILD_VMLINUX_MAIN 就是各個子目錄下的 built-in.o、.a 等檔案。最終 vmlinux-deps 的值如下：

```
vmlinux-deps = arch/arm/kernel/vmlinux.lds      arch/arm/kernel/head.o \
               init/built-in.o                  usr/built-in.o \
               arch/arm/vfp/built-in.o          arch/arm/vdso/built-in.o \
               arch/arm/kernel/built-in.o       arch/arm/mm/built-in.o \
               arch/arm/common/built-in.o       arch/arm/probes/built-in.o \
               arch/arm/net/built-in.o          arch/arm/crypto/built-in.o \
               arch/arm/firmware/built-in.o     arch/arm/mach-imx/built-in.o \
```

```
        kernel/built-in.o              mm/built-in.o \
        fs/built-in.o                  ipc/built-in.o \
        security/built-in.o            crypto/built-in.o\
        block/built-in.o               arch/arm/lib/lib.a\
        lib/lib.a                      arch/arm/lib/built-in.o\
        lib/built-in.o                 drivers/built-in.o \
        sound/built-in.o               firmware/built-in.o \
        net/built-in.o
```

除了 arch/arm/kernel/vmlinux.lds 以外，其他都是要編譯連結生成的。在頂層 Makefile 中有如範例 32-34 所示內容。

▼ 範例 32-34 頂層 Makefile 程式碼部分

```
937 $(sort $(vmlinux-deps)): $(vmlinux-dirs) ;
```

sort 是排序函式，用於對 vmlinux-deps 的字串列表進行排序，並且去掉重複的單字。可以看出 vmlinux-deps 相依 vmlinux-dirs，vmlinux-dirs 也定義在頂層 Makefile 中，定義如範例 32-35 所示。

▼ 範例 32-35 頂層 Makefile 程式碼部分

```
889 vmlinux-dirs:= $(patsubst %/,%,$(filter %/, $(init-y) $(init-m) \
890            $(core-y) $(core-m) $(drivers-y) $(drivers-m) \
891            $(net-y) $(net-m) $(libs-y) $(libs-m)))
```

vmlinux-dirs 看名稱就知道和目錄有關，此變數儲存著生成 vmlinux 所需原始程式檔案的目錄，值如下：

```
vmlinux-dirs = init              usr                arch/arm/vfp \
               arch/arm/vdso     arch/arm/kernel    arch/arm/mm \
               arch/arm/common   arch/arm/probes    arch/arm/net \
               arch/arm/crypto   arch/arm/firmware  arch/arm/mach-imx\
               kernel            mm                 fs \
               ipc               security           crypto \
               block             drivers            sound \
               firmware          net                arch/arm/lib \
               lib
```

在頂層 Makefile 中有如範例 32-36 所示內容。

▼ 範例 32-36　頂層 Makefile 程式碼部分

```
946 $(vmlinux-dirs):prepare scripts
947   $(Q)$(MAKE) $(build)=$@
```

目標 vmlinux-dirs 相依 prepare 和 scripts，這兩個相依忽略，重點看一下第 947 行的命令。build 前面已經說了，值為「-f ./scripts/Makefile.build obj」，因此將第 947 行的命令展開就是：

```
@ make -f ./scripts/Makefile.build obj=$@
```

$@ 表示目的檔案，也就是 vmlinux-dirs 的值，將 vmlinux-dirs 中的這些目錄全部帶入到命令中，結果如下：

```
@ make -f ./scripts/Makefile.build obj=init
@ make -f ./scripts/Makefile.build obj=usr
@ make -f ./scripts/Makefile.build obj=arch/arm/vfp
@ make -f ./scripts/Makefile.build obj=arch/arm/vdso
@ make -f ./scripts/Makefile.build obj=arch/arm/kernel
@ make -f ./scripts/Makefile.build obj=arch/arm/mm
@ make -f ./scripts/Makefile.build obj=arch/arm/common
@ make -f ./scripts/Makefile.build obj=arch/arm/probes
@ make -f ./scripts/Makefile.build obj=arch/arm/net
@ make -f ./scripts/Makefile.build obj=arch/arm/crypto
@ make -f ./scripts/Makefile.build obj=arch/arm/firmware
@ make -f ./scripts/Makefile.build obj=arch/arm/mach-imx
@ make -f ./scripts/Makefile.build obj=kernel
@ make -f ./scripts/Makefile.build obj=mm
@ make -f ./scripts/Makefile.build obj=fs
@ make -f ./scripts/Makefile.build obj=ipc
@ make -f ./scripts/Makefile.build obj=security
@ make -f ./scripts/Makefile.build obj=crypto
@ make -f ./scripts/Makefile.build obj=block
@ make -f ./scripts/Makefile.build obj=drivers
@ make -f ./scripts/Makefile.build obj=sound
@ make -f ./scripts/Makefile.build obj=firmware
@ make -f ./scripts/Makefile.build obj=net
```

```
@ make -f ./scripts/Makefile.build obj=arch/arm/lib
@ make -f ./scripts/Makefile.build obj=lib
```

這些命令執行過程其實都是一樣的，我們就以 @ make -f ./scripts/
Makefile.build obj=init 這個命令為例，講解一下詳細的執行過程。這裡又要用
到 Makefile.build 這個腳本了，此腳本預設目標為 __build，這個已經講過，我
們再來看一下 __build 目標對應的規則如下：

▼ 範例 32-37 scripts/Makefile.build 程式碼部分

```
94 __build:$(if $(KBUILD_BUILTIN),$(builtin-target) $(lib-target) $(extra-y)) \
95     $(if $(KBUILD_MODULES),$(obj-m) $(modorder-target)) \
96     $(subdir-ym) $(always)
97     @:
```

當只編譯 Linux 核心鏡像檔案，也就是使用 make zImage 編譯時，
KBUILD_BUILTIN=1，KBUILD_MODULES 為空。make 命令是會編譯所有的
東西，包括 Linux 核心鏡像檔案和一些模組檔案。如果只編譯 Linux 核心鏡像的
話，__build 目標簡化為：

```
__build: $(builtin-target) $(lib-target) $(extra-y)) $(subdir-ym) $(always)
    @:
```

重點來看一下 builtin-target 這個相依，builtin-target 同樣定義在檔案
scripts/Makefile.build 中，定義如範例 32-38 所示。

▼ 範例 32-38 scripts/Makefile.build 程式碼部分

```
86 ifneq ($(strip $(obj-y) $(obj-m) $(obj-) $(subdir-m) $(lib-target)),)
87 builtin-target := $(obj)/built-in.o
88 endif
```

第 87 行就是 builtin-target 變數的值，為 $(obj)/built-in.o，這就是 built-
in.o 的來源了。要生成 built-in.o，要求 obj-y、obj-m、obj-、subdir-m 和 lib-
target 這些變數不能全部為空。最後一個問題：built-in.o 是怎麼生成的？在檔
案 scripts/Makefile.build 中有如範例 32-39 所示內容。

▼ 範例 32-39 頂層 Makefile 程式碼部分

```
325 #
326 # Rule to compile a set of .o files into one .o file
327 #
328 ifdef builtin-target
329 quiet_cmd_link_o_target = LD$@
330 # If the list of objects to link is empty, just create an empty built-in.o
331 cmd_link_o_target = $(if $(strip $(obj-y)),\
332               $(LD) $(ld_flags) -r -o $@ $(filter $(obj-y), $^) \
333               $(cmd_secanalysis),\
334           rm -f $@; $(AR) rcs$(KBUILD_ARFLAGS) $@)
335
336 $(builtin-target):$(obj-y) FORCE
337   $(call if_changed,link_o_target)
338
339 targets += $(builtin-target)
340 endif # builtin-target
```

第 336 行 的 目 標 就 是 builtin-target，相 依 為 obj-y，命 令 為 $(call if_changed,link_o_target)，也就是呼叫 if_changed 函式，參數為 link_o_target，其傳回值就是具體的命令。前面講過了 if_changed，它會呼叫 cmd_$(1) 所對應的命令（$(1) 就是函式的第 1 個參數），在這裡就是呼叫 cmd_link_o_target 所對應的命令，也就是第 331~334 行的命令。cmd_link_o_target 就是使用 LD 將某個目錄下的所有 .o 檔案連結在一起，最終形成 built-in.o。

32.5.5 make zImage 過程

1. vmlinux、Image、zImage、uImage 的區別

前面幾節重點是講 vmlinux 是如何編譯出來的，vmlinux 是 ELF 格式的檔案，但是在實際中我們不會使用 vmlinux，而是使用 zImage 或 uImage 這樣的 Linux 核心鏡像檔案。那麼 vmlinux、zImage、uImage 它們之間有什麼區別呢？

（1）vmlinux 是編譯出來的最原始的核心檔案，是未壓縮的，比如正點原子提供的 Linux 原始程式編譯出來的 vmlinux 約有 16MB，如圖 32-12 所示。

```
zuozhongkai@ubuntu:~/linux/IMX6ULL/linux/alientek_linux$ ls vmlinux -l
-rwxrwxr-x 1 zuozhongkai zuozhongkai 16770053 Sep  3 01:44 vmlinux
zuozhongkai@ubuntu:~/linux/IMX6ULL/linux/alientek_linux$
```

▲ 圖 32-12 vmlinux 資訊

（2）Image 是 Linux 核心鏡像檔案，但是 Image 僅包含可執行的二進位資料。Image 就是使用 objcopy 取消掉 vmlinux 中的一些其他資訊，比如符號表。但是 Image 是沒有壓縮過的，Image 儲存在 arch/arm/boot 目錄下，其大小約為 12MB，如圖 32-13 所示。

```
zuozhongkai@ubuntu:~/linux/IMX6ULL/linux/alientek_linux$ ls arch/arm/boot/Image -l
-rwxrwxr-x 1 zuozhongkai zuozhongkai 12541952 Sep  3 01:44 arch/arm/boot/Image
zuozhongkai@ubuntu:~/linux/IMX6ULL/linux/alientek_linux$
```

▲ 圖 32-13 Image 鏡像資訊

相比 vmlinux 的 16MB，Image 縮小到了 12MB。

（3）zImage 是經過 gzip 壓縮後的 Image，經過壓縮以後其大小約為 6MB，如圖 32-14 所示。

```
zuozhongkai@ubuntu:~/linux/IMX6ULL/linux/alientek_linux$ ls arch/arm/boot/zImage -l
-rwxrwxr-x 1 zuozhongkai zuozhongkai 6696768 Sep  3 01:44 arch/arm/boot/zImage
zuozhongkai@ubuntu:~/linux/IMX6ULL/linux/alientek_linux$
```

▲ 圖 32-14 zImage 鏡像資訊

（4）uImage 是舊版本 uboot 專用的鏡像檔案，uImag 是在 zImage 前面加了一個長度為 64 位元組的「標頭」，這個標頭資訊描述了該鏡像檔案的類型、載入位置、生成時間、大小等資訊。但是新的 uboot 已經支援了 zImage 啟動，所以已經很少用到 uImage 了，除非你用的很古老的 uboot。

使用 make、make all、make zImage 這些命令就可以編譯出 zImage 鏡像，在 arch/arm/Makefile 中有如範例 32-40 所示內容。

▼ 範例 32-40 頂層 Makefile 程式碼部分

```
310 BOOT_TARGETS= zImage Image xipImage bootpImage uImage
...
315 $(BOOT_TARGETS):vmlinux
316    $(Q)$(MAKE) $(build)=$(boot) MACHINE=$(MACHINE) $(boot)/$@
```

第 310 行，變數 BOOT_TARGETS 包含 zImage、Image、xipImage 等鏡像檔案。

第 315 行，BOOT_TARGETS 相依 vmlinux，因此如果使用 make zImage 編譯的 Linux 核心則首先要先編譯出 vmlinux。

第 316 行，具體的命令，比如要編譯 zImage，那麼命令展開以後如下所示：

```
@ make -f ./scripts/Makefile.build obj=arch/arm/boot MACHINE=arch/arm/boot/zImage
```

看來又是使用 scripts/Makefile.build 檔案來完成 vmlinux 到 zImage 的轉換。

關於 Linux 頂層 Makefile 就講解到這裡，基本和 uboot 的頂層 Makefile 一樣，重點在於 vmlinux 的生成。最後將 vmlinux 壓縮成最常用的 zImage 或 uImage 等檔案。

第 33 章

Linux 核心
啟動流程

Linux 核心的啟動流程要比 uboot 複雜得多，涉及到的內容也更多，因此本
章學習 Linux 核心的啟動流程。

33.1 | 連結腳本 vmlinux.lds

要分析 Linux 啟動流程，同樣需要先編譯 Linux 原始程式，很多檔案需要編譯才會生成。首先分析 Linux 核心的連接腳本檔 arch/arm/kernel/vmlinux.lds，透過連結腳本可以找到 Linux 核心的第一行程式是從哪裡執行的。vmlinux.lds 中有如範例 33-1 所示內容。

▼ 範例 33-1 vmlinux.lds 連結腳本

```
492 OUTPUT_ARCH(arm)
493 ENTRY(stext)
494 jiffies = jiffies_64;
495 SECTIONS
496 {
497   /*
498    * XXX:The linker does not define how output sections are
499    * assigned to input sections when there are multiple statements
500    * matching the same input section name.There is no documented
501    * order of matching
502    *
503    * unwind exit sections must be discarded before the rest of the
504    * unwind sections get included
505    */
506   /DISCARD/ :{
507     *(.ARM.exidx.exit.text)
508     *(.ARM.extab.exit.text)
509
...
645 }
```

第 493 行的 ENTRY 指明了 Linux 核心的入口，入口為 stext，stext 定義在檔案 arch/arm/kernel/head.S 中，我們從檔案 arch/arm/kernel/head.S 的 stext 處開始分析。

33.2 | Linux 核心啟動流程分析

33.2.1 Linux 核心入口 stext

stext 是 Linux 核心的入口位址，在檔案 arch/arm/kernel/head.S 中有如範例 33-2 所示提示內容。

▼ 範例 33-2 arch/arm/kernel/head.S 程式碼部分

```
/*
 * Kernel startup entry point
 * ---------------------------
 *
 * This is normally called from the decompressor code.The requirements
 * are:MMU = off, D-cache = off, I-cache = dont care, r0 = 0,
 * r1 = machine nr, r2 = atags or dtb pointer
 ...
 */
```

根據範例 33-2 中的註釋，Linux 核心啟動之前要求如下所示。

（1）關閉 MMU。

（2）關閉 D-cache。

（3）I-Cache 無所謂。

（4）r0=0。

（5）r1=machine nr(機器 ID)。

（6）r2=atags 或裝置樹 (dtb) 啟始位址。

Linux 核心的進入點 stext 相當於核心的入口函式，stext 函式內容如範例 33-3 所示。

▼ 範例 33-3 arch/arm/kernel/head.S 程式碼部分

```
80 ENTRY(stext)
...
91    @ ensure svc mode and all interrupts masked
92    safe_svcmode_maskall r9
93
94    mrc p15, 0, r9, c0, c0         @ get processor id
95    bl __lookup_processor_type     @ r5=procinfo r9=cpuid
96    movs r10, r5      @ invalid processor (r5=0)?
97 THUMB( it eq )      @ force fixup-able long branch encoding
98    beq __error_p     @ yes, error 'p'
99
...
107
108 #ifndef CONFIG_XIP_KERNEL
...
113 #else
114  ldr r8, =PLAT_PHYS_OFFSET        @ always constant in this case
115 #endif
116
117  /*
118   * r1 = machine no, r2 = atags or dtb,
119   * r8 = phys_offset, r9 = cpuid, r10 = procinfo
120   */
121  bl __vet_atags
...
128  bl __create_page_tables
129
130  /*
131   * The following calls CPU specific code in a position independent
132   * manner.See arch/arm/mm/proc-*.S for details.r10 = base of
133   * xxx_proc_info structure selected by __lookup_processor_type
134   * above.On return, the CPU will be ready for the MMU to be
135   * turned on, and r0 will hold the CPU control register value
136   */
137  ldr r13, =__mmap_switched        @ address to jump to after
138                                   @ mmu has been enabled
139  adr lr, BSYM(1f)                 @ return (PIC) address
140  mov r8, r4                       @ set TTBR1 to swapper_pg_dir
```

```
141   ldr r12, [r10, #PROCINFO_INITFUNC]
142   add r12, r12, r10
143   ret r12
144 1:b __enable_mmu
145 ENDPROC(stext)
```

第 92 行，呼叫 safe_svcmode_maskall 函式令 CPU 處於 SVC 模式，並且關閉了所有的中斷。safe_svcmode_maskall 定義在檔案 arch/arm/include/asm/assembler.h 中。

第 94 行，讀取處理器 ID，ID 值儲存在 r9 暫存器中。

第 95 行，呼叫 __lookup_processor_type 函式檢查當前系統是否支援此 CPU，是則獲取 procinfo 資訊。procinfo 是 proc_info_list 類型的結構，proc_info_list 在檔案 arch/arm/include/asm/procinfo.h 中的定義如範例 33-4 所示。

▼ 範例 33-4 proc_info_list 結構

```
struct proc_info_list {
    unsigned int            cpu_val;
    unsigned int            cpu_mask;
    unsigned long__         cpu_mm_mmu_flags;       /* used by head.S */
    unsigned long__         cpu_io_mmu_flags;       /* used by head.S */
    unsigned long__         cpu_flush;              /* used by head.S */
    const char              *arch_name;
    const char              *elf_name;
    unsigned int            elf_hwcap;
    const char              *cpu_name;
    struct processor        *proc;
    struct cpu_tlb_fns      *tlb;
    struct cpu_user_fns     *user;
    struct cpu_cache_fns    *cache;
};
```

Linux 核心將每種處理器都抽象為一個 proc_info_list 結構，每種處理器都對應一個 procinfo。因此可以透過處理器 ID 找到對應的 procinfo 結構，__lookup_processor_type 函式找到對應處理器的 procinfo 以後會將其儲存到 r5 暫存器中。

繼續回到範例 33-3 中，第 121 行，呼叫 __vet_atags 函式驗證 atags 或裝置樹（dtb）的合法性。__vet_atags 函式定義在檔案 arch/arm/kernel/head-common.S 中。

第 128 行，呼叫 __create_page_tables 函式建立頁表。

第 137 行，將 __mmap_switched 函式的位址儲存到 r13 暫存器中。__mmap_switched 定義在檔案 arch/arm/kernel/head-common.S，__mmap_switched 最終會呼叫 start_kernel 函式。

第 144 行，呼叫 __enable_mmu 函式啟動 MMU，__enable_mmu 定義在檔案 arch/arm/kernel/head.S 中。__enable_mmu 最終會呼叫 __turn_mmu_on 來開啟 MMU，__turn_mmu_on 最後會執行 r13 中儲存的 __mmap_switched 函式。

33.2.2 __mmap_switched 函式

__mmap_switched 函式定義在檔案 arch/arm/kernel/head-common.S 中，函式內容如範例 33-5 所示。

▼ 範例 33-5 __mmap_switched 函式

```
81   __mmap_switched:
82     adr r3, __mmap_switched_data
83
84     ldmia  r3!, {r4, r5, r6, r7}
85     cmp r4, r5                        @ Copy data segment if needed
86   1:cmpne  r5, r6
87     ldrne  fp, [r4], #4
88     strne  fp, [r5], #4
89     bne 1b
90
91     mov fp, #0                        @ Clear BSS (and zero fp)
92   1:cmp r6, r7
93     strccfp, [r6],#4
94     bcc 1b
95
```

```
96  ARM(    ldmia  r3, {r4, r5, r6, r7, sp})
97  THUMB( ldmia  r3, {r4, r5, r6, r7}    )
98  THUMB( ldr sp, [r3, #16]    )
99   str r9, [r4]                         @ Save processor ID
100  str r1, [r5]                         @ Save machine type
101  str r2, [r6]                         @ Save atags pointer
102  cmp r7, #0
103  strner0, [r7]                        @ Save control register values
104  b start_kernel
105 ENDPROC(__mmap_switched)
```

第 104 行最終呼叫 start_kernel 啟動 Linux 核心，start_kernel 函式定義在
檔案 init/main.c 中。

33.2.3 start_kernel 函式

start_kernel 透過呼叫許多的子函式，完成 Linux 啟動之前的一些初始化工
作。由於 start_kernel 函式中呼叫的子函式太多，而這些子函式又很複雜，因
此精簡重要的子函式。精簡並增加註釋後的 start_kernel 函式內容如範例 33-6
所示。

▼ 範例 33-6 start_kernel 函式

```
asmlinkage __visible void __init start_kernel(void)
{
    char *command_line;
    char *after_dashes;

    lockdep_init();                   /* lockdep 是鎖死檢測模組，此函式會初始化
                                       * 兩個 hash 表，此函式要求盡可能早地執行
                                       */
    set_task_stack_end_magic(&init_task); /* 設定任務堆疊結束魔術數，
                                       * 用於堆疊溢位檢測
                                       */
    smp_setup_processor_id();         /* 跟 SMP 有關（多核心處理器），設定處理器 ID
                                       * 有很多資料說 ARM 架構下此函式為空函式，那是因
                                       * 為他們用的舊版本 Linux，而那時候 ARM 還沒有多
                                       * 核心處理器
```

```
                                               */
    debug_objects_early_init();         /* 做一些和 debug 有關的初始化 */
    boot_init_stack_canary();           /* 堆疊溢位檢測初始化 */
    cgroup_init_early();                 /* cgroup 初始化，cgroup 用於控制 Linux 系統資源 */
    local_irq_disable();                 /* 關閉當前 CPU 中斷 */
    early_boot_irqs_disabled = true;
    /*
     * 中斷關閉期間做一些重要的操作，然後開啟中斷
     */
    boot_cpu_init();                     /* 跟 CPU 有關的初始化 */
    page_address_init();                 /* 分頁位址相關的初始化 */
    pr_notice("%s", linux_banner);       /* 列印 Linux 版本編號、編譯時間等資訊 */
    setup_arch(&command_line);           /* 架構相關的初始化，此函式會解析傳遞進來的
                                          * ATAGS 或裝置樹 (DTB) 檔案，會根據裝置樹中
                                          * 的 model 和 compatible 這兩個屬性值來查詢
                                          * Linux 是否支援這個單板，此函式也會獲取裝置樹
                                          * 中 chosen 節點下的 bootargs 屬性值來得到命令
                                          * 行參數，也就是 uboot 中的 bootargs 環境變數的
                                          * 值，獲取到的命令列參數會儲存到
                                          * command_line 中
                                          */
    mm_init_cpumask(&init_mm);0          /* 看名稱，是和記憶體有關的初始化 */
    setup_command_line(command_line);   /* 好像是儲存命令列參數 */
    setup_nr_cpu_ids();                  /* 如果只是 SMP( 多核心 CPU) 的話，此函式用於獲取
                                          * CPU 核心數量，CPU 數量儲存在變數
                                          * nr_cpu_ids 中
                                          */
    setup_per_cpu_areas();               /* 在 SMP 系統中有用，設定每個 CPU 的 per-cpu 資料 */
    smp_prepare_boot_cpu();

    build_all_zonelists(NULL, NULL);     /* 建立系統記憶體分頁區 (zone) 鏈結串列 */
    page_alloc_init();                   /* 處理用於熱抽換 CPU 的分頁 */

    /* 列印命令列資訊 */
    pr_notice("Kernel command line:%s\n", boot_command_line);
    parse_early_param();/* 解析命令列中的 console 參數 */
    after_dashes = parse_args("Booting kernel",static_command_line, __start___param,
            __stop___param - __start___param, -1, -1, &unknown_bootoption);
    if (!IS_ERR_OR_NULL(after_dashes))
        parse_args("Setting init args", after_dashes, NULL, 0, -1, -1, set_init_arg);
```

```
        jump_label_init();

        setup_log_buf(0);                    /* 設定 log 使用的緩衝區 */
        pidhash_init();                      /* 建構 PID 雜湊表，Linux 中每個處理程序都有一個 ID,
                                              * 這個 ID 叫做 PID，透過建構雜湊表可以快速搜索處理程序
                                              * 資訊結構
                                              */
vfs_caches_init_early();                     /* 預先初始化 vfs( 虛擬檔案系統 ) 的目錄項和
                                              * 索引節點快取
                                              */
        sort_main_extable();                 /* 定義核心異常列表 */
        trap_init();                         /* 完成對系統保留中斷向量的初始化 */
        mm_init();                           /* 記憶體管理初始化 */

        sched_init();                        /* 初始化排程器，主要是初始化一些結構 */
        preempt_disable();                   /* 關閉優先順序先佔 */
        if (WARN(!irqs_disabled(),           /* 檢查中斷是否關閉，如果沒有就關閉中斷 */
            "Interrupts were enabled *very* early, fixing it\n")) local_irq_disable();
        idr_init_cache();                    /* IDR 初始化，IDR 是 Linux 核心的整數管理機
                                              * 制，也就是將一個整數 ID 與一個指標連結起來
                                              */

        rcu_init();                          /* 初始化 RCU，RCU 全稱為 Read Copy Update( 讀取 - 複製修改 ) */
        trace_init();                        /* 追蹤偵錯相關初始化 */

        context_tracking_init();
        radix_tree_init();                   /* 基數樹相關資料結構初始化 */
        early_irq_init();                    /* 初始中斷相關初始化 , 主要是註冊 irq_desc 結構變
                                              * 量，因為 Linux 核心使用 irq_desc 來描述一個中斷
                                              */
        init_IRQ();                          /* 中斷初始化 */
        tick_init();                         /* tick 初始化 */
        rcu_init_nohz();
        init_timers();                       /* 初始化計時器 */
        hrtimers_init();                     /* 初始化高精度計時器 */
        softirq_init();                      /* 軟體中斷初始化 */
        timekeeping_init();
        time_init();                         /* 初始化系統時間 */
```

```
        sched_clock_postinit();
        perf_event_init();
        profile_init();
        call_function_init();
        WARN(!irqs_disabled(), "Interrupts were enabled early\n");
        early_boot_irqs_disabled = false;
        local_irq_enable();                  /* 啟動中斷 */

        kmem_cache_init_late();              /* slab 初始化，slab 是 Linux 記憶體分配器 */
        console_init();                      /* 初始化主控台，之前 printk 列印的資訊都存放在
                                              * 緩衝區中，並沒有列印出來，只有呼叫此函式
                                              * 初始化主控台以後，才能在主控台上列印資訊
                                              */
    if (panic_later)
        panic("Too many boot %s vars at `%s'", panic_later,
                panic_param);
        lockdep_info();                      /* 如果定義了巨集 CONFIG_LOCKDEP，那麼此函式列印
                                                一些資訊 */

        locking_selftest()                   /* 鎖自測 */
        ......
        page_ext_init();
        debug_objects_mem_init();
        kmemleak_init();                     /* kmemleak 初始化，kmemleak 用於檢查記憶體洩漏 */
        setup_per_cpu_pageset();
        numa_policy_init();
    if (late_time_init)
        late_time_init();
        sched_clock_init();
        calibrate_delay();                   /* 測定 BogoMIPS 值，可以透過 BogoMIPS 來判斷 CPU
                                                的性能
                                              * BogoMIPS 設定越大，說明 CPU 性能越好
                                              */
        pidmap_init();                       /* PID 點陣圖初始化 */
        anon_vma_init();                     /* 生成 anon_vma slab 快取 */
        acpi_early_init();
        ......
        thread_info_cache_init();
        cred_init();                         /* 為物件的每個用於指定資格（憑證） */
```

```
        fork_init();                        /* 初始化一些結構以使用 fork 函式   */
        proc_caches_init();                 /* 給各種資源管理結構分配快取   */
        buffer_init();                      /* 初始化緩衝快取   */
        key_init();                         /* 初始化金鑰   */
        security_init();                    /* 安全相關初始化   */
        dbg_late_init();
        vfs_caches_init(totalram_pages);    /* 為 VFS 建立快取   */
        signals_init();                     /* 初始化訊號   */
        page_writeback_init();              /* 分頁回寫初始化   */
        proc_root_init();                   /* 註冊並掛載 proc 檔案系統 */
        nsfs_init();
        cpuset_init();                      /* 初始化 cpuset，cpuset 是將 CPU 和記憶體資源以
                                               邏輯性
                                             * 和層次性整合的一種機制，是 cgroup 使用的子系統
                                               之一
                                             */
        cgroup_init();                      /* 初始化 cgroup */
        taskstats_init_early();             /* 處理程序狀態初始化 */
        delayacct_init();

        check_bugs();                       /* 檢查寫入緩衝一致性 */

        acpi_subsystem_init();
        sfi_init_late();

        if (efi_enabled(EFI_RUNTIME_SERVICES)) {
            efi_late_init();
            efi_free_boot_services();
        }

        ftrace_init();

        rest_init();                        /* rest_init 函式 */
}
```

start_kernel 裡面呼叫了大量的函式，每一個函式都組成龐大的基礎知識，如果想要學習 Linux 核心，那麼這些函式就需要去詳細地研究。

start_kernel 函式最後呼叫了 rest_init，rest_init 函式解析如下。

33.2.4 rest_init 函式

rest_init 函式定義在檔案 init/main.c 中，函式內容如範例 33-7 所示。

▼ 範例 33-7 rest_init 函式

```
383 static noinline void __init_refok rest_init(void)
384 {
385   int pid;
386
387   rcu_scheduler_starting();
388   smpboot_thread_init();
389   /*
390    * We need to spawn init first so that it obtains pid 1, however
391    * the init task will end up wanting to create kthreads, which,
392    * if we schedule it before we create kthreadd, will OOPS
393    */
394   kernel_thread(kernel_init, NULL, CLONE_FS);
395   numa_default_policy();
396   pid = kernel_thread(kthreadd, NULL, CLONE_FS | CLONE_FILES);
397   rcu_read_lock();
398   kthreadd_task = find_task_by_pid_ns(pid, &init_pid_ns);
399   rcu_read_unlock();
400   complete(&kthreadd_done);
401
402   /*
403    * The boot idle thread must execute schedule()
404    * at least once to get things moving
405    */
406   init_idle_bootup_task(current);
407   schedule_preempt_disabled();
408   /* Call into cpu_idle with preempt disabled */
409   cpu_startup_entry(CPUHP_ONLINE);
410 }
```

第 387 行，呼叫 rcu_scheduler_starting 函式，啟動 RCU 鎖排程器。

第 394 行，呼叫 kernel_thread 函式建立 kernel_init 處理程序，也就是大名鼎鼎的 init 核心處理程序。init 處理程序的 PID 為 1。init 處理程序一開始是核心處理程序（也就是執行在核心態），然後 init 處理程序會在 root 檔案系統中查詢名為 init 的程式，init 程式處於使用者態，透過執行 init 程式，處理程序會實現從核心態到使用者態的轉變。

第 396 行，呼叫 kernel_thread 函式建立 kthreadd 核心處理程序，此核心處理程序的 PID 為 2。kthreadd 處理程序負責所有核心處理程序的排程和管理。

第 409 行，最後呼叫 cpu_startup_entry 函式進入 idle 處理程序，cpu_startup_entry 會呼叫 cpu_idle_loop，cpu_idle_loop 是 while 迴圈，也就是 idle 處理程序程式。idle 處理程序的 PID 為 0，idle 處理程序叫做空閒處理程序。idle 空閒處理程序和空閒任務一樣，當 CPU 沒有事情做時就在 idle 空閒處理程序裡面「遊逛」。當其他處理程序要工作時就會先佔 idle 處理程序，奪取 CPU 使用權。idle 處理程序並沒有使用 kernel_thread 或 fork 函式建立，因為它是由主處理程序演變而來的。

在 Linux 終端中輸入 ps -A 就可以列印出當前系統中的所有處理程序，能看到 init 處理程序和 kthreadd 處理程序，如圖 33-1 所示。

```
root@ATK-IMX6U:~# ps -A
  PID TTY          TIME CMD
    1 ?        00:00:01 init
    2 ?        00:00:00 kthreadd
    3 ?        00:00:00 ksoftirqd/0
    4 ?        00:00:00 kworker/0:0
    5 ?        00:00:00 kworker/0:0H
```

▲ 圖 33-1 Linux 系統當前處理程序

從圖 33-1 可以看出，init 處理程序的 PID 為 1，kthreadd 處理程序的 PID 為 2。圖 33-1 中沒有顯示 PID 為 0 的 idle 處理程序，是因為其是核心處理程序。接下來特別注意 init 處理程序，kernel_init 就是 init 處理程序的處理程序函式。

33.2.5 init 處理程序

kernel_init 函式是 init 處理程序具體做的工作，定義在檔案 init/main.c 中，函式內容如範例 33-8 所示。

▼ 範例 33-8 kernel_init 函式

```
928 static int __ref kernel_init(void *unused)
929 {
930   int ret;
931
932   kernel_init_freeable();                      /* init 處理程序的其他初始化工作 */
933   /* need to finish all async __init code before freeing the memory */
934   async_synchronize_full();                    /* 等待所有的非同步呼叫執行完成  */
935   free_initmem();                              /* 釋放 init 段記憶體  */
936   mark_rodata_ro();
937   system_state = SYSTEM_RUNNING;               /* 標記系統正在執行  */
938   numa_default_policy();
939
940   flush_delayed_fput();
941
942   if (ramdisk_execute_command) {
943       ret = run_init_process(ramdisk_execute_command);
944       if (!ret)
945             return 0;
946       pr_err("Failed to execute %s (error %d)\n",
947             ramdisk_execute_command, ret);
948   }
949
950   /*
951    * We try each of these until one succeeds
952    *
953    * The Bourne shell can be used instead of init if we are
954    * trying to recover a really broken machine
955    */
956   if (execute_command) {
957       ret = run_init_process(execute_command);
958       if (!ret)
959             return 0;
960       panic("Requested init %s failed (error %d).",
961             execute_command, ret);
962   }
963   if (!try_to_run_init_process("/sbin/init") ||
964       !try_to_run_init_process("/etc/init") ||
965       !try_to_run_init_process("/bin/init") ||
```

```
966        !try_to_run_init_process("/bin/sh"))
967        return 0;
968
969    panic("No working init found.Try passing init= option to kernel. "
970        "See Linux Documentation/init.txt for guidance.");
971 }
```

第 932 行，kernel_init_freeable 函式用於完成 init 處理程序的其他初始化工作。

第 942 行，ramdisk_execute_command 是一個全域的 char 指標變數，此變數值為 /init，即根目錄下的 init 程式。ramdisk_execute_command 也可以透過 uboot 傳遞，在 bootargs 中使用 rdinit=xxx 即可，xxx 為具體的 init 程式名稱。

第 943 行，如果存在 /init 程式則透過 run_init_process 函式執行此程式。

第 956 行，如果 ramdisk_execute_command 為空則看 execute_command 是否為空，一定要在 root 檔案系統中找到一個可執行的 init 程式。execute_command 的值透過 uboot 傳遞，在 bootargs 中使用 init=xxxx 即可。如 init=/linuxrc 表示 root 檔案系統中的 linuxrc 就是要執行的使用者空間 init 程式。

第 963~966 行，如果 ramdisk_execute_command 和 execute_command 都為空，則依次查詢 /sbin/init、/etc/init、/bin/init 和 /bin/sh，這 4 個相當於備用 init 程式，否則 Linux 啟動失敗。

第 969 行，如果以上步驟都沒有找到使用者空間的 init 程式，那麼就提示錯誤發生。

kernel_init 會呼叫 kernel_init_freeable 函式做 init 處理程序初始化的工作。kernel_init_freeable 定義在檔案 init/main.c 中，縮減後的函式內容如範例 33-9 所示。

▼ 範例 33-9 kernel_init_freeable 函式

```
973 static noinline void __init kernel_init_freeable(void)
974 {
```

```
975   /*
976    * Wait until kthreadd is all set-up
977    */
978   wait_for_completion(&kthreadd_done);           /* 等待 kthreadd 處理程序準備就緒 */
...
998
999   smp_init();                                    /* SMP 初始化 */
1000  sched_init_smp();                              /* 多核心 (SMP) 排程初始化 */
1001
1002  do_basic_setup();                              /* 裝置初始化都在此函式中完成   */
1003
1004  /* Open the /dev/console on the rootfs, this should never fail */
1005  if (sys_open((const char __user *) "/dev/console", O_RDWR, 0) < 0)
1006      pr_err("Warning:unable to open an initial console.\n");
1007
1008  (void) sys_dup(0);
1009  (void) sys_dup(0);
1010  /*
1011   * check if there is an early userspace init.If yes, let it do
1012   * all the work
1013   */
1014
1015  if (!ramdisk_execute_command)
1016      ramdisk_execute_command = "/init";
1017
1018  if (sys_access((const char __user *) ramdisk_execute_command,0) != 0) {
1019      ramdisk_execute_command = NULL;
1020      prepare_namespace();
1021  }
1022
1023  /*
1024   * Ok, we have completed the initial bootup, and
1025   * we're essentially up and running. Get rid of the
1026   * initmem segments and start the user-mode stuff.
1027   *
1028   * rootfs is available now, try loading the public keys
1029   * and default modules
1030   */
1031
```

```
1032  integrity_load_keys();
1033  load_default_modules();
1034 }
```

第 1002 行，do_basic_setup 函式用於完成 Linux 下裝置驅動程式初始化
工作，非常重要。do_basic_setup 會呼叫 driver_init 函式完成 Linux 下驅動程
式模型子系統的初始化。

第 1005 行，開啟裝置 /dev/console，在 Linux 中一切皆為檔案，/dev/
console 也是一個檔案，此檔案為主控台裝置。每個檔案都有一個檔案描述符
號，此處開啟的 /dev/console 檔案描述符號為 0，作為標準輸入（0）。

第 1008 和 1009 行，sys_dup 函式將標準輸入（0）的檔案描述符號複製
了兩次，一個作為標準輸出（1），另一個作為標準錯誤（2）。這樣標準輸入、
輸出、錯誤都為 /dev/console。console 透過 uboot 的 bootargs 環境變數設定，
console=ttymxc0,115200 表示將 /dev/ttymxc0 設定為 console，也就是 I.MX6U
的序列埠 1。當然，也可以設定其他的裝置為 console，如虛擬主控台 tty1，設
定 tty1 為 console 就可以在 LCD 螢幕上看到系統的提示訊息。

第 1020 行，呼叫 prepare_namespace 函式來掛載 root 檔案系統。root 檔
案系統也是由命令列參數指定的，即 uboot 的 bootargs 環境變數。比如「root=/
dev/mmcblk1p2 rootwait rw」就表示 root 檔案系統在 /dev/mmcblk1p2 中，
也就是 EMMC 的分區 2 中。

Linux 核心最終需要和 root 檔案系統打交道，需要掛載 root 檔案系統，並
且執行 root 檔案系統中的 init 程式，以此來進入使用者態。這裡就正式引出了
root 檔案系統，root 檔案系統是系統移植的最後一塊拼圖。Linux 移植三巨頭為
uboot、Linux Kernel、rootfs（root 檔案系統）。關於 root 檔案系統的知識在
後面章節會詳細地講解，這裡只需要知道 Linux 核心移植完成後還需要建構 root
檔案系統即可。

第**34**章
Linux 核心移植

本章學習如何將 NXP 官方提供的 Linux 核心移植到 I.MX6U-ALPHA 開發板上。

34.1 | 建立 VSCode 專案

這裡使用 NXP 官方提供的 Linux 原始程式，將其移植到正點原子 I.MX6U-ALPHA 開發板上。使用 FileZilla 將其發送到 Ubuntu 中並解壓，得到名為 linux-imx-rel_imx_4.1.15_2.1.0_ga 的目錄，為了和 NXP 官方的名稱區分，可以使用 mv 命令對其重新命名，這裡將其重新命名為 linux-imx-rel_imx_4.1.15_2.1.0_ga_alientek，命令如下所示。

```
mv linux-imx-rel_imx_4.1.15_2.1.0_ga linux-imx-rel_imx_4.1.15_2.1.0_ga_alientek
```

完成以後建立 VSCode 專案，步驟和在 Windows 環境下一樣，重點是 .vscode/settings.json 這個檔案。

34.2 | NXP 官方開發板 Linux 核心編譯

NXP 提供的 Linux 原始程式可以在 I.MX6ULL EVK 開發板上執行，我們以 I.MX6ULL EVK 開發板為參考，將 Linux 核心移植到 I.MX6U-ALPHA 開發板上。

34.2.1 修改頂層 Makefile

修改頂層 Makefile，直接在頂層 Makefile 檔案中定義 ARCH 和 CROSS_COMPILE 的變數值為 arm 和 arm-linux-gnueabihf-，結果如圖 34-1 所示。

```
242  # CROSS_COMPILE specify the prefix used for all executables used
243  # during compilation. Only gcc and related bin-utils executables
244  # are prefixed with $(CROSS_COMPILE).
245  # CROSS_COMPILE can be set on the command line
246  # make CROSS_COMPILE=ia64-linux-
247  # Alternatively CROSS_COMPILE can be set in the environment.
248  # A third alternative is to store a setting in .config so that plain
249  # "make" in the configured kernel build directory always uses that.
250  # Default value for CROSS_COMPILE is not to prefix executables
251  # Note: Some architectures assign CROSS_COMPILE in their arch/*/Makefile
252  ARCH        ?= arm
253  CROSS_COMPILE  ?= arm-linux-gnueabihf-
```

▲ 圖 34-1 修改頂層 Makefile

圖 34-1 中第 252 和 253 行分別設定了 ARCH 和 CROSS_COMPILE 這兩個變數的值，這樣在編譯時就不用輸入很長的命令了。

34.2.2 設定並編譯 Linux 核心

和 uboot 一樣，在編譯 Linux 核心之前要先設定 Linux 核心。每個板子都有其對應的預設設定檔，其儲存在 arch/arm/configs 目錄中。imx_v7_defconfig 和 imx_v7_mfg_defconfig 都可作為 I.MX6ULL EVK 開發板所使用的預設設定檔。這裡建議使用 imx_v7_mfg_defconfig，首先此設定檔預設支援 I.MX6UL 這款晶片，而且此檔案編譯出來的 zImage 可以透過 NXP 官方提供的 MfgTool 工具燒錄，imx_v7_mfg_defconfig 中的 mfg 的意思就是 MfgTool。

進入到 Ubuntu 中的 Linux 原始程式根目錄，執行以下命令設定 Linux 核心。

```
make clean                      // 第一次編譯 Linux 核心之前先清理
make imx_v7_mfg_defconfig       // 設定 Linux 核心
```

設定完成以後如圖 34-2 所示。

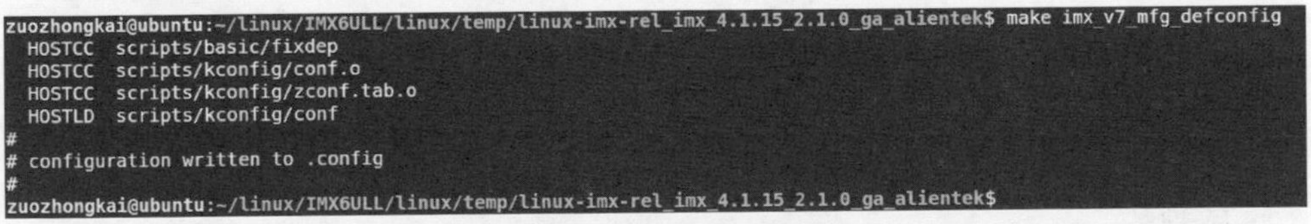

```
zuozhongkai@ubuntu:~/linux/IMX6ULL/linux/temp/linux-imx-rel_imx_4.1.15_2.1.0_ga_alientek$ make imx_v7_mfg_defconfig
  HOSTCC  scripts/basic/fixdep
  HOSTCC  scripts/kconfig/conf.o
  HOSTCC  scripts/kconfig/zconf.tab.o
  HOSTLD  scripts/kconfig/conf
#
# configuration written to .config
#
zuozhongkai@ubuntu:~/linux/IMX6ULL/linux/temp/linux-imx-rel_imx_4.1.15_2.1.0_ga_alientek$
```

▲ 圖 34-2 設定 Linux 核心

設定完成以後就可以編譯了，使用以下命令編譯 Linux 核心。

```
make -j16        // 編譯 Linux 核心
```

等待編譯完成，結果如圖 34-3 所示。

```
LD [M]  lib/libcrc32c.ko
LD [M]  lib/crc-itu-t.ko
LD [M]  sound/core/snd-rawmidi.ko
LD [M]  sound/core/snd-hwdep.ko
LD [M]  sound/usb/snd-usbmidi-lib.ko
LD [M]  sound/usb/snd-usb-audio.ko
AS      arch/arm/boot/compressed/piggy.lzo.o
LD      arch/arm/boot/compressed/vmlinux
OBJCOPY arch/arm/boot/zImage
Kernel: arch/arm/boot/zImage is ready
zuozhongkai@ubuntu:~/linux/IMX6ULL/linux/temp/linux-imx-rel_imx_4.1.15_2.1.0_ga_alientek$
```

▲ 圖 34-3 Linux 編譯完成

Linux 核心編譯完成以後會在 arch/arm/boot 目錄下生成 zImage 鏡像檔案，如果使用裝置樹還需要在 arch/arm/boot/dts 目錄下的開發板對應的 .dtb（裝置樹）檔案，比如 imx6ull-14x14-evk.dtb 就是 NXP 官方的 I.MX6ULL EVK 開發板對應的裝置樹檔案。至此我們得到以下兩個檔案。

（1）Linux 核心鏡像檔案：zImage。

（2）NXP 官方 I.MX6ULL EVK 開發板對應的裝置樹檔案：imx6ull-14x14-evk.dtb。

34.2.3 Linux 核心啟動測試

zImage 和 imx6ull-14x14-evk.dtb 能否在 I.MX6U-ALPHA EMMC 版開發板上啟動？

下面我們就準備測試一下在測試之前確保 uboot 中的環境變數 bootargs 內容如下所示。

```
console=ttymxc0,115200 root=/dev/mmcblk1p2 rootwait rw
```

將上一小節編譯出來的 zImage 和 imx6ull-14x14-evk.dtb 複製到 Ubuntu 中的 tftp 目錄下，要在 uboot 中使用 tftp 命令將其下載到開發板中，複製命令如下所示。

```
cp arch/arm/boot/zImage /home/zuozhongkai/linux/tftpboot/ -f
cp arch/arm/boot/dts/imx6ull-14x14-evk.dtb /home/zuozhongkai/linux/tftpboot/ -f
```

複製完成以後就可以測試了，啟動開發板，進入 uboot 命令列模式，然後輸入以下命令將 zImage 和 imx6ull-14x14-evk.dtb 下載到開發板中並啟動。

```
tftp 80800000 zImage
tftp 83000000 imx6ull-14x14-evk.dtb
bootz 80800000- 83000000
```

結果如圖 34-4 所示。

```
=> tftp 80800000 zImage
FEC1 Waiting for PHY auto negotiation to complete.... done
Using FEC1 device
TFTP from server 192.168.1.250; our IP address is 192.168.1.133
Filename 'zImage'.
Load address: 0x80800000
Loading: #################################################################
         #################################################################
         #################################################################
         #################################################################
         #################################################################
         #################################################################
         #############
         2.4 MiB/s
done
Bytes transferred = 5924504 (5a6698 hex)
=> tftp 83000000 imx6ull-14x14-evk.dtb
Using FEC1 device
TFTP from server 192.168.1.250; our IP address is 192.168.1.133
Filename 'imx6ull-14x14-evk.dtb'.
Load address: 0x83000000
Loading: ###
         2.4 MiB/s
done
Bytes transferred = 35969 (8c81 hex)
=> bootz 80800000 - 83000000
Kernel image @ 0x80800000 [ 0x000000 - 0x5a6698 ]
## Flattened Device Tree blob at 83000000
   Booting using the fdt blob at 0x83000000
   Using Device Tree in place at 83000000, end 8300bc80

Starting kernel ...

Booting Linux on physical CPU 0x0
Linux version 4.1.15 (zuozhongkai@ubuntu) (gcc version 4.9.4 (Linaro GCC 4.9-2017.01) )
2020
CPU: ARMv7 Processor [410fc075] revision 5 (ARMv7), cr=10c5387d
CPU: PIPT / VIPT nonaliasing data cache, VIPT aliasing instruction cache
Machine model: Freescale i.MX6 ULL 14x14 EVK Board
```

▲ 圖 34-4 啟動 Linux 核心

可以看出，此時 Linux 核心已經啟動，如果 EMMC 中的 root 檔案系統存在則可以進入到 Linux 系統中使用命令操作，如圖 34-5 所示。

```
Running local boot scripts (/etc/rc.local).

root@ATK-IMX6U:~# icm20608: version magic '4.1.15-g19f085b-dirty SMP preempt
.15 SMP preempt mod_unload modversions ARMv6 p2v8 '
random: nonblocking pool is initialized

root@ATK-IMX6U:~#
root@ATK-IMX6U:~#
root@ATK-IMX6U:~#
```

▲ 圖 34-5 進入 Linuxroot 檔案系統

34.2.4 root 檔案系統缺失錯誤

Linux 核心啟動以後是需要 root 檔案系統的，root 檔案系統存在哪裡是由 uboot 的 bootargs 環境變數指定的，bootargs 會傳遞給 Linux 核心作為命令列參數。比如 34.2.3 小節中設定 root=/dev/mmcblk1p2，root 檔案系統儲存在 /dev/mmcblk1p2 中，即儲存在 EMMC 的分區 2 中。這是因為正點原子的 EMMC 版本開發板出廠時已經在 EMMC 的分區 2 中燒錄好了 root 檔案系統，所以設定 root=/dev/mmcblk1p2。

在建構出對應的 root 檔案系統之前 Linux 核心是沒有 root 檔案系統可用的，我們將 uboot 中的 bootargs 環境變數改為 console=ttymxc0,115200，不填寫 root 的內容，命令如下所示。

```
setenv bootargs 'console=ttymxc0,115200' // 設定 bootargs
saveenv                                   // 儲存
```

修改完成以後重新從網路啟動，有如圖 34-6 所示錯誤。

```
VFS: Cannot open root device "(null)" or unknown-block(0,0): error -6
mmc1: new HS200 MMC card at address 0001
mmcblk1: mmc1:0001 8GTF4R 7.28 GiB
Please append a correct "root=" boot option; here are the available partitions:
mmcblk1boot0: mmc1:0001 8GTF4R partition 1 4.00 MiB
mmcblk1boot1: mmc1:0001 8GTF4R partition 2 4.00 MiB
0100          65536 ram0  (driver?)
0101          65536 ram1  (driver?)
mmcblk1rpmb: mmc1:0001 8GTF4R partition 3 512 KiB
0102          65536 ram2  (driver?)
0103          65536 ram3  (driver?)
 mmcblk1: p1 p2
0104          65536 ram4  (driver?)
0105          65536 ram5  (driver?)
0106          65536 ram6  (driver?)
0107          65536 ram7  (driver?)
0108          65536 ram8  (driver?)
0109          65536 ram9  (driver?)
010a          65536 ram10 (driver?)
010b          65536 ram11 (driver?)
010c          65536 ram12 (driver?)
010d          65536 ram13 (driver?)
010e          65536 ram14 (driver?)
010f          65536 ram15 (driver?)
b300       15558144 mmcblk0  driver: mmcblk
  b301     15554048 mmcblk0p1 00000000-01
b310        7634944 mmcblk1  driver: mmcblk
  b311         32768 mmcblk1p1 a7b2b32f-01
  b312       7601152 mmcblk1p2 a7b2b32f-02
b340            512 mmcblk1rpmb  (driver?)
b330           4096 mmcblk1boot1  (driver?)
b320           4096 mmcblk1boot0  (driver?)
Kernel panic - not syncing: VFS: Unable to mount root fs on unknown-block(0,0)
---[ end Kernel panic - not syncing: VFS: Unable to mount root fs on unknown-block(0,0)
```

▲ 圖 34-6　root 檔案系統缺失錯誤

在圖 34-6 中會有下面這一行。

```
Kernel panic - not syncing:VFS:Unable to mount root fs on unknown-block(0,0)
```

　　提示核心崩潰，VFS（虛擬檔案系統）不能掛載 root 檔案系統，因為 root 檔案系統目錄不存在。即使 root 檔案系統目錄存在，如果 root 檔案系統目錄中是空的依舊會提示核心崩潰。這個就是 root 檔案系統缺失導致的核心崩潰，核心已啟動，只是 root 檔案系統不存在而已。

34.3 | 在 Linux 中增加自己的開發板

34.3.1 增加開發板預設設定檔

將 arch/arm/configs 目錄下的 imx_v7_mfg_defconfig 重新複製一份，命名為 imx_alientek_emmc_defconfig，命令如下所示。

```
cd arch/arm/configs
cp imx_v7_mfg_defconfig imx_alientek_emmc_defconfig
```

imx_alientek_emmc_defconfig 就是正點原子的 EMMC 版開發板預設設定檔。完成以後如圖 34-7 所示。

```
imx_alientek_emmc_defconfig
imx_v4_v5_defconfig
imx_v6_v7_defconfig
imx_v7_defconfig
imx_v7_mfg_defconfig
```

▲ 圖 34-7 新增加的預設設定檔

以後就可以使用以下命令來設定此開發板對應的 Linux 核心。

```
make imx_alientek_emmc_defconfig
```

34.3.2 增加開發板對應的裝置樹檔案

增加適合 EMMC 版開發板的裝置樹檔案，進入目錄 arch/arm/boot/dts 中，複製一份 imx6ull-14x14-evk.dts，然後將其重新命名為 imx6ull-alientek-emmc.dts，命令如下。

```
cd arch/arm/boot/dts
cp imx6ull-14x14-evk.dts imx6ull-alientek-emmc.dts
```

.dts 是裝置樹原始程式檔案，編譯 Linux 時會將其編譯為 .dtb 檔案。imx6ull-alientek-emmc.dts 建立好以後還需要修改檔案 arch/arm/boot/dts/

Makefile，找到 dtb-$(CONFIG_SOC_IMX6ULL) 設定項目，在此設定項目中加入 imx6ull-alientek-emmc.dtb，如範例 34-1 所示。

▼ 範例 34-1 arch/arm/boot/dts/Makefile 程式碼部分

```
400 dtb-$(CONFIG_SOC_IMX6ULL) += \
401   imx6ull-14x14-ddr3-arm2.dtb \
...
417   imx6ull-14x14-evk.dtb \
418   imx6ull-14x14-evk-btwifi.dtb \
419   imx6ull-14x14-evk-emmc.dtb \
420   imx6ull-14x14-evk-gpmi-weim.dtb \
421   imx6ull-14x14-evk-usb-certi.dtb \
422   imx6ull-alientek-emmc.dtb \
423   imx6ull-9x9-evk.dtb \
424   imx6ull-9x9-evk-btwifi.dtb \
425   imx6ull-9x9-evk-ldo.dtb
```

第 422 行 為 imx6ull-alientek-emmc.dtb，這 樣 編 譯 Linux 時 就 可 以 從 imx6ull-alientek-emmc.dts 編譯出 imx6ull-alientek-emmc.dtb 檔案了。

34.3.3 編譯測試

我們可以建立一個編譯腳本——imx6ull_alientek_emmc.sh，腳本內容如範例 34-2 所示。

▼ 範例 34-2 imx6ull_alientek_emmc.sh 編譯腳本

```
1 #!/bin/sh
2 make ARCH=arm CROSS_COMPILE=arm-linux-gnueabihf- distclean
3 make ARCH=arm CROSS_COMPILE=arm-linux-gnueabihf- imx_alientek_emmc_defconfig
4 make ARCH=arm CROSS_COMPILE=arm-linux-gnueabihf- menuconfig
5 make ARCH=arm CROSS_COMPILE=arm-linux-gnueabihf- all -j16
```

第 2 行，清理專案。

第 3 行，使用預設設定檔 imx_alientek_emmc_defconfig 設定 Linux 核心。

第4行，開啟Linux的圖形設定介面，如果不需要每次都開啟圖形設定介面，可以刪除此行。

第 5 行，編譯 Linux。

執行 shell 腳本 imx6ull_alientek_emmc.sh，編譯 Linux 核心，命令如下所示。

```
chmod 777 imx6ull_alientek_emmc.sh        // 給予可執行許可權
./imx6ull_alientek_emmc.sh                // 執行 shell 腳本編譯核心
```

編譯完成以後就會在目錄 arch/arm/boot 下生成 zImage 鏡像檔案，在 arch/arm/boot/dts 目錄下生成 imx6ull-alientek-emmc.dtb 檔案。將這兩個檔案複製到 tftp 目錄下，然後重新啟動開發板，在 uboot 命令模式中使用 tftp 命令下載這兩個檔案並啟動，命令以下所示。

```
tftp 80800000 zImage
tftp 83000000 imx6ull-alientek-emmc.dtb
bootz 80800000 - 83000000
```

只要出現如圖 34-8 所示內容就表示 Linux 核心啟動成功。

```
Booting Linux on physical CPU 0x0
Linux version 4.1.15 (zuozhongkai@ubuntu) (gcc version 4.9.4 (Linaro GCC 4.9-2017.01) ) #3
2020
CPU: ARMv7 Processor [410fc075] revision 5 (ARMv7), cr=10c5387d
CPU: PIPT / VIPT nonaliasing data cache, VIPT aliasing instruction cache
Machine model: Freescale i.MX6 ULL 14x14 EVK Board
Reserved memory: created CMA memory pool at 0x8c000000, size 320 MiB
Reserved memory: initialized node linux,cma, compatible id shared-dma-pool
Memory policy: Data cache writealloc
PERCPU: Embedded 12 pages/cpu @8bb2f000 s16768 r8192 d24192 u49152
Built 1 zonelists in Zone order, mobility grouping on.  Total pages: 130048
```

▲ 圖 34-8 Linux 核心啟動

Linux 核心啟動成功，說明已經在 NXP 提供的 Linux 核心原始程式中正確增加了 I.MX6UL-ALPHA 開發板。

34.4 | CPU 主頻和網路驅動程式修改

34.4.1 CPU 主頻修改

I.MX6U-ALPHA 開發板所使用的 I.MX6ULL 晶片主頻都是 792MHz 的，本書以 792MHz 的核心板為例講解。

確保 EMMC 中的 root 檔案系統可用，然後重新開機開發板，進入終端（可以輸入命令），如圖 34-9 所示。

```
root@ATK-IMX6U:~#
root@ATK-IMX6U:~#
root@ATK-IMX6U:~#
```

▲ 圖 34-9 進入命令列

進入如圖 34-9 所示的命令列以後輸入以下命令查看 CPU 資訊。

```
cat /proc/cpuinfo
```

結果如圖 34-10 所示。

```
root@ATK-IMX6U:~# cat /proc/cpuinfo
processor       : 0
model name      : ARMv7 Processor rev 5 (v7l)
BogoMIPS        : 8.00
Features        : half thumb fastmult vfp edsp neon vfpv3 tls vfpv4 idiva idivt vfpd32 lpae
CPU implementer : 0x41
CPU architecture: 7
CPU variant     : 0x0
CPU part        : 0xc07
CPU revision    : 5

Hardware        : Freescale i.MX6 Ultralite (Device Tree)
Revision        : 0000
Serial          : 0000000000000000
root@ATK-IMX6U:~#
```

▲ 圖 34-10 CPU 資訊

在圖 34-10 中有 BogoMIPS 這一筆，此時 BogoMIPS 為 3.00，BogoMIPS 是 Linux 系統中衡量處理器執行速度的一把「尺標」，處理器性能越強，主頻越高，BogoMIPS 值就越大。BogoMIPS 只是粗略地計算 CPU 性能，並不十分準確，可以透過 BogoMIPS 值大致地判斷當前處理器的性能。在圖 34-10 中並沒有看到當前 CPU 的工作頻率，用另一種方法查看當前 CPU 的工作頻率，進入到目錄 /sys/bus/cpu/devices/cpu0/cpufreq 中，此目錄下會有很多檔案，如圖 34-11 所示。

```
root@ATK-IMX6U:/sys/bus/cpu/devices/cpu0/cpufreq# ls
affected_cpus          cpuinfo_min_freq            scaling_available_frequencies  scaling_driver    scaling_min_freq
cpuinfo_cur_freq       cpuinfo_transition_latency  scaling_available_governors    scaling_governor  scaling_setspeed
cpuinfo_max_freq       related_cpus                scaling_cur_freq               scaling_max_freq  stats
root@ATK-IMX6U:/sys/bus/cpu/devices/cpu0/cpufreq#
```

▲ 圖 34-11 cpufreq 目錄

此目錄中記錄了 CPU 頻率等資訊，這些檔案的含義如下所示。

cpuinfo_cur_freq：當前 CPU 工作頻率，從 CPU 暫存器讀取到的工作頻率。

cpuinfo_max_freq：處理器所能執行的最高工作頻率（單位：kHz）。

cpuinfo_min_freq：處理器所能執行的最低工作頻率（單位：kHz）。

cpuinfo_transition_latency：處理器切換頻率所需要的時間（單位：ns）。

scaling_available_frequencies：處理器支援的主頻率清單（單位：kHz）。

scaling_available_governors：當前核心中支援的所有 governor（調頻）類型。

scaling_cur_freq：儲存著 cpufreq 模組快取的當前 CPU 頻率，不會對 CPU 硬體暫存器進行檢查。

scaling_driver：該檔案儲存當前 CPU 所使用的調頻驅動程式。

scaling_governor：governor（調頻）策略，Linux 核心共有 5 種調頻策略。

① Performance，最高性能，直接用最高頻率，不考慮耗電。

② Interactive，一開始直接用最高頻率，然後根據 CPU 負載慢慢降低。

③ Powersave，省電模式，通常以最低頻率執行，系統性能會受影響，一般不會使用。

④ Userspace，可以在使用者空間手動調節頻率。

⑤ Ondemand，定時檢查負載，然後根據負載來調節頻率。負載低時降低 CPU 頻率，這樣省電，負載高時提高 CPU 頻率，增加性能。

scaling_max_freq：governor（調頻）可以調節的最高頻率。

cpuinfo_min_freq：governor（調頻）可以調節的最低頻率。

stats 目錄舉出了 CPU 各種執行頻率的統計情況，比如 CPU 在各頻率下的執行時間以及變頻次數。

使用以下命令查看當前 CPU 頻率。

```
cat cpuinfo_cur_freq
```

結果如圖 34-12 所示。

```
root@ATK-IMX6U:/sys/bus/cpu/devices/cpu0/cpufreq# cat cpuinfo_cur_freq
396000
root@ATK-IMX6U:/sys/bus/cpu/devices/cpu0/cpufreq#
```

▲ 圖 34-12 當前 CPU 頻率

從圖 34-12 可以看出，當前 CPU 頻率為 396MHz，工作頻率很低，其他的值如下所示。

```
cpuinfo_cur_freq= 396000
cpuinfo_max_freq= 792000
cpuinfo_min_freq= 198000
scaling_cur_freq= 198000
scaling_max_freq= 792000
cat scaling_min_freq= 198000
scaling_available_frequencies= 198000 396000 528000 792000
cat scaling_governor= ondemand
```

當前 CPU 支援 198MHz、396MHz、528MHz 和 792MHz 四種頻率切換，其中調頻策略為 ondemand，也就是定期檢查負載，然後根據負載情況調節 CPU 頻率。當前開發板並沒有工作，因此 CPU 頻率降低為 396MHz 以省電。如果開發板做一些高負載的工作，比如播放視訊等操作，則 CPU 頻率會提升。查看 stats 目錄下的 time_in_state 檔案可以看到 CPU 在各頻率下的工作時間，命令如下所示。

```
cat /sys/bus/cpu/devices/cpu0/cpufreq/stats/time_in_state
```

結果如圖 34-13 所示。

```
/sys/devices/system/cpu/cpu0/cpufreq/stats # cat time_in_state
198000 57683
396000 292
528000 169
792000 63
/sys/devices/system/cpu/cpu0/cpufreq/stats #
```

▲ 圖 34-13 CPU 執行頻率統計

從圖 34-13 可以看出，CPU 在 198MHz、396MHz、528MHz 和 792MHz 下都工作過，其中 198MHz 的工作時間最長，假如想讓 CPU 一直工作在 792MHz 那該怎麼辦？很簡單，設定 Linux 核心，將調頻策略選擇為 performance，或修改 imx_alientek_emmc_defconfig 檔案，此檔案中有如範例 34-3 所示。

▼ 範例 34-3 調頻策略

```
41 CONFIG_CPU_FREQ_DEFAULT_GOV_ONDEMAND=y
42 CONFIG_CPU_FREQ_GOV_POWERSAVE=y
43 CONFIG_CPU_FREQ_GOV_USERSPACE=y
44 CONFIG_CPU_FREQ_GOV_INTERACTIVE=y
```

第 41 行，設定 ondemand 為預設調頻策略。

第 42 行，啟動 powersave 策略。

第 43 行，啟動 userspace 策略。

第 44 行，啟動 interactive 策略。

將範例 34-3 中的第 41 行屏蔽掉，然後在 44 行後面增加程式。

```
CONFIG_CPU_FREQ_GOV_ONDEMAND=y
```

結果如範例 34-4 所示。

▼ 範例 34-4　修改調頻策略

```
41 #CONFIG_CPU_FREQ_DEFAULT_GOV_ONDEMAND=y
42 CONFIG_CPU_FREQ_GOV_POWERSAVE=y
43 CONFIG_CPU_FREQ_GOV_USERSPACE=y
44 CONFIG_CPU_FREQ_GOV_INTERACTIVE=y
45 CONFIG_CPU_FREQ_GOV_ONDEMAND=y
```

修改完成以後重新編譯 Linux 核心，編譯之前先清理專案，因為我們重新修改過預設設定檔了，編譯完成以後使用新的 zImage 鏡像檔案重新啟動 Linux。再次查看 /sys/devices/system/cpu/cpu0/cpufreq/ cpuinfo_cur_freq 檔案的值，如圖 34-14 所示。

```
/sys/devices/system/cpu/cpu0/cpufreq # cat cpuinfo_cur_freq
792000
/sys/devices/system/cpu/cpu0/cpufreq #
```

▲ 圖 34-14　當前 CPU 頻率

從圖 34-14 可以看出，當前 CPU 頻率為 792MHz。查看 scaling_governor 檔案，看一下當前的調頻策略，如圖 34-15 所示。

```
/sys/devices/system/cpu/cpu0/cpufreq # cat scaling_governor
performance
/sys/devices/system/cpu/cpu0/cpufreq #
```

▲ 圖 34-15　調頻策略

從圖 34-15 可以看出，當前的 CPU 調頻策略為 preformance，也就是高性能模式，一直以最高主頻執行。

再來看一下如何透過圖形化介面設定 Linux 核心的 CPU 調頻策略，輸入 make menuconfig 開啟 Linux 核心的圖形化設定介面，如圖 34-16 所示。

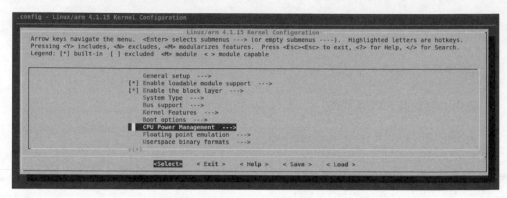

▲ 圖 34-16　Linux 核心圖形化設定介面

進入以下路徑。

```
CPU Power Management

  -> CPU Frequency scaling

   -> Default CPUFreq governor
```

開啟預設調頻策略選擇介面，選擇 performance，如圖 34-17 所示。

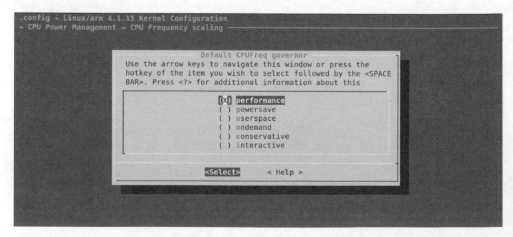

▲ 圖 34-17　預設調頻策略選擇

在圖 34-17 中選擇 performance 即可，選擇以後退出圖形化設定介面，然後編譯 Linux 核心，一定不要清理專案，否則剛剛的設定就會被清理掉。編譯完成以後使用新的 zImage 重新啟動 Linux，查看當前 CPU 的工作頻率和調頻策略。

學習時為了使用高性能，大家可以選擇 performance 模式。但是在以後的實際產品開發中，從省電的角度考慮，建議大家使用 ondemand 模式，一來可以省電，二來可以減少發熱。

34.4.2 啟動 8 線 EMMC 驅動程式

EMMC 版本核心板上的 EMMC 採用 8 位元資料線，原理圖如圖 34-18 所示。

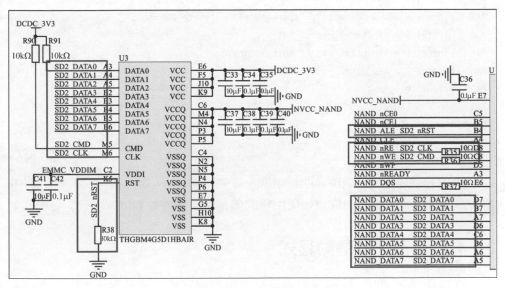

▲ 圖 34-18　EMMC 原理圖

Linux 核心驅動程式中 EMMC 預設是 4 線模式的，4 線模式肯定沒有 8 線模式的速度快，所以我們將 EMMC 的驅動程式修改為 8 線模式。直接修改裝置樹即可，開啟檔案 imx6ull-alientek-emmc.dts，找到如範例 34-5 所示內容。

▼ 範例 34-5 imx6ull-alientek-emmc.dts 程式碼部分

```
734  &usdhc2 {
735    pinctrl-names = "default";
736    pinctrl-0 = <&pinctrl_usdhc2>;
737    non-removable;
738    status = "okay";
739  };
```

　　範例 34-5 中的程式含義我們現在不去糾結，只需要將其改為如範例 34-6 所示內容即可。

▼ 範例 34-6 imx6ull-alientek-emmc.dts 程式碼部分

```
734  &usdhc2 {
735    pinctrl-names = "default", "state_100mhz", "state_200mhz";
736    pinctrl-0 = <&pinctrl_usdhc2_8bit>;
737    pinctrl-1 = <&pinctrl_usdhc2_8bit_100mhz>;
738    pinctrl-2 = <&pinctrl_usdhc2_8bit_200mhz>;
739    bus-width = <8>;
740    non-removable;
741    status = "okay";
742  };
```

　　修改完成以後儲存 imx6ull-alientek-emmc.dts，然後使用命令 make dtbs 重新編譯裝置樹，編譯完成以後使用新的裝置樹重新啟動 Linux 系統即可。

34.4.3 修改網路驅動程式

　　在後面學習 Linux 驅動程式開發時要用到網路偵錯驅動程式，所以必須要把網路驅動程式偵錯好。

　　正點原子開發板的網路和 NXP 官方的網路在硬體上不同，網路 PHY 晶片由 KSZ8081 換為了 LAN8720A，兩個網路 PHY 晶片的重置 I/O 也不同。所以 Linux 核心附帶的網路驅動程式是驅動程式不起來 I.MX6U-ALPHA 開發板上的網路的，需要修改。

1. 修改 LAN8720 的重置以及網路時鐘接腳驅動程式

ENET1 重置接腳 ENET1_RST 連接在 I.M6ULL 的 SNVS_TAMPER7 接腳上。ENET2 的重置接腳 ENET2_RST 連接在 I.MX6ULL 的 SNVS_TAMPER8 上。開啟裝置樹檔案 imx6ull-alientek-emmc.dts，找到如範例 34-7 所示內容。

▼ 範例 34-7 imx6ull-alientek-emmc.dts 程式碼部分

```
584 pinctrl_spi4:spi4grp {
585 fsl,pins = <
586     MX6ULL_PAD_BOOT_MODE0__GPIO5_IO10      0x70a1
587     MX6ULL_PAD_BOOT_MODE1__GPIO5_IO11      0x70a1
588     MX6ULL_PAD_SNVS_TAMPER7__GPIO5_IO07    0x70a1
589      MX6ULL_PAD_SNVS_TAMPER8__GPIO5_IO08   0x80000000
590     >;
591 };
```

範例 34-7 中 第 588 和 589 行 就 是 初 始 化 SNVS_TAMPER7 和 SNVS_TAMPER8 這兩個接腳的，它們作為 SPI4 的 I/O 使用，這不是我們想要的，所以將 588 和 589 這兩行刪除掉。刪除以後繼續在 imx6ull-alientek-emmc.dts 中找到如範例 34-8 所示內容。

▼ 範例 34-8 imx6ull-alientek-emmc.dts 程式碼部分

```
125 spi4 {
126   compatible = "spi-gpio";
127   pinctrl-names = "default";
128   pinctrl-0 = <&pinctrl_spi4>;
129   pinctrl-assert-gpios = <&gpio5 8 GPIO_ACTIVE_LOW>;
...
133   cs-gpios = <&gpio5 7 0>;
```

第 129 行，設定 GPIO5_IO08 為 SPI4 的功能接腳，而 GPIO5_IO08 就是 SNVS_TAMPER8 的 GPIO 功能接腳。

第 133 行，設定 GPIO5_IO07 作為 SPI4 的晶片選擇接腳，而 GPIO5_IO07 就是 SNVS_TAMPER7 的 GPIO 功能接腳。

　　現在需要 GPIO5_IO07 和 GPIO5_IO08 分別作為 ENET1 和 ENET2 的重置接腳,而非 SPI4 的功能接腳,因此將範例 34-8 中的第 129 行和第 133 行處的程式刪除掉,否則會干擾到網路重置接腳。

　　在 imx6ull-alientek-emmc.dts 中找到名為 iomuxc_snvs 的節點(就是直接搜索),然後在此節點下增加網路重置接腳資訊,增加完成以後的 iomuxc_snvs 節點內容如範例 34-9 所示。

▼ 範例 34-9　iomuxc_snvs 節點增加網路重置資訊

```
1   &iomuxc_snvs {
2    pinctrl-names = "default_snvs";
3        pinctrl-0 = <&pinctrl_hog_2>;
4        imx6ul-evk {
5
...      /* 省略掉其他 */
43
44       /*enet1 reset zuozhongkai*/
45       pinctrl_enet1_reset:enet1resetgrp {
46           fsl,pins = <
47                   /* used for enet1reset */
48                   MX6ULL_PAD_SNVS_TAMPER7__GPIO5_IO070x10B0
49           >;
50        };
51
52       /*enet2 reset zuozhongkai*/
53       pinctrl_enet2_reset:enet2resetgrp {
54           fsl,pins = <
55             /* used for enet2reset */
56               MX6ULL_PAD_SNVS_TAMPER8__GPIO5_IO080x10B0
57           >;
58       };
59    };
60 };
```

　　第 1 行,imx6ull-alientek-emmc.dts 檔案中的 iomuxc_snvs 節點。

　　第 45~50 行,ENET1 網路重置接腳設定資訊。

第 53~58 行，ENET2 網路重置接腳設定資訊。

最後還需要修改 ENET1 和 ENET2 的網路時鐘接腳設定，繼續在 imx6ull-
alientek-emmc.dts 中找到如範例 34-10 所示內容。

▼ 範例 34-10 imx6ull-alientek-emmc.dts 程式碼部分

```
309 pinctrl_enet1:enet1grp {
310   fsl,pins = <
311       MX6UL_PAD_ENET1_RX_EN__ENET1_RX_EN       0x1b0b0
312       MX6UL_PAD_ENET1_RX_ER__ENET1_RX_ER       0x1b0b0
313       MX6UL_PAD_ENET1_RX_DATA0__ENET1_RDATA00  0x1b0b0
314       MX6UL_PAD_ENET1_RX_DATA1__ENET1_RDATA01  0x1b0b0
315       MX6UL_PAD_ENET1_TX_EN__ENET1_TX_EN       0x1b0b0
316       MX6UL_PAD_ENET1_TX_DATA0__ENET1_TDATA00  0x1b0b0
317       MX6UL_PAD_ENET1_TX_DATA1__ENET1_TDATA01  0x1b0b0
318       MX6UL_PAD_ENET1_TX_CLK__ENET1_REF_CLK1   0x4001b009
319   >;
320 };
321
322 pinctrl_enet2:enet2grp {
323   fsl,pins = <
324       MX6UL_PAD_GPIO1_IO07__ENET2_MDC0x1b0b0
325       MX6UL_PAD_GPIO1_IO06__ENET2_MDIO0x1b0b0
326       MX6UL_PAD_ENET2_RX_EN__ENET2_RX_EN0x1b0b0
327       MX6UL_PAD_ENET2_RX_ER__ENET2_RX_ER0x1b0b0
328       MX6UL_PAD_ENET2_RX_DATA0__ENET2_RDATA00 0x1b0b0
329       MX6UL_PAD_ENET2_RX_DATA1__ENET2_RDATA01 0x1b0b0
330       MX6UL_PAD_ENET2_TX_EN__ENET2_TX_EN0x1b0b0
331       MX6UL_PAD_ENET2_TX_DATA0__ENET2_TDATA00 0x1b0b0
332       MX6UL_PAD_ENET2_TX_DATA1__ENET2_TDATA01 0x1b0b0
333       MX6UL_PAD_ENET2_TX_CLK__ENET2_REF_CLK20x4001b009
334   >;
335 };
```

第 318 和 333 行，分別為 ENET1 和 ENET2 的網路時鐘接腳設定資訊，將這兩個接腳的電氣屬性值改為 0x4001b009，原來預設值為 0x4001b031。

修改完成以後儲存 imx6ull-alientek-emmc.dts，網路重置以及時鐘接腳驅動程式就修改好了。

2. 修改 fec1 和 fec2 節點的 pinctrl-0 屬性

在 imx6ull-alientek-emmc.dts 檔案中找到名為 fec1 和 fec2 的節點，修改其中的 pinctrl-0 屬性值，修改以後如範例 34-11 所示。

▼ 範例 34-11 修改 fec1 和 fec2 的 pinctrl-0 屬性

```
1  &fec1 {
2      pinctrl-names = "default";
3      pinctrl-0 = <&pinctrl_enet1
4                   &pinctrl_enet1_reset>;
5      phy-mode = "rmii";
...
9      status = "okay";
10 };
11
12 &fec2 {
13     pinctrl-names = "default";
14     pinctrl-0 = <&pinctrl_enet2
15                  &pinctrl_enet2_reset>;
16     phy-mode = "rmii";
...
36 };
```

第 3~4 行，修改後的 fec1 節點 pinctrl-0 屬性值。

第 14~15 行，修改後的 fec2 節點 pinctrl-0 屬性值。

3. 修改 LAN8720A 的 PHY 位址

在 uboot 移植章節中，ENET1 的 LAN8720A 位址為 0x0，ENET2 的 LAN8720A 位址為 0x1。在 imx6ull-alientek-emmc.dts 中找到如範例 34-12 所示內容。

▼ 範例 34-12 imx6ull-alientek-emmc.dts 程式碼部分

```
171 &fec1 {
172   pinctrl-names = "default";
...
175   phy-handle = <&ethphy0>;
176   status = "okay";
177 };
178
179 &fec2 {
180   pinctrl-names = "default";
...
183   phy-handle = <&ethphy1>;
184   status = "okay";
185
186   mdio {
187       #address-cells = <1>;
188       #size-cells = <0>;
189
190       ethphy0:ethernet-phy@0 {
191           compatible = "ethernet-phy-ieee802.3-c22";
192           reg = <2>;
193       };
194
195       ethphy1:ethernet-phy@1 {
196           compatible = "ethernet-phy-ieee802.3-c22";
197           reg = <1>;
198       };
199   };
200 };
```

第 171~177 行，ENET1 對應的裝置樹節點。

第 179~200 行，ENET2 對應的裝置樹節點。但是第 186~198 行的 mdio 節點描述了 ENET1 和 ENET2 的 PHY 位址資訊。將範例 34-12 改為如範例 34-13 所示內容。

▼ 範例 34-13 imx6ull-alientek-emmc.dts 程式碼部分

```
171 &fec1 {
172   pinctrl-names = "default";
173   pinctrl-0 = <&pinctrl_enet1
174              &pinctrl_enet1_reset>;
175   phy-mode = "rmii";
176   phy-handle = <&ethphy0>;
177   phy-reset-gpios = <&gpio5 7 GPIO_ACTIVE_LOW>;
178   phy-reset-duration = <200>;
179   status = "okay";
180 };
181
182 &fec2 {
183   pinctrl-names = "default";
184   pinctrl-0 = <&pinctrl_enet2
185   &pinctrl_enet2_reset>;
186   phy-mode = "rmii";
187   phy-handle = <&ethphy1>;
188   phy-reset-gpios = <&gpio5 8 GPIO_ACTIVE_LOW>;
189   phy-reset-duration = <200>;
190   status = "okay";
191
192   mdio {
193       #address-cells = <1>;
194       #size-cells = <0>;
195
196       ethphy0:ethernet-phy@0 {
197           compatible = "ethernet-phy-ieee802.3-c22";
198           smsc,disable-energy-detect;
199           reg = <0>;
200       };
201
202       ethphy1:ethernet-phy@1 {
203           compatible = "ethernet-phy-ieee802.3-c22";
204           smsc,disable-energy-detect;
205           reg = <1>;
206       };
207   };
208 };
```

第 177 和 178 行，增加了 ENET1 網路重置接腳所使用的 I/O 為 GPIO5_IO07，低電位有效。重置低電位訊號持續時間為 200ms。

第 188 和 189 行，ENET2 網路重置接腳所使用的 I/O 為 GPIO5_IO08，同樣低電位有效，持續時間同樣為 200ms。

第 198 和 204 行，smsc,disable-energy-detect 表明 PHY 晶片是 SMSC 公司的，這樣 Linux 核心就會找到 SMSC 公司的 PHY 晶片驅動程式來驅動程式 LAN8720A。

第 196 行，注意 ethernet-phy@ 後面的數字是 PHY 的位址，ENET1 的 PHY 位址為 0，所以 @ 後面是 0（預設為 2）。

第 199 行，reg 的值也表示 PHY 位址，ENET1 的 PHY 位址為 0，所以 reg=0。

第 202 行，ENET2 的 PHY 位址為 1，因此 @ 後面為 1。

第 205 行，因為 ENET2 的 PHY 位址為 1，所以 reg=1。

至此，LAN8720A 的 PHY 位址就改儲存 imx6ull-alientek-emmc.dts 檔案，然後使用 make dtbs 命令重新編譯裝置樹。

4. 修改 fec_main.c 檔案

要在 I.MX6ULL 上使用 LAN8720A，需要修改 Linux 核心原始程式，開啟 drivers/net/ethernet/freescale/fec_main.c，找到 fec_probe 函式，在 fec_probe 中加入如範例 34-14 所示內容。

▼ 範例 34-14 imx6ull-alientek-emmc.dts 程式碼部分

```
3438 static int
3439 fec_probe(struct platform_device *pdev)
3440 {
3441  struct fec_enet_private *fep;
3442  struct fec_platform_data *pdata;
3443  struct net_device *ndev;
```

```
3444  int i, irq, ret = 0;
3445  struct resource *r;
3446  const struct of_device_id *of_id;
3447  static int dev_id;
3448  struct device_node *np = pdev->dev.of_node, *phy_node;
3449  int num_tx_qs;
3450  int num_rx_qs;
3451
3452  /* 設定 MX6UL_PAD_ENET1_TX_CLK 和 MX6UL_PAD_ENET2_TX_CLK
3453   * 這兩個 IO 的重複使用暫存器的 SION 位元為 1
3454   */
3455  void __iomem *IMX6U_ENET1_TX_CLK;
3456  void __iomem *IMX6U_ENET2_TX_CLK;
3457
3458  IMX6U_ENET1_TX_CLK = ioremap(0X020E00DC, 4);
3459  writel(0X14, IMX6U_ENET1_TX_CLK);
3460
3461  IMX6U_ENET2_TX_CLK = ioremap(0X020E00FC, 4);
3462  writel(0X14, IMX6U_ENET2_TX_CLK);
3463
...
3656  return ret;
3657 }
```

第 3455~3462 就是新加入的程式，如果要在 I.MX6ULL 上使用 LAN8720A 就需要設定 ENET1 和 ENET2 的 TX_CLK 接腳，重置暫存器的 SION 位元為 1。

5. 設定 Linux 核心，啟動 LAN8720 驅動程式

輸入命令 make menuconfig，開啟圖形化設定介面，選擇啟動 LAN8720A 的驅動程式，路徑如下所示。

```
-> Device Drivers

-> Network device support

    -> PHY Device support and infrastructure
-> Drivers for SMSC PHYs
```

啟動驅動程式如圖 34-19 所示，選擇將 Drivers for SMSC PHYs 編譯到 Linux 核心中，因此 <> 裡面變為了 *。LAN8720A 是 SMSC 公司出品的，選取此項以後就會編譯 LAN8720 驅動程式，然後退出設定介面，重新編譯 Linux 核心。

```
.config - Linux/arm 4.1.15 Kernel Configuration
→ Device Drivers → Network device support → PHY Device support and infrastructure
                        PHY Device support and infrastructure
  Arrow keys navigate the menu.  <Enter> selects submenus ---> (or empty submenus ----).
  Highlighted letters are hotkeys.  Pressing <Y> includes, <N> excludes, <M> modularizes features.
  Press <Esc><Esc> to exit, <?> for Help, </> for Search.  Legend: [*] built-in  [ ] excluded
  <M> module  < > module capable

          --- PHY Device support and infrastructure
              *** MII PHY device drivers ***
          < >   Drivers for Atheros AT803X PHYs
          < >   Drivers for the AMD PHYs
          < >   Drivers for Marvell PHYs
          < >   Drivers for Davicom PHYs
          < >   Drivers for Quality Semiconductor PHYs
          < >   Drivers for the Intel LXT PHYs
          < >   Drivers for the Cicada PHYs
          < >   Drivers for the Vitesse PHYs
          <*>   Drivers for SMSC PHYs
          < >   Drivers for Broadcom PHYs
          < >   Drivers for Broadcom 7xxx SOCs internal PHYs
          < >   Driver for Broadcom BCM8706 and BCM8727 PHYs
          < >   Drivers for ICPlus PHYs
          < >   Drivers for Realtek PHYs
          ↓(+)

          <Select>    < Exit >    < Help >    < Save >    < Load >
```

▲ 圖 34-19 啟動 LAN8720A 驅動程式

6. 修改 smsc.c 檔案

在修改 smsc.c 檔案之前，筆者想分析下是怎麼確定要修改 smsc.c 檔案的。在寫本書之前筆者並沒有修改過 smsc.c 這個檔案，都是啟動 LAN8720A 驅動程式以後直接使用。但是在測試 NFS 掛載檔案系統時發現，檔案系統掛載成功率很低，總提示 NFS 伺服器找不到，很折磨人。

NFS 掛載就是透過網路來掛載檔案系統，這樣做的好處就是方便後續偵錯 Linux 驅動程式。既然總是掛載失敗，肯定是網路驅動程式有問題。網路驅動程式分兩部分：內部 MAC+ 外部 PHY。內部 MAC 驅動程式是由 NXP 提供的，一般不會出問題，而且 NXP 官方的開發板測試網路一直是正常的，所以只有可能是外部 PHY 即 LAN8720A 的驅動程式出問題了。

在 uboot 中需要對 LAN8720A 進行一次軟重置，要設定 LAN8720A 的 BMCR（暫存器位址為 0）暫存器 bit15 為 1，所以筆者猜測，在 Linux 中也需要對 LAN8720A 進行一次軟重置。

首先需要找到 LAN8720A 的驅動程式檔案，LAN8720A 的驅動程式檔案是 drivers/net/phy/smsc.c，在此檔案中有個叫做 smsc_phy_reset 的函式，看名稱知道這是 SMSC PHY 的重置函式，LAN8720A 肯定會使用這個重置函式，修改以後的 smsc_phy_reset 函式內容如範例 34-15 所示。

▼ 範例 34-15 smsc_phy_reset 函式

```
1  static int smsc_phy_reset(struct phy_device *phydev)
2  {
3      int err, phy_reset;
4      int msec = 1;
5      struct device_node *np;
6       int timeout = 50000;
7      if(phydev->addr == 0) /* FEC1*/ {
8          np = of_find_node_by_path("/soc/aips-bus@02100000/ethernet@02188000");
9          if(np == NULL) {
10               return -EINVAL;
11         }
12     }
13
14     if(phydev->addr == 1) /* FEC2*/ {
15         np = of_find_node_by_path("/soc/aips-bus@02000000/ethernet@020b4000");
16         if(np == NULL) {
17               return -EINVAL;
18         }
19     }
20
21     err = of_property_read_u32(np, "phy-reset-duration", &msec);
22     /* A sane reset duration should not be longer than 1s */
23     if (!err && msec > 1000)
24         msec = 1;
25     phy_reset = of_get_named_gpio(np, "phy-reset-gpios", 0);
26     if (!gpio_is_valid(phy_reset))
27         return;
```

```
28
29    gpio_direction_output(phy_reset, 0);
30    gpio_set_value(phy_reset, 0);
31    msleep(msec);
32    gpio_set_value(phy_reset, 1);
33
34    int rc = phy_read(phydev, MII_LAN83C185_SPECIAL_MODES);
35    if (rc < 0)
36        return rc;
37
38    /* If the SMSC PHY is in power down mode, then set it
39     * in all capable mode before using it
40     */
41    if ((rc & MII_LAN83C185_MODE_MASK) == MII_LAN83C185_MODE_POWERDOWN) {
42
43        /* set "all capable" mode and reset the phy */
44        rc |= MII_LAN83C185_MODE_ALL;
45        phy_write(phydev, MII_LAN83C185_SPECIAL_MODES, rc);
46    }
47
48    phy_write(phydev, MII_BMCR, BMCR_RESET);
49    /* wait end of reset (max 500 ms) */
50
51    do {
52        udelay(10);
53        if (timeout-- == 0)
54            return -1;
55        rc = phy_read(phydev, MII_BMCR);
56    } while (rc & BMCR_RESET);
57    return 0;
58 }
```

第 7~12 行，獲取 FEC1 網路卡對應的裝置節點。

第 14~19 行，獲取 FEC2 網路卡對應的裝置節點。

第 21 行，從裝置樹中獲取 phy-reset-duration 屬性資訊，也就是重置時間。

第 25 行，從裝置樹中獲取 phy-reset-gpios 屬性資訊，也就是重置 I/O。

第 29~32 行，設定 PHY 的重置 I/O，重置 LAN8720A。

第 41~48 行，以前的 smsc_phy_reset 函式會判斷 LAN8720 是否處於 Powerdown 模式，只有處於 Powerdown 模式時才會軟重置 LAN8720。這裡將軟重置程式移出來，這樣每次呼叫 smsc_phy_reset 函式時 LAN8720A 都會被軟重置。

最後還需要在 drivers/net/phy/smsc.c 檔案中增加兩個標頭檔，因為修改後的 smsc_phy_reset 函式用到了 gpio_direction_output 和 gpio_set_value 這兩個函式，需要增加的標頭檔如下所示。

```
#include <linux/of_gpio.h>
#include <linux/io.h>
```

7. 網路驅動程式測試

修改好裝置樹和 Linux 核心以後重新編譯，得到新的 zImage 鏡像檔案和 imx6ull-alientek-emmc.dtb 裝置樹檔案，使用網線將 I.MX6U-ALPHA 開發板的兩個網路介面與路由器或電腦連接起來，最後使用新的檔案啟動 Linux 核心。輸入命令 ifconfig -a 查看開發板中存在的所有網路卡，結果如圖 34-20 所示。

```
/ # ifconfig -a
can0      Link encap:UNSPEC  HWaddr 00-00-00-00-00-00-00-00-00-00-00-00-00-00-00-00
          NOARP  MTU:16  Metric:1
          RX packets:0 errors:0 dropped:0 overruns:0 frame:0
          TX packets:0 errors:0 dropped:0 overruns:0 carrier:0
          collisions:0 txqueuelen:10
          RX bytes:0 (0.0 B)  TX bytes:0 (0.0 B)
          Interrupt:25

eth0      Link encap:Ethernet  HWaddr B8:AE:1D:01:00:00
          inet addr:192.168.1.251  Bcast:192.168.1.255  Mask:255.255.255.0
          inet6 addr: fe80::baae:1dff:fe01:0/64 Scope:Link
          UP BROADCAST RUNNING MULTICAST  MTU:1500  Metric:1
          RX packets:5761 errors:0 dropped:12 overruns:0 frame:0
          TX packets:4172 errors:0 dropped:0 overruns:0 carrier:0
          collisions:0 txqueuelen:1000
          RX bytes:7276333 (6.9 MiB)  TX bytes:511812 (499.8 KiB)

eth1      Link encap:Ethernet  HWaddr B8:AE:1D:01:00:00
          BROADCAST MULTICAST  MTU:1500  Metric:1
          RX packets:0 errors:0 dropped:0 overruns:0 frame:0
          TX packets:0 errors:0 dropped:0 overruns:0 carrier:0
          collisions:0 txqueuelen:1000
          RX bytes:0 (0.0 B)  TX bytes:0 (0.0 B)

lo        Link encap:Local Loopback
          inet addr:127.0.0.1  Mask:255.0.0.0
          inet6 addr: ::1/128 Scope:Host
          UP LOOPBACK RUNNING  MTU:65536  Metric:1
          RX packets:0 errors:0 dropped:0 overruns:0 frame:0
          TX packets:0 errors:0 dropped:0 overruns:0 carrier:0
          collisions:0 txqueuelen:0
          RX bytes:0 (0.0 B)  TX bytes:0 (0.0 B)

sit0      Link encap:IPv6-in-IPv4
          NOARP  MTU:1480  Metric:1
          RX packets:0 errors:0 dropped:0 overruns:0 frame:0
          TX packets:0 errors:0 dropped:0 overruns:0 carrier:0
          collisions:0 txqueuelen:0
          RX bytes:0 (0.0 B)  TX bytes:0 (0.0 B)

/ #
```

▲ 圖 34-20 開發板所有網路卡

圖 34-20 中 can0 和 can1 為 CAN 介面的網路卡，eth0 和 eth1 才是網路介面的網路卡，其中 eth0 對應於 ENET2，eth1 對應於 ENET1。使用以下命令依次開啟 eth0 和 eth1 這兩個網路卡（如果網路卡已經開啟了就不用執行下面的命令）。

```
ifconfig eth0 up
ifconfig eth1 up
```

網路卡的開啟過程如圖 34-21 所示。

```
root@ATK-IMX6U:~# ifconfig eth0 up
[  942.833568] fec 20b4000.ethernet eth0: Freescale FEC PHY driver [SMSC LAN8710/LAN8720] (mii_bus:phy_addr=20b4000.
thernet:01, irq=-1)
root@ATK-IMX6U:~# [  944.960528] IPv6: ADDRCONF(NETDEV_UP): eth0: link is not ready
[  946.993415] fec 20b4000.ethernet eth0: Link is Up - 100Mbps/Full - flow control rx/tx
[  947.001620] IPv6: ADDRCONF(NETDEV_CHANGE): eth0: link becomes ready

root@ATK-IMX6U:~# ifconfig eth1 up
[  951.613538] fec 2188000.ethernet eth1: Freescale FEC PHY driver [SMSC LAN8710/LAN8720] (mii_bus:phy_addr=20b4000.
thernet:00, irq=-1)
root@ATK-IMX6U:~# [  953.743724] IPv6: ADDRCONF(NETDEV_UP): eth1: link is not ready
[  954.693393] fec 2188000.ethernet eth1: Link is Up - 100Mbps/Full - flow control rx/tx
[  954.701599] IPv6: ADDRCONF(NETDEV_CHANGE): eth1: link becomes ready

root@ATK-IMX6U:~#
```

▲ 圖 34-21 兩個網路卡開啟過程

從圖 34-21 中可以看到 SMSC LAN8710/LAN8720，說明當前的網路驅動程式使用的就是 SMSC 驅動程式。

輸入 ifconfig 命令查看當前活動的網路卡，結果如圖 34-22 所示。

```
root@ATK-IMX6U:~# ifconfig
eth0      Link encap:Ethernet  HWaddr 06:f4:02:d8:1d:52
          inet addr:192.168.1.84  Bcast:192.168.1.255  Mask:255.255.255.0
          inet6 addr: fe80::4f4:2ff:fed8:1d52/64 Scope:Link
          UP BROADCAST RUNNING MULTICAST  MTU:1500  Metric:1
          RX packets:11122 errors:0 dropped:186 overruns:0 frame:0
          TX packets:172 errors:0 dropped:0 overruns:0 carrier:0
          collisions:0 txqueuelen:1000
          RX bytes:1288435 (1.2 MiB)  TX bytes:27365 (26.7 KiB)

eth1      Link encap:Ethernet  HWaddr 7e:cd:99:c9:10:ca
          inet addr:192.168.1.178  Bcast:192.168.1.255  Mask:255.255.255.0
          inet6 addr: fe80::7ccd:99ff:fec9:10ca/64 Scope:Link
          UP BROADCAST RUNNING MULTICAST DYNAMIC  MTU:1500  Metric:1
          RX packets:11145 errors:0 dropped:84 overruns:0 frame:0
          TX packets:160 errors:0 dropped:0 overruns:0 carrier:0
          collisions:0 txqueuelen:1000
          RX bytes:1272001 (1.2 MiB)  TX bytes:24890 (24.3 KiB)

lo        Link encap:Local Loopback
          inet addr:127.0.0.1  Mask:255.0.0.0
          inet6 addr: ::1/128 Scope:Host
          UP LOOPBACK RUNNING  MTU:65536  Metric:1
          RX packets:33 errors:0 dropped:0 overruns:0 frame:0
          TX packets:33 errors:0 dropped:0 overruns:0 carrier:0
          collisions:0 txqueuelen:0
          RX bytes:2060 (2.0 KiB)  TX bytes:2060 (2.0 KiB)

root@ATK-IMX6U:~#
```

▲ 圖 34-22 當前活動的網路卡

可以看出，此時 eth0 和 eth1 兩個網路卡都已經開啟，並且工作正常，但是這兩個網路卡都還沒有 IP 位址，不能進行 ping 等操作。使用以下命令給兩個網路卡設定 IP 位址。

```
ifconfig eth0 192.168.1.251
ifconfig eth1 192.168.1.252
```

上 述 命 令 設 定 eth0 和 eth1 的 IP 位 址 分 別 為 192.168.1.251 和 192.168.1.252，注意 IP 位址選擇的合理性，一定要和自己的電腦處於同一個網段內，並且沒有被其他的裝置佔用。設定好以後，使用「ping」命令來 ping 一下自己的主機，透過則說明網路驅動程式修改成功，比如 Ubuntu 主機 IP 位址為 192.168.1.250，使用以下命令 ping。

```
ping 192.168.1.250
```

結果如圖 34-23 所示。

```
root@ATK-IMX6U:~# ping 192.168.1.250
PING 192.168.1.250 (192.168.1.250) 56(84) bytes of data.
64 bytes from 192.168.1.250: icmp_seq=1 ttl=64 time=0.594 ms
64 bytes from 192.168.1.250: icmp_seq=2 ttl=64 time=0.812 ms
^C
--- 192.168.1.250 ping statistics ---
2 packets transmitted, 2 received, 0% packet loss, time 999ms
rtt min/avg/max/mdev = 0.594/0.703/0.812/0.109 ms
root@ATK-IMX6U:~#
```

▲ 圖 34-23 ping 結果

可以看出，ping 成功，說明網路驅動程式修改成功，我們建構 root 檔案系統和 Linux 驅動程式開發時就可以使用網路偵錯程式碼。

34.4.4 儲存修改後的圖形化設定檔

在修改網路驅動程式時，透過圖形介面啟動了 LAN8720A 的驅動程式，啟動以後會在 .config 中存在以下程式。

```
CONFIG_SMSC_PHY=y
```

開啟 drivers/net/phy/Makefile，有如範例 34-16 所示內容。

▼ 範例 34-16　drivers/net/phy/Makefile 程式碼部分

```
11 obj-$(CONFIG_SMSC_PHY)           += smsc.o
```

當 CONFIG_SMSC_PHY=y 時就會編譯 smsc.c 這個檔案，smsc.c 就是 LAN8720A 的驅動程式檔案。但是執行 make clean 清理專案以後 .config 檔案就會被刪除，所有的設定內容都會遺失。所以在設定完圖形介面以後，測試沒有問題後必須儲存設定檔。儲存設定的方法有兩個。

1. 直接另存為 .config 檔案

直接將 .config 檔案另存為 imx_alientek_emmc_defconfig，然後將其複製到 arch/arm/configs 目錄下，替換以前的 imx_alientek_emmc_defconfig。這樣以後執行 make imx_alientek_emmc_defconfig，重新設定 Linux 核心時就會使用新的設定檔，預設啟動 LAN8720A 的驅動程式。

2. 透過圖形介面儲存設定檔

在圖形介面中儲存設定檔。在圖形介面中會有 < Save > 選項，如圖 34-24 所示。

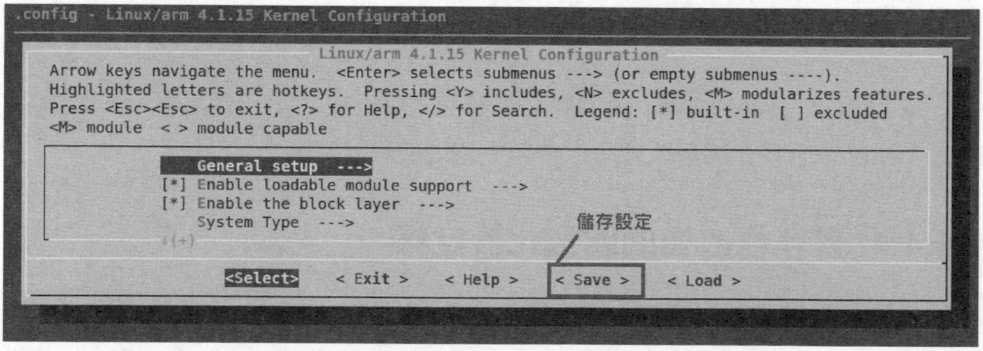

▲ 圖 34-24　儲存設定

　　透過鍵盤的→鍵，移動到 < Save > 選項，然後按下確認鍵，開啟檔案名稱輸入對話方塊，如圖 34-25 所示。

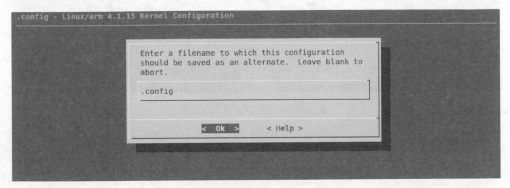

▲ 圖 34-25　輸入檔案名稱

　　在圖 34-25 中輸入要儲存的檔案名稱，可以帶路徑，一般是相對路徑（相對於 Linux 核心原始程式根目錄）。比如要將新的設定檔儲存到目錄 arch/arm/configs 下，檔案名稱為 imx_alientek_emmc_defconfig，也就是用新的設定檔替換掉老的預設設定檔。在圖 34-25 中輸入 arch/arm/configs/imx_alientek_emmc_defconfig 即可，如圖 34-26 所示。

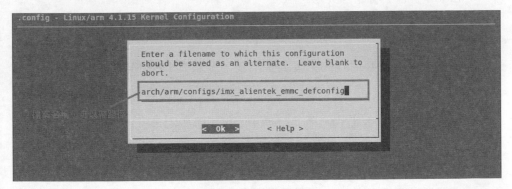

▲ 圖 34-26　輸入檔案名稱

　　設定好檔案名稱以後選擇下方的 < Ok > 按鈕，儲存檔案並退出。退出以後再開啟 imx_alientek_emmc_defconfig 檔案，就會在此檔案中找到 CONFIG_SMSC_PHY=y 這一行，如圖 34-27 所示。

```
zuozhongkai@ubuntu: ~/linux/IMX6ULL/linux/temp/linux-imx-rel_imx_4.1.15_2.1.0_ga_alientek
# CONFIG_QSEMI_PHY is not set
# CONFIG_LXT_PHY is not set
# CONFIG_CICADA_PHY is not set
# CONFIG_VITESSE_PHY is not set
CONFIG_SMSC_PHY=y
# CONFIG_BROADCOM_PHY is not set
# CONFIG_BCM7XXX_PHY is not set
# CONFIG_BCM87XX_PHY is not set
# CONFIG_ICPLUS_PHY is not set
# CONFIG_REALTEK_PHY is not set
                                              1278,31        30%
```

▲ 圖 34-27 新的設定檔

同樣的，使用 make imx_alientek_emmc_defconfig 重新設定 Linux 核心時，LAN8720A 的驅動程式就會啟動，並被編譯進 Linux 鏡像檔案 zImage 中。

Linux 核心的移植步驟如下。

（1）在 Linux 核心中查詢可以參考的板子，一般都是半導體廠商自己做的開發板。

（2）編譯出參考板子對應的 zImage 和 .dtb 檔案。

（3）使用參考板子的 zImage 檔案和 .dtb 檔案在我們所使用的板子上啟動 Linux 核心，看能否啟動。

（4）如果能啟動就萬事大吉，否則需要偵錯 Linux 核心。

啟動 Linux 核心用到的外接裝置不多，一般是 DRAM(Uboot 都初始化好的) 和序列埠。作為終端使用的序列埠會參考半導體廠商的 Demo 板。

（5）修改對應的驅動程式，像 NAND Flash、EMMC、SD 卡等驅動程式官方的 Linux 核心都已經提供好，基本不會出問題。重點是網路驅動程式，因為 Linux 驅動程式開發一般都要透過網路偵錯程式碼，所以一定要確保網路驅動程式正常執行。如果是處理器內部 MAC+ 外部 PHY 這種網路方案的話，一般網路驅動程式都很好處理，因為在 Linux 核心中是有外部 PHY 通用驅動程式的。只要設定好重置接腳、PHY 位址資訊基本上都可以驅動程式起來。

（6）Linux 核心啟動以後需要 root 檔案系統，如果沒有則檔案崩潰，所以確定 Linux 核心移植成功以後就要開始 root 檔案系統的建構。

第 **35** 章

root 檔案系統建構

　　本章來學習 root 檔案系統的組成以及如何建構 root 檔案系統。這是 Linux 移植的最後一步，root 檔案系統建構好以後就表示我們已經擁有了一個完整的、可以執行的最小系統。我們可以在這個最小系統上撰寫、測試 Linux 驅動程式，移植一些協力廠商元件，逐步地完善這個最小系統，最終得到一個功能完善、驅動程式齊全的作業系統。

root 檔案系統一般也叫做 rootfs，在這裡，root 檔案系統並不是 FATFS 這樣的檔案系統程式，EXT4 這樣的檔案系統程式屬於 Linux 核心的一部分。Linux 中的 root 檔案系統更像是一個資料夾或目錄，在這個目錄中會有很多的子目錄。根目錄下和子目錄中會有很多的檔案，這些檔案是 Linux 執行所必須的，如函式庫、常用的軟體和命令、裝置檔案、設定檔等。本書提到的檔案系統，如果不特別指明，統一表示 root 檔案系統。

root 檔案系統是核心啟動時所掛載的第一個檔案系統，核心程式映射檔案儲存在 root 檔案系統中，而系統啟動啟動程式會在 root 檔案系統掛載之後，把一些基本的初始化腳本和服務等載入到記憶體中去執行。

嵌入式 Linux 並沒有將核心程式鏡像儲存在 root 檔案系統中，而是儲存到了其他地方，比如 NAND Flash 的指定儲存位址、EMMC 專用分區。root 檔案系統是 Linux 核心啟動以後掛載（mount）的第一個檔案系統，然後從 root 檔案系統中讀取初始化腳本，比如 rcS，inittab 等。root 檔案系統和 Linux 核心是分開的，單獨的 Linux 核心是沒法正常執行的，必須要搭配 root 檔案系統。如果不提供 root 檔案系統，Linux 核心在啟動時就會提示核心崩潰（Kernel panic）。

root 檔案系統的這個根字就說明了這個檔案系統的重要性，它是其他檔案系統的根，沒有這個「根」，其他的檔案系統或軟體就別想工作。

常用的 ls、mv、ifconfig 等命令就是一個個小軟體，只是這些軟體沒有圖形介面，而且需要輸入命令來執行。這些小軟體就儲存在 root 檔案系統中，本章會教大家建構自己的 root 檔案系統，這個 root 檔案系統能滿足 Linux 執行的最小 root 檔案系統，後續我們可以根據自己的實際工作需求不斷地去填充它使其成為一個相對完整的 root 檔案系統。

在建構 root 檔案系統之前，先來看 root 檔案系統中都有什麼內容。以 Ubuntu 為例，root 檔案系統的目錄名稱為 /，沒看錯就是一個斜線，所以輸入以下命令就可以進入根目錄中。

```
cd /                      // 進入根目錄
```

進入根目錄以後輸入 ls 命令，查看根目錄下的內容都有哪些，結果如圖 35-1 所示。

```
zuozhongkai@ubuntu:/$ cd /
zuozhongkai@ubuntu:/$ ls
bin           build-trusted   home            lib32        media   root   srv   var
boot          cdrom           initrd.img      lib64        mnt     run    sys   vmlinuz
build-basic   dev             initrd.img.old  libx32       opt     sbin   tmp   vmlinuz.old
build-optee   etc             lib             lost+found   proc    snap   usr
zuozhongkai@ubuntu:/$
```

▲ 圖 35-1 Ubuntu 根目錄

圖 35-1 中的根目錄下子目錄和檔案不少，這些都是 Ubuntu 所需要的。重點講解常用的子目錄。

1. /bin 目錄

bin 檔案就是可執行檔，此目錄下存放著系統需要的可執行檔，一般都是一些命令，比如 ls、mv 等。此目錄下的命令所有的客戶都可以使用。

2. /dev 目錄

dev 是 device 的縮寫，所以此目錄下的檔案都和裝置有關，都是裝置檔案。在 Linux 下一切皆檔案，即使是硬體裝置，也是以檔案的形式存在的，比如 /dev/ttymxc0（I.MX6ULL 根目錄會有此檔案）就表示 I.MX6ULL 的序列埠 0。要想透過序列埠 0 發送或接收資料就要操作檔案 /dev/ttymxc0，透過對檔案 /dev/ttymxc0 的讀寫操作實現序列埠 0 的資料收發。

3. /etc 目錄

此目錄下存放著各種設定檔，大家可以進入 Ubuntu 的 etc 目錄看一下，裡面的設定檔非常多，但是在嵌入式 Linux 下此目錄會很簡潔。

4. /lib 目錄

lib 是 library 的簡稱，也就是函式庫的意思，此目錄下存放著 Linux 必須的函式庫檔案。這些函式庫檔案是共用函式庫，命令和使用者撰寫的應用程式要使用這些函式庫檔案。

5. /mnt 目錄

臨時掛載目錄，一般是空目錄。可以在此目錄下建立空的子目錄，比如 /mnt/sd、/mnt/usb，這樣就可以將 SD 卡或隨身碟掛載到 /mnt/sd 或 /mnt/usb 目錄中。

6. /opt

可選的檔案、軟體存放區，由使用者選擇將哪些檔案或軟體放到此目錄中。

7. /proc 目錄

此目錄一般是空的，當 Linux 系統啟動以後會將此目錄作為 proc 檔案系統的掛載點，proc 是虛擬檔案系統，沒有實際的存放裝置。proc 中的檔案都是臨時存在的，一般用來儲存系統執行資訊檔案。

8. /sbin 目錄

此目錄存放一些可執行檔，只有管理員才能使用，主要用於系統管理。

9. /sys 目錄

系統啟動以後此目錄作為 sysfs 檔案系統的掛載點，sysfs 是一個類似於 proc 的特殊檔案系統，sysfs 也是基於 ram 的檔案系統，它沒有實際的存放裝置。此目錄是系統裝置管理的重要目錄，此目錄透過一定的組織結構向使用者提供詳細的核心資料結構資訊。

10. /usr 目錄

usr（unix software resource）是 Unix 作業系統軟體資原始目錄。Linux 一般被稱為類 Unix 作業系統，蘋果的 MacOS 也是類 Unix 作業系統。/usr 目錄下存放著很多軟體，一般系統安裝完成以後此目錄佔用的空間最多。

11. /var 目錄

此目錄存放一些可以改變的資料。

關於 Linux 的根目錄就介紹到這裡，接下來的建構 root 檔案系統就是研究如何建立上面這些子目錄以及子目錄中的檔案。

35.2 | BusyBox 建構 root 檔案系統

35.2.1 BusyBox 簡介

BusyBox 負責「收集」root 檔案系統裡的檔案，然後將其打包，開發者可以直接拿來用。

BusyBox 是一個整合了大量的 Linux 命令和工具的軟體，像 ls、mv、ifconfig 等命令 BusyBox 都會提供。BusyBox 就是一個大的工具箱，整合了 Linux 的許多工具和命令。一般下載 BusyBox 的原始程式，然後設定 BusyBox，選擇自己想要的功能，最後編譯即可。

BusyBox 可以從其官網下載，如圖 35-2 所示。

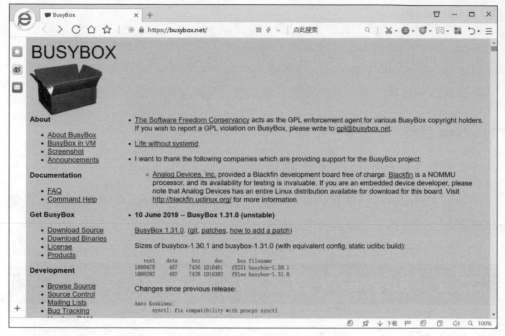

▲ 圖 35-2 BusyBox 官網

在官網左側的 Get BusyBox 欄有一行 Download Source,點擊 Download Source 即可開啟 BusyBox 的下載頁,如圖 35-3 所示。

▲ 圖 35-3 BusyBox 下載頁

從圖 35-3 可以看出，目前最新的 BusyBox 版本是 1.28.0，不過建議大家使用開發板附贈資源中提供的 1.29.0 版本的 BusyBox。BusyBox 準備好以後就可以建構 root 檔案系統了。

35.2.2 編譯 BusyBox 建構 root 檔案系統

一般我們在 Linux 驅動程式開發時都是透過 nfs 掛載 root 檔案系統的，當產品最終上市時才會將 root 檔案系統燒錄到 EMMC 或 NAND 中。

在 nfs 伺服器目錄中建立一個名為 rootfs 的子目錄（名稱大家可以隨意起，這裡使用 rootfs），比如筆者的電腦中 /home/zuozhongkai/linux/nfs 就是設定的 nfs 伺服器目錄，使用以下命令建立名為 rootfs 的子目錄。

```
mkdir rootfs
```

建立好的 rootfs 子目錄就用來存放 root 檔案系統了。

將 busybox-1.29.0.tar.bz2 發送到 Ubuntu 中，存放位置任意。然後使用以下命令將其解壓。

```
tar -vxjf busybox-1.29.0.tar.bz2
```

解壓完成以後進入到 busybox-1.29.0 目錄中，此目錄中的檔案和資料夾如圖 35-4 所示。

```
zuozhongkai@ubuntu:~/linux/busybox$ cd busybox-1.29.0/
zuozhongkai@ubuntu:~/linux/busybox/busybox-1.29.0$ ls
applets        coreutils    init          Makefile                 NOFORK_NOEXEC.lst        selinux
applets_sh     debianutils  INSTALL       Makefile.custom          NOFORK_NOEXEC.sh         shell
arch           docs         klibc-utils   Makefile.flags           printutils               size_single_applets.sh
archival       e2fsprogs    libbb         Makefile.help            procps                   sysklogd
AUTHORS        editors      libpwdgrp     make_single_applets.sh   qemu_multiarch_testing   testsuite
Config.in      examples     LICENSE       miscutils                README                   TODO
configs        findutils    loginutils    modutils                 runit                    TODO_unicode
console-tools  include      mailutils     networking               scripts                  util-linux
zuozhongkai@ubuntu:~/linux/busybox/busybox-1.29.0$
```

▲ 圖 35-4 busybox-1.29.0 目錄內容

1. 修改 Makefile，增加編譯器

同 Uboot 和 Linux 移植一樣，開啟 busybox 的頂層 Makefile，增加 ARCH 和 CROSS_COMPILE 的值，如範例 35-1 所示。

▼ 範例 35-1　Makefile 程式碼部分

```
164 CROSS_COMPILE ?= /usr/local/arm/gcc-linaro-4.9.4-2017.01-x86_64_arm-linux-
gnueabihf/bin/arm-linux-gnueabihf-
...
190ARCH ?= arm
```

在範例 35-1 中，CORSS_COMPILE 使用了絕對路徑，主要是為了防止編譯出錯。

2. busybox 中文字元支援

如果預設直接編譯 busybox 的話，在使用 MobaXterm 時中文字元顯示會不正常，原因是 busybox 對中文顯示及輸入做了限制，即使核心支援中文但在 shell 下也無法正確顯示。

所以需要修改 busybox 原始程式，取消 busybox 對中文顯示的限制，開啟檔案 busybox-1.29.0/libbb/printable_string.c，找到 printable_string 函式，縮減後的函式內容如範例 35-2 所示。

▼ 範例 35-2　libbb/printable_string.c 程式碼部分

```
12 const char* FAST_FUNC printable_string(uni_stat_t *stats, const char *str)
13 {
14 char *dst;
15 const char *s;
16
17 s = str;
18 while (1) {
19    unsigned char c = *s;
20    if (c == '\0') {
...
```

```
28    }
29    if (c < ' ')
30        break;
31    if (c >= 0x7f)
32        break;
33    s++;
34}
35
36 #if ENABLE_UNICODE_SUPPORT
37  dst = unicode_conv_to_printable(stats, str);
38 #else
39 {
40    char *d = dst = xstrdup(str);
41    while (1) {
42        unsigned char c = *d;
43        if (c == '\0')
44                break;
45        if (c < ' ' || c >= 0x7f)
46                *d = '?';
47        d++;
48    }
...
55 #endif
56  return auto_string(dst);
57}
```

第 31 和 32 行，當字元大於 0x7f 以後就跳出去了。

第 45 和 46 行，如果支援 UNICODE 碼，當字元大於 0x7f 就直接輸出？。

所以我們需要對這 4 行程式進行修改，修改以後如範例 35-3 所示。

▼ 範例 35-3 libbb/printable_string.c 程式碼部分

```
12 const char* FAST_FUNC printable_string(uni_stat_t *stats, const char *str)
13 {
14  char *dst;
15  const char *s;
16
17  s = str;
```

```
18  while (1) {
...
30    if (c < ' ')
31       break;
32    /* 註釋起來下面這個兩行程式 */
33    /* if (c >= 0x7f)
34       break; */
35    s++;
36  }
37
38 #if ENABLE_UNICODE_SUPPORT
39  dst = unicode_conv_to_printable(stats, str);
40 #else
41 {
42    char *d = dst = xstrdup(str);
43    while (1) {
44       unsigned char c = *d;
45       if (c == '\0')
46           break;
47       /* 修改下面程式 */
48       /* if (c < ' ' || c >= 0x7f) */
49       if( c < ' ')
50           *d = '?';
51       d++;
5     2}
...
59 #endif
60  return auto_string(dst);
61 }
```

　　範例 35-3 中粗體的程式就是被修改以後的，主要禁止字元大於 0x7f 以後，
跳躍和輸出？。

　　接著開啟檔案 busybox-1.29.0/libbb/unicode.c，找到如範例 35-4 所示
內容。

▼ 範例 35-4 libbb/unicode.c 程式碼部分

```
1003 static char* FAST_FUNC unicode_conv_to_printable2(uni_stat_t *stats, const char *src,
          unsigned width, int flags)
1004 {
1005  char *dst;
1006  unsigned dst_len;
1007  unsigned uni_count;
1008  unsigned uni_width;
1009
1010  if (unicode_status != UNICODE_ON) {
1011      char *d;
1012      if (flags & UNI_FLAG_PAD) {
1013          d = dst = xmalloc(width + 1);
...
1022              *d++ = (c >= ' ' && c < 0x7f) ? c :'?';
1023              src++;
1024          }
1025          *d = '\0';
1026      } else {
1027          d = dst = xstrndup(src, width);
1028          while (*d) {
1029              unsigned char c = *d;
1030              if (c < ' ' || c >= 0x7f)
1031                  *d = '?';
1032              d++;
1033          }
1034      }
...
1040      return dst;
1041  }
...
1130
1131  return dst;
1132 }
```

第 1022 行，當字元大於 0x7f 以後，*d++ 就為？。

第 1030 和 1031 行，當字元大於 0x7f 以後，*d 也為？。

修改範例 35-4，修改後內容如範例 35-5 所示。

▼ 範例 35-5 libbb/unicode.c 程式碼部分

```
1003 static char* FAST_FUNC unicode_conv_to_printable2(uni_stat_t *stats, const char *src,
              unsigned width, int flags)
1004 {
1005     char *dst;
1006     unsigned dst_len;
1007     unsigned uni_count;
1008     unsigned uni_width;
1009
1010     if (unicode_status != UNICODE_ON) {
1011         char *d;
1012         if (flags & UNI_FLAG_PAD) {
1013             d = dst = xmalloc(width + 1);
...
1022                 /* 修改下面一行程式 */
1023                 /* *d++ = (c >= ' ' && c < 0x7f) ? c :'?'; */
1024                 *d++ = (c >= ' ') ? c :'?';
1025                 src++;
1026             }
1027             *d = '\0';
1028         } else {
1029             d = dst = xstrndup(src, width);
1030             while (*d) {
1031                 unsigned char c = *d;
1032                 /* 修改下面一行程式 */
1033                 /* if (c < ' ' || c >= 0x7f) */
1034                 if(c < ' ')
1035                     *d = '?';
1036                 d++;
1037             }
1038         }
...
1044         return dst;
1045     }
...
1047
1048     return dst;
1049 }
```

範例 35-5 中粗體的程式就是被修改後的，主要是禁止字元大於 0x7f 時設定為？。最後還需要設定 busybox 啟動 unicode 碼。

3. 設定 busybox

和編譯 Uboot、Linux Kernel 一樣，要先對 busybox 進行預設的設定，有以下 3 種設定選項。

（1）defconfig，預設設定，預設設定選項。

（2）allyesconfig，全選設定，選中 busybox 的所有功能。

（3）allnoconfig，最小設定。

一般使用預設設定即可，設定 busybox。

```
make defconfig
```

busybox 也支援圖形化設定，我們可以進一步選擇自己想要的功能，輸入以下命令開啟圖形化設定介面。

```
make menuconfig
```

開啟以後如圖 35-5 所示。

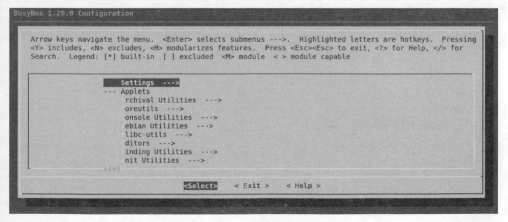

▲ 圖 35-5　busybox 圖形化設定介面

設定路徑如下所示。

```
Location:
   -> Settings
-> Build static binary (no shared libs)
```

選項 Build static binary（no shared libs）用來決定是靜態編譯還是動態編譯，靜態編譯不需要函式庫檔案，但是編譯出來的函式庫會很大。動態編譯則要求 root 檔案系統中有函式庫檔案，但是編譯出來的 busybox 會小很多。這裡不能採用靜態編譯，因為採用靜態編譯 DNS 會出問題，無法進行域名解析，設定如圖 35-6 所示。

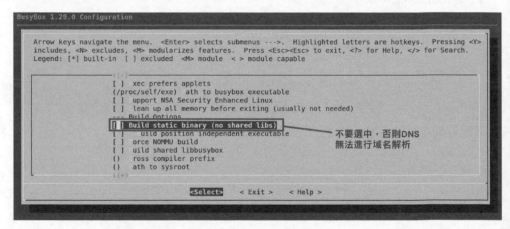

▲ 圖 35-6　不選擇 Build static binary (no shared libs)

繼續設定以下路徑設定項目。

```
Location:
 -> Settings
 -> vi-style line editing commands
```

結果如圖 35-7 所示。

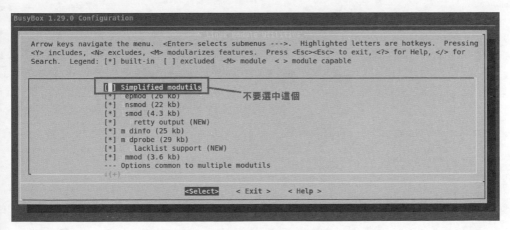

```
BusyBox 1.29.0 Configuration

 Arrow keys navigate the menu.  <Enter> selects submenus --->.  Highlighted letters are hotkeys.  Pressing
 <Y> includes, <N> excludes, <M> modularizes features.  Press <Esc><Esc> to exit, <?> for Help, </> for
 Search.  Legend: [*] built-in  [ ] excluded  <M> module  < > module capable

                  [ ]    aster /proc scanning code (+100 bytes)
                  [ ]    upport /etc/networks
                  [ ]    onsult /etc/services even for well-known ports
                  [*]    ommand line editing
                  (1024) M ximum length of input
                  [*]      vi-style line editing commands
                  (255)  H story size
                  [*]    H story saving
                  [ ]       ave history on shell exit, not after every command
                  [*]       everse history search

                        <Select>    < Exit >    < Help >
```

▲ 圖 35-7 選擇 vi-style line editing commands

繼續設定以下路徑設定項目。

```
Location:
 -> Linux Module Utilities
 -> Simplified modutils
```

預設會選中 Simplified modutils，這裡要取消選取，結果如圖 35-8 所示。

```
BusyBox 1.29.0 Configuration

 Arrow keys navigate the menu.  <Enter> selects submenus --->.  Highlighted letters are hotkeys.  Pressing
 <Y> includes, <N> excludes, <M> modularizes features.  Press <Esc><Esc> to exit, <?> for Help, </> for
 Search.  Legend: [*] built-in  [ ] excluded  <M> module  < > module capable

              [ ] Simplified modutils         不要選中這個
              [*]   epmod (26 kb)
              [*]   nsmod (22 kb)
              [*]   smod (4.3 kb)
              [*]     retty output (NEW)
              [*]   m dinfo (25 kb)
              [*]   m dprobe (29 kb)
              [*]     lacklist support (NEW)
              [*]   mmod (3.6 kb)
              --- Options common to multiple modutils

                        <Select>    < Exit >    < Help >
```

▲ 圖 35-8 取消選中 Simplified modutils

繼續設定以下路徑設定項目。

```
Location:
 -> Linux System Utilities
     -> mdev (16 kb)// 確保下面的全部選中，預設都是選中的
```

結果如圖 35-9 所示。

```
BusyBox 1.29.0 Configuration

  Arrow keys navigate the menu.  <Enter> selects submenus --->.  Highlighted letters are hotkeys.  Pressing
  <Y> includes, <N> excludes, <M> modularizes features.  Press <Esc><Esc> to exit, <?> for Help, </> for
  Search.  Legend: [*] built-in  [ ] excluded  <M> module  < > module capable

           [*]  osetup (5.4 kb)
           [*]  spci (5.7 kb)
           [*]  susb (3.5 kb)              ___確保都選中
           [*] mdev (16 kb)
           [*]     upport /etc/mdev.conf
           [*]        upport subdirs/symlinks
           [*]          upport regular expressions substitutions when renaming device
           [*]        upport command execution at device addition/removal
           [*]     upport loading of firmware
           [*] m sg (1.2 kb)

                    <Select>    < Exit >    < Help >
```

▲ 圖 35-9 mdev 設定項目

最後啟動 busybox 的 unicode 編碼以支援中文，設定路徑如下所示。

```
Location:
   -> Settings
   -> Support Unicode                                                      // 選中
      -> Check $LC_ALL, $LC_CTYPE and $LANG environment variables          // 選中
```

結果如圖 35-10 所示。

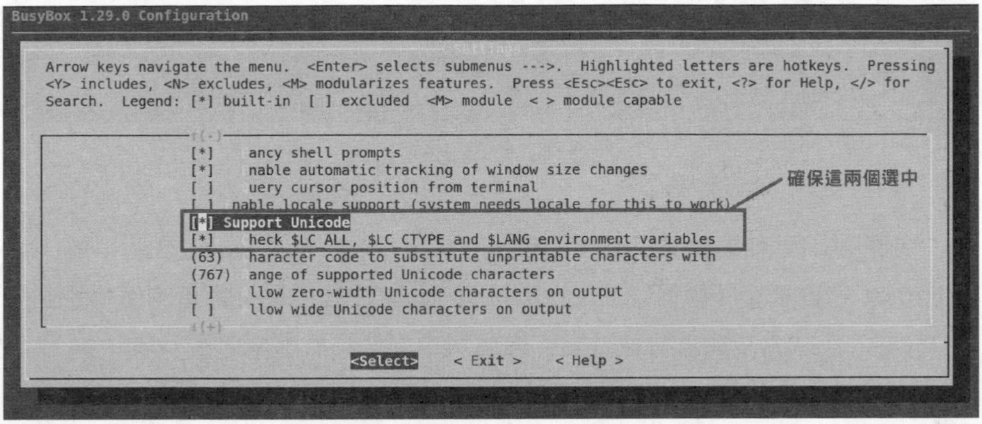

▲ 圖 35-10 中文支援

對於初學者不建議再做其他的修改，可能會出現編譯錯誤。

4. 編譯 busybox

我們可以指定編譯結果的存放目錄，將編譯結果存放到前面建立的 rootfs 目錄中，輸入以下命令：

```
make
make install CONFIG_PREFIX=/home/zuozhongkai/linux/nfs/rootfs
```

COFIG_PREFIX 指 定 編 譯 結 果 的 存 放 目 錄，比 如 存 放 到 /home/zuozhongkai/linux/nfs/rootfs 目錄中，等待編譯完成，結果如圖 35-11 所示。

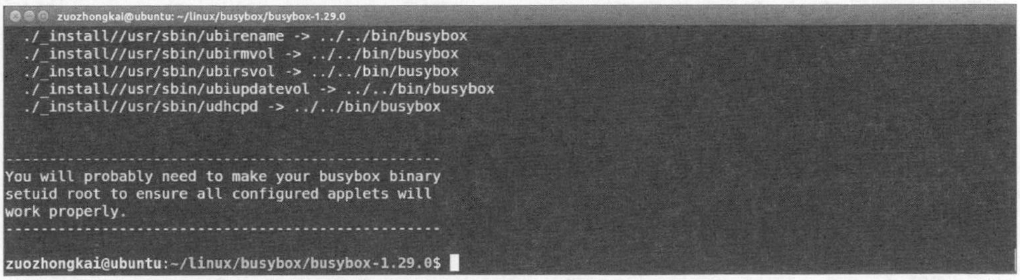

▲ 圖 35-11 busybox 編譯完成

編譯完成後，busybox 的所有工具和檔案就會被安裝到 rootfs 目錄中，rootfs 目錄內容如圖 35-12 所示。

```
zuozhongkai@ubuntu:~/linux/nfs/rootfs$ ls
bin  linuxrc  sbin  usr
zuozhongkai@ubuntu:~/linux/nfs/rootfs$
```

▲ 圖 35-12 rootfs 目錄

從圖 35-12 可以看出，rootfs 目錄下有 bin、sbin 和 usr 這 3 個目錄，以及 linuxrc 這個檔案。前面說過 Linux 核心 init 處理程序最後會查詢使用者空間的 init 程式，找到以後就會執行它，從而切換到使用者態。如果 bootargs 設定 init=/linuxrc，那麼 linuxrc 就作為使用者空間的 init 程式，所以使用者態空間的 init 程式是由 busybox 生成的。

此時的 root 檔案系統還不能使用，還需要其他的檔案，繼續完善 rootfs。

35.2.3 向 root 檔案系統增加 lib 函式庫

1. 向 rootfs 的 /lib 目錄增加函式庫檔案

Linux 中的應用程式一般都是需要動態函式庫的，所以向 root 檔案系統中增加動態函式庫。在 rootfs 中建立一個名為 lib 的資料夾，命令如下所示。

```
mkdir lib
```

lib 函式庫檔案從交叉編譯器中獲取，前面架設交叉編譯環境時將交叉編譯器存放到了 /usr/local/arm/ 目錄中。交叉編譯器中有很多的函式庫檔案，初學者可以先把所有的函式庫檔案都放到 root 檔案系統中。這樣做出來的 root 檔案系統記憶體很大，但是現在是學習階段，還做不了裁剪。所以大家一定要儲存空間大的開發板，比如正點原子的 I.MX6ULL EMMC 開發板上有 8GB 的 EMMC 儲存空間，如果後面要學習 QT 則佔用空間會更大。

進入以下路徑對應的目錄。

```
/usr/local/arm/gcc-linaro-4.9.4-2017.01-x86_64_arm-linux-gnueabihf/arm-linux-gnueabihf/
libc/lib
```

此目錄下有很多的 *so*（＊是萬用字元）和 .a 檔案，這些就是函式庫檔案，將其都複製到 rootfs/lib 目錄中，複製命令如下所示。

```
cp *so* *.a /home/zuozhongkai/linux/nfs/rootfs/lib/ -d
```

後面的 -d 表示複製符號連結，這裡有個比較特殊的函式庫檔案 ld-linux-armhf.so.3，它是 1 個符號連結，相當於 Windows 下的捷徑，它會連結到函式庫 ld-2.19-2014.08-1-git.so 上。

輸入命令 ls ld-linux-armhf.so.3 -l 查看此檔案詳細資訊，如圖 35-13 所示。

```
zuozhongkai@ubuntu:~/linux/nfs/rootfs$ cd lib/
zuozhongkai@ubuntu:~/linux/nfs/rootfs/lib$ ls ld-linux-armhf.so.3 -l
lrwxrwxrwx 1 zuozhongkai zuozhongkai 24 Jun 13 12:36 ld-linux-armhf.so.3 -> ld-2.19-2014.08-1-git.so
```

▲ 圖 35-13 檔案 ld-linux-armhf.so.3

ld-linux-armhf.so.3 後面的 ->，表示其是軟連結檔案，連結到檔案 ld-2.19-2014.08-1-git.so，大小只有 24B。但是，ld-linux-armhf.so.3 不能作為符號連結，否則在 root 檔案系統中程式無法執行。需要重新複製 ld-linux-armhf.so.3，不複製軟連結即可，先將 rootfs/lib 中的 ld-linux-armhf.so.3 檔案刪除掉，命令以下所示。

```
rm ld-linux-armhf.so.3
```

然後進入到 /usr/local/arm/gcc-linaro-4.9.4-2017.01-x86_64_arm-linux-gnueabihf/arm-linux-gnueabihf/libc/lib 目錄中，重新複製 ld-linux-armhf.so.3，命令如下所示。

```
cp ld-linux-armhf.so.3 /home/zuozhongkai/linux/nfs/rootfs/lib/
```

複製完成以後再到 rootfs/lib 目錄下查看 ld-linux-armhf.so.3 檔案詳細資訊，如圖 35-14 所示。

```
zuozhongkai@ubuntu:~/linux/nfs/rootfs/lib$ rm  ld-linux-armhf.so.3
zuozhongkai@ubuntu:~/linux/nfs/rootfs/lib$ ls ld-linux-armhf.so.3 -l
-rwxr-xr-x 1 zuozhongkai zuozhongkai 724392 Jun 13 12:59 ld-linux-armhf.so.3
zuozhongkai@ubuntu:~/linux/nfs/rootfs/lib$
```

▲ 圖 35-14 檔案 ld-linux-armhf.so.3

從圖 35-14 可以看出，此時 ld-linux-armhf.so.3 已經不是軟連接了，而是實實在在的函式庫檔案，大小為 724392B。

繼續進入以下目錄中。

```
/usr/local/arm/gcc-linaro-4.9.4-2017.01-x86_64_arm-linux-gnueabihf/arm-linux-gnueabihf/lib
```

此目錄下也有很多的 *so* 和 .a 函式庫檔案，將其也複製到 rootfs/lib 目錄中，命令如下所示。

```
cp *so* *.a /home/zuozhongkai/linux/nfs/rootfs/lib/ -d
```

完成以後的 rootfs/lib 目錄如圖 35-15 所示。

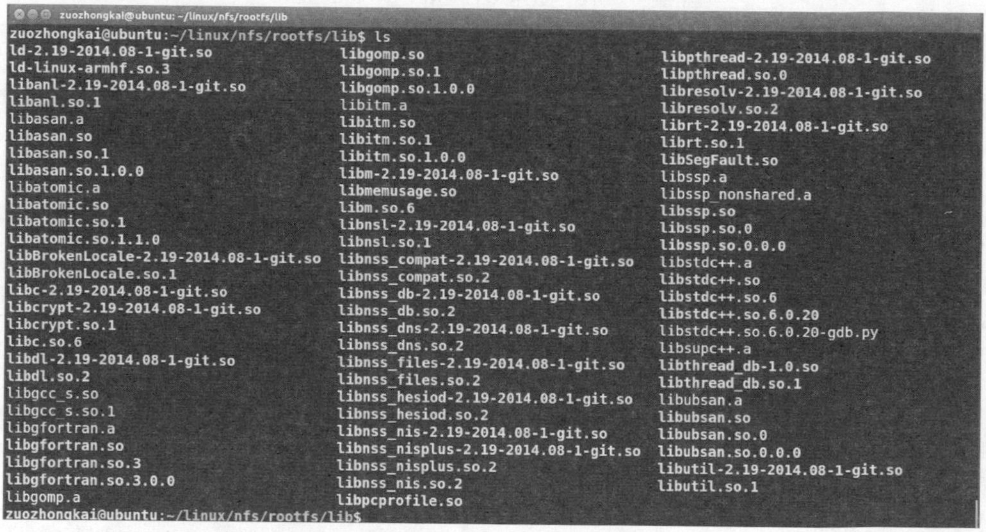

▲ 圖 35-15 lib 目錄

2. 向 rootfs 的 usr/lib 目錄增加函式庫檔案

在 rootfs 的 usr 目錄下建立一個名為 lib 的目錄，將以下目錄中的函式庫檔案複製到 rootfs/usr/lib 目錄下。

```
/usr/local/arm/gcc-linaro-4.9.4-2017.01-x86_64_arm-linux-gnueabihf/arm-linux-gnueabihf/libc/
usr/lib
```

將此目錄下的 *so* 和 .a 函式庫檔案都複製到 rootfs/usr/lib 目錄中，命令如下所示。

```
cp *so* *.a /home/zuozhongkai/linux/nfs/rootfs/usr/lib/ -d
```

完成以後的 rootfs/usr/lib 目錄如圖 35-16 所示。

```
zuozhongkai@ubuntu:~/linux/nfs/rootfs/usr/lib$ ls
libanl.a              libcrypt_pic.a     libnsl.a              libnss_nis_pic.a       librpcsvc_p.a
libanl_p.a            libcrypt.so        libnsl_p.a            libnss_nisplus_pic.a   librt.a
libanl_pic.a          libc.so            libnsl_pic.a          libnss_nisplus.so      librt_p.a
libanl.so             libdl.a            libnsl.so             libnss_nis.so          librt_pic.a
libBrokenLocale.a     libdl_p.a          libnss_compat_pic.a   libpthread.a           librt.so
libBrokenLocale_p.a   libdl_pic.a        libnss_compat.so      libpthread_nonshared.a libthread_db_pic.a
libBrokenLocale_pic.a libdl.so           libnss_db_pic.a       libpthread_p.a         libthread_db.so
libBrokenLocale.so    libg.a             libnss_db.so          libpthread.so          libutil.a
libc.a                libieee.a          libnss_dns_pic.a      libresolv.a            libutil_p.a
libc_nonshared.a      libm.a             libnss_dns.so         libresolv_p.a          libutil_pic.a
libc_p.a              libmcheck.a        libnss_files_pic.a    libresolv_pic.a        libutil.so
libc_pic.a            libm_p.a           libnss_files.so       libresolv_pic.map
libcrypt.a            libm_pic.a         libnss_hesiod_pic.a   libresolv.so
libcrypt_p.a          libm.so            libnss_hesiod.so      librpcsvc.a
zuozhongkai@ubuntu:~/linux/nfs/rootfs/usr/lib$
```

▲ 圖 35-16 rootfs/usr/lib 目錄

至此，root 檔案系統的函式庫檔案就全部增加可以使用「du」命令來查看 rootfs/lib 和 rootfs/usr/lib 這兩個目錄的大小，命令如下所示。

```
cd rootfs                          // 進入 root 檔案系統目錄
du ./lib ./usr/lib/ -sh            // 查看 lib 和 usr/lib 這兩個目錄的大小
```

結果如圖 35-17 所示。

```
zuozhongkai@ubuntu:~/linux/nfs/rootfs$ du ./lib ./usr/lib/ -sh
57M     ./lib
67M     ./usr/lib/
zuozhongkai@ubuntu:~/linux/nfs/rootfs$
```

▲ 圖 35-17 lib 和 usr/lib 目錄大小

可以看出 lib 和 usr/lib 大小分別為 57MB 和 67MB，共 124MB，佔用記憶體非常大。這樣的 NAND 核心版就不是給初學者準備的，而是給大量採購的企業準備的，初學者推薦選擇 EMMC 版本開發板。

35.2.4 建立其他資料夾

在 root 檔案系統中建立其他資料夾,如 dev、mnt、proc、root、sys 和 tmp 等,如圖 35-18 所示。

```
zuozhongkai@ubuntu:~/linux/nfs/rootfs$ ls
bin  dev  lib  linuxrc  mnt  proc  root  sbin  sys  tmp  usr
zuozhongkai@ubuntu:~/linux/nfs/rootfs$
```

▲ 圖 35-18 建立好其他資料夾以後的 rootfs

下面直接測此資料夾。

35.3 | root 檔案系統初步測試

測試方法使用 NFS 掛載,uboot 中的 bootargs 環境變數會設定 root 的值,將 root 的值改為 NFS 掛載即可。在 Linux 核心原始程式中有對應的文件講解如何設定,文件為 Documentation/filesystems/nfs/ nfsroot.txt,格式如下。

```
root=/dev/nfs nfsroot=[<server-ip>:]<root-dir>[,<nfs-options>] ip=<client-ip>:<server-
ip>:<gw-ip>:<netmask>:<hostname>:<device>:<autoconf>:<dns0-ip>:<dns1-ip>
```

<server-ip>:伺服器 IP 位址,存放 root 檔案系統主機的 IP 位址,即 Ubuntu 的 IP 位址。筆者的 Ubuntu 主機 IP 位址為 192.168.1.250。

<root-dir>:根檔案系統的存放路徑,如 /home/zuozhongkai/linux/nfs/ rootfs。

<nfs-options>:NFS 的其他可選選項,一般不設定。

<client-ip>:使用者端 IP 位址,即開發板的 IP 位址,Linux 核心啟動以後就會使用此 IP 位址設定開發板。此位址一定要和 Ubuntu 主機在同一個網段內,不能被其他的裝置使用。在 Ubuntu 中使用 ping 命令就知道要設定的 IP 位址是否被使用。如果不能 ping 可以設定開發板的 IP 位址。

<server-ip>:伺服器 IP 位址。

\<gw-ip\>：閘道位址，本單元為 192.168.1.1。

\<netmask\>：子網路遮罩。

\<hostname\>：客戶端設備的名稱，一般不設定，此值可以空著。

\<device\>：裝置名稱，也就是網路卡名稱，一般為 eth0，eth1⋯。I.MX6U-ALPHA 開發板的 ENET2 為 eth0，ENET1 為 eth1。

\<autoconf\>：自動設定，一般不使用，所以設定為 off。

\<dns0-ip\>：DNS0 伺服器 IP 位址，不使用。

\<dns1-ip\>：DNS1 伺服器 IP 位址，不使用。

根據上面的格式 bootargs 環境變數的 root 值如下所示。

```
root=/dev/nfs nfsroot=192.168.1.250:/home/zuozhongkai/linux/nfs/rootfs,proto=tcp rw
ip=192.168.1.251:192.168.1.250:192.168.1.1:255.255.255.0::eth0:off
```

proto=tcp 表示使用 TCP 協定，rw 表示 nfs 掛載的 root 檔案系統為讀取寫入。啟動開發板，進入 uboot 命令列模式，然後重新設定 bootargs 環境變數，命令如下所示。

```
setenv bootargs 'console=ttymxc0,115200 root=/dev/nfs nfsroot=192.168.1.250:/home/
zuozhongkai/linux/nfs/rootfs,proto=tcp rw ip=192.168.1.251:192.168.1.250:192.168.1.1:2
55.255.255.0::eth0:off   // 設定 bootargs
saveenv                  // 儲存環境變數
```

設定好以後使用 boot 命令啟動 Linux 核心，結果如圖 35-19 所示。

```
VFS: Mounted root (nfs filesystem) on device 0:14.
devtmpfs: mounted
Freeing unused kernel memory: 396K (809ab000 - 80a0e000)
can't run '/etc/init.d/rcS': No such file or directory

Please press Enter to activate this console.
/ #
/ #
```

▲ 圖 35-19 進入 root 檔案系統

從圖 35-19 可以看出，已經進入了 root 檔案系統，説明 root 檔案系統工作了，如果沒有啟動進入 root 檔案系統可以重新啟動一次開發板。輸入 ls 命令測試，結果如圖 35-20 所示。

```
/ # ls
bin      lib      mnt       root     sys      usr
dev      linuxrc  proc      sbin     tmp
/ #
```

▲ 圖 35-20 ls 命令測試

可以看出 ls 命令工作正常，那麼是不是説明 rootfs 就製作成功了呢？大家注意，在進入 root 檔案系統時會有下面這一行錯誤訊息。

```
can't run '/etc/init.d/rcS':No such file or directory
```

提示很簡單，無法執行 /etc/init.d/rcS 這個檔案，因為這個檔案不存在。如圖 35-21 所示。

```
can't run '/etc/init.d/rcS': No such file or directory
Please press Enter to activate this console.
/ #
```

▲ 圖 35-21 /etc/init.d/rcS 不存在

35.4 | 完善 root 檔案系統

35.4.1 建立 /etc/init.d/rcS 檔案

rcS 是 1 個 shell 腳本，Linux 核心啟動以後需要啟動一些服務，而 rcS 就是規定啟動哪些檔案的腳本檔。在 rootfs 中建立 /etc/init.d/rcS，然後輸入如範例 35-6 所示內容。

▼ 範例 35-6 /etc/init.d/rcS 檔案

```
1   #!/bin/sh
2
```

```
3  PATH=/sbin:/bin:/usr/sbin:/usr/bin:$PATH
4  LD_LIBRARY_PATH=$LD_LIBRARY_PATH:/lib:/usr/lib
5  export PATH LD_LIBRARY_PATH
6
7  mount -a
8  mkdir /dev/pts
9  mount -t devpts devpts /dev/pts
10
11 echo /sbin/mdev > /proc/sys/kernel/hotplug
12 mdev -s
```

第 1 行，這是一個 shell 腳本。

第 3 行，PATH 環境變數儲存著可執行檔可能存在的目錄，這樣我們在執行一些命令或可執行檔時就不會提示找不到檔案這樣的錯誤。

第 4 行，LD_LIBRARY_PATH 環境變數儲存著函式庫檔案所在的目錄。

第 5 行，使用 export 匯出上面這些環境變數，相當於宣告一些全域變數。

第 7 行，使用 mount 命令掛載所有的檔案系統，這些檔案系統由 /etc/fstab 指定，所以還要建立 /etc/fstab 檔案。

第 8 和 9 行，建立目錄 /dev/pts，然後將 devpts 掛載到 /dev/pts 目錄中。

第 11 和 12 行，使用 mdev 來管理熱抽換裝置，透過這兩行，Linux 核心就可以在 /dev 目錄下自動建立裝置節點。關於 mdev 的詳細內容可以參考 busybox 中的 docs/mdev.txt 文件。

範例 35-6 中的 rcS 檔案內容是最精簡的，Ubuntu 或其他大型 Linux 作業系統中的 rcS 檔案會非常複雜。初次學習，不使用這麼複雜的程式。

建立好檔案 /etc/init.d/rcS 後一定要給其可執行許可權。

使用以下命令給予 /ec/init.d/rcS 可執行許可權。

```
chmod 777 rcS
```

Linux 核心重新啟動以後如圖 35-22 所示。

```
mount: can't read '/etc/fstab': No such file or directory
/etc/init.d/rcS: line 11: can't create /proc/sys/kernel/hotplug: nonexistent directory
mdev: /sys/dev: No such file or directory

Please press Enter to activate this console.
/ #
```

▲ 圖 35-22 Linux 啟動過程

從圖 35-22 可以看到，提示找不到 /etc/fstab 檔案，還有一些其他的錯誤，先把 /etc/fstab 這個錯誤解決。

mount -a 掛載所有 root 檔案系統時需要讀取 /etc/fstab，因為 /etc、fstab 中定義了該掛載哪些檔案，接下來建立 /etc/fstab。

35.4.2 建立 /etc/fstab 檔案

在 rootfs 中建立 /etc/fstab 檔案，fstab 在 Linux 開機以後自動設定那些需要自動掛載的分區，格式如下所示。

```
<file system>  <mount point>  <type>  <options>  <dump>  <pass>
```

<file system>：要掛載的特殊裝置，也可以是區塊裝置，比如 /dev/sda 等。

<mount point>：掛載點。

<type>：檔案系統類型，比如 ext2、ext3、proc、romfs、tmpfs 等。

<options>：掛載選項，在 Ubuntu 中輸入 man mount 命令可以查看具體的選項。一般使用 defaults，也就是預設選項。defaults 包含了 rw、suid、dev、 exec、 auto、 nouser 和 async。

<dump>：為 1 允許備份，為 0 不備份。一般不備份，因此設定為 0。

<pass>：磁碟檢查設定，為 0 表示不檢查。根目錄 / 設定為 1，其他的都不能設定為 1，分區從 2 開始。一般不在 fstab 中掛載根目錄，設定為 0。

按照上述格式，在 fstab 檔案中輸入如範例 35-7 所示內容。

▼ 範例 35-7 /etc/fstab 檔案

```
1 #<file system>          <mount point>     <type><options><dump>    <pass>
2 proc                    /proc             proc                     defaults00
3 tmpfs                   /tmp              tmpfs                    defaults00
4 sysfs                   /sys              sysfs                    defaults00
```

fstab 檔案建立完成以後重新啟動 Linux，結果如圖 35-23 所示。

```
VFS: Mounted root (nfs filesystem) on device 0:14.
devtmpfs: mounted
Freeing unused kernel memory: 396K (809ab000 - 80a0e000)

Please press Enter to activate this console.
/ #
/ #
```

▲ 圖 35-23 Linux 啟動過程

啟動成功，而且沒有任何錯誤訊息。接下來還需要建立一個檔案 /etc/inittab。

35.4.3 建立 /etc/inittab 檔案

inittab 的詳細內容可以參考 busybox 下的檔案 examples/inittab。init 程式會讀取 /etc/inittab 這個檔案，inittab 由若干行指令組成。每行指令的結構都是一樣的，由「:」分隔的 4 個段組成，格式如下所示。

```
<id>:<runlevels>:<action>:<process>
```

<id>：每個指令的識別字，不能重複。但是對 busybox 的 init 來説，<id> 有著特殊意義。對於 busybox 而言 <id> 用來指定啟動處理程序的控制 tty，一般將序列埠或 LCD 螢幕設定為控制 tty。

<runlevels>：對 busybox 來説此項完全沒用，所以空著。

<action>：動作，用於指定 <process> 可能用到的動作。busybox 支援的動作如表 35-1 所示。

▼ 表 35-1 動作

動作	描述
sysinit	在系統初始化時 process 才會執行一次
respawn	當 process 終止以後馬上啟動一個新的
askfirst	和 respawn 類似，在執行 process 之前在主控台上顯示 Please press Enter to activate this console.。只要使用者按下 Enter 鍵以後才會執行 process
wait	告訴 init，要等待對應的處理程序執行完以後才能繼續執行
once	僅執行一次，而且不會等待 process 執行完成
restart	當 init 重新啟動時才會執行 procee
ctrlaltdel	當按下 ctrl+alt+del 複合鍵才會執行 process
shutdown	關機時執行 process

<process>：具體的動作，比如程式、腳本或命令等。

參考 busybox 的 examples/inittab 檔案，建立一個 /etc/inittab，輸入如範例 35-8 所示內容。

▼ 範例 35-8 /etc/inittab 檔案

```
1 #etc/inittab
2 ::sysinit:/etc/init.d/rcS
3 console::askfirst:-/bin/sh
4 ::restart:/sbin/init
5 ::ctrlaltdel:/sbin/reboot
6 ::shutdown:/bin/umount -a -r
7 ::shutdown:/sbin/swapoff -a
```

第 2 行，系統啟動以後執行 /etc/init.d/rcS。

第 3 行，將 console 作為主控台終端，也就是 ttymxc0。

第 4 行，重新啟動然後執行 /sbin/init。

第 5 行，按下 Ctrl+Alt+Del 複合鍵

然後執行 /sbin/reboot，Ctrl+Alt+Del 複合鍵用於重新啟動系統。

第 6 行，關機時執行 /bin/umount，移除各個檔案系統。

第 7 行，關機時執行 /sbin/swapoff，關閉交換分區。

/etc/inittab 檔案建立好以後重新啟動開發板即可。至此，root 檔案系統要建立的檔案已全部完成。接下來就要對 root 檔案系統進行其他的測試，比如自己撰寫的軟體執行是否正常，是否支援軟體開機自啟動，中文支援是否正常，以及能不能連結等。

35.5 | root 檔案系統其他功能測試

35.5.1 軟體執行測試

使用 Linux 的目的就是執行自己的軟體，我們編譯的應用軟體一般都使用動態函式庫，使用動態函式庫的話應用軟體體積就很小，但是得提供函式庫檔案，函式庫檔案已經增加到了 root 檔案系統中。我們撰寫一個小小的測試軟體來測試一下函式庫檔案是否工作正常，在 root 檔案系統下建立一個名為 drivers 的資料夾，以後學習 Linux 驅動程式時就把所有的實驗檔案放到這個資料夾中。

在 ubuntu 下使用 vim 編輯器新建一個 hello.c 檔案，在 hello.c 中輸入如範例 35-9 所示內容。

▼ 範例 35-9 hello.c 檔案

```
1 #include <stdio.h>
2
3 int main(void)
4 {
5     while(1) {
6         printf("hello world!\r\n");
7         sleep(2);
8     }
9     return 0;
10 }
```

hello.c 內容很簡單，就是迴圈輸出 hello world，sleep 相當於 Linux 的延遲時間函式，單位為秒，所以 sleep（2）就是延遲時間 2 秒。

程式在 ARM 晶片上執行，所以使用 arm-linux-gnueabihf-gcc 編譯，命令如下所示。

```
arm-linux-gnueabihf-gcc hello.c -o hello
```

使用 arm-linux-gnueabihf-gcc 將 hello.c 編譯為 hello 可執行檔。這個 hello 可執行檔究竟是不是 ARM 使用的呢？使用 file 命令查看檔案類型以及編碼格式。

```
file hello      // 查看 hello 的檔案類型以及編碼格式
```

結果如圖 35-24 所示。

```
zuozhongkai@ubuntu:~/linux/nfs/rootfs/drivers$ arm-linux-gnueabihf-gcc hello.c -o hello
zuozhongkai@ubuntu:~/linux/nfs/rootfs/drivers$ ls                     查看hello的編碼格式
hello  hello.c
zuozhongkai@ubuntu:~/linux/nfs/rootfs/drivers$ file hello
hello: ELF 32-bit LSB executable, ARM, EABI5 version 1 (SYSV), dynamically linked, interpr
eter /lib/ld-, for GNU/Linux 2.6.31, BuildID[sha1]=7dd1bde89e09327b11ad95e22e72f9bfafd8aec
b, not stripped
zuozhongkai@ubuntu:~/linux/nfs/rootfs/drivers$
```

▲ 圖 35-24 查看 hello 編碼格式

從圖 35-24 可以看出，輸入 file hello 輸出了如下所示資訊。

```
hello:ELF 32-bit LSB executable, ARM, EABI5 version 1 (SYSV), dynamically linked……
```

hello 是 32 位元的 LSB 可執行檔，ARM 架構，並且是動態連結的。所以編譯出來的 hello 檔案沒有問題。將其複製到 rootfs/drivers 目錄下，在開發板中輸入以下命令執行這個可執行檔。

```
cd /drivers     // 進入 drivers 目錄
./hello         // 執行 hello
```

結果如圖 35-25 所示。

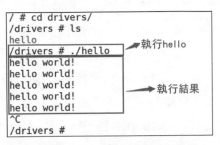

▲ 圖 35-25　hello 執行結果

　　可以看出，hello 這個軟體執行正常，說明 root 檔案系統中的共用函式庫是沒問題的，要想終止 hello 的執行，按下 Ctrl+C 複合鍵即可。此時大家應該能感覺到，hello 執行時終端是沒法用的，除非使用 Ctrl+C 關閉 hello，那麼有沒有辦法讓 hello 正常執行，而且終端還可以正常使用？讓 hello 進入後台執行就可以解決，執行軟體時加上 & 即可，比如 ./hello & 就可以讓 hello 在後台執行。在後台執行的軟體可以使用 kill -9 pid（處理程序 ID）命令關閉，首先使用 ps 命令查看要關閉的軟體 PID 是多少，然後查看所有當前正在執行的處理程序，舉出處理程序的 PID。輸入 ps 命令，結果如圖 35-26 所示。

```
  54 root       0:00 [ipv6_addrconf]
  55 root       0:00 [mmcqd/1]
  56 root       0:00 [mmcqd/1boot0]
  57 root       0:00 [deferwq]
  58 root       0:00 [irq/202-imx_the]
  59 root       0:00 [mmcqd/1boot1]
  60 root       0:00 [mmcqd/1rpmb]
  62 root       0:00 [kworker/0:1H]
  69 root       0:00 vsftpd
  71 root       0:00 -/bin/sh
  72 root       0:00 init
  80 root       0:00 sshd: /sbin/sshd [listener] 0 of 10-100 startups
  83 root       0:00 [kworker/0:1]
  84 root       0:00 [kworker/0:2]
  86 root       0:00 ./hello
  87 root       0:00 ps
```

▲ 圖 35-26　ps 命令結果

從圖 35-26 可以看出，hello 對應的 PID 為 86，使用以下命令關閉在後台執行的 hello 軟體。

```
kill -9 166
```

因為 hello 在不斷地輸出 hello world，輸入看起來會被打斷，其實並沒有。因為我們是輸入，而 hello 是輸出。在資料流程上是沒有打斷的，只是看起來好像被打斷了，所以只管輸入 kill -9 166 即可。hello 被 kill 以後會有提示，如圖 35-27 所示。

```
[1]+  Killed                     ./hello
/drivers #
```

▲ 圖 35-27 提示 hello 被 kill 掉

再用 ps 命令查看當前的處理程序，發現沒有 hello 了。這個就是 Linux 下的軟體後台執行以及如何關閉軟體的方法，重點就是 3 個操作：軟體後面加「&」，使用 ps 查看要關閉的軟體 PID，使用 kill -9 pid 關閉指定的軟體。

35.5.2 中文字元測試

在 ubuntu 中的 rootfs 目錄下新建一個名為「中文測試」的資料夾，然後在 SecureCRT 下查看中文名稱能否正確顯示。輸入 ls 命令，結果如圖 35-28 所示。

```
/ # ls
bin           etc           mnt           sbin          usr
dev           lib           proc          sys           中文測試
drivers       linuxrc       root          tmp
/ #
```

▲ 圖 35-28 中文資料夾測試

可以看出資料夾顯示正常，接著 touch 命令在此資料夾中新建一個名為「測試文件 .txt」的檔案，並且使用 vim 編輯器輸入「這是一個中文測試檔案」，以此來測試中文檔案名稱和中文內容是否顯示正常。在 MobaXterm 中使用 cat 命令查看「測試文件 .txt」中的內容，結果如圖 35-29 所示。

```
/ # cd 中文測試
/中文測試 # ls
測試文档.txt
/中文測試 # cat 測試文档.txt        ←── 使用cat命令查看「測試文檔.txt」中的內容
這是一個中文測試文件
/中文測試 #
```

▲ 圖 35-29 中文文件內容顯示

「測試文件 .txt」的中文內容顯示正確，而且中文路徑也完全正常，説明 root 檔案系統已經完美支援中文了。

35.5.3 開機自啟動測試

在 35.5.1 節測試 hello 軟體時都是等 Linux 啟動進入 root 檔案系統以後手動輸入命令 ./hello 來完成的。

一般做好產品以後，都是需要開機自動啟動對應的軟體，本節以 hello 這個軟體為例，講解如何實現開機自啟動。

進入 root 檔案系統時會執行 /etc/init.d/rcS 這個 shell 腳本，因此可以在這個腳本中增加自啟動相關內容。增加完成以後的 /etc/init.d/rcS 檔案內容如範例 35-10 所示。

▼ 範例 35-10 rcS 檔案程式

```
1  #!/bin/sh
2  PATH=/sbin:/bin:/usr/sbin:/usr/bin
3  LD_LIBRARY_PATH=$LD_LIBRARY_PATH:/lib:/usr/lib
4  runlevel=S
5  umask 022
6  export PATH LD_LIBRARY_PATH runlevel
7
8  mount -a
9  mkdir /dev/pts
10 mount -t devpts devpts /dev/pts
11
12 echo /sbin/mdev > /proc/sys/kernel/hotplug
13 mdev -s
14
```

```
15 # 開機自啟動
16 cd /drivers
17 ./hello &
18 cd /
```

第 16 行，進入 drivers 目錄，因為要啟動的軟體存放在 drivers 目錄下。

第 17 行，以後台方式執行 hello 軟體。

第 18 行，退出 drivers 目錄，進入到根目錄下。

自啟動程式增加完成以後就可以重新啟動開發板，看看 hello 這個軟體會不會自動執行。結果如圖 35-30 所示。

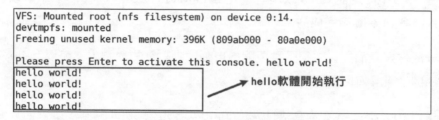

▲ 圖 35-30 hello 開機自啟動

hello 開機自動執行了，說明開機自啟動成功。

35.5.4 外網連接測試

測試方法很簡單，透過 ping 命令連接百度的官網，輸入以下命令。

```
ping www.baidu.com
```

結果如圖 35-31 所示。

```
/ # ping www.baidu.com
ping: bad address 'www.baidu.com'
/ #
```

▲ 圖 35-31 ping 測試結果

可以看出，測試失敗，提示此網址不對，顯然已有的網址是正確的。之所以出現這個錯誤訊息是因為此網址的位址解析失敗，並沒有解析出其對應的 IP 位址。我們需要設定域名解析伺服器的 IP 位址，其可以設定為所處網路的閘道位址，比如 192.168.1.1。也可以設定為 114.114.114.114，這個是營運商的域名解析伺服器位址。

在 rootfs 中新建檔案 /etc/resolv.conf，然後輸入如範例 35-11 所示內容。

▼ 範例 35-11 resolv.conf 檔案內容

```
1 nameserver 114.114.114.114
2 nameserver 192.168.1.1
```

設定很簡單，nameserver 表示這是域名伺服器，設定了兩個域名伺服器位址：114.114.114.114 和 192.168.1.1，大家也可以改為其他的域名伺服器試試。如果使用 udhcpc 命令自動獲取 IP 位址，udhcpc 命令會修改 nameserver 的值，一般將其設定為對應的閘道位址。修改好以後儲存退出，重新啟動開發板。重新啟動以後重新 ping 一下百度官網，結果如圖 35-32 所示。

```
/ # ping www.baidu.com
PING www.baidu.com (14.215.177.39): 56 data bytes
64 bytes from 14.215.177.39: seq=0 ttl=56 time=6.872 ms
64 bytes from 14.215.177.39: seq=1 ttl=56 time=6.350 ms
64 bytes from 14.215.177.39: seq=2 ttl=56 time=6.722 ms
^C
--- www.baidu.com ping statistics ---
3 packets transmitted, 3 packets received, 0% packet loss
round-trip min/avg/max = 6.350/6.648/6.872 ms
/ #
```

▲ 圖 35-32 ping 百度官網結果

可以看出 ping 百度官網成功了，域名也解析成功。至此，root 檔案系統就徹底地製作完成，將其打包儲存好，防止以後做實驗時 root 檔案系統被破壞而從頭再來。uboot、Linux Kernel、rootfs 共同組成了一個完整的可以正常執行的 Linux 系統。

第 **36** 章

系統燒錄

前面已經移植好了 uboot 和 linux kernle，並製作好了 root 檔案系統。但是移植都是透過網路來測試的，在實際的產品開發中不會這樣測試。因此需要將 uboot、linux Kernel、.dtb（裝置樹）和 rootfs 燒錄到板子上的 EMMC、NAND 或 QSPI Flash 等存放裝置上，這樣不管有沒有網路，產品都可以正常執行。本章就來學習如何使用 NXP 官方提供的 MfgTool 工具，使用 USB OTG 介面燒錄系統。

36.1 | MfgTool 工具簡介

MfgTool 工具是 NXP 提供的專門給 I.MX 系列 CPU 燒錄系統的軟體,可以在 NXP 官網下載。此軟體在 Windows 下使用,這一點非常友善。將此壓縮檔進行解壓後,會出現一個名為 L4.1.15_2.0.0-ga_mfg-tools 的資料夾,進入此資料夾內容如圖 36-1 所示。

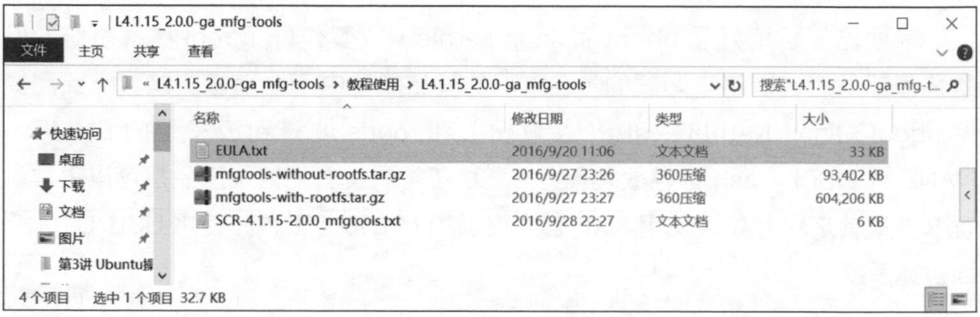

▲ 圖 36-1 mfg_tools 工具目錄

從圖 36-1 可以看出,有兩個 .txt 檔案和兩個 .gz 壓縮檔。

重點是這兩個 .gz 壓縮檔,名為 without-rootfs 和 with-rootfs,一個帶 rootfs,另一個不帶 rootfs。我們肯定要燒錄入檔案系統,所以選擇 mfgtools-with-rootfs.tar.gz 這個壓縮檔,繼續對其解壓,出現一個名為 mfgtools-with-rootfs 的資料夾,它包含我們需要的燒錄工具。

進入目錄 mfgtools-with-rootfs\mfgtools 中,如圖 36-2 所示。

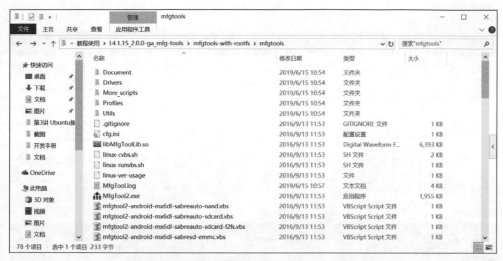

▲ 圖 36-2　mfgtools 目錄內容

我們只關心 Profiles 資料夾，燒錄入檔案會放在這裡。MfgTool2.exe 就是燒錄軟體，但是我們不會直接開啟這個軟體燒錄，mfg_tools 不僅能燒錄 I.MX6U，而且也能給 I.MX7、I.MX6Q 等晶片燒錄。燒錄之前必須要進行設定，指定燒錄的是什麼晶片，燒錄到哪裡去。

表 36-1 中的 .vbs 檔案就是設定腳本，按兩下這些 .vbs 檔案開啟燒錄工具。這些 .vbs 燒錄腳本既可以根據處理器的不同，由使用者選擇向 I.MX6D、I.MX6Q、I.MX6S、I.MX7、I.MX6UL 和 I.MX6ULL 中的任一款晶片燒錄系統，也可以根據儲存晶片的不同，選擇向 EMMC、NAND 或 QSPI Flash 等任一種存放裝置燒錄，功能非常強大。向 I.MX6U 燒錄系統，參考表 36-1 所示的 5 個燒錄腳本。

▼ 表 36-1　I.MX6U 使用的燒錄腳本

腳本	檔案描述
mfgtool2-yocto-mx-evk-emmc.vbs	EMMC 燒錄腳本
mfgtool2-yocto-mx-evk-nand.vbs	NAND 燒錄腳本
mfgtool2-yocto-mx-evk-qspi-nor-n25q256a.vbs	QSPI Flash 燒錄腳本，型號為 n25q256a

續表

腳本	檔案描述
mfgtool2-yocto-mx-evk-sdcard-sd1.vbs	如果 SD1 和 SD2 接 SD 卡，這兩個檔案分別向 SD1 和 SD2 上的 SD 卡燒錄系統
mfgtool2-yocto-mx-evk-sdcard-sd2.vbs	

　　其他的 .vbs 燒錄腳本用不到，因此可以刪除。本書使用 EMMC 版核心板，只會用到 mfgtool2-yocto-mx-evk-emmc.vbs 這個燒錄腳本，選用其他的核心板請參考對應的燒錄腳本。

36.2 │ MfgTool 工作原理簡介

　　MfgTool 只是 1 個工具，具體的原理不需要深研，知道工作流程就行。

36.2.1 燒錄方式

1. 連接 USB 線

　　MfgTool 是透過 USB OTG 介面將系統燒錄進 EMMC 中的，I.MX6U-ALPHA 開發板上的 USB OTG 通訊埠如圖 36-3 所示。

▲ 圖 36-3　USB OTG1 介面

在燒錄之前，需要先用 USB 線將圖 36-3 中的 USB_OTG1 介面與電腦連接起來。

2. 指撥開關撥到 USB 下載模式

將圖 36-3 中的指撥開關撥到「USB」模式，如圖 36-4 所示。

如果插了 TF 卡，請彈出 TF 卡，否則電腦不能辨識 USB。等辨識出來以後再插上 TF 卡，一切準備就緒後，按下開發板的重置鍵，進入到 USB 模式。如果是第一次進入 USB 模式時間會久一點，不需要安裝驅動程式，電腦右下角有如圖 36-5 所示提示。

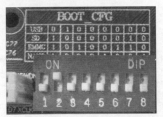

▲ 圖 36-4 USB 下載模式

▲ 圖 36-5 第一次進入 USB 模式

第一次設定好裝置後，後面的每次連接都不會有任何提示了，可以開始燒錄系統。

36.2.2 系統燒錄原理

開發板連接電腦以後按兩下 mfgtool2-yocto-mx-evk-emmc.vbs，開啟下載對話方塊，如圖 36-6 所示。

▲ 圖 36-6 MfgTool 工具介面

如果出現「符合 HID 標準的供應商定義裝置」就說明連接正常，可以進行燒錄，否則檢查連接是否正確。點擊 Start 按鈕即可開始燒錄 uboot、Linux Kernel、.dtb 和 rootfs，這 4 個檔案應該放到哪裡，MfgTool 才能正常存取呢？進入以下目錄中。

```
L4.1.15_2.0.0-ga_mfg-tools/mfgtools-with-rootfs/mfgtools/Profiles/Linux/OS Firmware
```

此目錄中的檔案如圖 36-7 所示。

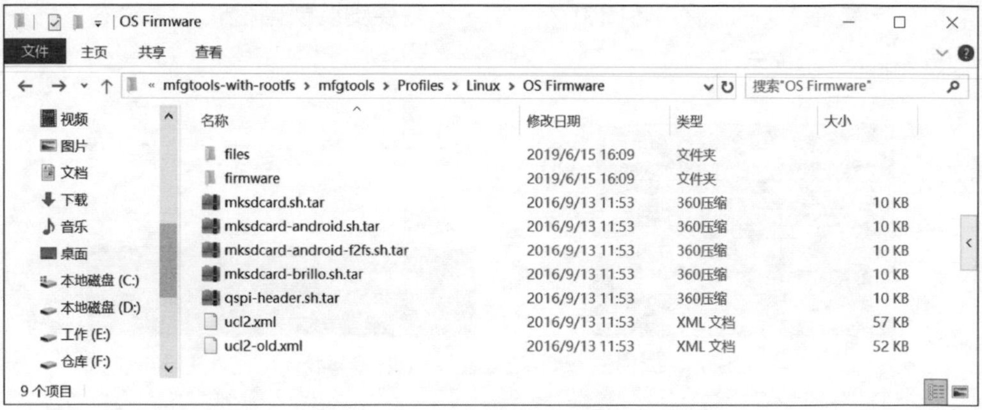

▲ 圖 36-7 OS Firmware 資料夾內容

資料夾 OS Firmware 是存放系統韌體的，我們特別注意 files、firmware，以及 ucl2.xml 這個檔案。

MfgTool 燒錄的原理如下：MfgTool 先透過 USB OTG 將 uboot、Kernel 和 .dtb（裝置樹）檔案下載到開發板的 DDR 中，注意不需要下載 rootfs，相當於直接在開發板的 DDR 上啟動 Linux 系統。等 Linux 系統啟動以後，再向 EMMC 中燒錄完整的系統，包括 uboot、linux Kernel、.dtb（裝置樹）和 rootfs，因此 MfgTool 工作過程主要分兩個階段。

（1）將 firmware 目錄中的 uboot、linux Kernel 和 .dtb（裝置樹）透過 USB OTG 下載到開發板的 DDR 中，啟動 Linux 系統，為後面的燒錄做準備。

（2）經過第（1）步的操作，此時 Linux 系統已經執行起來，然後完成對 EMMC 的格式化、分區等操作。接著從 files 中讀取要燒錄的 uboot、linux Kernel、.dtb（裝置樹）和 rootfs 檔案，將其燒錄到 EMMC 中。

1. firmeare 資料夾

開啟 firmware 資料夾,特別注意表 36-2 中的這 3 個檔案。

▼ 表 36-2 I.MX6ULL EVK 開發板使用的系統檔案

腳本	檔案描述
zImage	NXP 官方 I.MX6ULL EVK 開發板的 Linux 鏡像檔案
u-boot-imx6ull14x14evk_emmc.imx	NXP 官方 I.MX6ULL EVK 開發板的 uboot 檔案
zImage-imx6ull-14x14-evk-emmc.dtb	NXP 官方 I.MX6ULL EVK 開發板的裝置樹

它們是 I.MX6ULL EVK 開發板燒錄系統時第一階段所需的檔案。燒錄系統需要用我們編譯出來的 zImage、u-boot.imx 和 imx6ull-alientek-emmc.dtb 這 3 個檔案替換掉表 36-1 中的這 3 個檔案。但是名稱要和表 36-2 中的一致,先將 u-boot.imx 重新命名為 u-boot-imx6ull14x14evk_emmc.imx,再將 imx6ull-alientek-emmc.dtb 重新命名為 zImage-imx6ull-14x14-evk-emmc.dtb。

2. files 資料夾

第二階段從 files 目錄中讀取整數個系統檔案,並將其燒錄到 EMMC 中。files 目錄中的檔案和 firmware 目錄中的相似,都是不同板子對應的 uboot、裝置樹檔案。同樣,只關心表 36-3 中的 4 個檔案。

▼ 表 36-3 I.MX6ULL EVK 開發板燒錄入檔案

腳本	檔案描述
zImage	NXP 官方 I.MX6ULL EVK 開發板的 Linux 鏡像檔案
u-boot-imx6ull14x14evk_emmc.imx	NXP 官方 I.MX6ULL EVK 開發板的 uboot 檔案
zImage-imx6ull-14x14-evk-emmc.dtb	NXP 官方 I.MX6ULL EVK 開發板的裝置樹
rootfs_nogpu.tar.bz2root	檔案系統,注意和另外一個 rootfs.tar.bz2root 檔案系統區分開;nogpu 表示此 root 檔案系統不包含 GPU 的內容,I.MX6ULL 沒有 GPU,因此要使用此 root 檔案系統

同上，需要用我們編譯出來的 zImage、u-boot.imx、imx6ull-alientek-emmc.dtb 和 rootfs 這 4 個檔案替換掉表 36-3 中的全部檔案。

3. ucl2.xml 檔案

files 和 firmware 目錄下有許多的 uboot 和裝置樹，那麼燒錄時究竟選擇哪一個？這個工作就是由 ucl2.xml 檔案來完成的。ucl2.xml 以 <UCL> 開始，以 </UCL> 結束。<CFG> 和 </CFG> 之間設定相關內容，主要判斷當前是給 I.MX 系列的哪個晶片燒錄系統。<LIST> 和 </LIST> 之間則是針對不同儲存晶片的燒錄命令。整體框架如範例 36-1 所示。

▼ 範例 36-1 ucl2.xml 框架

```
<UCL>
    <CFG>
    ...
    <!-- 判斷向 I.MX 系列的哪個晶片燒錄系統 -->
    ...
    </CFG>

    <LIST name="SDCard" desc="Choose SD Card as media">
    <!-- 向 SD 卡燒錄 Linux 系統 -->
    </LIST>
    <LIST name="eMMC" desc="Choose eMMC as media">

    <!-- 向 EMMC 燒錄 Linux 系統 -->
    </LIST>
    <LIST name="Nor Flash" desc="Choose Nor flash as media">

    <!-- 向 Nor Flash 燒錄 Linux 系統 -->
    </LIST>
    <LIST name="Quad Nor Flash" desc="Choose Quad Nor flash as media">

    <!-- 向 Quad Nor Flash 燒錄 Linux 系統 -->
    </LIST>
    <LIST name="NAND Flash" desc="Choose NAND as media">

    <!-- 向 NAND Flash 燒錄 Linux 系統 -->
```

```
        </LIST>
        <LIST name="SDCard-Android" desc="Choose SD Card as media">

        <!-- 向 SD 卡燒錄 Android 系統 -->
        </LIST>
        <LIST name="eMMC-Android" desc="Choose eMMC as media">

        <!-- 向 EMMC 燒錄 Android 系統 -->
        </LIST>
        <LIST name="Nand-Android" desc="Choose NAND as media">

        <!-- 向 NAND Flash 燒錄 Android 系統 -->
        </LIST>
        <LIST name="SDCard-Brillo" desc="Choose SD Card as media">

        <!-- 向 SD 卡燒錄 Brillo 系統 -->
        </LIST>
</UCL>
```

　　ucl2.xml 首先會判斷當前要向 I.MX 系列的哪個晶片燒錄系統，內容如範例 36-2 所示。

▼ 範例 36-2　判斷要燒錄的處理器型號

```
21 <CFG>
22     <STATE name="BootStrap" dev="MX6SL" vid="15A2" pid="0063"/>
23     <STATE name="BootStrap" dev="MX6D" vid="15A2" pid="0061"/>
24     <STATE name="BootStrap" dev="MX6Q" vid="15A2" pid="0054"/>
25     <STATE name="BootStrap" dev="MX6SX" vid="15A2" pid="0071"/>
26     <STATE name="BootStrap" dev="MX6UL" vid="15A2" pid="007D"/>
27     <STATE name="BootStrap" dev="MX7D" vid="15A2" pid="0076"/>
28     <STATE name="BootStrap" dev="MX6ULL" vid="15A2" pid="0080"/>
29     <STATE name="Updater"dev="MSC" vid="066F" pid="37FF"/>
30 </CFG>
```

　　透過讀取晶片的 VID 和 PID，即可判斷出當前要燒錄什麼處理器的系統。
如果 VID=0X15A2，PID=0080，則要給 I.MX6ULL 燒錄系統。

然後確定向什麼存放裝置燒錄系統，這個時候要請 mfgtool2-yocto-mx-evk-emmc.vbs 再次登場，此檔案內容如範例 36-3 所示。

▼ 範例 36-3　mfgtool2-yocto-mx-evk-emmc.vbs 檔案內容

```
Set wshShell = CreateObject("WScript.shell")
wshShell.run "mfgtool2.exe -c ""linux"" -l ""eMMC"" -s ""board=sabresd"" -s
""mmc=1"" -s ""6uluboot=14x14evk"" -s ""6uldtb=14x14-evk"""
Set wshShell = Nothing
```

重點是 wshShell.run 這一行，呼叫了 mfgtool2.exe 這個軟體，並且還舉出了一堆參數。其中，eMMC 說明是向 EMMC 燒錄系統。wshShell.run 後面還有一些參數，它們都有對應的值，如下所示。

```
board=sabresd
mmc=1
6uluboot=14x14evk
6uldtb=14x14-evk
```

回到 ucl2.xml 中，直接在 ucl2.xml 中找到對應的燒錄命令即可。以 uboot 的燒錄為例講解過程，前面說了燒錄分兩個階段，第一階段是透過 USB OTG 向 DDR 中下載系統，第二階段才是正常的燒錄。透過 USB OTG 向 DDR 下載 uboot 的命令如範例 36-4 所示。

▼ 範例 36-4　透過 USB OTG 下載 uboot

```
<CMD state="BootStrap" type="boot" body="BootStrap" file ="firmware/u-boot-
imx6ul%lite%%6uluboot%_emmc.imx" ifdev="MX6ULL">Loading U-boot
</CMD>
```

上面的命令就是 BootStrap 階段，即第一階段。file 表示要下載的檔案位置，在 firmware 目錄下，檔案名稱如下所示。

```
u-boot-imx6ul%lite%%6uluboot%_emmc.imx
```

在 L4.1.15_2.0.0-ga_mfg-tools/mfgtools-with-rootfs/mfgtools-with-rootfs/mfgtools 下找到 cfg.ini 檔案,查看 cfg.ini 檔案可得到 lite=l 以及一些字串代表的值。

%lite% 和 %6uluboot% 分別表示取 lite 和 6uluboot 的值,而 lite=l, 6uluboot=14x14evk,因此將這個值代入後如下所示。

```
u-boot-imx6ull14x14evk _emmc.imx
```

向 DDR 中下載的是 firmware/u-boot-imx6ull14x14evk _emmc.imx 這個 uboot 檔案。同樣的方法將 .dtb(裝置樹)和 zImage 都下載到 DDR 中後,就會跳躍執行 OS,這個時候在 MfgTool 工具中會有 Jumping to OS image 提示敘述,ucl2.xml 中的跳躍命令如範例 36-5 所示。

▼ 範例 36-5 跳躍到 OS

```
<CMD state="BootStrap" type="jump" > Jumping to OS image. </CMD>
```

啟動 Linux 系統以後就可以在 EMMC 上建立分區,然後燒錄 uboot、zImage、.dtb(裝置樹)和 root 檔案系統。

MfgTool 的整個燒錄原理解析完畢,至此大家可以將 NXP 官方的系統燒錄到正點原子的 I.MX6U-ALPHA 開發板中。

36.3 │ 燒錄 NXP 官方系統

燒錄步驟如下所示。

① 連接好 USB,指撥開關到 USB 下載模式。

② 彈出 TF 卡,然後按下開發板重置按鍵。

③ 開啟 MobaXterm。

④ 按兩下 mfgtool2-yocto-mx-evk-emmc.vbs，開啟下載軟體，如果出現「符合 HID 標準的供應商定義裝置」等字樣，就說明下載軟體已經準備就緒。點擊 Start 按鈕，燒錄 NXP 官方系統，燒錄過程如圖 36-8 所示。

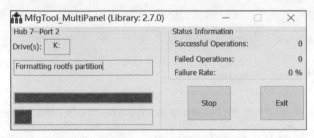

▲ 圖 36-8　燒錄過程

這個時候可以在 MobaXterm 上看到具體的燒錄過程，如圖 36-9 所示。

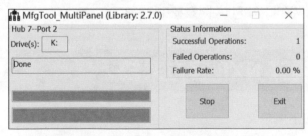

▲ 圖 36-9　正在燒錄的檔案

等待燒錄完成，因為 NXP 官方的 root 檔案系統比較大，耗時會久一點。燒錄完成以後 MfgTool 軟體如圖 36-10 所示。

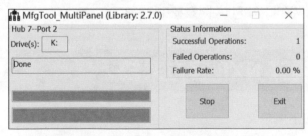

▲ 圖 36-10　燒錄完成

燒錄完成以後點擊 Stop 按鈕停止燒錄，然後點擊 Exit 鍵退出。拔出 USB 線，將開發板上的指撥開關撥到 EMMC 啟動模式，

重新啟動開發板,此時系統會從 EMMC 啟動。只是啟動以後的系統是 NXP
官方給 I.MX6ULL EVK 開發板製作的,這個系統需要輸入使用者名稱,使用者
名稱為 root,沒有密碼,如圖 36-11 所示。

```
Starting crond: OK
Running local boot scripts (/etc/rc.local).

Freescale i.MX Release Distro 4.1.15-2.0.0 imx6ul7d /dev/ttymxc0

imx6ul7d login:
```

▲ 圖 36-11 NXP 官方 root 檔案系統

在 imx6ul7d login:後面輸入 root 使用者名稱,點擊 Enter 鍵即可進入系
統進行其他操作。

36.4 燒錄自製的系統

36.4.1 系統燒錄

本小節來學習如何將我們做好的系統燒錄到開發板中,首先準備好要燒錄
的原材料。

(1)自己移植編譯出來的 uboot 可執行檔:u-boot.imx。

(2)自己移植編譯出來的 zImage 鏡像檔案和開發板對應的 .dtb(裝置樹),
對 I.MX6U-ALPHA 開發板來說就是 imx6ull-alientek-emmc.dtb。

(3)自己建構的 root 檔案系統 rootfs,進入到 Ubuntu 中的 rootfs 目錄中,然
後使用 tar 命令對其進行打包,命令如下所示。

```
cd rootfs/
tar -vcjf rootfs.tar.bz2 *
```

完成以後會在 rootfs 目錄下生成一個名為 rootfs.tar.bz2 的壓縮檔,將
rootfs.tar.bz2 發送到 Windows 系統中。

將上面提到的這 4 個「原材料」都發送到 Windows 系統中，如圖 36-12 所示。

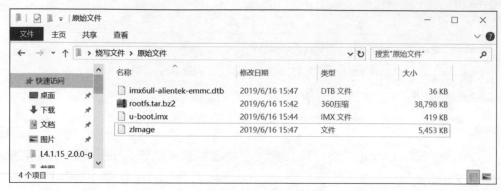

▲ 圖 36-12 燒錄原材料

材料準備好以後還不能直接燒錄，必須對其重新命名，否則 ucl2.xml 是辨識不出來的，圖 36-12 中的這 4 個檔案重新命名如表 36-4 所示。

▼ 表 36-4 檔案重新命名表

原名	重新命名
u-boot.imx	u-boot-imx6ull14x14evk_emmc.imx
zImage	zImage(不需要重新命名)
imx6ull-alientek-emmc.dtb	zImage-imx6ull-14x14-evk-emmc.dtb
rootfs.tar.bz2	rootfs_nogpu.tar.bz2

完成以後如圖 36-13 所示。

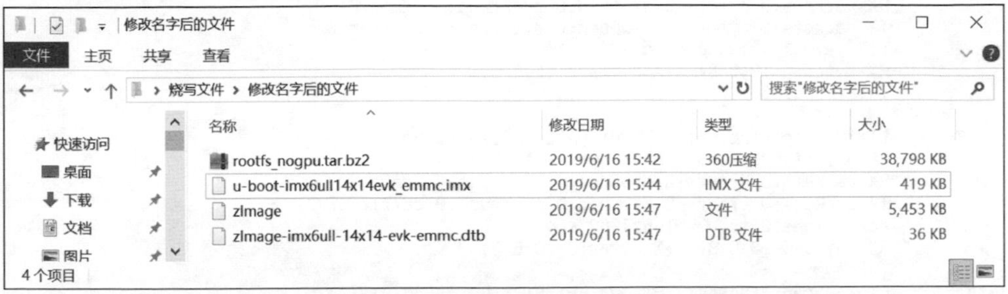

▲ 圖 36-13 重新命名以後的檔案

接下來用我們的檔案替換掉 NXP 官方的檔案，先將圖 36-13 中的 zImage、u-boot-imx6ull14x14evk_emmc.imx 和 zImage-imx6ull-14x14-evk-emmc.dtb 複製到 mfgtools-with-rootfs/mfgtools/Profiles/Linux/OS Firmware/firmware 目錄中，替換掉原來的檔案。然後將圖 36-13 中的 4 個檔案都複製到 mfgtools-with-rootfs/mfgtools/Profiles/Linux/OS Firmware/files 目錄中，這兩個操作完成以後準備燒錄。

按兩下 mfgtool2-yocto-mx-evk-emmc.vbs，開啟燒錄軟體，點擊 Start 按鈕開始燒錄，由於我們自己製作的 rootfs 比較小，因此燒錄速度會快一點。燒錄完成以後設定開發板從 EMMC 啟動，測試是否有問題。

注意：一旦自己改造的 mfgtools 工具能夠正常燒錄系統，那麼 mfgtools-with-rootfs/mfgtools/Profiles/Linux/OS Firmware/firmware 目錄下的檔案以後就不能再修改，否則可能導致燒錄失敗。

36.4.2 網路開機自啟動設定

大家在測試網路時可能會發現網路不能用，這並不是因為燒錄到 EMMC 中後網路壞了。僅是因為網路沒有開啟，我們用 NFS 掛載 root 檔案系統時要使用 NFS 服務，因此 Linux 核心會開啟 eth0 這個網路卡，現在不使用此功能，因此 Linux 核心也就不會自動開啟 eth0 網路卡了。我們可以手動開啟網路卡，首先輸入 ifconfig -a 命令查看 eth0 和 eth1 是否都存在，結果如圖 36-14 所示。

```
/ # ifconfig -a
can0      Link encap:UNSPEC  HWaddr 00-00-00-00-00-00-00-00-00-00-00-00-00-00-00-00
          NOARP  MTU:16  Metric:1
          RX packets:0 errors:0 dropped:0 overruns:0 frame:0
          TX packets:0 errors:0 dropped:0 overruns:0 carrier:0
          collisions:0 txqueuelen:10
          RX bytes:0 (0.0 B)  TX bytes:0 (0.0 B)
          Interrupt:25

eth0      Link encap:Ethernet  HWaddr FA:C8:AC:79:82:2D
          BROADCAST MULTICAST  MTU:1500  Metric:1
          RX packets:0 errors:0 dropped:0 overruns:0 frame:0
          TX packets:0 errors:0 dropped:0 overruns:0 carrier:0
          collisions:0 txqueuelen:1000
          RX bytes:0 (0.0 B)  TX bytes:0 (0.0 B)

eth1      Link encap:Ethernet  HWaddr BE:88:3B:BD:AA:55
          BROADCAST MULTICAST  MTU:1500  Metric:1
          RX packets:0 errors:0 dropped:0 overruns:0 frame:0
          TX packets:0 errors:0 dropped:0 overruns:0 carrier:0
          collisions:0 txqueuelen:1000
          RX bytes:0 (0.0 B)  TX bytes:0 (0.0 B)

lo        Link encap:Local Loopback
          LOOPBACK  MTU:65536  Metric:1
          RX packets:0 errors:0 dropped:0 overruns:0 frame:0
          TX packets:0 errors:0 dropped:0 overruns:0 carrier:0
          collisions:0 txqueuelen:0
          RX bytes:0 (0.0 B)  TX bytes:0 (0.0 B)

sit0      Link encap:IPv6-in-IPv4
          NOARP  MTU:1480  Metric:1
          RX packets:0 errors:0 dropped:0 overruns:0 frame:0
          TX packets:0 errors:0 dropped:0 overruns:0 carrier:0
          collisions:0 txqueuelen:0
          RX bytes:0 (0.0 B)  TX bytes:0 (0.0 B)

/ #
```

▲ 圖 36-14　查看網路

可以看出，eth0 和 eth1 都存在，開啟 eth0 網路卡並輸入以下命令。

```
ifconfig eth0 up
```

彈出如圖 36-15 所示的提示訊息。

```
/ # ifconfig eth0 up
fec 20b4000.ethernet eth0: Freescale FEC PHY driver [SMSC LAN8710/LAN8720] (mii_bus:phy_addr=20b4000.
=-1)
IPv6: ADDRCONF(NETDEV_UP): eth0: link is not ready
/ # fec 20b4000.ethernet eth0: Link is Up - 100Mbps/Full - flow control rx/tx
IPv6: ADDRCONF(NETDEV_CHANGE): eth0: link becomes ready

/ #
```

▲ 圖 36-15　開啟 eth0 網路卡

開啟時會提示使用 LAN8710/LAN8720 的網路晶片，eth0 連接成功，並且是 100Mbps 全雙工，eth0 連結準備就緒。這個時候輸入 ifconfig 命令就會看到 eth0 網路卡，如圖 36-16 所示。

```
/ # ifconfig
eth0      Link encap:Ethernet  HWaddr A6:03:69:34:3B:57
          inet6 addr: fe80::a403:69ff:fe34:3b57/64 Scope:Link
          UP BROADCAST RUNNING MULTICAST  MTU:1500  Metric:1
          RX packets:9 errors:0 dropped:1 overruns:0 frame:0
          TX packets:6 errors:0 dropped:0 overruns:0 carrier:0
          collisions:0 txqueuelen:1000
          RX bytes:1120 (1.0 KiB)  TX bytes:508 (508.0 B)

/ # ▌
```

▲ 圖 36-16 當前工作的網路卡

為 eth0 設定 IP 位址，如果開發板連接路由器，那麼可以透過路由器自動分配 IP 位址，命令如下所示。

```
udhcpc -i eth0          // 透過路由器分配 IP 位址
```

如果開發板連接著電腦，則手動設定 IP 位址，命令如下所示。

```
ifconfig eth0 192.168.1.251netmask 255.255.255.0  // 設定 IP 位址和子網路遮罩
route add default gw 192.168.1.1                   // 增加預設閘道器
```

推薦大家將開發板連接到路由器上，設定好 IP 位址以後就可以測試網路了。

每次手動設定 IP 位址太麻煩，開機以後自動啟動網路卡並且設定 IP 位址的方法如下：將設定網路卡 IP 位址的命令增加到 /etc/init.d/rcS 檔案中就行了，完成以後的 rcS 檔案內容如範例 36-6 所示。

▼ 範例 36-6 網路開機自啟動

```
1  #!/bin/sh
2
3  PATH=/sbin:/bin:/usr/sbin:/usr/bin
4  LD_LIBRARY_PATH=$LD_LIBRARY_PATH:/lib:/usr/lib
5  export PATH LD_LIBRARY_PATH runlevel
6
7  # 網路開機自啟動設定
```

```
8  ifconfig eth0 up
9  #udhcpc -i eth0
10 ifconfig eth0 192.168.1.251 netmask 255.255.255.0
11 route add default gw 192.168.1.1
...
12 #cd /drivers
13 #./hello &
14 #cd /
```

第 8 行，開啟 eth0 網路卡。

第 9 行，透過路由器自動獲取 IP 位址。

第 10 行，手動設定 eth0 的 IP 位址和子網路遮罩。

第 11 行，增加預設閘道器。

修改好 rcS 檔案以後儲存並退出，重新啟動開發板，eth0 網路卡就會在開機時自啟動，不用手動增加相關設定了。

36.5 改造自己的燒錄工具

36.5.1 改造 MfgTool

我們已經實現了將自己的系統燒錄到開發板中，但使用的是「借雞生蛋」的方法。

本節來學習如何將 MfgTool 工具改造成自存的工具，讓其支援自己設計的開發板。要改造 MfgTool，重點如下。

（1）針對不同的核心板，確定系統檔案名稱。

（2）新建 .vbs 檔案。

（3）修改 ucl2.xml 檔案。

1. 確定系統檔案名稱

確定系統檔案名稱完全是為了相容不同的產品，比如某個產品有 NAND 和 EMMC 兩個版本，這兩個版本的 uboot、zImage、.dtb 和 rootfs 可能不同。為了在 MfgTool 工具中同時支援上述核心板，EMMC 版本的系統檔案命名如圖 36-17 所示。

▲ 圖 36-17 系統檔案名稱

2. 新建 .vbs 檔案

直接複製 mfgtool2-yocto-mx-evk-emmc.vbs 檔案，重新命名為 mfgtool2-alientek-alpha-emmc.vbs，檔案內容不要做任何修改，.vbs 檔案新建好了。

3. 修改 ucl2.xml 檔案

在修改 ucl2.xml 檔案之前，先儲存一份原始的 ucl2.xml。將 ucl2.xml 檔案改為如範例 36-7 所示內容。

▼ 範例 36-7 改後的 ucl2.xml 檔案

```
<!-- 正點原子修改後的 ucl2.xml 檔案 -->

  <UCL>
    <CFG>
      <STATE name="BootStrap" dev="MX6UL" vid="15A2" pid="007D"/>
```

```
        <STATE name="BootStrap" dev="MX6ULL" vid="15A2" pid="0080"/>
        <STATE name="Updater"dev="MSC" vid="066F" pid="37FF"/>
    </CFG>
    <!-- 向 EMMC 燒錄系統 -->
    <LIST name="eMMC" desc="Choose eMMC as media">
        <CMD state="BootStrap" type="boot" body="BootStrap" file ="firmware/u-boot-alientek-
emmc.imx" ifdev="MX6ULL">Loading U-boot</CMD>
        <CMD state="BootStrap" type="load" file="firmware/zImage-alientek-emmc"
address="0x80800000"
            loadSection="OTH" setSection="OTH" HasFlashHeader="FALSE" ifdev="MX6SL MX6SX
MX7D MX6UL MX6ULL">Loading Kernel.</CMD>
        <CMD state="BootStrap" type="load" file="firmware/%initramfs%"
address="0x83800000"
            loadSection="OTH" setSection="OTH" HasFlashHeader="FALSE" ifdev="MX6SL MX6SX
MX7D MX6UL MX6ULL">Loading Initramfs.</CMD>
        <CMD state="BootStrap" type="load" file="firmware/imx6ull-alientek-emmc.dtb"
address="0x83000000"
            loadSection="OTH" setSection="OTH" HasFlashHeader="FALSE"ifdev="MX6ULL">Loading device
tree.</CMD>
        <CMD state="BootStrap" type="jump" > Jumping to OS image. </CMD>

    <!-- create partition -->
        <CMD state="Updater" type="push" body="send" file="mksdcard.sh.tar">Sending partition
shell
</CMD>
        <CMD state="Updater" type="push" body="$ tar xf $FILE "> Partitioning...</CMD>
        <CMD state="Updater" type="push" body="$ sh mksdcard.sh /dev/mmcblk%mmc%"> Partitioning...
</CMD>

    <!-- burn uboot -->
        <CMD state="Updater" type="push" body="$ dd if=/dev/zero of=/dev/mmcblk%mmc% bs=1k
seek=768 conv=fsync count=8">clear u-boot arg</CMD>
    <!-- access boot partition -->
        <CMD state="Updater" type="push" body="$ echo 0 > /sys/block/mmcblk%mmc%boot0/force_ro">
access boot partition 1</CMD>
        <CMD state="Updater" type="push" body="send" file="files/u-boot-alientek-emmc.imx" ifdev=
"MX6ULL">Sending u-boot.bin</CMD>
        <CMD state="Updater" type="push" body="$ dd if=$FILE of=/dev/mmcblk%mmc%boot0 bs=512
seek=2">write U-Boot to sd card</CMD>
```

```xml
    <CMD state="Updater" type="push" body="$ echo 1 > /sys/block/mmcblk%mmc%boot0/force_ro">
re-enable read-only access </CMD>
    <CMD state="Updater" type="push" body="$ mmc bootpart enable 1 1 /dev/mmcblk%mmc%">enable
boot partion 1 to boot</CMD>

    <!-- create fat partition -->
    <CMD state="Updater" type="push" body="$ while [ ! -e /dev/mmcblk%mmc%p1 ]; do sleep 1;
echo \"waiting...\"; done ">Waiting for the partition ready</CMD>
    <CMD state="Updater" type="push" body="$ mkfs.vfat /dev/mmcblk%mmc%p1">Formatting rootfs
partition</CMD>
    <CMD state="Updater" type="push" body="$ mkdir -p /mnt/mmcblk%mmc%p1"/>
    <CMD state="Updater" type="push" body="$ mount -t vfat /dev/mmcblk%mmc%p1 /mnt/mmcblk%
mmc%p1"/>

<!-- burn zImage -->
    <CMD state="Updater" type="push" body="send" file="files/zImage-alientek-
emmc">Sending kernel zImage</CMD>
    <CMD state="Updater" type="push" body="$ cp $FILE /mnt/mmcblk%mmc%p1/zImage">write
kernel image to sd card</CMD>

    <!-- burn dtb -->
    <CMD state="Updater" type="push" body="send" file="files/imx6ull-alientek-emmc.dtb"
ifdev="MX6ULL">Sending Device Tree file</CMD>
    <CMD state="Updater" type="push" body="$ cp $FILE /mnt/mmcblk%mmc%p1/imx6ull-alientek-
emmc.dtb" ifdev="MX6ULL">write device tree to sd card</CMD>
    <CMD state="Updater" type="push" body="$ umount /mnt/mmcblk%mmc%p1">Unmounting vfat
partition</CMD>

    <!-- burn rootfs -->
    <CMD state="Updater" type="push" body="$ mkfs.ext3 -F -E nodiscard /dev/mmcblk%mmc%p2">
Formatting rootfs partition</CMD>
    <CMD state="Updater" type="push" body="$ mkdir -p /mnt/mmcblk%mmc%p2"/>
    <CMD state="Updater" type="push" body="$ mount -t ext3 /dev/mmcblk%mmc%p2 /mnt/mmcblk%
mmc%p2"/>
    <CMD state="Updater" type="push" body="pipe tar -jxv -C /mnt/mmcblk%mmc%p2" file="files/
rootfs-alientek-emmc.tar.bz2" ifdev="MX6UL MX7D MX6ULL">Sending and writting rootfs</CMD>
    <CMD state="Updater" type="push" body="frf">Finishing rootfs write</CMD>
    <CMD state="Updater" type="push" body="$ umount /mnt/mmcblk%mmc%p2">Unmounting rootfs
partition</CMD>
    <CMD state="Updater" type="push" body="$ echo Update Complete!">Done</CMD>
```

```
    </LIST>
</UCL>
```

ucl2.xml 檔案僅保留了 EMMC 燒錄系統功能,如果要支援 NAND 則參考原版的 ucl2.xml 檔案,增加相關的內容。

36.5.2 燒錄測試

MfgTool 工具修改好以後就可以進行燒錄測試了,將 imx6ull-alientek-emmc.dtb、u-boot-alientek-emmc.imx 和 zImage-alientek-emmc 這 3 個檔案複製到 mfgtools-with-rootfs/mfgtools/Profiles/Linux/OS Firmware/firmware 目錄中。 將 imx6ull-alientek-emmc.dtb、u-boot-alientek-emmc.imx、zImage-alientek-emmc 和 rootfs-alientek-emmc.tar.bz2 複製到 mfgtools-with-rootfs/mfgtools/Profiles/Linux/OS Firmware/files 目錄中。

點擊 mfgtool2-alientek-alpha-emmc.vbs,開啟 MfgTool 燒錄系統,等待燒錄完成,然後設定指撥開關為 EMMC 啟動,重新啟動開發板,系統啟動資訊如圖 36-18 所示。

```
Normal Boot
Hit any key to stop autoboot:  0
switch to partitions #0, OK
mmc1(part 0) is current device
reading zImage
5924504 bytes read in 146 ms (38.7 MiB/s)
reading imx6ull-14x14-evk.dtb
** Unable to read file imx6ull-14x14-evk.dtb **
Kernel image @ 0x80800000 [ 0x000000 - 0x5a6698 ]
## Flattened Device Tree blob at 83000000
   Booting using the fdt blob at 0x83000000
   reserving fdt memory region: addr=83000000 size=a000
   Using Device Tree in place at 83000000, end 8300cfff

Starting kernel ...
```

▲ 圖 36-18 系統啟動 log 資訊

從圖 36-18 可以看出，出現 Starting Kernel ... 然後再也沒有任何資訊輸出，
說明 Linux 核心啟動失敗。接下來解決 Linux 核心啟動失敗問題。

36.5.3 解決 Linux 核心啟動失敗

uboot 啟動正常，其實是啟動 Linux 時出問題，仔細觀察 uboot 輸出的 log
資訊，如圖 36-19 所示。

```
reading imx6ull-14x14-evk.dtb
** Unable to read file imx6ull-14x14-evk.dtb **
```

▲ 圖 36-19　讀取裝置樹出錯

從圖 36-19 可以看出，在讀取 imx6ull-14x14-evk.dtb 這個裝置樹檔案時出
錯了。重新啟動 uboot，進入到命令列模式，輸入以下命令查看 EMMC 的分區
1 中是否有裝置樹檔案。

```
mmc dev 1              // 切換到 EMMC
ls mmc 1:1             // 輸出 EMMC1 分區 1 中的所有檔案
```

結果如圖 36-20 所示。

```
=> ls mmc 1:1
  5924504    zimage
    39287    imx6ull-alientek-emmc.dtb

2 file(s), 0 dir(s)

=>
```

▲ 圖 36-20　EMMC 分區 1 檔案

從圖 36-20 可以看出，此時 EMMC 的分區 1 中是存在裝置樹檔案的，只是
檔案名稱為 imx6ull-alientek-emmc.dtb，因此讀取 imx6ull-14x14-evk.dtb 肯定
會出錯。因為 uboot 中預設的裝置樹名稱就是 imx6ull-14x14-evk.dtb。解決方
法如下。

1. 重新設定 bootcmd 環境變數值

　　進入 uboot 的命令列，重新設定 bootcmd 和 bootargs 環境變數的值，bootargs 的值也要重新設定，命令如下所示。

```
setenv bootcmd 'mmc dev 1;fatload mmc 1:1 80800000 zImage;fatload mmc 1:1 83000000
imx6ull-alientek-emmc.dtb;bootz 80800000 - 83000000'
setenv bootargs 'console=ttymxc0,115200 root=/dev/mmcblk1p2 rootwait rw'
saveenv
```

　　重新啟動開發板，Linux 系統就可以正常啟動。

2. 修改 uboot 原始程式

　　第 1 種方法每次都要手動設定 bootcmd 的值，很麻煩。更簡單的方法是直接修改 uboot 原始程式。開啟 uboot 原始程式中的檔案 include/configs/mx6ull_alientek_emmc.h，在巨集 CONFIG_EXTRA_ENV_SETTINGS 中找到如範例 36-8 所示內容。

▼ 範例 36-8　查詢裝置樹檔案

```
194  "findfdt="\
195    "if test $fdt_file = undefined; then " \
196      "if test $board_name = EVK && test $board_rev = 9X9; then " \
197          "setenv fdt_file imx6ull-9x9-evk.dtb; fi; " \
198      "if test $board_name = EVK && test $board_rev = 14X14; then " \
199          "setenv fdt_file imx6ull-14x14-evk.dtb; fi; " \
200      "if test $fdt_file = undefined; then " \
201          "echo WARNING:Could not determine dtb to use; fi; " \
202      "fi;\0" \
```

　　findfdt 就是用於確定裝置樹檔案名稱的環境變數，其儲存著裝置樹檔案名稱。第 196 和 197 行用於判斷裝置樹檔案名稱是否為 imx6ull-9x9-evk.dtb，第 198 和 199 行用於判斷裝置樹檔案名稱是否為 imx6ull-14x14-evk.dtb。這兩個裝置樹都是 NXP 官方開發板使用的，I.MX6U-ALPHA 開發板用不到，因此直接將範例程式 36-8 中 findfdt 的值改為以下內容。

▼ 範例 36-9 查詢裝置樹檔案

```
194 "findfdt="\
195   "if test $fdt_file = undefined; then " \
196     "setenv fdt_file imx6ull-alientek-emmc.dtb; " \
197   "fi;\0" \
```

第 196 行，如果 fdt_file 未定義的話，直接設定 fdt_file= imx6ull-alientek-emmc.dtb，簡單直接，不需要任何的判斷敘述。修改以後重新編譯 uboot，然後用將新的 uboot 燒錄到開發板中，燒錄完成以後重新啟動測試，Linux 核心啟動正常。

關於系統燒錄就講解到這裡，本章我們使用 NXP 提供的 MfgTool 工具透過 USB OTG 通訊埠向開發板的 EMMC 中燒錄 uboot、Linux Kernel、.dtb（裝置樹）和 rootfs 這四個檔案。在本章我們主要做了 5 個工作：

（1）理解 MfgTool 工具的工作原理。

（2）使用 MfgTool 工具將 NXP 官方系統燒錄到 I.MX6U-ALPHA 開發板中，主要是為了體驗 MfgTool 軟體的工作流程以及燒錄方法。

（3）使用 MfgTool 工具將我們自己編譯出來的系統燒錄到 I.MX6U-ALPHA 開發板中。

（4）修改 MfgTool 工具，使其支援我們所使用的硬體平台。

（5）修改對應的錯誤。

關於系統燒錄的方法就講解到這裡，本章內容不僅是為了講解如何向 I.MX6ULL 晶片中燒錄系統，更重要的是向大家詳細地講解 MfgTool 的工作原理。如果大家在後續的工作或學習中使用 I.MX7 或 I.MX8 等晶片，本章同樣適用。

　　隨著本章的結束，也宣告著本書第三篇的內容正式結束。第三篇是系統移植篇，重點講解 uboot、Linux Kernel 和 rootfs 的移植，看似簡簡單單的「移植」兩個字，實踐起來卻不易。授人以魚不如授人以漁，本可以簡簡單單地教大家修改哪些檔案、增加哪些內容，怎麼去編譯，然後得到哪些檔案，但是這樣只能看到表面，並不能深入地了解其原理。為了讓大家能夠詳細地了解整個流程，筆者義無反顧地選擇了這條最難走的路，不管是 uboot 還是 Linux Kernel，或是從 Makefile 到啟動流程，都盡自己最大的努力去說明清楚。奈何，筆者水準有限，大家有疑問的地方可到正點原子討論區 www.openedv.com 上發帖留言，大家一起討論學習。

MEMO

MEMO

深智數位
股份有限公司

深智數位
股份有限公司